W0257617

Die
Metallhüttenkunde.

Gewinnung der Metalle

und

Darstellung ihrer Verbindungen auf den Hüttenwerken.

Von

Carl A. M. Balling

ordentlichem Professor der Hütten- und Probirkunde an der
k. k. Bergakademie in Pribram.

Mit 371 in den Text gedruckten Holzschnitten.

Springer-Verlag Berlin Heidelberg GmbH
1885

ISBN 978-3-642-50604-8 ISBN 978-3-642-50914-8 (eBook)
DOI 10.1007/978-3-642-50914-8

Softcover reprint of the hardcover 1st edition 1885

Vorwort.

Das vorliegende Buch ist eine neuerliche Umarbeitung meiner Vortragshefte über „Metallhüttenkunde“; es soll sowohl Studierenden als auch dem practischen Hüttenmanne dienen, und ist in dieser Absicht auf den doppelten Zweck des Buches überall möglichst Rücksicht genommen worden.

Die theoretischen Grundsätze, welche unserer heutigen Hüttentechnik als Richtschnur gelten, habe ich in meinem „Compendium der metallurgischen Chemie, Bonn 1882“ bearbeitet, die Kenntniss derselben ist also hier vorausgesetzt; das Wenige, das als „Allgemeiner Theil“ in diesem Buche vorangeschickt wurde, ist nach meinem Dafürhalten zur „Hüttenkunde“ gehörig und bildet, wenn auch hier nur kurz und gedrungen geboten, den Uebergang von der „Metallurgischen Chemie“ als Theorie zu der „Metallhüttenkunde“ als angewandte Wissenschaft.

Was die mir zu Gebote stehende Literatur brachte, was ich auf meinen kleinen, alljährlich auf Staatskosten unternommenen Excursionen, sowie auf weiteren, kostspieligen, zu meiner Ausbildung auf eigene Kosten vorgenommenen Instructionsreisen sehen und lernen konnte, habe ich hier mitgetheilt, die betreffende Literatur aber dennoch angeführt, wenn ich auch selbst an Ort und Stelle Unterricht geschöpft habe.

Von den in dem Buche enthaltenen 371 Figuren habe ich selbst blos 107 gezeichnet; ein Theil davon ist seit Jahren nach und nach gesammelt und von einigen meiner Schüler, der grössere Theil aber von dem meiner Lehrkanzel zugetheilt gewesenen Assistenten, Hrn. Rudolf Wambera hergestellt, welche freundliche Mithülfe ich hier dankend anerkenne.

Příbram, im September 1885.

Der Verfasser.

Inhalt.

Gold.

Zink.

Anhang.

Verzeichniss der Figuren.

Allgemeiner Theil.

Spezieller Theil.

Blei.

Kupfer.

Seite

Zinn, Antimon, Wismuth, Nickel, Arsen.

Berichtigungen.

Seite 18 Zeile 4 von oben lies: „Auffangung" statt Aufsaugung.

-   28   -   8 - unten rechts lies: „kaltem Wind" statt warmem Wind.

-   34   -   5 - oben lies: „Fe_2O_3" statt Fe_2Cl_3.

-   56   -   1 -   - lies: „stechende" statt stehende.

-   77   - 12 -   - lies: „Schwefelblei" statt Blei.

- 114   -   3 -   - lies: „10—11" statt 111.

- 155   -   4 -   - lies: „erhalten" statt enthalten.

- 158   -   5 - unten lies: „Zelle" statt Welle.

- 208   - 19 - oben lies: „Zähepolen" statt Zährpolen.

- 367   -   5 -   - lies: „Chlorsilber" statt Silber.

- 373   - 17 -   - lies: „Bottichen" statt Bottiche.

- 400   - 18 -   - ist hinter dem Worte Metercentner einzuschalten: „eingetheilt werden".

- 420   -   6 - unten lies: „durch granulirtes Blei" statt granulirtes Blei.

- 439   -   8 - oben lies: „Röhren" statt Muffeln.

- 440   -   9 - unten lies: „Zinkstaub" statt Flugstaub.

- 533   -   7 - oben lies: „Oeffnungen a" statt Oeffnungen c.

- 543   - 16 -   - lies: „Durchrühren" statt Durchröhren.

- 564   -   2 -   - lies: „selten" statt nirgend.

-   „   - 14 - unten lies: „Magnet- und Arsenkiese" statt Arsenkiese.

- 579   -   5 -   - lies: „Eisen durch Kalk" statt Kalk durch Eisen.

- 580   - 17 - oben ist hinter dem Worte Nickel einzuschalten: „aus salzsaurer Lösung".

- 581   - 16 -   - lies: „Die Lösung des calcinirten Gutes" statt das calcinirte Gut.

Literatur der Metallhüttenkunde.

Von älteren Werken ist hier nur das Buch Georg Agricola's „De
re metallica", libri duodecim, Basel, 1556 zu nennen.

Aus dem laufenden Jahrhundert, in welchem das Metallhüttenwesen
erst zu voller Entwickelung gelangte, stammen die folgenden Werke:

W. A. Lampadius, Handbuch der allgemeinen Hüttenkunde,
Göttingen 1817, 5 Bände nebst später erschienen Supplementen.

W. A. Lampadius, Grundriss der allgemeinen Hüttenkunde, Göttingen, 1827.

C. J. B. Karsten, System der Metallurgie, Berlin 1831. 5 Bände.

A. Wehrle, Lehrbuch der Probir- und Hüttenkunde. Wien 1844.
2 Bände.

Le Play, Beschreibung der Hüttenprocesse, welche in Wales
zur Darstellung des Kupfers angewendet werden. Deutsch
von C. Hartmann. Quedlinburg und Leipzig 1851.

A. Grützner, Die Augustin'sche Silberextraction. Braunschweig. 1851.

Malaguti und Durocher, Ueber das Vorkommen und die Gewinnung des Silbers. Deutsch von C. Hartmann. Leipzig 1851.

C. F. Plattner, Die metallurgischen Röstprocesse. Freiberg 1856.

C. F. Plattner. Vorlesungen über allgemeine Hüttenkunde. Freiberg 1860. 2 Bände.

C. L. Rivot. Handbuch der theoretisch-practischen Hüttenkunde. Deutsch von C. Hartmann. Leipzig 1860. 2 Bände.

B. Kerl. Die Rammelsberger Hüttenprocesse. Clausthal 1854.

B. Kerl. Die Oberharzer Hüttenprocesse. Clausthal 1860. 2. Auflage.

B. Kerl. Handbuch der metallurgischen Hüttenkunde. Leipzig
1861—1865. 2. Auflage. Band 2 und 4. (Der erste Band behandelt
den präparativen Theil, Bd. 3 die Eisenhüttenkunde.)

C. Bischof. Das Kupfer und seine Legirungen. Berlin 1865.

C. F. Rammelsberg, Lehrbuch der chemischen Metallurgie.
Berlin 1865.

B. Kerl, Grundriss der Metallhüttenkunde. Leipzig 1881. 2. Auflage.

J. Percy. Die Metallurgie. Deutsch von Knapp und Rammelsberg.
Braunschweig 1862, 1872 und 1881. Bd. 1, 3 u. 4 (noch nicht beendet.
Bd. 2 behandelt das Eisen).

C. A. M. Balling. Compendium der metallurgischen Chemie. Bonn
1882.

F. M. Zippe. Geschichte der Metalle. Wien 1857.

Die dem gesammten Bergbau und Hüttenwesen gewidmeten periodischen Zeitschriften sind die folgenden:

Allgemeine Berg- und Hüttenmännische Zeitung. Quedlinburg, seit 1842.

Berg- und Hüttenmännische Zeitung. Freiberg, seit 1841.

Oesterreichische Zeitschrift für Berg- und Hüttenwesen. Wien, seit 1853.

Zeitschrift für das Berg-, Hütten- und Salinenwesen im preussischen Staate. Berlin, seit 1854.

Der Berggeist. Köln, seit 1856.

Glück auf! Essen, seit 1868.

Von fremdsprachigen Journalen sind anzuführen:

The Mining Journal. London, seit 1820.

Annales des mines. Paris, seit 1816.

Revue universelle des mines, de la metallurgie etc. Paris und Liège, seit 1868.

Bulletin de la société de l'industrie minérale. Paris und St. Etiennes, später blos Paris, seit 1855.

Jern Contorets Annaler, Stockholm, seit 1845.

Gorny Journal, Petersburg, seit 1825. (?)

Bányaszáti és Kohászáti lápok. Schemnitz, seit 1868.

Gornik. Gorlice, seit 1882.

Ausserdem erscheinen alljährlich bandweise:

Berg- und Hüttenmännisches Jahrbuch der k. k. Bergakademien. Wien, seit 1851.

Jahrbuch für das Berg- und Hüttenwesen in Sachsen. Freiberg, seit 1833. Erschien anfänglich unter dem Titel: Jahrbuch für den Berg- und Hüttenmann.

Fortschritte in der Eisenhüttentechnik nebst Anhang, betreffend die Fortschritte der metallurgischen Gewerbe. Leipzig, seit 1858 von Kerpely, früher von C. Hartmann.

Jahresbericht der chemischen Technologie v. R. Wagner, seit 1881 von F. Fischer. Leipzig, seit 1855.

Es wären hier noch zu registriren die Berichte über die Weltausstellungen zu London, Paris, Wien und Philadelphia.

Einzelne Abhandlungen finden sich noch in:

Polytechnisches Journal von M. Dingler. Augsburg seit 1820. (Dermal von Zeman und Fischer.)

Journal für practische Chemie, herausgegeben von Erdmann, später Kolbe, gegenwärtig Meyer. Leipzig seit 1839.

Annalen der Physik und Chemie, von Poggendorff, später Gilbert, jetzt Wiedemann. Leipzig seit 1799.

Comptes rendus de séances de l'Academie des sciences. Paris seit 1835.

Allgemeiner Theil.

Die Oefen.

Die bei den Hüttenprocessen gebräuchlichen Apparate, in welchen die die Metalle enthaltenden Materialien einer höheren Temperatur ausgesetzt werden, nennt man im Allgemeinen Oefen; dieselben werden je nach der Art desjenigen Raums, welcher die darin zu behandelnden Materialien aufnimmt, eingetheilt in Heerde oder Heerdöfen, Schachtöfen, Flammöfen und Gefässöfen, und je nachdem der Brennstoff darin durch natürlichen Luftzug oder mit Hilfe des Gebläsewindes verbrennt, heissen diese Oefen Zugöfen oder Gebläseöfen, je nachdem endlich die Materialien darin blos erhitzt oder bis zum Schmelzen gebracht werden, nennt man die Oefen Glühöfen oder Röstöfen, oder Schmelzöfen.

Die **Heerde oder Heerdöfen** sind niedrige, nur an einer oder mehreren Seiten mit Mauern umgebene Feuerstätten von runder oder viereckiger Gestalt, in welchen die Erze oder Producte mit dem Brennstoff in unmittelbare Berührung kommen, und worin das Brennmaterial nur sehr unvollkommen ausgenützt wird.

Die **Schachtöfen** sind hohe, schachtartige Räume von verschiedenem Horizontal- und Verticalquerschnitt, in welchen ebenfalls der Brennstoff mit dem darin befindlichen Verhüttungsmaterial meist in unmittelbare Berührung kömmt, sie dienen sowohl zum Schmelzen, als auch zu blosser Erhitzung der Erze oder Producte. Man theilt sie nach ihrer effectiven Höhe, d. i. nach der Entfernung des tiefsten Punktes im Ofeninnern bis zum Horizont der Aufgebeöffnung ein in Krumöfen, Halbhohöfen und Hohöfen, und sind die ersteren bis 2 m, die Halbhohöfen bis 6 m, die Hohöfen über 6 m hoch.

Nach der Gestalt des tiefsten Raumes der Schmelzschachtöfen, welcher die geschmolzenen Massen aufnimmt und welchen man allgemein mit dem Namen Schmelzheerd bezeichnet, theilt man die Schachtöfen ein in Tiegelöfen, Sumpföfen und Spuröfen; man nennt den Schmelzheerd häufig auch das Gestelle des Ofens und die Art seiner Herstellung die Zustellung. Die Tiefe dieses Raumes wird stets vom Formmittel bis zu dem tiefsten Punkt im Innern des Ofens gemessen.

Die Tiegelöfen enthalten die sämmtlichen geschmolzenen Massen innerhalb des Ofengemäuers, im Tiegel, und die Verbrennungsgase müssen ebenfalls innerhalb desselben aufwärts ziehen; es hat dies den Vortheil, dass die erzeugte Wärme gut ausgenützt wird und der vor dem Ofen beschäftigte Arbeiter nicht so sehr von der Hitze zu leiden hat. Dagegen haben diese Oefen den Nachtheil, dass darin gebildete Ansätze sich nicht ausräumen lassen, so lange der Ofen im Betriebe ist, die darin herrschende Temperatur ist verhältnissmässig hoch, wodurch die Bildung von Eisensauen begünstigt wird, und der Gebläsewind kann noch innerhalb des Ofens auf die geschmolzenen Massen einwirken, in Folge dessen dieselben noch eine chemische Veränderung erleiden können. In Fig. 1 ist bei a die Stichöffnung, bei b der Schlackenablauf, bei c tritt der Wind in den Ofen, bei d ist die Gicht. Die Skizze stellt die Contur des ursprünglich von

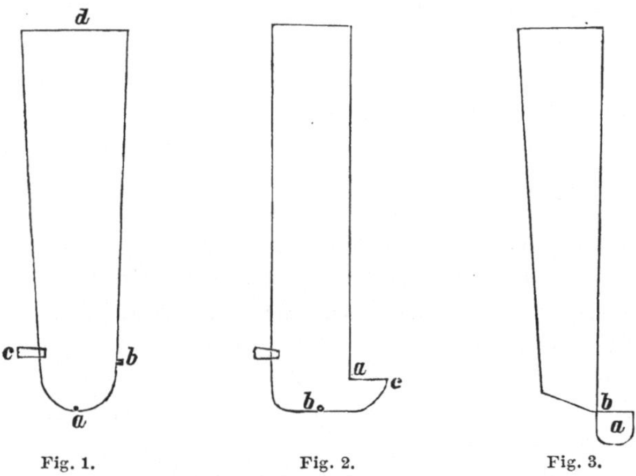

Fig. 1.   Fig. 2.   Fig. 3.

Truran angegebenen Constructionsprincips dar, welches jetzt das fast allgemein angewendete ist.

Die Sumpföfen enthalten im tiefsten Raum des Ofens blos einen Theil der geschmolzenen Massen innerhalb des Ofengemäuers, der Raum, welcher dieselben aufnimmt, heisst der Sumpf, und den vor den Ofen vorragenden Theil desselben nennt man den Vorsumpf. Es gestattet diese Einrichtung, mit Rennstangen leicht in das Innere des Ofens fühlen und dort gebildete Ansätze leichter wegbrechen zu können, aber sie hat den Nachtheil, dass ein Theil der im Ofen erzeugten Wärme bei dem ausserhalb des Ofens liegenden Vorsumpf entweicht und verloren wird. Wenn man die Vorderwand des Ofens tiefer in den Sumpf hinabreichen lässt, so dass sie bis in die geschmolzenen Massen eintaucht und durch diese dann das Ofeninnere von der äusseren Umgebung abgesperrt wird, kann man jenem Wärmeverlust zum Theil begegnen. In Fig. 2 ist bei b der Abstich, a der Vorsumpf, die Schlacke fliesst über die Heerdmauer c von selbst ab oder wird abgezogen.

Die Spuröfen enthalten innerhalb des Ofengemäuers gar keine flüssigen Massen, sondern dieselben fliessen sämmtlich über die geneigte Sohle des Ofens, die Spur, sofort ab und sammeln sich vor demselben in einer eigenen, der Spurtiegel genannten Vertiefung an. Die Spuröfen stehen rücksichtlich der Wärmeausnützung den Tiegelöfen näher und sie werden dann angewendet, wenn es sich darum handelt, die geschmolzenen Massen rasch aus dem Ofen zu entfernen, um der oxydirenden Wirkung des Gebläsewindes auf das erschmolzene Metall zu begegnen; aber da die flüssigen Massen ausserhalb des Ofens abkühlen, so erfolgt die Trennung nach ihrem spezifischen Gewicht nicht so vollständig, und es können solche Oefen blos für leichtflüssige Schmelzmaterialien Anwendung finden. In Fig. 3 bedeutet a den Spurtiegel; durch die Oeffnung bei b, welche das Auge genannt wird, fliessen die geschmolzenen Massen aus dem Ofen ab.

Die in den Oefen erschmolzenen Educte und Producte müssen daraus von Zeit zu Zeit entfernt werden, wenn sie nicht selbst abfliessen; für diese Entfernung der Schmelzmassen legt man zum tiefsten Punkt des Ofeninnern von aussen her einen Canal, dessen Mündung nach innen während des Betriebes durch einen Thonpfropf oder einen Gestübbepfropf verschlossen gehalten und nur dann geöffnet, d. h. mittelst einer spitzen Eisenstange durchgestochen wird, wenn die flüssigen Massen abgelassen werden sollen, zu welchem Zweck man vor dem Ofen eine Vertiefung herstellt, in welche man dieselben ableitet. Man nennt die Ablassöffnung den Stich, und die schalen- oder kesselförmige Vertiefung vor dem Ofen, worin sich das Flüssige nach den spezifischen Gewichten sondert, den Stichtiegel. Gewöhnlich ist auch die Einrichtung getroffen, dass die Schlacke in einer bestimmten Höhe oberhalb des Stichs, aber stets unter dem Formhorizont, durch eine kleine Oeffnung continuirlich abläuft; diese Oeffnung heisst das Auge. Manchmal gibt man den Oefen 2 solcher Augen, und dann nennt man die Oefen Brillenöfen. Bei continuirlichem Schlackenabfluss wird die Schlacke entweder durch Rinnen in untergestellte, gusseiserne Schlackentöpfe ablaufen gelassen, oder sie wird über eine geneigte Ebene, die Schlackentrift, zur Hüttensohle abgeleitet, und von hier auf Karren verladen und abgeführt.

Bei Schachtöfen, in welchen das darin aufgegebene Material nicht bis zum Schmelzen erhitzt wird, werden an der Sohle im Mauerwerk mit Thüren verschliessbare Oeffnungen, Auszugsöffnungen, gelassen, und die erhitzten Massen zeitweilig bei diesen Oeffnungen ausgezogen.

Man nennt die Vorderseite eines Schachtofens die Vorwand oder Brustmauer und den untersten Theil derselben die Ofenbrust, die Rückseite heisst die Brandmauer, und die beiden Seitenwände werden die Ulmen des Ofens genannt. Die inneren Schachtwände werden aus feuerfestem Material hergestellt und heissen der Kernschacht; aussen ist derselbe entweder ebenfalls von Mauerwerk, dem Rauhschacht, umgeben, oder der Kernschacht erhält einen Mantel von Eisenblech, den Rauhmantel. Befindet sich zwischen beiden noch ein absichtlich leer gelassener Raum, welcher gleichsam einen hohlen Mantel um den Kernschacht bildet, so wird derselbe mit schlechten Wärmeleitern, wie Ziegel- oder Schlackenstücken ausgefüllt, und heisst Füllschacht; derselbe hat den Zweck, dem Kernschacht die in Folge seiner Erhitzung während des Betriebs eintretende Ausdehnung zu gestatten, die Wärme zusammen zu halten und den Abzug der Feuchtigkeit aus dem Mauerwerk zu erleichtern. Man ist neuerer Zeit von der Anwendung dieser Füllschächte vielfach abgekommen.

In dem Mauerwerk werden während des Aufbaues eines Ofens unter einander communicirende, nach aussen ausmündende Canäle ausgespart, durch welche die Feuchtigkeit aus dem äusseren Mauerwerk nach Ingangsetzung des Ofens entweicht; man nennt diese Canäle die Abzüchte.

Der Horizontalquerschnitt der Schachtöfen ist viereckig, trapezoidal, rund oder oval, und hinsichtlich des Verticalquerschnitts gibt es eben so viele Abweichungen, indem derselbe entweder ein Rechteck darstellt, oder nach unten zu sich verengt, manchmal im Schmelzraum erweitert und nach oben zu sich verengend hergestellt wird. In neuerer Zeit finden die runden, nach oben zu sich erweiternden Oefen am meisten Anwendung. Sehr selten schon findet man Oefen von viereckigem Horizontalquerschnitt, deren Brandmauer nicht vertical steht, sondern sich ausserhalb des Ofens neigt, während die beiden Ulmen senkrecht stehen, und die Brustmauer ebenfalls geneigt, meist mit der Brandmauer etwas divergirend hergestellt wird; solche Oefen nennt man rücksässige Oefen.

Je höher die Schachtöfen sind, um so besser wird die darin erzeugte Wärme ausgenützt und um so besser werden die Schmelzmaterialien vorbereitet, ehe sie in den Schmelzraum gelangen; je schwerer schmelzbare und je schwieriger reducirbare Materialien man demnach zu verhütten hat, um so höhere Oefen kann man anwenden, aber auch um so fester muss der mitverwendete Brennstoff sein, damit derselbe nicht durch die Last der Schmelzmaterialien zerdrückt werde. In höheren Oefen können auch höhere Temperaturen erzeugt werden, flüchtige Metalle werden demnach in hohen Oefen weniger vollkommen auszubringen sein, wenn nicht durch genügend weite Schmelzräume, beziehentlich durch eine entsprechende Erweiterung des Ofens im Formhorizont für eine Minderung der Temperatur vorgesorgt wird.

In Schachtöfen kann der darin vorzunehmende Process nicht beobachtet werden, nur nach dem Aussehen der Producte und nach den Erscheinungen, welche man an den Oeffnungen des Ofens wahrnimmt, lässt sich der Verlauf des Schmelzprocesses beurtheilen. Man verwendet (mit sehr geringen Ausnahmen, z. B. manchmal Holz, rohe Steinkohle oder Braunkohle) nur verkohlte Brennstoffe in Schachtöfen und wendet zur Unterstützung der Verbrennung Gebläsewind an, wenn der Ofen zum

Schmelzen dienen soll, Schmelzschachtöfen, dagegen lässt man in den Röstschachtöfen den Brennstoff nur durch natürlichen Luftzug verbrennen.

Die Anzahl und Vertheilung der Formen ist sehr verschieden und unterscheidet man 1-, 2-, 3- und mehrförmige Oefen. Unter Form (Fig. 4) begreift man ein nach vorn zu conisch zulaufendes an beiden Enden offenes Rohr von Metall, welches in das Formgewölbe eines Ofens eingesetzt wird und die Oeffnung bildet, durch welche der Wind in den Ofen einströmt. In die Form wird dann erst ein schwächeres, ebenfalls etwas conisch zulaufendes Rohr eingesetzt, welches mit dem Gebläse in Verbindung steht, und durch welches der Wind in die Form eintritt; man nennt das in die Form eingesetzte Rohr, das immer in der Form etwas zurückliegt, die Düse oder Deute. (e in Fig. 5.)

Man unterscheidet einfache und gekühlte Formen; zur Kühlung der Letzteren wird Wasser angewendet, sie heissen desshalb Wasserformen. Dieselben (Fig. 5) bestehen aus 2 in einander gesteckten Formen, welche vorn und rückwärts durch Ringe mitsammen verbunden sind; an

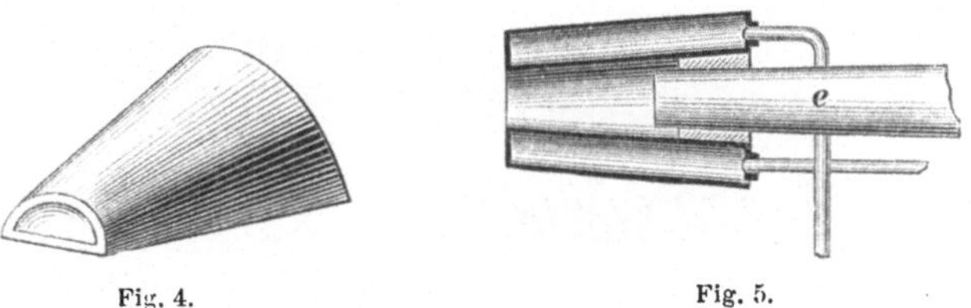

Fig. 4.   Fig. 5.

dem grösseren Ring ist oben und unten je ein kurzer Rohransatz angebracht, an welche die Wasserleitungsröhren derart angeschraubt werden, dass das Wasser bei der richtigen Lage der Form unten eintritt, oben aber abfliesst, so dass die Form stets voll Wasser erhalten wird. Um ein Zurückprallen des Windes, welcher bei dem Austreten aus der Düse expandirt und an die Formwände anstösst, zu verhüten, werden die Formen häufig an der Rückseite durch ein passendes eingesetztes Röhrenstück geschlossen (Fig. 5) und um das Formauge beliebig verengen oder vergrössern zu können, hat man eigene, in den vorderen Theil der Form, in den Formrüssel, passende, kurze, röhrenförmige Einsatzstücke von verschiedener lichter Weite, die man in die Form einschiebt und an diese unmittelbar die Düse anlegt. Man nennt diese kurzen Röhrenstücke die Steckformen. (Fig. 6.)

Die Wasserform von Teichmann (Fig. 7) ist eine rückwärts offene Wasserform, welche an der Unterseite ein Ringstück mit einem Rohransatz angenietet hat, durch welchen das dahinter sich ansammelnde Kühlwasser abfliesst; dieses Kühlwasser wird der Form durch ein Rohr b zugeführt, das vorn geschlossen ist, aber ringsherum Oeffnungen durchbohrt hat, so

dass das Wasser brausenartig in vielen dünnen Strahlen an die Formwände
getrieben wird, und an diesen herablaufend die Form kühlt.

Bei der Kühlung einer Form handelt es sich hauptsächlich darum,

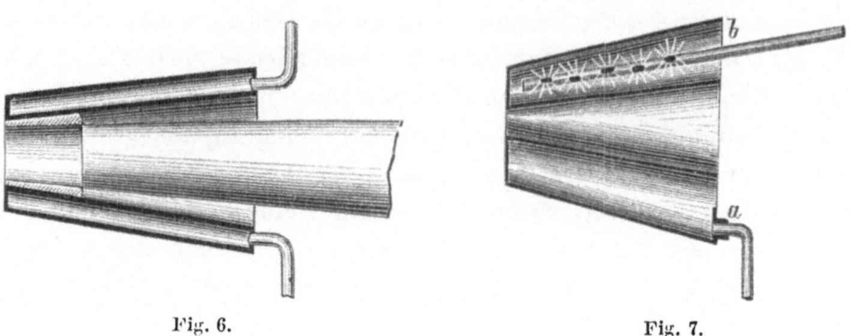

Fig. 6.   Fig. 7.

dass der vordere, in den Ofen einragende Theil der Form, der Formrüssel, kühl erhalten werde; es werden desshalb in letzter Zeit die das
Kühlwasser zuführenden Röhren so weit in die Höhlung der Wasserform

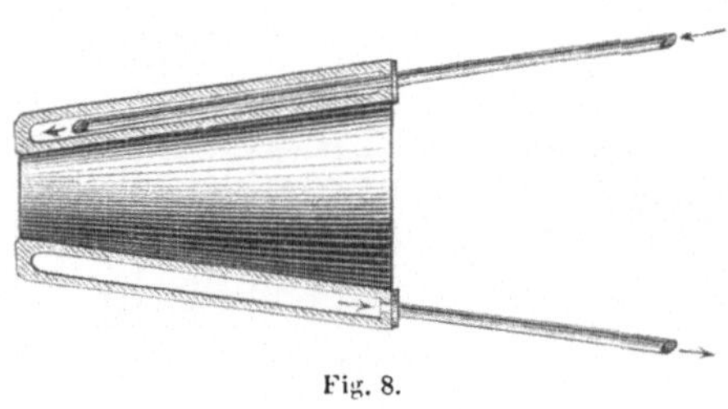

Fig. 8.

vorgeschoben, dass sie bis nahe zum Formrüssel reichen, und immer das
frische kalte Wasser die Innenseite desselben trifft. (Fig. 8.)

Fig. 9 zeigt eine Schlackenform, d. i. die das Auge bei einem Ofen

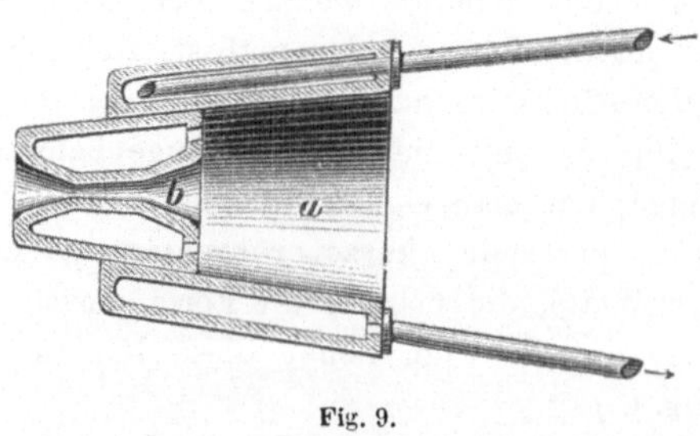

Fig. 9.

bildende Oeffnung; dieselbe besteht aus einer Wasserform a und einer
Steckform b, welche beide durch Wasser gekühlt werden.

Man unterscheidet bei einer Form den Rüssel und das Auge, d. i.
die vordere Oeffnung, und rücksichtlich ihrer Lage eine Neigung nach unten,

das Stechen, oder eine Richtung nach oben, das Ansteigen; bei einfachen Formen steht manchmal ein Vorragen des oberen oder unteren Theils des Formauges in Anwendung — ein Obermaul oder ein Untermaul (Oberlippe oder Unterlippe).

Gusseiserne Wasserformen nutzen sich am ehesten ab und werden bald lek, schmiedeeiserne Formen mit geschweissten Nähten sind dauerhafter, werden jedoch auch in Berührung mit geschmolzenen Metallen oder Schwefelmetallen von diesen angegriffen; solche Formen müssen aber auf die Dichtheit ihrer Schweissnähte untersucht werden. Die beste Art sie zu prüfen ist die, dass man sie mit Wasser füllt, die Eintritts- und Austrittsöffnung für das Wasser durch Eintreiben hölzerner Pflöcke schliesst, und die Form mit dem Auge nach abwärts vertical über ein Feuer stellt, bis durch den Druck des darin entstandenen Dampfes die Pflöcke aus den Oeffnungen herausgeschleudert werden. Es ist schwer, schmiedeeiserne Formen gut herzustellen, haben sie aber diese Probe bestanden, so können ihre Schweissnähte für zuverlässig angesehen werden.

Formen von Bronce sind noch besser und dauerhafter, an solche setzen sich die flüssigen Massen weniger leicht an und sie widerstehen der Berührung mit flüssigen Metallen recht gut; eben diese Formen werden nicht so leicht schadhaft, wenn man den Wasserstrahl bei einem Druck von 13 m und mehr direct an das Vorderende der Form leitet, um eine Incrustation möglichst zu verhüten. Alle 6 Monate müssen die Formen gewechselt und gebildete Incrustationen herausgeschafft werden, was entweder durch Beklopfen mit einem Hammer oder in der Weise geschieht, dass man die getrocknete Form an ihrer Mündung bis zu schwacher Rothgluth erhitzt und dann kaltes Wasser eingiesst, wodurch die Incrustation sich ablöst und mit dem Wasser herausgespült werden kann. Auch kann man stark verdünnte Salzsäure in der Form kochen.

Formen von Phosphorbronce sind die besten; sie nehmen die aus dem Wasser sich bildenden Incrustationen nicht so leicht an, dieselben haften auch nicht so fest, die Formen oxydiren sich nicht so leicht und werden nicht rauh an der Mündung, so, dass sich die geschmolzenen Massen weniger festsetzen können.

Bei den Gebläseflammöfen nennt man die in den Heerd einragenden Düsen Kannen; sie erhalten manchmal vorn ein in einem Charnier bewegliches herabhängendes Blech, den Schnepper, welcher von dem austretenden Windstrahl gehoben wird, und durch sein Bestreben, der Schwere folgend, niederzufallen, den Wind gegen das Metallbad herabdrückt und eine Oxydation befördert.

Die **Flammöfen** sind niedrige, mehr nach Länge und Breite ausgedehnte Oefen, in welchen die darin zu behandelnden Materialien mit dem Brennstoff nicht in unmittelbare Berührung kommen, sondern blos von der Flamme getroffen werden. Die Flammöfen gestatten die Verwendung roher und gasförmiger Brennmaterialien, man ist im Stande, je nach Bedarf eine

mehr oxydirende oder reducirende Flamme zu erzeugen, aber die Wärmeausnützung ist eine unvollständige und der Betrieb ein kostspieligerer
wegen des grossen Brennstoffaufwandes; den Hauptvortheil, welchen die
Flammöfen bieten, ist der, dass die Arbeit darin eine übersichtliche ist
und man sich jeden Augenblick von dem Fortschreiten eines Processes
überzeugen und etwaigen Mängeln sofort abhelfen kann.

Jeder Flammofen (Fig. 10) besteht aus dem Feuerraum a, der
Feuerbrücke b, dem Arbeitsheerd c, dem Fuchs d und der Esse e,
und wenn die Zuführung gepresster atmosphärischer Luft nothwendig wird,
gehört dazu noch ein Gebläse; man unterscheidet desshalb Zugflammöfen und Gebläseflammöfen. Mitunter bedarf das Brennmaterial
selbst, um eine lebhaftere Verbrennung zu erzielen, einer stärkeren Luft-
zufügung, als der natürliche Luftzug ist, und dann wird Wind unter den
Rost eingeblasen, wozu man den Aschenfall möglichst schliesst, oder es
wird manchmal auch oberhalb des Rostes Wind eingeblasen, und man
unterscheidet in dieser Hinsicht Oberwind- und Unterwindfeuerungen.

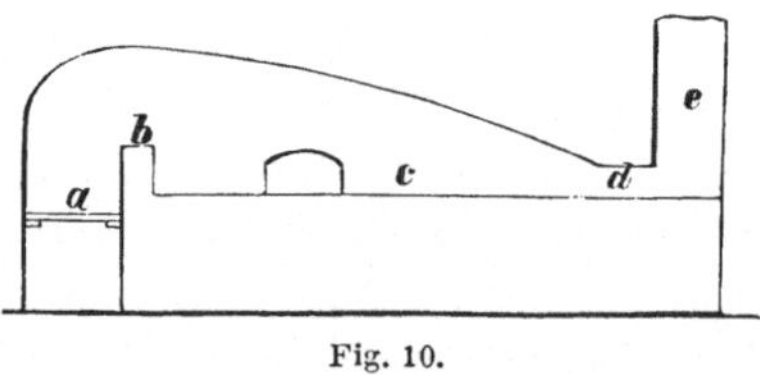

Fig. 10.

Der Feuerraum wird aus feuerfestem Material hergestellt, er ist immer
rechteckig, und wird von einer oder von zwei Seiten durch mit Thüren
verschliessbare Oeffnungen beschüttet; der wesentlichste Bestandtheil des
Feuerraums ist der Rost, dessen freie Fläche in einem bestimmten Verhältnisse zu der ganzen Rostfläche und dem Essenquerschnitte stehen
muss. Es lässt sich für dieses Verhältniss keine bestimmte Ziffer angeben,
da dies zu sehr von der Art des verwendeten Brennstoffs abhängig ist,
aber man kann im Allgemeinen annehmen, dass die freie Rostfläche für
Steinkohlen etwa $\frac{1}{4}$, für Holz und Torf etwa $\frac{1}{6}$ der ganzen Rostfläche
betragen soll. Die freie Rostfläche wird gebildet von den zwischen den
einzelnen Roststäben bleibenden Zwischenräumen, durch welche die Luft
zu dem Brennmateriale tritt, d. h. durch die Entfernung, in welcher die
einzelnen Roststäbe von einander liegen, und diese Weite ist wieder abhängig von der Grösse der Brennstoffstücke; für Kleinmaterial werden
Treppenroste angewendet. Die Roste sind selten aus gemauerten Gurten
hergestellt, gewöhnlich finden schmiedeiserne Roststäbe Anwendung, welche
man frei einlegt, um den Rost leichter reinigen zu können; solche Roststäbe lassen sich, wenn sie sich durch die Hitze verzogen haben, leicht
gerade richten.

Unter dem Roste befindet sich der Aschenfall, dessen Thür mit dem Querschnitt des Schornsteins gleiche Grösse haben soll; je höher der Rost über der Sohle des Aschenfalls liegt, um so weniger werden die durchgefallenen Kohlencinder erhitzend auf die Unterseite des Rostes wirken. Um dieselben sofort abzulöschen, wird manchmal unter dem Rost ein Wassertümpel angelegt, und darin stets Wasser gehalten.

Der Heerd eines Flammofens ist durch die Feuerbrücke von dem Roste getrennt; die Feuerbrücke bezweckt, die gasförmigen Verbrennungsproducte mit der heissen unzersetzten, durch den Rost gegangenen atmosphärischen Luft zu mischen, um die Verbrennung vollständiger zu machen, indem sich Luft uud Gase durch die über der Feuerbrücke gelassene Oeffnung, die Flammengasse, hindurch zwingen müssen.

Die Gestalt des Heerdes ist verschieden und abhängig von dem darauf vorzunehmenden Processe; der Heerd ist rund, elliptisch, viereckig, — er ist horizontal, geneigt oder muldenförmig. Die Heerdfläche muss zur Rostfläche in einem bestimmten Verhältnisse stehen, und kann der Heerd im Allgemeinen um so grösser gemacht werden, je flammbarer der Brennstoff ist und eine je geringere Temperatur im Ofen man erzielen will; zu dem Heerde führen eine oder mehrere durch Thüren verschliessbare Arbeitsöffnungen, in welchen manchmal Späheöffnungen belassen sind, die mit einem Thonpfropf verschlossen werden. Der Heerd ist mit einem Gewölbe überspannt, dessen Entfernung von der Heerdsohle sich ebenfalls nach der Flammbarkeit des Brennstoffs und der auf dem Heerde hervorzubringenden Temperatur richtet; je flacher dieses Gewölbe, um so mehr wird die Hitze davon zurückgestrahlt (Reverberiröfen), und je tiefer das Gewölbe am Ende des Heerdes sich herabzieht, um so mehr wird die Hitze darin zurückgehalten.

Der Fuchs verbindet den Heerd mit der Esse und ist in manchen Fällen zwischen Heerd und Fuchs ebenfalls eine niedrige Mauer, die Fuchsbrücke, aufgeführt; man pflegt dieselbe jedoch seltener anzuwenden, weil man, wenn eine Verengerung des Fuchses nothwendig wird, denselben durch Verlegen mit Ziegeln oder auch durch Vorwerfen von Sand zu einem dreiseitigen Prisma beliebig erweitern oder verengen kann. Der Fuchs liegt meist im Horizonte der Heerdsohle, seltener im Gewölbe, er führt die Verbrennungsgase in horizontaler, fallender oder steigender Richtung zur Esse; man belässt ihm denselben Querschnitt, welchen er bei der Ausmündung am Heerde hat, und bringt in demselben häufig noch einen Schuber an, mit Hilfe dessen man den Fuchs auch ganz absperren kann.

Die Esse oder der Schornstein endlich hat den Zweck, die zur Verbrennung des Brennstoffs nöthige Menge Luft anzusaugen und die Verbrennungsgase abzuführen; ihre Wirkung ist abhängig von der Höhe, dem Querschnitt, der Temperatur der abziehenden Gase und von dem Material, aus welchem sie hergestellt ist. Je höher der Schornstein, um so stärker ist der Zug und um so vollständiger die Verbrennung; der Essenquerschnitt soll zur freien Rostfläche stehen im Verhältniss wie 1:1 oder wie 1:2, wobei die Geschwindigkeit der unter den Rost zutretenden Luft und die Geschwindigkeit der aus dem Schornstein ausströmenden Gase nahezu gleich ist. Der Luftzug ist um so stärker, je höher die Temperatur der abziehenden Essengase und je niedriger die Temperatur der atmosphärischen Luft ist, es wird jedoch nie ein stärkerer Zug erzielt, als bei einer Temperatur der aus dem Schornstein austretenden Gase von 300° C. erreicht werden kann, womit zugleich das Summum des Luftzuges gegeben ist.

Die Essen baut man meistens aus Steinen und gibt denselben immer bis zu einer der Temperatur der abziehenden Gase jeweilig entsprechenden Höhe ein feuerfestes Futter; sie werden rund oder quadratisch aufgeführt. Kleinere Essen können aus Blech hergestellt werden. Zur Regulirung des Zuges sind in den Canälen, welche zu den Schornsteinen führen, Schuber angebracht, oder man gibt kleineren Essen oben an der Mündung eine Klappe, den Temper, den man nach Bedarf heben oder senken kann.

Im Allgemeinen empfiehlt es sich nicht, mehrere Oefen an eine Esse zu kuppeln, geschieht dies aber, so ist darauf zu sehen, dass man die von den einzelnen Oefen dem Essenhauptcanal zuschleifenden Gascanäle derart anlegt, dass der Rauch möglichst in der Richtung des im Hauptcanal herrschenden Zuges eintritt; lässt sich dieses nicht ausführen, dann bringt man in der Hauptesse bis zu einer gewissen Höhe Scheidewände an, so dass die Oefen ihre Gase in die dadurch gebildeten Abtheilungen entlassen, von wo aus dann sämmtliche Gase bei dem Austritt in gleicher Richtung gemeinsam den übrigen Theil der Esse durchströmen.

Die **Gefässöfen** sind theils Schacht-, theils Flammöfen, und die darin zu behandelnden Materialien kommen weder mit dem Brennmaterial, noch mit der Flamme desselben zusammen, sondern sie werden in eigenen Gefässen darin erhitzt, wodurch die Wirkung des Feuers abgeschwächt und ein grosser Brennstoffaufwand verursacht wird. Diese Oefen werden angewendet, wenn ein Brennstoff oder seine Flamme oder die atmosphärische Luft auf die Rohmaterialien schädlich einwirken, oder wenn ein bei der Erhitzung flüchtig gewordener Körper aufgefangen und condensirt werden soll. Die Gefässe, welche in den Ofen eingesetzt werden, sind gewöhnlich aus feuerfestem Thon, seltener aus Gusseisen, sie sind entweder Tiegel oder Röhren, Retorten oder Muffeln, und werden die Oefen nach den darin enthaltenen Gefässen benannt. Oefen, welche mehrere Reihen über einander gelegte Röhren oder Retorten enthalten, heisst man Galeerenöfen. Die Gefässöfen dienen zu Schmelzungen, zum Saigern, Destilliren, Sublimiren und Cementiren, manchmal auch zum Rösten.

Zur Beheizung kommen bei den Gefässöfen theils rohe, Flamme gebende Brennmaterialien, theils auch verkohlte Brennstoffe zur Anwendung, und die Gefässe stehen oder liegen in den Oefen entweder auf einem Roste, oder auf massiven Unterlagen.

Die Flammöfen und Gefässöfen werden aber auch mit gasförmigen Brennstoffen beheizt.

Die Arbeiten bei den Schmelzöfen.

Die bei den Oefen vorzunehmenden Arbeiten sind sämmtlich solche, welche regelmässig wiederkehren, sobald der Ofen in gehörigen Gang gekommen ist, und man muss dahin wirken, den Ofen wo möglich beständig in normalem Gang zu erhalten.

Bei **Schachtöfen** werden diese Arbeiten auf der Gicht, im Heerde oder vor der Form vorgenommen.

Die Arbeiten auf der Gicht beziehen sich a) auf die Herbeischaffung, Gattirung und Beschickung der Erze und auf die Zufuhr des Brennstoffs, b) auf das regelmässige Aufgeben der Kohlensätze und Erzgichten.

Die gehörig vorbereiteten Erze werden zur Bestimmung ihrer Quantität für eine Gicht fast ausnahmslos gewogen, in einigen wenigen Fällen, wo noch mit versetzenden Gichten gearbeitet wird, bleibt es der Einsicht und Erfahrung des Arbeiters überlassen, bei stets sich gleichbleibendem Kohlensatz durch Mehr- oder Wenigerauftragen von Erz den Ofengang zu reguliren; in dieser Art wird bei der Verhüttung in Krumöfen und Halbhohöfen verfahren.

Die Erze mit den zugehörigen Zuschlägen werden theils im Horizonte der Gicht, theils auf der Hüttensohle zu regelmässig geschichteten Haufen übereinander gestürzt, welche man die Vormassen nennt, und muss von den hiefür bestimmten Leuten den Vormassläufern, immer ein Vorrath für mindestens 24 Stunden hergerichtet sein; von einer solchen Vormass wird jedesmal das für einen Satz bestimmte Gewicht mit Schaufeln abgestochen und hiebei getrachtet, dass stets möglichst gleiche Mengen aller Schmelzmaterialien in jede Erzgicht gelangen. Die Erzgichten werden in eigene Gichtwagen schaufelweise eingefüllt, darin gewogen, der Wagen dann über die Gicht gefahren und entleert. Auch die Brennstoffgichten sollen gewogen werden; bei Koks pflegt dies wohl zu geschehen, bei Holzkohlen jedoch begnügt man sich mit dem Messen, und für jede Gicht wird ein bestimmtes, unabänderliches Mass oder Gewicht davon in den Ofen gebracht. Das Aufgeben der Erze bei dem Schmelzen in Krumöfen oder Halbhohöfen besorgt der Gichtensetzer derart, dass er die Beschickung ungewogen in Trögen aufgibt und die Anzahl Tröge für jeden Satz nach dem Ofengang regulirt. Die Kohlengichten müssen eine bestimmte Raumgrösse haben, grössere Kohlengichten geben bessere Schmelzeffecte, als kleinere.

Je weiter der Schmelzbetrieb bis zu einer gewissen Zeit, in welcher der normale Betrieb erreicht wird, vorschreitet, um so höher wird allmälig die Temperatur im Ofen, und um so grössere Erzsätze können nach und nach gegeben werden, bis man auf den Normalsatz gekommen ist. Zuerst wird immer die Kohlengicht und dann der Erzsatz aufgegeben; befindet sich die Vormass auf der Hüttensohle, so wird jeder Satz mittelst eines Aufzugs zur Gicht hinaufgeschafft.

Die Arbeiten im Heerde bestehen im zeitweiligen Ablassen der Schlacke da, wo dieselbe nicht continuirlich aus dem Ofen abfliesst, in dem Abstechen von Stein oder Metall und in dem Reinigen des Heerdes, wenn sich Versetzungen gebildet haben oder sonst Betriebsstörungen eingetreten sind.

Die Schlacke lässt man bei continuirlichem Abfluss über eine geneigte Ebene, die Schlackentrift, vom Auge aus zur Hüttensohle ablaufen, von wo sie mit Furcheln abgehoben und in Karren zur Abfuhr verladen wird; bei dem periodischen Ablassen der Schlacke durch Rinnen lässt man sie in untergestellte, gusseiserne, conische Tiegel, die Schlackentöpfe ablaufen, immer so viel auf einmal, dass der Schlackentopf gefüllt wird, worauf man denselben mittelst einer auf einem zweirädrigen Gestelle ruhenden Gabel fortführt und einen leeren Topf an dessen Stelle bringt. Der erkaltete Schlackenkuchen wird ausgestürzt, und wenn sich in der Spitze Lech abgeschieden haben sollte, wird dieses abgeschlagen und mit dem sonst abfallenden Lech verarbeitet. Das Lech wird aus den Oefen abgestochen, wozu man vor dem Ofen Stichtiegel angelegt hat, aus welchen es nach dem jedesmaligen Erstarren der Oberfläche in Scheiben ausgehoben wird; Metall wird auch aus dem Ofen entweder abgestochen und aus dem Stichtiegel in Formen geschöpft, oder man schöpft dasselbe zeitweise aus einem ausserhalb des Ofens liegenden Sumpf, wenn ein continuirlicher Abfluss dahin eingerichtet ist (Arents'scher Stich, Fig. 96). Zuweilen wird Metall und Lech gleichzeitig abgestochen; zu Freiberg hat man zu diesem Behufe sehr zweckmässig die Ofensohle höher als die Hüttensohle gelegt, so dass die Abstichrinnen für Metall und Lech so hoch zu liegen kommen, dass auf Wagengestellen ruhende, über Schienen laufende, flache gusseiserne Schalen darunter gefahren werden können, aus welchen nach erfolgtem Abstich und nach dem Erstarren des Lechs dieses zuerst in Form einer Scheibe abgehoben und dann das zurückgebliebene Metall in Formen ausgeschöpft wird (Fig. 106).

Das Reinigen des Schmelzheerdes mit geraden oder gekrümmten, vorn spitzigen Eisenstangen (Rengeln) von Ansätzen kömmt häufiger vor.

Die Arbeiten vor der Form beziehen sich:

a) auf das Umsetzen (Wechseln) der Formen, das Umformen;

b) auf die Reinigung und Reinerhaltung des Formauges;

c) auf die Beobachtung des Gebläseganges oder der Windführung in Bezug auf Düsenöffnung, Windpressung und eventuell Temperatur des Windes;

d) auf die gehörige Abkühlung der Form und die regelmässige Beaufsichtigung der Wasserleitung bei mit Wasser gekühlten Formen und Gestellen.

Desshalb muss der Arbeiter öfters bei den Formen nachsehen und wahrgenommene Mängel beheben oder dieselben zur Kenntniss des Hüttenofficianten bringen.

Der Gang eines Schachtofens wird beurtheilt:
a) nach den Erscheinungen auf der Gicht;
b) nach den Erscheinungen beim Heerde;
c) nach den Erscheinungen vor der Form;
d) nach dem Einrücken der Gichten in das Gestelle, nach dem Gichtenwechsel;
e) nach der Beschaffenheit des erzeugten Products;
f) nach der Beschaffenheit der abfallenden Schlacke.

Hiefür lassen sich bei den vielen Verschiedenheiten, welche bei der Gewinnung der einzelnen Metalle vorkommen, keine allgemein giltigen Regeln aufstellen; fleissiges Nachsehen und Controliren des Betriebes, Kenntniss und Erfahrung müssen Hand in Hand gehen, um jederzeit ein richtiges Urtheil schöpfen zu können.

Bei den **Flammöfen** werden die Arbeiten theils im Ofen selbst, theils vor dem Ofen ausgeführt; dieselben beziehen sich auf:
a) die Herstellung des Schmelzheerdes, die hier viel öfter geschehen muss, als bei den Schachtöfen;
b) das Besetzen des Ofens;
c) die regelmässige Bedienung der Feuerung;
d) das Abstechen von Stein oder Metall oder beider zugleich, das Abziehen der Schlacken und das Ausziehen der Rückstände;
e) das Wegräumen von Ansätzen und die Reparatur der Heerdsohle;
f) die richtige Leitung des Feuers zur Hervorbringung der jederzeit nöthigen Temperatur.

Der Betrieb der Flammöfen und Heerdöfen ist viel mehr in die Hände des Arbeiters gegeben, als der Schachtofenbetrieb; in der Folge wird auf diese Punkte bei Anführung der einzelnen Processe allemal Rücksicht genommen werden.

Weniger ist dieses der Fall bei der Bedienung der **Gefässöfen,** wozu ausser einiger manueller Fertigkeit blos für eine richtige Leitung des Feuers, für das Füllen und Entleeren der Gefässe und das Einsetzen oder Auswechseln derselben Sorge zu tragen ist. Eine grössere Achtsamkeit und Sachkenntniss ist bei jenen Processen erforderlich, bei welchen in den Gefässen Sublimationen und Destillationen vorgenommen werden, wo es auch noch darauf ankömmt, die Condensation der übergehenden Dämpfe zu überwachen und zu grosse Verluste durch Entweichen derselben ausserhalb des Condensationsapparates hintanzuhalten.

Der Flugstaub.

Der Flugstaub, auch Gichtstaub, Hüttenrauch genannt, besteht aus jenen feinen Theilchen der in den Oefen verarbeiteten Massen, welche theils durch die den Ofen verlassenden Gase in Folge Nachdrücken des Gebläsewindes, theils bei den mit natürlichem Luftzug betriebenen Oefen durch den darin herrschenden Zug mitgerissen werden, und sich je nach ihrer Schwere näher oder entfernter von dem Apparat wieder ablagern, zum Theil auch bei dem Austritt in die Atmosphäre von dieser aufgenommen und weiter geführt werden.

Der Flugstaub enthält neben den mechanisch mitgerissenen Erz- und Brennstofftheilchen auch die Oxyde und Salze jener Metalle, welche aus den verhütteten Erzen dampfförmig ausgetreten sind, und bei der Abkühlung sich wieder verdichteten; der Flugstaub enthält demnach alle jene Substanzen wieder, welche die Erzführung zusammensetzten, jedoch in ganz anderen Mengenverhältnissen, und wenn flüchtige Substanzen anwesend waren, am meisten von diesen, so dass er häufig das Ausgangsmaterial für die Gewinnung eines zweiten Productes oder Eductes darstellt.

Der Flugstaub fällt manchmal in so grossen Massen ab, dass derselbe öfter aus den Flugstaubkammern ausgeräumt und current bei dem Betriebe wieder zugesetzt werden muss, damit er sich nicht allzusehr anhäufe; in Folge seines Gehaltes an Metall oder Metallen repräsentirt der Flugstaub einen gewissen Werth und ist um so werthvoller, einen je höheren Preis das darin enthaltene Metall besitzt. Darum wird sehr darauf gesehen, den Flugstaub nicht zu verlieren, sondern möglichst vollständig wieder zu gewinnen und dadurch auch einen Theil der ohnehin bei den Verhüttungen unvermeidlichen Abgänge wieder hereinzubringen.

Die mit dem Flugstaub fortziehenden Dämpfe und Gase sind gewöhnlich auch schädlich für pflanzliche und thierische Organismen, demnach gebieten nicht allein pecuniäre sondern auch sanitäre Rücksichten, für möglichste Zurückhaltung und Unschädlichmachung dieser Gase und Dämpfe Sorge zu tragen.

Der Flugstaub und die Metalldämpfe, so wie Dämpfe von Metallverbindungen bilden sich bei allen Hüttenprocessen und in allen Apparaten, daher man auch an allen diesen Condensationsvorrichtungen anbringt. Mitunter ist der so gewonnene Hüttenabfall sofort als Handelsproduct zu verwerthen (die poussière, das Zinkbleioxyd von dem Wasserdampfverfahren bei dem Reinigen der Bleie), mitunter geben solche Abfälle nach einer vorgenommenen Raffination oder weiteren Verarbeitung neue verkaufbare Hüttenproducte (weisses und gelbes Arsenglas), mitunter dienen sie selbst zur Darstellung eines zweiten in dem Erz enthalten gewesenen Metall, das sich in den verflüchtigten und wieder condensirten Dämpfen angesammelt hat (Arsen, Cadmium). Nach Kosmann[1]) enthielten:

Flugstaub vom	Bleierzrösten zu Walter-Croneckhütte in Rozdzin	Schmelzen des Bleirostes	Blenderösten zu	
			Silesiahütte	Godullahütte
PbO	62·80%	26·4%	14·690%	14·486%
ZnO	3·20 -	57·8 -	16·809 -	15·430 -
SO_3	25·80 -	4·8 -	15·453 -	15·101 -
Ag	0·08 -	—	—	—
F_2O_3	4·44 - ⎱	4·6 -	21·135 -	25·696 -
CaO	1·96 - ⎰		1·117 -	1·640 -
Feuchte	1·50 -	6·0 -	—	—
CdO	—	—	2·680 -	2·449 -
Al_2O_3	—	—	7·280 -	7·423 -
MgO	—	—	1·028 -	1·065 -
As_2O_3	—	—	0·937 -	2·066 -
P_2O_5	—	—	0·614 -	0·604 -
Unlösliches	—	—	18·146 -	10·976 -

Poussière von	Theresienhütte zu Anfang des Betriebes	Silesiahütte im Durchschnitt
Zn	80·000%	84·463%
ZnO	8·824 -	4·888 -
CdO	1·651 -	2·654 -
Pb	2·018 -	4·276 -
Fe_2O_3	1·022 -	0·903 -
Al_2O_3	0·200 -	—
Mn_2O_3	1·815 -	—
CaO	2·804 -	2·464 -
MgO	0·675 -	0·239 -
Kohle	0·230 -	—
Unlöslich	1·020 -	0·120 -

Der Flugstaub aus den Kleemann'schen Vorlagen enthielt:

ZnO	85·20%
CdO	1·46 -
PbO	4·44 -
Mn_3O_4	0·05 -
SO_3	4·12 -
Rückstand und Fe_2O_3	1·50 -

---

[1]) Preuss. Ztschft. Bd. 31 pag. 223.

An diese hier mitgetheilten Analysen knüpft Kosmann noch Ausführungen über die technische Verwerthung dieser Flugstaubproducte.

Die Flugstaubcondensation.

Zur Aufsaugung der in fester Form sich niederschlagenden Antheile des Hüttenrauchs werden besondere Apparate angelegt, welche man Flugstaubcondensatoren oder Flugstaubkammern, eventuell Giftfänge nennt, und welchen häufig eine bedeutende Ausdehnung gegeben werden muss; diese Apparate sind entweder Kammern oder Canäle, immer aber kömmt es auf möglichste Abkühlung der durchströmenden Gase und Dämpfe und auf Darbietung möglichst grosser Oberflächen an, an welchen sich die starren Condensationsproducte festsetzen können. Grosse Räume wirken wohl abkühlend und verlangsamen den Zug, aber sie sind, wie die Erfahrung gelehrt hat, nicht so wirksam, wie eine grosse Condensationsoberfläche, denn eine solche leistet, selbst wenn sie ganz der Richtung des Zuges entspricht, mehr, als Zughemmung und Brechung des Gasstromes, beziehentlich ein Fortbewegen desselben in Schlangenwindungen; es hat dieser Umstand seinen Grund darin, dass der Gasstrom zwar an seiner Umkehrungs(-Brechungs)stelle gehemmt wird und hier momentan an Geschwindigkeit verliert, aber die nachfolgenden Gase drücken denselben vorwärts, die Esse saugt denselben in gleicher Richtung an, und mit entsprechend grösserer Geschwindigkeit durchziehen die Gase dann die eigentliche Flugstaubkammer und reissen die noch suspendirten Theilchen um so sicherer mit sich fort. Dies ist der Fall, wenn der Gasstrom sich in horizontaler Richtung in Schlangenwindungen fortbewegt. Streicht der Gasstrom in gleicher Art, jedoch nicht horizontal, sondern auf- und abwärts, so wird bei jedem Abwärtsziehen und bei der Umkehr zur Richtung nach oben der bereits am Boden abgesetzte Flugstaub aufgewirbelt, und ein Theil davon wieder mitgerissen, also ein ruhiges Ablagern gestört und die Condensation erfolgt immer nur sehr unvollkommen. Eine absolute Condensation ist aber nie möglich, weil der erforderliche Luftzug unterhalten werden muss.

Die Mittel, welche zur Erreichung dieses Zweckes angewendet werden, sind verschieden und eben so verschieden sind die erzielten Erfolge, im Wesentlichen machen sich aber zwei Unterschiede geltend; die eine Methode benützt Wasser mit zur Abkühlung der Gase und Condensation des Flugstaubes, kann demnach als Condensation auf nassem Wege bezeichnet werden, während die andere blos durch grössere dem Gasstrom gebotene Räume oder Wandflächen dasselbe Ziel zu erreichen strebt, und welche demnach als Oberflächencondensation anzusehen ist, wobei Wasser eventuell blos als Sperrflüssigkeit dient.

Zu der ersteren Art von Condensatoren gehören die folgenden:

Zu Pontgibaud wird das von dem Ventilator a durch das Rohr b

aus den Röstöfen, Schacht- und Treiböfen angesogene Gasgemenge aus dem
Kasten e in das Rohr d getrieben, worin es durch bei c aus einer Brause
einspritzendes Wasser von Rauch und Wasserdampf befreit wird und von
da erst in die Condensationskammern abzieht (Fig. 11).

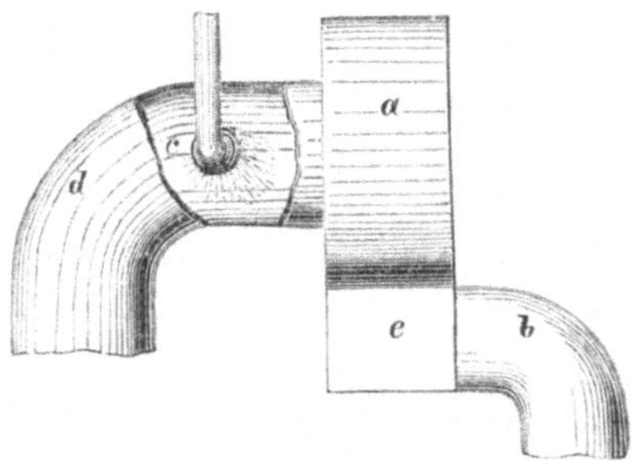

Fig. 11.

Ein ursprünglich von Stockoe angegebener, zu Wensleydale in
Yorkshire aufgestellter Apparat hat die in Fig. 12 angegebene Einrichtung.
a ist ein Wasserreservoir, b eine mit Bleiblech ausgefütterte Cisterne, die

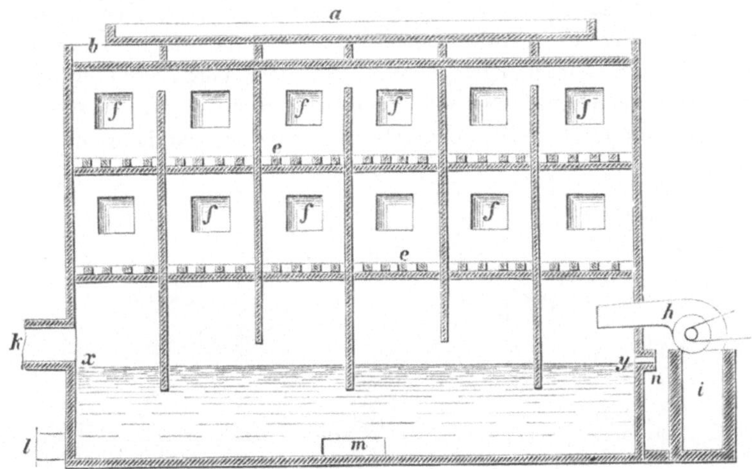

Fig. 12.

am Boden mit zahlreichen Löchern versehen ist und stetig mit Wasser
gespeist wird, so dass ein beständiges Herabregnen des Wassers im Innern
der Condensationskammern statt hat. Die Kammer ist durch verticale
Zwischenwände in 6 Abtheilungen getheilt, welche abwechselnd oben und
unten Durchlässe für das Durchstreichen des Gasstroms enthalten. Die
beiden Lattenböden e sind mit Reisig und Dornen belegt und ist der
Condensator dadurch in 3 Etagen abgetheilt; f sind die Thüren zum Ausräumen der einzelnen Abtheilungen, x y bedeutet den Wasserspiegel im

2*

Condensator, h ist der Ventilator, welcher die Gase aus dem Canal i in den Condensator treibt, k das Gasabzugsrohr, l ein Rohr zum Ablassen des Wassers, m eine Oeffnung zum Herausschaffen des abgelagerten Flugstaubs, n das Abflussrohr für das Ueberwasser.

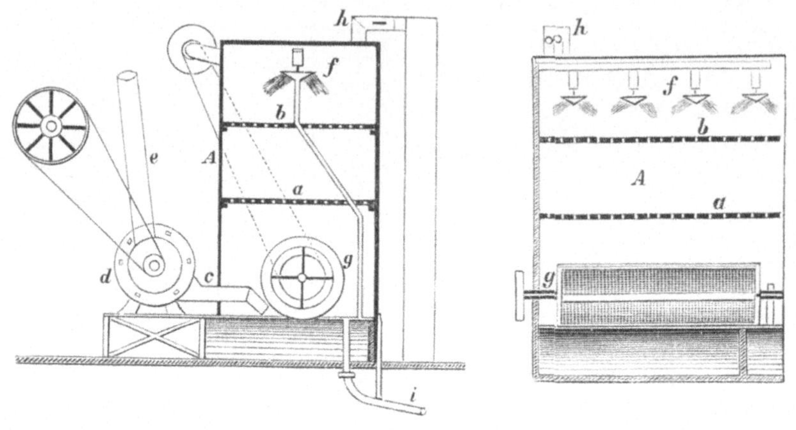

Fig. 13.   Fig. 14.

Eine Modification dieses Apparates ist der von Griffith angegebene Condensator (Fig. 13 u. 14). Der Holzkasten A ist durch die Siebböden a und b in drei Abtheilungen getheilt; von dem Ventilator d werden die Gase durch e angesogen und bei c eingetrieben, wo sie zunächst mit dem durch das Sprührad g hervorgebrachten Wasserregen und dann mit dem aus

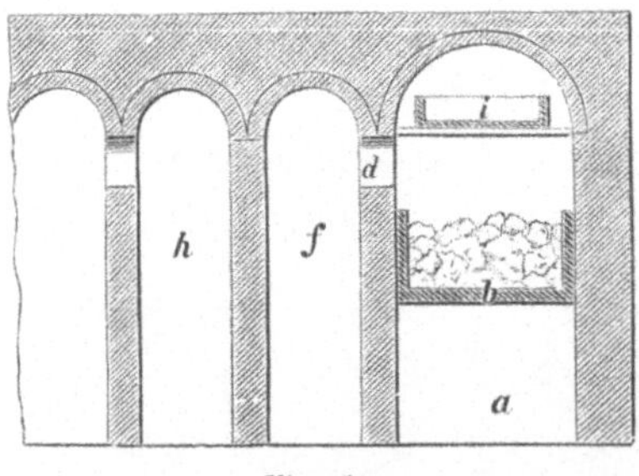

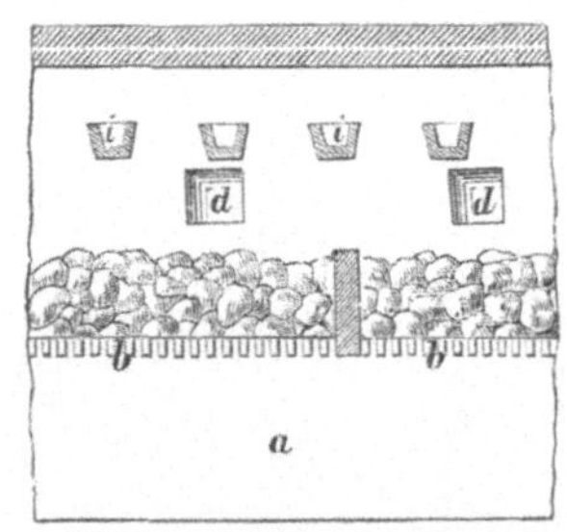

Fig. 15.   Fig. 16.

den Brausen f niedertropfenden Wasser zusammentreffen, bevor sie durch h entweichen. Bei i erfolgt der Wasserabfluss.

Die Condensation zu Eggleston Mill bei Alston in Cumberland ist folgends eingerichtet (Fig. 15 u. 16): Der Rauch tritt aus dem Ofen in den unteren Theil eines gewölbten Canals a, welcher durch den Rost b getheilt ist, auf dem grössere Kieselsteine liegen, welche von den mit Wasser gefüllten, intermittirend überfliessenden Kästen i beständig nass erhalten werden. Der abgekühlte Rauch zieht durch die Oeffnungen d in die Kammern f, h u. s. f.

Zu der zweiten Art von Condensatoren, den eigentlichen Flugstaubkammern gehören:

Der auf den **Richmond** und **Eureka Comp.** Werken zu **Eureka**[2]) aufgestellte Condensator (Fig. 17), welcher aus einem 360 m langen, aus galvanisirtem Eisenblech hergestellten Canal besteht, der in einen 13 m hohen, hölzernen Schornstein endigt, dessen Mündung 60 m höher liegt, als die Chargirthür des Ofens; in je einigen Metern Entfernung von einander befinden sich Räumthüren. Der Canal hängt in einem Holzgerüst.

Die Condensation auf **Watermann Works** bei **Stokton**[2]) (Utah) ist in Fig. 18 dargestellt. A ist der vom Ofen zu den Flugstaubkammern

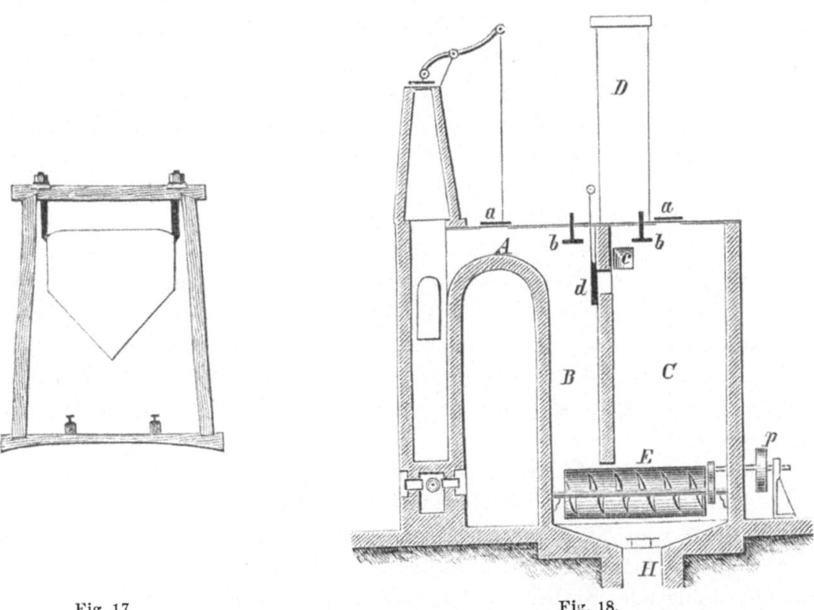

Fig. 17.   Fig. 18.

führende Canal, B und C die Kammern, D die Esse, E ist die in einem den Boden der Kammer bildenden Eisenblechcylinder durch die Riemscheibe p bewegte Austragschraube, H der Canal zum Ablassen des Condensirten, d ein Schuber, welcher bei dem Reinigen der Kammern geöffnet wird, und a mit Deckeln versehene Oeffnungen zum Zuführen von Wasserstrahlen auf die Seitenmauern und den Boden der Kammer bei der Reinigung derselben. Die rotirende Schraube taucht theilweise in Wasser und macht 65 Umdrehungen pro Minute, doch ist ihre Bewegung allemal entsprechend zu reguliren; alle Gase müssen durch den Cylinder geführt werden. Die Kammern sind 5 m breit, ebenso tief und 8 m hoch, und erfolgt das Ablassen des Flugstaubs alle 24 Stunden, worauf der Boden der Kammer

---

[2]) Dingler's Journ. Bd. 218, pag. 223.

wieder mit Wasser versehen wird, so dass $\frac{2}{3}$ der Schraube eintauchen. Durch die Brausen b wird stetig Wasser eingeführt, das durch ein Ueberfallrohr wieder abfliesst; der Boden der Kammer C ist von allen Seiten nach dem Canal H zu geneigt, das Dach der Kammer ist aus schwach gebogenen 10 mm starken Blechplatten hergestellt, bei c liegt die Abzugsöffnung zum Schornstein.

Die ältesten Einrichtungen für Flugstaubcondensation bestanden in Kammern, in welchen die Gase im Zickzack hin und her oder ab- und aufwärts strichen, und in den einzelnen Kammern den Flugstaub absetzten. Um für den Fall des Auf- und Abwärtsführens eines Gasstroms das unvermeidliche Aufwirbeln des zu Boden Gesetzten hintanzuhalten, wurde von Hering[3]) vorgeschlagen, die Zwischenwände der Condensationskammern

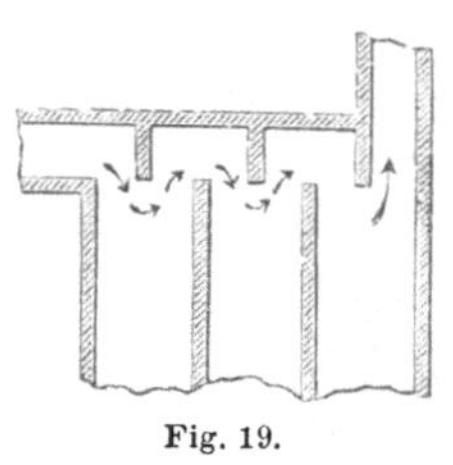

Fig. 19.

recht weit von einander zu legen und recht hoch zu machen, und das Absetzen des Flugstaubs durch zwischen die Abtheilungswände eingelegte Vorhangmauern zu begünstigen. Der Gasstrom durchzieht die eigentlichen Flugstaubkammern (Fig. 19) gar nicht, sondern stösst sich an die dazwischen befindlichen, vorspringenden Mauervorhänge, und wird der unter diese Vorhangmauern einmal niedergefallene Flugstaub von dem Zuge in keiner Weise mehr getroffen, kann daher zu ruhigem Absetzen gebracht werden. Die Scheidewände endigen im Niveau des Gaszuführungscanals, ihre Entfernungen von einander sollen mindestens 1 m, die Höhe der eigentlichen Kammern 3 m betragen.

Die vollkommenste Einrichtung ist jedenfalls die, wo dem Flugstaub grosse Wandflächen, nicht Räume, zum Absetzen geboten werden; zu Freiberg wendet man ein derartiges Condensationssystem an, welches aus sehr vielen, aber schmalen Canälen besteht. Neuerdings wurde ein dasselbe Princip verfolgendes System von Freudenberg[4]) angegeben (Fig. 20 u. 21). In die Flugstaubcanäle werden dünne Eisenbleche B in Entfernungen von 20 cm eingehängt, und um das Fortreissen des bereits abgelagerten Flugstaubs zu verhindern, werden von 3 zu 3 m 60 cm hohe Querbleche E, die von den Stützen C gehalten werden, eingelegt, so dass herabgefallene Partieen ruhig liegen bleiben und der über ihnen dahinstreichende Gasstrom dieselben nicht mehr aufrührt. Freudenberg fand, dass der Absatz von Flugstaub abhängig sei von der Temperatur der Gase und der Grösse der Wandflächen, und es hat sich weiter gezeigt, dass die in den Rauch-

---

[3]) „Eine neue Verfahrungsart statt des periodischen Abstechens bei dem Schachtofenbetrieb etc. mit Bemerkungen über die Einrichtung der Flugstaubkammern". Von C. A. Hering. Freiberg, 1875.

[4]) „Die auf der Bleihütte bei Ems zur Gewinnung des Flugstaubes getroffenen Einrichtungen" von M. Freudenberg, Ems, 1883.

canälen als Flugstaub sich absetzende Metallmenge in gleichem Verhältniss stehe zur Quadratfläche der Canalwandungen, somit die abgelagerte Menge Flugstaub um so grösser sei, je mehr Oberfläche die Innenwände der Canäle darbieten. In der Figur bedeutet noch A das Mauerwerk, L sind Schienen von Flacheisen mit angenieteten Eisenstiften von Rundeisen D, an welche die Bleche B aufgehängt werden.

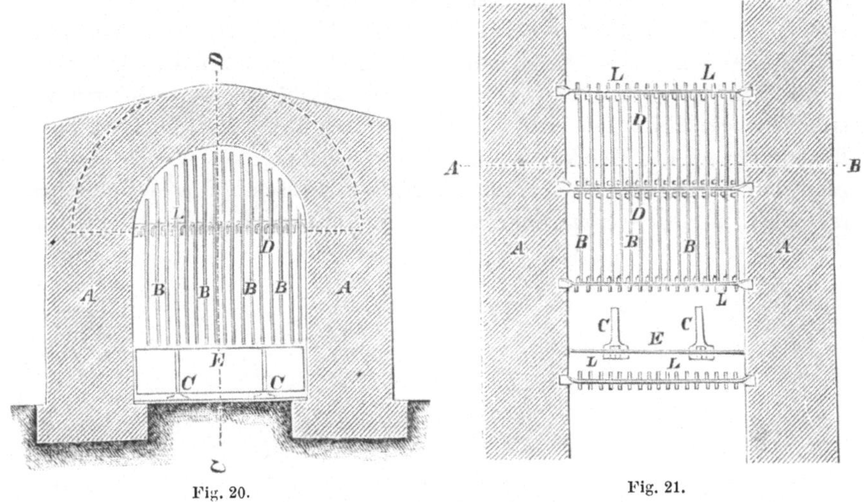

Fig. 20. Fig. 21.

Auch der lothringer Apparat ist häufig in Anwendung; derselbe ist in Fig. 22 abgebildet. Das bei a eintretende Gas entweicht auf der

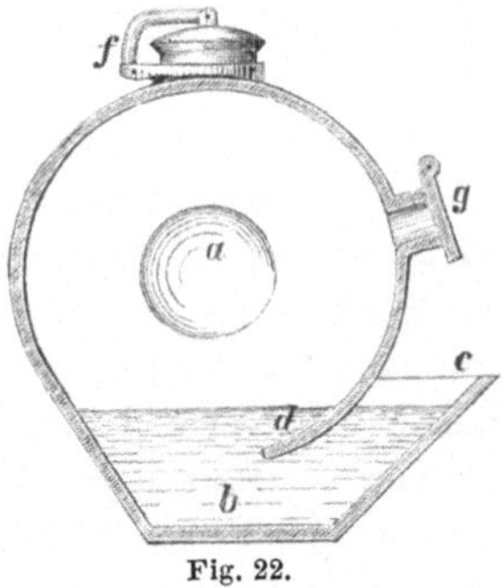

Fig. 22.

entgegengesetzten Seite und lässt den Flugstaub grossentheils in den mit Wasser gefüllten Unterkasten b fallen; diese Apparate können sehr leicht geräumt werden, indem der abgesetzte Flugstaub als Schlamm über den schiefen Bord bei c ausgezogen wird und das Sperrwasser ersetzt hier das Sicherheitsventil. Die Kante d des Cylinders muss stets unter Wasser tauchen. f und g sind Mannlöcher zum Putzen des Apparats, zugleich Sicherheitsventile.

Bei allen Gasleitungen nun sollen, um Explosionen möglichst unschädlich zu machen, an jeder Bruchstelle Sicherheitsventile angebracht werden; die gewöhnliche Art der Anlage solcher Sicherheitsvorrichtungen hindert aber nicht, dass die Explosion auch nach rückwärts in die Windleitung zurückschlägt, und selbst noch bei dem Gebläse nachtheilige Wirkung äussert. Eine sehr zweckmässige Einrichtung, welche jeden derartigen Rückschlag vollständig verhindert, wurde auf Friedrichshütte bei Tarnowitz[5]) getroffen und ist dieselbe in Fig. 23 skizzirt. Der von dem Ventilator getriebene, aus dem Regulator a durch f kommende Wind muss in die Windleitung b durch das dort eingesetzte 55 cm lange Rohrstück c eintreten; geschieht nun eine Explosion in der Gasleitung, so wird jeder Rückdruck auf das Gebläse dadurch hintangehalten, dass die Explosionsgase durch das Rohrstück c zurückstreichen müssen. Dieses Rohrstück ragt aber in dem weiten Rohr d so weit nach vorn, dass es über das

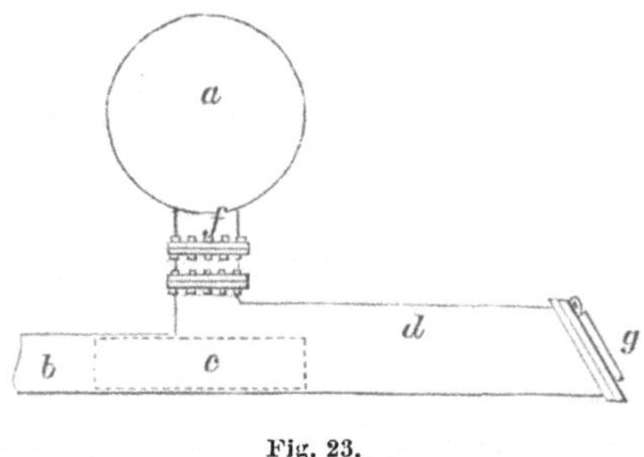

Fig. 23.

Windzuführungsrohr f hinausreicht, die Explosionsgase bewegen sich demnach in gerader Richtung fort und treten nach Heben des Sicherheitsventils g ins Freie.

Bei der Verarbeitung des Flugstaubs empfiehlt es sich, denselben nicht in Pulverform, sondern in compactem Zustande über die Schachtöfen aufzugeben, damit nicht wieder ein grosser Theil davon in die Condensatoren zurückgeblasen werde. Wenn, wie z. B. bei viel Erden enthaltenden Erzen, ein Einbinden mit Kalk (weniger gut mit Thon) nicht erwünscht ist, so ist jedenfalls mit Vortheil hiezu eine Lösung von Eisenvitriol verwendbar, worauf man die Batzen an der Luft trocknen lässt[6]).

Das Unschädlichmachen der schwefligen Säure in den Rauchgasen. Der für die Vegetation schädlichste Bestandtheil des Hüttenrauchs ist die schweflige Säure, welche die Blätter der Bäume gleichmässig auf der ganzen Oberfläche angreift. Nach Schröder[7]) verhalten sich die

---

[5]) Preuss. Ztschft. Bd. 32, pag. 99.

[6]) Bg. u. Httnmsche Ztg. 1885. pag. 110.

[7]) Dingler's Journ. Bd. 238 pag. 337. Chemikerztg. 1880 pag. 38. Siehe auch: Jahrbuch f. d. Bg. u. Httnwsn. im Königreich Sachsen pro 1884 pag. 93.

Bäume rücksichtlich ihrer Empfindlichkeit gegen Schwefeldioxyd verschieden, und zwar ist von den Laubhölzern am empfindlichsten die Birke, dann folgen der Reihe nach die Linde, Pappel, Erle, Esche, Ahorn, Eiche; von den Nadelhölzern ist am empfindlichsten die Tanne, dann folgt die Fichte und Kiefer.

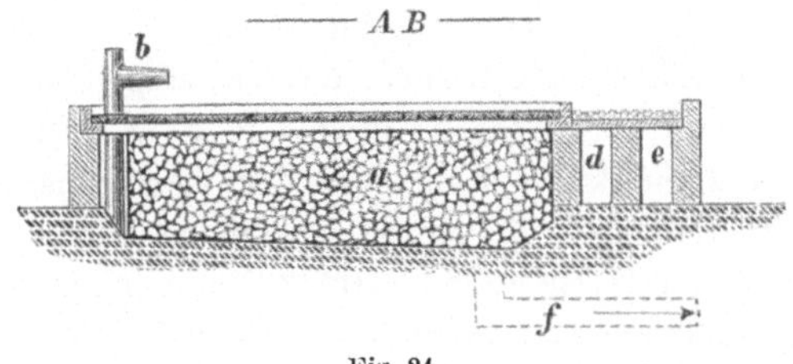

Fig. 24.

Der Gehalt des Hüttenrauchs an schwefliger Säure kann bis 2 Volumprocente betragen. Es sind vielfach Versuche und Vorschläge gemacht worden, dieses Gas durch Absorption unschädlich zu machen; von diesen Vorschlägen haben sich die folgenden bewährt und sind zur ständigen Anwendung gelangt.

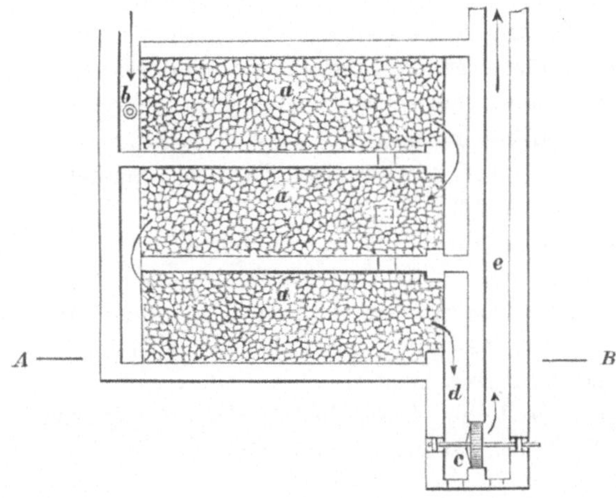

Fig. 25.

Nach der von Cl. Winkler[8]) getroffenen Einrichtung wird hiezu Kalkstein benützt, welcher in grösserer Quantität vorhanden sein muss und stetig mit einer genügenden Menge Wasser berieselt wird. Als Absorptionsapparat dient ein System von drei neben einander liegenden Kammern a (Fig. 24 und 25), die bis oben mit Kalkstein in groben Stücken angefüllt

<hr>

[8]) Jhrbch. f. d. Bg. u. Httnwsn. im Königreich Sachsen pro 1880 pag. 50. Bg. u. Httnmsch. Ztg. 1880 pag. 186 u. 354. Dingler's Journ. Bd. 235 pag. 220 und Bd. 239 pag. 215.

und mit durchlöcherten Holzbohlen bedeckt sind. Der Deckel erhält ringsum einen aufstehenden Rand, damit das auf denselben aus b zufliessende Wasser oben zurückgehalten werde und durch die feinen Bohrungen des Deckels in Regenform in die Kammer niederfalle. Die von einem Ventilator c abgesogenen Gase durchziehen die Kammern in der Richtung der eingezeichneten Pfeile, die nicht absorbirten Gasbestandtheile werden aus d abgesogen und durch e fortgetrieben, die schweflige Säure wird von dem Wasser absorbirt, das saure Wasser durch den Kalk neutralisirt, und das gebildete Sulfat und Sulfit des Kalks von dem überschüssig zufliessenden Wasser gelöst erhalten; das die Salze enthaltende Wasser fliesst durch f ab. Es gelang in dieser Weise Gase mit 0·360 Volumprocenten an Schwefeldioxyd auf blos 0·039 % Gehalt daran zu entsäuern. (D. R. P. No. 7171.)

Schnabel[9]) wendet zur Absorption der schwefligen Säure angefeuchtetes, auf Hürden ausgebreitetes Zinkoxyd an; durch Ausglühen des Zinksulfits wird das Schwefeldioxyd ausgetrieben und das Absorptionsmittel regenerirt. (D. R. P. No. 16860). F. M. Lyte verwendet in gleicher Art Hydrate von Eisenoxyd und Zinkoxyd (Engl. Pat. No. 5416 de anno 1881).

H. Precht[10]) benützt als Absorptionsmittel die Hydroxyde der Thonerde und der Magnesia; letztere ist hauptsächlich als Milch vortheilhafter zu verwenden. Dieselbe wird von einer Kettenpumpe über zwei neben einander stehende Thürme gehoben, worin sie dem Gaszug entgegen herabläuft. Das im ersten Thurme nicht absorbirte Schwefeldioxyd wird im zweiten Thurme aufgenommen. (D. R. P. No. 17000.)

Kosmann[11]) lässt die schweflige Säure von Schwefelcalcium absorbiren (D. R. P. No. 13123).

Th. Fleitmann[12]) leitet die Gase durch einen Schachtofen, welcher mit Eisenoxyd und Kohle gefüllt ist; gleichzeitig wird zur Verbrennung der Kohle etwas Luft zutreten gelassen. Das Oxyd und die Säuren des Schwefels werden reducirt, und das Schwefeleisen sammelt sich im unteren Theil des Schachtofens. (D. R. P. No. 17397.)

H. Rössler lässt die Gase durch eine Lösung von Kupfervitriol streichen. (D. R. P. No. 22850.)

---

[9]) Preuss. Ztschft. 1881 Bd. 29 pag. 395. Chemikerztg. 1882 pag. 8.
[10]) Chemikerztg. 1882 pag. 618.
[11]) Dingler's Journ. Bd. 246 pag. 233.
[12]) Bg. u. Httnmsch. Ztg. 1882 pag. 196.

Die Hohofengase
und
die Quellen des Kohlenwasserstoffs darin.

Untersuchungen über die den Oefen entströmenden Gase bei Erzeugung von Metallen (mit Ausnahme des Eisens) wurden noch sehr wenige ausgeführt, es hätte denn einer Bestimmung gegolten, ob Röstgase für Erzeugung von Kammerschwefelsäure tauglich seien, oder um solche Gase auf ihren Gehalt an Schwefeldioxyd während des Kammerbetriebes zu controliren; demnach sind auch die aus der Literatur bekannt gewordenen Gasanalysen sehr spärlich. In neuerer Zeit hat A. Schertel[1]) Analysen von Gasen der Freiberger Hohöfen mitgetheilt, welche hier folgen.

Schertel fand die Gase des Hohofens No. I der Halsbrücker Hütte bei Freiberg, welcher für Bleigewinnung nach der Röstreductionsmethode betrieben wurde, dem Volumen nach folgends zusammengesetzt:

	An der Gicht				5 m unter der Gicht	
	1	2	3	4	5	6
N	76·12	—	77·01	—	76·31	59·00
CO_2	16·72	17·5	16·47	16·8	16·66	18·60
CO	6·27	5·6	5·71	6·1	5·78	21·49
CH_4	—	—	0·51	—	0·61	0·38
H	0·82	—	0·30	—	0·58	0·58.

Gichtgase von der Erzarbeit auf Muldner Hütte ergaben an Bestandtheilen:

	1	2	3	4	5
N	72·73	75·3	75·2	71·4	70·8
CO_2	16·26	17·8	17·2	15·3	14·8
CO	10·06	5·2	5·4	9·9	10·4
CH_4	0·36	0·1	0·7	0·8	0·9
H	0·59	1·6	1·5	2·5	3·0.

Gichtgase von der Schlackenarbeit auf Muldner Hütte waren folgends zusammengesetzt:

---

[1]) Jhrbch. f. d. Berg- u. Hüttenwesen in Sachsen pro 1880.

	1	2	3	4	5	6
N	74·20	75·0	76·4	75·7	76·0	75·1
CO_2	14·72	16·4	17·0	16·6	17·4	18·5
CO	10·47	7·0	4·3	5·9	4·3	3·5
CH_4	0·40	—	—	—	—	0·3
H	0·22	1·9	—	—	—	2·6

Gase vom Glättefrischen im Hohofen zu Muldner Hütte bestanden aus:

N	67·4
CH_2	22·7
CO	5·6

Aus früherer Zeit sind noch die folgenden Gasanalysen bekannt:

Die Gase der Kupferschmelzöfen auf Riechelsdorfer Hütte, untersucht von Bunsen; die Analysen haben ergeben bei einer

Windpressung von	18	18	17	19	19	18½	18	19	Linien Wassersäule (?)
Windtemperatur von	135	123	125	10	143	135	155	10	Grade Celsius
Temperatur der Gichtgase von	300	250	200	—	—	—	280	285	„ „
Verwendung von	Koks	Koks mit Holzkohle	Holzkohle		Koks	Koks mit Holzkohle	Holzkohle		als Brennstoff[1]
und einer Tiefe unter der Gicht von	6	5	5	5	12	12½	12	12	Fuss
N	68·45	68·31	66·94	67·97	70·52	68·99	66·74	64·66	
CO	13·62	17·19	18·03	19·07	2·79	0·61	5·52	11·05	
CO_2	11·81	10·62	10·67	7·41	**21·03**	**23·42**	**18·30**	**20·11**	Volumprocente.
CH_4	2·63	2·81	3·49	3·79	1·47	5·86	2·07	0·53	
H	1·94	—	—	0·92	3·17	—	6·98	3·44	
SO_2	1·55	1·07	0·87	0·86	1·04	1·12	0·48	0·21	

Die Gase der Kupferöfen auf Kreuzhütte bei Leimbach (im Mannsfeld'schen) wurden von Heine untersucht und wurde darin gefunden:

	Abgefangen unter der Gicht			
	3	6	3	6 Fuss
Bei kaltem Wind und Koks			bei warmem Wind und Holzkohle	
N	46·41	66·90	33·38	61·02
CO	22·47	23·04	35·80	32·48
CO_2	22·25	8·90	15·44	3·28
CH_4	—	—	1·54	—
H	4·92	1·97	12·73	2·69
SO_2	0·95	—	1·11	0·53.

---

[1]) Holzkohle zu Koks wie 4 : 1.

Abgefangen unter der Gicht

	3	6	3	6 Fuss
Bei warmem Wind und Koks		bei warmem Wind und Holzkohle		
N	67·85	69·10	60·98	61·27
CO	10·04	11·95	28·90	30·77
CO_2	20·80	18·67	6·34	4·14
CH_4	—	—	0·30	0·22
H	—	—	2·68	1·94
SO_2	1·31	0·99	0·80	1·66

Die Windpressung betrug 11—13 Zoll Wassersäule.

Diese letzteren Analysen sind dem Werke Percy's, „die Metallurgie" Bd. I entnommen.

Sämmtliche Oxyde jener Metalle, deren Darstellung in Oefen durch Schmelzprocesse wir hier zu behandeln haben, sind mit Ausnahme des Zinnoxyds leicht reducirbar, und demzufolge ist das Uebermass von Kohlensäure gegenüber Kohlenoxyd in den Gasen auch ein erklärliches, denn es ist ja eben schon bekannt, dass diese Oxyde vom Kohlenstoff unter Bildung von Kohlensäure reducirt werden; da nun auch die Reductionstemperatur für diese Oxyde eine verhältnissmässig niedrige ist, so dissociirt die Kohlensäure auch nicht und entweicht unzersetzt aus der Gicht des Ofens. Wenn nun auch Kohlensäure bei der Verbrennung der Kohle durch den Sauerstoff der Oxyde erzeugt wird, so ist doch nicht zu vermeiden, dass bei der Verbrennung der Kohle durch den Sauerstoff der eingeblasenen Luft ein Theil davon blos zu Kohlenoxydgas verbrennt, eben so werden in den Oefen schwer reducirbare Oxyde zum Theil desoxydirt (hauptsächlich Eisenoxyd zu Oxydul) und verschlackt, zum Theil vollständig reducirt (zumeist Zinn neben etwas Eisen), und es ist demnach diesen beiden eben genannten Umständen das Auftreten des Kohlenoxydgases zuzuschreiben, deren Reduction und Desoxydation nur unter Bildung dieses Gases erfolgt.

Rechnet man die gefundenen Volumprocente an Kohlensäure und Kohlenoxyd in den Gasanalysen auf Gewicht um, so ergiebt sich bei den Gasen der Freiberger Oefen im Durchschnitt für je 3 Gewichtstheile darin enthaltener Kohlensäure je 1 Gewichtstheil Kohlenoxydgas, bei den Gasen der Kupferöfen stellt sich, wenn man dieselbe Rechnung durchführt, dieses Verhältniss noch bedeutend günstiger und wird sehr augenfällig bei den vier mit durchschossenen Lettern gedruckten Zahlen; bei der geringen Pressung des Windes, mit welcher in diesen Oefen gearbeitet wird, muss die Menge Kohlensäuregas gegenüber Kohlenoxyd bei Verwendung von Koks als Brennstoff noch mehr prävaliren, wie dies auch die Untersuchungen nachgewiesen haben, und diese so vortheilhafte Verbrennung des Brennstoffs erklärt auch den verhältnissmässig niedrigen Brennmaterialaufwand bei der Erzeugung der anderen Metalle gegenüber Eisen. Die Untersuchungen Heine's weichen wohl von den übrigen Analysen ab, nament-

lich bei Anwendung warmen Windes und Verwendung von Holzkohlen zeigt sich sogar ein Prävaliren des Kohlenoxyds, es wird aber
diese grössere Menge Kohlenoxydgas nur die Folge der höheren Temperatur im Ofen und einer theilweisen Zerlegung der Kohlensäure sein,
welche bei den porösen Holzkohlen leichter eintritt.

Der Gehalt an freiem Wasserstoff in den Gasen erklärt sich nach
Schertel trotz der im leichten Kohlenwasserstoffgas bestehenden innigen
Verbindung des Kohlenstoffs mit dem Wasserstoff aus der dennoch verhältnissmässig leichten (schnell erfolgenden) Zersetzbarkeit des Kohlen-
wasserstoffgases, welches zwar immerhin leicht entzündlich ist, zu seiner
Verbrennung aber doch einer hohen Temperatur bedarf, in einer Atmosphäre von Hohofengasen aber gar nicht verbrennen kann. Einmal zersetzt,
seien für eine Neubildung desselben nicht mehr die Bedingungen gegeben,
und darum findet sich noch freier Wasserstoff in den Gichtgasen.

Kohlenwasserstoff aber bildet sich überall da, wo Cyanmetalle zersetzt
werden und Stickstoff ausgeschieden wird, welcher im nascirenden Zustand
eine grosse Verwandtschaft zum Wasserstoff besitzt und sehr leicht Ammoniak bildet, welches wieder leicht in Cyanammonium übergeht, da dessen
Bildung nicht, wie die des Cyankaliums, an die Gegenwart starker Basen
gebunden ist, sondern schon bei dem Darüberstreichen von Ammon über
die poröse, glühende Kohle entsteht.

$$4 (H_3 N) + 3 C = 2 [(NH_4) CN] + CH_4.$$

Dieser einfache Fall tritt gewiss regelmässig ein, obwohl er das Vorhandensein von Cyanmetall, beziehentlich die Ausscheidung des Stickstoffs
(bei der Reduction durch Cyan) voraussetzt; die Verbindung von Stickstoff mit Wasserstoff erfolgt um so leichter, je poröser die Substanzen
sind, durch welche beide Gase streichen.

Die Verwandtschaft des Sauerstoffs zum Kohlenstoff ist selbst in den
höchsten Temperaturen eine sehr grosse, und stets wird aus Kohlenwasserstoff der Wasserstoff abgeschieden; dieser aber geht gewiss nicht fort,
ohne seine Wirkung zu äussern. Im unverbundenen Zustand kann er
allerdings erst in den kühleren Zonen zu voller Wirkung gelangen, das
Kohlenwasserstoffgas aber wirkt gerade in den tieferen heissesten Ofen-
zonen am kräftigsten.

In Hochöfen nun, in welchen Schwefelmetalle verhüttet werden, und
in deren Gasen Wasserdampf, Schwefelkohlenstoff und Schwefelwasserstoff
sich finden, sind ebenfalls die Bedingungen zur Bildung von Kohlenwasserstoff gegeben; trifft nämlich Schwefelkohlenstoffdampf und Schwefelwasserstoffgas oder Schwefelkohlenstoffdampf und Wasserdampf mit glühenden,
fein zertheilten, d. i. reducirten Metallen zusammen, so bilden sich neben
Schwefelmetall (empyreumatischen Stoffen, Kohle, Wasserstoff und and.)
auch Sumpfgas.

$$CS_2 + 2\,H_2O + 2\,Cu = Cu_2\,S + SO_2 + CH_4,$$
$$CS_2 + 2\,H_2S + 8\,Cu = 4\,Cu_2\,S + CH_4;$$

der Schwefelkohlenstoff nun reducirt nicht, aber er veranlasst die Vergasung von Kohlenstoff zu einem äusserst kräftigen Reductionsmittel, dem Kohlenwasserstoffgas, dessen beide Bestandtheile ausgezeichnet reducirend wirken.

Für alle Fälle ist das Hinzutreten von Wasserdampf, beziehentlich Wasserstoff nothwendig, welcher, obwohl in geringer Menge, mit der feuchten atmosphärischen Luft in Form von Wasserdunst eingeblasen wird, zum Theil findet er sich dann in den Gichtgasen als solcher wieder. Es sei hier übrigens bemerkt, dass in Eisenhohöfen, welche mit rohen Steinkohlen betrieben werden, die Gase so viel Ammoniak enthalten, dass dessen Gewinnung aus den Gasen ernstlich in Angriff genommen wurde; soll nun aller Stickstoff für die Bildung des Ammons aus den Steinkohlen allein herrühren, in denen er in gebundenem Zustande enthalten sein muss?

E. Muck[2]) gibt das allgemeine Bild einer Gaskohle mit einem Gehalte von 4% disponiblen Wasserstoff und 1·5% Stickstoff an; zur Bildung von Ammonium bedürfen jene 4 Gewichtstheile Wasserstoff aber 14 Gewichtstheile Stickstoff, — da die Kohle diese Menge Stickstoff aber nicht enthält, so muss eine andere Quelle vorhanden sein, aus welcher der Stickstoff geschöpft wird, und für diese Quelle halten wir das Cyan.

---

[2]) Dessen „Steinkohlenchemie", Bonn 1881, pag. 148.

Die Elektrolyse.

Die ersten Versuche, den elektrischen Strom zur Gewinnung der Metalle aus ihren Erzen zu verwenden, unternahm Becquerel, welcher Erze chlorirend und sulfatisirend röstete, auslaugte, und die erhaltenen Laugen elektrolysirte; erst in den letzten 15 Jahren etwa wurden diese Versuche wieder aufgenommen, und sind, auf erweiterte Kenntniss sich gründend und mit den derzeit verfügbaren Hilfsmitteln ausgeführt, mit den seit Jahren bestehenden und völlig ausgebildeten Verfahrungsarten der Metallgewinnung in nicht wenigen Fällen bereits erfolgreich in Concurrenz getreten. Wenn auch die Elektricität bislang vorwaltend bei der Affination und bei der Scheidung und Gewinnung des Kupfers die ausgebreitetste Anwendung gefunden hat, so berechtigen doch die bereits in grösserem Massstabe in Durchführung begriffenen Versuche zur Gewinnung des Zinks und Reinigung des Bleis zu gleichen Erwartungen, und wird die Elektrolyse ihre grössten Erfolge aufzuweisen haben, bis es gelungen sein wird, auch auf feurig flüssigem Wege diese unsere stärkste Kraft für Zerlegung zusammengesetzter Verbindungen der Hüttentechnik dienstbar zu machen.

Der wesentlichste Vortheil der Elektrolyse ist der, dass man durch dieselbe nicht allein die Metalle zu gewinnen, sondern sie auch zu scheiden im Stande ist, und mit ihrer Hilfe die reinsten Educte darzustellen vermag.

Die Grundsätze, auf welchen die chemisch-elektrischen Erscheinungen beruhen, sind nach Berthelot folgende:

1. Die bei einer Reaction entwickelte Wärme ist ein Mass für die Summe der bei derselben geleisteten chemischen und physikalischen Arbeit. — Moleculararbeit.

2. Erfährt ein gegebenes System einfacher oder zusammengesetzter Körper unter bestimmten Verhältnissen eine chemische oder physikalische Aenderung, durch welche in dem System ohne äussere mechanische Wirkung ein neuer Zustand herbeigeführt wird, so ist die bei dieser Aenderung erzeugte oder absorbirte Wärmemenge allein von dem Anfangs- und Endzustand des Systems abhängig, sie ist aber dieselbe, wie auch die Art der auf einander folgenden Zwischenzustände sein mag. — Aequivalenz zwischen Wärme und chemischer Umwandlung.

3. Jede chemische, aus eigener Energie und ohne fremde Einflüsse

sich vollziehende oder entstehende Veränderung erfolgt in der Richtung, dass derjenige oder diejenigen Körper erzeugt werden, bei deren Bildung die meiste Wärme entwickelt wird. — Grösste Arbeit.

Bei jeder chemischen Verbindung wird Wärme entwickelt und diese Wärme soll das Mass abgeben für die zur Zerlegung der Metallsalze nöthigen Energien; diese Energien sind verschieden, es erfolgt auch nie eine Umwandlung der ganzen Verbindungswärme, sondern blos eines Theils derselben in elektrische Energie, und Kiliani fand auch, dass die aus den Wärmetönungen sich berechnenden elektromotorischen Kräfte stets geringer sind, als man sie thatsächlich für die Abscheidung der Metalle braucht.

Nach Thompson betragen die Wärmetönungen bei Bildung der folgenden Salze in wässeriger Lösung in Calorien:

Goldchlorür	27270
Manganchlorür	128000
Zinkchlorid	121250
Zinksulfat	106090
Eisenchlorür	99950
Eisenchlorid	255420
Ferrosulfat	93200
Ferrisulfat	224800
Silbersulfat	20390
Silbernitrat	16780
Kupfersulfat	55960
Kupferchlorid	62710
Kupfernitrat	52410
Bleinitrat	69970
Bleiacetat	65760

Die Metalle gelangen nicht nur in Lösungen sondern auch in festem Zustande, in Form von Oxyden, Sulfiden oder Chloriden zur Elektrolyse; die Verbindungswärmen der wichtigsten Metalle sind nach Thompson in Calorien:

Verbindung mit	Sauerstoff		Schwefel		Chlor	
für Kupfer	40810 zu	$Cu_2 O$	18069 zu	$Cu_2 S$	65750 zu	$Cu\ Cl$
- -	37160 -	$Cu\ O$	-		51630 -	$Cu\ Cl_2$
- Eisen	99232 -	$Fe\ O$	35504 -	$Fe\ S$	82050 -	$Fe\ Cl_2$
- -	-		-		196170 -	$Fe_2\ Cl_6$
- Zink	85430 -	$Zn\ O$	41989 -	$Zn\ S$	97210 -	$Zn\ Cl_2$
- Blei	50300 -	$Pb\ O$	19044 -	$Pb\ S$	82770 -	$Pb\ Cl_2$
- Silber	5900 -	$Ag_2 O$	-		29380 -	$Ag\ Cl$
- Quecksilber	42200 -	$Hg_2 O$	-		82550 -	$Hg\ Cl$
- -	30660 -	$Hg\ O$	-		63160 -	$Hg\ Cl_2$
- Gold	- -		-		22820 -	$Au\ Cl_3$

Nach Favre und Silbermann betragen diese Verbindungs-(Verbrennungs)wärmen in Calorien bei

		für 1 Gewichtstheil	für 1 Aequivalent
Eisen	zu Fe O	1353	75656
-	- $Fe_2 Cl_3$	1745	196170
-	- $Fe Cl_2$	1775	99302
-	- Fe S	634	35506
Zink	- Zn O	1291	83915
-	- $Zn Cl_2$	1529	101316
Kupfer	- Cu O	684	43770
-	- $Cu Cl_2$	961	60988
-	- Cu S	285	18266
Blei	- Pb O	266	55350
-	- $Pb Cl_2$	430	89460
-	- Pb S	92	19112
Zinn	- $Sn O_2$	1147	135360
-	- $Sn Cl_4$	1079	126888
Silber	- $Ag_2 O$	57	12226
-	- Ag Cl	322	34800
-	- $Ag_2 S$	51	11048

Will man nun nach Kiliani[1]) die elektromotorische Kraft aus der Wärmetönung berechnen, so ergibt sich diese z. B. bei einem Daniell'schen Element, weil sich Zink in Schwefelsäure löst und das Kupfer aus dem Sulfat niedergeschlagen wird, aus der Differenz der beiden Wärmetönungen, d. i.

$$106090 - 55960 = 50130 \text{ Calorien;}$$

eben so findet man die nöthige elektromotorische Kraft für die Zersetzung des Schwefelbleies durch die Elektrolyse, wenn Bleinitrat als Bad verwendet wird, aus der Differenz der Verbindungswärme für Bleinitrat, welches gebildet werden soll, und des Schwefelbleies, das man zersetzen muss, mit

$$69970 - 19044 = 50826 \text{ Calorien,}$$

ebenso für Schwefelkupfer bei Kupfersulfat als angewendetes Bad

$$55960 - 18069 = 37891 \text{ Calorien,}$$

weiters für Zinkoxyd bei Verwendung von Zinksulfat als Bad

$$106090 - 85430 = 20660 \text{ Calorien.}$$

Nach Kiliani lässt sich die elektromotorische Kraft auch in Volt ausdrücken, da ein Daniell empirisch $= 1 \cdot 12$ Volt ist. Für ein Daniell ergab sich oben die Zahl 50130 Calorien, hieraus berechnen sich die elektromotorischen Kräfte für die Zersetzung von

$$\text{Manganchlorür} = \frac{128000}{50130} \times 1 \cdot 12 = 2 \cdot 75 \text{ Volt;}$$

---

[1]) Bg. u. Httnmsch. Ztg. 1883 pag. 237 u. 250.

weiter in gleicher Art für die Zersetzung

von Zinkchlorid	2·70	-
- Zinksulfat	2·36	-
- Eisenchlorür	2·23	-
- Eisenchlorid	5·70	-
- Ferrosulfat	2·10	-
- Ferrisulfat	4·97	-
- Silbersulfat	0.46	-
- Silbernitrat	0·37	-
- Kupfersulfat	1·25	-
- Kupferchlorid	1·40	-
- Kupfernitrat	1·17	-
- Bleinitrat	1·55	-
- Bleiacetat	1·48	-
- Goldchlorür	0·59	-

Kiliani (l. c.) hat die Leitungsfähigkeit der Erze für den elektrischen Strom untersucht, und gefunden, dass unter denselben sich verhalten als

	gute Leiter	schlechte oder Nichtleiter
Silbererze	Glaserz	—
	Rothgiltigerz lichtes	—
	— dunkles	—
Kupfererze	Kupferglanz	Rothkupfererz
	Kupferkies	Kupferlasur
	Buntkupfererz	Malachit
	—	Fahlerz
	—	Kieselkupfer
Bleierze	Bleiglanz	Weissbleierz
	—	Grünbleierz
	—	Rothbleierz
	—	Gelbbleierz
	—	Anglesit
	—	Bournonit
Kobalterze	Speisskobalt	—
	Kobaltkies	—
	Kobaltglanz	—
Nickelerze	Nickelglanz	—
	Rothnickelkies	—
	Weissnickelkies	—
Zinnerze	Zinnstein	Zinnzwitter
	—	Zinnkies
Zinkerze	—	Zinkblende
	—	Galmei
	—	Kieselzinkerz
Antimonerze	—	Antimonit
Eisenerze	Schwefelkies	Speerkies
	Magnetkies	Eisenglanz

3*

	gute Leiter	schlechte oder Nichtleiter
Eisenerze	Magneteisenstein	Eisenspath
	—	Brauneisenstein
	—	Titaneisenstein
	—	Blackband
	—	Bohnerz

Nach Henrici und Hausmann[2]) leiten undurchsichtige und metallisch glänzende Schwefelmetalle besser, nach Hittorf[3]) sind jene Schwefelmetalle gute Leiter, deren Lösungen mit Schwefelwasserstoff dunkle Niederschläge geben, und Schwefelsilber, Schwefelkupfer und Schwefelzinn leiten auch bei einer unter dem Schmelzpunkt liegenden Temperatur gut und werden zersetzt.

Die von Kiliani vorgenommenen Versuche haben ergeben, dass der elektrische Strom immer denjenigen Elektrolyten fällt, welcher am wenigsten Energie verbraucht, und bei Anwesenheit mehrerer Salzlösungen werden nicht alle elektrolysirt; bei Anwesenheit einer grösseren Menge eines elektropositiven Metalls und grosser Stromdichte ($=$ Stromstärke) wird auch ein Theil des Letzteren gefällt und wird demnach bei Anwendung stärkerer elektromotorischer Kraft eine vollständige Scheidung der Metalle nicht möglich, es ist somit zur Messung der Stromstärke und Beobachtung ihrer Constanz der Gebrauch eines Voltameters oder die Anwendung einer Boussole nothwendig. Da nun nicht alle Wärme in Elektricität umgewandelt wird (von der Wärmetönung des Zinksulfats gehen nach Kiliani blos 83%, von der des Kupfersulfats höchstens 68% in elektrische Energie über), so bleibt auch nur die freie Energie verfügbar, und man wird bei einer dem Kupfernitrat gleich kommenden Energie nicht dieses Metall, wohl aber ein anderes, welches mit in Lösung ist und eine geringere Energie verlangt, niederschlagen können.

Hiebei ist jedoch der elektronegative Bestandtheil der Salzlösung von Wesenheit, da derselbe die Stellung der Metalle in der Spannungsreihe beeinflusst, diese Reihen sind z. B.

in verdünnter		in Cyankaliumlösung
Schwefelsäure	Salpetersäure	
nach Poggendorff[4])	nach Faraday[5])	nach Poggendorff[6])
$+$	$+$	$+$
Zink	Zink	Zink
Cadmium	Cadmium	Kupfer
Eisen	Blei	Cadmium
Zinn	Zinn	Zinn

---

[2]) Wies, Reibungselektricität, I pag. 33.
[3]) Poggendorff's Annal. 84, pag. 1 und 27.
[4]) Poggendorff's Annal. Bd. 73.
[5]) Ebenda Bd. 53.
[6]) Ebenda Bd. 66.

	in verdünnter	
Schwefelsäure nach **Poggendorff**	Salpetersäure nach **Faraday**	in Cyankaliumlösung nach **Poggendorff**
+	+	+
Blei	Eisen	Silber
Aluminium	Nickel	Nickel
Nickel	Wismuth	Antimon
Antimon	Antimon	Blei
Wismuth	Kupfer	Quecksilber
Kupfer	Silber	Palladium
Silber		Wismuth
Platin		Eisen
		Platin

Nach dem elektrolytischen Gesetz zerlegt ein elektrischer Strom von bestimmter Stärke bei seinem Durchgange durch die leitenden Flüssigkeiten in gleichen Zeiträumen auch immer eine gleiche Anzahl von Valenzen, hiebei werden aber je nach dem Verbindungszustand eines Metalls in seiner Salzlösung ungleiche Mengen Metall abgeschieden. So wird z. B. ein elektrischer Strom, welcher in der Zeiteinheit ein Atom Chlor abscheidet, aus dem Kupferchlorid ($Cu\,Cl_2$) blos $\frac{1}{2}$ Atom Kupfer, aus dem Kupferchlorür ($Cu\,Cl$) aber ein ganzes Atom Kupfer niederschlagen; aus dem $Fe\,Cl_2$ würde durch denselben Strom in derselben Zeit $\frac{1}{2}$ Atom Eisen, aus dem Eisenchlorid blos $\frac{1}{3}$ Atom Eisen gefällt werden können.

Die Einheit der Stromstärke wird in Ampère ausgedrückt. Zur Messung der Stromstärke dienen die Voltameter, um die chemische Wirkung, oder die Boussole, um die magnetische Wirkung beurtheilen zu können. Am bequemsten misst man die Stromstärke mit der Boussole, dieselbe ist empfindlicher und zeigt die Stromstärke in jedem Augenblick an, während die Voltameter blos die Mittelwerthe der Stromstärken für einen bestimmten Zeitraum angeben; dafür lassen die Boussolen blos eine relative, nur für das Instrument und nur für den Ort der Verwendung desselben geltende Messung der Stromstärke zu. Wenn man nun keine Boussole zur Hand hat, so bestimmt man die Stromstärke mit einem Voltameter. In einem Knallgasvoltameter entwickelt ein Ampère in der Minute 10·488 ccm Knallgas; wenn man demnach durch einen Versuch die pro Minute entwickelte Knallgasmenge ermittelt und das gefundene Volumen durch die eben angegebene Zahl dividirt, erhält man die Stromstärke in Ampère.

Man kann aber nach Faraday auch ein Kupfer- oder Silbervoltameter benützen, indem man 2 blanke Platinbleche in eine Lösung von Kupfervitriol oder Silbernitrat taucht und den elektrischen Strom eine Minute hindurch einwirken lässt; das vorher genau gewogene, die negative Elektrode bildende Blech wird nach dem Herausnehmen in Alkohol und heissem Wasser gewaschen und nach dem Abtrocknen wieder gewogen, wodurch man aus dem Mehrgewicht des Blechs die darauf niedergeschlagene Menge Kupfer oder Silber erfährt. Ein Strom von 1 Ampère scheidet in der Minute 19·85 mg Kupfer oder 67·57 mg Silber ab.

Ein Ampère entspricht der Stromintensität (Stromstärke) einer elektromotorischen Kraft von 1 Volt bei einem Gesammtwiderstand im Stromkreise von 1 Ohm; es ist

$$1 \text{ Ampère} = \frac{1 \text{ Volt}}{1 \text{ Ohm}}$$

Man rechnet 1 Volt etwa 5—10% kleiner als ein Daniell; ein Bunsen'sches Element äussert eine elektromotorische Kraft = 1·8—1·9 Volt.

Ein Ohm ist derjenige Widerstand, welcher einer elektromotorischen Kraft gleich 1 Volt bei einer Stromstärke gleich 1 Ampère entspricht; die Grösse eines Ohm ist noch nicht genau bestimmt, ein Ohm ist um etwa 5% geringer, als ein Siemens. Ein Siemens entspricht dem Widerstand einer Quecksilbersäule von 1 m Länge und 1 qmm Querschnitt.

Der Widerstand, welcher dem elektrischen Strom entgegenwirkt, ist

1. um so grösser, je länger bei gleichbleibendem Materiale und Querschnitt die Leitungsdrähte sind;

2. um so kleiner, je grösser bei gleichbleibendem Material und Länge der Querschnitt ist;

3. Der Widerstand eines Leiters ist gleich dem Product aus seiner Länge in seinen spezifischen Widerstand, dividirt durch seinen Querschnitt.

Die spezifischen Widerstände der Metalle, den Widerstand von Kupfer = 1 gesetzt, sind nach Matthiessen die folgenden:

Cu	1.00
Ag	0·77
Au	1·38
Al	2·29
Zn	2·82
Fe	5·36
Sn	6·76
Pt	7·35
Pb	9·96
Sb	18·07
Hg	47·48
Bi	64·52. Ausserdem bei
Graphit	1106·00
Gaskohle	2037·00.

Für die Anwendung der Elektrolyse bei der Metallgewinnung im Grossen wird noch das folgende empfohlen. Gute Leiter werden in Form grober Stücke in Körben oder Lattenkästen in die Fällgefässe eingehängt, sie können auch mit Kupferblöcken beschwert und mit der Leitung in Verbindung gebracht werden, doch darf das Kupfer nicht auch in das Bad tauchen, weil es sonst selbst leiten und aufgelöst werden würde. Gut leitende Erze können unmittelbar als Anoden verwendet werden, schlecht leitenden werden gut leitende, d. i. Koks beigemengt, an welchen sich der negative Bestandtheil eines Elektrolyten abscheidet, welcher erst die Lösung eines Erzes vollbringt. Nicht leitende, jedoch in Säuren leicht lösliche Erze kann man ebenfalls gleich in das Bad bringen, schlecht leitende oder schwer lösliche Erze müssen erst durch vorbereitende Operationen (z. B. Rösten der Zinkblende) in leichter löslichen Zustand versetzt werden. Die Bäder sollen während der Elektrolyse keine bleibende Veränderung erfahren, lösliche Gangarten aber machen durch die stetig sich vollziehende Aenderung des Bades dasselbe bald unwirksam.

Als Kathoden verwendet man am zweckmässigsten Platten desjenigen Metalls in reinem Zustande, welches gewonnen werden soll, und zur Erzielung einer grossen Production empfiehlt es sich, viele Zersetzungszellen hinter einander in den Stromkreis einzuschalten und für jedes der zu fällenden Metalle eine passende Stromstärke zu wählen, welche sich aus den Wärmetönungen annähernd berechnen lässt (siehe vorn).

Die elektrische Wirkung, welche galvanische Elemente hervorzubringen im Stande sind, ist, mit Ausnahme des Probirens, für hüttentechnische Zwecke ungenügend, man verwendet im Grossen Dynamomaschinen mit veränderlicher elektromotorischer Kraft, welche durch Aenderung der Tourenzahl beliebig verstärkt oder schwächer gemacht werden kann. Diese Maschinen werden durch Dampfmaschinen, aber zweckmässiger, wo es möglich ist, durch Wasserkraft betrieben, weil gegenwärtig der Dampfbetrieb für diese Zwecke meist noch zu theuer ist, und bei Gewinnung minderwerthiger Metalle nicht rentirt, obwohl Blas und Miest[7]) bei der elektrolytischen Verarbeitung von Zinkerzen nach ihrer Methode noch einen Gewinn gegenüber dem bestehenden Verhüttungsverfahren dieser Erze calculiren, aber allerdings auch den mit zu gewinnenden Schwefel in Rechnung nehmen.

Maschinen für die Elektrolyse sollen starke Ströme liefern, und der Leitungswiderstand in der Umwickelung soll möglichst gering sein; um dieses zu erreichen, werden sowohl der Inductionscylinder, als auch die Magnete statt des Drahtes mit dicken Kupferstäben oder Kupferbarren belegt, welche nicht umsponnen werden, weil sie selbst durch den von der Maschine erzeugten Strom sich erhitzen, wesshalb die Isolation aller Kupferstücke durch Asbest hergestellt wird.

Eine solche von Siemens-Halske construirte dynamoelektrische Maschine für Gewinnung der Metalle hat die in Fig. 26 dargestellte Einrichtung[8]); die Maschine besitzt den von Hefner-Alteneck angegebenen Trommelinductor, welcher in Fig. 27 abgebildet ist, und aus einem Eisencylinder besteht, welcher dicht zwischen den Polen einer Reihe von Magneten rotirt, deren beide oberen und unteren Schenkel je gleichnamig und

---

[7]) Bg. u. Httnmsch. Ztg. 1883 pag. 379.

[8]) L. Grätz. „Die Elektricität und ihre Anwendungen". Stuttgart, 1883. Dingler's Journ. Bd. 240 pag. 39.

mit einander durch fast halbkreisförmige Polschuhe verbunden sind, so dass
die Polschuhe die Trommel nahe vollständig umfassen.

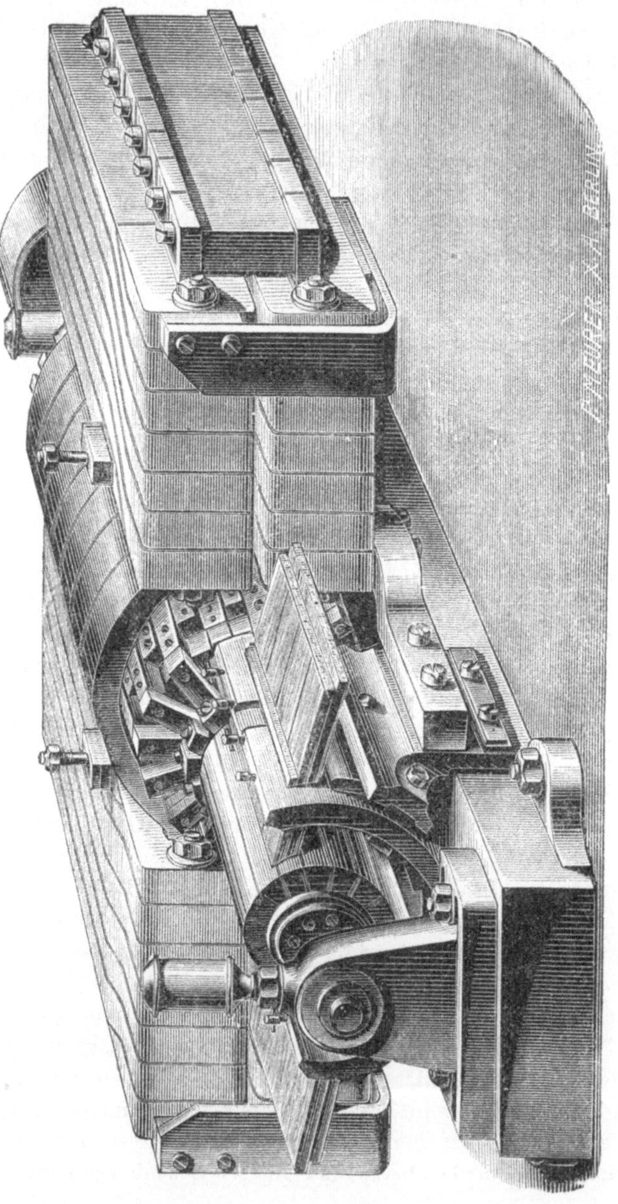

Fig. 26.

Die elektromotorische Kraft dieser Maschine beträgt blos 3 Daniell,
es lässt sich aber bei den so geringen Widerständen die Stromstärke bis
auf 800 Ampère bringen.

Das Aequivalent für den Brennstoff, welcher bei der Erzeugung eines Metalls durch Elektrolyse mit Hilfe dynamoelektrischer Maschinen nöthig wird, lässt sich vergleichsweise berechnen, wenn man die Elektricität als in Wärme umgewandelt annimmt und die Wärmemengen in Relation bringt.

Ein Gewichtstheil Zink entwickelt mit Sauerstoff verbrannt 1291 Calorien (pag. 34). Bei der Heizung einer Dampfmaschine gelangen etwa blos 6% der von dem Brennstoff entwickelten Calorien zur factischen Verwendung, wovon etwa 10% noch aufgewendet werden müssen, um die Reibung zu überwinden, und weitere 10% circa, welche auf die unbeabsichtigte Erwärmung aufgehen, so dass von den von 1 Gewichtstheil Steinkohle entwickelten 7500 Calorien blos

$$(7500 \times 0{\cdot}06) - (7500 \times 0{\cdot}06)\,0{\cdot}20$$
$$= 360 \text{ Calorien}$$

als in Elektricität umgewandelt übrig bleiben.

Wenn nun bei der Verbrennung des Zinks alle Wärme in Elektricität umgewandelt würde, so wären für 1 Gewichtstheil Zink $\frac{1291}{360} = 3{\cdot}6$ Gewichtstheile Kohle nothwendig.

Der Arbeitseffect, welcher von einem elektrischen Strom pro Secunde geleistet wird, ist gleich dem Product aus der elektromotorischen Kraft, ausgedrückt in Volt, in die Stromstärke, ausgedrückt in Ampère.

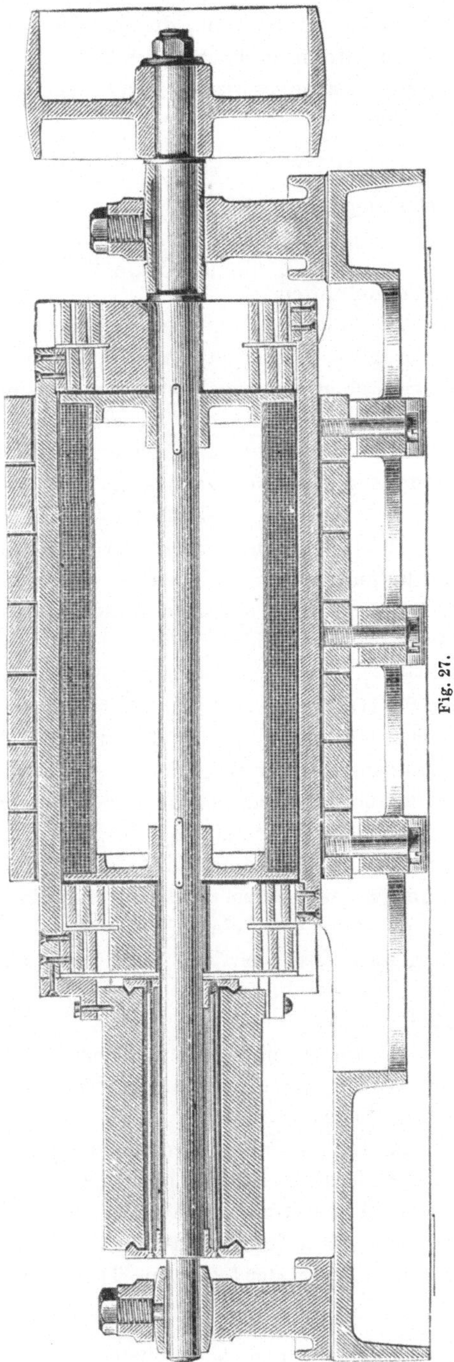

Fig. 27.

Der Effect einer Pferdekraft ist gleich einer Arbeit von 75 Meterkilogramm pro Secunde, die Acceleration der Schwere, als die vom elektrischen Strom zu überwindende Kraft, ist gleich 9·81 m; bezeichnen nun V die elektromotorische Kraft und A die Stromstärke, so geben die Formeln

$$\frac{A \times V}{9 \cdot 81}$$ den elektrischen Effect eines Stromkreises in

Meterkilogramm, und

$$\frac{A \times V}{9 \cdot 81 \times 75}$$ den elektrischen Effect eines Stromkreises

in Pferdekräften.

Mit Rücksicht auf den Nutzeffect, welchen ein Dampf- oder Wassermotor gibt, lässt sich somit auch die nothwendige Bruttokraft für den Betrieb einer dynamoelektrischen Maschine berechnen.

Die Raffinirung der Metalle durch Elektrolyse steht dermal im Betriebe in der Gold- und Silberscheideanstalt zu Hamburg, für Kupfergewinnung zu Swansea und Birmingham, am Ural, zu Marseille, im Mannsfeld'schen und zu Oker, für Kupfer- und Nickelgewinnung zu Ehrenbreitstein, für Zinkgewinnung aus Erzen zu St. Denis bei Paris, für Raffiniren des Bleies zu New-York.

Zu Oker liefert eine Maschine von Siemens-Halske den Strom für 10—12 Niederschlagszellen, in welchen zusammen in 24 Stunden 2·5—3 q Kupfer aus einem 0·5% Unreinigkeiten enthaltenden Rohkupfer bei 8—10 Pferdestärken Kraftaufwand niedergeschlagen werden. Wohlwill erhielt bei einer 15 Pferde kräftigen Maschine täglich 10 q Silber bei Hintereinanderschaltung und 3·3 q bei Parallelschaltung der Zellen, Gramme schlug bei 48 hintereinander geschalteten Bädern für 1 Meterkilogramm Kraft in der Maschine 23 g Kupfer nieder.

Auf der Hütte zu Casarza[9]) in der Provinz Genua umfasst die Gewinnung des Kupfers auf elektrolytischem Wege die folgenden Arbeiten:

1. Schmelzen eines Theils der Erze auf Rohlech mit 40% Eisen, Vergiessen desselben in Form dünner Platten und Einfügen eines Streifens von Kupferblech, mittelst dessen die Platten an die Anodenrahmen aufgehängt werden.

2. Rösten eines andern Theils der Erze und Auslaugen des Erzrostes mit Wasser unter Zusatz von Schwefelsäure Behufs Herstellung des leitenden Bades.

3. Einhängen der Lechtafeln in die Zersetzungszellen, welchen Tafeln von Kupferblech als Kathoden gegenübergestellt werden.

4. Ein stetiges Circulirenlassen der Kupfervitriollösung, deren Gehalt an freier Säure hinreichen soll, bei der Oxydation und Lösung des Eisens aus dem Lech den grössten Theil der elektromotorischen Kraft für die

---

[9]) Bg. u. Httnmsche Ztg. 1885 pag. 123.

Zerlegung des Kupfersulfats zu liefern, so dass ein Strom genügt, dessen elektromotorische Kraft kleiner ist, als ein Volt.

Als wesentliche Vortheile werden ausser der Gewinnung reinen Kupfers, des Schwefels und eventuell des Eisenvitriols angeführt:

1. Die so geringe nothwendige elektromotorische Kraft.

2. Die Vermeidung jeder Polarisation, beziehentlich Gasentwickelung.

3. Der geringe Brennstoffverbrauch, da nur eine Schmelzung mit einem Aufwand von 15 % Koks erforderlich ist.

4. Das hohe Ausbringen.

5. Die Production von 20 kg Kupfer pro Tag und Pferdekraft.

Die Unterstützung, welche die elektrolytische Ausfällung des Kupfers bei der gleichzeitigen Lösung des Eisens erfährt, lässt sich annäherungsweise aus den Zahlen für die Wärmetönungen durch Rechnung ermitteln.

Eisen neben Kupfer als im Verhältniss ihrer Aequivalente anwesend vorausgesetzt, werden bei der Bildung von Ferrosulfat, welches neben Kupfersulfat an der Anode entsteht, nach Thompson 93200 Calorien frei; zur Zerlegung des Schwefeleisens und Schwefelkupfers sind an Wärme aufzuwenden für das Schwefeleisen   35504 Calorien

- - Schwefelkupfer 18069 -

zusammen 54573 Calorien; es werden demnach

93200—54573 = 38627 Calorien

mehr entwickelt, als zur Zersetzung nöthig sind.   Die bei der Lösung des Kupfers zu Sulfat frei werdende Wärme wird bei der Fällung des Kupfers genau wieder aufgebraucht.

Da dem Vorigen zufolge 1 Daniell = 1·12 Volt = 50130 Calorien ist, so entsprechen jene 38627 durch die Lösung des Eisens gewonnenen Calorien nach

$$50130 : 1·12 = 38627 : x$$
$$x = 0·86 \text{ Volt}$$

und da die elektromotorische Kraft für die Fällung des Kupfers aus dem Sulfat 1·25 Volt beträgt, so wird allerdings durch die Anwesenheit des Eisens die Ausfällung des Kupfers wesentlich unterstützt; die Rechnung ergäbe blos 0·39 Volt als aufzuwendende elektromotorische Kraft, wenn alle Lösungswärme in elektrische Energie umgesetzt werden und kein Verlust stattfinden würde. Die Ausfällung des Kupfers durch den elektrischen Strom würde um mehr als 76 % gefördert werden.

Nimmt man nun an, dass das zu Casarza gewonnene Lech blos Eisen, Schwefel und Kupfer enthält, so besteht dasselbe aus

$$\left.\begin{array}{l} 40·00\ \% \ \text{Fe} \\ 29·66 \ \text{-} \ \text{Cu} \\ 30·34 \ \text{-} \ \text{S} \end{array}\right\} \text{das ist aus} \left\{\begin{array}{l} 62·85\ \% \ \text{Fe S} \\ 37·15 \ \text{-} \ \text{Cu}_2\,\text{S}. \end{array}\right.$$

Für je ein Gewichtstheil in Lösung gehenden Steins werden davon gelöst:

0·3715 Gewichtstheile Cu_2 S und 0·6285 Gewichtstheile Fe S, und es werden gefällt

0·2956 Gewichtstheile Kupfer, dagegen bleiben gelöst 0·4 Gewichtstheile Eisen.

An Wärme wird bei der Lösung entwickelt:

$$\frac{0·4 \times 93200}{56} = 665 \text{ Calorien von dem Eisen bei der Bildung von } Fe\,S\,O_4,$$

$$\frac{0·2966 \times 55960}{63·4} = 262 \quad - \quad - \quad - \text{ Kupfer } - \quad - \quad - \quad - \quad Cu\,S\,O_4,$$

zusammen   927 Calorien.

Dagegen ist zu den Zersetzungen an Wärme aufzuwenden:

$$\frac{0·4000 \times 35504}{56} = 254 \text{ Calorien zur Zerlegung des } Fe\,S,$$

$$\frac{0·2966 \times 18069}{63·4} = 84 \quad - \quad - \quad - \quad - \quad Cu_2\,S, \text{ und}$$

$$\frac{0·2966 \times 55960}{63·4} = 262 \quad - \quad - \text{ Fällung des Kupfers aus der Lösung,}$$

zusammen   600 Calorien, so dass sich für 1 Gewichtstheil des Steins bei der Lösung desselben ein Wärmeüberschuss von 327 Calorien ergibt, welcher der elekromotorischen Kraft zu Gute kommt.

Dieses so bedeutende Plus an Wärme hat seinen Grund in dem Uebermasse von Eisen gegenüber Kupfer, welehe beide in dem Lech in dem Verhältniss von 7 : 5 anwesend sind; die hier gefundenen Ziffern aber ergeben:

1. Dass die Gegenwart von Eisen in festen Substanzen, aus welchen Kupfer elektrolytisch gefällt werden soll, jedenfalls und sehr bedeutend die Elektrolyse unterstützt.

2. Dass die Verluste an Arbeit aber überhaupt gross sein müssen, denn der gefundene Wärmeüberschuss ist grösser, als zur Fällung eines zweiten Theiles Kupfer aus dem Leche nothwendig wäre, — oder es wird mehr Wärme erzeugt, und diese ungenügend ausgenützt.

Aus dem eben angeführten Lech werden immer nur 0·2966 Theile Kupfer gefällt, wenn ein Theil davon in Lösung geht; es ist demnach der berechnete Wärmeüberschuss constant vorhanden, und zum Theil vielleicht auch nöthig zur leichten Ueberwindung der in dem Stromkreis wirkenden Widerstände, demungeachtet erscheint derselbe sehr gross, und liesse sich vielleicht, allerdings auch blos annähernd, ein günstigstes Verhältniss zwischen Eisen und Kupfer in einem Lech auffinden, derart, dass Wärmeerzeugung und Wärmeverbrauch sich nahezu ausgleichen, wobei die grösste Menge Kupfer zur Ausfällung käme.

Die Wärmemengen, welche bei der Lösung des Eisens und Kupfers frei werden, sind 93200, beziehentlich 55960 Calorien, sie verhalten sich zu einander wie 5 : 3.

Wenn demnach sämmtliche erzeugte Wärme wieder aufgebracht werden soll, so können in dem Lech 5 Kupfer neben 3 Eisen anwesend sein; diesem Verhältniss würde ein Lech entsprechen von der Zusammensetzung:

$$47{\cdot}97 \,\%\ \text{Cu}$$
$$25{\cdot}41\ \text{-}\ \text{Fe}$$
$$26{\cdot}62\ \text{-}\ \text{S, also etwa ein Concentrationslech.}$$

Bei der Elektrolyse derselben würden entwickelt werden an Wärme durch Lösung des Eisens: $\dfrac{0{\cdot}2541 \times 93200}{56} = 423$ Calorien,

und gebunden durch die Zersetzung des Eisens und Kupfers aus ihren Schwefelverbindungen:

$$\frac{0{\cdot}2541 \times 35504}{56} = 161$$
$$\frac{0{\cdot}4797 \times 18069}{63{\cdot}4} = 222$$

$$\text{zus.} \ \ldots \ldots \ldots \ldots \ \frac{383}{40}\ \text{-}$$

und es würde demnach blos ein Wärmeüberschuss von 40 Calorien resultiren; allerdings wäre die Unterstützung der elektromotorischen Kraft fast Null, allein die niedergeschlagene Menge Kupfer wäre um mehr als die Hälfte grösser.

Es würde hier blos der Umstand entscheiden, ob es vortheilhafter ist, einen Theil der elektromotorischen Kraft durch die bei der Elektrolyse erzeugte Wärme zu ersetzen, oder in der Zeiteinheit mehr Kupfer zu gewinnen, welchem letzteren Vortheil der zu einer zweiten Schmelzung des Lechs nothwendige Kohlenaufwand zu Lasten käme.

Specieller Theil.

Blei.

$(Pb'' = 207.)$

Geschichtliches[1]). Ueber die Entdeckung und Gewinnung des Bleies ist aus der ältesten Zeit nichts bekannt; die erste namentliche Erwähnung darüber geschieht im 10. Buch Mosis, Cap. 31 Vers 22, wo es mit anderen Metallen als solches bezeichnet wird, das die Israeliten bei ihrem Siege über die Midianiten nach ihrem Auszuge aus Egypten erbeuteten. Das Blei war also damals schon Handelswaare, denn die Midianiten waren ein Zweigstamm der als ein vorzugsweise Handel treibendes Volk bekannten Phönizier. Den alten Indern muss das Blei ebenfalls schon bekannt gewesen sein, denn sie hatten den Ausdruck „mulva" dafür, und wahrscheinlich ist es, dass sich die Kenntniss des Bleies von dort aus verbreitete. Die Römer nannten das Blei „plumbum nigrum" zum Unterschiede von „plumbum album", womit sie das Zinn bezeichneten; unter der Benennung „stannum" verstanden sie ursprünglich das silberhaltige Blei (Werkblei).

Die Alten kannten auch die Silberglätte (Bleiglätte), welche sie zu Pflastern verwendeten und sie verstanden aus Blei und Essig Bleiweiss zu bereiten, das sie als äusserliches Heilmittel gebrauchten; ebenso waren ihnen schon die giftigen Eigenschaften des Bleidampfes bei dem Verhütten der Bleierze, der Treibprocess, so wie die Darstellung des Bleies aus der Glätte bekannt, doch hielten sie die verschiedenen Arten der Glätte für verschiedene Substanzen, und war die Verwendung des Bleies im Alterthum sehr beschränkt.

Statistik. An Blei wurde erzeugt in metr. Centnern:

In Oesterreich (ohne Ungarn) im Jahre		1883	79218[2])
- Ungarn	-	-	1882	16649
- Preussen	-	-	1883	848087
- Grossbritannien	-	-	1881	485870
- Spanien	-	-	1880	798076
- Italien	-	-	1878	364680
- Belgien	-	-	1880	79340

[1]) Zippe, Geschichte der Metalle.
[2]) Und 40148 g Glätte.

In Frankreich	im Jahre 1876	213390
- Russland	- - 1879	13354
- Griechenland	- - 1876	80000
- Sachsen	- - 1881	34842
- den Vereinsstaaten von Nordamerika	- - 1882	1,328900

Eigenschaften. Das Blei hat eine eigenthümliche, bläulich graue Farbe, starken Glanz, ist sehr weich und dehnbar, lässt sich mit dem Messer schneiden und zu sehr dünnen Platten walzen, so wie auch zu Draht, jedoch nur von geringer Festigkeit, ziehen. Unter den unedlen Metallen hat das Blei das höchste spez. Gewicht $= 11\cdot37$ und nimmt durch Walzen und Pressen noch etwas an Dichte zu; der Schmelzpunkt des Bleies liegt bei 334^0 C. Je reiner es ist, um so weicher ist es auch, doch ist es gewöhnlich verunreinigt, am häufigsten durch Arsen, Antimon, Kupfer, Zink und Silber. Es krystallisirt nach Formen des regulären Systems. Es löst sich leicht in Salpetersäure, nicht in Salzsäure und Schwefelsäure, färbt auf Holz gerieben, etwas ab und ertheilt der Hand bei dem Anfassen einen unangenehmen Geruch. Bei Rotgluth kocht das Blei und verdampft, seine Dämpfe sind gesundheitsschädlich. Von gewöhnlichem Wasser wird das Blei angegriffen, es bildet sich Bleihydroxyd, das sich in Schuppen ablöst; an der atmosphärischen Luft überzieht es sich mit Suboxyd.

Anwendung. Das Blei dient in Form von Blech zur Auskleidung der Kammern bei der Gewinnung von Schwefelsäure, zur Herstellung von Pfannen, worin Schwefelsäure oder schwefelsaure Salze eingedampft, krystallisirt, in Lösung gebracht etc. werden sollen, zur Anfertigung von Röhren, Kugeln und Schrot (zu letzterem Zweck unter Zusatz von etwas Arsen), zur Erzeugung von Drucklettern (in seiner Legirung mit Antimon), zur Herstellung von Hausgeschirr (mit Zinn legirt), in Form dünner Bleche zum Einpacken von Thee und Tabak, zum Einfassen kleiner Fensterscheiben und zum Vergiessen von Klammern und Haken in Steine; in der Metallurgie zur Extraction des Silbers und Goldes aus Erzen und Hüttenproducten. Bleikugeln werden besser gepresst, weil man sie so völlig rund und ohne Höhlungen erzeugen kann, was durch Giessen nicht so vollkommen zu erreichen ist. Es dient ferner zur Darstellung des Bleiweiss, des Bleizuckers, des Bleigelb und der Mennige, zur Erzeugung von Flintglas (Krystallglas), zur Herstellung der Glasur für Töpferwaaren, in der Physiotypie und Medicin. Das Blei wird auch von Mineralölen gelöst, in Folge dessen in Bleigefässen oder in mit Blei verlötheten Zinngefässen aufbewahrte Oele den Docht sehr rasch verkohlen und dieser häufig gewechselt werden muss.

Vorkommen und Erze. Das am meisten vorkommende und auch am häufigsten zur Bleigewinnung dienende Erz ist der Bleiglanz, Galenit (Pb S) mit $86\cdot5 \%$ Bleigehalt; er ist sehr selten frei von Silber und enthält bis 0·8% davon, doch rühren diese Silberhälte von in dem Bleiglanz eingesprengten Silbererzen her. Dieser Silbergehalt des Bleiglanzes variirt nicht nur in den einzelnen Lagerstätten eines und desselben Baues, sondern häufig auch in einer und derselben Lagerstätte. Gewöhnlich ist der feinkörnige Bleiglanz silberreicher, als der blättrige. Man findet ihn im Urgebirge, in silurischen und devonischen Schichten, im Kohlengebirge, in der Trias, im Jura, in der Kreide und in den tertiären Schichten in Kärnten, Ungarn, Siebenbürgen, Tirol, Böhmen, Sachsen, Preussen, Frankreich, England, Russland, Italien, Spanien, Schweden, Griechenland, Türkei, dann in den nordamerikanischen Vereinsstaaten (Missouri, Illinois, Jova, Wiscounsin etc.). Aus den übrigen aussereuropäischen Staaten fehlen nähere Angaben, doch sind in Vorderindien die Gruben zu Kanghur und Hazaribagh im Königreich Ava, dann im Gebirge von Lao, in der Provinz Thaumpa, zu Napur und im Malla-Mallagebirge bekannt. In Afrika finden sich reiche Vorkommen in Tunis und Algier, Australien exportirt Bleierze aus Neusüdwales und Vandiemensland, und Südamerika endlich hat namentlich in Brasilien bedeutenderen Bleierzbergbau. Als Gangarten finden sich mit dem Bleiglanz meist Quarz, Kalkspath, Schwerspath und Flussspath, von metallischen Begleitern Eisenkies, Zinkblende und Spatheisenstein, Arsen- und Antimonverbindungen, Kupfer-, Nickel-, Kobalt- und Zinkerze, dann Silber, und auch Gold findet sich häufig in den den Bleiglanz begleitenden Schwefel- und Arsenkiesen (Schemnitz). Die Bleierze aus Lagern und Stöcken, dann aus Nestern sind gewöhnlich die silberärmeren, aber dafür reiner von erdigen und metallischen Beimengungen.

Weissbleierz, Cerussit (Pb CO$_3$) mit 77·52% Blei. Zunächst Bleiglanz ist dies das am häufigsten vorkommende Bleierz, entstanden am Ausgehenden der Bleiglanzlagerstätten durch Einwirkung der Atmosphärilien. Der Cerussit ist, wenn silberhaltend, so doch stets arm an Silber, er findet sich selten in so bedeutenden Mengen, dass er für sich allein verhüttet werden kann und ist meistens blos Begleiter des Bleiglanzes; gewöhnlich werden beide zusammen verarbeitet. In grösseren Massen kommt derselbe vor bei Aachen, in Oberschlesien, in Böhmen, in Spanien, am Altai, im Mississippithal; rein ausgehaltener Cerussit wird als solcher zu guten Preisen für Bereitung von Thonwaarenglasuren abgesetzt.

Bleivitriol, Anglesit (Pb SO$_4$) mit 68·4% Blei findet sich ebenfalls nur selten in bedeutenderen Mengen in Frankreich, Spanien, Sardinien und Australien; auch er ist silberarm.

Grün- und Braunbleierz, Pyromorphit [Pb Cl$_2$ + 3 (Pb$_3$ Pb$_2$ O$_8$)] und Mimetesit [Pb Cl$_2$ + 3 (Pb$_3$ As$_2$ O$_8$)] mit 69·5 und 76·2% Blei und nur Spuren von Silber haltend ist ebenfalls häufig ein Begleiter des Galenits und kommt zu Ems, Stollberg und zu St. Martin in Spanien in grösseren Mengen vor; an letzterem Orte innig gemengt mit Eisenoxyd, Quarz und Thon.

Gelbbleierz, Wulfenit (Pb M O$_4$) mit 57 % Blei
Rothbleierz, Krokoit (Pb Cr O$_4$) - 68·3 -   -
Scheelbleierz, Stolzit (Pb Wo O$_4$) - 44·8 -   -
Vanadinit [Pb Cl$_2$ + 3 (Pb$_3$ V$_2$ O$_8$)] - 72·7 -   -

kommen in der Natur sehr selten vor.

Von anderen, mitunter häufiger vorkommenden Blei haltenden Mineralien, welche mit den Bleierzen zugleich verarbeitet werden, sind noch der Steinmannit, Boulangerit, Bournonit und Jamesonit zu nennen, welche sämmtlich aber neben Schwefelblei noch Schwefelantimon, der Bournonit noch Kupfer und der Steinmannit noch Zink bei 42—58 % Bleigehalt führen.

Gewinnung des Bleies.

Die Bleigewinnung auf trockenem Wege wird in Heerden, Flamm- und Schachtöfen vorgenommen; auf nassem Wege wurden im Grossen die Gewinnung durch Extraction und auf elektrolytischem Wege versucht.

In Oefen werden entweder Bleiglanz, oder oxydirte Erze verhüttet; wegen des geringeren Vorkommens der letzteren besteht dieser Betrieb nur an wenigen Orten und beschränkt sich grösstentheils auf die Verarbeitung der oxydischen Hüttenproducte.

Für die Verarbeitung des Bleiglanzes auf trockenem Wege sind drei Methoden in Anwendung:

1. Die Niederschlagsarbeit, ein präcipitirendes Schmelzen, — die Zerlegung des Schwefelbleies durch Eisen.

2. Die ordinäre Bleiarbeit, Röstreductionsarbeit, — ein reducirendes Schmelzen nach vorhergegangener Erzröstung.

3. Die Röstreactionsarbeit, d. i. ein theilweises Abrösten des Schwefelbleies und Einwirkenlassen der Röstproducte auf den noch unzerlegten Antheil des Galenits, — also durch chemische Reaction des Bleioxyds und Bleisulfats auf Schwefelblei.

Die ersten beiden Methoden der Bleigewinnung werden in Schachtöfen, die letzte in Flammöfen oder Heerden durchgeführt und bei dieser das Erz nicht bis zum Schmelzen, sondern nur bis zum Sintern gebracht. Nach der letzten Methode können nur die reinsten Erze verhüttet werden, während nach den ersten beiden Methoden auch unreinere, d. h. fremde Schwefelverbindungen führende, so wie mehr Quarz haltende Erze zu Gute gebracht werden. Ausserdem ist der Bezug billigen Brennstoffs eine wesentliche Bedingung für Einführung der Flammofenprocesse überhaupt.

Das Bleiausbringen und die nöthig werdenden Nacharbeiten werden hauptsächlich beeinflusst durch die den Bleiglanz begleitenden Metalle und Erden. Von den ersteren tragen Arsen, Antimon und Zink zu grösserer

Verflüchtigung bei, weil diese, selbst flüchtig, auch das Blei mehr zur Verflüchtigung disponiren; dieselben Metalle, sowie auch Kupfer, verunreinigen, weil sie fast sämmtlich auch leicht reducirbar sind, das Blei, indem immer Antheile dieser Metalle in das Blei mit eingehen, die Kieselerde dagegen, welche stets etwas Blei verschlackt, verursacht wieder in dieser Richtung Verluste. Zudem ist die Kieselerde schwer zu verflüssigen, das Zinkoxyd aber nur in sehr hoher Temperatur reducirbar, es begünstigt die Bildung von Ansätzen und Ofenbrüchen und bildet als Oxyd nur sehr strengflüssige Schlacken, und diese beiden Nachtheile können nur durch genügenden Zuschlag hinreichend leichtflüssiger Beschickungsmaterialien möglichst behoben werden. Die Verarbeitung grösserer Mengen Schmelzgut bedingt aber wieder einen erhöhten Kohlenaufwand, somit höhere Schmelzkosten. Alle diese Umstände würden nun für eine möglichst reine Scheidung, beziehentlich für die möglichste Concentration der Bleierze durch die Aufbereitung sprechen; allein diese ist begrenzt, indem bei zu hoch getriebener Concentration durch die Aufbereitung selbst sehr bedeutende Verluste herbeigeführt werden, welche um so beachtenswerther sind, als das in den silberhaltigen Bleierzen vorkommende Silbererz in Form dünner Blättchen mit den Aufbereitungswässern davonschwimmt, wodurch einestheils der Bleiglanz derart entarmt wird, dass der ursprüngliche Silbergehalt auf die gleiche Menge Blei bezogen, nach erfolgter Aufbereitung um ein Bedeutendes differirt, anderentheils die Fluthabgänge einen Silbergehalt aufweisen können, welcher zu ihrer Verhüttung als Zuschlagserz zwingt, wenn man nicht das darin enthaltene Silber verloren geben will.

Günstig wirken bei der Bleigewinnung Eisenkies, Spatheisenstein und Kalk, indem erstere beide als Producte der Röstung — als Eisenoxyd — dazu beitragen, die Röstposten trocken zu erhalten und somit eine vollkommenere Röstung zu ermöglichen, bei der Schmelzung aber in Folge eingetretener Desoxydation als Eisenoxydul eine zur Kieselerde grosse Verwandtschaft besitzende Base und in Verbindung mit Kieselerde eine sehr leichtflüssige Schlacke geben; ähnlich wirkt der Kalk, und ob zwar seine Silicate schwerer schmelzbar sind, als die Eisensilicate, so ist derselbe doch ein vorzügliches Mittel zur Sättigung der Kieselerde. Ueberdies sind aus mehreren Silicaten bestehende Schlacken allemal leichtflüssiger als ein blos eine Base enthaltendes Silicat, und kann der Kalk sogar das Eisenoxydul bis zu einer gewissen Grenze ersetzen, welche für jede Beschickung erfahrungsmässig zu ermitteln ist.

Die Röstreactionsmethoden.

Diese Methoden haben den Vortheil einer billigen Gewinnung, da die Erze in rohem Zustande, ohne jedwede Vorarbeiten zur Verhüttung gelangen und hiebei keine Zuschläge gebraucht werden; man hat bei diesem Verfahren zweierlei Apparate in Verwendung, Heerde und Flammöfen.

Bleigewinnung in Heerden. Nordamerikanische Bleiarbeit.
Dieser Process kam zuerst zu Rosie (New-York) zur Ausführung, zu
Přibram wurden die in diesem Ofen längere Zeit hindurch vorgenommenen
Versuche aufgegeben, weil die Bleiverluste zu gross waren und das Silberausbringen sich verminderte, zu Bleiberg (Kärnten) war älteren Versuchen
zu Folge das Bleiausbringen geringer, als in Flammöfen, und die Arbeiter litten sehr von den Bleidämpfen. Zu Rosie besteht gegenwärtig
dieser Ofenbetrieb nicht mehr, jedoch zu Bleiberg wurden erst in neuerer
Zeit wieder vier Heerde aufgestellt, welche bei geringerem Brennstoffaufwand die fünffache Leistung gegenüber Flammöfen haben sollen neben dem
Vortheil, den Process jederzeit leicht unterbrechen zu können; dagegen
ist das Calo um 2% höher und es bedarf grösserer Investitionen, welche
Nachtheile wieder durch die billigere Arbeit aufgehoben werden.

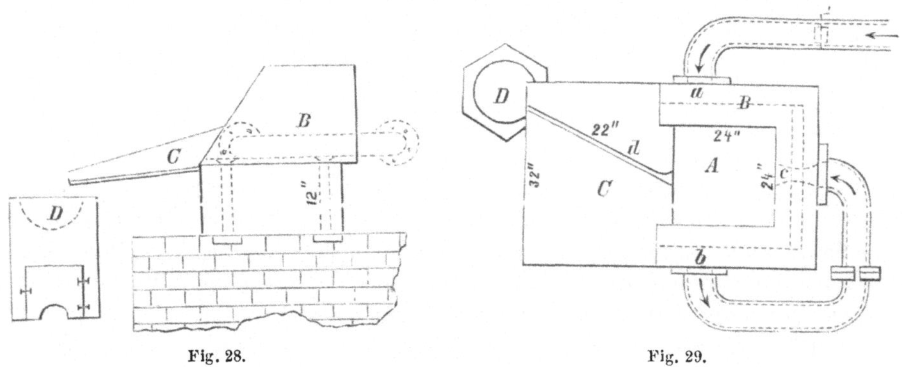

Fig. 28.   Fig. 29.

Zu Bleiberg beträgt eine Charge 20 q Bleischlich, dieselbe ist in
12 Stunden beendet, und werden somit in 24 Stunden 40 q verarbeitet[3]).

Der Rosieofen oder nordamerikanische Bleiheerd besteht aus einem
eisernen, oben offenen Kasten, in welchem sich das geschmolzene Blei ansammelt, in dem Masse, als Blei durch Zerlegung des Erzes ausgeschieden wird, in diesen Sumpf hinabgeht und wenn es denselben gefüllt hat,
durch eine in der Vorheerdplatte befindliche Rinne in den vorliegenden
Kessel abfliesst, aus welchem es in Formen geschöpft wird. Oberhalb des
eisernen Kastens, denselben von 3 Seiten einschliessend, befindet sich ein
zweiter, überall geschlossener Kasten in welchem der Gebläsewind erwärmt
wird. Fig. 28 und 29 zeigt einen solchen Rosieofen. A ist der 60 cm
Quadratseite messende Heerd von 30 cm Tiefe, welcher aus 5 cm starken
Eisenplatten gebildet wird, B der darüber stehende Windkasten von Gusseisen, durch welchen der Wind bei a einströmend und bei b austretend
blos einmal durchstreicht, und bei c 5 cm über dem Heerde durch die
Form zu der Beschickung tritt. C ist die Vorheerdplatte mit seitlich

<hr>

[3]) Oesterr. Ztschft. 1883. Vereinsmittheilungen No. 9.

aufstehenden Rändern und der Bleirinne d, durch welche das ausgeschiedene Blei in den geheizten Kessel D abfliesst, aus welchem es ausgekellt wird. Die Vorheerdplatte ist 55 cm lang und 80 cm breit. Zu Přibram war der Windkasten durch eingesetzte Zwischenwände von Eisenblech in Abtheilungen getheilt, so dass der Wind in dem Kasten mehrmals hin und her streichen musste, wobei er sich höher erwärmte; der Wind trat durch 2 Formen in den Heerd.

Als Brennstoff dient bei der nordamerikanischen Bleiarbeit klein gespaltenes Holz, als Zuschlag wurde in Amerika Flussspath angewendet. Die Arbeit selbst ist leicht, aber die Leitung des Processes verlangt viel Aufmerksamkeit namentlich Vermeidung zu hoher Temperatur, damit der Arbeiter nicht zu sehr belästigt wird und das Calo nicht zu hoch ausfällt; die bei dieser Arbeit fallenden Krätzen sind noch reich an Blei und müssen separat zu Gute gebracht oder bei anderen Schmelzungen zugeschlagen werden.

Zu Rosie wurde der Process folgends ausgeführt: Bei Inbetriebsetzung muss der Heerd 12 Stunden hindurch abgewärmt und zuletzt die nöthige Bleimenge in dem Sumpf eingeschmolzen werden, bis derselbe voll geworden ist; man bringt dann kleine Holzscheite von 5—6 cm Durchmesser vor die Form und das Erz sammt Beschickung auf das Bleibad, welches man bis nahe zum Rande des Windkastens aufträgt und das Gebläse in Gang setzt, worauf sehr bald ein Theil des Erzes oxydirt, ein anderer zu Unterschwefelblei reducirt wird. Bleioxyd und Bleisulfat wirken zerlegend auf den rohen, noch unzersetzten Antheil des Bleiglanzes, das Unterschwefelblei wird bei dem Ausziehen auf die Arbeitsplatte abgekühlt und ebenfalls zerlegt, und in beiden Fällen wird Blei in metallischem Zustande ausgeschieden, welches ununterbrochen durch die Rinne nach dem Sammelkessel abfliesst. Die hiebei stattfindenden Reactionen sind sehr mannigfach, abhängig von dem Verhältniss, in welchem Bleioxyd und Bleisulfat auf Schwefelblei einwirken; dieselben werden bei den Flammofenprocessen besprochen werden. Nach je 10 Minuten wird der Heerd frisch beschüttet, indem man vorher den Wind abstellt, die gesinterten Massen auszieht, frisches Holz einlegt und die alte Beschickung mit neuem Erz in den Heerd zurückbringt, wieder das Gebläse anlässt u. s. f. Der Ofen arbeitete die ganze Woche ohne Unterbrechung fort und erzeugte bei 2 cbm Holzaufwand 37—38 q Blei.

Die schottische Bleiarbeit. Dieser Betrieb ist dermal noch in Cumberland, Northumberland und Durham, dann in Nordamerika in ausgebreiteter Anwendung.

Der quadratische Heerd (Fig. 30 und 31) von 56 cm Seitenlänge ist offen, hat eine 7 cm starke eiserne Bodenplatte a und ist im Uebrigen aus massiven Gusseisenstücken zusammengesetzt. Vorn, 30 cm über der Vorheerdplatte b liegt ein Gusseisenstück c, der Vorderstein, welcher den Heerd an der Arbeitsseite oberhalb des Bleisumpfes A abschliesst; die ein

wenig stehende und etwas in den Ofen einragende Form liegt auf einem
gleichen Gusseisenstück d, welches der Rückstein genannt wird. In dem darüber liegenden Stück e, dem Pfeifenstein, befindet sich die Oeffnung für die
Form. Die übrigen Eisenstücke heissen Tragsteine; der ganze Heerd wird
aus 12 solchen Stücken zusammengesetzt. Vorn ist der Bleisumpf durch
einen Damm f abgeschlossen, welcher aus einem Gemenge von Bleiglanz
und Knochenasche hergestellt wird; an diesen schliesst sich die an 3 Seiten
mit aufstehenden Rändern versehene, vom Bleisumpf abfallende Vorheerd-

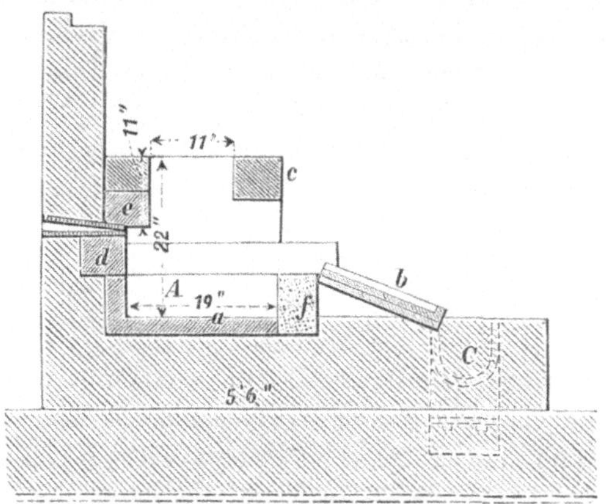

Fig. 30.

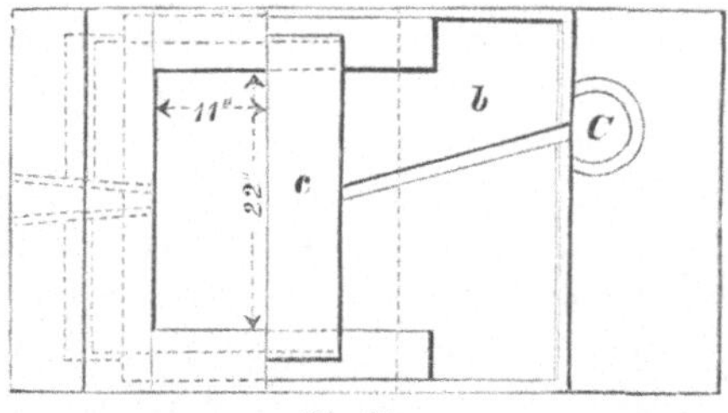

Fig. 31.

platte b an, in welcher sich eine Rinne für den Abfluss des Bleies befindet,
das sich in dem vor dem Ofen stehenden mit Heizung versehenen, eisernen Kessel C ansammelt.

Die in diesen Heerden zur Verarbeitung gelangenden Erze halten bis
über 70 % Blei; sie werden an einigen Orten vorher in Posten von 5 q
acht Stunden hindurch in einem Flammofen vorgeröstet und aus dem Ofen
in einen Wassersumpf gezogen damit die Röstpost während der Abkühlung
nicht zusammenbacke, auf anderen Hütten aber wird sofort das rohe Erz
verarbeitet. Zu Beginn der Charge wird über dem mit Blei gefüllten
Sumpf der Ofen mit Torfsoden vollgeschlichtet, durch die Form Feuer eingebracht und das Gebläse angelassen; nachdem das Feuer sich genügend

ausgebreitet hat und ein Theil des Torfes verbrannt ist, wird etwas Koks aufgetragen und zuerst 4—5 Kilo Erz aufgegeben. Innerhalb 5 Minuten sind die Massen gesintert; sie werden mittelst einer Eisenstange aufgebrochen, auf die Vorheerdplatte gezogen, die stark geschmolzenen Stücke zerschlagen, die harten schlackigen aber bei Seite gestürzt und separat über den Schlackenofen aufgegeben. Indessen wird auch frisches Erz nachgetragen und die ausgezogenen Rückstände (browse) wieder in den Ofen zurückgegeben, wobei man auf dieselben auch etwas, aber nur soviel gelöschten Kalk aufstreut, als zur Ansteifung der Masse erforderlich ist, da das Erz wohl teigig werden, aber nicht schmelzen soll. Nach jedem Aufbrechen wird ein Stück glühende Kohle vor die Form gelegt, dieselbe stets rein gehalten und mit diesen Arbeiten stetig fortgefahren, bis die Erze kein Blei mehr abgeben, worauf man die Schlacken auszieht und im Schlackenofen für sich zu Gute bringt, da sie noch viel Blei enthalten. Eine Charge dauert 12—15 Stunden, während welcher Zeit bei 3% Calo 10—30 q Blei erzeugt werden; nach dieser Zeit wird der Heerd zu heiss und wird 5 Stunden hindurch abkühlen gelassen.

Auf den Werken zu South-West-Missouri wird dieser Process gegenwärtig unter Anwendung von Holzkohle als Brennstoff folgends ausgeführt[4]): Der Schmelzer zündet auf der Oberfläche des im Heerde befindlichen Bleies ein Holzfeuer an, wirft Holzkohlen darauf und setzt das Gebläse in Gang; der Wind tritt 25—75 mm über der Oberfläche des Bleies ein. Es werden zuerst die Reste von der vorigen Charge (Bleistückchen, Schlacke und Holzkohle) aufgegeben, und wenn das Blei im Sumpfe hinreichend flüssig geworden ist, wird schaufelweise 10—15 kg Bleiglanz in Erbsengrösse, dann Holzkohlen mit etwas gebranntem Kalk gesetzt und jede Erzgicht mit einer Lage Holzkohlen bedeckt, das Feuer nach jedem Aufgeben 4—5 Minuten lang ungestört gelassen und die Charge dann mit einem langen Schüreisen aufgebrochen und durchgemengt, so dass die frischen Erztheilchen mit der Holzkohle in Berührung kommen, worauf mit einem flachen Spaten umgerührt wird, um der Gebläseluft den nöthigen Durchgang zu verschaffen.

Diese Manipulationen werden alle bei jedem Neuaufgeben von Erz wiederholt, wobei das Blei fast ununterbrochen über die geneigte Vorheerdplatte in den Kessel abfliesst. Zwei Schmelzer verarbeiten in der achtstündigen Schicht 15 q Erz, der Bleiglanz gibt 68% Ausbringen, das ist weniger, als im Flammofen, weil die Schlacke weniger flüssig ist und mehr Blei zurückhält; sie wird zerkleint, verwaschen und auf denselben Heerd wieder aufgegeben, und da die von dieser Schmelzung fallende ärmere Schlacke noch immer sehr reich an Blei ist, wird dieselbe in dem Schlackenheerd nochmal verarbeitet. Die Production in 24 Stunden erreicht 30—31 q.

---

[4]) Bg. u. Httnmsch. Ztg. 1875 pag. 377.

Der Flugstaub wird in einem Röstofen stark gefrittet und mit dem Erz wieder über den Heerd durchgesetzt.

Auf diesen Werken ist jedoch der ursprüngliche schottische Heerd wesentlich modificirt worden, und hat die folgende in Fig. 32 und 33 dargestellte Einrichtung. Der Sumpf a liegt in einem festen Gemäuer, und

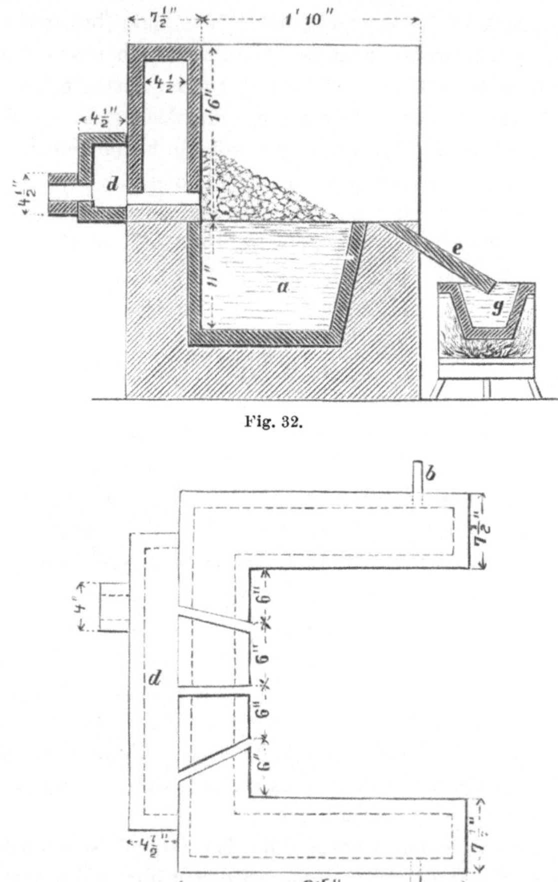

Fig. 32.

Fig. 33.

ist an den beiden Seiten und rückwärts von hohlen eisernen Kästen eingeschlossen, welche durch Wasser gekühlt werden; b Wassereintritt, c Wasseraustritt. Der Windkasten d liegt hinter der Rückwand, aus demselben führen durch die Rückwand drei Düsen den Wind in den Heerd; e ist die Arbeitsplatte, g der separat beheizte Bleisammeltiegel, aus welchen das Blei ausgeschöpft wird. Sumpf und Heerdwände, Windkasten etc. sind auch hier aus Eisen hergestellt.

Die in den schottischen Heerden gewonnenen Rückstände werden in Schlackenheerden verschmolzen; diese sind Oefen von blos 1 m Höhe, deren Aufgebeöffnung 50 cm über der Form liegt, sie bestehen ebenfalls aus starken gusseisernen Platten, innerhalb welcher der Schmelzheerd aus Kokspulver aufgestampft wird. In Fig. 34 und 35 bedeuten a die Sohlplatte, b den Spurtiegel, aus welchem die Schlacke durch eine Rinne in das Bassin c läuft und dort abgeschreckt wird, so dass sie zerspringt und die mechanisch eingeschlossenen Bleikörner leicht gewonnen werden können; aus dem Spurtiegel wird das Blei in den seitlich gelegenen Stichtiegel d abgestochen und von da in Formen geschöpft. g ist eine Wasserrinne.

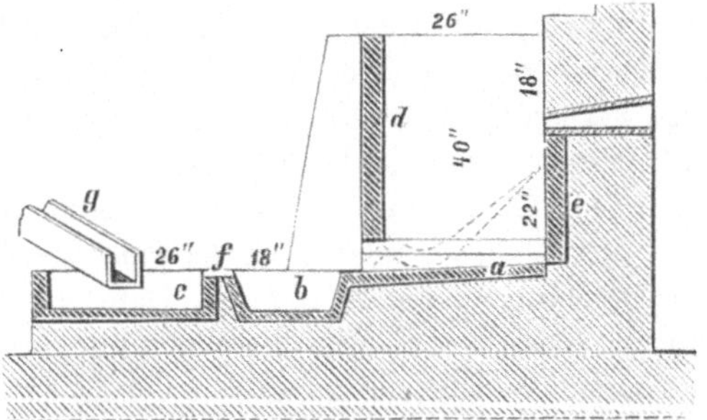

Fig. 34.

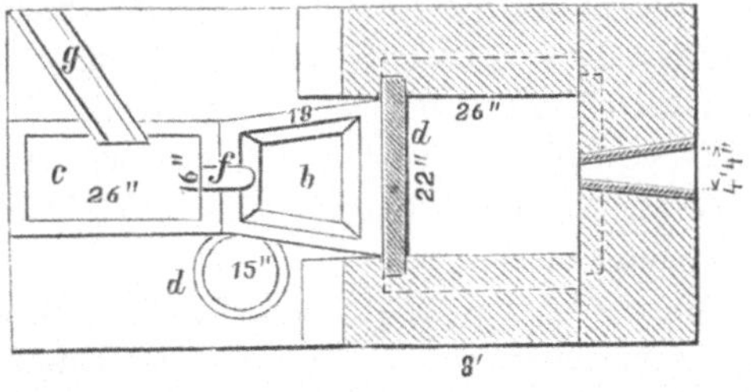

Fig. 35.

Bleigewinnung in Flammöfen. Bei den Flammofenprocessen, wie bei den Rösteractionsprocessen überhaupt, ist die erste Operation, welche mit den in den Ofen eingetragenen Erzen vorgenommen wird, eine theilweise Röstung derselben, so dass noch ein Theil Schwefelblei unzersetzt bleibt; die Producte dieser Röstung sind Bleioxyd und Bleisulfat, von welchem letzteren man bei Anwendung einer niedrigeren Temperatur mehr erzeugt, als wenn die Hitze zu bald gesteigert wird. Je reiner die Erze sind, eine um so geringere Temperatur verlangen sie bei dem Rösten, wenn Sinterungen vermieden werden sollen und da ein gleichförmiges Abrösten einer grösseren Post in einer bestimmten Zeit nicht durchführbar ist, so ist man angewiesen, die Röstung mehreremale zu wiederholen, um neues Oxyd und Sulfat zu bilden und eine neuerliche Ausscheidung von

Blei zu bewirken. Die drei Körper, Bleioxyd, Bleisulfat und Schwefelblei reagiren jedoch nur dann auf einander, wenn sie sich in festem oder höchstens blos erweichtem, keinesfalls aber in flüssigem (geschmolzenem) Zustande befinden, und dieser Umstand ist der Grund, warum bei den Röstreactionsprocessen nur eine verhältnissmässig niedrige Temperatur eingehalten werden muss. Mit Berufung auf das (pag. 52 u. 53) Mitgetheilte über den Einfluss fremder Beimengungen bei Verhüttung der Bleierze, werden auch hier alle jene Stoffe günstig einwirken, welche ein Sintern und Zusammenschmelzen hindern oder wenigstens verzögern, dagegen wird die Anwesenheit aller solcher Körper nachtheilig sein, welche zu leichterer Sinterung oder Bleiverflüchtigung beitragen. Speziell hervorgehoben sei hier der Eisenkies, welcher die Bildung von Bleioxyd und Bleisulfat unterstützt, und das Bleicarbonat, welches zu einer rascheren Abröstung und somit mittelbar zu geringeren Verlusten beiträgt, dann die Kieselerde, die mit Bleioxyd und Eisenoxydul sehr leichtflüssige Silicate gibt, welche die röstenden Erztheile einhüllen und der Abröstung entziehen, welche also nachtheilig wirkt. Der Kalk ist an und für sich unschmelzbar, das Kalksilicat ist viel strengflüssiger, als Metalloxydsilicate, darum wird, wenn zu Ende des Processes, bis wohin eine Zunahme der Temperatur unvermeidlich ist, die Massen im Ofen allzusehr erweichen oder gar schon zu schmelzen beginnen, Kalk zur Ansteifung der Röstpost eingerührt. Die Temperatur im Ofen soll Rothgluth nicht übersteigen, weil sich sonst auch noch Oxysulfuret bildet, welches das Schwefelblei nicht mehr zerlegt. Gegen Ende des Processes, wo dann kein oder schon zu wenig Schwefelblei vorhanden ist, wird Kohle eingemengt, welche das Bleisulfat zu Sulfid reducirt, das bei neuerlicher oxydirender Röstung wieder Oxyd und Sulfat gibt, die abermals zerlegend auf Schwefelblei einwirken und neue Bleiausscheidungen veranlassen.

Alle vom Flammofenbetrieb fallenden Schlacken, Krätzen und Rückstände sind noch sehr bleireich, sie werden desshalb bei Schachtofenprocessen wieder zugeschlagen oder in eigenen Schlackenheerden zu Gute gebracht.

Kärntner Bleiflammofenprocess. Bei dieser Methode will man durch das Rösten so viel Bleisulfat erzeugen, dass für ein Atom Schwefelblei ein Atom Bleisulfat vorhanden ist, welche beide bei einem darauf folgenden Rühren und etwas erhöhter Temperatur bei der wechselseitigen Einwirkung auf einander unter Entwickelung von Schwefeldioxyd metallisches Blei ausscheiden, das über die geneigte Heerdsohle abfliesst (**Bleirühren, Rührperiode**);

$$Pb\,S + Pb\,SO_4 = 2\,Pb + 2\,SO_2.$$

Neben Sulfat bildet sich aber immer auch Oxyd, das ebenfalls zerlegend auf unzersetztes Schwefelblei einwirkt,

$$Pb\,S + 2\,Pb\,O = 3\,Pb + SO_2,$$

nur muss ein Ueberschuss von Bleioxyd gegenüber Schwefelblei vorhanden sein. Diesen Ueberschuss stetig zu erhalten ist aber äusserst schwierig, weil, wie Plattner durch Versuche nachgewiesen hat, bei der vorsichtigsten Röstung fein zertheilten Bleiglanzes (im Kleinen) schliesslich nur 66·3% Bleioxyd neben 33·7% Bleisulfat resultiren. Steigt die Temperatur im Ofen zu bald, so entsteht durch Einwirkung von Bleisulfat auf Schwefelblei auch Unterschwefelblei, das in dieser höheren Temperatur von dem mehr vorhandenen Bleisulfat ebenfalls zerlegt wird,

$$2\,Pb\,S + Pb\,SO_4 = Pb_2\,S + Pb + 2\,SO_2$$
$$\text{und}\quad Pb_2\,S + Pb\,SO_4 = 3\,Pb + 2\,SO_2,$$

bei erniedrigter Temperatur aber zerfällt das Unterschwefelblei von selbst,

$$Pb_2\,S = Pb + Pb\,S.$$

Das während dieser Periode aus dem Ofen ablaufende Blei wird Jungfernblei (Rührblei) genannt.

Bei fortgesetztem Rösten bleibt schliesslich nur Bleioxyd neben Bleisulfat zurück, welche beiden Körper auf einander nicht reagiren; man rührt desshalb Kohlen ein und krükt gut durch, wobei aus dem Oxyd das Blei reducirt, aus dem Sulfat aber wieder Sulfid regenerirt wird; es ist dies die zweite Periode (Bleipressen, Pressperiode), und das erzeugte Blei heisst Pressblei. Da nun durch die unmittelbare Verbrennung der Kohle auf dem Röstheerd und in der Röstpost die Temperatur daselbst erhöht wird, so werden auch zum Theil strengflüssigere Metalloxyde reducirt und diese Metalle werden von dem Blei aufgenommen, es ist dieses Blei demnach unreiner.

Zu Bleiberg in Kärnten werden nach dieser Methode Kernschliche und Schlammschliche mit einem Gehalt von 72—75 und 67—73%, mitunter selbst noch mit 58% Blei, sonst aber von fremden Beimengungen ziemlich frei, in Oefen von folgender Construction verarbeitet. (Fig. 36—39.) Die muldenförmige geneigte Heerdsohle a ist 3·25 m lang und verengt sich von rückwärts nach vorne bis zur Arbeitsthür f allmälig bis auf 30 cm; der Rost b liegt ebenfalls geneigt, ist für Holz ein gemauerter Gurtenrost, für Braunkohle aus Eisenstäben hergestellt und liegt parallel dem Ofenheerde. Nur der rückwärtige Theil desselben wird befeuert, bei c ist die Flammengasse. Als Brennmaterial wird Holz, in neuerer Zeit auch Braunkohle verwendet. Der Ofen ist zum Theil aus Ziegeln, zum Theil aus Sandsteinquadern aufgeführt und die Heerdsohle aus einem Gemenge von Thon mit Schlacken und aufbereitetem Gekrätz gestampft, welche in der Hitze zusammenfritten. Am vorderen Theil des Ofens nahe der Arbeitsthür sind verticale Canäle d angebracht, welche die Bleidämpfe in den Hauptabzugscanal e abführen. Meistens liegen zwei solcher Oefen an einer gemeinschaftlichen Esse; der Betrieb ist der folgende: Nachdem der Heerd nach Beendigung der vorigen Charge ausgebessert wurde, werden in den noch rothglühenden Ofen 1·7—2 q Erz durch die

Arbeitsthür eingetragen und ausgebreitet, und nicht nachgeschürt, da noch
auf dem Roste Kohlen von der früheren Charge liegen. Während der
ersten 3 Stunden wird die Post blos 8—9 mal gewendet, dann wird der
Rost beschürt und nun 4 Stunden hindurch unter wiederholtem Nachschüren
beständig gerührt, bis kein Blei mehr aus dem Ofen in das vorgestellte
Gefäss g abfliesst (erste Periode, Bleirühren) worauf man in die Masse

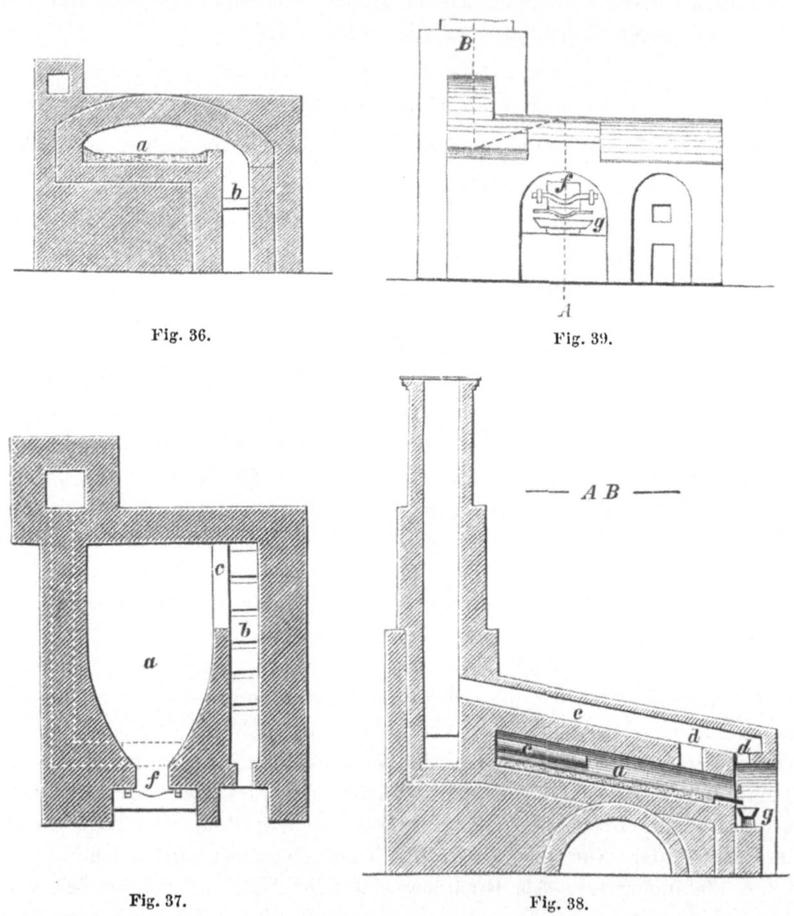

Fig. 36.

Fig. 39.

Fig. 37.

Fig. 38.

Kohlen einrührt, die Post auszieht und eine neue Post einträgt, welche
man in gleicher Weise behandelt, jedoch nach dem Einmengen der Kohle
nicht auszieht, sondern die ausgezogenen Rückstände von der ersten Charge
dazu bringt; der Rost wird frisch beschürt und nun 7—8 Stunden beständig
durchgerührt (zweite Periode, Bleipressen), solange, bis kein Blei mehr erfolgt. Schliesslich werden die Rückstände ausgezogen, die mechanisch
eingemengte Bleikörner enthaltenden Schlacken ausgesucht und gepocht und
siebgesetzt, die reinen Schlacken aber abgesetzt. Das Pressblei enthält

viel mechanisch beigemengte Verunreinigungen, desshalb wird es bei der nächsten Charge auf den untersten Theil des Flammofens aufgesetzt und binnen etwa $1/_2$ Stunde abgeseigert.

Aus dem Bleihalt der Erze werden 64—65 % ausgebracht, die Rückstände halten circa 4 % Blei, der Verlust beträgt an 14 %. Es sind zu Bleiberg Prämien für die Arbeiter eingeführt, um geringere Verluste durch sorgfältige Arbeit zu erzielen; in einem Doppelofen können pro Jahr 3000 q Erz verhüttet werden.

Da der Brennstoffaufwand bei diesem Verfahren ein sehr hoher ist, so hat man auch Oefen mit 2 über einander liegenden Heerden in Versuch genommen, die Flamme, nachdem sie den unteren Heerd bestrichen hatte, über den oberen geführt, und auf dem oberen Heerd nur das Rühren, auf dem unteren aber das Pressen vorgenommen; man hat thatsächlich hiebei etwas an Brennstoff erspart und auch die Production stieg um ein Geringes, allein der Process war schwieriger zu leiten und die Oefen erforderten mehr Reparaturen, wesshalb diese Oefen wieder abgeworfen wurden.

Das zu Bleiberg gewonnene, im Handel unter dem Namen „Villacher Blei" bekannte Metall ist sehr rein; es wurde darin gefunden:

von	Streng	Michaelis	Mitteregger
Sb	0·026 %	0·0052	0·0025
Zn	0·004 -	0·0032	0·6865
Fe	0·004 -	0·0025	0·0028
Cu	Spur	0·0021	0·0086
Bi	—	—	0·0040
As	—	—	0·0005

Eschka[5]) fand in den Bleiberger Weichbleien, und zwar im

	Rührblei	Pressblei
Cu	0·00069	0·00075
Ag	0·00025	0·00025
Fe	0·00055	0·00088
Ni	—	Spur
Zn	0·00076	0·00082
S	0·01476	0·01785
Sb	Spur	0·00703
As	Spur	0·00721

Auf den Hütten zu South-West-Missouri[6]) wird eine Charge von 7—8 q Erz in Erbsen- bis Nussgrösse durch die Eintragsthüre b eingesetzt (Fig. 40 und 41), ausgebreitet, und 1—1$1/_2$ Stunden fleissig gerührt, dann

---

[5]) Bg. u. Httnmsch. Jahrbuch Bd. 22 pag. 389.
[6]) Bg. u. Httnmsch. Ztg. 1875 pag. 377.

der Rost geschürt, so dass eine lange Flamme über den Heerd streicht, wobei das ausgeschiedene metallische Blei abfliesst; diese Arbeit wird fortgesetzt und die Reaction zeitweise durch Rühren der Post unterstützt bis das Blei abzufliessen aufhört. Wenn die Charge zu heiss geht und zu schmelzen droht, ohne dass die Bleiausscheidung beendet ist, wird Asche aufgeworfen, wodurch Abkühlung und Ansteifung der Masse bewirkt wird. In der Zeichnung bedeuten noch c den Sumpf, d den Heerd, e den Rost, f die Blechesse und a die Arbeitsthüre. Chargendauer 9—11 Stunden.

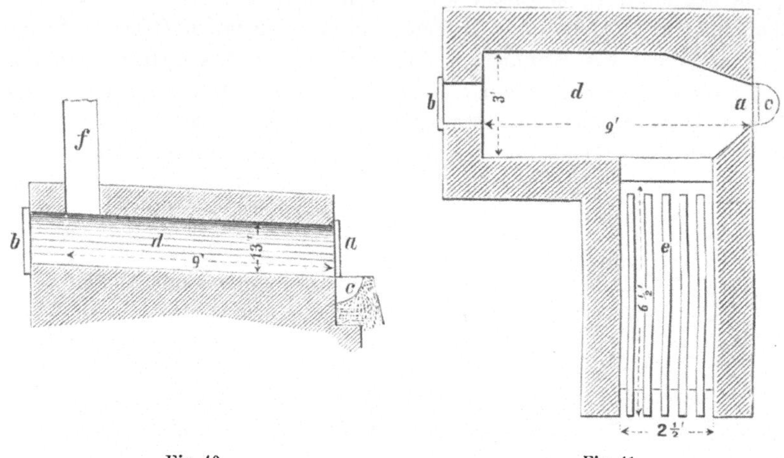

Fig. 40.   Fig. 41.

Französischer Bleiflammofenprocess. Diese Methode beruht auf der Erzeugung einer grösseren Menge Bleisulfat gegenüber dem unzersetzt bleibenden Bleiglanz, welche beide dann bei gesteigerter Temperatur auf einander unter Bildung von Bleioxyd einwirken,

$$Pb\,S + 3\,Pb\,SO_4 = 4\,Pb\,O + 4\,SO_2,$$

welches dann durch Einmengen von Kohle reducirt wird,

$$4\,Pb\,O + 4\,C = Pb + 4\,CO.$$

Ein allzugrosser Ueberschuss an Bleisulfat wird durch die Kohle zum Theil zu Sulfid regenerirt, welches dann in der bei dem Kärntner Verfahren angegebenen Weise unter Ausscheidung von Blei von dem Bleisulfat zerlegt wird. Die nach diesem Process zu verarbeitenden Erze sollen nicht mehr als 5 bis höchstens 7% Kieselerde enthalten, es ist diese Verhüttung zu **Pallouen** in Frankreich in Uebung, und dient als Brennstoff Steinkohle.

Die Heerdsohle des Ofens wird aus Thon geschlagen und ein neuer Ofen zuerst acht Wochen hindurch angewärmt; als erste Charge werden 5 q Bleierze eingetragen, welche der Heerdboden aufsaugt, dann wird der Einsatz um je 1 q gesteigert, bis der Ofen den vollen Satz

von 13 q erhält; der normale Betrieb tritt aber erst mit ungefähr der
15. Charge ein. Man unterscheidet auch hier mehrere Perioden bei
dem Röstgang; in der ersten wird $2/3$ der Erzpost an die Feuerbrücke
und $1/3$ an den Fuchs eingetragen und so lange gefeuert, bis sich eine
mehrere Centimeter starke Kruste von Bleisulfat gebildet hat, welche in
4—5 Stunden eine Dicke von 5 cm erreicht; man lässt in der nun folgenden zweiten Periode die Temperatur im Ofen herabgehen, zerschlägt die
Kruste, rührt gut durch einander und wendet die Post mehreremale vor
den Arbeitsthüren, welche Arbeit so lange fortgesetzt wird, bis die Massen
anfangen zu sintern und Blei sich auszuscheiden beginnt. Hierauf werden
zur Reduction des entstandenen Bleioxyds Holzknüppel unter die Röstpost
eingemengt (dritte Periode), bis die Massen bei nicht zu hoch gesteigerter
Temperatur beginnen teigig zu werden und sich der Sumpf des Ofens mit
Blei gefüllt hat; diese Bleireduction erfolgt binnen 4—5 Stunden. Das
Blei wird nun in den vor dem Ofen liegenden Stichtiegel abgestochen,
durch Rühren mit Reisig gereinigt, abgeschäumt und ausgeschöpft. Man
mengt hierauf von Neuem Holz in die im Ofen verbliebenen Rückstände,
fährt mit dem Durchrühren drei Stunden hindurch ununterbrochen fort,
und sticht während dieser Zeit das reducirte Blei zweimal ab. Die
Charge braucht 15—16 Stunden Zeit; die verbleibenden noch sehr reichen
Rückstände werden schliesslich unter Zuschlag von bleiischen Producten,
Eisen, silberhaltigem Eisenstein und Quarz in Krummöfen für sich zu
Gute gebracht. Man erhält aus 13 q 65 procentigen Erzes 670 kg Blei,
350 kg Schlacken mit 34 % und 8 kg Rauch mit 40 % Blei, welcher Letztere nach Beendigung der zweiten Periode zu der Erzpost zurückgegeben
wird. Der Bleiverlust beträgt 4 %, erreicht aber auch bis 7 %, der Brennstoffaufwand beträgt pro Charge 3 q Steinkohle und 5 cbm Knüppelholz.

Diese Art der Bleigewinnung ist noch zu Nantes, Marseille,
Corfali (Belgien), Bottino (Toscana), Pesey (Savoyen) dann zu Holzappel, Birkengang und Binsfeldhammer in Ausübung; zu Pesey
arbeitet man in grösseren Heerden, welche durch eine Scheidewand getheilt
sind, worin man in dem an dem Fuchs gelegenen Theil röstet, in dem an
der Feuerbrücke liegenden aber das Bleioxyd reducirt, wodurch man geringen Verlust an Blei und geringeren Brennstoffaufwand erzielt, während
auf den beiden letztgenannten bei Aachen gelegenen Hütten kleinere Chargen
nach einer den kärntner mit dem französischen Process combinirenden
Methode gearbeitet wird.

Englischer Bleiflammofenprocess. Nach diesem Verfahren wird
gleich zu Anfang nur kurze Zeit geröstet und dann die Temperatur erhöht, so dass wenig Bleisulfat, dagegen Schwefelblei im Ueberschuss vorhanden ist, welche bei gesteigerter Temperatur als Producte der wechselseitigen Reaction neben metallischem Blei Unterschwefelblei geben,

$$2\,Pb\,S + Pb\,SO_4 = Pb + Pb_2\,S + 2\,SO_2,$$

welches Letztere dann bei einer Abkühlung in Blei und Schwefelblei zerfällt,

$$Pb_2 S = Pb + Pb S.$$

Diese Operationen, kurzes Rösten, Steigern nnd hierauf Erniedrigen der Temperatur werden so lange wiederholt, als sich Blei ausscheidet und die Charge nicht schmilzt; wird im Verlauf des Processes dieselbe teigig, so werden zur Reduction Kohlen eingeworfen, etwas Kalk zugeschlagen, und bei geschlossenen Thüren möglichst rasch eingeschmolzen, wobei die angesteiften Massen mehrmal aufgebrochen und gewendet werden.

Die so verarbeiteten Bleierze halten mindestens $70^0/_0$ Blei und führen als Begleiter Kalkspath, Flussspath und Schwerspath; als Brennstoff dienen Steinkohlen, und man verarbeitet grössere Chargen, wesshalb auch grössere Oefen angewendet werden. Die Heerdsohle des Ofens wird aus den sogenannten grauen Schlacken derselben Arbeit hergestellt, indem man etwa

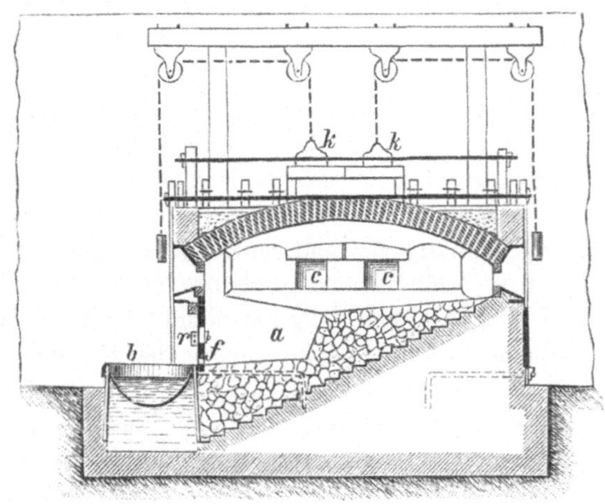

Fig. 42.

5 Tonnen davon in Stücken im Ofen ausbreitet und einschmilzt; dieser Heerd wird sorgfältig erhalten und nach jeder Charge wieder ausgebessert, er ist bis 30 cm dick.

Der englische Flammofen ist dem französischen Ofen ähnlich, hat aber auf beiden Längsseiten je drei Arbeitsöffnungen i, während der letztere blos eine Arbeitsseite mit 3 Thüren hat. Der Flammofen von Stiperstones[7]) (Fig. 42—45) wird durch eine Oeffnung im Gewölbe besetzt, die Flamme zieht vom Roste durch zwei neben einander liegende Füchse c ab, wovon der rückwärtige weiter ist, um die Flamme mehr über den davor liegenden höchsten Theil des Heerdes zu führen; beide Füchse münden in einen gemeinschaftlichen mit einem Schuber regulirbaren Essencanal.

---

[7]) Bg. u. Httnmsch. Ztg. 1863 pag. 245.

Die Sohle des Ofens bildet ein Trapez mit abgestumpften Ecken, das
reducirte Blei fliesst in den vor der Mittelthüre an der Vorderseite gelegenen Heerdsumpf a ab, welcher fast senkrechte Wände hat, und aus
dem das Blei in den vor dem Ofen liegenden gusseisernen 76 cm weiten

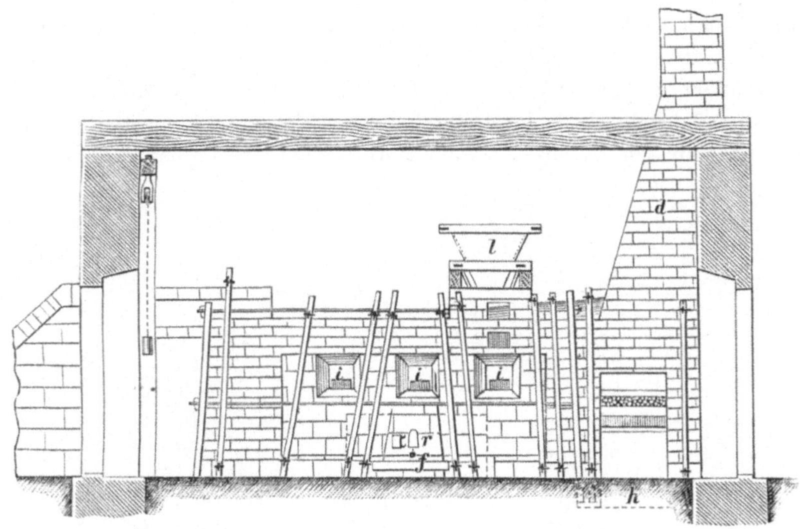

Fig. 43.

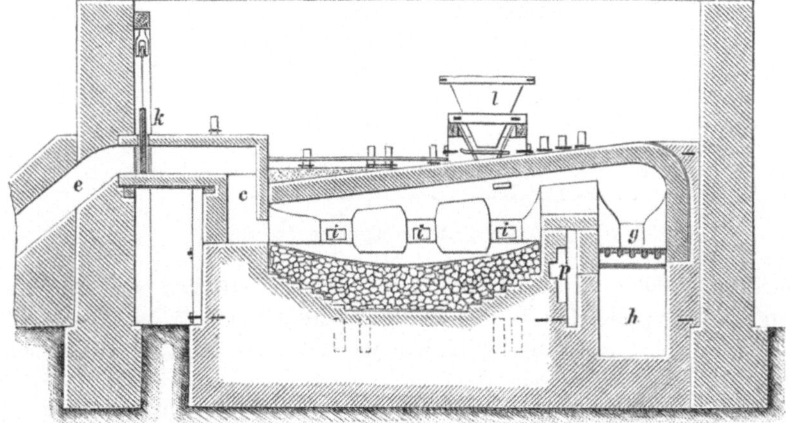

Fig. 44.

und 50 cm tiefen Kessel b abgestochen wird. Die durch die Füchse c
entweichenden Feuergase fallen in einen geneigten Canal e und ziehen von
da zur Esse; der Rost liegt nicht genau in der Mitte des Ofens, sondern
etwa 25 cm mehr nach rückwärts, damit die Flamme nicht gerade auf
den Sumpf einwirke, die Esse an der Schürseite des Rostes dient zur

Ableitung der Verbrennungsgase und des Wasserdampfs, der bei dem
Herabfallen der Cinder durch den Rost in das darunter befindliche Wasser
sich bildet und durch den Rost aufwärts zieht. Das Stichloch f liegt
20 cm über dem Boden. g ist die Schüröffnung, h der 30 cm unter der
Hüttensohle liegende Aschenfall, welcher stets mit Wasser gefüllt erhalten
wird; die kleine Esse d liegt unmittelbar vor der Feuerung, ist 6 m hoch
und 75 × 60 cm breit, der Gasabzug durch die Füchse c ist mittelst der
Blechschuber k regulirbar. l ist der Chargirtrichter, welcher in einem
Holzrahmen hängt, und unten durch einen Schuber verschlossen gehalten
wird, nach dessen Herausziehen die darin befindliche Beschickung auf die

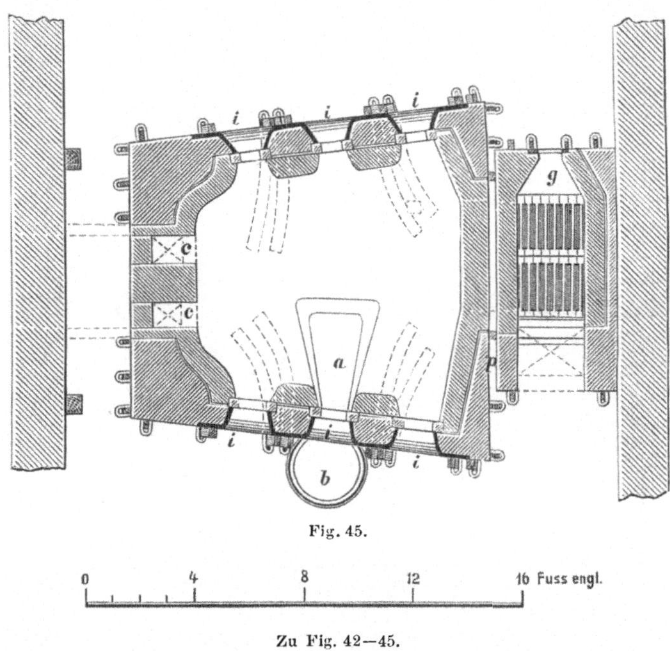

Fig. 45.

Zu Fig. 42—45.

Heerdsohle fällt, welche Letztere aus armen Schlacken und Quarzsand
hergestellt ist; dieselbe ist an der Rückseite 10 cm, an der Feuerbrücke
30 cm, an der Fuchsseite 35, im Sumpfe rückwärts 20, vorn 75 cm stark.
Der Rost ist 76 cm breit, 1·37 m lang, die mit einem Luftcanal p zur
Kühlung versehene Feuerbrücke ist 1·22 m lang und 61 cm breit, der
Heerd 2·97 m lang, und bei den nächst dem Roste gelegenen Thüren 2·59,
bei den folgenden 2·43, bei den letzten 2·28 m breit, letztere Dimensionen
je durch die Thürmittel gemessen. Bei r ist eine durch eine kleine, in
Angeln bewegliche Thüre verschliessbare Oeffnung, welche jedoch durch
diese Thüre nicht völlig verschlossen wird, sondern deren oberer Theil
immer noch offen bleibt, so dass stets etwas kalte Luft zu den geschmolzenen Massen im Sumpfe zutreten kann.

Percy[8]) gibt über diesen Process, wie er zu Bagilt (Flintshire) ausgeführt wird, das Folgende an: Der von der vorigen Charge noch rothglühende Ofen wird mit 1066 Kilo Erz besetzt, dasselbe ausgebreitet und durch zwei Stunden fleissig gekrählt und gewendet, wobei die Thüren zum Theil oder gänzlich offen gehalten werden, damit die Post bei möglichst hoher Temperatur geröstet werden könne, ohne dass sie in's Schmelzen geräth; nach zwei Stunden reinigt man den Rost und feuert so stark, dass die Röstmassen erweichen, wobei die gegen den Stich zu abfliessenden Partieen beständig auf den höheren Theil des Heerdes zurückgeschoben werden. Man öffnet hierauf die Schürthür, wodurch die Masse im Heerd abkühlt und steifer wird, welche man nach rückwärts und an die Feuerbrücke schiebt, Kalk darüber streut und gleichmässig ausbreitet, und hierauf möglichst rasch einschmilzt. Die Schlacken so wie die nicht reducirten Antheile der Erzpost werden durch den aufgeworfenen Kalk angesteift, sie werden aufgebrochen auf die Seiten der Heerdmulde zur Abkühlung geworfen und später wieder eingeschmolzen; man streut zum zweiten Male Kalk auf, schiebt die Schlacken zurück und sticht das Blei ab, die teigigen Schlacken aber zieht man in Form von Klumpen aus dem Ofen. Das abgestochene Blei wird durch Einmengen von Kohle und Cindern gereinigt und der abgehobene Schaum bei der nächsten Charge zugegeben. Eine Charge dauert 5—6 Stunden, man verbraucht hiebei 60 bis 80 q Steinkohlen und gewinnt bei einem Verlust von 8—14 % 62·8 % Blei.

Die bei diesem Process abfallenden „grauen" Schlacken halten oft über 50 % Blei; sie werden sofort, wie sie aus dem Ofen gezogen werden, in Wasser abgeschreckt und entweder in einem Flammofen mit Sumpf oder in einem Schlackenheerd verarbeitet; letzterer ist ein Krummofen (Fig. 34 und 35), welcher vorn durch die Eisenplatte d, rückwärts durch eine solche e abgeschlossen und über die Spur zugestellt ist, zu welchem Zweck die eiserne Sohlplatte a gegen das Auge zu abfällt, auf welcher die eigentliche Schmelzsohle aus hart gebrannter und fein gesiebter Asche hergestellt wird, durch welche das Blei hindurchsickert und in den Sumpf b abfliesst, während die Schlacke durch ein höher liegendes Auge über eine Schlackentrift abläuft. Der Bleisumpf b ist häufig ein gusseiserner durch eine Scheidewand in zwei ungleiche Theile abgetheilter Kasten, welche beiden Abtheilungen durch eine in der Scheidewand am Boden unten belassene Oeffnung mit einander communiciren; c ist ein gemauertes Reservoir, das mit Wasser gefüllt ist und in welches durch die Rinne f die abfliessende Schlacke geleitet wird, um darin abzuschrecken. Die grössere Abtheilung des Bleisumpfes b enthält Cinder, durch welche das Blei in die kleinere Abtheilung hindurchfliesst und dort seine Verunreinigungen grossentheils zurücklässt, aus der kleineren Abtheilung aber ausgeschöpft wird, oder, man lässt das Blei in den aus Gestübbe hergestellten Stichheerd ab. Als

---

8) Dessen Metallurgie, 3. Band, deutsch von Rammelsberg.

Brennstoff dient Torf und Koks, die Schicht dauert 8 Stunden, wovon 6 für die Schmelzung und 2 für die Zustellung und das Ausräumen zu rechnen sind. Hält das Schmelzgut mehr als 35% Blei, so wird arme Schlacke von der eigenen Arbeit zugeschlagen; man erhält als Producte Schlackenblei und arme, „schwarze" Schlacke, welche blos 1% Blei enthält und abgesetzt wird.

Das Blei aus den englischen Oefen enthält nach Michaëlis:

	1	2	3	4	5
Cu	0·0034	0·0053	0·0094	0·0236	0·0758
Sb	0·0046	0·0074	0·0021	0·0058	0·0032
Fe	0·0012	0·0015	0·0015	0·0021	0·0022
Zn	0·0070	0·0018	0·0010	0·0018	0·0032
Ag	0·0035	0·0040	0·0008	0·0010	0·0020.

Percy hat die Veränderungen des Erzes bei dem Flammofenprocess untersucht und die Producte des Betriebes folgends zusammengesetzt gefunden:

Stunden	$1^1/_2$	$3^1/_2$	$4^1/_2$	$4^3/_4$	Rückstände
	nach Beginn der Arbeit				
Pb S	63·82	53·32	24·76	4·35	0·90
PbO	27·52	31·49	43·12	47·50	48·87
Pb SO$_4$	3·42	4·78	6·94	14·20	9·85
Bleigehalt	84·92	78·65	66·22	47·86	52·88

Der Bleirauch enthält nach Weston:

	1	2
Pb O	46·54	62·26
Pb S	4·87	1·05
Zn O	1·60	1·60
Fe$_2$ O$_3$ Al$_2$ O$_3$	4·16	3·00
Ca O	6·07	3·77
SO$_3$	26·51	25·78
Unlösliches	10·12	1·97.

Modificationen der vorstehenden Flammofenprocesse. Nach einer der Kärntner ähnlichen Methode werden auf den Hütten im Innern des südlichen Spaniens, Linarez, Arranyanez, Beierze in eigenthümlich construirten Oefen, boliche genannt, verhüttet. (Fig. 46 und 47.) a ist der 2·3 m lange und 2 m breite, vorn 1·3 m, rückwärts 90 cm hohe geneigte Schmelzheerd aus feuerfestem Thon, b der massive 1·67 m lange und 66 cm breite Feuercanal, c die Schüröffnung, d der Bleisumpf, e der Stechheerd, f die Füchse, g ein Heerd zum Auffangen von Flugstaub, h die Esse. Als Brennstoff dienen blos Unterholz, Ginster und holzige Pflanzen, wesshalb um die Verbrennung zu verlangsamen und constante Temperatur zu erhalten, der Verbrennungsheerd massiv hergestellt ist. Man verarbeitet in $4^1/_2$—$5^1/_2$ Stunden 6—6·9 q Erz mit 72—75% Bleigehalt und erhält 45—48% Blei und reiche bis 50% haltende Rückstände bei einem Brennstoffverbrauch von etwa 30 q. Der Ofen ist aus Sandstein hergestellt und werden in 24 Stunden 3 Chargen à 60 arroba (circa 6·6 q) gemacht; das Rösten dauert blos 1—$1^1/_2$ Stunden, zwei Stunden nach erfolgtem Rösten fangen die Massen an einzuschmelzen, welche Periode $4^1/_2$—5 Stunden dauert, dann folgt das Abstechen, vor welchem man das Blei durch Einrühren von Kohlen reinigt und die Rückstände zugleich damit ansteift; der

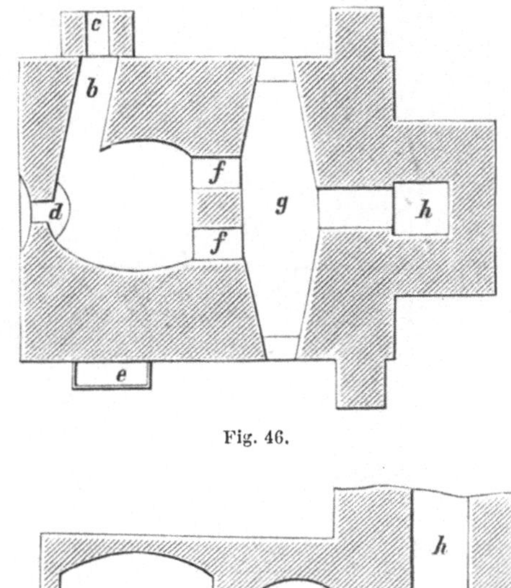

Fig. 46.

Fig. 47.

Ofen hat nur eine Arbeitsthür. Die reichen Rückstände werden in kleinen, cylindrischen Schlackenheerden zu Gute gebracht, welche eine offene Brust haben, mit Gestübbe zugestellt und auf der Sohle mit einer Schicht Kleinkoks bedeckt sind, durch welche das Blei in einen Vortiegel durchsickert, während die Schlacke über eine Schlackentrift in ein Wasserbassin abläuft; bei der Verarbeitung der Rückstände werden auch Puddlschlacken und Flussspath zugeschlagen. Als Brennstoff dient Koks, man verschmilzt in 24 Stunden 50—68 q reiche Schlacken, Krätzen und sonstige Abfälle; die hier abfallenden Schlacken halten blos 1—$1^1/_2$% Blei.

Combinirter kärntner und englischer Process. Tarnowitzer Verfahren[9]). Man benützt die grossen englischen Oefen und leitet die

---

[9]) Preuss. Ztschft. Bd. 19 pag. 157.

Röstung langsam wie bei dem Kärtner Verfahren. Die Heerde (Fig. 48 und 49) sind 5 m lang, 2·7 m breit und haben auf jeder Seite 4, zusammen 8 Thüren; der Heerd ist aus Gestübbe und Heerdfrischschlacken hergestellt, welche letzteren auf das Gestübbe aufgeschmolzen sind. Die zur Verhüttung gelangenden Erze enthalten neben sehr wenig Kieselerde nur

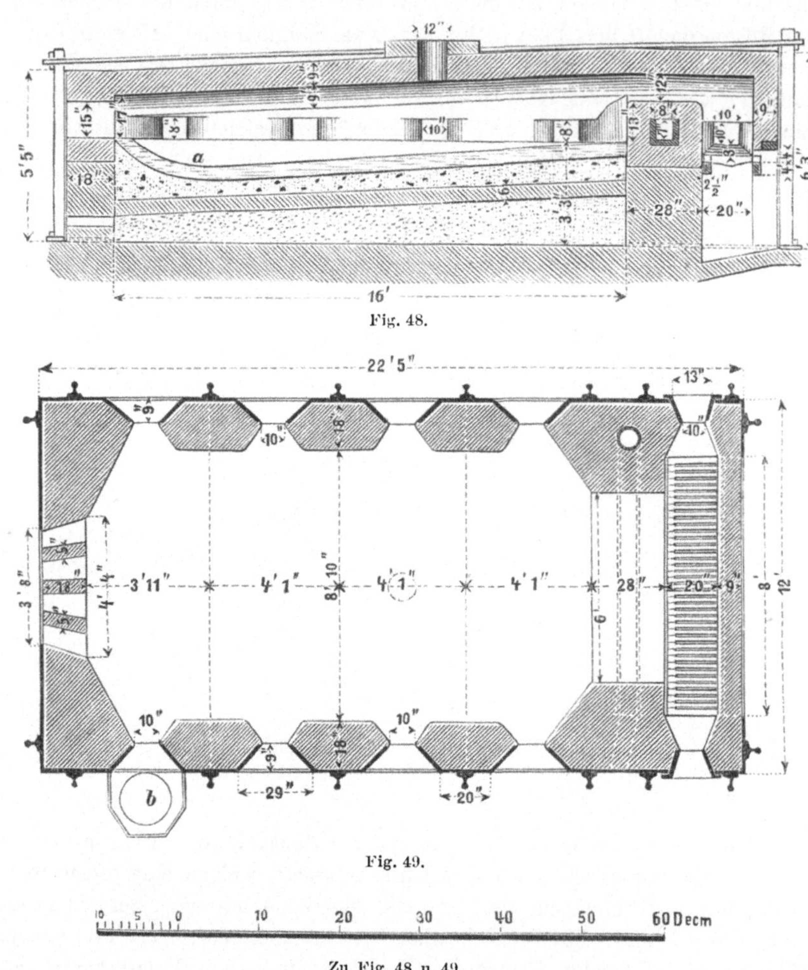

Fig. 48.

Fig. 49.

Zu Fig. 48 u. 49.

etwas Eisen und ziemlich viel Zink, aber auch Bleicarbonat, welches verkürzend auf die Röstung wirkt, dann etwas Thon und Kalk, und weisen bei einem Bleigehalt von 69—74% Blei einen Silberhalt von 0·073 bis 0·076% auf, sind aber in den letzten Jahren bedeutend ärmer geworden. Der Ofen wird mit 27·5 q Erz und 5 q reichen Schlichen besetzt und macht pro Woche zwölf Chargen; in einer zwölfstündigen Schicht sind ein Schmelzer und 2 Hinterleute beschäftigt. Die Erze werden in den von der vorigen Charge noch rothglühenden Ofen eingetragen, gleichmässig ausgebreitet und bei mässigem Feuer unter 8—9 maligem Wenden 3—4 Stunden geröstet, worauf man unter stärkerem Feuer an 3 Stunden fleissig krählt, wobei das ausgeschiedene Blei in den gegen den Fuchs zu liegenden Sumpf a abfliesst und nach 1—1¹/₂ Stunden in den Stechheerd b abgestochen wird; am Schlusse der Röstperiode wird zur abgerösteten Erzcharge 1·5—3 q Cerussit und Hüttenrauch zugegeben. Das zuerst ablaufende Blei hält 0·1075 % Ag, während die späteren Abstiche ein solches von blos 0·05 % Silber geben; nach dem ersten Abstich wird der Kesselabstrich von der Zinkentsilberung mit einem Silbergehalte von 0·03 % und die nach dem Dampfen des Armbleies erhaltenen armen Oxyde mit 19—20 % Zink zugeschlagen. Nach beendeter Röstperiode wird stärker bei geschlossenen Arbeitsthüren gefeuert, wenn nöthig auch Kalk eingetragen, nach etwa 2 Stunden wieder abgestochen, wieder stark gefeuert und gekrählt und zuletzt der von dem abgestochenen Blei bei dessen Reinigung durch eingemengte Kohle abgezogene Bleidreck nachgetragen, abgesaigert und die Rückstände schliesslich ausgezogen. Die weiteren 2—3 Abstiche erfolgen in Zeiträumen von etwa 1¹/₂ Stunden. Nach beendeter Charge wird die Heerdsohle ausgebessert, der Ofen abkühlen gelassen und nach 12 Stunden eine neue Post eingetragen; die Arbeit selbst dauert 11 Stunden, wovon 7 Stunden auf die Reactionsperiode entfallen. Die noch sehr reichen Rückstände werden mit ärmeren, höchstens 40 % Blei haltenden gerösteten Erzen in Rundschachtöfen zu Gute gebracht. Man hat ein Ausbringen von 45—55 % ausschliesslich des vom Abstrich, Hüttenrauch und den Oxyden erhaltenen Bleies; die neuerer Zeit fallenden Rückstände enthalten 56 % Blei und 0·017 % Silber, man erhält von 100 Theilen Erz 25—35 Theile Rückstände. Bei dem Flammofenbetrieb hat man etwas über 4 % Bleiverlust, (zusammen nach der Verhüttung im Schachtofen blos 1·65 % Calo an Blei und 0·00008 % Calo an Silber) bei einem Kohlenverbrauch von 30 Kilo Steinkohlen auf 1 q Erz.

Dieser combinirte Process hat den Vortheil, dass man bei geringer Temperatur grosse Chargen verarbeitet, wodurch an Productionskosten gespart und der Verlust geringer wird, indem man auch die Erze nicht möglichst entbleit, sondern den Process früher unterbricht und die reichen Rückstände im Schachtofen verschmilzt, wodurch der Bleiverlust vermindert wird.

Es enthielten nach älteren Analysen:

	Die Rückstände		Der Bleirauch		
			1	2	3
Pb O	33·18 } 39·86 Pb		66·44	66·53	65·79
Pb SO₄	13·27 }		—	—	—
Zn O	22·86		3·77	4·55	4·05
Fe₂ O₃	8·96		0·50	0·30	0·35

<table>
<tr><td colspan="2">Die Rückstände</td><td colspan="4" align="center">Der Bleirauch</td></tr>
<tr><td></td><td></td><td></td><td align="center">1</td><td align="center">2</td><td align="center">3</td></tr>
<tr><td>Ca O</td><td>11·19</td><td>SO₃</td><td>27·48</td><td>27·11</td><td>27·79</td></tr>
<tr><td>Si O₂</td><td>3·56</td><td>Unlösliches</td><td>2·14</td><td>1·20</td><td>2·30</td></tr>
<tr><td>Fe S</td><td>1·82</td><td></td><td></td><td></td><td></td></tr>
<tr><td>Ag</td><td>0·015</td><td></td><td></td><td></td><td></td></tr>
<tr><td>Kohle</td><td>4·82</td><td></td><td></td><td></td><td></td></tr>
</table>

Aus Erzen, welche Antimon und Kupfer enthalten, resultirt nach dieser Methode ein reineres Blei, und ist dasselbe Verfahren auch zu Bleyberg in Belgien in Uebung, wo in dieser Art zwar sehr reiche, aber auch Kupfer und Antimon haltende Erze in grossen Oefen mit zwei Rosten verhüttet werden.

Percy vergleicht die Productionsmengen der Flammöfen in gleichen Zeiten und gelangt zu folgenden Ziffern:

Zu Bleiberg in Kärnten	1
- Liñarez in Spanien	6
- Alport in England	7·5
- Tarnowitz in Preuss. Schlesien	16
- Bagilt in England	113·6

ohne jedoch die Kosten für Arbeit und Brennstoff in Rechnung zu ziehen; es fallen aber bei dem kärntner Verfahren die ärmsten, gewöhnlich viel absetzbare Schlacken, während bei allen übrigen Processen reiche Rückstände resultiren, welche nochmal verhüttet werden müssen.

Zu Cornwall in England ist noch eine Arbeit in Flammöfen üblich, welche jedoch nicht zu den reinen Reactionsprocessen zu zählen, ist, aber die Verarbeitung unreinerer, Kupfer und Antimon haltender Erze gestattet, wobei freilich auch ein weniger reines Blei gewonnen wird; man benützt zwei Flammöfen, wovon einer zum Rösten, der andere zum Schmelzen dient. In den Schmelzofen werden die gerösteten Erze in Mengen von 21·3 q durch die Arbeitsthüren eingetragen, gleichmässig ausgebreitet, und wenn in 2—3 Stunden alles eingeschmolzen ist, wird das Blei abgestochen, dann Kohle und Kalk in die flüssigen Massen eingerührt, diese wieder ausgebreitet und $\frac{1}{2}$—1 q Eisenabfälle vor die Stichöffnung gelegt, die Thüren geschlossen, alles eingeschmolzen und dann abgestochen. Das Schmelzen dauert 8 Stunden, die Schlacken sollen blos 0·5—1% Blei enthalten, der Brennstoffaufwand beträgt 40—43 Kilo pro 1 q Erz. Man gewinnt in Folge der zerlegenden Wirkung des Eisens auf das Schwefelblei auch einen Stein, welcher die grösste Menge des Kupfers aus den Erzen aufgenommen hat; er wird nochmal geröstet und auf Blei verhüttet, wobei ein zweiter Stein mit 8—15% Kupfer erhalten und an Kupferhütten zur Weiterverarbeitung abgegeben wird.

Die Niederschlagsarbeit.

In Flammöfen. Erze, welche man wegen eines grösseren Quarzgehaltes nach den vorher beschriebenen Methoden nicht mehr mit Vortheil verarbeiten konnte, verhüttete man zu Vienne in Frankreich unter Zuschlag von Eisen, welches das Schwefelblei zerlegt. Die hiebei in Gebrauch gestandenen Flammöfen waren kleiner, das Erz wurde mit dem Eisen darin vor der Feuerbrücke rasch bis zum Fritten gebracht, die teigige Masse hierauf einige Stunden durchgearbeitet und zuletzt, nachdem alles Eisen aufgezehrt war, die Temperatur bis zum völligen Einschmelzen gesteigert, worauf sich das Blei im Sumpfe des Ofens sammelte und abgestochen wurde, während man das Lech und die Schlacke über den Rand des Stichtiegels auf die Hüttensohle ablaufen liess. Nach Abheben des über dem Blei erstarrten Lechkuchens wurde dasselbe mit Holzgenist durchgerührt und das gereinigte Blei nach dem Abschäumen ausgeschöpft, der der Stein und die Schlacke mit noch 5—12 beziehentlich 4—6% Blei aber abgesetzt, weil eine weitere Verhüttung nicht mehr lohnend war.

Die bedeutende Hältigkeit der Abfallproducte ist Ursache dass Versuche mit Einführung dieser Arbeit zu Tarnowitz und Pallauen aufgegeben wurden, während dieser Process auf den Rhonehütten noch besteht. Man verarbeitet dort 54%ige Bleierze, welche in Chargen zu 4—10 q bei Zuschlag von 75 Kilo bis 2·5 q Eisen binnen 3—6 Stunden zu Gute gebracht werden; kiesige Erze werden vorher geröstet, theils um an Eisenzuschlag zu sparen, theils um einen Kupfergehalt aus kupferhältigen Erzen in keiner zu grossen Menge Lech aufzusammeln, d. h. ein kupferreicheres Lech zu gewinnen. Es erfordert dieser Process viel Brennstoff- und Arbeitsaufwand, gibt bei zu reichlichem Eisenzuschlag ein sehr eisenhaltiges Blei und bei silberhaltigen Bleierzen auch ein silberreiches Lech, welches wieder für sich in Schachtöfen entsilbert werden muss, wesshalb diese Art der Bleigewinnung auch nur bei silberarmen Erzen Anwendung finden kann.

In Schachtöfen. Die Niederschlagsarbeit stand früher weit häufiger in Anwendung als gegenwärtig; es besteht nunmehr auch die Absicht, auf den Oberharzer Hütten, wo die Niederschlagsarbeit zu einem hohen Grad von Vollkommenheit ausgebildet war, allmälig zu der ordinären Bleiarbeit überzugehen, zu Přibram ist diese Verhüttung bereits seit mehr denn 2 Decennien aufgegeben worden, ebenso wurde dieser früher zu Tarnowitz bestandene Process gleichfalls verlassen, und es hat den Anschein, dass die wenigen, dieses Verfahren noch befolgenden Hütten nach und nach ebenfalls die Röstreductionsarbeit acceptiren werden. Es hat indessen die Niederschlagsarbeit auch ihre Vortheile, wenn der Brennstoff billig zu beschaffen ist, weil das Bleiausbringen rascher erfolgt und die Verluste geringer werden. Die Nachtheile dieser Verhüttung bestehen in den auf das Erzschmelzen folgenden nöthigen Nacharbeiten, da der bei der ersten Arbeit mit gewonnene Stein viel Blei zurückhält und bei Verarbeitung silberhaltiger Erze um so reicher an Silber ausfällt, je mehr davon die Erze enthalten haben.

Die Beschaffenheit der Erze entscheidet demnach in erster Reihe; die Niederschlagsarbeit verlangt bleireiche Erze mit erdigen Gangarten, geringem Silbergehalt und wenig fremden Schwefelmetallen; nachdem die Erze in rohem Zustande verschmolzen werden, so wird der nöthige Zuschlag an Niederschlagseisen um so bedeutender, je mehr von den letzteren anwesend ist, der Lechabfall wird dann zu gross, je mehr aber ein Lech Schwefeleisen enthält, um so begieriger nimmt dasselbe Silber auf und mit um so mehr Kosten ist dieses Metall daraus zu gewinnen. Ein Kupfergehalt der Erze ist am wenigsten schädlich, weil dieses Metall bei seiner grossen Verwandtschaft zum Schwefel sich sehr leicht in dem Leche ansammelt, und seine spätere Gewinnung möglich wird; am schädlichsten ist hier ein Gehalt der Erze an Schwefelkies, welcher den nothwendigen Eisenzuschlag übermässig erhöht. Das Zuschlagseisen ist natürlich um so wirksamer, je reiner dasselbe ist, aber der Preis desselben steigt mit dieser Reinheit, und darum ist man bestrebt, das Eisen theilweise durch wenig kostspielige Zuschläge, wie Eisenstein, gerösteten Bleistein und Eisenfrischschlacken zu ersetzen, aus welchen ein Theil des Eisens während des Betriebes reducirt wird und gerade im Momente seiner Ausscheidung, die ohnehin nur in höherer Temperatur erfolgen kann, am kräftigsten zerlegend wirkt. Diese Reduction und Ausscheidung des Eisens aus seinen Oxyden erfolgt erst nahe dem Formhorizont, also in höherer Temperatur, in welcher es das Schwefelblei auch vollständiger zersetzt.

Die in dem Erz enthaltenen Erden wirken im Allgemeinen günstig bei dem Schmelzprocess, indem sie eine specifisch leichtere Schlacke geben, welche sich von dem Lech gut absondert, sofern darauf Rücksicht genommen wird, die Strengflüssigkeit der Erdensilicate durch Zuschlag leicht flüssiger Schlacken herabzumindern; diese Absicht wird durch das Beschicken mit Frischschlacken erreicht, welche auch nach Abgabe eines Theils ihres Eisengehaltes in metallischem Zustande noch sehr dünnflüssig bleiben und auf die schwerer schmelzbaren Erdensilicate auflösend wirken. Die Wirkung des Eisensubsilicates ergibt sich aus der Formel

$$Fe_4\,Si\,O_6 + 2\,Pb\,S + 2\,C = Fe_2\,Si\,O_4 + 2\,Pb + 2\,Fe\,S + 2\,CO$$

wobei ein Kalkzuschlag zum Theil das Eisen ersetzen, beziehentlich eine weitere Eisenausscheidung bewirken kann,

$$2\,(Fe_2\,Si\,O_4) + 2\,Pb\,S + 2\,Ca\,O + 2\,C =$$
$$(Ca_2\,Si\,O_4 + Fe_2\,Si\,O_4) + 2\,Fe\,S + 2\,Pb + 2\,CO$$

ohne dass bei genügend vorhandenem Eisensilicat eine zu schwere Schmelzbarkeit der Schlacke zu befürchten ist.

Anwesenheit grösserer Mengen von Baryt sind nachtheilig, weil wegen des hohen spezifischen Gewichtes der Baryterde auch die Schlacken spezifisch sehr schwer, oft so schwer werden, dass sie sich von dem gleichzeitig erzeugten Lech gar nicht trennen lassen; ausserdem trägt der in der Natur mit den Erzen häufig vorkommende schwefelsaure Baryt zur Lechbildung bei, vermehrt die Menge des abfallenden Steins, und erfordert zur Zerlegung einen verhältnissmässig hohen Eisenzuschlag.

$$4\,Si\,O_2 + 2\,Ba\,SO_4 + 8\,Fe = \left(\begin{array}{c} Ba\,S + Fe\,S \\ Lech. \end{array}\right) + \left(\begin{array}{c} Fe_7\,Ba\,Si_4\,O_{16} \\ Schlacke. \end{array}\right)$$

Solche spezifisch schweren Schlacken wurden sehr häufig in Schweden (Atvidaberg) erzeugt und wurden skumnas genannt.

Rücksichtlich des Beschickens der Erze ist zu beachten, dass die Beschickung nicht allzuleicht schmelzbar zusammengesetzt werde, weil eben die Reduction des Eisens aus seinen Oxyden (aus dem Silicat) erst bei höherer Temperatur erfolgt und weil das Blei durch das Eisen auch nur bei dieser Temperatur vollständig zerlegt wird; nachdem ohnedies durch Zugabe eisenhaltiger Zuschläge für eine Leichtflüssigkeit der Schlacke gesorgt werden muss, so stellt man die Zusammensetzung der zu erzeugenden Schlacke so, dass ihre chemische Constitution sich der eines Bisilicates nähert, wobei man auch einen reineren Schmelzgang erzielt. Bei dem sorgfältigsten Betrieb ist ein Abfall reicherer Schlacken manchmal nicht zu vermeiden, und solche müssen zur Wiedergewinnung ihres Metallgehaltes nochmal aufgegeben werden; jede Vermehrung des zu verschmelzenden Haufwerks bedingt aber einen grösseren Kohlenverbrauch, es wird demgemäss ein zu starker Abfall reicher Schlacken auf die ökonomischen Resultate des Betriebes ungünstigen Einfluss nehmen, daher das Bestreben dahin gerichtet sein muss, von jenen Schlacken möglichst wenig und jedenfalls nicht mehr davon zu erzeugen, als man bei den Schmelzungen wieder verwenden kann. Die Erze sind, wo dies möglich ist, am besten in Stückform zu verwenden, Schliche legen sich zu dicht im Ofen und zu ihrer Auflockerung ist dann ein Zuschlag reicherer Schlacken ganz entsprechend; ein Zuschlag von selbst reinen (d. i. unhältigen) Schlacken in grösserer Menge wird sogar nothwendig, wenn die Erze und Beschickung reich an Thonerde und Zinkoxyd sind, weil diese nur sehr strengflüssige Schlacken geben. In diesem Fall ist aber die Schlacke zweckmässig auf einer niedrigeren Silicirungsstufe, der eines Singulosilicates zu halten. Das Eisen wird in nicht zu grossen Stücken aufgegeben, welche zugleich zur Auflockerung mit zu verschmelzender Schliche dienen; das Eisen ist in den erschmolzenen Steinen als Einfach- und als Halbschwefeleisen enthalten und nach der Formel

$$Pb\,S + Fe = Fe\,S + Pb$$
$$(207 + 32) + 56 = (56 + 32) + 207$$

ergibt sich, dass durch 56 Gewichtstheile Eisen 207 Blei ausgefällt werden, oder durch 1 Eisen nahe zu 3·7 Gewichtstheile Blei, wonach der Eisenzuschlag zu berechnen ist.

Bei Gegenwart von Kupfer in den Erzen macht man den Eisenzuschlag entsprechend geringer, um das Kupfer durch einen absichtlich belassenen Schwefelgehalt zu decken und in dem Stein anzusammeln, bei Anwesenheit

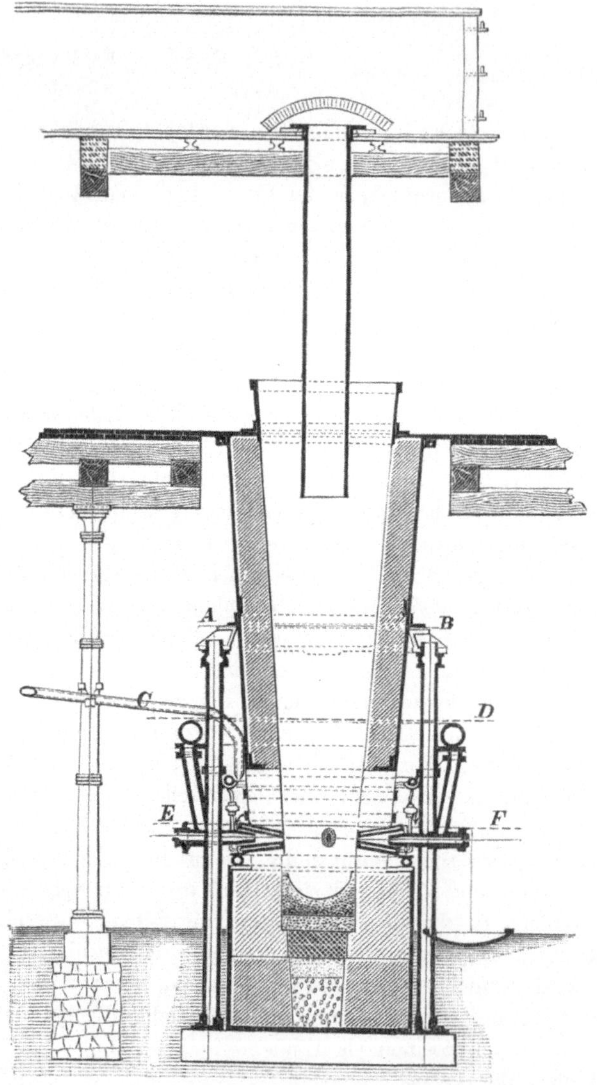

Fig. 50.

von Arsen ist dagegen auf dieses Rücksicht zu nehmen und der Eisenzuschlag zu erhöhen, da das Eisen zuvor das Arsen bindet und erst der Ueberschuss des Eisens für den Schwefel disponibel wird.

Der Eisenzuschlag kann blos zum Theil durch Kalk ersetzt werden, weil die Kalkerdesilicate viel strengflüssiger sind, als Metalloxydsilicate, oder solche Schlacken, in welchen die letzteren vorherrschen, dann auch desshalb, weil eine vollständige Zerlegung von Schwefelblei durch Kalk nur unter Zutritt atmosphärischer Luft unter gleichzeitiger Gypsbildung vor sich geht,

$$4\,Pb\,S + 4\,Ca\,O = 3\,Ca\,S + Ca\,SO_4 + 4\,Pb,$$

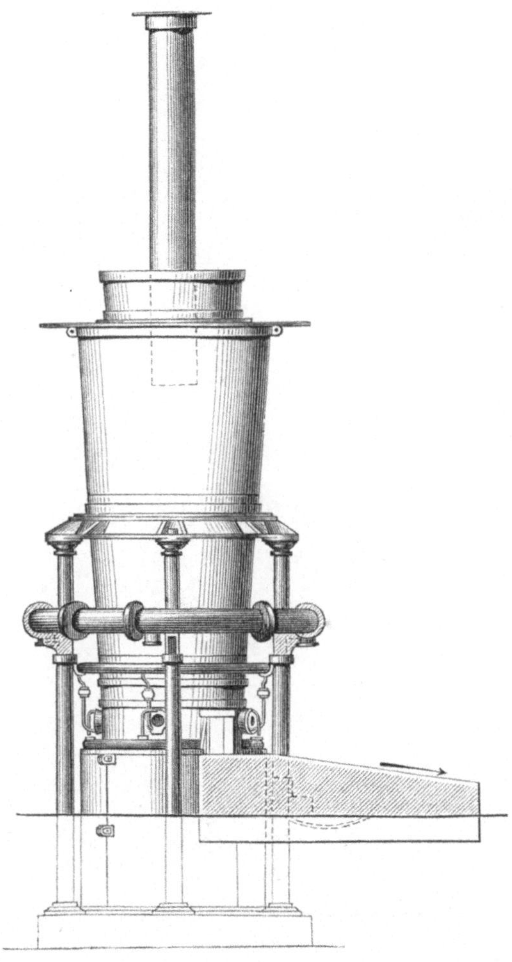

Fig. 51.

endlich auch, weil, obwohl Kalk verschlacktes Bleioxyd auszuscheiden im Stande ist, dies doch nur bei einer Temperatur geschieht, welche, um allzugrosse Bleiverdampfung zu vermeiden, nicht erzeugt werden darf.

Die Verdampfung (Verflüchtigung) des Bleies ist nämlich abhängig von der im Schmelzraum und in den darüber liegenden Ofentheilen herrschenden Temperatur; diese Erfahrung hat dazu geführt, nach und nach

die alten, verhältnissmässig engen Schmelzöfen abzuwerfen und die Verhüttung in weiteren Oefen vorzunehmen. Es bestehen zwar noch hie und
da die älteren Constructionen, sie weichen aber immer mehr den neueren
Oefen.

Auf dem Oberharze stehen von Kast[10]) construirte Rundschachtöfen
im Betriebe, welche die folgende Einrichtung haben (Fig. 50—54): Die-

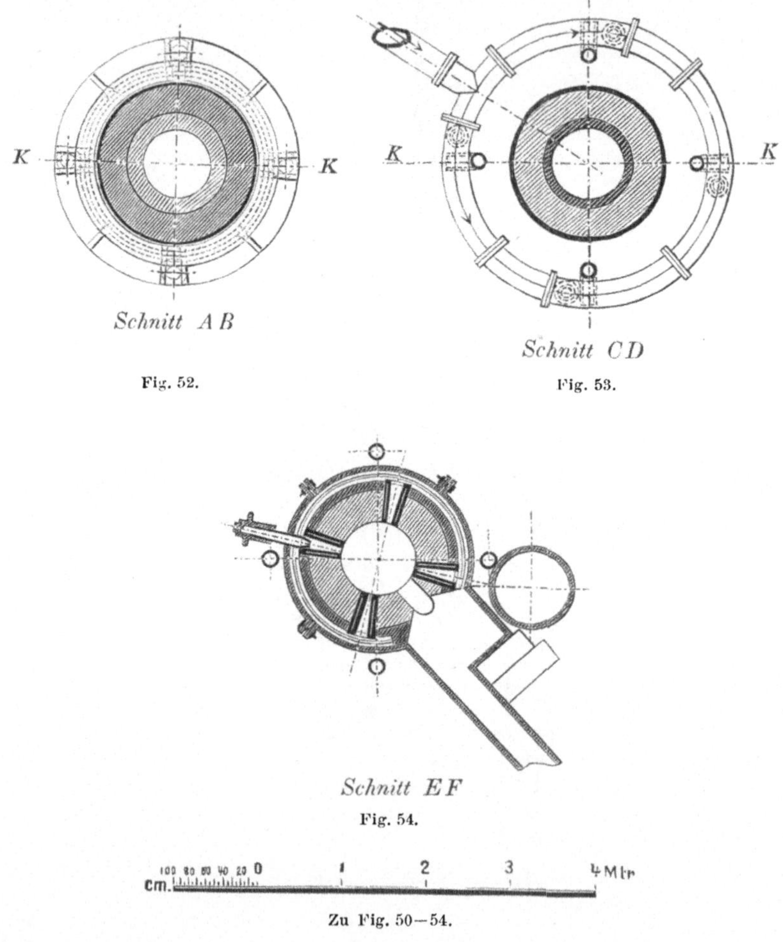

Fig. 52.

Fig. 53.

Fig. 54.

Zu Fig. 50—54.

selben sind 4förmig, vom Formmittel bis zur Gicht 5·05 m hoch und im
Formhorizont 90 cm weit; der ganze Ofen ist freistehend, von der Sohlplatte bis zur Gicht 7·95, von der Sohlplatte bis zum Formhorizont 2·35 m
hoch; die Tiefe des Tiegels beträgt 75 cm, der Gichtdurchmesser 1·68 m.
Das Schachtmauerwerk liegt in einem Mantel von Kesselblech, welcher in

---

[10]) Oesterr. Ztschft. f. Bg. u. Httnwsn. 1876 pag. 320.

einem durch Rippen verstärkten Tragring ruht, der von 4 gusseisernen
Säulen getragen wird. Die Säulen sind mit ihren Fussplatten auf eine
eiserne Sohlplatte aufgeschraubt, die auf dem Sohlstein liegt, wodurch ein
einseitiges Nachgeben der Fundirungen vermieden wird; auf dieser Sohlplatte ruht auch der aus Kesselblech gefertigte Mantel für den unterhalb
der Formen befindlichen Theil des Ofens. Die Ausfüllung hier bis zur
Gestübbesohle des Schmelzraums besteht aus einer 65 cm hohen Lage von
Schlacke, worüber 25 cm hoch Lehm, dann 30 cm hoch ordinäre Ziegel
und oben auf eine Lage von 20 cm Quarzsand gegeben wird. Der eigent-

Fig. 55.

liche Gestellraum ist 85 cm hoch aus feuerfesten, darüber hin aus ordinären
Ziegeln hergestellt, welche auf einem unten den Blechmantel begrenzenden
Kranz aufliegen. Die 4 Formen sind gleichmässig an der Peripherie vertheilt, werden mit Wasser gekühlt und erhalten den Wind durch Hängedüsen, die mit einem um den Ofen laufenden, durch eiserne Bänder ge-
tragenen Windrohr verbunden sind; unterhalb des Windrohrs läuft um den
Ofen ein das Kühlwasser für die Formen zuführendes Rohr. Die Gichtgase
werden durch ein 80 cm tief in den Ofen einragendes, central eingesetztes
Rohr von 50 cm Weite in die Flugstaubkammern abgeleitet; die Schlacken
fliessen continuirlich über eine Schlackentrift ab, das Blei und der Stein
werden in einen vor dem Ofen liegenden Stichtiegel abgestochen.

Der Raschette'sche Ofen hat zumeist nur bei den Blei- und Kupferschmelzprocessen Anwendung gefunden; derselbe ist in Fig. 55—57 abgebildet. Dieser Ofen unterscheidet sich von allen anderen Constructionen dadurch, dass er lang, schmal und mit zwei Formenreihen versehen ist und zwei Arbeitsseiten — die beiden schmalen Seiten — besitzt. Der Ofen ist ebenfalls nach unten zusammengezogen, und dies fördert überall einen gleichmässigen Niedergang der Gichten, die Temperatur im Schmelzraum ist wegen der wechselständigen Düsenstellung ebenfalls eine sehr

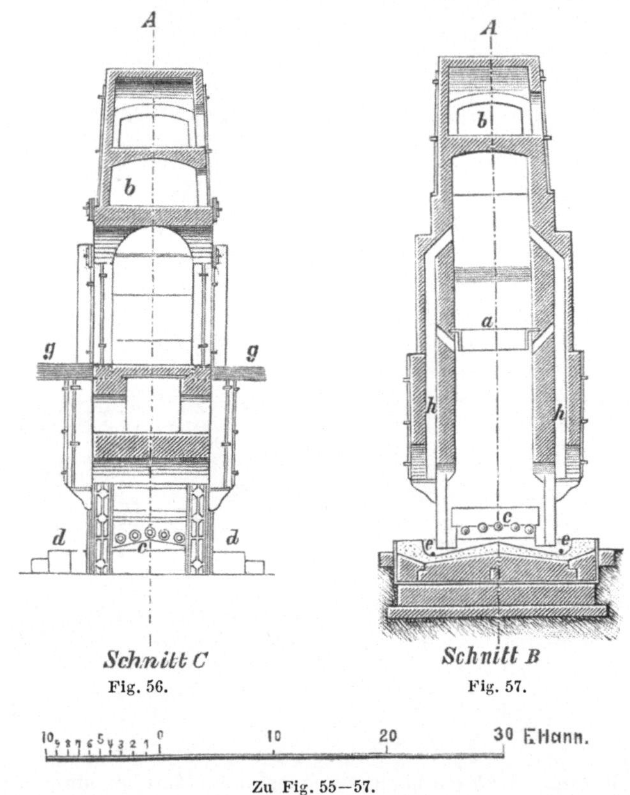

Fig. 56.   Fig. 57.

Zu Fig. 55—57.

gleichmässige, die Production desselben soll erheblich grösser sein und man soll darin eine namhafte Brennstofferaparniss erzielen können. Man ist jedoch nicht überall mit den Schmelzerfolgen in diesem Ofen zufrieden gewesen, bei dem Bleihüttenprocess hat sich auf den Oberharzer Hütten thatsächlich keine Brennstofferaparniss herausgestellt, aber das Aufbringen war ein grösseres und die Schmelzung darin stellte sich etwas billiger. Der Raschette'sche Ofen weicht ebenfalls nach und nach den Rundschachtöfen und werden keine derartigen Oefen mehr aufgestellt; sie sind gewöhnlich 10 m hoch. Der Ofen verschmolz in 24 Stunden 40—50% mehr Erz,

als ein Rundofen, doch wird dieses Plus dermal schon von den neueren
grösseren Rundöfen auch erreicht und sogar überschritten. Skinder[11]) hat
diesen Ofen in der Art modificirt, dass er dem Schachtraum einen ovalen
Horizontalquerschnitt gegeben und die Formen blos zu drei Seiten gleichförmig vertheilt hat, die Vorderseite aber frei liess und auf dieser auch
keine Rast, sondern die Vordermauer vertical aufführte; Strauch in Lau-

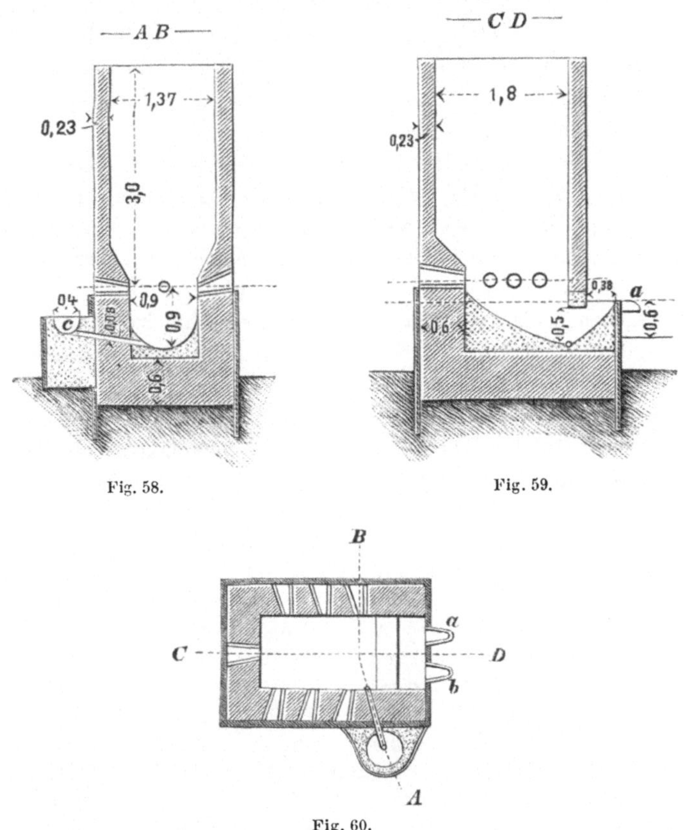

Fig. 58.

Fig. 59.

Fig. 60.

tenthal hat bei der Bleierzverhüttung auch in die schmalen Seiten des
Ofens je eine Form eingelegt.

Der oben abgebildete Altenauer Raschetteofen[12]) wird mit Wind von
18—20 mm Quecksilbersäule Druck bei 46 mm Formweite und 43 mm
Düsenöffnung betrieben, von 4 Arbeitern bedient, und bedeuten in der
Figur a die Gicht, b die Flugstaubkammern, c die Wasserformen, d die

---

[11]) v. Tunner, „Russlands Montanindustrie“ Leipzig 1871 pag. 87 mit
Zeichnung.
[12]) Preuss. Ztschft. 1869 pag. 371.

Vorheerde, e die Stiche. Die Oefen sind über den Sumpf zugestellt; f sind die Düsenständer, g der Beschickungsboden, h ein Canal zur Abführung der vor dem Ofen aufsteigenden Gase nach den Flugstaubkammern.

Ein dem Raschetteofen ähnlicher Ofen befindet sich auf Atlashütte[13]) bei Eureka (Nevada) im Betrieb; die Dimensionen (cot: met.) sind in der Fig. 58—60 eingezeichnet. Die Formen haben ein geringes Stechen und sind nach der Vorderwand zu gerichtet, a ist die Schlackenrinne, b die einige Centimeter tiefer liegende Rinne für den Abfluss des Lechs, der Canal zu dem Schöpfheerd c ist 8 cm weit, und liegt die Oberkante dieses Schöpfheerdes 10 cm unter der Vorheerdkante. Die 7 Düsen haben eine Weite von 75 mm.

Auf den Oberharzer Hütten werden Bleierze (Schliche) mit 40 bis 70% Blei und 0·05—0·33% Silber, welche als begleitende Gangarten Kalk, Baryt, Quarz und Thonschiefer, als metallführende Gemengtheile Zinkblende, Kupferkies, Eisenkies und Fahlerz führen, verhüttet. Die Erze werden auf einen mittleren Gehalt von 56—64% Blei und etwa 0·1% Silber gattirt und mit eigenen Schlacken, Schlacken vom Steinschmelzen, bleiischen Vorschlägen und unterharzer Kupferschlacken beschickt, in den Raschette'schen Oefen mit je 5 Wasserformen an den langen Seiten und je einer Form an der schmalen Seite durchgesetzt; in 24 Stunden werden an 200 q Erzbeschickung verschmolzen. Die zu Lautenthal verschmolzenen Erze zeigen nach Hampe folgende Zusammensetzung:

	1	2	3	4	5	6	7
Pb	66·317	73·514	68·776	68·856	61·114	58·299	58·449
Ag	0·055	0·075	0·070	0·070	0·045	0·100	0·180
Cu	0·329	0·457	0·656	0·405	0·256	0·191	0·113
Sb	0·137	0·322	0·262	0·021	0·048	0·167	0·107
Zn	7·524	0·369	2·505	0·306	1·113	2·511	1·272
Fe	1·104	0·611	1·463	2·265	3·211	0·612	3·635
$Al_2 O_3$	0·185	0·065	0·995	0·601	0·143	0·098	0·493
Ca O	0·526	1·113	0·872	0·155	0·914	0·441	1·015
Mg O	0·017	0·084	0·047	0·021	0·039	0·083	0·015
S	16·626	14·335	17·042	16·511	14·998	13·652	15·779
CO_2	0·431	0·997	0·736	0·166	0·761	0·437	0·805
Unlöslich	5·877	8·219	6·958	12·971	16·673	21·013	9·162

1. Schlich von der Glückgrube, 2. Stufferz von Herzog August Grube, 3. Schlich von ebenda, 4. Stufferz von Glückgrube, 5. Stufferz von Wohlfahrtsgrube, 6. Stufferz von Ring- und Silberschnurgrube, 7. Stufferz von Hilfe Gottesgrube.

Die Beschickungen bestehen für 100 Gewichtstheile Erz aus:

---

[13]) Preuss. Ztschft. 1879 Bd. 27 pag. 160.

	zu Clausthal	zu Altenau
Bleistein geröstet	50	50
Unterharzer Kupferschlacken	70	87
Eigene Kupferschlacken	7	—
Schlacken von derselben Arbeit	80	53
Krätzschlich	0·91	—
Hüttenrauch	1·35	—
Bleiische Vorschläge	—	4
Krätzkupferschlacken	—	27
Abstrich	—	1—2
Silberschlamm (vom Auflösen der Kupfergranalien)	—	6—7

Lautenthal braucht wegen des grösseren Gehaltes an Zink in seiner Erzmöllerung mehr basische Steinschlacken zur Verflüssigung des Zinkoxyds. Die Unterharzer Kupferschlacken ersetzen das früher zugeschlagene metallische Eisen, indem sie 60—70 % Eisenoxydul enthalten.

Zu Lautenthal bestand im Jahre 1871 eine Schicht aus:

18 q Erzschlich mit	0·096 % Ag und 60·5 % Pb
1·21 - Heerd -	0·012 - - - 68·0 - -
0·61 - bleiische Vorschläge	0.010 - - - 88 - -
0·30 - Abstrich	0·002 - - - 82 - -
13·00 - Schlichschlacken (von der eigenen Arbeit) mit 0·0009 - - - 5 - -
16·50 - Steinschlacken	- 0·0009 - - - 4·5 - -
2·25 - Eisen.	

Zu Clausthal beträgt der Brennstoffverbrauch auf 100 Gewichtstheile Erz 40·6 Koks und 2·52 Holzkohle, zu Altenau 42—47 Koks. In den Rundöfen zu Clausthal ist dieser Brennstoffaufwand etwas geringer bei bedeutend rascherer Schmelzung.

Zu Lautenthal wurde aus oben mitgetheilter Beschickung ausgebracht.

7·73 q Werkblei	mit 0·13 % Ag	
8·57 - Bleistein	- 0·07 - - und 41 % Pb
23·16 - reine Schlacken	- 0·0009 - - - 5 - -
7·04 - unreine -	- 0·003 - - - 5·6 - -
0·46 - Ofenbruch	- 0·003 - - - 70 - -
1·50 - Rauch	- 0·062 - - - 50 - -

Eine Gicht besteht aus 1·5 q Koks, und 10·5—13·5 q Beschickung, in 24 Stunden gehen durch den Ofen 75 q Erz = 200 q Beschickung und werden in dieser Zeit 50 q Werkblei und 40 q Bleistein erzeugt. Der Stein wird in ʻKilns bis auf einen Schwefelrückhalt von 12 % geröstet, dann in Haufen bis auf 6 % Schwefelrückhalt zugebrannt und in 3—4 m hohen Oefen unter Zuschlag von Erzschlacken und etwas Eisen oder Kalk durchgesetzt. Ein solcher dreiförmiger Ofen verschmilzt in 24 Stunden bei 50—65 q gerösteten Bleistein und gibt neben Werkblei 17—20 q Kupferstein mit 10—12 % Kupfer und 0·02—0·03 % Silber; er wird auf silberhaltiges Schwarzkupfer verarbeitet, oder es wird der geröstete Bleistein wieder bei der Erzarbeit zugeschlagen.

Die Erzschlacken enthalten:

| | nach Plattner | | | | | nach Hampe |
	1	*2*	*3*	*4*	*5*	
$Si\,O_2$	43·13	45·00	47·57	53·82	41·90	40·218
$Al_2\,O_3$	4·76	4·62	3·21	3·22	4·09	7·886
$Ca\,O$	5·77	6·31	5·26	5·37	11·64	4·952
$Fe\,O$	37·72	35·83	32·28	25·90	34·82	33·354
$Mg\,O$	0·78	0·75	0·58	1·09	1·36	1·376
$Mn\,O$	0·30	—	1·35	2·74	—	1·894
$Pb\,O$	6·32	7·80	3·98	4·79	2·40	1·964
$Sb_2\,O_3$	—	0·50	0·22	—	—	—
$Zn\,O$	—	—	—	—	2·40	3·405
$K_2\,O$	—	—	—	—	0·60	1·151
$Fe\,S$	—	—	1·71	3·16	—	—
$Zn\,S$	—	—	1·50	—	—	—
Fe	—	—	—	—	—	1·675
Ag	—	—	—	—	—	0·00063
Ni / Co	—	—	—	—	—	0·035
Cu	—	—	—	—	—	0·207
S	—	—	—	—	—	0·814
$Na_2\,O$	—	—	—	—	—	0·587
$P_2\,O_5$	—	—	—	—	—	0·561

Die Bleisteine zeigten folgende Zusammensetzung:

	1	*2*	*3*	*4*	*5*	*6* [14)
Pb	41·50	52·27	59·33	73·346	63·787	7·984
Fe	34·05	28·37	19·60	9·814	13·721	55·720
Cu	0·36	1·42	1·10	0·396	1·533	4·392
Sb	0·66	0·31	0·13	0·397	—	0·350
Ag	0·12	—	—	0·116	—	0·029
Zn	—	1·56	0·17	0·198	2·253	1·125
S	23·82	16·12	18·92	15·338	15·706	29·546

und die Werkbleie enthielten an fremden Bestandtheilen:

	von Clausthal	Lautenthal	Altenau
Cu	0·186	0·283	0·239
Sb	0·720	0·574	0·768
As	0·006	0·007	—
Bi	0·004	0·008	0·003
Ag	0·141	0·143	0·140

[14) Vom Raschetteofen zu Altenau. Preuss. Ztschft. Bd. 17 pag. 375.

	von Clausthal	Lautenthal	Altenau
Fe	0·006	0·008	0·003
Zn	0·002	0·002	0·002
Ni	0·002	0·006	0·002
Ca ⎫ Cd ⎭	Spur	Spur	Spur

In den 4förmigen Rundschachtöfen fällt ein an Blei verhältnissmässig sehr armer, dagegen etwas silberreicherer Stein, und verarbeitet ein solcher Ofen 75—80 q Beschickung in 24 Stunden.

Der Stein wird in Kilns abgeröstet, die gut gerösteten Partien dann in Haufen zugebrannt, die schlecht gerösteten Stücke aber wieder in die Kilns zurückgegeben; der geröstete Bleistein dient nun seines Eisengehaltes wegen wieder als Zuschlag bei der Erzarbeit, er wird aber so oft geröstet und immer wieder aufgegeben, bis er sich im Kupfer auf 12—13 % angereichert hat, worauf er wieder geröstet und unter Zuschlag von Erzschlacken und Krätzkupferschlacken auf Werkblei und Kupferstein mit 40 % Kupfer über einen Krummofen aufgegeben wird. Der hiervon abgefallene Stein wird in Haufen in 3—4 Feuern abgeröstet, und in zweiförmigen Rundschachtöfen auf Schwarzkupfer und Kupferstein durchgestochen, welcher Letztere wiederholt geröstet und jedesmal wieder verschmolzen wird, bis ein Schwarzkupfer erfolgt, welches verblasen und auf nassem Wege zu Gute gebracht wird. Die von dieser Steinarbeit abfallenden Schlacken werden wieder bei dem Erzschmelzen zugeschlagen, theils der Krätzkupferarbeit zugetheilt.

Der Flugstaub vom Erzschmelzen enthielt nach einer älteren Untersuchung:

an Schwefel gebunden		als Oxyde und Salze	
S	7·8	SO_3	2·8
Sb ⎫ As ⎭	0·5	Sb ⎫ As ⎭	2·5
Pb	34·8	PbO	18·0
Fe	1·0	Fe_2O_3	4·5
Zn	1·0	ZnO	1·5
		$PbSiO_3$	2·9, ferner als Unlösliches

12·3 (Sand und $BaSO_4$) dann mechanisch beigemengt 2·5 Kohle.

Der Flugstaub wird mit Krätzschlichen, welche 35—40 % Blei und 0·01—0·03 % Ag enthalten auf Blei und Stein durchgesetzt.

Die Ofenbrüche zeigten bei einer Analyse die folgende Zusammensetzung:

PbS	95·5
FeS	3·2
Sb_2S_3	2·5;
ZnS	Spur
Ag_2S	Spur

sie werden geröstet und zu Ende der Campagnen mit Eisen und Schlacken durchgesetzt. Das aufbereitete Geschur und Gekrätz liefert den **Krätzschlich.**

Die reinen Schlichschlacken werden zum Theil auch zu Bausteinen geformt. Ausser auf den schon genannten Hütten besteht die Niederschlagsarbeit noch zu Victor-Friedrichshütte am Harze und auf mehreren Hütten Nordamerika's.

Die Röstreductionsarbeit.
(Ordinäre Bleiarbeit.)

Diese Art der Bleiverhüttung findet Anwendung für Erze, welche grössere Mengen fremder Schwefelmetalle und mehr Kieselerde enthalten. Es hat diese Methode den Vortheil, dass nicht so viel Nacharbeiten mit den Producten des Schmelzens nothwendig sind und die Gewinnung des Bleies und Silbers blos mit einer Schmelzung erreicht werden kann, wodurch die Verluste an diesen beiden Metallen geringer werden, der Abfall an Stein wird hiebei möglichst vermieden, indem die Erze vorher einer Röstung unterworfen und das hiedurch erhaltene Bleioxyd durch Reduction gewonnen wird. Dagegen werden mit dem Bleioxyd auch mehr fremde Oxyde reducirt, das Blei fällt demnach unreiner aus, und sind die Erze kupferhaltend, so ist eine geringere Röstung geboten, um das Kupfer in einem Lech anzusammeln, es ist dann die Erzeugung eines solchen nicht zu umgehen, und die Röstreductionsarbeit büsst an Einfachheit ein.

Die Vorbereitung der Erze durch den Röstprocess ist hier von Wichtigkeit; je besser derselbe durchgeführt wird, um so grösser ist das Bleiausbringen bei dem Erzschmelzen. Hienach scheint es, dass eine möglichste Zerkleinerung des Röstgutes nur von Vortheil sein sollte, da staubförmige Materialien vollständiger abgeröstet werden können, als solche in Stückform; allein ein solches Staubrösten hat den Nachtheil, dass die feinen Erztheilchen einestheils leichter durch die aus dem Ofen strömenden Gase fortgerissen werden und die Flugstaubbildung eine reichlichere wird, anderentheils rollt der Erzstaub zu sehr zwischen dem stückförmigen Brennstoff hindurch, legt sich sehr dicht im Ofen und behindert ein gleichförmiges Aufsteigen der Verbrennungsgase so wie den regelmässigen Ofengang.

Durch ein Sinterrösten wird diesen Nachtheilen begegnet, allein bei einem solchen verbleibt mehr unzersetzter Bleiglanz in der Röstpost, welcher bei dem Verschmelzen einen vermehrten Steinfall bedingt, sogar auch einen Eisenzuschlag Behufs Zerlegung des Schwefelbleies erfordert und somit nur dort mit Vortheil angewendet werden kann, wo man Kupfer haltende Erze zu verarbeiten hat und eine gleichzeitige Erzeugung von Stein neben Blei wegen Gewinnung des Kupfers erwünscht ist. Nun ist wohl eine Abröstung der Bleierze so weit, dass gar kein Lech bei dem

Verschmelzen derselben erzeugt würde, nicht möglich, denn aus reinem
Schwefelblei resultiren selbst bei der sorgfältigsten Röstung desselben in
fein zertheiltem Zustande nach Plattner's Untersuchungen nur 66·3 % Bleioxyd und 36·7 % Bleisulfat, welches Letztere bei dem Durchgang durch
den Hohofen zu Schwefelblei regenerirt wird und durch Eisen zerlegt werden
muss, da sich die Schwefelsäure aus dem Bleisulfat durch erhöhte Temperatur allein nicht austreiben lässt. Hiezu kömmt noch der Umstand zu
beachten, dass bei dem Rösten um so mehr Schwefelsäure gebildet wird,
beziehentlich um so mehr Bleisulfat entsteht, je mehr fremde Schwefelmetalle — besonders Eisenkies ist hier schädlich — das Erz enthält. Man
hat nur ein Mittel, die Schwefelsäure des Sulfats zu entfernen, das ist
die Austreibung derselben durch eine auf trockenem Wege stärkere und
beständigere Säure, und diese ist die Kieselerde. Dadurch, dass man
nach erfolgtem oxydirenden Rösten die Temperatur im Ofen so hoch steigert,
dass das Bleioxyd mit der im Erze vorhandenen Kieselerde zusammenschmilzt, erreicht man die Austreibung der Schwefelsäure,

$$2\,(Pb\,SO_4) + Si\,O_2 = Pb_2\,Si\,O_4 + 2\,SO_3$$

und aus dem entstandenen Bleisilicat ist das Blei leicht durch Kohle
reducirbar. Wo es an der genügenden Menge Kieselerde im Erze fehlt,
da muss dieselbe bei diesem verschlackenden Rösten in fein gepulvertem Zustande zugeschlagen werden (als Quarz). Dieses verschlackende
Rösten bringt noch den weiteren Vortheil mit sich, dass man das Röstgut in für den Hohofenbetrieb sehr geeigneter Form, als Stücke, erhält.
Eisenoxyd und Zinkoxyd wirken hier nachtheilig in so fern, als sie wegen
der Strengflüssigkeit ihrer kieselsauren Verbindungen einer volkommenen
Verschlackung entgegenwirken, das Zink ausserdem, wie schon früher bemerkt, zu grösseren mechanischen Verlusten an Blei und Silber Veranlassung gibt.

Von der grösseren oder geringeren Vollkommenheit der Röstung hängen
später die Erfolge des Schmelzprocesses ab. Nachfolgende Analysen eines
Bleierzes von Rodna (Siebenbürgen), welches nicht verschlackend geröstet
wurde, geben einigen Aufschluss über die bei dem Rösten vor sich gegangenen Aenderungen [15]); es enthielt das

	rohe Erz	geröstete Erz
Pb	47·29	54·27
Zn	0·67	0·87
Cu	Spur	0·02
Ag	0·059	0·061
Au	0·0001	0·0001
Sb	0·02	0·027
As	0·34	0·030
Fe	20·36	24·06

[15]) Jhrbch. der k. k. Bergakademien Bd. 29 pag. 27.

	rohe Erz	geröstete Erz
Ca O	Spur	Spur
Mg O	Spur	Spur
Si O_2	0·49	0·80
$Al_2 O_3$	0·11	0·23
S	29·86	2·72
SO_3	—	2·25
O	—	13·41

Nachdem der Erzrost wohl sofort der weiteren Verarbeitung übergeben wurde, erscheint ein Schwefelrückhalt von über 2·7 % zu hoch.

Das **Rösten der Erze** wird in freien Haufen (gegenwärtig schon seltner) ausserdem in Stadeln, Schacht- und Flammöfen vorgenommen.

Für das Rösten in Haufen eignen sich am besten an Schwefelkies reiche, an Silber arme, überhaupt geringwerthigere Bleierze, welche in Stücken auf eine Unterlage von Holz geführt und darauf in Form einer abgestutzten Pyramide aufgestürzt werden, wobei manchmal, hauptsächlich bei den späteren Röstungen auch Brennstoffschichten zwischen das Rostgut eingelegt werden, wenn dasselbe nicht mehr Schwefel genug hat, um die nöthige Rösthitze entwickeln zu können. Man pflegt die Haufen unter Dach aufzulaufen. Es ist diese Röstmethode billig und bedarf geringer Aufsicht, aber sie ist auch sehr unvollkommen; der mit dem bei der Röstung sich entwickelnden Rauch fortgerissene Flugstaub geht grossentheils verloren, er enthält bei silberhältigen Erzen erhebliche Mengen dieses Metalls und die erzeugte Wärme wird ungenügend ausgenützt. Sofern die Erze genügende Mengen Eisenkies enthalten, kann auch eine Schwefelgewinnung damit verbunden werden.

Man richtet sich zuerst eine ebene, trockene Sohle her, auf welche aus Holzscheiten und Holzabfällen das Holzbett aufgeschlichtet wird, dessen Stärke von dem beabsichtigten Röstgrad und der Beschaffenheit der zu röstenden Erze abhängig ist; auf diese Holzunterlage wird das Erz in Laufkarren über ein Laufbrett zugeführt und ausgestürzt, und zwar werden zu unterst die gröbsten Stücke, oben und an den Seiten die kleinsten Stücke aufgestürzt. Der Haufen erhält hierauf eine Decke von Erzklein, Schlich oder Rostkläre, um die Hitze im Innern des Haufens besser zusammen zu halten, und hat man nur kleine Erzstücke und Erzklein abzurösten, so bringt man in der Mitte des Haufens einen blos lose aus Ziegeln hergestellten Schacht an, da das Erz sonst zu dicht liegt und nicht der genügende Luftzug erreicht würde. Ein Haufen erhält 500—1200 q und darüber an Erz, er ist dementsprechend verschieden lang und breit, aber nie höher als 2—2·3 m. Der vorgerichtete Haufen wird an der der Windseite gegenüber liegenden Seite oder durch bei dem Aufstürzen ausgesparte Schächtchen angezündet und man trachtet, den Haufen so bald und so gleichmässig als möglich überall in Brand zu setzen, wenn derselbe aber schon in Brand gerathen ist, sorgt man dafür, die weitere

Röstung durch Regulirung des Luftzutritts möglichst langsam fortzuführen. Wenn keine schwefligsauren Dämpfe mehr sich entwickeln und das Röstgut ein erdiges Aussehen angenommen hat, ist die Röstung beendet, dessen Dauer von der Grösse des Haufens, der Grösse der Erzstücke und dem Schwefelgehalt des Röstguts abhängig ist; die Röstung dauert von 8 Tagen bis zu $\frac{1}{2}$ Jahr. Bei einer eventuellen Schwefelgewinnung während des Röstens stösst man, wenn die Rostdecke warm zu werden beginnt und erweicht, — wenn sie fett wird, Vertiefungen in dieselbe, in welchen sich der Schwefel in flüssiger Form verdichtet und zeitweise ausgeschöpft wird. Auch in dem Innern der Rösthaufen findet man da, wo sich Höhlungen gebildet haben, häufig Schwefel stalaktitenartig ausgeschieden. Durch eine einmalige solche Röstung wird der gewünschte Röstgrad selten erreicht, dieselbe muss meistens mehrmal wiederholt werden, zu welchem Zweck man das Röstgut auf ein neu hergerichtetes Holzbett überführt, welches jedoch, weil der Rost schon ärmer an Schwefel ist, stärker sein muss, wo der Betrieb in gleicher Weise wiederholt wird; man nennt dieses Ueberführen des Röstgutes das Wenden des Rostes in das 2., 3. etc. Feuer.

Auf den Unterharzer Hütten werden die Erze in 3 Feuern verröstet; die Haufen haben nahe 9 × 9 m Seitenlänge, und werden auf einer Sohle, aufgeführt, welche 50 cm hoch aus Thon und Erzklein gestampft ist, worauf zuerst 18—21 cbm Holz mit darin belassenen Luftcirculationscanälen geschlichtet wurden. In die Mitte stürzt man 800—900 q Stückerze, darüber 80—90 q Graupen, und als Decke gibt man 200—300 q Schlich; die Haufen sind unten 8·5, oben blos 3·5 m lang. Sie brennen 5—6 Monate; 14 Tage nach dem Anzünden werden in die Decke Vertiefungen gestossen und mit dem Sammeln des Schwefels begonnen, welche Gewinnung einige Wochen fortgesetzt werden kann. Das zweite und dritte Feuer dauert 6—8, beziehentlich 3—4 Wochen, der Schwefelrückhalt beträgt 4—5 %; das geröstete Erzklein aus dem 3. Feuer wird ausgelaugt und die Lauge zur Zinkvitriolbereitung benützt. Die rohen Erze enthalten

$$
\begin{array}{lrl}
Pb\,S & 11\text{·}45 & \% \\
Cu_2 + Fe_2\,S_3 & 3\text{·}40 & - \\
Fe\,S_2 & 24\text{·}96 & - \\
Zn\,S & 27\text{·}75 & - \\
Gangart & 32\text{·}44 & - \\
Ag & 0\text{·}014 & -
\end{array}
$$

Eine Verbesserung der Rösthaufen sind die Röststadeln, worin die Wärme besser zusammen gehalten wird; meistens liegen mehrere derselben an einer Mauer und sind durch Zwischenwände getrennt. Sie werden theils im Freien, theils unter Dach aufgeführt. Um das Wenden des Röstgutes in die folgenden Feuer zu erleichtern und an Transportkosten zu ersparen, liegen häufig zwei Reihen solcher Röststadeln einander nahe gegenüber, so dass zwischen den beiden Reihen blos ein eben genügend

breiter Weg frei bleibt, um mit dem Schiebkarren durchfahren zu können.
Bei dieser Art Röstung wird weniger von dem Haufwerk verzettelt und
die Röstung selbst lässt sich leichter reguliren.

Eine Modification dieser Röststadeln, welche im Uebrigen wie die
Haufen vorgerichtet werden, sind die von Wellner angegebenen, welche
für Flammfeuerung eingerichtet sind; es liegen ebenfalls mehrere an einer
gemeinschaftlichen Mauer neben einander und zwei Reihen derselben einander gegenüber. Ein solches Stadel (Fig. 61) ist 10 m lang und 5 m
breit, mit 2 m hohen Mauern umgeben, an den schmalen Seiten sind
Gewölbe für einzusetzende Roste ausgespart, die durch eine eiserne Thür
geschlossen werden können. Die Sohle dieses Stadels steigt etwa 1 m an, ist
aus Schlackenziegeln hergestellt und ruht auf einer Unterlage von Schlacken.
Bei dem Besetzen dieser Stadel wird von den Rosten aus bis auf die halbe
Länge des Stadels aus grösseren Stücken des Röstguts je ein Canal her-

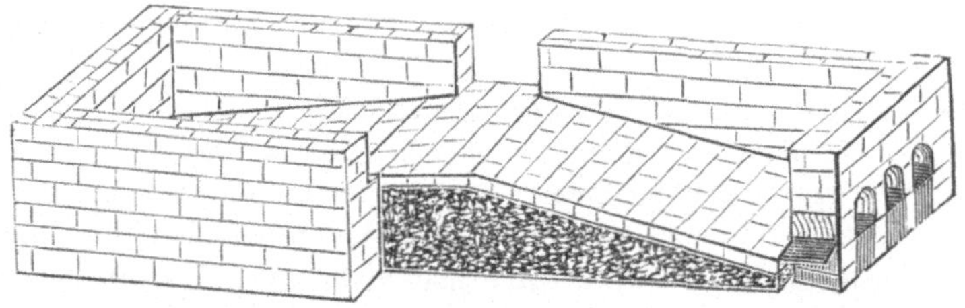

Fig. 61.

gestellt, welche dazu dienen, das Feuer in dem Röstgut rascher zu ver-
breiten; darauf wird das Stadel vollgestürzt, bis über die Seitenmauer eine
abgestumpfte Pyramide hervorragt, diese mit Rostkläre bedeckt und auf
dem Rost ein Steinkohlenfeuer angezündet, das man so lange unterhält,
bis die unterste Lage des Röstgutes die erforderliche Hitze erlangt hat.
Man lässt dann das Feuer ausgehen, und überlässt den Rost sich selbst.

Röstschachtöfen dienen grösstentheils zum Abrösten von Lechen
und Stückerzen, und wird mit dieser Röstung gewöhnlich auch die Gewinnung von Schwefelsäure verbunden; die darin zu röstenden Materialien
dürfen nicht zu bleireich sein, da sie sonst zu leicht zusammensintern
und auch die Röstgase nicht reich genug an Schwefeldioxyd ausfallen, um
zur Darstellung von Schwefelsäure dienen zu können. Man nennt sie Kiln.
Die Luftzuführung geschieht von oben auf die Oberfläche des Röstgutes,
wo es den grössten Theil seines Schwefelgehaltes verliert und sich strengflüssigere Oxyde bilden, die bei dem Niedergang im Ofenschacht weniger
leicht sintern; etwaige dennoch eintretende Sinterungen werden dann
mittelst durch seitliche Oeffnungen eingeführter Brechstangen leicht getrennt, so dass das geröstete Gut unten ausgezogen werden kann.

Für die Gewinnung von Schwefelsäure bei dem Rösten der Erze und
Hüttenproducte war zunächst der Umstand massgebend, dass die Röstgase

die Vegetation in weitem Umkreis um die Hütte, namentlich in der Richtung
der herrschenden Windrichtung zerstörten, dann auch dass eben der schädliche Bestandtheil dieser Gase, das Schwefeldioxyd, mit geringen Kosten
zur Darstellung von Schwefelsäure benützt und diese als Nebenproduct gewonnen werden konnte, während man sie vordem geradezu verloren gab.

Bleierze können nur dann zur Schwefelsäuregewinnung dienen, wenn
sie stark mit Eisenkies durchsetzt sind; Kupferkies allein ist wegen seiner
Leichtschmelzbarkeit ebenfalls in Schachtöfen nicht gut zu verwenden,
er ist nur dann zu diesem Zwecke brauchbar, wenn sein Gehalt im Pyrit
nicht über 35 % beträgt, und Bleiglanz gibt dann noch für Schwefelsäureerzeugung geeignete Gase, wenn er etwa 25 % Pyrit oder mehr und
zwischen 30—40 % Blende enthält. Zinkblende gibt keine reichen, aber
immer noch zur Schwefelsäurefabrikation benutzbare Gase, was seinen
Grund darin hat, dass sich das bei der Röstung bildende Zinksulfat so
schwer zersetzt; die reichsten Gase gibt der Pyrit.

Die Kupferrohsteine im Mannsfeld'schen bestehen aus 34 % Kupfer,
28 % Eisen und 28 % Schwefel, und geben nach Bode noch Gase mit
5 $\frac{1}{2}$ Volumprocenten Schwefeldioxyd; die Bleisteine von Freiberg und den
Unterharzer Hütten geben 5—5 $\frac{1}{2}$ volumprocentige Gase, wobei der Stein
etwa die Hälfte seines Schwefelgehaltes verliert.

Nach Bode betragen die Volumprocente an Schwefeldioxyd in den
Röstgasen bei Anwesenheit von 6 Volumprocenten an freiem Sauerstoff:

bei Pyrit	8·93 %
- Einfachschwefeleisen	7·62 -
- Zinkblende	6·05 -
- Kupferrohstein bis	6·5 -

Bei dem Betrieb der Kiln für Schwefelsäureerzeugung wird nach
Lunge[16]) folgends verfahren: der wohl abgewärmte Ofen wird bis auf 8 cm
unter der Füllöffnung mit schon gerösteten Zeugen oder in Ermangelung
derselben mit geschlegelten Schottersteinen gefüllt, dann eine Schicht
Brennmaterial aufgelegt, diese angezündet, und wenn nach 12—14 Stunden
die oberste Erzlage (oder Steinlage) rothglühend geworden ist, zieht man
die gröberen Kohlenstücke aus und gibt die erste Charge auf, die sich
sehr bald entzündet, und wenn sie in vollem Brennen ist, schliesst man
die Eintragsthür und den Essenschuber, öffnet den Canal zu den Bleikammern und lässt die Röstgase einströmen. Der Ofen ist so in Gang
gesetzt und erhält nun Chargen von 350 Kilo gewöhnlich auf zweimal,
d. h. nach je 12 Stunden die Hälfte davon; die Höhe der Schicht soll bei
einmaligem Chargiren in 24 Stunden nicht über 67 cm betragen. Bei
gleichzeitiger Verwendung von feinem Material gibt man dieses an den
Seiten auf, und man lässt überhaupt die Mitte stets etwas tiefer, chargirt

---

[16]) Dessen: „Handbuch der Sodaindustrie" Braunschweig 1879 pag. 152 et seq.

also muldenförmig, weil die Gase lieber an den Wänden aufsteigen, als
in der Mitte; die Menge des Feinen darf jedoch nicht über $7\frac{1}{2}\%$ betragen. Die Stückkiese werden durch Siebe von 75 und 12 mm Maschen-
weite (gröbstes und feinstes Erz) gesiebt, die geringste zulässige Korngrösse ist 6 mm; feineres Erz muss besonders geröstet werden, gröbere
Stücke muss man zerkleinern. Man kann Feinerz von Pyrit auch mit
Wasser binden, wo dann das entstehende basische Ferrisulfat die Stückchen
kittet, (Stöckel), doch müssen sie hiezu unter 1 mm sein.

Die Kilns stehen immer in Gruppen im Betriebe und werden gewöhnlich 12—24 Oefen durch eine Arbeiterkhür derart bedient, dass die Oefen
in regelmässiger Aufeinanderfolge besetzt werden; grössere Oefen erhalten
den Satz für 24 Stunden auf einmal. Die Abröstung geschieht bei Kiesen
bis auf 4—5% Schwefelrückhalt, doch ist ein zu starkes Rösten Kupfer
haltender Kiese gar nicht erwünscht, damit bei der folgenden Schmelzung
eine genügende Menge Schwefel zur Deckung des Kupfers verbleibe; in
manchen Fällen jedoch kann eine möglichst vollständige Röstung von Vortheil sein, wenn man durch Zuschlag rohen Erzes den Schwefel bei der
folgenden Schmelzung ersetzen will.

Von wesentlichem Belang ist die Zuführung der richtigen Menge Verbrennungsluft; ist dieselbe zu gering, so sublimirt Schwefel über, der sich
in den Zugcanälen, Flugstaubkammern etc. absetzt, es entsteht dann leicht-
schmelziges Einfachschwefeleisen, welches zu Sinterungen Veranlassung
gibt und noch unzersetzte höhere Schwefelungen, z. B. Kupferkies ($Fe_2 S_3 +$
$Cu_2 S$) einschliesst, diese somit der Abröstung entzieht. Je reicher die
Erze an Schwefel sind, um so flacher muss der Ofen sein, und nimmt die
Schütthöhe des Röstguts ebenfalls wesentlichen Einfluss auf die Stärke
des Zuges und demnach auch auf den Luftzutritt; ist der Zug zu gering,
so dringt die schweflige Säure durch die Ritzen des Ofenmauerwerks und
sehr stark aus der Thür bei dem Oeffnen derselben, ist der Zug zu stark,
so werden die Gase durch den vermehrten Luftzutritt zu arm. Die Luftzuführung ist im Allgemeinen eben recht, wenn bei Oeffnung des Beob-
achtungsschiebers durch die Arbeitsthür weder Gas noch Flamme dringt,
und die Flammen im Ofen nicht sichtbar nach dem Fuchs ziehen, sondern
ruhig in verticaler Richtung aufsteigen. Das Schütteln und Räumen des
Rostes muss rasch geschehen, ebenso das Chargiren, um unnöthigen Luftzutritt zu vermeiden; man regulirt den Luftzutritt durch Schliessen oder
Oeffnen von Zuglöchern in der Aschenfallthür, oder durch Schliessen oder
Oeffnen eines Schubers im Fuchs.

Zu Anfang braucht das Röstgut nicht viel Luft; wenn aber das
Erz nach $\frac{1}{2}$—1 Stunde sich entzündet hat, muss man mit Rücksicht auf
ein stetiges, ruhiges Aufsteigen des Gasstroms mehr Luft zulassen. Ist
die Hauptmenge des Schwefels verbrannt und entwickelt sich nur mehr
wenig Gas, so wird der Luftzutritt fast ganz abgesperrt und man lässt
blos die Hitze im Ofen weiter wirken. Etwa 2 Stunden vor einem neuen

Chargiren öffnet man die Arbeitsthür, rührt und wendet auf 10 cm Tiefe die Röstpost und bricht kleine Sinterungen los, und wenn sich hierauf noch reichlich blaue Flämmchen von schwefliger Säure zeigen, so ist dies ein Zeichen unvollkommener Röstung und es muss mehr Luft eingelassen werden. Bei 12 stündigem Betrieb wird der Luftzug nach 12 Stunden durch Schliessen des Schubers im Fuchs ganz abgesperrt, die Thüren zum Roste geöffnet und die Roststäbe gelüpft, wobei der Arbeiter nachzusehen hat, ob der Ofeninhalt gleichmässig niedergeht; dann wird die neue Charge rasch eingetragen, gleichmässig oben ausgebreitet und wieder Luft zutreten gelassen, worauf der Process von Neuem beginnt.

Jede Stunde oder jede 2. Stunde wird ein neuer Ofen chargirt, damit die Gasentwickelung eine regelmässige sei. Für ein neues Chargiren darf der Ofen nicht zu heiss sein; zur Erkennung der richtigen Temperatur bedienen sich die Arbeiter eines Stückes Schwefel, womit sie an der Arbeitsthür Striche machen; entzünden sich dieselben sofort, so ist der Ofen noch zu heiss, bleiben sie aber stehen, so hat der Ofen die richtige Temperatur zum Chargiren. Ist der Ofen vorher zu heiss gegangen, so muss mit dem Chargiren so lange, oft mehrere Stunden zugewartet werden, bis der Ofen genügend abgekühlt ist. Bei gutem Gang sind die Aussenwände des Ofens etwa 15 cm unter der Arbeitsthür so heiss, dass man die Hand darauf nicht erhalten kann, nach unten zu nimmt die Temperatur ab und oberhalb des Rostes sind die Ofenwände nur noch handwarm.

Die Grösse der Charge hängt ab von der Grösse und Art des Ofens; zu grosse Chargen geben gern Sinterungen, bei zu kleinen Chargen wird der Ofen bald kalt. Ein Wenigerchargiren kann nur bei ganz temporären Unterbrechungen vorgenommen werden, besser ist es, wenn man an der Charge überhaupt abbrechen will, die nöthige Anzahl Oefen auszuschalten, die übrigen aber vollgehen zu lassen.

Man hat Kiln mit Rost, ohne Rost und auch solche mit Flammofenfeuerung; gewöhnlich sind ähnliche, wie die in Fig. 62 und 63 dargestellten in Anwendung. Sie dienen zu Altenau am Harze zum Abrösten von Bleisteinen mit 7—9 % Blei, 5—8 % Kupfer und 0·030—0·0325 % Silber. In der Zeichnung bedeuten a die Chargiröffnungen, b die Räum-, c die Ziehöffnungen, d den Abrutschkegel; zwei solche Oefen liegen je neben einander, in der Scheidewand liegt der Salpeterkasten e, von welchem die salpetrigsauren Dämpfe durch das Rohr f in das gemeinsame Abzugsrohr g und von hier zu den Bleikammern abziehen. Bei h ist ein Schuber, i eine eiserne Deckplatte, k die Esse[17]).

Zu Freiberg[18]) werden Erze in Stückform, so wie Blei- und Kupfersteine in Kiln, Erzschliche in Gerstenhöfer'schen Schüttöfen abgeröstet; die Röstgase enthalten 4·5—6 Volumprocente schweflige Säure. Die

---

[17]) Preuss. Ztschft. Bd. 19 pag. 156.

[18]) Nach C. Merbach in „Freiberg's Berg- und Hüttenwesen". Freiberg 1883.

Muldner Hütte arbeitet mit 15 Kilns von 8·5 cbm Fassungsraum und 2·88 m lichter Höhe, 1·27 m Breite und 2·26 m Länge, und röstet ein solcher Ofen in 24 Stunden etwa 15 q Erze und Producte ab; die Gerstenhöfer'schen Oefen sind 4·8 m hoch, 1·3 m lang und 78 cm breit und setzen täglich 17·5 q Erze durch, so dass dort täglich 540 q Erze und Producte geröstet werden können. Diese Oefen bedienen 5 Bleikammersysteme mit einem Gesammtinhalt von 13125 cbm, worin täglich circa 350 q Kammersäure erzeugt werden. Die Röstgase passiren, bevor sie in die Bleikammern treten ein Flugstaubcondensationssystem von 2170 cbm

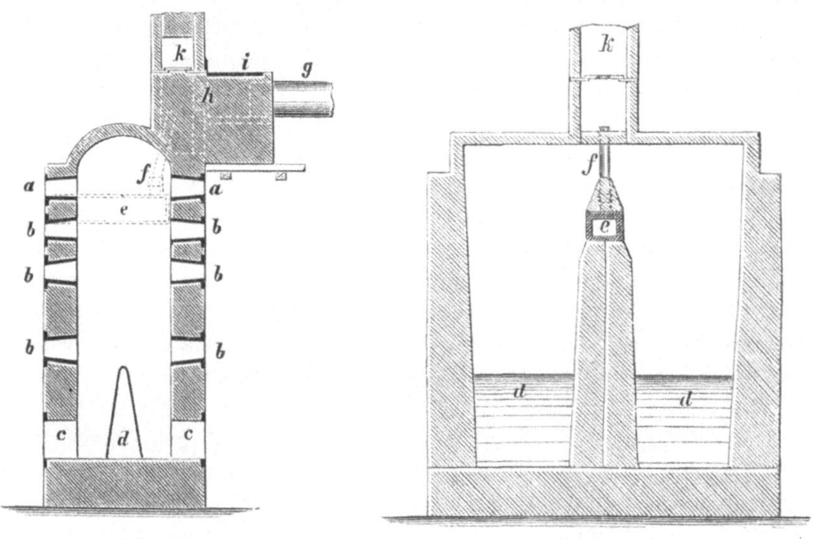

Fig. 62.   Fig. 63.

Rauminhalt, es wurden hieselbst im Jahre 1882 zusammen 108996 q Erze und Producte abgeröstet und daraus gewonnen

70292 q Schwefelsäure von 66° B.

1620 - rauchende, wasserfreie Schwefelsäure, und

nebenbei   6465 - Eisenvitriol

1133 - Glaubersalz und

5893 - arsenikalischer Flugstaub.

Die Halsbrücker Hütte besitzt 8 Kiln und 8 Gerstenhöfer'sche Oefen von fast gleichen Constructionen, wie die zu Muldner Hütte, einen Condensationsapparat von 1457 cbm Inhalt und 2 Bleikammersysteme von zusammen 7466 cbm Rauminhalt. In dem genannten Jahre wurden daselbst 67666 q Erze und Producte verarbeitet, und daraus erzeugt 41837 q Schwefelsäure von 66° B., dann noch als Nebenproducte gewonnen

318 q Eisenvitriol

721 - Glaubersalz und

3311 - arsenikalischer Flugstaub.

Für Abröstung von Schlichen sind, weil sich dieselben in Schachtöfen zu dicht auf einander legen und den Gasen bei ihrem Aufsteigen den
Weg versperren, Oefen von anderen Constructionen in Anwendung.

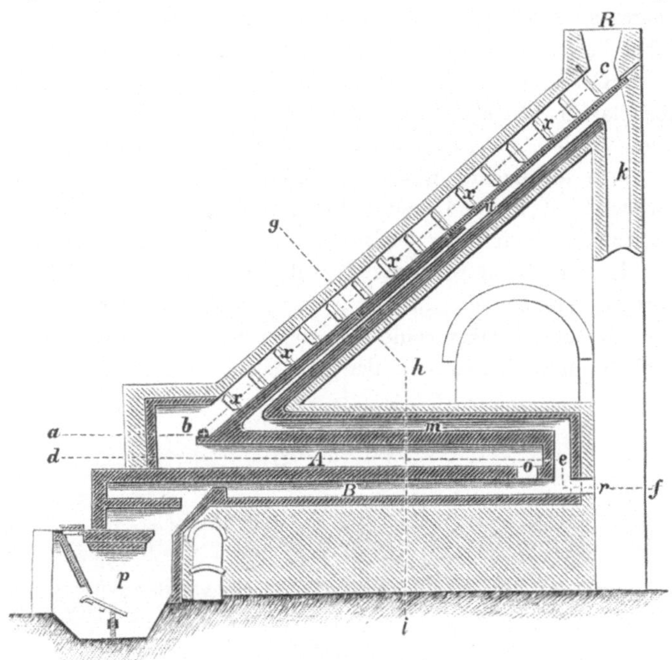

Fig. 64.

Der Ofen von Hasenclever-Helbig[19]) hat die in Fig. 64—67 dargestellte Einrichtung. R ist der Chargirtrichter, aus welchem das Erz in

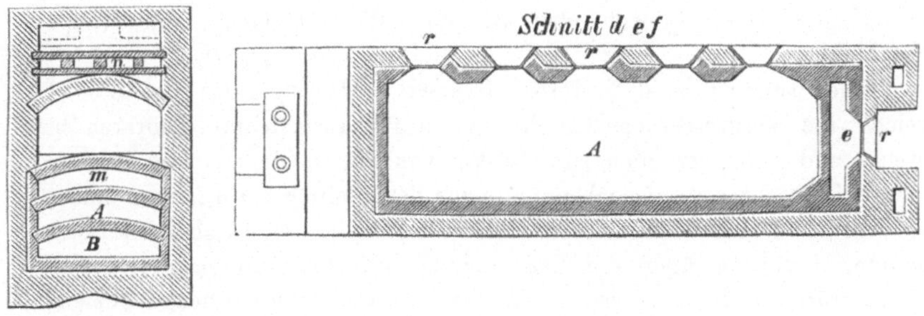

Fig. 65.   Fig 66.

einem unter 43° geneigten Canal von 1·8 m Breite, 80 cm Höhe und 9 m
Länge herabgleitet, welcher von unten durch die Feuergase, die zuerst

[19]) Bg. u. Httnmsch. Ztg. 1873 pag. 16 u. 1879 pag. 176. Dingler's Journ.
Bd. 199 pag. 284, dann Bd. 206 pag. 274, Bd. 216 pag. 335 und Bd. 227 pag. 70.

die Muffel A umspielen, geheizt wird und oben noch so warm ist, dass daselbst Antimon schmilzt; x sind Scheidewände, die einige Centimeter vom Boden des Canals entfernt bleiben, und wird der so frei bleibende Zwischenraum durch das herabrutschende Erz ausgefüllt, die schweflige Säure aber bewegt sich durch seitlich abwechselnd in den Scheidewänden ausgesparte Oeffnungen y im Zickzack nach aufwärts, wo sie bei z in eine mit Eisenplatten bedeckte Kühlkammer entweicht, auf welcher die Erze getrocknet werden. b ist eine hohle, durch Luft gekühlte Abfuhrwalze, die das unten anlangende Röstgut rückwärts am Ende der 6·5 m langen, 1·5 m breiten und 40 cm hohen Muffel A austrägt, und von deren rascherer oder langsamerer Umdrehung das Nachrutschen des oben aufgegebenen Erzes abhängt. In der Muffel wird das Erz alle 2 Stunden gekrählt, gewendet und vorwärts geschaufelt, bis es vorn durch eine Oeffnung bei o im Boden auf die untere Heerdsohle B gestürzt wird, von welcher die Feuergase durch e, m und n nach k der Esse zuströmen. p ist die Feuerung

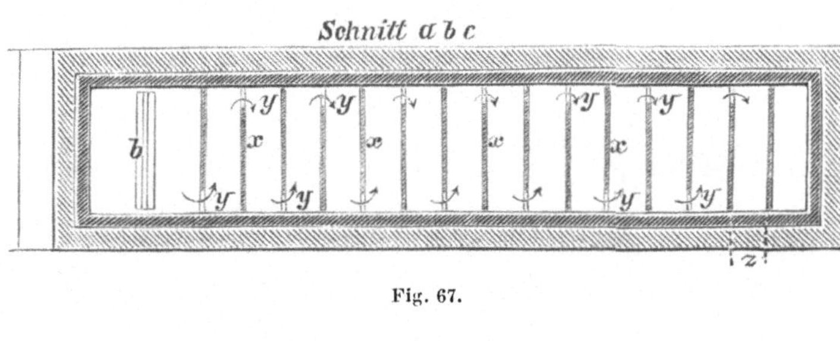

Fig. 67.

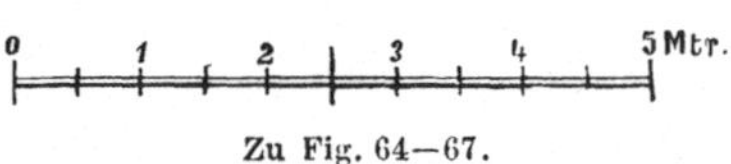

Zu Fig. 64—67.

(Boötiusgenerator), r die Arbeitsöffnungen. Ganz mehlige Erze eignen sich für diesen Ofen nicht, wohl aber sandige und ein Gemenge von Graupen und Mehl.

Eine neuere Modification dieser Oefen[20] zeigt Fig. 68—70, welche die Vergrösserung der Production für ausgedehnte Fabriken bezweckt und sich vorzüglich zum Rösten von Kiesen eignet. Das Erz wird durch die Trichter a aufgegeben und nach der Röstung bei h fortgenommen. Die bei b in den Ofen tretende Luft streicht in der durch Pfeile angedeuteten Richtung über die Erzschichten auf den unteren Platten aufwärts, wärmt sich dabei vor, verlässt mit etwas Schwefeldioxyd gemengt bei c den Ofen, steigt in dem Canal g empor, erhitzt sich an den horizontalen Gasabführungsröhren h höher, tritt bei d in den Ofen zurück und zieht nun in Schlangenwindungen nach abwärts. Die heissen Röstgase

---

[20] Dingler's Journ. Bd. 222 pag. 250. Ztschft. d. Ver. deutsch. Ing. 1876 pag. 407.

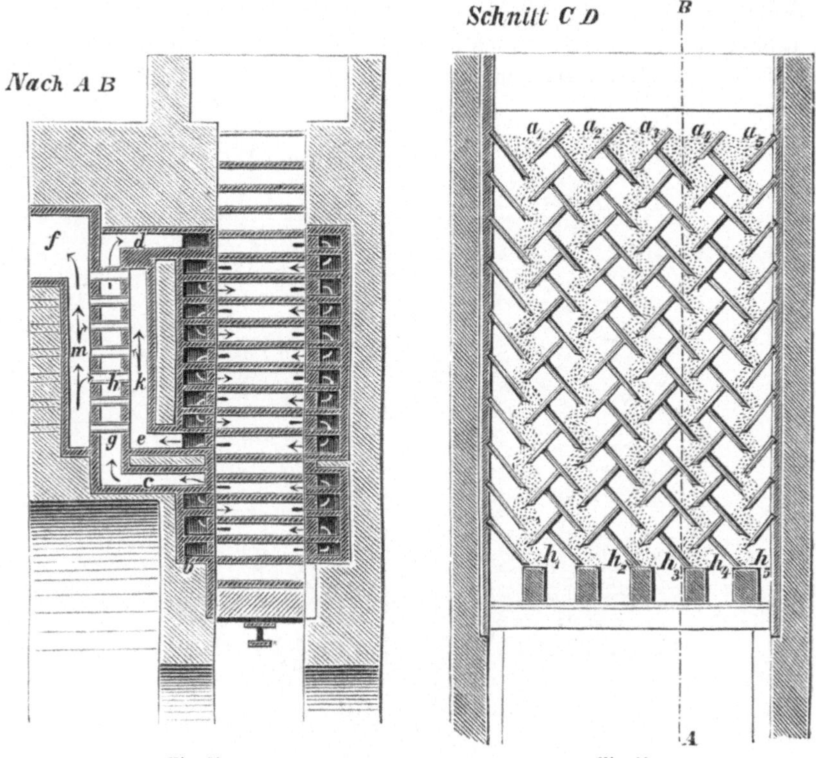

Fig. 68.　　　　Fig. 69.

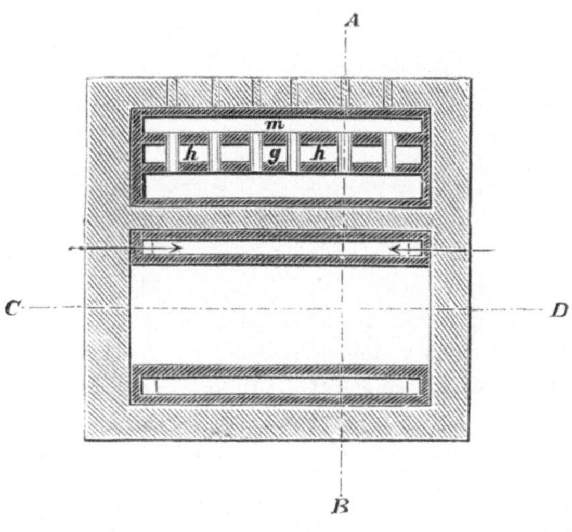

Fig. 70.

verlassen bei e den Ofen und gelangen durch k und durch die Röhren h
in den Canal m und von da durch f zu den Bleikammern. Dieser Ofen
ist jedoch bis jetzt hauptsächlich für Pyrite, der vorher beschriebene häufig
für Röstung von Zinkblende in Anwendung.

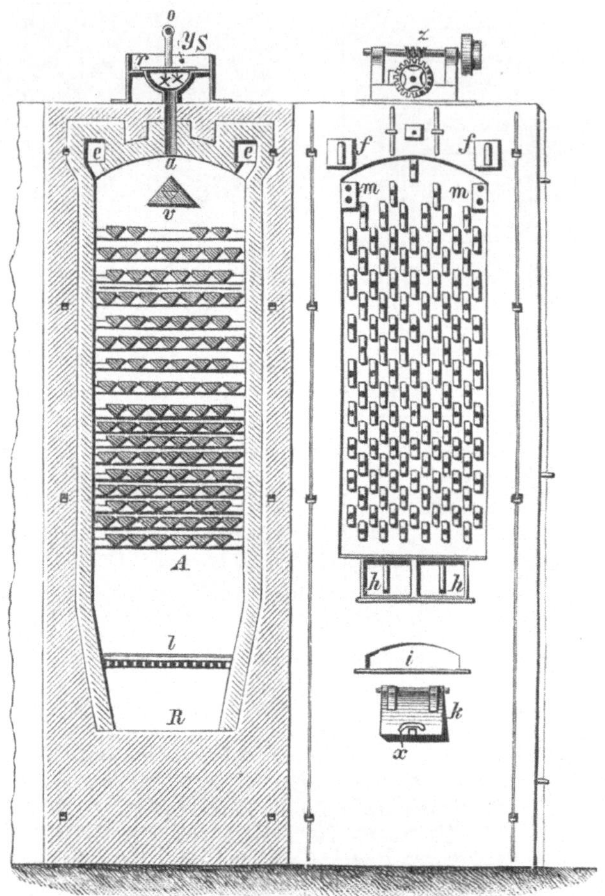

Fig. 71.

Der Schüttofen von Gerstenhöfer[21]) (Fig. 71 und 72) besteht
aus einem Röstschacht A von 1·4 m Breite und 3·75 m Höhe, in welchen
zu oberst 1 Erzvertheiler v und darunter 15 Reihen Erzträger, je abwechselnd 6 und 7 Stück, eingelegt sind; der Erzvertheiler und die Erzträger sind aus Porcellanthon hergestellt. Jeder Träger correspondirt mit
einer in die Vordermauer eingesetzten Büchse von Gusseisen, die durch

---

[21]) Bode, „Beiträge zur Theorie und Praxis der Schwefelsäurefabrication"
Berlin, 1872.

einen Schuber verschliessbar ist, und kann durch dieselbe jederzeit leicht gereinigt werden; b sind diese Büchsen, welche zugleich zur Beobachtung der Vorgänge im Ofeninneren dienen, die Schauöffnung in dem Schuber ist mit einen Thonpfropf verschlossen. Die Schüttvorrichtung S

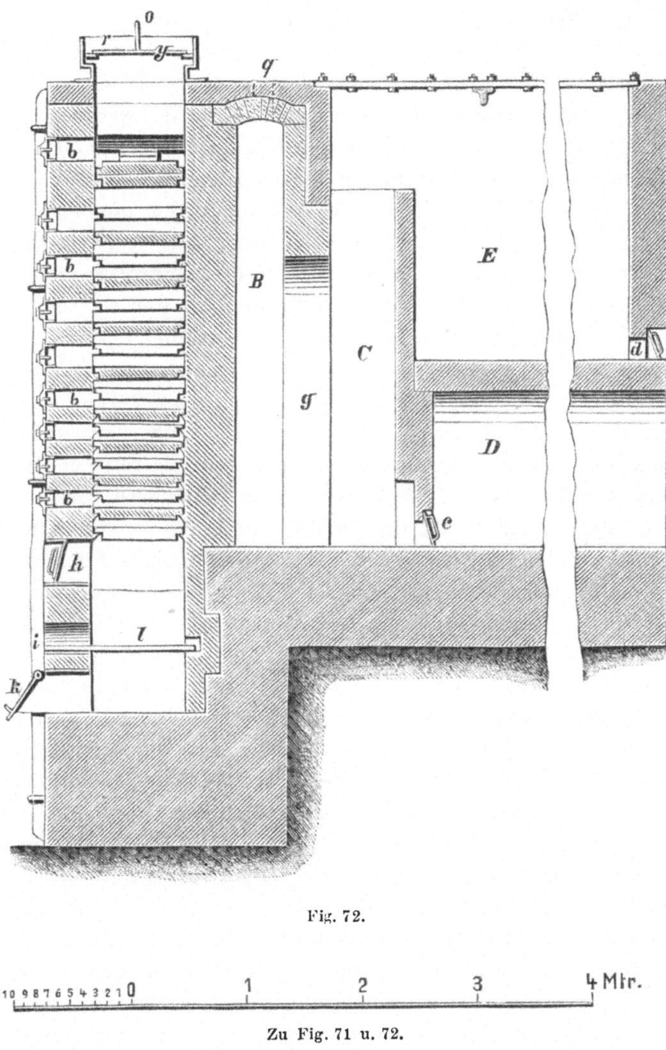

Fig. 72.

Zu Fig. 71 u. 72.

besteht aus 2 über dem Erzzuführungsschlitz a liegenden Schüttwalzen, welche durch ein ausserhalb des Schüttkastens liegendes, mittelst endloser Schraube bewegtes Zahnrad z in Umdrehung erhalten werden, und das Erz aus dem Schüttkasten r erhalten, in welchem der Deckel y mit Hilfe der Stange o beliebig gehoben werden kann. Die Röstgase ziehen durch die Füchse e, welche wegen leichterer Reinigung an der Vorderseite durch die Büchsen f zugänglich sind, in den Abzugscanal B und durch den Canal g in den Hauptcanal C und die Flugstaubkammer E, und von da in die Schwefelsäurekammer. D ist ein überwölbter Gang unter den Flugstaubkammern, durch welchen man zu den Räumöffnuugen c und d für das Reinigen des Canales C und der Flugstaubkammer E gelangt. Der an den Wänden in B sich absetzende Flugstaub kann durch die sonst verschlossenen Oeffnungen q, ebenso der im oberen Theil des Ofens sich ablagernde Flugstaub durch die Büchsen m beseitigt werden.

Bei Inbetriebsetzung des Ofens bringt man durch die Oeffnung i eine Anzahl Roststäbe l ein, verschliesst die Oeffnung mit Ziegeln und Lehm, schüttet durch h Kohlen auf den Rost und entzündet dieselben, wobei die Thüren von h geschlossen, so wie die Klappthüre k nach Bedarf offen gelassen werden. Der Ofen muss, damit die Erzträger nicht springen, während 3 Wochen allmälig in Rothgluth versetzt werden, und leitet man in dieser Zeit die Feuergase nicht in die Flugstaubkammern, sondern es wird der Canal g verschlossen, und der Rauch durch einen seitlichen Canal in die Esse abgeführt. Man belässt die Träger 2 Tage in Weissgluth worauf man die Schüttwalzen sehr langsam in Gang setzt, so dass sie in 5 Minuten eine Umdrehung machen, wozu, um ein Entweichen der Verbrennungsgase durch den Chargirschlitz a zu verhindern, der Schüttkasten schon vor Beginn der Feuerung gefüllt wird. Durch die Bewegung der Auftragwalzen füllen sich die oberen Erzträger allmälig mit der Beschickung bis zum natürlichen Böschungswinkel, und man befeuert den Ofen noch so lange fort, bis man wahrnimmt, dass ungefähr die 4. Reihe der Träger sich zu füllen beginnt, worauf man nach und nach das Feuer auf dem Roste ausgehen lässt, den Rost entfernt, die dazu führende Oeffnung völlig vermauert, den als Aschenfall benutzten unteren Sammelraum R für das Röstgut reinigt und die Luft durch k oder durch nahe der Sohle ausgesparte Oeffnungen nach Bedarf zutreten lässt. Bei dem oben angegebenen Umgang der Schüttwalzen dauert das Füllen des Ofens 6—7 Stunden; man lässt anfangs noch einige Schichten hindurch die Röstgase in die Esse abziehen, worauf dann der Canal zum Schornstein geschlossen und der Canal g geöffnet wird, so dass die Gase nun in die Flugstaubkammern und von da in die Bleikammern geführt werden.

Die Gleichförmigkeit der Röstung betreffend soll dieser Ofen andern Schachtöfen vorzuziehen sein, für leicht röstende Materialien genügt der natürliche Luftzug, für durch Hitze schwer zu zerlegende Schwefelmetalle, wie Zinkblende, ist aber warmer Wind besser anzuwenden, welcher dann eingeblasen wird; die Erwärmung des Windes geschieht in diesem Fall in durch die abziehenden Gase beheizten Röhren, welche in den Canal B eingelegt werden. Man braucht für 10000 Gewichtstheile Durchsatzquantum pro 24 Stunden 19 Gewichtstheile atmosphärische Luft, es arbeiten in der 12 stündigen Schicht 4 Mann vor dem Ofen, welche aber gleichzeitig mehrere Oefen bedienen können.

Neuere Verbesserungen dieses Ofens betreffen nach F. Bode (l. c.) das Ziehen der Abbrände in unter dem Ofen angelegte Gewölbe mittelst Austragschrauben, die Verminderung des Flugstaubs durch Schütten aus 2 Seitenschlitzen, so dass vor der Gasabzugsöffnung kein Erz niederfällt, und das Eintretenlassen der Verbrennungsluft nach Bedarf durch die Schauöffnungen in den Schubern der Beobachtungsbüchsen.

Der Sammelraum unten wird innerhalb 12 Stunden zweimal entleert, wobei die Oeffnungen, welche in das Ofeninnere führen, verschlossen gehalten werden, um Abkühlung zu vermeiden, und das Räumeisen, um die Zuströmung von Luft möglichst zu beschränken, durch einen kleinen, mit einem Vorreiber verschliessbaren Ausschnitt in der Thüre k bei x eingeschoben wird. Die Zwischenräume zwischen den Trägern werden in 12 Stunden viermal geräumt und der Flugstaub in jeder Schicht durch die seitlichen Büchsen oben abgestossen, so wie der Canal nach der Kammer E alle drei Tage vom Flugstaub gereinigt. Bei dem vorhin angegebenen Durchsetzquantum befindet sich die höchste Temperatur im Ofen etwa in der Mitte, übergeht nach oben in schwache Rothgluth, und die unteren Träger zeigen gar keine Gluth mehr; bei zu viel Luft rückt die Gluth aufwärts, bei zu wenig Luft nach unten, der Ofen geht dann zu kalt oder zu heiss, und bei normalem Gang muss sich in der heissesten Zone beinahe Weissgluth befinden, wonach man durch entsprechende Luftzuführung, oder durch rascheres Umlaufenlassen der Schüttwalzen den Ofengang regulirt. Das Durchsetzquantum ist so zu normiren, dass die in der Zeiteinheit entwickelte Wärme ausreicht, um das in den Ofen fallende Gut abzurösten, welches vollkommen trocken eingeführt werden muss.

Reine Bleierze lassen sich in diesen Oefen nicht abrösten, weil sie auf den Erzträgern festbacken, wohl aber bleiärmere Erze und Producte; die Abröstung erfolgt blos bis auf 8—10% Schwefelrückhalt, es muss also das aus diesen Oefen gezogene Röstgut in Flammöfen gar geröstet werden.

Zu Freiberg werden in 24 Stunden 12 q Erze mit 18% Blei abgeröstet und das rohe Erz mit dem gleichen Gewicht schon gerösteten Erzes gemengt aufgegeben; je höher der Bleigehalt des Röstgutes, um so mehr Bedienungsmannschaft und um so mehr Aufmerksamkeit bei dem Betriebe ist nothwendig.

Der Ofen von Stetefeld[22] (Fig. 73—75) wird namentlich für bleireichere Erze empfohlen; der Ofenschacht ist 8·8 m hoch, unten 1·6, oben 0·94 m breit, und dient wie der vorher beschriebene zum Abrösten fein gemahlenen Erzes, welches in diesem Ofen herabgesiebt wird. B ist die Ausziehöffnung, C ein Canal zur Aufnahme von Flugstaub, F sind Oeff-

---

[22] Preuss. Ztschft. Bd. 27 pag. 147. Bg. u. Httnmsch. Ztg. 1873 pag. 26 und 1876 pag. 142.

nungen zum Ausräumen desselben. Durch die Gasfeuerungen bei D wird
sowohl in dem Ofen, als auch in dem Canal C die nöthige Rösttemperatur
unterhalten; die Röstung erfolgt in diesem Ofen ungemein rasch und vollständiger, als im Gerstenhöfer'schen Ofen, auch soll die Röstung darin
leichter zu leiten sein, aber die Röstgase sind wegen ihrer Verunreinigung
durch die Verbrennungsgase für die Darstellung von Schwefelsäure un-

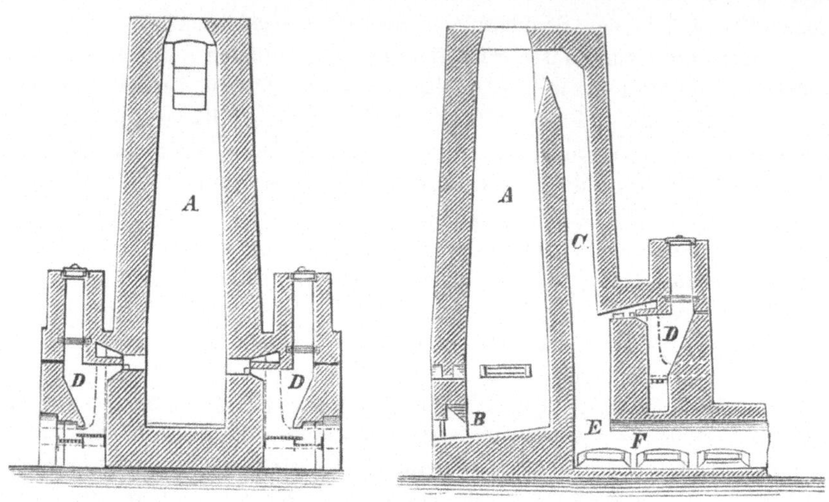

Fig. 73.　　　　　　　　　　　　Fig. 74.

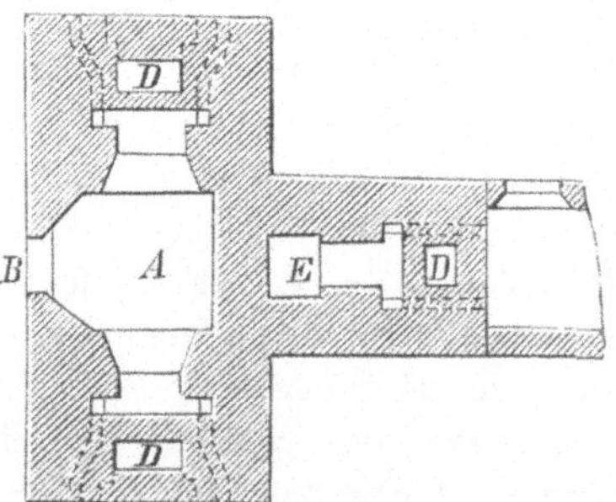

Fig. 75.

tauglich. In Nordamerika, hauptsächlich für chlorirend zu röstende Erze,
steht dieser Ofen häufig in Anwendung; auf den Hütten der Manshattan-
gesellschaft sind diese Oefen bis 12 m hoch und rösten je nach der Grösse
400—800 q in 24 Stunden. Ihr Schachtquerschnitt beträgt 1·5 qm. Die
Herstellung eines solchen Ofens ist theuer (9000—13000 Dollar), aber die
Arbeitslöhne sind gering und man erspart bedeutend an Brennstoff; das
Kochsalz wird nicht mit dem Erz gemahlen, sondern blos innig gemengt,
mittelst einer endlosen Schraube bis zur Hebevorrichtung geführt und von

dem Fütterungsapparat an der Gichtöffnung gleichmässig über den ganzen Schachtquerschnitt gesiebt.

Die Röstung in Flammöfen ist für die Vorbereitung von Bleierzen, welche blos einer oxydirenden Röstung bedürfen, die gebräuchlichste, sie kann darin am sichersten und vollständigsten durchgeführt werden, doch muss auch für diese Oefen das Erz fein gepulvert sein und darf nie in zu starken Lagen aufgeschüttet werden, da das Krählen und Wenden der Röstpost sonst zu sehr erschwert wird.

Die älteren Oefen dieser Art waren alle kleiner, für Aufnahme von blos einer oder zwei Röstposten eingerichtet, welche entweder neben einander auf derselben Heerdsohle oder auf zwei über einander angelegten Heerdsohlen derart behandelt wurden, dass auf dem oberen Heerde oder an der am Fuchse gelegenen Seite die Post vorgeröstet, dann aber auf den unteren Heerd gestürzt oder an die Feuerbrücke gebracht und dort gar geröstet wurde; die gare Post wurde ausgezogen, die vorgeröstete an Stelle der vorigen gebracht, und eine neue Röstpost auf den oberen Heerd oder an die Fuchsseite eingetragen. Auch Muffelöfen (Doppelmuffelöfen) haben einst Anwendung gefunden; es sind aber diese Apparate fast überall schon aufgegeben worden, es werden derartige Oefen für Röstung von Bleierzen nirgend mehr aufgeführt und sind an deren Stelle die folgenden neuen Einrichtungen getreten.

Die zweckentsprechendsten und in ihrer Art vollkommensten, darum gegenwärtig fast allgemein angewendeten Röstöfen sind die Fortschaufelungsröstöfen, welche entweder einsöhlig oder mit zwei über einander liegenden Heerden aufgestellt werden; in letzterem Falle läuft auf einer Seite vor den Oefen auf Schienen eine Fahrbühne, von welcher aus der Arbeiter das Wenden und Krählen des Erzes auf dem oberen Heerde besorgt. Die Oefen erhalten abhängig von ihrer Breite nur auf einer oder auf beiden Längsseiten Arbeitsöffnungen; diese Röstöfen haben effective Rostflächen von 12—28 m Länge und liefern in 24 Stunden bis 60 q geröstete Erze. Eine Charge beträgt 5—15 q, und wird eine solche von 5 q alle 2—3 Stunden auf einmal, eine Charge von 15 q in denselben Zeiträumen in 3 Partien à 5 q gezogen, worauf man die dahinter liegenden Röstposten um je einen Platz nach vorwärts gegen die Feuerbrücke zu schaufelt, so dass die Posten alle nach und nach vom Fuchs zur Feuerbrücke vorrücken, auf den zuletzt leer gewordenen Platz aber wird eine neue Post durch eine im Gewölbe befindliche Oeffnung nachgestürzt. Grössere Röstposten zu 15 q und Ausziehen derselben partienweise zu je 5 q in kürzeren Zeitpausen wird seltener angetroffen, wohl aber wird häufiger nach mehreren Stunden die ganze grössere Röstpost ausgezogen; zu grosse Röstposten liegen in zu starken Schichten auf dem Heerde und können weniger vollkommen abgeröstet werden. Mit den Erzen werden an einigen Orten auch Hüttenrauch, Geschur u. dergl. aufgegeben, und wenn es für ein verschlackendes Rösten an Quarz mangelt, so muss derselbe hier zugeschlagen werden. Indem die Flamme die ganze Länge des Heerdes durchstreichen muss, werden die hinter einander liegenden Posten allmälig vorgewärmt und vorgeröstet, beziehentlich wird die Wärme möglichst ausgenützt, und da die Chargen mehrere Tage im Ofen verbleiben, so können

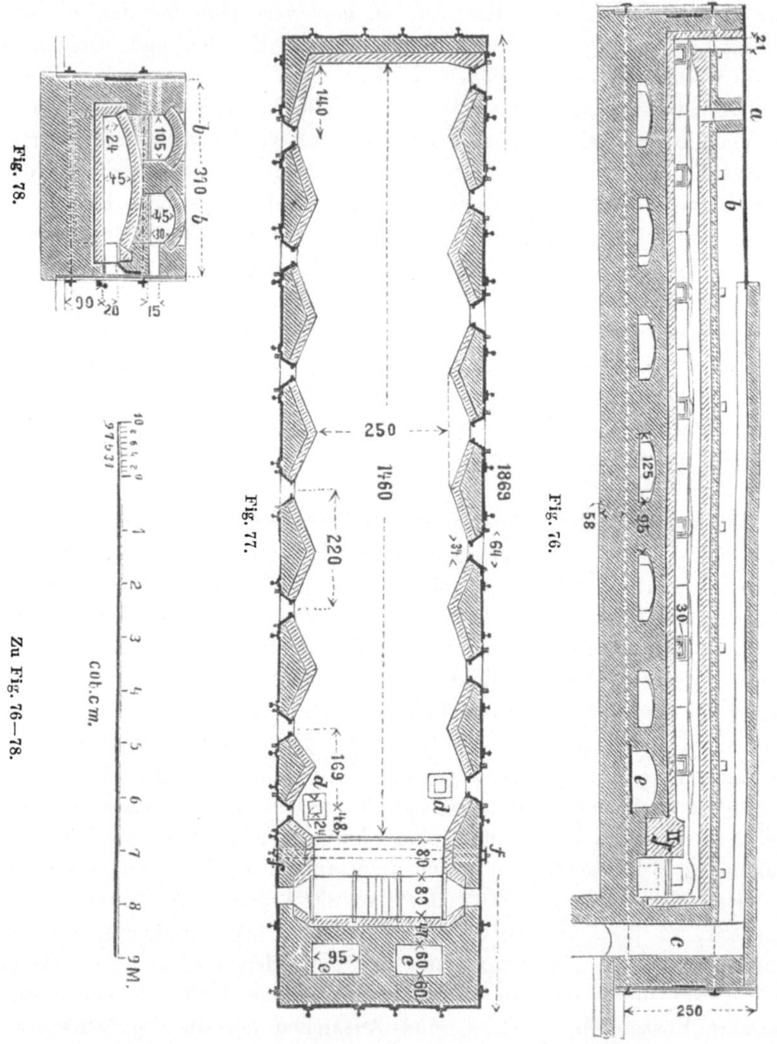

sie zu besserer Abröstung gebracht werden; je länger der Heerd aber ist, um so mehr Bedienungsmannschaft braucht er.

Zu Přibram sind die Fortschaufelungsröstöfen (Fig. 76—78) 14·6 m lang, 2·5 m breit, sie enthalten 7 Posten à 10 q, alle 6 Stunden wird eine Post gezogen, die Erzeugung eines Ofens pro Tag beträgt demnach 40 q.

Man braucht pro Metercentner Erz 35—38 kg Steinkohlen. In der Figur bezeichnen a die Füllöffnung im Gewölbe, b die beiden Canäle, durch welche die Röstgase oberhalb des Gewölbes nach c und von da in die Flugstaubkammern abziehen, d die mit Thonplatten verlegten Canäle, durch welche das geröstete Erz in das Gewölbe e in dorthin eingefahrene Hunte gezogen wird. Die Feuerbrücken haben Wasserkühlungen f. Der Röstabgang beträgt 7·5%.

Auf einigen Hütten hat man solche Oefen mit Sumpf vor der Feuerbrücke; Fig. 79 u. 80 zeigt einen solchen Ofen von Binsfeldhammer.

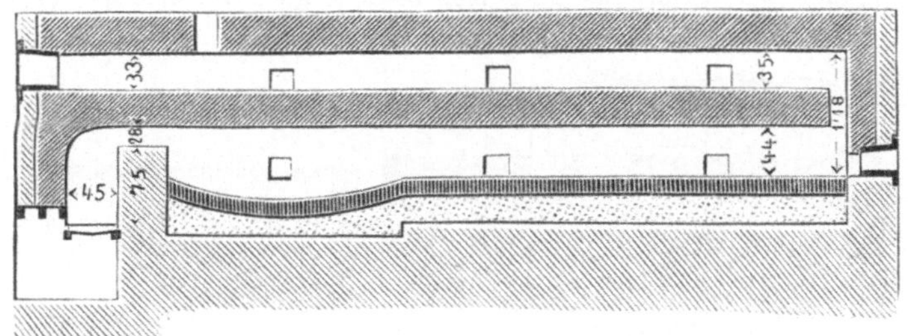

Fig. 79.

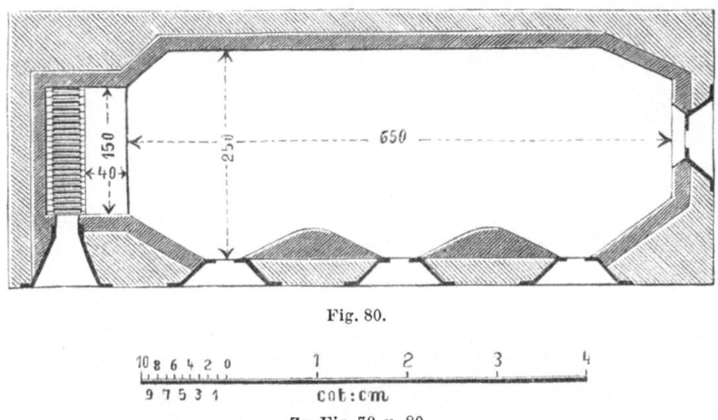

Fig. 80.

Zu Fig. 79 u. 80.

Derselbe ist doppelsöhlig, jeder Heerd enthält 3 Posten à 6 q, in 24 Stunden werden 4 Posten gezogen; der Kohlenverbrauch in 24 Stunden beträgt 5·5 q.

Aehnlich sind die Oefen zu Mechernich[23]); jeder Heerd ist 14 m lang, die Heerde sind 3·1 m breit; alle 6 Stunden werden 15 q gezogen, der Ofen liefert somit pro Tag 60 q geröstetes Erz. Der Ofen ist mit circa 400 q besetzt, die Durchlaufszeit einer Erzpost beträgt demnach 7 Tage. Die vor dem Sumpf angelangte Post wird knapp am Rande des Sumpfes zu einem dreiseitigen Prisma zusammengeschaufelt und fliesst von da, der unmittelbaren Einwirkung des Röstfeuers ausgesetzt, nach und nach in den Sumpf hinab.

[23]) Oesterr. Ztschft. 1871 pag. 411.

Einen von Dérer[24]) angegebenen Fortschaufelungsröstofen zeigt Fig. 81 u. 82. Es bezeichnen A den Feuerraum, B die Feuerbrücke, C den Schmelzraum, D die Fuchsbrücke desselben, E den eigentlichen Röstheerd, F den Fuchscanal. Der Röstraum ist 17 m lang, zwischen den Ofenthüren 3 m breit, der Schmelzraum 3·5 m lang und an der Feuerbrücke 2 m, an der Fuchsbrücke 1·5 m weit; der Schmelzraum liegt blos 20 cm unter der Feuerbrücke. Die Feuerbrücke und Fuchsbrücke enthalten eiserne Röhren von 20 cm Durchmesser, welche für die Brücken selbst als Kühlröhren dienen, jedoch mit einer aus 12 Düsen bestehenden Batterie in Verbindung

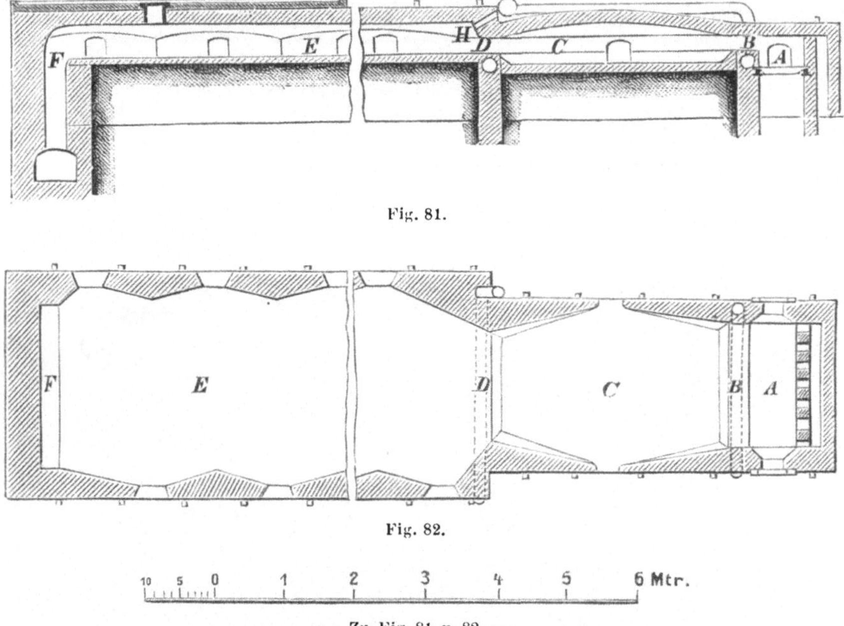

Fig. 81.

Fig. 82.

Zu Fig. 81 u. 82.

stehen, durch welche die in den Röhren vorgewärmte Luft unter starkem Stechen bei H auf das Ende des Röstheerdes geleitet wird, wodurch eine raschere Oxydation bewirkt werden soll. Der Wind wird von einem Ventilator geliefert, der Querschnitt der 12 Düsen zusammen soll etwas grösser sein, als der Querschnitt der Röhren, damit der Wind mit nur schwacher Pressung auf den Heerd trete.

Schmelzbetrieb. Die durch die Röstung vorbereiteten Erze werden nun dem Schmelzprocess übergeben. Vor Inbetriebsetzung des Ofens wird derselbe zuerst angewärmt. Zu Tarnowitz (Friedrichshütte) geschieht sodann das Anblasen derart, dass nach dem Austrocknen des Ofens mit Steinkohlenfeuer 5 q Blei in den Ofentiegel eingesetzt werden, hierauf wird

---

[24]) Oesterr. Ztschft. 1881 pag. 670, siehe auch Schréder ebenda 1874 pag. 216.

Holz, dann Steinkohle und darauf eine dünne Lage Koks gegeben; nach Schliessen des Ofens wird das Holz angezündet und nach dem Durchbrennen des Feuers bis zu den Koks werden frische Koks nachgesetzt, bis der Ofen zur Höhe der Ofenbrust gefüllt ist. Man gibt hierauf 8 q Schlacke mit 2 q Koks, dann 3 q Koks mit 8 q und hierauf 3 q Koks mit 9 q Schlacken, endlich je 2·5 q Koks mit 10 q Beschickung, bis der Ofen gefüllt ist, worauf man das Gebläse anlässt. Wenn der normale Gang erreicht ist, erhält der Ofen 10—14 Gichten in 24 Stunden, und wenn nach 7—8 wöchentlichem Betrieb nur mehr 6—7 Gichten pro Tag niedergehen, wird der Ofen ausgeblasen und binnen 6 Tagen wieder von Neuem zugestellt und angewärmt. Die Bleiabstiche erfolgen alle 2—3 Stunden.

Der Vorgang bei der Verhüttung der verrösteten Bleigeschicke ist der folgende: Aus den Untersuchungen der den Freiberger Bleiöfen entströmenmenden Gase folgt nach A. Schertel[25]), dass vor den Formen überwiegend Kohlensäure entsteht und in den höheren Ofenhorizonten eine vorbereitende Reduction der Erze durch die Gase nicht stattfindet, indem die durch verschlackendes Rösten gesinterten oder geschmolzenen Erze zu dicht sind, als dass sie der Einwirkung reducirender Gase noch zugänglich wären; die bleiischen Vorschläge dagegen und der geröstete Bleistein sind porös genug und bei diesen kann während des Niedergehens im Ofen eine partielle Reduction stattfinden. Diese Reduction beschränkt sich bei den schwer reducirbaren Oxyden, dem Eisenoxyd des zugebrannten Bleisteins und sonst eisenoxydhaltigen Zuschlägen grossentheils auf eine Desoxydation des Eisenoxyds zu Oxydul, erst in den tieferen Horizonten des Ofens kann dieses erst wieder zu metallischem Eisen reducirt werden, und dieses zerlegt nun das bei dem Niedersinken der langsam erweichenden Schmelzmassen darin enthaltene aus dem Bleisulfat regenerirte Schwefelblei, während das Bleioxyd aus dem Bleisilicat durch den festen Kohlenstoff reducirt wird. Das Bleioxydsilicat wird auch von Eisenoxydul und Kalk, aber ebenfalls erst im Schmelzraum zerlegt. Die reducirende Wirkung der vor der Form erzeugten Gase ist demnach eine nur beschränkte, es ist somit ein dichterer Brennstoff (Koks) vortheilhafter zu verwenden, weil bei Verbrennung derselben mehr Kohlensäure entsteht; bei der Verbrennung des Kohlenstoffs zu Kohlensäure wird aber viel mehr Wärme frei, als wenn Kohlenoxydgas erzeugt wird, und desshalb muss, damit die Verluste durch Bleiverflüchtigung nicht grösser werden, der Schmelzraum des Ofens entsprechend weit sein, wodurch die ursprünglich erzeugte Temperatur rasch herabgedrückt wird. Eine geringere Temperatur im Schmelzraum zu erhalten ist auch aus dem Grunde geboten, weil bei einer solchen die schwer reducirbaren Oxyde (Ferrioxyd, Ferrooxyd) nicht weiter reducirt werden, und so die Ausscheidungen von Eisensauen und Ansätzen möglichst vermieden werden können.

---

[25]) Jhrbch. f. d. Bg. u. Httnwsn. in Sachsen 1880.

Demzufolge ist eine Beschickung zu wählen, welche eine leicht schmelzbare Schlacke gibt, die um so leichter schmelzbar sein muss, je mehr strengflüssige Oxyde (Thonerde, Zinkoxyd) zu verschlacken sind; es sind demnach auch die meisten Bleischlacken Singulosilicate (oder noch niedriger silicirt), deren basischer Hauptbestandtheil das Eisenoxydul ist, welches mit den Zuschlägen, (Eisenstein, Eisenfrischschlacken, gerösteter Bleistein) in die Beschickung eingeführt wird. Eine höhere Silicirung der Schlacken ist nur dann statthaft, wenn wenig Zink und Thonerde anwesend sind (die Schlacken der Schemnitzer Hütte sind Bisilicate), und ebenso ist auch der Zuschlag von Kalk entsprechend zu normiren, dessen Silicat zwar an und für sich strengflüssiger ist, als das des Eisens, aber mit anderen Basen gleichzeitig anwesend immer genügend leichtflüssige Schlacken gibt, und einen Theil der gewöhnlich theuereren, eisenreichen Zuschläge ersetzen kann; wo jedoch die Erzeugung höher silicirter Schlacken möglich ist, da ist dies nur vortheilhaft, weil dieselben spezifisch leichter sind und sich besser von dem miterschmolzenen Stein scheiden. Die Schmelztemperatur der Freiberger Bleischlacken wurde von Schertel mit 1030°, ihre Schmelzwärme mit 295 Calorien bestimmt.

Die Wirkung der eisenhaltenden Zuschläge ist eine dreifache, nämlich mechanisch in so fern, als sie verflüssigend auf die übrigen schlackengebenden Bestandtheile einwirken, dann chemisch in zweifacher Hinsicht — zerlegend auf Bleisulfid und Bleisilicat. Reiche Eisensteine sind hiezu besser zu verwenden, als Eisenfrischschlacken, weil erstere wegen ihrer lockeren Beschaffenheit in den oberen Ofenhorizonten desoxydirt werden, und sofort mit Kieselerde in Verbindung treten, beziehentlich aus dem Bleisilicat Blei ausscheiden können, während die Frischschlacken hauptsächlich nur weiter Kieselerde aufnehmen und erst dann zerlegend auf das geröstete Erz wirken, wenn durch den Contact mit festem Kohlenstoff das Eisen daraus in metallischem Zustand abgeschieden wird, welches jetzt mit aus dem Bleisulfat regenerirtem Schwefelblei sich umsetzt.

$$2\,Fe\,O + Pb_2\,Si\,O_4 = 2\,Pb + Fe_2\,Si\,O_4$$
$$Fe_4\,Si\,O_6 + Si\,O_2 = 2\,(Fe_2\,Si\,O_4)\ \text{und}$$
$$Fe_4\,Si\,O_6 + 2\,Pb\,S + 2\,C = Fe_2\,Si\,O_4 + 2\,Fe\,S + 2\,Pb.$$

Die Menge des bei der Röstreductionsarbeit mitfallenden Bleisteins ist abhängig von der mehr oder weniger vollständigen Röstung der Erze; der Bleistein enthält vorwaltend Schwefeleisen, welches einen Theil des Silbergehaltes der Erze zurückhält; geringe Mengen Stein bleiben in der Schlacke aufgelöst, und diese Lechantheile sind es, welche die Reichhaltigkeit der Schlacke bedingen, daher auf eine gute Scheidung beider besonderes Augenmerk gerichtet wird. Die bei dem Erzschmelzen fallenden Steine werden in Haufen oder Schachtöfen geröstet und bei der Erzarbeit wieder zugegeben, wo sie als eisenhaltender Zuschlag dienen und ihr Bleigehalt wieder gewonnen wird. Der Bleisteinrost enthält immer neben Bleioxyd

auch Bleisulfat, dann andere Oxyde und schwefelsaure Salze und das Silber
stets als Sulfat; die Oberfläche des in Stücken gerösteten Bleisteins ist
immer reicher an Blei und Silber, als die Mitte, dagegen findet sich hier
das meiste Eisenoxyd, sowie überhaupt die mittlere Partie eines Röst-

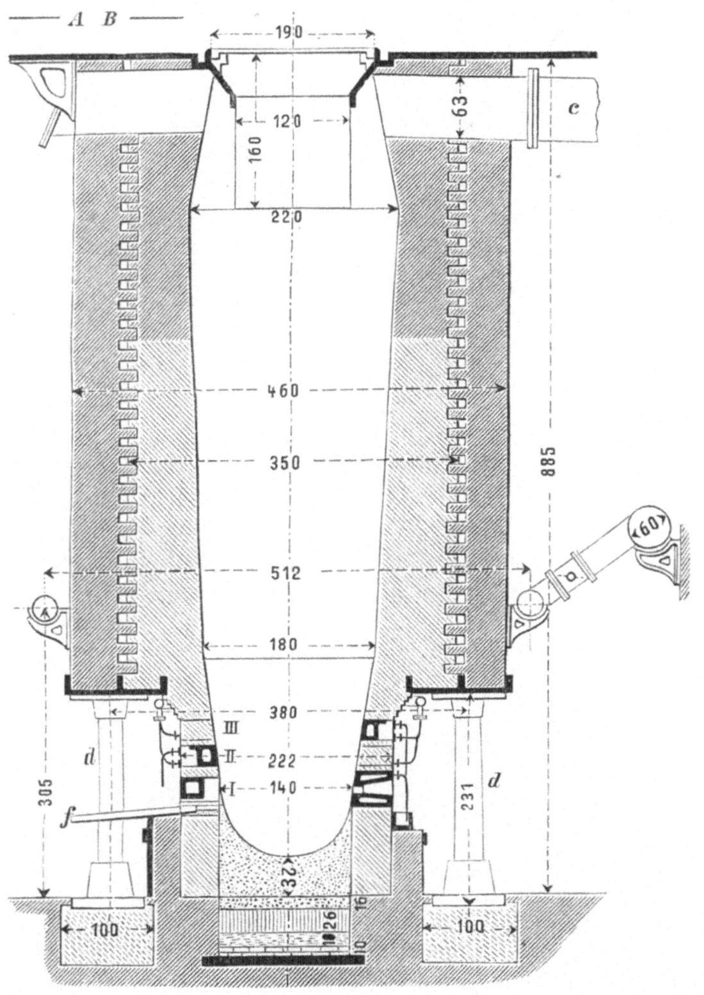

Fig. 83.

haufens in Folge der Einwirkung dampfförmiger Schwefelsäure auf Eisenoxyduloxyd stets am reichsten an Eisenoxyd ist.

Als Apparate zum Schmelzen dienen neuerer Zeit fast ausnahmslos Hohöfen, welche meist über den Tiegel, seltener über den Sumpf zugestellt sind; die neuesten auch bei anderen Schmelzprocessen angeweu-
deten Oefen sind nach dem schon früher von Truran angegebenen Princip

mit nach oben zu sich erweiterndem Ofenquerschnitt construirt. Ein solcher zu Příbram im Betriebe stehender Ofen ist in Fig. 83—94 gezeichnet. Derselbe ist achtförmig und der Schmelzraum aus drei übereinander liegenden Reihen gusseiserner Kühlkästen hergestellt. In den Figuren 89—91 sind dieselben im Detail gezeichnet, Fig. 87 und 88 zeigen den die Form

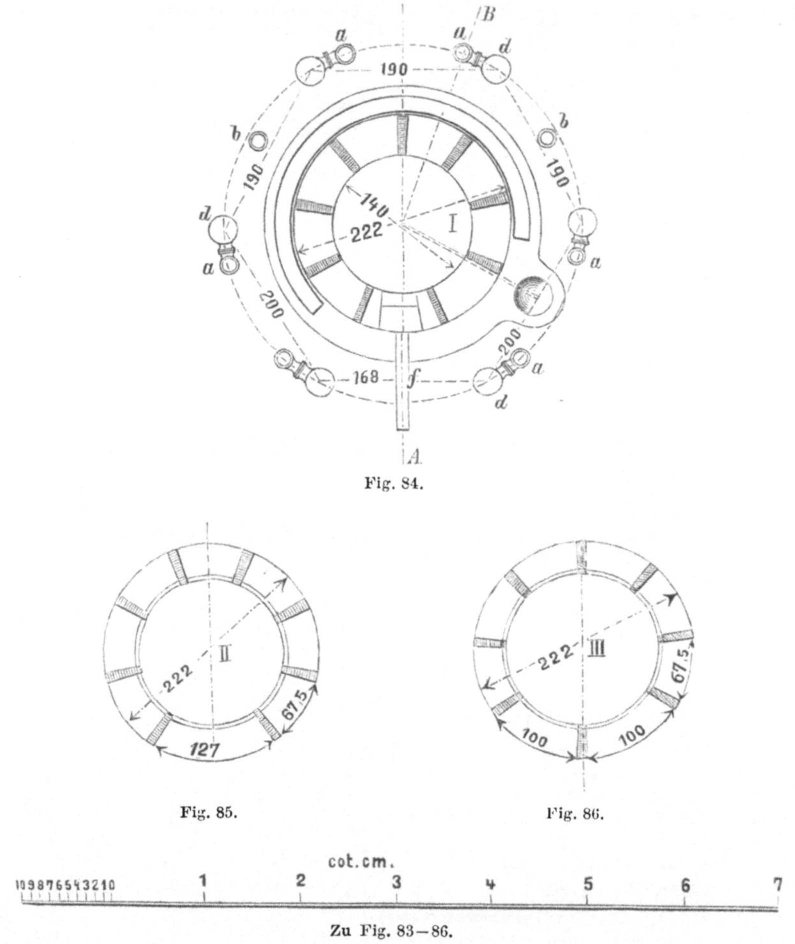

Fig. 84.

Fig. 85.　　　　　　Fig. 86.

cot. cm.

Zu Fig. 83—86.

aufnehmenden Kühlkasten, die mit I, II und III bezeichneten Horizontalschnitte, so wie auch Fig. 83 zeigen, in welcher Weise diese Kühlkästen über einander angeordnet sind. Die 6 Düsen a des Ofens sind Hängedüsen, welche auf an den Tragsäulen d angebrachten Consolen ruhen, die andern beiden Düsen erhalten den Wind von den Düsenständern b. Das Fundament des Ofeninnern besteht aus einer starken Eisenplatte, darüber einer Lage horizontal gelegter Ziegel; auf diesem liegt eine Schicht Chamotte, hierauf folgen vertical gestellte Ziegel, und auf diese eine Lage Lehm, über welche der Tiegel aus Gestübbe ausgestampft wird. c ist die Gasabzugsröhre, f die Schlackenrinne; der Ofen ist mit einem Arent'schen

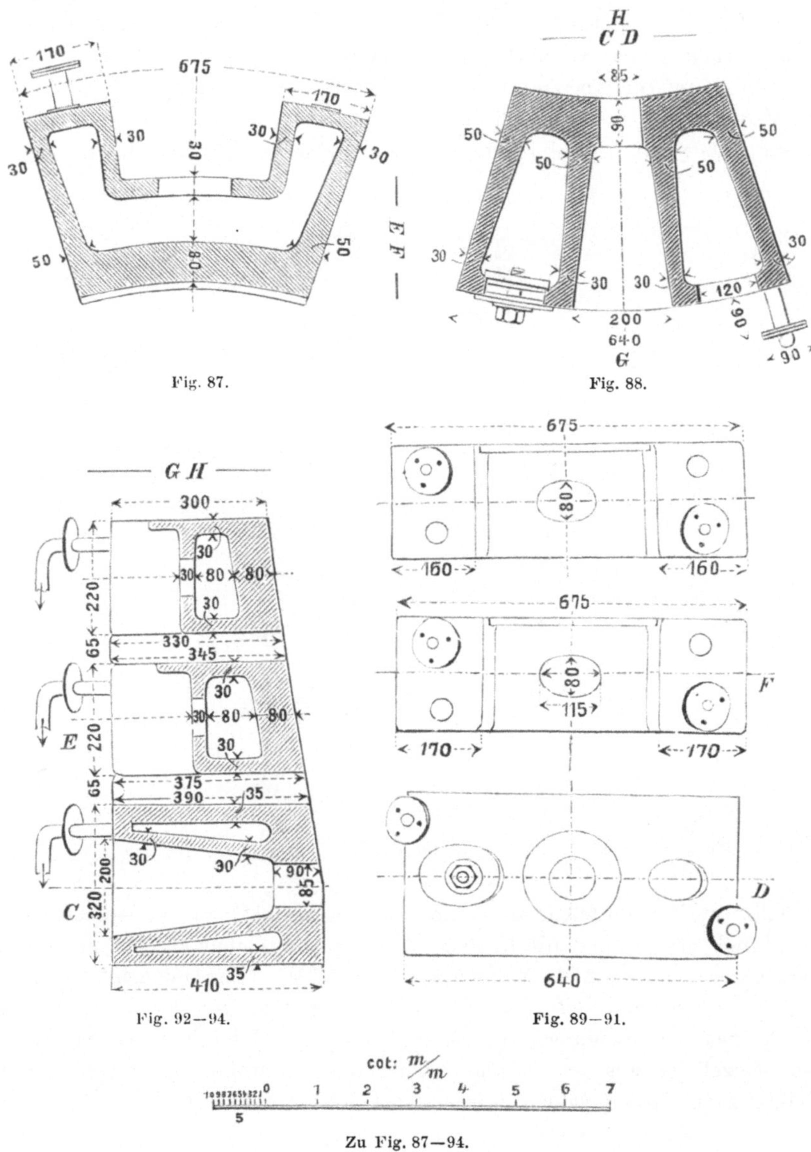

Fig. 87. Fig. 88.

Fig. 92—94. Fig. 89—91.

Zu Fig. 87—94.

Schöpfbrunnen versehen, welcher in der Zeichnung nicht sichtbar ist. Die Aufstellung eines solchen Ofens mit eisernem Blechmantel sammt Flugstaubkammern kömmt auf 11 000 fl. zu stehen.

Die Kühlung des Ofenschachtes durch Wasserkästen wird jetzt bei allen Neubauten ganz allgemein eingeführt; die Wasserkästen sind von Gusseisen oder Blech, letzteres von 111 mm Stärke. Das durchlaufende Wasser erwärmt sich auf etwa 25° C. Auch werden derlei Wasserkästen innen feuerfest gefüttert zur Heerdzustellung verwendet (Germaniahütte in Utah), man nennt sie dort „water jakets", und selbst mit kalter Luft gekühlte Kupferplatten sollen sich zu diesem Zwecke in Amerika bei dem Kupferschmelzbetrieb hinsichtlich der Dauer der Zustellung mit gleichem Vortheil bewährt haben[26]) doch hat man grösseren Kupferverbrauch. Man

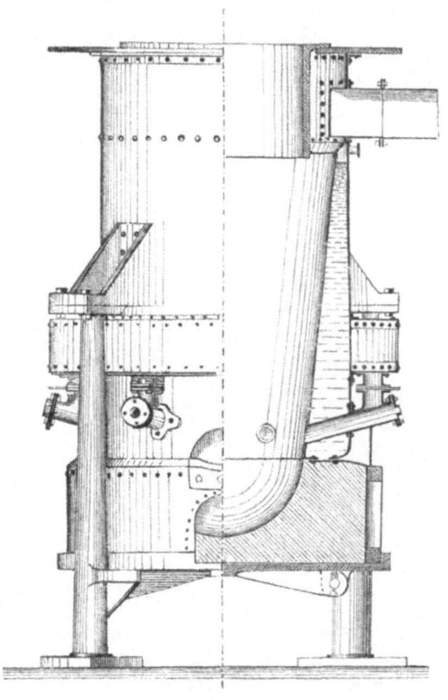

Fig. 95.

schmilzt auch unmittelbar in einem eisernen Gestelle, an das sich sogleich Ofenbruch ansetzt und die Kästen vor Zerstörung schützt[27]). Eine solche neue Construction von A. Wendt zeigt Fig. 95[28]). Der Ofenmantel besteht aus einem einzigen mit Wasser gekühlten Kasten von 90 cm Weite es ist zu den Ofenwandungen gar kein feuerfestes Material verwendet, blos der Tiegel ist aus feuerfestem Thone oder Gestübbe hergestellt. Der Boden kann niedergelassen werden, wie dies bei den neueren Cupolöfen

<hr>

[26]) Bg. u. Httnmsch. Ztg. 1878 pag. 313.

[27]) Preuss. Ztschft. Bd. 27 pag. 167.

[28]) Oester. Ztschft. f. Bg. u. Httnwsn. 1884 pag. 617. Dingler's Journ. Bd. 254 pag. 485.

der Fall ist, und sei hier nebenbei bemerkt, dass von Gmelin[29]) auch bereits ein Cupolofen angegeben wurde und anstandslos im Betriebe ist, dessen Wände ebenfalls aus blos einem durch Wasser gekühlten Blech-kasten bestehen. Die hier mitgetheilte Zeichnung ist die eines Ofens, welcher auf den Hütten im Westen von Nordamerika für Kupferschmel-zungen im Betriebe steht. Oefen älterer Construction mit viereckigem oder trapezoidalem Querschnitt mit 2, 3 und 4 Formen werden zum Erz-schmelzen dermal wohl noch hie und da angewendet, ihre Zahl ist aber äusserst beschränkt; für Verarbeitnng der Nebenproducte des Bleihütten-betriebs aber stehen solche noch häufig im Gebrauche. Bei allen grösseren Oefen wird die Schlacke durch eine Rinne in gusseiserne Schlackentöpfe von conischer Form ablaufen gelassen, die man immer wo möglich auf einmal voll laufen lässt, so dass sich in der Spitze unten das von der Schlacke mechanisch mitgeführte Lech absetzt und nach dem Abkühlen

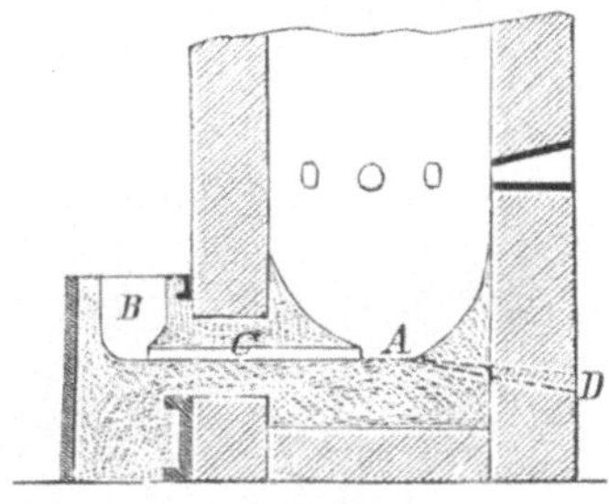

Fig. 96.

und Ausstürzen der Schlacke als zusammenhängendes Stück abgeschlagen werden kann.

Gewöhnlich besitzen die Rundöfen auch einen sogenannten „auto-matischen Stich". Diese Einrichtung wurde von Arents angegeben, weil in Folge eines Abstichs der Schmelzraum im Innern des Ofens immer plötzlich entleert wird, die im Ofen befindliche Beschickung eben so plötzlich herabgeht und vor die Form eine wenig vorbereitete Masse tritt, ausserdem auch ein Vorrollen der Erze und ein unregelmässiger Schmelz-gang herbeigeführt wird; dieser „Arents'sche Stich" aber bezweckt:

1. einen continuirlichen Bleiabfluss ohne besondere Arbeit,

2. die Erzielung eines reineren Bleies, indem spezifisch leichtere Ver-unreinigungen an die Oberfläche des Bleies gehen, hier oxydiren und ab-gehoben werden können,

3. die Verhütung einer Eisensaubildung, indem das Tiegeltiefste stets mit Blei bedeckt ist und dieses als spezifisch schwerer die leichteren Eisenausscheidungen nicht zu Boden gelangen lässt.

Fig. 96 zeigt diese Einrichtung; es ist A die Sohle des Ofentiegels, von

––––––––––––

[29]) Oesterr. Ztschft. 1882 pag. 526.

wo eine communicirende Röhre C das Blei in den Aussentiegel B gelangen
lässt, aus dem es über den Rand abfliesst oder ausgeschöpft wird, so dass
das Blei innerhalb des Ofens nie unter das durch den Stand des Bleies im
Aussentiegel bestimmte Niveau sinken kann, während die Schlacke durch die
Schlackenrinne abfliessen gelassen wird. Gegenüber dem Canal C erhält
der Ofen einen gewöhnlichen Stichcanal D, um bei dem Ausblasen des

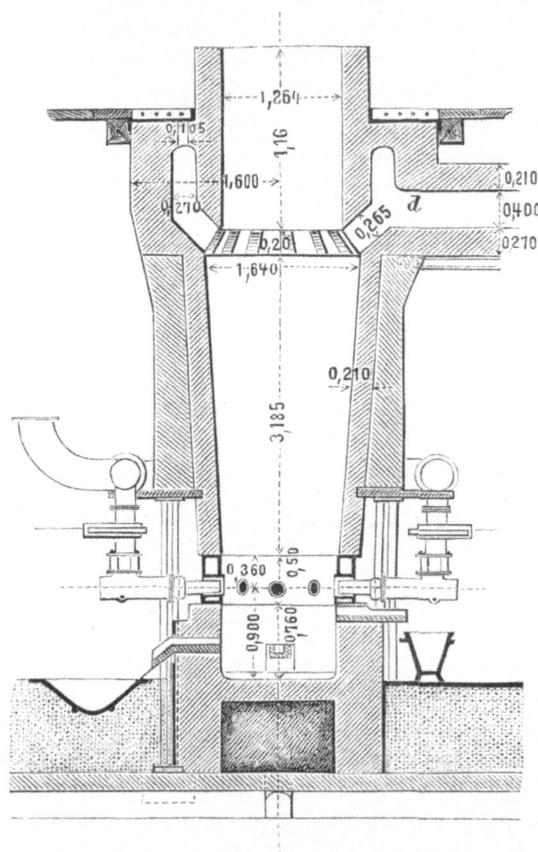

Fig. 97.

Ofens den flüssigen Inhalt ganz daraus abzulassen. Bei der Zustellung des
Ofens wird der beide Tiegel verbindende Canal C durch Einlegen eines
7 cm weiten, etwa 30 cm langen Holzrohres hergestellt, welches während
des Betriebes nach und nach verbrennt. Diese Vorrichtung ist für kupferhaltende Erze, deren Kupfergehalt nicht in einem Lech angesammelt wird,
nicht anwendbar, da sich eine strengflüssigere Bleikupferlegirung bildet,
die den Stichcanal versetzt, ein Steinfall aber stört die Function des Stichs
nicht, und kann allenfalls an der gegenüberliegenden Seite oder seitlich

ein eigener Stich für das Lech angelegt werden; gleichzeitiger Speiseabfall ist jedoch schädlich, weil sich die Speise im Tiegel des Ofens ansammelt, endlich selbst in den Canal C tritt und darin erstarrt.

Dieser Stich wurde zu Schemnitz in Ungarn wesentlich vereinfacht, indem man den Canal a ansteigend anlegte, so dass der Tiegel im Ofen sich nie völlig entleeren kann, aber die oben sub 1 und 2 angegebenen Vortheile gehen hiebei verloren (Fig. 97—99). Dieselbe Einrichtung haben die Hohöfen zu Friedrichshütte bei Tarnowitz.

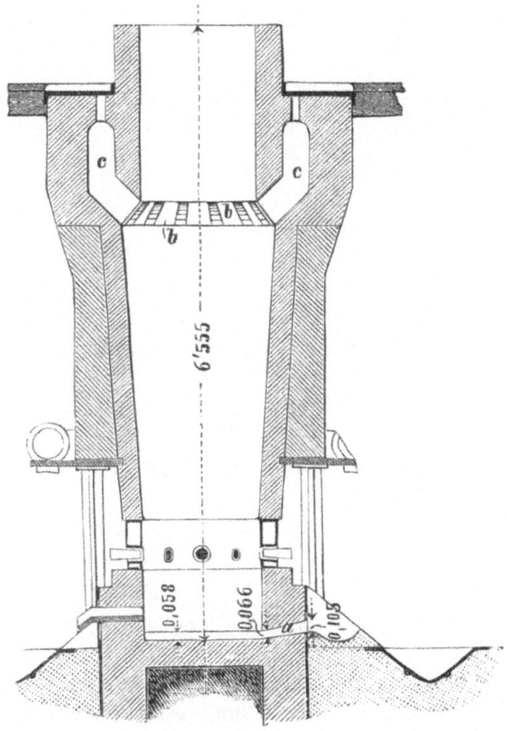

Fig. 98.

Die Producte der Bleischachtofenprocesse sind Werkblei, Bleistein, (in seltenen Fällen, wenn stark arsenikalische Erze verschmolzen werden, Speise) Schlacken, welche wenn sie rein sind, abgesetzt, wenn sie unrein sind, repetirt werden, dann Flugstaub (Hüttenrauch), Geschur, Gekrätz, Ofenbrüche und Eisensauen.

Das Lech wird bei bedeutenderem Kupfergehalt auf dieses Metall weiter verarbeitet, sonst aber in geröstetem Zustande als eisenhaltender Zuschlag wieder aufgegeben, wobei sein Bleigehalt gewonnen wird, Geschur und Gekrätz wird aufbereitet und bei den nächsten Schmelzungen wieder zur Vormass gegeben, an einigen Orten aber auch durch ein sepa-

rates Krätzschmelzen zu Gute gebracht, der Flugstaub gewöhnlich eingebunden und als bleiischer Vorschlag der Erzbeschickung zugetheilt, die
Eisensauen endlich werden als Niederschlagsmittel den Erzen zugattirt.

Als Brennstoffe werden Holzkohlen oder Koks, oder beide gemengt
angewendet.

Der nöthige Kohlenaufwand bei der Röstreductionsarbeit.
Die Producte der ordinären Bleiarbeit sollten blos Blei und Schlacke sein,
es ist jedoch, wie schon früher dargethan wurde, die völlige Vermeidung
jedweden Bleisteinfalls nicht zu erreichen, so wie auch eine vollkommene

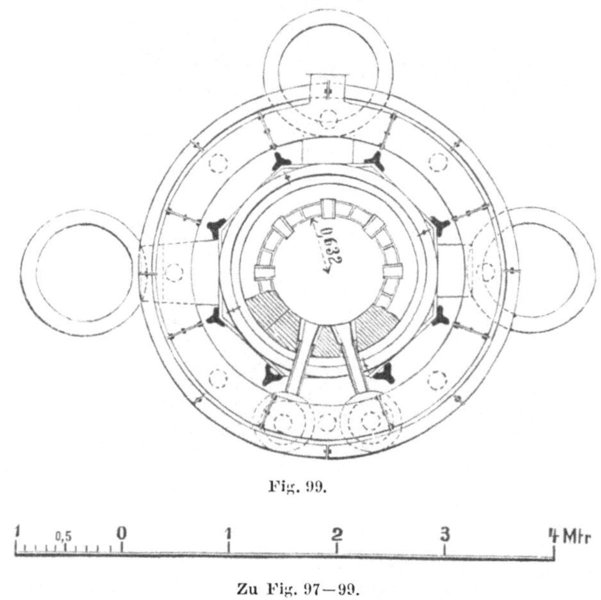

Fig. 99.

Zu Fig. 97—99.

Reduction des Oxydes nicht möglich, es wird also ein, wenn auch geringer
Verlust durch Verschlackung und Bildung von Bleisteinen jederzeit stattfinden. Sieht man jedoch von der bei gutem Betriebe nur geringen Menge
verschlackten Bleies ab, und legt man die Resultate einer längeren Schmelz-
periode zu Grunde, in welcher die Nebenproducte der Erzeugung wieder
verschmolzen und ihr Bleigehalt zurückgewonnen wurde, so ergibt sich
bei der Berechnung des Brennstoffaufwandes pro Gewichtseinheit Blei ein
Kohlenquantum, das allerdings auf den einzelnen Hütten ein verschiedenes
sein, aber eine Controle für den absoluten Kohlenverbrauch abgeben wird.

Bei den Hüttenwerken wird allgemein der Kohlenaufwand für je 100 Gewichtstheile Erz und für je 100 Gewichtstheile Beschickung so ausgewiesen,
wie sie sich eben aus dem Betrieb ergeben, aber man hat keine An-
haltspuncte dafür, dass unter den bestehenden Verhältnissen dieser
Kohlenverbrauch so und nicht anders sein könne; bei der Berechnung

des Brennstoffconsums pro Einheit oder 100 Gewichtseinheiten Blei ist jedoch eine Controle dieses Aufwandes durch Rechnung möglich, und es lassen sich die Belriebsresultate controliren. Wenn nun auch die folgende Berechnung manche Lücke aufweist, wie dies gar nicht anders möglich ist, so gibt sie doch immer theoretisch richtige Annäherungswerthe, und kann als gute Grundlage für weitere Ausführungen benützt werden.

Der Brennstoffaufwand bei der Röstreductionsarbeit setzt sich zusammen aus folgenden Posten:

a) Aus der nöthigen Reductionskohle zur Gewinnung des Metalls aus dem Oxyd.

b) Aus dem nöthigen Brennstoff zur Erschmelzung des reducirten Metalls und der Schlacke Behufs Erzeugung der nöthigen Schmelzhitze.

Dieser Kohlenaufwand ist ein nothwendiger; derselbe ist aber, wenn auch unvermeidlich, auch noch ein zufälliger, und besteht als solcher in den folgenden Wärmeverlusten:

c) Jene Menge Wärme, welche die kalt eingeblasene Luft bei dem Austritt aus der Gicht mit fortführt.

d) Jene Wärmemenge, welche die bei der Reduction des Bleioxyds gebildete Kohlensäure fortnimmt.

e) Die zur Verflüchtigung der in den Brennstoffen enthaltenen Feuchte und der darin absorbirten Gasen erforderliche Wärme.

f) Diejenige Wärmemenge, welche durch die Ofenwände nach auswärts abgeleitet wird.

ad a. 100 Gewichtstheile Bleioxyd enthalten $92 \cdot 83\,\%$ Blei und $7 \cdot 17\,\%$ Sauerstoff; zur Erzeugung von 100 Gewichtstheilen Blei sind demnach $\frac{100 \cdot 100}{92 \cdot 83} = 107 \cdot 72$ Gewichtstheile Bleioxyd nöthig, welche $7 \cdot 72$ Sauerstoff enthalten.

32 Gewichtstheile Sauerstoff bedürfen: 12 Kohlenstoff, somit $= 7 \cdot 72\ \mathrm{O} : \mathrm{x}$

$$\mathrm{x} = 2 \cdot 9 \text{ Kohlenstoff als Reductionskohle} = \mathbf{a}.$$

ad b. Ein Gewichtstheil geschmolzenes Blei enthält $5 \cdot 85$ Calorien, somit 100 Gewichtstheile 585 Calorien; diese repräsentiren, eine Verbrennung von blos zu Kohlensäure vorausgesetzt, $\frac{585}{8080} = 0 \cdot 0702$ Kohlenstoff.

Schertel hat auch die Schmelzwärme der Bleischlacke in den Freiberger Oefen mit 295 Calorien bestimmt.

Die jeweilige Menge der zu erschmelzenden Schlacke ergibt sich aus der zu 100 Gewichtstheilen Blei nothwendigen Menge Beschickung nach Abzug des dafür nöthigen Bleioxyds. Nennt man nun das Ausbringen in Procenten p, so sind, weil

in 100 Beschickung : p Blei $=$ in y Beschickung : 100 Blei enthalten,

und es ergibt sich $\mathrm{y} = \dfrac{10000}{\mathrm{p}}$, wovon noch die Zahl $107 \cdot 72$ (Bleioxyd) abzuziehen ist.

Die für 100 Gewichtstheile Blei zu erschmelzende Schlackenmenge ist demnach $\dfrac{10000}{p} - 107{\cdot}72$, und die davon aufgenommene Wärmemenge $295 \left(\dfrac{10000}{p} - 107{\cdot}72 \right)$ in Calorien, oder in Gewichtseinheiten Kohlenstoff ausgedrückt $\dfrac{295}{8080} \left(\dfrac{10000}{p} - 107{\cdot}72 \right) = 0{\cdot}0365 \left(\dfrac{10000}{p} - 107{\cdot}72 \right)$

$$= \frac{365}{p} - 3{\cdot}9317.$$

Dieser Kohlenaufwand ist demnach von dem Ausbringen aus der Beschickung abhängig und er beträgt für

$p = 21$	13·4492	Gewichtstheile Kohlenstoff.
24	11·3683	- -
27	9·5783	- -
30	8·2283	- -
33	7·1283	- -

Die zum Schmelzen von Blei und Schlacke nothwendige Wärmemenge ist demnach $= 0{\cdot}0702 + \dfrac{365}{p} - 3{\cdot}9317 = \dfrac{365}{p} - 3{\cdot}8615 = \mathbf{b}.$

ad c. Die Menge Wärme, welche die eingeblasene Luft fortführt, ergibt sich aus der Menge der wirklich bei dem Schmelzbetrieb aufgewendeten, also zur Verbrennung gelangenden Kohle, wovon jedoch die zur Reduction des Bleioxyds nöthige Kohle in Abschlag zu bringen ist. Ist die wirklich aufgewendete Kohlenmenge K, so ist $K - 2{\cdot}9$ der zum Verschmelzen der Beschickung aufgehende Brennstoff.

Zur Bildung von Kohlensäure braucht ein Kohlenstoff 2·666 Gewichtstheile Sauerstoff, welche (nach 23 O : 77 N) 8·92 5Gewichtstheile Stickstoff mit sich führen, und es wird hiebei gebildet

$(K-2{\cdot}9)$ 3·666 Kohlensäure, und

$(K-2{\cdot}9)$ 8·925 Stickstoff wird ausgeschieden.

Die spezifischen Wärmen für Kohlensäure und Stickstoff sind 0·217, beziehentlich 0·244. Ist nun die Temperatur der aus dem Ofen austretenden Gase z. B. 80° C. über die herrschende Lufttemperatur, wie dies ziemlich allgemein zutrifft, so ergibt sich der hiedurch entstehende Wärmeverlust aus:

für die Kohlensäure: $(K-2{\cdot}9)$ 3·666 . 0·217 . 80 $= (K-2{\cdot}9)$ 63·6417

\-   den Stickstoff $(K-2{\cdot}9)$ 8·925 . 0·244 . 80 $= \underline{(K-2{\cdot}9)\ 174{\cdot}2160}$

in Wärmeeinheiten zusammen. $(K-2{\cdot}9)$ 237·8577

oder in fester Kohle ausgedrückt: $(K-2{\cdot}9) \dfrac{237{\cdot}8577}{8080} =$

$(K-2{\cdot}9)$ 0·0294 $= 0{\cdot}0294\,K - 0{\cdot}0852 = \mathbf{c}.$

ad d. Die Wärme, welche die bei der Reduction entstandene Kohlensäure fortnimmt, beträgt, da aus $7{\cdot}72\,O + 2{\cdot}9\,C = 10{\cdot}62\,CO_2$ entstehen,

$10{\cdot}62 . 0{\cdot}217 . 80 = 184$ Calorien oder $\dfrac{184}{8080} = 0{\cdot}0227$ fester Kohlenstoff $= \mathbf{d}.$

ad e. Die Menge Wärme, welche für die Austreibung der in den Kohlen enthaltenen flüchtigen Bestandtheile benöthigt wird, berechnet sich unter der Voraussetzung, dass jene blos aus Wasser (Feuchte) bestehen, folgends:

Die Feuchtigkeit der Holzkohle kann im Durchschnitt mit 5 %, und die der Koks ebenfalls mit 5 % angenommen werden, ein Gewichtstheil Wasser aber bedarf zur Verdampfung 537 Calorien, und da der Dampf noch auf 80° C. erhitzt werden muss, 537 + 80 = 617 Calorien, und der hiezu nöthige Kohlenaufwand ist demnach gleich 0·05 K . 617 = 30·85 K in Calorien

$$\text{oder in Gewicht Kohle } \frac{30 \cdot 85 \text{ K}}{8080} = 0 \cdot 0038 \text{ K} = \mathbf{e}.$$

ad f. Die Menge Wärme, welche durch die Ofenwände an die den Ofen umgebende Atmosphäre abgegeben wird, lässt sich bei den Oefen mit Wasserkühlung ebenfalls anähernd berechnen; in den oberen nicht gekühlten Horizonten ist sie sehr unbedeutend, für die unteren Ofentheile ergibt sie sich aus der Menge und Temperatur-Zunahme des Kühlwassers, das die Kühlkästen in derselben Zeit durchläuft, welche 100 Gewichtstheile Blei zu ihrer Erzeugung bedürfen, und ist dessen Menge in Litern zu messen und seine Temperatur in Graden Celsius zu bestimmen. Nachdem die Production eines Ofens pro 24 Stunden bekannt ist, lässt sich die nöthige Menge Kühlwasser leicht ermitteln. Ist G das Gewicht dieses Wassers in Kilogramm, (1 Liter = 1 kg) und t die Anzahl Wärmegrade, um die dasselbe wärmer wurde, als es bei dem Eintritt in die Kühlkästen war, so gibt das Product G . t die Anzahl Calorien, welche von dem Wasser aufgenommen werden und die Verhältnisszahl

$$\frac{\text{G . t}}{8080} \text{ das entsprechende Kohlengewicht} = \mathbf{f}.$$

Die Summe obiger Posten gibt nun den für Erzeugung von 100 Gewichtstheilen Blei erforderlichen Kohlenaufwand.

$$
\begin{aligned}
\text{Es ist } a &= 2 \cdot 9 \\
b &= \frac{365}{p} - 3 \cdot 8615 \\
c &= \qquad\qquad 0 \cdot 0294 \text{ K} - 0 \cdot 0852 \\
d &= 0 \cdot 0227 \\
e &= \qquad\qquad 0 \cdot 0038 \text{ K} \\
f &= \qquad\qquad\qquad\qquad \frac{\text{G . t}}{8080}
\end{aligned}
$$

$$\text{Zusammen } 2 \cdot 9227 + \frac{365}{p} - 3 \cdot 8615 + 0 \cdot 0332 \text{ K} - 0 \cdot 0852 + \frac{\text{G . t}}{8080}$$

$$= \frac{365}{p} + 0 \cdot 0332 \text{ K} + \frac{\text{G . t}}{8080} - 1 \cdot 024 = \text{K}.$$

$$\text{K} - 0 \cdot 0332 \text{ K} = \frac{365}{p} + \frac{\text{G . t}}{8080} - 1 \cdot 024$$

$$\text{K} (1 - 0 \cdot 0332) = \frac{365}{p} + \frac{\text{G . t}}{8080} - 1 \cdot 024$$

$$K = \frac{\dfrac{365}{p} + \dfrac{G \cdot t}{8080} - 1{\cdot}024}{0{\cdot}9668}$$

Zu Mechernich in der Eifel werden sehr reine, nur wenig Kupfer und Antimon, etwas Cerussit und blos Quarz und Thonerde haltende Erze verarbeitet. Im Jahre 1874 wurden 205079 q eigene Erze mit 56—60 % Blei und 0·018—0·074 % Silber, dann 21456 q reine fremde Erze mit 70 % Blei und 0·065 % Silber, endlich 9310 q Letten, d. i. Aufbereitungsabgänge der alten Bergbaue, mit 19 % Blei und 0·025 % Silber verhüttet, und daraus 126708 q Blei, 3152 Kilo Silber und 39 Kilo Kupferstein gewonnen. Die Erze enthalten durchschnittlich

	vom östlichen Feld	vom westlichen Feld
Pb	60·40	56·62
Cu	0·17	0·29
Sb	0·07	0·14
Ag	0·0105	0·0140
Fe	0·80	0·80
Ni	0·10	0·04
Zn	0·15	—
Ca O	0·88	0·93
$Al_2 O_3$	3·60	3·84
Si O_2	22·05	21·98
S	9·72	9·70

Die Röstung geschieht in doppelsöhligen Fortschaufelungsöfen, worin von beiden Seiten gearbeitet wird, in 24 Stunden werden jetzt an 90 q Erz abgeröstet und hat ein Ofen 500—550 q Fassungsraum; die Röstpost ist 5—6 Tage im Ofen, wird zuletzt vor der Feuerbrücke zu einem dreiseitigen Prisma geschaufelt und das in den Sumpf gegangene Erz alle 6 Stunden abgelassen. Die neuen Oefen sind 4 m breit und 15 m lang. Die Röstung ist daselbst sehr vollkommen, das geröstete Erz hat das Aussehn eines Obsidians und enthält

Pb	62·08
Cu	0·14
Sb	0·08
Fe	0·56
Ca O	1·28
$Al_2 O_3$	4·24
Si O_2	22·77
S	0·60

Zum Verschmelzen dienen vierförmige Tiegelöfen von 1·4 m Breite und 1·7 m Tiefe, die Düsen haben 63 mm Durchmesser. Der Ofenschacht ist von der Form zur Gicht 3·6 m hoch, der Tiegel 0·786 m tief und aus Gestübbe hergestellt. Zum Ablassen des Bleies dient ein Stichcanal mit eisernem Stichtiegel, die Schlacke wird 40 cm unter der Form abgelassen, der von Schiele'schen Ventilatoren gelieferte Wind hat eine Pressung von 26 cm Wassersäule. Die Beschickung besteht aus 90 Gewichtstheilen gerösteten Erzes, 10 Ofenbruch, 55 Puddlschlacken, 10 kalkigen Rotheisenstein, 40 Kalk, 25 eigene Haldenschlacken, etwas Eisen und 22 Koks; die Gichten werden nach erfolgtem Setzen gleichförmig mit der Schaufel ausgebreitet. Ein Ofen erzeugt in 24 Stunden 100—125 q Blei und verschmilzt über 500 q Beschickung. Für je einen Ofen sind in 12 Stunden 2 Aufgeber und ein Schlackenläufer, für je 4 im Betrieb stehende Oefen nur 3 Schmelzer beschäftigt. Ausser 6 solchen Oefen stehen seit neuester Zeit dortselbst noch zwei Rundschachtöfen im Betriebe.

Die Schlacke enthält

	1	2	3
Pb S	1·00	1·13	1·50 Pb und Cu
Cu_2 S	0·04	0·06	
$Sb_2 S_3$	nicht best.	0·14	—
Fe_2 S	4·95	2·94	—
Fe O	20·89	32·64	28·41
Mn O	2·23	1·24	—
$Al_2 O_3$	9·71	8·14	11·44
Ca O	21·77	20·44	19·36
Mg O	1·13	1·18	0·79
Si O_2	35·05	31·27	38·20

und der gleichzeitig in geringer Menge abfallende Bleistein enthält

Pb S	9·24
Cu_2 S	1·95
$Sb_2 S_3$	0·40
Fe S	32·34
Fe_2 S	51·97
Ni S	0·40
Si O_2	0·31

Im Jahre 1877 erzeugte diese Hütte 157616 q Blei und 3700 Kilo Silber.

Zu Přibram[30]) werden die Erze in einsöhligem Fortschaufelungsöfen mit durch Wasser gekühlten Feuerbrücken bis auf 1% Schwefelrückhalt abgeröstet, es werden alle 6 Stunden 10 q ausgezogen und den Röstarbeitern für die zwölfstündige Schicht Prämien gezahlt, und zwar bei einem Schwefelgehalt der Röstpost unter 0·25 %   25 er

von 0·25 %—1 %   16 er

100 q Erz brauchen zum Rösten 38 q Steinkohle und Lignit.

---

[30]) Rechenschaftsbericht etc. zusammengestellt für den Gewerkentag pro anno 1882.

Der Durchschnittsgehalt der rohen Erze betrug im Jahre

	1878	1881
Pb S	58·88	51·72
$Sb_2 S_3$	1·72	1·10
$Ag_2 S$	0 353	0·33
$Cu_2 S$	0·09	0·90
Zn S	7·59	11·00
$Fe_2 As_3$	1·02	0·63
$Fe CO_3$	7·61	10·49
$Mg CO_3$	1·55	1·22
$Ca CO_3$	2·67	2·38
$Al_2 O_3$	1·82	2·05
$Si O_2$	11·96	13·90
$Fe S_2$	3·43	—
$Mn CO_3$	1·46	1·69
Co S ⎱ Ni S ⎰	Spur	—
$Sn S_2$	—	0·03

Im Jahre 1881 wurden verschmolzen:

Erze	116888·3 q
Bleistein	3763·0 -
Gekrätz	10066·0 -
Flugstaub	439·0 -
Saigerrückstände	1161·8 -
Abstrich vom Werkbleisaigern	480·2 -
- - Pattinsoniren	181·0 -
Producte vom Werkbleiraffiniren	429·5 -
- - Raffiniren des Plattinsonbleies	2550·2 -
Abstrich	6754·6 -
Glätte	19110·2 -
Heerd	10090·6 -
Flugstaub	272·0 -
Producte vom Silberfeinbrennen	54·0 -
Heerdrückstände	254·1 -
Reiche Schlacken	170592·0 -

Das Verschmelzen erfolgte in fünf- sieben- und achtförmigen Rundschachtöfen bei 40 mm Quecksilbersäule Windpressung und 60 mm Düsenweite und erhielten 100 q Erz an Beschickung:

Roheisen	3·77 q
purple ore	6·85 -
Kalkspath	5·05 -
Kalkstein	6·13 -
Spatheisenstein	0·45 -
Eisenfrischschlacken	15·18 - ;

der normale Satz bestand aus 4 Hectoliter Holzkohle, 150 kg Koks, und 14 q Erzbeschickung. In 24 Stunden gingen 30 Gichten durch, in derselben Zeit wurden 310—311 q Erzbeschickung durchgesetzt und daraus 75—76 q Werkblei erzeugt; die Campagnen währten 6—8 Wochen. Auf 100 q Erz wurden verbraucht 56·13 Hectoliter Holzkohle und 40·00 q Koks,

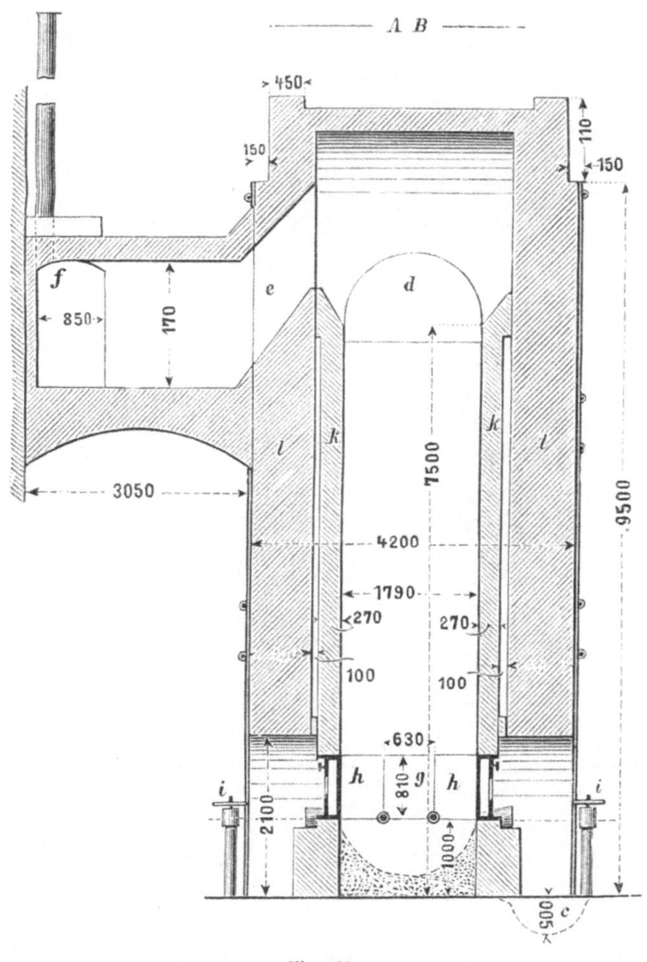

Fig. 100.

auf 100 q Beschickung berechnet sich der Brennstoffverbrauch mit 16·18 Hectoliter Holzkohle und 11·97 q Koks.

Ein solcher Ofen wird beispielsweise in folgender Art angelassen: Nach 2 tägigem Anwärmen werden 30 hl Holzkohle und 15 q Koks eingefüllt, sodann folgen 5 Gichten a 4 hl Holzkohle, 70 kg Koks und 2 q Eisenfrischschlacken, hierauf 10 Gichten mit gleichem Brennstoff-

satz und je 2 q Bleischlacken, darauf 10 q Blei zur Füllung des
Tiegels, dann wieder 10 Gichten a 4 hl Holzkohlen, 70 kg Koks,
4 q Bleischlacken und 1 q Frischschlacken. Nachdem diese Sätze nach
und nach aufgegeben wurden, beginnt man mit dem Aufgichten der

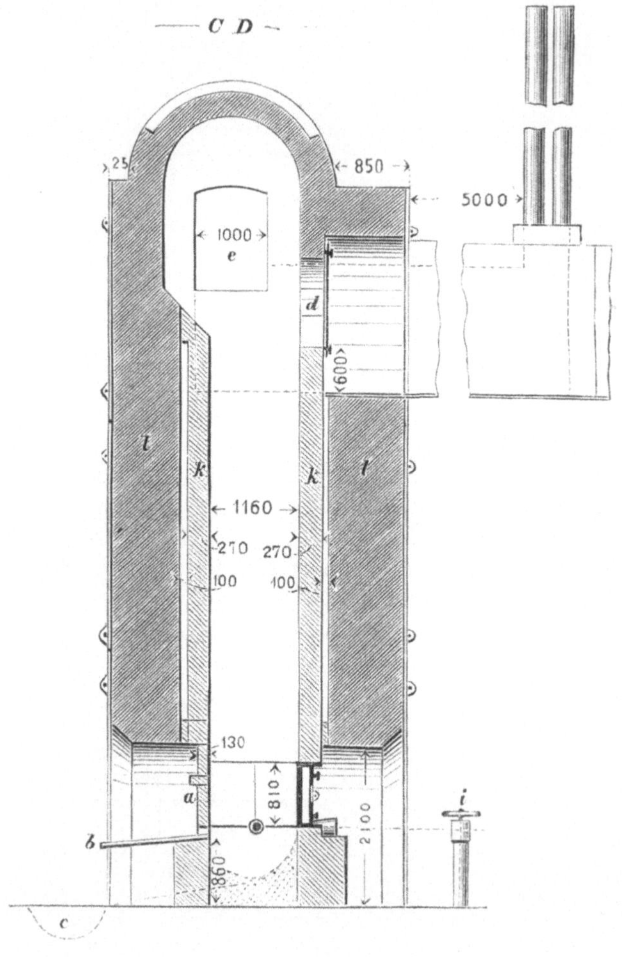

Fig. 101.

Beschickung und zwar zuerst 4 hl Holzkohle, 110 kg Koks und 8 q Beschickung bis zur Füllung des Ofens, worauf man 24 Stunden stehen lässt
und dann langsam das Gebläse in Gang setzt; man gibt sodann etwa
60 Gichten a 4 hl Holzkohle, 110 kg Koks, 8 q Beschickung und 2 q
Frischschlacken, hierauf 4 hl Holzkohlen, 150 kg Koks und 13 q Beschickung, dann 4 hl Holzkohle, 160 kg Koks und 14 q Beschickung,

und hat etwa mit dem 10. Tag den normalen Satz erreicht. Den 4. Tag nach dem Anlassen fällt das erste Blei.

In dem genannten Jahre wurde erzeugt:

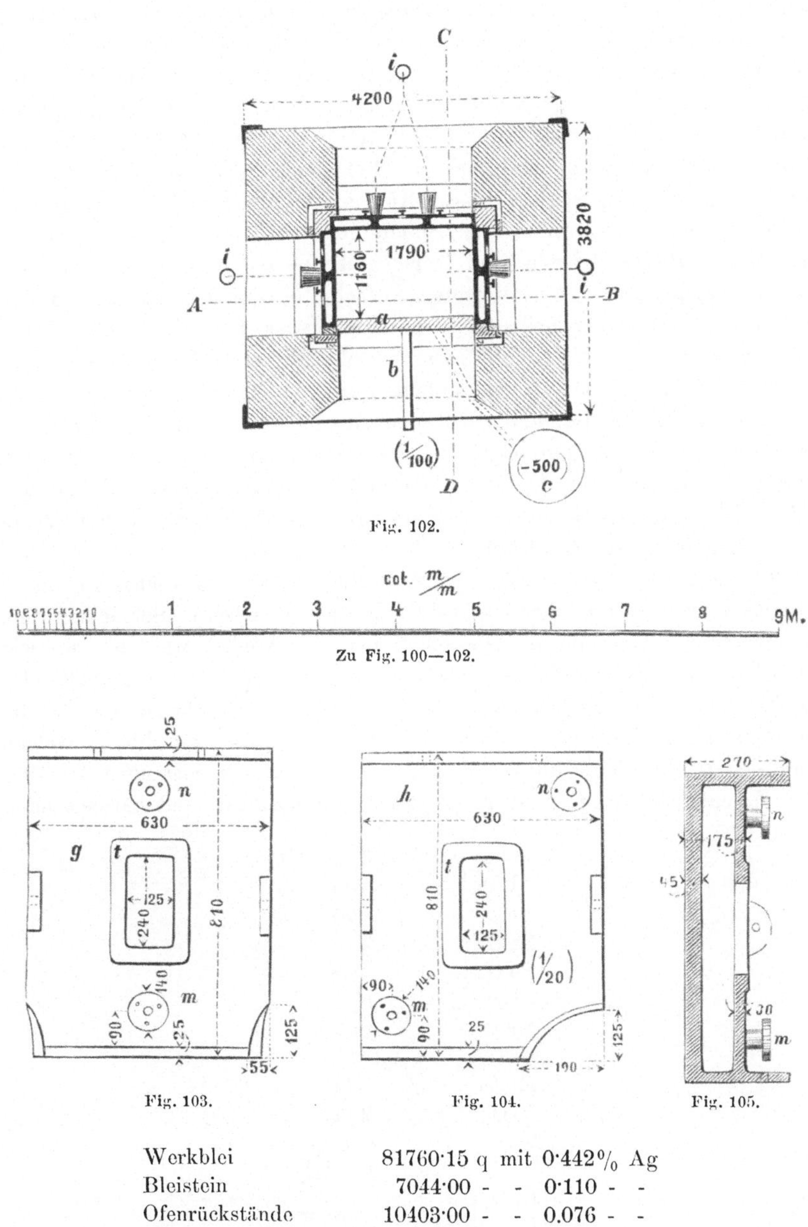

Fig. 102.

Zu Fig. 100—102.

Fig. 103.   Fig. 104.   Fig. 105.

Werkblei	81760·15 q mit 0·442% Ag
Bleistein	7044·00 - - 0·110 - -
Ofenrückstände	10403·00 - - 0.076 - -
Rauch vom Schmelzen	576·00 - - 0·060 - -
Rauch vom Rösten	613·00 - - 0·160 - -

Neben den bestehenden 7 Rundschachtöfen war noch ein 4 förmiger Ofen mit rechteckigem Horizontalquerschnitt im Betriebe, welcher in 24 Stunden 16 Gichten a 100 kg Koks und 3 q Beschickung bei gleicher Windpressung durchsetzte; die Campagnen in diesem Ofen, welcher in seiner Zustellung den Oefen zu Denver (Fig. 111—113) sehr ähnlich ist, dauerten 4 Wochen. Der Přibramer 4 förmige Ofen ist in Fig. 100—105 abgebildet; er hat einen gemauerten Rauhschacht, ist über den Tiegel zugestellt und wird der Schmelzraum auf drei Seiten von 7 Stück, (rückwärts 3, zu den Seiten je 2) gusseisernen 81 cm hohen Kästen, und vorn von der Brustmauer eingeschlossen; die Kästen sind im Detail in Fig. 103 bis 105 dargestellt die Formen liegen nicht ganz in den Kästen, sondern mit der unteren Hälfte auf dem den Tiegel einschliessenden Gemäuer auf, und werden oben durch segmentförmige Ausschnitte von den Kühlkästen umschlossen. In den Fig. bedeuten a die Brustmauer, b den Schlackenablauf, c den Stichtiegel, d die Gichtöffnung, welche mit einer Thüre verschlossen ist, e den Canal zu den Flugstaubkammern f, g den mittleren Kühlkasten in der Rückwand, h die beiden seitlichen Kästen ebenda (in Fig. 103 u. 104 sind g und h separat gezeichnet), i die Düsenstöcke, k den Kernschacht, l das Rauhgemäuer. In den Detailfiguren ist bei m der Wassereinlauf, bei n der Wasseraustritt, t sind aufgeschraubte Verschlussplatten behufs eventueller Reinigung der Kühlsteine.

Bei den Hohöfen zu Přibram läuft die Schlacke abwechselnd durch 2 Schlackenrinnen aus dem Ofen in conische gusseiserne Schlackentöpfe, die manchmal sich darin abscheidenden Lechkönige werden, so wie der Bleistein in Wellner'schen Stadeln geröstet, und als eisenhaltender Zuschlag bei dem Erzschmelzen wieder aufgegeben; ebenso dienen die auf den alten Halden aufgestürzten Schlacken als Zuschlag, welche $0.008 - 0.010\,\%$ Silber und $4 - 5\,\%$ Blei enthalten. Die bei normalem Betrieb fallende Schlacke steht etwas über Singulosilicat, und enthielt nach Eschka[31],

SiO_2	37·50	%
Al_2O_3	7·81	-
FeO	28·37	-
ZnO	4·07	-
PbO	0·48	-
CuO	Spur	-
MnO	2·51	-
CaO	14·70	-
MgO	1·11	-
P_2O_5	2·11	-
S	0.92	-
Ag	0·00125	-
K_2O $\}$ Na_2O	Spur	-

---

[31] Jhrbch. d. k. k. Bgakademien, Bd. 20, pag. 67.

Zu Freiberg werden die sehr verschieden hältigen und mehrere Metalle enthaltenden Erze für die Bleiarbeit erst vorbereitet; man unterscheidet dortselbst

    a) quarzige und späthige Erze
    b) kiesige Erze (Schwefelerze)
    c) Bleierze
    d) Kupfererze
    e) Arsenerze
    f) Zinkerze

Diese Vorbereitung besteht nun in folgendem [32]). Alle Erze mit 25 und mehr Procent Schwefel, sofern sie nicht zugleich 10 % oder darüber Arsen enthalten, werden zuerst zur Röstung an die Schwefelsäurefabrik abgegeben, wo die Stückerze in Kiln, die Schliche in Gerstenhöfer'schen Oefen abgeröstet werden und das dabei erzeugte Schwefeldioxyd in Bleikammern abgeleitet wird. Erze, welche über 10—15 % Arsen und 30—35 % Schwefel enthalten (ein Gemenge von silberhaltigem Eisenkies und Arsenkies), übernimmt zuerst die Arsenikhütte, welche daraus bei der Rothglasfabrikation den grössten Theil Arsen und einen Theil Schwefel gewinnt, die Rückstände aber behufs weiterer Entschwefelung an die Schwefelsäurefabrik abgibt. Die Zinkerze werden zuerst in der Schwefelsäurefabrik zum grösseren Theil (bis auf 6 % Schwefelrückhalt) vorgeröstet, dann in Fortschaufelungsöfen todt geröstet und das Röstgut an die Zinkhütte abgegeben, die silberhaltenden Rückstände aber an die Bleihütte abgeliefert.

Sämmtliche übrigen Erze, welche bei der Bleihütte zur Einlösung gelangen, werden mit den in vorher angegebener Art vorbereiteten Erzen in Mengen von circa 3000 q zu Erzmöllerungen aufgelaufen, gut gemengt, und in Fortschaufelungsöfen einem Sinterrösten unterworfen; diese Oefen sind 13·2 m lang, 3·25 m breit, haben eine Feuerung von 3×0.54 m und eine 80 cm hohe Feuerbrücke. 7 Oefen rösten täglich 900 q Erz ab, ein Ofen erzeugt demnach pro Tag nahe 130 q.

Das gesinterte Erz wird in eiserne Huntewagen gezogen, in Stücke zerschlagen und unter Zuschlag von Schlacken von der eigenen Arbeit mit bleiischen Vorschlägen und abgerösteten kiesigen Erzen — letztere statt eines Eisenzuschlags — in Rundschachtöfen verschmolzen. Freiberg besitzt einen sechsförmigen und 4 achtförmige Oefen; dieselben sind 5·2—8·5 m hoch, 1 oder 1·5 m im Formhorizont weit und haben an der Gicht einen Durchmesser von 1·25 oder 2 m. In der Schmelzzone sind sie aus 4, beziehentlich 8 schmiedeisernen, mit Wasser gekühlten Kästen zusammengesetzt, wodurch man Campagnen von 3—4 Jahren erzielte. Fig. 106—107 zeigen einen Freiberger Pilzofen im Verticalschnitt und Grundriss; es bezeichnen in den Figuren a die einander gegenüber liegenden Abstiche für das Lech, b die beiden Schlackenrinnen, c die eisernen mit Wasser gekühlten Gestellsteine, d das Hauptwindleitungsrohr, e die Hängedüsen,

---

[32]) Nach C. Merbach in „Freibergs Berg- u. Hüttenwesen". Freiberg, 1883.

f den von 4 Säulen g gestützten Tragring für den Ofenschacht, h den
Gichtcylinder, i den Gasabzug, k den Schlackentopf, l den Gichtboden. Die
nach Kreissegmenten hergestellten Kühlstücke sind von Eisenblech genietet und die Wasserein- und Abflussrohre festgeschraubt; sie sind in
Fig. 108—110 abgebildet und ist bei a der Wassereintritt, bei p der
Wasserablauf, durch die Oeffnung bei r wird die Form eingelegt. Es verschmolz ein solcher Ofen zur Zeit, als Schertel[33]) seine Gichtgasanalysen
dortselbst vornahm, in 24 Stunden

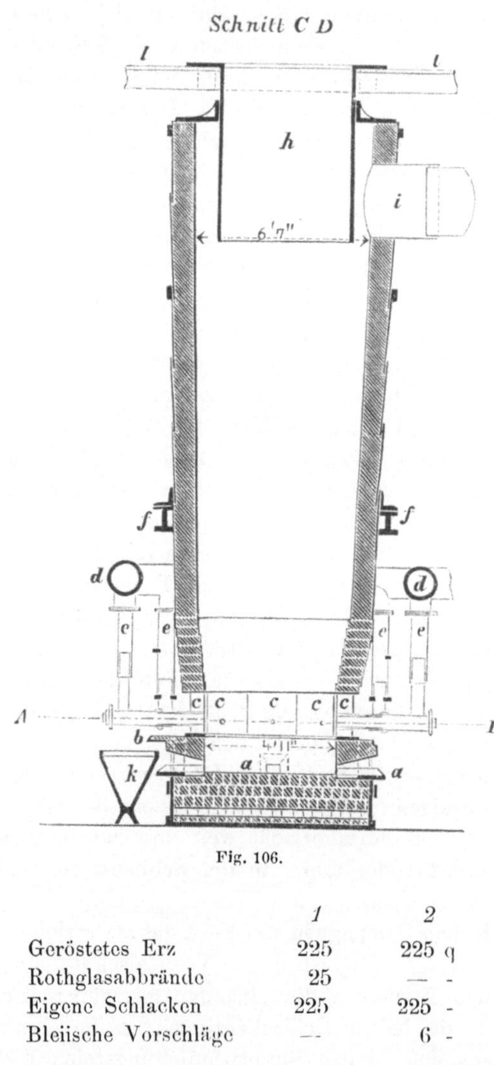

Fig. 106.

	1	2
Geröstetes Erz	225	225 q
Rothglasabbrände	25	—
Eigene Schlacken	225	225
Bleiische Vorschläge	—	6

---

[33]) Bg. u. Httnmsche Ztg. 1881 pag. 434.

doch ist die tägliche Leistung pro Ofen auf 300—350 q Erz und ebenso viel Schlacke gestiegen, und werden hiebei 55 q Koks aufgewendet. Bei einem durchschnittlichen Gehalt der Beschickung von 18 %/₀ Blei werden

Schnitt A B.

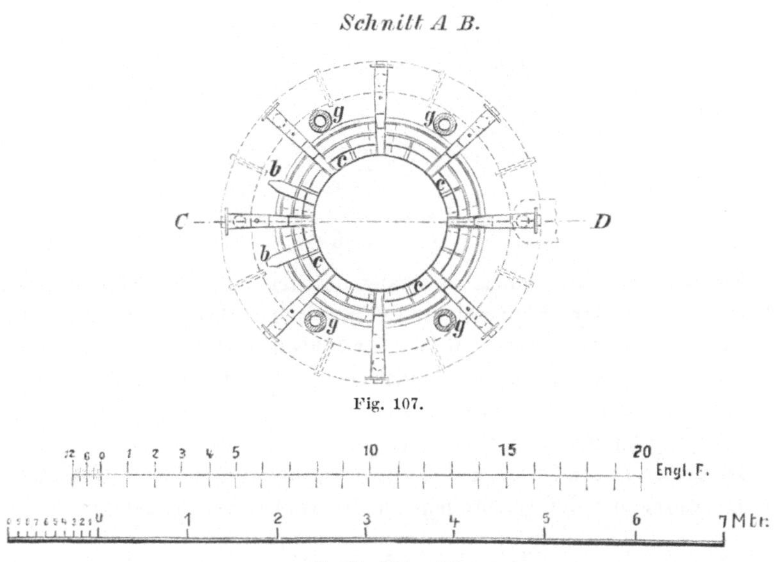

Fig. 107.

Zu Fig. 106 u. 107.

in 24 Stunden 70—80 q Werkblei erzeugt. Bei einer Windpressung von 30—36 mm Quecksilbersäule werden täglich 80—90 Gichten à 50 kg Koks und 3 q Erz mit 3 q Schlacken durchgesetzt. Schertel fand die Schmelz-

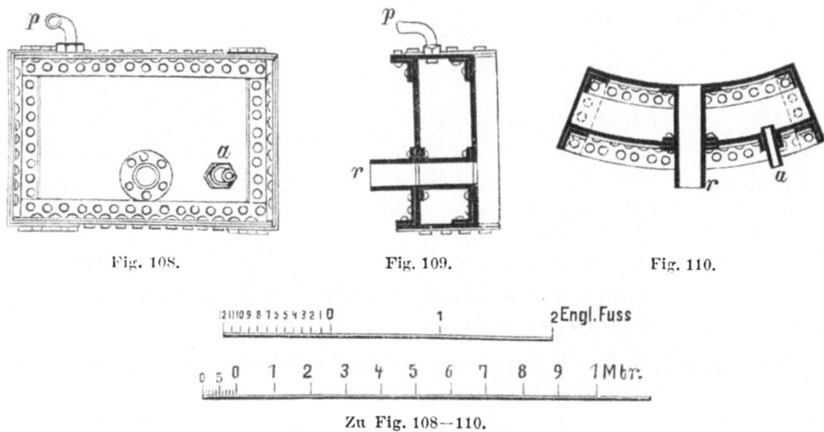

Fig. 108. Fig. 109. Fig. 110.

Zu Fig. 108—110.

temperatur der hiebei erzeugten Schlacke mit 1030°C. und hatte dieselbe eine Schmelzwärme von 295 Calorien.

Diese Schlacke hatte die folgende Zusammensetzung:

9*

Si O_2	23·95
S	4·46
Pb O	2·87
Cu O	0·86
Fe O	44·41
Mn O	0·92
Zn O	14·81
$Al_2 O_3$	4·45
Ca O	4·75
Mg O	0·54

$$102·02$$

Hievon   2·23 Sauerstoffäquivalent des Schwefels

$$99·79.$$

Der bei dem Erzschmelzen abfallende Stein wird in Kiln abgeröstet und der hier erhaltene Steinrost in Wellner'schen Röststadeln zugebrannt, der zugebrannte Stein aber mit den Erzschlacken unter Zuschlag Kieselerde haltender Materialien im Rundschachtofen auf Blei und Stein verschmolzen, in welchem Letzteren sich das Kupfer der Erze concentrirt, während das Blei mit dem Silber ausgeschieden wird.

Bei dieser **Stein-** und **Schlackenarbeit** wurden in 24 Stunden zur Zeit der Entnahme der Gasproben von **Schertel** durchgesetzt

Erzschlacken	425	q
Gerösteter Bleistein	90	-
Bleiische Vorschläge	22·5	-

Die bei diesem Schmelzen abfallenden Schlacken mit häufig bis 20 % Zinkoxyd enthalten blos 1·5 — 2 % Blei und 0·0015 % Silber, und sie werden abgesetzt oder zu Bausteinen geformt.

Auf **Muldner Hütte** wurden im Jahre 1882 verarbeitet

216565 q	Erz, Gekrätz etc, hiebei an Brennstoff verbraucht
80800 -	Koks
69150 -	Steinkohle und
58300 -	Braunkohle, und aus der Beschickung gewonnen
27913 kg	güldisches Silber
36183 q	Weichblei
3977 -	Verkaufsglätte
3424 -	Kupferstein
21311 -	arsenikalischer Flugstaub und
1289 kg	Wismuth.

Die **Halsbrücker Hütte** erzeugte in demselben Jahre aus 133680 q Erz bei einem Brennstoffverbrauch von zusammen 116856 q

	60·43 kg	Gold
26907	-	Silber
20258	q	Blei
13282	-	Kupfervitriol und
4300	-	Arsenmehl.

Zu Schemnitz[34]) erfolgt das Verschmelzen in einem achtförmigen Rundschachtofen von 6·5 m Höhe bei 90 cm Formhöhe, 1·64 m Gichtdurchmesser und 1·26 m Weite im Formhorizont, die Schmelzzone ist hier ebenfalls aus einem aus 8 Segmenten bestehenden Kühlring zusammengesetzt, die aus Eisenblech hergestellt sind; der Ofen hat einen gemauerten Rauhschacht, die Gase entweichen durch 13 radiale Oeffnungen b (Fig. 97—99) von 20 × 20 cm lichtem Querschnitt in einen ringförmigen Canal c von 115 cm Höhe und 27 cm Breite, und von da in den Hauptgasabzugscanal d. Die Düsen sind 33 mm weit, die Windpressung beträgt 26 mm Quecksilbersäule.

Die zu verhüttenden Erze enthalten Gold, Silber, Blei und Kupfer, sie werden unter Verwendung von Koks bei einem Verlust von 1·44% Silber und 9·47% Blei, dagegen mit einem Zugang von 9·7% Gold und 125% Kupfer mittelst zweier getrennter Arbeiten, dem Erz- und Schlackenschmelzen, zu Gute gebracht. Bei einem im Jahre 1879 vorgenommenen Schmelzen wurden in einer 159 tägigen Campagne bei dem Erzschmelzen 87950 q Gesammtbeschickung mit einem durchschnittlichen Halte vom

0·0953 % güldisch Silber
0·0209 - Au
11·6000 - Pb und
0·1600 - Cu

durchgesetzt, die Erzbeschickung bestand aus

53·5 % geröstetem Erz
3·5 - rohem Erz
7·5 - Lech, Flugstaub und Krätzen
7·0 - bleiischen Vorschlägen
10·5 - Eisenerz und Kiesabbränden
18·0 - Schlacken von der eigenen Arbeit, und

es wurde ausgebracht 35985 q an Producten mit einem Aufwand von 11·3% Koks pro 100 q Erz und 6·39% Koks pro 100 q Beschickung. Die Menge des gewonnenen Reichbleies betrug 19, der Zwischenproducte 21 und der abgefallenen Schlacken 60%, und es enthielt das Reichblei 0·8373% güldisch Silber mit 0·0320% Gold, die sonstigen Zwischenproducte enthielten 0·0140—0·0693% güldisch Silber mit 0·0128% Gold, dann 14—56% Blei und 1·1% Kupfer.

Die Schlacken enthielten 0·0107% güldisch Silber mit 0·0068% Gold und 2% Blei.

Das Schlackenschmelzen wurde in demselben Ofen bei derselben Zustellung vorgenommen, und in einer 160 Tage dauernden Campagne 79600 q Beschickung durchgesetzt, welche bestand aus:

---

[34]) Oesterr. Ztschft. f. Bg. u. Httnwsn. 1880 pag. 609.

82·3 % Erzschmelzensschlacken mit 0·0108 güldisch Silber, 0·0104 Gold und
     1 % Blei

15·0 - Hüttenproducten mit 0·0328—0·2632 güldisch Silber mit 0·0013—0·0328
     Gold und 15 % Blei

 2·7 - kupferreichere Erze mit 0·0369 güldisch Silber mit 0·0186 Gold,
     bis 25 % Blei und
     3·4—7·7 % Kupfer.

Man erzeugte 5150 q Reichblei mit 0·3560 % güldisch Silber mit
0·0056 % Gold und Zwischenproducte mit 0·0094—0·1271 % güldisch Silber

worin 0·0006—0·0215 % Gold, dann
18—57 - Blei und
2—23 - Kupfer.

100 q Gesammtbeschickung erforderten 7·33 % Koks. Die Windpressung
betrug 16 mm Quecksilber, man hatte bei diesem Schmelzen einen Verlust von 2·92 % Kupfer, dagegen einen Zugang von

10·44 % Gold
16·75 - Silber und
2·89 - Blei.

Bei den zu Altenau[35]) abgeführten Versuchen Behufs der Einführung der Röstreductionsarbeit hat man Erze von folgender Zusammensetzung

54—55 % Pb
0·08 - Ag
0·9 - Cu
7—8 - Zn und
14—18 - Si O_2

in einem einheerdigen Fortschaufelungsofen von 19 m Länge und 3 m
Breite mit 15 Arbeitsthüren und flachem Sumpf vor der Feuerbrücke verschlackend geröstet und die besten Resultate bei einem Halt der Erze von
15 % Kieselerde und 55—60 % Blei, und einer Korngrösse von 2 mm erhalten. Alle 6 Stunden wurden 15 q geröstetes Erz gezogen wobei sich
ein Brennstoffaufwand von 18·3 q Steinkohlen für 100 q Erz ergab. Man
erhielt:

85 % völlig verschlacktes Röstgut
10 - verschlacktes gemengt mit glanzigem,
2—3 - rohes, schlecht verröstetes Erz mit zusammen 2—3 % Röstabgang.

Das gut verschlackte Röstgut enthält blos Spuren von Kupfer und
blos die Hälfte des Silbers, alles Kupfer und der Rest Silber sammeln sich
in dem glanzigen Röstgut an. Das Schmelzen erfolgte in einem 2förmigen
über den Sumpf zugestellten Ofen von 4 m Höhe über den Formen und
1·2 m Weite, auf dessen Gicht ein 1 m hoher, auf 1·5 m sich erweitern-
der ringförmiger Aufsatz angebracht wurde; die 7·5 cm weiten Wasser-

---

[35]) Preuss. Ztschft. 1883 pag. 26.

formen lagen 28 cm von einander entfernt, 75 cm über der Ofensohle und hatten ein Einragen von 10 cm. Es wurden 80 Gewichtstheile Röstgut, wegen der nöthigen Steinbildung zur Ansammlung des Kupfers aus den Erzen und Extractionsrückständen, mit 20 Theilen rohen kiesigen Schlichen, 20—25 Theilen Puddlschlacke, 15—30 Theilen Kalk und 20 bis 25 Theilen Extractionsrückständen von Oker beschickt und nach Bedarf Schlacken der eigenen Arbeit zugegeben. Bei 14—20 mm Quecksilbersäule Windpressung und 50 kg Kohlensatz gingen in 24 Stunden 60 Gichten, zusammen 88—94 q Beschickung durch den Ofen; das Ausbringen in Blei stimmt mit der Tiegelprobe überein, das Silberausbringen ist etwas höher, als die Probe angibt. Die Schlacken halten 0·5—0·75% Blei, und werden, wenn sie über $^3/_4$% halten, repetirt.

Eine Schlackenanalyse ergab:

Si O$_2$	30·32
Ba SO$_4$	0·19
Pb	1·13
Cu	0·18
Ag	0·0007
Sb	0·09
Fe O	35·72
Al$_2$ O$_3$	3·20
Zn O	7·27
Co $\rbrace$ Ni	Spur
Ca O	16·15
K$_2$ O	0·67
Na$_2$ O	0·61
P$_2$ O$_5$	2·04
S	1·47.

Die Röstreductionsarbeit besteht ausserdem noch auf den Hütten der Eifel, zu Braubach, Ems, Holzappel, Münsterbusch, Ramsbeck, Rothenbacher Hütte im Siegen'schen, am Unterharze, auf den Rhonehütten, zu Pisé und Pontgibaud, zu Bottino (Italien), dann auf den Hütten in Utah, Nevada und Mexico.

Gewinnung des Bleies aus oxydirten Erzen und Hüttenproducten.

Erze, welche das Blei im oxydirten Zustande enthalten, sind der Cerussit, der Pyromorphit und Anglesit, doch kommen dieselben seltener in derartigen Mengen vor, dass sie für sich allein verhüttet werden könnten. Das Verschmelzen wird in Flamm- und Schachtöfen vorgenommen, und werden ärmere Erze mit bleiischen Vorschlägen gattirt.

Die Gewinnung des Bleies aus Weissbleierz ist in Spanien,

zu **Münsterbusch**, am **Altai** und zu **Leadville** in Colorado, so wie in **Nevada** (Montezumawerk) in Ausübung.

Zu **Leadville**[36]) finden sich reichere Erze mit bis 60% Bleigehalt und bis 2% Silbergehalt, welche in 2·6 m hohen, dreiförmigen Halbhohöfen (je eine Form in der Seite und eine in der Brandmauer) von rechteckigem Horizontalquerschnitt bei einem Verbrauch von 15% gemischtem Brennstoff (Holzkohle und Koks zu gleichen Theilen) bei 30 mm Quecksilbersäule Windpressung und 60 mm Formdurchmesser unter Zuschlag von Schlacken und eisenführendem Erz verarbeitet werden. Ein Satz besteht aus 77% Erz, 8·5% des eisenhaltenden Erzes und 14·5 Schlacken; auf

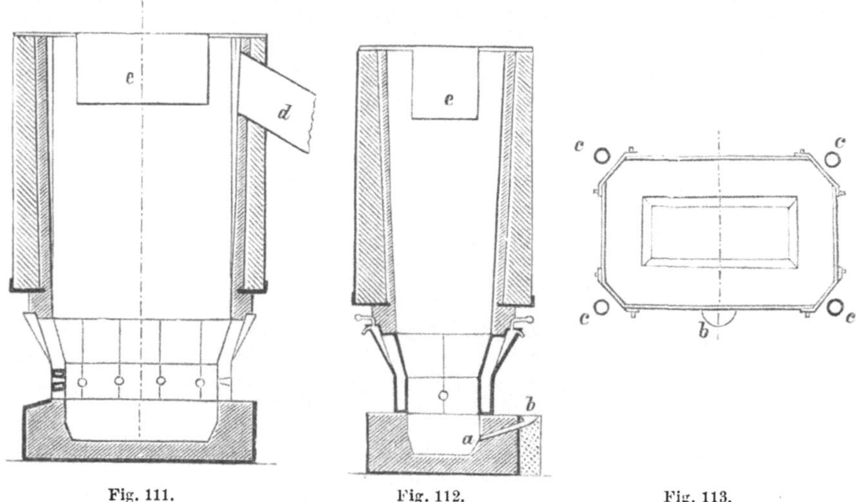

Fig. 111.   Fig. 112.   Fig. 113.

25 Gewichtstheile Brennstoff werden 170 Gewichtstheile der Beschickung gesetzt.

Zu **Denver**[37]) in Colorado stehen auf den dortigen Grant-Bleischmelzwerken 8 Oefen von der in Fig. 111—113 angegebenen Einrichtung im Betriebe. Der Ofen ist blos 5·54 m hoch, der Heerd aussen 76 cm hoch, 3 m lang und 2·75 m breit, innen 56 cm tief, und mit 32 mm starken gusseiseren Platten armirt; unter der Sohle liegt eine starke Platte von Kesselblech, damit das in das Mauerwerk eindringende Blei gesammelt werden könne. Der Selbststich a ist von viereckigem Querschnitt im Mauerwerk des Heerdes ausgespart und mündet in den Bleibrunnen b, welcher innerhalb eines mit Kesselblech umschlossenen anstossenden Raums aus feuerfestem Thon ausgestampft ist. Die Gestellkühlung besteht aus 15 guss-

---

[36]) Bg. u. Httnmsche Ztg. 1879, pag. 447.

[37]) Eng. and Min. Journ. 35. pag. 163. **Wagner's** Jahresbericht pro 1883, pag. 183.

eisernen 1·04 m hohen Kühlkästen, von welchen die Langseiten aus je 5, die schmalen Seiten vorn aus 3, rückwärts aus 2 solchen Kästen zusammengesetzt, und welche im oberen Theil 46 cm über dem Boden der Kästen nach aussen geneigt sind und 15 cm weit vorspringen. An der Vorderseite des Ofens ist zwischen den Kühlkästen eine 41 cm breite, blos 14 cm hohe Mauer eingesetzt, in deren oberen Theil der Schlackenabfluss liegt, über welchem sich eine kleine Wasserform für eine Brustdüse befindet. Der Ofen hat 10, über der Heerdsohle 76 cm hoch liegende Formen aus Rothguss mit 77 mm weiten Düsen; im Formhorizont ist der Ofen 2·04 m und 0·91 m weit, der Ofenschacht ist 3·73 m hoch und ruht auf gusseisernen Platten, welche von 4 unter einander verankerten Ecksäulen c getragen werden. d ist die Gasableitung, e ein aus Eisenblech gefertigter Gichteinhang, durch welchen die Beschickung aufgegeben wird.

In diesen Oefen werden die zu Leadville gewonnenen Bleicarbonate mit etwa 30% anderen von Neumexico, Colorado, Idaho und Arizona stammenden Erzen gemengt verschmolzen; 227 kg dieser Gattirung werden mit 34—35 kg Kalkstein und 27—33 kg Schlacken beschickt bei einem Brennstoffsatz von 27—36 kg Koks gemischt mit 14—22 kg Holzkohlen bei 22—32 mm Quecksilbersäule Windpressung durchgesetzt. Die Beschickung enthält 16—22% Blei und 0·058—0·137% Silber. Das Blei wird auf den Hütten der Omaha-Refining-Company mittelst Zink entsilbert; der Flugstaub von den Hohöfen mit 26% Blei und 0·1% Silber nebst Spuren von Gold wird mit Kalk eingebunden und wieder auf den Ofen aufgegeben. Ein Ofen verarbeitet täglich etwa 300 q Beschickung.

Zu Carthagena[38]) (Spanien) werden gemischte, Bleiglanz und Cerussit führende Erze verschmolzen; die hiezu dienenden Oefen sind Zugschachtöfen, pavos, genannt, von 1·7 m Höhe. Statt der Formen sind rings im Ofengemäuer Luftzuführungscanäle ausgespart, welche beständig gereinigt werden müssen. Der Ofen wird zuerst mit Brennstoff gefüllt, dieser durch die Luftzuführungsöffnungen angezündet und der Ofen binnen 5—6 Stunden ausgetrocknet, dann wird Koks nachgesetzt und Blei aufgegeben, um den Ofensumpf zu füllen, worauf man continuirlich alle Stunden Erz, Koks und Schlacken derart nachträgt, dass die Erze an die Peripherie, die Koks in die Mitte kommen. Das Setzen richtet sich nach dem Leuchten der Düsen, indem man über den zu hellen Luftdüsen mehr Erz aufgichtet. Das Blei aus den Oefen wird alle 6 Stunden abgestochen und erreicht man Campagnen bis zu 3 Monaten; diese Oefen sind jedoch nur für leicht reducirbare Erze und sehr leichtflüssige Beschickungen anwendbar. Ober den Luftdüsen liegen etwas weitere, während des Betriebs verschlossene Räumöffnungen, um Ansätze, zu grosse Erzstücke oder zusammengesinterte Massen herausnehmen zu können. Fig. 114 zeigt den Durchschnitt eines solchen

---

[38]) Bg. u. Hüttnmsche Ztg. 1862 pag. 54, dann 1863 pag. 89, 1875 pag. 388 u. 1876 pag. 67. Preuss. Ztschft. Bd. 28, pag. 130.

pavo; es bezeichnen a das Fundament, b den Schmelzheerd, c den Stichtiegel, d die Schlackentrift, e die Gicht, f den Gichtboden, g die Räumöffnungen, h eine eiserne Verschlussplatte vor dem Heerd, i die Ver-
ankerung, k die Verankerungsringe. Ein Ofen verschmilzt pro Tag 82 q
Erz mit 14—15 % Blei (und 0·230 Silber im reducirten Blei) welche mit
23 q Zuschlägen und reicheren, 2 %igen Schlacken beschickt werden; in
24 Stunden werden 12 q Blei mit einem Koksverbrauch von 18·5 q producirt.

Anglesit findet sich in grösseren Mengen in Australien und wird
viel nach England eingeführt, doch werden auch die Präcipitate aus den

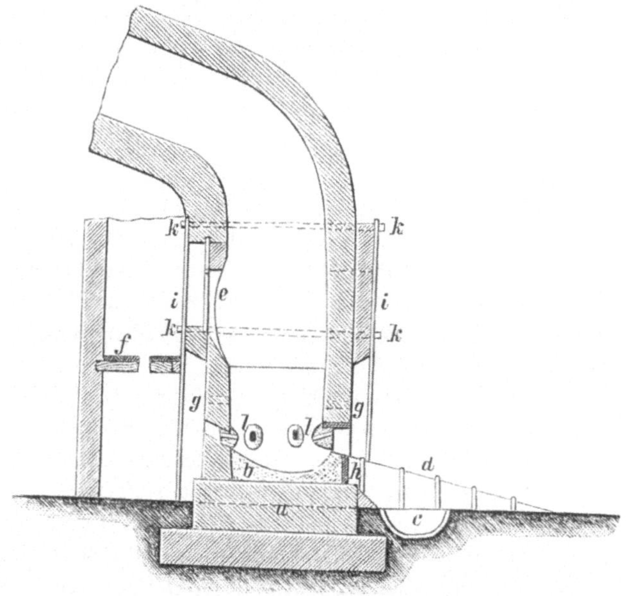

Fig. 114.

Färbereien häufig verwendet, welche ebenfalls aus vorwaltend Bleisulfat bestehen. Sofern dieses Erz oder Nebenproduct technischer Processe nicht
als Zuschlag bei der Verhüttung von Erzen in Flammöfen verwendet wird,
(Pallouen), wobei es abkürzend auf den Röstprocess einwirkt, geschieht
seine Verarbeitung ebenfalls meist in Flammöfen.

Zu Bagilt[39]) in England werden australische Erze mit Eisenoxyd und
Roheisen beschickt, und in 8 Stunden eine Charge von 12·75 q Erz,
76·5 kg Kohlenklein und 38 kg Roheisen nebst 51 kg Kiesabbränden verarbeitet; das Roheisen wird vor die Stichöffnung gelegt, es dient zur Abscheidung des Bleies aus dem mitfallenden Stein, welcher aber immer noch
bleihaltend bleibt, und geröstet für sich verschmolzen wird.

<hr>

[39]) Percy „Die Metallurgie des Bleies“. Braunschweig 1872 pag. 298.

Neueren Nachrichten zufolge[40]) soll sich aus Bleisulfat bei geringem Steinfall sehr leicht Blei gewinnen lassen, wenn man 120 Gewichtstheile Eisenkies mit 758 Gewichtstheilen schwefelsaurem Blei verschmilzt, wobei durch die Einwirkung des Schwefeleisens auf das Sulfat Blei ausgeschieden wird.

$$2\,Fe\,S_2 + 5\,Pb\,SO_4 + Si\,O_2 = 5\,Pb + Fe_2\,Si\,O_4 + 9\,SO_2.$$

Oxydische Hüttenproducte, welche zur Bleigewinnung dienen, sind die Glätte, der Abstrich, der Heerd, Abzüge vom Raffiniren des Bleies und reiche Bleischlacken, welche letzteren aber zumeist bei den Erz- und Steinschmelzungen wieder zugesetzt werden. Die Gewinnung des Bleies daraus wird in Schacht-, Flamm- und Heerdöfen vorgenommen; gewöhnlich werden dort, wo Flammofenbetrieb eingerichtet ist, auch jene Producte in Flammöfen verarbeitet.

Die Gewinnung des Bleies, Weichbleies, aus der Glätte nennt man das **Glättefrischen** oder auch **Bleifrischen.**

In England[41]) wird diese Arbeit in Flammöfen mit gegen den Stich geneigtem Heerd in folgender Weise vorgenommen: Vor dem Stich wird in der Ofenbrust ein kleiner Damm von Thon hergestellt, über welchen das Blei ausfliessen muss, dann wird der Ofen bis zur Rothgluth angeheizt, und der Heerd 5—7 cm hoch mit bester Kleinkohle beschüttet, worauf man ihn mit Glätte besetzt. Der Heerd füllt sich bald und in 1—2 Stunden beginnt das Blei über den Damm in einen vor dem Ofen stehenden, separat geheizten Kessel abzufliessen. Nach Bedarf wird der Ofen wieder chargirt, und wenn der vor dem Stich liegende Kessel sich gefüllt hat, wird das Blei daraus ausgeschöpft. Wenn nach 3—4 Stunden kein Blei mehr abfliesst, wird stärker geheizt und die Massen im Ofen werden durchgerührt, wonach ein weniger reines Blei abfliesst. War die Glätte unrein, so erfolgen mehr Rückstände, welche wieder bei dem Erzschmelzen zugegeben, oder wenn sie kupferhaltig sind, bei der Steinarbeit zugeschlagen werden.

Zu Pribram wurde das Glättefrischen bei Holzkohlen in einem über die Spur zugestellten Halbhohofen vorgenommen; die reiche Glätte enthält durchschnittlich $0\cdot034\,\%$ Silber, von dieser wurden 3 Theile mit gewöhnlicher armer Glätte gemengt, und mit alten Schlacken beschickt mit einem Aufwand von etwa $0\cdot4$ hl Holzkohle pro 1 q Beschickung durchgestochen. In 24 Stunden werden 100—120 q durchgesetzt, die Campagnen währen 10—12 Tage und das ausgebrachte Blei enthält $0\cdot065\,\%$ Silber; es wird an die Pattinsonhütte zur Entsilberung abgegeben. Gegenwärtig dient hiezu der viereckige Ofen.

Nach Analysen von v. Lill haben Glätten folgende Zusammensetzungen gezeigt:

---

⁴⁰) Eng. and Min. Journ. 36 pag. 179.
⁴¹) Percy „Die Metallurgie des Bleies“. Braunschweig 1872 pag. 300.

	Grüne Glätte von Pribram	Rothe Glätte	Glätte von Rodna[42]
$Pb\,O$	97·88	98·19	90·21
$Cu\,O$	0·24	0·23	0·03
$Ag_2\,O$	0·002	0·002	0·007
$Sb_2\,O_5$	0·026	0·022	—
$As_2\,O_5$	Spur	Spur	0·071
$Al_2\,O_3$	0·07	0·07	0·37
$Fe_2\,O_3$	Spur	Spur	0·21
$Ca\,O$	0·24	0·19	1·83
$Mg\,O$	Spur	Spur	0·60
SO_3	0·10	0·16	—
Co_2	0·66	0·48	4·91
$Ni\,O$	—	—	0·37
$Si\,O_2$	—	—	1·13

Zu Freiberg wird die Glätte in 8 förmigen Rundschachtöfen unter Zuschlag von 1 % Flussspath und 10 % Erzschlacken bei Verwendung von Koks verschmolzen; das erfolgende Blei wird pattinsonirt. In 24 Stunden werden 600 q Glätte, 6 q Flussspath und 60 q Schlacken mit einem Kohlenverbrauch von 30—45 q Koks durchgesetzt. Die nicht zum Frischen gelangende rothe Verkaufsglätte enthält[43]):

Ag	0·012 %
Cu	0·049 -
Bi	0·008 -

Die Frischschlacken und die Abzüge von dem in den Stechheerd abgelassenen Blei werden bei dem Erzschmelzen wieder aufgegeben; erstere sind sehr reich, und enthalten selbst bis über 60 % Blei. Die Abzüge werden auch verfrischt und das erfolgende Krätzblei gesaigert.

Zur Glättereduction wird an einigen Orten auch der schottische Bleiheerd (Fig. 30 u. 31) benützt (Bottino, Pontgibaud), oder auch der sibirische Frischheerd. Letzterer ist ein kleiner mit glühenden Kohlen gefüllter Kasten von Eisenblech, welchen man vor die Glättgasse des Treibofens stellt und die sich bildende Glätte direct einlaufen lässt, welche stetig durchfliesst und sich hierbei reducirt. Das Blei fliesst durch ein Auge am Boden des Oefchens in eine Pfanne oder einen Kessel ab. Der vor der Glättgasse stehende Arbeiter ist aber bei dieser Anordnung sehr von der Hitze belästigt und kann die nöthigen Arbeiten im Treibheerde nur aus grösserer Entfernung vornehmen, wodurch ihm dieselben erschwert werden.

Der **Heerd** wird selten für sich allein auf Blei verschmolzen, sondern gewöhnlich als bleiischer Verschlag bei dem Erzschmelzen uud den Schlackenschmelzungen zugesetzt.

---

[42]) Der höhere Gehalt an $Ca\,O$, $Mg\,O$, $Si\,O_2$ und $Al_2\,O_3$ kann nur von der Glätte anhaftendem, verunreinigendem Heerdmateriale herrühren.

[43]) Freiberg's Berg- und Hüttenwesen. Freiberg 1883 pag. 278.

Auch die **Bleischlacken** werden, wenn sie reich sind, meistens bei den Erzschmelzprocessen zugeschlagen, wenn sie aber kupferhaltig sind unter Zuschlag kiesiger Erze auf Rohstein verschmolzen oder bei den Bleisteinarbeiten zugesetzt.

Zu Přibram wurden vor mehreren Jahren die von den Alten gebliebenen Bleischlacken in Rundschachtöfen verschmolzen und ergaben pro 1 q ein Ausbringen von 1·5 kg Blei mit 0·00378 kg Silber und 0·5 kg Bleistein[44]). In 24 Stunden wurden 500 q Bleischlacken durchgesetzt. Solche in den Jahren 1874 und 1875 vom Verfasser untersuchte Bleischlacken haben enthalten:

	1	2	3	4	5	6
SiO_2	26·950	26·900	25·700	26·956	28·511	27·287
Al_2O_3	17·340	14·830	13·280	11·199	13·254	12·566
FeO	40·544	39·720	40·660	30·896	29·187	28·330
ZnO	7·500	10·180	10·230	14·612	15·530	17·740
CaO	0·865	3·040	4·060	2·788	2·068	2·775
Pb	3·900	4·300	3·700	4·059	2·999	2·844
Ag	0·008	0·010	0·009	0·015	0·017	0·015
Fe	—	—	—	4·660	4·803	4·908
Sb	—	—	—	0·071	0·034	0·019
As	—	—	—	0·276	0·345	0·128
S	2·505	3·450	2·800	3·343	3·275	3·179

Zu Laurion[45]) in Griechenland werden alte überwucherte Erzhalden (Ecvoladen), welche aus der Zeit Solon's und Xenophon's (600 u. 480 Jahre v. Chr.) und später ans Strabo's Zeit (66 Jahre v. Chr.) stammen, und bei Barbaleki eine ungeheuere Bergschlucht ausfüllen, verhüttet. Der dortige Bergbau kam zu Strabo's Zeit zum Erliegen; es enthalten diese alten Schlacken nach Dietz:

SiO_2	27·50 bis 35·70
FeO	14·00 - 25·00
CaO	10·00 - 28·00
PbO	8·00 - 15·36
ZnO	2·00 - 9·00
Al_2O_3	3·00 - 9·00
MgO	1·00 - 3·00

ausserdem geringe Mengen von Kupfer, Nickel, Mangan, Antimon, Arsen, und einige auch Fluor, da dort Flussspath häufig vorkömmt und in alter Zeit als Zuschlag verwendet wurde.

Die durch eine in grossem Massstabe angelegte Aufbereitung angereicherten Ecvoladen, sowie die ebenso behandelten verwitterten, in kleine

---

[44]) Oesterr. Ztschft. f. Bg. u. Httnwsn. 1875. No. 23.
[45]) Bg. u. Httnmsche Ztg. 1878 pag. 38.

Stücke zerfallenen Ecvoladen, Garbilla genannt, enthalten im Durchschnitt in rohem Zustande 6·6 % Blei und 0·1207 % Silber, nach der Aufbereitung aber 19·081 Blei und 0·3 % Silber, der in die wilde Fluth abgelassene Schlamm noch immer 6—7 % Blei und 0·17—0·2 % Silber, so dass die Verluste bei der Aufbereitung sehr bedeutende sind. Diese „Erze" werden in 4 förmigen Rundschachtöfen mit Koks verschmolzen und setzt ein Ofen bei 10 % Koksaufwand täglich im Durchschnitt 200—250 q durch, woraus 18—30 q Blei resultiren. Als Zuschlag dienen Kalkstein und ein 40 procentiger Eisenstein; das Calo beträgt 20 % und darüber.

Im Jahre 1876 wurden 82965 q Blei erzeugt, die abgefallenen Schlacken enthielten 1 % davon, und wurde zu dieser Production aufgewendet:

55371   tons Schlacken
8495·8 - angereicherte Ecvoladen
428·4 - Bleirauch
37947·4 - Garbilla
163·9 - Ecvoladenbriquettes
90·7 - Erze (von Argolis u. and. Ort.)
8834·9 - Eisenstein
700·7 - Kalkstein
22·3 - Gekrätz,

bei einem Gesammtaufwand an Brennstoff von

14201·8 tons Koks
1060·0 - Steinkohle und
228·9 - Braunkohlen.

Der **Bleirauch** wird gewöhnlich mit Kalk oder Thon eingebunden und bei andern Schmelzprocessen zugesetzt; in England wird der Bleirauch im Schlackenheerd verschmolzen.

Erzeugung von Hartblei. Die Werkbleie sind niemals ganz rein, sie enthalten geringere oder grössere Mengen von fast allen Bestandtheilen, die in den Erzen enthalten waren, und wenn Antimon anwesend war, dieses zum weitaus grössten Theile. Bei dem Vertreiben oder Raffiniren dieser Bleie wird nun ein Theil des Antimons schon mit dem Abstrich, der grössere Theil aber erst mit der schwarzen Glätte entfernt, und wenn man diese reducirend verschmilzt, erhält man ein an Antimon mehr weniger reiches Blei, welches hart und spröde ist und desshalb Hartblei genannt wird, das reducirende Schmelzen aber nennt man das Hartbleifrischen. Dieses geht langsamer von Statten, als das Glättefrischen, weil die schwarze Glätte strengflüssiger ist, und müssen mehr Schlackenzuschläge gegeben werden.

Wenn diese schwarze Glätte, wie dies meist der Fall ist, noch silberhaltend ist, oder wenn ihr Gehalt an Antimon zu gering ist, so wird dieselbe vorher noch einer eigenen Arbeit unterworfen, welche das Verblasen der schwarzen Glätte genannt wird, und neben der Entarmung an

Silber eine Anreicherung des Antimons zum Zwecke hat. Diese Arbeit besteht in einem Einschmelzen der schwarzen Glätte bei reducirender Flamme auf der Gestübbesohle eines Flammofens, wobei ein Theil Blei reducirt wird, welcher das Silber aus der schwarzen Glätte aufnimmt, während sich das Antimon in der verbleibenden Oxydschlacke anreichert; man nennt die Letztere Verblaseschlacke oder schwarze Glättschlacke, und diese dient dann als das unmittelbare Rohmaterial zur Darstellung des Hartbleies.

Das Hartbleifrischen geschieht in Schachtöfen, die dabei abfallenden reichen Schlacken werden entweder für sich umgeschmolzen, oder wenn sie kupferhältig sind, bei den Steinarbeiten zugeschlagen oder bei dem Erzschmelzen zugesetzt.

Zu Přibram benützt man zum Verblasen der schwarzen Glätte einen mit Gestübbe zugestellten Treibheerd, auf welchem 40 q schwarze Glätte mit einem Durchschnittsgehalt von 0·015% Silber bei einem Steinkohlenaufwand von 23—24 q für 100 q schwarze Glätte unter Zumengen von 4 hl Holzkohlenklein bei rauchender Flamme eingeschmolzen werden; man gewinnt etwa 9 q Werkblei mit 0·100—0·105% Silber und 29 q Verblaseschlacken. Diese wird mit 75% Eisenfrischschlacken und 6% Ofenkrätzen über einen Hohofen aufgegeben, wobei in 24 Stunden 150 q durchgestochen werden und sich pro 100 q Beschickung ein Brennstoffverbrauch von 5 hl Holzkohle und 25 q Koks ergibt. Man erzeugt pro Tag 27 q Hartblei bei einem Calo von 9·6%; durch Umschmelzen des Antimonbleies und Behandeln mit Wasserdampf bei Luftabschluss hat man in neuerer Zeit ein sehr reines und gleichartiges Hartblei gewonnen. Nach einer neueren Analyse enthält das Hartblei

Sb	23·120
As	0·255
Cu	0·245
Fe	0·011
Zn	0·414
Ni	0·009
Ag	0·012

Am Oberharz und zu Braubach wird der Abstrich von dem Wasserdampfen des mittelst Zink entsilberten Armbleies mit Eisenfrischschlacken in einem Schachtofen reducirt, und am Harze das erfolgende Blei wieder mit Wasserdampf raffinirt, zu Braubach aber das antimonarme Blei in einem Treibofen eingeschmolzen, der bei dieser Reinigung fallende Abstrich auf Hartblei durchgesetzt, dieses gepolt und erst die bei dem Polen gewonnenen Abzüge auf verkäufliches Hartblei verschmolzen.

Zu Freiberg[46]) wird der Antimonabstrich in einem Werkbleiraffinirofen unter Zuschlag von 2% Reductionskohle entsilbert (verblasen); man

---

[46]) Jhrbch. f. d. Bg. u. Httnwsn. in Sachsen pro 1883.

verarbeitet 70 q in 24 Stunden bei Aufwand von 15 kg Steinkohlen und 5 kg Braunkohlen pro 1 q und producirt 19 q Werkblei und 30 q verblasenen (entsilberten) Antimonabstrich mit 10—14% Antimon, welcher unter Zuschlag von 100% armen Bleischlacken oder Schlacken von derselben Arbeit in Mengen von 225 q pro Tag über einen Hohofen aufgegeben wird, wobei mit einem Kohlenverbrauch von 9 q Koks 35 q Hartblei mit dem durchschnittlichen Halt von 18% Antimon, 3% Arsen, und 0·4% Zinn erzeugt werden.

Dieses Hartblei wird in Mengen von 150 q in eisernen Kesseln mit frischem Holze 4 Stunden hindurch gepolt, wobei zum Theil Arsen verflüchtigt wird und die noch vorhandenen fremden Metalle in den Schlickern sich abscheiden; 100 Gewichtstheile rohes Hartblei geben binnen 7 Stunden 85 Theile raffinirtes Hartblei und 15 Theile Schlicker bei einem Brennstoffaufwand von 3 Gewichtstheilen Braunkohlen und 3·5 Gewichtstheilen Steinkohlen. Das in den Handel gelangende Hartblei enthällt durchschnittlich

$$
\begin{array}{ll}
15\ \% & Sb \\
2·5\ \text{-} & As \ \text{und} \\
0·3\ \text{-} & Sn.
\end{array}
$$

Die Schlicker (Abzüge) von dem Polen des Hartbleies werden in einem (auch für die Entzinnungsarbeiten dienenden) Bleiraffinirofen gesaigert oder eingeschmolzen, wobei von 100 Theilen Schlickern noch 72·5 Theile antimonarmes Hartblei mit 13·2 % Antimon, 2·8 % Arsen und 0·1 % Zinn bei einem Kohlenaufwande von 85 Theilen Steinkohlen resultiren. Die Saigerdörner oder Abzüge sind reich an Zinn und werden zum Frischen des Zinnabstrichs gegeben.

Die bleireichen Schlacken vom Hartbleifrischen werden zweimal über einen Hohofen zuerst allein, das zweitemal mit einem Zuschlag von 10 % Kalkstein aufgegeben; es werden täglich 250 q bei einem Koksverbrauch von 20 % durchgesetzt und 15 % Schlackenhartblei ausgebracht, welches ebenfalls noch gepolt wird. Man nennt dieses Schlackenschmelzen das Verändern der Hartbleifrischschlacken; die dabei fallenden Schlacken enthalten 2·5 % Antimonblei und werden abgesetzt.

Der Antimonabstrich von Freiberg enthält:

$$
\begin{array}{ll}
Pb\,O & 59·2 \\
Sb_2\,O_5 & 11·9 \\
Sn\,O_2 & 2·2 \\
As_2\,O_5 & 12·2 \\
Al_2\,O_3 & 2·5 \\
Fe_2\,O_3 & 2·7 \\
Zn\,O & 0·3 \\
Ca\,O & 1·8 \\
Mg\,O & 0·3 \\
S\,O_3 & 0·2 \\
Si\,O_2 & 7·4
\end{array}
$$

Gewinnung von Zinnblei. Die zu Freiberg zur Verhüttung gelangenden Erzgeschicke führen auch in geringer Menge Zinn, welches sich in den erzeugten Bleien wieder findet und bei dem Vertreiben dieser Bleie sich in den ersten strengflüssigen Abzügen concentrirt, welche Zinnabstrich genannt werden; dieser besteht durchschnittlich aus:

Pb O	70·35
Sn O$_2$	12·53
Sb$_2$ O$_5$	12·50
As$_2$ O$_5$	4·73
Cu O	0·61,

und hält nicht mehr als 0·25 % Silber.

Nach einem von C. A. Plattner[47] eingeführten Verfahren wird dieser Zinnabstrich durch die folgenden Operationen zu Gute gebracht.

Zunächst wird derselbe entsilbert, wozu ein Werkbleiraffinirofen mit 2·5 langem und 2·4 breitem, muldenförmigem, 50 cm tiefen Heerde dient, in welchen der Zinnabstrich unter Beimengen von 5 % Reductionskohle in Mengen von je 5 q so lange eingetragen und jedesmal eingeschmolzen wird, bis das Metallbad das Niveau des in der Arbeitsthür vorgelegten aus Thon hergestellten Dammes erreicht hat, worauf dieser Damm fortgenommen und der entsilberte, dünnflüssige Abstrich durch die Arbeitsöffnung in eiserne Kästen abgelassen wird. Man wiederholt dieses Verfahren so lange, bis das ausgeschmolzene Werkblei den Ofen füllt, sticht dieses dann bis auf einen Rest von 10—15 q ab, welche man zur Bedeckung der Heerdsohle zurücklässt, und fährt mit dieser Entsilberung weiter fort. Täglich werden 40 q Zinnabstrich mit einem Brennstoffaufwand von 12·5 kg Steinkohlen und 7·5 kg Braunkohlen pro 1 q entsilbert, und fallen von 100 Gewichtstheilen Zinnabstrich 46 Theile Werkblei mit einem Silbergehalt von 0·4 %, und 53 Theile entsilberter Zinnabstrich. Dieser enthält im Durchschnitt:

58 %	Pb
11·5 -	Sn
14·5 -	Sb
7·0 -	As und
0·2 -	Cu,

und wird über einen 4- oder 8 förmigen Rundschachtofen unter Zuschlag von 150 % Schlacken der eigenen Arbeit in Mengen von 200 q pro Tag auf ein Zinnblei verschmolzen, welches enthält

11·8 %	Sn
10·3 -	Sb und
3·5 -	As,

---

47) Jhrbch. f. d. Bg. u. Httnwsn. in Sachsen pro 1883.

und zu dessen Erzeugung bei einem Ausbringen von 55 % ein Koksaufwand von 25 % nothwendig ist.

Dieses erste Zinnfrischblei wird in Mengen von 200 q in einem flachen Raffinirofen von 1·75 m Heerdbreite, 3·5 m Heerdlänge und 35 cm Tiefe eingeschmolzen, und dann von beiden Seiten der Feuerbrücke Gebläsewind über die Oberfläche geführt, wodurch sich ein zinnreicher, nicht schmelzender, aber wegen des hohen Bleigehaltes gelbgefärbter Abstrich bildet, welcher als erster Zinnpuder bezeichnet und unter Nachsetzen von Zinnfrischblei so lange abgezogen wird, als man solches vorräthig hat. Sowie der Zinngehalt abnimmt, beginnt das Metallbad zu dampfen, es entweicht Antimon, der sich bildende Abstrich wird nun dunkelgrau und übergeht sehr bald in den dünnflüssigen Antimonabstrich (schwarze Glätte); es ist jetzt fast alles Zinn aus dem Blei abgeschieden und ein Antimonblei mit durchschnittlich 15 % Antimon zurückgeblieben. Man entzinnt in 24 Stunden 35 q Zinnfrischblei und bringt bei einem Verbrauch von 10 q Steinkohlen und 7·5 q Braunkohlen auf 50 q des Frischbleies 57 % entzinntes Antimonblei aus, welches zur Hartbleierzeugung abgegeben wird. Der erste Zinnpuder enthält

63·83 %	Pb
10·85 -	Sn
11·89 -	Sb
3·00 -	As
0·56 -	Cu;

derselbe wird wieder im Hohofen unter Zuschlag von 200 % eigenen Schlacken oder mit Schlacken vom ersten Zinnfrischen durchgesetzt und täglich 75 q des Zinnpuders mit einem Verbrauch von 60 % Koks und einem Ausbringen von 72·5 % an zweitem Zinnfrischblei verschmolzen. Dieses wird in ganz gleicher Art, wie das erste Zinnfrischblei entzinnt und hierbei ein zweiter Zinnpuder erhalten, welcher enthält

44·74	bis	49·86	Pb
27·59	-	24·28	Sn
13·22	-	11·97	Sb
0·95	-	0·48	Cu
2·72	-	0·95	As,

und zur Zinnbleidarstellung dient, während das hier entzinnte Antimonblei 18 % Antimon, 1 % Arsen und 0·5 % Zinn enthält und auf Hartblei verarbeitet wird.

Der zweite Zinnpuder wird in Stücken von Eigrösse in Sätzen von 12·5 kg mit 2·5 kg Koks über einen 2·3 m hohen, über den Sumpf zugestellten, zweiförmigen Schachtofen durchgestochen, welcher an der Formseite 60, an der Brust 40 cm weit und 50 cm tief ist. Das reducirte Zinnblei läuft durch eine gusseiserne Rinne in einen eisernen Tiegel, aus welchem die Schlacke abgehoben und das Zinnblei ausgekellt wird. Der

Sumpf ist aus Gestübbe hergestellt, die Formen stechen mit 10°. Man setzt bei dem Anlassen zuerst 50 cm hoch über die Sohle Koks, sodann Zinnpuder und Koks im Verhältniss von 10 : 3, hierauf von 10 : 2, führt durch die 20 mm weiten Düsen Wind von 15 mm Quecksilbersäule Druck zu und schmilzt bei nicht allzu heller Gicht. Nachdem die reducirte Legirung den Ofensumpf gefüllt hat, fliesst dieselbe nach etwa 2 Stunden ununterbrochen in den vorgestellten eisernen Tiegel ab. Man verschmilzt pro Tag 17·5 q zweiten Zinnpuder mit 75 % Ausbringen bei Abfall einer Schlacke von folgender Zusammensetzung:

$Si\,O_2$	28·65 %
$Sn\,O_2$	20·40 -
$Pb\,O$	5·81 -
$Cu\,O$	0·15 -
$Fe\,O$	26·61 -
$Mn\,O$	0·37 -
$Zn\,O$	0·70 -
$Al_2\,O_3$	12·00 -
$Ca\,O$	3·15 -
$Mg\,O$	0·79 -
S	0·08 -

Die Schlacke enthält 15 % Metallkörner mechanisch eingeschlossen; sie wird ohne Zuschlag in einem Hohofen durchgesetzt und gibt bei 20 % Koksaufwand ein Ausbringen von 26 %; täglich werden 250 q verschmolzen. Das erhaltene Schlackenzinnblei enthält

32·6 %	Sn
14·6 -	Sb und
0·7 -	As.

Sowohl das Schlackenzinnblei als auch das Zinnblei werden in gusseisernen Kesseln von 150 q Inhalt rasch eingeschmolzen, damit sich wenig Schlicker bilden und die Legirung nach Abzug derselben in Formen geschöpft. Das Calo beträgt hiebei 7 %, man braucht hiezu 12 % Steinkohlen und 5 % Braunkohlen.

Das in den Handel gehende Zinnblei enthält

33 %	Sn
14 -	Sb
1 -	As,

und die absetzbaren Schlacken enthalten:

	1	2
$Si\,O_2$	29·82	30·8 %
$Sn\,O_2$	5·30	8·8 -
$Pb\,O$	1·54	1·7 -
$Cu\,O$	0·18	— -

	1	2
Zn O	9·93	9·4 %
Fe O	42·57	
Mn O	1·44	40·8 -
$Al_2 O_3$	2·60	
Ca O	2·84	5·4 -
Mg O	1·12	0·7 -
Ba O	0·92	1·2 -
S	1·20	0·7 -

Bei den Hütten in Freiberg werden jährlich 100000 q Werkblei raffinirt, wobei 3100 q Zinnabstrich und 3075 q Antimonabstrich fallen, bei deren Verarbeitung 600 q Zinnblei und 2100 q Antimonblei gewonnen werden.

In Deutschland nennt man die geschmolzene, schwarzgraue, dünnflüssige Oxydschlacke, welche bei dem Treiben abfällt, Abstrich, in Oesterreich nennt man dieses Product die schwarze Glätte; das in Oesterreich Abstrich genannte Treibproduct ist strengflüssiger, nur gesintert, nie geschmolzen, ärmer an Antimon als die schwarze Glätte, aber reicher an Silber und enthält mehr fremde Oxyde, während die schwarze Glätte im Wesentlichen antimonsaures Bleioxyd ist. Der Abstrich wird wegen seines höheren Silbergehaltes wieder bei dem Erzschmelzen zugetheilt; er enthält auch viel Werkbleikörner mechanisch beigemengt.

Raffiniren des Bleies.

Sowohl das aus den Erzen erzeugte, als auch das durch Frischen aus der Glätte dargestellte Blei ist nie rein, sondern es enthält häufig neben Silber, kleine Mengen Kupfer, Eisen, Zink, Antimon, Arsen, seltener Zinn, Wismuth, Nickel, (Kobalt) und Schwefel als Verunreinigungen, je nachdem diese Metalle mit dem Blei vererzt in den verschmolzenen Massen anwesend waren; diese Beimengungen machen das Blei spröde und für eine weitere Verarbeitung in den Gewerben untauglich, so dass man dasselbe vorher reinigen muss, ehe man es auf den Markt bringen kann. Als Zeichen der Reinheit eines Bleies gilt das Auftreten von Regenbogenfarben, wenn man von dem noch flüssigen, in eine Form gegossenen Blei mit einer hölzernen Krücke die sich bildende dünne Oxydkruste abzieht. Man reinigt das Blei:

1. Durch Abschäumen.
2. Durch Saigern.
3. Durch Polen.
4. Durch partielles Abtreiben mit oder ohne Windzuführung.
5. Durch Schmelzen mit oxydirenden Substanzen.

6. Durch Schmelzen mit Soda, Kochsalz, Chlorblei, Bleisulfat.

7. Durch Pattinsoniren.

8. Durch Zusammenschmelzen mit Zink und darauf folgendes

9. Reinigen durch Wasserdampf.

10. Durch Elektrolyse.

Das Abschäumen des Bleies geschieht im Stichheerd, indem man von dem dahin abgelassenen Blei so lange die darüber sich bildende, die fremden Oxyde zum grössten Theil enthaltende Haut (den Bleidreck) abzieht, bis es die zum Vergiessen in die Formen passende Temperatur erlangt hat. Damit sich diese Reinigung leichter und rascher vollziehe, werden manchmal feuchte Steinkohlen- oder Holzkohlenlösche in das Blei eingerührt, und nach dem Absetzen die oben schwimmenden Unreinigkeiten abgezogen.

Das Saigern der Werkbleie geschieht in Flammöfen mit geneigter Heerdsohle, über welche das Blei aus dem Ofen in vor demselben befindliche Tiegel abläuft, von wo es vergossen wird; die strengflüssigeren Beimengungen bleiben auf dem Heerde zurück und wird hauptsächlich die Entfernung des Kupfers aus dem Blei damit beabsichtigt und auch erreicht.

Zu Freiberg ist das Saigern der Werkbleie eine Vorbereitung für den darauf folgenden Pattinsonprocess; eine grössere Post des dort zum Saigern gelangenden Werkbleies enthält nach A. Schertel[48])

Ag	0·544 %
Cu	0·940 -
Bi	0·066 -
As	0·449 -
Sb	0·820 -
Sn	0·210 -
Ni, Co	0·055 -
Fe	0·027 -
Zn	0·022 -
S	0·200 - ,

und die davon abgefallenen Saigerdörner enthielten neben Theilchen von Schlacken, Heerd und Asche

Ag	0·17
Pb	62·40
Cu	17·97
As	2·32
Sb	0·98
Sn	0·04
Ni, Co	1·09

[48]) Jhrbch. f. d. Bg. u. Httnwsn. in Sachsen pro 1882.

$$
\begin{array}{ll}
\text{Fe} & 0\cdot43 \\
\text{Zn} & 0\cdot07 \\
\text{S} & 4\cdot00 \\
\text{O} & 1\cdot87;
\end{array}
$$

die Saigerdörner enthalten somit fast den gesammten Schwefel, 96 % des Nickel-, 93 % des Kupfer- und 25 % des Arsengehaltes aus dem Blei.

Zu Freiberg wurden 2—5 % des vorgelaufenen Bleies an Saigerdörnern gewonnen und damit 85—95 % des Kupfergehaltes aus dem Blei ausgeschieden.

Zu demselben Zwecke, wie in Freiberg, werden auch die Werkbleie in Přibram gesaigert; es fallen etwa 6 % Saigerdörner und wird von

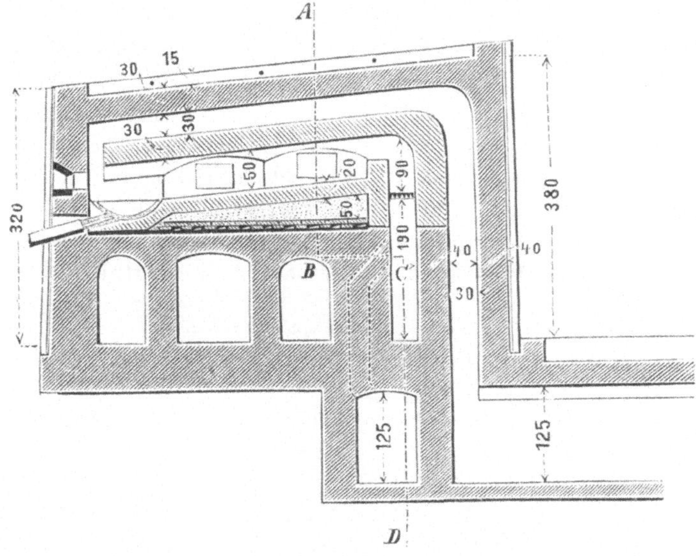

Fig. 115.

dem Kupfergehalt der Bleie, welcher 0·07—0·10 % beträgt, 80—90 % in die Saigerdörner überführt. Daselbst dient der in Fig. 115—117 abgebildete Ofen zum Saigern; seine Heerdsohle endigt in einen aus Gestübbe geschlagenen Sumpf, aus dem das Blei in einen vor dem Ofen stehenden Tiegel abgelassen und von hier nach dem Abschäumen ausgeschöpft wird. Die Heerdsohle ist aus Mergel hergestellt. In 24 Stunden werden 130 q Blei abgesaigert; die Abzüge aus dem Vortiegel werden zum Erzschmelzen, die Saigerdörner zum Steinschmelzen abgegeben. Als Brennstoff dient Steinkohle.

Das Polen besteht in einem Durchrühren des in einem eisernen Kessel eingeschmolzenen Bleies mit frischen Holzstangen oder mit Holzgenist, wobei das Blei durch die aus dem Holze sich entwickelnden Gase in eine sprudelnde Bewegung versetzt wird und der atmosphärischen

Luft beständig neue Oberflächen darbietet; die gebildeten Oxyde werden an die Oberfläche gehoben und entweder abgezogen oder mit durchlöcherten Kellen abgehoben. Durch den Sauerstoff der Luft wird hiebei zumeist das Antimon und Kupfer, durch den durch das Bad streichenden Wasserdampf das Zink und Eisen oxydirt und abgeschieden. Das Durch-

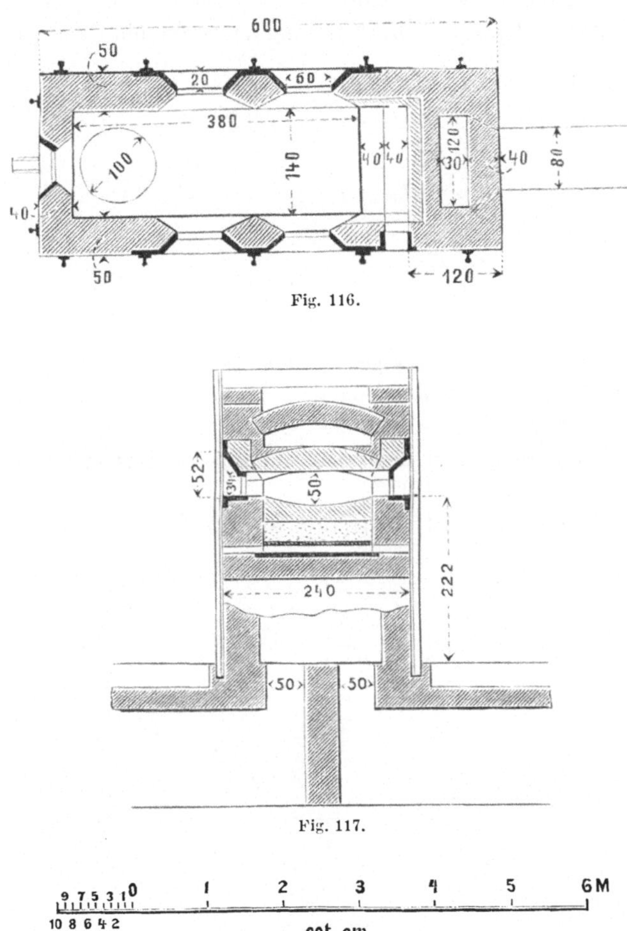

Fig. 116.

Fig. 117.

Zu Fig. 115—117.

rühren mit Holzstangen ist eine unangenehme Arbeit, ausserdem frisches Holz, am besten Birkenholz, kostspielig; wenn möglich, nimmt man zu dieser Reinigung dünne, saftige Zweige, die man zu einem Buschen bindet und in das Bleibad einsenkt, wozu man sich des in Fig. 118 abgebildeten Apparates bedient, womit zugleich jede weitere Arbeit erspart wird. An den Bord des Polkessels oder an den den Polkessel umfassenden eisernen Kranz ist ein kurzer massiver Ständer angegossen, der sich oben in zwei

flache, in der Mitte durchhohrte Zinken gabelt, so dass ein Bolzen von
Rundeisen eingeschoben werden kann; auf diesen Bolzen wird eine Stange
von Schmiedeeisen, die an einem Ende flach ausgehämmert und zu einer
Hülse zusammengebogen ist, aufgeschoben, welche nun um den Bolzen
drehbar ist und leicht gehoben oder gesenkt werden kann. An diese
Stange wird ein an einem durchbohrten Eisenstück fest gemachter, aus
zwei federnden Stücken bestehender Ring angeschraubt, so dass er bei

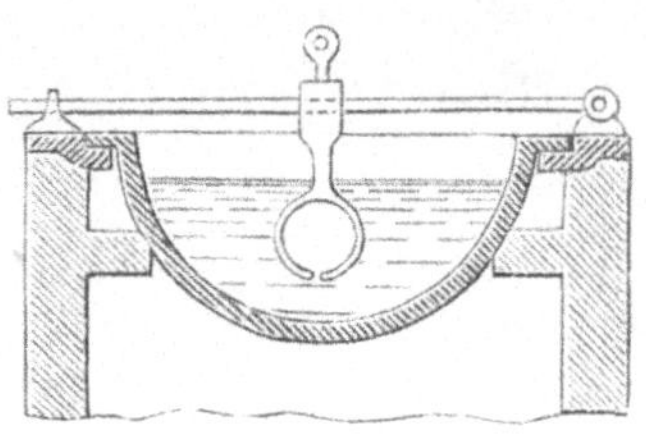

Fig. 118.

dem Niederlassen der Eisenstange in den Polkessel eintaucht; in den
Ring werden die Zweig- und Reisigbündel eingezwängt, welche nun bei dem
Ueberlegen der Eisenstange durch das Gewicht derselben in dem Bleibade gehalten und erneuert werden, wenn die Gas- und Dampfentwickelung
nachgelassen oder aufgehört hat.

Das Raffiniren des Bleies ohne Windzuführung wird in einem

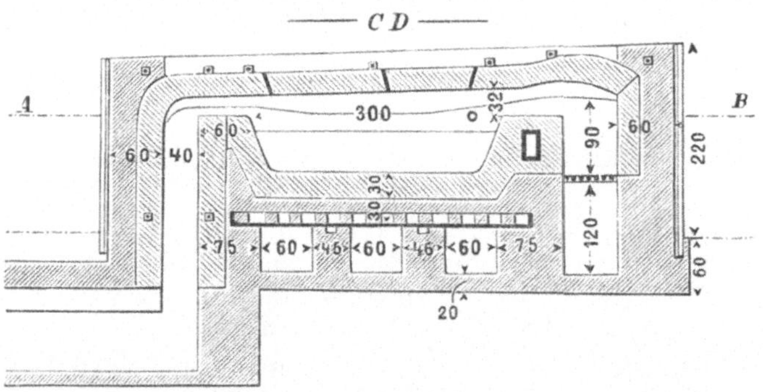

Fig. 119.

Flammofen vorgenommen, dessen Heerd aus einer gusseisernen Pfanne
oder aus einer muldenförmig ausgetieften Eisenblechpfanne besteht, welche
innen ausgemauert ist und eine etwas geneigte Lage gegen den Fuchs zu
hat; das Blei wird entweder in flüssiger Form einlaufen gelassen oder in
festem Zustande ein- und nachgetragen.

Das Raffiniren des Bleies mit Windzuführung wird dann angewendet, wenn die Bleie sehr unrein, namentlich stark antimonhaltend
sind und zur Oxydation der darin enthaltenen Metalle ein kräftigeres Aufleiten

von Luft nöthig ist; häufig bedient man sich hiezu der Treibheerde, aber auch eigener Raffiniröfen. Der in Fig. 119—123 dargestellte Ofen steht zu Přibram in Anwendung; er bekömmt 220 q Einsatz, und man erhält bei einem Aufwand von 9 q Steinkohlen und 2 cbm Holzkohle für 100 q eingesetztes Blei 81 % raffinirtes Blei zurück. Der Heerd ist von Mergel hergestellt; a sind die Düsenständer. Das Raffiniren dauert 24—26 Stunden.

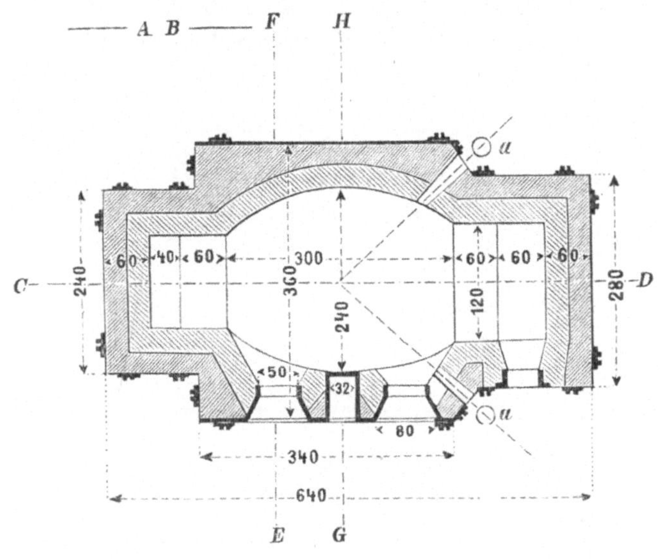

Fig. 120.

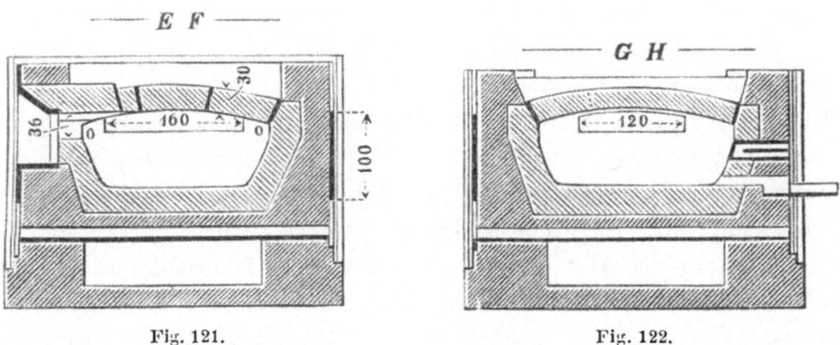

Fig. 121.

Fig. 122.

Das Raffiniren in Flammöfen mit oder ohne Windzuführung wird so lange fortgesetzt, bis als Abzug reine gelbe Glätte erfolgt, ein Zeichen, dass die fremden Oxyde bereits alle verschlackt sind, worauf man absticht. In Amerika hat man auf Wagengestellen ruhende, über Schienen laufende Pfannen von Eisen, welche einen aus Chamotte gestampften oder gemauerten Heerd enthalten und in den Flammofen eingeschoben werden. Solche Oefen gestatten bei continuirlicher Feuerung zu arbeiten, indem der Heerd blos ausgeschoben und ein neuer an seine Stelle eingeschoben wird.

Ein Schmelzen mit oxydirenden oder chlorirenden Zuschlägen dürfte gegenwärtig kaum mehr irgendwo in Anwendung stehen. Backer empfiehlt ein Einrühren von Salpeter in das geschmolzene Blei, bis seine blanke Oberfläche nach Abziehen der Schlicker in Regenbogenfarben spielt, Pontifex und Glasford haben ein Gemenge von gebranntem Kalk, calcinirter Soda und Natronsalpeter empfohlen, und die Reinigung in einem Flammofen mit gusseiserner Heerdpfanne vorgenommen. Chlorblei, Kochsalz, Soda, Bleisulfat u. and. wurden früher für durch den

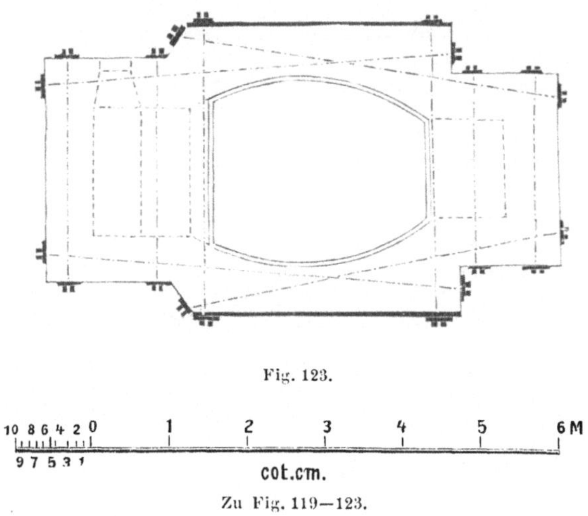

Fig. 123.

Zu Fig. 119—123.

Parkesprocess mit Zink verunreinigte Bleie angewendet. Alle diese Substanzen wurden in das Bleibad eingerührt und standen hiebei sehr flache, gusseiserne Kessel im Gebrauch.

Das Pattinsoniren ist ein Krystallisationsprocess, welcher eigentlich zur Concentration des Silbers in dem Werkblei dient, wesshalb in der Metallurgie des Silbers darauf zurückgekommen wird. Die Erfahrung hat nämlich gelehrt, dass silberhaltiges Blei, wenn es eingeschmolzen und hierauf sehr langsam der Abkühlung überlassen wird, während des Abküblens Krystalle ausscheidet, welche ärmer an Silber sind, als das ursprüngliche Werkblei, während die zurückbleibende Mutterlauge eine grössere Menge Silber enthält; diese Krystalle sind um so ärmer an Silber, je ärmer die eingeschmolzenen Werkbleie waren, und durch wiederholtes Ausschöpfen, der Krystalle, Einschmelzen derselben, langsames Abkühlenlassen des neuen Bleibades u. s. f. kann man nach und nach das Blei vom Silber befreien, zwar nie vollständig, aber endlich so weit, dass eine Gewinnung des Silbers sich nicht mehr lohnt. Das Blei enthält dann blos einige Zehntausendstel Procente an Silber.

Der Parkesprocess hat ebenfalls eine Reinigung des Bleies, beziehentlich die Gewinnung von Gold, Silber und Kupfer, jedoch unter Anwendung metallischen Zinks zum Zweck, und wird hiebei ein von den oben genannten Metallen freies Blei enthalten, das aber stark zinkhaltig ist. Zu dieser weiteren Reinigung des Bleies vom Zink hat man eben die schon oben angeführten Chloride und das Bleisulfat angewendet, die einfachste Methode hiefür ist aber das von Cordurié angegebene Verfahren des Einleitens von Wasserdampf. Es dient hiezu der in Fig. 124 skizzirte Apparat. Derselbe besteht aus einem gusseisernen Kessel, auf dessen Bord die unten mit einem flach umgebogenen Rand versehene Haube aus Eisenblech aufgesetzt wird, welche 2 verschliessbare Thüren, danh 2 kleine

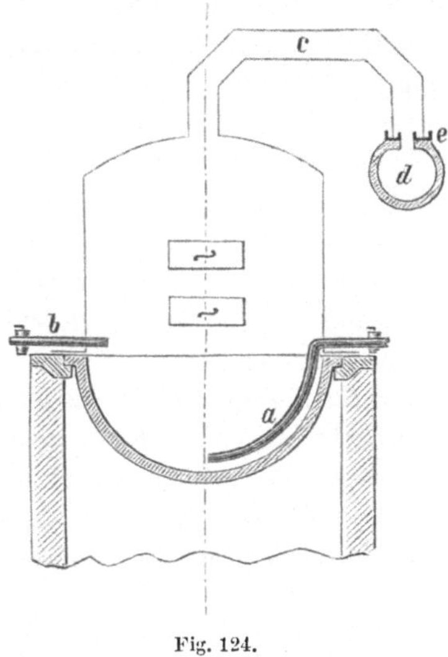

Fig. 124.

Oeffnungen für die Dampfzuführungsrohre an den Seiten, und in der Mitte des Deckels noch eine Oeffnung besitzt, an welche sich ein 30 cm weites Blechrohr c anschliesst, das die bei dem Entzinken sich bildenden flüchtigen Oxyde in ein allen Kesseln gemeinsames oberhalb seitlich derselben laufendes Rohr d abführt, von wo die Dämpfe in die Condensationskammer abströmen. Um jeden Luftzutritt zu vermeiden, und die flüchtigen Oxyde möglichst vollständig zu condensiren, ist das aus der Haube nach dem gemeinschaftlichen Rohr führende Ansatzrohr in einer Zarge e mit Wasser abgesperrt, und für die Zeit des Nichtdampfens die Zarge mit einem Deckel geschlossen. Der Wasserdampf von 2 Atmosphären Spannung wird durch ein den Kesselwänden parallel laufendes gusseisernes Rohr a auf den Boden des gefüllten Kessels geführt, und sind die Dampfzuleitungsrohre a und b mit Hähnen zur Regulirung der Dampfzuströmung versehen.

Je heisser die Kessel sind, um so rascher werden die Bleie entzinkt, oft schon in zwei Stunden; die Beendigung des Processes wird durch mit

Löffeln genommenen Proben erkannt, indem die auf dem Metallbad schwimmenden Oxyde staubtrocken sein müssen, und das Blei ohne zu häuten von dem Probelöffel ablaufen muss. Bei der Einwirkung des Wasserdampfs auf das das Zink enthaltende Metallbad bildet sich neben Metalloxyden Wasserstoffgas, welches in bestimmten Verhältnissen mit atmosphärischer Luft gemengt, ein explosibles Gasgemenge bildet und durch Explodiren leicht Schaden anrichtet; um solchen Explosionen zu begegnen, wird vor dem Oeffnen der Thüre in der Haube bei dem Probenehmen durch das Rohr b Wasserdampf über das Metallbad eingelassen, wodurch das Wasserstoffgas in die Condensationskammern und von da durch die Esse in's Freie gedrückt wird. Aus gleichem Grunde wird der Wasserdampf, bevor man ihn in das Bleibad eintreten lässt, in einem über dem Rost eines kleinen Oefchens liegenden Schlangenrohr getrocknet, damit keine Wassertropfen mit dem Dampf in das Bleibad gelangen; überhitzen aber darf man den Wasserdampf nicht, weil derselbe dadurch an Dichte verliert und seine Wirkung geringer wird.

Durch das Dampfen der Bleie bei Luftabschluss wird nur das Zink aus demselben oxydirt; man dampft demnach hierauf noch etwa eine Stunde bei Luftzutritt, d. i. bei offenen Thüren in der Haube, um auch das Antimon zu oxydiren, und zuletzt wird, um die letzten Spuren Antimon zu entfernen, nach erfolgtem Abziehen der Oxyde noch einige Minuten bei abgenommener Haube mit Dampf gepolt, bis sich Augen von reinem Bleioxyd auf der Metalloberfläche zeigen, worauf man das Metallbad noch 2 Stunden ruhig stehen lässt, ehe man es in Formen vergiesst, weil bei dem Ausschöpfen zu heissen Bleies die Oberfläche leicht oxydirt und die Bleibarren nach dem Erstarren ein minder reines und weniger schönes Aussehen bekommen.

Die bei dieser Entzinkung fallenden Oxyde sind ziemlich rein gelb und enthalten 85 % Bleioxyd; sie werden geschlämmt und als Anstrichfarbe verkauft. Die Kessel halten 4 Wochen bis 3 Monate aus.

Die Producte vom Raffiniren des Bleies werden wieder zur Bleiarbeit zurückgegeben, oder auf Bleilegirungen oder, wenn sie kupferhaltend sind, auf Kupferstein verarbeitet.

Werkbleiraffinirung durch die Elektrolyse. Dieses Verfahren wurde von Keith[49]) angegeben. Nach Hampe[50]) bewährt sich diese Gewinnungs- beziehentlich Raffinationsmethode des Bleies nicht, weil das Blei nicht als cohärente Masse, sondern in Nadeln und Spiessen ausgefällt wird, die man häufig entfernen muss, damit sie keine Verbindung zwischen den Elektroden herstellen, weiters muss das Blei gepresst oder umgeschmolzen werden, fast sämmtliches Zink aus dem Werkblei geht mit über

---

[49]) Dingler's Journ. Bd. 229, pag. 534 u. Bd. 239 pag. 328.
[50]) Preuss. Ztschft. Bd. 30 pag. 81. Chemikerztg. 1882 pag. 136.

und der Silberschlamm ist nur mit beträchtlichen Kosten und Verlust zu Gute zu bringen.

Es ist indessen das Verfahren dennoch in Anwendung und steht zu New York eine grössere Anlage für diese Gewinnung im Betriebe. Man benützte früher eine Lösung von Bleiacetat, dermal wird eine Lösung von Bleisulfat in Natriumacetat angewendet, welche 70—85 g Bleisulfat und 780 g Natriumacetat in 3·75 Liter Wasser enthält.

Die zu raffinirenden Werkbleie werden in einem Flammofen eingeschmolzen und nach Abzug der Schlicker das Metall in Platten von 122 cm

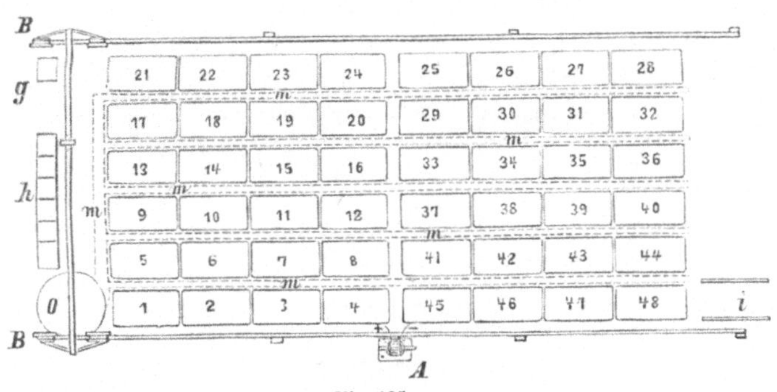

Fig. 125.

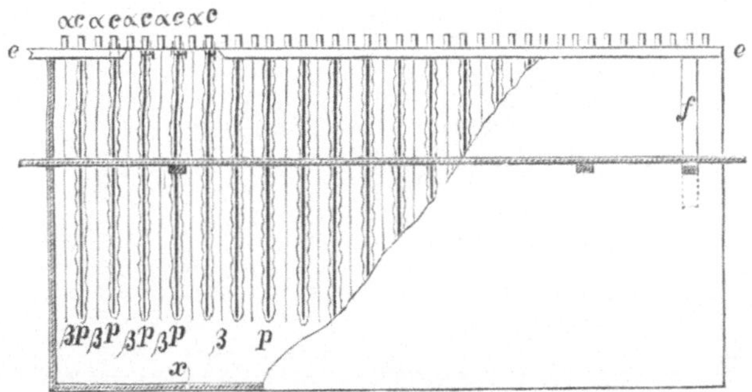

Fig. 126.

Länge, 38 cm Breite und 3 mm Dicke vergossen; jede solche Platte im Gewichte von 16 kg wird in einen Mousselinsack eingehüllt und mittelst angegossener zwei Oehre oder Schleifen an Haken gehängt, mit welchen die Messingreifen des Anodenrahmens versehen sind. Der beladene Rahmen wird mit Hilfe eines Fahrkrahns gehoben, über einen Bottich gefahren und daselbst niedergelassen, so dass sie in Entfernungen von etwa 5 cm von den Anodenblechen zu stehen kommen. Man lässt dann die durch Dampf auf 38⁰ erwärmte Lösung einlaufen, in der aus 30 Bottichen bestehende Batterie circuliren, und führt dann den von einer Dynamomaschine, welche pro Minute 1500 Umdrehungen macht, erzeugten Strom durch die sämmtlichen Bottiche. Jeden Tag werden 3 Bottiche (Zellen) gereinigt, es sollen pro Tag 3 tons Blei raffinirt werden. Der Betrieb ist ein continuirlicher, und stand ursprünglich der in Fig. 125—129 skizzirte Apparat in Anwendung. Die Platten p von dem unreinen Blei werden von den Mousselinsäcken umhüllt auf den Trägern c mit Klammern und Schrauben t befestigt und zwischen die auf den Trägern α befestigten

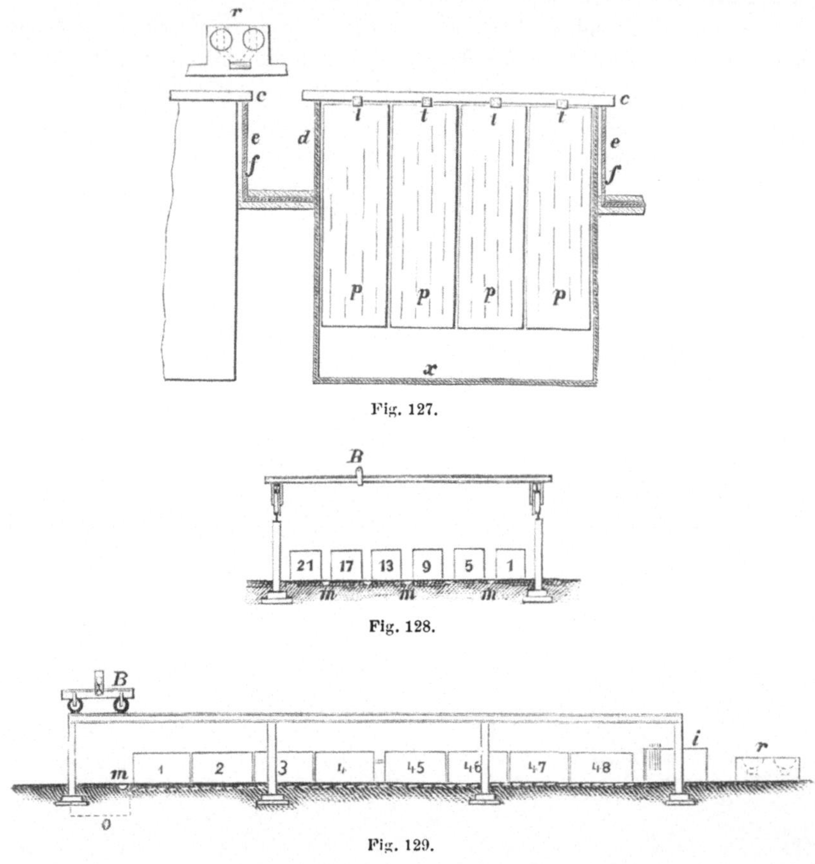

Fig. 127.

Fig. 128.

Fig. 129.

Platten β von reinem Blei, welche die Kathoden bilden, eingesenkt; diese letzteren stehen mit einem Kupferstab d in directer Berührung, welcher an der oberen Kante der Welle entlang läuft. Von den Trägern α führen zu je einer Seite isolirte Kupferstäbe e zu den Leitern f. Die Träger der Platten p kommen in directen metallischen Contact mit dem Kupferstab e, von d aber sind sie isolirt; eine dynamoelektrische Maschine A von Weston[51]) ist vom positiven Pol ausleitend mit den Anoden des ersten

---

[51]) Dingler's Journ. Bd. 223 pag. 546 u. Bd. 228 pag. 513.

Fällgefässes verbunden, und durch die Leiter f wird der elektrische Strom weiter geführt. Bei Ingangsetzung der Maschine setzt sich das Blei an den Kathoden β an, die Anoden werden aufgelöst, und die fremden darin enthalten gewesenen Metalle sammeln sich in den Mousselinsäcken, aus welchen sie herausgewaschen, getrocknet und mit Salpeter und Borax eingeschmolzen werden, wobei Gold und Silber gewonnen, die übrigen Metalle verschlackt werden. Mittelst des Aufzuges B werden die Kathoden ausgehoben, und in ein neues Fällsystem (Zelle) eingesetzt, wenn die Anoden bereits zerfressen und nur mehr 1 oder $1\frac{1}{2}$ kg schwer sind. Das gefällte Blei sammelt sich unterhalb der Anoden auf dem Boden x der Zelle und wird ausgeräumt, die Lauge in eine Cisterne abgelassen, dort geklärt und wieder zurück gepumpt; die Anodenreste werden unter Wasser abgebürstet und wieder eingeschmolzen, für die Behandlung des Metallpulvers in den Säcken wird ein besonderes Verfahren mitgetheilt, nach welchem auch das Antimon und Arsen gewinnbringend zu verwerthen sein soll. Bei g ist eine hydraulische Presse für das Zusammenpressen des gefällten Bleies, bei h befinden sich eine Anzahl Filter, auf welchen der vom Abbürsten der Anoden verbleibende Absatz filtrirt wird, i ein Gestelle mit vorräthigen Anodenblechen, m sind Rinnen, durch welche die Lauge bei dem Räumen der Zellen in die Cisterne o abgelassen wird, r sind die Einschmelzkessel.

Die neueren Apparate bestehen aus runden Bottichen, in welchen die Anoden- und Kathodenbleche kreisförmig zusammengebogen sind; als Kathoden dienen Messingbleche[52]).

Nach Hampe ergab ein von demselben ausgeführter Versuch der Bleiraffination durch die Elektrolyse folgende Resultate; es enthielt das zum Versuch genommene Steinwerkblei (a) und das elektrisch gefällte Blei (b) so wie der Schlamm (c):

	a	b	c
Pb	98·79767	99·99297	23·97
Bi	0·00376	0·00305	11·20
Cu	0·37108	0·00060	14·40
Sb	0·55641	0·00099	29·70
Ag	0.25400	—	18·435
Fe	0·00575	0·00041	Spur
Ni	0·00730	—	0·090
Zn	0·00271	0·00198	1·80
S	0·00132	—	—

Der Zink- und Wismuthgehalt des Bleies hat sich demnach bei dem Raffiniren nicht viel verändert, und bleiben diese Metalle grösstentheils im Blei.

---

[52]) Chemikerztg. 1884 pag. 306.

Um die Elektroden genügend nahe an einander bringen zu können, und zu verhindern, dass die spiessig anschiessenden Bleikrystalle nicht bis an die Anoden anwachsen und dann selbst Leiter werden, empfiehlt Hampe an einem Rahmen über den Bottich befestigte Holzbretter durch verticales Herablassen zwischen den Elektroden in geeigneten Zeiträumen bis auf den Boden der Kästen zu führen und sogleich wieder herauszuheben, wodurch die Ausfüllung der schmalen Räume zwischen den Elektroden verhindert würde.

Nach den neuesten Nachrichten[53]) erfolgt die Raffination nach dem Keith'schen Verfahren bereits ganz anstandslos; man hat 48 Holzkästen, jeden mit 50 Platten à 16 kg im Betriebe, welche bei einer Maschine von 12 Pferden täglich 10 tons Blei liefern. Antimon und Arsen oxydiren sich und gehen in die Lösung (?). Es werden die folgenden Analysen mitgetheilt:

Das Blei enthält	vor	und nach der Elektrolyse
Pb	96·360	99·9
Ag	0·5544	0·000068
Cu	0·315	—
Sb	1·070	Spur
As	1·220	Spur
Fe } Zn }	0·4886	—

Nach C. Blas und E. Miest[54]) soll diese Lösung von Bleisulfat in Natriumacetat vorzüglich desshalb sich bewähren, weil die meisten Metalle darin unlöslich sind, oder die positiveren Metalle, als das Blei, darin gelöst bleiben oder als Oxyde ausfallen.

Analysen von Přibramer Weichblei haben die folgenden Verunreinigungen ergeben[55]):

	1	2	3	4	5	6[56])
Ag	0·00015	0·0014	0·00170	0·0013	0·0015	0·0019
Cu	0·00090	0·0021	0·00119	0·0012	0·0019	0·0026
Bi	0·00220	0·0018	0·00185	0·0021	0·0018	0·0024
Fe	0·00100	0·0010	0·00117	0·0017	0·0010	0·0012
Sb	0·00160	0·0029	0·00320	0·0029	0·0026	0·0028
Zn	Spur	0·0008	0·00128	0·0011	Spur.	0·0008

Weichblei vom Hüttendistrict zu Nagybánya enthielt nach L. Schneider[57]):

---

[53]) Centralbltt. f. Elektrotechnik, 1884 No. 27.
[54]) Bg. u. Httnmsch. Ztg. 1883, pag. 366.
[55]) Vom Monate August 1884. Oesterr. Ztschft. 1884 pag. 654.
[56]) Oesterr. Ztschr. 1885, pag. 208. (Vom 4. Quartal 1884.)
[57]) Jhrbch. d. k. k. Bergakademien, Bd. 26 pag. 203.

Sb	0·17521
Bi	0·06257
Cu	0·00114
Ag	0·00650
Fe	0·00100
Au	Spur.

Durchschnittsanalysen von Harzer Raffinatbleien der Erzeugung von 1871—1884 finden sich in der „Ztschft. f. d. Bg.-, Httn.- u. Salinenwsn. im preuss. Staate", Bd. 32, pag. 532.

Technologie des Bleies.

Erzeugung von Schrott. Die Erzeugung des Schrotts erfolgt durch Giessen und wird hiebei keine eigentliche Gussform benützt, sondern die runde Form der Körner ist blos die Folge der Eigenschaft flüssiger Körper, Kugelgestalt anzunehmen, wenn sie keinen fremden mechanischen Einflüssen unterworfen sind. Arsen befördert die Kugelbildung und erhöht die Fähigkeit des Bleies, Tropfen zu bilden, es wird demnach dem eingeschmolzenen Blei etwas Arsen in Form von Realgar oder ein Gemenge von arseniger Säure mit Holzkohle, letzteres in Papier gewickelt, zugesetzt. Die Menge des zuzusetzenden Arsens darf nur gering sein und richtet sich nach der Korngrösse des Schrotts; je gröber das Korn, um so mehr Arsen kann zugegeben werden. Dem feinsten Korn gibt man 0·2, dem mittleren 0·3 und dem gröbsten 0·35 % Arsen zu; zuviel Arsen bewirkt eine Linsenform des Korns, bei zu wenig Arsen werden die Körner auf einer Seite platt.

Bei der Erzeugung von Schrott ist darauf zu sehen, die Körner von einer solchen Höhe frei herabfallen zu lassen, dass sie bereits erstarrt unten anlangen, es erfordert also gröberes Schrott grössere Fallhöhen; es genügen für feinsten Schrott (Dunst) 4 m Fallhöhe, für die gröbsten Sorten hat man 50 m und mehr (die Villacher Schrottthürme sind 74 m hoch). Man benützt entweder alte, nicht mehr befahrene Schächte, welche insofern vortheilhaft sind, als sie während des ganzen Jahres eine ziemlich gleichmässige Temperatur haben, oder man errichtet Schrottthürme.

Die Schrottformen sind Pfannen von Eisenblech, entweder viereckig und etwa 25—35 cm lang, 15—25 cm breit und 8 bis 10 cm tief, oder halbkugelförmig ausgetieft circa 25 cm im Durchmesser, in deren Boden Löcher ausgebohrt sind, welche einen bedeutend kleineren Durchmesser haben, als das Korn der Schrottkörner ausfallen soll; die einzelnen, unter einander genau gleich grossen und glattrandigen Löcher müssen mindestens um den 3 fachen Durchmesser der Schrottkörner von einander entfernt liegen und benützt man für jede Schrottnummer eigene Formen.

Vor dem Giessen wird die Schrottform mit Lehmwasser ausgestrichen, gut ausgetrocknet, dann über dem Thurm (Schacht) festgelegt, und auf den Boden eine dünne Lage Bleiasche (die bei dem Einschmelzen des Bleies entstehende matte Haut) gebracht, welche als Filtrum für das aufzugiessende Blei dient und verhindert, dass das Blei allzurasch durchlaufe; dieses Filtrum wird nur bei gröberem Schrottkorn angewendet, bei Pfannen für die feinsten Schrottsorten würden sich die feinen Bohrungen bald verstopfen. Das Blei wird mit Kellen in die Formen eingeschöpft; seine Temperatur muss um so höher sein, je feiner das Schrott ausfallen soll, aber das Blei darf nie überhitzt sein, weil sonst die Tropfen nicht rund, sondern länglich werden; diese Bildung oblonger Körner wird auch durch einen Zinngehalt des Bleies veranlasst.

Auf die Sohle des Thurmes (Schachtes) wird ein mit Wasser zur Hälfte angefülltes Gefäss gestellt, in welches die Schrotte fallen; weil dasselbe mit der Zeit warm wird, muss es öfter durch frisches Wasser ersetzt werden. Manchmal setzt man dem Wasser etwas Schwefelkalium zu, welches dem Schrott eine schwarze Oberfläche ertheilt, einen schwachen Ueberzug von Schwefelblei, welcher es vor Oxydation schützt.

Die Schrottkörner werden sortirt; man schöpft sie zu diesem Zwecke in eine Blechdüte und schüttet sie aus derselben allmälig über eine schwach geneigte, glatte hölzerne Tafel mit auf 3 Seiten aufstehenden Rändern aus, vor welcher entlang der Tafel und unterhalb derselben zwei lange Kästen neben einander vorgelegt sind, so dass der eine etwas näher der Tafel liegt, als der andere. Die linsenförmigen und platten Körner rutschen blos nieder und fallen in den gleich an der Tafel befindlichen Kasten, die runden dagegen rollen ab und fallen in den etwas weiter abstehenden Kasten. Die runden Körner werden dann noch durch Siebe nach ihrer Grösse sortirt und zuletzt mit etwas Graphit, für 100 kg Schrott 20—40 g Graphit, in ein um die horizontale Axe drehbares Fass gebracht, und nachdem dasselbe verschlossen worden, unter Rotirenlassen des Fasses geglättet.

Die Ausschusskörner werden wieder eingeschmolzen; man rechnet bei der Schrotterzeugung 2 % Calo an Blei.

Fabrication der Mennige. Die Darstellung der Mennige wird in eigenen Fabriken, auf Glashütten, aber auch auf einzelnen Bleihütten selbst vorgenommen; sie hat die Zusammensetzung $Pb_3 O_4$, und findet sich, obzwar selten, auch natürlich. Für die Erzeugung der Mennige eignet sich am besten ein fein pulveriges Bleioxyd, das man sich erst aus möglichst reinem Blei darstellen muss, da man aus geschmolzener und gepulverter Glätte kein schönes Product erhält.

Die Gewinnung der Mennige zerfällt in 2 Operationen; in die Darstellung des Oxyds und in die Höheroxydation desselben durch den Sauerstoff der atmosphärischen Luft. Es steht für beide Arbeiten entweder blos ein Ofen im Gebrauch, oder es dienen hiebei 2 sehr ähnlich construirte Oefen, in welchen die beiden Operationen getrennt vorgenommen werden; für den Fall, als blos in einem Ofen gearbeitet wird, kann derselbe blos einheerdig sein und auf dem Heerde können beide Operationen vorgenommen werden, man hat aber auch hiefür zweiheerdige Oefen, deren Heerde übereinander liegen, wo dann jeder Heerd nur für Ausführung der einen der beiden Operationen dient.

Diese Oefen sind Flammöfen mit sehr niedrigem Gewölbe, deren Sohle aus Eisenplatten besteht, auf welcher die eigentliche Heerdsohle erst aus Backsteinen hergestellt wird. Der Ofen zur Erzeugung des Oxyds (Massicot) hat eine von allen Seiten nach der Mitte etwas abfallende Sohle; alle Oefen haben zwei an den Seiten ·des Heerdes liegende Feuerungen, zwischen welchen sich die Arbeitsöffnung befindet.

In den Calcinirofen wird ein bestimmtes Gewicht Blei eingetragen (in England wird etwas Hartblei zugesetzt) und nach dem Einschmelzen beständig gerührt, wobei das oberflächlich sich bildende Bleioxyd immer gegen die Rückwand des Ofens zugeschoben wird, wo es sich nach und nach anhäuft; die Temperatur muss hiebei eben nur so hoch sein, dass das Beioxyd nicht einmal erweicht. Wenn es scheint, dass alles Blei oxydirt ist, so wird noch eine Zeit lang fleissig durchgerührt, allenfalls verbliebenes metallisches Blei abfliessengelassen, der Ofen geschlossen und einer langsamen Abkühlung überlassen. Nach dem Erkalten wird das Massicot gemahlen, geschlämmt, das geschlämmte Oxyd getrocknet und wieder vermahlen, und hierauf in den Brennofen gebracht.

Es handelt sich nun hier wieder um Einhaltung einer gleichmässigen 300^0 C. nicht übersteigenden Temperatur; das Bleioxyd wird darin 24 bis 48 Stunden hindurch fleissig gerührt, bis das Product die richtige Farbe erlangt hat, worauf man den Ofen wieder abkühlen lässt und die fertige Mennige siebt.

Die Einhaltung der richtigen Temperatur bei dem Mennigbrennen ist wichtig, indem sich die Mennige, über 300^0 C. erhitzt, wieder zersetzt, bei einer Temperatur unter 300^0 aber erfolgt die Mennigbildung nur sehr langsam.

Auf einigen Hütten wird die Mennige wieder vermahlen und zum zweiten Mal gebrannt, wodurch die Lebhaftigkeit der Farbe erhöht wird.

Unter dem Namen Pariserroth erzeugt man in England und Frankreich eine Mennige aus kohlensaurem Bleioxyd in gleicher Art, wie vorhin beschrieben; es entweicht die grösste Menge Kohlensäure bis auf etwa 4—5 % aus dem Carbonat, so dass etwas davon unzersetzt bei der Mennige zurückbleibt. Die Erhitzung muss mit der grössten Vorsicht geschehen, man erhält aber so die reinsten Sorten Mennige.

Die Mennige dient als Malerfarbe, zu Glasuren von Steingut und feinen irdenen Waaren, zur Darstellung von Flintglas, von Kitten und von Bleisuperoxyd. Ihre vorzügliche Verwendbarkeit für die Flintglaserzeugung beruht auf der Sauerstoffabgabe derselben bei der Verbindung mit Kieselerde, wodurch das Glas von den letzten Antheilen färbender Kohlentheilchen gereinigt wird.

Eine Mennige von Bleiberg enthielt nach Eschka[58] an verunreinigenden Bestandtheilen:

$Cu\,O$	0·0014
$Zn\,O$	0·0167
$Fe_2\,O_3$	0·0667
$Al_2\,O_3$	0·0258
$Ca\,O$	0·0650
$Mg\,O$	0·0191
$Si\,O_2$	0·2500
$Ag_2\,O$	0·00022
$Mn\,O$	Spur
$As_2\,O_5$	· 0·0093
$Sb_2\,O_5$	0·1000
CO_2	Spur
SO_3	0·0403
$H_2\,O$	0·1300.

Die Bleikrankheiten.

Die bei den Bleihütten beschäftigten Arbeiter werden bei dem Rösten und Schmelzen von der sich entwickelnden schwefligen Säure allerdings belästigt, doch ist diese nicht so sehr gesundheitsschädlich, wenn nicht auch Dämpfe von Arsen (bei Verarbeitung arsenhaltiger Erze) gleichzeitig mit auftreten. Dies gilt überhaupt für alle Röstarbeiten.

Die bei den Hohöfen beschäftigten Arbeiter leiden in der Jetztzeit, wo fast allgemein mit dunkler Gicht gearbeitet und für Ableitung der Gichtgase schon unterhalb der Gicht gesorgt wird, von den sonst sehr schädlichen Bleidämpfen weniger; mehr ist die Mannschaft bei den Treiböfen diesen nachtheiligen Einwirkungen ausgesetzt.

Das Blei übergeht in den menschlichen Körper durch die Respirations- und Verdauungsorgane und durch die Haut; den kranken Mann überkömmt ein Gefühl von Mattigkeit, der Appetit fehlt, mitunter stellen sich Neigungen zum Erbrechen ein, im Munde ein süsslich zusammenziehender Geschmack, und das Zahnfleisch nimmt an der Stelle, wo es die Zähne einfasst, eine graue Färbung an. In heftigeren Fällen treten Schmerzen im Unterleib auf (Bleikolik), wobei auch die Gesichtszüge verfallen. Lähmungen und Contracturen in Folge von andauernder Bleivergiftung sind seltener.

Das in den Organismus gelangende Blei oxydirt sich im Contact mit den Schleimhäuten, das Bleioxyd geht mit den Proteinkörpern und Chlorverbindungen der Gewebe Verbindungen ein, und die Bleialbuminate und

---

[58] Jhrbch. d. k. k. Bergakademien, Bd. 22 pag. 389.

Bleichloride werden von dem sauren Magensafte und den alkalischen Flüssig-
keiten im menschlichen Körper, wie Blut, Lymphe u. and. in löslichen
Zustand überführt und aufgenommen, so dass sie mit den verschiedenen
Geweben selbst Verbindungen eingehen und namentlich auf das Rücken-
mark schädlichen Einfluss üben. Man hat Blei im Blute, im Harn, in der
Milz, Galle, Leber, in den Nieren und im Gehirn nachgewiesen.

Gegenmittel gegen acute Bleivergiftung, eine Folge der Aufnahme
grösserer Mengen von Bleisalzen in den Magen, sind: Kochsalzlösung, in
Wasser eingerührtes Eiweiss, Milch, Zuckerwasser, Bittersalz und Glaubersalz. Die letzteren beiden überführen das Blei in eine unlösliche Verbindung
und dürften die wirksamsten Mittel sein.

Als prophylactische Mittel werden empfohlen: hohe luftige Arbeits-
räume, Einnehmen der Mahlzeiten ausserhalb des Hüttengebäudes, Reinigen
der Hände und des Mundes vor dem Essen, der Genuss fetter Speisen
und von Milch, öfters Baden und Kleiderwechseln ausser der Arbeit[59]).

Johnston[60]) empfiehlt als Schutzmittel gegen Bleikrankheiten eine
Mischung von

  18 g Wasser,
  3 Tropfen spir. aether. nitric.
  2 - verdünnte Schwefelsäure, worin
  1·4 g Bittersalz gelöst werden.

So lange die Arbeiter den Bleidämpfen ausgesetzt sind, soll alle 2
bis 3 Stunden eine solche Dosis eingenommen werden.

---

[59]) J. Hammerschmied: Die sanitären Verhältnisse und die Berufskrankheiten
der Arbeiter. Wien, 1873.
 [60]) The Chemist and Drog. 1882, pag. 81. Oesterr. Ztschft. 1882, pag. 164.

Kupfer.

(Cu = 63·4.)

Geschichtliches. Das Kupfer ist dasjenige Metall, an welchem der Mensch zuerst die Eigenschaften der Metalle (Glanz, Dehnbarkeit, Festigkeit, Schwere) erkannte, und an welchem zuerst das Schmieden versucht, so wie auch das Verfahren kennen gelernt wurde, einen festen Körper mit Hilfe des Feuers in einen flüssigen zu verwandeln. Die Genesis nennt uns Thubal Kain als den ersten, welcher allerlei Werkzeuge aus Kupfer hämmerte, die Griechen nennen Kadmus, der jedoch viel später lebte, als denjenigen, welcher das Kupfer und seine Verwendung kannte. Die ältesten Bergwerke wurden von den Phöniciern auf der Insel Cypern eröffnet, welche als die wichtigsten Gruben den Wohlstand des Volkes wesentlich förderten, und daher bekam auch das Kupfer den Namen aes cypricum, später cuprum. Die ersten metallenen Geräthe, Werkzeuge und Waffen waren aus Kupfer gefertigt, und es ist sichergestellt, dass unmittelbar hierauf die Stelle des Kupfers die Legirung desselben mit Zinn, die Bronce, einnahm, welche härter ist, und zu deren Darstellung die damals mit Metallen Handel treibenden Völker das Zinn aus fernen Gegenden mittelst Seefracht zugeführt erhielten. Die mitunter sehr bedeutenden Massen von gediegenem Kupfer finden sich als lose Blöcke und Klumpen von verschiedener Grösse an der Oberfläche der Erde; namentlich im Westen von Nordamerika, vorzüglich aber am oberen See finden sich auch heute noch Kupferblöcke von 10 tons Gewicht und mehr. Solche Findlinge sind nun in früherer Zeit viel häufiger vorgekommen, der Mensch lernte an solchen auch zuerst das Metall kennen, sie wurden im Verlaufe der Zeit eben auch aufgefunden und verbraucht, und haben sich nur in jenen Gegenden der Erde noch erhalten, welche noch von Urwald bedeckt oder von der Cultur nicht berührt sind. Die Kenntniss der Alten über die Verbindungen des Kupfers waren übrigens sehr unvollkommen.

Statistik. An Kupfer wurde producirt in metrischen Centnern

In England 1881	38750
- Preussen 1883	180251
- Ungarn 1882	9760
- Oesterreich (ohne Ungarn) 1883	5807
- Schweden 1879	9566
- Norwegen 1882	2590
- Russland 1882	20000
- In Italien 1882	14000
- Spanien 1882	368780
- Sachsen 1882	15341 (Kupfervitriol)
- Japan 1882	28000
- Neufoundland 1882	15000
- Canada 1882	2210
- den nordamerikanischen Vereinsstaaten 1882	458231
- Peru 1882	4400
- Chile 1882	429090
- Bolivia 1882	32590
- Mexico 1882	4010
- Venezuela 1882	37000
- Australien 1882	89500
- Am Cap der guten Hoffnung 1882	50000

Eigenschaften. Das Kupfer hat eine eigenthümlich rothe Farbe, die desshalb mit kupferroth bezeichnet wird; es krystallisirt regulär, ist einer sehr hohen Politur fähig und sehr dehnbar, wird aber kalt gehämmert oder gewalzt hart und erst durch darauf folgendes Ausglühen wieder weich. Der Bruch ist glänzend, hakigkörnig, nach dem Schmieden sehnig und zeigt bei auffallendem Lichte Seidenglanz; sein Schmelzpunkt liegt bei 1200° C., wobei es eine blaugrüne Farbe zeigt, und vor dem Knallgasgebläse lässt es sich verflüchtigen. An feuchter atmosphärischer Luft überzieht sich das Kupfer mit basischem Carbonat, bei dem Erhitzen an der Luft oxydirt es an der Oberfläche und bildet Glühspan, Kupfersinter, der eine Verbindung von Kupferoxydul mit Kupferoxyd in variablen Verhältnissen und in ganz dünnen Blättchen mit schön rubinrother Farbe durchscheinend ist. Das spez. Gewicht des Kupfers ist 8·921, in geschmiedetem Zustande 8·952. Bei zu hoher Temperatur in Formen gegossen, dehnt es sich bei dem Erkalten aus, es steigt, wodurch es undicht wird, welche Eigenschaft es bei einer Abkühlung vor dem Vergiessen nicht zeigt; bei dem Raffiniren spritzt es während der Abkühlung in Folge einer im Metallbad vor sich gehenden Gasentwickelung und wirft hiebei eine grosse Menge kleiner Kupferkügelchen in die Höhe, — Sprühkupfer, Kupferregen. Ob die Ursache dieser Erscheinung eine Absorption von Wasserstoffgas oder eine Ausscheidung von Schwefeldioxyd ist, ist noch nicht sichergestellt, doch wird ziemlich allgemein angenommen, dass dieses Sprühen und Steigen blos die Folge einer vorher geschehenen Entwickelung von Schwefeldioxyd sei, welches bei dem Erkalten entweicht; Kohlen-oxydgas wird in geringerer Menge absorbirt, Elayl wird unter Absorption von Wasserstoff und Ausscheidung von Kohlenstoff aufgenommen und er-zeugt ein sehr blasiges Product. Nach einem Patent von S. Walker[1]) in Birmingham werden die Gussstücke dicht, wenn man dem geschmolzenen Kupfer 1 %/0 Kryolith, 1 %/0 Borax und 1/4 %/0 Bleizucker zusetzt, und nach erfolgtem Einschmelzen des Zusatzes das Kupfer in die Formen giesst. In höherer Temperatur verbrennt das Kupfer mit grüner Flamme.

Das im Grossen dargestellte Kupfer ist gewöhnlich mit anderen Me-tallen verunreinigt und selbst im Garkupfer findet man noch geringe Mengen davon, so wie auch Schwefel; Eisen macht das Kupfer roth- und kaltbrüchig, Zink, Zinn, Silber schaden wenig, dagegen sind Wismuth, Blei und Nickel, dieses hauptsächlich bei Gegenwart von Antimon sehr schädlich, indem sich Kupfer- und Nickelantimoniat bilden, der Kupferglimmer, welche das Kupfer für alle Verwendungen untauglich machen.

Solcher Kupferglimmer enthielt

	von Oker nach Borchers	von Andreasberg nach Rammelsberg	von Altenau nach Ramdohr	von Lautenthal nach Hahn
$Cu\,O$	44·28	43·38	43·72	67·648
$Ni\,O$	30·61	29·23	39·50	16·101
$Sb_2\,O_5$	25·11	26·57	17·99	18·269

Nach Hampe besteht das Glimmerkupfer aus

36·113 %/0	Cu
22·359 -	Ni
23·394 -	Sb und
18·245 -	O,

und entspricht diese Zusammensetzung der Formel:

$$6\;(Cu_2\,Sb_2\,O_6) + 8\;(Ni\,Sb_2\,O_6).$$

Ein Gehalt an Kupferoxydul macht, wenn derselbe über 2 %/0 anwesend ist, das Kupfer weniger dehnbar, wirkt aber erst bei Vorhandensein von grösseren Mengen auf Rothbruch, in geringeren auf Kaltbruch, doch hat ein solches Kupfer einen matten, mehr ziegelrothen Bruch. Halbschwefel-kupfer wirkt nach Hampe auf Kaltbruch, doch ist Kupfer bei einem Ge-halt von 0·05 %/0 Schwefel noch sehr dehnbar, bei 0·25 %/0 davon noch ziem-lich dehnbar, bei 0·5 %/0 aber schon stark kaltbrüchig und sehr weich, je-doch noch nicht rothbrüchig. Arsensaures Kupferoxydul macht das Kupfer weniger zähe, bei 0·5 %/0 Arsengehalt in der Arsensäure wird das Kupfer kaltbrüchig, bei mehr auch rothbrüchig; antimonsaures Kupferoxydul macht das Kupfer schon bei Anwesenheit von 0·5 %/0 Antimon in der Antimon-säure rothbrüchig, sind aber Arsen und Antimon in metallischem Zustande

---

[1]) Berggeist, 1881 No. 16.

gegenwärtig, so beeinträchtigen sie die Festigkeit des Kupfers erst bei Vorhandensein von über 0·5 %. Kupferglimmer macht das Kupfer leicht brüchig und gelbfleckig, 0·3 % Antimon und Nickel verträgt das Kupfer bei Kälte und Rothgluth, nicht aber bei Weissgluth. Blei und seine Salze bewirken, wenn sie in Mengen von 0·3 % anwesend sind, schon schwachen Rothbruch, Bleiarseniat und Kupferoxydul-Bleioxyd wirken weniger nachtheilig, wie Blei. Wismuth ist schon in sehr kleinen Mengen äusserst schädlich, in der Hitze wird nicht einmal 0·02 % vertragen, welcher Gehalt in der Kälte noch nicht schädlich wirkt; Wismuthsalze und Wismuthoxyde sind weniger schädlich[2]). Tellur kömmt in einigen amerikanischen Erzen vor und wirkt sehr schädlich, namentlich in der Hitze; Bleche werden rissig und zerfallen bei dem Auswalzen schon, wenn sie noch 1 mm stark sind. Bei gewöhnlicher Temperatur ist solches Kupfer dicht und hämmerbar. Egleston[3]) fand in den Producten vom Verschmelzen der Coloradoerze, und zwar im

	Stein	Schwarzkupfer	Raffinadkupfer
Tellur	0·12	0·093	0·083
-	—	0·097	—

Phosphor wirkt bei dem Raffiniren des Kupfers günstig auf die Reduktion des Kupferoxyduls, macht das Kupfer dichter, fester, zäher und glänzender; phosphorhaltendes Kupfer ist blasenfrei und wird absichtlich zu Zwecken der Raffination gegenwärtig Phosphorkupfer erzeugt, welches in bestimmten Procenten dem zu reinigenden Kupfer zugesetzt wird.

Anwendung. Für sich allein wird das Kupfer blos in gewalztem oder gehämmertem Zustande, in Form von Blech- und Kupfertiefwaaren zur Herstellung von grossen Pfannen und Kesseln für Brauereien, Brennereien und Zuckersiedereien, zur Anfertigung von Röhren, dann in Form von Zainen und Draht verwendet; in seinen Legirungen mit Zink (Messing), Zinn (Bronce) und Zink und Nickel (Neusilber, Argentan) wird es auch zum Guss verwendet. Der Kupfervitriol dient in der Galvanoplastik und Telegraphie, in der Färberei und Druckerei finden das Kupfercarbonat, das Kupferarseniat und Kupferacetat zum Färben und Bedrucken der Zeuge, dann auch zur Erzeugung von Farben für Maler Anwendung (Mineralbau, Bremer, Braunschweiger und Schweinfurter Grün).

Vorkommen und Erze. Kupfer wird, wie die statistischen Daten gezeigt haben, in vielen Ländern in sehr ansehnlichen Mengen gewonnen.

In Europa sind hauptsächlich England, Preussen, Russland und Spanien Reiche, welche bedeutende Mengen Kupfer produciren, in Schweden und Oesterreich ist die Gewinnung dieses Metalls zurückgegangen, erheblichere Mengen davon werden in Ungarn erzeugt.

---

[2]) Nach Hampe in „Preuss. Ztschft.“ 1874 und 1875.

[3]) T. Egleston, Presence of Tellurium in Copper. Read at the Harrisburg Meeting, October 1882.

In Asien besitzen Indien und China viele Kupfergruben und vornehmlich Japan ist sehr reich daran, wo das Kupfer auch einen wichtigen Ausfuhrartikel bildet; das nördliche Asien ist einst sehr reich an Kupfer gewesen, wie die in den Grabhügeln der Tschuden aufgefundenen Waffen, Geräthe und Geschmeide beweisen.

In Afrika ist das Vorkommen von Kupfer vielfach constatirt, doch geschieht noch wenig für die Gewinnung dieses Metalls; Algier wird schon von Strabo wegen seines Reichthums im Altlas, ebenso Numidien genannt, und in neuester Zeit wird viel Kupfer in Capland gewonnen.

In Amerika erzeugen fast alle Staaten Kupfer und in Nordamerika wird noch viel gediegen Kupfer gefunden.

In Südaustralien sind neuester Zeit wichtige Kupfergruben bekannt geworden, es wird sehr viel Erz von da sowohl, als auch von Südamerika auf den europäischen Continent gebracht, wo es verhüttet wird.

Die Kupfererze kommen in Lagern, Stöcken und Gängen sowohl in krystallinischen Gesteinen als auch in secundären Gebirgen vor, sie finden sich sehr häufig als Begleiter von Blei-, Silber-, Zinn- und Schwefelerzen (Eisenkies) und werden bei Gewinnung dieser Metalle mit verarbeitet und das Kupfer daraus als Nebenproduct gewonnen. Als metallische Begleiter der Kupfererze finden sich sehr häufig Bleiglanz, Schwefelkies, Nickel- und Kobalterze, Zink- und Silbererze, sowie häufiger Arsenkies, als Erdarten kommen zumeist Quarz, Schwerspath und Kalkspath, seltener Flussspath gleichzeitig vor. Die Schwefelverbindungen des Kupfers sind die häufiger vorkommenden Erze.

Gediegen Kupfer ist nur in wenigen Fällen Gegenstand bergmännischer Gewinnung und kömmt zu selten vor; in grösseren Mengen findet es sich am lake superior in Nordamerika, zuweilen mit gediegenem Silber. In Südamerika (Peru und Chile) gewinnt man es mit anderen Mineralien als Kupfersand, cubarilla, cuprobacilla auch corrocorro genannt, von wo sehr viel davon nach England und Frankreich verschifft wird; derselbe enthält von 60—90 % Kupfer. Auch im Ural kömmt mehr von gediegenem Kupfer vor.

Kupferkies, Chalkopyrit ($Cu_2 S + Fe_2 S_3$) mit 34·4 % Cu ist das verbreitetste Kupfererz, das manchmal auch gold- und silberhaltig ist (Fahlun, Siebenbürgen).

Kupferglanz, Chalkosin ($Cu_2 S$) mit 79·89 % Cu meist mit einem geringen Silbergehalt findet sich in Cornwall, Toscana, Chile, Capland, Südaustralien.

Buntkupfererz, Bornit ($3 Cu_2 S + Fe_2 S_3$) mit 55·7 % Cu kömmt meist mit Kupferkies und Kupferglanz gemengt vor in grösseren Massen in Cornwall und Toscana.

Kupferindig, Covellin ($Cu S$) kömmt sehr sparsam vor, in bedeutenderer Menge in Chile; er enthält 66% Cu.

Silberkupferglanz, Stromeyerit ($Cu_2 S + Ag_2 S$) mit 31% Cu und 53% Ag findet man häufiger in Sibirien, Chile und Peru.

Rothkupfererz, Cuprit ($Cu_2 O$) mit 88·8% Cu ist nicht selten in Spanien, Peru, Nordamerika und Südaustralien; das Ziegelerz ist ein Gemenge von Cuprit mit Rotheisenstein.

Kupferschwärze, Pelokonit ist ein Gemenge von Kupferoxyd, Eisenoxyd und Manganoxyd in wasserhaltendem Zustande; es ist dies ein selteneres Mineral mit blos 11·5% Cu, welches in grösserer Menge am oberen See in Nordamerika gefunden wird.

Malachit ($Cu_2 CO_4 + H_2 O$) mit 57·3% Cu, häufig im Ural, Irland, Südamerika, Südaustralien.

Kupferlasur, Azurit ($2\, Cu\, CO_3 + Cu\, H_2 O_2$) mit 55·1% Cu ist selten in grösseren Mengen anzutreffen. Südaustralien.

Kupfervitriol, Chalcantit ($Cu\, SO_4 + 5\, H_2 O$) findet sich häufig in natürlichen Cementwässern; sonst in Amerika. Er enthält 25·4% Cu.

Salzkupfererz, Atakamit ($Cu\, Cl_2 + Cu\, O + 3\, H_2 O$) mit 59·4% Cu kömmt häufiger vor in Chile und Südaustralien und wird viel nach Südwales eingeführt.

Fahlerz, Tetraëdrit [$4\, (Cu_2 S,\ Fe\, S,\ Zn\, S,\ Ag_2 S,\ Hg_2 S)\ Sb_2 S_3,\ As_2 S_3$], von welchen man Antimonfahlerz, Arsenfahlerz und gemischtes Fahlerz unterscheidet hält 30—40% Cu und ist ein häufig vorkommendes Erz; die Quecksilber haltenden Fahlerze findet man in Ungarn und Tirol.

Enargit. [$(4\, Cu\, S + Cu_2 S)\ As_2 S_3$] mit 48·6% Kupfer in Nordamerika, Peru, Manilla, in geringen Mengen in Tirol und Ungarn.

Kupferhaltender Eisenkies ist eines der am häufigsten auf Kupfer verhütteten Erze und enthält sehr verschiedene Mengen Kupfer, nicht selten auch etwas Silber und Gold.

Gewinnung des Kupfers auf trockenem Wege.

Die Gewinnung des Kupfers geschieht auf trockenem sowohl, als auch auf nassem Wege. Alle reicheren Erze werden auf feurig flüssigem Wege verhüttet, wozu entweder Schachtöfen oder Flammöfen angewendet werden; letztere finden hauptsächlich dann vortheilhafte Anwendung, wenn man unreinere, arsen- und antimonhaltende Erze zu verschmelzen hat, da man daraus in Flammöfen leichter ein gutes Kupfer darzustellen im Stande ist, als dies in Schachtöfen möglich wird, jedoch erfolgt die Gewinnung des Metalls in Flammöfen viel langsamer, in Schachtöfen dagegen rascher und eignen sich für diese auch minder reiche Erze.

Aermere Erze, wenn sie Quarz als Gangart enthalten, so wie Hüttenproducte, welche edle Metalle enthalten, werden, um letztere daraus zu gewinnen, auf nassem Wege zu Gute gebracht, da eine vollständige Gewinnung derselben aus dem Kupfer durch die Schmelzprocesse nicht möglich ist. Erze, welche in Säuren lösliche oder durch Reagentien zersetzbare Gangarten führen, können auf nassem Wege nicht mit Vortheil verarbeitet werden. Die weitaus meisten kupferführenden Erze sind Schwefelverbindungen, und die Gewinnung aus diesen auch die wichtigere, allerdings auch viel complicirtere; oxydische Erze finden sich nicht so reichlich, aber schliesslich wird das Kupfer doch immer durch ein reducirend solvirendes Schmelzen aus seinem Oxyde gewonnen.

Gewinnung des Kupfers in Schachtöfen.
(Deutscher Kupferprocess.)

Nach diesem Verfahren werden die das Schwefelkupfer führenden Erze zuerst geröstet; der Erzrost aber kann nicht unmittelbar zur Darstellung des Kupfers benützt werden, weil derselbe nicht reich genug ist, um sofort zur Reduction verwendet werden zu können, dann weil die Röstung nie vollständig genug ist, und immer ein bedeutender Theil Kupfer sich in dem mitfallenden Lech ansammeln würde, weiter weil das Metall nur in höchst unreinem Zustande gewonnen werden könnte, und endlich weil eben die Entfernung einiger die Qualität des Kupfers schädigender metallischer Beimengungen, die sich nicht mit einem Male entfernen lassen, die Durchführung mehrerer Zwischenarbeiten unbedingt fordert. Die Gewinnung des Kupfers zerfällt in die folgenden Operationen:

1. Das Rösten der Erze.
2. Das Schmelzen des Erzrostes auf Rohstein — Rohschmelzen.
3. Das Rösten des Rohlechs.
4. Das Schmelzen des Rohlechrostes auf Concentrationsstein — Concentrationsschmelzen.
5. Das Rösten des Concentrationssteins.
6. Das Verschmelzen des Concentrationssteinrostes auf Rohkupfer oder Schwarzkupfer — Rohkupferschmelzen, Schwarzkupferschmelzen.
7. Das Spleissen des Schwarz(Roh)kupfers.
8. Das Hammergarmachen des Spleisskupfers.

In seltenen Fällen, wenn die Erze rein und frei von schädlichen Beimengungen sind, können die sub 4 und 5 genannten Arbeiten ausbleiben und auf Arbeit 3 sogleich die Arbeit 6 folgen; die sub 7 und 8 angeführten Operationen lassen sich, wie wir später sehen werden, vereinigen (Flammofenarbeiten).

Das Rösten der Erze wird vorgenommen, um einestheils flüchtige Stoffe daraus zu entfernen, anderntheils die im Erz enthaltenen fremden Metallverbindungen zu oxydiren und diese Oxyde mit den anwesenden Gangarten bei dem darauf folgenden Schmelzen zu verschlacken. Diese

Röstung soll wegen der Leichtflüssigkeit des Halbschwefelkupfers keine zu starke sein, sie kann aber um so stärker vorgenommen werden, je reiner die Erze sind, und muss unbedingt um so schwächer durchgeführt werden, je mehr schädliche Beimengungen (hauptsächlich Arsen und Antimon) die Erze enthalten, da dieselben nur durch wiederholte Röstungen und Schmelzungen allmälig fortgetrieben werden können.

Der Erzrost enthält stets neben unzersetzten Schwefelmetallen einen Theil derselben als Oxyde und als Salze, ein Theil Arsen, Antimon und Schwefel wurde verflüchtigt; von letzterem aber muss stets noch wenigstens so viel im Roste zurückgeblieben sein, als das vorhandene Kupfer zur Bildung von Halbschwefelkupfer braucht, um es bei der folgenden Schmelzung vor Verschlackung zu schützen.

Das Rösten der Kupfererze geschieht theils in freien Haufen, theils in Stadeln, theils in Schacht- oder Flammöfen. Kupferhaltende Schwefelkiese geben bei dem Rösten in Haufen kupferreichere, Schwefelkupfer enthaltende Kerne, und kupferärmere, Kupferoxyd enthaltende Rinden (Kernröstung); Schliche werden mit Kalk oder besser mit Eisenvitriollauge eingebunden, die feuchte Masse in Formen gestampft, diese getrocknet und dann geröstet (Stöckelröstung). Mit der Röstung der Erze in Haufen und Stadeln ist häufig eine Schwefelgewinnung verbunden, bei dem Rösten in Oefen dienen die entweichenden Gase, wo dies thunlich ist, zur Erzeugung von Schwefelsäure.

Zu Agordo[4]) (im Venetianischen) werden die Schliche, wie sie von der Grube kommen (Kupfer haltender Eisenkies) und auf der Hütte bei der Erzscheidung gewonnen werden, mit Eisenvitriollaugen von $26-30^0$ Beaumé Concentration zu einem steifen Teig angemacht und dieser zu Stöckeln geschlagen, wozu man sich messingener Formen bedient, die 75 cm hoch, oben eben so breit, unten aber 100 mm breit sind; diese Stöckel lässt man an der Luft trocknen, wo sie binnen drei Wochen erhärten und nun mit Laufkarren auf die Röststätten geführt werden. Ein solches Stöckel wiegt 2 kg, die Gewichtszunahme durch die Vitriollauge beträgt 10%. Der Schlich für die Stöckelerzeugung muss möglichst trocken sein, damit er so viel wie möglich Lauge aufnehme, und die Stöckel müssen sehr langsam trocknen, da sie sonst rissig werden; zu grosses Korn veranlasst die Bildung von Kernen, grössere Stöckel sind schwieriger zu erzeugen und zu handhaben und bleiben bei dem Rösten zum Theil auch roh. Die Röstung erfolgt in Haufen mit zwei Decken, wovon die untere aus Grubenklein, die obere aus ausgelaugten Rückständen besteht, doch können die Stöckel auch in kleinen Rösthaufen vollkommen ohne die Decke von Grubenklein abgeröstet werden, wenn die zur Decke verwendeten Rinden vollkommen trocken sind, weil die oberste Lage der Stöckel sonst die Feuchte aus der Decke an sich zieht, bei der Röstung zusammenbäckt

---

[4]) Oesterr. Ztschft. f. Bg. u. Httnwsn. 1856, 1861, 1862.

und ein vollständiges Abrösten behindert. Kleine Haufen brauchen 4—5 Monate, grössere 10—12 Monate zur Abröstung; sie erhalten von 3 zu 3 m Feuerheerde. Gut geröstete Stöckel sind röthlich, sehr hygroscopisch, nehmen an der Luft 8—9% an Gewicht zu und überziehen sich mit einer gelben Auswitterung von Eisen- und Kupfersulfat; im frischgerösteten Zustande mit Wasser begossen, absorbiren sie davon bedeutende Mengen unter Zischen und Wärmeentwickelung.

Zu Szalathna (Siebenbürgen) wurde von A. Hauch für die von den Goldbergbauen gelieferten Kiesschliche die folgende Methode in Anwendung gebracht. Diese Schliche enthalten 37% Schwefel, 33% Eisen, 12% quarzige Gangart, 0·030% güldisches Silber und variable Mengen von Kupferkies, Zinkblende und Bleiglanz. Dieselben müssen, um eine Goldverflüchtigung zu vermeiden, bei möglichst niederer Temperatur abgeröstet werden, wodurch ihr ursprünglicher Lechgehalt von 60% auf 30% herabgeht. Für diese partielle Abröstung dient ein Röstschachtofen, in welchen die Stöckel eingesetzt werden. Dieselben zerfallen wieder in feuchter Luft, aber auf glühende Kohlen gebracht entzünden sich die trockenen Stöckel leicht und brennen fort, indem sich ihre Oberfläche nach und nach als glühender Staub ablöst, bis das ganze Stöckel verröstet ist, und legt man trockene Stöckel nach, so entzünden sich diese an den bereits brennenden, so dass diese Verröstung ununterbrochen ohne jedwede Verwendung von Brennstoff vor sich geht.

Der Röstapparat (Fig. 130) besteht aus einem niedrigen Schacht, welcher unten durch einen aus scharf gebrannten Ziegeln bestehenden Rost a abgeschlossen wird und auf eisernen Tragstangen ruht, unter welchen sich der bewegliche eiserne Rost b befindet; darunter sind einige gusseiserne Platten c angebracht, auf welche das Röstgut herabfällt und nach und nach in einen untergestellten Wagen herabrutscht, in welchem das Röstgut ausgefahren wird. Unterhalb des Ziegelrostes befinden sich einige Luftzuführungsöffnungen. Das Schwefeldioxyd strömt in ein System von Flugstaubkammern und dann in Bleikammern, es dient zur Gewinnung von Schwefelsäure, beheizt aber bei seinem Abzuge die eiserne Deckplatte g, auf welcher die Stöckel getrocknet werden. e ist die mit einer Fallthür verschlossene Chargiröffnung, f die Austragöffnung, welche ebenfalls verschlossen gehalten wird. Bei Inbetriebsetzung des Ofens wird der Röstkorb h mit glühenden und darauf mit todten Kohlen gefüllt, und wenn diese völlig brennen, stetig die Kiesstöckel nachgegichtet. Ein Arbeiter erzeugt täglich 600 Stück Schlichstöckel, je 3 auf einmal im Gesammtgewicht von 840 kg und verrichtet alle hierzu gehörigen Nebenarbeiten; ein Ofen röstet in 24 Stunden 825 kg.

Die Stufferze werden zu Agordo ebenfalls in Haufen von 7 m Länge, 6 m Breite und 2500—3000 q Fassungsraum abgeröstet (Fig. 131). Bei Herstellung des Haufens wird der Boden zuerst auf 2 m Tiefe ausgehoben und mit zum Theil ausgelaugten Rinden gefüllt, in diese Füllung werden von 1 zu

1 m Holzscheite a eingesetzt, welche nach ihrem Ausbrennen Canäle für
den Luftzug bilden und eine weitere Oxydation der Rinden veranlassen.
Auf die sodann geebnete Sohle werden ringsum am Rande grosse Steine b
gelegt, welche die Rostdecke halten sollen, und an den 4 Ecken werden
die Zündheerde angelegt, durch welche der Haufen in Brand gesetzt wird.
In die Mitte kommen die grössten, 'nach dem Umfang zu die kleinsten
Kiesstücke, und nachdem mit dem Aufführen des Erzes etwa 66 cm Höhe
erreicht wurde, werden parallell den Seiten des Haufens 3—4 Scheidewände c aus Grubenklein errichtet, wodurch ein zu lebhafter Zug darin
verhindert werden soll; dann wird der Haufen bis 2·6 m Höhe aufgeführt,
mit einer 33 cm starken Decke von Grubenklein und darüber mit einer

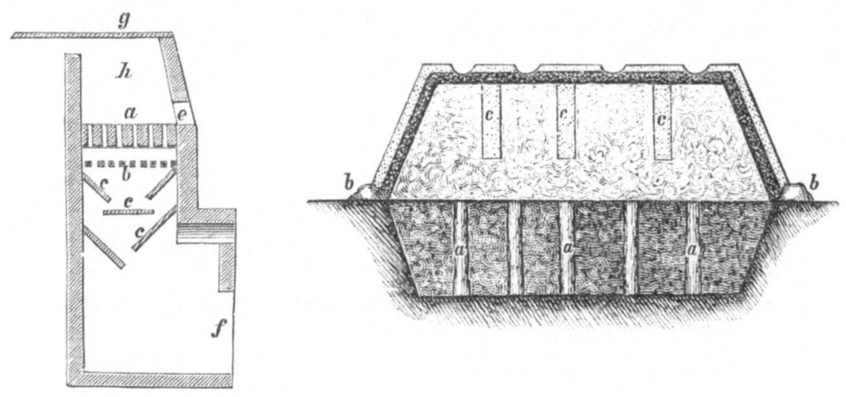

Fig. 130.   Fig. 131.

eben so starken Lage Kernerzrinden überdeckt. 5—6 Tage nach dem Anzünden ist der Haufen gehörig in Brand gerathen, es werden jetzt die
Feuerstätten an den 4 Ecken mit ausgelaugten Rinden verstürzt und die
Feuerung sehr sorgfältig geleitet, damit das Feuer weder ersticke noch zu
lebhaft brenne, und das Erz nicht zusammensintere. 5—6 Wochen nach
dem Anzünden beginnt die Rostdecke von darin angesammeltem sublimirtem
Schwefel zu erweichen, man schlägt jetzt in dieselbe halbkugelförmige
Vertiefungen ein, in welchen sich der flüssige Schwefel sammelt und ausgeschöpft wird; man gewinnt davon 12—15 q pro Haufen. 5—6 Wochen
vor dem Ausbrennen des Haufens hört diese Sublimation ganz auf, während
sie im 2. und 3. Monat am ergiebigsten ist; der Schwefel wird dann in
eisernen Kesseln geläutert. Die nach der Röstung erhaltenen Kerne werden
zum Rohschmelzen, die Rinden zum Laugen abgegeben; sie werden derart
geschieden, dass die inneren, die Kernerzrinden, welche noch viel Schwefelkupfer enthalten, und die Kerne von den äusseren Rinden separirt werden,
weil sonst bei dem Laugen der Kernerzrinden das Schwefelkupfer als un-
auslaugbar verloren gehen würde. Die Kerne von armen Erzen halten 3—4,

von mittleren Erzen bis 6, von reichen 9—10 % Kupfer; man erhält
13—14% Kerne (Kernröstung).

Dieselben Erze werden in Agordo auch in den steirischen Röststadeln geröstet (Fig. 132 u. 133); dieselben sind 17 m lang, 4·3 m breit
und 2·5 m hoch, sie haben 1·6 m starke Wände, in welchen sich die zur
Auffangung des Schwefels dienenden Kammern c befinden, zu deren jeder

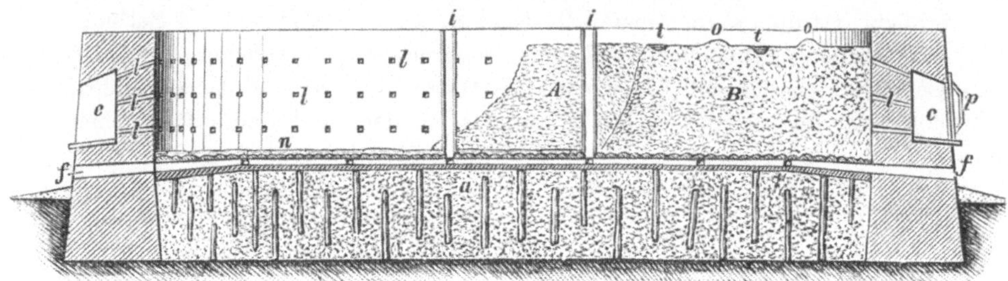

Fig. 132.

aus dem Innern des Röststadels je 12 Canäle l führen. Diese Röststadeln
sind mit den Haufen derart combinirt, dass die Sohle a aus ausgelaugten
Kernerzrinden hergestellt wird, in welche man Prügelholz einlegt; f sind
Kühlcanäle in dem Ofengemäuer, welche mit Steinplatten überdeckt werden,
p die Thüren zu den Schwefelkammern. Auf die Steinplatten wird zunächst

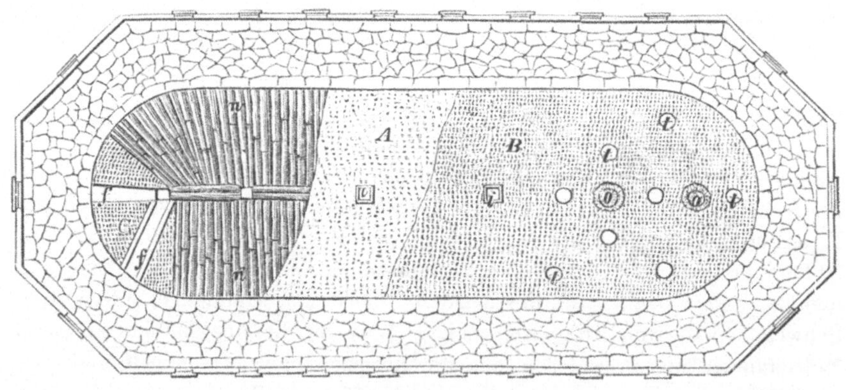

Fig. 133.

ein Rost n von Torfklein und Holzabfällen gelegt und auf diesen die Holzlutten i aufgestellt, welche nach dem Ausbrennen durch Deckmaterial o
verstürzt werden; t sind die Schwefelgruben in der Decke. Der Theil A
bedeutet rohen, der Theil B in Röstung befindlichen Kies, C die Röstsohle.

Ausser den Oefen von Gerstenhöfer, Hasenclever und Helbig,
dann den Fortschaufelungsöfen, welche wir bereits kennen gelernt
haben, finden noch die folgenden Anwendung:

Kiln, welche man, wenn die Erze reicher an Schwefel sind, nach oben zu erweitert, bei schwefelärmeren Geschicken aber oben enger macht oder prismatisch herstellt, und in ersteren die Oxydationsluft mehr von oben, bei letzteren mehr von unten zuführt; in je kleineren Stücken das Erz zur Röstung kommt, um so niedriger müssen die Kiln sein, weil sich das Röstgut zu dicht legt und den Zug hemmt.

Plattenöfen und Etagenöfen, welche combinirte Schacht- und Flammöfen sind, hauptsächlich zur Abröstung von Erzklein dienen und zumeist in Schwefelsäurefabriken zur Verröstung von Eisenkies in Gebrauch stehen. Solche Oefen wurden von Perrot und Mac Dougal angegeben.

Für Schliche Flammöfen. Im Mannsfeld'schen stehen zum Abrösten der für die Entsilberung bestimmten Kupfersteine dreiheerdige Flammöfen in Verwendung, welche ganz so wie die zweiheerdigen betrieben werden; die Einrichtung der ersteren kostet allerdings mehr, aber sie liefern pro Zeiteinheit gleich viel oder mehr Röstgut und beanspruchen eine kürzere Röstzeit auf dem untersten Heerde.

Die neueren Constructionen, meist für chlorirendes Rösten angewendet, sind solche mit rotirenden Heerden; diese liegen entweder horizontal oder geneigt, und die horizontalen sind entweder tellerförmig oder Cylinder.

Der Röstofen von Smith[5] besteht aus einem von Kesselblech gefertigten um seine horizontale Axe bewegten, innen feuerfest gefütterten Cylinder von 8 m Länge und 1·2 m Durchmesser mit 6 Längsrippen im Innern,

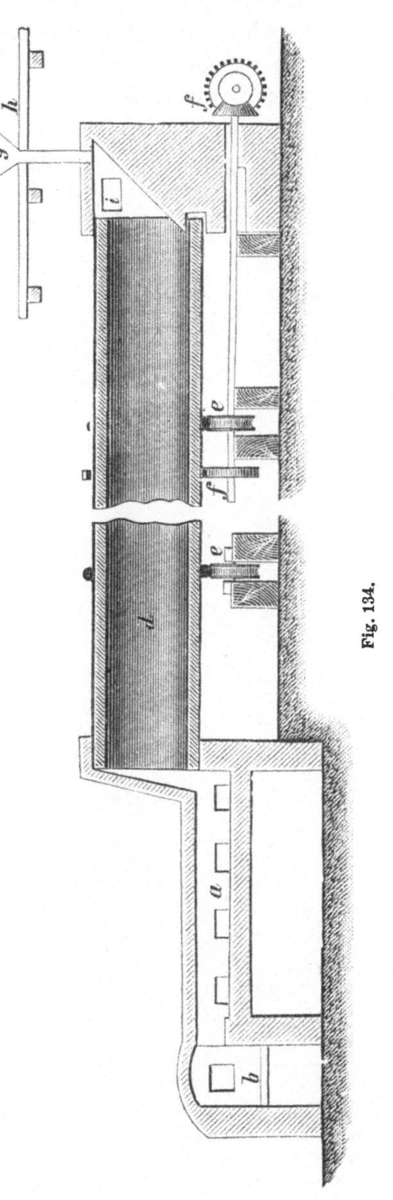

---

5) Bg. u. Httnmsch. Ztg. 1875 pag. 364. Eng. and Min. Journ. Aug. 1875 pag. 211.

durch welche bei dem Drehen die Röstpost allemal bis zu einer bestimmten, dem natürlichen Böschungswinkel des pulverigen Röstmaterials entsprechenden Höhe gehoben und wieder abgestürzt, also beständig in Bewegung erhalten wird. Der Ofen verröstet 8—10 tons in 24 Stunden bei einem Brennmaterialaufgang von $12\frac{1}{2}$—15 q. In Fig. 134 u. 135 bezeichnet a den an den Cylinder anschliessenden 2·5 m langen und 1·9 m breiten fixen

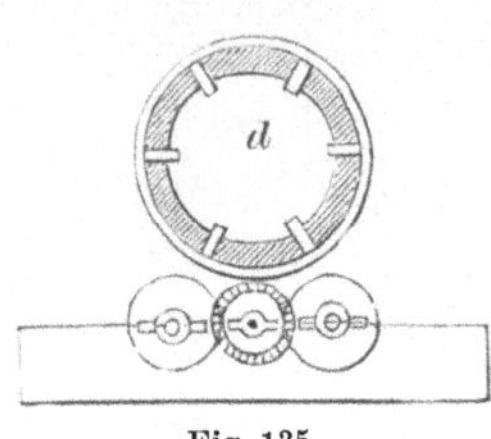

Rösttheerd, welcher ein kurzer Fortschaufelungsofen ist, b ist der Rost, d der rotirende Cylinder, e die Gleitrollen, f die Zahnradübertragung, g der Fülltrichter, h die Bühne zum Chargiren und i die Oeffnung zur Abfuhr der Röstgase. Ein diesem ganz ähnlicher, aber kürzerer Ofen steht zu Sala in Schweden für das chlorirende Rösten der bei der Aufbereitung der Bleierze gefallenen armen silberhaltenden Schlämme in Verwendung.

Fig. 135.

Der Ofen von Brükner[6]) steht auf vielen Hütten in Colorado im Betriebe; derselbe ist ein ebenfalls horizontal sich drehender, innen feuerfest

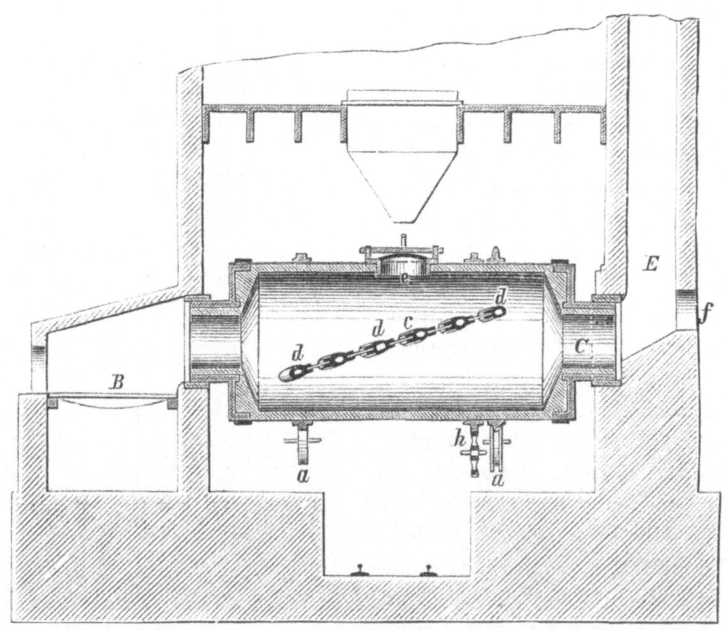

Fig. 136.

ausgekleideter Cylinder von Eisenblech, 3—4 m lang und 2 m im Durchmesser, welcher durch das Getriebe bei h in Rotation versetzt wird. Aussen

------

[6]) Bg. u. Httnmsch. Ztg. 1875 pag. 62 u. 119, 1876 pag. 162, 1877 pag. 236. Preuss. Ztschft. Bd. 27 pag. 153. Dingler's Journ. Bd. 190 pag. 388 und Bd. 224 pag. 603.

hat derselbe 2 Ringe aufgekeilt, welche auf den Gleitrollen a ruhen, und innen eine mit feuerfestem Material überkleidete Scheidewand c, deren einzelne Abschnitte von den Rippen d gehalten werden; diese Rippen sind

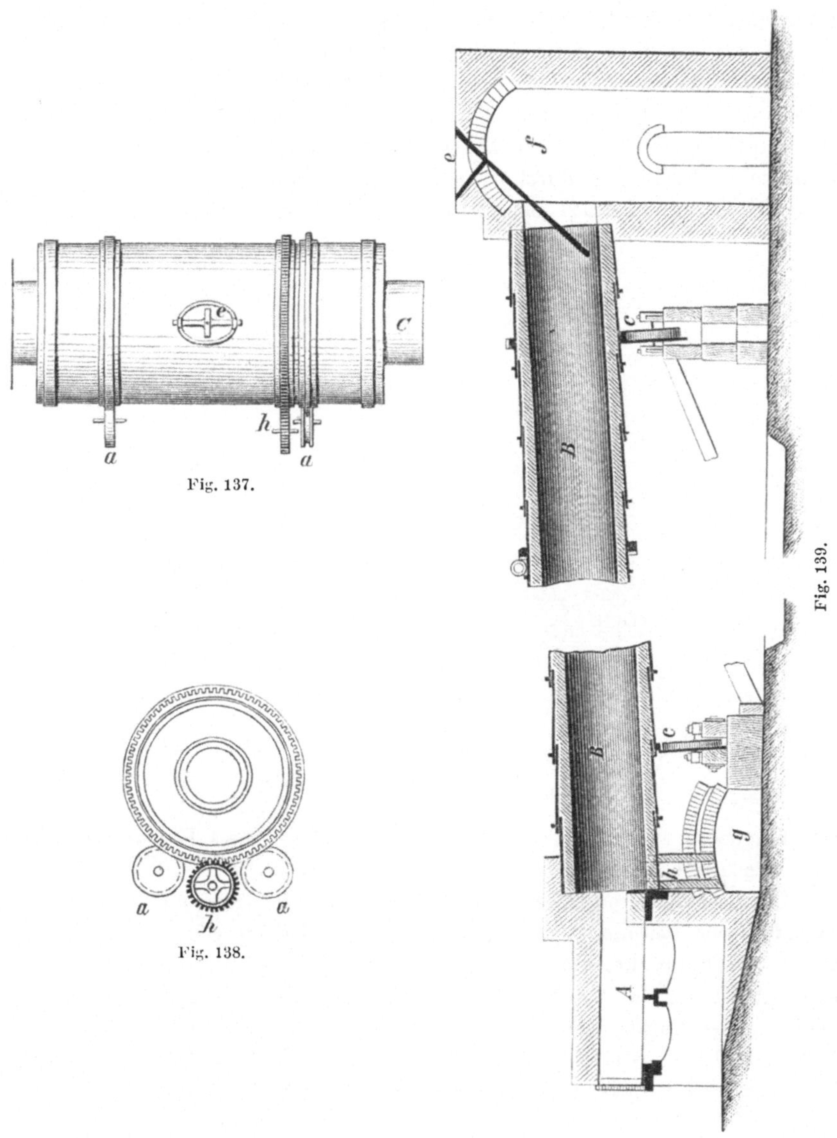

Fig. 137.

Fig. 138.

Fig. 139.

wegen Luftkühlung aus Röhren mit falzartigen Ansätzen hergestellt und derart festgemacht, dass die zwischen eingelegten Platten, welche zusammen die Scheidewand bilden, um etwa 15° gegen die Längenaxe des Cylinders geneigt sind, so dass bei dem Rotiren des Cylinders, welcher durch e beschickt wird, ein stetes Hin- und Hergehen des Röstgutes und eine gleichartige Mengung desselben erreicht wird. Zwischen der Esse und dem Fuchs C liegen noch Flugstaubkammern; der Ofen macht 1—2 Umdrehungen pro Minute, man röstet 15—20 q mit 6—10% Kochsalzzuschlag, der Röstprocess kann stetig überwacht werden und es soll eine hochgradige Chlorirung darin erreichbar sein, die Röstkosten sind geringer als bei Flammöfen. Der Ofen eignet sich auch für Kleinbetrieb (Fig. 136—138). Bei B ist die Feuerung. Die Proben werden durch eine in dem Canal E befindliche Oeffnung f durch den Fuchs entnommen; die Röstdauer ist verschieden und beträgt bei stark geschwefelten Erzen bis 20 Stunden.

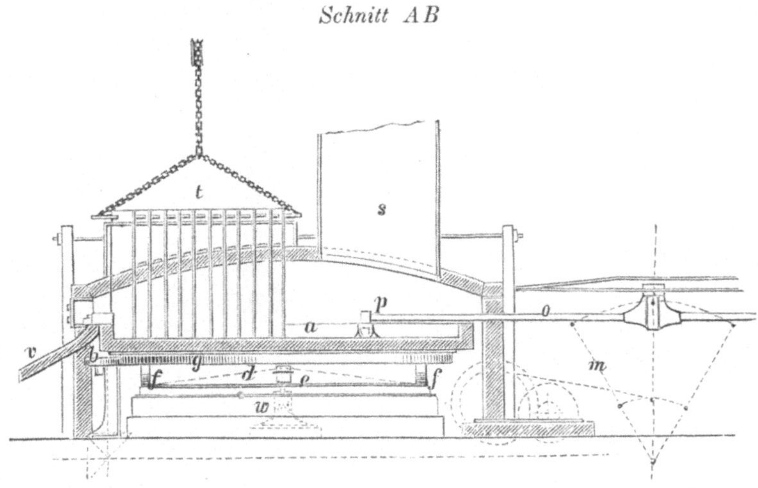

Fig. 140.

Der Flugstaub fällt über die geneigte Sohle des Canals E zum Theil in den Ofen zurück.

Der Röstofen von Hocking-Oxland[7]) besteht aus einem gleichen Cylinder, wie bei den vorigen Oefen, welcher jedoch geneigt liegt, und durch eine Schnecke, die in ein aufgekeiltes Zahnrad greift, umgetrieben wird. A ist der feststehende Feuerraum, B der Röstcylinder, c die Gleitrollen, e der Fülltrichter, f die Flugstaubkammern und g ein Raum zur Aufnahme der gerösteten Erze, welche durch den Canal h abgestürzt werden. Der Ofen ist für variable Neigung stellbar und in Südaustralien auf Colonie Victoria zur Röstung goldhaltiger Kiese in Anwendung (Fig. 139).

Zur Gewinnung des Kupfers auf nassem Wege aus nur wenig Kupfer haltenden Eisenkiesen durch chlorirendes Rösten haben Gibbs und Gelst-

---

[7]) Bg.- u. Httnmsch. Ztg. 1875 pag. 384.

harp die folgende Ofenconstruction angegeben[8]) (Fig. 140 u. 141): Der um seine verticale Axe sich drehende Ofen wird durch den Rumpf s beschickt und erhält Chargen von 50 q mit $7^1/_2 \, \%$ Kochsalzzuschlag, welche in 9 Stunden abgeröstet sind. Der aus Kesselblech hergestellte tellerförmige Heerd a von 5 m Durchmesser, welcher in einer Viertelstunde zwei Umdrehungen macht, ist mit feuerfestem Material ausgekleidet und durch Rippen g auf der Unterseite verstärkt; die Welle e, um welche der Heerd

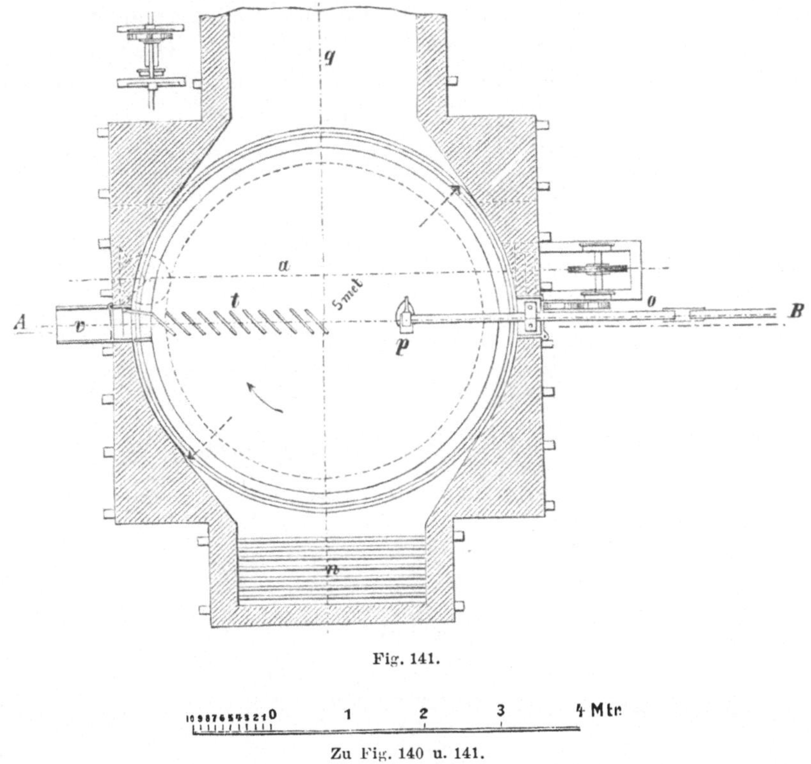

Fig. 141.

Zu Fig. 140 u. 141.

rotirt, läuft unten in dem Lager w und wird von dem Bügel d gehalten, ausserdem aber noch durch unter dem Heerd befindliche Gleitrollen f und seitlich befindliche Gleitwalzen b unterstützt. p ist das Krähleisen, welches durch den Arm o von der Betriebswelle aus in hin- und hergehender Bewegung erhalten wird und in einer Minute zweimal seinen Weg zurücklegt, so dass während eines Umganges des Heerdes der Pflug nur um seine eigene Breite vorrückt, und sämmtliches Röstgut bei dem Hin- und Rückgange desselben aufgekrählt wird. Die Ausräumplatten t sind schief gestellt; sie werden nach beendeter Röstung durch eine sonst verschlossene

<hr>

[8]) Bg. u. Httnmsch. Ztg. 1872 pag. 148 und 1875 pag. 62, 119.

Oeffnung im Gewölbe an Ketten eingelassen und schieben das fertige Röstgut vor die Arbeitsöffnung in die Rinne v, aus welcher es in untergestellte Wagen fällt. Durch eine endlose Kette wird die Drehung des Heerdes bewirkt, m ist der Arm, welcher das Krähleisen bewegt, n der Rost, q der Fuchs. Die Temperatur in diesem Ofen wird nur sehr niedrig gehalten, um alles Kupfer möglichst zu sulfatisiren.

Ein von Parkes[9]) angegebener Röstofen hat zwei feststehende, über einander liegende runde Heerde, von deren oberen das Erz auf den unteren Heerd abgestürzt wird, der obere also nur zur Vorröstung dient; in der Mitte des Ofens dreht sich eine verticale Welle mit zwei Querarmen über jedem Heerd, jeder Arm trägt eine Anzahl Zinken, welche so gestellt

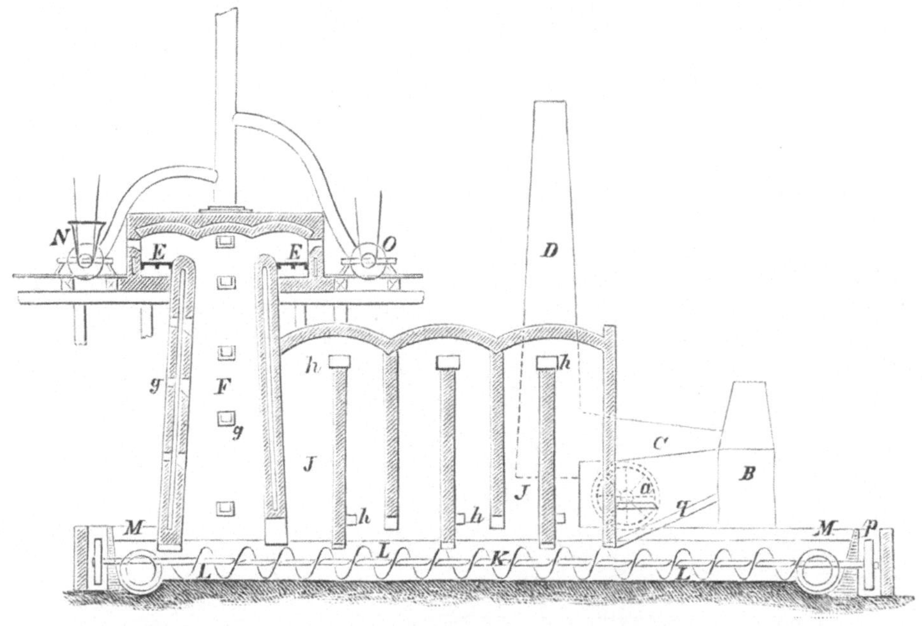

Fig. 142.

sind, dass bei dem Umlaufen der Welle die Zinken des einen Arms zwischen den vom vorangegangenen Arm gelassenen Furchen laufen.

Der Wasserofen von Whelply und Storer[10]) (Fig. 142) ist ein bis 12 m hoher nach oben sich verengender Schachtofen von 1 — 1·3 oberer, und 1·3 — 2·0 m unterer lichter Weite mit doppelten Wänden, in welchen die vorher äusserst fein gepulverten Erze gleichzeitig mit einer reichlichen Menge zwischen den Doppelwänden des Ofens erwärmter Luft und mit staubförmigem Kohlenklein gegen den Boden des Ofens geblasen werden;

---

[9]) Ebenda, 1852 pag. 265.

[10]) Ztschft. d. Ver. deutsch. Ing. 1873 pag. 688. Dingler's Journ. Bd. 190 pag. 390.

an den Ofen schliessen sich die unten durch Wasser abgesperrten Condensationskammern an. Durch die Verbrennung des Kohlenstaubs in der heissen Luft wird die Temperatur im Innern des Ofens so hoch, dass ein 60 cm über der Ofensohle eingehaltener Eisenstab weich und weissglühend wird, und erfordert die Röstung eines viel Schwefel haltenden Erzes, reichliche Luftzufuhr. Die Oxydation erfolgt sehr rasch, der geröstete Erzstaub fällt in den Wasserbehälter hinab, welcher die Sohle des Ofens bildet, von wo er durch eine Transportschnecke ausgetragen wird, während der Gasstrom mit den mitgerissenen Erztheilchen eine Reihe Kammern durchzieht, in deren letzter am Boden in dem Wasserbehälter ein Schaufelrad angebracht ist, das einen feinen Sprühregen darin erzeugt und das Niederfallen der noch suspendirten Erzpartikelchen, so wie eine Absorption der schwefligen Säure veranlasst. Für Abröstung von Schwefelkupfer haltenden Erzen wird in den den Boden des Apparates bildenden Wasserbehälter eine Lösung von Kochsalz oder von Chlorcalcium vorgelegt, wodurch nicht nur eine Absorption erreicht, sondern auch das Kupferoxyd in Kupferchlorür verwandelt wird,

$$2\,NaCl + SO_2 + 2\,CuO = 2\,CuCl + Na_2SO_4;$$

und da die Erze immer, wenn auch häufig nur gering eisenhältig sind, so wird auch Eisenchlorür gebildet, das aber durch Zusatz von Kupferoxyd niedergeschlagen wird,

$$3\,CuO + 2\,FeCl_2 = 2\,CuCl + CuCl_2 + Fe_2O_3,$$

(siehe Hunt- und Douglasprocess).

Die heisse Lösung wird desshalb, nach Abscheidung der darin ungelösten Bestandtheile mit so viel Kupferoxyd versetzt, als zur Fällung des Eisens nothwendig ist, und das in Lösung befindliche Kupferchlorür wird durch Kalkmilch niedergeschlagen; bei Anwendung von Chlorcalcium statt Kochsalz wird die Lauge regenerirt.

Sind die Erze goldhaltig, aber frei von Kupfer, so nimmt man blos reines Wasser zur Condensation, wo sich dann das Gold in dem Schlamm sehr fein vertheilt in einer für die Amalgamation höchst günstigen Form vorfindet.

Die Gewinnungskosten des Kupfers sollen durch Anwendung dieser Röstmethode auf $^1/_3$ herabgehen und grosse Mengen Erz in kurzer Zeit verarbeitet werden können. F ist der doppelwandige hohle Röstthurm, I ein 20 m langer Canal, dessen Boden das Wasserreservoir L bildet, worin sich die Transportschnecke K bewegt, welche durch eine ausserhalb befindliche Riemscheibe p in Umdrehung versetzt wird. E sind vier Feuerungen im oberen Theil des Thurms, in dessen Dom sich die Füllöffnung befindet; D ist ein hölzerner Kamin, a das Sprührad, hinter welchem ein zweites in der Figur nicht sichtbares solches Rad liegt. Die Esse steht durch B und C mit dem Ofen in Verbindung; q ist ein Rohr zur Ableitung der condensirten flüchtigen Producte nach dem Wasserreservoir, g

und h sind Späheöffnungen zur Beobachtung des Betriebes und zum Ab
waschen des an den Innenwänden der Kammern abgesetzten Flugstaubs
mittelst eines eingeführten Wasserstrahls, N ein Gebläse zur Zuführung
von staubförmigem Erz und Brennstoff, O ein Ventilator zum Zuführen
der Luft. Wenn die Hitze zu sehr steigt, wird mit dem Einblasen von
Brennstoff aufgehört und blos Erz und Luft eingeblasen. M zeigt die
Wasserlinie an.

Schmelzbetrieb. Die Metalloxyde werden in leicht und schwer reducirbare eingetheilt; zu den ersteren gehören die Oxyde des Kupfers, Bleies,
Wismuths, Arsens und Antimons, zu den letzteren das Eisenoxyd, das
Manganoxyd, Zinnoxyd, Zinkoxyd, Nickel- und Kobaltoxyd.

Als Grundsätze bei dem Verschmelzen der gerösteten Kupfererze und
Leche ist festzuhalten:

1. Dass man das Kupferoxyd bei den Erz- und Concentrationsarbeiten
nicht zu Metall reduciren, sondern blos von verunreinigenden Metallen
(und Gangart bei dem Erzschmelzen) so weit als möglich scheiden und in
einem Lech ansammeln will.

2. Dass das Kupferoxyd zu den leicht reducirbaren Oxyden gehört,
aus welchem das Metall bei einer Temperatur ausgeschieden wird, bei
der die schwer reducirbaren Oxyde blos auf eine niedrigere Oxydationsstufe gebracht, also desoxydirt werden.

3. Dass man bei der Verschlackung der Gangarten eine möglichst
leichte Trennung von Schlacke und Lech anzustreben hat.

4. Dass die Verwandtschaft des Eisenoxyduls zur Kieselerde grösser
ist, als die der Kupferoxyde, dagegen die des Kupfers zum Schwefel grösser,
als aller anderen Metalle.

Rohschmelzen. Man hat demnach schon bei der Röstung dahin zu
wirken, dass im Röstgut mindestens noch so viel Schwefel bleibe, um mit
dem gesammten Kupfer Halbschwefelkupfer zu bilden und auch noch einen
Theil des Eisens als Sulfid dem Leche zuzuführen. Hohe Temperatur und
starke Windpressung sind zu vermeiden, um nicht auch aus den schwer
reducirbaren Oxyden (vorwaltend Eisenoxyd) Metall auszuscheiden, welches
sich als Eisensau abscheidet und den regelmässigen Fortgang des Schmelzbetriebs stört; die Zusammensetzung der Schlacke soll einem Bisilicat
oder nahe diesem entsprechen, weil eine solche Schlacke selbst bei vorwaltend Eisenoxydul als Base noch immer leicht genug ist, und die mechanische Trennung der Schlacke vom Lech besser erreichen lässt, dann
aber auch darum, weil sie weniger schnell erstarrt und einen reineren Ofengang ermöglicht. Enthält jedoch das Lech viel Zink, so hat dasselbe ein
sehr geringes specifisches Gewicht, es trennt sich dann schwer von der
Schlacke, ist als schaumige Masse darin mechanisch eingeschlossen und
bildet die unter dem Namen scumnas von den schwedischen Hütten aus
bekannt gewordenen Schaumschlacken. Wenn es sein kann, so trachtet
man einen Stein mit etwa 30 % Kupfer oder nicht viel darüber zu erzielen,

nur bei sehr reinen Erzen kann derselbe ohne Nachtheil für die Qualität des Kupfers reicher erzeugt werden; ein Eisengehalt im Lech aber ist nothwendig, weil bei den folgenden Schmelzungen das Eisen wieder verschlackt, die Kieselerde sättigt und das Kupfer vor Verschlackung schützt. Arsen und Antimon haltende Erze dürfen nur schwach geröstet werden, da diese beiden Metalle, so lange genügend Schwefel vorhanden ist, mit in das Lech übergehen, und bei dem folgenden Rösten weiters verflüchtigt werden können, bei Mangel an Schwefel jedoch sich als Speise abscheiden, welche einen Theil des Kupfers aufnimmt und seine Gewinnung verzögert und erschwert.

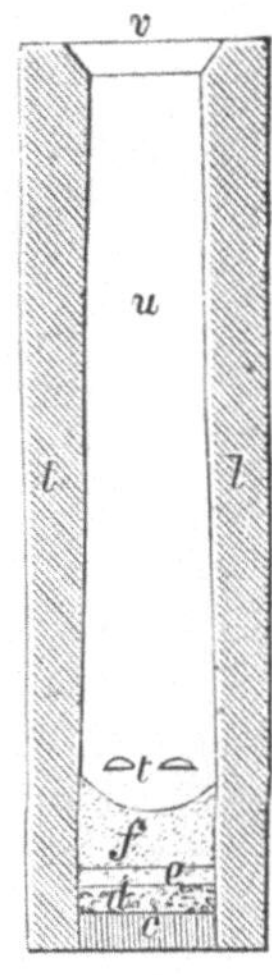
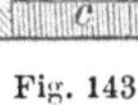

Fig. 143.

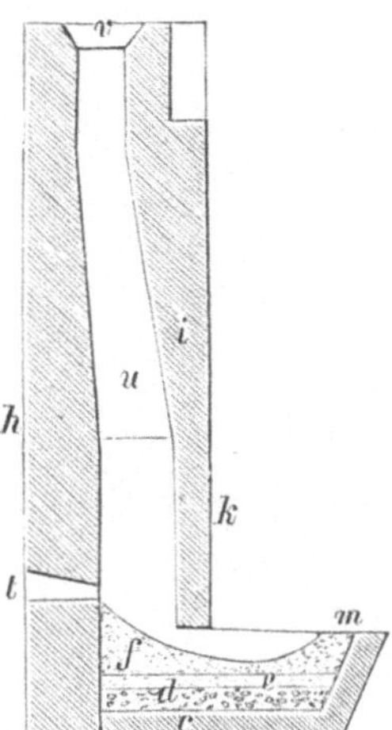

Fig. 144.

Die Lechbildung erfolgt unter dem Einfluss festen Kohlenstoffs, und sind die im Schachtofen vor sich gehenden Reactionen bei gleichzeitiger Anwesenheit von Eisen und Kieselerde die folgenden:

1) $2\,CuO + C = 2\,Cu + CO_2$
2) $2\,CuSO_4 + 3\,C = Cu_2S + SO_2 + 3\,CO_2$
3) $2\,CuO + 2\,CuSO_4 + 5\,C = 2\,Cu_2S + 5\,CO_2$
4) $2\,CuO + 2\,FeS + SiO_2 + C = Cu_2S + FeS + FeSiO_3 + CO.$
5) $2\,CuO + 2\,FeS + 2\,C = Cu_2S + Fe_2S + 2\,CO.$
6) $4\,CuO + 3\,FeS + SiO_2 + 2\,C = 2\,Cu_2S + FeS + Fe_2SiO_4 + 2\,CO.$
7) $6\,CuO + 4\,FeS + SiO_2 + 4\,C = 3\,Cu_2S + Fe_2S + Fe_2SiO_4 + 4\,CO.$
8) $2\,CuO + Fe_2S + SiO_2 = Cu_2S + Fe_2SiO_4.$

Als Brennstoffe finden bei den Kupferschmelzprocessen Holzkohle oder Koks oder ein Gemenge beider Anwendung.

Die Schachtöfen, in welchen die Kupferschmelzprocesse vorgenommen werden, sind von sehr verschiedener Construction; je eisenhaltiger die Beschickungen sind, um so niedriger müssen diese Oefen sein und um so geringere Windpressung muss man anwenden, um Eisenausscheidungen zu vermeiden. Aus demselben Grunde kann heisser Wind nur bei Verarbeitung solcher Erze Anwendung finden, welche erdige Gangarten führen.

Die schwedischen Suluöfen (Fig. 143 — 147) sind zwei- bis mehrförmig und über den Sumpf zugestellt; in den Figuren bedeuten c die Hüttensohle, d eine Schlackenlage, e eine Schicht Lehm, f die Gestübbesohle,

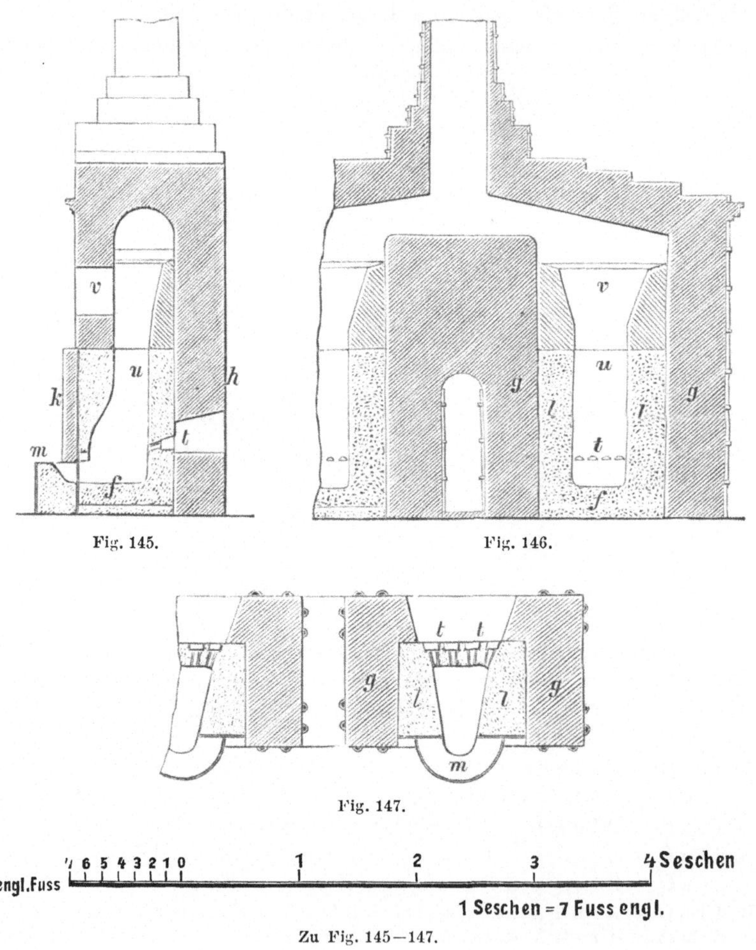

Fig. 145.   Fig. 146.

Fig. 147.

Zu Fig. 145—147.

g das Mauerwerk, h die Brandmauer, i die Vorderwand, k die Ofenbrust, l die Ulmen, m den Vorheerd, t die Formen, u den Ofenschacht, v die Gicht. In einem speziellen Fall war ein solcher Ofen für Koks 13, für Holzkohlen 20 schwedische Fuss hoch, hatte einen rechteckigen Horizontalquerschnitt bei 5 Formen, wovon drei in der Rückwand, er hatte 4 Fuss 3 Zoll Breite und 3 Fuss 4 Zoll Tiefe; der Sumpf reichte 3 Fuss weit vor die

Brust, die Campagnen dauerten bei Verwendung von Koks 2, bei Holz-
kohlenbetrieb bis 6 Monate.

Es werden indess diese Oefen neuerer Zeit immer mehr durch Rundschachtöfen verdrängt, im Jahre 1884 fand der Verfasser solche in Nya-
Kopparberg (Domnarfvet) bereits im Betriebe und für Sala war die

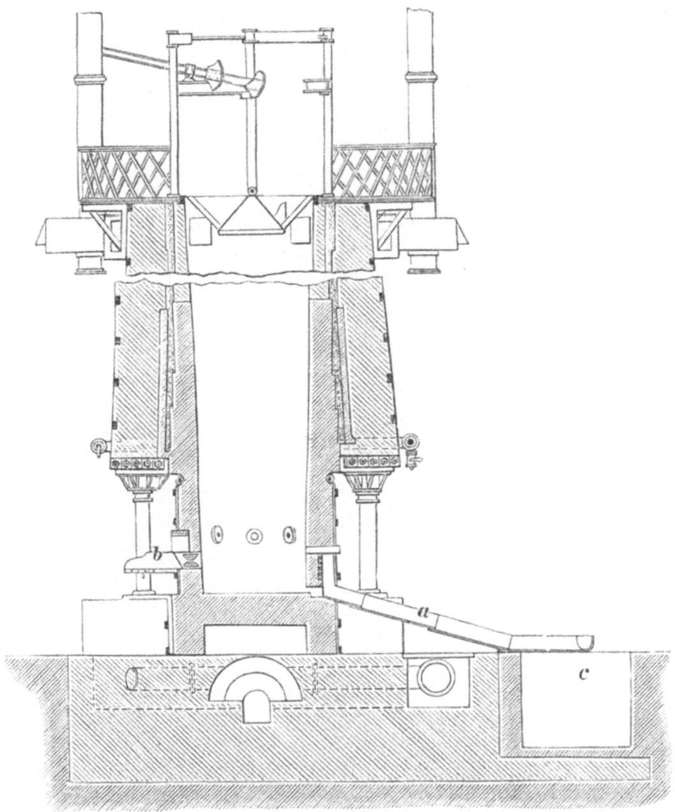

Fig. 148.

Aufstellung eines Rundschachtofens auch schon projectirt. Die beiden
grössten Kupferhütten Schwedens, Falun und Åtvidaberg haben in Folge
der dermaligen Anlieferung ärmerer Erze den Schmelzbetrieb ganz eingestellt und gewinnen das Kupfer auf nassem Wege.

Auf Krughütte[11]) im Mannsfeld'schen stand ein 6 förmiger Rundschachtofen im Betriebe, welcher in 24 Stunden 550 — 600 q Erz verschmolz
und mit erhitztem Wind betrieben wurde; derselbe war mit einem Chargirtrichter versehen und wurden die Gase an 4 Stellen unterhalb der Gicht

---

[11]) Oesterr. Ztschft. 1874 pag. 329. Bg. u. Httnmsch. Ztg. 1874 pag. 115.

abgefangen. Das Gestell und die Formen des Ofens (Fig. 148 u. 149) hatten Wasserkühlung, auf der einen Seite lag vor dem Stich eine Schüttelvorrichtung a, welche oberhalb eines Bassins c für das Granuliren des Rohsteins ausmündete, auf der andern Seite befand sich der Schlackenstich b, von welchem aus die Schlacken in ein in der Hüttensohle befindliches Granulirbassin abgelassen werden konnten. Der Ofen war 9·4 m hoch, 1·88 m im Gestelle weit, hatte 2·2 m Gichtdurchmesser, und die Formen lagen 1·1 m über dem Bodenstein. In diesem Ofen fanden trotz

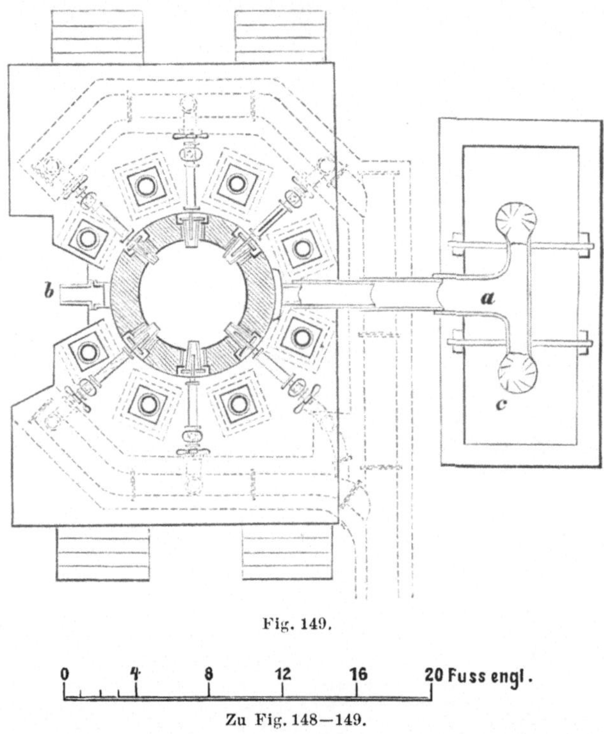

Fig. 149.

Zu Fig. 148—149.

der vorwaltend erdigen Gangarten der Erze bei dem Verschmelzen noch zu viel Eisenreductionen statt, es wurde desshalb ein anderer blos 7·2 m hoher Ofen mit Langen'schem Gasfang aufgestellt, welcher mit derselben Menge, aber schwächer gepressten Windes betrieben wird.

Zu Clifton in Neumexico ist der Schmelzraum der Rundschachtöfen aus kupfernen, oben offenen, mit Wasser gekühlten Kästen zusammengesetzt, welche in drei Reihen über einander stehen.

Die bei dem Rohschmelzen abgefallenen Schlacken sollen nicht über 0·5 % Kupfer enthalten und sind dann absetzbar, bei höherem Kupfergehalt jedoch müssen sie wieder zugeschlagen, repetirt werden, oder man verwendet sie als sauren Zuschlag bei den Concentrationsschmelzungen.

Concentrationsschmelzen. Das bei dem Rohschmelzen erzeugte Rohlech, Rohstein wird nun zunächst wieder einer Röstung unterworfen, welche in Haufen oder Schachtöfen (Kiln) vorgenommen wird; auch bei dieser Röstung darf der Schwefel noch nicht ganz entfernt werden, sondern dieselbe ist derart zu leiten, dass bei dem folgenden Schmelzprocess wieder alles Kupfer und noch etwas Eisen durch den Schwefelrückhalt im Rost gedeckt ist, und demnach als Hauptproduct wieder ein Lech gewonnen wird, das aber viel kupferreicher ist, als der Rohstein.

Ist die Röstung zu stark ausgefallen, so ist bei dem Schmelzen des Rohsteinrostes der Abfall eines eisenhaltigen, unreinen Kupfers (Hartwerke, Böden) unvermeidlich, dessen Erzeugung jedoch dann gerechtfertigt ist, wenn man absichtlich fremde Beimengungen oder Verunreinigungen darin ansammlen will. Zu Oker z. B. hält das bei einem solchen Schmelzen erzeugte Kupfer den sehr geringen Goldgehalt der Erze vollständig zurück und wird Königskupfer genannt. Es ist Erfahrungssache, dass ein Kupfer um so besser wird, je öfter dasselbe den Ofen durchlaufen hat; bei reinen Erzen kann indess manchmal auch absichtlich eine geringe Reduction des Kupfers und seine Ausscheidung als Hartwerk oder Boden hervorgerufen werden, weil man gleichzeitig ein um so reineres Lech erhält, das zur Darstellung der besten Kupferqualitäten geeignet ist, und weil man rascher zu metallischem Kupfer gelangt. Je reiner der Rohstein ist, um so stärker kann er geröstet werden; bei Verarbeitung sehr reiner Erze röstet man denselben todt, um ihn dann sofort auf Rohmetall zu verarbeiten, je unreiner aber die Erze waren, um so schwächer muss man rösten, um das Kupfer wieder nur als Lech daraus zu gewinnen. So lange noch grössere Mengen fremder Metalle neben Kupfer anwesend sind, gewinnt und concentrirt man das Kupfer am sichersten und vollkommensten in einem Lech, welches nun der Concentrationsstein genannt wird.

Der Hauptzweck des Concentrationsschmelzens ist neben der Ansammlung des Kupfers die Verschlackung des grössten Theils des im Rohsteinrost enthaltenen Eisenoxydes, und darum werden bei dieser Arbeit saure, kieselerdehaltende Zuschläge wie Schiefer, Rohschlacken etc. verwendet und die Beschickung so gewählt, dass die Concentrationsschlacke der Zusammensetzung eines Singulosilicates entspricht, aber lieber etwas weniges über als unter dieser Stufe steht, um eine Verschlackung des Kupfers möglichst zu vermeiden. Trotzdem werden bei dem Concentriren immer reichere, über 0·5 % Kupfer haltende Schlacken erzeugt, und um ihren Kupfergehalt zu gewinnen, werden sie bei dem Rohschmelzen wieder mit aufgegeben, wobei sie zugleich als basischer, d. h. noch für Bindung von Kieselerde fähiger Zuschlag dienen. Bei Verschmelzen arsen- und antimonhaltender Rohleche fällt bei der Concentrationsarbeit wegen bereits mangelndem Schwefel eine Speise, deren Erzeugung jetzt nicht mehr unerwünscht ist, da hiemit diese beiden dem Kupfer schädlichen Stoffe grösstentheils entfernt werden.

Wenn die zu verarbeitenden Erze arm sind und viel Antimon oder Arsen oder beide Metalle enthalten, so fällt sowohl der Rohstein als auch der Concentrationsstein noch verhältnissmässig arm an Kupfer aus, um so mehr als dann eine Speisebildung wegen Kupferverschleppung vermieden und die Röstungen nur schwach vorgenommen werden müssen; für einen solchen Fall folgt dem Concentrationsschmelzen eine schwache Röstung des Concentrationssteins und ein nochmaliges concentrirendes Schmelzen, durch welches der Kupfergehalt weiter angereichert und das ganz so vorgenommen wird, wie das erste Concentrationsschmelzen. Man nennt dieses zweite Concentriren das Spuren, und den dabei abfallenden Stein den Spurstein. Gut geröstetes Rohlech hat eine blaugraue Farbe und ist zu traubigen Gestalten zusammengebacken, Ausscheidungen von metallischem Kupfer soll dasselbe noch nicht enthalten, wogegen bei den Röstungen der Concentrations(Spur)steine sich nicht selten Kupfer in metallischem Zustand ausgeschieden zeigt. An Kupfer sehr reiche Concentrationssteine enthalten häufig in den Höhlungen im Innern der noch rohen Stücke haarförmige Kupferausscheidungen.

Schwarzkupferschmelzen. Der Concentrationsstein, eventuell Spurstein wird nun wieder geröstet, und zwar möglichst vollständig, um nur Metalloxyde, Kupferoxyd neben etwas Eisenoxyd hauptsächlich, zu erhalten, welche bei dem darauf folgenden Schmelzen mit Ausnahme des Kupferoxyds verschlackt werden sollen. Bei einer Röstung in Haufen erhält derselbe bis 15 Feuer, meist wird der Stein aber vorher zerkleinert und in Fortschaufelungsöfen todtgeröstet; für eine Röstung in Schachtöfen eignet er sich wegen des bereits zu hohen Gehalts an Halbschwefelkupfer nicht mehr. Ein absolutes Todtrösten, d. i. das Entfernen sämmtlichen Schwefels ist aber in praxi nicht durchführbar, ein Antheil Sulfate bleibt stets in dem gerösteten Concentrationsstein zurück, und dieser wird bei dem reducirenden Schmelzen, dem Schwarzmachen oder Rohkupferschmelzen wieder zu Sulfid reducirt, welches neben dem Rohkupfer also immer in geringer Menge erhalten wird. Dieses Lech ist sehr kupferreich, es ist fast reines Halbschwefelkupfer, es lässt sich in sehr dünnen, so lange sie heiss sind, auch biegsamen Scheiben abheben, und wird Dünnlech oder Oberlech genannt; erkaltet ist es spröde und zeigt eine rein schwarze Farbe bei ziemlichem Glanz. Dieser Dünnstein wird bei der Röstung der Rohleche zugetheilt und mitgeröstet, und wenn diese Röstung in Haufen geschieht, erst bei dem Wenden des Rostes in ein späteres Feuer eingemengt.

Der geröstete Concentrationsstein oder Spurstein ist dunkelroth bis schwarzbraun, wenn er in Haufen geröstet wurde, er ist schwarz, wenn er in Pulverform durch den Fortschaufelungsofen gegangen ist; er enthält Kupferoxyd, Eisenoxyd und Eisenoxyduloxyd.

Das Schwarzkupferschmelzen wird in über die Spur zugestellten Halbhochöfen oder Krumöfen vorgenommen, wobei das Oberlech sich auf dem

Rohkupfer in dem Spurtiegel abscheidet und zeitweise mit der Furchel in Scheiben von der Dicke eines starken Papiers abgehoben wird, während die Schlacke über die Schlackentrift abläuft; wenn der Spurtiegel sich mit Rohkupfer gefüllt hat, wird dasselbe abgestochen.

Bei dem Rohkupfer- oder Schwarzkupferschmelzen wird das Eisenoxyd in den niedrigen Ofen blos zu Eisenoxydul reducirt, zu dessen Verschlackung wieder Kieselerde enthaltende, also saure Zuschläge gegeben werden; man stellt die Beschickung ebenfalls auf ein Singulosilicat, weil man bei höher silicirter Schlacke zu viel Kupfer verschlacken, bei niedriger silicirter zu viel Eisenausscheidungen erhalten würde, deren Bildung sich überhaupt gar nicht vermeiden lässt und nur möglichst beschränkt werden muss, so wie auch ein Theil reducirtes Eisen in dem Rohkupfer sich immer findet. Die bei diesem Schmelzen abfallenden Schlacken sind kupferreich und werden bei dem Rohschmelzen der Beschickung zugetheilt.

Das erzeugte Rohkupfer oder Schwarzkupfer wird gar gemacht.

Analysen von Producten des Schmelzbetriebes auf Kupfer haben die folgenden Zusammensetzungen ergeben:

A. Schlacken vom Rohschmelzen.

Von	Falun	Kupferkammer-hütte	Phönix-hütte	Kitzbühel
$Si\,O_2$	47·91	50·00	45·20	39·10
$Al_2\,O_3$	7·51	15·67	—	5·30
$Ca\,O$	1·11	20·29	6·28	15·35
$Mg\,O$	0·35	4·37	2·40	9·80
$Fe\,O$	39·30	8·73	42·69	29·61
$Fe_2\,O_3$	1·22	—	—	—
$Cu_2\,O$	—	0·67	—	—
$Mn\,O$	0·38	—	—	—
$Zn\,O$	—	1·11	—	—
Zn	0·49	—	—	—
Cu	0·16	—	0·63	0·33
S	0·70	—	—	0·50
$Co\,(Ni)$	—	—	—	Spur.

B. Rohsteine (Rohleche).

Von	Stefanshütte	Phönixhütte	Kitzbühel	Oker
Cu	22·1	33·03	33·22	41·36
Fe	47·6	50·00	36·71	25·54
Ag	0·08	—	0·0035	—
S	25·80	25·49	25·70	21·76
Sb	3·5	1·04	—	—
Zn	—	—	—	4·82
Pb	—	—	—	3·87
Schlacke mechanisch beigemengt	—	—	3·30	—

C. Speisen vom Rohschmelzen.

Von	Schmöllnitz	Neusohl	Stefanshütte
Cu	12·99	41·18	26·93
Pb	0·09	0·69	—
Fe	12·63	35·41	9·11
Ni	1·40	0·09	—
Co	0·09	0·04	—
Sb	60·00	10·79	62·41
As	7·42	6·10	—
Ag	0·36	0·03	0·20
Au	0·06	—	—
S	2·04	2·60	1·37
Bi	1·26	—	—

D. Concentrationsstein (Spurstein).

Von	Oker	Mannsfeld	Altenau[12] 1	2	3	4
Cu	64·38	51·37	63·9	72·7	80·8	80·3
Fe	8·93	18·67	8·1	8·6	1·0	1·1
Pb	2·95	—	7·3	0·6	—	—
Ni Co Zn	1·34	6·54	—	—	—	—
S	20·79	24·35	20·0	17·7	18·2	19·7
Sb	—	—	0·4	1·0	0·5	0·2

E. Concentrationsschlacken [13]).

Von	Altenau 1	2	3	4
$Si O_2$	27·6	33·2	29·1	30.9
$Al_2 O_3$	6·5	4·4	4·3	5·7
$Fe O$	54·3	55·9	60·5	58·6
$Ca O$	4·1	3·8	1·5	4·3
$Mg O$	0·6	0·6	0·6	0·3
$Cu_2 O$	1·4	0·7	2·1	0·9
$Pb O$	4·8	2·1	0·4	0·2
$Sb_2 O_3$	1·0	0·2	0·2	0·2

---

[12]) Vom Krätzschmelzen, 1. bis 4. Durchstechen.
[13]) Ebendaher.

F. Schwarzkupfer (Rohkupfer).

Von	Mannsfeld	Stefanshütte[14]		Falun	Phönixhütte	Georgshütte[15]	
Cu	93·5	86·5	77·67	91·48	93·10	95·339	98·052
Pb	1·5	—	—	0·45	—	0·058	Spur
Fe	1·5	3·5	6·37	5·04	3·43	2·015	0·008
Zn	1·0	—	—	1·04	—	—	—
Co	1·2	Spur	0·47	1·51	0·10	0·250	Spur
Ni						0·110	0·067
Ag	0·03	0·3	0·229	—	—	—	—
S	1·00	1·1	1·82	0·85	1·04	1·140	—
Sb	—	8·5	11·97	—	2·56	0·190	0·087
		Au Spur			Bi 0·331	0·264
		Si 0·67			As 0·087	0·057

G. Oberlech.

Von	Mannsfeld	Falun	Phönixhütte
Cu	72·5	57·8	60·0
Fe	4·6	17·2	16·3
Pb	0·5	—	—
Ni	0·4	—	0·1
Co	0·4	—	—
Zn	0·5	0·7	—
S	21·4	24·5	22·3
Schlacke mech. beigemengt	—		1·5

H. Schwarzkupferschlacken.

Von	Mannsfeld	Stefanshütte	Falun	Phönixhütte
Si O$_2$	31·6 bis 38·1	31·7	21·0 bis 32·8	25·36
Al$_2$ O$_3$	6·6 - 7·3	—	0 - 4·2	—
Fe O	45·1 - 52·4	62·3	64·8 - 69·1	70·13
Ca O	3·4 - 11·6	0·4	0 - 1·2	0·15
Mg O	0·1 - 1·5	0·1	1·5 - 2·3	0·20
Cu$_2$ O	0·6 - 2·9	0·9	1·0 - 1·6	—
Zn O	1·3 - 5·5	—	0 - 0·2	—
Ni O	Spur - 2·1	—	0 - 0·4	Spur
Co O				
Pb O	Spur - 1·0	—	—	—
S	—	1·2	—	1·55
Cu	—	—	—	1·06
As	—	—	—	0·10
Sb	—	—	—	0·10

---

[14] Bg. u. Httnmsch. Jahrbuch Bd. 13 pag. 62.
[15] Ebenda, Bd. 26 pag. 207.

Garmachen des Schwarzkupfers. Diese Arbeit wird theils im kleinen Heerd bei Anwendung von Holzkohlen, theils im grossen Garheerd (Spleissofen) bei Anwendung von mineralischem Brennstoff vorgenommen. Es ist. ein oxydirendes Schmelzen, wobei die zu Sauerstoff mehr verwandten Bestandtheile theils verflüchtigen, theils oxydiren und verschlacken und das zurückbleibende Kupfer davon gereinigt wird. Hiebei aber nimmt das Kupfer selbst wieder Sauerstoff auf, so dass man es durch diesen Process oxydulhaltend und brüchig — über trie ben oder über gar — erhält, und dasselbe erst wieder durch eine nachfolgende Operation von diesem Sauerstoffgehalt befreit, also geschmeidig — hammergar — gemacht werden muss. Je strengflüssigere Oxyde die das Kupfer verunreinigenden Metalle geben, um so besser gelingt diese Reinigung, namentlich von Eisen (Zink), schwerer werden Nickel und Kobalt, Antimon und Arsen daraus entfernt, namentlich wenn Nickel und Antimon sich gleichzeitig vorfinden (Glimmerkupfer oder Kupferglimmer); das Blei geht bei seiner leichten Oxydirbarkeit auch leicht

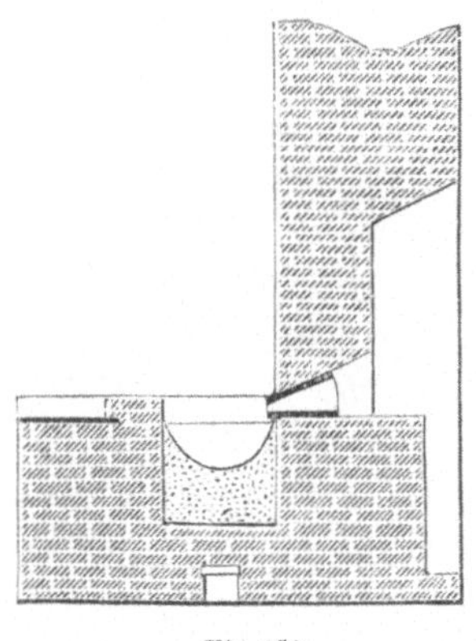

Fig. 150.

fort und wirkt bei diesem Raffiniren in doppelter Hinsicht günstig, weil es sowohl als Oxyd durch Abgabe seines Sauerstoffgehaltes zur Oxydation der übrigen Verunreinigungen beiträgt, als auch verflüssigend auf die strengflüssigeren Oxyde wirkt.

Das Garmachen im kleinen Heerd ist nur für reinere, blos eisenhaltige Rohkupfersorten anwendbar; es bedingt einen bedeutenden Aufwand an Holzkohle. Der kleine Kupfergarheerd (Fig. 150) wird aus Thon hergestellt, welchen man in die Heerdgrube einstampft, dann den Heerd glatt ausreibt, wozu man sich abgerundeter Kieselsteine bedient, und gut austrocknet und vorwärmt; er ist gewöhnlich nicht ganz halbkugelförmig, etwa 30 cm tief, 60 cm im Durchmesser und hat einen Fassungsraum von 3—6 q. Die Form ragt bei 20—40⁰ Stechen 20—35 mm in den Heerd, so dass das Kupferbad von dem Windstrahl getroffen wird.

Das Schwarzkupfer wird gewöhnlich aus einem Krummofen (Einlassofen) in die Heerdgrube abgestochen, ein Einschmelzen des Kupfers im Garheerd selbst vermehrt den Kohlenaufwand; für einen continuirlichen Betrieb liegen zu jeder Seite des Krummofens ein Kupfergarheerd, in welchen abwechselnd gearbeitet wird. Kleinere Mengen unreiner Kupfersorten können während des oxydirenden Schmelzens auf die das flüssige Kupfer bedeckenden Kohlen aufgeworfen, mit eingeschmolzen und raffinirt werden; es sind dies gewöhnlich die bei den Concentrationsschmelzungen oder dem Spuren manchmal erfolgenden Schwarzkupfer (Hartwerke, Schleisswerke), auch die ersten Rosetten vom vorangegangenen Garmachen (die Schaumplatten), und werden diese und die Schwarzkupferstücke derart auf die Kohlen aufgelegt, dass stets die Ränder und nie die Flächen dem Winde zugekehrt sind, weil sonst das Einschmelzen sehr unregelmässig vor sich geht und leicht Stücke durch die Kohlen in das Metallbad durchrollen und dasselbe abkühlen.

Nach dem Abstechen des Kupfers aus dem Einlassofen in den Garheerd wird sogleich Kohle auf das Metallbad aufgeworfen und durch Umlegen kreisförmig gekrümmter, mit Thon beschlagener Bleche über dem Kupfer zusammengehalten; die Kohle wird in einzelnen Schwingen, nicht zu viel und nicht zu oft, nachgetragen, die Heerdgrube muss stets gefüllt sein, wesshalb man, wenn zu wenig dahin abgestochen wurde, noch etwas Rohkupfer im Heerde selbst nachschmilzt. Dort, wo das Schwarzkupfer erst im Garheerde eingeschmolzen wird, wendet man mit Vortheil als Brennstoff leichte, poröse Koks an.

Bei dem Auftreffen des Windes auf das geschmolzene Kupfer werden theils die darin enthaltenen Verunreinigungen direct oxydirt, theils aber auch das Kupfer, und das neu entstandene Kupferoxydul wird sehr rasch und gleichmässig von dem Metallbad aufgenommen; hier wirkt nun dieses durch Abgabe seines Sauerstoffgehaltes an die oxydableren noch im Metallbad befindlichen Metalle, so dass ihre Oxydation auch zum Theil mittelbar erfolgt. Diese werden von den schwereren Metalltheilchen auf die Oberfläche gehoben, wo sie entweder blos zusammensintern oder bei Anwesenheit von viel Bleioxyd auch zusammenschmelzen, wobei sie aus der Heerdmasse etwas Kieselerde aufnehmen. Findet sich Antimon neben Nickel in dem Kupfer, so gehen diese beiden nur zum geringsten Theil in die Schlacke, sondern die spezifisch leichtere Verbindung von Nickelantimoniat sammelt sich in den obersten Schichten des Metallbades und wird mit den ersten Scheiben abgehoben; vollständig ist aber diese Entfernung von Nickel und Antimon in dieser Art nie, und kann Nickel überhaupt nur mit grossen Kupferverlusten abgeschieden werden. Noch schwieriger ist die völlige Abscheidung des Schwefels, welcher bei seiner grossen Verwandtschaft zum Kupfer von diesem in sehr geringen Mengen zwar, aber um desto hartnäckiger zurückgehalten wird, so dass selbst in dem oxydulhaltenden übergaren Kupfer sich immer noch etwas Schwefel vorfindet. Bei dem Abkühlen des Metallbades entweicht derselbe in Folge einer vor sich gehenden Umsetzung des Schwefelkupfers mit Kupferoxydul als Schwefeldioxyd sehr rapid und veranlasst die Erscheinung des Kupferregens. Die beginnende Gare des Kupfers erkennt man an dem Kochen und Funkensprühen, dann an der rein grünen Farbe des Metallbades, hauptsächlich aber urtheilt man nach dem Aussehen der gegen Ende rasch nacheinander genommenen Garspanproben, welche man durch schnelles Eintauchen und Zurückziehen eines blanken, erwärmten (stark handwarmen), rund abgedrehten schmiedeeisernen Stabes durch die Form in das Metallbad und sogleiches Ablöschen in Wasser erhält; der Garspan soll leicht ablösbar, dünn, aussen braunroth und narbig, innen kupferroth und metallglänzend sein und nicht gleich bei dem ersten Biegen brechen. Wenn er schwer ablösbar, dünn, aussen glatt und dunkel, innen gelb und ausserdem brüchig ist, so ist das Kupfer noch zu jung, wenn der Garspan aber dick ist und sich leicht brechen lässt, so ist das Kupfer schon stark übergar.

Unter allen Umständen erhält man bei dem Garmachen im kleinen Heerd ein zwar gereinigtes, jedoch übergares, kupferoxydulhaltendes Metall; wenn nun die Erscheinungen bei diesem oxydirenden Schmelzen und die genommenen Proben den Eintritt jener Gare anzeigen, so wird der Wind abgestellt, die Seitenbleche werden fortgenommen, die Kohlen abgezogen, die an der Form gebildete Nase abgestossen und die Schlacke — Garkrätze — mit einer hölzernen Krücke abgezogen, die Oberfläche des Kupfers aber, wenn dasselbe zu heiss sein sollte, mit Kohlenlösche beworfen und etwas abkühlen gelassen. Jetzt zeigt sich der Kupferregen, wenn die Bedingungen zu seinem Entstehen gegeben sind; bei sehr übergarem Kupfer tritt derselbe nicht ein. Man fegt sodann die Arbeitsplatte rein, zieht das aufgestreute Kleinkohl ab und beginnt mit dem Ausheben des Kupfers; man taucht die eine Zinke einer zweizinkigen Furchel etwas in das Metall, aus einem kleinen Gefäss wird eine geringe Menge Wasser so über die Oberfläche des geschmolzenen Kupfers ausgegossen, dass der Wasserstrahl nur leicht über das Metallbad hinwegfährt, wodurch die Oberfläche erstarrt und eine Wölbung bildend sich hebt, worauf dieselbe zwischen die Zinken der Furchel gefasst und sogleich in eine nebenan stehende, stets durch frisch zufliessendes Wasser gefüllt erhaltene Grube mit der Kante nach unten eingeworfen, aber sogleich darauf von einem zweiten Arbeiter mittelst eines langen Haken aufgefischt, herausgehoben und auf einen eisernen Schragen über einer Schicht glühender Kohlen zum Trocknen aufgestellt wird. In dieser Art wird mit dem Ausheben des Kupfers fortgefahren, wobei man immer um so kleinere Scheiben erhält, je tiefer man das Kupfer aus der Grube heben muss; zuletzt bleibt in der Mitte der Grube eine kleine Metallmenge zurück, der König, welche ebenfalls ausgehoben wird. Man nennt diese Arbeit das Rosettiren oder Scheibenreissen, das so gewonnene Kupfer heisst Rosettenkupfer und ist um so besser, je dünner die Rosetten sind; man erhält bis 60 und mehr Rosetten aus einer Grube, welche nach dem Trocknen zu einem Kegel übereinandergeschlichtet werden. Bei dem Rosettiren muss man Acht haben, dass bei dem Aufgiessen des Wassers nichts davon unter die sich abwölbende Rosette geräth, da dann leicht, weil der Dampf darunter nicht entweichen kann, Explosionen entstehen; dasselbe ist der Fall, wenn man die Rosette flach in das Wasserbassin wirft, das Einwerfen aber muss geschehen, um eine höhere Oxydation des Kupfers auf der Oberfläche zu vermeiden. Gute Rosetten sind dünn, auf der Unterseite narbig, glänzend und rein kupferfarben, auf der Oberseite glatt, nicht glänzend und dunkler gefärbt, aber nie schwarz. Das Rosettenkupfer ist zwar zur unmittelbaren Verarbeitung noch nicht tauglich, aber doch schon Handelswaare; es ist noch brüchig und wird, um es geschmeidig zu erhalten, einer weiteren Operation, dem **Hammergarmachen**, unterworfen. Die Garkrätzen werden bei dem Erzschmelzen wieder zugetheilt. Das Garmachen dauert $1\frac{1}{2}-4$ Stunden. Sehr unreine Kupfersorten werden vorher manchmal einem ähnlichen Process, wie das Garmachen ist, übergeben, wodurch man es aber blos von der Hauptmenge seiner Verunreinigungen zu befreien beabsichtigt, weil das Garmachen sonst zu lange dauern würde; man nennt diese vorbereitende Operation das **Verblasen des Kupfers**.

Garmachen in Flammöfen. Besser jedoch verarbeitet man unreinere Kupfersorten gleich in grösseren Mengen in einem Gebläseflammofen, **Spleissofen** genannt, wo sich ein solches leichter zur Gare bringen lässt, weil das Kupfer nicht in unmittelbare Berührung mit dem Brennmaterial kömmt; die Schmelzsohle des Ofens ist aus Thon und Quarz hergestellt und auf einem Heerd von Barnsteinen aufgeschmolzen, welcher wieder auf einer Schlackenunterlage liegt. Der Heerd ist muldenförmig und fasst 10—35 q Rohkupfer, welches derart eingeschlichtet wird, dass zwischen den einzelnen Stücken freie Räume bleiben, damit die Flamme durchziehen und die Stücke von allen Seiten gleichförmig bespielen könne. Nach 3 bis 6 stündigem Feuern ist das Kupfer darin rothglühend geworden, man verstärkt nun das Feuer und lässt das Gebläse an, von welchem durch zwei Kannen Wind auf das Metall geführt wird; man legt noch etwas Holz vor die Kannen in den Ofen, steigert successive Feuer und Wind, und wenn nach weiteren 5—6 Stunden das Kupfer eingeschmolzen ist, werden die zu einer Kruste zusammengesinterten Oxyde abgezogen, der Wind etwas geschwächt und die immer neu sich bildende Schlacke so lange fortgenommen bis sie matter, mussiger wird und sich roth zu färben beginnt. Es werden nun auch hier Proben genommen, und wenn diese die richtige Gare anzeigen, wird das Kupfer entweder in ein Granulirbassin oder in vor dem Ofen liegende Rosettirgruben abgestochen, aus welchem es in Scheiben ausgehoben wird. Die so erhaltenen Scheiben sind viel stärker, als die aus dem kleinen Kupfergarheerd gewonnenen, und die Schlacken sind reicher. Das Scheibenreissen ist hier etwas abweichend von dem vorher angegebenen Verfahren. Es werden in das Heerdmaterial, welches die Rosettirgrube umgibt, etwas hinter der Mitte derselben zu jeder Seite der Rosettirgrube je eine Gabel eingestochen oder aufgestellt, deren 2 Zinken aufwärtsgerichtet über dem Heerdboden etwa 15 — 20 cm hoch herausragen; in diese wird ein Brett eingelegt, und darauf eine grössere Menge Wasser aufgeschleudert, das in Tropfen zerstäubt auf das Kupferbad herabfällt. Die durch die grössere Menge Wasser bewirkte stärkere Abkühlung der Oberfläche des flüssigen Kupfers ist Ursache, dass dasselbe in bis 3 cm starken Scheiben erstarrt und so abgehoben wird. Das Granuliren wird nur bei solchen Kupfern vorgenommen, welche zur Entsilberung bestimmt sind; in das Granulirbassin soll ebenfalls stetig frisches Wasser zulaufen, und dasselbe muss wegen der beständig erfolgenden Explosionen mit einem

Deckel von starkem Blech bedeckt sein, in welchen ein Rohr zur Abfuhr der sich entwickelnden Wasserdämpfe eingesetzt ist. Das Kupfer darf nur in einem ganz dünnen Strahl einlaufen gelassen werden; je dünner dieser und je kälter das Wasser, um so feiner fallen die Granalien aus.

In Ungarn werden arsen- und antimonreiche Kupfer stark übertrieben, d. h. stark oxydulhaltig gemacht, der Wind dann abgestellt, Holzkohle aufgeworfen und diese so lange einwirken gelassen, bis durch die Spanprobe die Reduction des Kupferoxyduls angezeigt wird, worauf man die Kohle abräumt, wieder das Gebläse anlässt, von Neuem übergar macht und wieder Kohlen aufwirft, und diese Operationen überhaupt um so öfter wiederholt, je unreiner das Schwarzkupfer ist, bis ein gutes brauchbares Product resultirt.

Man unterscheidet dort bei dem Kupferraffiniren 3 Perioden:

1. Das Einschmelzen des Kupfers ohne Gebläseluft, wobei ein Theil Schwefel, Arsen und Antimon verflüchtigt wird, und diese beiden Metalle zum Theil auch oxydirt und durch andere Metalloxyde verschlackt werden.

2. Das Anlassen des Gebläses bei verstärktem Feuer, wobei neben Oxydation der fremden Metalle auch das Kupfer oxydirt und übergar gemacht wird, und ein Theil dieser Oxyde mit der dem Heerdboden entnommenen Kieselsäure verschlackt.

3. Wenn sich nur mehr wenig rothe Schlacke bildet und das Metallbad nicht mehr qualmt, wird der Wind abgestellt und die weitere Oxydation nur durch die vom Roste aus zutretende atmosphärische Luft bewirkt, wobei die letzten Antheile der fremden Beimengungen verschlackt werden, jedoch das Antimon und Arsen nie vollständig. Wenn die genommenen Proben die Gare zeigen, folgt das Scheibenreissen, doch sind die Scheiben auch wegen des bedeutenden Oxydulgehaltes dicker (siehe pag. 197). Rosettenkupfer haben nach v. Lill[16]) folgende Verunreinigungen enthalten.

Rosettenkupfer von	Stephanshütte (in Ungarn)	Tergove (in Croatien)
As	0·13	0·30
Sb	0·08	1·20
Pb	Spur	2·13
Fe	Spur	Spur
Ni	0·29	0·45
Ag	0·011	0·052
Au	Spur	0·005
O	0·48	—
S	—	Spur
Schlacke	—	1·26.

Einen ungarischen Kupferspleissofen[17]) zeigt Fig. 151—153. a ist die aus einem Gemenge von 50 Theilen quarzigem Thonschiefer, 33 Theilen

16) Jahrb. d. k. k. Bergakademien Bd. 13 pag. 62 und Bd. 20 pag. 68.
17) Oesterr. Ztschft. 1859 pag. 301 und 1860 pag. 398.

Talkschiefer und 17 Theilen Ziegelmehl bestehende Heerdsohle von etwa 5 qm
Heerdfläche, welche auf eine starke Gestübbelage b aufgestampft wird. Der
Treppenrost c wird mit 45 cm langen Holzscheiten befeuert und sowohl
unter als auch über dem Roste durch die Rohre d Verbrennungswind zugeführt; zum Putzen des Rostes befindet sich unter demselben in der Mauer

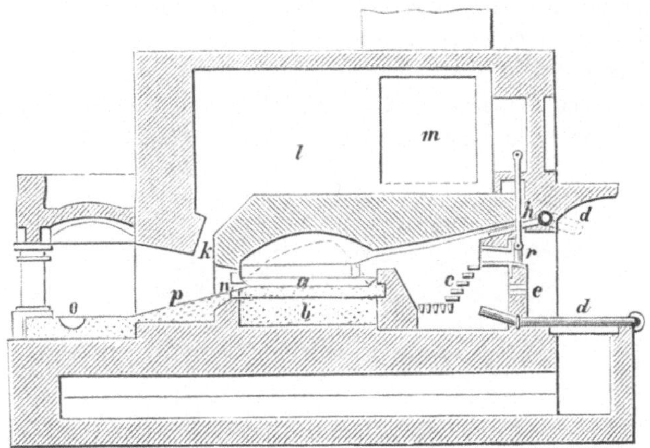

Fig. 151.

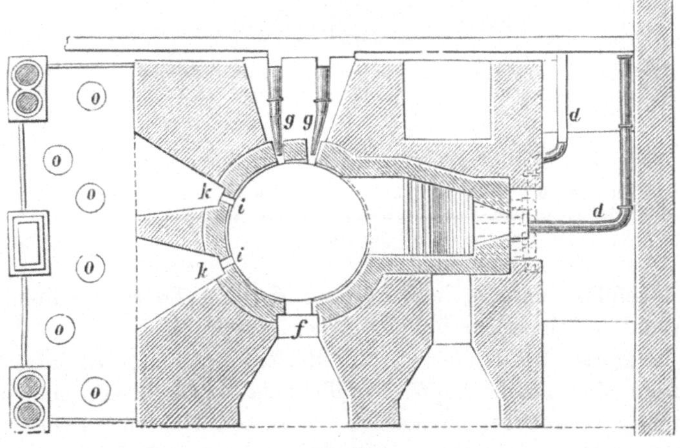

Fig. 152.

eine Oeffnung e, welche blos lose mit Ziegeln verlegt ist. f ist die Arbeitsthür, welcher gegenüber die den Oxydationswind zuführenden Kannen g
liegen, welche die eine 12·5, die andere 15 cm über dem Heerde liegen,
mit 1° in den Heerd stechen und sich im Mittelpunkte des Heerdes kreuzen.
Die Düsen für den Oberwind bei h stechen mit 7·5 cm vor dem Mittelpunkt des Heerdes; durch die Füchse i entweichen die Gase vom Heerde
durch den Canal k in die Flugstaubkammern l und von da durch m zur

Esse. Bei n liegen die Stichlöcher, durch welche das Kupfer in die Rosettirgruben o abgelassen wird, p ist die dahin führende Trift. q ist eine Esse, welche die aus der Arbeitsthüre ausströmmenden Gase nach der Flugstaubkammer l abführt. Von r aus wir der Rost beschürt.

Nach Leclerc[18]) soll das im Flammofen einzuschmelzende Schwarzkupfer während des Erweichens und bis zur vollständigen Schmelzung mit Wasser in Form eines feinen Regens bespritzt werden, wobei sich die fremden Metalle neben etwas Kupfer oxydiren und verschlacken, während der freigewordene Wasserstoff den Schwefel fortführt. Das so erhaltene Product wird nochmal umgeschmolzen und ein Windstrom in das flüssige

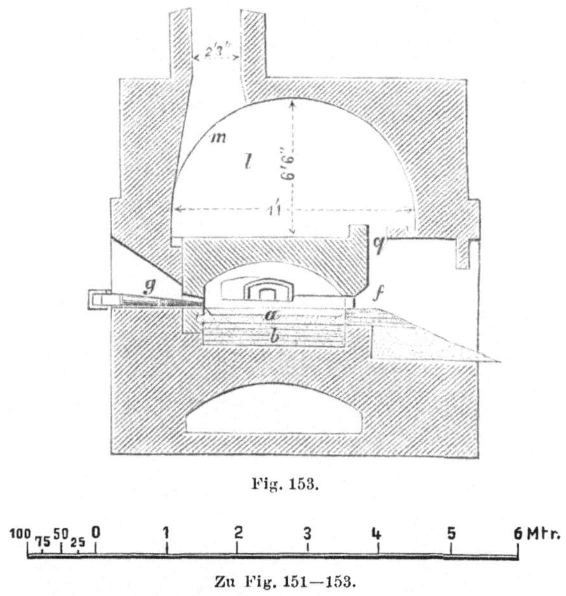

Fig. 153.

Zu Fig. 151—153.

Metallbad geführt, um die letzten Reste der Metalle zu oxydiren. Das Kupferoxydul soll dann durch Polen beseitigt werden.

Die im grossen Spleissofen oder im kleinen Kupfergarheerd dargestellten Kupfersorten sind immer kupferoxydulhaltend und brüchig, um nun das Kupfer weiter verwendbar zu machen, muss es durch ein rasches reducirendes Schmelzen von dem Oxydulgehalt befreit werden; hiebei darf es jedoch mit der Kohle nicht lange in Berührung bleiben, weil es sonst blasig wird, indem es Gase, (Kohlenoxyd) absorbirt, und nach Hampe auch noch deshalb brüchig werden kann, weil aus darin gelösten Salzen, welche die Festigkeit weniger beeinflussen, die Metalle reducirt werden, deren schädliche Einwirkung schon bei Gegenwart geringerer Mengen davon fühlbar wird.

---

18) Berggeist, 1869 No. 18.

Hammergarmachen im kleinen Heerd. Der kleine Garheerd wird aus Thon, ähnlich wie der Rosettirheerd hergestellt, nur ist derselbe tiefer und die Form hat bei grösserem Einragen in den Heerd ein geringeres, etwa nur 6—10° betragendes Stechen, so dass nie das Metallbad, sondern nur die darauf befindlichen Kohlen von dem Winde getroffen werden. Der gut abgewärmte Heerd wird mit Kohlen gefüllt und das einzuschmelzende Kupfer, 4—6 q, derart darüber geschlichtet, dass es vom Winde nicht getroffen wird, weshalb man, um stetig eine reducirende Atmosphäre zu erhalten, immer Kohle vor der Form aufgehäuft und das Kupfer mit Kohle bedeckt erhalten muss. Das Gebläse wird angelassen und allmälig verstärkt, das schmelzende Kupfer fliesst durch die Kohlen herab, wobei das Kupferoxydul im Contact mit der Kohle reducirt wird. Nach geschehenem Einschmelzen werden Garspanproben oder Schöpfproben genommen, welche man nach dem Bruch und dem äusseren Ansehen beurtheilt; so lange die Probe matt und ziegelroth ist, wird Kohle aufgeschüttet und schwacher Wind gegeben, bis die Probe Hammergare zeigt, d. h. bis sie sich warm und kalt mehrfach, ohne Kantenrisse zu zeigen, biegen lässt, oder bis die gehämmerte Probe hinlängliche Geschmeidigkeit, einen unebenen, hakigen Bruch, rosenrothe Farbe und Seidenglanz zeigt. Sodann wird das Gebläse abgestellt, die Kohle abgeräumt, das Kupfer unter einer Decke von Kohlenlösche etwas abkühlen gelassen, die Lösche dann fortgenommen, und das Kupfer mit eisernen, mit Lehm überzogenen Löffeln ausgeschöpft und in aus Lehm hergestellte oder in eiserne mit Lehm ausgestrichene Formen vergossen. Die Temperatur, bei welcher das Kupfer vergossen wird, ist wesentlich zu beachten, denn sehr heiss gegossenes Kupfer zeigt auf dem Bruche grössere und kleinere Krystalle, sowie auch sehr heisses Giessen das Steigen des Kupfers befördert. Die Farbe der Oberfläche des gegossenen Kupfers ist abhängig von der Temperatur des Wassers, in welchem es gekühlt wurde; bei kaltem Wasser zeigt es mehr orangerothe, bei warmem Wasser mehr rosenrothe Farbe. Das Aussehen der Metalloberfläche entscheidet für die richtige Gusstemperatur; manche Kupfersorten nehmen nach dem Eingiessen in die Formen an Volumen zu, sie steigen, und solche Güsse fallen undicht aus, weil sich im Innern Blasen bilden; solche Stücke sind brüchiger und zeigen auf dem Bruche keinen Seidenglanz. Es scheint, dass die Ursache dieser Erscheinung eben auch ein geringer Schwefelrückhalt ist, welcher mit dem Sauerstoff des Kupferoxyduls in nicht ganz vollständig hammergar gemachtem Kupfer Schwefeldioxyd bildet, welches in den Blasenräumen zurückgehalten wird.

Als Mittel zur Verhütung des Steigens werden empfohlen:

1. **Polen,** welches jedoch nicht zu weit getrieben werden darf, weil ein überpoltes Kupfer wieder von minderer Qualität ist; ein ganz geringer Gehalt an Kupferoxydul im Kupfer schadet jedoch nicht, weil der schädliche Einfluss einiger fremder Metalle auf die Festigkeit des Kupfers

durch das Kupferoxydul aufgehoben werden soll. Bei dem Polen wird das Schwefeldioxyd auf mechanischem Wege ausgetrieben, auch geringe Mengen Arsen und Antimon als Wasserstoffverbindungen entfernt.

2. Ein Zusatz von Blei, welches sich oxydirt und das Kupferoxydul verschlackt.

3. Quecksilberchlorid, welches eingerührt wird und bei seinem Verdampfen die schweflige Säure mitreisst, so wie auch zur Verflüchtigung von Schwefel, Arsen und Antimon als Chloride beiträgt. Dieses Reinigungsmittel wird angewendet in Perm bei Erzeugung feiner Bleche für Zündhütchen.

4. Ein Zusatz von Phosphorkupfer, worüber am Schlusse des Artikels „Kupfer" ein Näheres angegeben ist.

Zu Åtvidaberg wurden früher die dort gewonnenen quarzreichen und zinkischen Erze in freien Haufen und Stadeln abgeröstet, in 5—7 m hohen, 3- und 4förmigen Sumpföfen bei Bisilicatschlacke auf Rohlech verschmolzen, dieses in Stadeln geröstet und sogleich auf Schwarzkupfer durchgestochen, welches in kleinen Garheerden oder im Spleissofen gar gemacht wurde. Man erhielt bei dem Suluschmelzen Rohsteine mit 25 bis 30 % Kupfergehalt, bei dem Schwarzkupferschmelzen noch einen Dünnstein, welcher bei der Röstung des Rohsteins zugetheilt und zur Schwarzkupfererzeugung verwendet wurde. Die Suluschmelzcampagnen dauerten 8 bis 10, die Schwarzkupferschmelzungen 4—6 Monate, und dienten für Letztere den Suluöfen ähnliche, aber weniger weite und blos 2 förmige Oefen. Als Brennstoff diente Holzkohle. Gegenwärtig besteht dieser Betrieb nicht mehr.

Zu Agordo werden die Röstkerne mit reichen Erzen, reichen Schlacken von der Schwarzkupferarbeit und vom Garmachen, und mit Cementkupfer in 8 m hohen, runden Brillenöfen mit Kohlensack auf einen 24—26 procentigen Rohstein durchgestochen; die Beschickung besteht aus

51—52 % Röstkernen
8— 9 - Cementkupfer
8— 9 - reichen Erzen
4— 5 - Gekrätz
13—14 - reichen Schlacken und
13—14 - Sandstein;

die Campagnen dauern 20—21 Tage. Der geröstete Stein wird mit Garschlacken, Erzschlacken und Sandstein beschickt, in Sumpföfen auf Schwarzkupfer mit 92—94 % Kupfer verschmolzen, welches im kleinen Heerd gar gemacht wird.

Zu Ahrenthaler Hütte[19]) (bei Prettau in Tirol) verarbeitet man $\frac{1}{2}$—$4\frac{1}{2}$, im Durchschnitt $2\frac{1}{4}$ procentige Erze, (Kupferkiese) von welchen eine Analyse ergab:

---

[19]) Preuss. Ztschft. 1883 pag. 166. Bg. u. Httnmsch. Ztg. 1883 pag. 333.

Cu	2·25
Fe	40·00
S	10·80
Si O_2	33·00
$Al_2 O_3$	3·00
Ca O Alkalien	Rest.

Die Erze werden in Kiln geröstet, und mit einem Halt von 3 % Kupfer nach der Röstung in einem 3·5 m hohen Schachtofen von 90 cm oberer und 60 cm unterer Weite mit 14 % Brennstoffaufwand ohne Zuschlag bei einem Abfall von 9—10 % Rohstein mit 28 % Kupfer und Singulosilicatschlacke verhüttet. Die Schlacke enthält blos 0·12—0·15 % Kupfer. Der Rohstein wird ebenfalls in Kiln bis auf 5 % Schwefelrückhalt abgeröstet, dann unter Zuschlag von Gneis und einem Aufwand von 22 % Kohle auf 60 procentigen Concentrationsstein durchgesetzt, dieser zweimal in Kiln geröstet, hierauf in 2 Feuern in Stadeln zugebrannt, und mit einem Rückhalt von 2 % Schwefel im Schachtofen mit Gneiszuschlag auf ein 86—90 procentiges Rohkupfer bei Abfall von 12 % Dünnstein verschmolzen. Die Concentrationsschlacke hält 0·25, die Schwarzkupferschlacke 1·6, das Oberlech 51 % Kupfer. Das Kupfer wird im kleinen Garherd rosettirt; es ist gänzlich arsenfrei und steht wegen seiner Reinheit stets höher im Preise, als anderes Rosettenkupfer. Eine neue Hüttenanlage ist im Bau.

Zu Mühlbach (Mitterberg im Salzburgischen)[20] werden Kupferkiese gewonnen, welche neben Eisenspath und Quarz nur wenig Arsenkies und sehr geringe Mengen Nickel führen. Ein Theil derbes Stufferz mit im Durchschnitt 25 % Kupfer wird durch Handscheidung ausgehalten, und nicht dem Rohschmelzen, sondern sofort dem Kupfersteinschmelzen übergeben. Man verhüttet daselbst ausserdem Stufferze mit durchschnittlich 18 %, Graupen und Schliche mit durchschnittlich 12 % und Mehlschliche mit 9 % Kupfer. Für das Rohschmelzen besteht die beschickte Gattirung aus

40 Gewichtstheilen	Stufferzen	
9 - -	groben Setzkorns	ungeröstet
30 - -	feinen -	
23 - -	Schlichen	
14 - -	Flugstaub mit 8 % Kupfer	
36 - -	Schlacken vom Kupferstein- und Schwarzkupferschmelzen,	
10 - -	in 2 Feuern verrösteten Rohlechs und	
3 - -	Kalk,	

und enthält dieselbe im Durchschnitt:

---

[20] Oesterr. Ztschft. 1878 pag. 380.

$$13\,\%\ Cu$$
$$22\ \text{bis}\ 24\ \text{-}\ Si\,O_2$$
$$18\ \text{-}\ 26\ \text{-}\ S$$
$$27\ \text{-}\ 29\ \text{-}\ Fe$$
$$1\ \text{-}\ 2\ \text{-}\ Al_2\,O_3\ \text{und}$$
$$3\ \text{-}\ 4\ \text{-}\ Ca\,O.$$

Das Rohschmelzen erfolgt bei Koks in einem 5 m hohen fünfförmigen Rundschachtofen mit Wasserformen und viertheiligem eisernen Kühlkasten oberhalb des Schmelzraums; die Gicht ist mit einem Aufgebetrichter und Hut geschlossen, die Windpressung beträgt bei 50 mm Düsenweite 12 bis 14 mm Quecksilbersäule. Der Ofen ist auf der Gicht $3^1/_3$, im Formniveau 1 m weit und über den Tiegel zugestellt, den man aus einem aus gleichen Theilen Kokspulver, Chamotte und Lehm bestehenden Gestübbe ausstampft. Die Flugstaubkammern müssen täglich geräumt werden. Eine Brennstoffgicht beträgt 0·25 cbm, auf welche 7 q Beschickung gesetzt und in 24 Stunden 55—60 Gichten niedergetrieben werden. Die Campagne währt 3 Monate, das Rohlechausbringen beträgt 53% mit 23% Gehalt an Kupfer; dasselbe wird alle $1^1/_2$ Stunden über eine Trift in ein vor der Hütte liegendes Granulirbassin über einen Vertheilungsteller abgelassen, wogegen man die Schlacke in eiserne Töpfe abfliessen lässt. Die Schlacke enthält:

$$
\begin{array}{lrcrl}
Cu & 0\text{·}2 & \text{bis} & 0\text{·}4 & \% \\
Si\,O_2 & 44 & \text{-} & 48 & \text{-} \\
Fe\,O & 36 & \text{-} & 40 & \text{-} \\
Ca\,O & 4 & \text{-} & 5 & \text{-} \\
Al_2\,O_3 & 3 & \text{-} & 4 & \text{- und} \\
S & 1 & \text{-} & 1\text{·}25 & \text{-}
\end{array}
$$

ein geringer Theil davon fällt reicher aus und wird bei den folgenden Schmelzungen als saurer Zuschlag verwendet. Im Jahre 1877 schmolz der Ofen durchschnittlich bei einem Zusatz von 11·7% in 2 Feuern verrösteten Rohlechs (damals noch mit Holzkohle) pro 1 hl Holzkohle 5·13 q Beschickung. Das erzeugte Rohlech wird in Doppelstadeln in Mengen von bis 2000 q binnen 15—16 Wochen in 2 Feuern verröstet, und hier die 25 procentigen Stufferze mit eingeführt; man brauchte in dem genannten Jahr 4·7 cbm Holz und 3 hl Holzkohle für 100 q abgerösteten Rohlechs.

Das Concentrationsschmelzen wird in einem mit leichtem Holzkohlengestübbe über die Spur zugestellten 2 förmigen Krummofen (Brillenofen) bei mit 24° stechenden Formen und 12 mm Quecksilbersäule Windpressung vorgenommen; das in den Spurtiegeln angesammelte Lech wird in Scheiben abgehoben, die Schlacke fliesst über die Schlackentrift ab. Die Beschickung besteht aus geröstetem Rohlech mit 10% Quarz und 10—20% unreinen Schlacken vom Rohschmelzen; in 24 Stunden werden 60 q durchgesetzt und hiervon 33% Lech und 5·8% Hartwerk gewonnen. Als Brennstoff dient Holzkohle und Koks, die Campagnen dauern 6—8 Wochen.

Es enthalten:

	der Kupferstein	das Hartwerk
Cu	56 bis 60 %	75 bis 84 %
Fe	15 - 18 -	4 - 6 -
S	20 - 22 -	1 - 3 -

und die Schlacke enthält

SiO_2	24 bis 26 %
FeO	70 - 74 -
CuO	1 - 1·5 -

Das Hartwerk wird mit dem Kupferstein geröstet und der Schwarzkupferarbeit übergeben; im Jahre 1877 trug 1 cbm Holzkohle 4·51 q Beschickung.

Der Kupferstein wird zwischen Walzen zu 1 mm Korngrösse gewalzt und hierauf gesiebt, das Hartwerk in noch heissem Zustande verrieben und beide gemengt in einem einsöhligen Fortschaufelungsofen von 13 m effectiver Rostfläche mit 2 Arbeitsseiten und 5 Arbeitsthüren an jeder Langseite bis auf einen Schwefelrückhalt von 0·3 % abgeröstet; der Ofen enthält 4 Posten à 6 q, alle 8 Stunden wird eine Post gezogen, so dass die Posten 32 Stunden im Ofen verbleiben und pro Tag 18 q Röstgut producirt wird. Als Brennstoff dient Holz, wovon 7 cbm in 24 Stunden verbraucht werden.

Der geröstete Kupferstein wird in einem dem vorher beschriebenen ähnlichen Brillenofen unter Zuschlag von 24—30 % Rohschlacken und noch mit 10—12 % Quarzsand beschickt auf Schwarzkupfer durchgestochen, wobei mit einem Kohlenaufwand von 1 cbm auf 4·4 q gerösteten Kupferlechs und 33·6 q Durchsetzquantum pro 24 Stunden 62·5 % Schwarzkupfer mit 94—96 % Kupfergehalt ausgebracht werden. Die bei diesem Schmelzen fallende sehr geringe Menge Lech wird gemahlen und bei dem Rösten im Fortschaufelungsofen zugesetzt. Das Schwarzkupfer enthält noch

S	0·5 %
Fe	0·5—0·6 %.

und etwas Nickel und Arsen.

Die Schwarzkupferschlacke enthält

48—50 %	SiO_2
2— 3 -	CuO
47—50 -	FeO;

sie wird ebenso wie die Concentrationsschlacke der Roharbeit zugetheilt.

Wenn das Schwarzkupfer zum Rosettiren bestimmt ist, wird es aus dem Spurtiegel auf die Hüttensohle abgestochen und hier zu dünnem Schleisswerk ausgezogen, wenn es aber im Flammofen raffinirt werden soll, aus dem Spurtiegel in Scheiben ausgehoben.

Zu dem Rosetiren dient ein Doppelheerd, dessen Gruben mit einem Gemenge von Thon und $1/6$ Theil Kokspulver ausgestampft sind; in diesen wird das Kupfer eingeschmolzen und daraus in die seitlich tiefer stehenden Rosettirheerde abgestochen, deren Gruben aus Thon hergestellt sind. Der Einsatz beträgt 4 q, das Ausbringen 78 % Rosettenkupfer, der Kohlenverbrauch 0·8 cbm pro 1 q Rosetten.

Die bei dem Raffiniren und Rosettiren fallenden Krätzen sind nickelhaltig; sie werden Behufs Darstellung einer minder reinen Kupfersorte und zur Anreicherung des Nickelgehaltes in einem Krummofen reducirend verschmolzen und geben ein Product, welches rosettirt, die hievon fallende Krätze aber wieder in einem Krummofen auf eine mehrere Procente Nickel haltende Legur verschmolzen wird.

Die Production der Mühlbacher Hütte beträgt jährlich 2300 q Raffinadkupfer, und 50 q von der Kupfernickellegur.

Diese Hütte wird aber demnächst aufgelassen werden und ist hiefür eine neue grössere Hütte zu Bischofshofen im Thale der Salza angelegt worden, welche für eine doppelte Erzeugung projectirt, noch im Jahre 1885 in Betrieb gesetzt werden dürfte.

Der grössere Theil des Kupfers wird zu Mühlbach nach der englischen Methode im Flammofen raffinirt; es besteht überhaupt dermal fast allgemein das Bestreben, den Hohofenbetrieb mit der Raffination im Flammofen zu combiniren, weil hiebei das Kupfer sofort hammergar gemacht wird.

In Russland[21]) stehen bei dem Kupferhüttenbetriebe die von Skinder modificirten Raschette'schen Oefen vielfach in Anwendung. Man verarbeitet dort meistentheils kiesige Erze bei Holzkohlen mit einem durchschnittlichen Ausbringen von 4 % Kupfer (die Erze vom Altai enthalten 9, die sibirischen Erze bis 16, dagegen die des Gouvernements Kasan wenig über 2 % Kupfer) bei 100° C. warmem Wind in mehrwöchentlichen Campagnen, wobei die abfallenden Schlacken vom Rohschmelzen blos 0·25—0·30 % Kupfer enthalten. Ein Theil Holzkohle trägt bei dem Rohschmelzen 4 bis 4·2 Theile Beschickung, bei dem Kupfersteinschmelzen 4·5 Theile Beschickung. Das Rohkupfer wird zum Theil in Garheerden und Spleissöfen, zum Theil in Flammöfen nach der englischen Methode gar gemacht; die Flammöfen werden mit Holz beheizt, und man bedarf für 1 q Garkupfer 10—10·5 Cubikfuss Scheitholz bei einem Calo von 14—15·5 %.

Auf den Hütten zu Bogoslowsk (am östlichen Abhange des Urals) dienen nach Mittheilungen von H. Kölle[22]) zum Verschmelzen der dort gewonnenen Kiese mit circa 7—8 % Kupfergehalt 4förmige Sumpföfen, deren Formen sämmtlich in der Rückwand liegen (Suluöfen) (Fig. 145—147); der Kernschacht ist aus feuerfester Masse, bestehend aus 2 Theilen Quarz und 1 Theil feuerfestem Thon ausgestampft. Die Ofensohle ist 21 Zoll

---

[21]) v. Tunner, Russland's Montanindustrie, Leipzig 1871.
[22]) Bg. u. Httnmsch. Ztg. 1883 pag. 531.

stark, das Zustellen des Ofens erfordert 14—16 Tage; nach erfolgter Zustellung wird der Ofen durch Verbrennen von Scheitholz auf der Ofensohle 6 Tage abgewärmt, dann werden bis zum Formhorizont Kohlen aufgestürzt und der Ofen noch 3 Tage durch Unterhalten des Kohlenfeuers weiter abgewärmt, indem man die Kohlen stets bis zur Formhöhe nachfüllt, und hierauf angelassen. Zuerst werden Schlackengichten, dann leichte Erzgichten gegeben, bis der Ofen den 8. oder 10. Tag allmälig in normalen Gang kömmt; das Erz wird schon (auf den Gruben in 3 Feuern) verröstet zugeführt, und 2000 Pud davon mit 400 Pud Flammofenschlacken und 100 Pud unreinen Erzschlacken beschickt. Bei normalem Betrieb verschmilzt ein Ofen im Durchschnitt in 24 Stunden 800 Pud = 131 q mit einem Aufwand von 255 Pud = 41·76 q Holzkohle bei einer Windpressung von 12·5 mm Quecksilbersäule und 27·5 mm Düsenweite. Es wird mit versetzenden Gichten und 25 cm langer Nase geschmolzen, in 24 Stunden werden 26—28 Gichten durchgesetzt; eine Gicht besteht aus 6 Mulden Kohle und 18 Trögen Beschickung. Die Campagnen dauern 5 Monate.

Die Schlacke wird granulirt und dient zur Beschotterung der Strassen, das Lech wird alle 12 Stunden abgestochen, die Lechkuchen nach dem Erkalten zerschlagen und sofort zur Haufenröstung abgefahren; in 8—10 Tagen ist ein Haufen von 6000 Pud abgeröstet. Der obere Theil des Haufens kommt mit frischem Rohlech wieder zur Haufenröstung, der untere Theil, welcher im Kupfer angereichert ist, wird zum Rohkupferschmelzen abgegeben.

Das Rohkupfer wird in einem Flammofen erzeugt, dessen Heerdsohle aus einem Gemenge von 1 Theil schwerem Gestübbe (1 Theil quarziger Sand, 1 Theil feuerfester Thon und 1 Korb gepochte Holzkohle) und 1 Theil Quarz besteht, und in der Mitte 30, an der Peripherie 45 cm stark ist; je 2 Oefen liegen an einer Esse. Nach 12 stündigem Abwärmen des Heerdes wird der erste Einsatz von 150 Pud Kupferstein gegeben, wovon die Hälfte vor die Feuerbrücke, die andere Hälfte dieser gegenüber eingetragen wird; man beginnt sofort zu feuern, und wenn nach 8 Stunden der Stein eingeschmolzen ist, wird aus 3 Kannen Wind von 16 mm Quecksilbersäule Druck aufgeleitet und zur Beförderung der Verschlackung des Eisens nach Erforderniss Sand oder alter Heerd zugegeben. Nach erfolgter Schlackenbildung wird die Schlacke abgezogen, 35 Pud Kupferstein nachgetragen und bei stetigem Zuführen von Gebläsewind binnen 5 Stunden eingeschmolzen. Die Schlacken werden von Zeit zu Zeit entfernt; wenn alle Schlacke abgezogen ist, werden wieder 35 Pud Stein mit etwas Sand oder Raffinirschlacken nachgesetzt, und in dieser Art mit der Arbeit fortgefahren, bis nach 5 Tagen 700 Pud Stein eingetragen wurden. Der Kupferstein hat sich nach und nach bis auf 70% Kupfer angereichert, er wird jetzt binnen 24—26 Stunden verblasen, wobei man in 12 Stunden 3—4 mal Schlacke zieht und jede Abkühlung des Bades zu vermeiden trachtet; die ersten Schlacken vom Einschmelzen enthalten 8%, die späteren 18%, die letzten Verblaseschlacken bis 20% Kupfer. Bei normaler Arbeit ist das Verblasen in 24 Stunden beendet, es tritt eine starke Entwickelung von Schwefeldioxyd ein, welche man durch Abkühlen des Metallbades zu befördern sucht, und endlich sticht man das 96% haltende Schwarzkupfer ab. Man erhält von 700 Pud Kupferstein mit etwa 40% Kupfer 180 bis 190 Pud Schwarzkupfer. Ein Flammofenheerd hält 4 Schmelzungen aus, dann muss derselbe neu zugestellt werden.

Das Schwarzkupfer wird in Mengen von 80 Pud in einem kleinen Raffinirflammofen gar gemacht, dessen Heerd und Haube aus 5 Theilen Quarz und 1 Theil feuerfesten Thon geschlagen sind; der Ofen wird nach neuer Zustellung 14 Tage lang angewärmt, den 15. Tag die Heerdsohle zum Fritten gebracht und die Charge eingetragen, welche in 3 Stunden eingeschmolzen ist. Die Krätzen vom Metallbad werden jetzt abgezogen, durch eine Düse von 5 cm Durchmesser Wind von $2\frac{1}{2}$ cm Quecksilbersäule Pressung aufgeleitet, 45 Minuten lang verblasen, hierauf die Schlacken abgezogen und bei stetem Zuführen von Wind $\frac{1}{4}$ Stunde gepolt; dann wird der Wind abgestellt und fortgepolt, bis das eingetretene Sprühen aufgehört hat, worauf man wieder stärker feuert, etwa gebildete Schlacken abzieht und so lange das Polen (Zährpolen) fortsetzt, bis genommene Proben die erfolgte Hammergare anzeigen. Das Kupfer wird mit eisernen, in eine mit Wasser angerührte Masse von 1 Theil Thon und 1 Theil Quarz getauchten und abgetrockneten Löffeln in kupferne um Axen kippbare Formen ausgekellt. Das Raffiniren dauert blos 6 Stunden, in 24 Stunden werden 4 Chargen gemacht; man braucht in 24 Stunden $1\frac{1}{8}$ Cubikfaden (9·6 cbm) Holz zum Raffiniren, die Schlacken halten 60% Kupfer. In einem Heerd können 30 000 Pud raffinirt werden, ehe er erneuert werden muss. Das Calo beträgt 1·2% vom Kupfergehalt des Schwarzkupfers, 1 Pud Kupfer wird mit einem Selbstkostenaufwand von 5 Rubel 62·2 Kopeken dargestellt und jährlich 75 000 Pud Raffinadkupfer erzeugt.

Es enthalten:

	der Kupferstein	das Raffinadkupfer
Cu	37·43	99·7605
Fe	37·52	0·0300
Ca O	0·05	—
Mg O	0·09	—
$Al_2 O_3$	0·25	—
Si O_2	0·37	—
S	22·44	—
P	Spur	—
O	1·85	0·0162
Ag	—	0·0450
Ni	—	0·1410
Sb	—	0·0030
As	—	0·0043

und die Schlacke

	vom Erzschmelzen,	vom Schwarzkupferschmelzen
$Si\,O_2$	32·86	23·26
$Al_2\,O_3$	8·42	4·38
Cu	0·43	13·20 $(Cu_2\,O)$
Fe	33·76	57·17 $(Fe\,O)$
$Ca\,O$	10·20	0·38
$Mg\,O$	2·66	0·40
S	1·00	—
P	Spur	—
O	10·67	—
$Mn\,O$	—	0·29

Zu Stefanshütte[23]) in der Zips (Ungarn) werden unreinere Arsen und Antimon führende Erze (Fahlerze) verhüttet. Man verarbeitet dort 60 % geröstete und 40 % rohe Erze mit durchschnittlich 14·5 % Kupfer und 0·06 % Silber, jedoch die silberhaltigen von den silberfreien Erzen getrennt, in einem 2·6 m hohen, 1 m weiten 3 förmigen Schachtofen unter Zuschlag von 15 % Schwarzkupferschlacke und 25 % Quarz bei einem Kohlenverbrauch von 20—25 %, zunächst auf ein 30 procentiges Rohlech, wobei auch eine 10 % Kupfer haltende Rohspeise abfällt. Die Rohleche werden in Haufen zu 500 q in 12—14 Feuern bei einem Aufwand von 13 cbm Holz und 9 cbm Holzkohle zugebrannt, und das silberhaltige Röstgut mit 17 % Quarzzuschlag bei 77 % Kohlenverbrauch auf Schwarzkupfer verschmolzen, wovon 28 % neben 16 % Dünnstein erhalten werden. Die Rohspeise wird mit 22 % Quarzzuschlag auf Concentrationsspeise und Concentrationslech durchgestochen, von welchem Letzteren bei einem Kohlenverbrauch von 29 cbm auf 100 q Erz 22 % fallen.

Das Schwarzkupfer wird der Amalgamation übergeben und die entsilberten Amalgamationsrückstände werden mit den silberfreien gerösteten Rohlechen auf ein neues, Gelfschwarzkupfer genanntes Product verschmolzen; es resultiren aus 100 q der 25 % Schlacke und 12 % Quarz enthaltenden Beschickung 42—43 q dieses Gelfschwarzkupfers neben 20 % Gelfoberlech, und braucht man für 100 q Schwarzkupfer 20 cbm Holzkohlen. Das Gelfschwarzkupfer wird in einem mit Talkschiefer zugestellten Spleissofen in Mengen von 20—30 q bei einem Brennstoffaufwand von 33 cbm Holz und 0·65 cbm Holzkohle für 100 q Schwarzkupfer binnen 18—19 Stunden gesplissen. Man erhält 62 % Spleisskupfer und 43 % Spleissabzüge, welche mit Gelflechen auf Schwarzkupfer verschmolzen werden, aus welchem man eine mindere Kupfersorte gewinnt. Das Spleisskupfer wird im kleinen Heerd gar gemacht, und gibt bei 0·4 cbm Holzkohlenverbrauch 99·43 % Garkupferblöcke.

---

[23]) Oesterr. Ztschft. Bg. u. Httnwsn. 1880 pag. 641.

Die ebenfalls durch die Amalgamation entsilberten Rückstände der Concentrationsspeise werden mit 43% Schwefelkies, 21% Quarz und 40% Schlacke bei 35 cbm Holzkohlenaufwand auf **Antimonspeise** und **Speiselech** verhüttet; erstere wird an Antimonhütten abgegeben, das Speiselech geht in die Manipulation zurück.

Kupfergewinnung aus Enargit. Nach Egleston[24] wird im Westen der Vereinsstaaten, wo der Enargit in grösserer Menge vorkömmt, und folgende Zusammensetzungen zeigt

Enargit von	Luzon	Morning Star	Willis Gulch
Cu	20	45·95	46·64
S	16	21·66	30·95
As	9	13·70	17·46
Fe } Sb }	2	6·75	2·37
Unlöslich	53	1·08	1·98,

auch manchmal, wie der von Luzon, beträchtlich silberhaltig ist, in folgender Weise auf Kupfer verhüttet:

Man mengt denselben mit 6% Kupfer haltendem Schwefelkies und röstet das Gemenge auf einem Bett von Holz in Stadeln oder Haufen, den Erzschlich aber in Flammöfen bei Holzfeuerung, wobei sich Arsen und Antimon zum Theil verflüchtigen und in den Haufen sich auch häufig arsenige Säure in Krystallen abscheidet. Der Schlich wird bis zum Sintern erhitzt, und das geröstete Erz mit einem durchschnittlichen Halt von 18% Kupfer in einem blos 2·3 m hohen Schachtofen unter Zuschlag von 20% rohem Kupferkies und 5% unreinen Schlacken vom Erzschmelzen, sowie mit Schlacken vom Schwarzkupferschmelzen durchgesetzt, wobei der hohe Schwefelgehalt der Beschickung die Bildung von Speise verhindert. Die hiebei abfallenden Schlacken halten im Durchschnitt 0·5%, der Rohstein 30—40% Kupfer. Der Letztere wird in halbfaustgrosse Stücke zerschlagen, in Stadeln in 7—10 Feuern zugebrannt, und in das fünfte Feuer das Oberlech vom Schwarzkupferschmelzen zugesetzt. Den gerösteten Rohstein setzt man in demselben Ofen mit 35% Steinschlacken durch, wobei ein Dünnstein von 60% Halt abfällt, das erhaltene Schwarzkupfer aber wird im Flammofen binnen 24 Stunden bei neutraler Flamme raffinirt, wobei Antimon und Arsen verflüchtigt werden; allenfalls zurückbleibendes Arsen wird entfernt, indem man nach Abziehen der Schlacke ein Gemenge von 1 Theil Salpeter mit 3 Theilen Kalk einrührt, dann $\frac{1}{2}$ Stunde lang polt, die Schlacke abzieht, und wenn nöthig, dieselben Operationen wiederholt. Die reichen sehr unreinen Schlacken von diesem Raffiniren werden für sich auf Schwarzkupfer verschmolzen.

---

[24] School of Mines Quaterly. 1882. Bg. u. Httnmsch. Ztg. 1883 pag. 111.

Analysen von Kupfer haben die folgenden Verunreinigungen gezeigt:

Garkupfer von	Klausen (Rosetten)	Jochberg (Rosetten)	Mühlbach (Barren)	Agordo (Rosetten)	Jekaterinburg (Barren)
As	0·059	Spur	Spur	0·64	Spur
Sb	0·057	Spur	Spur	0·04	0·087
Pb	0·390	—	—	0·20	—
Ag	0·077	—	Spur	0·10	0·027
Fe	Spur	Spur	0·82	—	0·026
Co	—	Spur	Spur	Spur	—
Ni	—	0·64	0·72	Spur	—
S	Spur	—	—	0·04	—
Unlöslich	—	—	—	—	0·016

Verarbeitung der Ofensäue (Ofenbären). Bei allen Schachtofenprocessen, bei welchen stark eisenhaltende Beschickungen zu verschmelzen sind, ist eine theilweise Reduction des Eisens und Abscheidung desselben auf der Sohle des Ofenheerdes auch bei dem sorgfältigsten Betriebe unvermeidlich; die leichtflüssigeren Schmelzproducte, Schlacke, Stein, Speise und Metalle fliessen theils von selbst aus dem Ofen ab, theils werden sie abgestochen, während sich das viel schwerschmelzigere Eisen unten absetzt und häufig sogar das Ablassen der darüber befindlichen noch flüssigen Producte durch den Stich erschwert. In seltenen Fällen kann es gelingen, durch Aufgeben schwefelreicher Beschickung eine am Boden abgesetzte Ofensau wieder aufzulösen und aus dem Ofen zu entfernen, zumeist ist die Anwendung des genannten Mittels nicht zulässig, und da eine solche Ofensau nur nach und nach anwächst, so wird auf die Entfernung derselben während einer Campagne gewöhnlich verzichtet, und eine solche erst nach Ausblasen des Ofens aus diesem herausgebrochen. Mitunter sind solche Bären oder Säue mehrere Metercentner schwer; sie enthalten immer einige Procente des auszubringenden Metalls, und um dieses nicht zu verlieren, werden sie wieder weiter verarbeitet. Der Hauptmenge nach bestehen sie aus Eisen, wesshalb sie sich schwer zerkleinern lassen. Wenn ein Zerkleinern der Bären möglich ist, werden die Stücke bei dem Erzschmelzen wieder mit aufgegeben; grosse Stücke müssen oft mit Dynamit gesprengt werden. Lassen sich dieselben nicht in Stücke zertheilen, so werden sie in anderer Weise zu Gute gebracht; die Ofensäue vom Rohkupferschmelzen werden gewöhnlich im kleinen Kupfergarheerd eingeschmolzen und verblasen und das erhaltene unreine Kupfer bei dem Raffiniren zugetheilt.

Nach R. Flechner[25]) wurden in Westphalen Ofensäue mit etwa 80% Eisen, 4—8% Kupfer und 2—4% Nickel ohne Zuschlag in runden Oefen mit Koks verschmolzen, das ununterbrochen abfliessende Schmelzgut

---

[25]) Oesterr. Ztschft. 1882 pag. 408.

14*

durch einen stark gepressten Windstrahl zu feinem Schrott zerstäubt und dieses in eine Kammer eingeblasen, deren Boden von einem Spritzregen nass erhalten wurde. Dieses Schrott wurde geröstet und mit Quarz und Schwefelkies auf Lech verschmolzen. Zu Falun hat man die gold- und silberhaltigen Ofensäue mittelst Schwefelsäure geschieden. Zu Balán werden die Bären in Stücke von nicht viel über 1 tons zertrümmert oder gesprengt und auf einem Saigerheerd abgesaigert. Die mit Lech untermischte abfliessende Schlacke wird mit geröstetem Erz und Kalkzuschlag in einem Krumofen auf ein Lech von 15—22% Kupfer verschmolzen und dieses weiter auf Schwarzkupfer verarbeitet, das auf dem Heerd zurückgebliebene Eisen wird noch glühend und weich herausgezogen, in kleine Stücke zerschrottet und bei der Kupfergewinnung auf nassem Wege als Fälleisen verwendet.

Gewinnung des Kupfers in Flammöfen.
(Englischer Process.)[26]

Diese Methode beruht zwar ebenfalls auf einem Rösten der Erze, Schmelzen derselben auf Rohstein und mehrmaligem Rösten und Schmelzen des Rohsteins und der Concentrationssteine, endlich Schmelzen auf Schwarzkupfer, welches sogleich zu hammergarem Kupfer raffinirt wird; aber dieser Process ist sehr ähnlich den bei der Bleigewinnung üblichen Reactionsmethoden, auch hier ist der Schwefel das reducirende Agens, welcher bei seinen Reactionen auf die bei der Röstung gebildeten Oxyde und Salze nach und nach abgeschieden wird, wobei indessen bei den Concentrationsschmelzungen häufig ebenfalls schon mehr oder weniger metallisches Kupfer resultirt. Der Flammofenprocess ist complicirter, er erfordert mehr Arbeiten als der Schachtofenprocess, und bei unreineren Erzen werden der nothwendigen Zwischenarbeiten noch mehr; auch fallen bei dem Flammofenbetrieb reichere Schlacken.

Die einzelnen Operationen sind:

1. Das Rösten der Erze (calcination).
2. Das Rohschmelzen des Erzrostes auf Rohstein (coarse metal).
3. Das Rösten des granulirten Rohsteins (roasting).
4. Das Schmelzen des Rohsteinrostes auf Concentrationsstein (white metal).
5. Das Rösten und Schmelzen des Concentrationssteins auf Rohkupfer (blister copper).
6. Das Raffiniren des Rohkupfers (refining) und das Hammergarmachen (toughning).

---

[26] Le Play, „Beschreibung der Hüttenprocesse, welche in Wales zur Darstellung des Kupfers etc." J. Percy, „Die Metallurgie" Bd. I.

Diese nur bei reinen Erzen genügenden Operationen mehren sich aber mit steigender Unreinheit derselben und sind es gewöhnlich 7 Arbeiten, denen das Erz mindestens unterworfen werden muss, bevor man ein Handelskupfer erhält, häufig sind deren aber noch mehr, welche nachstehend einander folgen:

1. Rösten der Erze.

2. Darstellung des Rohsteins — Broncesteins — aus dem Erzrost.

3. Rösten des Broncesteins.

4. Gewinnung des Concentrationssteins — weissen Steins — aus dem Rohsteinrost.

5. Erzeugung des blauen Steins (blue metal) durch Verschmelzen von Rohsteinrost mit gerösteten oder oxydischen Erzen mittleren Gehalts; fällt dieser blaue Stein sehr reich aus, so heisst er pimple metal.

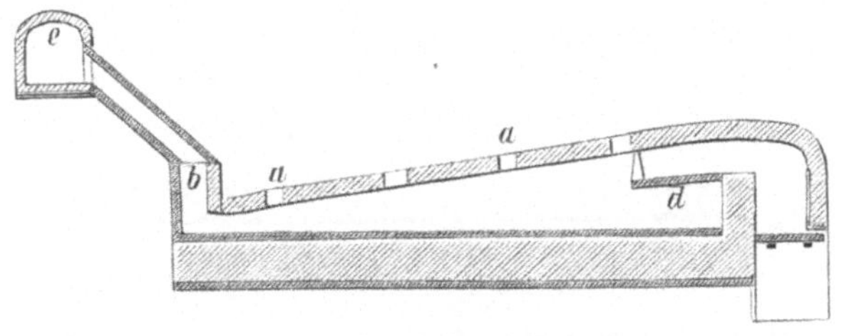

Fig. 154.

6. Rösten und Schmelzen des blauen Steins auf weissen Extrastein (fine metal).

7. Rösten und Schmelzen des weissen Extrasteins auf Kupferstein (regule).

8. Schlackenschmelzen von den unter 4, 6 und 7 angegebenen Processen auf weissen und rothen Stein.

9. Rösten und Schmelzen des gewöhnlichen weissen Steins auf Kupferstein.

10. Schmelzen der kupferhaltigen Böden (bottoms) und des gerösteten Kupfersteins auf Schwarzkupfer (blister copper, coarse copper).

11. Raffiniren des Schwarzkupfers.

Das **Rösten der Erze** geschieht in Flammöfen und darf nur so weit getrieben werden, dass durch den Schwefelrückhalt des Rostes bei dem Verschmelzen desselben nicht nur alles Kupfer, sondern auch ein diesem mindestens gleicher Theil Eisen zur Bildung von Einfachschwefeleisen gedeckt sei; man hat entweder separate Röstöfen für die Erze, oder man benützt hiezu auch die Rohschmelzöfen, welche theils mit Gas, theils direct befeuert werden. Die Röstöfen haben 2 Arbeitsseiten mit mehreren Thüren, und werden durch mehrere im Gewölbe befindliche Oeffnungen beschickt, welche mit Thonplatten verschlossen werden; über jeder Füllöffnung befindet sich ein in einem eisernen Gerüst feststehender Fülltrichter von Eisenblech, durch welchen das Erz eingestürzt wird. Fig. 154 und 155 zeigt einen solchen Röstofen; es bezeichnen a die Chargiröffnungen im Gewölbe, b den Fuchs, c sind mit Thonplatten verlegte Canäle, durch welche das geröstete Erz in unter dem Ofen befindliche Gewölbe abgestürzt wird, damit es auskühle und die Arbeiter durch die sich hiebei entwickelnden Dämpfe von schwefliger Säure nicht belästigt werden, d ein Schutzgewölbe, um die an der Feuerbrücke liegenden Erze vor Ueberhitzung zu schützen, e ein mehreren Oefen gemeinschaftlicher auf Eisenstäben ruhender Canal, der nach der Esse führt.

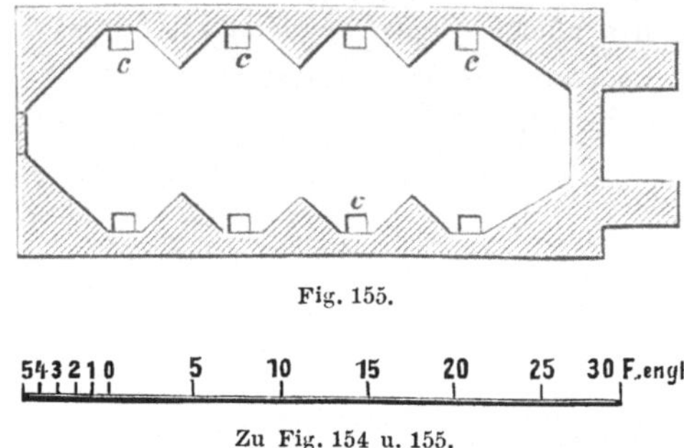

Fig. 155.

Zu Fig. 154 u. 155.

Bei dem **Verschmelzen der Erze** treten nun abwechselnd und von den jeweiligen Verhältnissen, in welchen Kupferoxyd, Kupfersulfat, Halbschwefelkupfer und Schwefeleisen neben einander vorkommen, die nachfolgenden Reactionen ein:

$$Cu_2 S + 3 O = Cu_2 O + SO_2$$
$$Cu_2 O + SO_2 + 2 O = 2 Cu O + SO_3$$
$$Cu O + SO_3 = Cu SO_4$$
$$Cu_2 S + 2 Cu O = 4 Cu + SO_2$$
$$Cu_2 S + 2 Cu_2 O = 6 Cu + SO_2$$
$$Cu_2 S + 3 Cu O = 3 Cu + Cu_2 O + SO_2$$
$$Cu_2 S + 6 Cu O = 4 Cu_2 O + SO_2$$
$$Cu_2 S + Cu SO_4 = 3 Cu + 2 SO_2$$
$$Cu_2 S + 2 Cu SO_4 = 2 Cu_2 O + 3 SO_2$$
$$Cu_2 S + 4 Cu SO_4 = 6 Cu O + 5 SO_2$$
$$4 Cu_2 O + Fe_2 S = 8 Cu + 2 Fe O + SO_2$$
$$3 Cu_2 O + Fe S = 6 Cu + Fe O + SO_2$$
$$2 Cu O + Fe_2 S = Cu_2 S + 2 Fe O$$
$$6 Cu O + 4 Fe S = 3 Cu_2 S + 4 Fe O + SO_2.$$

Bei der Darstellung des Broncesteins wird die Ansammlung des Kupfers im Lech und die Verschlackung der Gangarten bezweckt; die dazu dienenden Oefen sind mit Dinassteinen ausgemauert, werden ebenfalls durch Fülltrichter chargirt, und die Heerdsohle darin aus demselben Sand hergestellt, aus welchem die Dinassteine gefertigt sind. Der Sand wird zuerst 27 cm hoch aufgeschüttet, stark erhitzt, mit etwas Schlacke überstreut und diese eingeschmolzen, hierauf werden noch zwei schwächere Lagen ebenso darüber gebracht, bis die Heerdsohle 50 cm stark geworden ist. Nachdem man das geröstete Erz eingebracht hat, wird dasselbe auf dem Heerd gleichmässig auseinandergezogen, Schlacken aufgeworfen und die Arbeitsthüren gut verschlossen, worauf man bei gesteigerter Temperatur und wenn das Aufschäumen aufgehört hat, die Schmelzmassen umrührt, um die Lechtheilchen zu vereinigen und den Quarz des Erzes möglichst aufzulösen; sodann wird abgestochen und der Broncestein in dünnem Strahl in ein Wasserbassin oder in Sandformen abgelassen. War das Erz arm, und hat man nur wenig Lech im Ofen, so werden Doppelchargen gemacht, und das Lech immer erst nach zwei Schmelzungen abgestochen; der Rohstein soll nicht über 35 % Kupfer enthalten, indem sonst die Schlacken zu reich ausfallen und die Granalien zu grobkörnig werden, welche dann schlechter abrösten. Die Schlacken sind stets sauer und enthalten nicht über 0·5 % Kupfer.

Bei dem Rösten des Broncesteins wird gegen Ende eine etwas höhere Temperatur angewendet, als bei dem Erzrösten, um eine stärkere Oxydation zu erzielen, jedoch ist der Grad der Abröstung immer abhängig von der Reinheit des Rohsteins; je reiner derselbe ist, um so stärker kann er geröstet werden.

Durch das Verschmelzen des gerösteten Broncesteins erzeugt man weissen Stein, blauen Stein oder Pimplestein, je nachdem die Röstung ausgefallen ist, und man mehr oder weniger oxydische Erze als Zuschlag verwenden kann.

Für die Erzeugung der besten Kupfersorte (best selected copper) wird der Rohstein entweder nur schwach geröstet, oder bei stärkerer Röstung kein oxydisches Erz zugeschlagen, überhaupt nur von späteren Schmelzungen stammendes, reines Lech ohne den geringsten Gehalt an reducirtem Rohkupfer genommen. Bei der Darstellung des blauen Steins muss vorzüglich darauf gesehen werden, dass derselbe um so ärmer ausfalle, je unreiner die Erze waren; dieser giebt dann abgeröstet und mit verschiedenen Mengen oxydischer Erze verschmolzen, mehr weniger reine weisse Extrasteine. Der weisse Stein wird aus reineren Erzen durch Verarbeiten des aus solchen erzeugten Broncesteins mit oxydischen Erzen gewonnen. Das Pimplemetal fällt bei Verarbeitung sehr reiner Rohsteine mit einem Ueberschuss von oxydischen Erzen; der Stein ist blasig (Blasenstein) und enthält in den Höhlungen viel metallisch ausgeschiedenes Kupfer. Der weisse Stein steht zwischen dem blauen Stein und dem Pimplestein, und wenn er viel Kupferausscheidungen enthält, nennt man ihn close regule.

Schlacken von der Darstellung des blauen Steins und Schwarzkupferschlacken, in so fern sie nicht bei andern Schmelzungen Verwendung finden, werden auf weissen und rothen Stein verarbeitet, indem man

sie mit mageren Kohlen und kiesigen Erzen gemengt einschmilzt und das
Lech absticht. Man erhält so einen sehr reinen Stein, der auch zur Erzeugung von best selected verwendet wird, weil durch die eingemengte
Kohle ein Theil der fremden Oxyde reducirt wird, welche sich als Böden
(bottoms) zu unterst absetzen und die meisten Unreinigkeiten in sich aufnehmen. Diese bottoms sind bei den Flammofenprocessen dasselbe, was
bei den Schachtofenprocessen die Hartwerke sind.

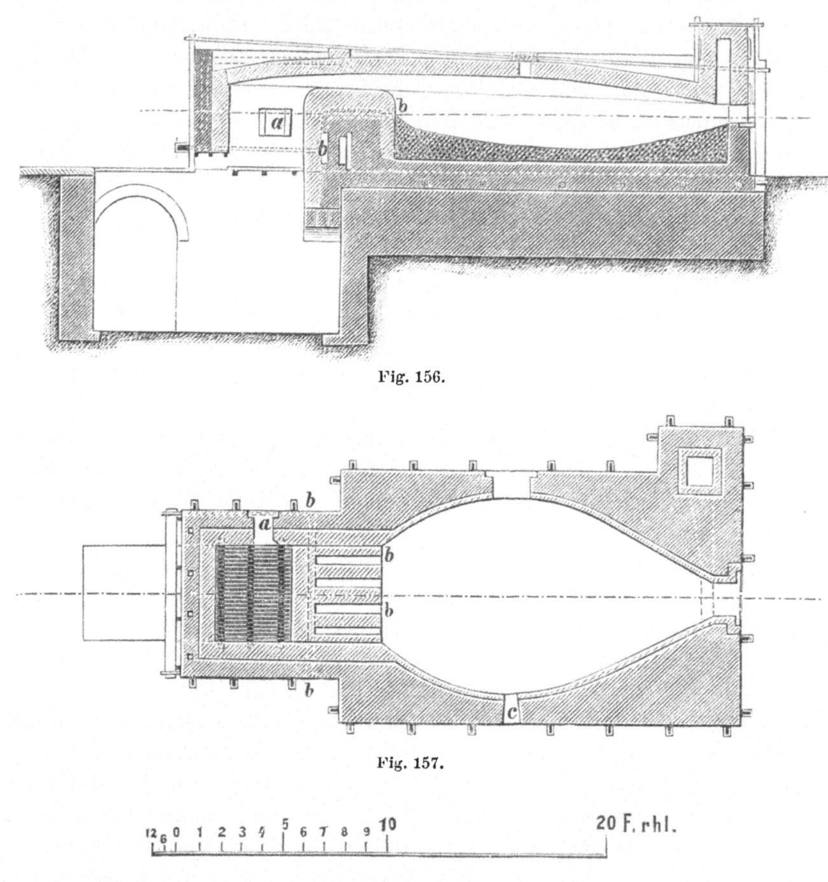

Fig. 156.

Fig. 157.

Zu Fig. 156 u. 157.

　　Die Concentrationsschmelzungen und das Schmelzen des
gerösteten Concentrationssteins auf Schwarzkupfer werden, letzteres ohne Zugabe von Zuschlägen in Flammöfen vorgenommen, in deren
Feuerbrücken eine Sheffield'sche Luftzuführung (Fig. 156, 157) gelegt
ist, worin der auf den Heerd tretende Wind vorgewärmt wird, folglich
kräftiger oxydirend auf die Verunreinigungen des Concentrationssteins so
wie auf die Oxydation des Schwefels wirkt, nur muss, um den letzteren

möglichst zu entfernen, das Einschmelzen sehr langsam geschehen. Auf den Mannsfelder Hütten hat man seit Anwendung der Klinkerroste die Sheffield'sche Luftvorwärmung entbehrlich gefunden.

Bei dem Schmelzen auf Schwarzkupfer unterscheidet man drei Perioden.

In der ersten Periode schmelzen die Stücke langsam ein, worauf man die zum grössten Theil aus Metalloxyden bestehende Schlacke mehreremale abzieht; in der nun folgenden zweiten Periode wird die Temperatur erniedrigt, wodurch sich starre Krusten von Kupferoxydul auf der Oberfläche bilden, welche Bildung man das Setzen nennt. Es beginnt hierauf die dritte Periode, wobei man die Temperatur wieder erhöht, so dass das eben gebildete Kupferoxydul jetzt sehr kräftig auf das Halbschwefelkupfer einwirkt und eine lebhafte Entwickelung von Schwefeldioxyd eintritt, wobei ein blasiges Schwarzkupfer erzeugt wird, das aber selbst bei mehrmal wiederholtem Setzen und auch bei Anwendung warmen Windes schwefelhaltig und blasig bleibt; dieses Setzen und hierauf Temperaturerhöhen muss nun abwechselnd um so öfter vorgenommen werden, je mehr Schwefel im Stein enthalten ist. Heisse Luft beschleunigt den Process und lässt auch ein reineres Ausbringen zu. Vor Beendigung des Processes werden die Luftzuführungscanäle in der Feuerbrücke geschlossen, dann stark gefeuert, die Schlacke abgezogen und das Kupfer in Sandformen abgestochen.

Wenn man best selected copper erzeugen will, so werden alle Röstungen derart durchgeführt, dass sich bei den Concentrationsschmelzungen stets ein Theil des Kupfers als unreines Schwarzkupfer, d. i. als bottom abscheidet, welches die Unreinigkeiten aufnimmt, so dass man einen sehr reinen Dünnstein (spongy metal, best regule) erhält, welcher, wenn man zu dieser Erzeugung nicht die besten Erze genommen hat, manchmal noch in gleicher Weise behandelt wird, ehe man denselben zur Erzeugung des Schwarzkupfers benutzt (selecting process).

Die Böden (bottoms) dienen immer zur Darstellung geringerer Kupfersorten, nachdem sie mit Blei und Kupfersinter gereinigt worden sind; sie enthalten fast alles Zinn, das so häufig in den englischen Erzen sich findet.

Das Raffiniren des Schwarzkupfers geschieht in einem Flammofen (Fig. 158 u. 159) welcher im Innern vor der Arbeitsthür einen Sumpf, jedoch meist keine Chargiröffnung im Gewölbe und keinen Abstich besitzt, da das Kupfer ausgeschöpft wird; Oefen aber, in welchen grosse Klumpen gediegenen Kupfers raffinirt werden sollen, erhalten ein zum Theil bewegliches Gewölbe, wie dies in der Figur gezeichnet ist, welche einen amerikanischen Raffinirflammofen darstellt. Die Heerdsohle wird aus Quarz hergestellt, welchen man mit etwas Schlacke bindet. Das eingetragene Schwarzkupfer wird bei theilweisem Luftzutritt um so langsamer eingeschmolzen, je unreiner es ist, wobei heisse Luft das Einschmelzen fördert;

die verschlackten fremden Bestandtheile des Kupfers werden wiederholt abgezogen, bis die Schlacke sich roth zu färben beginnt, wo schon Eisen und Zinn vollständig, das Blei grösstentheils, das Antimon, Arsen, Kobalt und Nickel aber noch nicht völlig entfernt sind. Um auch diese Metalle zu oxydiren, lässt man eine sehr kupferoxydulreiche Schlacke sich bilden, das Braten, welche dann oxydirend auf die anderen Metalle wirkt, wobei sie verschlacken, und ein Theil Schwefel unter starkem Zischen und Funkensprühen als Dioxyd entweicht. Man erkennt die eingetretene Ueber-

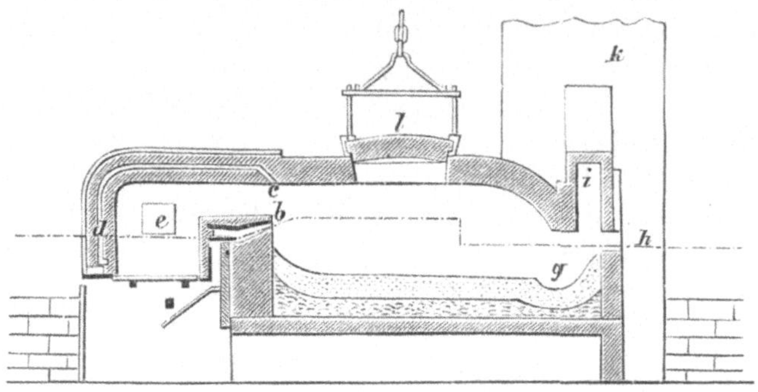

Fig. 158.

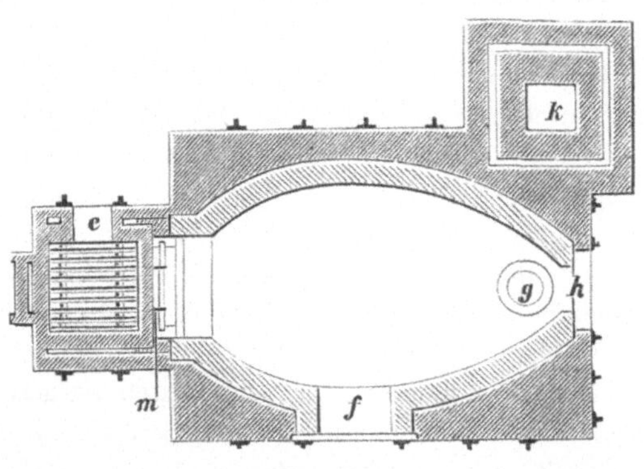

Fig. 159.

gare des Kupfers, wenn sich das sogenannte Laufen oder Steigen zeigt, d. i. wenn durch die erstarrte Oberfläche einer geschöpften Probe die schweflige Säure durch sich bildende, kraterartige Erhebungen unter Umherschleudern kleiner Kupfertheilchen aus dem Innern derselben getrieben wird, wenn der Bruch der Probe bei purpurrother Farbe sich körnig zeigt und gelblich glänzende Blasen besitzt.

Es folgt nun das Dichtpolen, d. h. es wird durch die Arbeitsthüre ein langer, junger und frischer Birkenstamm derart eingeschoben, dass er bis auf den Boden des Heerdes reicht; derselbe wird dann in der Thüröffnung festgekeilt, die Thüre offen gelassen und beständig Probe genommen. Die aus dem Holze rapid entweichenden Gase und Dämpfe verursachen ein heftiges Wallen des Metallbades, die letzten Antheile fremder Beimengungen werden oxydirt, das Kupferoxydul aber reducirt. Wenn die genommenen Proben das Steigen nicht mehr zeigen, sondern die Oberfläche des geschöpften Metalls im Probelöffel eingesunken erscheint, beginnt das Zähepolen, welche Arbeit die völlige Reduction des Kupferoxyduls zum Zwecke hat. Man zieht die Polstange heraus, wirft nach Abziehen der Krätzen auf die Oberfläche des Metallbades Kohlen auf, schürt den Rost und schliesst die Arbeitsthür. Man polt sodann wieder mit grünem Holze, nimmt nun rasch nach einander Proben, und wenn diese hinreichende Geschmeidigkeit und auf dem Bruche eine reine Kupferfarbe mit Seidenglanz zeigen, wird mit dem Ausschöpfen begonnen. Es darf zuletzt nicht zu lange gepolt werden, weil ein überpoltes Kupfer blasig und kaltbrüchig wie rothbrüchig wird. Die Blasen sind die Folge einer Absorption von Wasserstoffgas und Kohlenoxydgas.

Wird bei dem Ausschöpfen des Kupfers mittelst eiserner, mit Lehm überzogener Löffel das Kupfer in Folge des Luftzutritts durch die offene Thüre wieder übergar, so muss nachgepolt werden, und um die Beschaffenheit des Kupfers jeden Augenblick zu kennen, werden beständig Proben genommen. Die Proben auf die Zähigkeit des Kupfers werden auf den Hütten gewöhnlich derart ausgeführt, dass man die Probe von der Gestalt eines Kugelsegments gleich nach dem Schöpfen in Wasser abkühlt, sodann zu einer rundlichen Platte aushämmert, diese in der Mitte zusammenbiegt und zusammenschlägt, so dass sie jetzt etwa wie ein Halbkreis aussieht, welchen man wieder umbiegt und ganz zusammenhämmert, so dass die platt geschlagene Probe vierfach über einander gelegt wird, wobei sich keine Risse zeigen dürfen.

Die Schöpfprobe wird auch, ohne dieselbe auszuhämmern, blos mit einem Meissel auf der Unterseite angehauen, etwas gebogen, und dann in einem Schraubstock mit der angehauenen convexen Fläche nach oben zusammengedrückt, wobei sich auf der Oberfläche keine Risse bilden dürfen; ist der Bruch mattroth und körnig, so ist wieder Kupferoxydul im Metallbad aufgelöst.

Das ausgeschöpfte Kupfer wird bei Herstellung grösserer Güsse in einen Sammellöffel und aus diesem in die Form gefüllt, auch die Oberfläche des noch flüssigen Kupfers mit etwas Oel begossen, damit das oberflächlich sich bildende Kupferoxyd reducirt werde, und das Gussstück bei dem Erkalten schön rothe Farbe zeige.

Die bei der englischen Methode der Kupferverhüttung in Gebrauch stehenden Flammöfen sind in ihrer Construction nicht viel verschieden. Die Schmelzöfen (pag. 216) haben nach dem seitlich gelegenen Stich zu flach vertiefte eiförmige Heerde und eine hohle nach dem Aschenfall zu oder seitlich offene Feuerbrücke; die Schüröffnung a wird stets mit Kohle gefüllt erhalten, b zeigt die Sheffield'sche Luftvorwärmung, c die Stichöffnung.

Fig. 156 u. 157 zeigen einen Concentrations- und Schwarzkupfer-schmelzofen, Fig. 158 u. 159 einen Raffinirflammofen, welcher letztere bei c auch Oberwind bekömmt, der den Canal d durchstreichend, darin erhitzt wird. Fig. 160 und 161 zeigen einen Kupferraffinirofen mit seitlicher Luft-zuführung, wie er im Mannsfeld'schen angewendet wird; in der Zeich-

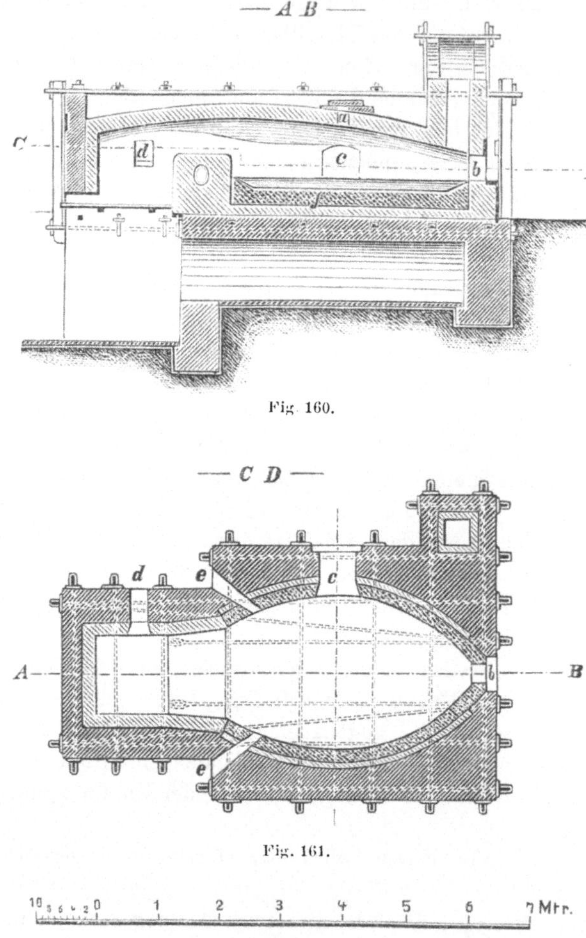

nung bedeuten a die Chargiröffnung im Gewölbe, b die Arbeitsöffnung, c das Einsatzthor für grössere Stücke Schwarzkupfer, d die Schüröffnung, e die seitlichen Luftzuführungen, f die Quarzsohle des Heerdes.

Arsenhaltiges Kupfer wird in einem Ofen, dessen Boden und Wände aus saurem Zustellungsmaterial bestehen, von Arsen nicht gehörig gereinigt, weil die sauren Schlacken nicht geeignet sind, arsenige und antimonige

Säure aufzunehmen. Garnier[27]) schmilzt auf einer aus Kalk und Manganperoxyd bestehenden Sohle die Kupferbarren ein, wo dann durch die Kohlensäure des Kalks und den Sauerstoff des Ueberoxyds, welche durch die Hitze ausgetrieben werden und im Metallbad aufwärts streichen, Arsen und Antimon oxydirt werden; wenn das Kupfer flüssiger geworden ist, so steigt das die Ofensohle bildende alkalisch-oxydische Gemenge in die Höhe, und nimmt die arsenige Säure auf, doch muss dieses Verfahren mehrmal wiederholt werden. Es soll diese Methode den weiteren, ökonomischen Vortheil gewähren, dass ein aus Kalk hergestellter Boden nicht so viel Kupfer absorbirt, wie ein solcher aus Sand, und die Abwesenheit der Kieselsäure verhindert auch eine übermässige Schlackenbildung; das Oxydul im Bade wird in gewöhnlicher Weise reducirt[28]).

F. A. Hesse in Heddernheim bei Frankfurt a/M. raffinirt das Kupfer mit alkalischen Erden, Alkalihydraten und Alkalicarbonaten. Bei Anwendung von Carbonaten muss das Kupfer durch Gebläsewind erst übergar gemacht werden, ehe man die Carbonate aufstreut, da die fremden Beimengungen im metallischen Zustand nicht aufgenommen werden. Bei Zusatz von Hydraten wirkt das Hydratwasser; diese Reagentien werden in Mehlform eingeführt und das Metallbad eine Stunde gepolt. Der Sauerstoff des Wassers oxydirt die fremden Metalle, welche mit der Kieselerde des Heerdfutters verschlacken (D. R. P. No. 16683).

Hering empfiehlt zur Reinigung des Kupfers von Arsen und Antimon Chlorgas einzupressen; nach Entfernung dieser beiden Metalle, welche als Chloride verflüchtigen, und anderer Unreinigkeiten wird das Metallbad mit Holzkohlen bedeckt und Phosphordampf eingeleitet, bis das Kupfer hammergar geworden ist.

In Wales stehen mehrere Abänderungen der englischen Kupfererzverhüttung in Ausübung. Zu Hafod[29]) werden theils Kiese von Cornwall und Devonshire, theils solche von Cuba importirte, dann kupferhältige Rückstände von irländischen, für die Schwefelsäuregewinnung benutzten Kiesen und oxydische Kupfererze von Australien, Burraburra genannt, verhüttet. Die geschwefelten auf einen Halt von 7—8% Kupfer gattirten Erze werden zuerst in Posten von 3—3·5 tons geröstet, indem man sie möglichst gleichförmig auf dem Heerde ausbreitet und von Zeit zu Zeit umkrückt, welche Vorarbeit 12—14 Stunden Zeit in Anspruch nimmt und wobei jedes Zusammensintern möglichst vermieden wird. Das geröstete Erz wird in Quantitäten von 10·5 q mit 1—1·5 q Schlacken vom Concentrationsschmelzen auf Rohstein mit 35% Kupfer und Schlacke, welche abgesetzt wird, verschmolzen; das Erz wird nach und nach in Posten von 50 kg chargirt, gleichförmig ausgebreitet, die Schlacken durch die Arbeits-

---

[27]) Compt. rend. 93. pag. 1148. Chemikerztg. 1882 pag. 28.

[28]) „Stahl und Eisen" 1883 pag. 549. Chemikerztg. 1882 pag. 450.

[29]) l. c.

thür nachgetragen und die Beschickung innerhalb 5 Stunden niedergeschmolzen, dann gehörig durchgearbeitet, die Schlacke abgezogen, eine neue Charge eingetragen, diese darin eben so behandelt und endlich die dritte Charge eingebracht, nach deren Einschmelzen der Ofen mit Stein gefüllt ist, welcher nun in dünnem Strahl in ein mit Wasser gefülltes Becken abgestochen wird. Die Schlacke darf nicht zu dünnflüssig sein, weil sie der Arbeiter dann von dem Stein nicht mehr gut unterscheidet und zu viel Stein mit der Schlacke abläuft; in dem Wasserbehälter ist ein Sieb an Bügeln und Kette aufgehängt, in welchem sich das granulirte Lech sammelt und darin ausgehoben wird, die Schlacken aber fliessen in vor dem Ofen liegende Sandformen, und zwar aus einer in die andere ab, damit das Lech daraus sich absetzen und nach dem Erkalten leicht von der Schlacke getrennt werden kann.

Napier fand unter 6 Proben Stein die am meisten differirenden Gehalte an

Cu	21·0 bis	39·5%	
Fe	33·2	-	36·4 -
S	45·5	-	25·0 -

Nach Le Play enthalten

der Rohstein		die Rohschlacke	
Cu	33·7%	Quarz	30·5
Fe	33·6 -	SiO_2	30·0
Sn	0·7 -	Al_2O_3	2·9
As	0·3 -	Fe O	28·5
Ni ⎤		Ca O	2·0
Co ⎬	1·0 -	Mg O	0·6
Mn ⎦		Ca Fl	2·1
S	29·2 -	Cu	0·5
Schlacke	1·1 -	Fe	0·9
		Zn O ⎤	
		Ni O ⎮	1·4
		Mn O ⎮	
		Co O ⎦	
		S	0·6

Der gekörnte Stein wird 29—30 Stunden lang geröstet und 20 q davon mit oxydischen Erzen und mit 2 q Concentrations- und Raffinirschlacken innerhalb 6 Stunden auf Concentrationsstein (whitemetal) mit circa 75% Kupfergehalt verschmolzen. Nach Le Play enthält

der Concentrationsstein		die Concentrationsschlacke	
Cu	77·4%	SiO_2	33·8%
Fe	0·7 -	Al_2O_3	1·5 -
Sn ⎤		Fe O	56·0 -
As ⎦	0·1 -		

der Concentrationsstein			die Concentrationsschlacke	
Co			Cu O	0·9 %
Ni	}	Spur	Ca O	1·4 -
Mn			Mg O	0·3 -
S		21·0 -	Andere Oxyde	2·1 -
Schlacke u. Sand		0·3 -	Lech eingeschlossen	4·0 -

12 q des Concentrationssteins werden unter Zuschlag von 1 q Garschlacke innerhalb 6 Stunden nochmal concentrirt, worauf so viel von diesem Stein, als man zu 2 tons Kupfer braucht, in einem Flammofen mit Sheffield'scher Lufterwärmung auf Rohkupfer verhüttet wird; dieses hat mindestens 95 % Kupfergehalt und wird in Mengen von 7—8 tons mit Zusatz von 8—10 kg Blei in einem Ofen raffinirt, welcher keine Chargiröffnung im Gewölbe hat. Der Kohlenaufwand beträgt hiebei 13—18 Gewichtstheile pro 1 Gewichtstheil Kupfer; die Raffination währt 70—96 Stunden.

Das Rohkupfer enthält

	nach Le Play		nach Napier	
Cu	98·4	97·5	98·0	98·5 %
Fe	0·7	0·7	0·5	0·8 -
S	0·2	0·2	0·3	0·1 -
Ni Co Mn }	0·3	—	—	— -
Sn Sb As }	0·4	1·0	0·7	— -

und die gleichzeitig abgefallene Schlacke a, so wie die Raffinirschlacke b enthalten:

	a	b
SiO_2	47·5	47·4 %
Al_2O_3	3·0	2·0 -
Cu_2O	16·9	36·2 -
Fe O	28·0	3·1 -
SnO_2	0·3	0·2 -
Co O Ni O } Mn O	0·9	0·4 -
Ca O	Spur	1·0 -
Mg	Spur	0·2 -
Cu metallisch	2·0	9·0 -

Wenn es an oxydischen Erzen fehlt, so erzeugt sich ein eisenreicherer Stein von blauer Farbe, welcher desshalb auch blauer Stein genannt wird, sind aber die oxydischen Erze im Ueberschuss, so scheiden sich die Kupferböden (bottoms) aus, und es wird ein dem weissen Stein ähnlicher

Stein erzeugt, der jedoch viele Ausscheidungen von metallischem Kupfer enthält, das **Pimplemetal**. Es enthielt

	das blue metal nach Le Play	das Mooskupfer darin nach Napier	
		gelbes	rothes
Cu	56·7 %	98·5	99·0 %
Fe	16·3 -	Spur	Spur
Ni	1·6 -	—	—
Mn	Spur	—	—
S	23·0 -	0·4	0·4 -
Sn	1·2 -	1·0	0·5 -
As	Spur	—	—
Schlacke	0·5 -	—	—

Die bei der Erzeugung des **best selected copper** ausgeschiedenen Böden enthalten:

	nach Le Play	nach Napier
Cu	92·5	74·0
Fe	1·6	2·5
Sn	0·2	13·8
As	0·4	—
Sb	—	4·5
Pb	—	0·8
S	4·8	3·9

Auf Hütten, welche nach dieser Methode arbeiten, wird das best selected copper in folgender Weise dargestellt: Man nimmt etwa 2 tons von dem zweiten Concentrationsstein (fine metal), schmilzt unter Luftzutritt ein und sticht nach einer bestimmten Zeit ab; man erhält 18—20 Gussstücke, wovon die ersten 5—7 zunächst dem Ofen aus sehr unreinem, metallischem Kupfer bestehen, die übrigen aus Lech. Dieses Lech wird in gleicher Weise behandelt und aus dem zuletzt erhaltenen Stein die beste Kupfersorte erzeugt. Man rechnet bei Verarbeitung gewöhnlicher Erze auf je 11 tons best selected copper den Abfall von 9 tons bottoms.

Von Johnsson[30]) wurde in Vorschlag gebracht, den englischen Process dahin zu modificiren, dass man die Erze in einem Rundschachtofen auf einen Stein von 25% Kupfer verschmilzt, diesen in einem Siemens'schen Regenerativflammofen unter Zuführung heisser Luft auf Schwarzkupfer verarbeitet und dasselbe in einem zweiten Siemensofen raffinirt. Dieser Vorschlag ist eben eine Combination des Schacht- und Flammofensprocesses, wie er seit längerer Zeit schon auf einigen Hütten in Uebung ist, und sich nur durch die projectirte Verwendung der Siemensöfen von dem schon bestehenden Process unterscheidet.

---

[30]) Eng. and Min. Journ. New York, 1883 Vol. 35 No. 9 u. No. 16; in letzterem beansprucht H. M. Hown die Priorität.

Gewinnung des Kupfers in Schacht- und Flammöfen.[31])

Im Mannsfeld'schen hat man die beiden Processe der Kupfergewinnung zuerst vereinigt, weil man in Schachtöfen reinere Schlacken und eine vollständigere Entfernung von Arsen und Antimon erzielt, aber auch weil die Erze dort reiner sind, als die englischen, und wurde diese combinirte Methode dann später von einigen anderen Hütten, welche gleichfalls über reinere Erze verfügen, angenommen. Ein wesentlicher Vortheil der Flammofenarbeit ist der, dass grössere Mengen Kupfer auf einmal hammergar gemacht werden können.

Man verschmilzt im Mannsfeld'schen:

1. Kupferschiefer, ein bituminöser, Thon und Kalk führender Schiefer mit verschiedenem Gehalt an Kupfer, Silber, Kobalt, Nickel, Blei und Zink, welcher in 0·5—1·0 m mächtigen Lagern vorkommt, worin die Erzführung nur an 75—150 mm starke Flötze gebunden ist; der Kupfergehalt ist stets da am höchsten, wo das Flötz am schwächsten ist. Die Erze enthalten 1·8—3·7% Kupfer und in 1 q Kupfer 0·53—0·58% Silber. Das Erz enthält nach Berthier:

	roh		geröstet		
$Si\,O_2$	40·0 %		49·0 bis 50·6 %		
$Al_2\,O_3$	10·7 -		15·3	-	18·0 -
$Fe_2\,O_3$	5·0 -		8·0	-	8·0 -
$Ca\,CO_3$	19·5 -	Ca O	18·2	-	13·2 -
$Mg\,CO_3$	6·5 -	Mg O	4·1	-	3·3 -
$K_2\,CO_3$	2·0 -				
$Cu_2\,S + Fe_2\,S_3$	6·0 -				
Wasser und Bitumen	10·3 -				

2. Sanderze, reiche mit 7—7·5, und arme mit 2·5% Kupfer und 0·18% Silber in 1 q Kupfer.

3. Dacherze, das sind bitumenfreie, hellgraue Kalksteine mit manchmal schmelzwürdigem Kupfergehalt und gleichem Silbergehalt, wie die Kupferschiefer.

Die Kupferschiefer werden in Haufen geröstet, dann in Schachtöfen (Fig. 148 u. 149) auf Rohstein verschmolzen, hiebei pro Satz 8·5 q geröstetes Erz, 3 q Dacherze, 50 kg Spurschlacke und 50 kg Krätzen auf 2 q Koks gegeben, und in 24 Stunden 1200—1500 q Beschickung bei einem Ausbringen von 100—125 q Rohstein durchgesetzt. Dieser Rohstein enthält 36% Kupfer und 0·18% Silber, er wurde in Stadeln oder in Muffelöfen, gegenwärtig wird er in Kilns geröstet und in Flammöfen concentrirt; man nimmt hiezu Chargen von 30—35 q Rohstein, welche man mit 3—4 q Sanderzen beschickt und binnen 5—5½ Stunden einschmilzt und absticht.

---

[31]) Oesterr. Ztschft. 1881 No. 10. Preuss. Ztschft. Bd. 17 pag. 135.

Der Concentrationsstein mit 75% Kupfer wird zerkleinert, geröstet, und das Silber daraus nach dem Ziervogel'schen Verfahren extrahirt. Für die Röstung des Concentrationssteins dienen Oefen mit 3—4 über einander liegenden (siehe Artikel „Silber") Heerden mit directer oder Gasfeuerung.

Bei dem Concentriren werden·meistens Doppelchargen gemacht; die Zuschläge werden über den gerösteten Rohstein vertheilt, hierauf bei verschlossenen Thüren 2 Stunden scharf gefeuert, dann durchgerührt und weitere 2 Stunden stark geheizt, nach welcher Zeit der Satz gewöhnlich eingeschmolzen ist. Wenn sich der Heerd frei von Ansätzen zeigt, wird gut durchgerührt, das Lech absetzen gelassen und die Schlacke in eiserne Hunte abgezogen; dieselbe soll Blasen werfen und nicht zu dünnflüssig sein, weil sonst Stein mitgezogen wird, aber auch nicht zu zähflüssig, weil sie sonst durch mechanisch eingeschlossene Lechtheilchen zu reich ausfällt. Der Stein wird abgestochen, bei Doppelchargen aber vorher der zweite Einsatz nachgetragen und dann erst der Stein von beiden Chargen abgestochen. 100 q Rohstein brauchen etwa 14 q Braunkohlen zum Rösten und 11—12 q zur Concentration.

Die Rückstände von der Silberextraction werden in einem Flammofen (Fig. 160 und 161) auf Schwarzkupfer verschmolzen und dieses sogleich raffinirt; man gibt Chargen von 50—55 q gerösteten extrahirten Concentrationssteins, welchem 10% Steinkohle und die nöthige Menge Quarz zubeschickt werden. In 6—7 Stunden ist eingeschmolzen, worauf ein 2 bis $2^1/_2$ stündiges Verblasen, hierauf ein $2^1/_2$—3 stündiges Dichtpolen und dann ein 1 stündiges Zähepolen folgen; das Ausschöpfen des Kupfers dauert 2 Stunden. Der Heerd bleibt dann 2—4 Stunden leer stehen und wird für die nächste Charge ausgebessert. Die Raffinircampagnen dauern 3 bis 4 Wochen, man bringt 84% Raffinadkupfer aus, und verschmilzt die Krätzen und Raffinirschlacken mit Schieferschlacken und Flussspath auf Schwarzkupfer oder mit Kiesen auf Lech. Man hat versucht, bei dem Raffiniren Wasserdampf in das Metallbad einzuführen, wodurch sich wohl das Verblasen (Braten) und das Dichtpolen ersetzen liess, nicht aber das Zähepolen, und wurde die Anwendung von Wasserdampf desshalb aufgegeben.

Die Formen für das Eingiessen des raffinirten Kupfers sind bei Herstellung von Platten blos gusseiserne Rahmen, welche auf eine gusseiserne, in der Hüttensohle festliegende Platte aufgelegt und die Fugen ringsherum mit Lehm verstrichen werden; nach dem Erkalten wird der Rahmen abgehoben und die gegossene Platte fortgeschoben. Es kann aber auf die erstarrte mit einer schwachen Oxydhaut überzogene Platte ein etwas kleinerer Rahmen, wie vorhin angegeben, aufgelegt und eine zweite Platte darin gegossen werden, die sich nach dem Erkalten ganz leicht von der unteren Platte ablöst. Im Mannsfeld'schen hat man Formen von Kupfer, in welche die Blöcke gegossen werden; die Formen sind um Zapfen drehbar, so dass bei dem Umwenden der Form das Gussstück herausfällt.

Mannsfelder Raffinadkupfer vom Jahre 1880 enthielt[32]):

	1			2		
Ag	0·028	bis	0·030	0·016	bis	0·020
Pb	0·043	-	0·103	0·134	-	0·259
Fe	0·025	-	0·132	0·019	-	0·024
Ni	0·239	-	0·275	0·101	-	0·144.

Zu **Mühlbach** dient zum Raffiniren ein Gasflammofen, der mit Holzgas beheizt wird; das hiezu bestimmte Astholz wird durch eine Hackmaschine auf 5—6 cm lange Stücke zerhackt, und der Generator mit diesem Kleinholze, Sägespänen und Tannen- und Fichtenzapfen beschürt. Der Einsatz beträgt 34 q, die Charge dauert vom Einschmelzen bis zum Ausschöpfen 24 Stunden; der durch eine aus 7 flachen Düsen bestehende Batterie zugeführte Oberwind wird durch die abziehende Flamme in einem Röhrenapparate mit 3 Paar stehenden Röhren erhitzt. Zu beiden Seiten der Feuerbrücke liegen noch je eine Düse für die oxydirende Arbeit in diesem Ofen, so wie eine bewegliche Düse auf dem Gewölbe des Ofens, welche durch die Arbeitsthüre eingeführt werden kann. Das Ausbringen an Raffinadkupfer beträgt 80 %.

Zu **Ätvidaberg** und **Falun** werden die Raffiniröfen ebenfalls mit Holzgasen beheizt, welche in einem **Lundin**'schen Generator mit Condensator erzeugt werden; zur Beschüttung der Generatoren dienen hauptsächlich Sägespäne und sonst kleine Abfälle der Sägemühlen, deren es in Schweden eine sehr grosse Anzahl gibt. Das in den beiden Hütten auf nassem Wege gewonnene Kupfer wird in Flammöfen mit Siemensfeuerung auf Rohkupfer eingeschmolzen und dieses dann raffinirt.

Darstellung des Kupfers durch Bessemern.

Um die Schmelzungen bei der Concentration und Entschwefelung des Kupfers zu umgehen, wurde versucht, das Kupfer im Lech durch Nachahmung des Bessemerprocesses anzureichern, was auch gelang, indem man den Stein in geschmolzenem Zustande in einen Converter einbrachte und hochgepressten Wind durch das Steinbad trieb; aber ein Rohkupfer darzustellen, d. h. das Lech hinreichend zu entschwefeln, wie man gleichfalls beabsichtigte, gelang längere Zeit hindurch nicht, wesshalb diese Versuche wieder aufgegeben wurden. Erst durch Anbringen der Formen über dem Converterboden ist es gelungen, Rohkupfer zu erzeugen, indem das reducirte Kupfer als specifisch schwerer unter die Formen sinkt, und mit dem Schwefel des darüber befindlichen Lechs nicht mehr in Contact kömmt.

Im Dezember 1867 wurden zu **Wotkinsk** am Ural von **Jossa** und **Laletin** die ersten Versuche vorgenommen, wozu man sich eines Con-

---

[32]) Bg. u. Httnmsch. Ztg. 1882 pag. 469.

verters mit 2 am Boden tangential einmündenden Düsen bediente; 1868 machten Stridsberg und Kollberg zu Westanfors in Schweden Versuche, den Stein von Riddarhyttan zu entschwefeln; die Erfolge waren ebenfalls unbefriedigend. Später hat Tessié du Motthay einen Apparat angegeben, welcher zu Coumiens in Frankreich versucht wurde, doch auch hierin konnte kein Rohkupfer erzeugt, sondern blos eine Concentration des Kupfers im Stein erzielt werden. Der von Hollway[33]) angegebene Process, durch welchen zwar nur Stein erzeugt, aber nebenbei Schwefel und Schwefelsäure gewonnen werden sollte, hat bisher keine Anwendung gefunden.

Nach Mittheilungen von A. Tamm[34]) ist es endlich Manhes zu Eguilles in Frankreich gelungen, aus Kupferstein Rohkupfer zu erzeugen, und ist dieses Verfahren dort selbst auch in Ausübung; dasselbe ist patentirt und zwar speciell:

1. Das Bessemern von Kupferstein und die Darstellung von Rohkupfer durch Bessemern.

2. Das Einführen von Schwefel- oder Kohlenpulver mit dem Winde in das Bad.

3. Das Anbringen von Formen über dem Boden des Apparates, so dass sich unterhalb das metallische Kupfer ansammelt, nichts mehr davon verbrennt, und die eingeblasene Luft nur brennstoffreiche Schichten trifft.

4. Weiteres Verblasen gold- und silberhaltenden Kupfers, Abzug der Schlacke, Zusatz von Eisen, Mangan, Phosphor oder Silicium als Brennstoff und Weiterblasen, wobei das Kupfer verschlackt und aus der Schlacke durch Reduction gewonnen wird, Gold und Silber aber sich in einem kleinen Rest des Kupfers concentriren und auf nassem Wege geschieden werden.

Das Verfahren zu Eguilles ist nach Tamm's Angaben das folgende: Spanische, portugiesische und italienische Kiese mit quarziger Gangart werden auf 12—15 % Halt gattirt, und in niedrigen Schachtöfen ungeröstet verschmolzen, wobei man sie mit den 4—5 % Kupfer haltenden Bessemerschlacken beschickt und das Kupfer aus den Letzteren wieder gewinnt; der erhaltene Stein wird in einem kleinen, den Cupolöfen ähnlichen Ofen mit 7 % Koks umgeschmolzen und in den Converter abgestochen, welcher mit einer Masse aus Sand und Thon am Boden 30, an den Seiten unten 25, oben blos 6 cm stark ausgestampft ist. Der Converter ist innen 1·4 m weit, im Ganzen 2 m hoch, die 20—80 Formen sind 12—15 mm weit und liegen 15 cm über dem Boden, alle in einer Ebene und central gerichtet. Diese Formen werden in der Art hergerichtet,

---

[33]) Bg. u. Httnmsch. Ztg. 1878 pag. 151 und 1879 pag. 157. Dingler's Journ. Bd. 232 pag. 433.

[34]) Bg. u. Httnmsch. Ztg. 1882 pag. 180 und 427, dann 1884 pag. 253. (Aus Jern Contorets Annaler.)

dass man in das noch weiche, frisch gestampfte Futter ein spitzes Rundeisen quer durchsticht. Das Windrohr liegt aussen, etwa 30 cm über dem Boden und hat eine entsprechende Anzahl 10 mm weiter Düsen, welche 20 cm weit in das Futter reichen (Fig. 162 und 163).

Nach 2 stündigem Anfeuern mit Koks chargirt man mit etwa 10 q den zu Rothgluth erhitzten Converter und lässt Wind von $^1/_2$ Atmosphäre Druck einströmen. Die Flamme ist zu Anfang, so lange das Schwefeleisen verbrennt, hellgelb und funkensprühend, später, wenn nur mehr Schwefelkupfer vorhanden ist und blos der Schwefel verbrennt, wird sie dunkelgelb, wenig leuchtend und enthält keine Funken, und wenn schliesslich nur mehr Kupfer vorhanden ist, wird die Flamme weiss und klar, und grüne Färbungen an den Kanten sollen blos von aus Kohle sich bildendem

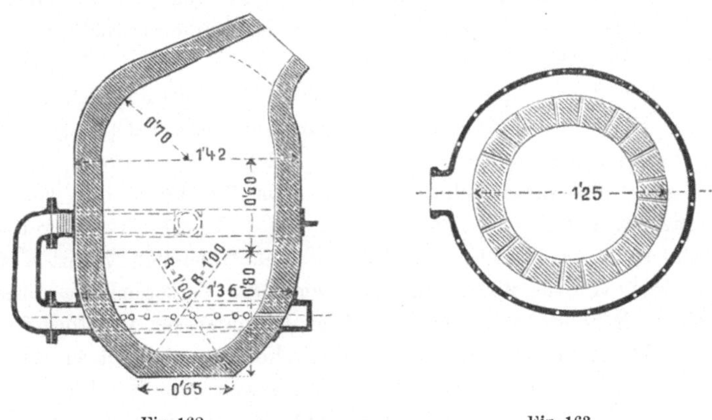

Fig. 162.   Fig. 163.

Kohlenoxydgas herrühren, welche Erscheinung man auch bei dem Anwärmen des Converters mit Koks wahrnimmt. Das Rohkupfer mit 97 bis 99 % Kupfer wird in eiserne Coquillen ausgegossen, wobei man auf den ersten Ingots noch etwas Lech erhält, das sich nach dem Abschrecken des Gussbloks in Wasser leicht abtrennen lässt. Die Operation dauert bei 20 Formen etwa $^1/_2$ Stunde, bei 80 Formen blos wenige Minuten, wenn die Steine reicher sind und 50—60 % Kupfer enthalten. Bei armen Steinen theilt man die Operation, um die eisenreichen Schlacken zu entfernen; nach der ersten Blaseperiode giesst man den angereicherten Stein mit den Schlacken in eine conische gusseiserne Form ab, trennt die Schlacke nach dem Erstarren und schmilzt den Stein um, worauf er fertig geblasen wird. Man stellt das Blasen ein, sobald am Converterhalse sich keine schweflige Säure mehr zeigt. Das Eisen verschlackt mit der Kieselerde des Futters, darum hält ein Futter nicht mehr als 8 Chargen aus; man setzt jedoch, um diese Corrosion zu verhindern, keinen Quarz zu, weil derselbe zu sehr abkühlend wirken und die Schlacke selbst zum Erstarren bringen könnte.

Ein ausgebrannter Converter wird 8 Stunden hindurch durch Aufspritzen von Wasser gekühlt, dann wieder ausgestampft. Für continuirlichen Betrieb sind 3 Converter nöthig; man macht täglich 16 Chargen, wobei blos 2 Arbeiter beschäftigt sind, und erzeugt 5 tons Rohkupfer. Die Kosten pro 1 q sollen nicht einmal 20 frcs. erreichen, das Calo kaum 1 % betragen. Das Rohkupfer wird auf der Hütte zu Vedénes in Flammöfen raffinirt.

Für Concentration des Goldes im Kupfer ist ein Zusatz von Ferromangan nothwendig, welches man bei dem Umschmelzen des Steins zusetzt. Leche mit 20 % Kupfergehalt werden vorher angereichert, Leche mit weniger als 33 % Kupfer lassen sich nicht mehr mit Gewinn verarbeiten.

Arsen und Antimon verflüchtigen bei dem Bessemern, Blei, Zinn und Zink werden ganz, das Kobalt zum Theil verschlackt, Nickel und Wismuth concentriren sich in dem Kupfer; das Rohkupfer enthält noch etwa 0·6 % Eisen und 0·9 % Schwefel.

Es werden dermal in 3 Convertern monatlich blos 85—100 tons Rohkupfer erzeugt, da die eigenen Erze arm sind und die Beschaffung der fremden Erze Schwierigkeiten unterliegt. Eine Anlage für 100 tons Monatsproduction bedarf für sämmtliche Arbeiten etwa 70 Mann, und sollen die Productionskosten für eine Tonne Kupfer auf 160—170 frcs. herabgehen.

Einem späteren Bericht von H. v. Jossa[35]) zufolge variirt der Gehalt der Erze von 4—23 %, und dienen zum Verschmelzen derselben 3 fünf Meter hohe Schachtöfen von 1 m Durchmesser im Formhorizont und 70 cm Durchmesser am Boden mit 3 Formen und Düsen von 7 cm Weite, welche 80 cm über dem Bodenstein liegen; die Windpressung beträgt 20 cm Wassersäule Druck. Die Schlacke fliesst stetig 60 cm über dem Boden ab, der Stein wird alle 3 Stunden auf die Hüttensohle abgestochen. Eine Gicht besteht aus

70 kg Koks
50 - Kalkstein und
5 q Erz.

In 24 Stunden verschmilzt ein Ofen 200 q Erz und producirt 40 q Stein mit im Durchschnitt 30 % Kupfer; die Campagnen dauern 2—3 Monate. Dieser Stein (matte bronze) wird im Converter concentrirt, und der Concentrationsstein (matte blanche) bei 35 cm Quecksilbersäule Winddruck und 100 cbm Luft pro Minute auf Rohkupfer gebessemert.

Die Flamme ist anfangs bei weisslichem Rauch kurz und blassgelblich, wird nach 2—3 Minuten länger und heller und der Rauch dichter und gelber (von Zink und Blei), später wird die Flamme von verbrennendem Zink grünlich und klarer. Nach 25—30 Minuten ist die Concentration beendigt, das Lech wird in ein Gefäss von Gusseisen abgegossen, die 1

---

[35]) Bg. u. Httnmsch. Ztg. 1884 pag. 484. (Aus dem Russischen.)

bis 2 % Kupfer haltende Schlacke von der Oberfläche des erstarrten Kuchens abgeschlagen, der Stein wieder durchgestochen und nun binnen 15—20 Minuten auf Rohkupfer fertig geblasen, wobei sich nur sehr wenig Rauch und nur eine kurze gelbliche Flamme zeigt; das Aufhören des Rauchs zeigt die Beendigung der Charge an.

Es enthält nach im Laboratorium des russischen Ministeriums der Finanzen vorgenommenen Analysen:

	der weisse Stein (matte blanche)	der Rohstein (matte bronze)
Cu	77·61	26·39
S	20·65	23·65
Fe	1·22	26·91
Unlöslich	0·38	4·56
Mn	—	0·22
Ni	—	1·65
Zn	—	4·72
Pb	—	2·19
Ca	—	0·94
Mg	—	0·07
Ba	—	5·57

und die Schwarzkupfer (Bessemer) schlacke enthält:

$Si\,O_2$	35·90
$Al_2\,O_3$	1·76
$Fe\,O$	55·83
$Mn\,O$	0·22
$Zn\,O$	0·86
Cu	2·14
S	1·03

Die bei dem Bessemern des Kupfersteins sich entwickelnde Temperatur lässt sich annäherungsweise folgends ermitteln.

Legt man der Berechnung die Zusammensetzung des weissen Steins (matte blanche) von Eguilles zu Grunde, welcher nach den Mittheilungen v. Jossa's besteht aus

Cu	77·61
S	20·65
Fe	1·22
Unlöslich	0·38,

so ergeben sich die folgenden Ziffern:

Der Schwefel verbrennt zu Schwefeldioxyd, wobei pro ein Gewichtstheil 2221 Calorien frei werden, das Eisen verbrennt zu Eisenoxydul und entwickelt pro Gewichtstheil 1178 Wärmeeinheiten; mit der Kieselerde des Ofenfutters verbindet es sich zu Schlacke.

Es werden demnach bei der Verbrennung dieser Körper durch den Sauerstoff der eingeblasenen Luft erzeugt

$$
\begin{aligned}
\text{von dem Eisen} \quad & 1{\cdot}22 \times 1178 = \underline{1\,437} \text{ Calorien}\\
\text{-} \quad \text{-} \quad \text{Schwefel} \quad & 20{\cdot}65 \times 2221 = \underline{45\,863} \quad \text{-}\\
& \text{zusammen } 47\,300 \text{ Calorien:}
\end{aligned}
$$

hiezu braucht das Eisen nach

$$
\begin{aligned}
56 : 16 = 1{\cdot}22 : x \qquad & x = 0{\cdot}35 \text{ Sauerstoff, und der Schwefel nach}\\
32 : 32 = 20{\cdot}65 : y \qquad & \underline{y = 20{\cdot}65} \qquad \text{-}\\
& \text{zusammen } 21{\cdot}00 \text{ Sauerstoff, welcher zufolge}\\
23 : 77 = 21 : z \qquad & z = 70 \text{ Gewichtstheile Stickstoff mit sich führt.}
\end{aligned}
$$

Man hat somit vor der Verbrennung

Gewichtstheile	Wärmeentwicklung für 1 Gewichtstheil	Product dieser Factoren
1·22 Fe	1178	1437
20·65 S	2221	45863
21·00 O	—	—
70·00 N	—	—

die latente Wärme von

97·21 $Cu_2 S$ [36])	$(1000 \times 0{\cdot}1212) = 121{\cdot}2$	11782
		59082 Calorien.

Nach der Verbrennung ergibt sich die Summe der den Verbrennungsproducten entsprechenden absoluten Wärmemengen mit

	Gewichtstheile	Specifische Wärme	Product dieser Factoren
	41·30 SO_2	0·1553	6·4138
Schlacke { 1·57 Fe O / 0·66 Si O_2 }		0·3330	0·7426
	70·0 N	0·2440	17·0800
	77·61 Cu	0·0968	7·4816
		zusammen	31·7180

Die Verbrennungstemperatur bei dem Bessemern des matte blanche ist demnach

$$
\frac{59\,082}{31{\cdot}7180} = 1862^0
$$

Es ist hiebei allerdings auf manchen Umstand nicht Rücksicht genommen worden, so auf jene Menge Wärme, welche von den Ofenwänden

---

[36]) 1000° Temp. angenommen. 0·1212 ist die spec. Wärme der $Cu_2 S$.

aufgenommen und ausgestrahlt wird, es ist eine vollständige Verbrennung von Schwefel und Eisen, es ist keine Verschlackung von Kupfer u. s. w. vorausgesetzt worden, aber das Resultat der Rechnung ergibt doch, dass die bei diesem Process erzeugte Temperatur hoch genug ist, das erhaltene Rohkupfer flüssig zu erhalten.

Durch das Bessemern wird das Kupfer von Arsen und Antimon vollständig gereinigt, und dies ist ein sehr wesentlicher Vortheil dieses Processes.

Kupfergewinnung aus oxydirten Erzen.

Solche Erze kommen in bedeutenden Mengen weniger vor und werden desshalb auch nur selten für sich allein verhüttet, sondern meistens bei dem Verschmelzen geschwefelter Erze und Zwischenproducte, und wenn sie rein sind, bei dem Schwarzkupferschmelzen zugeschlagen. Man verarbeitet sie in Schacht- und Flammöfen; die ersteren sind niedrig, es wird das Erz darin sogleich auf Rohkupfer verschmolzen, oder unter Zusatz kiesiger Erze auf Stein durchgestochen. In Flammöfen werden solche Erze unter Zuschlag von reichen Schlacken, Krätzen und Reductionskohle bei rauchiger Flamme auf Rohkupfer verschmolzen. Früherer Zeit wurden in England auch die Kiesrückstände von der Schwefelsäuregewinnung auf Kupfer verhüttet; diese blue billy wurden von Spanien und Irland importirt, sie enthielten 1—4 % Kupfer, sowie noch genügende Mengen Schwefel zur Deckung des Kupfers; demungeachtet wurden sie, um das Kupfer sicher an Schwefel zu binden, mit etwas rohen Kiesen, Quarzsand und Rohschlacke in Flammöfen in Chargen zu je 2 tons binnen 12 Stunden auf einen 20—30 procentigen Rohstein verschmolzen, welcher granulirt, geröstet und auf einen Concentrationsstein von 50 % Kupfer verschmolzen wurde, welchen man nach zweimaliger Röstung auf Rohkupfer verarbeitete. Gegenwärtig werden die Kiesabbrände allgemein auf nassem Wege zu Gute gebracht.

Kupfergewinnung aus gediegen Kupfer führenden Erzen.

Erze, welche gediegen Kupfer führen, werden meistens in Flammöfen verhüttet, weil man das Kupfer darin sofort hammergar machen kann.

In Schachtöfen werden Cuprobarillas und Corrocorroerze mit oxydischen Erzen gemengt auf ein Schwarzkupfer von 95 % Kupfergehalt verschmolzen; die Oefen sind blos 2 m hoch und über den Sumpf zugestellt.

In Flammöfen steht nach Egleston[37] diese Verhüttung meist auf Erze vom oberen See in Nordamerika verschmelzenden Werken in Uebung, welche nur geringe Mengen geschwefelte Erze aus dem Süden und aus

---

[37] Eng. and Min. Journ. 33 pag. 167, 183, 296 und 209. Bg. u. Httnmsch. Ztg. 1882 pag. 123.

Neuengland ankaufen. Das eingeschmolzene Kupfer wird in demselben Ofen sogleich raffinirt und bestehen dort dermal 3 solche Hütten, zu Detroit, Hancock und Pittsburg, von welchen die beiden ersteren jährlich 28000—30000 tons Erze mit 70—80 % Kupfer verarbeiten. Hancock hat 8, Detroit 4 Flammöfen und 3 beziehentlich 2 Schachtöfen, letztere zum Schmelzen der Raffinirschlacken. Als Brennstoff dient Steinkohle und Anthrazit, letzterer bei Zuführung stark gepressten Unterwindes. Ein Ofen fasst 5—10 tons, hat ein bewegliches Gewölbe, geneigten Heerd von 4·3 m Länge mit Sumpf, und entweder eine separate Esse oder es liegen 2 Oefen an einem Schornstein; die Feuerbrücken haben Luftcanäle (Fig. 158 u. 159). In den Figuren bezeichnen b und c die Canäle für den Zutritt der in d erwärmten Luft, e die Schürthür, f die Chargirthür, durch welche auch die Heerdsohle hergestellt wird, g den Tümpel vor der Thüre h, durch welche das Kupfer ausgeschöpft wird, i den Fuchs zur Esse k, l das mittelst Krahn abhebbare Gewölbe, durch welches die grossen Stücke gediegen Kupfer eingebracht werden, m ein Schieber zur Regulirung des Luftzutritts durch b. Die Heerdsohle wird zuerst aus einem 20 cm starken Bett von reichen Schlacken und Waschabgängen, darüber die Schmelzsohle aus Sand und Bruchkupfer hergestellt; der Ofen wird zuerst 20 Stunden hindurch befeuert, hierauf 60—90 cm hoch scharfer, gewaschener Flusssand aufgebracht, so lange erhitzt, bis alle organischen Substanzen, welche demselben anhaften, zerstört sind, dann dem Heerd die richtige Gestalt gegeben, die Sohle festgeschlagen, die Thüren geschlossen und lutirt und der Ofen während 12 Stunden zur Weissgluth gebracht. Nachdem der Sand gesintert ist, lässt man 2 Stunden bei geöffneten Thüren abkühlen, gibt 5—6 q Bruchkupfer auf, welches schmelzend in den Sand eindringt, kühlt dann den Ofen ab und schöpft das übrige Kupfer, welches sich nicht in den Sand eingezogen hat, aus. Diese Operation wiederholt man, bis der Heerd 30 cm stark geworden ist.

Man bringt zuerst Erzklein (mineral) auf den Heerd, breitet es einige Centimeter hoch aus, setzt darauf durch die Oeffnung im Gewölbe die grossen Stücke (mass), und wenn diese sehr gross sind, so gibt man auf das mineral zuerst Holz, um eine Verletzung der Heerdsohle bei dem Einsetzen zu vermeiden, worauf wieder kleinere Erzstücke gegeben werden. Als Zuschlag dienen 6—8 Laufkarren reicher Schlacken mit 25—30 % Kupfer und 6—8 % Kalkstein; 6 Mann füllen den Ofen in einer Stunde.

Das Arbeitsverfahren zerfällt in drei Operationen, das Schmelzen, Verblasen und Raffiniren; das Schmelzen dauert 12 Stunden, das Schlackenabziehen 4—5, das Verblasen $^1/_2$—2, das Raffiniren 2, das Auskellen und die Reparatur des Heerdes ebenfalls 2 Stunden. Man bringt den geschlossenen und an den Thüren lutirten Ofen allmälig in Hitze, bis alles flüssig ist und zieht hierauf 4—6 mal die Schlacke ab, worauf die Verblaseperiode beginnt; man lässt unter fleissigem Umrühren Luft durch die Feuerbrücke zutreten, und zieht von Zeit zu Zeit die Schlacken ab, bis das Kupfer übergar geworden ist. Den Eintritt der Uebergare erkennt man an den zeitweilig genommenen Proben; die letzte Probe zeigt dann einen Bruch von grösserem glänzendem Korn mit feinem mattem Korn gemischt und in der Mitte eine Einsenkung. Hierauf folgt das Raffiniren, indem man alle Schlacke abzieht, Holzkohle und Scheitholz aufwirft und die Polstange einführt, wobei man alle $1/_4$ Stunden Proben nimmt, indem man auch jedesmal die Polstange herauszieht, die Schlacke entfernt und das Metallbad mit Kohle bewirft. Auf einigen Hütten wird, wenn sich das Kupfer schwer raffinirt, etwas Blei zugegeben. Wenn der Bruch der Probe sehnig und seidenglänzend ist, so ist das Raffiniren beendigt; man prüft, indem man einen Probenzain giesst, diesen ausschmiedet und bricht. Das Polen muss bei der höchsten zu erreichenden Temperatur geschehen, und das Ausschöpfen wird unter stetigem Probenehmen vorgenommen, wobei man die Flamme möglichst neutral hält und auf der Oberfläche Kluftholz verbrennt (siehe auch pàg. 217—219).

Die Raffinirschlacken werden in einem 3·3 m hohen Schachtofen mit Blechmantel und Schlitzen statt der Formen zur Windzuführung in Chargen von 20 tons mit 8—9 tons Kalk, $1/_2$ tons Kupferabfällen und 7 tons Kohle verschmolzen, welche Menge in 10 Stunden durchgesetzt ist, wobei 9 bis 12 tons Kupfer erfolgen; die hier erzeugten Schlacken fliessen durch zwei Augen in Wasserbassins ab und werden, wenn sie über 0·75 % Kupfer enthalten, repetirt.

Reinste so dargestellte Kupfer enthalten:

	1	*2*	*3*	*4*	*5*	*6*
Fe	—	—	0·005	—	0·03	0·05
Ni	—	0·002	0·003	0·003	—	—
Co	—	—	—	Spur	Spur	—
Ag	0·03	0·030	0·030	0·030	0·070	0·04
O	0·28	0·280	0·190	0·220	0·370	0·20

Kupfergewinnung auf nassem Wege.

Für das Verarbeiten der Kupfererze auf nassem Wege muss das Kupfer in oxydirtem Zustande vorhanden sein, wesshalb schwefelhaltige Erze und Producte geröstet werden müssen; letztere gelangen jedoch nur dann zur Extraction, wenn sie silberhaltig sind und das Silber daraus gewonnen werden soll. Am besten eignen sich für diesen Process Erze mit quarziger Gangart; kalkige Erze müssen nach dem Rösten zuerst abgelöscht und der Kalk abgeschlämmt werden, oder man verwendet zur Extraction derselben Salzlösungen.

Als **Lösungsmittel** finden Anwendung:

1. **Wasser** für Erze, welche Kupfersulfat enthalten. Ein sulfatisirendes Rösten der Erze zu diesem Zwecke wird selten vorgenommen, sondern es bildet sich das Sulfat bei der Röstung der Kiese entweder zufällig und unbeabsichtigt, wie in den Kernerzrinden zu Agordo, oder die Erze enthalten dasselbe in Folge von Verwitterung, und dann gewinnt man meistens schon die fertige Lauge aus der Grube, Cementwässer; die Verwitterung schon in der Grube geht um so leichter vor sich, je mehr Schwefelkies, und um so schwerer, je mehr Kupfer die Erze enthalten.

2. **Verdünnte Säuren** für oxydische Erze oder geröstete Hüttenproducte, wie Leche und Rohkupfer; Salzsäure ist hiezu billiger zu verwenden, aber Schwefelsäure gibt reinere Laugen, weil geglühtes Eisenoxyd darin weniger leicht löslich ist und eine eventuelle Verwerthung derselben durch Gewinnung von Eisenvitriol möglich wird, dagegen erhält man in salzsauren Lösungen nicht so viel basische Salze, wie aus Sulfat enthaltenden. Dieser wichtige Umstand führte zur Verwendung von

3. **Eisenchlorür** und zur

4. **Chlorirenden Röstung** der Erze, womit gewöhnlich auch eine Silbergewinnung verbunden ist.

Andere Lösungsmittel wurden vielfach versucht, wie schweflige Säure, und Wasserdampf, Ammoniak, Ferrisulfat etc., deren Anwendung sich jedoch entweder als zu kostspielig oder als nicht genügend zweckentsprechend erwiesen hat, wesshalb dieselben auch nicht mehr Verwendung finden.

Bei der Kupferextraction vorzunehmende Operationen sind das **Auslaugen** und das **Fällen des Kupfers** aus der Lauge; die Art, in welcher dies geschieht, ist sehr verschieden, und werden wir dieselbe bei Anführung der einzelnen Beispiele kennen lernen. Die Auslaugung wird überall continuirlich eingerichtet derart, dass man die Extractionsflüssigkeiten von einem Lauggefäss zum andern bewegt, wobei sie angereichert werden, und die Waschwässer zum Auslaugen neuer Mengen Lauggutes benutzt.

Die erhaltenen Laugen werden, bevor das Kupfer daraus gefällt wird, **gereinigt**; sie enthalten stets andere Metalle, hauptsächlich Eisen, mit aufgelöst, und ist namentlich der Gehalt an Eisenoxydsalzen hier schädlich, weil er einen zu grossen Verbrauch an Fälleisen veranlasst, denn

$$Fe_2 O_3 + Fe = 3 FeO,$$

auch weil aus Lösungen neutraler Ferrisalze, wenn dieselben längere Zeit in Berührung mit atmosphärischer Luft bleiben, sich basische Salze abscheiden und Säure frei wird, welche wieder einen Theil Eisen zu ihrer Sättigung löst.

$$4 Fe SO_4 + 2 O = Fe_4 S O_9 + 3 SO_3$$
$$6 Fe Cl_2 + 3 O = 2 Fe_2 Cl_6 + Fe_2 O_3.$$

Die gereinigten Laugen werden zur Fällung abgegeben. Als Fällungsmittel dienen:

1. Eisen, in den meisten Fällen in Form von Roheisen, seltener Stabeisen, diversen Eisenabfällen, in neuerer Zeit auch Eisenpulver (Eisenschwamm), welchen letzteren man aus den Rückständen der zur Extraction des Kupfers dienenden Schwefelkiese, aus den blue billy oder purple ore, darstellt. Diese Rückstände werden in Posten von 10 q mit 305 kg Steinkohlen in einem Flammofen erhitzt, dessen Feuergase zuerst über, dann unter den Heerd streichen und von da in die Esse entweichen. Der Ofen hat 3 Abtheilungen, in deren erster die Rückstände 9—12, in der zweiten 18, in der dritten 24 Stunden verbleiben; man prüft auf die Beendigung der Reduction, indem man 1 g der reducirten Rückstände in eine bestimmte Menge titrirter Kupferlösung bringt, umrührt und beobachtet, wie viel Kupfer davon reducirt wird, auch zeitweilig einen Tropfen der Lösung herausnimmt und auf blankem Eisenblech auf Kupfer prüft. Das fertige Product wird in mit Deckeln fest verschliessbare Kästen gezogen, um Luftzutritt zu verhindern, 24 Stunden abkühlen gelassen, dann gemahlen und gesiebt. Das Pulver wirkt ungemein schnell, und ist bei Zusatz dieses Eisenpulvers die kupferhaltende Flüssigkeit umzurühren, um die Fällung ja möglichst vollkommen zu machen; es ist das wirksamste Fällungsmittel. Auf grauem Roheisen setzt sich das Kupfer mehr als Schlich, auf weissem Roheisen mehr in Lamellenform an; Stabeisen ist kostspieliger, aber das Fällkupfer fällt reiner aus. Bei ruhigem Ueberlaufen der Lauge über Eisen wird jene nur wenig entkupfert, es soll womöglich die Flüssigkeit auf das Eisen auffallen, wobei durch den Stoss die Fällung befördert wird; ebenso wird durch Umrühren, Erwärmen der Lauge und fleissiges Abkehren des Fällkupfers von dem Eisen die Ausfällung des Kupfers unterstützt. Nach einem amerikanischen Patent sollen sich auch Abfälle von verzinntem Eisenblech[38]) sehr gut zur Kupferfällung verwenden und das Zinn nebenbei gewinnen lassen, wenn das Kupfer als Chlorid in Lösung ist; es bildet sich hiebei Zinnchlorid, das bei Gegenwart eines Sulfates ($Na_2 SO_4$) in der Lösung als Zinnoxyd gefällt wird und sein Chlor freigibt.

Das Fällen des Kupfers geschieht in hölzernen Kästen, Rinnen, gemauerten Canälen oder Sümpfen, und darf man hiezu keine zu concentrirte Lösung nehmen, da eine solche sich nach der Fällung schwierig klärt.

Aus den Atomgewichten berechnet sich, weil

$$56 \, Fe : 63\cdot4 \, Cu = x : 100$$
$$x = 88\cdot8,$$

dass 100 Gewichtstheile Kupfer durch 89 Theile Eisen gefällt werden sollen, man braucht aber in praxi viel mehr, oft über 200 Theile Eisen.

2. Schwefelwasserstoff, jedoch selten; das gefällte Schwefelkupfer erfordert mehr Nacharbeiten.

---

[38]) Bg. u. Httnmsch. Ztg. 1877 pag. 357.

3. **Kalkmilch**, dermal kaum mehr; das gefällte Kupferoxyd ist eisenreich, weil auch Eisen mitgefällt wird, gypshaltig und verhältnissmässig arm an Kupfer. Dieselbe dient nur als Ersatz eines zu theuren Eisens.

4. In ganz neuester Zeit wird die Ausfällung des Kupfers durch **Elektrolyse** bewerkstelligt.

Das durch Eisen gefällte Cementkupfer ist kein reines Kupfer, sondern enthält noch basische Eisensalze, unzersetzte Eisentheilchen, den Graphit und die Kieselerde (Si) aus dem Roheisen, und der Gehalt an Kupfer darin ist demnach sehr verschieden; wird das Cementkupfer geschlämmt, so erhält man die gröberen Stücke mit dem höchsten Kupfergehalt, und einen Schlamm, dessen Gehalt bis 20% herabgehen kann. Um die bei dem Verwaschen unvermeidlichen Verluste zu vermeiden, wird das Cementkupfer zumeist so, wie es gewonnen wird, und zwar das gröbere, welches durch Sieben getrennt wird, auf Rohkupfer verarbeitet, das feinere mit geschwefelten Erzen auf Lech verschmolzen.

Zu **Schmöllnitz** (Ungarn) wird das Kupfer aus natürlichen Cementwässern derart gewonnen, dass man sie zunächst aus der Grube pumpt und in terassenförmig über einander gelagerte Fälllutten leitet, worin das Eisen in 25 cm langen, 75 mm breiten und 12 mm starken Stäben gitterartig aufgeschlichtet ist. Die vorhandenen 936 Lutten sind zusammen 3740 m lang, doch ist die Fällung in den ersten 40—50 Lutten nahezu beendet; zuletzt fällt das Cementwasser durch vertical stehende Lutten, wo der Rest des Kupfers bei dem Aufstossen ausgeschieden wird. Man verarbeitet dort jährlich an 15000 cbm Cementwässer und gewinnt durchschnittlich 57% Kupfer. Die jährliche Erzeugung beträgt 1250 q Garkupfer. Nach **Löwe** enthält das raffinirte Cementkupfer 99·828% Kupfer und 0·108% Eisen.

Nach **Peck**[39]) erfolgt die Fällung des Kupfers vollständiger und schneller, wenn man statt des Eisens ein Gemenge von Eisen und Koks anwendet; das Eisen wird mehr positiv elektrisch und wirkt energischer, aber auch so bei Zerlegung der Ferrisalze, weshalb die von Kupfer befreite Lösung möglichst bald von dem Fälleisen entfernt werden soll. Das Kupfer setzt sich auf den Koks in sehr reinem Zustande ab und fällen die Koks ein nahezu gleiches Gewicht Kupfer aus, bevor sie unwirksam werden. Tiefe Fällgefässe mit Eintritt der Lauge von unten und oberem Abfluss der entkupferten Laugen empfehlen sich besonders. Koks wurden übrigens schon von **Patera** zu diesem Zweck, obzwar für die galvanische Kupferfällung vor nahezu 20 Jahren in Vorschlag gebracht. (Verhandlungen der k. k. geolog. Reichsanstalt. 1867. No. 5. Dingler's Journ. Bd. 184 pag. 134.)

Zu **Agordo** werden die Kernerzrinden, Röstdecken und Röstböden in 64 grossen Laugkästen gelaugt, deren jeder 40—50 cbm fasst; man

---

[39]) Oesterr. Ztschft. f. Bg. u. Httnwsn. 1880, pag. 613 und 626.

bringt zunächst Armlauge von früheren Auslaugungen in den Kasten, und dann trägt man 150 q von dem Erzgemenge ein. Nach 24 Stunden wird die Reichlauge in Klärkasten abgelassen und so viel reines Wasser auf die Rückstände zugebracht, dass alles bedekt ist, worauf man nach 24 Stunden die Armlauge in einen Kasten mit einer Handpumpe auspumpt; man lässt nochmal Wasser auflaufen, pumpt dieses Waschwasser zu der armen Lauge und verwendet das Gemisch zum Auslaugen frischer Erzrinden. Die reichen Laugen zeigen eine Concentration von 31—34° B., die armen 14—15° B. Die dreimalige Auslaugung hat sich aber noch als unzureichend erwiesen, weshalb die ausgelaugten Rinden als Böden zu den Rösthaufen und als Decke verwendet, also wieder geröstet und noch dreimal ausgelaugt werden; dann wäscht man sie noch viermal und bringt sie schliesslich auf ein Sieb, wo die feinen ausgelaugten Theilchen durchlaufen und mit einem Kupfergehalt von 0·25—0·50% auf die Halde gestürzt werden, die auf dem Siebe gebliebenen gröberen Theile aber gibt man zurück zum Rösten. Früher war der Verbrauch an Fälleisen zu Agordo ein hoher in Folge des grossen Gehalts der Laugen an Ferrisulfat, es schieden sich auch viel basische Eisensalze (brumini) aus, welche das Cementkupfer verunreinigten, und der ganze Arsengehalt der Erze fand sich als Ferriarseniat in der Lösung und vermehrte die Menge der Brumini.

Zoppi[40]) reducirt diese Oxydsalze in den Laugen durch Behandeln mit Schwefeldioxyd, wodurch das Fälleisen nicht mehr als nöthig angegriffen, die Bildung basischer Salze vermieden, die Arsensäure zu arseniger Säure reducirt und das Arsen durch das Eisen metallisch gefällt wird, in welchem Zustande es sich bei dem Waschen des Kupfers leicht und zum grössten Theile abschlämmen lässt. Ein grosser Theil des Kupfers setzt sich an dem Eisen in Form von Lamellen an, welche sehr rein sind und direct im kleinen Heerd gar gemacht werden, der Cementschlich aber wird bei dem Rösten der Leche zugesetzt, wobei die noch anhängenden geringen Mengen Arsen verflüchtigt werden. Zoppi hat an den Fällkasten eine 9 m hohe Esse angesetzt, welche bis auf 4·5 m Höhe 12 horizontale Scheidewände enthält, über welche die von einer Pumpe gehobenen Cementlaugen herabtropfen und zuletzt in den Fällkasten abfliessen; gegenüber der Esse befinden sich zwei Kiesbrenner (Kiln), aus welchen die schweflige Säure über das Bassin streichend den Thurm mit seinen Abtheilungen durchzieht und die Ferrisalze reducirt. Die dabei sich bildende Schwefelsäure löst etwas Eisen, doch ist diese Menge gegen die früheren Verluste unbedeutend.

Der Fällkasten (caldaja) ist ein aus Lärchenholz dicht gefügter Bottich (Fig. 164), der auf Mauerwerk aufruht und in welchem ein Erwärmungsapparat steht, dessen Gerippe aus Eisen, der Mantel aber aus

---

[40]) Bg. u. Httnmsch. Ztg. 1876 pag. 363. Annal. des mines 1876, II livrais. pag. 190. Wagner's Jahresbericht pro 1877, pag. 161.

Bleiblech gefertigt ist. Die Glocke b ist mittelst Flügelstücken wasserdicht an den hölzernen Boden des Kastens a befestigt, durch das Ansatzrohr b' wird der Brennstoff auf den Rost f eingetragen, und ist b' mit
einem Blechdeckel verschliessbar; durch das Rohr c' steht die Glocke mit
dem Kasten c in Verbindung, worin die warme Luft circulirt und durch
d unter den Mantel h entweicht, welcher auch den Dampf von den erwärmten Cementwässern abführt. e ist ein Ansatzrohr an den Kasten c,
um letzteren von Flugasche zu reinigen, g sind die Bänke für das Fäll-

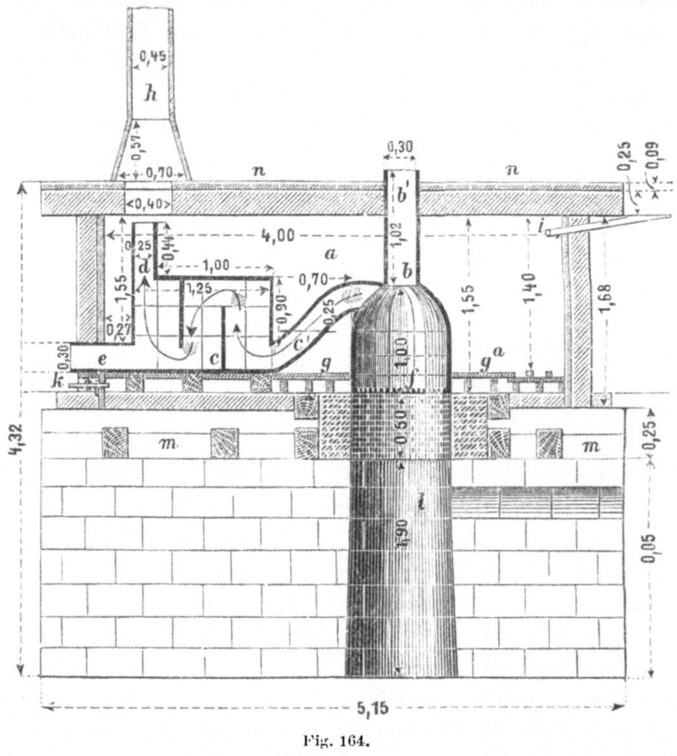

Fig. 164.

eisen, i die Rinne, durch welche die Laugen eingeleitet werden, k die Pipe
zum Ablassen der entkupferten Laugen, l der Aschenfall, m das Holzgerüst,
n die Deckbretter. Die Glocke steht ganz von Cementwässern überdeckt,
welche von ihr erwärmt werden, rings um die Wände des Kastens sind
hölzerne Bänke aufgestellt, auf welchen das zur Fällung bestimmte Roheisen liegt. Eine Caldaja ist 4·0 m lang, 3 m breit und 1·5 m hoch. Auf
die Bänke werden 70 q Eisen eingetragen, dann die reducirten Cementwässer
eingeleitet, bis 34° R. erwärmt und diese Temperatur 3 Tage lang erhalten,
am 4ten Tage auf 38, am 5ten bis auf 40° R. gesteigert und dann noch
5 q Roheisen nachgetragen, um den Rest des Kupfers zu fällen; man lässt
nun 24 Stunden ruhig stehen, wobei die Temperatur auf 35° R. herabgeht,

und zapft die Eisenvitriollösung in Krystallisirkessel ab. Das Cementkupfer wird abgekehrt und verwaschen.

Die Caldaja wird mit lufttrockenem Torf beheizt, man braucht auf 1 q Kupfer 10—12 cbm Torf; der Verbrauch an Fälleisen, welcher vorher für 1 Gewichtstheil Kupfer 3·27 Theile Eisen betrug, ist auf 2·5 Gewichtstheile herabgegangen, man erhält 70 % des gesammten Kupfers in Lamellenform, und weil keine basischen Eisensalze mehr vorhanden sind, ist auch die Erzeugung von Eisenvitriol gestiegen. Ein Zoppi'scher Reductionsapparat reducirt in einem Monat so viel Cementwässer, als für 40 Cementationen erforderlich ist. Der Verlust an Kupfer beträgt jetzt nur 7·6 %, während derselbe früher 16 % erreichte.

Nach v. Hubert enthalten die reducirten Cementwässer:

	vor und	nach der Cementation
$Cu\,O$	1·38	0·06 %
$Fe\,O$	6·91	8·72 -
$Zn\,O$	1·78	2·32 -
$Al_2\,O_3$	0·66	0·74 -
$As_2\,O_3$	0·24	—
freie $H_2\,SO_4$	2·08	0·65 -
gebundene $H_2\,SO_4$	12·61	14·15 -
$H_2\,O$	73·68	72·48 -

Analysen von Cementkupfer haben ergeben an Bestandtheilen:

	Von Agordo (Lamellen)	frisch	von Lockenhaus (Ungarn) (Schlich)		geschmolzen
Cu	87·41	57·95	Fe	0·81	0·21
$Fe_2\,O_3$	3·40	10·95	S	0·09	0·28
$Zn\,O$	0·50	1·78	As	Spur	Spur
$Al_2\,O_3$	0·25	0·33	Sb	Spur	Spur
$Ca\,O$	2·00	1·80			
$S\,O_3$	1·12	2·57			
As	0·69	4·93			
Feuchte	1·00	3·83			
Unlöslich	3·50	12·10			

Zu Riotinto und Tharsis (Spanien)[41]) werden in grossen Massen zum Theil tagbaumässig gewonnene Kiese in Haufen von bis 1500 tons auf einer 60—100 cm starken Unterlage von Reisig 5—6 Monate lang geröstet, und der Rost in 30 m langen, 10 m breiten und 1·5 m tiefen, gemauerten und cementirten Bassins ausgelaugt, in welchen sich ein mit Brettern belegter falscher Boden befindet; diese Bassins haben eine schwache Neigung nach der einen Langseite und befinden sich in den beiden Ecken

---

[41]) Preuss. Ztschft. 1880 pag. 105.

Balling, Metallhüttenkunde.

der tieferen Seite Zapflöcher, durch welche die Lauge in grosse Sammelbehälter abläuft. Man laugt je 10 Stunden lang mit Wasser aus und lässt
etwa 10 mal frisches Wasser zulaufen, bis die Probe keinen Kupfergehalt
mehr in der Lauge nachweist; die Laugrückstände werden feucht mit
1 Theil Grubenklein gemengt zu 3—4 m hohen Haufen zusammengestürzt,
in welchen man innen Canäle und Essen ausspart, so dass bei der weiteren Verwitterung eine lebhafte Erwärmung eintritt und in 6—8 Wochen
sich wieder so viel Sulfat gebildet hat, dass man den Haufen von Neuem
auslaugen kann, wozu man ihn mit 50 cm hohen Wällen eindämmt. Nach je
6—8 Wochen wird der Haufen immer wieder ausgelaugt, ein solcher ist
in 2 Jahren erschöpft. Zu Riotinto sind ständig 250 000, zu Tharsis
200 000 tons Kiese in der Röstung, und eben so viel in der Auslaugung
begriffen. Die sehr grossen Röstplätze sind durch Bahnen in Verbindung
und in regelmässige Felder eingetheilt. Das Kupfer wird durch Eisen gefällt, welches in zusammen 600 m langen, cementirten und asphaltirten
Canälen vorgelegt ist, die Endlaugen werden nach dem Klären zurückge-
pumpt und wieder zum Laugen benützt; die Pumpentheile bestehen aus
einer Legur von 80 Theilen Kupfer, 15 Blei und 5 Theilen Zinn, welche
von der Lauge nicht angegriffen wird. Das Cementkupfer wird zuerst in
einem Röstofen getrocknet, dann unter Krählen geglüht, um das Arsen zu
entfernen und als Oxyd mit über 70 % Kupfer in Säcke verpackt versendet.
Die Rückstände aus den Schlammbassins der Kupferfällung werden zu
Batzen geformt, getrocknet, geröstet und mit den reichen Erzen verschmolzen.

Das rohe Erz enthält im Durchschnitt:

S	49·00 %
As	0·47 -
Fe	43·55 -
Cu	3·20 -
Zn	0·35 -
Pb	0·93 -
Ca O	0·10 -
Si O_2	0·63 -
Ag	0·002 — 0·0028 %.

Das Cementkupfer enthält:

Cu	51·90
Ag	2·35
Pb	1·45
Bi	4·95
Fe	7·00
Sb	0·50
As	2·95
S	5·10

	Ca O	0·60
	Na Cl	0·40
	Na$_2$ So$_4$	1·40
	Sand	5·00
	Kohle	0·40
Sauerstoff und Verlust		16·00.

Man hat in letzter Zeit die Röstung auch mit Steinkohlen vorgenommen, das Steinkohlenbett ist 33 m lang, 8·5 m breit und erhält 5000 bis 6000 tons Erz, welches 6 — 7 Monate von selbst fortbrennt. Man gewinnt bei dem Laugen direct 1·5 % Kupfer, 0·3 % davon bleiben im Lauggut zurück.

Der grosse Verbrauch an Fälleisen hat auch dahin geführt, das Kupfer aus den Laugen durch Schwefelwasserstoff zu fällen, welchen man erzeugt, indem man in einem Schachtofen durch glühende Koks Wasserdampf und Schwefeldioxyd, letzteres aus neben angebauten Kiln mittelst eines Dampfstrahlgebläses einleitet,

$$SO_2 + H_2 O + 3\,C = H_2 S + 3\,CO.$$

Diese Methode der Schwefelwasserstoffgewinnung wurde zuerst von Sinding angegeben und zu Foldal in Norwegen ein solcher Betrieb eingeführt; gegenwärtig ist derselbe wieder aufgegeben worden. Die Endlaugen dürfen keinen überschüssigen Schwefelwasserstoff enthalten, und können dann wieder zur Auslaugung verwendet werden.

Etwa ein Drittel der zu Riotinto gewonnenen Erze sind Versandterze mit mindestens 3 — 3·5 % Kupfer, welche nach England und Deutschland verschifft und dort zur Erzeugung von Schwefelsäure benützt, die Abbrände aber zur Gewinnung von Kupfer, Silber und Gold auf nassem Wege verwendet werden; die Rückstände davon sind die blue billy, purple ore, welche zur Eisenerzeugung dienen.

Kiese mit 10 % Kupfer werden zu Riotinto und Tharsis in Haufen von 200 tons Inhalt geröstet, mit Cementschlämmen von der nassen Kupfergewinnung in einförmigen Tiegelöfen auf Stein von 40 % Kupfer durchgesetzt und dieser in den Handel gebracht; ein 3 m hoher Ofen von 1 m Weite verschmilzt täglich 30 tons Beschickung mit 16 % englischen Koks.

Schwefelkiese mit 5 — 7 % Kupfer, 10 % Blei und 0·009 % Silber werden ebenfalls geröstet und dort auf Werkblei und Stein verschmolzen.

Zu Duisburg[42]) werden spanische Kiese von Huelva zuerst für Gewinnung von Schwefelsäure abgeröstet, die Röstrückstände mit einem mit Salzsäure angesäuerten Wasser ausgelaugt, in der Lauge zuerst das Silber mit einem Theil Kupfer mit Schwefelwasserstoff, dann aus der hievon verbliebenen Lauge das Kupfer durch Eisen gefällt; das Cementkupfer wird wieder gelöst, wobei ein Bleischlamm mit 0·01 % Gold und 0·08 %

---

[42]) Bg. u. Httnmsch. Ztg. 1880 pag. 2.

Silber nebst viel Schwefel zurückbleibt, und aus der Lauge das Kupfer wieder durch Eisen gefällt. Der Silberschlamm enthält 18·5 % Schwefelsilber, 0·0778 % Schwefelgold und 23 % Schwefelblei.

Die dort angelieferten rohen Erze enthalten im Durchschnitt:

S	49·5
Fe	43·0
Cu	3·0
Pb	1·0
Ag	0·0026
Au	0·00018 %,

nebst Spuren von Wismuth, Thallium und Selen. In neuerer Zeit wird das Gold und Silber mittelst Jod nach dem Claudet'schen Verfahren (siehe Artikel „Silber"), darauf das Kupfer durch Eisen niedergeschlagen[43]).

Die spanischen Kiese werden seit 1877 in grosser Menge nach Deutschland eingeführt, und verarbeitet Duisburg an 75 % der verbleibenden Kiesabbrände, welche es von den chemischen Fabriken zum grossen Theil bezieht.

Auf dem Eisenwerke zu Wittkowitz in Mähren werden Kiesabbrände ausgelaugt und dann bei der Eisenerzeugung verwendet; es enthalten[44])

	Das Cementkupfer	und	das daraus durch Schmelzen im Tiegel ohne Zusätze erzeugte Rohkupfer	
Cu	69·45			92·752
Ag	0·521			0·699
Au	Spur			0·001
Bi	0·17			0·188
Pb	1·50			0·760
As	1·45			1·452
Fe	2·77			3·111
Co	0·13			0·178
Ni	0·03			0·051
Zn	0·36			Spur, dann noch
SO_3	5·93		P	0·055
Cl	1·22		S	0·190
P_2O_5	0·20		O	0·360.
Na_2O	1·48			
CaO	2·19			
MgO	0·28			
Feuchte	2·98			
An Metalle gebundenen Sauerstoff	8·98.			

---

[43]) Ztschft. d. Ver. deutsch. Ing. 1885 No. 9 pag. 176.
[44]) Jhrbch. d. k. k. Bgakademien Bd. 32 pag. 42.

Der Rinnenschlamm enthält:

Cu	1·516
Ag	0·760
Au	Spur
Pb	4·338
As	0·169
Fe	4·249
Zn	0·727
So_3	41·421
$P_2 O_5$	0·328
$Si O_2$	1·980
Na	7·231
Ca O	19·498
Mg O	1·117
$Al_2 O_3$	0·595
$H_2 O$	10·284.

Auch zu Königshütte (Preuss. Schlesien) werden Abbrände von Riotintokiesen ausgelaugt; man soll dort täglich 50 tons Abbrände mit 2 % Kupfer verarbeiten, und pro Tag 1 ton Cementkupfer gewinnen, welches 0·003 % Ag enthält.

Auf den beiden letztgenannten Hütten geschieht das Auslaugen der Kiesabbrände, um ein reiches, reines Eisenerz, die blue billy, zu erhalten; die Gewinnung des Cementkupfers ist eine gebotene Nebenarbeit.

Zu Majdanpec[45]) (Serbien) bestehen sehr alte Bergbaue, doch sind die dort vorgekommenen reichen Erzmittel erschöpft, und die gegenwärtig sich noch vorfindenden, stehen gebliebenen Erze erreichen im Durchschnitt nicht den Halt von 2 % Kupfer; früher wurden die reichen Erze verschmolzen, dermal werden die armen Erze extrahirt. Die Erze führen theils Oxyde des Kupfers, theils das Sulfid desselben; sie werden schon auf der Grube je ein Wagen Oxyde und ein Wagen Kiese, dem Gewichte nach je 12·5 mit 9·5 Theilen gemengt, in Ziegelform gepresst und der Röstung zugeführt. Eine Durchschnittsanalyse des Erzgemenges ergab folgende Zusammensetzung:

$Cu_2 S$	1·05	
Cu CO_3	0·30	(Malachit und Azurit)
$Cu_2 O$	0·95	(Rothkupfererz)
$Fe_2 O_3$	9·51	
Fe S_2	34·39	
$H_2 So_4$	1·02	
Ca CO_3	5·74	
$Si O_2$	18·32	
Mg SO_4	4·56	
$Al_2 (SO_4)_3$	3·51	

---

[45]) Bg. u. Httnmsch. Ztg. 1885 pag. 58.

$$
\begin{array}{ll}
Al_2\,O_3 & 3\cdot81 \\
H_2\,O & 16\cdot00 \\
\left.\begin{array}{l} As \\ Ag \end{array}\right\} & Spur
\end{array}
$$

Die eigene Feuchtigkeit des Erzgemenges reicht hin zur Bindung bei dem Pressen; die Ziegel sind aber sehr bröcklig in frischem Zustande, ein Stück wiegt 5 kg. Sie werden sofort in Haufen zu 300 tons lagenweise mit kleinen Zwischenräumen unter einander eingeschlichtet, vorerst einen Monat zur Abtrocknung stehen gelassen und hierauf geröstet; für einen Brand bedarf man 7 tons gespaltenes Buchenholz. Wenn der Haufen gut in Brand ist, so wird die Röstung durch Verstürzen mit Grubenklein an den Seiten regulirt; die oxydischen Erze sulfatisiren sich auf Kosten der aus den Kiesen entwickelten Schwefelsäure und ist ein Haufen in 3 Monaten gar gebrannt. Die inneren rothen Partien sind am besten geröstet und lassen sich bis auf $^1/_8$, höchstens bis auf $^1/_4\,^0/_0$ Kupferrückhalt auslaugen; die äusseren Partien halten nach dem Laugen noch $^1/_2 - ^3/_4\,^0/_0$ Kupfer zurück.

Das Auslaugen erfolgt continuirlich in 4 m langen, 2 m breiten und 1·6 m tiefen Bottichen mit Filtrirboden von 15 q Inhalt, deren je 4 einen „Satz" bilden, wovon zwei für die Auslaugung der Erze, der dritte für die Kupferfällung und der letzte zur Ausscheidung der überschüssigen Eisensulfate dient. Ein Kasten bekömmt 25 hl Lauge, welche im ersten Kasten 7 Stunden über frischem Rosterz steht, und noch zum Auslaugen von zwei gleichen Erzposten dient, worauf sie zur Kupferfällung geleitet wird; das einmal ausgelaugte Erz wird hierauf 4 Stunden mit Endlaugen behandelt, und schliesslich die noch warme, saure regenerirte Lauge von der Eisenfällung aufgeleitet, welche die Reste von Kupferoxyd auflöst. Es folgt dann noch ein einstündiges Waschen mit Wasser, wodurch die letzte von dem Erze aufgesogene Lauge verdrängt wird. Die an Eisensalzen nach und nach zu reich werdende Lauge wird in dem letzten (4ten) Kasten durch Einleiten von Dampf in dieselbe und Klärenlassen von dem Eisenoxyd befreit, wodurch die braun gewesene Lauge eine grüne Farbe annimmt und dann etwas freie Säure enthält; wenn die Lauge mit der Zeit auch zu reich an Magnesia- und Thonerdesalzen wird, so lässt man diese in einem Bottich auskrystallisiren und nimmt die kupferhaltende Mutterlauge wieder in die Manipulation zurück.

Zur Fällung des Kupfers dient Roheisen. Das Cementkupfer enthält 92 $^0/_0$ Kupfer; es wird umgeschmolzen, zu Barren gegossen und als „Schwarzkupfer" in den Handel gesetzt.

Auf den Bede Metal Works zu Jarrow (England) wurden nach G. Lunge[46]) die Schwefelkiesabbrände in Flammöfen mit directer Feue-

---

[46]) Dingler's Journ. Bd. 204 pag. 308. Bg. u. Httnmsch. Ztg. 1872 pag. 345 und 1882 pag. 232. Jern Contorets Annaler 1882 Heft 2.

rung, in Muffelöfen, in combinirten Flamm- und Muffelöfen und in den von
Gibbs und Gelstharp angegebenen rotirenden Oefen, welche Letzteren
am billigsten arbeiten, am wenigsten Kochsalz brauchen und sehr gleichmässig rösten, indem sie das meiste in Wasser lösliche Kupfersalz liefern,
chlorirend geröstet und das Röstgut in Laugbottichen von 3·6 m im Quadrat
und 1·3 m Tiefe, welche auf einem geneigten Asphaltboden stehen, ausgelaugt. Die Extraction beginnt mit schwachen Laugen von vorhergehenden
Operationen, wird dann mit heissem Wasser fortgesetzt, und zuletzt werden
saure Condensationswässer angewendet; die schwachen Laugen werden in
Bassins gesammelt und auf frisches Röstgut aufgeleitet. Zu diesen Lei-
tungen dienen Thonröhren oder Kautschuckröhren. Die guten Laugen
haben ein spec. Gewicht von 1·1; die Rückstände von der Laugung dienen
zum Ausfüttern der Puddlöfen. Die Fällung des Kupfers geschah früher
mit Schwefelwasserstoff, welcher folgends dargestellt wurde: Man glüht
in einem Flammofen 5 q Natriumsulfat mit Kohlenklein 3 Stunden lang,
zieht die Masse mit Wasser aus und pumpt die Lösung von Natriumsulfid
von 1·2 spec. Gewicht in eiserne, dicht geschlossene Kästen mit durchlöchertem Losboden, unter welchen man Kohlensäure einleitet, die man
dadurch gewinnt, dass man in einem Generator erzeugtes Kohlenoxydgas
bei Luftzutritt in einen Kalkbrennofen führt. Das ausgetriebene Schwefelwasserstoffgas leitet man in die Kupferlösung, der Niederschlag von
Schwefelkupfer wird in Kufen abgelassen, mittelst eines monte-jus in einen
geschlossenen Holzkasten mit Doppelboden geschafft, dort bei 50 Pfund
Druck per Quadratzoll vom Wasser befreit und der Rückstand im Flammofen auf Stein verschmolzen. Die Mutterlauge von der Kupferfällung
wird bei oberschlägigem Feuer in einem Flammofen bis zu Breiconsistenz
eingedampft, der Brei von Natriumsulfat herausgenommen und wieder zu
Schwefelnatrium reducirt, die bei dem Austreiben des Schwefelwasserstoffs
erhaltene Sodalösung eingedampft und der Rückstand calcinirt. Man hat
jedoch diese Art der Kupferfällung aufgegeben, weil die Kohlensäure zu
theuer kam und man doch nur Kupfersulfid erhielt; jetzt fällt man dort
mit gemahlenem Eisenschwamm, den man durch Reduction des purple ore
erhält. Das Eisenpulver wird eingerührt und das gefällte ausgewaschene
Kupfer dem Schmelzen übergeben.

Nach M. Schaffner[47]) sollen bleihaltende Pyrite mit einem mit Salzsäure schwach angesäuertem Wasser zuerst ausgelaugt und auf den Rückstand eine Lösung von Chlorcalcium, auf etwa 40° C. erwärmt, von 6—8° B.
Concentration und mit Salzsäure angesäuert, aufgegossen werden, wobei
sich das Bleisulfat in Chlorblei umsetzt und als solches mit allfällig anwesendem Chlorsilber sehr leicht löst. Die Laugen werden über Eisen geführt, auf welchem sich die letzten Spuren Kupfer, das Blei und Silber
niederschlagen.

[47]) Bg. u. Httnmsch. Ztg. 1880 pag. 2. Chemikerztg. 1880 pag. 69.

Auf der Kupferhütte zu Stadtbergen[48]) (Westphalen) verarbeitet die mittlere und obere Hütte 0·5—2 % Kupfer haltende, oxydische Erze (Kupferschiefer und mit Malachit imprägnirten Sandstein) durch Auslaugen mit Salzsäure; ein Laugkasten fasst 290 q Erz, auf welches 1·5 q Säure aufgegossen werden. Die Laugung dauert 10—12 Tage, worauf die Lauge abgelassen und auf frisches Erz geleitet wird, so oft, bis sich die Säure gesättigt hat. Die neutrale Lauge wird dann in Rührfässern von 17 cbm Rauminhalt durch vorgelegtes Brucheisen entkupfert, das Cementkupfer in einer Waschtrommel vom Eisen geschieden, in Klärkästen absetzen gelassen und dann ausgehoben und verwaschen. Die grösseren Stücke Fällkupfer werden in einem Flammofen mit Schwarzkupfer gemengt eingeschmolzen und gar gemacht, der Kupferschlich in Klärkästen absetzen gelassen und in einförmigen Krummöfen auf Schwarzkupfer durchgestochen.

Zu Riotinto und Tharsis ist, um eine chlorirende Röstung zu umgehen, der von Dötsch[49]) angegebene Process versuchsweise eingeführt worden. Das auf 1 ccm zerkleinte Erz wird in Haufen mit Sohlcanälen und Zugschächten, welche trocken aufgeführt werden, aufgestürzt und mit Ferrisulfat, sowie mit etwa 2 % Kochsalz bestreut. Die Haufen sind 4 m hoch und 15 m lang und breit; auf denselben werden dann Bassins von 10 m im Quadrat hergestellt, in welche man die mit Chlor gesättigten, d. i. die regenerirten Laugen einlässt, welche bei dem Durchsickern das Kupfer auflösen. Die Laugen laufen in Sammelbehälter, wo sie durch Eisen entkupfert werden, und genügen hier 110—120 Gewichtstheile Fälleisen für 100 Theile Kupfer. Das Cementkupfer enthält 80—85 % Kupfer, die Mutterlaugen fallen in einem Koksthurm hinab, in welchem ein Gemisch von Chlorgas und Chlorwasserstoffgas aufsteigt, das man durch Glühen von Seesalz mit Ferri- oder Ferrosulfat in einem Flammofen unter Luftzutritt erhält, wobei

$$2 \, Fe \, SO_4 + 4 \, Na \, Cl + 3 \, O = Fe_2 O_3 + 2 \, Na_2 \, SO_4 + 4 \, Cl \quad \text{und}$$
$$Fe_2 \, SO_6 + 2 \, Na \, Cl + O = 2 \, Fe_2 O_3 + Na_2 \, SO_4 + 2 \, Cl.$$

Auf einmal werden 1 q Salz und Sulfat eingefüllt; um Bildung von Chlorwasserstoffgas möglichst zu verhüten, wird im Flammofen zu dem am Fuchs liegenden Theil des Gemenges Braunstein zugeschlagen. Die bei dieser Extraction stattfindenden Umsetzungen sind die folgenden:

$$Cu \, S + Fe_2 \, Cl_6 = 2 \, Fe \, Cl_2 + Cu \, Cl_2 + S.$$
$$Cu_2 \, S + Fe_2 \, Cl_6 = 2 \, Fe \, Cl_2 + 2 \, Cu \, Cl + S.$$

Zu Balan in Siebenbürgen werden nach Flechner[50]) Erze mit 1·5—2·3 % Kupfer und 78—84 % Bergart, letztere bestehend aus 52 bis 54 Kieselerde, 20—22 Eisenoxydul und 5—8 Thonerde, dann etwas Eisen-

---

[48]) Oesterr. Ztschft. 1871 pag. 109.

[49]) Bg. u. Httnmsch. Ztg. 1883 pag. 292.

[50]) Oesterr. Ztschft. 1882 pag. 355, dann 1883 pag. 455 u. 463.

kies führend, jedoch fast frei von Arsen und Antimon zuerst in Stadeln von 30—40 tons Inhalt vorgeröstet, dann zerkleinert und in Mengen von 3 q mit Eisenvitriollaugen von 4—6° B. zu einem Brei angerührt, zu Haufen von 15—20 tons zusammengeschaufelt und einige Tage der Ruhe überlassen, hierauf in Gasflammöfen sulfatisirend geröstet. Bei der Stadelröstung entweicht etwa $\frac{1}{4}$ des Schwefelgehaltes. Versuche haben ergeben, dass die Röstung im Flammofen am günstigsten ausfalle, wenn die Röstpost 25% Schwefelmetall enthält, wobei auch Sinterungen vermieden werden können. Bei guter Röstung fallen erste Laugen von 9—12° B., welche 28—37 g Kupfersulfat im Liter enthalten. Die Auslaugung wird mit natürlichen, entkupferten Cementlaugen vorgenommen, die Laugrückstände enthalten ein 0·4—0·7% Kupfer, welche auf die Halde gestürzt werden, wo noch ein Theil durch die Einwirkung der Atmosphärilien ausgelaugt wird. Diese natürlichen Cementwässer sind es, welche zur Auslaugung des frischen Röstgutes dienen. Bei der ersten Laugung lässt man die Flüssigkeit 16—18 Stunden über der Erzpost stehen, hierauf wird 9—10 mal gewaschen, wobei das erste Waschwasser 6—8 Stunden, die folgenden immer kürzere Zeit über der Erzpost stehen bleiben, so dass in 60 Stunden an 5 cbm Laugen von 3 tons Erz erhalten werden. Ein Theil der Lauge wird concentrirt und auf Kupfervitriol verarbeitet, der weitaus grössere Theil aber mit Eisenabfällen zersetzt; die Eisenvitriollauge nimmt man ebenfalls wieder in die Auslaugung zurück.

Auf dem Unterharz[51]) werden die ordinären Erze von der Zusammensetzung

$Fe\,S_2$	60%
$Fe_2\,S_3 + Cu_2\,S$	23 -
$Zn\,S$	6 -
$Pb\,S$	2 -
Gangart	9 -

zuerst in Kiln bis auf 5—8% Schwefelrückhalt abgeröstet; die Abbrände werden chlorirend geröstet und mit Endlaugen ausgelaugt, zu welchem Zwecke man dieselben mit 15% Stassfurter Kalisalz mengt und das Gemenge auf 2 mm Korngrösse vermahlt. Chargen von 25 q werden in die Röstofen eingetragen und innerhalb 4 Stunden bis zu schwacher Rothgluth erhitzt. Wenn diese Temperatur eingetreten ist, wird nicht mehr gefeuert, die Post aber 5 Stunden hindurch ununterbrochen gekrählt, wobei die Temperatur anfangs selbst zunimmt, dann aber wieder geringer wird, worauf man die Post auszieht. Der Ofen macht in 24 Stunden 2 Chargen; während des Krählens werden die Luftschieber der Gasfeuerungen geöffnet, um Luft zu dem Röstgut zutreten zu lassen. Die Abbrände enthalten noch etwas unzersetzten Schwefelkies; bei zu stark getriebener

---

[51]) Preuss. Ztschft. Bd. 25 pag. 156.

Röstung der Erze in den Kiln wird den Abbränden in einigen Procenten Pyrit zugesetzt, doch dürfen dieselben nur sehr wenig Halbschwefelkupfer enthalten, und sobald überhaupt der Kupfergehalt der Erze 8 % überschreitet, können sie in Kiln nicht mehr geröstet werden und sind vortheilhafter durch den Schmelzprocess verhüttbar. Unzersetztes Halb-

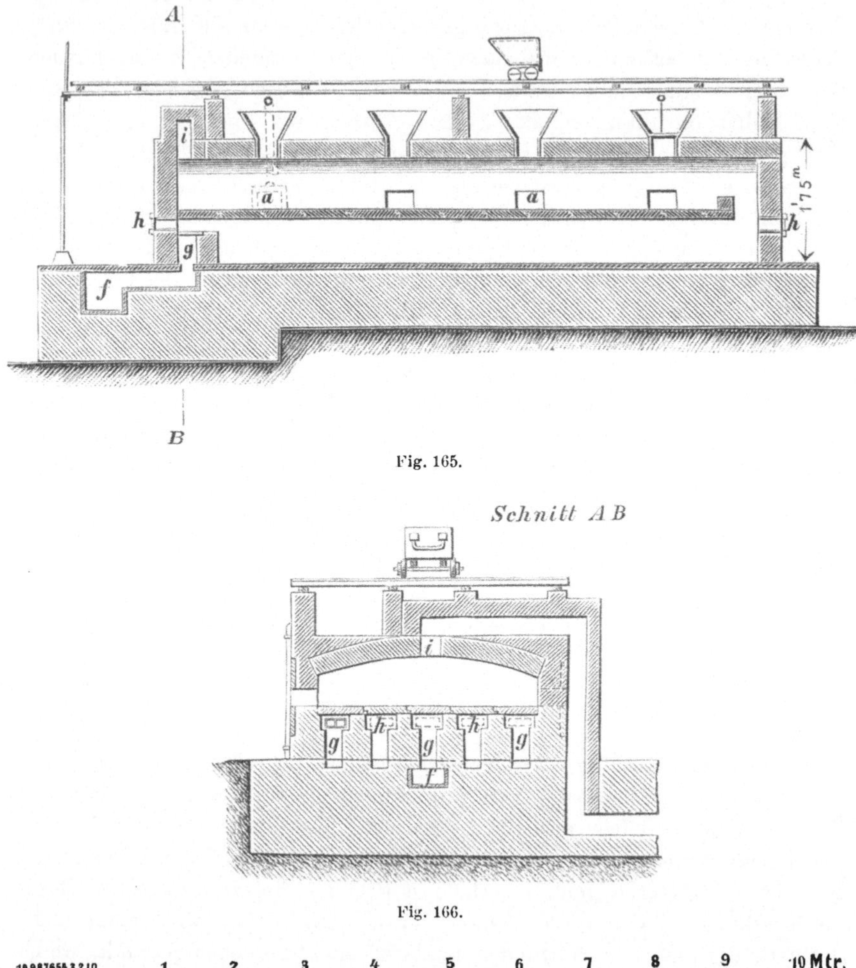

Fig. 165.

Fig. 166.

Zu Fig. 165 u. 166.

schwefelkupfer wird bei der Röstung nicht oder sehr unvollständig chlorirt und geht bei der folgenden Extraction verloren.

Die Röstöfen (Fig. 165 und 166) werden mit Gas gefeuert; das Gas gelangt aus dem Hauptgascanal f in 5 unter der Ofensohle gelegene Canäle g, wo es durch die aus den Schlitzen h zutretende atmosphärische Luft verbrannt wird. Nachdem die Gase die Sohle des Ofens beheizt haben, treten sie in den Heerdraum selbst und entweichen mit den Röstgasen durch den Fuchs i in einen mit Wasser berieselten Koksthurm, worin die bei dem Rösten entstandene gasförmige Salzsäure absorbirt wird, welche man wieder zur Auslaugung benützt. Die Röstöfen haben 4 Arbeitsöffnungen a und 4 Chargirtrichter.

Es enthalten an Bestandtheilen die **Abbrände**

$Cu\,O$	9·80	%
$Fe_2\,O_3$	53·14	-
$Pb\,O$	2·25	-
$Zn\,O$	2·43	-
$Mn\,O$	0·57	-
Ag	0·008	-
$Fe\,S_2$	7·13	-
$Al_2\,O_3$	4·43	-
SO_3	9·51	-
Gangart	11·65	-

und **das gut geröstete Erz** besteht aus

$Cu\,Cl_2$	8·17	
$Ag\,Cl$	0·006	
$Fe\,Cl_2$	1·38	
$Zn\,Cl_2$	3·42	
$Mn\,Cl_2$	1·71	
$Ni\,Cl_2$	0·15	in Wasser löslich
$Ca\,Cl_2$	3·17	
$Al_2\,(SO_4)_3$	0·56	
$Mg\,SO_4$		
$Cu\,SO_4$	20·50	
$Na_2\,SO_4$		
$Cu\,O$	3·18	
$Cu_2\,S$	0·03	
$Pb\,SO_4$	1.26	
$Fe_2\,O_3$	47·91	
$Fe_2\,SO_6$	1·02	in Wasser unlöslich
$Fe\,S_2$	1·18	
$Al_2\,O_3$	0·44	
$Zn\,O$	0·46	
$Ca\,SO_4$	1·19	
In Säuren unlöslich	3·19.	

Das Röstgut wird in Mengen von 50 q in mit Blei ausgeschlagenen Laugkästen mit Endlaugen ausgelaugt, welche enthalten:

Cu	0·015
Pb	Spur
Fe O	2·14
$Fe_2 O_3$	0·15
$Al_2 O_3$	0·11
Zn O	0·06
Mn O	0·31
Co O Ni O	0·01
Ca O	0·12
Mg O	0·52
Alkalien	2·61
Cl	2·56
$H_2 SO_4$	5·89
As Sb	Spur.

Die mit einer Temperatur von 40⁰ R. zugeführten Laugen erhitzen sich in Berührung mit dem Röstgut bis nahe zum Sieden; wenn der Rost von der Lauge ganz durchdrungen ist, öffnet man den Abflusshahn und lässt so lange frische Lauge zufliessen, als die abfliessende noch von Kupfersalz gefärbt ist; diese Laugung erfordert 4—5 Stunden Zeit, und die Lauge enthält:

Cu	3·71
Pb	0·01
Ag	0·005
$Fe_2 O_3$ $Al_2 O_3$	0·29
Zn O	4·97
Mn O	0·58
Co O Ni O	0·04
Mg O	0·27
Alkalien	10·60
Cl	12·56
$H_2 SO_4$	8·95
Sb As	Spur.

Nach dieser Laugung lässt man die in den Koksthürmen gewonnene, verdünnte Salzsäure, welche vorher durch Dampf zum Sieden erhitzt wurde, in die Laugkästen zufliessen und 24 Stunden darin stehen, dann zieht man die Lauge ab und bringt siedende verdünnte Schwefelsäure von 8⁰ B. auf, welche man 2 Tage mit dem Laugrückstand stehen lässt, bis die Lauge neutral reagirt; diese letzten Laugen enthalten noch 0·5 % Kupfer und werden separat gehalten. Die kupferhaltigen Laugen werden 2- bis 3 mal zum Sieden erhitzt und über die mit Schmiedeeisen gefüllten Fällbottiche geleitet, worin sich ein Eisenverbrauch von 1 Gewichtstheil Eisen für 1 Gewichtstheil reines Kupfer ergibt. Der Fällprocess dauert je nach der Concentration der Laugen 1—3 Tage, das Cementkupfer wird alle 4 Wochen ausgeräumt, gewaschen, und es enthalten

das Cementkupfer		die Extractionsrückstände	
Cu	77·45	$Fe_2 O_3$	79·0
Pb	0·63	$Al_2 O_3$	3·0
Ag	0·10	$Ca O$	2·5
Bi	0·006	SO_3	5·5
As	0·04	$Mg O$ }	1·0
Sb	0·15	Alkalien }	
$Fe_2 O_3$	6·72	Unlöslich	6·0
$Al_2 O_3$	0·99		
Zn	1·02		
Mn	0·02		
Co } Ni }	0·03		
$Ca O$	0·10		
$Mg O$ } Alkalien }	2·71		
Cl	1·19		
Unlöslich	0·61.		

Man erhält etwa 75 % Rückstände, welche auf den Oberharzer Hütten als eisenhaltiger Zuschlag verwendet werden, wobei man noch den geringen Kupfergehalt derselben gewinnt. Von dem in den gerösteten Erzen enthaltenen Kupfer sind 75 % in Wasser, 20 % in verdünnter Salzsäure und 5 % in Königswasser löslich.

Zu Falun und Åtvidaberg wurde das Kupfererzschmelzen aufgegeben und wird gegenwärtig in ähnlicher Weise, wie am Unterharze, das Kupfer aus den Erzen extrahirt.

Zu Åtvidaberg werden die Erze zuerst zweimal mit Holz in Haufen 2—3 Wochen geröstet, und in das 2. Feuer die Hälfte rohes Erz zugegeben, dann wird der Erzrost im Steinbrecher zerkleint, hierauf zwischen Walzen mit 15 % Kochsalzzuschlag vermahlen und in mit Sägespänen geheizten Flammöfen geröstet. Die Röstofen haben an jeder Schmalseite 3 Feuerungen, welche sich abwechselnd gegenüber liegen, die Flammengase ziehen durch einen mitten im Gewölbe befindlichen Fuchscanal ab; die ersten 4 Stunden entlässt man die Gase direct in die Esse, dann werden sie auf- und absteigend durch einen Koksthurm geführt, in welchem Wasser niederrieselt, um die salzsauren Dämpfe zu condensiren, und dient diese sehr schwache Thurmsäure zum Auslaugen der gerösteten Erze, nachdem man vorher schwache Laugen aufgeleitet hatte. Die Charge beträgt 25 q, die Röstung dauert 12 Stunden; anfangs wird die Post ununterbrochen gekrählt, nach beendetem Krählen werden die Thüren der Roste mit Thon verschmiert und durch separate Oeffnungen auf den Heerd Luft zutreten gelassen.

Ein Auslaugebottich bekömmt 2 Chargen, die Laugung dauert 40 bis 44 Stunden, das Auswaschen mit Wasser 5 Tage. Die Chargen kommen mit etwa noch 80° Temperatur in die Laugkästen; die kupferhaltende Lauge gelangt zuerst zur Fällung des Silbers nach der Methode von Claudet (siehe Artikel „Silber“), und von da zur Kupferfällung. Sobald die Lauge in die Fällbottiche eingeleitet ist, wird Dampf zugeführt, bis die Lauge siedet, dann 4 Stunden abkühlen gelassen, hierauf wieder Dampf eingeleitet, bis die Fällung beendet ist, wozu 16—18 Stunden erforderlich sind; die entkupferte Lauge wird dann abgelassen, frische Lauge aufgeleitet und in gleicher Art verfahren, bis das vorgelegte Fälleisen aufgezehrt ist.

Das Cementkupfer wird gepresst, auf Garkupfer verschmolzen und dieses in einem Gasflammofen mit Lundin'schem Generator und Condensator bei Verwendung von Holzabfällen und Sägespänen raffinirt. Zu Åtvidaberg enthalten die Erze:

Cu	2·46 %			
S	8·63	- bis	9·15	
Fe	19·43	- -	20·28	
Zn	3·92	- -	3·97	

Die Laugrückstände halten blos 0·26 % Kupfer. Früherer Zeit erzeugte man zu Åtvidaberg jährlich 12000—13000 q Kupfer, dermal blos etwa 1100—1200 q. Der Verfasser fand im Jahre 1884 den trockenen Process der Erzverhüttung hier und zu Falun bereits ganz verlassen.

Zu Falun ist der Kupfergewinnungsprocess ganz ähnlich, die Erze werden in Stadeln vorgeröstet; man gibt bei der Röstung im Flammofen einer Charge von 25 q Erz 14% Kochsalz und 4—5% rohen Kiesstaub zu und röstet binnen $8^1/_2$—9 Stunden die Erzpost ab.

Die Thurmsäure hat ein spez. Gewicht von 1·01—1·02, die Laugung selbst dauert 40 Stunden, die gesättigte Lauge enthält 30 g Kupfer pro Liter. Bei der Fällung braucht man für 100 Gewichtstheile Kupfer 125 Theile Eisen, es wird auch hier die Lauge zuerst zur Silberfällung abgegeben, jedoch ein anderes Verfahren befolgt, als zu Åtvidaberg, wovon in dem Artikel „Silber“ ein Näheres folgen wird. Das Fällkupfer wird in Flammöfen mit Siemens'schen Recuperatoren auf Rohkupfer verschmolzen und raffinirt.

Zu Falun abgeführte Versuche, das Kupfer direct zu extrahiren durch in statu nascendi angewendetes Chlor sollen sehr gut ausgefallen sein.

Die Erze von Falun enthalten im Durchschnitt 3·49% Kupfer; als Brennstoff bei dem Rösten dienen auch hier neben Holz und Steinkohle vorwaltend Sägespäne. Falun erzeugt gegenwärtig pro Jahr 2500—3000 q Kupfer.

Hunt- und Douglasprocess[52]). Ein neuerer Zeit von Hunt und Douglas angegebenes Verfahren zur Extraction von Kupfererzen beruht auf der Anwendung von Eisenchlorür, welches sich mit Kupferoxyd in Eisenoxyd und Kupferchlorid umsetzt

$$3\,Cu\,O + 2\,Fe\,Cl_2 = Fe_2\,O_3 + Cu\,Cl_2 + 2\,Cu\,Cl;$$

die neu entstandenen Chloride werden von den Chlormetallen der Lauge, (Eisenchlorür und Kochsalz) in Lösung erhalten, das Kupferchlorid durch Leiten über Kupfergranalien zu Chlorür reducirt und das Kupfer durch Eisen gefällt,

$$Cu\,Cl_2 + Cu = 2\,Cu\,Cl$$
$$2\,Cu\,Cl + Fe = 2\,Cu + Fe\,Cl_2,$$

wobei die Extractionslauge regenerirt wird.

Es muss demnach für Ausführung dieses Processes das Kupfer als Oxyd vorhanden sein, geschwefelte Erze müssen also geröstet werden, doch ist diese Röstung derart zu leiten, dass das Kupferoxyd nicht bei zu hoch getriebener Temperatur gebildet werde, weil ein solches durch Eisenchlorür nicht mehr zersetzbar ist, andererseits darf die Röstung nicht bei zu niedriger Temperatur durchgeführt werden, weil sonst zu viel Kupfersulfat gebildet wird und dieses den Verbrauch an Fälleisen vermehrt. Ebenso sind Erze, welche Kohlensäure enthalten, bis zum Austreiben der Kohlensäure zu erhitzen, um das Aufbrausen bei dem Einbringen der Erze in die Lauge bei dem Entweichen der Kohlensäure und hiemit mechanische Verluste zu vermeiden. Eisenchlorür muss stets im Ueberschuss angewendet werden, einestheils um das Kupferchlorür in Lösung zu erhalten, dann auch um die Bildung von Kupferoxychlorid zu vermeiden, das bei Einwirken des atmosphärischen Sauerstoffs sehr bald entsteht.

Man bereitet die Lauge indem man 120 Gewichtstheile Kochsalz in 1000 Theilen Wasser löst und 280 Theile Eisenvitriol zusetzt, welche Menge hinreicht, um 90 Theile Kupfer in Lösung zu bringen, und steigt das Lösungsvermögen der Lauge mit der Concentration und Temperatur. Man gibt dann noch 200 Theile Kochsalz hinzu, lässt das Glaubersalz auskrystallisiren und verwendet die so erhaltene Lauge.

Die gerösteten Erze werden fein gemahlen in die auf 60—80° erwärmte Lauge eingetragen und etwa 3—4 Tage — je nach der Lösekraft der Lauge und dem Kupfergehalt der Erze — in Rührfässern gut durchgerührt, wobei 1000 Gewichtstheile Lauge nicht mehr wie 60—70 Gewichtstheile Kupfer aufnehmen sollen; nach erfolgter Auflösung wird die Flüssigkeit abgelassen, der Rückstand mit heisser Lauge nachgewaschen und die das Kupfer enthaltende Lösung mit Eisen digerirt, wobei sich das Kupfer anfangs sehr

---

[52]) Compt. rend. 69 pag. 1357. Eng. and Min. Journ. 1870 pag. 115 u. 147. Dingler's Journ. Bd. 196 pag. 132, 136 u. 457. Bg. u. Httnmsch. Ztg. 1870 pag. 147 u. 172. Preuss. Ztschft. Bd. 24 pag. 325 und Bd. 27 pag. 155.

rasch ausfällt. Eine vollständige Ausfällung des Kupfers abzuwarten, ist nicht nöthig, weil dieselbe Lauge wieder zum Auslaugen neuer Erzquantitäten benützt wird und bei kürzerer Berührung der Lauge mit atmosphärischer Luft weniger die Bildung basischer Salze zu befürchten ist. Ist Kupferchlorid neben Chlorür anwesend, so wird Eisenchlorid gebildet

$$2\,Cu\,Cl_2 + 2\,Cu\,Cl + 2\,Fe = Fe_2\,Cl_6 + 4\,Cu,$$

das aber durch überschüssiges Eisen wieder reducirt wird

$$Fe_2\,Cl_6 + Fe = 3\,Fe\,Cl_2.$$

Die Bildung von Eisenoxychlorid ist nicht ganz zu vermeiden, es geht demnach ein Theil Chlor verloren, doch soll dieser Verlust $6\,\%$ nicht übersteigen, und darum muss zum Ersatz dieses Chlors immer Kochsalz im Ueberschuss in der Lauge vorhanden sein; auch ist die Lauge öfter auf ihren Gehalt an Eisenchlorür zu prüfen.

Das gebildete Kupferchlorid wirkt auch zersetzend auf unzerlegtes Schwefelkupfer,

$$2\,Cu\,Cl_2 + Cu_2\,S = 4\,Cu\,Cl + S,$$

sowie auch chlorirend auf Silber und Schwefelsilber; bei Anwesenheit von Silber geht dasselbe ebenfalls in Lösung, dann wird dieses zuerst durch Kupfer, und hierauf das Kupfer durch Eisen gefällt.

Der geringe Verbrauch an Fälleisen ist ein wesentlicher Vortheil dieser Extractionsmethode, es soll derselbe im Grossen blos $70\,\%$ von der Menge des erzeugten Kupfers betragen; der Theorie nach werden durch 1 Eisen (56) 2 Kupfer $(2 \times 63{\cdot}4 = 126{\cdot}8)$ gefällt, und dies würde einem Eisenverbrauch von

$$126{\cdot}8 : 56 = 100 : x$$
$$x = 44{\cdot}16$$

Gewichtstheilen Eisen für 100 Gewichtstheile Kupfer entsprechen; es ist ferner ein chlorirendes Rösten nicht nöthig, das Ansbringen soll mit blos $0{\cdot}5\,\%$ Verlust möglich und somit grösser sein, als bei Schmelzprocessen, man braucht nur sehr billige Reagentien, wenig Brennstoff und das Cementkupfer ist verhältnissmässig rein.

Diesen Vortheilen wird entgegengehalten, dass das gebildete Eisenoxyd die Filter verstopfe und das Filtriren erschwere, dann dass das Silber erst dann niedergeschlagen wird, wenn alles Kupferchlorid zu Kupferchlorür reducirt, endlich dass die Methode von Claudet, um das Silber vorher abzuscheiden, für eine Kupferchlorür enthaltende Lösung nicht anwendbar ist, weil sich auch unlösliches Kupferjodür bildet. Nach Sterry Hunt[53]) wird nun eine fast vollkommene Trennung erreicht, wenn man die siedende Lösung so lange mit einem löslichen Sulfid versetzt, bis nahezu alles Kupfer ausgefällt ist, wo dann das Silber mit wenig Kupfer

---

[53]) Chem. News. 44 pag. 198. Bg. u. Httmsch. Ztg. 1882 pag. 315.

in Lösung bleibt und in anderer Weise gefällt werden kann. Das Silber wird nämlich, wenn es sich als Schwefelsilber fällen sollte, durch die heisse die Kupferchloride enthaltende Kochsalzlösung in Chlorsilber überführt und als solches gelöst erhalten.

Es wird demnach die folgende Modification in Vorschlag gebracht: Man laugt das oxydische oder geröstete Erz, (letzteres nach sulfatisirendem Rösten mit Wasser) mit verdünnter Schwefelsäure aus, setzt dann der abgelassenen und geklärten Lösung so viel Kochsalz zu, dass das Kupfer etwa zur Hälfte sich in Chlorid umsetzt, und presst nun schwefligsaures Gas ein, wobei das Kupfer als Chlorür niederfällt,

$$Cu\,Cl_2 + Cu\,SO_4 + SO_2 + 2H_2O = 2Cu\,Cl + 2H_2\,SO_4;$$

ein Ueberschuss an Schwefeldioxyd soll durch Zufügen der ursprünglichen Lösung oxydirt und die saure Lauge nach dem Absetzen des Kupferchlorürs zum Auslaugen neuer Erzmengen verwendet werden. Diese ist dann die **Laugflüssigkeit.**

Der Niederschlag wird gesammelt, gewaschen, Eisen eingelegt und mit Wasser überdeckt erhalten, bis das Kupfer gefällt ist; das neu gebildete Eisenchlorür soll man statt des Kochsalzes der Kupfersulfatlösung zusetzen. Bei theurem Eisen kann ein Kochen mit Kalkmilch zur Zersetzung des Kupferchlorürs und das gebildete Chlorcalcium statt des Kochsalzes angewendet werden; das ausgeschiedene Kupferoxydul wird reducirend verschmolzen.

In dem Erze anwesendes Silber wird zwar von dem geringen Gehalt an Kupferchlorür, welchen die Laugflüssigkeit immer enthält, in Chlorid überführt, aber es wird nicht gelöst, sondern bleibt in dem Extractionsrückstand, aus welchem es gewonnen werden kann; Kupferchlorid so wie überschüssiges Kochsalz soll die Laugflüssigkeit nicht enthalten, weil beide das Chlorsilber lösen und in die Lauge überführen, bei dem Einleiten von Schwefeldioxyd wird ein Theil des gelösten Silbers von dem gefällten Kupferchlorür mit niedergerissen, und dieser Antheil Silber geht für die Gewinnung verloren.

Wenn ursprünglich blos Kupferchlorid anwesend ist und nicht auch Kupfersulfat, so entsteht bei dem Einleiten von Schwefeldioxyd neben Kupferchlorür auch Salzsäure

$$2Cu\,Cl_2 + SO_2 + 2H_2O = 2Cu\,Cl + H_2\,SO_4 + 2HCl,$$

welche ebenfalls Chlorsilber in Lösung erhält; dies ist ein weiterer Grund, warum bei der Herstellung der ersten Lauge jeder Ueberschuss an Kochsalz vermieden werden muss.

Mit dem Kupfer anwesende Metalle der Zink-Eisengruppe gehen zwar mit dem Kupfer in Lösung, werden aber von schwefligsaurem Gas nicht gefällt, sondern reichern sich in den Laugen an und können daraus gewonnen werden. Bei dem Auslaugen geschwefelter, vorgerösteter Erze vermehrt sich mit der Zeit die Schwefelsäure in der Lauge und letztere wird unbrauchbar; aus einer solchen schlägt man zuerst die Hauptmenge des Kupfers durch Schwefeldioxyd und den Rest mit Eisen nieder.

Die Vorzüge dieser Modification sind die Vermeidung der Bildung von Ferrihydroxyd und keine Störung der Filtration, das Silber wird nicht mitgelöst und der Eisenverbrauch soll viel geringer werden, nicht einmal 50 Gewichtstheile pro 100 Theile Kupfer betragen, sich also dem theoretisch berechneten sehr nähern. Dagegen braucht man viel schwefligsaures Gas, welches man sich billig, bei der Röstung der Erze selbst erzeugen muss. Es soll jedoch dieses modificirte Verfahren nirgend im Grossen zur Ausführung gelangt sein[54]).

Zu Ore Knop (Nordamerika) wird das von der Grube kommende Erz zuerst sortirt, dann gequetscht und gesiebt, und hierauf in dreiheerdigen Oefen geröstet, wobei es auf jedem Heerd 12 Stunden verbleibt und alle $^3/_4$ Stunden gewendet wird; die gerösteten Erze enthalten 7·75 % Kupferoxyd und 4·15 % Kupfersulfat. Sie werden in Rührfässern von 2 m Durchmesser und 1·6 m Tiefe mit conisch erhabenem Boden gebracht, welche alle 24 Stunden einmal mit 15 q Erz und 1500 Gallonen Eisenchlorürlösung von 22° B. so weit gefüllt werden, dass die Lauge 50 bis 75 mm über dem Erze steht. In diesen Fässern erhitzt man nun durch zugeführten Dampf die Lauge bis 70° C., rührt dann 8 Stunden mit mechanischen Rührern, lässt 4 Stunden klären und zieht die klare Flüssigkeit ab. Der gewaschene Rückstand dient bei der Eisenerzeugung.

Die das Kupfer enthaltende Lösung bringt man in Fällbottiche von 4 m Durchmesser und 1·6 m Tiefe, welche in 2 Abtheilungen getheilt sind und worin 3 q Eisen vorgelegt werden; man erhitzt darin die Lösung ebenfalls durch Einleiten von Dampf auf 70° C., erhält sie 12—18 Stunden auf dieser Temperatur, und wenn nach dieser Zeit alles Kupfer ausgefällt ist, zieht man die Lauge ab und hebt sie auf den Horizont der Rührfässer. Schwächere Lösungen haben sich als vortheilhafter erwiesen, eine Lösung mit 15 kg Kupfer in 100 Gallonen soll am besten zu verwenden sein.

Wenn sich in den Fällgefässen 4—5 tons Kupfer angesammelt haben, wird dasselbe ausgeschlagen und verpackt; das Präcipitat enthält 75 bis 80 % Kupfer. Die reineren Partien des Fällkupfers benützt man zur Darstellung von Kupfervitriol; solches reineres Kupfer enthält

Cu	96·49 %
Fe	0·15 -
Fe_2O_3	0·97 -
Fe_2Cl_6	0·18 -
Cl	0·27 -
SO_3	0·20 -
SiO_2	1·04 -
Graphit	0·23 -

---

[54]) Bg. u. Httnmsch. Ztg. 1885 pag. 15.

Nach A. Hauch[55]) steht zu Deva in Siebenbürgen der Hunt- und Douglasprocess für die Extraction Malachit führender Erze in Anwendung. Die Erze führen neben 2 % Kupfer noch Carbonate von Eisen, Kalk und Magnesia; sie werden fein gepocht in Mengen von 6 q in die Laugkästen eingetragen und soviel Eisenchlorürlösung zugelassen, dass dieselbe 20 cm über dem Erze steht. Die Erzmehle werden in den Kästen mehrmal gewendet und die Lauge, welche sich unter dem Losboden der Kästen ansammelt, 3 Stunden hindurch stetig über die Erze zurückgehoben. Nach dieser Zeit werden 12 kg Salzsäure von 20° B. der Lauge zugesetzt und 24 Stunden unter öfterem Wenden der Erze wie vorher stetig zurückgehoben. Man bringt daselbst 97 % des Kupfergehaltes der Erze aus und enthalten die Rückstände blos 0·12 % Kupfer. Das Kupfer wird aus der Lauge sofort durch Eisen gefällt.

Bei Carbonate führenden Erzen ist das Verfahren von Hunt und Douglas weniger vortheilhaft anzuwenden; in Böhmen wurden schon vor etwa 30 Jahren und mehr Versuche angestellt, die bei Rochlitz im Riesengebirge brechenden oxydischen Kupfererze (Malachit und Azurit im Sandstein) zu extrahiren, ohne wesentliche Erfolge erzielt zu haben. H. Unger und Schaffner[56]) haben speziell das Verhalten des Eisenchlorürs gegenüber Carbonaten untersucht und gefunden, dass:

Eisenchlorür und Kupfercarbonat sich wechselseitig vollständig zersetzen

$$2\,Fe\,Cl_2 + 3\,Cu\,CO_3 = 2\,Cu\,Cl + Cu\,Cl_2 + Fe_2\,O_3 + 3\,CO_2,$$

und die bei höherer Oxydation des Eisenchlorürs durch den Sauerstoff der atmosphärischen Luft verloren gehende Menge Chlor in dem sich ausscheidenden basischen Eisenchlorid unbedeutend ist,

$$6\,Fe\,Cl_2 + 3\,O = 2\,Fe_2\,Cl_6 + Fe_2\,O_3,$$

dagegen, dass Eisenchlorür und Kalkcarbonat unter dem Einfluss der atmosphärischen Luft in Chlorcalcium und Eisenhydroxyd sich umsetzen, dass die durch den Kalk des Calciumcarbonates verloren gehende Menge Chlor eine bedeutende ist und von der vorhandenen Menge Kalk abhängt, endlich dass Eisenchlorid und Kupfercarbonat sich vollständig zersetzen; der entstehende basische Niederschlag aber enthält Chlor und Kupfer, das Letztere wird als Oxyd oder Chlorid von dem basischen Eisensalze mechanisch mitgerissen.

Kupferoxydsilicate (Venerit)[57]) werden, bevor man sie mit Eisenchlorür extrahirt, in gepulvertem Zustande unter Beimengen von Theer in muffelförmigen Gefässen erhitzt, worin sie binnen 30 Stunden bei einer

---

55) Oesterr. Ztschft. 1876 pag. 489. Dingler's Journ. Bd. 223 pag. 286 und Bd. 224 pag. 230. Bg. u. Httnmsch. Ztg. 1877 pag. 308.

56) Bg. u. Httnmsch. Ztg. 1862, pag. 173.

57) Dingler's Journ. Bd. 224 pag. 510.

Temperatur von etwa blos 500⁰ C. schon reducirt werden; das bei dem Ausziehen der Chargen sich sofort bildende Kupferoxyd löst sich sehr leicht in Kochsalz haltender Eisenchlorürlösung. Auf 680 kg Erz genügte 1 Barrel = 181 kg Theer. Bei Anwendung von Steinkohlen als Reductionsmittel brauchte man 60 Stunden zur Reduction.

Gewinnung des Kupfers durch den elektrischen Strom.

Um die Abscheidung basischer Eisensalze, sowie auch um den Abfall feinpulvrigen Kupfers zu umgehen und festes reines Kupfer aus selbst sonst werthlosen Abfallflüssigkeiten zu gewinnen (z. B. aus Mutterlaugen von der Vitriolbereitung) steht in Amerika das folgende von N. S. Keith[58] eingeführte Verfahren in Anwendung: Das Fälleisen bringt man in eine nicht ganz gesättigte Lösung von Eisen, die in einer porösen Thonzelle enthalten ist und setzt diese in ein grösseres Gefäss, worin die Kupferlösung sich befindet; man verbindet nun ein Kupferblech und ein Eisenblech durch einen halbkreisförmig gebogenen Kupferblechstreifen, und setzt die beiden so ein, dass das Eisenblech in die Thonzelle, das Kupferblech in die in dem äusserem Gefässe befindliche Flüssigkeit taucht. Das Kupfer setzt sich als sammtartiger Ueberzug rein und fest auf dem Kupferblech ab und es fällt genau 1 Eisen 1 Kupfer, d. h. man braucht zur Fällung von 63·4 Gewichtstheilen Kupfer blos 56 Theile Eisen. Die nahezu gesättigte Eisenlösung, die sich mit der Zeit in der Thonzelle bildet, muss zeitweise entfernt und der Rest mit Wasser verdünnt werden. Die im Gebrauche stehenden Thonzellen sind 837 mm hoch und 314 mm weit, sie werden in grosse Fässer eingestellt, welche die Kupferlösung enthalten.

André[59] zu Ehrenbreitstein verfährt bei der elektrolytischen Abscheidung des Kupfers in nachstehender Weise: Legirungen von Kupfer und Nickel oder Nickelstein, Speise und dergl. werden mit dem positiven Pole einer elektrischen Batterie verbunden und als Anoden in verdünnte Schwefelsäure eingehängt, während Kohlenplatten oder Kupferplatten als Kathoden dienen; auf diesen scheidet sich das in Lösung gegangene Kupfer metallisch aus, während das zugleich in Lösung gegangene Nickel nicht ausgeschieden wird, so lange die Lösung sauer ist; es bleibt eine schwach saure Lösung von Nickel- und Eisensulfat zurück. Durch Versetzen der Lösung mit wenig Ammon und Einleiten von Luft wird das Eisen ausgefällt, der Niederschlag abfiltrirt und der Nickelvitriol krystal-

---

[58] Bg. u. Httnmsch. Ztg. 1878 pag. 70.
[59] Dingler's Journ. Bd. 223 pag. 381.

lisiren gelassen, oder man schlägt das Nickel aus der alkalischen Lösung auf Kathoden von Kohle, Nickel oder mit Graphit überzogenen Kupferplatten nieder, wobei man Eisen oder Zink als Anoden nimmt, beide Pole durch eine Doppelmembrane trennt und die zwischen beiden Membranen befindliche Lauge abzieht, um die Vermischung der Nickellösung mit der am positiven Pol gebildeten Lösung von Zink- oder Ferrosulfat zu verhüten.

Hängt man Hüttenproducte als Anoden in ein ammoniakalisches Bad, so werden Kupfer und Nickel gleichzeitig an der Kathode abgeschieden und können nach dem Ablösen von den Kohlenplatten und Abbürsten als Legirung weiter verarbeitet werden. Alte Münzen, Silbergekrätz und Aehnliches werden als Anoden ebenfalls in verdünnte Schwefelsäure eingehängt, zwischen Anoden und Kathoden aber stellt man einen auf beiden Seiten mit Baumwollenzeug überspannten Rahmen ein und füllt den Zwischenraum mit Kupfergranalien aus. Das an der Anode gelöste Silber schlägt sich auf dem Kupfer in dem Rahmen nieder, am negativen Pol scheidet sich das gelöste Kupfer ab, das Gold bleibt zurück.

Zu Oker[60]) am Harze stehen 5 elektrodynamische Maschinen von Siemens-Halske seit 1878 ununterbrochen im Betriebe; eine Maschine liefert den Strom für 10—12 grosse Niederschlagszellen, in deren jeder in 24 Stunden 25 kg Kupfer niedergeschlagen werden, d. i. zusammen täglich 2·5—3 q Kupfer. Eine Maschine verbraucht täglich 10 e. Die zu elektrolysirenden Platten sind aus Garkupfer gegossen, 2 cm stark, 1 m lang und 60 cm breit, sie stehen in 12 stufenförmig über einander gestellten Kästen 10—15 cm weit von einander; 35 qm Elektrodenoberfläche bildet einen Apparat. Aus dem untersten Kasten wird die Lauge wieder in den oberen gehoben; es sind daselbst zwei Anlagen im Betriebe und eine dritte in Reserve. Die Anlage für eine Maschine C_2 braucht 80 qm Raum.

Zu Casarza (siehe pag. 42) besteht die Einrichtung aus 20 Siemensschen Maschinen, welche den elektrischen Strom mit einer Spannung von 15 Volt und einer Stromstärke von 250 Ampère durch je 12 Zersetzungszellen senden. (Dingler's Journ. Bd. 255 pag. 199. Chem. Centralblatt, 1885, pag. 252.)

Auf den Elkingtons Werken in England benützt man zur Ausfällung des Kupfers die von Wilde construirten Maschinen; auf dem Continent stehen auch mehrere Gramme'sche Maschinen in Anwendung. Zu Birmingham werden nach Maynard mittelst einer 15 e-kräftigen Maschine wöchentlich 2·5 tons Kupfer niedergeschlagen[61]). Schwarzkupfer werden zu Swansea[62]) in England schon längere Zeit hindurch auf

<hr>

[60]) Oesterr. Ztschft. 1884. Vereinsmittheilgn. No. 5. Bg. u. Httnmsch. Ztg. 1881 pag. 284, dann 1882 pag. 8 und 1883 pag. 12.

[61]) Eng. and Min. Journ. 33 pag. 120.

[62]) Bg. u. Httnmsch. Ztg. 1880 pag. 135.

elektrolytischem Wege raffinirt. Wohlwill zu Hamburg raffinirt ebenfalls schon seit mehreren Jahren Rohkupfer mit höchstens 5% Verunreinigungen elektrolytisch und gewinnt pro Stunde und Pferdekraft mit einer Grammemaschine 10 kg reines Kupfer. Auch auf den Werken der Russia-Copper Comp. am Ural[63]) wird seit einer Reihe von Jahren schon das Kupfer durch Elektrolyse raffinirt, desgleichen wird im Mannsfeldschen ebenfalls schon ein Theil Kupfer durch galvanische Fällung gewonnen, und zu Brixlegg (Tirol) ist derzeit die elektrolytische Kupfergewinnung gleichfalls eingeführt worden. In ganz neuester Zeit gelangte die elektrolytische Kupfergewinnung zur Anwendung: zu Moabit bei Berlin, zu Stefanshütte in Oberungarn, zu Newark, dann zu Wittkowitz und Königshütte. Zu Newark werden Kienstöcke vom Saigern des Hartbleies auf Rohkupfer verschmolzen und dieses elektrolysirt, an den beiden letztgenannten Orten werden die bei der Extraction der Kiesabbrände gewonnenen Laugen verarbeitet. (Dingler's Journ. Bd. 255 pag. 532 u. f.)

Unmittelbar aus Erzen Kupfer zu gewinnen, hat zuerst Cobley[64]) versucht. Oxydische Erze lassen sich sehr leicht verarbeiten, kiesige Erze müssen vorher geröstet werden, weil, obwohl Kupferkies ein guter Leiter ist, sonst zu viel Eisen mit in Lösung geht.

Die grösste elektromotorische Kraft verlangt Kupferstein, nach Marchese bis 1 Volt, während für das Elektrolysiren ziemlich reiner Schwarzkupfer 0·1—0·2 Volt genügen.

Das Bad mus zeitweilig erneuert werden, um so öfter, eine je grössere elektromotorische Kraft man nöthig hat. Arsen und Antimon gehen in Lösung, wenn aber das Bad eine gewisse Menge davon aufgenommen hat, werden sie mit dem Kupfer niedergeschlagen, also muss auch aus diesem Grunde in entsprechenden Zeiträumen ein frisches Bad in Verwendung genommen werden. Aus Bädern, welche längere Zeit im Gebrauche gestanden sind, erhält man ein sprödes Kupfer, bei zu starkem Strom fällt das niedergeschlagene Kupfer körnig aus und ist nicht mehr so gut.

Auf pag. 36 wurde mitgetheilt, dass die elektromotorische Kraft zur Fällung der Metalle eine verschiedene sei und stets grösser sein müsse, als sich aus den Wärmetönungen berechnet. Ist nun eine Maschine zu stark, d. h. die elektromotorische Kraft zu gross, so dass mehrere Elektrolyten zugleich zersetzt werden, so lässt sich diesem Umstand dadurch abhelfen, dass man die entsprechende Anzahl Bäder hinter einander schaltet; der äussere Widerstand des Stromkreises wird so vergrössert, denn (pag. 38) „der Widerstand eines Leiters ist gleich dem Product aus seinem spezifischen Widerstand in seine Länge, dividirt durch den Querschnitt“,

---

[63]) Dingler's Journ. Bd. 231 pag. 434.
[64]) Bg. u. Httnmsch. Ztg. 1877 pag. 287.

es hat also die Vermehrung des äusseren Widerstands eine Verminderung der elektromotorischen Kraft zur Folge, allerdings vorausgesetzt, dass die Oberfläche der Elektroden nahezu dieselbe bleibt.

Technologie des Kupfers.

Gewinnung von Kupfervitriol. Die Darstellung des Kupfervitriols ist auf den Hütten eine Nebenarbeit, welche nicht die Gewinnung dieses Salzes, sondern die Gewinnung der in den Hüttenproducten enthaltenen edlen Metalle zum Zwecke hat, die sich durch fortgesetzte Schmelzarbeiten nicht mehr gewinnen lassen. Der Kupfervitriol ist also ein Nebenproduct, zu dessen Darstellung man gezwungen ist, wenn man nicht den Rückhalt einiger Producte an edlen Metallen verloren geben will; nachdem sich jedoch diese Gewinnungsart edler Metalle mit Rücksicht auf den Verkaufswerth des Kupfervitriols lohnt, so wird derselbe auf einzelnen Hütten erzeugt, doch erfordert diese Darstellung vorher besondere Nebenarbeiten, da das Rohmaterial für Erzeugung einer schönen Handelswaare möglichst eisenfrei sein muss. Aus Cementkupfer wird nur an wenigen Orten und in beschränkter Menge Kupfervitriol gewonnen; seine Darstellung dürfte auch in Folge der Kupfergewinnung durch den elektrischen Strom eingeschränkt werden.

Als Lösungsmittel für das Kupfer (als Oxyd) verwendet man verdünnte Schwefelsäure, welche Silber, Gold und Blei nicht löst. Den diese Metalle enthaltenden Lösungsrückstand theilt man dann den Bleiarbeiten zu.

In Freiberg[65]) wird der bei der Bleiarbeit gefallene geröstete Stein über Hohöfen durchgesetzt, wobei eine Gewinnung des Bleigehaltes aus dem Stein und eine Concentration des Kupfers in einem neuen Stein beabsichtigt ist; beträgt der Kupfergehalt des Bleisteins 10% und mehr, so fällt bei dem Durchstechen über den Hohofen ein genügend kupferreicher Stein, um denselben nach vorheriger Röstung in Flammöfen unter Zuschlag von Quarz, Schwerspath und Kohle zu spuren, wodurch er im Kupfergehalt bis auf 70% und mehr angereichert wird, während sein Eisengehalt blos 0·3% beträgt. Ist aber der Bleistein ursprünglich nicht so reich, als oben angegeben, so muss er vor dem Spuren durch wiederholtes Aufgeben über den Hohofen concentrirt werden.

Der Kupfervitriol wird nur auf Halsbrücker Hütte erzeugt und dort die eigenen und die von Muldner Hütte angelieferten Spursteine verarbeitet. Dieselben werden gepocht, gesiebt und in Posten von 500 kg in doppelheerdigen Flammöfen geröstet, deren Heerde jeder durch eine separate Feuerung mit Unterwind beheizt werden; die Röstung wird bis zu

---

[65]) Bg. u. Httnmsch. Ztg. 1865 pag. 451 u. 1872 pag. 76.

völliger Ueberführung des Spursteins in Kupferoxyd fortgesetzt. Das Röstgut wird nun gemahlen, wieder gesiebt und die auf dem Sieb verbleibende Röstgröbe in die Mühle zurückgegeben; das Mehl wird dann in cylindrische aus Hartblei gefertigte, mit eisernen Reifen armirte Bottiche gebracht, welche seitlich 2 Oeffnungen haben, die eine unmittelbar über dem Boden zum Ablassen des Rückstandschlamms, die andere 15 cm höher gelegene zum Ablassen der Rohlauge. In den Oeffnungen stecken Rohre, an welchen mittelst Quetschhähnen verschliessbare Kautschuckröhren angesetzt sind, und im Bottich befindet sich ein Bleisieb, auf welches das auszulaugende Röstgut gestürzt wird; zum Schutze vor Corrosion sind die eisernen Reifen der Bottiche mit Blei umlöthet.

In der Mitte eines jeden Bottichs geht bis auf etwa 25 mm über dem Boden ein bleiernes Dampfrohr herab, über den Lösegefässen befinden sich die Reservoirs für die Rohlauge und für die verdünnte Schwefelsäure. Jedes Lösegefäss erhält 0·3 cbm Rohlauge und ebenso viel ungereinigte Schwefelsäure von 45—47° B., diese Mischung von 34—36° B. wird durch Einleiten von überhitztem Wasserdampf zum Sieden gebracht, worauf in die kochende Säure nach und nach unter stetem Umrühren mit Schaufeln 1 q Röstgut eingetragen werden; etwa ¼ Stunde nach geschehenem Eintragen der Röstmehle füllt man das Lösegefäss mit 1 cbm Rohlauge bis auf etwa 20 cm unter den Rand und rührt die erste Stunde hindurch bei stetiger Dampfeinleitung ununterbrochen um, dann aber wird nur alle halbe Stunde umgerührt, die Flüssigkeit jedoch im Kochen erhalten. Nach 4—5 Stunden stellt man die Dampfzuführung ein, lässt ½ Stunde absetzen und zapft die Lauge in Klärbottiche ab; den Rückstand bringt man in ein besonderes Bassin, worin er ausgewaschen, dann getrocknet und an die Bleihütte abgegeben wird. Die Waschwässer gibt man zu der Rohlauge zurück.

Nach dem Absetzen der basischen Eisensalze wird die Rohlauge bei einer Concentration von 40 — 42° B. in die Krystallisirkessel abgezogen und darin an eingehängten Streifen von Bleiblech 5—7 Tage hindurch der Kupfervitriol anschiessen gelassen; die saure Mutterlauge wird dann mittelst eines Hebers abgezapft und durch gepresste Luft auf ein höheres Niveau gedrückt, wo sie noch 2—3 mal zur Kupferextraction dient, schliesslich aber das Kupfer daraus durch Eisen gefällt, die Lauge eingedampft und zur Bereitung von Eisenvitriol benützt wird.

Für den Handel müssen möglichst grosse Krystalle erzeugt werden, welche man am leichtesten aus einer neutralen Lösung erhält; es werden demnach die erst·erhaltenen Krystalle in ganz ähnlichen Bleigefässen, wie für die Lösung des Oxyds in durch Dampf erhitzter Mutterlauge gelöst, die Lösung geklärt und in langen, aus Bohlen hergestellten Kästen 6 bis 7 Tage lang abermals krystallisiren gelassen. Die Krystalle werden dann von den Bleiblechstreifen mit hölzernen Klöppeln abgeklopft, in Handsieben gewaschen, getrocknet, die an den Seiten und am Boden der Kästen

abgesetzten Krystallrinden (das Seiten- und Bodengut) ebenfalls gesiebt
und zu den grossen Krystallen gegeben, das Krystallklein aber entweder
bei dem Auflösen mit zugesetzt oder getrocknet und um einen minderen
Preis in den Handel gesetzt. Das Trocknen geschieht in einem geheizten
Local bei 30—35° R. In Freiberg stehen für diese Productionen 8 Lösegefässe, 122 Krystallisirkästen und 10 Siedepfannen im Gebrauche; die Bewegung der Laugen zu den einzelnen Apparaten geschieht mittelst compri-
mirter Luft.

Zu Oker[66]) wird Schwarzkupfer extrahirt, zu welchem Zweck dasselbe granulirt wird. Die Lösefässer (Fig. 167) sind mit Bleiplatten ausgeschlagene Holzgefässe mit Losboden; auf diesen bringt man zunächst

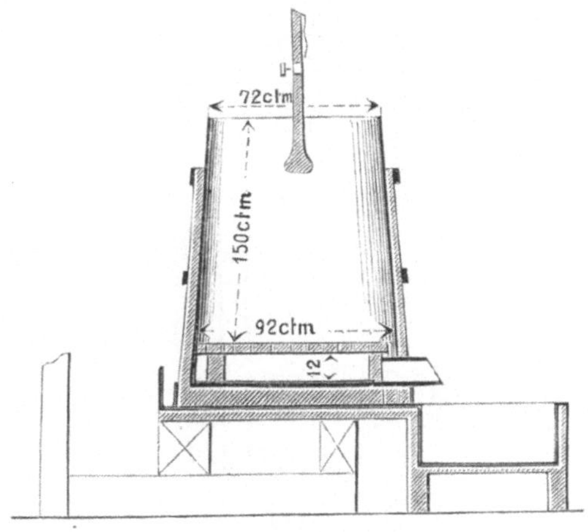

Fig. 167.

grössere Kupferstücke, füllt hierauf das Fass etwa 1 m hoch mit 17—18 q
Kupfergranalien, und leitet aus einem oberhalb belegenen Reservoir mittelst
eines in eine Brause endigenden Bleirohres durch Dampf auf 70° C. er-
hitzte verdünnte Kammersäure von 28° B. auf das Kupfer. Die Säure
wird auch hier mit den sauren Vitriollaugen verdünnt, welche bei der angegebenen Temperatur und einer Concentration von 28—34° B. am kräftigsten lösend einwirkt. Mittelst eines Hakens wird nun die Brause im
Kreise über den Granalien herumgeführt und der Säurezufluss mittelst
eines Hahnes abgesperrt, wenn die Vitriollauge eine Zeit lang unterhalb
des Siebbodens abgelaufen ist, damit sich ein neuer Oxydüberzug auf den
Granalien bilde; die Oxydation erfolgt dadurch, dass bei dem Verdampfen
der heissen Lauge auf den Granalien durch die untere offen bleibende
Abflussöffnung Luft angesogen wird. Etwa alle $^1/_4$ Stunde wird wieder

---

[66]) Preuss. Ztschft. Bd. 25 pag. 166. Dingler's Journ. Bd. 228 pag. 45.
Bg. u. Httnmsch. Ztg. 1859 pag. 362.

Säure zulaufen gelassen, nach Bedarf Kupfergranalien nachgetragen und das Fass erst dann gereinigt, wenn es stark verschlämmt ist.

Aus den Lösegefässen fliesst die Lauge in ein längs der Wände des Gebäudes laufendes 50 m langes, am Ende abwärts fallendes Gerinne, über dessen Sumpf das Dampfdruckfass sich befindet; neben dem Gerinne ist oberhalb desselben eine mit Bleiblech beschlagene nach dem Gerinne zu etwas geneigte Holzbühne angebracht, auf welche der ausgehobene Kupfervitriol gelegt wird. Die Krystallrinden werden mit kupfernen Meisseln alle drei Tage aus dem Gerinne ausgeschlagen, mittelst Holzschaufeln auf die Holzbühne gebracht und grössere zusammenhängende Stücke zerkleint. Dieser Rohvitriol wird aufgelöst und umkrystallisirt, wobei die

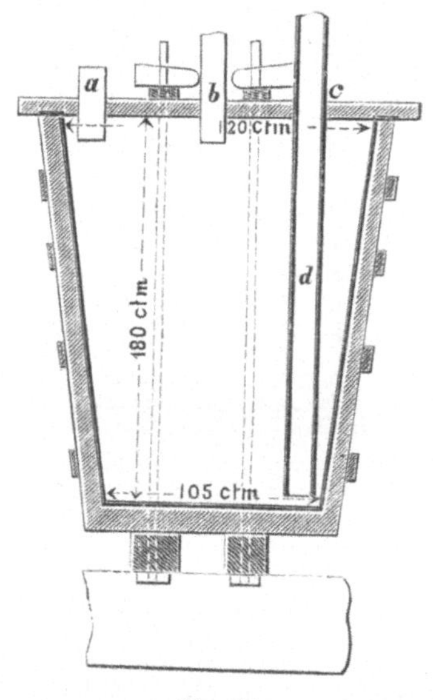

Fig. 168.

darin mechanisch eingeschlossenen Schlammtheilchen gewonnen werden; die sehr saure Mutterlauge wird in das mit 2·5 cm starken Bleiplatten ausgekleidete Dampfdruckfass (Fig. 168) gefüllt. Dasselbe hat in dem mit Ankern, Schliessen und Keilen mit dem Fasse fest verbundenen Deckel 3 Oeffnungen mit Rohransätzen, wovon c zur Aufnahme eines bis nahe an den Boden reichenden Steigrohres d, b zum Einleiten des Dampfes und a zur Aufnahme eines Trichters dient. Wenn das Druckfass bis etwa 30 cm unter dem Deckel durch den Trichter gefüllt wurde, wird der Rohransatz a durch eine eiserne Platte mit untergelegten Filzscheiben, welche mittelst Klemmschrauben fest angedrückt werden, geschlossen und durch das Rohr b Dampf von $1\frac{1}{2}$ Atmosphären Druck auf die Oberfläche der Lauge geleitet, welche jetzt durch das Steigrohr d in ein auf einem höheren Horizont aufgestelltes Reservoir gedrückt, und von hier zum Verdünnen der zum Lösen der Granalien verwendeten Schwefelsäure genommen wird.

Der Oker'sche Vitriol ist fast chemisch rein; er enthält nach Werlisch:

Cu	O	30·595	31·881
S	O$_3$	34·335	34·311
H$_2$	O	35·727	35·868
Zn	O	Spur	Spur.
Fe$_2$	O$_3$		

Der Schlamm, welchen man bei der Auflösung der Granalien, so wie bei dem Umkrystallisiren des Vitriols gewinnt, wird noch feucht mit dem doppelten Gewicht gepochter Glätte zu Batzen geformt, diese getrocknet und der Bleiarbeit übergeben.

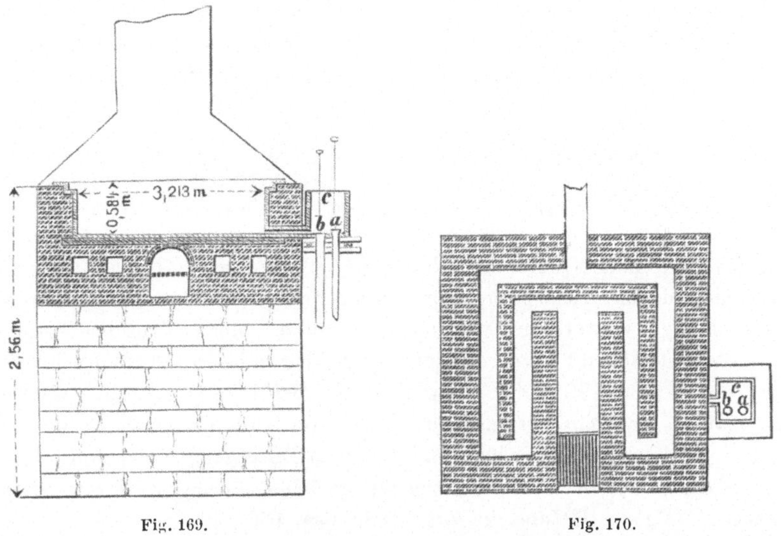

Fig. 169.   Fig. 170.

Man hat zu Oker für 6 Lösegefässe (ein System) zwei aus starken Bleiblechen zusammengelöthete Siedepfannen (Fig. 169 u. 170), die auf gusseisernen Platten ruhen, unter welchen die Flamme durch Züge circulirt; die Pfannen sind 3·5 m lang, 3·213 m breit und 584 mm tief, und communiziren am Boden mit einem seitlich liegenden Gefäss c, das zwei Abflussrohre in verschiedener Höhe hat, eines a für die Lauge, das andere tiefer liegende b für den Silberschlamm. Die Pfannen werden 40 cm hoch gefüllt und die Vitriollösung bis 94° C. erhitzt; blos bei einer Concentration derselben von 26° B. erhält man ein gutes Produkt mit grossen Krystallen. Etwa in Lösung befindliches Silber wird durch Zusatz von Kupferschwamm zur Lauge gefällt. In diesen Pfannen wird die Lösung des Rohvitriols versotten, welche, wenn sie bis 81° C. abgekühlt ist, in die

Krystallisirkästen abgelassen wird, worin sie eine Concentration von 29° B.
zeigt; zu jeder Pfanne gehören 12 Krystallisationskästen von 2·9 m Länge,
1·46 m Breite und 1·02 m Tiefe, deren jeder gerade eine Pfannenfüllung fasst.
Die Krystallisation dauert 8—12 Tage. Die Mutterlauge von 14—15 B.
dient theils zum Verdünnen der Kammersäure für das Lösen der Granalien, theils zum Auflösen des Rohvitriols. Der Silberschlamm wird 2 bis
3 mal ausgesotten, absetzen gelassen und die klare Lösung mit Hebern
abgezogen. Bei dem Verschmelzen des Silberschlammes fällt auch Speise,
welche durch Verbleiung entsilbert und dann der Kupferarbeit übergeben wird.

Man braucht auf 100 Gewichtstheile Kupfergranalien 240 Theile
Schwefelsäure von 50° B. zur Lösung und erzeugt daraus 380 Gewichtstheile Vitriol; auf ein System entfällt in 24 Stunden eine Erzeugung von
15 q Vitriol. Zu einem System gehören 6 Lösegefässe, zwei Pfannen und
24 Krystallisationskästen.

Für den Kupfervitriol, welcher von den Hüttenwerken bereits in zu
grossen Mengen auf den Markt gebracht wurde, hat Rösslers Patent

Fig. 171.   Fig. 172.

(pag. 26) eine neue Quelle der Verwendung geschaffen. Nach F. Wendt
lassen sich durch Absorption von Kupfervitriol noch Gase mit 1 Vol. %
Schwefeldioxyd verwerthen, welches eine heisse, nicht allzusaure Kupferlösung durchstreichend Kupferoxydul ausscheidet und sich selbst zu Schwefelsäure oxydirt; 80—90% der schwefligen Säure sollen so absorbirt werden.
Legt man in das Absorptionsgefäss Kupferoxyd im Ueberschuss vor, so
bildet sich sofort wieder Sulfat, und bei dem Durchsaugen von Luft durch
die von dem Cuprosulfat schmutziggrün gefärbte Lösung wird der Vitriol
regenerirt. (Bg.- u. Httnmsche Ztg. 1885 pag. 139.)

Erzeugung von Kupfertiefwaaren. Für die Erzeugung von Kupfertiefwaaren wird das hammergare Kupfer vorerst in mit Lehmschläge ausgestrichene gusseiserne Formen gegossen, die Gussstücke gleich nach dem
Erstarren in Wasser abgekühlt, dann die Gussplatten von etwa 6—8 cm
Stärke in entsprechend grosse Stücke zerschrotten, diese zuerst unter
Planhämmern vorgestreckt und zuletzt, um überall gleiche Stärke zu haben,
ausgewalzt. Die gewalzten Bleche werden nahezu kreisförmig beschnitten,
mit in Wasser angemachter Holzasche bestrichen, dieser Anstrich darauf
getrocknet und nun die Bleche derart über einander gelegt, dass das
grösste Blech zu unterst, das kleinste zu oberst zu liegen kommt; dieses
Packet wird in ein entsprechend grosses Deckblech (Ausschussblech)
eingehüllt, wie Fig. 171 zeigt, und heisst nun ein Gespan. Dasselbe
wird in einem offenen Ausheizfeuer bis zu Rothgluth erwärmt und unter

den Hammer gebracht. Der Aschenanstrich hat den Zweck, das Zusammenschweissen der Bleche zu verhindern, und das Einpacken in das Deckblech soll das Auseinanderfallen der Blechscheiben verhüthen.

Der Hammer ist ein Tiefhammer, auch Nasenhammer genannt, mit schiefer Bahn und auf einen Ambos aufschlagend, dessen Oberfläche der Hammerbahn parallel ist. Das dunkelrothglühende Gespan wird von der Mitte aus beginnend, etwas geneigt gehalten, schraubengangförmig nach der Peripherie zu mit allen Stellen unter dem Hammer fortgeschoben, wobei das Gespan nach jedem Hammerschlag um etwas gedreht wird, und grössere Gespane von 2—3 Arbeitern mit Zangen gefasst und unter dem Hammer fortgeführt werden; hiedurch wird eine Concavität in dem Gespan erzeugt (Fig. 172). Wenn dasselbe zu kühl geworden ist, wird es

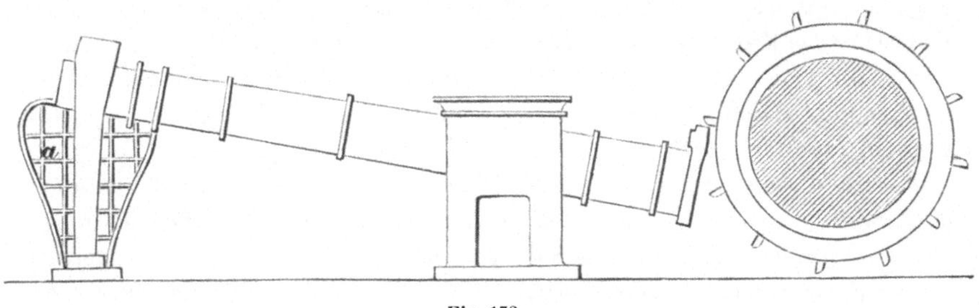

Fig. 173.

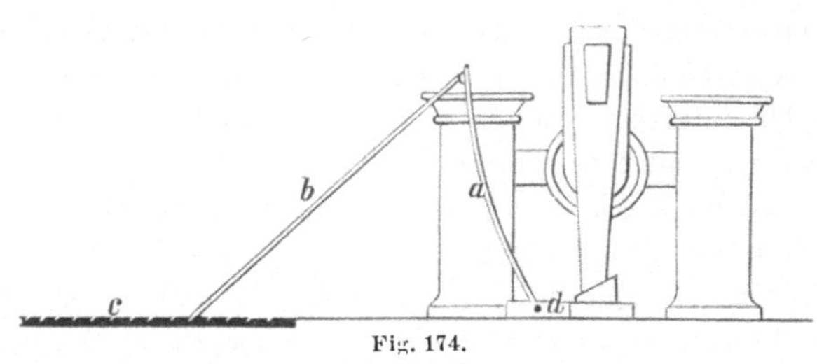

Fig. 174.

wieder ausgeheizt, in gleicher Art, wie früher angegeben, weiter ausgetieft und so fortgefahren, bis die gewünschte Form und Tiefe erreicht ist. Um bei zunehmender Tiefe das Gespan leichter in einer bestimmten Lage zu erhalten, befindet sich neben dem Ambos ein in einem Charnier d nahe am Boden beweglicher Bügel a (Fig. 173 und 174), welcher durch die oben an a befestigte, ebenfalls in einem Charniere bewegliche Stange b gestützt wird, die man nach Bedarf zwischen den Zähnen der am Boden fest gemachten Zahnstange c steiler oder flacher stellen kann, so dass durch den Bügel das Gespan in der gewünschten geneigten Lage gehalten wird; zu Beginn der Arbeit liegt dieser Bügel flach am Boden.

Grosse Gespane werden über ein vom Ausheizfeuer zum Hammer gelegtes, feucht erhaltenes Brett geschleift und über dieses in gleicher Weise in das Feuer zurückgebracht. Das fertig ausgetiefte Gespan lässt man abkühlen, dann wird der Rand unter einer entsprechend starken, durch Hand- oder Wasserkraft betriebenen Scheere abgeschnitten und die einsatzartig in einander steckenden Schalen oder Kessel (Fig. 175) zuerst mittelst hölzerner Klöppel rund herum lose geklopft, der Rand des innersten Gefässes je nach der Grösse an einer oder mehreren Stellen nach innen gebogen, hier mit der Zange gefasst und von einem oder mehreren Arbeitern herausgerissen. Die einzelnen Kessel oder Schalen, deren je nach dem Gewicht 3—9, selten mehr, auf einmal ausgetieft werden, putzt man von der anhaftenden Asche rein und schiebt sie einzeln nach einander über einen runden, entsprechend starken Holzblock, auf welchem die allzu grossen, unter dem etwa 1 q schweren Hammer entstandenen Buckel und

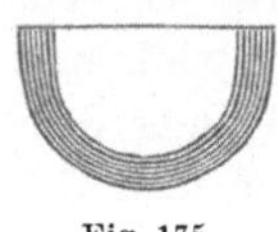

Fig. 175.

Rippen mittelst eines hölzernen Klöppels ausgeglichen werden — das Poltern der Kupferschalen. Man erzeugt in dieser Art Kessel bis 80 cm und mehr Tiefe und bis $1^1/_2$ m Weite, aber auch kleinere und ganz kleine Gefässe und Haushaltungsgeschirre, welche Schalen oder Kesselschalen genannt werden; früherer Zeit wurden auch vertiefte Böden für grosse Kessel in dieser Art erzeugt, deren Wände erst angenietet werden müssen, doch werden solche Böden gegenwärtig meistens mit Maschinen gedrückt. Das Deckblech kann wieder gerade gerichtet und so oft gebraucht werden, als es gross genug ist, ein Gespan einzuhüllen, aber weil immer ein bedeutender Theil desselben bei dem Abschneiden des Randes eines Gespans mit abgeschnitten wird, wird dasselbe jedesmal um ein Ansehnliches kleiner. Wenn es endlich unbrauchbar geworden ist, wird es mit den übrigen Abfällen wieder eingeschmolzen.

Darstellung von Phosphorkupfer. Zur Erzeugung von Phosphorkupfer wird das möglichst reinste Kupfer verwendet, der Durchschnittsgehalt an Phosphor pflegt 15% zu betragen; das Phosphorkupfer wird gegenwärtig viel bei dem Raffiniren von Kupfer und bei der Darstellung der Phosphorbronce verwendet, wobei es wesentliche Vortheile bringt. Man hatte früher den Phosphor direct in das Metallbad eingebracht, welche Arbeit sehr vorsichtig vorgenommen werden musste und die Arbeiter nicht nur belästigte, sondern auch der Gefahr einer Beschädigung aussetzte.

Das Phosphorkupfer wird nach erfolgter Uebergare in dem Flammofen in einzelnen Partien an verschiedenen Stellen in das Metallbad eingetragen[67]), das Bad mit einer Krücke gut durchgerührt, dann eine Holzkohlendecke gegeben und alle Thüren und Zugöffnungen geschlossen. Nach kurzer Zeit nimmt man Probe, und wenn dieselbe entspricht, wird ausgeschöpft. Das Phosphorkupfer gibt seinen Phosphorgehalt an den Sauerstoff des Kupferoxyduls im Metallbade ab, das entstandene Cuprophosphat schwimmt in kleinen Tropfen auf demselben und wird abgezogen. Es scheint, dass sich daraus unter dem Einfluss reducirender Gase Phosphor-

---

[67]) Preuss. Ztschft. Bd. 27 pag. 14.

kupfer regenerirt und dieses regenerirte Phosphormetall die Reinigung vollendet, wenn eine genügende Menge davon zugesetzt wurde, so dass seine Wirkung eine doppelte, zuerst eine desoxydirende, dann auch eine vermittelnde wäre, und deshalb lässt sich theoretisch wohl die nöthige Menge des Zusatzes an Phosphorkupfer berechnen, wenn man den Sauerstoffgehalt des Kupfers kennt, jedoch nie genau, sondern dieselbe muss durch Versuche festgestellt werden. Die Verbrennung des Phosphors mit dem Sauerstoff des Kupferoxyduls erfolgt unter Bildung von Cuprophosphat,

$$6\,Cu_2\,O + 2\,P = 10\,Cu + 2\,(Cu\,PO_3).$$

Von den Gussstücken springt die Schlacke leicht ab, bei dem Ausgiessen schützt ein Gehalt an Phosphor das Kupfer vor der Einwirkung des atmosphärischen Sauerstoffs und gestattet eine Aufnahme desselben erst dann, wenn sich aller Phosphor als Cuprophosphat auf der Oberfläche des Gussstücks abgeschieden hat. Das spezifische Gewicht eines mit Phosphor behandelten Kupfers ist höher und erreicht bis 8·924 gegen 8·6—8·7 von gewöhnlichem gewalztem Raffinad, auch wird die Festigkeit, Zähigkeit und Schmiedbarkeit des Kupfers erhöht, und ist solches Kupfer auch für Erzeugung von Schiffsblechen besser zu verwenden, weil ein von Sauerstoff freies Kupfer weniger leicht angegriffen wird, als ein Kupferoxydul enthaltendes. Für Verbesserung von Legirungen (Broncen) war die Verwendung des Phosphors schon lange im Gebrauche.

Das Phosphorkupfer wird in den Fabriken gewöhnlich derart erzeugt, dass man zu dem in einem Tiegel geschmolzenen Kupfer Phosphorstangen einträgt, welche vorher in Kupfervitriol gebracht wurden, so dass darauf sich eine fest haftende Kupferschicht abgelagert hat, welche den Phosphor vor dem augenblicklichen Entzünden bei dem Einbringen in das Kupfer schützt. Nach H. Schwarz[68]) erhält man sehr leicht Phosphorkupfer, wenn man in einem Schmelztiegel 3 Aequivalente Kieselerde, 1 Aequivalent Knochenasche und 5 Aequivalente Kohle mengt, den Tiegel dann mit diesem Gemenge ausfüttert, das granulirte Kupfer hineinbringt, mit einer Lage des Gemenges bedeckt und schmilzt; die Kieselerde macht die Phosphorsäure frei, welche von der Kohle reducirt und der Phosphor von dem Kupfer aufgenommen wird. Auch durch Zersetzen von Kupferchlorid mit Kalkphosphat und Reduciren des entstandenen Cupriphosphats erhält man leicht Phosphorkupfer.

Darstellung von Mangankupfer (Cupromanganese)[69]). Diese Legirung wird von Biermann in Hannover dargestellt; sie enthält 25 % Mangan. Auch zu Vévenét (Departement Vaucluse) erzeugt man diese Legur und verwendet sie als Zusatz bei dem Raffiniren des Kupfers sowohl als auch bei Herstellung von Kupferlegirungen. Das Mangan der

---

[68]) Dingler's Journ. Bd. 218 pag. 58.
[69]) Bg. u. Httnmsch. Ztg. 1878 pag. 184.

Cupromanganese nimmt den Sauerstoff des Kupferoxyduls auf, da die Verwandtschaft des Mangans zum Sauerstoff grösser ist, als die des Kupfers; das sich bildende Manganoxyd ist aber bei der Schmelztemperatur des Kupfers starr und kann leicht abgezogen werden, und da sich dieses Oxyd später nicht mehr ändert, lässt sich die nöthige Zuschlagsmenge von Mangankupfer leichter berechnen.

Bei der Verwendung desselben bedeckt man das Metallbad mit Kohlenlösche, lässt das Mangankupfer in das Bad gleiten, erhöht die Temperatur im Ofen, rührt gut durch und lässt das Bad hierauf einige Zeit in Ruhe, worauf man ausgiesst oder ausschöpft — oder, was besser sein soll, man schmilzt das Mangankupfer im Tiegel unter einer Kohlendecke ein und setzt es in flüssigem Zustande dem zu raffinirenden Kupfer zu, wobei jede Abkühlung des Metallbades vermieden wird.

Auf der Isabellenhütte bei Dillenburg[70]) wird ein 30% Mangan haltendes Kupfermangan dargestellt.

Die Erzeugung der Cupromanganese geschieht entweder durch Zusammenschmelzen der beiden Metalle unter einer Kohlendecke, oder nach Allen[71]) durch reducirendes Schmelzen eines Gemenges von Manganoxyd und Kupferoxyd mit Kohle in Tiegeln, oder durch Reduction und Schmelzen von Mangancarbonat mit Kupferoxyd und Holzkohle in einem Flammofen mit Siemensfeuerung, oder nach Schrötter[72]), welcher mit Gersdorf schon im Jahre 1849 diese Legirung erzeugte, durch Reduction von Kupferhammerschlag und Braunstein mit Kohle. A. Dick erzeugt Mangankupfer durch Zusammenschmelzen von Siliciumferromangan oder von Ferromangan und Ferrosilicium mit reinem Kupfer. Bei dem Ausgiessen der Legur scheidet sich das Mangankupfer von dem das Silicium und etwas Mangan haltenden Eisen ab. (D. R. P. No. 30295 v. 26. Jänner 1884.)

---

[70]) Deutsche Industrieztg. 1879 pag. 357.

[71]) Dingler's Journ. Bd. 198 pag. 517. Bg. u. Httnmsch. Ztg. 1871 pag. 55. Chem. News. 1870 Oct. No. 56 pag. 194.

[72]) Chem. Centrbltt. 1871 pag. 594.

Silber.

(Ag = 108.)

Geschichtliches. Das Silber wird zuerst in der Geschichte Abrahams genannt gleichzeitig mit dem Golde, obwohl bereits als zu bestimmten Zwecken verwendetes Metall, ohne dass über das Vorkommen und die erste Entdeckung etwas erwähnt würde; zu jener Zeit war das Silber im Kauf und Verkauf schon gang und gebe, es wurde bereits zu Schmucksachen und als Handelsmünze, wenn auch im ungeprägten Zustande, verwendet, und thatsächlich war Chaldäa laut nachweisbaren Quellen einer der frühesten Sitze der Metallgewinnung und Metallbearbeitung. Es ist jedoch ebenfalls erwiesen, dass die Phönicier bereits das Silber kannten und verarbeiteten, und bei der ausgebreiteten Handelsschifffahrt derselben ist anzunehmen, dass sie das Silber von dem zuerst als sehr silberreich bekannten Lande, der iberischen Halbinsel her, in den Handel brachten.

Auch Homer erwähnt in seinen Gesängen des Silbers als Stoff zu Schmuck und zu Verzierung der Waffen. Das Lauriongebirge in Griechenland, welches erst gegenwärtig wieder energischer in Angriff genommen wurde, war damals einer der ersten Fundorte des Silbers. Wie gross in alter Zeit der Silberreichthum gewesen und wie sehr damit Luxus getrieben wurde, geht daraus hervor, dass zu Ekbatana die Gewölbe, Decken und Säulen in den Vorhallen und in den inneren Gemächern der 7 Stadien (1295 m) im Umfange haltenden Burg mit silbernen und goldenen Blechen ganz getäfelt waren, so dass sie das Holz vollständig bedeckten, und alle Dächer waren mit Silberplatten belegt.

Statistik. An Silber wurde in den letzten Jahren producirt in Kilogramm:

In Oesterreich (ohne Ungarn)	1883	32626
- Ungarn	1879	18661
- Preussen	1883	172865
- Schweden	1882	3602 (Skalpfund)
- Grossbritannien	1881	19275
- Sachsen	1882	39134
- Russland	1879	11200
- Spanien	1880	65871

Nach einem Berichte des Münzdirectors der vereinigten Staaten, Hrn. Burchard[1]), betrug die Silberproduction im Jahre 1883 noch in den folgenden Ländern:

Norwegen	5645
Italien	432
Türkei	2164
Nordamerikanische Vereinsstaaten	1111457
Canada	1641
Mexico	711347
Argentinische Republik	10109
Columbien	10283
Bolivia	384923
Chile	128106
Japan	8488
Australien	1921

Eigenschaften. Das Silber ist rein weiss, in hohem Grade streckbar und dehnbar, es nimmt die schönste Politur an und ist härter als Gold und weicher wie Kupfer; es krystallisirt regulär, zeigt auf der Oberfläche der Krystalle gewöhnlich dendritische Zeichnungen und hat ein spez. Gewicht von $10{\cdot}428$, welches durch Hämmern und Walzen erhöht wird. Es hat einen hakigen Bruch, schmilzt bei 954^0 C.[1a]), und wenn es bei Zutritt atmosphärischer Luft über seinen Schmelzpunkt erhitzt wird, oxydirt es sich etwas und wird flüchtig; im geschmolzenen Zustande absorbirt es aus der Luft Sauerstoffgas, welches es bei der Abkühlung unter der Erscheinung des „Spratzens" wieder entlässt. Fremde Beimengungen oder eine Kohlendecke verhindern das Spratzen. Es löst sich leicht in verdünnter Salpetersäure, schwieriger in concentrirter Schwefelsäure, gar nicht in Salzsäure und in Pflanzensäuren; ätzende Alkalien greifen das Silber nicht an. An der Luft und in Berührung mit Schweiss wird es blind; der entstandene grauviolette Ueberzug ist Chlorsilber und lässt sich durch flüssiges Ammoniak entfernen. Ein Gehalt an Selen schon unter $0{\cdot}001\,\%$ macht das Silber brüchig und blasig und veranlasst die Bildung grauer Flecken, welche in der ganzen Masse gleichförmig vertheilt sind.

Anwendung. Die meiste Verwendung findet das Silber zur Herstellung von Münzen, Geräthschaften und Schmucksachen, zu welchem Zwecke es aber, da es für sich allein zu weich ist, mit Kupfer legirt wird; reines Silber wird angewendet zur Versilberung im Feuer, auf nassem, trockenem und galvanischem Wege besonders des Kupfers, Messings und Neusilbers. Eine grosse Menge Silber wird in der Photographie verbraucht und ein geringer Theil in der Medicin und in der

---

[1]) Ztschft. d. Ver. deutsch. Ing. 1885 pag. 336.
[1a]) Eng. and Min. Journ. Bd. 38 No. 20 pag. 325. Nach älteren Angaben bei 1040 ⁰ C.

Glashüttenindustrie verwendet. Selenhaltiges Silber ist leicht durch Umschmelzen mit Salpeter von seinem Selengehalt zu befreien.

Vorkommen und Erze. Das Silber findet sich sowohl gediegen, als auch vererzt vor, und zum Theil reichen seine Lagerstätten bis an die Oberfläche der Erde. Die Erze des Alterthums sind unbekannt; Plinius erwähnt eines rothen und aschfarbenen Silbererzes (Rothgiltigerz und Glaserz), dann der Bleierze, die dicht neben dem Silber vorkommen und Galena heissen (Bleiglanz), und hieraus kann geschlossen werden, dass damals schon mehrere Silbererze zur Darstellung des Silbers benützt wurden.

Ueber das Silbervorkommen in Asien ist aus alter Zeit wenig Bestimmtes bekannt, doch ist bei Gumiskhana in Kleinasien seit langer Zeit schon ein Bergbau in Betrieb. In Japan wird in den Provinzen Ugo, Kikuzen, Howima und Hida Silberglanz und Sprödglaserz in Begleitung von Bleiglanz, Zinkblende, Eiesenkies und Kupferkies gefunden und verhüttet. Im asiatischen Russland befinden sich Silberbergbaue neuerer Entstehung am Altai und im Ural.

Afrika hatte in alter Zeit kein Silber, jetzt wird in Algier Silberbergbau getrieben, über dessen Reichthum und Ergiebigkeit aber nichts bekannt ist; die Erze werden nach Frankreich verschifft und dort verhüttet[2]).

Australien und Amerika geben Silber und Gold reichlich, und haben die grossen Mengen von Amerika aus zu Markt gebrachten Silbers den Werth bereits empfindlich herabgedrückt.

In Europa war Spanien sehr reich an Silber und eine einzige Silbergrube soll einst Hannibal täglich 100 Kilo Silber geliefert haben; die Iberer hatten damals alles Hausgeräthe von Silber. Diese alten Gruben der Carthager wurden gegen Ende des 16ten Jahrhunderts von der bairischen Familie Fugger wieder in Angriff genommen, noch 36 Jahre betrieben und lieferten so reiche Ausbeuten, dass dieselbe in manchen Jahren 10 Millionen Gulden überstieg. Laurions Bergbau erlosch trotz seines Reichthums schon im 1ten Jahrhundert unserer Zeitrechnung.

Auf Mitteleuropa hatten die aus dem Alterthum verbliebenen Bergbaue keinen Einfluss, das Silber musste hier neu entdeckt werden, und verliert sich die Geschichte dieser Entdeckungen in das Gebiet der Sagen; die Wiege des wiederauflebenden Bergbaues war jedoch Böhmen, von wo sich der Bergbau auf den Harz, nach Sachsen und Ungarn verbreitete. Die Silberbergbaue zu Kongsberg in Norwegen, dann jene in Frankreich und England sind späteren Datums.

Das Silber findet sich auf Gängen im Ur- und Uebergangsgebirge, nirgends als Gemengtheil von Gebirgsgesteinen, wie das Gold, und die

---

[2]) Radisson in Bull. de la société de l'industrie minérale. Tom. 10, liv. 4 pag. 506.

seine Gänge ausfüllenden metallhältigen Mineralien sind stets auch silberhaltend.

Die eigentlichen Silbererze, d. i. solche, in welchen das Silber einen Hauptbestandtheil ausmacht, sind selten; diese sind:

Gediegen Silber, theils rein, theils goldhaltig mit bis 90 % Silber.

Amalgam von verschiedener Zusammensetzung mit bis 63 % Silber.

Selensilber ($Ag_2 Se$) mit 73 % Silber.

Tellursilber ($Ag_2 Te$) Hessit mit 62·8 % Silber.

Antimonsilber ($Ag_2 Sb - Ag_6 Sb$) Discrasit mit 63·9 — 84·2 % Silber.

Wismuthsilber, Chilenit, (wahrscheinlich $Ag_{10} Bi$) mit 83·9 % Silber.

Silberglanz ($Ag_2 S$) Argentit mit 87·1 % Silber.

Miargyrit ($Ag_2 S + Sb_2 S_3$) Silberantimonglanz mit 36·73 % Silber.

Pyrargyrit ($3 Ag_2 S + Sb_2 S_3$) dunkles Rothgiltigerz mit 57·78 % Silber.

Proustit ($3 Ag_2 S + As_2 S_3$) lichtes Rothgiltigerz mit 65·46 % Silber.

Polybasit ($9 Ag_2 S + As_2 S_3$) Eugenglanz mit 64—72 % Silber.

Stefanit ($5 Ag_2 S + Sb_2 S_3$) Melanglanz mit 68·36 % Silber.

Freieslebenit [$5 (Pb, Ag_2) S + 2 Sb_2 S_3$], Schilfglaserz mit 22·5 % Silber.

Silberfahlerz [$(4 R_2 S + 4 RS) + As_2 (Sb_2) S_3$] dunkles Weissgiltigerz mit 1 — selbst 32 % Silber.

Stromeyerit ($Cu_2 S + Ag_2 S$) Silberkupferglanz mit 53·1 % Silber.

Kerargyrit ($Ag Cl$) Silberhornerz mit 75·3 % Silber.

In weitaus grösserer Menge vorkommend und deshalb wichtiger sind jene Erze, in welchen neben geringen Silbermengen noch andere nutzbare Metalle enthalten sind; es gehören hieher:

Silberhaltende Bleierze, hauptsächlich Bleiglanz, deren Silbergehalt von Spuren bis zu 0·7 % und darüber erreicht.

Silberhaltende Blenden mit bis 0·9 % Silber.

Silberhaltende Kupfererze mit meistens Zehntelprocenten, oft aber auch einigen Procenten an Silber.

Silberhaltende Schwefel- und Magnetkiese mit bis 0·1 % Silber.

Silberhaltende Kobalt-, Nickel- und Wismutherze.

Silberhaltende Arsen- und Antimonerze, wie auch gediegen Arsen und Antimon.

Gewinnung des Silbers.

Die Gewinnung des Silbers geschieht auf trockenem und nassem Wege. Auf trockenem Wege wird das Silber in Blei angesammelt, und durch den Treibprocess dann von dem Blei geschieden; auf nassem Wege kann das Silber mit Quecksilber, mit Säuren, mit Salzen oder durch Wasser extrahirt werden.

Eine Extraction des Silbers auf trockenem Wege ist mit grossen Verlusten an Silber und mit hohem Brennstoffaufwand verbunden, auch lässt sich durch Schmelzungen aus silberhaltendem Kupfer und Producten vom Kupferschmelzen das Silber nie vollständig gewinnen, es ist somit für solche Materialien derzeit sehr häufig die Gewinnung des Silbers auf nassem Wege in Anwendung, wodurch bei geringerem Calo und Brennstoffaufwand das Ausbringen an Silber auch rascher erfolgt. Der eigentlichen Extraction auf nassem Wege werden aber grösstentheils Hüttenproducte, in welchen sich das Silber angereichert hat, unterworfen, Erze werden meist durch die Amalgamation zu Gute gebracht.

Silbergewinnung auf trockenem Wege.

Zur Extraction des Silbers aus den Erzen oder Producten dient Blei, zum Theil auch in metallischem Zustande, und werden die dies betreffenden Operationen allgemein mit dem Ausdruck Verbleien oder Bleiarbeiten bezeichnet. Diese Bleiarbeiten sind aber wieder verschieden, je nachdem die Erze direct verbleit, oder erst auf Stein verschmolzen und dieser dann der Verbleiarbeit übergeben wird. Hienach unterscheidet man die folgenden Verhüttungsmethoden.

Die Zugutebringung der silberhaltigen Bleierze ist bereits in der Metallurgie des Bleies abgehandelt worden, die meisten Bleierze sind silberhaltig, und bei dem Verschmelzen derselben erhält man Werkblei. Es erübrigt demnach hier, die Gewinnung des Silbers aus Dürrerzen und silberhaltigen Kupfererzen kennen zu lernen.

Die Eintränkarbeit (das Eintränken). Die eigentlichen Silbererze, sowie gediegen Silber können unmittelbar während des Treibens, und zwar bei abgestelltem Winde und nachdem der Abstrich und die schwarze Glätte (siehe Treibprocess) abgezogen worden sind, auf dem Treibheerde in das Bleibad gebracht und hier eingetränkt werden. Hiebei oxydiren die auf dem Bleibade schwimmenden Schwefel-, Arsen- und Antimonverbindungen des Silbers theils auf Kosten des Sauerstoffs der atmosphärischen Luft und werden zum Theil verflüchtigt, theils werden sie durch das sich bildende Bleioxyd zersetzt, das Silber von dem Blei aufge-

nommen, die Oxyde aber von dem Bleioxyd verschlackt und als eine unreine schwarze Glätte wieder abgezogen. Diese Art des Eintränkens
findet selten Anwendung.

Zu Kongsberg (Norwegen) wird der grösste Theil des dort gewonnenen Silbers, etwa 2500 kg jährlich unmittelbar durch Einschmelzen des
in gediegenem Zustande in den Erzen enthaltenen Silbers mit etwas Blei
und Eisennägeln (letztere zur Zerlegung eines geringen Antheils Schwefelsilber in den Erzen) in einem kleinen Flammofen und sofortiges Feinbrennen darin gewonnen und das Feinsilber nach Hamburg verkauft. Die dabei gefallenen Abzüge werden zum Erzschmelzen abgegeben.

Ein geringerer Theil Silber wird daselbst aus Kalk und Quarz führenden Dürrerzen durch Rohschmelzen in einem Rohstein concentrirt und
dieser eingetränkt; die ärmeren Schliche enthalten 0·03, die reichen bis
1% Silber, etwas Kupferkies, Bleiglanz und Zinkblende, während die zum
Feinbrennen gegebenen Erze, gediegen Silber, bis und über 90% Silber
enthalten. Das Schmelzen erfolgt in $4^{1}/_{2}$ m hohen Schachtöfen von rectangulärem Querschnitt bei Verwendung gemischten Brennstoffs (Holzkohle
und Koks zu gleichen Theilen), da der eingetretene Holzmangel die Verwendung von blos Holzkohle nicht mehr gestattet. Die ärmeren Schliche
werden unter Zuschlag von Flugstaub, Ofenbruch, Eisenfrischschlacken und
Eisenkies auf einen Rohstein mit etwa 0·3% Silber durchgesetzt und die
hiebei mit fallende reine Schlacke zu Bausteinen geformt. Der Rohstein
wird in nussgrosse Stücke zerschlagen, in 4 Feuern zugebrannt, dann mit
den reichen Schlichen, Flugstaub u. a. im Hohofen durchgestochen und
in dem vor dem Ofen liegenden Stechheerd in flüssiges Blei eingetränkt;
das Blei wird von England bezogen, es dient zweimal zum Eintränken
und reichert sich hiebei bis zu 10% Silbergehalt an.

Die Schlacken von diesem Concentrationsschmelzen gehen zur Roharbeit zurück, der bei dem Eintränken entstandene Bleistein wird mit
bleiischen Vorschlägen über einen Krumofen durchgesetzt und hiebei entsilbert; der neu abgefallene Stein wird in 3 Feuern geröstet und mit ärmeren
Erzen nochmal verschmolzen, wobei neben Werkblei ein Kupferstein erfolgt. Diesen Kupferstein verschmilzt man mehrmal über einen Krumofen
mit armem Werkblei und bleiischen Producten vom Treiben und tränkt
ihn schliesslich in frisches Blei ein. Binnen 2—3 Jahren sammeln sich
von dem Kupferstein etwa 100 q an; er wird geröstet und auf Schwarzkupfer durchgesetzt, dieses raffinirt und das Raffinadkupfer an die Scheideanstalt nach Hamburg verkauft, zu welchem Zwecke es mindestens
1% Silber enthalten muss. Der höchste Silbergehalt desselben beträgt
1·25%. In dieser Art werden zu Kongsberg dermal jährlich an 1000 kg
Silber gewonnen. Im Jahre 1883 wurden zu Kongsberg im Ganzen
15 Schmelzungen vorgenommen und hiebei in einer Gesammtschmelzzeit
von $428^{1}/_{2}$ Tagen an Brennstoff 39068 schwedische Tonnen Holzkohle
à 6 Cubikfuss und 1079 schwedische Cubikfuss Koks aufgewendet.

Das gewonnene Werkblei wird abgetrieben und in einem englischen Treibheerd feingebrannt.

Verbleiarbeit durch Schmelzen von Erzen mit bleihaltenden Zuschlägen. Zu Andreasberg[3]) am Harze werden sowohl eigene, als auch angekaufte amerikanische gold- und silberhaltende Erze mit so viel bleiischen Zuschlägen beschickt, dass

von $0·2—0·5\%$ Silber haltenden Erzen Werkblei mit $0·5\%$ Silber,
- $0·5—1·0$ -   -   -   -   - $1·0$ -   - und
- $1·0—2·0$ -   -   -   -   - $-1—2-$ - fällt,

wobei man in 4 förmigen Rundschachtöfen binnen 24 Stunden 66 q Beschickung durchsetzt, welche auf 100 Gewichtstheile goldhältiger Erze aus

75 Gewichtstheilen bleiischen Vorschlägen,
20   -   unterharzer Kupferschlacken,
29   -   Bleistein und
287   -   Bleischlacken besteht.

Ein Gewichtstheil Kok trägt $7·4$ Gewichtstheile Beschickung. Die gleichzeitig erzeugten Schlacken sind über Singulosilicat silicirt.

Den erhaltenen Bleistein röstet man bis auf 5% Schwefelrückhalt ab, und verschmilzt ihn in demselben Ofen mit 38% bleiischen Verschlägen und 170% Schlacken, wobei ein Theil Kok $7·7$ Gewichtstheile Beschickung trägt und in 24 Stunden 60 q durchgesetzt werden.

Das erhaltene Werkblei wird abgetrieben.

Silberhaltende Kupfererze werden mit silberhaltenden Bleierzen nur dann zusammen verschmolzen, wenn das gemeinschaftliche Vorkommen beider eine Trennung derselben'nicht vortheilhaft ermöglicht. Die Silbergewinnung bei der Verhüttung solcher Erze erfordert viel Zwischenarbeiten, hohen Brennstoffaufwand, und das schliesslich gewonnene Kupfer bleibt immer noch bedeutend silberhaltend. Dasselbe ist der Fall bei der Verarbeitung silberhaltiger Kupfererze allein; man erhält bei diesen Arbeiten silberhaltende Zwischenproducte, welche immer wieder durch Blei entsilbert werden müssen, und unterscheidet man in dieser Beziehung zwei Methoden der Verarbeitung, je nachdem man die silberhaltigen Producte bei dem Rohschmelzen aus eigentlichen Kupfererzen erhält, oder dieselben erst bei der wiederholten Entsilberung silberhaltiger Kupfererze fallen.

Der Abdarrprocess[4]). Derselbe gehört nunmehr schon der Geschichte der Hüttentechnik an, er war seit etwa 200 Jahren zu Brixlegg in Tirol in Uebung, bestand auch noch zu Szalathna in Siebenbürgen, dürfte aber daselbst gegenwärtig auch schon verlassen worden sein. Das Verfahren bestand darin, die Erze ungeröstet zu verschmelzen und den

---

3) Preuss. Ztschft. Bd. 20 pag. 156.
4) Oesterr. Ztschft. 1880 pag. 465 u. 477.

Rohstein mit den von den Saigerarbeiten erhaltenen Kienstöcken, sowie mit den bei der Entsilberung erhaltenen Hartwerken, dann mit bleiischen Vorschlägen und Bleierzen zweimal zu verbleien, wobei es nicht nöthig wird, an dem für die Saigerung vorgeschriebenen Verhältniss zwischen Kupfer und Blei festzuhalten, weil die silberhaltigen Kupferausscheidungen immer wieder in die Arbeit zurückgehen. Das Verfahren ist hauptsächlich dadurch charakterisirt, dass dem Kupfer nicht nur kein Schwefel entzogen, sondern dem Kupfer immer wieder Schwefel aus dem Schwefelblei des Lechs von der vorangegangenen Schmelzung geboten wurde, wobei das Blei durch das Kupfer ausgeschieden wird und dieses Blei sofort wieder einen Theil des Silbers extrahirt. Man verlor hiebei wenig Kupfer, aber das Kupfer hielt schliesslich über 0.1% Silber, welches vollständig verloren ging. Die hiebei stattfindenden Reactionen lassen sich allgemein in das folgende Bild zusammenfassen:

$$(Cu_2\,S + Ag_2\,S) + x\,Pb\,O + Ag\,Cu_2 + \frac{x}{2}\,C = 2\,Cu_2\,S + Ag_3\,Pb_x + \frac{x}{2}\,CO_2$$

Lech   Hartwerk   Kupferstein Werkblei

$$Cu_2\,Ag + (Pb\,S + Fe\,S) = Ag\,Pb + (Cu_2\,S + Fe\,S)$$

Hartwerk   Bleistein   Werkblei   Lech.

Die zu Brixlegg verhütteten Erze waren grösstentheils Fahlerze, zum Theil aus eigenen, zum Theil aus fremden Gruben, dann zum Theil reine, zum Theil silberhaltige Kiese und Bleierze, letztere beiden in geringeren Mengen.

Der ganze Process umfasste die folgenden Arbeiten:

1. Das Erzschmelzen, welches die Ansammlung des Silbers und Kupfers im Lech und die Verschlackung der Gangarten zum Zwecke hatte; als Producte erhielt man Rohstein und Schlacke.

2. Das Reichverbleien; durch diese Arbeit wurde aus dem Rohlech und den zugesetzten silberreichen Hartwerken das Silber durch Blei ausgezogen; man erhielt einmal verbleites Lech und Werkblei (reiche Saigerstücke).

3. Die Armverbleiung bezweckte die vollständigere Entsilberung des Lechs und Concentration des Kupfers im Lech; es erfolgte zweimal verbleiter Stein und armes Werkblei (arme Saigerstücke).

4. Das Saigern der armen und reichen Saigerstücke, wobei das Werkblei abfloss und auf den Saigerschwarten eine strengflüssigere Legirung, die Kienstöcke, zurückblieben.

5. Das Treiben des Werkbleies zur Gewinnung des Silbers.

6. Das erste Abdarren; der zweimal verbleite Stein wurde unter Zuschlag von Mittelhartwerk über einen Krumofen durchgestochen.

7. Das zweite Abdarren; das vom ersten Abdarren gefallene Lech wurde mit dürrem Hartwerk vom Rostschmelzen in gleicher Weise, wie vorhin, durchgesetzt; hier fiel das Mittelhartwerk.

Zweck der beiden Operationen war, das Kupfer aus den Steinen in dem neu zu bildenden Lech zurückzuhalten und silberhaltende Hartwerke abzuscheiden. Als Producte erhielt man zweimal abgedarrtes Lech oder Hartwerkstein und das Mittelhartwerk.

8. Rösten des Hartwerksteins und Schmelzen desselben oder drittes Abdarren; man erhielt hier das dürre Hartwerk und Kupferstein mit gegen 70% Kupfer und 0·04% Silber.

9. Rösten und Schmelzen des Kupfersteins; Product Schwarzkupfer.

10. Das Rosettiren.

11. Das Bleischlackenschmelzen; Producte Schlackenblei und Bleischlackenlech.

12. Das Steinschlackenschmelzen; Producte Steinschlackengröb und Steinschlackenlech.

13. Das Rostschlackenschmelzen; Product Oberlech.

14. Das Kupferschlackenschmelzen; Product Kupferschlackenhartwerk.

15. Das Bleischlackendurchstechen; Producte Hartwerk, Oberlech.

Der Kupferauflösungsprocess. Diese auf den Hütten im Nagybányaer District in Oberungarn übliche Kupfergewinnungsmethode umfasst die folgenden Operationen:

1. Die Armverbleiung. Arme geröstete Erze werden mit Treibproducten in Sumpföfen durchgesetzt und so viel Armblei in den Ofensumpf eingebracht, dass auf 1 Theil in den Erzen enthaltenes güldisch Silber mindestens 200 Theile Blei kommen, wo dann das Werkblei ungefähr den halben Gold- und Silbergehalt aufnimmt.

2. Das Reichverbleien. Reiche Erze werden mit Bleierzen, Treibproducten und geröstetem Armverbleiungslech auf Werkblei durchgesetzt, welches 75—80% des gesammten Silbergehaltes und 95—98% des Goldgehaltes der Erze enthält; das hier fallende Reichverbleiungslech wird in 2 Feuern geröstet und noch einmal mit Silbererzen und Armblei entsilbert (Reichverbleiungslechschmelzen). Bei dieser letzteren Arbeit erhält man das Reichverbleiungsrepetitionslech.

3. Das Kupferauflösen. Das Reichverbleiungsrepetitionslech wird mit armer Glätte, Schlacke, Eisenabfällen und so viel Schwarzkupfer beschickt, dass die Beschickung 35—30% Kupfer und 0·105—0·175% Silber enthält. Man erhält neben Werkblei das Kupferauflösungslech, welches 30—40% Kupfer enthält und nochmal mit denselben Zuschlägen auf entsilbertes Kupferlech durchgestochen wird, welches man auf Kupfer verarbeitet.

4. Das Schlackenschmelzen. Die Schlacken vom Reichverbleien werden mit rohen Kiesschlichen auf Schlackenlech verschmolzen, dieses zweimal geröstet und bei dem Armverbleiungslechschmelzen zugesetzt,

wenn die Armverbleiungsleche noch einmal verbleit werden (**Armver-bleiungslechschmelzen**).

Die zu **Ohlaláposbánya** durch die Kupferauflösungsarbeit erzeugten Bleie enthalten nach **Schneider**, und zwar von der ersten und zweiten Entsilberung (1 und 2) und das Reichblei (3):

	1	2	3
Bi	0·050	0·119	0·010
Cu	0·088	0·783	0·503
Sb	0·207	0·010	1·876
Fe	0·003	0·002	0·014
Ag	0·117	0·100	0·376
Au	Spur	Spur	0·0437:

und das daraus dargestellte Weichblei enthielt:

Bi	0·135
Cu	0·003
Fe	0·001
Ag	0·006.

Ueber die Verarbeitung kupfer- und silberhaltiger Bleisteine zu **Frei-berg** und am **Harze**, um das Silber daraus zu gewinnen und das Kupfer im Stein zu concentriren, ist das darüber in der Metallurgie des Bleies Angeführte nachzusehen.

Saigerarbeit. Silberhaltende Schwarzkupfer werden gegenwärtig meist auf nassem Wege verhüttet; früherer Zeit wurden sehr silberreiche Schwarzkupfer sogleich mit dem 16-fachen Gewicht Blei abgetrieben, doch geschieht dies jetzt wegen der grossen Blei- und Silberverluste, die man hiebei erfährt, nicht mehr.

Für die Saigerarbeit wurden silberarme Schwarzkupfer mit Blei in einem bestimmten Verhältnisse zusammengeschmolzen, welche Arbeit man das **Kupferfrischen** nannte; die erhaltene Legirung wurde gesaigert, wobei das silberhaltende Blei ablief und sogenannte **Kienstöcke**, eine strengflüssigere Legirung von nahe der Zusammensetzung $Pb\,Cu_3$, zurückblieben. Diese Arbeit ist sehr alt, denn Agricola erwähnt derselben bereits in seinem Buche „De re metallica", sie soll aber derzeit nur mehr noch in Japan üblich sein. Die Silberverluste bei diesem Processe erreichen bis 21%, ein Kupfer unter 0·3% Silber ist nicht mehr saigerwürdig, der Brennstoffaufwand ist ebenfalls sehr hoch, und die Saigerrückstände geben stets ein silberhaltiges Kupfer minderer Qualität.

Für die Saigerung musste das Schwarzkupfer zuerst zerkleint werden, welche Operation theils durch Pochwerke oder Hämmer, theils durch Granuliren oder Zerreiben des noch glühenden Kupfers mit hölzernen Hämmern auf eisernen Platten geschah (kaltes und warmes Kupferbrechen); hierauf wurde das Schwarzkupfer mit bleiischen Producten in einem sol-

chen Verhältniss gattirt, dass bei dem Verschmelzen des Gemenges eine
Legur von höchstens 11 Theilen Blei auf 3 Theile Kupfer erfolgte, weil
bei mehr Blei zu viel Kupfer in die Treibproducte überging und bei
weniger Blei zu viel Silber in dem Kupfer zurückblieb. War das Kupfer
zu arm an Silber, um sogleich bei der ersten Verbleiung ein treibwürdiges
Werkblei zu geben, so wurde dasselbe Blei noch einmal zur Entsilberung
einer neuen Menge Schwarzkupfer verwendet und so das Silber darin angereichert; man nannte dann das erste Schmelzen das Armfrischen, das
zweite das Reichfrischen, bei welchem letzteren jedoch die Extraction
des Silbers nicht mehr so vollständig erfolgte.

Zu dem Kupferfrischen wurden über die Spur zugestellte Krummöfen verwendet, für jede Gicht die für eine bestimmte Menge Kupfer
nöthige Menge Blei zugewogen und beide zugleich aufgegeben, wobei man
trachtete, dass neben dem oben angegebenen Verhältniss von Kupfer zu
Blei wie $3:11$, auch noch ein Verhältniss des Bleies zum Silber wie
$500:1$ erzielt werde. Die aus dem Spurtiegel in vorgelegte Formen abgestochene Legur erhielt die Form von 8—9 cm dicken Scheiben, welche
man Frischstücke nannte; dieselben wurden um sie rascher zum Erstarren zu bringen, mit Wasser begossen, und hatte wegen der ungleich
erfolgenden Abkühlung nicht mehr durchaus dieselbe Zusammensetzung.

Die Frischstücke wurden nun in geringen Entfernungen von einander
auf den Saigerheerd aufgestellt, die Zwischenräume mit Holzkohlen ausgefüllt, die Stücke dann mit Eisenblechen (Saigerblechen) ringsum bedeckt und die Kohlen angezündet, indem man in der Saigergasse ein
Holzfeuer anmachte.

Der Saigerheerd bestand aus 2 etwa 2 m langen und 60 cm hohen
mit den oberen Flächen gegen einander geneigten Mauerbänken, deren
Oberseiten mit eisernen Platten, den Saigerschwarten belegt waren;
dieselben liessen zwischen sich einen Spalt offen, durch welchen das
abfliessende Werkblei in eine zwischen den Bänken hergestellte, nach
vorn zu abfallende Rinne, die Saigergasse, und aus dieser in einen vor
den Bänken befindlichen Tiegel abfloss, aus dem es ausgeschöpft wurde.

Bei dem Erhitzen nun saigerte das silberhaltige Blei ab und eine
Legur von nahe der Zusammensetzung $Pb\,Cu_3$, die Kienstöcke, blieb
auf den Saigerschwarten zurück; die Erhitzung sollte auf dem ganzen
Saigerheerde möglichst gleichförmig erfolgen, nicht zu hoch und nicht zu
niedrig sein, weil im ersten Falle zu silberreiche Kienstöcke zurückbleiben, im andern Fall zu viel Kupfer aufgelöst wird, darum wurde anfangs
schwächer, später, wenn ein grosser Theil des Werkbleies abgeflossen war,
stärker erhitzt. Neben den Kienstöcken verblieben auf den Saigerbänken
noch kleinere Stückchen, Saigerdörner, und Krätzen, welche zu einem
eigenen Schmelzen, dem Dörnerschmelzen, abgegeben wurden, wobei
man ein Krätzwerkblei erhielt, das man wieder absaigerte. Die Kienstöcke wurden nun noch zum Darren abgegeben; dies war ein weiteres

Erhitzen derselben bei höherer Temperatur und Luftzutritt in einem eigenen Flammofen mit 2 Seitenfeuerungen, zwischen welchen sich 3 oder 4 Saigerbänke befanden, auf diese hat man die Kienstöcke wieder aufgeschlichtet und neuerdings geglüht, wobei noch ein Theil silberhaltiges Blei abfloss und gewonnen wurde. Man hat das Kupfer durch dieses Glühen also noch etwas gereinigt, und auf den Saigerbänken so wie in den Darrgassen (Saigergassen) blieb ein Theil kupferhaltiges Blei, die Darrschlacke, zurück. Auf den Kienstöcken bildete sich oberflächlich eine Kruste, ein Gemenge von oxydirtem und metallischem Kupfer und Blei, der Pickschiefer, welcher sich mit einem Hammer abklopfen liess oder von selbst absprang, wenn man die glühenden, gedarrten Kienstöcke in kaltem Wasser abschreckte.

An einigen Orten hat man die Kienstöcke auch einem sogenannten Verblasen übergeben; diese Arbeit bestand in einem Einschmelzen derselben im Flammofen unter Zuführung von Gebläseluft auf das Metallbad, wobei man ebenfalls gereinigte, verblasene Kienstöcke erhielt, und Verblaseschlacken, welche Letzteren mit den Darrschlacken dem Krätzschmelzen übergeben wurden. Es fielen hier wieder Frischstücke ab, welche man ebenfalls saigerte, die hiebei verbliebenen Kienstöcke endlich dienten zur Erzeugung einer geringeren Kupfersorte.

Concentration des Silbers im Werkblei.

Die nach den Methoden, welche wir bis jetzt kennen gelernt haben, dargestellten Werkbleie enthalten nun, sie mögen durch Verhüttung von Bleierzen oder durch Verarbeitung von Kupfererzen erhalten worden sein, nicht immer jene Menge Silber, welche sie für die sofortige Trennung des Silbers vom Blei durch den Treibprocess verwendbar macht; der Silbergehalt der Werkbleie kann, damit dieselben als treibwürdig erscheinen, jedoch ein sehr verschiedener sein, denn dieser Minimalgehalt des Werkbleies an Silber ist abhängig von den dabei auflaufenden Kosten, von welchen die Brennstoffpreise die massgebendsten sind. Im Durchschnitt kann angenommen werden, dass ein unter $0.125\,\%$ Silber enthaltendes Blei bei den derzeitigen Lohnsverhältnissen und Brennstoffpreisen nicht mehr treibwürdig ist. Um nun aus ärmeren, oft wenige Hundertel Procente Silber enthaltenden Bleien das Silber mit Gewinn scheiden zu können, wird dasselbe vorher in dem Blei concentrirt, und erst die concentrirten Bleie werden dem Treibprocess unterworfen. Eine solche Concentration des Silbers im Blei bringt auch noch weitere Vortheile, indem die Verluste an Blei und Silber geringer werden, das gewonnene Handelsblei reiner ausfällt, einzelne Metalle sich auch in den Zwischenproducten anreichern und daraus leichter und vollständiger gewonnen werden können (Wismuth, Gold, Kupfer), und endlich die arbeitende Mannschaft weniger von den der Gesundheit nachtheiligen Bleidämpfen zu leiden hat.

Die bestehenden Methoden zur Concentration des Silbers im Blei sind

1. das Pattinsoniren,
2. das Parkesiren und
3. das Concentrationstreiben, welches Letztere zugleich mit der Treibarbeit behandelt werden wird.

Der Pattinsonprocess. Dieses Verfahren beruht auf dem eigenthümlichen, bisher nicht aufgeklärten Verhalten des silberhaltigen Bleies, in flüssigem Zustande bei langsamer Abkühlung Krystalle auszuscheiden, welche ärmer an Silber sind, als das eingeschmolzene Werkblei, und bei dem Ausheben dieser Krystalle eine Mutterlauge zu hinterlassen, welche das ganze übrige Silber des Werkbleies enthält und reicher an Silber ist, als jenes war. Es eignet sich diese Methode hauptsächlich für sehr silberarme Bleie, nichts desto weniger können auch schon treibwürdige Bleie hienach vortheilhaft verarbeitet werden, denn man kann die Entsilberung in dieser Weise bis auf einen höchst geringen Silberrückhalt treiben; erst bei einem Gehalt der entsilberten Bleie unter 0·001 % bringt das Pattinsoniren keine Vortheile mehr. Bei der Entarmung belaufen sich die Kosten bei Verarbeitung reicherer Bleie höher, als bei ärmeren Bleien, aber trotzdem kann man die Anreicherung bis auf 2·5 % Silber noch vortheilhaft bewerkstelligen. Ueber diesen Gehalt hinaus ist jedoch eine Anreicherung nicht mehr gut durchführbar, weil einestheils die Krystallbildung allemal um so später eintritt, je reicher das Werkblei wird, und schliesslich das ganze Bad fast gleichzeitig Neigung zum Erstarren zeigt, also eine Trennung der Krystalle von der Mutterlauge nicht mehr möglich wird, anderntheils weil dann bei einer eventuellen Trennung die Krystalle sich nur schwer ausschöpfen lassen und nahe denselben Silbergehalt aufweisen, wie die zurückbleibende Mutterlauge.

Unreine Werkbleie müssen vor dem Pattinsoniren durch Polen oder partielles Abtreiben oder durch Saigern von den Unreinigkeiten befreit werden, weil sie die Krystallbildung erschweren und die Mutterlauge mehr an den Krystallen haftet, daher auch die Entarmung des Bleies verzögert wird.

Für die Anreicherung bestehen hauptsächlich zwei Methoden, nämlich das Drittelsystem und das Achtelsystem; man schöpft nämlich bei der ersten Methode ²/₃ der Einsatzmenge des Werkbleies dem Volumen nach in Krystallen aus und belässt ¹/₃ zurück in flüssigem Zustande als Lauge, bei der zweiten Methode wird das eingeschmolzene Werkbleiquantum in ⅞ und ⅛ abgetheilt, so dass hier nur sehr wenig flüssiges Blei zurückbleibt und demgemäss auch entsprechend reicher an Silber ist. Die letztere Methode steht daher auch hauptsächlich bei Verarbeitung ärmerer Werkbleie in Anwendung und hat die Erfahrung gelehrt, dass sich bei der Drittelmethode der Silbergehalt der Mutterlauge ungefähr verdoppelt, während die Krystalle nahezu den halben Silbergehalt des ursprünglich eingeschmolzenen Werkbleies besitzen, bei der Achtelmethode aber haben die Mutterlaugen etwa den dreifachen Gehalt, die Krystalle etwa blos $^1/_3$ des Silbergehalts der verarbeiteten Werkbleie.

Es ist nothwendig, dass in dem Betriebe bei dieser Silberconcentration eine gewisse Gleichförmigkeit herrsche; die einzelnen Kessel, welche hiezu dienen, werden demnach auch immer nur mit solchen Bleien gefüllt, die stets denselben oder einen wenigstens nahezu gleichen Silbergehalt besitzen, daher der Silbergehalt frisch einzusetzender Bleie bekannt sein muss.

Wie vorhin schon ausgesprochen wurde, veranlasst die Entsilberung reicherer Bleie die grösseren Kosten, die Oekonomie des Betriebs wird sich deshalb um so günstiger gestalten, je weniger Krystallisationen nothwendig werden, und um dies wenigstens nach einer Seite hin zu erreichen, verarbeitet man an einigen Orten ärmere Bleie zwar auch nach dem Drittelsystem, jedoch unter Ausschöpfen von Zwischenkrystallen, wodurch eigentlich eine Art Neuntelsystem geschaffen wird, indem die schliesslich verbleibende Mutterlauge dann den 4fachen Silbergehalt des verarbeiteten Werkbleies aufweist, während die Zwischenkrystalle nahezu denselben Halt an Silber besitzen, wie das Werkblei. Es wird hier nämlich die nach dem Drittelsystem erhaltene Lauge sofort wieder in gleicher Art weiter behandelt, wodurch man schliesslich $\frac{1}{9}$ der ganzen in Arbeit genommenen Bleimenge als sehr reiche Lauge, $\frac{2}{9}$ davon als Zwischenkrystalle und $^2/_3 = \frac{6}{9}$ ärmere Krystalle erhält; man gelangt in dieser Weise schneller zu einem verhältnissmässig silberreichen Blei. Das folgende Schema soll dies zeigen; hat man z. B. ein Bleiquantum m von dem Silbergehalte h nach dieser Methode zu verarbeiten, so hat man zuerst

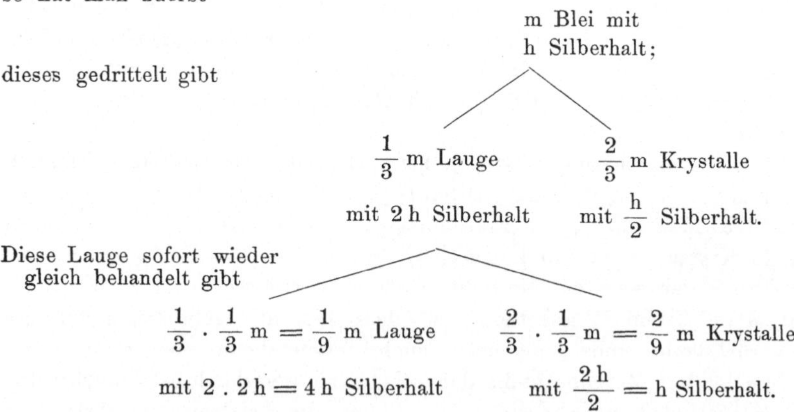

Bevor man überhaupt zu einem currenten Betrieb bei dem Pattinsoniren gelangen kann, muss man zuerst so weit vorarbeiten, d. h. eine so

grosse Anzahl von Krystallisationen vornehmen, dass die sämmtlichen Kessel einer Batterie auf den normalen Stand gebracht werden, d. h., dass man nach jeder vollendeten Krystallisation so viel von den neu einzusetzenden Bleien mit bestimmten Silberhälten in Vorrath hat, um gleich wieder die nur zum Theil gefüllten Kessel zu der normalen Einsatzmenge aufzufüllen. Die Anzahl Kessel, welche nothwendig sind, um einerseits entsilbertes Blei, Armblei, andererseits silberreiches Blei, Reichblei, zu erzeugen, bilden zusammen eine Batterie oder ein System; darin hat jeder Kessel eine bestimmte Nummer, und erhält stets Blei von demselben oder nahe kommendem Silbergehalt als Einsatz.

Die nach der Abkühlung des Bleibades ausgeschiedenen Krystalle werden mit durchlöcherten, runden eisernen, kugelförmig ausgetieften Löffeln ausgehoben, und sogleich in den Nachbarkessel entleert, die zurückbleibende Mutterlauge aber mit ähnlichen nicht durchlöcherten Löffeln in den zur andern Seite liegenden Nachbarkessel überschöpft und nimmt ein einmal eingeleiteter Betrieb den folgenden Verlauf:

Nachdem die Werkbleie in die für die Hälte derselben bestimmten Kessel eingesetzt worden sind, werden die Kessel beheizt und die Bleie eingeschmolzen, nach erfolgtem Einschmelzen die sich auf der Oberfläche bildenden Oxydkrusten — Schlicker — abgezogen und das Feuer unter dem Kessel eingestellt, indem man den auf dem Rost verbliebenen Brennstoff auf den Rost des Nachbarkessels überträgt und die Schürthür des geheizten Kessels offen lässt, um das Abkühlen des Bleibades zu beschleunigen; zu gleichem Zwecke wird auch aus einer Brause Wasser aufgespritzt und die an den Kesselrändern erstarrten Bleikrusten in das Bleibad niedergestossen, wo sie sich wieder bei dem Niedersinken in den unteren heissen Partien auflösen und zur Abkühlung des Bleibades beitragen. Wenn die Masse nach und nach in einen breiigen Zustand übergegangen ist, so werden die vorher angewärmten Schöpflöffel möglichst vertical eingesetzt, den Kesselwänden entlang niedergeführt, Krystalle ausgehoben, die Schöpfkelle dann über dem Kesselbord abgewippt, um die Mutterlauge zurückfliessen zu lassen, und darauf der Löffel auf einen zwischen den 2 Nachbarkesseln aufgestellten Fahrbock (a in Fig. 176) gehoben, über diesen zum Nachbarkessel geschoben und hier ausgeleert, worauf mit dem Ausschöpfen der Krystalle fortgefahren wird, bis z. B. nach der Drittelmethode $2/3$ des Volumens des eingeschmolzenen Bleies in den Nachbarkessel überschöpft ist, worauf die verbliebene Mutterlauge in den zur andern Seite liegenden Kessel ausgekellt wird. Die beiden Nachbarkessel werden so blos zum Theil, der eine zu $2/3$, der andere zu $1/3$ gefüllt; es wird in jeden derselben nun noch so viel Blei von entsprechendem Silbergehalt eingesetzt, dass sie die normale Füllung bekommen, die beiden Kessel beheizt u. s. f. und darin in gleicher Weise verfahren, wie vorhin angegeben wurde, wobei sich nun der vorher leer geschöpfte Kessel wieder füllt, indem er aus den Nachbarkesseln einerseits die Krystalle, andererseits die Mutterlauge erhält.

Man fährt in dieser Art mit den eben beschriebenen Arbeiten fort, bis auf einer Seite im letzten Kessel Krystalle von Armblei, auf der andern Seite eine Lauge von Reichblei resultirt, welche in Barren vergossen und zum Treiben gegeben wird, die Krystalle von Armblei aber werden im letzten Kessel ebenfalls eingeschmolzen, in Formen überschöpft und als Weichblei auf den Markt gebracht.

Als Beispiel möge das folgende Schema dienen, welches eine Batterie von 13 Kesseln darstellt, in welchen ein Blei mit einem Silbergehalte von 0.02% auf Reich- und Armblei pattinsonirt werden soll; die Buchstaben K, L, Z bedeuten Krystalle, Lauge und Zusatzblei zur Ergänzung der Kesselfüllung, welche mit 150 q angenommen wird. Die kleinen Buchstaben l und v bedeuten leer und voll, und es ist aus dem Schema deut-

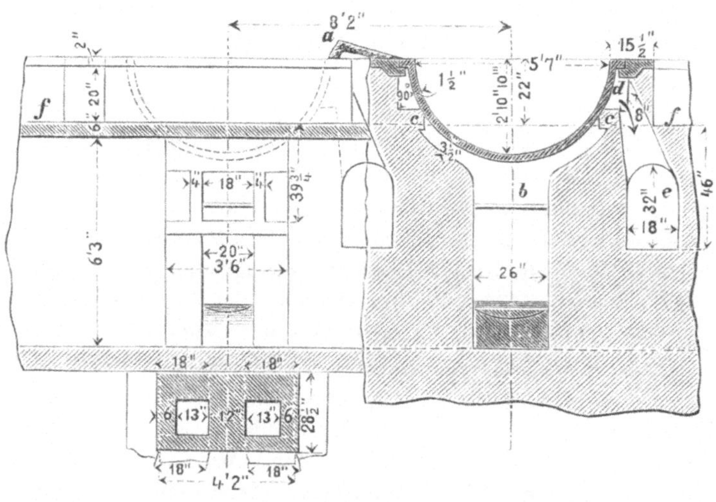

Fig. 176.

lich ersichtlich, dass zuerst blos Kessel 8, dann Kessel 7 und 9, hierauf Kessel 6, 8 und 10 u. s. f., d. h. endlich einmal alle mit geraden, das andere mal alle mit ungeraden Ziffern bezeichneten Kessel in Betrieb kommen.

Ein neu hinzu kommendes, zu pattinsonirendes Blei mit einem Silbergehalte von 0.70% würde also in den Kessel No. 3, ein solches mit 0.075 Silbergehalt in den Kessel No. 6 eingesetzt werden u. s. w. Obwohl durch die oben angegebenen Mittel eine Beschleunigung des Krystallisirens angestrebt wird, darf der Uebergang des Bleies aus dem flüssigen in den festen Zustand doch nicht zu schnell erfolgen, und einestheils desshalb, anderntheils um die Abkühlung allmälig und möglichst gleichförmig zu bewerkstelligen, werden grössere Quantitäten auf einmal in Arbeit genommen; eine Kesselfüllung beträgt gewöhnlich 100 bis 150 q. Man darf bei

Schema für das Pattinsoniren eines Werkbleies von 0·02% Silbergehalt zu Reich- und Armblei bei 150 q Einsatz pro Kessel.

No. des Kessels	1	2	3	4	5	6	7	8	9	10	11	12	13
Silbergehalt d. darin behandelten Bleies	2·56	1·28	0·64	0·32	0·16	0·08	0·04	0·02	0·01	0·005	0·003	0·0015	0.0007

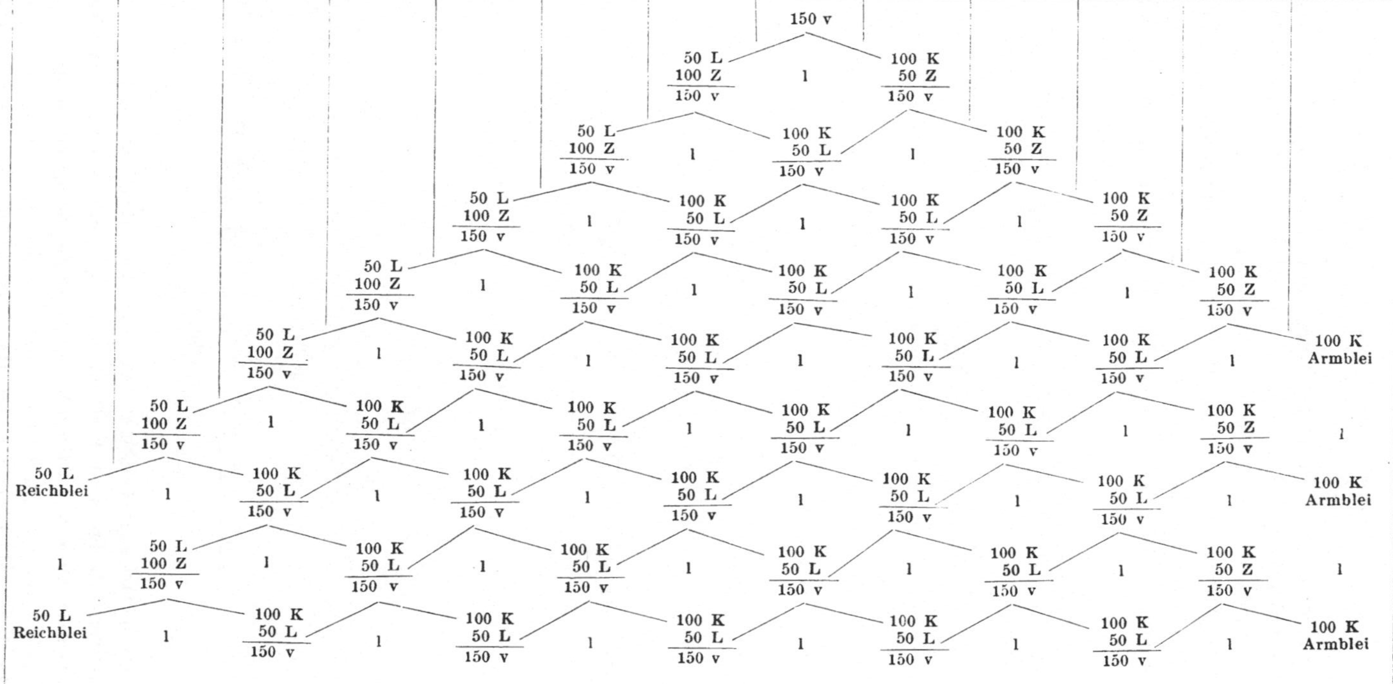

$$150\ v$$

$$\frac{50\ L\quad 100\ Z}{150\ v} \qquad 1 \qquad \frac{100\ K\quad 50\ Z}{150\ v}$$

$$\frac{50\ L\quad 100\ Z}{150\ v} \qquad 1 \qquad \frac{100\ K\quad 50\ L}{150\ v} \qquad 1 \qquad \frac{100\ K\quad 50\ Z}{150\ v}$$

$$\frac{50\ L\quad 100\ Z}{150\ v} \quad 1 \quad \frac{100\ K\quad 50\ L}{150\ v} \quad 1 \quad \frac{100\ K\quad 50\ L}{150\ v} \quad 1 \quad \frac{100\ K\quad 50\ Z}{150\ v}$$

$$\frac{50\ L\quad 100\ Z}{150\ v} \quad 1 \quad \frac{100\ K\quad 50\ L}{150\ v} \quad 1 \quad \frac{100\ K\quad 50\ L}{150\ v} \quad 1 \quad \frac{100\ K\quad 50\ L}{150\ v} \quad 1 \quad \frac{100\ K\quad 50\ Z}{150\ v}$$

$$\frac{50\ L\quad 100\ Z}{150\ v} \ 1 \ \frac{100\ K\quad 50\ L}{150\ v} \ 1 \ \frac{100\ K\quad 50\ L}{150\ v} \ 1 \ \frac{100\ K\quad 50\ L}{150\ v} \ 1 \ \frac{100\ K\quad 50\ L}{150\ v} \ 1 \quad 100\ K\ \text{Armblei}$$

$$\frac{50\ L\quad 100\ Z}{150\ v} \ 1 \ \frac{100\ K\quad 50\ L}{150\ v} \ 1 \ \frac{100\ K\quad 50\ L}{150\ v} \ 1 \ \frac{100\ K\quad 50\ L}{150\ v} \ 1 \ \frac{100\ K\quad 50\ L}{150\ v} \ 1 \ \frac{100\ K\quad 50\ Z}{150\ v} \ 1$$

$$50\ L\ \text{Reichblei} \ 1 \ \frac{100\ K\quad 50\ L}{150\ v} \ 1 \ \frac{100\ K\quad 50\ L}{150\ v} \ 1 \ \frac{100\ K\quad 50\ L}{150\ v} \ 1 \ \frac{100\ K\quad 50\ L}{150\ v} \ 1 \ \frac{100\ K\quad 50\ L}{150\ v} \ 1 \quad 100\ K\ \text{Armblei}$$

$$1 \quad \frac{50\ L\quad 100\ Z}{150\ v} \ 1 \ \frac{100\ K\quad 50\ L}{150\ v} \ 1 \ \frac{100\ K\quad 50\ L}{150\ v} \ 1 \ \frac{100\ K\quad 50\ L}{150\ v} \ 1 \ \frac{100\ K\quad 50\ L}{150\ v} \ 1 \ \frac{100\ K\quad 50\ Z}{150\ v} \ 1$$

$$50\ L\ \text{Reichblei} \ 1 \ \frac{100\ K\quad 50\ L}{150\ v} \ 1 \ \frac{100\ K\quad 50\ L}{150\ v} \ 1 \ \frac{100\ K\quad 50\ L}{150\ v} \ 1 \ \frac{100\ K\quad 50\ L}{150\ v} \ 1 \ \frac{100\ K\quad 50\ L}{150\ v} \ 1 \quad 100\ K\ \text{Armblei}$$

und so fort.

dem Einschmelzen der Bleie die Temperatur nicht zu sehr steigern, weil
sonst die Abkühlung zu lange dauert und das Fortschreiten des Processes
verzögert wird; eben diese niedrige Temperatur, bei welcher das Pattinsoniren durchgeführt wird, ist Grund, dass die Bleiverluste nur sehr gering
sind, je nach der Reinheit der Bleie etwa blos $\frac{1}{4}$ bis $\frac{1}{3}$ der Verluste bei
dem Treiben, die Mannschaft leidet auch nicht durch die Bleidämpfe, aber

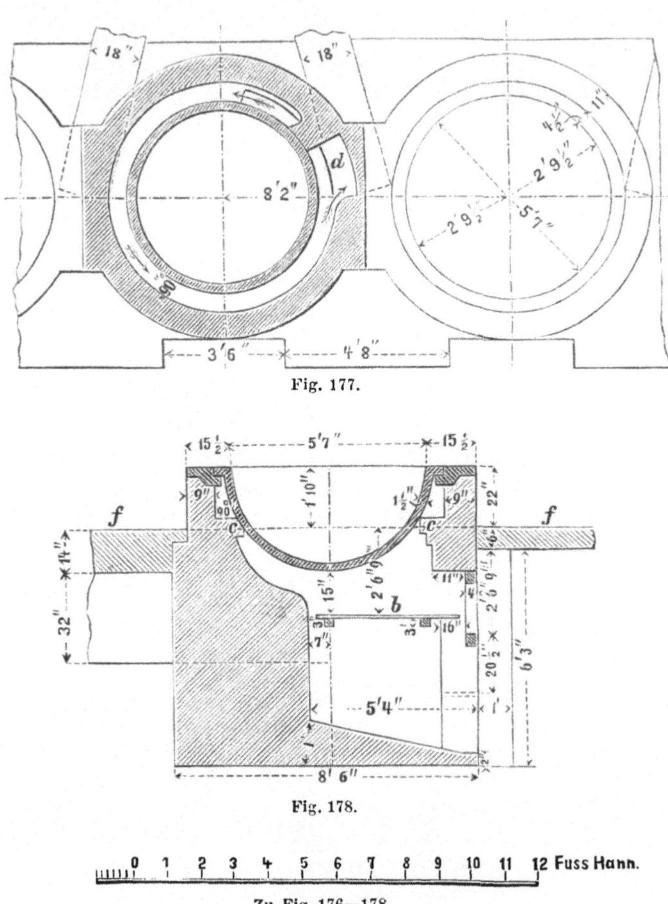

Fig. 177.

Fig. 178.

Zu Fig. 176—178.

die Arbeit bedarf sehr kräftiger und aufmerksamer Leute. Die Schlicker,
die sonstigen Abzüge und Krätzen von dem eingeschmolzenen Werkblei
werden wieder zu Blei verfrischt, welche Schmelzung am besten in einem
mit Gestübbe zugestellten Flammofen geschieht; das pattinsonirte Blei ist
sehr rein und zählt zu den ersten Handelsmarken, das den derzeit an die
Handelsbleie gestellten, nicht geringen Anforderungen vollkommen entspricht.

Den hiebei dienenden Apparat zeigt Fig. 176—178. Die Kessel sind neuerer Zeit aus Stahl gefertigt, 1·6—2·0 m weit, 80—90 cm tief und am Boden, welcher vom Feuer direct bestrichen wird, stärker, bis 80 mm, an dem oberen Rand und im Bord 40—50 mm stark; jeder Kessel einer Batterie ist mit dem Bord in dem etwa 50 cm über die Hüttensohle aufgeführten Mauerwerk in darin festgelegten Eisenkränzen eingehängt und ruht mit dem Boden auf 4 steinernen Stützen. Von dem Roste b streicht die Flamme aufwärts zum Kesselboden, tritt dann durch eine Oeffnung in der Ringmauer c über diese, wird hier zur Beheizung des Obertheils des Kessels herumgeführt und fällt bei d in den meist für 2 Kessel gemeinschaftlichen Canal e, durch welchen sie zur Esse abzieht; f ist die Hüttensohle, a der Fahrbock von Schmiedeeisen. Die Fuchsöffnung bei d ist durch einen Schuber verschliessbar, weil die neben einander liegenden Kessel nie zugleich arbeiten; gewöhnlich haben 2 Kessel eine gemeinschaftliche Esse. Die Kessel werden vor jeder Füllung mit Kalkmilch ausgestrichen, gute Kessel halten 4—5 Monate; gusseiserne Kessel sind von geringerer Haltbarkeit.

Zum Herausholen der mit Bleikrystallen angefüllten Schöpfkellen hat man auf einigen englischen Hütten eigene Krahne, ebenso Temperkessel, in welchen die Schöpflöffel vorgewärmt und von den anhaftenden Bleikrusten gereinigt werden; auch mechanische Rührvorrichtungen stehen in französischen Hüttenwerken, dann zu Stollberg und Holzappel in Verwendung. Der Pattinsonprocess ist an vielen Orten aufgegeben und dafür der Zinkentsilberungsprocess eingeführt worden.

Zu Freiberg hat man das Pattinsoniren desshalb beibehalten, weil die ausgebrachten Werkbleie sehr hoch silberhältig sind, der Zinkverbrauch bei dem Parkesprocess zu gross ausfallen und die Silbergewinnung vertheuern würde, dann weil das dort verarbeitete Blei wismuthhaltend ist, das Wismuth aber in den Laugen verbleibt, und bei dem Concentriren der Reichbleie in der etwa 80% Silber haltenden Bleisilberlegur zurückgehalten wird, aus welcher bei dem Vertreiben und Feinmachen das Wismuth in die dabei fallenden oxydischen Producte übergeht und daraus gewonnen wird. Daselbst wird nach der Drittelmethode gearbeitet, die Batterie besteht aus 16 Kesseln, welche als Einsatz 150 q raffinirtes Werkblei erhalten; bei dem Arbeiten mit Zwischenkrystallen beträgt der Einsatz blos 100 q, von welchem etwa 70 q ärmere Krystalle, 20 q Zwischenkrystalle und 10 q reiche Mutterlauge gewonnen werden. Der Verlust an Blei beträgt hiebei 0·6%, der Verlust an Silber 0·65%.

Aermere Werkbleie werden meistentheils wegen der rascher erfolgenden Silberconcentration nach der Achtelmethode pattinsonirt, so zu Binsfeldhammer Werkbleie mit 0·05% Silber; man braucht hiebei nur zwei, selten mehr Kessel, aber der Betrieb ist nicht so continuirlich und übersichtlich, es verlangt dieses Verfahren reinere Bleie, weil bei den wenigeren Einschmelzungen sich durch geringere Schlickerbildung die Selbstreinigung des Bleies unvollkommener vollzieht, es sammeln sich viel Zwischenbleie an, welche ausgeschöpft, genau probirt und allemal so lange aufbewahrt werden müssen (je die reichen Mutterlaugen), bis sich hinreichende Mengen davon für einige Kesselfüllungen angesammelt haben.

Das Pattinsoniren mit mechanischen Rührvorrichtungen geschieht, was die Arbeit selbst betrifft, ganz so, wie das Pattinsoniren mit Wasserdampf; Letzteres wird in dem folgenden beschrieben. Das mechanische Pattinsoniren kömmt etwas billiger, als das Pattinsoniren mit Hand, auch erfolgen hiebei weniger Abzüge und Krätzen, weil die Krystallisirpfanne geschlossen ist; dagegen erfordert dasselbe grössere Auslagen für Anschaffung und Instandhaltung des Rührapparates.

Das Pattinsoniren mit Wasserdampf. Rozanprocess. Dieses Verfahren hat dem früher besprochenen Pattinsoniren gegenüber den Vor-

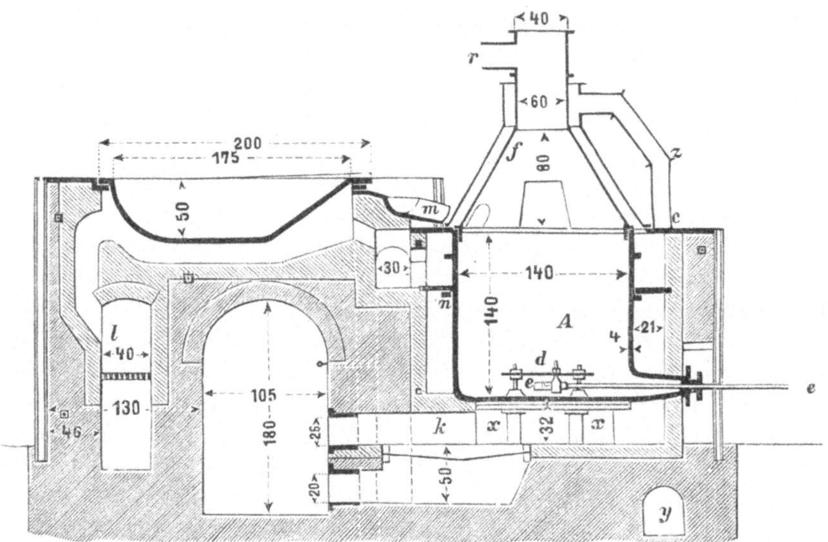

Fig. 179.

theil, dass eine vorherige Reinigung des Bleies nicht nöthig ist, der Verbrauch an Brennstoff so wie die Arbeitslöhne sind um etwa den dritten Theil geringer, aber die Reichbleie fallen unrein aus. Die Wirkung des Wasserdampfes hierbei ist eine mechanische und eine chemische, indem der in das Bad eingeführte Wasserdampf ein Sprudeln des Bleibades bewirkt, wodurch Abkühlung und Krystallisation befördert, aber zugleich fremde Metalle, wie Zink, dann Antimon, letzteres bei Luftzutritt oxydirt und die Bleie zum Theil von ihren Verunreinigungen befreit werden; nur sehr unreine Bleie bedürfen einer vorherigen Reinigung. Der Rozanprocess wurde zuerst auf der Hütte St. Louis Les-Marseille eingeführt und besteht gegenwärtig auf mehreren Hütten in Frankreich, zu Carthagena in Spanien und zu Přibram in Böhmen. Der hierbei im Gebrauche stehende Apparat ist viel compendiöser und man braucht dafür kein so ausgedehntes Hüttengebäude, auch ist die Arbeit eine leichtere; ein Apparat kömmt auf etwa 12000 frcs. (an 6000 fl.) zu stehen.

Der in Přibram angewendete Apparat hat die in Fig. 179—182 skizzirte Einrichtung: A ist der Krystallisirkessel, welcher auf den 4 Mauerfüssen x und der ringförmigen Mauer y aufruht, B zwei Einschmelzpfannen,

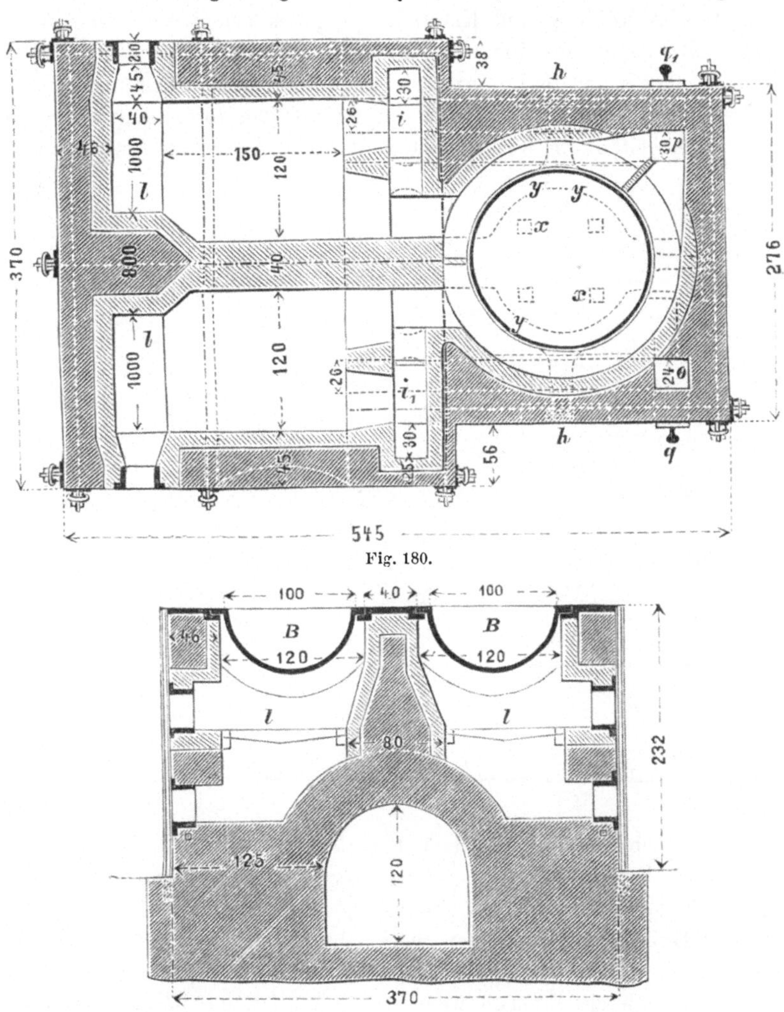

Fig. 180.

Fig. 181.

welche vorn frei aufruhen, und bei dem Entleeren ihres Inhalts in den Kessel A mittelst Ketten bei b gefasst von einem Krahne aus gehoben werden. Diese von A. Exeli stammende Einrichtung hat sich sehr bewährt, da der früher statt der Pfannen gebräuchliche Einschmelzkessel weniger dauerhaft und schwieriger zu entleeren war. Die Arbeiter stehen auf der Bühne c, wo sie die Schlicker abziehen und den Verlauf des Pro-

cesses überwachen. Das in den Pfannen eingeschmolzene Blei wird abgeschäumt, durch die Rinne m in den Krystallisirkessel entleert und gleichzeitig durch das unter einer auf Füssen stehenden Platte d einmündende
Rohr e Wasserdampf eingeführt, um die Vermischung der Krystalle von der
vorigen Operation mit dem zugegebenen Blei zu befördern; auch hier wird
zu rascherer Abkühlung und Krystallbildung des neuen Gemisches Wasser
auf die Oberfläche des Bleibades aufgespritzt. Der Krystallisirkessel ist
mit einem conischen aus einzelnen Kegelsegmenten zusammengesetzten
doppelten Hute f bedeckt, welcher im Bedarfsfalle fortgenommen werden
kann, die Arbeiten im Kessel sind mit Ausnahme des Aushebens der

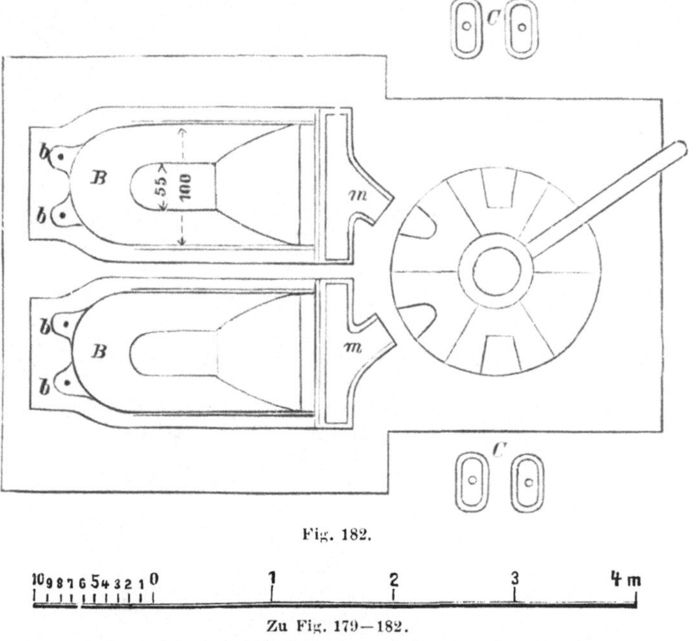

Fig. 182.

Zu Fig. 179—182.

Krystalle dieselben, wie bei dem Pattinsoniren mit Hand. Wenn sich
etwa $^2/_3$ der Kesselfüllung in A als Krystalle abgeschieden hat, wird
die Mutterlauge durch die mit Frictionsplatten versehenen Röhren h in
die in der Hüttensohle zu beiden Seiten des Kessels liegenden Schalen C
abgelassen, in die Schale ein in einer Eisenplatte eingeschraubter Haken
eingesetzt, und der Bleikuchen wenn er erstarrt ist, an diesem Haken ausgehoben, vorläufig in Vorrath gestellt, und wenn später nöthig, in die
Einschmelzpfannen gebracht, wo dann nach dem Einschmelzen des Bleies
der Haken wieder herausgenommen wird. Damit die durch h abfliess-
sende Mutterlauge darin nicht erstarrt, werden diese Röhren vor und
während des Ablassens der Lauge von den Separatfeuerungen i und i₁
aus beheizt; um das Mitlaufen der Krystalle zu verhindern, befinden
sich an der Innenseite des Kessels bei der Ausmündung in die Röhren h

feine Gitter. k ist die Feuerung für den Krystallisirkessel, l für die Pfannen; die Platte d hat den Zweck, den einströmenden Wasserdampf von 3 Atmosphären Druck in dem Bleibade zu zertheilen. Die von dem Roste k aufsteigende Flamme umspült zuerst den Boden des Kessels A, und dann die Seiten desselben, den Kessel umkreisend, unterhalb der ringförmigen Eisenplatte n, und fällt mit den Feuergasen des Rostes i_1 in den Canal o; der obere Theil des Krystallisirkessels wird von der Ueberhitze der zur Heizung der Pfannen dienenden Roste l warm gehalten, deren Feuergase den Kessel oberhalb n rings umspülen und mit den Feuergasen des Rostes i in den Kanal p fallen; q und q_1 sind Schuber für die Canäle o und p. Die Dämpfe aus dem Krystallisirkessel ziehen durch r ab; wenn man die bei dem Wasserdampfen an die Innenwände des Hutes geschleuderten und dort erstarrten Ansätze von metallischem Blei abschmelzen will, so wird der Schuber q_1 geschlossen, und die Verbrennungsgase zwischen dem äusseren und inneren Hutmantel aufwärts steichen gelassen, wo sie dann durch das Rohr z in den Canal y abgeführt werden. Die Einschmelzkessel dauern, da sie bei der hier geführten Art der Beheizung nicht direct von der Flamme getroffen werden, länger; die Haube enthält 2 Arbeitsöffnungen.

Die Arbeit wird folgends ausgeführt: Nach dem Ablassen der reicheren Lauge aus dem Krystallisirkessel wird das indessen in den Pfannen B eingeschmolzene Blei von nahe demselben Silberhalte, als man in den verbliebenen Krystallen erwartet, in den Kessel A ausgegossen, krystallisiren gelassen, die Mutterlauge abgezapft und nun wieder inzwischen neu eingeschmolzenes, aber ärmeres, den jetzt gefallenen Krystallen im Silberhalte entsprechendes Blei nachgefüllt; bei jeder solchen Nachfüllung wird der Kessel A beheizt, um die Krystalle zum Schmelzen zu bringen, während der Krystallisation aber zieht man die Kohlen vom Roste ab, damit dieser Kessel leichter erkühle. Dieselben Operationen werden so oft wiederholt, bis schliesslich Krystalle von Armblei resultiren; diese werden, ohne dass aus den Pfannen etwas nachzufüllen kömmt, eingeschmolzen, und das flüssige, nahezu silberfreie Blei in Formen abgelassen, welche auf über den Schalen C gelegten Brettern vorgerichtet worden sind. Man arbeitet nach der $^2/_3$ Methode und setzt demnach die Operationen in demselben Kessel ununterbrochen fort, bis man Armblei erhält, worauf in gleicher Art eine neue Partie Werkblei in Arbeit genommen wird. Die von den einzelnen Krystallisationen erhaltenen Bleiblöcke werden nach ihrem verschiedenen Silgehalte mit Nummern bezeichnet, und nach Bedarf in den Pfannen eingeschmolzen um entsilbert zu werden.

Zu Přibram fasst der Krystallisirkessel 200 q, eine Einschmelzpfanne 70 q Blei; ersterer hält 120, die Pfannen 40 Tage, das Einschmelzen der Bleie dauert an 3 Stunden, das Krystallisiren eine Stunde. Das gewonnene entsilberte Blei wird, weil mit den Abzügen nicht alles Antimon entfernt wird, dann noch in einem Flammofen raffinirt. Die Anreicherung beziehent-

lich Entarmung des Bleies daselbst ergibt sich aus den folgenden Halt-
stufen:

	a		b
Armblei	0·001 % Silber		0·003
1	0·002 -	-	0·005
2	0·004 -	-	0·010
3	0·008 -	-	0·016
4	0·013 -	-	0·032
5	0·024 -	-	0·048
6	0·044 -	-	0·092
7	0·080 -	-	0·168
8	0·150 -	-	0·312
9	0·280 -	-	0·580
10	0·530 -	-	bis 1 %
11	0·900 -	-	
12	1·300 -	-	Reichblei.

Für 100 q Werkblei sind 20 q Steinkohlen nothwendig.

Die zum Pattinsoniren bestimmten Werkbleie enthalten 0·07—0·10 %
Kupfer, und werden desshalb vorher gesaigert, wodurch 0·8—0·9 % des
Kupfergehaltes aus dem Werkblei in die Saigerdörner überführt wird.
Bei dem Krystallisiren wird so lange Wasserdampf eingeleitet bis sich
so viel Krystalle gebildet haben, dass der Dampf kaum mehr ein
Aufwallen bewirkt. Man hat daselbst 3 Batterien, davon eine ältere
mit einem 100 q fassenden Einschmelzkessel (statt der Pfannen); die
Pfannen haben den Vortheil der leichteren Entleerung und man kann
gleichzeitig für zwei Krystallisationen Blei vorbereiten. In 24 Stunden
werden 6—7 Operationen durchgeführt.

Weniger als 6 Operationen in 24 Stunden durchzuführen, vertheuert
in den meisten Fällen die Arbeit sehr wegen zu viel Zeitverlust, mehr
aber wie höchstens 9 Operationen in derselben Zeit vorzunehmen ist
ebenfalls nicht gut, weil dann nicht genügend Zeit bleibt zum Einschmelzen der Krystalle. Man muss ein leicht entzündliches und gut
flammendes Brennmaterial anwenden, und erspart man gegenüber dem
gewöhnlichen Pattinsoniren $2/5$ an Brennstoff, so wie $1/5$ an Arbeitslöhnen,
auch gewinnt man mehr Oxyde, doch bedarf der Apparat häufiger Reparaturen[5]).

Werkbleientsilberung durch Zink. Dieses von Parkes angegebene Verfahren gründet sich auf die schon früher durch Karsten bekannt
gewordene Eigenschaft des Zinkes, bei einer bestimmten, nicht zu hohen
Temperatur in das Werkbleibad eingerührt, dem Werkblei das Silber zu
entziehen, so dass bei hierauf folgendem ruhigen Stehenlassen des Metallbades sich eine spezifisch leichtere Legur von Zink, Silber und Blei an
der Oberfläche abscheidet, während das entsilberte Blei den untern Theil

---

[5]) Iron, Vol. XIII No. 335. Bg. u. Httnmsch. Ztg. 1879 pag. 424.

des Kessels füllt; diese Entsilberung geschieht aber nicht mit einem Male
vollständig, sondern die Operation muss mehrmal wiederholt werden. Der
anfangs sehr bedeutende Zinkverbrauch wurde in Folge der durch fortgesetzte Versuche gemachten Erfahrungen bedeutend herabgemindert, und
ebenso gewinnt man dermal von dem anfangs verloren gegebenen Zink
einen bedeutenden Antheil in metallischem Zustande oder in Form von
Oxyd wieder zurück. Nach Illing[6]) beträgt die zuzusetzende Zinkmenge
bei einem Silbergehalt des Werkbleies von

$0.025\,\%$	$1\,\tfrac{1}{4}\,\%$	des in Behandlung genommenen Bleies
0.050 -	$1\,\tfrac{1}{3}$ -	- - - - -
0.100 -	$1\,\tfrac{1}{2}$ -	- - - - -
0.150 -	$1\,\tfrac{2}{3}$ -	- - - - -
0.300 - ⎫ 0.400 - ⎭	2	- - - - -

Die einzelnen Arbeiten bei der Bleientsilberung durch Zink zerfallen in:
1. Das Entsilbern des Werkbleies.
2. Das Raffiniren des zurückbleibenden silberarmen Bleies (siehe
p. 155).
3. Das Raffiniren der das Silber enthaltenden Zinkbleilegirung zur
Darstellung des zu vertreibenden Werkbleies.

Das Entsilbern der armen Werkbleie geschieht in grossen gusseisernen Kesseln oder solchen von Stahl, welche die gleiche Feuerung besitzen wie bei dem Pattinsoniren angegeben wurde, es sind auch ohne An-
stand die früheren Pattinsonanlagen für diesen Process unverändert adoptirt
worden; die Kessel fassen 120—150 q Werkblei, welches zunächst eingeschmolzen wird, worauf man die sich bildenden Oxyde, die Stachelköpfe, abzieht. Hierauf wird ein aliquoter, verhältnissmässig sehr geringer
Theil der ganzen zuzusetzenden Zinkmenge in das Werkblei gebracht, gut
eingerührt und dann das Metallbad ruhig abkühlen gelassen; der nach dem
ersten Zinkzusatz auf der Oberfläche sich bildende Schaum wird Kupferschaum genannt, weil derselbe neben einem Antheil Silber alles Kupfer
und Gold, das in den Werkbleien enthalten war, in sich aufnimmt. Er
wird abgesaigert und für sich auf goldhältiges Silber verarbeitet.

Nach erfolgtem Abheben des Kupferschaums wird der zweite, und zuletzt der dritte, in seltenen Fällen noch ein vierter sehr geringer Zinkzusatz
gegeben, wobei sich stets Zinkschaum bildet, welcher nach jedesmal erfolgtem Durchrühren des Metallbades und darauf folgendem ruhigem Absetzenlassen an der Oberfläche sich sammelt und abgehoben wird. Dieses
Abheben des Schaums wird so lange fortgesetzt, als nicht eine Bildung er-
starrter Krusten an dem Rande des Kessels den Eintritt zu stark gewordener
Abkühlung des Kessels anzeigt, worauf derselbe wieder geheizt und jetzt erst

---

[6]) Preuss. Ztschft. 1868, Lfg. 1 u. 2.

immer der neue Zinkzusatz gegeben wird, mit welchem man in gleicher
Weise verfährt. Um bei der Entsilberung des Bleies an Zink zu sparen,
wird mit dem zweiten Zinkzusatz auch der von der vorigen Arbeit vom
dritten oder vierten Zinkzusatz gewonnene, noch nicht völlig mit Silber
gesättigte Zinkschaum zugesetzt, wodurch es gelungen ist, die Menge des
zu verwendenden Zinks im Ganzen noch weiter herabzusetzen, so dass z. B.
auf den Harzer Hütten blos 1·4, in Tarnowitz sogar unter 1 % Zink vom
Gewichte des eingeschmolzenen Werkbleies genügt; an letzterem Orte sind
die Bleie fast kupferfrei, ein Kupfergehalt aber erfordert eine entsprechende
Erhöhung des Zinkzusatzes.

Das Gelingen des Processes verlangt ein recht hitziges Einschmelzen
der Bleicharge und ein sehr sorgfältiges Einrühren des Zinks, worauf man
langsam abkühlen lassen und den Zinkschaum sehr vorsichtig abheben
muss, damit von der silberreichen Legur nichts zu Boden gestossen werde,
sich dort wieder auflöse und den Silbergehalt des schon zum Theil entsilberten Bleies wieder erhöhe. Hat man sehr antimonreiche Bleie zu
verarbeiten, so sollen solche vor der Entsilberung durch partielles Abtreiben von ihrem Antimongehalt befreit werden, weil der Zinkverbrauch sonst
zu gross ausfällt und die Entsilberung nie vollständig wird. Nach dem
jedesmaligen Zusatz von Zink nimmt der Silbergehalt des Werkbleies ab,
und zwar rascher bei reicheren, als bei ärmeren Werkbleien.

In Lautenthal erfordern:

0·001 %	Silber	im	Blei	7·5	bis	10	kg	Zink
0·002 -	-	-	-	10·0	-	12·5	-	-
0·003 -	-	-	-	12·5	-	15	-	-
0·004 -	-	-	-	15	-	20	-	-
0·005 -	-	-	-	20	-	25	-	-
0·010 -	-	-	-	30	-	35	-	-

in einem speciellen Fall nahm der Silbergehalt des Bleies in folgender
Weise ab:

Werkblei		0·0283 % Silbergehalt.
Nach dem ersten		0·0210 - -
- - zweiten	Zinkzusatz	0·0050 - -
- - dritten		0·00062 - -

Der nach jedesmaligem Zinkzusatz erhaltene Schaum wird (mit Ausnahme des ersten, wenn er goldhältig war) in einen separaten Kessel, den
Saigerkessel mit seitlich am Boden angegossenem Rohre gebracht, und
darin so weit erhitzt, dass eine strengflüssige Legur mit weniger Blei un-
geschmolzen zurückbleibt, während der grössere Theil des Bleies ausschmilzt
und etwas Silber aufnimmt; dasselbe wird aus dem Saigerkessel abgelassen und mit Zink nachentsilbert, die im Saigerkessel verbliebene
strengflüssigere Legur, der Zinkstaub, auf Reichblei verarbeitet, welches

vertrieben wird. Das Raffiniren des im Entsilberungskessel zurückbleibenden stark zinkhältigen Armbleies wurde bereits pag. 155 angeführt.

Für die Umwandlung des Zinkstaubes in ein zinkfreies Silberblei standen mehrfache Methoden in Anwendung, welche sich aber nicht alle erhalten haben; die Methoden der Entzinkung des Zinkstaubes mit Chloralkalien oder Chlorblei, um das Zink als Chlorid zu verflüchtigen, stehen kaum mehr in Anwendung. Das Verfahren von Flach besteht darin, den Zinkstaub mit Puddlschlacken in Schachtöfen zu verschmelzen; das Zink wird hierbei theils verflüchtigt, theils verschlackt, geht also gänzlich verloren, ausserdem geht auch Silber in die Schlacke, und darum werden diese zinkreichen Schlacken zur Gewinnung ihres Silbergehaltes wieder in geringen Procenten bei den Erzschmelzungen zugesetzt; es ist diese Methode noch in Uebung zu Call in der Eifel, zu Binsfeldhammer bei Stollberg, zu Braubach und Ems, und werden an letzteren beiden Orten statt der Puddlschlacken Schweissofenschlacken mit Bleischlacken verwendet.

Das Verfahren von Condurié hat die häufigste Anwendung gefunden; es beruht auf der Einführung von Wasserdampf in das Bleibad, wobei das Zink durch den Sauerstoff des Dampfes mit einem Antheil Blei oxydirt wird, und entzinktes Silberblei zurückbleibt. Bei dieser Arbeit wird auf den Kessel, in welchem der Zinkstaub eingeschmolzen wurde, eine am unteren Rande nach auswärts umgebördelte, an den Bord des Kessels gut anschliessende Haube von Blech aufgesetzt, welche zwei verschliessbare Thüren, dann an den Seiten zwei Oeffnungen für die Dampfzuleitungsrohre besitzt (Fig. 183); oben ist die Haube offen und wird auf dieselbe ein weites Blechrohr c aufgesetzt, durch welches die bei dem Entzinken sich bildenden flüchtigen Metalldämpfe nach d (Fig. 124) und von da in die Condensationskammern abgeführt werden. Um jeden Luftzutritt zu den Ableitungsröhren zu verhindern und die flüchtigen Metalldämpfe möglichst vollständig zu condensiren, werden alle zu den einzelnen Kesseln führenden Zweigrohre mit Wasser abgesperrt. Bei der Zersetzung des Wasserdampfes durch das Metallbad bildet sich neben den Oxyden Wasserstoffgas und desshalb dürfen, um Explosionen bei dem Zutreten von atmosphärischer Luft zu vermeiden, die Thüren der Haube nie früher geöffnet werden, als bis durch Wasserdampf das Wasserstoffgas ausgetrieben wurde; dies geschieht, indem man durch das Rohr a in Fig. 183 Wasserdampf über dem Metallbad unter die Haube einlässt, welcher das Wasserstoffgas

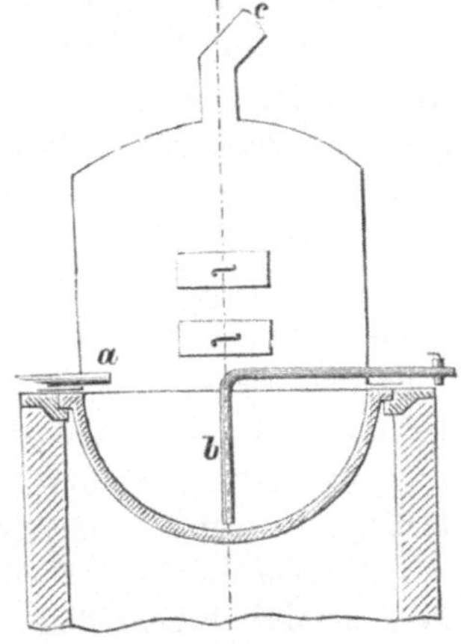

Fig. 183.

vor sich her in die Flugstaubkammern und von da ins Freie treibt. Die
Haube wird an den Kessel anlutirt, alle Stossfugen, sowie die Thür-
fugen gut mit Thon verschmiert und durch ein in der Mitte des Kessels vertical eingesetztes nahe zum Boden reichendes Rohr b getrock-
neter Wasserdampf in das Metallbad eingelassen; dieses Rohr darf nicht
gekrümmt sein, weil sich darin eine wesentlich aus Kupfer und Zink
bestehende sehr strengflüssige Legirung ansetzt, die nach dem Ausheben des Rohres mit Gewalt losgebrochen werden muss, welche Arbeit in einem gekrümmten Rohre sich nur schwierig bewerkstelligen
lässt. Die Dampfzuleitungsröhren sind vor der Haube mit Hähnen versehen, um die Dampfzuströmung reguliren zu können. Der in das
Bleibad geführte Wasserdampf hat eine Spannung von zwei Atmosphären.
Je heisser die Kessel sind, um so rascher werden die Bleie entzinkt, doch
dauert das Entzinken von 50—60 q 4—5 Stunden, und muss bei Gelbgluth vorgenommen werden. Die Beendigung des Processes wird nach
mit Löffeln durch die Thüre genommene Proben erkannt, nachdem man
jedesmal vor dem Probenehmen genügend Dampf über das Metallbad hat
zutreten gelassen; die auf dem Blei schwimmen den Oxyde müssen staub
trocken sein und das Blei muss rein, ohne zu häuten von dem Löffel
ablaufen. Die in den Condensationskammern aufgefangenen silberreichen
Oxyde wurden früher unmittelbar in dem Zustande, wie sie abfielen, bei
dem Treibprocess eingetränkt, doch war dies wegen der Strengflüssigkeit
des Zinkoxyds mit viel Zeit und Brennstoffaufwand verbunden, man hat
dafür jetzt eine sehr vollkommene Methode in Anwendung.

Verarbeitung der reichen Oxyde. Dieses Verfahren wurde von
Schnabel[7]) angegeben, es beruht auf der Löslichkeit des Zinkoxyds in
kohlensaurem Ammoniak, so dass das Blei und Bleioxyd leicht von dem
Zinkoxyd getrennt werden können, und das Eintränken der vom Zink
befreiten Oxyde auf dem Treibheerde sehr leicht und rasch erfolgt.

Schnabel benützt zu der Extraction des Zinks heisses anderthalb-
fach kohlensaures Ammoniak, wovon 1 Gewichtstheil des im Handel zu
beziehenden Salzes 1 Theil Zinkoxyd aufnimmt. Es dient hiebei ein eigener, in der Beschreibung des patentirten Verfahrens nicht mitgetheilter
Apparat, welcher aus einer Anzahl entsprechend situirter Kessel bestehen
wird, die alle geschlossen sein müssen und wahrscheinlich unter einander
angeordnet sind.

Man lässt zuerst die nöthige Menge Ammoniumcarbonat zu den in
einen Kessel eingebrachten Oxyden zulaufen, von welchen 10—12 q mit
einem durchschnittlichen Gehalt von 40 % Zinkoxyd in Arbeit genommen
werden; hierauf setzt man das im Kessel befindliche Rührwerk in Bewegung
und digerirt 12 Stunden ununterbrochen, nach welcher Behandlung sich
der Rückstand zusammenschmelzen lässt, während derselbe, so lange er

---

7) Preuss. Ztschft. 1880 pag. 262.

zinkhaltig ist, blos sintert. Nach erfolgtem Absetzen gehen gröbere Stückchen Bleioxyd und mechanisch eingemengtes Blei zu Boden und die feinen Oxydtheilchen bleiben suspendirt; man lässt nun die trübe Flüssigkeit in ein monte-jus treten und drückt sie mit Hilfe von Wasserdampf durch eine Filterpresse, wobei die Zinkoxyd haltende Flüssigkeit klar abfliesst, das Bleioxyd dagegen auf dem Filtertuch zurückbleibt; den Rückstand im Kessel rührt man mit Wasser auf, drückt ihn ebenfalls durch die Filterpresse und lässt die Filtrate in den Fällkessel ablaufen. Die letzten Spuren Ammonsalz werden durch Behandlung in eigenen Abdampfapparaten mit directem Wasserdampf von hoher Spannung binnen 5—6 Stunden ausgewaschen. In dem Fällkessel sind Zinkplatten vorgelegt und wird auch hier die ammoniakalische Zinklösung durch Rühren in Bewegung erhalten; binnen 6 Stunden hat sich das mit in Lösung gegangene Kupfer auf dem Zink niedergeschlagen und zu Boden gesetzt, so dass die entkupferte Lösung farblos in das Destillationsgefäss abgelassen werden kann. Die Destillation geschieht mit Wasserdampf von 5 Atmosphären Spannung, das abdestillirte Ammonsalz wird in einen Condensationskessel geleitet, das aufgeschlemmte zurückgebliebene basische Zinkcarbonat aber durch ein Rohr in ein Klärbassin gedrückt und darin zum Absetzen gebracht. Das Ammonsalz wird demnach bei diesem Process rückgewonnen; die von demselben an das Zinkoxyd abgegebene Kohlensäure wird durch Einleiten von kohlensaurem Gas wieder ersetzt, welches man durch Brennen von Kalkstein in einem kleinen Kalkbrennofen erzeugt und mittelst einer Pumpe aufsaugt.

Für einen continuirlichen Betrieb hat man 2 Lösekessel, 2 Fällkessel und einen Destillirkessel, wovon das zweite Fällgefäss als Reserve dient; in 24 Stunden sind Lösung, Fällung und Destillation beendet, und der Betrieb beginnt von Neuem. Ein Meister, ein Gehilfe und ein Kesselwärter sind bei diesem Betriebe angestellt, welche auch den Kalkofen und die Maschinen bedienen müssen.

Das basische Zinkcarbonat wird getrocknet und in einem Flammofen bei heller Rothgluth die Kohlensäure daraus ausgetrieben, weil es als Farbmaterial verwendet eine bessere Deckkraft erhält; es entweicht zuerst das Hydratwasser, bei beginnender Glühhitze die Kohlensäure, wobei infolge der Gasentwickelung die ganze Masse sich in hüpfender Bewegung befindet. Wenn diese nachgelassen hat, also die Kohlensäure ausgetrieben ist, zieht man die Masse an die heisseste Stelle des Ofens, krählt und wendet sie, bis eine Probe zwischen den Fingern vollkommene Feinheit zeigt, und zieht sie dann aus; während der Gasentwickelung darf die Post im Glühofen mit dem Gezähe nicht berührt werden, weil sie sonst auseinanderfährt. 2 Arbeiter erzeugen täglich $3\frac{1}{2}$ q Zinkoxyd. Dieser Betrieb ist sehr ökonomisch und gewährt ein hohes Ausbringen an Blei und Silber.

Es sei hier eines Vorschlages von Kosmann[8]) erwähnt, welcher empfiehlt, die ausgewaschenen das Blei und Silber haltenden Oxyde zu trocknen, zur Zerstörung der Carbonate zu glühen, mit warmer Lösung von Bleiacetat zu behandeln, bis alles Bleioxyd aufgelöst ist, und dann durch Einleiten von Kohlensäure in die Lösung des basischen Bleiacetats das Blei als Carbonat zu fällen. Es wird in dieser Weise auch das Bleioxyd entfernt, und blos metallisches Blei bleibt zurück, das sich sehr leicht eintränken lässt.

Zu Lautenthal[9]) wird bei Entsilberung der von den Oberharzer Hütten angelieferten Werkbleie mit Zink in folgender Weise verfahren: In einen Kessel werden 125 q Werkblei mit 0·13—0·14 % Silber eingesetzt, nach erfolgtem Einschmelzen die Stachelköpfe abgezogen, diese gesaigert und die Saigerrückstände auf Kupferstein verarbeitet; auf das gereinigte Bleibad werden als erster Zusatz 22 kg Zink gegeben, 20 Minuten lang gut durchgerührt, 2 Stunden bei Abkühlung stehen gelassen, der Kupferschaum abgenommen, und hierauf nach einander zuerst 50 dann 80 kg Zink zugesetzt, nach Durchführung der oben angegebenen Arbeiten der Zinkschaum jedesmal in den Saigerkessel gethan und schliesslich abgesaigert, das Arm- und Reichblei aber mit Wasserdampf entzinkt. Die Entsilberung ist beendet, wenn nach dem Abheben des letzten Zinkschaums eine Probe des im Kessel verbliebenen Bleies unter 0·001 % Silbergehalt aufweist. Der dritte Zinkzusatz ist aus dem Grunde so bedeutend, damit die letzten Antheile Silber durch diesen Ueberschuss um so sicherer entfernt werden. Der zuletzt erfolgende Schaum ist auch nicht mit Silber gesättigt, derselbe wird desshalb bei der Entsilberung der nachfolgenden Charge noch einmal mit dem zweiten Zinkzusatz in das Werkblei eingerührt. Aus 100 Theilen Werkblei werden direct 95·4 Gewichtstheile raffinirtes Blei mit blos 0·0004 % Silber, 8·7 Theile Muldenblei als Zwischenproduct, und 2·2 Theile Hartblei gewonnen, wobei man insgesammt blos 1·4 % Verlust an Blei und 0·628 % Verlust an Silber hat. Der Zinkverbrauch beträgt 1·4 %, bei dem Reichdampfen erhält man 60 % Treibwerke und 40 % Oxyde, welche nach dem Schnabel'schen Verfahren zu Gute gebracht werden. Es enthalten nach Hampe:

Die Werkbleie von

	Clausthal	Lautenthal	Altenau
Cu	0·1862	0·2838	0·2399
Sb	0·7203	0·5743	0·7685
As	0·0664	0·0074	0·0009
Bi	0·0048	0·0082	0·0039
Ag	0·1412	0·1431	0·1400
Fe	0·0664	0·0089	0·0035

---

[8]) Dingler's Journ. Bd. 246 pag. 300.
[9]) Preuss. Ztschft. Bd. 28 pag. 262—302.

	Clausthal	Lautenthal	Altenau
Zn	0.0028	0·0024	0·0025
Ni	0·0023	0·0068	0·0028
Co	0·00016	0·00035	0·0002
Cd	Spur	Spur	Spur

Der Zinkschaum enthält:

	von Altenau	von Lautenthal
Pb	75·675	77·820
Zn	11·78	12·11
Cu	1·12	0·82
Ag	1·855	2·420
As, Ni, Cd	Spur	Spur
Pb O	4·75	4·00
Zn O	0·60	0·44
$Bi_2 O_3$	1·72	0·37
$Sb_2 O_3$	0·63	0·98
$Fe_2 O_3$	1·87	1·04.

Die Reichbleie enthalten nach dem Dampfen vom

	Altenauer	Lautenthaler Werkblei
Pb	96·3448	95·1404
Zn	0·0027	0·0023
Cu	0·8279	0·4645
Ag	2·4100	3·6500
Bi	0·0142	0·0169
Sb	0·3914	0·7201
Fe	0·0054	0·0044
Ni	0·0036	0·0040
Cd	Spur	Spur

Die von dem Reichdampfen fallenden Oxyde haben die folgende Zusammensetzung gezeigt:

	Vom Altenauer	Lautenthaler Reichblei
Pb	37·84	30·06
Pb O	32·14	36·87
Zn	1·35	1·90
Zn O	23·37	23·24
Cu	1·12	1·24
Ag	1·245	1·855
$Bi_2 O_3$	0·43	0·44
$Sb_2 O_3$	1·06	0·57
$Fe_2 O_3$	1·44	3·82
Ni	Spur	Spur
Cd	Spur	Spur
$As_2 O_3$	Spur	

und der Flugstaub aus den Condensationskammern enthielt:

Zn O	95·60
Zn	0·12
Pb O	2·28
Pb	0·71
Ag	0·03
Cu	0·17
As	Spur
Sb	0·17
$Fe_2 O_3$	0·34
$Al_2 O_3$	0·24
Unlöslich	0·42.

Die zur Entsilberung einer Kesselfüllung nöthige Zeit beträgt:

für das Einschmelzen des Werkbleies	6	Stunden.
- - Einschmelzen und Einrühren des ersten Zinkzusatzes	0·5	-
- - Abkühlenlassen des Metallbades und Abheben des Kupferschaums	2·5	-
- - Wiedererhitzen und Einschmelzen des zweiten Zinkzusatzes	3·0	-
- - Einrühren dieses Zinks	0·5	-
- - Abkühlen des Metallbades und Abheben des ersten Zinkschaums	3·0	-
- - Erhitzen des Bleibades und Einschmelzen des dritten Zinkzusatzes	2·0	-
- - Einrühren dieses Zinks	0·5	-
- - Abheben des zweiten Zinkschaums nach erfolgtem Abkühlen	3·5	-

zusammen 21·5 Stunden.

Zu Tarnowitz[9a]) werden Werkblei mit 0·05—0·10 % Silber bei nicht ganz 1 % Zinkverbrauch entsilbert, es wird aber dort manchmal ein 4ter Zinkzusatz von 10 kg nothwendig; das Armblei enthält blos 0·0005 bis 0·0006 % Silber. Ein Kessel hält bei dem Wasserdampfen 18—19 Operationen aus; der Zinkstaub wird im Schachtofen mit Eisenfrischschlacken auf Reichblei durchgesetzt, wobei etwa 30 % des verwendeten Zinks in Rauchcondensationen wieder aufgefangen werden. Der Kessel bekömmt eine Füllung von 150 q Werkblei, welche binnen 5 Stunden eingeschmolzen sind; das Bleibad wird unter Einmengen von Kohlenklein mit Stangen von frischem Holze gepolt und die abgezogenen Schlicker durchschnittlich mit 75 % Blei und 0·03 % Silber der Flammofenarbeit zugetheilt. Zu dem gereinigten Blei werden als erster Zinkzusatz 50 kg gegeben, nach Abheben desselben folgen als zweiter Zusatz 40 kg, als dritter 20—30 kg. Der erste

---

[9a]) Preuss. Ztschft. 1884 Bd. 32 pag. 89.

Schaum enthält 0·5, der zweite 0·3, der dritte 0·2% Silber. Zeigt eine Probe des im Kessel befindlichen Bleies noch einen Silberrückhalt, so wird noch ein vierter Zinkzusatz im Gewichte von 5—10 kg gegeben.

Der erste Zinkschaum wird auf einem schon benützten Treibheerd in Mengen von 60 q abgesaigert, indem man auf die Heerdsohle Holzknüppel legt, darauf den Zinkschaum einträgt und den Rost mit Steinkohlen beschürt; das ablaufende Blei hält 0·03% Silber und wird zur Entsilberung zurückgegeben, der auf der Heerdsohle verbleibende Zinkstaub enthält 1·5% Silber; dieser wird in Mengen von 25 q mit 25 q Triftschlacken und eben so viel Eisenfrischschlacken, so wie mit 2·5 q Kalkstein beschickt über einen Rundschachtofen auf Reichblei mit circa 2% Silber durchgesetzt. Eine Gicht besteht aus 60 kg Koks und 3 q Beschickung; die abfallenden Schlacken werden bei dem Erzschmelzen wieder zugetheilt. Das Armblei wird mit Wasserdampf raffinirt und etwas Kochsalz, so wie bleiischer Hüttenrauch zugegeben, wodurch der Reinigungsprocess wesentlich gefördert wird; der Zusatz an Kochsalz beträgt für eine Kesselfüllung von 120 q an 40 kg. Die hiebei fallenden Oxyde werden bei der Flammofenarbeit zugesetzt.

Zu Call in der Eifel werden 150 q Werkblei mit 0·05 % Silber, 0·5 % Antimon und 0·01 % Kupfergehalt binnen 10 Stunden in gusseisernen Kesseln von 2·5 m Durchmesser und 60 cm Tiefe eingeschmolzen, nach Abzug der Schlicker 90 kg Zink zugesetzt, 20 Minuten lang gerührt, eben so lang ruhig stehen gelassen, der Gold- und Kupferschaum abgezogen, der Kessel wieder geheizt, 50 kg Zink zugesetzt und wieder 20 Minuten lang gerührt, 2 Stunden abkühlen gelassen, der Zinkschaum abgehoben, sodann der Kessel mit Blei von 0·01 % Silberhalt nachgefüllt, 67 kg Zink zugegeben und gleich wie vorhin verfahren. Das Armblei wurde mit Chlorverbindungen raffinirt, der Gold- und Kupferschaum in ovalen Kesseln von 2·5 m Länge und 1·6 m Breite bei 87 cm Tiefe abgesaigert, und mit 25 % Puddlschlacken und 50 % Bleistein auf Werkblei mit 0·7—0·8 % Silber und Stein mit 8—10 % Kupfer verschmolzen, der Kupferstein dann mit silberfreien Zuschlägen entsilbert. Man bringt dortselbst aus 150 q Werkblei 135 q Kaufblei, 5 q Gold- und Kupferschaum und 30 q Zinkschaum aus. Die Operationen nehmen 24 Stunden in Anspruch.

Um das Erstarren des Kupfer- und Zinkschaums bei der Entsilberung zu beschleunigen, kühlt A. H. Mayer[10]) in St. Louis (Amerika) das Bad dadurch ab, dass er ein den Innenwänden des Kessels genau anpassendes Netz von Röhren einsenkt, durch welches kaltes Wasser geführt wird; das Erstarren der Legur erfolgt so, trotzdem das Feuer unter dem Kessel nicht ausgezogen wird, schon binnen 15 Minuten, und wird,

---

[10]) Min. and. Scientif. Press. San Francisco, 1882 Vol. 44 No. 5. Bg. u. Httnmsch. Ztg. 1882 pag. 391.

um die Abkühlung möglichst gleichförmig zu bewerkstelligen, das in dem Bad hängende Röhrennetz öfter gedreht. Es wird hiedurch die Arbeit gefördert und man soll an Zink und Brennstoff ersparen.

Eine dem Wasserdampfen ähnliche Methode der Werkbleientsilberung, wurde von Roswag und Geary[11]) angegeben, welche darin besteht, dass man in das Werkblei einen stark gepressten Windstrom von 3—4 Atmosphären leitet, wodurch sämmtliche Unreinigkeiten oxydirt werden sollen und auf die Oberfläche des Bades gehoben werden; wenn das Blei bei dem Abkühlen einen violetten Schimmer annimmt und seine Sprödigkeit verloren hat, wird dasselbe mit Zink entsilbert, und nach Abheben des Zinkschaums wieder das Blei in gleicher Art wie vorhin mit stark gepresster Luft gereinigt.

Der abgesaigerte Zinkschaum wird nun mit Salzsäure behandelt, bis alles Zink gelöst ist, der Rückstand gewaschen, eingeschmolzen und wie-

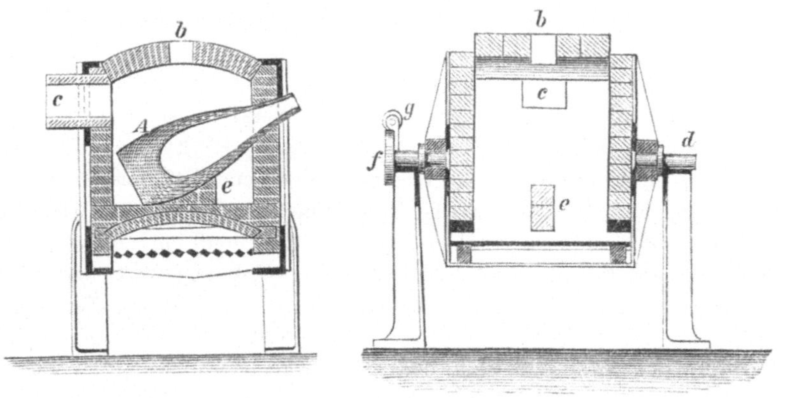

Fig. 184.   Fig. 185.

der in das Bleisilberbad Luft eingeleitet bis alles Blei oxydirt ist; die gebildete Glätte soll endlich mit Holzessigsäure weggelöst, und das rückbleibende Silber (mit Gold) fein gebrannt werden.

Parkesiren mit Rückgewinnung des Zinks in metallischem Zustande[12]). Da bei den bis jetzt besprochenen Methoden, das zur Entsilberung verwendete Zink gänzlich oder zum grossen Theile verloren geht, so war man bemüht, dieses Zink aus der reichen Zinksilberlegur durch Destillation wieder zu gewinnen, zu welchem Zwecke verschiedene Oefen angegeben wurden. Man hat diesem Verfahren den Vorwurf gemacht, dass das abdestillirte Zink silberhaltend ausfalle und demnach Verluste an Silber erfolgen; es ist wohl richtig, dass mit den Zinkdämpfen ein Theil des Sil-

---

[11]) Bg. u. Httnmsch. Ztg. 1878 pag. 79.

[12]) Engineer. and Min. Journ. 1875 T. 19 No. 13. Bg. u. Httnmsch. Ztg. 1875 pag. 235.

bers mit übergeht und dass das Zink Silber enthält, nachdem jedoch das-selbe Zink wieder zur Entsilberung neuer Mengen Werkblei benutzt wird, so geht dieser Silberantheil nicht verloren und die Verluste an Silber sind nicht grösser, als bei den anderen Gewinnungen. Dieses Verfahren wurde von Balbach im Grossen zur Ausführung gebracht. Fabre du Faur hat hiezu den in Fig. 184 u. 185 dargestellten Kippofen construirt. Der Ofen wird durch bei b eingetragene Kohlen allmälig ausgeheizt, bis die Retorte A dunkelrothglühend geworden ist, dann wird sie mittelst einer Hohl-schaufel mit flüssigem Zinkschaum im Gewichte von bis 2 q beschickt, 2—2½ kg Holzkohlenklein zugegeben, die Vorlage angesetzt und so lange Weissgluth gegeben, bis die Destillation beendet ist. Diese Opera-tion dauert 8—10 Stunden; es muss hiebei Weissgluth erhalten werden, weil sonst auf der Oberfläche des Metallbades eine Kruste entsteht, und in Folge der sich darunter bildenden Zinkdämpfe, welche am Entweichen gehindert sind, Explosionen veranlasst werden. Das Zink wird aus der Vorlage von Zeit zu Zeit abgestochen, das Zinkoxyd und der Zinkstaub ausgekratzt, das abdestillirte Zink unter einer Kohlendecke umgeschmolzen, in flache Barrenformen vergossen und wieder zur Entsilberung verwendet. Man gewinnt in dieser Art über 50 % des dem Werkblei zugesetzten Zinkes wieder zurück. Durch c entweichen die Verbrennungsgase aus dem Ofen, e ist eine feuerfeste Unterlage für die Retorte, d die Welle, um welche der Ofen mit Hilfe eines aussen bei f angesetzten Getriebes gekippt wird, g ist die Sperrklinke für das Getriebe. Die Operation wird unterbrochen, wenn nur mehr spärlich Zinkdämpfe sich entwickeln, im Werkblei bleiben nur geringe Mengen Zink zurück; der Ofen wird dann umgekippt und das Werkblei in einen auf einem Wagengestell vor-gefahrenen Tiegel ausgegossen, aus welchem es in Formen geschöpft wird. Die Rückstände werden aus der Retorte ausgekratzt und bei dem Redu-ciren der reichen Glätte zugeschlagen; man wirft hierauf eine Handvoll feinen Kohlenstaub in die Retorte, damit sich die zurückgebliebenen Blei-körner nicht oxydiren und die Retorte zerstören, stellt den Ofen wieder auf, reinigt den Rost von Asche und Ansätzen und chargirt die Retorte von Neuem; sie hält im Durchschnitt 20 Destillationen aus.

Da bei diesem Ofen der Aufwand an Brennmaterial ein sehr grosser war, hat Fabre du Faur Gas zur Beheizung vorgeschlagen und den in Fig. 186—188 dargestellten Ofen hiezu angegeben. a ist der Feuerraum, b die Retorte für 20 q Zinkschaum, c die auf einem kleinen Wagen ste-hende Vorlage, d der Fuchs, e ein Stützstein für die Retorte, f die Feuer-thür, g die Feuerbrücke, i die Umdrehungsaxe, k auf dieser ruhende eiserne Balken, auf welchen sich der ganze Ofen kippen lässt, indem er bei l mittelst einer Kette gehoben wird. Durch m und n ziehen die Feuergase zur Esse. Es ist jedoch besser, einen abgesonderten und feststehenden Gasgenerator zu haben, welcher so angeordnet ist, dass bei dem Kippen des Ofens die Feuerbrücke vom Feuerraum abgehoben wird.

20*

Von Brodie wurde auf den Montgommery-Werken bei Bloom-
field (New-Yersey) der in Fig. 189—191 gezeichnete Ofen aufgestellt.

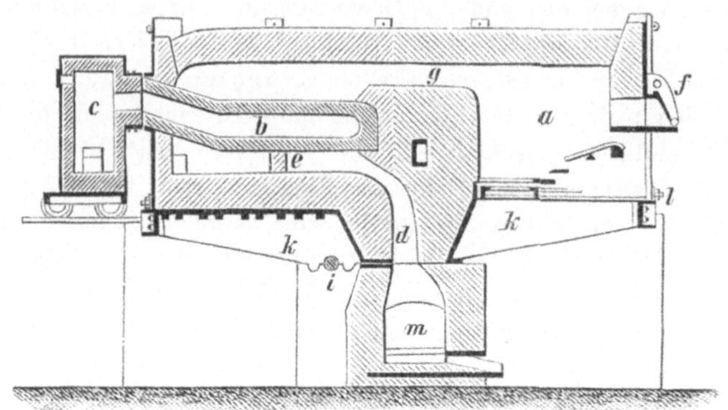

Fig. 186.

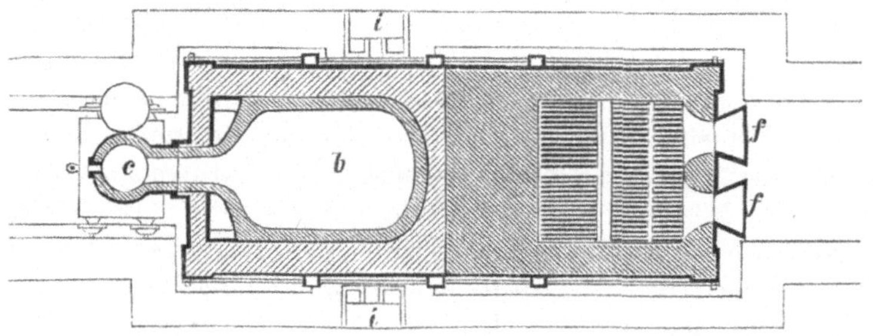

Fig. 187.

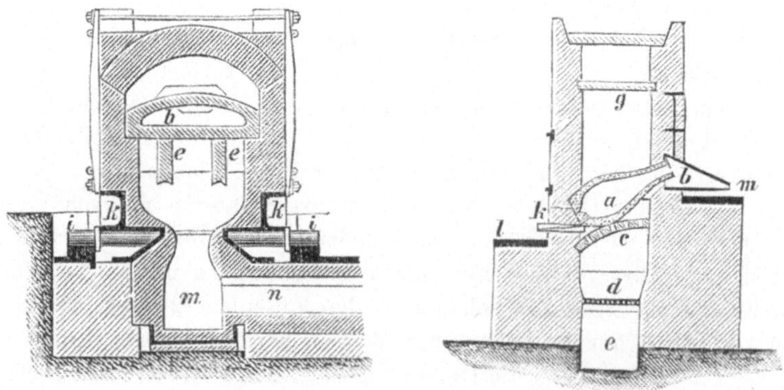

Fig. 188.   Fig. 189.

a sind die Retorten, b die Vorlagen, c ein Protecteurgewölbe, d der Rost,
e der Aschenfall, f ein Rohr zur Zuführung von Unterwind, g ein Gewölbe mit Füchsen h, i die Winderhitzungsröhren für Vorwärmung des

Unterwinds, welche durch die abziehenden Feuergase beheizt werden, k
die Abstichrinne, l die Abstichplatte für das entzinkte Reichblei, m die

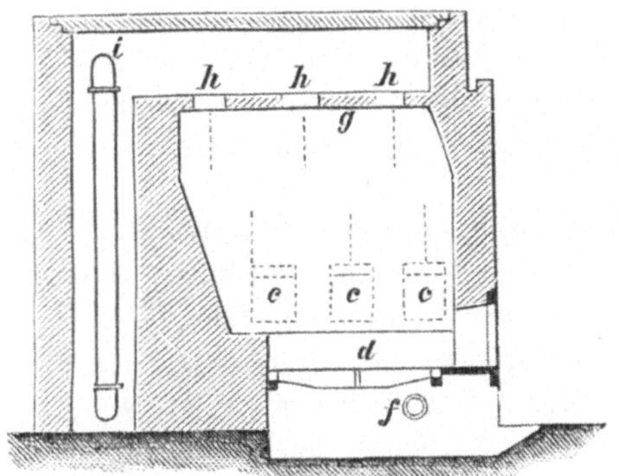

Fig. 190.

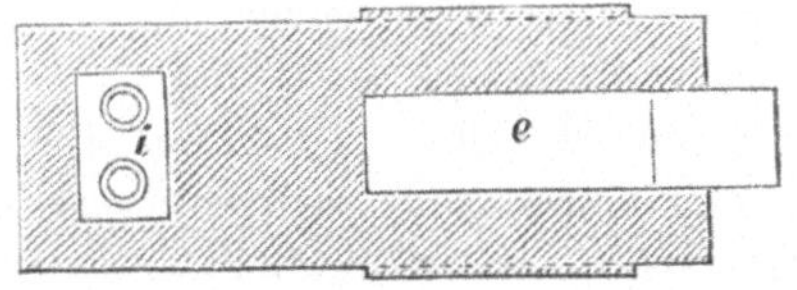

Fig. 191.

Arbeitsplatte. Der Ofen enthält 6 Retorten mit zusammen 13—15 q
Fassungsraum, die Destillation dauert 12—20 Stunden, je nach der Rein-

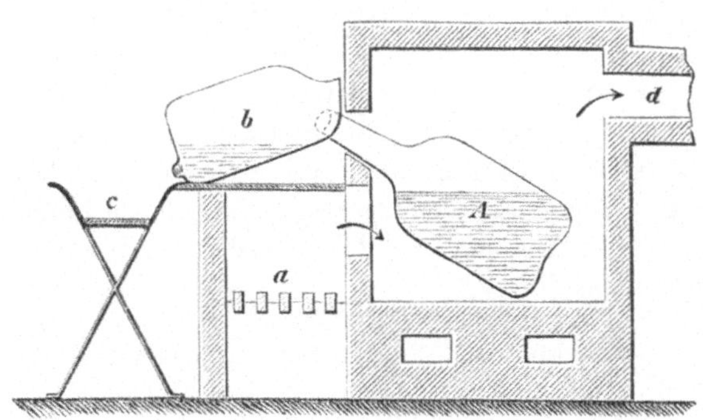

Fig. 192.

heit der Zinkbleisilberlegur, der Brennstoffaufwand beträgt 11·2 q weiche
Kohle pro 1 ton Zinkschaum. Der ganze Ofen kann leicht von einem
Mann bedient werden.

Auf der Hütte Cheltenham[13]) bei St. Louis (St. Francisco) und

---

[13]) Preuss. Ztschft. 1879 Bd. 27 pag. 175.

Newark (bei New York) stehen die in Fig. 192 skizzirten Oefen im Betriebe. Die Retorte A wird von dem vorliegenden Rost a beheizt, oberhalb dessen die Vorlage b auf einer Eisenplatte ruht, aus der das übergegangene Zink in die Formen c abgestochen wird; durch d ziehen die Feuergase ab. Es liegen 5 Retorten um eine Esse, jede Retorte erhält 225 kg Füllung, die Destillation dauert 10 Stunden.

Bei sämmtlichen hier angegebenen Oefen werden Graphitretorten angewendet.

Von Balbach wurde empfohlen, das Werkblei mit Zink zusammenzuschmelzen, das Metallbad gut durchzurühren, die Legur in Formen zu giessen und die erkalteten Stücke auf einem Heerde abzusaigern, wobei das Blei abfliesst und die strengflüssigere Zinksilberlegur zurückbleibt, von welcher das Zink durch Destillation abgeschieden wird, wozu ebenfalls ein eigener Ofen mit beweglicher, leicht entleerbarer Retorte angegeben wurde.

Der Parkesprocess kömmt immer mehr in Anwendung und bietet dem Pattinsoniren gegenüber im Allgemeinen die folgenden Vortheile:

Das Silberausbringen erfolgt schneller, der Silberverlust ist kleiner, der dazu dienende Apparat ist viel einfacher, ein vorheriges Raffiniren der Werkbleie wird nur dann nothwendig, wenn dieselben sehr unrein sind, kann also gewöhnlich erspart werden, endlich wird das Parkesiren um so vortheilhafter, je theuerer der Brennstoff ist.

Zu Mechernich in der Eifel benützt man grosse sehr flache Kessel von 180—190 q Fassungsraum zum Entsilbern mit Zink, und gibt man dort blos 2 Zinkzusätze von 0·94 und 0·13 %, d. i. 1·7 q und 23 kg, womit man die Entsilberung bis auf 0·0005—0·0006 % Silber im Blei herabbringt; der dort angeordnete Apparat besteht aus 4 Entsilberungskesseln, von welchen das entsilberte Blei in darunter stehende Raffinirkessel abgelassen, hier mit Wasserdampf raffinirt und von da sodann in noch tiefer liegende Giesskessel abgelassen wird, aus welchen man das Armblei in Formen schöpft. Für 2 Entsilberungskessel dient je ein Raffinirkessel und und ein Giesskessel. Die tägliche Production beträgt 400 q Handelsblei.

Es enthalten das

Werkblei und das daraus erhaltene Handelsblei

		1	2
Ag	0·0260	0·00050	0·00040
Cu	0·1136	0·00123	0·00093
Sb	0·0801	0·00194	0·00208
Fe	0·0022	0·00102	0·00082
Ni	0·0028	0·00080	0·00040.

Die Schlicker vom Werkbleieinschmelzen und die Krätzen vom Raffiniren werden in einem 2 förmigen Schachtofen verfrischt und das erfolgende Krätzblei wieder raffinirt, die hier fallende Raffinirkrätze aber auf Hartblei verarbeitet.

Das Krätzblei und das daraus erhaltene Handelsblei enthalten:

Ag	0·0125	0·00050
Cu	0·3400	0·00180
Sb	0·7128	0·00306
Fe	0·0028	0·00110
Ni	0·0130	0·00060.

Der Zinkschaum enthält:

Pb	48·80
Zn	39·00
Cu	5·33
Ag	1·22
Sb	0·36
Fe	1·28
As } Ni }	Spur.

Der Reichschaum, $1^1/_2\%$ des Werkbleies, wird abdestillirt.

Die Hütte hat ein sehr umfangreiches Condensationssystem, in welchem jährlich an 1200 q Flugstaub mit etwa 60% Blei und 0·005—0·006% Silber gewonnen werden. Die jährliche Production an Weichblei beträgt etwa 125000 q, an Silber über 3000 kg.

Auf den St. Louis Smelting and Refining Works in Cheltenham[14]) bei St. Louis (Nordamerika) werden Erze aus Colorado verarbeitet, welche in 3 Klassen geschieden werden. Die Glanze enthalten 20—25% Blei und 0·625—0·776% Silber, die bleiischen Erze bis 60% Blei und mehr neben 0·3125—0·6250% Silber, und die Dürrerze 5—20% Blei und 0·9375—2·5% Silber. Das bei dem Verschmelzen dieser Erze gewonnene Werkblei wird zur Entfernung des Kupfers in Mengen zu 20 tons im Raffinirofen eingeschmolzen, die kupferhaltigen Schlicker abgezogen und hierauf zur Oxydation des Arsens und Antimons Gebläseluft zugeführt, die auf der Oberfläche abgeschiedenen Oxyde mit Kalk bestreut, um sie anzusteifen, dann abgezogen und die Charge in die Entsilberungskessel geleitet. Man gibt dort 4 Zinkzusätze; der erste für die Bildung des Kupfer- und Goldschaums variirt zwischen 25—70 Kilo, der zweite beträgt bei einem Gehalte des Werkbleies von

0·096	0·320 % Silber	158·7 kg Zink
0·320	0·480 -	-	171·4 -	-
0·480	0·640 -	-	204·1 -	-
0·800	0·960 -	-	226·8 -	-
0·960	1·280 -	-	249·2 -	-
1·280 und darüber	-	272·1 -	-

---

[14]) Jhrbch. d. k. k. Bgakademien Bd. 27 pag. 348. Preuss. Ztschft. Bd. 27 pag. 173.

Der letztere ist überhaupt der höchste Zinkzusatz, welcher gegeben wird, weil bei dieser Menge sich schon ein sehr schwerer Zinkschaum bildet; nach Abheben des Schaums wird eine Probe genommen und darnach der dritte Zinkzusatz berechnet, welcher beträgt für einen Gehalt von

0·016	0·048 % Silber	45·4 kg Zink	
0·048	0·096 -	67·5 -	-
0·096	0·160 -	90·8 -	-
0·160	0·224 -	113·3 -	-
0·224	0·320 -	135·2 -	-

Nach diesem Zinkzusatz ist der Silbergehalt allemal unter 0·0032 % gefallen; man gibt nun noch den vierten Zusatz und zwar für

	0·0016 % Silber	22·7 kg Zink
0·0016—0·0032 -	-	34·1 - - ,

worauf der Silbergehalt nur mehr höchstens 0·00032 % erreicht.

Der Zinkschaum wird in Retorten in Quantitäten von 2 q pro Retorte bei Zusatz von etwas Holzkohle in dem in Fig. 192 gezeichneten Apparat binnen 12 Stunden destillirt; man erhält 25—30 % metallisches Zink und 35—38 % Zinkoxyd wieder zurück. Das Zink wird bei niedriger Temperatur umgeschmolzen und wieder zur Entsilberung verwendet. Der Totalverlust an Zink bei der Entsilberung erreicht 30—45 %; das Zinkoxyd enthält 0·0016—0·0032 % Silber und wird an die Zinkhütten zur Reduction abgegeben.

Zu Newark[15]) bei New-York wird das in einem Flammofen raffinirte Blei dreimal mit 1·5—3 % Zink behandelt, der Zinkschaum nach der Abkühlung als zusammenhängende Scheibe abgehoben, gesaigert und bei Steinkohlenfeuerung destillirt. Das erhaltene Werkblei enthält 8—10 % Silber.

Trennung des Silbers vom Blei.
(Der Abtreibeprocess.)

Es werden zwei Methoden dieser Arbeit unterschieden; die eine wird in Oefen mit fixem Heerde vorgenommen und in selteneren Fällen das geschiedene Silber auf demselben Heerde fein gemacht, sondern zu dem Feinbrennen ein eigener Apparat angewendet — die deutsche Treibarbeit —, nach der andern Methode wird das Treiben auf einem beweglichen Heerde ausgeführt und das Silber darauf auch sogleich feingebrannt — die englische Treibarbeit.

Das Treiben ist ein rein oxydirender Schmelzprocess, durch welchen mit Ausnahme des Silbers alle übrigen Metalle aus dem Werkblei oxydirt und die Oxyde so lange aus dem Heerde gezogen werden, bis das Silber

---

[15]) Bg. u. Httnmsch. Ztg. 1879 pag. 427.

allein darin zurückbleibt. Die Oxydation wird durch zugeführten Gebläsewind bewirkt.

Deutsche Treibarbeit. Die Trennung des Silbers vom Blei erfolgt
in einem Flammofen, dessen Heerdsohle aus einem Materiale hergestellt
sein muss, welches keine reducirenden Bestandtheile enthalten darf und
bei dem Einstampfen porös genug bleibt, um, ohne mit dem Bleioxyd eine
chemische Verbindung einzugehen, einen Theil desselben als blos mechanischen Gemengtheil in sich aufzunehmen, d. i. einzusaugen vermag. Es
ist weiters wesentlich, dass diese Heerdsohle sich während der ganzen
Operation weder verändert, noch rissig wird.

Man bediente sich in früherer Zeit zu der Herstellung der Treibheerd-
sohlen der Holzasche, welche vorher ausgelaugt wurde, um die Alkalien
aus derselben zu extrahiren; dieses Material ist im Laufe der Zeit theuer
und seltener geworden, man würde bei dem gegenwärtig so bedeutenden
Verbrauche solchen Zustellungsmaterials dasselbe auch nicht mehr in genügender Menge erhalten, und darum bedient man sich jetzt mit grösserem
Vortheil hiezu des Mergels oder in Ermangelung desselben eines künstlichen Gemenges von gepochtem Kalkstein und schwach gebranntem, ebenfalls gepochtem Thon, welchem man an einigen Orten indess noch immer
einige Procente Holzasche zugibt. Je weniger die Masse an Holzasche
enthält, um so weniger Glätte saugt sie ein; der Mergel ist ein viel billi-
geres Material und nimmt weniger Bleioxyd auf. Das Gemenge wird nach
dem Pochen gesiebt, vorsichtig angenässt und nur so weit feucht gemacht,
dass es sich mit der Hand ballen lässt, ohne Feuchtigkeit darauf zu hinterlassen; dann wird es über die Ziegelsohle des Treibheerdes ausgebreitet
und derselbe in flach vertiefter Gestalt damit ausgestampft. Dieses Einstampfen geschieht mit einem Gezähe, das einem Rechen ähnlich sieht,
aber sehr breite Zinken hat, und ist der rechenartige Theil des Gezähes
nach einer schwachen Curve gebogen; diese Rechen werden vor ihrem
Gebrauche über Kohlen angewärmt und öfter gewechselt. Der Mergel
muss so fest eingestampft werden, dass man durch Drücken mit der Hand
oder mit dem Finger keine Eindrücke mehr in der Heerdsohle hervor-
bringen kann, jedoch darf dieses Einstampfen auch nicht allzu fest geschehen, weil solche Heerdsohlen leicht rissig werden, durch die Risse dann
Werkblei und Glätte unter die Heerdsohle eindringt und dieselbe hebt;
ein zu locker gestampfter Heerd aber saugt zu viel Bleioxyd ein. Man
macht diese Sohle etwa 20 cm stark, an den Rändern und an der Brust,
durch welche letztere die Glättgasse geführt wird, noch stärker; um einem
Durchfressen der Glätte bis auf die Ziegelsohle und darunter zu begegnen,
wendet man in neuerer Zeit entsprechend grosse, aus Eisenblech gefertigte
Schalen an, die man auf die Ziegelsohle auflegt und in welche die Heerdmasse, der Test, eingestampft wird. Nach beendetem Feststampfen des
Heerdes wird dann in dem tiefsten Theil der Heerdmulde, in etwa $\frac{1}{3}$ der
Heerdlänge von den Kannen an gemessen, eine etwa 2 cm tiefe, kreisrunde

Vertiefung ausgeschnitten, die **Blickspur**, in welcher sich das Silber schliesslich ansammelt.

Der von **Rösing**[16]) zu Jnnai in Japan aufgestellte Treibofen hat einen beweglichen Heerd, welcher aus einer mit Testmasse ausgekleideten Schale von Eisenblech besteht; dieselbe hat unten zur Verstärkung Rippen angenietet, die auf Rollen aufruhen, so dass der Heerd mittelst eines ausserhalb angebrachten Getriebes nach Bedarf hin und her geschoben und hiebei geneigt werden kann. Die Heerdzustellung bleibt während der Arbeit unverändert, und die Glätte läuft bei dem Neigen des Heerdes von selbst ab. (D. R. P. No. 22 610.)

Sind die zu vertreibenden Werkbleie arm, so wird das Treiben nicht so weit fortgesetzt, bis das Silber zurückbleibt, sondern man trägt in dem Maasse, als sich durch Oxydation und Abziehen der Oxyde das Metallbad im Heerde verringert, Werkbleie nach, wodurch der Silbergehalt im Blei angereichert wird und wobei man einige weitere Vortheile erzielt, indem die Arbeit eine continuirliche wird, man demnach hiebei an Brennstoff, Arbeitslohn und Zustellungsmaterial erspart und die Verluste sich verringern; man nennt ein solches Treiben ein **Concentrationstreiben**.

Die eben angeführten Vortheile würden nun auch einen nicht unwesentlichen Nachtheil im Gefolge haben, wenn man die Bleie so, wie sie von den Hohöfen gewonnen werden, in Verwendung nehmen wollte; dieselben sind hiezu nicht rein genug, von unreinen Bleien aber fallen unreine Oxyde, hier stetig, weil stetig frisches Blei nachgetragen wird, und aus solchen erhält man bei dem Bleifrischen wieder ein unreines Handelsblei; es ist demnach ein solches Concentrationstreiben nur dann von ganzem Vortheil, wenn hiezu reine oder gereinigte Bleie genommen werden. Eine ähnliche solche Arbeit ist das **Abtreiben mit Nachsetzen**, man verbindet jedoch mit diesem Ausdruck den Begriff des fortgesetzten Betriebes bis zur Gewinnung des Silbers, während bei dem Concentrationstreiben das an Silber angereicherte Werkblei aus dem Heerde abgestochen und durch eine zweite Operation fertig getrieben wird.

Zu **Freiberg** wird wegen des Wismuthgehaltes der Bleie das Treiben unterbrochen, sobald sich das Werkblei im Heerde bis auf etwa 80% Silber angereichert hat, weil sich das Wismuth mit dem Silber im Bleibade concentrirt und bei dem Schlusstreiben dieses sehr reichen Werkbleies in den dabei fallenden Producten gewonenen wird, aus welchen man durch weitere Verarbeitung metallisches Wismuth darstellt.

Der Treibheerd ist aus Ziegeln oder Quadern hergestellt, und zeigt Fig. 193—196 einen solchen von der Silberhütte zu Přibram. Dieser hat die Umfassungsmauern aus Quadern, in dem unteren Mauerwerk befinden sich die in der Zeichnung deutlich sichtbaren Abzüchte; zwischen den grösseren und den 2 Reihen kleiner Abzüchte, welche alle unter einander in

---

[16]) Bg. u. Httnmsch. Ztg. 1883 pag. 577.

Verbindung stehen und schliesslich in den im Grundriss (Fig. 193) angedeuteten Canal a nach aussen münden, liegt eine Eisenplatte, welche eine

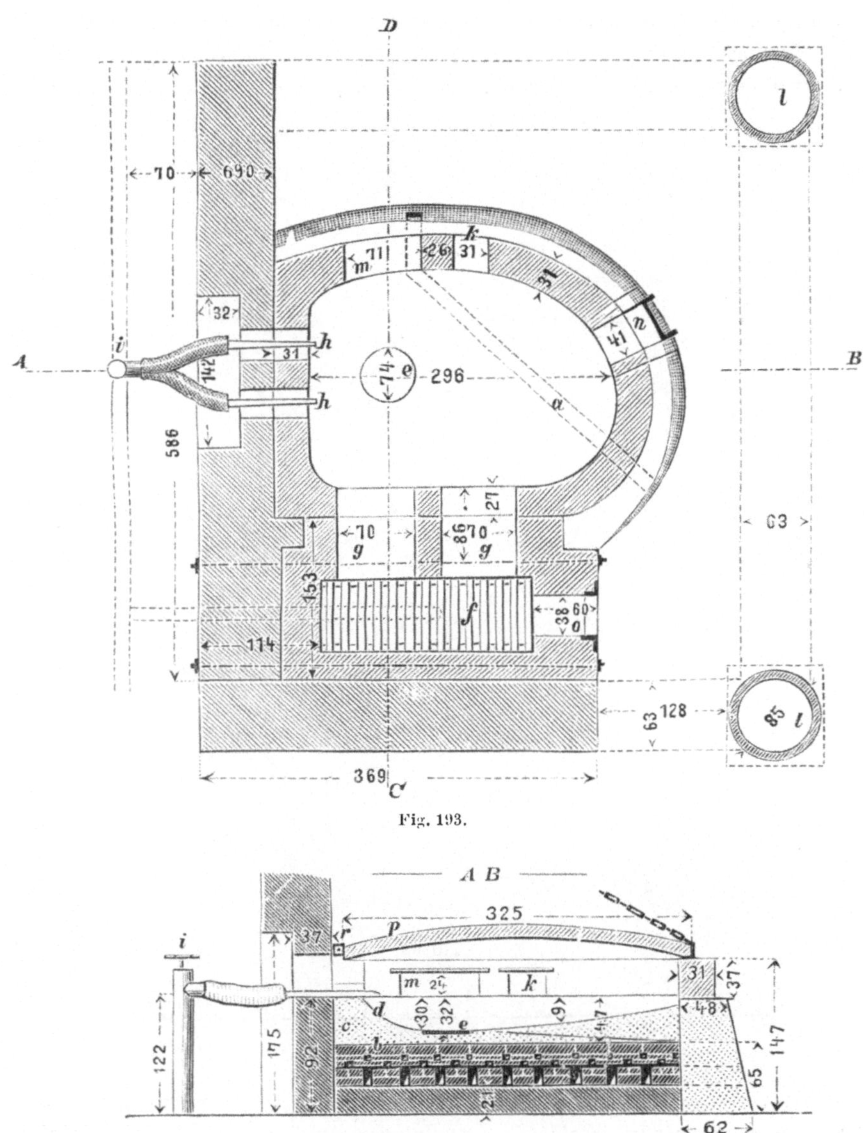

Fig. 193.

Fig. 194.

Anzahl Löcher ausgebohrt hat, so dass die Feuchtigkeit ungehindert entweichen kann. Ueber der obersten Reihe der Abzüchte befindet sich
eine Ziegellage b, auf welcher die fixe Mergelsohle c und auf dieser die

jedesmal neu herzustellende Treibsohle d liegt. Bei e ist die Blickspur.
Es bedeuten ferner die Buchstaben f den Rost, g die Flammengassen, h
die beiden Kannen, i das Windrohr, k eine kleine Oeffnung in der oberen
niedrigen Mauer, in welche eine blos etwa 50 cm hohe Blechesse während
des Treibens eingesetzt wird; durch diese ziehen die Bleidämpfe in den
oberhalb des Treibheerdes befindlichen Essenmantel, welcher vorn von den

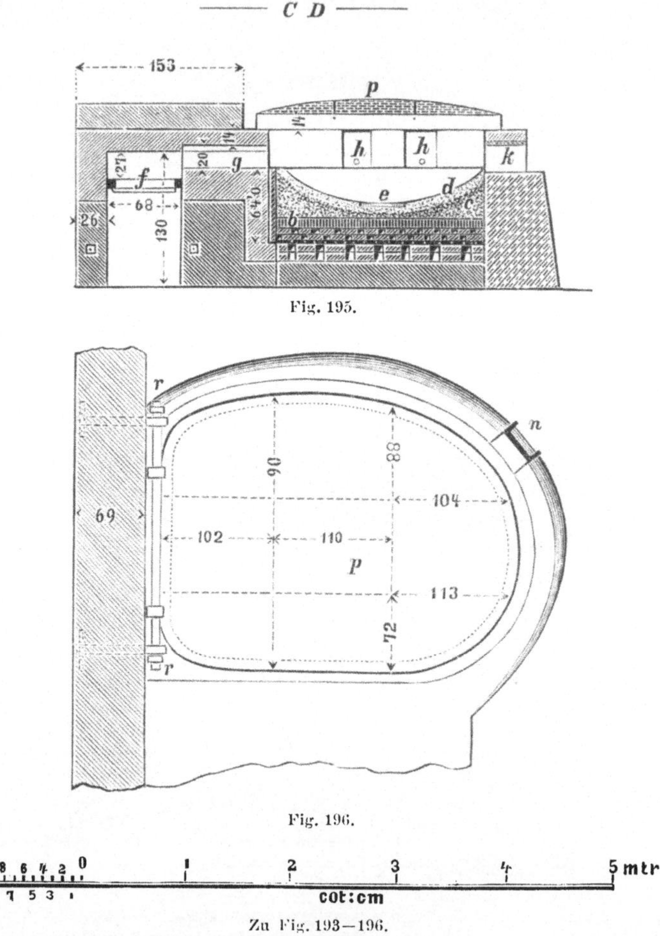

Fig. 195.

Fig. 196.

Zu Fig. 193—196.

Säulen l getragen wird, ab, m ist die während des Betriebs mit einer
verlorenen Mauerung geschlossene Oeffnung, durch welche das Blicksilber
ausgezogen wird. Es bezeichnen endlich n die Glättgasse (Arbeitsöffnung),
o die Schüröffnung, p die bewegliche, um die Angel r aufklappbare Haube
von Eisenblech, welche auf der Unterseite mit Thon ausgeschlagen ist.

Die grossen Treibheerde zu Přibram wurden von Cermak construirt und waren ursprünglich auf Gasfeuerung eingerichtet, doch wurde

von dieser Art der Befeuerung abgegangen. Dieser Ofen erhält den Wind aus drei Kannen bei a und α (Fig. 197—200), b sind die Roste, c die Flammengassen, d bezeichnet die Füchse, e die zum Essencanal führenden Verticalcanäle mit Schuber f, g die Blickspur, h die Arbeitsöffnung, i die bewegliche Haube, k die Unterwindzuführungsröhren. Zu unterst liegt eine

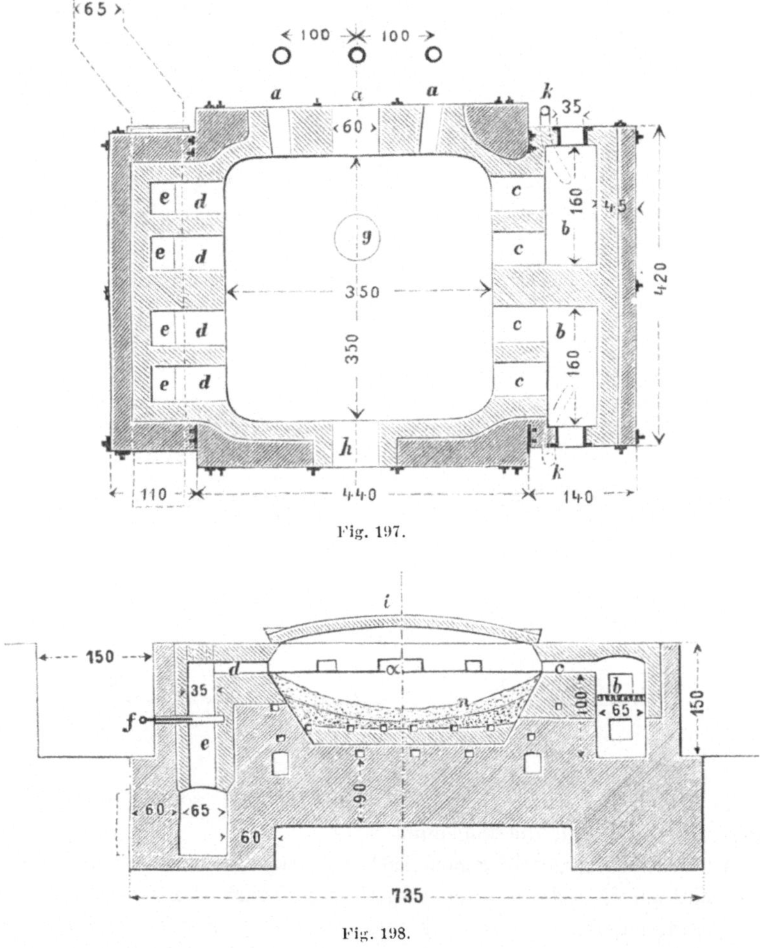

Fig. 197.

Fig. 198.

Mauersohle, darauf ebenfalls eine Sohle von fest eingestampftem Mergel, n ist der obere Mergelheerd; man bereitet zu Přibram den Mergel durch Mengen von 3 Theilen Kalk mit 1 Theil Thon, man nimmt für jede neue Zustellung $1/_3$ schon gebrauchten und $2/_3$ neuen Mergel, und blos der alte Mergel wird angenässt. Der Ofen ist an der Brust (Arbeitsöffnung) durch die Thüre o geschlossen, so dass die Arbeiter weniger von den Bleidämpfen leiden. Das Blicksilber wird nach Abräumen eines Theils des rückwärtigen, oberhalb des Heerdes liegenden Mauerwerks durch die mittlere weiteste Oeffnung bei α herausgenommen.

Gewöhnlich wird auf den Treibheerden blos ein Rohsilber, Schwarzblicksilber erzeugt, welches noch 5—10 % fremde Metalle, davon grösstentheils Blei enthält; als Brennstoffe dienen bei dem Treiben Holz, Braunkohlen und Steinkohlen, zum Schlusse des Treibens aber wird immer mit Holz gefeuert, weil dieses eine klarere und durchsichtigere Flamme gibt, durch welche sich das Innere des Treibheerds besser beobachten lässt.

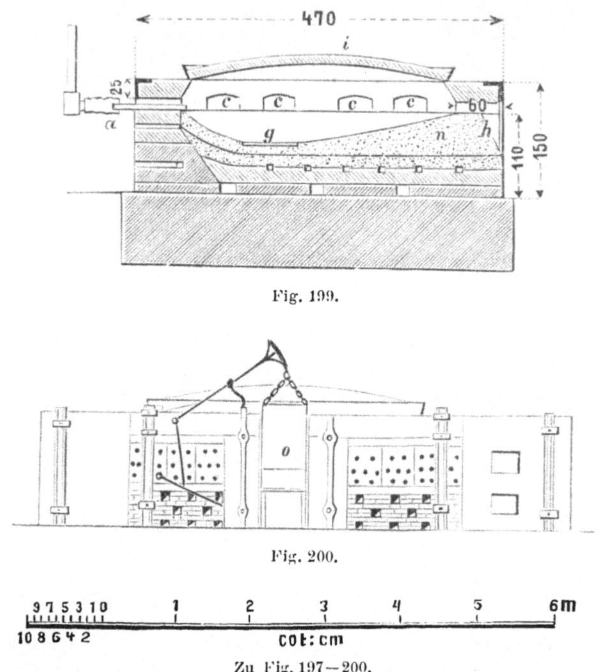

Fig. 199.

Fig. 200.

Zu Fig. 197—200.

Treibarbeit. Die Arbeiten bei dem Treiben, so wie die dabei fallenden Producte sind die folgenden.

Auf den fertig geschlagenen Test werden die Werkbleikuchen derart neben und auf einander geschlichtet, dass zwischen den einzelnen Stücken Zwischenräume bleiben und die Flamme durchstreichen kann, die einzelnen Stücke also von allen Seiten gleichmässig erhitzt werden können; dann wird die Haube aufgesetzt, gut an dem oberen Mauerkranz mit Lehm verstrichen und nun zu feuern begonnen, wobei die Hitze allmälig gesteigert wird. Die Bleistücke schmelzen nieder und die minder flüchtigen, leicht oxydirbaren Metalle sammeln sich als Oxyde auf der Oberfläche des Bleibades.

Dieses erste Product des Treibens ist nur gesintert, es enthält den grössten Theil der schwer schmelzbaren Oxyde und heisst Abstrich, einigenorts auch Abzug; der Abstrich wird mittelst eines an einer Eisenstange befestigten Brettchens abgezogen und wegen seines Silbergehaltes bei dem Erzschmelzen als bleiischer Vorschlag wieder aufgegeben. Er ist immer schwarz von Farbe. Die Oberfläche des Bleies überzieht sich nun bald wieder mit einer mussigen Kruste, welche im Wesentlichen aus antimonsaurem Bleioxyd besteht, noch einen Antheil anderer Oxyde enthält und dunkel gefärbt ist.

Dieses zweite Product ist die schwarze Glätte; sie wird in dem Maasse, als die Menge der fremden Metalle im Bade abnimmt und das Bleioxyd darin zu prävaliren beginnt, immer flüssiger und lichter von Farbe; vom Beginn der Bildung der schwarzen Glätte an wird das Feuer verstärkt, das Weichfeuern, und das Gebläse angelassen, wobei man die Kannen so stellt, dass die Windstrahlen bei dem Auftreffen auf das Metallbad dasselbe in eine kreisende Bewegung versetzen. Die schwarze Glätte wird über die Ofenbrust abgezogen und dann gewöhnlich verblasen (siehe pag. 142), das resultirende silberhaltige Blei vertrieben, die schwarze Glättschlacke aber zur Hartbleierzeugung abgegeben.

Die schwarze Glätte übergeht nach und nach, wenn alle fremden Metalle oxydirt sind und von dem Bleioxyd aufgenommen wurden, in reine Glätte, gelbe Glätte, auch grüne Glätte genannt. Diese ist das dritte Treibproduct; sie ist immer silberärmer, als die beiden ersten und nimmt erst gegen Ende des Treibens ihr Silbergehalt wieder zu. Sowohl das Feuer, als auch der Wind werden von dem Zeitpunkt an, da reine, gelbe Glätte sich bildet, gemindert, weil dieselbe leichtflüssiger und dünnflüssiger ist, als die schwarze Glätte; reiche Erze oder Oxyde werden jetzt zum Eintränken gegeben, wobei aber der Wind gänzlich abgestellt wird. Sobald sich das Bleibad mit gelber Glätte zu bedecken beginnt, wird in die Ofenbrust mittelst eines Hakens eine Rinne gerissen, durch welche man nach und nach die Glätte aus dem Heerde abfliessen lässt; diese Rinne nennt man die Glättgasse, und sie wird in dem Masse, als sich durch Oxydation das Metallbad im Heerde verringert und das Niveau desselben niedergeht, immer tiefer gerissen, jedoch nie so tief, dass die Glätte von selbst abfliessen könnte, sie muss vielmehr vom Winde der Glättgasse zugetrieben werden, auch werden die Kannen nach und nach in den Heerd weiter vorgeschoben, so dass der Windstrahl immer voll auf das Metallbad trifft. Das Einhalten einer richtigen Temperatur ist während dieser Periode wesentlich; dieselbe soll im Allgemeinen nur niedrig sein, um eine Verflüchtigung des Bleies möglichst zu verhüten. Hält man die Temperatur zu niedrig, so geht der Oxydationsprocess zu langsam vor sich, die Glätte wird nicht genug dünnflüssig, sie wird zu silberreich, weil keine hinlänglich innige Berührung zwischen Blei und Silberoxyd stattfindet, und die wechselseitige Einwirkung nur unvollkommen ist; hält man dagegen die Temperatur zu hoch, so wird die Verflüchtigung von Blei und Silber sehr bedeutend. Die eben richtige Temperatur erkennt man daran, dass der Rost weder zu klar brennt, so dass die über den Heerd streichende Flamme denselben ganz zu überblicken gestattet, noch dass der Heerd von Rauch erfüllt ist, sondern nur so viel davon über das Bleibad hinzieht, dass man etwa den halben Heerd übersehen und das Ablassen der Glätte ohne Mitlaufen von Blei entsprechend durchführen kann, so, dass das Metallbad stets mit einem 20—30 cm breiten Rand von Glätte bedeckt ist, welche an der Heerdmasse hängen bleibende Metallkörnchen herabwäscht. Sehr häufig lässt man die Glätte nicht continuirlich abfliessen, sondern es wird die Glättgasse mit einem Thonbatzen verlegt und mehr auf einmal davon ablaufen gelassen; dies ist namentlich dann der Fall, wenn die Erzeugung rother Glätte beabsichtigt wird, welche sich nur bei langsamem Erstarren im Innern grösserer abkühlender Massen bildet.

Ein Theil der Glätte wird von der Heerdmasse aufgesogen, dieses Bleioxyd verdrängt die in dem Mergel zurückgehaltene Feuchtigkeit und Kohlensäure, welche gasförmig entweichen und vom Rande des Metallbades immer gegen die Mitte zu fortschreitend ein Blasenwerfen aus dem Metallbade veranlassen; man nennt diese Erscheinung den Heerdtrank, welcher weder zu stark noch zu schwach wahrzunehmen sein darf, da im ersten Falle das Treiben zu heiss, im zweiten Falle zu kalt geführt wird. Die gelbe Glätte enthält wenig Silber, man nennt sie desshalb auch arme Glätte; lässt man dieselbe von dem Heerde auf die Hüttensohle laufen, so bleibt sie gelb bis grünlich gefärbt und hält nach dem Erstarren in grösseren Stücken zusammen, lässt man die Glätte jedoch in vor die Brust des Ofens gestellte Gefässe ablaufen, stets grössere Mengen auf einmal, so dass sie nur langsam erkaltet, so bleiben blos die äusseren Rinden fest und nehmen eine gelbgrüne Farbe an, das Innere des Kuchens ist roth, rothe Glätte, unzusammenhängend, schuppig, und zerfällt sehr leicht; auf diese Aggregatform und Farbe der Glätte haben blos Abkühlungsund Erstarrungsverhältnisse Einfluss. Die chemische Zusammensetzung beider Glätten ist dieselbe, die rothe Glätte jedoch steht höher im Preis. Am Unterharze hat man die Erfahrung gemacht, dass kühles Treiben, so wie die kühle Temperatur der Wintermonate fördernd auf die Bildung der rothen Glätte einwirken. Auf grösseren Glättekuchen entstehen, wenn die äussere Rinde erstarrt ist, gewöhnlich Sprünge mit Eruptionskegeln, und unter rapider Gasentwickelung werden Glättstückchen umhergeschleudert, so dass die Sicherheit des Arbeiters gefährdet wird; um diesem vorzubeugen, werden die ausgestürzten Kuchen, deren Inneres noch flüssig ist, absichtlich angestochen, so dass der noch flüssige Theil des Glättkuchens herausläuft. Die rothe Glätte wird abgesiebt und in mit Papier ausgekleideten Fässern in den Handel gebracht, sie wird auch nur für diesen Zweck erzeugt, da sie wegen der feinen Vertheilung sich für das Aufgeben über einen Schachtofen Behufs Bleireduction nicht eignet; die gelbe Glätte wird theils gefrischt, theils als bleiischer Vorschlag bei dem Erzschmelzen aufgegeben.

Wenn das Treiben zu Ende geht und nur wenig Blei mehr im Heerde sich befindet, so nimmt auch der Silbergehalt der in dieser Periode sich bildenden Glätte zu; diese reiche Glätte ist das vierte Product der Treibarbeit, man lässt sie separat ablaufen und setzt sie zur Gewinnung ihres Silbergehaltes bei dem Erzschmelzen als bleiischen Vorschlag wieder zu. Ihr Silbergehalt rührt her theils von darin gelöstem Silberoxyd, theils von mechanisch eingeschlossenen metallischen Bleitheilchen.

Gegen Schluss des Treibens ist die Oberfläche des Metallbades nicht mehr gehörig mit Glätte bedeckt, das Metallbad besteht jetzt vorwaltend aus Silber, das noch mit Blei und anderen Metallen in geringerer Menge verunreinigt ist; in Folge der stetigen Anreicherung des Bleibades und des allmäligen Uebergangs in Rohsilber wird das Metallbad immer strengflüssiger, so dass das Feuer immer entsprechend verstärkt werden muss, um das Metall flüssig zu erhalten. Das geschmolzene Metall zeigt jetzt einen starken Glanz, der Metallspiegel des Silbers wird immer deutlicher sichtbar, auf der Oberfläche bilden sich netzförmig zusammenhängende Partien von Glätte, das Blumen, und schliesslich lässt auch dieses Spiel nach, verschwindet endlich ganz, und das Silber bleibt mit gleichmässigem Glanz und Farbe zurück, es blickt. Dieses Rohsilber, Schwarzblicksilber, wird bei abgestelltem Gebläse gewöhnlich durch Eingiessen von Wasser in den Heerd abgekühlt, mit einem langen Meissel von der Heerdsohle gelüpft, dann herausgezogen und mit einer Teufelszange gefasst zu einem Ambos getragen, wo es von anhängender Heerdmasse gereinigt und hierauf gewogen wird. Selten wird das flüssige Silber ausgekellt (Kongsberg), manchmal aber durch Aufleiten von Wind gekühlt und wenn es erstarrt ist, ausgehoben. Das Schwarzblicksilber ist das fünfte Product, die mit Bleioxyd zum Theil angesogene Heerdmasse, der Heerd, das sechste Product des Treibens. Der Heerd dient als bleiischer Vorschlag bei dem Erzschmelzen, wenn aber die Bleie wismuthhaltig waren, so sammelt sich in den letzten Glätten und in den in der Nähe des Blicksilbers befindlichen Theilen des Heerdes das Wismuth an, dann werden diese Producte auf Wismuth zu Gute gebracht und erst die Rückstände von dieser Gewinnung in die Bleiarbeit zurückgegeben. Nach 24—30 Stunden wird der abgekühlte Heerd ausgehoben, darin zurückgebliebene Körner und Wurzeln ausgesucht, der mit Blei vollgesogene Theil der Heerdmasse von dem anderen getrennt und ersterer zur Vormass gefahren.

Die Zeitdauer eines Treibens variirt nach der Einsatzmenge und hängt ab von der Reinheit der Bleie so wie davon, ob Blei nachgetragen wird oder nicht.

Producte vom Treiben haben nachstehende Zusammensetzungen gezeigt:

Abstrich von

	Freiberg	Altenau nach Ernst	Kapnik nach v. Lill	Pallouen nach Berthier
Pb O	95·5	67·13	53·28	63·6
Cu O	0·5	Spur	0·05	—
$Fe_2 O_3$	0·3	Spur	0·58	—
Zn O	1·1	0·38	—	7·0
$Sb_2 O_5$	—	31·10	42·90	28·6
$As_2 O_5$	2·3	—	2·34	—
Schwefel	—	2·23	0·07	—
Blei	—	—	0·45	—
Unlöslich	—	—	—	1·6

Glätte von

	Freiberg	Clausthal	Přibram	Rodna nach Zahrl.[17]
Pb O	96·21	99·69	97·88	90·208
Cu O	0·82	0·04	0·24	0·032
$Fe_2 O_3$	0·41	Spur	Spur	0·212
Zn O	1·31	—	—	—
$Ag_2 O$	0·003	—	0·002	0·007
$Sb_2 O_5$	1·21	0·02	0·026	—
$As_2 O_5$		—	Spur	0·071
Ni O	—	—	Spur	0·370
Mg O	—	—	Spur	0·601
Ca O	—	—	0·24	1·830
$Al_2 O_3$	—	—	0·07	0·375
$C O_2$	—	—	0·10	4·912
$Si O_2$	—	—	0·66	1·130

Heerd von der Neusohler Silberhütte enthielt nach Dobrowitz:[18]

Pb O	66·95
Cu O	0·27
$Ag_2 O$	0·02
$Fe_2 O_3$	2·81
$Al_2 O_3$	2·35
Ca O	10·40
Mg O	5·44
$Sb_2 O_5$	1·35
$Si O_2$	6·20
$C O_2$	3·40

Zu Přibram wird in den kleinen Treibheerd 75 q Werkblei eingesetzt, und nach 26 stündigem Treiben ein Schwarzblick von 40—50 kg

---

[17] Jhrbch. d. k. k. Bgakademien Bd. 17 pag. 364.
[18] Ebenda pag. 367.

Gewicht mit 95 % Silbergehalt gewonnen. An Brennstoff werden 16 q Steinkohlen für ein Treiben, d. i. 20 q pro 100 q Werkblei gebraucht. Zum Einstampfen des Heerdes gehen 6 Hectoliter Mergel auf.

In den grossen Treibheerden setzt man 225 q Werkblei ein, das Treiben dauert 72 Stunden und erhält man Schwarzblicksilber von über 100 kg Gewicht. Die Herstellung des Heerdes erfordert 20 Hectoliter Mergel.

Die grossen Treibheerde arbeiten vortheilhafter; das Ausbringen ist ein günstigeres, es fällt mehr rothe und weniger reiche Glätte und weniger Heerd, der Brennstoffverbrauch ist derselbe.

Man erhält von einem Treiben im kleinen Heerd an Producten:

Ord. Glätte	40 —43	q
Abstrich	1·5— 2	-
Schwarze Glätte	3·5— 4·5	-
Reiche Glätte	2	-
Heerd	8 — 9	-
Uebergangsglätte	0·5	-
Frischglätte	6 — 6·5	-
Rothe Glätte	40 —42	-

Bei den grossen Treibherden erfolgen:

Abstrich	18—19 q
Ord. Glätte	63 -
Rothe Glätte	130 -
Reiche Glätte	20 -
Heerd	33—36 -

Am Oberharz wurden bei Holz binnen 32 Stunden 84 q Werkblei bei 6·5—7 % Bleiverlust abgetrieben; man hat später auch hier Steinkohlen und Unterwind eingeführt.

Auf dem Unterharz werden die von den Schachtöfen gefallenen Bleie zuerst in einem Kessel gesaigert, die hiebei abgezogenen Schlicker mit 12—15 % Kupfer und 50—70 % Blei auf Kupferstein und Werkblei durchgesetzt, das abgesaigerte Blei aber abgetrieben; das Silber enthält 0·3 % Gold und erhält man aus 100 Theilen Werkblei 13—15 Theile Frischglätte, 40—60 Kaufglätte, 2—5 Abstrich, 20—25 Heerd und 6½ kg güldisches Silber.

Zu Freiberg werden auf den kleineren Treiböfen 100, auf den grösseren 150 q Werkblei eingesetzt und während des 6—7 Tage währenden Treibens auf die kleinen Heerde 300—325, auf die grösseren 350 bis 450 q nachgetragen. Als Brennstoff dient Braunkohle bei Verwendung von Unterwind. Bei diesem Treiben wird das Blei blos bis auf circa 80 % Silber concentrirt.

Zu Tarnowitz ist ebenfalls ein vorheriges Concentrationstreiben, Armtreiben, in Uebung. Es werden 82·5 q Werkblei eingesetzt und

21*

117·5 q davon nachgetragen, in 40 Stunden erfolgt die Concentration bis
auf 10 q Reichblei mit 1·07 % Silber. Als Brennstoff dient Steinkohle,
man erhält von 100 Gewichtstheilen Werkblei 90·75 Gewichtstheile Glätte
und 19·86 andere Treibproducte. Der Silberkuchen wird bei abgehobener
Haube abkühlen gelassen. Der Heerd wird aus Dolomit mit 25 % feuerfesten Thons gemengt hergestellt.

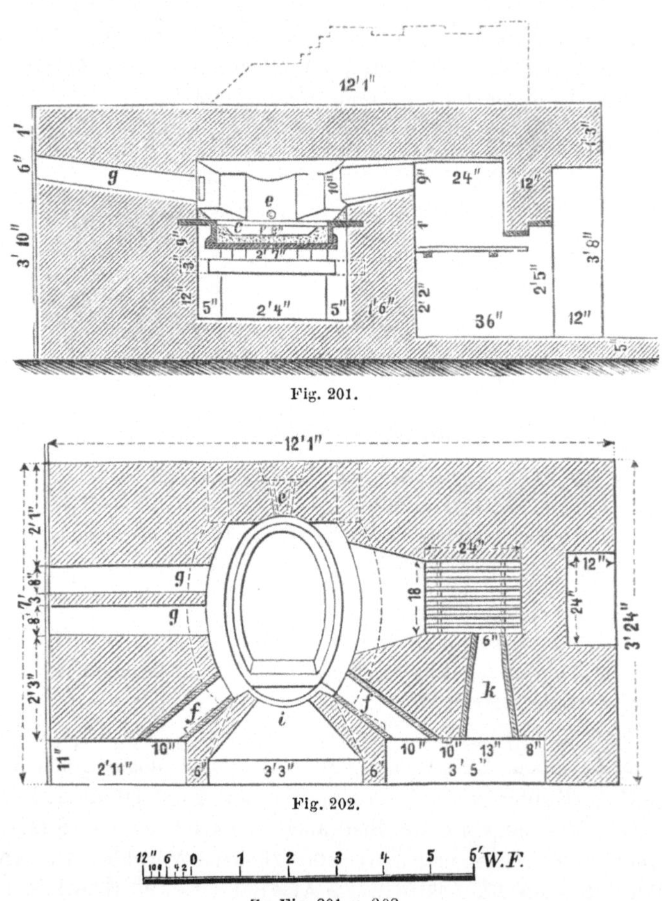

Fig. 201.

Fig. 202.

Zu Fig. 201 u. 202.

Bei dem Reichtreiben werden 70 q Concentrationsblei eingesetzt,
3 q noch nachgetragen und erfolgt ein Blicksilber im Gewichte von 75
bis 115 kg mit 90—95 % Feingehalt.

Englischer Treibprocess. Nach dieser Methode geschieht das
Treiben in einem kleinen Treibofen mit beweglichem Heerde und unbe-
weglichem Gewölbe bei Steinkohlenfeuerung unter stetem Nachsetzen von
festem oder flüssigem Blei; sehr häufig wird auf diesen kleinen Heerden
zuerst ein Concentrationstreiben ärmerer aber reinerer Bleie bis auf etwa

10% Silber vorgenommen und die concentrirten Bleie werden dann zusammen abgetrieben, wobei man an Brennstoff spart, weil der Betrieb
ziemlich continuirlich fortläuft, indem er nur dann unterbrochen wird,
wenn ein Concentrationstreiben zu Ende geführt wurde. Bei auf Wagengestellen in den Ofen schiebbaren Testen lässt sich ein solcher Betrieb
continuirlich einrichten.

Den englischen Treibheerd zeigt Fig. 201—204. Der Testring a ist
aus stärkerem Bandeisen genietet und mit Querbändern b versehen
(Fig. 204), welche zugleich eine Stütze für die eingestampfte Testmasse
abgeben, wozu ebenfalls Mergel genommen wird; der Testring wird zuerst
voll gestampft, dann die Heerdgrube c ausgeschnitten und vorn einige
Oeffnungen d durchgebohrt, zu welchen die Glättgassen h geführt werden,

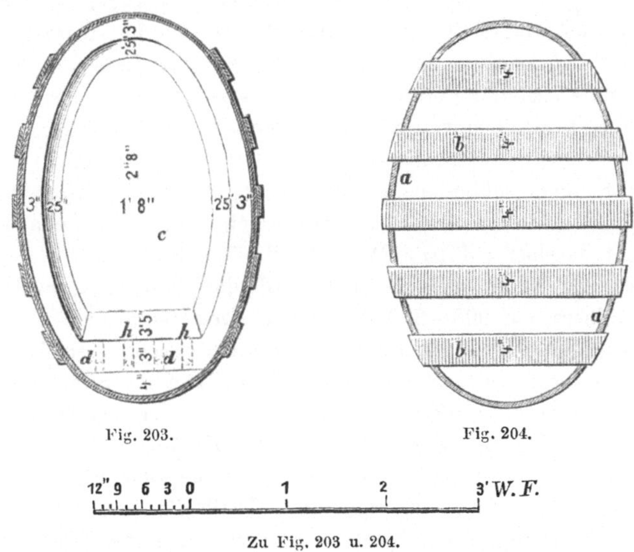

Fig. 203.   Fig. 204.

Zu Fig. 203 u. 204.

um durch dieselben die Glätte in untergestellte Blechgefässe ablaufen zu
lassen. Der fertige Test wird in den Heerd geschoben, innen mit eisernen
Keilen festgemacht, die Fugen an dem Testring und an dem denselben
aufnehmenden Compassring mit Testmasse verstrichen, der Test dann
angewärmt, und wenn er rothglühend geworden ist, entweder flüssiges Blei
eingelassen oder das Blei in Blöcken durch neben der Arbeitsöffnung befindliche Canäle f auf einer Eisenplatte eingeschoben und abschmelzen gelassen. Wenn flüssiges Blei in den Heerd gebracht werden soll, wird das
Werkblei in einem vor dem Heerde zur Seite liegenden Kessel eingeschmolzen; g sind die den Bleirauch in die Esse abführenden Füchse, e
die Kanne, i die Arbeitsseite, k die Schüröffnung.

Nach Anlassen des Gebläses werden die Glättgassen eingerissen und
in dem Masse, als sich das Bleibad durch Oxydation und Abfliessen der

Glätte verringert, Blei nachgegeben; wenn sich das Blei genügend angereichert hat, wird es durch den Stich abgestochen, wenn man aber darin feinbrennen will, wird zu Ende getrieben und das Silber entweder abgestochen oder ausgeschöpft, oder man lässt den Silberkuchen im Ofen abkühlen und bricht nach Herausnehmen des Testes das Silber aus.

In England hat man den Test auf einem vierrädrigen Wagengestelle liegen, welcher, wenn ein Treiben oder Feinbrennen beendigt ist, ausgeschoben und ein genügend angewärmter Test dafür wieder eingefahren wird, so dass ohne Unterbrechung fortgearbeitet werden kann, wodurch an Brennstoff gespart wird.

Zu Commern in der Eifel sind die Teste 1 m lang und 60 cm breit, sie haben einen 15 cm hohen Rand und werden 2 q durch den Parkesprocess auf $1\,^0/_0$ Silber angereichertes Werkblei in flüssigem Zustande eingebracht; davon wird so lange nachgesetzt, bis sich der Heerd so weit mit Silber gefüllt hat, dass es durch die Glättgassen abzufliessen droht, worauf man es in untergestellte Formen absticht. Das Silber wird sogleich feingebrannt, das Vertreiben von 80 q Werkblei dauert 7—8 Tage.

In New-Castle concentrirt man in 16—18 Stunden 40 q Blei bis auf $^1/_2$ q mit einem schliesslichen Silbergehalt von $1\cdot5\,^0/_0$, sticht die Reichbleie ab und vertreibt dann mehrere Reichwerke auf einmal für sich; man braucht daselbst auf 10 q Werkblei 2 q Steinkohlen.

Zu Mechernich in der Eifel wird das Treiben sogleich bis zur Feine des Silbers auf 998—999 Tausendstel fortgesetzt.

Feinbrennen des Blicksilbers. Diese Operation ist ein fortgesetzter Abtreibeprocess bis zur möglichsten Reindarstellung des Silbers; die Manipulationen aber sind hiebei abweichend von denen bei dem Treiben, indem man die dabei sich bildende Glätte nicht ablaufen lässt, sondern man streut lockere Testmasse auf das Metallbad, welche sich mit Bleioxyd vollsaugt und abgezogen wird, während einen Theil Bleioxyd die Heerdmasse aufnimmt. Durch das Feinbrennen werden mit dem das Blicksilber zum grössten Theil verunreinigenden Blei auch die letzten Antheile der andern fremden Metalle, welche das Schwarzblicksilber noch enthalten hat, entfernt.

Des Feinbrennen wird vorgenommen:

1. In den Treiböfen selbst, jedoch seltener, wovon auch schon vordem Erwähnung geschah; es wird nach erfolgtem Blick bei abgestelltem Wind der Heerd noch so lange befeuert, bis die Oberfläche des Silbers vollkommen spiegelnd geworden ist. Nach von Ohl[19] zu Braubach abgeführten Versuchen sollen die Verluste an Silber hiebei nur geringe sein, und derselbe findet es sogar zweckmässiger, auf dem Treibheerd fein zu brennen, wenn die Production eine geringe ist. Ohl constatirte Verluste von blos $0\cdot018\,^0/_0$ bei Silber und $0\cdot083\,^0/_0$ bei Gold. In Ungarn ist das Feinbrennen auf dem Treibheerde ebenfalls üblich.

---

[19] Bg. u. Hüttnmsch. Ztg. 1879 pag. 274.

2. In einem kleinen, dem Kupfergarheerd ähnlichen Ofen mit sehr flacher Heerdgrube bei Aufleiten von Wind; diese Methode ist nicht mehr in Uebung.

3. Unter der Muffel auf einem beweglichen Test. Dieses Verfahren ist auf den Unterharzer Hütten in Uebung. Der Test wird in eine eiserne Schale aus Mergel oder Aescher eingestaucht, in den Ofen eingetragen, 20—25 kg Silber aufgesetzt, das Muffelgewölbe darüber gebracht, so dass die Schale selbst den Muffelboden bildet, und der Ofen vorn bis auf eine kleine Arbeitsöffnung mit einer verlorenen Mauer geschlossen, die Muffel mit Kohlen umstürzt und der Ofen sonst wie ein Muffelofen bedient. Man feint unter häufigem Umrühren des Silbers mit einem Haken unter Luftzutritt so lange, bis das Silber vollkommen spiegelt, worauf es durch Aufgiessen von Wasser abgekühlt wird. Das Feinen dauert etwa 5 Stunden, wovon 2 Stunden auf das Einschmelzen kommen; als Brennstoff dient Holzkohle, wovon man für ein Feinbrennen 0·23 cbm braucht. Der Brennstoffaufwand ist hiebei gross; das Verfahren besteht nur noch an sehr wenigen Orten und ist blos für kleine Productionen anwendbar.

4. In Tiegeln. Diese Methode erfordert weniger Brennmaterial, und die Silberverflüchtigung ist hiebei geringer. Man verwendet Graphittiegel oder eiserne Tiegel. Von diesen beiden sind die letzteren dauerhafter, aber theurer, solche von Schmiedeeisen sind die besten, doch sollen sie von Heerdfrischeisen hergestellt sein, weil sie nicht so leicht abblättern, wie die aus Puddleisen gefertigten; in Graphittiegeln kann man nicht so kräftig durchrühren, ohne Gefahr zu laufen, den Tiegel zu beschädigen. Unbrauchbar gewordene eiserne Tiegel werden zerschlagen und in verdünnter Schwefelsäure aufgelöst, wodurch man das mit dem Eisen legirte Silber wieder gewinnt.

Zu Schmöllnitz und Arany-Idka in Ungarn, dann im Mannsfeld'schen und auf mehreren Hütten Nordamerikas ist diese Raffinirmethode für Cement- und Amalgamsilber üblich; zum Aufsaugen der sich bildenden Oxyde wird etwas Testasche aufgestreut (Knochenasche), und wenn die Silber unreiner sind, werden zur Verschlackung der Oxyde Gemenge von Borax und Salpeter oder Pottasche mit Salpeter zugesetzt und das Metallbad damit einigemale gut durchgerührt, bis nach Abheben der Schlacken das Silber darunter ganz blank geworden ist, worauf man es ausschöpft. Die Schlacken werden zerrieben, mechanisch eingeschlossene Silberkörner durch Absieben getrennt und das Schlackenpulver auf dem Treibheerd eingetränkt. Einen Feinbrenntiegelofen zeigt Fig. 205.

5. In Flammöfen. Dieses Verfahren des Silberraffinirens ist das derzeit am häufigsten angewendete, der Brennstoffaufwand ist hiebei der geringste, dafür ist die Verflüchtigung des Silbers bedeutender; um die Verluste durch Verflüchtigung möglichst herabzudrücken, wird das Blicksilber rasch unter einer Decke von Kohlenlösche oder Sägespänen einge-

schmolzen. Die Silberfeinbrennflammöfen eignen sich am besten für grössere Productionen. Das Feinbrennen ist beendet, wenn die Oberfläche des Silberbades vollkommen spiegelt, wenn keine Glättaugen mehr darauf schwimmen, wenn eine geschöpfte Probe rein weiss, ihr Bruch hakig ist und Seidenglanz zeigt. Die Silberraffiniröfen haben theils einen beweglichen Heerd, ähnlich wie die englischen Treiböfen, und dann wird das Silber aus denselben entweder abgestochen oder durch Umkippen des Heerdes ausgeleert, oder sie haben fixe Heerde, aber bewegliche Hauben, und diese Oefen sind die grösseren; solche Oefen erhalten auch hohe Essen, um möglichst bald die Einschmelztemperatur hervorzubringen. Aus grossen Oefen wird das Silber in eiserne Formen ausgekellt, worin dasselbe, wenn

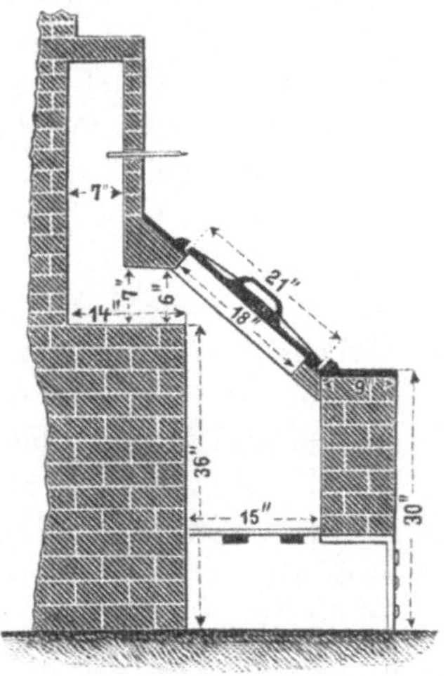

Fig. 205.

es sehr rein ist, häufig spratzt; da bei dem Spratzen immer mechanische Verluste stattfinden, so trachtet man dieselben dadurch zu verhüten, dass man die gegossenen Silberbarren recht langsam abkühlen lässt, indem man die Formen auf eine geheizte eiserne Platte aufstellt und in die warmen Formen vergiesst, oder man legt ein Stückchen Kohle auf, wodurch die Oberfläche des Gussstücks offen erhalten wird und das absorbirte Sauerstoffgas leichter entweicht.

Fig. 206 und 207 zeigen den zu Přibram in Verwendung stehenden Silberraffinirofen; die Haube ist um das Charnier a beweglich und kann mittelst einer Kette aufgezogen werden, h ist die Arbeitsöffnung, k die Schüröffnung. Die Heerdsohle ruht auf einer gusseisernen Platte, auf welcher zuerst eine Mauerung aus feuerfestem Materiale, darüber eine fixe Mergelschicht und obenauf die jedesmal neu aufzustampfende Mergelsohle liegt. Zu Přibram wurde vordem der Test aus Knochenasche und Mergel hergestellt, jetzt benützt man blos Mergel hiezu; der Ofen bekömmt 8·5—9 q

Blicksilber Einsatz, welches in 4 Stunden eingeschmolzen und in weiteren 6 Stunden raffinirt wird; als Brennstoff dient Steinkohle, wovon für einen Brand 6·5 q nothwendig sind. Das Brandsilber mit einem Feingehalte von 996—997 Tausendstel wird in eiserne Formen ausgeschöpft und die erstarrten Brandstücke im Gewichte von 10 kg in Wasser abgelöscht. Während des Feinens wird zeitweise Mergel aufgestreut und, wenn der derselbe das auf der Oberfläche schwimmende Bleioxyd aufgesogen hat, als gesinterte Masse abgezogen.

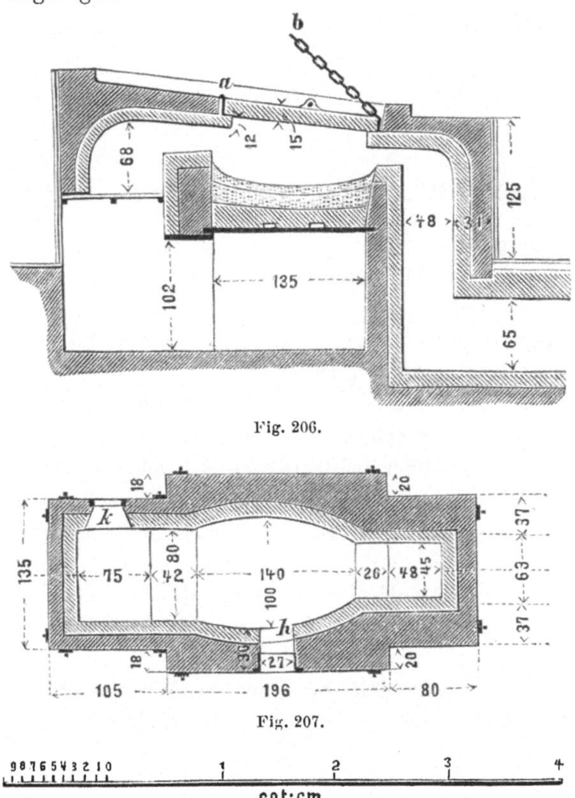

Fig. 206.

Fig. 207.

Zu Fig. 206 u. 207.

Zu Freiberg hat man einen ähnlichen Ofen ebenfalls mit beweglichem Gewölbe; es werden 10—12 q Blicksilber eingesetzt, binnen 3 Stunden eingeschmolzen und bei einem Steinkohlenaufwand von 60 kg pro 1 q Silber bei auf 996—998 Tausendstel Feingehalt raffinirt, wozu im Ganzen 10—12 Stunden Zeit nothwendig sind. Das Calo hiebei beträgt 3—3·5%. Die Heerdsohle ist aus Mergel hergestellt; die wismuthhaltenden Teste und Glätten werden auf Wismuth zu Gute gebracht, das Silber, weil es goldhältig ist, durch Eingiessen in kaltes Wasser granulirt und die Granalien an die Goldscheideanstalt abgegeben.

Zu **Tarnowitz** werden in einem kleinen englischen Treibheerd 50 kg Blicksilber mit 97 % Silbergehalt auf einem aus Knochenmehl und etwas Thon hergestellten Test binnen 5 — 6 Stunden bei einem Steinkohlenaufwand von 245 Theilen Steinkohle auf 100 Gewichtstheile Feinsilber bis auf 999 Tausendstel Feingehalt raffinirt. Das Silber wird auf dem Test erstarren gelassen, nachdem das denselben tragende Wagengestelle ausgezogen wurde.

Die bei dem Feinbrennen abfallenden Krätzen, Teste und dergl. werden bei dem Erzschmelzen zugetheilt.

Silbergewinnung auf nassem Wege.

Die Gewinnung des Silbers auf nassem Wege kann entweder direct aus den Erzen oder aus Hüttenproducten erfolgen; in beiden Fällen wird das Silber in dem Verhüttungsgut

1. entweder in Chlorsilber verwandelt und das Silber daraus durch Quecksilber ausgezogen (**Amalgamation**),

2. oder das Chlorsilber wird in Kochsalzlauge gelöst und aus der Lösung durch Kupfer abgeschieden (**Augustin's** Process),

3. oder das Chlorsilber wird in unterschwefligsaurem Natron gelöst und durch Schwefelnatrium als Schwefelsilber gefällt (**Patera's** Process),

4. oder man löst es in Calciumhyposulfit und fällt mit Schwefelcalcium (Methode von **Kiss**),

5. oder man röstet sulfatisirend, laugt das schwefelsaure Silber mit Wasser aus und fällt es aus der Lösung durch Kupfer (**Ziervogel's** Methode),

6. oder endlich behandelt man das das Silber enthaltende Product mit verdünnter Schwefelsäure, und der silberhaltende Rückstand wird verbleit.

Silbergewinnung durch Amalgamation.

Die Amalgamation beruht auf der Eigenschaft des Quecksilbers, mit metallischem Silber eine Legirung, das **Silberamalgam**, zu bilden, aus welcher durch Hitze das Quecksilber wieder ausgetrieben und so von dem Silber getrennt werden kann; entweder wird hiebei das Chlorsilber vorher durch metallisches Eisen zerlegt und das ausgeschiedene Silber von dem Quecksilber aufgenommen, oder es wird das Chlorsilber vorher durch einen Theil des zugesetzten Quecksilbers zerlegt und das Silber von dem im Ueberschuss zugesetzten Quecksilber amalgamirt.

Dieser Process gelangte um Mitte des 16ten Jahrhunderts zuerst in

Mexico zur Ausführung und zwar aus Mangel an Brennstoff für eine anderweitige Verhüttung der Erze, im Jahre 1784 wurde das Verfahren von Born in Wien in kupfernen Kesseln, dann von Gellert in feststehenden und von Ruprecht in rotirenden Fässern versucht und das letztere Verfahren zu Freiberg zuerst im Grossen in Ausführung gebracht, wobei man zur Beschleunigung des Processes theilweise höhere Temperatur anwendete.

Der ursprüngliche amerikanische Process steht heute noch in Anwendung, doch wurde er bereits vielfach modificirt und verbessert, und man unterscheidet gegenwärtig die folgenden Methoden:

1. Die europäische oder die Fässeramalgamation.
2. Die amerikanische oder Haufenamalgamation, den Patioprocess.
3. Die Kesselamalgamation, den Cazoprocess.
4. Die Pfannenamalgamation, den Washoeprocess.
5. Die Mühlen- oder Arrastra-Amalgamation.

Gegenüber den Gewinnungsmethoden auf trockenem Wege ersparen die Amalgamationen an Brennstoff, sie verlangen reinere Erze und lassen unter günstigen Umständen ein ziemlich vollständiges Ausbringen an Silber zu; abhängig von den fremden Begleitern der Silbererze und der Art der Vererzung des Silbers kommen dann je die oben genannten verschiedenen Processe in Anwendung.

Europäische Fässeramalgamation. Die für diese Methode der Silbergewinnung geeignetsten Erze sind Kiese, deren Kiesgehalt so hoch sein soll, dass er bei der Röstung der zu verhüttenden Materialien eine genügende Menge Schwefelsäure zur Zerlegung des zugeschlagenen Kochsalzes liefert. Von den gewöhnlichen Begleitern der Erze, welche sich zum Theil in den Hüttenproducten wiederfinden, verhalten sich Erden bei der Amalgamation neutral, Blei, Wismuth und Kupfer übergehen mit in das Amalgam, Blei und Wismuth machen dasselbe auch zähe, so dass es sich weniger gut von den Rückständen scheiden lässt; bei der Röstung wirken alle flüchtigen und das Silber zur Verflüchtigung disponirenden Metalle, so wie solche, deren Verbindungen wegen ihrer Leichtschmelzigkeit eine Knörperbildung begünstigen, schädlich. Ein Kalkgehalt in den Erzen ist aber aus dem Grunde nicht gut, weil er einen Theil Schwefelsäure bindet. Man amalgamirt Erze, Leche, Speisen und Schwarzkupfer.

Die Materialien müssen zunächst gehörig zerkleint werden; Erze werden gepocht, gesiebt, das auf dem Sieb Gebliebene vermahlen, wieder gesiebt, und das Siebfeine nun derart gattirt, dass die Erzpost einen entsprechenden Schwefelgehalt für den vorhandenen Silbergehalt besitzt, welche Verhältnisse, so wie der nöthige Kochsalzzuschlag für das Rösten durch Versuche zu ermitteln sind. Die gattirte und beschickte Post wird nun dem Rösten übergeben, bei welchem, wenn es in der Röstpost an Schwefel mangelt, die nöthige Menge Eisenvitriol zugeschlagen werden muss.

Man röstet in Posten von mehreren Centnern anfangs sulfatisirend, indem zuerst die Röstpost unter beständigem Krählen so lange in Dunkelrothglut erhalten wird, bis das Kochsalz aufhört zu knistern, dann richtet man die Röstpost der ganzen Länge des Ofens nach zu einem Haufen auf, zerklopft die Röstknoten, breitet die Post wieder aus und bringt sie bei ununterbrochenem Wenden und Krählen zum Glühen, das Anrösten, wobei flüchtige Oxydationsproducte entweichen. Hierauf mässigt man die Temperatur, um möglichst viel Sulfate zu bilden, wobei dieselben beginnen zerlegend auf das Kochsalz einzuwirken, das Abschwefeln; die Beendigung dieser Periode gibt sich mit dem Dunkelwerden der Röstpost sowie durch Aufhören der Entwicklung von schwefliger Säure zu erkennen. Es folgt hierauf das Gutrösten, wobei man die Temperatur erhöht um die Bildung von Chlormetallen zu unterstützen. Nach etwa $^3/_4$—1 Stunde hört die Gasentwickelung auf; es werden jetzt zur Beurtheilung des Rösterfolges Proben genommen, dieselben mit Kochsalz- oder Natriumhyposulfitlösung ausgelaugt, der Rückstand hievon sowohl, als auch ein Theil der genommenen Probe abgetrieben, um die Menge des chlorirten Silbers zu erfahren, und wenn die Rückstände hinreichend arm sich zeigen, zieht man die Röstpost aus. Die Zeitdauer der Röstung ist verschieden, ebenso der erreichte Grad der Chlorirung; nach O. Hoffmann[20]) soll man das aus dem Ofen gezogene Erz in Haufen liegen lassen, wobei es sich stundenlang im Glühen erhält und, wenn die Chlorirung unvollkommen war, oft eine sehr bedeutende, bis 40 % betragende Nachchlorirung eintritt, dieselbe aber selbst bei gut ausgefallener Röstung noch immer 1—2 % erreicht, und sich besonders erhöht, wenn man die Erze womöglich mit Kupferchlorid oder in Ermangelung dessen mit einer Lösung unedler Metallsalze anfeuchtet.

Als Röstöfen finden mehrheerdige Flammöfen vielfache Anwendung, so wie auch rotirende Oefen, Stetefelds Ofen und andere. Die letzteren wurden, da der Betrieb mit Gasfeuerung zu umständlich war und zu viel Aufsicht erforderte, in der in Fig. 208 gezeichneten Weise modificirt[21]). Der Ofenschacht wird durch die beiden Rostfeuerungen A erhitzt, deren Aschenfälle mit eisernen Thüren geschlossen sind, in welchen sich mit Schiebern verschliessbare Oeffnungen zur Regulirung des Luftzutritts befinden; die durch den Spalt a in den Ofen eintretenden Verbrennungsgase werden durch die bei b zuströmende Luft vollständig verbrannt, welche zugleich zur Oxydation des Schwefels und der unedlen Metalle des Röstgutes dient. Das geröstete Erz sammelt sich in dem Trichter B an, und wird nach Wegziehen des auf Rollen laufenden, den Boden bildenden Schiebers in untergestellte Wagen entleert; c sind Oeffnungen zum Einführen von Gezähe, d eine Beobachtungsöffnung. Die Gase

---

[20]) Bg. u. Httnmsch. Ztg. 1884 pag. 416.
[21]) Ebenda, 1879 pag. 5. Wagner's Jahresbericht, 1879 pag. 155.

und der Flugstaub ziehen durch den Canal e, welcher mehrere Reinigungsöffnungen f hat, nach den Kammern C und D, und wird der Flugstaub bei dem Durchgang durch e von einer gleich construirten (dritten) Separatfeuerung A nachgeröstet. Die Condensationskammern C werden in gleicher Art entleert, wie der Trichter des Ofenschachts. Die Oefen werden 9, 10 und 12 m hoch gemacht, sie bekommen einen Schachtquerschnitt von 0·5—0·55 qm und setzen pro 24 Stunden 400, 600 und 800 q durch. Das Erz aus dem Schachte gibt bei der Amalgamation ein feineres Silber, als das aus den Flugstaubkammern, weil sich da mehr flüchtige Chlormetalle condensiren; der Stetefeld'sche Ofen hat den Vortheil, dass darin schwefelfreie und schwefelarme entsprechend beschickte

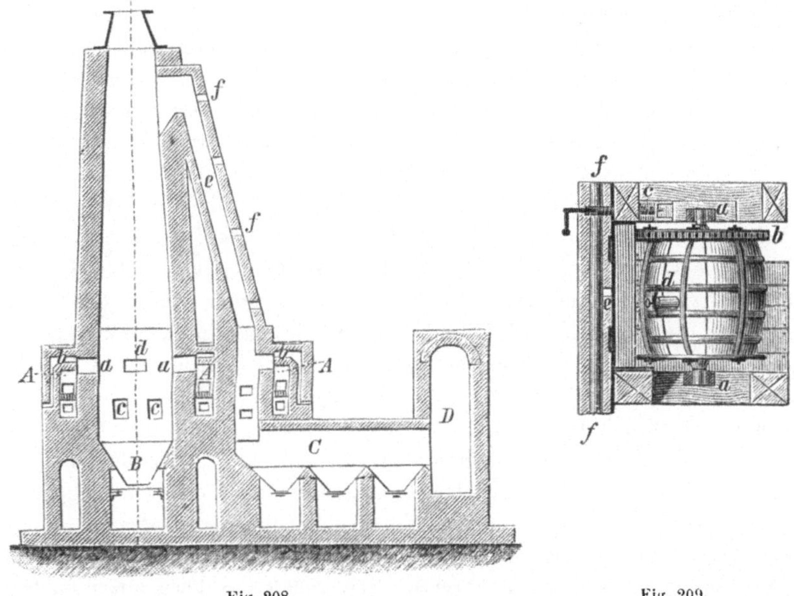

Fig. 208.   Fig. 209.

Erze leichter zu chloriren sind, hauptsächlich dann, wenn Schwefeldioxyd (Dämpfe verbrennenden Schwefels) in den Ofen geleitet wird. Ein Zuschlag von Schwefel bei dem Zerkleinern des Erzes soll weniger vortheilhaft sein, doch bedürfen an Schwefel arme Erze eines Kieszuschlags; bei dem Entladen des Erzes in untergestellte Wagen tritt weniger Luft in den Ofen, als bei dem Räumen durch die Thüren (siehe pag. 104), und desshalb soll in den modificirten Oefen die Chloration vollständiger sein.

Das Röstgut wird nun zunächst durchgerättert und gesiebt, die Gröbe vermahlen und ebenfalls gesiebt, und die Mehle hierauf in eichenen oder tannenen Fässern, welche aus 10 cm starken Dauben hergestellt, 1·3 m lang und 1 m breit sind, 4 cm starke Böden und eine starke eiserne Armatur besitzen, angequickt. Ein solches Quickfass ist in Fig. 209 abgebildet; a sind die Zapfenlager, deren eines durch die Schraube c verschiebbar ist, damit die Zahnscheibe b Behufs Einstellung der Rotation aus dem Kammrad gerückt werden kann, d ist der durch Bügel und Flügelschraube festgehaltene Spund, e ein Rohr, durch welches das Amalgam in die Rinne f abgelassen wird.

Das Anquicken zerfällt in drei Operationen; diese sind die Bildung des Quickbreies, die eigentliche Amalgamation und die Absonderung des Amalgams.

Zur Bildung des Quickbreies werden zuerst an 50 Kilo Eisenkugeln durch die offene Spundöffnung in das Quickfass eingebracht, dann das Fass mit dem Spundloch nach aufwärts gestellt und 150 Liter Wasser aus einem oberhalb des Fasses stehenden Behälter einlaufen gelassen; hierauf werden 10—15 q Mühlmehl durch einen Trichter von Holz eingeschüttet, das Spundloch geschlossen, das Fass in das Kammrad eingerückt und 2 Stunden hindurch langsam bei 10—12 Umdrehungen pro Minute umlaufen gelassen, um im Fasse eine homogene Masse herzustellen. Während dieses Rotirens lösen sich das Kochsalz, Natriumsulfat, Eisenchlorür, Kupferchlorid, Chlorblei, Chlorgold, Chlorantimon etc., das Kochsalz bringt das Chlorsilber in Lösung, das Eisen fällt unter Wärmeentwickelung metallisch das Silber aus und reducirt unter Bildung von Eisenchlorür alle Chloride, wodurch eine spätere Bildung von Calomel, also Quecksilberverlust vermieden wird; zum Theil werden durch das Eisen aber auch die durch dasselbe fällbaren Metalle aus ihren Salzen ausgeschieden, welche mit dem Silber von dem später zuzusetzenden Quecksilber aufgenommen werden, nur die Aufnahme des Goldes, wenn solches in den Erzen enthalten war, ist eine unvollständige, indem etwa nur 50 % davon in dem Amalgam ausgebracht werden. Nach 2 Stunden hat der Quickbrei im Fasse eine gleichartige, honigähnliche Consistenz angenommen, und prüft man hierauf durch Herausnehmen einer Probe mit einem Spatel, von welchem die Masse nur langsam ablaufen darf; es folgt nun die Amalgamation des Quickbreies. Man rückt das Fass aus dem Getriebe aus und bringt durch einen Trichter 1·5—2·5 q Quecksilber in dasselbe, worauf man die Spundöffnung wieder schliesst und das Fass nun rascher, etwa 20 mal pro Minute umlaufen lässt. Die Temperatur im Fasse nimmt in Folge des neu entstehenden galvanischen Stroms zwischen Eisen und Quecksilber zu und erreicht bis 30°, wobei die Zersetzung der durch Eisen fällbaren Metalle, namentlich des Silbers vollendet wird; nachdem man das Fass 4—5 Stunden rotiren gelassen hat, setzt man etwas Wasser zu, lässt dann noch weitere 14—15 Stunden umlaufen, und nimmt hierauf mit einem kleinen Tiegelchen von mehreren Stellen des Fassinhaltes Probe, verwäscht dieselbe mit der Hand auf einer Schüssel, giesst die Trübe nach dem Absetzen ab und probirt den getrockneten Rückstand auf Silber. 0·004 % Silber werden als unausbringbar betrachtet. Während der Amalgamation wird auch zeitweilig in das Fass nachgesehen;

wenn sich zerschlagenes Quecksilber von grauer Farbe zeigt, so wird noch
Eisen nachgetragen, zeigt sich das Quecksilber aber als weisser Schaum,
so beschleunigt man den Umlauf der Fässer.

Hierauf folgt die Absonderung des Amalgams von den Rückständen; die Fässer, welche bisher nur zu etwa $^2/_3$ gefüllt waren, werden
zur Verdünnung des Breies mit Wasser aufgefüllt und langsam, 8—9 mal
pro Minute, rotiren gelassen; man öffnet sie dann in der Art, dass man
zuerst einen im Spund befindlichen Eisenzapfen herauszieht und das

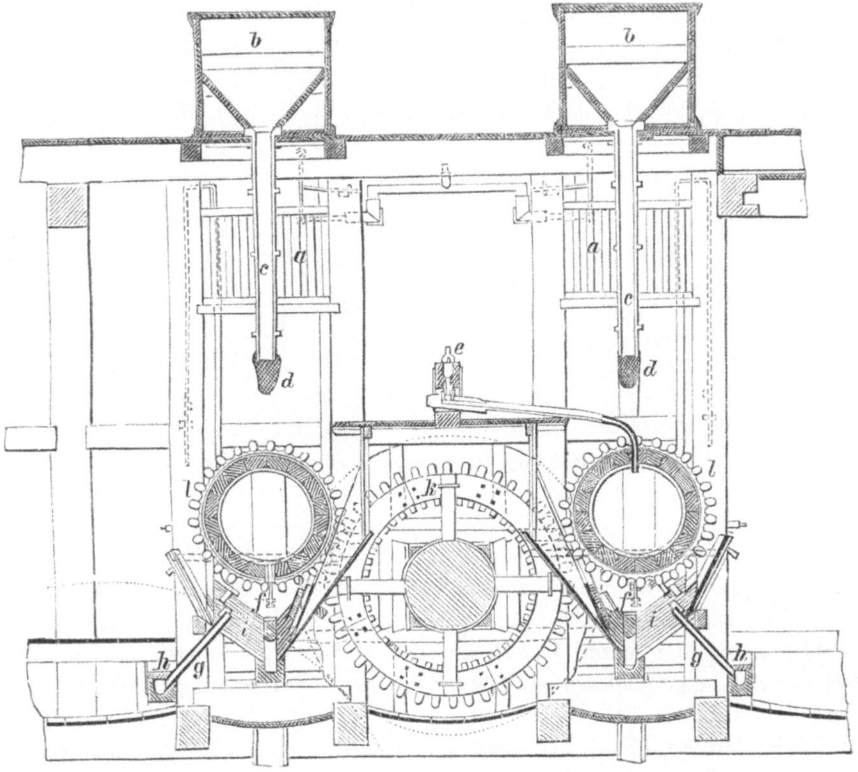

Fig. 210.

Amalgam in ein Gefäss abfliessen lässt, oder man steckt einen Schlauch
an und lässt durch ein Rohr das Amalgam in eine Rinne und von da in
eine Amalgamkammer abfliessen. Wenn dieses abgelaufen ist und die
Rückstände auszutreten beginnen, steckt man den Eisenzapfen wieder ein,
öffnet das Spundloch ganz und dreht das Fass mit dem Spundloch gerade
nach abwärts; die Trübe fliesst durch ein zweites Gerinne in Wasch-
bottiche ab, wo sie unter Wasserzufluss mittelst eines Rührwerks aufge-
rührt wird und worin sich ein unreines, das Waschbottichamalgam,
absetzt. Dieses wird nach je 6—12 Wochen herausgenommen, die Laugen

aber geklärt und auf Glaubersalz versotten. Halten die Rückstände noch Silber und Gold, so werden sie dem Schmelzprocess übergeben. Fig. 210 zeigt das Amalgamirgerüst. Es bezeichnen a das Wasserreservoir, aus dem das Wasser in die Fässer abgelassen wird, b den Erzkasten, aus welchem durch die Lutte c und durch den Schlauch d das Erz eingefüllt wird, e die Rinnenleitung zum Einlassen des Quecksilbers, f den Spund, g das zum Ablassen des Amalgams nach der Rinnenleitung h und von da in die Amalgamkammer dienende Rohr, i trichterförmiges Gerinne zur Aufnahme der aus dem Fasse ausfliessenden Rückstände, k das Kammrad, l die auf den Fässern aufgekeilten Zahnräder.

Das Amalgam wird zuerst auf Waschschüsseln gewaschen und dann durch einen doppelten Zwillichbeutel gewunden oder in einer Presse durch doppelt gelegten Barchent oder Leder gepresst; durch Behandlung des

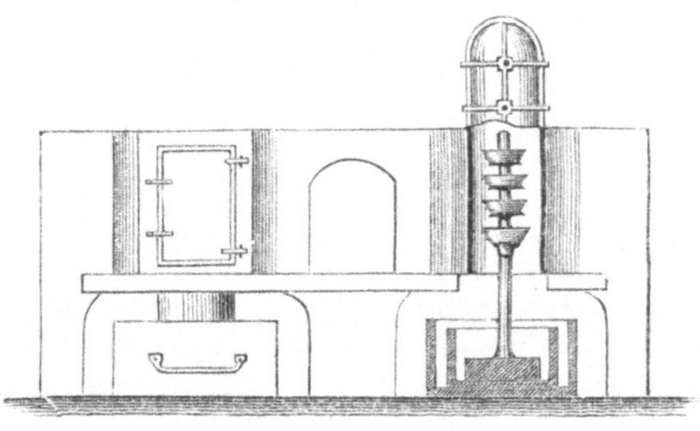

Fig. 211.

Amalgams bei 80—100º kann aus bleihaltenden Amalgamen das Bleiamalgam ausgepresst werden, und ein reineres Silberamalgam bleibt zurück.

Das ausgepresste Amalgam wird ausgeglüht, dieses Ausglühen geschieht entweder unter Glocken oder Retorten; erstere sind die in älterer Zeit angewendeten Apparate, und haben sich an einigen Orten noch erhalten.

Die Glocke (Fig. 211) steht in einem mit einer Thüre verschliessbaren Schachtöfchen auf einem Gewölbe, unter welchem ein mit Wasser gefülltes Gefäss steht, in das ein zweites kleineres eingesetzt ist; auf dem Boden des inneren Gefässes ist eine eiserne Stange mit schwerer Fussplatte aufgestellt, über welche die mit einer kreisförmigen Oeffnung in der Mitte versehenen Teller aufgeschoben werden, auf welche man die Amalgamkuchen legt, an 1—2 q zusammen. Der kleine Ofenschacht wurde mit Kohle gefüllt, diese angezündet und das Feuer so lange unterhalten, bis das Quecksilber abdestillirt war, doch hatte man keine Anzeichen für die Beendigung der Destillation und war die hiezu nöthige Zeitdauer nur Erfahrungssache; das Quecksilber condensirte sich in dem Wasserbehälter und wurde von Zeit zu Zeit ausgeschöpft.

Zu **Arany-Idka** benützt man zum Ausglühen des Silberamalgams Retorten. Die Retorte (Fig. 212) wird durch Einsetzen eines Bleches in zwei Hälften getheilt, an den Helm eine Vorlage angesetzt, welche durch eine Kühlvorrichtung geht und unter Wasser in ein Gefäss mündet, wo sich das Quecksilber condensirt. Der Retortentiegel und das in der Mitte eingesetzte Blech werden mit Kalkbrei überzogen; an das Blech setzt sich das Silber an und wird mit diesem nach beendetem Ausglühen herausgezogen; auf einmal werden 2 q Amalgam ausgeglüht, man feuert anfangs behutsam, damit das Quecksilber nicht schäumt und kein Silber mitgerissen wird, zuletzt steigert man die Temperatur bis zu Rothgluth.

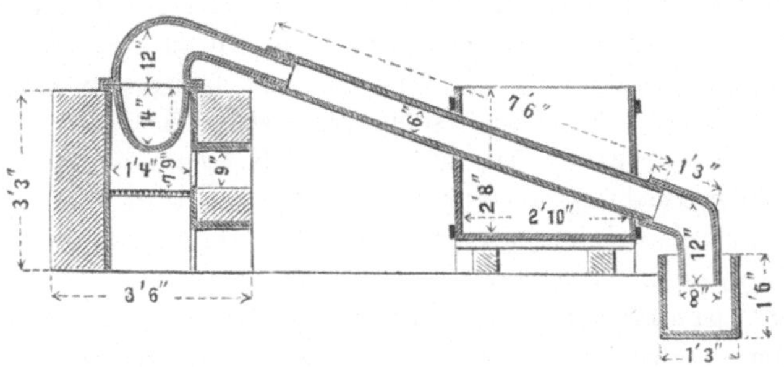

Fig. 212.

Zu **Arany-Idka** werden Erze mit 0·35—0·45% Silber, 1—2% Kupfer und wenig Gold, ausserdem Blei, Zink und 10—14% Antimon haltend mit 16% Kochsalz in doppelheerdigen (ungarischen) Flammöfen geröstet und 2·5—3·5 q des Röstmehls mit 50 kg Eisen und 150 Liter Wasser angequickt, mit 1·75 q Quecksilber amalgamirt und das Amalgam in Retorten ausgeglüht. Das Calo an Quecksilber beträgt daselbst 0·09%.

Zu **Fernezely** bei Nagybánya werden Erze mit 0·035—0·070% Silber und nicht über 1% Blei mit 12% Kochsalz geröstet, und 4—5 q Amalgam auf einmal in einer Retorte ausgeglüht.

Amalgamirglühsilber enthielt:

	Aus dem Nagybányaer District nach v. Lille[22])	von Freiberg
Ag	54·72	75·0
Au	0·042	—
Cu	44·20	21·2
Pb	0·92	1·5
Zn	0·08	—
Fe	0·08	—
Sb	Spur	0·2
As	—	0·4
Hg	—	0·7
Ni	—	0·3.

[22]) Jhrbch. d. k. k. Bgakademien, Bd. 21 pag. 269.

Bei der Amalgamation von Lechen ist die Manipulation dieselbe, nur werden die Kupfersteine zuerst für sich geröstet, dann erst mit Kochsalz, hierauf mit Kalk eingesumpft, getrocknet und gar geröstet, wobei der Kalk die bei dem Rösten gebildeten Chloride zersetzt und bei der Amalgamation kein Chlor mehr an das Quecksilber abgegeben, also der Quecksilberverlust verringert wird. Die Lechamalgamation war früher im Mannsfeld'schen in Uebung und ist dann vortheilhaft, wenn die Leche goldfrei sind, wenig Blei enthalten und der Brennstoff für die weiteren Schmelzungen zu theuer ist.

Bei der Amalgamation von Speisen wird zuerst oxydirend, dann chlorirend, manchmal auch unter Zutheilung von calcinirtem Eisenvitriol geröstet, oder man trachtet schwefelreichere Speisen zu erzeugen, weil sonst die Silberverluste zu bedeutend ausfallen, doch darf dieser Schwefelgehalt nicht zu gross sein, weil sich basische Eisensalze abscheiden und der Verbrauch an Eisen oder Kupfer, sowie der Verlust an Quecksilber zu gross wird. Bei der Amalgamation kupferreicher Speisen wird nämlich statt des Eisens metallisches Kupfer bei dem Anquicken verwendet, um kein Kupfer in das Amalgam zu überführen.

Zu Stephanshütte in Ungarn wurden $3·5—4$ q vom Verschmelzen der Fahlerze erhaltene Speisen mit $0·2—0·28\,\%$ Silber, $27\,\%$ Kupfer, $9\,\%$ Eisen, $1—2\,\%$ Schwefel und $62\,\%$ Antimon fünf Stunden lang bei niedriger Temperatur vorgeröstet, dann gezogen, gesiebt und gemahlen, das Siebfeine mit dem sechsten Theil roher Speise gemengt und $3·5$ q des Gemenges in 5 Stunden zuerst auf dem oberen Heerd eines Doppelofens vorgeröstet, dann bei Zusatz von $1\,\%$ Kalk und öfterem Einmengen von Kohle auf dem unteren Heerde ebenfalls in 5 Stunden todtgeröstet, in den letzten $1\frac{1}{2}$ Stunden die Temperatur bis zur Rothgluth gesteigert, die Post nach 10 Stunden gezogen und hierauf $3·5$ q davon mit $7\,\%$ Kochsalz und 3 Kilo Kalk 4 Stunden auf dem unteren Heerd hei schwacher Rothgluth chlorirend geröstet. 6 q des Röstmehls wurden mit $2\,\%$ Kochsalz beschickt, mit heisser Kochsalzlauge und etwas Kalkmilch zur Abstumpfung der Säure, sowie mit 50 kg Kupferkugeln 5 Stunden angequickt, dann bei Zusatz von 2 q Quecksilber 15 Stunden amalgamirt, das Amalgam gepresst, in Retorten ausgeglüht und die kupferhaltenden Rückstände auf Lech verschmolzen. Man brachte bei $0·06\,\%$ Verlust an Quecksilber $97·7\,\%$ des Silbergehaltes aus und brauchte auf 1 q rohes Erzmehl $0·053\,\%$ Kupfer.

Für die Schwarzkupferamalgamation werden die Rohkupfer in rothglühendem Zustand durch Pochen, Granuliren oder Zerreiben mit hölzernen Hämmern auf Eisenplatten zerkleint, dann gemahlen und gesiebt und mit einem Ueberschuss von Kochsalz chlorirend geröstet, wobei auch Kupferchlorid entsteht, das die Chlorirung des Silbers befördert, und um ein möglichst kupferfreies Amalgam zu erhalten, wird bei der Amalgamation zur Zerlegung des Chlorsilbers ebenfalls Kupfer verwendet. Die Schwarzkupferamalgamation ist gegenüber der Lechamalgamation insofern vortheilhafter, als man geringere Massen zu verarbeiten hat und ärmere Rückstände erhält, aber ein Goldgehalt wird nur unvollständig ausgebracht, und bleiische Kupfer lassen sich schwieriger verarbeiten.

Zu Stephanshütte werden die gemahlenen Schwarzkupfer mit 10% Salz in Chargen von 280 kg in einem zweiheerdigen Flammofen, 10 Stunden auf dem oberen, dann 5 Stunden auf dem unteren Heerd, geröstet, das Röstgut gesiebt und gemahlen, 6·72 q mit 56 kg Kupferkugeln, 2% Salz, 20—24 Kannen Wasser und etwas Kalkmilch angequickt, der Quickbrei 18 Stunden hindurch mit 2·24 q Quecksilber bei 18—20 Umdrehungen pro Minute amalgamirt, das Amalgam filtrirt, gepresst und die 18% Silber haltenden Presskuchen in Mengen von 320 kg in gusseisernen Retorten ausgeglüht. In 24 Stunden wird eine Charge durchgeführt, da 6 Stunden Zeit auf das Füllen und Entleeren der Fässer und auf andere Nebenarbeiten entfallen. Ein Ausglühen dauert 10—12 Stunden, wobei man pro 100 kg Silber einen Verlust von 0·053—0·089% Quecksilber erfährt. Bei dem Rösten der Speisen oder Schwarzkupfer braucht man auf 100 q Röstgut 10 cbm Holz.

Zu Schmöllnitz in Ungarn wurden Schwarzkupfer mit 0·4—0·5% Silber zuerst in Flammöfen geglüht, dann zerkleint und in Posten von 2 q mit 7—9% Kochsalz etwa 9 Stunden geröstet; 6·5—7 q des Röstmehls wurden mit 50 kg Kupferkugeln angequickt und 40—44 Stunden mit 2 q Quecksilber amalgamirt. Nach 20—24-stündigem Umgang der Fässer hat man das Amalgam abgezapft und frisches Quecksilber nachgetragen, wodurch man eine vollständigere Entsilberung erzielte. Die Rückstände wurden auf Schwarzkupfer verschmolzen, der Silberverlust betrug 0·06%. Nach Löwe haben enthalten:

	das Schwarzkupfer	die Amalgamationsrückstände
Cu	83·43	74·05
Fe	5·20	2·11
Sb	6·25	15·38
As	4·01	6·61
Ag	0·306	—
Au	0·007	—
S	0·74	0·85

Amerikanische Haufenamalgamation. Patioprocess. Dieses Verfahren der Silbergewinnung bietet mehrere Vortheile, man braucht hiezu keine Apparate, es ist ziemlich allgemein anwendbar und lässt eine grosse Production zu, auch wird das Silber sogleich brandfein ausgebracht, aber das Ausbringen ist unvollständig, die Silbergewinnung braucht Zeit und die Verluste an Quecksilber durch Bildung von Calomel sind bedeutend. Die Methode eignet sich besonders für Erze, welche gediegen Silber, oder dieses an Schwefel, Antimon oder Arsen gebunden, enthalten.

Die feingemahlenen Erze werden mit Magistral, d. i. Kochsalz und

Kupfervitriol, gemengt, später wird Quecksilber hinzugefügt und das Gemenge längere Zeit auf dem Hüttenhofe, dem Patio, der Einwirkung der Atmosphärilien überlassen. Dieser Process wurde 1557 von Medina erfunden und steht meist in Südamerika in Anwendung.

Nach Grützner und Laur[23] finden hiebei die folgenden Reactionen statt:

Nach Umsetzung des Kochsalzes mit Kupfervitriol,

$$Cu\,SO_4 + 2\,Na\,Cl = Na_2\,SO_4 + Cu\,Cl_2,$$

wirkt das Kupferchlorid auf das Quecksilber chlorirend,

$$Cu\,Cl_2 + Hg = Cu\,Cl + Hg\,Cl$$

und das Kupferchlorür wieder zerlegend auf Schwefelsilber

$$4\,Cu\,Cl + Ag_2\,S = 2\,Ag + 2\,Cu\,Cl_2 + Cu_2\,S,$$

worauf das ausgeschiedene Silber von dem überschüssig zugesetzten Quecksilber aufgenommen wird, das neu gebildete Halbschwefelkupfer aber scheidet aus dem Calomel das Quecksilber wieder metallisch aus,

$$2\,Hg\,Cl + Cu_2\,S = Cu\,Cl_2 + Cu\,S + 2\,Hg.$$

Rammelsberg[24] hat durch Versuche das Eintreten der folgenden Reactionen bei dem Zusammenwirken von Silbererzen mit Kupferchloriden ermittelt.

Es bildet sich Chlorsilber:

1. Aus Kupferchlorid und metallischem Silber.

$$2\,Cu\,Cl_2 + 2\,Ag = 2\,Cu\,Cl + 2\,Ag\,Cl.$$

2. Aus Kupferchlorid und Schwefelsilber.

$$2\,Cu\,Cl_2 + Ag_2\,S = 2\,Cu\,Cl + 2\,Ag\,Cl + S.$$

3. Aus Kupferchlorür und Schwefelsilber.

$$2\,Cu\,Cl + Ag_2\,S = 2\,Ag\,Cl + Cu\,S + Cu.$$

4. Aus Kupferchlorid und lichtem Rothgiltigerz (Proustit).

$$4\,(Ag_3\,As\,S_3) + 12\,Cu\,Cl_2 = 8\,Ag\,Cl + 2\,Ag_2\,S + 2\,Cu\,S + As_2\,S_3 + 5\,S$$
$$+ 10\,Cu\,Cl + 2\,As\,Cl_3.$$

5. Aus Kupferchlorid und dunklem Rothgiltigerz (Pyrargyrit).

$$2\,(Ag_3\,Sb\,S_3) + 4\,Cu\,Cl_2 = 6\,Ag\,Cl + 2\,Cu\,S + Sb_2\,S_3 + S + 2\,Cu\,Cl.$$

6. Aus Kupferchlorür und den beiden Silberblenden.

$$2\,(Ag_3\,Sb\,S_3) + 2\,Cu\,Cl = 2\,Ag\,Cl + 2\,Ag + Ag_2\,S + Sb_2\,S_3 + 2\,Cu\,S.$$

Das Chlorsilber wird dann durch das Quecksilber zersetzt und Amalgam gebildet.

$$Ag\,Cl + 2\,Hg = Hg\,Cl + Ag\,Hg.$$

Bei der amerikanischen Haufenamalgamation wird zum Theil metallisch ausgeschiedenes, zum Theil als Chlorid vorhandenes Silber von dem

---

[23] Bg. u. Httnmsch. Ztg. 1872 pag. 89 u. 120.
[24] Preuss. Ztschft. Bd. 29 pag. 191.

Quecksilber aufgenommen, und ist von der Anwesenheit des letzteren in grösserer oder geringerer Menge der Verlust an Quecksilber bedingt.

Das Erz wird unter Wasser fein gemahlen, wobei man, wenn die Erze goldhältig sind, etwas Quecksilber zusetzt, um den Goldgehalt auszuziehen, dann lässt man das Erz in gemauerte Gruben ab, wo es sich absetzt; in 24 Stunden werden 5—10 cargas, d. i. 7·5—15 q, Erz vermahlen. Nach erfolgtem Absetzen wird das Wasser abgelassen und der Erzschlamm (lama), wenn er blos gediegen Silber enthält, direct zur Amalgamation abgegeben, manchmal aber vorher getrocknet und schwach geröstet, weil sich Erze, welche das Silber an Schwefel, Arsen oder Antimon gebunden enthalten, nach der theilweisen Entfernung dieser Stoffe durch die Röstung besser und vollständiger amalgamiren lassen. Das jedenfalls feuchte Erz wird in Haufen (montones) von 20 und mehr cargas auf einem gepflasterten Hofraum, dem Patio, ausgebreitet, wobei es so zähflüssig sein muss, dass es nicht auseinander fliesst; die mittlere Temperatur am Hüttenhofe soll nicht unter 12° C. sinken. Je nach dem Silbergehalt der Erze werden 2—10% Kochsalz darüber gestreut und sehr sorgfältig durch Trituration, d. i. durch Treten und Durcharbeiten von Menschen oder Maulthieren, eingemengt, dann wird die auseinander getretene Masse wieder zu einem Haufen zusammengeschaufelt, wieder durchgetreten und einen Tag über in Ruhe gelassen. Nach 1 oder 2 Tagen wird das Magistral und Quecksilber zugegeben, welche Arbeit man das Incorporiren nennt; das hiezu nöthige Kupfersulfat erzeugt man durch sulfatisirendes Rösten geschwefelter Kupfererze oder eines Gemenges oxydischer Kupfererze mit Schwefelkies in Flammöfen, welche man, wie früher das Salz, über den Haufen streut und wieder durch Trituration einmengt. Die Menge des zuzusetzenden Magistrals ist verschieden, sie ist abhängig von der Erzqualität und der Lufttemperatur; an einigen Orten wird fertiger Kupfervitriol verwendet. Sogleich nach Incorporation des Magistrals wird das Quecksilber zugegeben, das man aus eisernen Gefässen in leinene Säcke giesst, so dass es in Form eines feinen Regens herabtropft, und von den Arbeitern gleichmässig auf der ganzen Oberfläche vertheilt wird. Gewöhnlich wird zuerst blos die Hälfte oder $^2/_3$ des zuzusetzenden Quecksilbers incorporirt, wieder 1—2 Stunden hindurch gut durchgetreten und diese Arbeit jeden zweiten Tag einige Stunden hindurch wiederholt. Für das Fortschreiten des Processes gibt eine Verwaschprobe (tentadura) Aufschluss, indem zu wenig und zu viel zugesetztes Magistral zu wenig Amalgam gibt, weil sich Calomel bildet, welches das Quecksilber überzieht und den unmittelbaren Contact mit dem Silber verhindert. Nach vollständiger Incorporation des Quecksilbers werden die Montones zu einem grösseren Haufen, die Torta, zusammengeschaufelt und einige Tage ruhig belassen, jedoch täglich Probe genommen, um das Fortschreiten der Amalgamation zu prüfen. Die Torta wird nun noch mehreremal von Pferden triturirt und wieder zusammengeschaufelt, worauf man dieselbe immer wieder 1 oder 2 Tage

der Ruhe überlässt, und wenn dann die Probe noch Kügelchen von silber-
weissem Quecksilber abgibt, welche langsam abfliessen, wird noch 1—2 Carga
Magistral hinzugefügt, welcher Zusatz eventuell nochmal gegeben werden
muss, bis nach wiederholtem Durchschaufeln und Trituriren das bei der
Probe ausgewaschene Amalgam sich hart zeigt. Aus Erfahrung weiss man,
dass bei der Haufenamalgamation auf 1 Theil Silber 6—8 Theile Quecksilber nöthig sind, und erhält z. B. in Zacatecas eine aus 60 Montonen
bestehende Torta zuerst pro Monton etwa 7, dann circa 4, zusammen
11 kg Quecksilber; die Amalgamation dauert im Sommer 12—15, im
Winter bis 25 Tage. Zeigt nun endlich die Probe die richtige Beschaffenheit, so wird das letzte Drittel Quecksilber, etwa 2 kg pro Monton,
hinzugegeben, wodurch das feste Amalgam verflüssigt wird; es erhält somit
eine Torta 8·5 q und mehr Quecksilber, jedoch nur die ersten beiden Drittel
dienen unmittelbar zur Bildung des Amalgams, das letzte Drittel wird
wegen der blos mechanischen Wirkung der Verflüssigung das Bad genannt.
Die Menge des zuzusetzenden Quecksilbers ist aber nicht immer gleich, je
trockener das Amalgam ist, um so mehr Quecksilber muss für das Bad genommen werden, und auf jenen Werken, wo man gleich das achtfache des
Silbergehaltes an Quecksilber der Torta zumischt, erhält dieselbe kein Bad
mehr. Ist die Torta zu kalt, so wird zu ihrer Erwärmung mehr Magistral
zugesetzt, ist sie jedoch zu warm, wird Kalk oder Asche beigemengt.

Der Torta wird nach vollendeter Amalgamation noch so viel Wasser
zugesetzt und dieselbe wieder 1—2 Stunden durch Maulthiere triturirt, bis
die Masse gleichmässig ziemlich flüssig geworden ist, worauf man sie in
Waschbottichen und Heerden verwäscht; die Rückstände, welche noch
silberhältig sind, werden entweder geröstet und wieder amalgamirt, oder
zu Magistral verwendet oder verschmolzen. Diese Rückstände bestehen
meist aus unzersetzten Schwefelmetallen, wie Eisenkies, Bleiglanz, Kupferkies, von welchen die oxydischen und erdigen Bestandtheile zum grössten
Theile fortgewaschen wurden.

Die Metallverluste bei dem Patioprocess sind theils chemische durch
Bildung von Quecksilberchlorür, und beträgt dieser Antheil mindestens ein
dem ausgebrachten Silber gleiches Gewicht, theils mechanische, indem
auch Quecksilber in sehr fein vertheiltem Zustand bei dem Waschen des
Amalgams verloren geht, welcher letztere Antheil etwa die Hälfte von dem
Gewichte des ausgebrachten Silbers ausmachen soll. Die Silberverluste betragen 20% und mehr, sie sind geringer, wenn die Erze frei sind von
fremden Schwefelmetallen oder weniger davon enthalten.

Das Amalgam wird dann in Zwillichbeuteln ausgepresst und die Silberkuchen ausgeglüht.

Die zu Mexico üblichen Amalgamglühöfen[25] zeigt Fig. 213 und
214. A ist das Schürloch, B der Feuerraum, c die Flammengasse, e der

---

[25] Bg. u. Httnmsch. Ztg. 1870 pag. 357.

Fuchs, vor welchen der eiserne Schirm f gesetzt wird; die eisernen Cylinder a werden, nachdem man 35—40 kg Amalgam eingestampft hat, mit dem offenen Ende auf die mit einer durchlöcherten Eisenplatte b bedeckten Cylinder d gestellt, welche letzteren oben und unten offen und an ihrem oberen Ende ausgebogen sind, um die Cylinder a gut einpassen zu können. Die Cylinder d hängen in einer Holzplatte h, welche zum Schutze

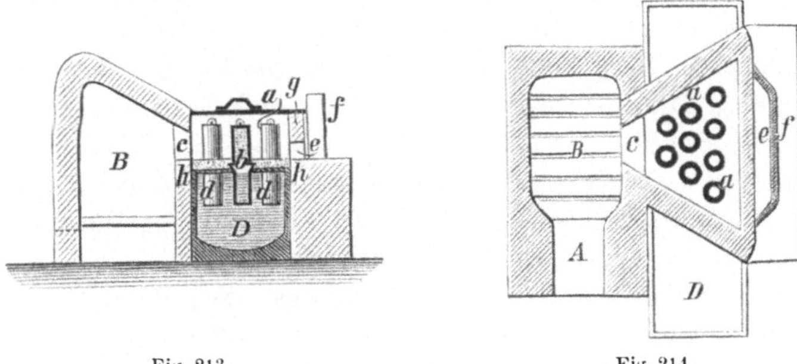

Fig. 213.   Fig. 214.

vor dem Feuer 10 cm hoch mit Erde bedeckt ist und die Sohle des Heizraums bildet; die unteren Cylinder d tauchen bis an die Platte h in das Wasser des Wasserkastens D, welches durch steten Zufluss frischen Wassers kühl erhalten wird. Der Heizraum ist statt eines Gewölbes mit einer eisernen Platte bedeckt und an der Vorderseite durch die verlorene Mauer g

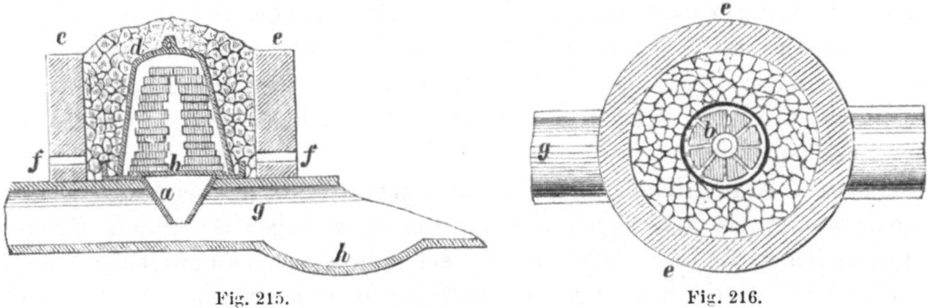

Fig. 215.   Fig. 216.

geschlossen, alle Fugen sind gut verschmiert; die abwärts ziehenden Quecksilberdämpfe schlagen sich am Boden des Kastens D nieder. Man erkennt die Beendigung des Ausglühens daran, dass eine unter die Cylinder d eingehaltene Holzplatte sich nicht mehr mit Quecksilbertröpfchen, sondern mit kleinen schwarzen Tropfen beschlägt; die Mauer g wird dann abgerissen und die Cylinder a herausgehoben. Die Silberkuchen sind an ihrem oberen Ende ein wenig geschmolzen und abgerundet, bei zu hoch getriebener Hitze schmilzt auch das Silber und tropft herab, und wird gleich anfangs zu stark gefeuert, so werden durch die mit Heftigkeit sich entwickelnden Quecksilberdämpfe die oberen Cylinder a in die Höhe geschleudert; das Ausglühen dauert 4 Stunden, man braucht hiezu 1 q Holz.

Die in Mexico üblichen **Amalgamglühglocken**[25]) zeigt Fig. 215 und 216. a ist ein Trichter aus Kupfer, der mit seinem Bord oberhalb des Canals g aufgehängt ist und auf welchem der Rost b liegt, über dem die Silberkuchen aufgeschlichtet und mit der Glocke d überdeckt werden, welche ebenfalls aus Kupfer hergestellt ist. e ist eine ringsherum aufgeführte trockene Mauerung mit ausgesparten Zugöffnungen f, g ein Canal, in welchem das langsam durchfliessende Wasser bis zu dem Roste hinaufreicht, und h eine Vertiefung in dem Canal, in welcher sich das Quecksilber sammelt. Der Raum zwischen der Glocke und der trockenen Mauerung wird mit Brennstoff gefüllt und dieser angezündet.

Nach W. Brodie[26]) hat der Patioprocess zu San Dimas (Durango in Mexico) den höchsten Grad von Vollkommenheit erreicht; die zerkleinten Erze geben nach dem Mahlen, wobei sie mit etwas Quecksilber behandelt werden, um einen Goldgehalt auszuziehen:

1. Amalgam haltendes Gekrätz (scrapings, raspadura), welches im Settler (chuza) verwaschen wird, und man erhält Amalgam (capella) und Abgänge (tailings, jales); die Abgänge im Concentrator (planillo, ein Waschheerd) geben gold- und silberhaltige Schliche (cabezuela) für den Export und Fluthabgänge (siehe 3),

2. Erzschlamm für den Patioprocess (slimes, lama). Nach erfolgter Amalgamation wird das Haufwerk im Settler verwaschen, wobei Amalgam erhalten wird, und

3. Schliche für den Export fallen, welche aber manchmal geröstet und dort weiter verarbeitet werden, und Fluthabgänge.

Am schwersten lassen sich Blende haltende Erze auf dem Patio verarbeiten; nach Huntington[27]) setzen sich diese mit dem Kupferchlorid zu Zinkchlorid und Schwefelkupfer um und entziehen das Kupferchlorid der Amalgamation.

Heisse Amalgamation, Kesselamalgamation, Cazoprocess. Diese Amalgamationsmethode eignet sich für reiche, gediegen Silber und Chlorsilber haltende Erze am besten; bei Verwendung von geschwefelten Erzen erreicht der Quecksilberverlust bis 250% vom ausgebrachten Silber, das Ausbringen ist sehr unvollkommen und dieses Verfahren für solche Erze demnach nicht anwendbar. Dieser Process ist ebenfalls schon sehr alt und steht in Südamerika und Mexico in Uebung.

Als Gefäss, worin die Amalgamation vorgenommen wird, dient ein Bottich von Holz mit kupfernem Boden, welcher durch ein Holzfeuer beheizt wird; nachdem Wasser in den Kessel eingebracht wurde, werden 5—6 q fein gemahlenes Erz nachgetragen, und wenn die Masse zu kochen beginnt, unter stetem Umrühren je nach der Reichhaltigkeit der Erze 12—18% Salz zugefügt, worauf man auch sogleich $\frac{1}{4}$ des nöthigen

---

26) Eng. and Min. Journ. 34 pag. 266.
27) Chem. News. 46 pag. 177.

Quecksilbers zugibt, dessen Menge sehr gering ist und höchstens das Doppelte des Silbergehaltes beträgt. Die Massen im Kessel werden bis 100° C. erwärmt, und wenn die geschöpften Proben die Beendigung der Amalgamation anzeigen, wozu 5—6 Stunden Zeit erforderlich sind, während welcher Zeit auch nach Bedarf noch Quecksilber nachgetragen wurde, so dass der ganze Zusatz dem Silbergehalte des Erzes gleichkommt, wird das Rührwerk eingestellt, die Flüssigkeit aus dem Cazo in ein Reservoir geschöpft, das Amalgam aber und der zu Boden gegangene Erzschlamm unter Zusatz von noch so viel Quecksilber, als schon in den Cazo gegeben wurde, verwaschen, wobei das Amalgam zusammenfliesst. Von dem Rührwerke werden zwei Kupferbarren auf dem Boden des Kessels mitgeschleppt, wodurch Kupferchlorür gebildet wird, welches die Wirkung des galvanischen Stromes zwischen Kupfer und Quecksilber begünstigt und auch etwa anwesendes Schwefelsilber zersetzt. Früher wurde dieser Process ohne den Kupferzusatz durchgeführt, hiebei waren aber die Rückstände noch sehr reich, sowie auch die Verluste an Quecksilber sehr gross, weil sich bei der Einwirkung des Kupferchlorids auf Quecksilber viel Calomel bildete. Das Hinzufügen metallischen Kupfers rührt von Kröncke her. Der Verlust an Quecksilber beträgt blos 2%.

Man hat auch Cazos mit kupfernen Böden und gemauerten Seitenwänden. Es ist häufig ein gemischter Process in Anwendung, indem man die Amalgamation im Cazo mit der im Patio verbindet. Zu Chihuahuilla werden reiche Erze im Patio in Trillas von 40—50 cargas Gewicht ungeröstet zu Gute gebracht und in dieser Weise ein Theil des Silbers gewonnen, die Amalgamationsrückstände werden auf Heerden verwaschen und das am Waschheerd erzeugte Köpfel im Flammofen (vaso) verschmolzen, der Rest aber geröstet und im Cazo verarbeitet. Man bringt durch den Cazoprocess das Silber sehr rasch aus, aber man bedarf hiezu Brennstoff; der Silberverlust beträgt 20—25%.

Der Krönckeprocess[28]). Dieses Verfahren ist wie das vorige dadurch charakterisirt, dass hiebei eine heisse Lösung von Kupferchlorür als Magistral zur Verwendung gelangt, welches bei weiterer Behandlung der zu amalgamirenden Massen mit neben Quecksilber zugesetztem metallischem Zink oder Blei, die sich leichter chloriren, bei seinem Uebergang in Kupferchlorid dann nicht unter Bildung von Calomel, sondern unter Bildung von Chlorzink oder Chlorblei wieder reducirt wird, so dass das Calo an Quecksilber geringer ausfällt. Die Amalgamation wird in rotirenden Fässern vorgenommen, sie erfordert blos 6 Stunden Zeit, man bringt das Silber mit einem Verlust von blos 2% bei 20—35% Quecksilbercalo aus, und es können geschwefelte, arsenikalische und antimonialische Erze direct, letztere aber bei grösserem Quecksilberverlust, ohne vorhergegangene

---

[28]) Preuss. Ztschft. 1876 pag. 487 und 1879 pag. 158. Bg. u. Httnmsch. Ztg. 1877 pag. 436. Dingler's Journal, Bd. 212 pag. 46.

Röstung verarbeitet werden. Das Verfahren steht in Chile in Anwendung.

Nach Rammelsberg (l. c.) ist die hiebei stattfindende Reaction:

$$2\,(Ag_3\,Sb\,S_3) + 2\,Cu\,Cl = 2\,Ag + 2\,Ag\,Cl + Ag_2\,S + Sb_2\,S_3 + 2\,Cu\,S.$$

Das neu entstandene Schwefelsilber wird aber durch Kupferchlorür ebenfalls zersetzt,

$$Ag_2\,S + 2\,Cu\,Cl = 2\,Ag\,Cl + Cu_2\,S.$$

Es finden weiters noch die folgenden Reactionen statt:

$$Ag_2\,S + 2\,Cu\,Cl + Zn + Na\,Cl = 2\,Ag + Zn\,Cl_2 + Cu_2\,S + Na\,Cl$$

und

$$Ag_2\,S + 2\,Cu\,Cl + 2\,Hg = 2\,Ag\,Hg + Cu\,Cl_2 + Cu\,S.$$

Das Kupferchlorür wird vorerst dargestellt durch Auflösen von Kochsalz in Wasser, Zufügen einer gesättigten Kupfervitriollösung, Einbringen der Flüssigkeit nebst metallischem Kupfer in einen Bottich und Einführen von Dampf, bis die Lauge siedet; man prüft dann auf die erfolgte Bildung von Kupferchlorür, indem man 50 ccm der farblos gewordenen Lösung in 1 Liter Wasser einlaufen lässt, wobei sich das Kupferchlorür als weisses Präcipitat niederschlägt. Es ist gut, dieses Kupferchlorür möglichst bald zu verbrauchen, weil sich daraus an der atmosphärischen Luft basisches Salz niederschlägt; um das Kupferchlorür in Lösung zu erhalten, wird ein Ueberschuss von Kochsalz gegeben und nicht mehr davon bei der Amalgamation verwendet, als bis die Masse gleichartig teigig geworden ist.

Das fein gemahlene Erz wird in trockenem Zustande in die Fässer eingebracht, soviel Wasser zugegeben, bis die Masse die Consistenz eines steifen Breies angenommen hat und hierauf das in Kochsalz gelöste Kupferchlorür zugefügt; die Fässer lässt man nun etwa eine halbe Stunde rotiren, setzt dann das 20—25fache des Silbergehalts im Erze an Quecksilber nebst Zink hinzu und lässt die Fässer weitere 5—5$^1/_2$ Stunden umlaufen. Setzt man das Quecksilber und Zink gleichzeitig zu, so bildet sich das Amalgam sehr leicht; zuletzt wird der Brei mit Wasser verdünnt, das Amalgam in schon bekannter Weise abgeschieden und verwaschen und endlich noch mit einer Lösung von Ammoniumcarbonat behandelt, wodurch die letzten Antheile von Kupferchlorid fortgelöst werden und man ein kupferfreies Amalgam erhält. Blei wird nur bei Anwesenheit von Chlorsilber oder Bromsilber im Erze angewendet, der Zusatz an Blei oder Zink beträgt 25%; die Gegenwart von Kalk und Alkalien ist schädlich, weil sie das Kupferchlorür zersetzen. Die Rückstände enthalten blos 0·00015 bis 0·00002% Silber und sollen Aufbereitungsabfälle mit nur 0·0004 bis 0·0006% Silber in dieser Weise noch verhüttbar sein. Das Amalgam wird, wie früher angegeben, gepresst und ausgeglüht.

Die Pfannenamalgamation. Die Apparate, in welchen diese Amalgamation vorgenommen wird, sind eiserne Pfannen, worin das Silber ebenfalls in verhältnissmässig kurzer Zeit und ziemlich vollständig ausgebracht wird. Es können nach dieser Methode in leichter Weise Schwefelsilber und fremde Schwefelmetalle führende Erze verarbeitet werden, wozu man solche vorher röstet, und bei schwefelreicherem Erze Fortschaufelungsflammöfen, bei schwefelärmeren Erzen Brückner'sche Cylinder oder Stetefeld'sche Oefen verwendet; die in letzteren gerösteten Erze enthalten weniger Kupfersulfat als die aus Flammöfen.

Nach Koch[29]) werden in den Weststaaten der Union bei leicht röstenden Erzen die Brückner'schen Oefen ohne Zwischenwand verwendet, weil dieselbe viel Reparaturen braucht und sich die Flugstaubbildung verringert. Der Brückner-Cylinder macht $1/_2$—1 Umdrehung pro Minute, braucht eine Kraft von 3 Pferden zu seiner Bewegung und kostet 5000 bis 7000 Mark; man chargirt den Ofen mit 1·5—2 tons Erz unter Zugabe von 1—1·5 q Salz, d. i. 6—10% desselben, die Röstung dauert je nach dem Schwefelgehalt der Erze 8—20 Stunden. Die Leistung dieses Ofens ist geringer, als die eines Stetefeld'schen Ofens, aber er ist allgemeiner anwendbar, weil die Temperatur darin niedrig ist, die Röstung langsam erfolgt, man dieselbe daher auch mehr in der Gewalt hat und bleihältige Erze weniger sintern. Vor dem Besetzen muss der Ofen rothglühend sein, dann wird stärker geheizt, nach 10—12 Stunden wird das Erz klümperig, womit die Entfernung des Schwefels angezeigt wird. Man gibt jetzt den Kochsalzzuschlag, worauf das Röstgut bald schwammförmig wird, und wenn eine durch die Thüre des Ofens entnommene Probe nicht mehr nach Chlor riecht, ist die Röstung beendet. Bei guter Röstung werden bis 95% des Silbers an Chlor gebunden. Das Röstgut wird gesiebt, die Röstknoten, etwa 5% der Röstcharge, werden gepocht, und das siebfeine Mehl an einigen Orten noch in Fässern von 2 m Länge und 1·2 m Durchmesser amalgamirt; ein Fass bekömmt 10 q Erz mit dem nöthigen Schmiedeeisen und Quecksilber, zusammen 15 q. Nach 2 Stunden setzt man 10% des Gewichts vom Röstgut an Quecksilber zu und lässt die Fässer noch 16 Stunden weiter umlaufen. Das Silberausbringen beträgt 90%, das Calo an Quecksilber 0·05%.

Es wird auch hier Kupfervitriol als Magistral verwendet, doch ist die galvanische Wirkung des Eisens in Berührung mit Quecksilber und Anwendung von Wärme das wesentlichste Reactiv. Diese Amalgamation ist in Nevada, Colorado und Utah in Uebung, sie wurde früher fast allgemein und wird noch jetzt an einigen Orten in rotirenden Fässern vorgenommen, doch stehen schon meist Pfannen in Anwendung.

Man unterscheidet zwei Abarten dieses Verfahrens; diejenige, bei welcher die Erze direct verarbeitet werden können, nennt man den Washoeprocess, diejenige aber, für welche man die Erze vorher rösten muss, den Reese-Riverprocess, welche Namen von den Districten herrühren, in welchen diese Methoden in Anwendung stehen.

---

[29]) Preuss. Ztschft. 1879 pag. 154.

Den **Washoeprocess** beschreibt Egleston[30]). Die neuen Pfannen sind ganz aus Gusseisen mit flachem Boden, die alten Pfannen hatten einen conischen Boden oder einen Boden von Stein; die alten Pfannen hatten doppelte Böden, um unter den Boden Dampf einzuleiten, bei den neuen Pfannen geschieht diese Dampfzuleitung direct in die mit Deckeln geschlossenen Pfannen, wobei die Erhitzung rascher erfolgt, doch darf hiezu nicht der Abblasedampf der Maschinen benützt werden, weil derselbe fettige Bestandtheile enthält, welche der Amalgamation hinderlich sind. Die Erzcharge wechselt nach der Grösse der Pfannen von 4—22 q, gewöhnlich beträgt sie 16 q, dieselbe ist binnen 5 Stunden gemahlen und amalgamirt; das Mahlen erfordert gewöhnlich $1-1^{1}/_{2}$, manchmal aber bis 4 Stunden, worauf dann je nach dem Silbergehalt 5—13 % vom Gewichte des gerösteten Erzes an Quecksilber zugesetzt werden. Auf Stewarts Amalgamirwerk beträgt der Quecksilberzusatz auf 1 Gewichtstheil Silber 1·25 Theile Quecksilber. Das Quecksilber wird durch ein Sieb eingebracht, wozu man den Läufer der Mühle hebt, damit das Quecksilber nicht zermahlen wird; gleichzeitig damit werden Natriumamalgam, Salz, Kupfervitriol, Cyankalium, Schwefelsäure etc. aufgegeben, welche letzteren beiden den Zweck haben, dem Quecksilber eine reine Oberfläche zu erhalten. Von diesen Reagentien werden 0·75—1·5 kg pro Erzcharge aufgegeben; gewöhnlich gibt man gleich mit dem Erze 5—10 % seines Gewichtes an Kochsalz in die Pfanne, es gelangen auch von dem Pochen und Mahlen feine Eisentheilchen in das Erz in Folge der Abnützung der Pocheisen, was sehr günstig wirkt, indem dieses Eisen bei seiner Auflösung das Quecksilber rein und blank erhält, zur Ersparung von Quecksilber beiträgt und die Zersetzung der Sulfide, so wie des Chlorsilbers und Chlorquecksilbers unterstützt. Diese zufällige Beimengung des Eisens erreicht $1-1^{1}/_{2}$ kg bei dem Pochen und 3·5—5 kg bei dem Mahlen pro 1 ton Erz. Die Anwendung der oben genannnten Reagentien erhöht wesentlich das Ausbringen an Silber, indem bei deren Gebrauch 96—98 %, ohne dieselben aber blos 80—85 % Silber ausgebracht wird. Durch das entstehende Kupferchlorid werden Bleiglanz und Zinkblende ebenfalls zersetzt und verhindert in das Amalgam einzugehen.

Das Eureka-Amalgamirwerk gibt pro ton Erz 0·5 Kilo Kupfervitriol, Stewarts Amalgamirwerk braucht eine Lösung von 16 kg Kupfervitriol, 3 kg Kochsalz und 2 kg Salpeter pro Charge. $^{1}/_{4}$ Stunde vor Entladung der Pfannen lässt man die Mühlen, welche vorher 70—90 Touren pro Minute gemacht haben, blos 40mal in derselben Zeit umlaufen, und füllt zugleich die Pfanne bis nahe zum Rand, um die Masse abzukühlen und zu verdünnen. Das Erz mit dem Quecksilberamalgam lässt man entweder zusammen in Sammeltonnen laufen und trennt erst hier beide, oder man lässt das Amalgam durch einen Gummischlauch zu etwa $^{9}/_{10}$ ab und behält den Rest in der

---

[30]) Bg. u. Httnmsch. Ztg. 1880 pag. 107.

Pfanne, wovon noch ein Antheil mit dem Erz bei dem Ablassen in die Sammeltonnen abläuft. Die Sammelbottiche haben 3—3·3 m Durchmesser bei 1 m Tiefe, der Boden hat von der Mitte gegen die Peripherie zu eine geringe Neigung und ringsum eine Rinne, welche in eine ausserhalb angesetzte Röhre für das Ablassen des Quecksilbers mündet; der Inhalt eines Sammelbottichs ist etwa 4mal so gross, als der abgelassene Pfanneninhalt beträgt, er wird bis etwa 15 cm unter den Rand mit Wasser aufgefüllt, dann der Rührapparat langsam eingesenkt und in Bewegung gesetzt, so dass er 15—20 Umdrehungen pro Minute macht. Auf einigen Hütten wird das Amalgam aus den Sammelbottichen mittelst eines Hebers abgezapft. Bei diesem Waschen des Amalgams ist darauf zu sehen, dass weder zu viel, noch zu wenig Wasser in die Sammelbottiche gebracht wird, weil bei wenig Wasser keine gute Trennung von Amalgam und Rückständen erfolgt, bei zu viel Wasser aber auch Erz zu Boden geht, welches das Amalgam verunreinigt; ebenso ist es wichtig, dass der Rührapparat nicht zu schnell rotire, weil da Amalgamtheilchen suspendirt bleiben, bei zu langsamem Rotiren aber ebenfalls Erztheilchen sich am Boden absetzen. Die Amalgamirmasse wird aus diesen Bottichen in andere Sammeltonnen abgelassen, wo die letzten Antheile Amalgam aufgefangen werden. Dann wird das Amalgam sorgfältig gewaschen und zweimal durch Baumwollbeutel gepresst, welche 600 kg Amalgam fassen; in Colorado werden die das Amalgam enthaltenden Beutel, weil das Amalgam viel Blei enthält, in durch Dampf erhitztes Wasser gehalten und die Oberfläche des Amalgams durch Abstreifen so lange gereinigt, bis es blank bleibt, worauf man es nochmal in kaltem Wasser durch die Beutel presst. In dieser Weise soll das Amalgam hauptsächlich vom Blei gereinigt werden können. Vor dem Pressen aber wird alles Amalgam mit heissem Wasser gewaschen, mit Quecksilber verdünnt, wozu man 3—4 % Quecksilber vom Gewichte des Amalgams nimmt, und erst jetzt durch die Beutel gepresst; fettige Theile welche dem Amalgam anhaften, werden durch Waschen mit Lauge entfernt.

Das Amalgam der Hütten in Nevada enthält auf 1 Theil Silber 4 Quecksilber, das Amalgam der Hütten in Colorado die beiden Metalle in dem Verhältniss von 1 : 5. Zu dem Ausglühen des Amalgams dienen gusseiserne Retorten, in welche die gepressten Kuchen eingesetzt, zuweilen aber auf mit Thon, Kalk oder Holzasche überzogenen Tellern eingetragen werden. Die Retorten fassen 7·5—10 q Amalgam und ist das Ausglühen bei 2 cbm Holzaufwand in 8 Stunden beendet. Das Glühsilber wird zerbrochen und bei 2—3 % Calo in Tiegeln umgeschmolzen. Die letzten Spuren Quecksilber treibt man bei dem Ausglühen durch erhöhte Temperatur nicht aus, weil sonst das Glühsilber schmilzt oder die Retorten zerstört werden. Der Gesammtverlust an Quecksilber erreicht bis 0·4 % pro ton verarbeitetes Erz.

Der Reese-Riverprocess[31]). Nach Egleston ist dieses Verfahren auf den Hütten der Niederland Comp. zu Niederland, Baulder County und auf Pelikanhütte zu Georgetown, Clear Creek County in Anwendung.

Die Niederlandhütte verarbeitet eigene und gekaufte Erze, welche im Durchschnitt 0.14% Silber nebst Spuren von Gold enthalten und sonst aus

$$
\begin{array}{ll}
\text{Fe S}_2 & 3\,\% \\
\text{Zn S} & 4\ - \\
\text{Fe}_2\,\text{S}_3 + \text{Cu}_2\,\text{S} & 2\ - \\
\text{Pb S} & 6\ - \\
\text{Quarz} & 75\ -\ \text{und} \\
\text{manganhaltender Gangart} & 10\ -\ \text{bestehen.}
\end{array}
$$

Das trocken gepochte Erz wird gesiebt, in Brückner'schen Röstöfen von 3.65 m Länge, 1.95 m Durchmesser und $1.6-2$ tons Fassungsraum je nach dem Silbergehalt mit $34-91$ kg Kochsalzzusatz chlorirend geröstet; die Erze sind wenig schwefelhaltend und es wird desshalb das Kochsalz sogleich der Erzcharge beigegeben. Bei dem Ausziehen der Röstpost wird jedesmal auf den Grad der erreichten Röstung geprüft, indem man eine Probe mit unterschwefligsaurem Natron auslaugt; es werden $85.5-94.4\%$ im Durchschnitt 90% des Silbergehaltes chlorirt. Die Röstung dauert $8^1/_2-11$ Stunden, das Ausziehen des Erzes $1-1^1/_2$ Stunden; um Verstaubung des Erzes zu verhüten, wird das gezogene Erz etwas befeuchtet und $^1/_2$ Stunde in Kippwagen auskühlen gelassen; man hat die schräge Zwischenwand der Röstcylinder jetzt häufig abgeworfen, wodurch man eine geringere Flugstaubbildung erzielte. Die Amalgamirpfannen haben eiserne Böden und hölzerne Seitenwände, die Deckel sind von Eisen und haben Chargiröffnungen, die Dampfzuleitung geschieht direct in die Pfanne. Eine Charge beträgt 386 kg, welche in die vollkommen gereinigte Pfanne eingebracht werden, worauf man die Pfanne bis auf $^1/_8$ der Höhe mit Wasser füllt und 4.5 Liter Kalkwasser zur Neutralisation der Acidität des Röstguts zufügt. An den Läufer wird blos die Hälfte der Reibschuhe befestigt und dieselben 13 mm über den Boden gehoben; die Läufer machen die ganze Amalgamation hindurch gleichmässig 75 Umdrehungen pro Minute. Der Quickbrei ist anfangs zähe, man führt Dampf ein bis die Masse 100^0 C. Temperatur erreicht hat, lässt $1-1^1/_2$ Stunden rotiren und fügt dann 68 kg Quecksilber hinzu; nach weiterem 8stündigen Rotiren verdünnt man den Quickbrei durch Auffüllen von Wasser bis 5 cm unter dem Rand der Pfanne, und entleert dieselbe. Je zwei Pfannen entleeren ihren Inhalt in eine Rinne, welche in die Absetzbottiche führt. Die Hauptmenge

---

[31]) Dingler's Journ. Bd. 226 pag. 517. Bg. u. Httnmsch. Ztg. 1880 pag. 350. T. Egleston, Pan Amalgamation of silver ores in Nevada and Colorado. London, 1879.

des Amalgams wird mit Kellen aufgefangen, der Rest fliesst in die Bottiche
ab. Die Niederlandhütte verarbeitet mit 14 Pfannen, wovon 4 in Reserve
stehen, pro 24 Stunden 150—170 q Erze. Die Absetzbottiche sind 91 cm
hoch und haben 2·44 m Durchmesser, der Boden ist von Eisen, die Wände
von Holz, und befinden sich in diesen in 3 verschiedenen Höhen die Ab-
lassöffnungen. Das Rührwerk lässt man mit 8 Umdrehungen pro Minute
8 Stunden lang umlaufen, in welcher Zeit sich das Amalgam zu Boden
setzt, worauf man noch 1·8 kg Quecksilber zufügt, welches den Amalgam-
schaum aufnimmt. Der Boden des Bottichs hat am Umfang eine Rinne
zur Aufnahme des Amalgams, welche mit einer Heberröhre in Verbindung
steht, die so hoch ist, dass das darin enthaltene Amalgam dem Wasserdruck im Bottich das Gleichgewicht hält; aus dieser fliesst das Amalgam

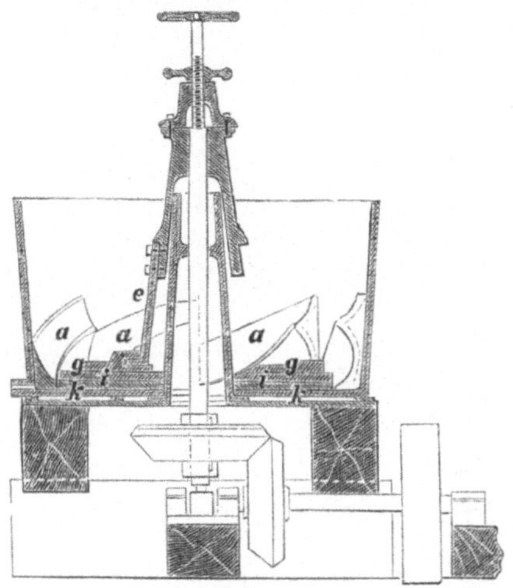

Fig. 217.

continuirlich und frei von mechanischen Verunreinigungen in einen verschlossenen Kasten. Nach beendetem 8 stündigem Rühren werden die
Zapflöcher von oben nach unten geöffnet und die Trübe in einen Rühr-
bottich abgelassen, in welchem beständig Wasser circulirt und der blos
einmal im Monat ausgeräumt wird; die von da abfliessende Trübe strömt
über amalgamirte Kupferplatten. Die Rückstände von dieser Amalgamation
werden schliesslich durch Verwaschen concentrirt und haben dann noch
einen Werth von 5—6 Dollar pro Tonne; der Gesammtverlust an Quecksilber beträgt 340 g pro ton Erz, d. i. 0·034 %.

Das ausgekellte und aus dem Setzbottich gewonnene Amalgam wird
hierauf ausgepresst und ausgeglüht und ist 700 Tausendstel fein. Das in der
Pfanne zurückbleibende, sowie das von den Reibschuhen abgeschabte
Amalgam wird in kleinen Pfannen mit 35 Theilen frischem Quecksilber
auf 100 Amalgam unter kaltem Wasser behandelt, bis es völlig rein ist.

Das Ausglühen des Amalgams erfolgt in Glocken bei 1·5 cbm Brennstoffverbrauch; die Fabrikationskosten pro ton betragen 14·5 Dollar.

Die bei der Pfannenamalgamation dienenden Apparate sind:

1. Die Pfanne; eine der bestconstruirten ist die von Stevenson (Fig. 217). Die bessere Vertheilung des Mahlgutes darin geschieht durch die 4 gebogenen Streicheisen a, welche das Erz an die Peripherie und den oberen Theil des Bottichs werfen, von wo es wieder unter den Läufer fällt. Da der Läufer g seine Bahn nahe dem Mittelpunkt hat, so erfordert die Bewegung desselben geringeren Kraftaufwand. Die Mühle ist mit Dampfboden versehen und der Läufer mit der Spindel durch die mit Bolzen befestigten 4 Verbindungsstücke e verbunden. Der Läufer hat 6 Schuhe i von 50 kg Gewicht, der Boden k besteht aus 8 Segmenten von je 42·5 kg Schwere; die Pfanne fasst 17·5 q Erz.

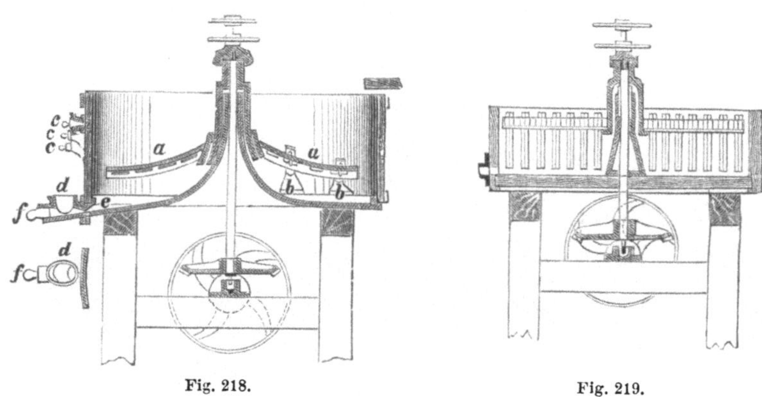

<table>
<tr><td>Fig. 218.</td><td>Fig. 219.</td></tr>
</table>

2. Das Klärfass oder der Settler (Fig. 218) besteht aus einem hölzernen oder von Blech hergestellten, mit rotirenden Armen versehenen Fasse mit gusseisernem Boden, dessen Durchmesser 3—3·3 m beträgt; an der Triebwelle befinden sich vier Arme a, jeder mit zwei stellbaren Schuhen b von Holz, welche bis auf 17—18 mm vom Boden reichen und den sich absetzenden Sand beständig aufrühren. Bei c sind drei übereinander angebrachte Auslassöffnungen für das aufgeschwemmte Erz, bei d ein seitliches Gefäss, welches mit der im Innern des Fassbodens eingedrehten Rinne e communicirt; in das Gefäss d wird nach und nach das Amalgam herausgedrückt, und aus demselben entweder ausgeschöpft oder nach Wegziehen des Pflocks f abgelassen.

Der Agitator oder das Rührfass ist aus Holz hergestellt, hat 5—6 m im Durchmesser und steht mit dem Klärfass durch eine Rinne in Verbindung. An der Welle sitzen 4 eiserne Arme (Fig. 219) mit vertical nach abwärts angesetzten Stäben, die Welle dreht sich 10—20 mal pro Minute; man gewinnt darin noch etwas Amalgam, dann unzersetztes Erz und viel Eisen enthaltenden Sand.

Der Amalgamglühofen (Fig. 220) enthält eine 4—5 Fuss engl. lange, eiserne, cylindrische, 30—35 cm weite Retorte a mit 40 mm starken Wänden, welche vorn durch die Platte b verschlossen und von dem Roste c aus beheizt wird; hier ruht die Retorte auf dem Träger d, rückwärts verengt sich die Retorte bis auf 60 mm Weite, und schliesst sich dort das Rohr e an, welches in dem mit fliessendem Wasser gespeisten Kasten f beständig kühl erhalten wird. Das in diesem Rohr sich condensirende Quecksilber fliesst in das Bassin g.

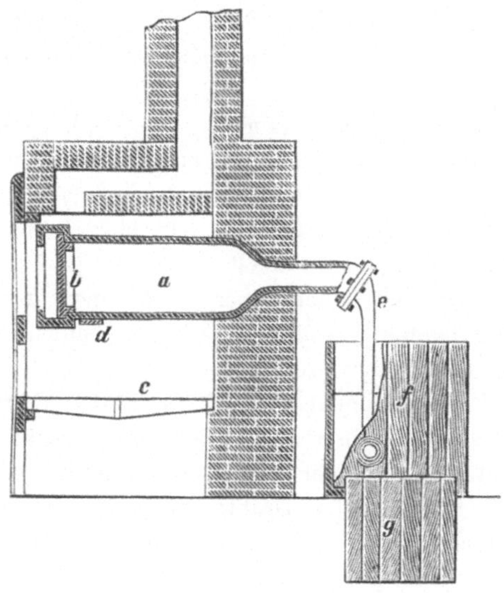

Fig. 220.

Die Mühlenamalgamation, Arrastraamalgamation. Diese Methode eignet sich hauptsächlich für gediegen Silber und Schwefelsilber enthaltende, von fremden Schwefelmetallen freie, in erdigen Gangarten vorkommende Erze. Die gepochten Erze werden in den Mühlen unter Zusatz von Wasser und Quecksilber gemahlen und bei Anwesenheit von Gold etwas Silberamalgam oder Kupferamalgam zugegeben, wodurch der grösste Theil des Goldes ausgezogen wird; wenn der Erzschlamm sich nicht mehr sandig anfühlt, wird er abgeschöpft und mit demselben Quecksilber so lange frische Erzmengen behandelt, bis dasselbe höchstens 20% Gold und Silber aufgenommen hat. Das Amalgam wird erst nach 3—6 Monaten aus den Mühlen herausgenommen und in schon bekannter Art weiter behandelt, der Quecksilberverlust kommt dem ausgebrachten Silber gleich, das Ausbringen an Gold erreicht blos bis 60%.

Neuere auf Amalgamation beruhende Vorschläge und Patente für die Zugutebringung edler Metalle aus Erzen sind die folgenden:

E. Ball (D. R. P. No. 8306) saugt in einem eigenen Apparat die Luft

von der Oberfläche des Quecksilbers ab, so dass die Quecksilbersäule durch
den Druck der Luft schwebend erhalten und gleichzeitig das mit Wasser
gemengte fein gepochte Erz hindurchgetrieben wird.

P. Designolle (D. R. P. No. 11415) hat einen Apparat konstruirt
zur Gewinnung edler Metalle mittelst Amalgamation auf mechanischem
und elektrolytischem Wege[32]). Auf den Hütten des Schemnitzer und Nagybányaer Bergdistricts ist dieses Verfahren versuchsweise zur Einführung
gelangt, doch ist ein anstandsloser stetiger Betrieb noch nicht erreicht
worden. (Oesterr. Ztschft. f. Bg. u. Httnwsn. 1884 pag. 495.)

B. Ch. Molloy (D. R. P. No. 28452) gibt Verfahren und Apparate
an zur Amalgamation von edlen Metallen mit Zuhilfenahme der Elektricität.

C. P. Bonnet in Elizabeth (amerik. Pat.) will Gold und Silber gewinnen, indem er gepulvertes Erz durch eine Rührvorrichtung im Wasser
schwebend erhält, wobei der Wasserstrom sich abwärts bewegt, während fein
zertheiltes Quecksilber eingespritzt und ein elektrischer Strom hindurch
geleitet wird; das Amalgam sammelt sich am Boden, die ablaufende
Flüssigkeit wird zwischen Quecksilber und einer darüber befestigten
Kupferplatte hindurchgeführt, während zwischen beiden Metallen ebenfalls
ein elektrischer Strom hindurchgeht[33]).

Ph. Barker[34]) in London (D. R. P. No. 22619) führt die Erze durch
eine Reihe von Amalgamationströgen, welche mit Quecksilber gefüllt sind,
das mit dem negativen Pol einer elektrischen Batterie verbunden die Kathode bildet; als Anoden laufen Drähte über den Trögen, welche jedoch
das Quecksilber nicht berühren, sondern blos in das darüber stehende
Wasser eintauchen. Die Tröge sind auf einer geneigten Tischplatte befestigt, die ersten drei davon enthalten mit Anoden versehene Rührer, die
folgenden drei Tröge besitzen separate Anoden und Rührer, die beiden folgenden Tröge haben keine Rührer, sondern blos zeitweilig wirkende Anoden, die nur bei verticaler Stellung in das Wasser eintauchen und wirken,
die beiden letzten Tröge haben ebenfalls keine Rührvorrichtungen, aber festliegende Anoden. Die Kathoden werden mit der Batterie so verbunden,
dass der Strom am Ende des ersten Troges direct in das Quecksilber eintritt, durch dieses nach dem Leitungsdraht geht, auf demselben in den
zweiten Trog an der entgegengesetzten Seite eintritt, hier in umgekehrter
Richtung seinen Weg nimmt, da wieder übertritt in den dritten Trog u. s. f.,
und so im Zickzack die sämmtlichen Tröge durchläuft. Die einzelnen
Anoden (Rührer) sind hölzerne Wellen, längs welchen der elektrische Strom
von der Batterie (Dynamomaschine) durch darauf befestigte metallene
Längs- und Querstreifen, sowie durch Contactschrauben fortgeleitet wird.

----

[32]) Dingler's Journ. Bd. 240, pag. 206.
[33]) Ebenda, Bd. 254 pag. 297.
[34]) Chemikerztg. 1883 pag. 1281.

Jeder Rührer hat ausserhalb des Trogs eine Scheibe, welche angetrieben wird, dieselbe macht 45 Umdrehungen in der Minute; die Erze werden durch einen Strom Wasser von einer oberhalb der Tröge befindlichen geneigten Tafel durch die einzelnen Tröge nach abwärts geführt. Das Amalgam kann durch besondere Hähne aus den Trögen abgelassen werden.

Von Forster und Firmin[35]) haben einen Amalgamator angegeben, welcher in sehr billiger Weise die edlen Metalle aus so armen Erzen, dass sie sonst nicht mit Gewinn verarbeitet werden könnten, und in kürzester Zeit auszubringen gestatten soll.

P. Manhés ersetzt die chlorirende Röstung als Vorbereitung für die Amalgamation durch Mengen der die Edelmetalle enthaltenden Substanzen mit Salmiak und Erhitzen des Gemenges blos so weit, bis die auftretenden Ammoniakdämpfe verschwunden sind. (D. R. P. No. 30 419. Chemikerztg. 1885, pag. 339).

Silbergewinnung durch Extraction.

Diese Methoden der Silbergewinnung verlangen Rohmaterialien von bestimmter Reinheit, aber sie sind wohlfeiler, und man bringt das Silber rascher aus, als durch Verhüttung auf trockenem Wege; das Silber muss in löslichen Zustand versetzt werden, welche Vorbereitung gewöhnlich durch ein entsprechendes Rösten geschieht, obwohl zum Theil hiefür auch Verfahren auf nassem Wege angegeben wurden. Die Methoden, welche auf einer chlorirenden Röstung des Materials beruhen, sind folgende:

Die Extraction des Silbers durch Kochsalzlösung. Augustinscher Extractionsprocess. Dieses Auslaugeverfahren beruht auf der Löslichkeit des Chlorsilbers in Kochsalzlauge unter Bildung von Chlorsilber-Chlornatrium und Ausfällen des Silbers durch Kupfer; das für das Silber in Lösung gegangene Kupfer wird hierauf durch Eisen ausgefällt, und nach erfolgter Reinigung von Eisen und Glaubersalz ist eine schon gebrauchte Lauge zu weiteren Extractionen wieder verwendbar. Diese Extraction wurde zuerst im Mannsfeld'schen statt der Kupfersteinamalgamation eingeführt, ist aber dort der von Ziervogel angegebenen Wasserlaugerei gewichen.

Das chlorirende Rösten wird in Flammöfen vorgenommen und dient hiezu auf den Pacific-Reductions-Works in Californien ein zweimal geknickter Fortschaufelungsofen (Fig. 221)[36]), in welchem das Arbeiten wesentlich erleichtert ist, indem sich 2 Mann durch Schieben und Ziehen der Post einander helfen. Bei a liegen die Arbeitsthüren an den Seiten des Ofens, b ist die Chargirseite, c die Ausziehseite, d sind zwei

[35]) Dingler's Journ. Bd. 227, pag. 462.
[36]) Preuss. Ztschft. 1879, Bd. 27, pag. 150.

neben dem Heerde liegende Roste, e eine Nothfeuerung, durch f ziehen
die Gase in die Flugstaubkammern und zum Schornstein. Jede Heerdabtheilung ist 6 m lang und 2 m breit.

Bei dem chlorirenden Rösten antimonhaltender Erze oder Producte
entweicht auch ein Theil Chlorsilber und Chlorblei mit Chlorantimon;
F. M. Lyte empfiehlt zur Vermeidung dieser Verluste die oxydirend gerösteten oder rohen Erze in dem Flammofen oder in einer Muffel bei
250—400⁰ der Einwirkung von salzsauren Dämpfen auszusetzen, wobei
Chlorsilber und Chlorblei zurückbleiben und blos Chlorantimon entweicht,
das in einer Salzlösung condensirt und durch Eisen daraus metallisch gefällt werden kann (D. R. P. No. 22 131).

de Vaureal mischt zu gleichem Zwecke Arsen, Antimon, Schwefel
und tellurhaltende Erze mit Schwefelleber, glüht bei Luftabschluss, laugt
dann mit warmem Wasser aus und filtrirt bei Anwesenheit von Gold durch
ein kleines Filter, das mit fein gestossenem Antimon gefüllt ist, wäscht

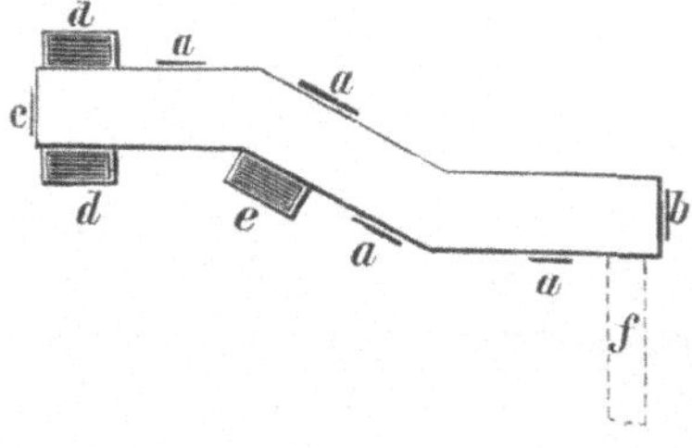

Fig. 221.

dann den Rückstand, röstet denselben sulfatisirend und extrahirt mit
einem Wasser, welchem 0·2—0·3 % Kochsalz zugesetzt wurde, wobei
Kupfer, Eisen und Zink in Lösung gehen, das Silber aber zurückbleibt
und nach der Trennung der Flüssigkeit vom Rückstand aus diesem mit
Chlormagnesium ausgezogen werden kann (D. R. P. No. 20 593).

Es wird indess bis jetzt im Grossen fast nur chlorirend geröstet,
und sind bei vorsichtigem Betrieb und nicht zu viel anwesendem Antimon
die Verluste nicht so bedeutend.

Nach Drouin und José de Bayeres de Torres[37]) lässt sich auch
auf nassem Wege Schwefelsilber in Chlorsilber in der Art umwandeln,
dass man das Erz mit einer Salzlösung behandelt, welche mit einer Mine-
ralsäure versetzt ist; die Zerlegung geht schon in der Kälte vor sich, und
kann die Reaction durch Zusatz von Braunstein befördert werden. Enthalten die Erze mehr Schwefelmetalle, Arsen und Antimon, so werden
sie am besten unter Zusatz von Braunstein oxydirend geröstet und dann
erst der Behandlung mit der sauren Kochsalzlösung unterworfen. Das
Kupfer geht ebenfalls mit in Lösung.

---

[37]) Oesterr. Ztschft. f. Bg. u. Httnwesen 1879, pag. 147.

Das geeignetste Material für chlorirendes Rösten sind geschwefelte silberhaltende Verbindungen, welche bei dem vorangehenden oxydirenden Rösten Sulfate liefern, die dann nach erfolgtem Kochsalzzuschlag und erhöhter Temperatur ihre Schwefelsäure als solche abgeben, welche das Kochsalz zersetzt, und sich selbst in freie Oxyde umwandeln, zum Theil bei ihrer Bindung von Chlor aber als Chloride möglichst wenig flüchtig sind und das gebildete Chlorsilber nicht auch zur Verflüchtigung disponiren oder solches mitreissen. Am schädlichsten sind in dieser Hinsicht Zink, Antimon und Arsen. Enthält das Auslaugegut auch Gold, so werden etwa nur 66 % davon mit dem Silber gelöst, und die Extractionsrückstände müssen erst einer weiteren Entgoldung unterworfen werden.

Das Auslaugen des Röstgutes geschieht in hölzernen Laugbottichen (Fig. 222) von runder oder viereckiger Gestalt, welche einen doppelten Boden haben, wovon der untere massiv ist, der obere b aber auf dem Holzkreuz a ruht und aus einer durchlöcherten Holzplatte besteht, die zuerst mit Reisig oder Stroh überdeckt und hierauf mit einem mit Leinwand bespannten Reifen c belegt wird, welcher möglichst gut an die Innenseiten des Bottichs anschliessen soll und ringsum mit Werg gut umstopft ist. Bei d fliesst die Lauge ab.

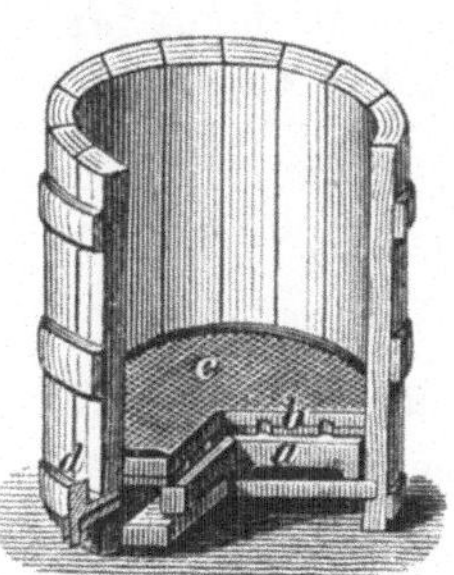

Fig. 222.

Die das Silber enthaltende Lauge wird dann in eigenen Fällbottichen über Kupfergranalien geleitet, wo das Silber niedergeschlagen wird, die hier resultirende Lauge aber zur Ausfällung des Kupfers über Eisen geführt. Die Kochsalzlaugerei ist meistens für Hüttenproducte in Anwendung; eine Extraction der Erze hat nur zu Avanza im Venetianischen und in Colorado zu befriedigenden Resultaten geführt, da die Silberverluste zu bedeutend waren.

Leche müssen für diese Silbergewinnung reich an Kupfer und möglichst frei sein von Zink, Arsen, Antimon, Blei und mechanisch beigemengten metallischen Ausscheidungen; eine Lechextraction steht nirgend mehr in Anwendung. Speisen wurden versuchsweise in dieser Art extrahirt, bei ihrem bedeutenden Gehalt an Antimon und Arsen war jedoch die Silberverflüchtigung allzugross bei dem Rösten, dann ist auch eine Bildung von Silberarseniat und Silberantimoniat nicht zu vermeiden, welche Salze durch Kochsalzlösung nur unvollständig zerlegt werden, und demnach fällt das Ausbringen an Silber sehr unvollständig aus.

Schwarzkupfer eignen sich für dieses Verfahren am besten, wenn sie hinreichend fein zerkleinert werden und nicht zu viel Antimon und Blei enthalten.

Zu Tajova[38]) in Ungarn werden Schwarzkupfer extrahirt, und zwar

---

[38]) Q. Neumann, die Extractionsprocesse, 1863.

bedient man sich hiezu einer Kochsalzlauge von gewöhnlicher Temperatur, weil die Erfahrung gelehrt hat, dass eine solche dasselbe Lösungsvermögen besitze, wie eine warme, aber insofern günstiger wirkt, als sie weniger fähig ist, die Chloride des Bleies und des Antimons zu lösen, wodurch der Verbrauch an Kochsalz sich verringert. Der Extraction werden daselbst unterworfen:

Bleilose Schwarzkupfer von Altgebirg mit

$$80—84 \;\% \text{ Kupfer,}$$
$$0\text{·}3—0\text{·}36 \text{ - Silber und}$$
$$3—7 \quad \text{ - Antimon,}$$

dann Rohkupfer von Tajova, erzeugt aus den Lechen der niederungarischen Centralhütte zu Schemnitz mit

$$70—80 \;\% \text{ Kupfer,}$$
$$0\text{·}2—0\text{·}25 \text{ - Silber und}$$
$$9—15 \quad \text{ - Blei,}$$

und Cementkupfer vom k. k. Hauptmünzamte zu Wien mit einem Gehalte von

$$44—60 \,\% \text{ Kupfer und}$$
$$0\text{·}5—2\text{·}3 \text{ - Silber.}$$

Das zu Tajova erzeugte Rohkupfer wird nach dem Abstechen und Abheben des Oberlechs in noch breiartigem Zustande mit eisernen Kellen auf eine eiserne Platte gebracht und hier mit hölzernen Hämmern zerrieben, hierauf gesiebt und das Mittelgrosse (bis Linsengrösse) zur Mühle, das Grobe aber zur Stampfe gebracht, zerkleint, abermals abgesiebt und die Gröbe ebenfalls auf die Mühle aufgegeben, deren Mühlsteine durch 75 mm starke eiserne Platten mittelst versenkter Schrauben armirt sind.

Die so vorbereiteten Kupfer werden in Posten von 225 kg (darunter 25 kg Nebenproducte von der eigenen Arbeit) mit 9—10% Fabriksalz gemengt und auf den oberen Heerd eines doppelheerdigen Röstofens (Fig. 223 bis 226) gebracht; der Bleigehalt einer Röstpost soll 7%, der Silbergehalt 0·4% nicht übersteigen. Die Nebenproducte werden in kleineren Partien der Post während des Röstens zugetheilt. Nach einer Stunde ist die Post dunkelrothglühend; sie wird beständig gekrählt und gewendet, damit sich möglichst wenig Röstgraupen bilden, und zu Ende wird etwas Kohlenstaub zugesetzt, damit die Röstpost nicht abkühle. Nach 5—7 Stunden ist das Vorrösten auf dem oberen Heerde beendigt; die Post wird nun auf den unteren Heerd gestürzt und die Mehle von dem Cementkupfer hier nachgetragen, welche nicht so lang geröstet werden sollen. Die Garröstung dauert $2\frac{1}{2}$—$3\frac{1}{2}$ Stunden, während welcher Zeit ununterbrochen gekrählt und gewendet wird, wobei man 4% Kohlenstaub in 3 Partien nach je $\frac{1}{2}$ Stunde einmengt, um die Antimoniate zu zerlegen und die daraus reducirten Metalle zu verflüchtigen. Hierauf wird noch $1\frac{1}{2}$—2 Stunden bis zu starker Rothgluth gefeuert, wobei basische Salze und Oxyde gebildet werden; zuletzt wird das Feuer eingestellt und die Post eine halbe Stunde lang fortwährend gerührt, sodann zu einem Haufen zusammengezogen und

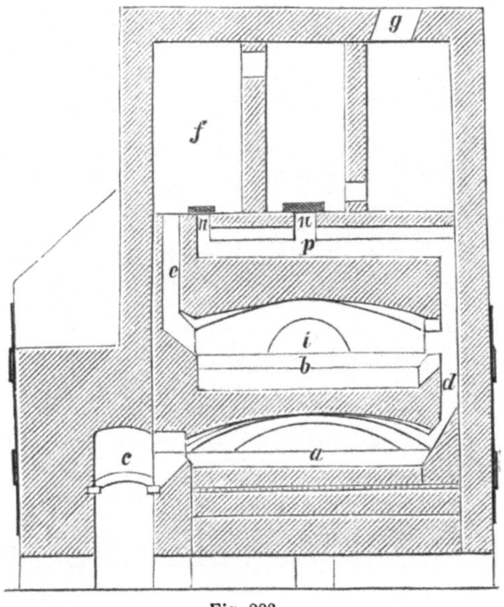

Fig. 223.

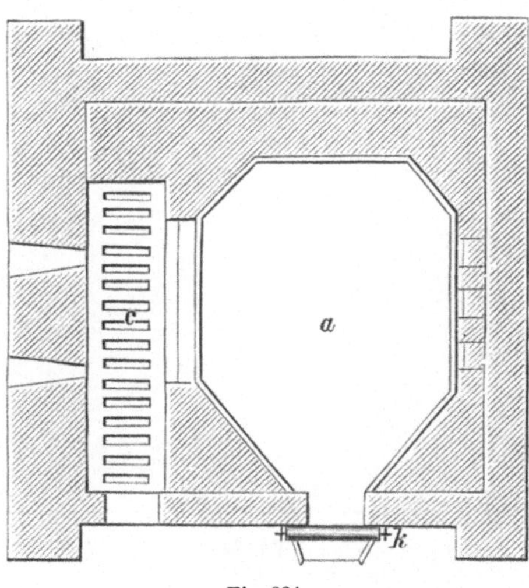

Fig. 224.

$\frac{1}{2}$ Stunde lang der Einwirkung der Chlordämpfe überlassen. Die Gewichtszunahme der Röstpost durch Oxydation und Chlorirung beträgt 30—33%; die gar geröstete Post wird in Blechkästen gezogen, auf Eisenplatten ausgestürzt, noch heiss bei etwa 80° gesiebt, die Röstknoten vermahlen und diese als durchlaufendes Nebenproduct den folgenden Röstposten zugetheilt. Die Garröstung muss bei einer Temperatur vorgenommen wer-

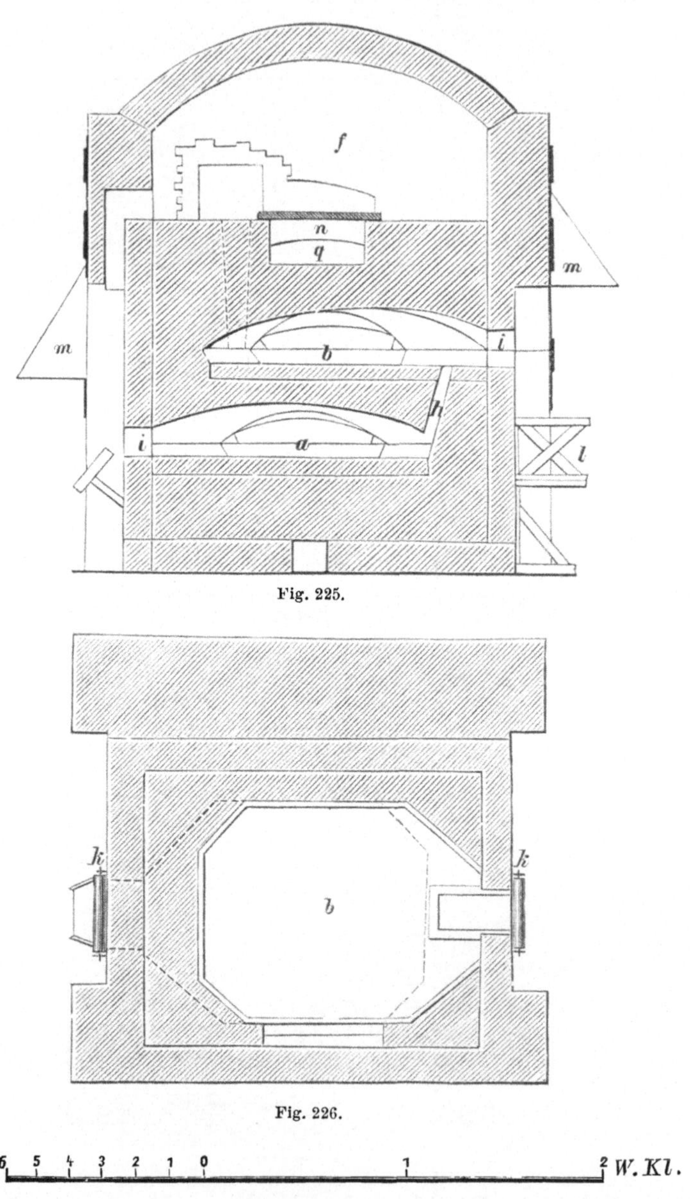

Fig. 225.

Fig. 226.

Zu Fig. 223—226.

den, welche Rothgluth nicht übersteigt, damit nicht zu viel Chlorsilber entweiche. In den angeführten Figuren sind a und b die beiden Heerde,

c der Rost, von welchem aus die Verbrennungsgase über den unteren
Heerd durch den Fuchscanal d streichend und den oberen Heerd beheizend
durch e in die Flugstaubkammern f gelangen und aus der letzten durch
g zur Esse abziehen. h ist der Canal, durch welchen die Röstpost vom
oberen Heerde auf den unteren Heerd abgestürzt wird, i die Arbeitsöffnungen, k Arbeitswalzen vor denselben, l die Arbeitsbühne für den oberen
Heerd, m sind Schlotte zur Abführung der aus dem Ofen austretenden
Dämpfe, damit der Arbeiter davon nicht belästigt werde, n die Oeffnungen
zum Abstürzen des Flugstaubs auf die Sohle der Kammer p bei dem Entleeren der Flugstaubkammern f, q die Ausräumeöffnung der Kammer p. Das
Auslaugen wird in zwei Systemen von je 9 Bottichen mit Filtrirböden vorgenommen und eine Kochsalzlösung von 22° B. und 10—15° Temperatur
angewendet; bis zu 5° C. Temperatur ist das Lösungsvermögen der Kochsalzlauge noch ein gutes, unter dieser Temperatur aber ein schwächeres.
Für das Auslaugen werden die Mehle noch warm in die Bottiche gefüllt
und ständig Kochsalzlauge zufliessen gelassen; innerhalb der ersten zwei
Stunden wird am meisten gelöst, nach 30—36 Stunden finden sich nur
mehr Spuren von Silber in der Lösung, worauf die Laugencirculation abgesperrt wird. Die ausgelaugten Mehle werden nun mit heissem Wasser
ausgesüsst und die Laugrückstände mit einem Gehalte von 0·005—0·010%
Silber zum Kupferprocess zurückgegeben; die silberhaltige Lauge wird
durch Lutten in eine Sammellutte und von da in das aus 6 Bottichen bestehende Fällsystem geleitet, worin Kupfergranalien vorgelegt sind, über
welchen sich das Silber filzartig in kleinen Krystallen in einer bis 5 cm
starken Schicht absetzt, worauf es herausgenommen, in einem Sieb mit
heissem Wasser gut gewaschen, gepresst, zu Kugeln geformt und in Graphittiegeln eingeschmolzen wird. Das Extractionssilber ist 982 Tausendstel
fein; der decantirte silberreiche Schlamm wird amalgamirt.

Die das Kupfer als Chlorid enthaltende Lauge fliesst über 26 Fälllutten,
worin sich Eisen vorgelegt befindet; das gefällte Kupfer wird dann gewaschen, getrocknet und wieder bei den Röstungen zugetheilt, weil es
noch etwas silberhaltig ist. Bei Anwendung kalter Kochsalzlauge ist der
Silbergehalt des Cementkupfers viel geringer, etwa nur die Hälfte von dem
des bei Verwendung heisser Lauge erhaltenen Kupfers; die Schlusslauge
länft endlich in ein Reservoir ab, wo sie sich klärt und von dort gehoben
zu neuen Laugungen verwendet wird. Die Lauge ist 9 Monate hindurch
verwendbar, welche Zeit jedoch von dem öfteren oder selteneren Gebrauche derselben innerhalb eines bestimmten Zeitraums abhängig ist.

Einen Auslaugebottich zeigt Fig. 227. Nahe am unteren Boden haben
die Bottiche zwei in entgegengesetzter Richtung angebrachte Abflusspipen,
w und v; über dem hölzernen Kreuz liegt der 25 mm starke, falsche Boden, hierauf eine 25 mm starke Lage Birkenreiser, und darüber das Leinwandfilter. Nachdem die gerösteten Schwarzkupfermehle eingetragen sind,
wird auf dieselben ein durchlöcherter Schwimmer von Holz x aufgelegt,

welcher den Laugenstrahl gleichmässig über die ganze Oberfläche vertheilt. Unter einer jeden Batterie von Bottichen ist eine wasserdicht hergestellte schiefe Bühne y, welche die verzettelte Reichlauge aufzufangen und nach p abzuleiten bestimmt ist. In die Lutte n wird die Reichlauge abgelassen und durch die Querlutte r in die Silberfällbottiche geleitet, durch die Rinne p und q die verzettelte Reichlauge ebenfalls dahin geführt, durch die Lutte o aber die Armlauge und die Waschwässer sogleich zur Kupfer-

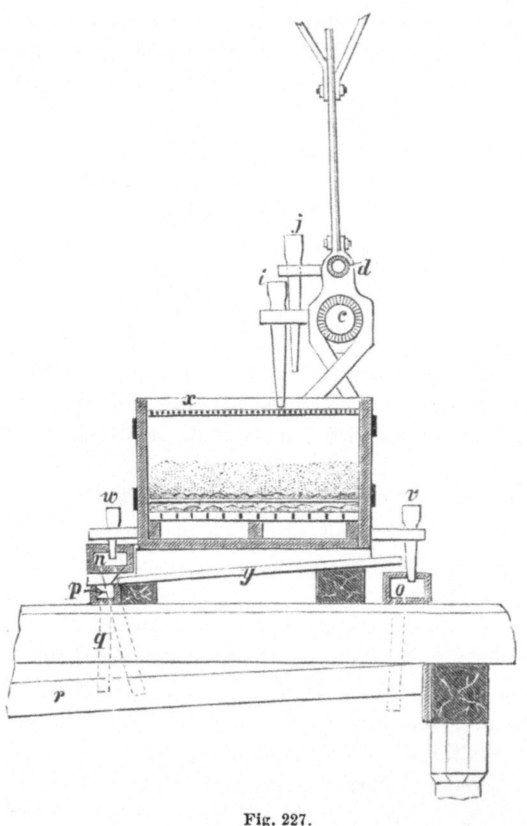

Fig. 227.

fällung abgeleitet. Ein Extractionsbottich erhält die halbe Röstcharge, d. i. 130 kg Füllung. Man prüft auf den Grad der Auslaugung mittelst eines unter die Pipe w in die abfliessende Extractionslauge eingehaltenen blanken Kupferblechs, und wenn dieses nach 4 Minuten dauerndem Einhalten nur sehr schwach mit Silber beschlagen wird, so wird das Reichlaugen eingestellt, welches gewöhnlich 8—10 Stunden dauert; man lässt dann die Reichlauge aus dem Bottich gänzlich ab, wendet hierauf die Mehle im Bottich mit einer hölzernen Schaufel, und führt nun wieder Lauge zu, welche jedoch durch die Pipe v in die Armleitung abgelassen

wird. Wenn bei einer Probe in gleicher Art wie vorhin ein Kupferblech
in Zeit von $\frac{1}{4}$ Stunde sich nur mehr schwach beschlägt, wird der Laugen-
zufluss gänzlich eingestellt und die noch mit Lauge vollgesogenen Mehle
mit heissem Wasser ausgesüsst. Die Waschwässer lässt man ebenfalls in
die Armlaugenleitung abfliessen; c ist die Laugenleitung mit der Laugen-
pipe i, d die Heisswasserleitung mit der Pipe j.

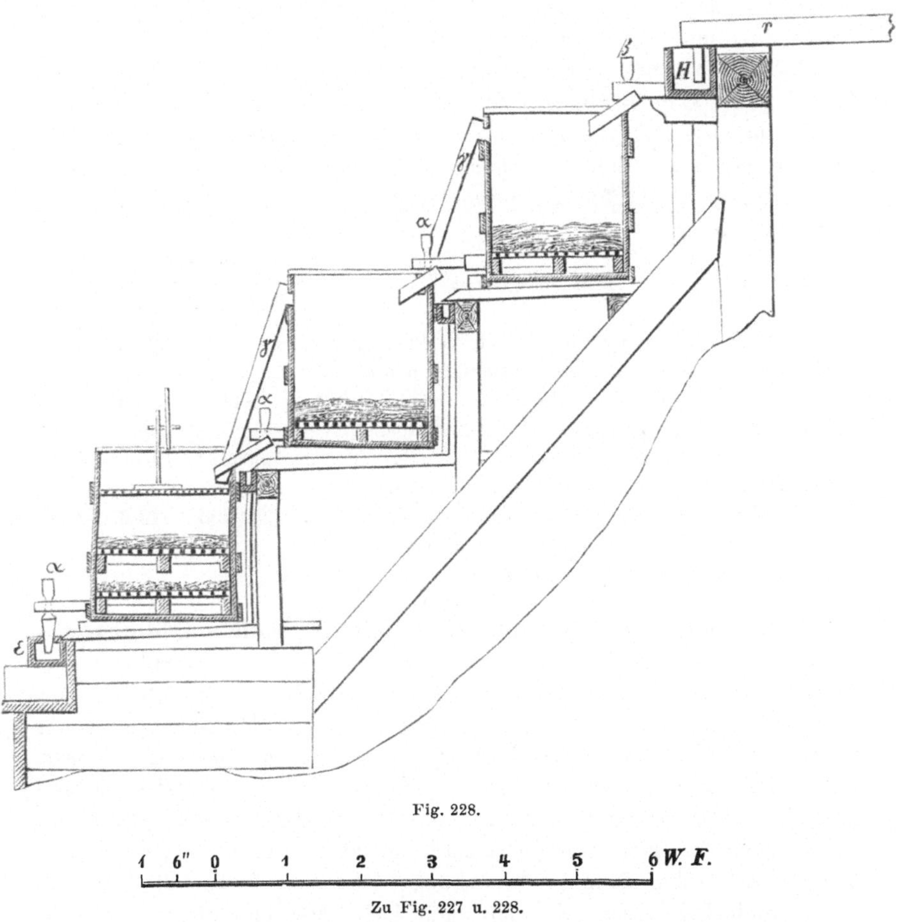

Fig. 228.

Zu Fig. 227 u. 228.

Den Fällungsapparat zeigt Fig. 228. Es sind 18 Bottiche vorhanden,
deren je 3 zu einem Fällsystem zusammengestellt sind, so dass 6 solcher
Apparate unabhängig von einander arbeiten. Jeder Bottich hat unter dem
Losboden eine Ablasspipe a, und die zwei oberen Bottiche noch die Ueberfallrohre γ; die Lauge fliesst vom obersten Bottich durch den zweiten nach
dem dritten ab. Zur Vertheilung der Reichlauge in die Fällbottiche
dient die Sammellutte H, aus welcher vor jedem Fällsystem durch eine
Pipe β die Lauge abgelassen wird. Der oberste Bottich enthält die feinsten,

der zweite die mittelgrossen, der letzte Bottich, welcher zwei Filtrirböden enthält, bekömmt auf den unteren Losboden die gröbsten, auf den darüber befindlichen Boden gröbere Granalien, als im 2. Bottich, so dass die Korngrösse mit der Tiefe der Lage der Losböden zunimmt. Im Ganzen werden in ein System 1 q Kupfergranalien vorgelegt; die von einer Fällung zurückbleibenden werden, nachdem sie abgewaschen wurden, sortirt und wieder vorgelegt und die nöthige Menge neuer Kupfergranalien zugegeben. Durch die Rinne ε fliessen die Laugen zur Kupferfällung ab.

Es ist Markus, Betriebschef zu Tajova, gelungen, die Erzeugungskosten von 100 q Metallwerth des Silbers und Kupfers bedeutend herabzubringen. Die folgende Tabelle, welche der Verfasser der gefälligen Mittheilung des Hrn. Markus verdankt, giebt eine Uebersicht der zu Tajova nach einander zur Einführung gelangten Processe und der durch dieselben erreichten Erfolge.

Jahr	Bestandener Betrieb	Verarbeitetes Kupfer u. Silber im Geldwerth von fl.	Hüttenkosten für 100 fl. Metallwerth.
1847—1849	Lechentsilberung durch Verbleiung . .	1,024283	22 fl. 90 kr.
1850—1853	Lech- und Speiseextraction mit heisser Kochsalzlösung	994431	16 fl. 21 kr.
1854—1860	Schwarzkupferextraction mit Rostkupferläuterung	1,500672	13 fl. 39 kr.
1861—1866	Combinirte Schwarzkupfer- und Rostkupferextraction	1,228796	10 fl. 75 kr.
1867 b. heute	Schwarzkupferextraction mit kalter Kochsalzlösung	—	9 fl. 64 kr.

Extraction von Silber (und Gold) mit Hyposulfitsalzlösung. Es stehen für diese Art der Silbergewinnung zwei Salze in Anwendung; das unterschwefligsaure Natron, welches zu diesem Zwecke von Percy und Hauch vorgeschlagen und zuerst von Patera zu Joachimsthal angewendet wurde, und das Calciumthiosulfat, welches Kiss in Vorschlag gebracht hat. Dieser Process steht dermal in Amerika und in Australien in ausgebreiteterer Anwendung; aus den Laugen wird das Silber (Gold) durch Schwefelnatrium oder Schwefelcalcium gefällt. Der unterschwefligsaure Kalk wurde früher dann in Verwendung genommen, wenn die Erze zugleich goldhältig waren, da man dafür hielt, dass blos dieses Salz auch das Gold mit auflöse und gewinnen lasse. In neuester Zeit hat Russel[39] eingehende Studien über die Wirkungsweise der beiden genannten Hyposulfite gemacht und die Ergebnisse derselben bekannt gegeben; zum Theil bestätigen dieselben schon bekannte Thatsachen, zum Theil berichtigen sie die älteren Anschauungen und sind die sich ergebenden Folgerungen und Resultate für die Silbergewinnung sehr wichtig.

---

[39] Egleston in Engineering, 1884 vom 12. Septbr. Bg. u. Httnmsch. Ztg. 1884 pag. 489, 506, 524 u. 1885 pag. 13. Chemikerztg. 1885 pag. 233.

Russel fand, dass das Natriumthiosulfat Gold ebenfalls auflöst, und auch das Schwefelgold zersetzt; derselbe fand ferner, dass die Doppelverbindung von Natrium- und Kupferhyposulfit sehr leicht Silber löst und Silberverbindungen zersetzt, welche von dem Natriumsalz allein nicht oder nur wenig angegriffen werden; diese Doppelverbindung nennt Russel die Extrasolution. Man erhält dieselbe durch Mischen beider Hyposulfite, und das Kupfersalz durch Umsetzung aus unterschwefligsaurem Natron und Kupfervitriol.

Die Hauptresultate lassen sich weiter noch kurz in Folgendem znsammenfassen:

1. Die lösende Kraft des Hyposulfits nimmt nicht mit der Concentration, wohl aber mit der Wärme zu.

2. Schwefelsilber wird von dem Natriumsalz nicht gelöst, aber Schwefelgold wird zersetzt und das Gold gelöst.

3. Silberarseniat ($Ag_3 As O_4$) löst sich in dem Natronsalz schon in der Kälte, das Antimoniat ($Ag Sb O_3$) grösstentheils.

4. Kupferchlorid wird unter Bildung des Doppelsalzes aufgenommen, und Bleisulfat löst sich um so leichter auf, je concentrirter die Lauge ist. Es enthalten demnach die aus den Laugen durch Schwefelalkalien erhaltenen Niederschläge immer auch Blei (und Kupfer) neben den edlen Metallen, welches das Präcipitat verunreinigt.

5. Das Blei ist aus der Hyposulfitlösung durch Soda vollkommen fällbar, ohne dass Silber oder Kupfer mit niedergeschlagen wird; verwendet man demnach Calciumthiosulfat zum Auslaugen und fällt dann das Blei mit Natriumcarbonat, so ist der Niederschlag stets auch mit Kalk verunreinigt, weil dieser mitgefällt wird. Es ist somit rationeller, das Natriumsalz zur Auslaugung zu verwenden. Die Unlöslichkeit des Bleicarbonats in Natriumhyposulfit bringt es auch mit sich, dass Erze, welche viel Cerussit enthalten, nur unvollständig ausgelaugt werden können, da dieses Bleierz die eingeschlossenen Silbertheilchen der Extraction entzieht. Eben so sind die Carbonate von Eisen, Mangan und Zink unlöslich in dem Hyposulfit, das Kupfercarbonat aber löslich.

6. Die Löslichkeit des Chlorsilbers wird schädlich beeinflusst durch die Anwesenheit von ätzenden Alkalien, alkalischen Erden und durch die Gegenwart der Sulfate des Bleies, Kalks und Natrons derart, dass ätzende Alkalien (Natron, Kalk) das Lösungsvermögen der Lauge stark herabdrücken, die Sulfate dieser beiden die lösende Kraft der Lauge für Chlorsilber mindern, das Bleisulfat endlich einen Theil der Lauge für seine eigene Lösung in Anspruch nimmt. Alkalicarbonate sind ohne Einfluss auf das Lösungsvermögen des Hyposulfits.

Aus der Hyposulfitlösung wird das Silber (Gold) durch ein Schwefelalkali (Schwefelnatrium, Schwefelcalcium) gefällt. Nachdem das Natriumhyposulfit als Extractionsmittel vorzuziehen ist, und zur Ausfällung der gelösten Metalle Schwefelnatrium in Verwendung zu nehmen ist, dieses

aber kein Aetznatron enthalten darf, so wird nach Russel das Schwefelnatrium am zweckmässigsten in der Weise bereitet, dass man das Aetznatron in einem eisernen Kessel in dem gleichen Gewichte Wassers auflöst, wobei der Kessel nicht mehr als zum vierten Theil gefüllt sein soll,
weil die Lösung bei dem Eintragen des Schwefels um das zwei- bis dreifache Volumen zunimmt; erwärmt sich der Inhalt des Kessels bei dem
Lösen des Aetznatrons nicht auf 80^0 C., so wird er durch Erwärmen auf
diese Temperatur gebracht, und für 100 Theile Aetznatron allmälig
66 Theile gepulverter Schwefel eingetragen, wobei die Flüssigkeit sich höher
erwärmt und durch die Volumzunahme den Kessel zu etwa $^3/_4$ füllt. Die
Lösung erfolgt in wenigen Minuten; man giesst die Masse noch flüssig
aus und löst sie sofort, oder man lässt sie in Formen von gebrannten
Steinen erstarren, und hebt sie in festem Zustand für die Verwendung auf.
Die Lösung dieses Sulfids fällt für 100 Theile Aetznatron 184—230 Theile
Silber aus der Lauge.

Für die Ausfällung des Bleies aus der Lauge muss die hiebei verwendete Sodalösung frei von Schwefelnatrium sein, damit kein Silber
mit niederfalle, ebenso darf dieselbe kein Aetznatron enthalten; man reinigt die Sodalösung von Schwefelnatrium durch Kochen mit Kupfervitriol, wodurch Schwefelkupfer gefällt wird, enthält die Sodalösung aber
Aetznatron, so kocht man sie mit etwas Schwefel und hierauf mit Kupfervitriol. Die so gereinigte Sodalösung verwendet man zur Bleifällung.

Die vorher als „Extrasolution“ bezeichnete Doppelverbindung der
Hyposulfite des Kupfers und Natriums erhält man bei dem Mischen concentrirter Lösungen der beiden Reagentien, wonach sie sich als gelber
Niederschlag abscheidet; nach erfolgtem Absetzen und Abdecantiren der
überstehenden Flüssigkeit wird das gelbe Salz in Natriumhyposulfit gelöst. Diese Extrasolution wirkt in der Kälte für Silberverbindungen neum-
mal kräftiger, als das Natronsalz allein, bis 50^0 C. erwärmt ist ihre lösende
Wirkung noch stärker, ihre lösende Kraft für Gold bleibt sich gleich,
Schwefelgold wird durch sie leicht zersetzt, und Schwefelsilber ist in der
verdünnten Lauge löslicher; auf das Antimoniat und Arseniat des Silbers
wirkt sie wie das einfache Natronsalz.

Im allgemeinen erfolgt die Lösung des Chlorsilbers in dem Hyposulfit
nach der Formel

$$2\,Ag\,Cl + 3\,(Na_2\,S_2\,O_3) = [Ag_2\,S_2\,O_3 + 2\,(Na_2\,S_2\,O_3)] + 2\,Na\,Cl.$$

Dieses Salz ist leicht löslich, während das nach folgender Formel
entstandene

$$2\,Ag\,Cl + 2\,(Ca\,S_2\,S_3) = (Ag_2\,S_2\,O_3 + Ca\,S_2\,O_3) + Ca\,Cl_2$$

schwer löslich ist.

Durch Zusatz von Schwefelalkali wird die Extractionslauge wieder regenerirt,

$$Ag_2\,S_2\,O_3 + 2\,(Na_2\,S_2\,O_3) + Na_2\,S = Ag_2\,S + 3\,(Na_2\,S_2\,O_3)$$

und zu viel zugesetztes Schwefelalkali kann durch Einleiten von Schwefeldioxyd wieder oxydirt werden, wobei ein Theil Schwefel niederfällt

$$2\,Na_2\,S + 3\,SO_2 = 2\,(Na_2\,S_2\,O_3) + S.$$

Das Auslaugen mit Hyposulfitsalz hat gegenüber dem Laugen mit Kochsalzlösung den Vortheil, dass in ersterem das Silber weit löslicher ist, nämlich schon in zwei Theilen, während von Kochsalz 68 Theile für ein Theil Silber nöthig sind.

Nachdem Russel's Extrasolution auch Schwefelsilber zersetzt und löst, so ist sein Verfahren auch für Extraction solcher Erze anwendbar, welche das Silber als Sulfid oder als Sulfosalz enthalten, und es wird erwartet, dass eine Röstung der Erze gar nicht nothwendig sei, beziehentlich ein oxydirendes Rösten genügen würde; rohe Erze müssten jedoch für diese Art der Verarbeitung höchst fein vermahlen werden, bei gerösteten Erzen, welche durch die Röstung aufgelockert werden, ist eine so sehr feine Vertheilung weniger nöthig.

Die Arbeiten, welche bei der Extraction der Erze mit Hyposulfitsalz vorzunehmen sind, sind der Reihe nach:

1. Das Rösten der Erze.
2. Das Auslaugen der gerösteten Erze.
3. Das Fällen des Silbers aus der Lauge.
4. Die weitere Gewinnung des Silbers aus dem Niederschlag.

Bei dem Verfahren nach Russel sind der Arbeiten mehr und gelangen nach einander zur Ausführung:

1. Das Rösten der Erze.
2. Das Auslaugen mit gewöhnlicher Hyposulfitlösung.
3. Das Nachlaugen mit Extrasolution, wodurch die durch Hyposulfit allein nicht zersetzbaren Silberverbindungen gelöst werden und ein bedeutendes Mehrausbringen an Silber erzielt wird, wobei bis auf 25—50° C. erwärmte Lösungen energischer wirken als kalte; doch sind höhere Temperaturen zu vermeiden.
4. Das Fällen des Bleies aus der Lauge durch Soda.
5. Das Fällen des Silbers (Goldes) und Kupfers mit Natriumsulfid.
6. Das weitere Verarbeiten der gefällten Schwefelmetalle.

Russel filtrirt die niedergeschlagenen Sulfide in einer Filterpresse, und löst dieselben in noch feuchtem Zustande in mit Natronsalpeter versetzter Schwefelsäure von 66° B., wobei die sich hier entwickelnden Stickoxydgase in einen von concentrirter Schwefelsäure berieselten Koksthurm geleitet werden, und eine nitrose Säure zu weiteren Auflösungen wieder gewonnen wird. Die Lösung wird in einen Bottich abgelassen, auf 110° C. erwärmt und auf 58° B. verdünnt, und von da nach dem Klären in einen von aussen mit Wasser gekühlten Bottich abgelassen, worin bei dem Erkalten das Silbersulfat auskrystallisirt. Der Rückstand im ersten Bottich enthält das Gold, das Bleisulfat und etwas Chlorsilber,

welches Letztere in Folge eines etwaigen Chlorgehaltes der Schwefelsäure
wieder neu gebildet wurde, und wenn sich nach und nach grössere Mengen
dieses Niederschlages angesammelt haben, werden sie zuerst in einem eisernem Kessel mit nitrirter Schwefelsäure behandelt, und dann das Chlorsilber und Bleisulfat mit Hyposulfit ausgezogen, der goldhältige Schlamm
bleibt zurück. Die Silbervitriolkrystalle, welchen etwas Kupfervitriolkry-
stalle anhängen, werden nach Abheben der Mutterlaugen in ein Gefäss
von Bleiblech gebracht, so viel Wasser zugegeben, dass die Sulfate sich
lösen, und diese Lösung mit metallischem Kupfer gekocht; nach dem
Absetzen des metallischen Silbers wird die Kupfersulfatlösung in Krystallisationskästen abgelassen, und der Kupfervitriol zur Bereitung von Extrasolution, die sauren Mutterlaugen davon zum Lösen neuer Sulfatkrystalle
von Silber und Kupfer verwendet. Das ausgefällte Silber endlich wird
eingeschmolzen und raffinirt, das Gold mit Blei abgetrieben.

Erze, welche neben Silber Gold enthalten, werden nun nach erfolgtem
chlorirenden Rösten vortheilhaft mit Hyposulfitsalz ausgelaugt und der
Goldgehalt mitgewonnen; Kochsalzlauge nimmt das Gold nicht auf. Den
Extractionen mit unterschwefligsaurem Salz geht immer ein Auslaugen mit
Wasser voran, wobei zum grössten Theil das Chlorkupfer, mit etwas Chlor-
silber und Chlorgold ausgezogen wird; dieses Extract leitet man über
Eisen, auf welchem sich ein gold- und silberhaltendes Kupfer nieder-
schlägt. Nach O. Hoffmann[40]) tritt noch in den Laugbottichen selbst
eine Nachchlorirung ein. Die vollendete Extraction erkennt man an der
Farbe des Niederschlags mit Schwefelnatrium oder Schwefelcalcium;
reiche Laugen geben ein schwarzbraunes, arme Laugen ein rothbraunes
Präcipitat.

Dieses von Russel angegebene modificirte Verfahren eignet sich hauptsächlich für bleireichere Erze, deren Bleigehalt jedoch zu gering ist, um
sie auf Werkblei zu verschmelzen; man erzielt hiedurch bei billiger Anlage und geringeren Betriebskosten ein höheres Ausbringen und die Gewinnung eines bleifreien Silbers.

Auf den Hütten im Westen Amerika's[41]) unterscheidet man die
Erze in vier Klassen, nämlich:

1. Erze mit genügendem Kupfergehalt, um auf dieses Metall verschmolzen werden zu können, aus welchem man dann das Gold und Silber
auf nassem Wege gewinnt.

2. Bleiische Erze, welche man auf Werkblei verhüttet, und das Silber
(Gold) daraus durch Abtreiben gewinnt.

3. Erze mit so wenig Blei und Kupfer, dass sie nicht mehr schmelzwürdig sind aber noch amalgamirt werden können.

4. Erze mit einem Gehalt an Blei, Silber, Gold und Kupfer, aber

---

[40]) Bg. u. Httnmsch. Ztg. 1884 pag. 416.
[41]) Ebenda, 1884 pag. 37. Chemikerztg. 1884 pag. 386.

auch mit viel Schwefel, Arsen und Antimon, welche künftig auf elektrolytischem Wege zu Gute gebracht werden sollen.

Die Erze, welche auf den Hütten zu Triumfo- und Geddes- and Bertrandmine-Hütte verarbeitet werden, enthalten:

$$
\begin{array}{lr}
Si\,O_2 & 50\text{·}25 \\
Fe & 8\text{·}06 \\
Zn & 7\text{·}62 \\
Pb & 4\text{·}64 \\
As & 0\text{·}73 \\
Sb & 1\text{·}35 \\
Ag & 0\text{·}17 \\
Ca\,O & 4\text{·}92 \\
Mg\,O & 2\text{·}40 \\
S & 0\text{·}96 \\
C\,O_2 & 8\text{·}30 \\
H_2\,O & 3\text{·}80 \\
\text{Verlust und } O & 6\text{·}80
\end{array}
$$

Diese Erze werden zuerst chlorirend geröstet, der Rost hierauf mit Wasser ausgelaugt um die Chloride der unedlen Metalle zu entfernen, dann folgt die Laugung mit unterschwefligsaurem Kalk und die Fällung des Silbers (Goldes) mit Schwefelcalcium, endlich das Rösten dieser Schwefelmetalle und das Eintränken der Metalle bei dem Treiben.

Das Auslaugen der gerösteten Erze erfolgt in Bottichen, deren oberer Boden mit einem Jutefilter bedeckt ist; das Wasser tritt von unten ein, und wenn es über der Charge steht, lässt man eine Zeit lang dasselbe einwirken und dann die Lauge ablaufen. Man hat versucht, mit Wasser kalt oder warm zu laugen, wenn aber warm gelaugt wurde, musste man die Füllung im Bottich abkühlen lassen, bevor das Hyposulfitsalz zugeleitet wurde, weil sonst zuviel unedle Metalle mitgelöst wurden, die dann das Fällsilber verunreinigten. Bei dem Einleiten des Wassers von unten wird eine sehr silberreiche Schicht auf die Oberfläche gedrückt, welche alles Silber enthält, das durch die eben gebildete Kochsalzlauge oder die in Lösung gegangenen Chloride aufgelöst wurde; dieselbe wird abgeschöpft und für sich verarbeitet.

Man laugt sodann mit unterschwefligsaurem Natron, 12·5 g des Salzes in Liter Wasser gelöst, bei Anwesenheit von Gold aber mit unterschwefligsaurem Kalk; zuerst wird das in der Charge aufgesogene Wasser durch Natronsalz verdrängt, und wenn die ablaufende Flüssigkeit mit Schwefelcalcium nur mehr einen geringen Niederschlag gibt, wird die Laugung eingestellt, welche 12—15 Stunden Zeit beansprucht. Enthält der Rückstand mehr wie 20 % des ursprünglichen Silbergehalts, so wird er nochmal geröstet und wieder gelaugt.

Das gelöste Silber wird mit Schwefelcalcium gefällt, der Niederschlag geröstet und mit Blei in einem englischen Treibofen eingetränkt und abtrieben; das Ausbringen beträgt gegen 85 % des Silbergehaltes der Erze. Die Gewinnungskosten betragen 9 Dollar pro Ton Erz; die Hütte zu Triumfo gewinnt monatlich für 50 000—60 000, die Hütte Bertrand monatlich für 30 000—40 000 Dollar Silber.

Auf den Stewart-Schmelzwerken in Georgetown (Colorado) verfährt man nach W. Brunton[42]) in etwas abweichender Art. Die chlorirend gerösteten Erze werden in Mengen von 20 q in hölzerne Bottiche von 2·7 m Durchmesser und 1·2 m Höhe gebracht, die mit Rührarmen versehen sind, mit dicht schliessenden Deckeln bedeckt werden, und in welche zwei mit Hähnen versehene Röhren zur Zuleitung von Wasserdampf und Schwefeldioxyd einmünden. In die chargirten Bottiche wird nun aus einem höher stehenden Behälter Hunt- und Douglasflüssigkeit (siehe pag. 255) zugelassen, die Fässer bedeckt, die Rührvorrichtung in Bewegung gesetzt und gleichzeitig Wasserdampf und Schwefeldioxyd zuströmen gelassen, wodurch alles im Erze befindliche Kupferoxyd aufgelöst wird; die schweflige Säure erzeugt man in einer geschlossenen Retorte, welche mit Schwefelkies und Rohschwefel gefüllt ist und in die bei gleichzeitiger Beheizung ein starker Luftstrom eingeleitet wird. Das Kupferchlorid verwandelt nun alles im Erze befindliche Silber in Chlorsilber; nach 5 Stunden andauernder Behandlung der Erze in angegebener Art stellt man die Rührvorrichtung ein, lässt absetzen, zieht die klare Lauge ab, leitet wieder Wasser in die Bottiche und rührt unter Zuführung von Wasserdampf von Neuem zwei Stunden hindurch, worauf man wieder absetzen lässt und die klare Flüssigkeit abzieht. Jetzt wird die Lösung von Calciumthiosulfat zugeleitet, das Rührwerk wieder in Bewegung gesetzt und Dampf zugeführt, bis die Lauge 38⁰ Temperatur angenommen hat; nach vierstündigem Rühren lässt man absetzen, zapft die klare Silberlösung ab und wiederholt dieselbe Operation bei reichen Erzen noch einmal 3 Stunden hindurch. Man wäscht dann den Rückstand mit heissem Wasser von 40⁰ Temperatur aus und entleert endlich den Bottich, indem man unter gleichzeitiger Bewegung des Rührapparates einen Wasserstrahl einleitet, und ein am Boden des Bottichs befindliches Spundloch öffnet. Die das Kupferchlorür haltende Kochsalzlösung wird über Eisen geleitet, wo das Kupfer gefällt wird und die Hunt- und Douglasflüssigkeit sich regenerirt; die das Silber enthaltende Lösung wird durch Filtrirgefässe in Fällbottiche geleitet und das Silber darin durch Schwefelcalcium gefällt. Die Fällbottiche werden erst ausgeräumt, wenn sich der Niederschlag darin 12—15 cm hoch angesammelt hat; er wird mit heissem Wasser gewaschen, getrocknet, dann bei niedriger Temperatur in einem Flammofen geröstet, und wenn aller Schwefel ausgetrieben ist, unter Zugabe von Flussmitteln eingeschmolzen, die Schlacke abgezogen und das Silber ausgeschöpft. Enthalten die Schlacken mehr als 0·064 % Silber, so werden sie zum Erz zurückgegeben; die Waschwässer werden

---

[42]) Dingler's Journ. Bd. 222 pag. 177. Bg. u. Httnmsch. Ztg. 1877 pag. 318.

eingedampft, zu den entsprechenden Lösungen hinzugegeben und so wieder verwendet.

Auf den **Pacific-Reductions-Works**[43]) geschieht das erste Auslaugen der chlorirend gerösteten Erze mit heissem Wasser, wodurch ausser Chlorsilber alle Chloride gelöst werden; diese Lauge wird in ein Gerinne abgelassen, worin sich bei der Abkühlung der grösste Theil des Chlorbleies ausscheidet. Der Rückstand wird dann mit Calciumhyposulfit ausgelaugt, welche Operation 2—3 Tage dauert. Die klare Lösung wird in die Fällbottiche abgezogen, Gold und Silber gefällt, der Niederschlag in einem kleinen Flammofen abgeröstet und mit angekauftem Werkblei abgetrieben. Man bereitet das Schwefelcalcium durch Glühen eines innigen Gemenges von Kalk und Schwefel zu gleichen Theilen. Die Hütte verarbeitet durchschnittlich pro Tag 30 q gold- und silberhaltige Dürrerze.

Ein von **Fernezely** in Ungarn für die Auslaugung mit Calciumhyposulfit bestimmtes dürres, güldisches Silbererz, sowie das Extractionseduct daraus haben nach **Eschka**[44]) die nachfolgenden Zusammensetzungen gezeigt:

Rohes Erz.

SiO_2	82·90
Al_2O_3	3·74
Fe_2O_3	2·50
FeO	1·04
MnO	0·06
CaO	0·45
MgO	0·25
FeS_2	4·07
ZnS	0·45
PbS	1·14
Cu_2S	0·03
As_2S_3	0·61
Ag	0·033
Au	0·003
CO_2, H_2O	2·72

Chlorirend geröstetes Erz unter Zusatz von $0·75-1\%$ Kupfererz mit $9-10\%$ Kupfergehalt und 7% Kochsalz.

a) In **Wasser lösl. Bestandtheile.**

$ZnSO_4$	0·347
$MnSO_4$	0·100
$CaSO_4$	0·758
$MgSO_4$	0·096
Na_2SO_4	1·845
$NaCl$	3·228
Pb, Cu, Ag, Au	Spur.

b) In **Königswasser lösliche Bestandtheile.**

CuO	0·120
PbO	1·002
ZnO	0·055
Fe_2O_3	6·031
Mn_2O_3	0·038
Al_2O_3	1·117
CaO	0·088
MgO	0·040
SO_3	0·539
As_2O_5	Spur.

---

43) Preuss. Ztschft. 1879 pag. 157. Bg. u. Httnmsch. Ztg. 1878 pag. 373.
44) Jhrbch. d. k. k. Bgakademien Bd. 15 pag. 199.

c) **Unlöslicher Rückstand.**

$Si\,O_2$	79·168
$Al_2\,O_3$	2·406
$Fe_2\,O_3$	0·216
$Mn_2\,O_3$	Spur
$Ca\,O$	0·500
$Mg\,O$	0·150
$S\,O_3$	0·175
Ag	0·015
Au	Spur.

Aus dem Erzrost liessen sich mit Calciumthiosulfat über 80 % vom Goldgehalt und über 90 % vom Silbergehalte ausziehen. Der mit Schwefelcalcium erhaltene Niederschlag enthielt:

Bestandtheile in Wasser löslich.　　　　in Wasser unlöslich.

$Zn\,SO_4$	5·31	$Cu\,S$	6·79	
$Fe\,SO_4$	0·15	$Pb\,S$	29·34	
$Mn\,SO_4$	1·00	$Zn\,S$	5·10	
$Ca\,O\,SO_4$	7·21	$Ag_2\,S$	4·142	
$Mg\,SO_4$	0·63	$Au_2\,S_3$	0·129	
$Na_2\,SO_4$	0·55	$Fe_2\,O_3$	2·24	(zum Theil als basisches Sulfat)
$Na\,Cl$	1·37	$Mn_2\,O_3$	0·20	
$Ca\,S_2\,O_3$	0·21	$Al_2\,O_3$	1·95	
		$Si\,O_2$	2·34;	ferner
$H_2\,O$	8·89	(Hydratwasser der Oxyde, grösstentheils aber Krystallwasser der in Wasser löslichen Salze), und		
S	22·45	(durch $C\,S_2$ ausziehbar).		

Im Ganzen stellten sich die Resultate ungünstiger heraus, als bei dem Laugen mit Natriumhyposulfit. Nachdem das bei der Röstung sich bildende Goldchlorür[45]), als welches das Gold von der Lauge aufgenommen wird, bei höherer Temperatur leicht zersetzt wird und sich metallisches Gold ausscheidet, so bedarf die Leitung des Röstprocesses goldhaltender Materialien besondere Vorsicht und überhaupt die Beobachtung niederer Temperatur. Bei Anwesenheit von viel Blei in den Erzen ist diese Extractionsmethode nicht anwendbar und ein Verschmelzen derselben vortheilhafter.

Die im Vorstehenden mitgetheilten Methoden der Zugutebringung goldhaltender und silberführender Erze durch Extraction mit Hyposulfit beruhen eben alle noch auf der älteren Anschauung, dass zur Gewinnung des Goldes das Kalksalz zur Verwendung gelangen müsse. Es wird hiedurch die Wichtigkeit von Russel's Untersuchungsresultaten und der Vortheil der Anwendung seiner Extrasolution für dieses Extractionsver-

---

[45]) Oesterr. Ztschft. 1865 pag. 49.

fahren um so augenfälliger, und dürfte diese neue Modification des Auslaugens mit unterschwefligsaurem Natron auch die Gewinnung der edlen Metalle durch Amalgamation stark zurückdrängen.

Claudet's[46]) **Verfahren zur Extraction des Silbers (und Goldes) aus Kiesabbränden und gold- und silberarmen Erzen.** Die nach Frankreich, Deutschland und England für die Schwefelsäuregewinnung aus Spanien exportirten Pyrite sind alle nicht nur kupferhaltend, sondern sie führen auch geringe Mengen Silber und Gold, welche Metalle sich nach dem Claudet'schen Verfahren nutzbringend gewinnen lassen; dieser Process wurde zuerst auf den Widnes-Metal-Works in England im Jahre 1870 eingeführt. Es gelangen dort blos die von den spanischen und portugiesischen Kiesen verbliebenen Röstrückstände von der Bereitung der Kammerschwefelsäure zur Verarbeitung, welche zuerst fein gepocht, chlorirend geröstet und hierauf mit einem mit Salzsäure angesäuerten Wasser ausgelaugt werden, wobei Kupferchlorid und Chlorsilber in Lösung gehen; es gelingt bei dreimaliger Auslaugung 95% des vorhandenen Silbergehaltes zu gewinnen. Die geklärte Lauge wird in Bottiche von etwa 135 hl Fassungsraum mit dem aus 1 Liter der Probe ermittelten nöthigen Quantum Jodkalium versetzt, welches man vorher in $^1/_{10}$ des Volums der Lauge selbst gelöst hat; man rührt dann gut durch, fügt etwas Kalkwasser zu und lässt 48 Stunden stehen, worauf die klare Lösung abgezogen und neue Lauge in den Bottich geleitet wird, die man in gleicher Weise behandelt. Erst nach etwa 14 Tagen werden die gesammten erhaltenen Niederschläge mit saurem Wasser gewaschen, um alles Kupfersalz zu entfernen, und sodann in ein besonderes Gefäss gespült; die Präcipitate enthalten meist Jodsilber und Bleisulfat. Man übergiesst die gewaschenen Niederschläge mit Wasser und zersetzt sie durch Einlegen von metallischem Zink, wobei man einen silberreichen, auch etwas goldhaltenden Rückstand erhält und Jodzink gebildet wird, welches man bei den folgenden Operationen statt des Jodkaliums verwerthet, und bei neuen Fällungen nur zur Beendigung der Präcipitation Jodkalium nimmt. Der zurückbleibende Schlamm enthält meist Bleisulfat, das sehr unvollständig zersetzt wird, 5—6% Silber und 0·05—0·06% Gold. Statt des kostspieligen Jodkaliums benützt man zur ersten Fällung auch die wohlfeilere Varecsoda.

Die Menge des zur Silberfällung verwendeten Jods ist, weil auch ein Theil Blei in Jodblei umgesetzt wird, grösser, als der vorhandenen Silbermenge entspricht. Den Silbergehalt der Lauge bestimmt man durch Zusetzen von Salzsäure und Bleiacetat zu einem Liter der Flüssigkeit, Fällen mit Jodkalium, Schmelzen des Niederschlags mit Soda, Borax und Kohlenstaub oder Russ und Abtreiben des Regulus. England hat 22 Extractionswerke, welche jährlich 330 000 tons Kiesabbrände in dieser Art verarbeiten.

---

[46]) Dingler's Journ. Bd. 198 pag. 306, Bd. 214 pag. 468, Bd. 215 pag. 231. Bg. u. Httnmsch. Ztg. 1871 pag. 20, 120, 413 und 1875 pag. 62.

Modificirt wurde dieses Verfahren von E. L. Mayer, welcher bei der Fällung etwas Tannin oder Leim zusetzt, wodurch die Präcipitation vollständiger erfolgt.

Zu Fahlun werden die in Stadeln vorgerösteten $3{\cdot}5\%$ Kupfer haltenden Erze gequetscht und gemahlen und mit 14% Kochsalzzuschlag und $4{-}5\%$ rohem Kiesstaub in Flammöfen (ähnlich den in Fig. 165 und 166 dargestellten) binnen $8{1}/{2}{-}9$ Stunden in Chargen von 60 schwed. Centnern (à 42 kg) bei Feuerung mit Sägespänen chlorirend bis auf einen Schwefelrückhalt von $4{-}5\%$ abgeröstet, das Röstgut mit der durch Condensation der bei der Röstung entwickelten Chlordämpfe erhaltenen Thurmsäure von $1{\cdot}01{-}1{\cdot}02$ spec. Gewicht in Laugbottichen ausgelaugt, in welche es heiss mit etwa 80^{0} C. eingetragen wird. Das erste Auslaugen bis zur Sättigung der schwachen Säure dauert an 6 Stunden, worauf mit schwachen Laugen und zuletzt mit warmem Wasser ausgewaschen wird; die Laugdauer beträgt zusammen 40 Stunden. Die gesättigte Lauge enthält 30 g Kupfer pro Liter; der durch Jodkalium erhaltene Niederschlag wird mit Zink zersetzt und der Rückstand mit Glätte, Sägespänen, Soda und Borax auf dem Treibheerd und zwar 4 Chargen nach einander zu 21 kg eingeschmolzen und dann erst abgetrieben. Im Jahre 1883 wurden 400 000 schwedische Centner Erze verarbeitet und aus denselben 374 kg Silber und $34{\cdot}5$ kg Gold gewonnen, doch war die Silberproduction wegen eines in Durchführung begriffenen Versuchs geringer, als sie ausfallen sollte.

Zu Åtvidaberg werden die Erze in gleicher Weise behandelt, der Kochsalzzuschlag bei der Röstung beträgt 15%, eine Röstcharge beträgt 25 q, die Röstung dauert 12 Stunden. Die reiche Kupferlauge wird auch hier mit Jodkalium behandelt, das Jodsilber aber mit Schwefelnatrium zersetzt und in dieser Art das Fällungsmittel regenerirt. Das gefällte Silber sieht gelbbraun aus, ist sehr gypshaltig, enthält $10{\cdot}5\%$ Silber und $0{\cdot}027{-}0{\cdot}028\%$ Gold; der höchste Goldgehalt betrug $0{\cdot}049\%$. Der Silberniederschlag wird nach England verkauft, und ergab eine dort vorgenommene Untersuchung desselben nach dem Verfasser gewordener Mittheilung pro Tonne einen mittleren Gehalt von $12{\cdot}02$ kg Silber und $43{\cdot}33$ g Gold.

Verfahren der Silberextraction nach Th. Gibb[47]). Nachdem bei dem Claudet'schen Process die Jodverluste sehr bedeutend sind und der Preis des Jodkaliums ein bedeutenderer, so wurde von Gibb das folgende Verfahren angegeben, welches darauf beruht, dass bei der Fällung einer wenig Silber haltenden Kupferlösung mit Schwefelwasserstoff der grösste Theil des Silbers mit dem zuerst niederfallenden Kupfer ausgefällt wird und durch partielle Fällung also das Silber von dem Kupfer grösstentheils

---

[47]) Dingler's Journ. Bd. 214 pag. 468. Bg. u. Httnmsch. Ztg. 1875 pag. 62. Chem. News. 1875 XXXI No. 803 pag. 165 u. 168. Wagner's Jahresbericht pro 1875 pag. 169.

geschieden werden kann; das Kupfer aus der verbleibenden Lösung wird durch Eisen präcipitirt. .

Die vom chlorirenden Rösten der Abbrände mit verdünnter Säure extrahirten Laugen werden in Holzkästen von 3·5 qm Bodenfläche und 92 cm Höhe abgelassen und das Schwefelwasserstoffgas mittelst einer Luftpumpe durch einen bis auf den Boden des Bottichs reichenden Kautschuckschlauch eingeblasen, welcher in der Flüssigkeit herumbewegt wird. Die Gaszuführung wird eingestellt, wenn circa 6 % Kupfer gefällt sind, wozu etwa 20 Minuten Zeit erforderlich sind und wobei wegen überschüssig vorhandenem Kupfer ein Geruch nach Schwefelwasserstoff nicht zu bemerken ist; die klare Lauge wird abgezogen, der Schlamm in besondere Kästen ablaufen gelassen, hier wieder zum Absetzen gebracht, mehrmals mit Wasser ausgewaschen, endlich filtrirt, gepresst und in dem zum chlorirenden Rösten benutzten Flammofen abgeröstet. Dieses Röstgut enthält neben Kupferoxyd etwas Sulfat und Oxychlorid, es wird mit Wasser ausgewaschen und hierauf in Bottichen mit doppeltem Boden über ein aus Stroh und Haidekraut bestehendes Filter mit heisser Kochsalzlösung extrahirt; dieses das Silber enthaltende Extract ist auch noch kupferhaltend. Es wird demnach diese Lösung mit Kalkmilch versetzt, wodurch alle darin befindlichen Metalle niedergeschlagen werden, das Präcipitat dann ausgewaschen und das Kupfer mit verdünnter Schwefelsäure ausgezogen, wobei ein Schlamm zurückbleibt, welcher nach dem Auswaschen 9 % Silber als Chlorsilber enthält, ausserdem Kalk und an 30 % Blei, und an die Silberschmelzereien in Birmingham abgegeben wird.

Der durch Schwefelwasserstoff erzeugte Niederschlag von Schwefelkupfer enthält 6·5 % Silber; das in der von der Fällung verbliebenen Lösung befindliche Kupfer wird durch Eisen ausgeschieden und enthält 0·0064—0·0128 % Silber; die durch Eisen zuerst gefällten Partien Kupfer sind besonders silberreich.

Das Schwefelwasserstoffgas erzeugt man aus Sodarückständen in Holzbottichen mit doppeltem Boden von 1·8 m Höhe und Weite, deren falscher Boden aus Brettern hergestellt ist, welche mit Schlacken bedeckt sind; unten wird in den Bottich verdünnte Salzsäure eingeführt, oben 6 cm unter dem Deckel die Lösung wieder abgeführt und der Zufluss so geregelt, dass die austretende Flüssigkeit möglichst gesättigt ist und fast keine freie Säure mehr enthält. Das mit Kohlensäure und Luft gemengte Schwefelwasserstoffgas aus den Sodarückständen gibt bessere Resultate, als aus Schwefeleisen erzeugtes.

Extraction durch Wasser. Wasserlaugerei. Ziervogel's Methode. Dieses Verfahren ist das einfachste und billigste, aber sehr schwer durchführbar; es verlangt kupferreiche und sehr reine Materialien und hauptsächlich eine sehr vorsichtige Röstung, — es ist blos im Mannsfeld'schen mit Vortheil zur Anwendung gelangt. Die Ziervogel'sche Methode beruht auf der Sulfatisation des Silbers bei dem Rösten und Auslaugen des gebildeten Silbervitriols mit Schwefelsäure haltendem Wasser.

Die Bildung von Silbersulfat beginnt während. des Röstens erst dann, wenn bereits alles Eisen oxydirt ist und· aus dem Kupfersulfat die Schwefelsäure dampfförmig zu entweichen beginnt; das Halbschwefelkupfer ist für diesen Röstprocess der hauptsächlichste Bestandtheil, indem das Eisensulfat früher zersetzt wird, ehe die Sulfatisation des Silbers beginnt, die Vitriolisirung des Silbers durch letzteres nur unvollständig erfolgt und somit von eisenreichen und kupferarmen Rohmaterialien silberreiche Rückstände zurückbleiben würden. Am schädlichsten wirken hiebei anwesendes Arsen und Antimon, weil das bei der Röstung sich bildende. Arseniat und Antimoniat des Silbers durch saures Wasser nicht extrahirbar ist; eben so nachtheilig sind Antheile metallischen Kupfers, welche das darin enthaltene Silber ebenfalls an die verdünnte Schwefelsäure nicht abgeben.

Silbererze enthalten zu viel fremde Bestandtheile, Metalle und Erden, aus Speisen erhält man bei der Röstung zu viel arsensaures und antimonsaures Silber, dessen Umwandlung in Sulfat nur bei hoher Temperatur und viel Silberverlust möglich, aber nie vollständig wird, indem sich ein Theil Silber in metallischem Zustande abscheidet, welcher sich der Extraction entzieht, es sind demnach diese Materialien für die Wasserlaugerei nicht geeignet; Schwarzkupfer und Kupferleche dagegen können in dieser Art verarbeitet werden, sofern dieselben genügend rein, und die Schwarzkupfer zerkleint, durch Röstung oxydirt und unter Zusatz von Schwefelkies oder Eisenvitriol sulfatisirend geröstet worden sind.

Im Mannsfeld'schen werden gegen und über 70% Kupfer, 0·33% Silber und an 11% Schwefeleisen haltende, sonst von andern Metallen fast reine Kupfersteine in 3- oder 4-heerdigen Flammöfen (Fig. 229—234) mit Steinkohlen- und Gasfeuerung in Chargen von 262 Kilo unter Zusatz von 2 Kilo Silberkrätzen vom Feinschmelzen, 1—5 Kilo ausgelaugten Röstknoten und 35 Kilo Laugrückständen derart geröstet, dass die Post zuerst auf dem obersten Heerd ausgebreitet und 5—6 Stücke Wellholz aufgelegt werden, nach deren Abbrennen 1 Stunde lang gekrählt wird, während welcher Zeit das Röstgut bei etwas stärkerer Feuerung schwach erglüht, worauf man noch 3—3½ Stunden fleissig wendet und krählt und schliesslich etwas Braunkohlenklein zur Zersetzung der Sulfate einmengt. In dieser Periode, der Vorröstung, werden 30—40% des vorhandenen Schwefels entfernt und nach 4½ stündiger Röstung darf aus einer Laugprobe, welche von Eisenvitriol grünlich gefärbt sein muss, Kochsalz noch kein Chlorsilber ausfällen. Die Post wird nun auf den 2. Heerd herabgestürzt und hier 1 Stunde lang bei Rothgluth fleissig gekrählt, bis eine herausgenommene Probe bei dem Auslaugen eine stark blau gefärbte Lösung gibt, in welcher durch Kochsalz schon die Anwesenheit von Silber nachzuweisen ist. Auf diese 3—3½ Stunden dauernde Oxydationsperiode folgt die Garröstung, indem man die Röstpost auf den 3., den unteren

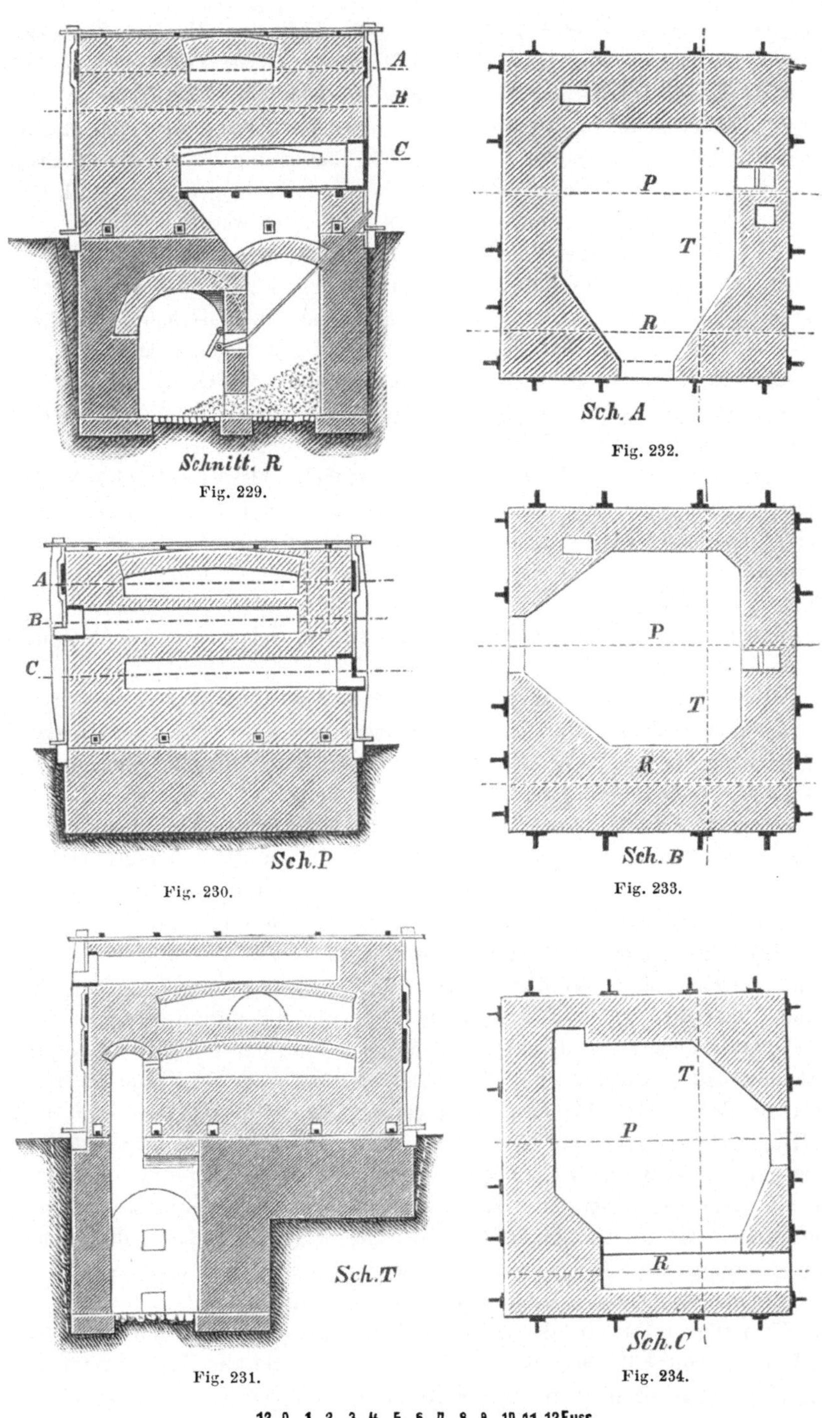

Fig. 229.

Fig. 232.

Fig. 230.

Fig. 233.

Fig. 231.

Fig. 234.

Zu Fig. 229—234.

Heerd abstürzt, hier wieder eine Stunde lang bei Hellrothgluth beständig krählt, Laugprobe nimmt und je nach dem Resultate dieser Probe so lange bei erhöhter Temperatur krählt und wendet, bis man bei einer Probe eine nur schwach blau gefärbte Lösung erhält, in welcher Kochsalz einen starken Niederschlag von Chlorsilber erzeugt. Die Garröstung dauert etwa 3 Stunden; so lange die genommenen Proben bei dem Auslaugen noch stark blau gefärbte Ertracte geben, muss noch weiter geröstet werden.

Eine Befeuerung der Röstöfen mit Steinkohle allein hat sich nicht bewährt, weil durch die reducirende Einwirkung des Rauchs auch Kupferoxydul gebildet wurde, welches Ausscheidungen metallischen Silbers veranlasste, und desshalb hat man die mehrheerdigen Oefen zuletzt mit Holz beheizt, in neuester Zeit aber bei den 4-heerdigen Oefen mit Vortheil Gasfeuerung eingeführt; die 4-heerdigen sind theurer herzustellen, aber sie leisten mehr und arbeiten billiger.

Das Röstgut enthält 92% des Silbergehalts als Vitriol, der Verlust auf mechanischem Wege durch Verflüchtigung beträgt 7%, 1% ist in den Röstsohlen enthalten, welche mit dem Röstgut zum Auslaugen gegeben werden; die Rückstände der gelaugten Heerdsohlen kommen wieder zum Rösten. Das Röstgut wird gesiebt und nach erfolgter Abkühlung auf 60—70° C. in die Auslaugebottiche gebracht, welche 5 q des Röstgutes fassen.

Hierin wird das Röstmehl zuerst mit 60—90 Liter Wasser von 70 bis 80° C. und hierauf mit eben so heisser, mit Schwefelsäure versetzter kupferhaltiger Lauge von der Silberfällung 2—3 Stunden lang ausgelaugt, bis in der ablaufenden Flüssigkeit Kochsalz keine Silberreaction mehr gibt, worauf man mittelst eines in die Masse eingestochenen konischen Kupferrohrs Probe nimmt, dieselbe auf Silber probirt und die Laugrückstände bei einem Gehalt von 0·012% Silber dem Schwarzkupferschmelzen übergibt, bei höherem Silbergehalt aber in die Röstung zurückstellt.

Die Silberlauge wird in 2 Kästen geklärt, die durch eine Scheidewand getrennt sind, so dass in die eine Abtheilung nur die schon klare Lauge übertritt, von wo sie in die treppenförmig darunter aufgestellten Fällbottiche geleitet wird, auf deren falschen Böden sich 7—10 kg Kupfergranalien und 150 kg Barrenkupfer befinden; wenn nach 3—4 Stunden Kochsalz in der Lauge keinen Niederschlag mehr erzeugt, wird sie noch in Hilfsbottiche geleitet, in welchen etwa 50 kg Kupfer vorgelegt sind. Aus den letzten Fällbottichen läuft die entsilberte Lauge durch ein Gerinne in ein bleiernes Reservoir, aus welchem sie in eine Bleipfanne gepumpt und darin auf 70° C. erwärmt wird; zur Verhütung der Bildung und Ausscheidung basischer Salze fallen aus einem bleiernen über der Pfanne befindlichen Gefäss pro Minute etwa 30 Tropfen verdünnte Schwefelsäure in die Lauge. Das in den Fällbottichen ausgeschiedene Silber wird alle 24 Stunden mit hölzernen Schaufeln ausgehoben und die Kupferbarren mit der Hand abgestrichen, wozu der Arbeiter einen ledernen Handschuh an-

zieht. Die kupferhaltende entsilberte Lauge wird jährlich einmal zur Ausfällung des Kupfers über Eisen geleitet und das gröbere Korn des Cementkupfers zur Silberfällung benützt.

Die Anlage des Silberfällapparates zeigt Fig. 235. a ist das Laug-
fass von 68 cm Durchmesser und 63 cm Höhe, deren 10 Stück in einer
Reihe neben einander stehen und die Lauge in den getheilten Klärkasten b
abgeben, in welchem ein Schwimmer k den jeweiligen Stand der Lauge anzeigt; c sind 10 neben einander stehende Fällbottiche von 80 cm Durchmesser, aus welchen die grösstentheils entsilberte Lauge in das längs der
Bottiche unterhalb und vor denselben liegende Gerinne d abgelassen und

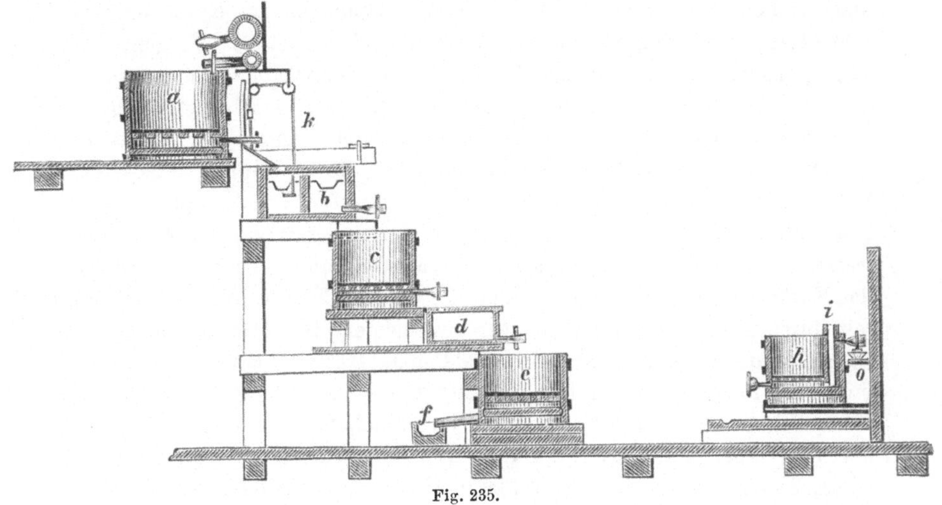

Fig. 235.

von hier in 5 Hilfsbottiche e geführt, von da aber durch f in das Blei-
reservoir geleitet wird.

Das gefällte Silber wird in hölzernen Bottichen mit hölzernen Keulen
zerrieben, in die Filtrirbottiche h gebracht und hier mit heissem Wasser
ausgewaschen, hierauf geklärte mit Schwefelsäure versetzte Silberlauge von
der Extraction des Kupfersteins in den Bottich gefüllt, mehrmals umgerührt und absetzen gelassen und nach 48 Stunden abgezogen und frische
Lauge eingeführt, mit welcher die früheren Operationen wiederholt werden,
bis Kochsalz in den Waschlaugen Silber nachweist, wobei man beabsichtigt,
die in dem Fällsilber enthaltenen Kupfertheilchen zu lösen und aus der
Lauge Silber zu fällen, worauf endlich das gereinigte Silber noch zur Entfernung von Gyps in einem andern Bottich so lange mit warmem Wasser
ausgewaschen wird, bis die Waschwässer nicht mehr sauer reagiren; schliesslich presst man das Silber, trocknet es, schmilzt es in hessischen Tiegeln ein
und vergiesst es zu Barren. Das völlige Auswaschen des Silbers nimmt
6—7 Tage in Anspruch; um hiebei jeden Silberverlust zu vermeiden, hat

der zu dem Auswaschen bestimmte Bottich seitlich ein mit dem unter dem Losboden befindlichen Raum comunicirendes Rohr i, durch welches die Waschwässer aufsteigen und durch die Rinne o über Kupfer und zuletzt über Eisen geführt werden. Der Boden unterhalb des Waschgefässes ist mit Bleiplatten belegt.

Combinirte Ziervogel'sche und Augustin'sche Laugerei Silber und Gold haltender Erze (Tellurerze) auf den Boston- and Colorado Smelting Works[48]). Man verarbeitet nach dieser Methode kiesige und Tellur führende Erze. Die kiesigen Erze werden gemeinschaftlich mit Kupferkies- und Eisenkiesschlichen und anderen Kupfererzen in Fortschaufelungsöfen bei Holzfeuerung geröstet, dann mit Flussspath, rohem Kies und reichen Schlacken gattirt, in einem Flammofen auf Kupferstein verschmolzen, die Schlacke abgezogen, und noch weitere 3 Chargen, je zu 42·5 q nachgetragen und in gleicher Weise verarbeitet; der Stein wird endlich abgestochen, vermahlen, geröstet, nochmals gemahlen, gesiebt und in einem besonderen Ofen sulfatisirend geröstet. Dieser der sulfatisirenden Röstung unterworfene Stein enthält 25—30 % Kupfer, 1·92—3·2 % Silber, 0·064—0·096 % Gold und einen Schwefelrückhalt von noch 5 %. Das Silbersulfat wird mit siedendem Wasser ausgelaugt, bis die Waschwässer nicht mehr mit Kochsalz reagiren, das Silber dann durch Kupfer, das Kupfer durch Eisen gefällt, und das Cementsilber in eigenen Bottichen mit durch Dampf erhitztem Wasser gewaschen. Die Rückstände aus den Laugfässern enthalten noch das Gold und 0·128 % Silber, sie werden mit den reichen Tellurgolderzen gattirt und in Chargen zu 37 q in einem Flammofen auf white metal verschmolzen, welches 20 % Kupfer, 0·416 % Silber und 0·176 % Gold enthält. Das erhaltene Lech wird in Chargen von 4 tons in einem Flammofen 10 Stunden bei dunkler Rothgluth geröstet, dann eingeschmolzen, die Schlacke abgezogen und zum Rohschmelzen zurückgegeben, der Stein aber in Formen abgestochen, in welchen sich unten Bottoms absetzen, die fast alles Gold enthalten sollen, während der Stein, pimple metal, arm an Gold und Silber ist. Das Pimplemetal wird nochmals einer gleichen Behandlung unterworfen, wobei man goldärmere bottoms gewinnt, der neue Stein aber wird sulfatisirend geröstet und mit Wasser ausgelaugt, die Rückstände davon hierauf chlorirend geröstet und mit Kochsalzlauge extrahirt. Die von dieser Extraction verbleibenden Rückstände werden auf Kupfer verarbeitet.

Die Bottoms sind speiseartig und enthalten viel Blei, Antimon und Arsen; das Blei wird zuerst in Flammöfen abgesaigert, dann die Bottoms oxydirend eingeschmolzen, die Schlacken abgezogen und das Metall abgestochen und granulirt; die Granalien enthalten 3—4 % Gold und 2 % Silber. Man röstet nun diese Granalien oxydirend, bis sie bröcklig ge-

---

[48]) Transactions of the American Instit. of Min. Ing. Vol. IV (Egleston). Preuss. Ztschft. Bd. 26 pag. 333.

worden und nahezu in Oxyd übergegangen sind, extrahirt sie dann in mit
Blei ausgeschlagenen Bottichen mit warmer, verdünnter Schwefelsäure, und
schmilzt den verbliebenen Schlamm, welcher 40—50 % Gold und 20 bis
30 % Silber enthält, in Graphittiegeln ein. Beide Metalle werden dann
noch geschieden.

Der Ofen, welcher zu dem Rösten des Kupfersteins dient, ist in
Fig. 236—238 abgebildet; seine Heerdsohle besteht aus 3 stufenförmig, je

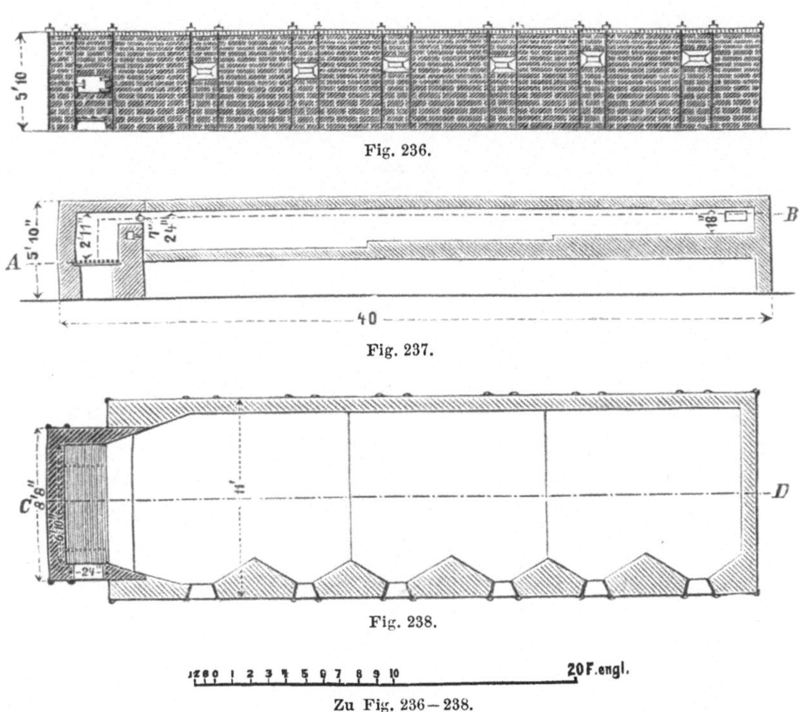

Fig. 236.

Fig. 237.

Fig. 238.

Zu Fig. 236—238.

um 7·5 cm höher gelegenen, neben einander liegenden Heerden von 3·14 m
Länge und 3·45 m Breite. Auf jedem Heerd befindet sich eine Post von
10 q, welche nach je 8 Stunden fortgeschaufelt wird, so dass die Posten
24 Stunden im Ofen verbleiben. Das Röstgut wird gesiebt, die Gröbe
vermahlen und ebenfalls gesiebt und in dem in Fig. 239—240 dargestellten Flammofen für das Wasserlaugen in Posten von 8 q so lange geröstet,
bis genommene Laugproben nur schwach blaugefärbte Lösungen geben und
frei sind von jedem Gehalt an Kupferoxydul, damit bei dem Auslaugen
keine Silberfällung stattfinde. Dieser Steinrost wird in 94 cm hohe, unten
78, oben 94 cm weite Auslaugegefässe gebracht, deren Losboden mit einem
Leinwandfilter bedeckt ist, und welche jeder 7·5 q Lauggut als Füllung
bekommen. Das Auslaugen geschieht mit heissem Wasser; die Lauge
wird durch die unter dem falschen Boden befindliche Pipe in die Fäll-

bottiche abgelassen, wo in den beiden zunächst stehenden das Silber durch
Kupferplatten, und aus der von da abfliessenden Lauge in den sich an-

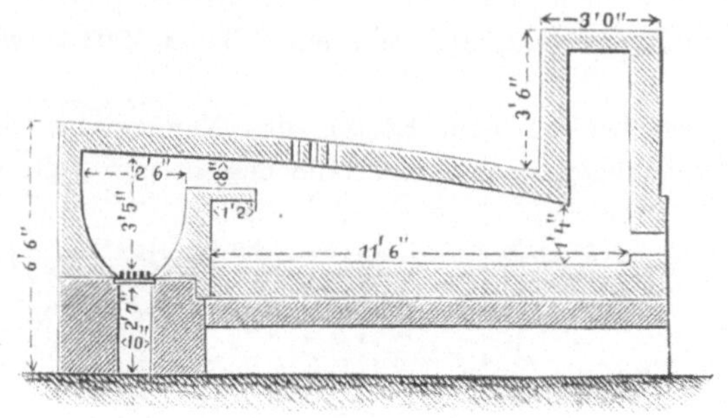

Fig. 239.

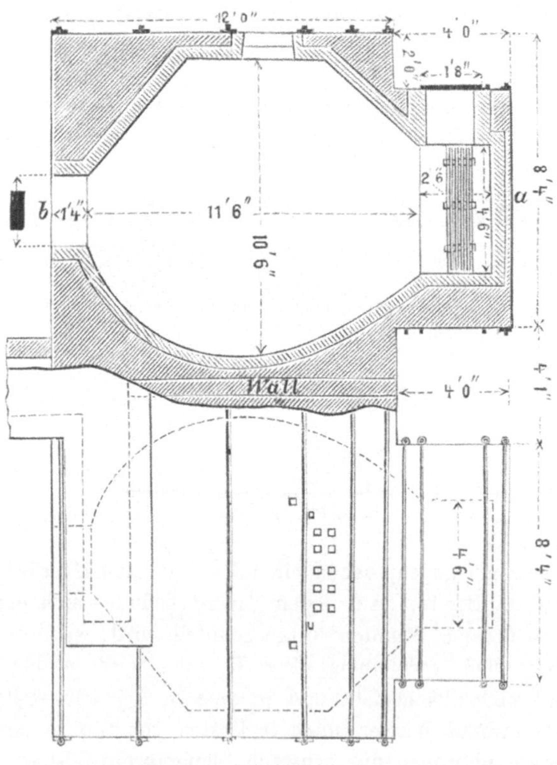

Fig. 240.

Zu Fig. 239 u. 240.

schliessenden 2 Fällkästen das Kupfer durch Eisen gefällt wird. Das gefällte Silber wird in dem in Fig. 241 abgebildeten Waschbottich unter

Zuführung hochgespannten Dampfes gewaschen; das Waschgefäss ist 1·25 m hoch, oben eben so weit, hat einen doppelten Boden und hier eine Weite von blos 63 cm; man übergiesst das Fällsilber darin mit verdünnter Schwefelsäure und führt durch einen Injector den Dampf unter den durchlöcherten Boden des Waschbottichs. Das ausgewaschene Silber wird schliesslich auf einem Trockenheerd getrocknet und in Graphittiegeln im Windofen eingeschmolzen.

Neuere Vorschläge und Verfahren zur Silbergewinnung auf nassem Wege. Nach einem Verfahren von Chev. de Vaureal werden Arsen, Antimon, Schwefel und Tellur führende Erze gepulvert, mit Schwefelnatrium gemengt und bei Luftabschluss geglüht. Die Schmelze wird mit warmem Wasser ausgezogen, welches die Hälfte des zur Calcination verwendeten Schwefelnatriums gelöst enthält, das Extract filtrirt, abgedampft und der Rückstand mit Eisenfeilspänen geglüht, wobei das Antimon gewonnen werden soll. Sind die Erze goldhältig, so lässt man das Extract vor dem Eindampfen durch ein kleines Filter

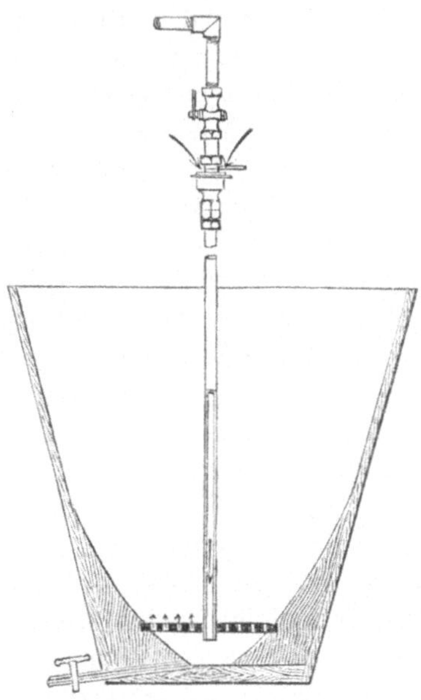

Fig. 241.

laufen, welches feinen Sand und gepulvertes Antimon enthält, worin das Gold gefällt wird. Der Rückstand vom Auslaugen wird sulfatisirend geröstet und mit einer Kochsalzlösung ausgelaugt, welche 0·2—0·3 % von dem Gewicht des gerösteten Erzes an Kochsalz enthält; die Sulfate des Eisens, Kupfers und Zinks gehen in Lösung, das Chlorsilber löst sich hierin nicht, und wird nach Entfernung der ersten Lauge mit Chlormagnesium ausgezogen. (D. R. P. No. 20593.)

Chadwick's und Irdine's[49]) englisches Patent bezweckt die Gewinnung des Silbers aus kupferhaltigen Laugen von der Behandlung der Kiesabbrände; diese Laugen werden auf 1·1—1·25 spez. Gewicht verdünnt und eine schwache Lösung von Bleizucker zugesetzt, deren Salzgehalt äquivalent ist dem in der Lauge enthaltenen Silber, Arsen, Antimon und Wismuth zusammen, weniger dem schon darin enthaltenen Blei. Nach erfolgtem Umrühren und Absetzenlassen enthält der Niederschlag von Bleisulfat 5—6 % Silber; er wird ausgewaschen, eingeschmolzen und das Silber abgetrieben.

---

[49]) Berichte d. deutsch. chem. Gesellsch. 1877 pag. 724.

Nach dem engl. Patent von Snelus[50]) soll man in die vom chlorirenden Rösten armer Kupferkiese herrührenden Laugen feinen Eisenstaub einblasen, doch nur so viel, um 19 % des Kupfergehaltes zu fällen, welcher 80 % des Silbergehalts mitreisst.

T. Clark und E. Smith[51]) ziehen das chlorirte Erz erst mit kaltem Wasser aus, dann mit Calciumhyposulfit, und fällen aus der letzteren Lösung das Silber galvanisch; der Rückstand wird dann mit heissem Wasser ausgezogen, diese Lösung mit dem kalten Auszug vereinigt und aus dem Gemisch das Kupfer gefällt.

C. F. Föhr[52]) will die Erze mit Brom extrahiren. Das Erz wird zuerst in Rollfässern mit einer schwach sauren Lauge von Kochsalz oder Chlorcalcium oder Chlormagnesium in der Kälte oder unter Erwärmen behandelt, wobei die Hauptmenge Blei und Kupfer in Lösung geht; man erhält so eine Vorlauge. Das ausgelaugte Erz behandelt man unter Abschluss des Tageslichts durch rothe Fensterscheiben und bei Petroleumbeleuchtung mit Bromwasser, wobei das Gold vollständig, das Silber zum Theil in Lösung geht, die Schwefelverbindungen des Kupfers, Zinks und Zinns ebenfalls gelöst werden und nur das Bleisulfat zurückbleibt; man erhält so die Hauptlauge. Zuletzt wird das Erz nochmals mit der Vorlauge oder mit frischer Chloridlauge behandelt, wobei Silber und Blei vollständig extrahirt werden; diese ist die Schlusslauge. Diese Laugen sollen vereint oder getrennt mit Schwefelsäure und Braunstein erhitzt werden, um das Brom zu regeneriren; aus den Lösungen werden die Metalle in bekannter Weise gefällt.

Nach N. Macay in Charapato (Südamerika) werden die Erze fein gepulvert, das Pulver in einem emaillirten, eisernen Gefäss mit 1 Theil Kupferchlorid und 0·2 Theilen Kochsalz erhitzt, bis die Masse breiartig geworden ist, nach dem Erkalten auf einem Kollergang mit Granitplatte gemahlen und gleichzeitig Dampf aufgeleitet. Schliesslich wird das Pulver ausgelaugt. (D. R. P. No. 13616.)

Verarbeitung gemischter Erze. Das Zink ist für die Verarbeitung silberhaltiger Erze einer der schädlichsten Bestandtheile, mag die Verhüttung auf trockenem oder nassem Wege vorgenommen werden; die in dem folgenden angeführten Verfahren bezwecken nun hauptsächlich eine Reinigung und Trennung des Silbers und Kupfers vom Zink und eventuell auch die Gewinnung des Zinkes selbst als Nebenproduct, welches bei allen anderen Processen verloren gegeben wird.

E. A. Parnell[53]) hat hiezu das folgende Verfahren angegeben, welches nach J. W. Chenhall zu Swansea eingeführt wurde. Das geröstete

[50]) Ebenda 1876 pag. 649.
[51]) Ebenda 1876 pag. 652.
[52]) Chemikerztg. 1884 pag. 263.
[53]) Bg. u. Httnmsch. Ztg. 1881 pag. 254.

Erz wird mit sehr verdünnter Schwefelsäure ausgelaugt und diese Lauge so lange verwendet, bis die Säure sich gesättigt hat; das ausgelaugte Erz wird mit Wasser gewaschen und die Waschwässer zu neuen Laugungen verwendet. Es wird von der Säure zumeist das Zink und etwa $^2/_3$ des Kupfergehaltes weggelöst, die Lauge enthält sehr wenig Eisen, der Rückstand alles Blei, Silber und $^1/_3$ des Kupfers; das Kupfer wird aus den Laugen durch Eisen gefällt, und die verbliebene Flüssigkeit in Verdampfungsöfen mit Oberfeuer zuerst auf 1·45 spez. Gewicht concentrirt, und dann in kleineren eben solchen Oefen soweit eingedampft, bis sie eine mörtelähnliche Consistenz angenommen hat. In diese Masse wird Schwefelzink eingerührt, wenn sie trocken geworden ist, zieht man dieselbe aus und lässt sie ausserhalb des Ofens erhärten. Die hartgewordene Masse wird in Muffelöfen mit 4 Abtheilungen gebracht, jede Muffel ist 9·1 m lang, 4·9 m breit und fasst 2 tons des Gemisches. Nach dem Chargiren entweicht zuerst das Wasser; man schliesst dann die Muffelthüren, verschmiert die Fugen und beheizt die Muffeln 26—28 Stunden, während welcher Zeit die Umsetzung des Zinksulfats erfolgt,

$$3\,Zn\,SO_4 + Zn\,S = 4\,Zn\,O + 4\,SO_2,$$

und das Schwefeldioxyd in Bleikammern abgeführt wird.

Man verwendet im Grossen zu der Zersetzung Zinkblende, welche man in die Lauge einrührt, und von welcher man absichtlich einen Ueberschuss gibt, welcher später bei offener Muffelthür oxydirend abgeröstet wird. Je abwechselnd wird eine Abtheilung des Ofens chargirt, so dass immer 3 Abtheilungen im Betriebe sind. Statt des Schwefelzinks kann auch Kohle zur Zersetzung genommen werden.

$$2\,Zn\,SO_4 + C = 2\,ZnO + CO_2 + 2\,SO_2,$$

doch werden die Gase dann zur Gewinnung von Schwefelsäure untauglich. Das Zinkoxyd dient zur Gewinnung des Zinks durch Destillation.

Auf den Swansea Zink Ore Comp. Hütten werden die Erze mit bis 15% Zink unmittelbar verschmolzen, solche mit höherem Zinkgehalt aber vorher ausgelaugt. Der bei der Erzarbeit fallende Flugstaub wird durch ein Root'sches Gebläse abgesogen, vor dem Eintritt in dasselbe über mit Wasser gefüllte, offene, über einandergestellte Pfannen streichen gelassen, wo die Gase hinlänglich abkühlen, und dann bei 30 cm Wasserdruck durch eine 10—15 mm hohe Wasserschicht gepresst, unter dieser auf Hürden aufgefangen und vor der Zutheilung zur Erzmöllerung zur Entfernung des Zinkoxyds mit verdünnter Schwefelsäure gewaschen.

Man verarbeitet dort Erze von folgenden Zusammensetzungen:

Erz von	Constantine	Cavalo	Blaustein[54]).
Zn	10·64	13·40	29·28
Pb	4·81	17·14	12·90
Cu	1·35	0·44	0·65
Ag (Au)	0·04	0·06	0·03
S	26·85	15·37	22·14
Fe	19·93	4·98	7·16
$Al_2 O_3$	2·93	1·02	—
Mg O	—	0·22	—
Ba SO_4	—	35·04	—
$Si O_2$	26·48	11·19	26·84
As	1·65	0·13	0·15
SO_3	3·53	—	—
Sb	0·02	—	—
Ca O	0·60	—	0·84

Erz von	Rio Malagon	Amerika	Bleiblende	Bleigalmei.
Cu	4·5	0·2	—	—
Zn	31·65	27·20	4·75	27·00
Pb	18·25	12·00	12·50	29·75
Ag	16·75	23·20	14·75	18·00

Nach F. M. Lyte[55]) werden die Erze geröstet, gepulvert, Zink und
Kupfer mit 15—17 grädiger Salzsäure extrahirt und die Lösung auf frisches
Erz geleitet, wo sie sich sättigt und allenfalls gelöstes Blei und Silber
fallen lässt; die Lösung wird zuerst mit Kreide neutralisirt, das gefällte
Eisenoxyd und Thonerde abfiltrirt und im Filtrat das Zink und Kupfer
mit Kalkmilch niedergeschlagen. Der Rückstand von der Lösung mit
Säure wird mit heisser Kochsalzlösung extrahirt; aus dem Extract scheidet
sich das Chlorblei zum Theil bei der Abkühlung aus, in der Lauge fällt
man das Silber mit dem Rest von Blei durch Zink, decantirt, leitet neue
Lauge auf, die man gleich behandelt, und fährt so fort, bis das Präcipitat
2—4 % Silber enthält, worauf man es abtreibt. (D. R. P. No. 13792.)

P. Wilson[56]) behandelt die Erze in einem mit Deckel geschlossenen
Kessel mit Salzsäure, lässt die Lösung in einen anderen Kessel ab, und
leitet den bei der Behandlung der Erze im ersten Kessel entwickelten
Schwefelwasserstoff in den zweiten Kessel, wodurch Kupfer und etwa gelöstes Silber gefällt werden. Die das Zink enthaltene Lösung wird abdecantirt.

---

[54]) Bleihaltende Blende von Anglesea.
[55]) Bg. u. Httnmsch. Ztg. 1878 pag. 196. Ber. d. deutsch. chem. Gesellschft.
1878 pag. 1389.
[56]) Chemikerztg. 1884 pag. 1670.

Gold.

(Au''' = 197.)

Geschichtliches. Das Gold ist eines der zuerst bekannt gewordenen Metalle, wir finden dasselbe schon sehr bald im Buche Genesis bei der Beschreibung des Paradieses erwähnt, in welchem 4 Gewässer entspringen, in deren einem, dem Pison, man Gold findet. Diese erste Erwähnung des Goldes auf seiner secundären Lagerstätte fällt in eine Zeit, welche noch vor Beginn der Geschichte der Völker und Staaten liegt; in der Geschichte Abrahams finden wir das Gold bereits als zu Schmuck verarbeitet, aber über die erste Zeit dieser Verarbeitung wurde nichts bekannt. Aus den Berichten von Herodot und Diodor, aus den hieroglyphischen Inschriften der Ruinen Oberägyptens und Babylons ergibt sich aber, dass in der Gegend, in welcher Abraham lebte, kein Gold gefunden wurde, woraus zu folgern ist, dass das Gold damals schon im Handelsverkehr bekannt gewesen sein muss. Erst etwa 300 Jahre und mehr nach Abraham überkommt auf uns die erste Nachricht über Gold aus Aegypten; König Osimandias ist auf seinem Grabe in Theben der Gottheit das in einem Jahr gewonnene edle Metall aus den Gold- und Silberbergwerken opfernd dargestellt.

Ueber die Zeit der ersten Verwendung des Goldes zu Münzen finden sich keine historischen Angaben, aber interessant sind die Schwankungen des Werthes des Goldes zum Silber nach dem jeweiligen Bedarf und der vorhandenen Menge. Zu Zeiten Herodots[1] stand das Gold zu Silber wie 13 : 1, zu Zeiten Alexanders des Grossen[2] wie 10 : 1, im Mittelalter wie 10 : 1 bis 12 : 1, kurz vor der Entdeckung Amerika's (1492) wie 13 : 1, hierauf 15 Jahre später wie 9 : 1 und gegenwärtig ist dieses Verhältniss gesetzlich wie 15·5 : 1 festgestellt.

(Trotz dessen erreichte dieses Verhältniss selbst die Ziffer 19 : 1.)

An die Geschichte des Goldes knüpfen sich — die erfolglosen Bestrebungen der alchymistischen Adepten, — so wie die Entwickelung und die Erfolge der heutigen Chemie.

---

[1] 484 v. Chr.

[2] Etwa 100 Jahre später.

25*

Statistik. An Gold wurde producirt in Kilogrammen:

In Oesterreich (ohne Ungarn)	1883	18·25
- Ungarn	1879	1593·5
- Preussen	1883	101·6
- Russland	1883	3579·5
- Sachsen	1881	159·5
- Schweden	1882	40·0 (Skalpfund)
- Grossbritannien	1881	4·5 (Unzen)

Nach einem Berichte des Münzdirectors der vereinigten Staaten, Herrn C. Burchard, betrug die Goldgewinnung im Jahre 1883 (Eng. and Min. Journ. Bd. 38, No. 20 pag. 325, Ztschft. d. Ver. deutsch. Ing. 1885 pag. 336) in den übrigen Gold producirenden Ländern:

in Italien	109 kg
- der Türkei	10 -
- Venezuela	5022 -
- Columbien	5802 -
- der argentinischen Republik	118 -
- Mexico	1438 -
- Bolivien (Potosi)	109 -
- Chile	245 -
- Brasilien	952 -
- den nordamerikan. Vereinsstaaten	45 140 -
- in Canada	1435 -
- Japan	181 -

Australien (Neusüdwales) soll im Jahre 1883 an Gold 39 873 kg erzeugt haben; Afrika gibt jährlich etwa 3000 kg Gold grossentheils im Tausche gegen Salz.

Eigenschaften. Das Gold ist das dehnbarste und streckbarste aller Metalle; es lässt sich in Blätter von 0·00009 mm Dicke ausschlagen und zu äusserst feinen Fäden ziehen, so z. B. 1 g Gold zu einem Draht von 166 m Länge; es ist schön gelb, hat starken Metallglanz und ist in sehr dünnen Blättchen mit grünem Lichte durchscheinend. Es wird weder von der Luft noch vom Wasser verändert, hat ein spez. Gew. = 19·31, schmilzt bei 1075⁰ C. (nach Erhard und Schertel[3])) und zeigt in flüssigem Zustande eine grüne Farbe; nur in sehr hohen Temperaturen vor dem Knallgasgebläse kann es verflüchtigt werden, es wird aber auch in Glühhitze nicht oxydirt. Säuren wirken auf das Gold nicht ein, aber Chlor und chlorhaltende Flüssigkeiten lösen dasselbe zu Goldchlorid, das schon bei etwa 230⁰ C. in Chlor und Goldchlorür zerlegt wird; durch Schmelzen mit Borax wird das Gold blässer, durch Schmelzen mit Salpeter wird es röthlich. Höchst geringe Mengen Blei und Wismuth machen das Gold spröde und weniger dehn- und streckbar, Tellur macht es spröde, an-

---

[3]) Nach älteren Angaben bei 1240⁰ C.

wesendes Platin erhöht den Silberrückhalt im Golde, ein Gehalt an Osmi-Irid macht das Gold brüchig.

Anwendung. Der weitaus grösste Theil des gewonnenen Goldes wird zu Goldmünzen verarbeitet, zu welchem Behufe man dasselbe wegen seiner Weichheit mit Silber oder Kupfer legirt, welche Legirung auch bei seiner Verarbeitung zu Schmucksachen verwendet wird. Die Legirungen des Goldes mit Kupfer haben eine hochgelbe bis rothe Farbe, **rothe Karatirung**, die Legirung mit Silber ist blassgelb bis grünlich und weiss, **weisse Karatirung**. Das Gold findet auch vielfach Verwendung zur Vergoldung von Silber, Messing, Bronce, Stahl und Eisen, doch nur Kupfer wird damit plattirt. Die Vergoldung erfolgt theils durch Feuer, oder durch Anreiben höchst fein vertheilten Goldes mittelst eines in Essig oder Salzwasser benetzten Korks oder auf galvanischem Wege. In der Medicin findet das Goldchlorid Verwendung, auch in der Photographie als Doppelsalz in Verbindung mit Chlornatrium; das metallische Gold dient auch zur Vergoldung von Glas und Porzellan, in Form dünner Blättchen zum Vergolden durch Belegen der Objecte mit dem Blattgold, endlich als Goldpurpur zum Färben des Glases und in der Malerei.

Vorkommen und Erze. Das Gold findet sich meist gediegen in Form von Blättchen oder Körnern im Urgebirge oder auf secundären Lagerstätten, gewöhnlich aber legirt mit Silber; viel seltener kommt es vor vererzt mit Tellur, vielleicht auch mit Antimon, Arsen und Schwefel, doch ist Letzteres noch nicht bewiesen. Das Gold findet sich am häufigsten in Quarz, **Berggold**, in losen Körnern in Flüssen, **Waschgold**, sehr häufig begleitet von Schwefelmetallen, wie Eisenkies, Arsenkies, Zinkblende, Bleiglanz, Glaserz, Antimonit. Vererzt kommt das Gold vor in Siebenbürgen, Ungarn, Salzburg, Australien, Amerika. Goldseifen bestanden ehemals in Böhmen, Ungarn, in den Alpen, im Fichtelgebirge, in Frankreich, am Rhein und im Thüringerwald, derzeit bestehen sie noch in Siebenbürgen, Sibirien, Amerika, Australien, Asien und Afrika; im letzteren Welttheil findet sich das Gold zugleich mit Platin und Diamanten.

Die **Golderze** sind:

Gediegen Gold, mit variablen Mengen Silber, jedoch auch bis 97% Gold haltend.

Sylvanit, Schrifterz, Weisstellur [(Au Ag) Te$_2$] mit 25—27% Gold und 11·5—13% Silber, sehr selten vorkommend, in grösseren Mengen zu Offenbánya und Nagyág in Siebenbürgen.

Nagyagit, Blättertellur, mit geringerem 7—9% betragendem Goldgehalt, 54—55% Blei, etwas Kupfer oder Antimon, aber kein Silber führend.

Goldamalgam, Palladiumgold (Porpezit) und **Rhodiumgold** sind mineralogische Seltenheiten; ebenso das **Elektrum**, ein speisgelbes, über 20% Silber haltendes Gold.

Goldführende Schwefelkiese, Arsenkiese und Antimonit.

Gewinnung des Goldes.

Nachdem das Gold nie frei von Silber, meist mit anderen Metallen zugleich vorkommt, so wird dasselbe auch nie rein, sondern in Verbindung mit jenen Metallen gewonnen, zumeist als goldhaltendes Silber oder silberhaltendes Gold, seltener als goldhaltendes Kupfer. Das meiste gewonnene Silber ist goldhältig, jedoch sehr häufig in so geringem Maasse, dass sich eine Trennung des Goldes vom Silber nicht lohnt; einen derart geringen Goldgehalt weist z. B. das in Freiberg aus den eigenen Erzen erzeugte Silber auf, und das Přibramer Silber kommt nach mehreren übereinstimmenden Untersuchungen und angestellten Berechnungen in blos solcher Menge vor, dass die ganze Jahresproduction an Silber noch nicht 1 kg Gold enthält.

Goldgewinnung durch den Waschprocess.

Das Verwaschen goldhaltender Mineralien und Erdarten ist zwar sehr einfach und billig, aber seltener anwendbar, da das Gold nicht in so grossen Mengen in den Seifengebirgen und Flusswässern vorkömmt; das Ausbringen ist immer sehr unvollständig, das Waschgold immer auch unrein und gegenwärtig diese Gewinnung auf dem europäischen Continent nur in wenigeren Fällen mehr lohnend; in Australien jedoch, sowie in Nord- und Südamerika, dann in Afrika und Asien wird sie in einigen Ländern noch schwunghaft betrieben. Die einst so reichen Goldwäschen in Californien und in Japan sind bereits fast gänzlich aufgelassen. In Europa besitzt nur noch Lappland waschwürdige Goldseifen, Russland am Ural in den Bezirken Perm und Slatoust (bei Miask und Jekaterinburg), wo auch mehrere mit Dampf betriebene Maschinenwäschen aufgestellt sind, und Siebenbürgen.

In Siebenbürgen sind die goldführenden Gesteine Quarz und Silicate, in welchen das Gold selten in grösseren Partien, meistens sehr fein eingesprengt, vorkommt; die Erze werden durch Pochen zerkleinert, auf Plachenheerden verwaschen, dann auf Sichertrögen concentrirt und der Goldschlich als Crudogold zur Einlösung gebracht oder amalgamirt.

Tunner[4]) schildert die Gewinnung in den Handwäschereien in Russland zu Beresowsk am Ural folgends: Das das Gold führende Material (Schotter und Schuttland) wird auf das eiserne Reibgatter A (Fig. 242, 243) gestürzt, welches auf den beiden freien gegenüber liegenden Seiten einen aufwärts gebogenen Rand hat und auf welchem 3 oder 4 Arbeiter den Goldsand mit Kratzen hin und her bewegen und gleichzeitig aus der Rinne R das Wasser über das Brettchen a zuleiten, indem sie in der Rinne das Wasser durch Einlegen eines Stückes Rasen stauen

---

[4]) Dessen „Russland's Montanindustrie“, Leipzig 1871, pag. 72.

und so an beliebiger Stelle überlaufen lassen; auch ist das Brettchen nicht
fix angebracht, sondern kann nach Belieben verlegt werden und wird vorn
durch einen Querriegel b gestützt. Das Reibegatter liegt etwas geneigt,
die feinen Theile des Schotters fallen durch die etwa 16 mm weiten Oeffnungen auf den darunter liegenden Heerd B, und die abgewaschenen Ge-
schiebe werden immer weiter gegen D vorgeschoben, von wo sie von
einem Arbeiter seitlich abgezogen werden; in 10—12 Stunden werden
400—600 q Goldsand verwaschen und bei dem Abziehen über die Fläche
D alle grösseren Goldstückchen und werthvollen Gesteine ausgelesen, wo-
für eine Arbeiterkhür separat honorirt wird. Die auf den Waschheerd
durchgefallenen Goldtheilchen bleiben auf der schiefen Fläche, zumeist

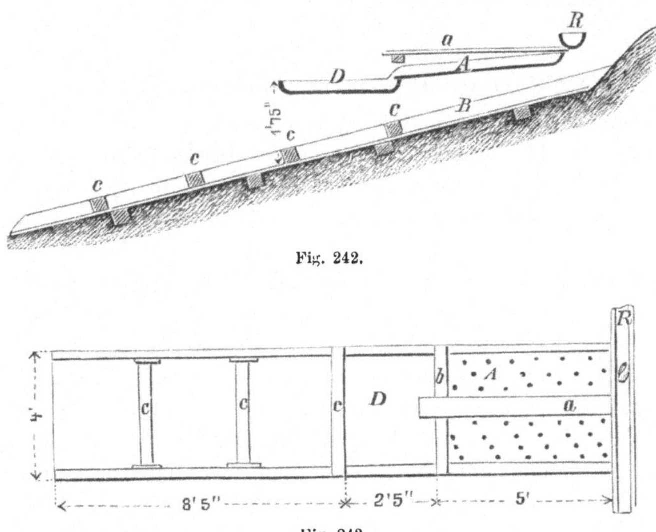

Fig. 242.

Fig. 243.

hinter den Querleisten c liegen, die leichteren Theile werden fortgeschwemmt
und der Controle wegen in einem Sumpfe angesammelt, bevor sie in die
wilde Fluth abgelassen werden, doch sammelt sich darin so wenig Gold,
dass sich ein wiederholtes Waschen nicht mehr lohnt. Alle 6 Stunden,
bei ärmeren Erzen alle 12 Stunden, werden die mittelst Keilen befestigten
Querleisten c fortgenommen, alle Rückstände an der oberen Heerdfläche
gesammelt und unter Wasserzufluss das Reinwaschen des Goldes vorgenommen, wozu man sich der blossen Finger, kleiner Kistchen und Bürsten
bedient, die hier ablaufende Trübe und die Rückstände aber werden separat gestürzt und nach einigen Jahren wieder verwaschen.

Die Maschinenwäschen verarbeiten in der derselben Zeit das 8—10fache
Quantum Goldschotter oder Goldsand, auch bei diesen wird nach je
6—24 Stunden das Reinwaschen vorgenommen; das Waschgold enthält gewöhnlich gegen 10% Silber. Der Goldgehalt des russischen Goldsandes ist

sehr verschieden und variirt von 77 mg bis 226 g pro 1 Kubiksaschen = circa 2 q, dies entspricht einem Procentgehalt von 0·0000385—0·113.

Bei welchem Goldgehalt ein Goldsand noch waschwürdig ist, hierüber entscheiden locale Verhältnisse, hauptsächlich Arbeitslöhne; nach Kerl[5] ist sibirischer Goldsand bei 0·000001 % nicht mehr waschfähig, der Rheinsand aber mit 0·00000012 % noch waschwürdig. Das Gold, welches aus dem Rheinsande gewonnen wurde, enthält 93·4 % Gold, 6·6 % Silber und 0·069 % Platin.

Das Verwaschen des Goldes geschieht auch in noch primitiverer Weise mit der Hand in Trögen oder Schüsseln, in Kürbisschalen (Afrika), das Auffangen feiner Goldtheilchen auch auf Fellen, und knüpft sich an diese letztere Gewinnungsart die Sage vom goldenen Vliess.

Goldgewinnung durch Amalgamation.

Gewaschener und im Goldgehalt concentrirter Sand wird gewöhnlich amalgamirt; zum Theil geschieht dies schon bei dem Verwaschen selbst, indem man den gewaschenen Goldsand über etwas in dem Waschapparat vorgelegtes Quecksilber führt, welches die feinsten Goldtheilchen sofort aufnimmt.

In Siebenbürgen ist das Anquicken des Goldes in eisernen Mörsern üblich, welche manchmal auch erwärmt werden; auch steinerne Mörser oder hölzerne Tröge werden hiezu angewendet, wobei man den Sand mit dem Quecksilber mittelst eines hölzernen Pistills zusammenreibt. Es sind für diese Art der Goldgewinnung nur reichere Sandarten verwendbar und bestimmt sich die Menge des hiezu zu nehmenden Quecksilbers aus der Erfahrung, sowie auch die Zeit, welche zu einer möglichst vollständigen Amalgamation in dieser Art nothwendig wird, Erfahrungssache ist.

Auch Kiese, welche neben vererztem noch Gold in gediegenem Zustande führen, werden amalgamirt, bevor man sie der Verhüttung übergibt, man nennt das in das Amalgam übergegangene Gold corporalisches oder Freigold; vererztes Gold lässt sich direct durch die Amalgamation nur unvollständig gewinnen.

Aermere Erze werden vorher fein gemahlen und dann in eigenen Apparaten amalgamirt, seltener geschieht Mahlen und Amalgamiren in ein und demselben Apparat; in Mexiko benützt man die Arrastra zum Mahlen und Anquicken.

Erze, welche vorher verpocht oder vermahlen und durch Verwaschen auf Heerden concentrirt worden sind, werden in eigenen Amalgamirmühlen (Quickmühlen) behandelt; eine solche Mühle zeigt Fig. 244[6]. Es sind solcher Mühlen je 2 zusammengekuppelt und treppenförmig neben

---

[5] Dessen „Grundriss d. Metallhüttenkunde“, Leipzig 1881, 2. Aufl. pag. 371.
[6] Rittinger's Erfahrungen 1854 pag. 29—38.

einander gestellt, so dass die Trübe aus einer Mühle in die andere überfliesst, also der Goldgehalt dem Erze nach und nach entzogen wird. Bei der in der Zeichnung dargestellten in Schemnitz angewendeten Quickmühle fällt der die Erztrübe führende Wasserstrom aus dem Gerinne a zuerst in die obere Mühle, welche aus einer 13 mm starken gusseisernen Schüssel besteht, die oben 60, unten 45 cm weit und 18 cm tief ist; dieselbe steht auf einem aus starken Balken gezimmerten Gestelle, dem Mühlstuhle, ist gut daran befestigt und hat in der Mitte ein eisernes 4 cm im Lichten weites Rohr angegossen, welches oben und unten offen

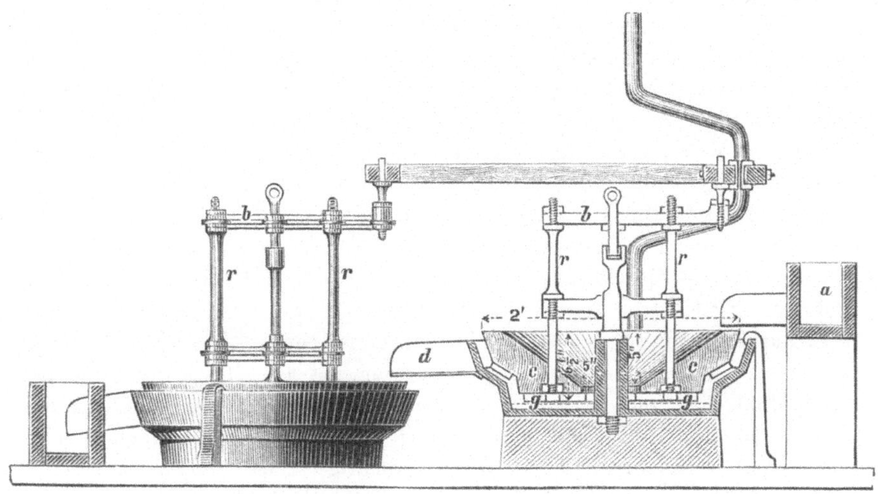

Fig. 244.

Zu Fig. 244.

ist und durch das die eiserne Axe geht, an welcher der Mühlstein festgemacht ist. Die Mühlsteine beider Mühlen werden gleichzeitig von einem Getriebe aus mittelst Kurbeln in Rotation versetzt. Auf diese Axe ist ober dem Kurbelarm zugleich ein Querarm b aufgesetzt, von welchem eiserne Stangen r in den Läufer (Mühlstein) c hinabreichen, hier fest angeschraubt sind und den Läufer bei der Drehung des Armes mitnehmen; der Läufer ist aus einem massiven Stück Tannenholz gefertigt, mit eisernen Reifen beschlagen und hat am Boden 20 radial gestellte Zähne g, er hat aussen die Gestalt des Innern der Schüssel und in der Mitte eine trichterförmige Oeffnung ausgedreht, in welche die Trübe ein- und durchfliesst und hiebei von dem Läufer zwischen diesem und den Wänden der Mühlschüssel herumgeführt wird. Bei diesem Rotiren wird die Trübe in beständigem Contact mit dem auf den Boden der Schüssel eingetragenen

Quecksilber erhalten, wobei die aufgeschlämmten Goldtheilchen an das Quecksilber abgegeben werden. Die zum Theil entgoldete Trübe fliesst durch das Gerinne d in die etwas tiefer nebenanstehende Mühle, wo sie weiter entgoldet wird; eine Mühle bekommt 25 kg Quecksilber vorgelegt, welches darin 12 mm hoch steht.

Zu Schemnitz werden Pochgänge von gold- und silberhaltigen Bleierzen und Silbererzen, erstere mit 3·12—6·55 g Mühlgold, letztere mit 30—40 g Mühlgold pro tons (entsprechend 0·000312—0·000655%, beziehentlich 0·003—0·004%) gepocht und die Trübe auf die Goldmühlen geleitet; die Läufer werden alle 4 Wochen ausgehoben, das Amalgam mit Blechgefässen ausgeschöpft und in einen leinenen Spitzbeutel gegossen, welcher in einen Ring eingehängt und mit diesem oberhalb eines eisernen Kessels befestigt wird, welcher mit heissem Wasser gefüllt ist und worin das Quecksilber mit den Händen so lange gepresst und ausgewunden wird, bis das feste Amalgam zurückbleibt, welches in rundlicher Form in Leinwand gewickelt zum Ausglühen gegeben wird. Die Mühle wird gereinigt und dann wieder in Betrieb gesetzt; die zum Theil blos entgoldete Trübe wird noch auf Planheerden verwaschen, hierauf nach der Korngrösse in Mehlrinnen und Spitzkästen sortirt, dann in Goldlutten geläutert, das Gold auf dem Scheidetrog daraus weiter ausgezogen und in gusseisernen Mörsern nachamalgamirt. Dieses Nachamalgam ist compacter und goldreicher, als jenes aus den Quickmühlen; ersteres enthält 40—50, letzteres 25 bis 33% Mühlgold, und werden durch die Goldmühlen 70—75%, durch die Nacharbeiten 25—30% Mühlgold erzeugt. Schemnitz verarbeitete früherer Zeit jährlich an 308 000 q goldhältige Blei- und Silbererze in 325 Goldmühlen und erzeugte daraus 84—112 kg Mühlgold.

Den Auspressapparat zeigt Fig. 245. Er besteht aus einem gusseisernen Gestell mit 3 Füssen, welche oben einen Ring von 25 cm lichter Weite tragen, in dem der aus Eisenblech gefertigte Kessel a sitzt; am Boden hat der Kessel eine Oeffnung, worin das mit einer Pipe versehene Ablassrohr für das ausgepresste Quecksilber eingeschraubt ist, oben sind 3 Stäbe angenietet, auf diese wird der Ring d gelegt, an welchem der doppelte leinene Spitzbeutel hängt, der in das Wasser im Kessel taucht. Das Amalgam gibt bei dem Auswinden 30—35% Quecksilber ab, die zurückbleibenden rundlichen Stücke haben ein Gewicht von 120—130 g.

Zu dem Ausglühen des Amalgams dient der in Fig. 246 gezeichnete Apparat. Die gusseiserne Retorte a von 22 cm lichter Weite und 37 cm Höhe sitzt in dem Roste b, welcher in der Mitte eine runde Oeffnung hat; der runde gemauerte, 1·3 m hohe und 50 cm weite Ofen ist obeu mit einer Gusseisenplatte bedeckt. Unten verengt sich die Retorte zu einem 7 cm weiten Ansatz, welcher in das Rohr c eingesetzt und darin fest verkittet wird; das Ende von c mündet in das vertical stehende Rohr d von 17 cm innerer Weite, welches oben mit dem Pfropf e verschlossen ist und mit seinem offenen Ende in dem mit Wasser gefüllten Kasten f steht.

Das Amalgam wird auf Teller von Eisenblech gelegt, diese über den Dorn geschoben, die Retorte mit dem Deckel geschlossen und dieser ringsum mit Ziegelmehl und Thon verstaucht; g ist eine transportable Esse. Eine Stunde nach Beginn der Heizung fängt das Quecksilber an überzudestilliren und sammelt sich in der vorgelegten Schale h; nach 3 Stunden ist das Ausglühen beendet, die Amalgamkugeln werden nach dem Abkühlen herausgenommen, mit einer steifen Bürste von der anhängenden Leinwandasche gereinigt und cupellirt. Das Quecksilber wird mit einer Drahtbürste aus den Röhren c und d zusammengekehrt und wieder verwendet; der Gesammtverlust an Quecksilber beträgt 0.0007% vom Erzgewicht bei Verarbeitung bleiischer Erze und 0.00062% bei Verarbeitung von Dürrerzen.

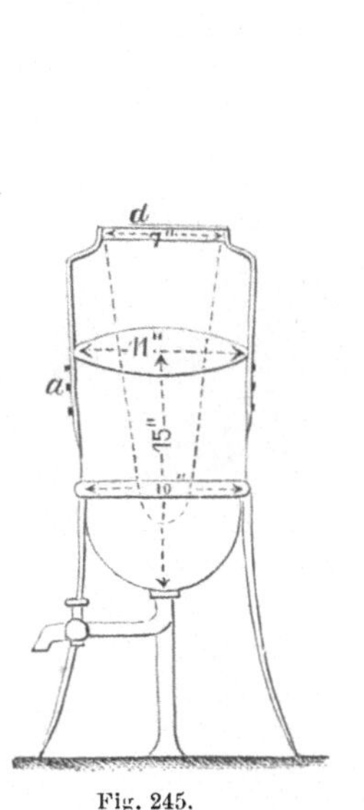

Fig. 245.

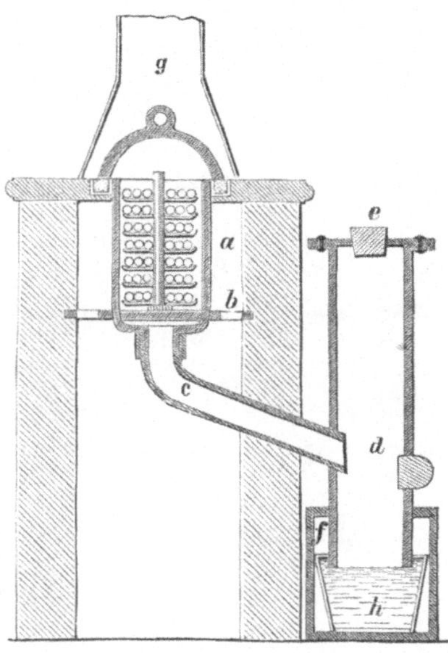

Fig. 246.

Die directe Amalgamation der rohen Erze ist immer schwierig. An einzelnen Orten wird nach Ausziehen des Freigoldes aus den rohen Erzen mit Quecksilber das Erz geröstet und der Erzrost wieder der Amalgamation unterworfen, wonach das von dem Vererzungsmittel befreite Gold leichter von dem Quecksilber aufgenommen wird; diese Röstung kann oxydirend oder chlorirend vorgenommen werden und dienen hiezu meistens rotirende Röstöfen, der Ofen von Stetefeld und jener von Whelply-Storer. Für die Amalgamation von Freigold sind vielfach andere Apparate zur Anwendung gekommen, welche Amalgamatoren genannt werden.

Der Amalgamator von Stevenot[7]) ist in Fig. 247 abgebildet. Derselbe besteht aus einem trichterförmigen Gefäss von Eisenblech von 91 cm

---

[7]) Oesterr. Ztschft. 1879 pag. 248.

Tiefe, gleich grossem oberen und 23 cm unterem Durchmesser, welcher
mit einem 10 cm weiten Rohr a verbunden ist, dessen oberes Ende 60 cm
über dem Amalgamator den Aufgabetrichter trägt, und in welches das
Rohr b von 2·5 cm Weite mündet, durch welches reines Wasser zu der
Pochtrübe zugeführt wird, das die feinen Goldtheilchen rein wäscht, wonach sie leicht von dem Quecksilber aufgenommen werden. Das Quecksilber steht in dem Gefäss bis zur Höhe der punctirten Linie; die durch
dasselbe aufsteigende Pochtrübe wird durch beständigen, mittelst Hähnen
regulirbaren Wasserzufluss aus den Röhren c in rotirender Bewegung erhalten und diese Rewegung so regulirt, dass das Rotiren der Flüssigkeit

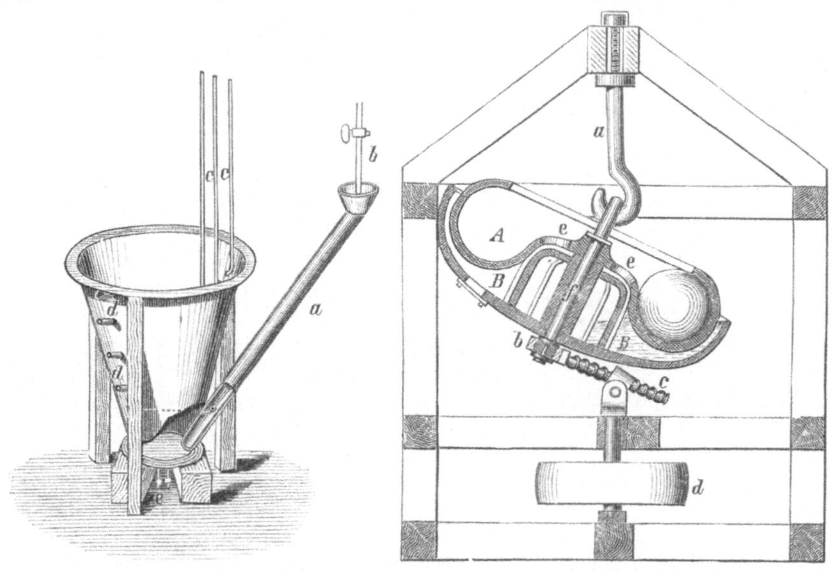

Fig. 247.   Fig. 248.

stets entsprechend, langsamer oder rascher, geändert werden kann. Die
während der Arbeit geschlossenen Oeffnungen d in der Seitenwand dienen
zur zeitweiligen Entfernung des aufgeschwemmten Sandes, das Rohr e
am Boden zum Ablassen des genügend angereicherten Amalgams.

Fig. 248 zeigt den Amalgamator von Bellford. Der Apparat hängt
auf dem nicht beweglichen Haken a und wird unten in dem Lager b gehalten, das mit der Kurbel c verbunden ist; diese Kurbel ist mit einer
Spiralfeder umwickelt, um die Stösse bei der Bewegung des Apparates
auszugleichen. Bei dem Rotiren der Riemscheibe d beschreibt nun die
Axe f die Mantelfläche eines Kegels, ohne dass der Amalgamator mitro-
tirt; durch das stattfindende Heben und Senken des Apparates nach allen
Seiten geräth die Kugel in dem Theil A in's Rollen, zerquetscht die gröberen Erzstückchen, und das Feine wird als Schlamm durch das Sieb e

in den unteren Raum B gespült, und von dem dort befindlichen Quecksilber amalgamirt.

Der von Ball[7a]) angegebene Amalgamator besteht aus einer U förmigen, mit Quecksilber gefüllten Röhre (Fig. 249), auf deren schmalen Schenkel A der durch das Ventil a verschliessbare Trichter B befestigt ist, in welchem ein Rührapparat stetig das Erz im Wasser aufschlämmt; der Erzschlamm gelangt durch A in den weiten Schenkel C, in welchen das Quecksilber gedrückt wird, sobald man durch ein Dampfstrahlgebläse einen luftleeren Raum bei D erzeugt. Bei dem Durchgang des Erzschlamms durch das Quecksilber wird der Goldgehalt des Erzes aufgenommen, die Rückstände

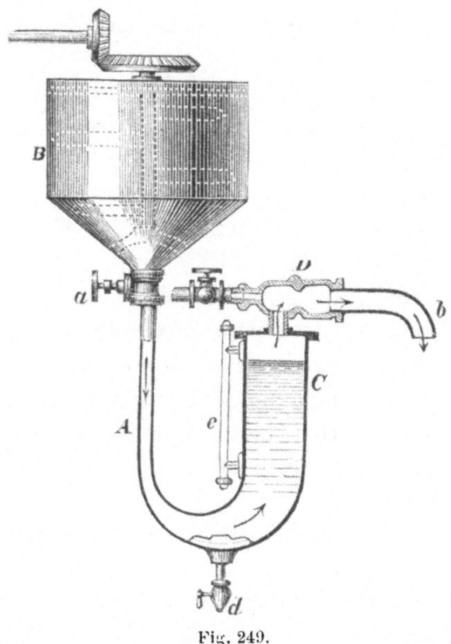

Fig. 249.

gelangen an die Oberfläche des Quecksilbers und fliessen durch das Rohr b ab, welches weiter ist, als A. In dem Standglase e lässt sich die Höhe der Quecksilbersäule in dem über 77 cm langen Schenkel C beobachten, durch den Hahn d kann das Amalgam abgelassen werden. (D. R. P. No. 8306.)

Der Amalgamator von Trippe[8]) (Amer. Pat. No. 308642) besteht aus einem cylindrischen Gefässe, das am Boden in einen flachen abgestumpften Kegel endigt; die in der Mitte des Gefässes stehende Welle ist hohl und oben mit einem Trichter versehen, durch welchen das Erz eingefüllt wird. Das Gefäss enthält über einander mehrere mit Rinnen

<hr>

7a) Dingler's Journ. Bd. 240 pag. 206.
8) Chemikerztg. 1884 pag. 1858. Bg. u. Httnmsch. Ztg. 1885 pag. 84.

versehene Platten, zwischen welchen andere an der Hohlwelle befestigte Platten mit den Rinnen entsprechenden Erhöhungen rotiren, und oberhalb derselben liegen noch perforirte Platten. Das unten aus der hohlen Welle austretende Erz wird nun unter stetigem Rotiren der Platten durch das Quecksilber allmälig nach oben geschafft, wo die Trübe durch eine wulstartige Erweiterung mittelst an der Hohlwelle oben befestigter rotirender Schaufeln in das dort angebrachte Abflussrohr fortgeführt wird.

Aehnlich ist der von A. Müller[9]) angegebene Amalgamator (Amer. Pat. No. 311354). Derselbe besteht aus zwei concentrisch in einander gesteckten Kesseln, deren innerer trichterförmig erweitert ist; die durch die Kessel gehende verticale Welle trägt oben eine Schnecke und unten schraubenförmig angeordnete Flügel, welche das Erz durch die Quecksilbersäule drücken.

In Amerika und Australien ist einigerorts auch eine Amalgamation üblich, bei welcher das Erz schon in dem Pochtrog mit Quecksilber zusammengebracht und die Pochtrübe, so wie das noch nicht mit Gold gesättigte Quecksilber über amalgamirte Kupferplatten geleitet wird, wobei theils schon im Pochtrog selbst, theils auf den Kupferplatten Amalgam gebildet und zeitweilig gesammelt wird.

Es ist diese Art der Amalgamation nur für solche Erze anwendbar, welche das Gold vorwiegend in freiem Zustande führen, das Ausbringen sinkt um so mehr, je weniger Freigold die Erze enthalten, doch lassen sich sehr arme Erze immer noch mit Vortheil verarbeiten, wenn vererztes Gold führende Geschicke vorher geröstet und die von der Amalgamation ablaufende Trübe nochmals nachamalgamirt oder extrahirt oder dem Schmelzprocess übergeben wird.

In letzter Zeit wurde von Hauch[10]) die Erzamalgamation für den Siebenbürger District empfohlen.

Um fremde Schwefelungen führende Erze bei verminderten Verlusten an Quecksilber amalgamiren zu können, hat Crosby[11]) einen Apparat angegeben, in welchem das Ausbringen an Gold (und Silber) sehr zufriedenstellend sein soll.

Designolle[12]) hat empfohlen, die Erze durch Quecksilberchlorid als Magistral für die Amalgamation vorzubereiten, und wird dermal ein solcher Versuch in Ungarn (Nagybanya'er District) durchgeführt.

Arnolds Bromamalgamation für fremde Schwefelungen führende Erze[13]). Goldbromid wird sehr leicht amalgamirt; Arnolds Verfahren soll namentlich für solche Erze von besonderem Vortheil sein, welche Gold und

---

[9]) Chemikerztg. 1885 pag. 268.

[10]) Oesterr. Ztschft. 1884 pag. 399.

[11]) Bg. u. Httnmsche Ztg. 1874 pag. 12.

[12]) Dingler's Journ. Bd. 240 pag. 207.

[13]) Eng. and Min. Journ. 33 pag. 236. Bg. u. Httnmsch. Ztg. 1882 pag. 350.

Silber führen, da beide Metalle zusammen gewonnen werden. Das Erz, welches die an Schwefel, Arsen oder Antimon gebundenen edlen Metalle enthält, wird in dampfdicht verschlossenen, 35—40 q fein geschlämmtes Erz aufnehmenden Pfannen mit Wasser gemengt und sowohl unter die Pfanne, als auch von oben überhitzter Dampf zugeleitet und nach und nach die nöthige Menge Brom zugefügt; das bromirte Erz ist dann für die Fass- oder Pfannenamalgamation vorbereitet. Geschieht das Mahlen des Erzes in der Pfanne selbst, so wird während desselben das Brom zugegeben; das Mahlen dauert an 4 Stunden, und wird nach dem Zusatz des Broms noch einige Stunden hindurch in der Pfanne fortgerührt. Man bringt zu Leadville 82 % des Silbers sofort aus, während die anderen Amalgamationen blos 46 % gegeben haben.

Goldgewinnung durch den Schmelzprocess.

Bei der Verhüttung von Erzen, welche nutzbare Metalle enthalten, aber nur wenig Gold führen, sammelt sich das Gold in den von den Hüttenprocessen fallenden Zwischen- und Endproducten an, aus welchen es auf nassem Wege gewonnen werden kann; der bei dem Weglösen der unedlen Metalle verbleibende Schlamm enthält dann das Gold und Silber, und wird der Verbleiarbeit übergeben. In dieser Art kann auch aus Erzen, welche die geringsten Mengen Gold enthalten, das Gold gewonnen werden; zumeist sind es Rohkupfer oder Kupfersteine, in welchen sich das Gold schliesslich findet.

Bei dem Parkesprocess wird ein geringer Goldgehalt aus den Werkbleien in dem ersten Zinkzusatz (Goldschaum, Kupferschaum) gewonnen. In Russland wurde auch versucht, Gold führenden Sand in Eisenhohöfen auf ein goldhaltiges Roheisen zu verschmelzen und das Eisen mit verdünnter Schwefelsäure auszuziehen.

Zu Offenbánya und Szalathna in Siebenbürgen war früher ein Verschmelzen der durch Amalgamation von corporalischem Gold befreiten Erze auf einen Stein üblich, den man mit frischen Erzen wiederholt durchsetzte, bis er hinreichend angereichert war, und dann in noch flüssigem Zustand in gold- und silberarmes Blei eintränkte. Der entgoldete Stein wurde dann so oft bei weiteren Schmelzungen benützt, bis er sich auch an Kupfer so weit angereichert hatte, dass er zur Kupferarbeit abgegeben werden konnte.

Dieser güldische Roharbeit benannte Prozess besteht nicht mehr, und ist nach A. Hauch seit 1876 an Stelle dieser alten Arbeit die folgende Verhüttungsmethode getreten:

1. Sämmtliche Kiesschliche werden geröstet, die Röstgase zur Schwefelsäureerzeugung benützt, und der Erzrost unter Zutheilung von Quarz auf Lech verschmolzen.

2. Die Rohleche werden gestampft, mit verdünnter Schwefelsäure

extrahirt, der verbleibende Schlamm mit den reichsten Erzen und Blei-
producten verbleit und das Verbleilech in gleicher Weise behandelt, wie
das Rohlech; der hievon resultirende Schlamm wird mit concentrirter
Schwefelsäure in gusseisernen Kesseln gekocht, das in Lösung gegangene
Silber durch Kupfer, das Kupfer durch Eisen gefällt und im kleinen
Kupfergarheerd rosettirt. Der goldhaltende Schlamm von dieser Extraction wird wieder zur·Verbleiarbeit abgegeben, der gewonnene Eisenvitriol
krystallisiren gelassen und in den Handel gesetzt.

Ueber die Aenderungen des Hüttenbetriebes im Nagybanya'er Berg-
bezirk finden sich vorwaltend die finanziellen Erfolge dieser Aenderungen
betreffende Mittheilungen von A. Hauch in der österr. Ztschr. f. Bg.- u.
Httnwesen, 1882 pag. 223 u. folg.

In Annal. des min. 6. livr. 1884 pag. 453 findet sich ein ausführ-
licherer Bericht über den derzeitigen Betrieb zu Szalathna.

Hienach sind die zur Hütte angelieferten Erze Stückerze und Schliche
von goldhaltenden Kiesen, welche vorwaltend Quarz als Gangart führen
und in arme Erze mit bis 34 g, in mittelreiche mit 34—70 g und in reiche
Erze mit mehr als 70 g güldisch Silber im Metercentner, d. i. 0·034, beziehentlich 0·070% und darüber enthalten.

Die dort in geringerer Menge zur Verhüttung gelangenden Tellurerze
werden ebenfalls in drei Sorten geschieden, von welchen die ärmste unter
0·5, die reichste über 1% güldisch Silber enthält.

Die ärmeren Kiese werden in Haufen, die reicheren in Plattenöfen
(Korböfen? s. pag. 175) geröstet und das bei der Röstung in letzteren gewonnene Schwefeldioxyd zur Erzeugung von Schwefelsäure benützt, welche
zum grössten Theil bei der Verarbeitung der Steine Verwendung findet.

Die Beschickung, welche aus

$29·4\%$ gerösteten Erzen aus den Oefen
20·6 -   -   -   - - Haufen
3·0 - armen Schlichen
6·0 - Ofenbrüchen
6·0 - Krätzen und
35·0 - Bleischlacken besteht,

wird in 4 m hohen zweiförmigen runden Oefen von 1 m Durchmesser bei
2—3 cm Quecksilbersäule Windpressung durchgesetzt, wobei ein Stein a
und eine Schlacke b fallen, deren Zusammensetzung die folgende ist:

	a		b
S	28·694	$Si O_2$	50·45
Fe	69·639	Fe O	34·83
Cu	0·571	Ca O	8·26
As	Spur	$Al_2 O_3$	3·40
Ag } Au	0·039	S	0·66
$Si O_2$	0·300		

Dieser Rohstein wird zerkleint, gesiebt, und das Pulver in Mengen von 4 q in mit Blei ausgekleidete, mit Dampfmantel und Rührvorrichtung versehene, viereckige Holzbottiche von 2 m Höhe und 1 m Seitenlänge gebracht, der Bottich mit einem Deckel bedeckt, und der Rohstein darin mit verdünnter Schwefelsäure von 20—22° B. in der Weise behandelt, dass man den Stein in kleinen Portionen nach und nach in den mit der schwachen Säure nahezu gefüllten Bottich einträgt, und unter beständigem Rühren bei gleichzeitigem Erhitzen des Inhalts durch Einleiten von Dampf in den Mantel 12 Stunden hindurch extrahirt, hierauf 6 Stunden absetzen lässt, die Flüssigkeit dann abhebt und den Rückstand ausschlägt, worauf man das Gefäss binnen 6 Stunden wieder füllt. Der Deckel des Bottichs hat drei Oeffnungen, wovon die eine zur Aufnahme eines Trichters für das Einbringen der Säure und des gepulverten Steins, die zweite zur Ableitung des Schwefelwasserstoffgases, die dritte mit einer Wasserzarge versehene zur zeitweiligen Verbrennung des Schwefelwasserstoffs durch Entzünden dient, wenn, wie es manchmal geschieht, nicht genug schweflige Säure vorhanden ist, um die Reaction beider Gase auf einander für die Gewinnung von Schwefel auszunützen. In 24 Stunden werden in 6 Gefässen 16 q Stein verarbeitet und hiezu pro 1 tons Stein nahe 17 q Säure von 50° B. aufgebraucht. Der Stein verliert etwa die Hälfte seines Eisengehaltes und hinterlässt 25 % Rückstand, welcher 0·180—0·250 % güldisch Silber und 3·5 % Kupfer enthält. Die abgehobene geklärte Lauge wird auf Eisenvitriol verarbeitet.

Der Rückstand aus den Bottichen wird der Verbleiarbeit übergeben; er wird mit reichen rohen Erzen, armen gerösteten Erzen und bleiischen Vorschlägen durchgesetzt, wobei man trachtet, in die Beschickung 250 Theile Blei für ein Theil güldisch Silber zu bringen. Zu diesem Schmelzen dienen Schachtöfen von blos 2·5 m Höhe und 1 m Weite, und die zu verschmelzende Erzbeschickung besteht aus:

<table>
<tr><td>12·50 %</td><td>armen gerösteten Schlichen</td></tr>
<tr><td>7·50 -</td><td>reichen, halbgerösteten Schlichen</td></tr>
<tr><td>0·75 -</td><td>mittelreichen }</td></tr>
<tr><td>1·50 -</td><td>reichen } rohen Schlichen</td></tr>
<tr><td>0·40 -</td><td>Tellurerzen</td></tr>
<tr><td>17·65 -</td><td>geröstetem Rohstein</td></tr>
<tr><td>10·35 -</td><td>Bleirückständen</td></tr>
<tr><td>2·00 -</td><td>Rückstände von der Behandlung des Kupfersteins (Product einer späteren Schmelzung) mit Schwefelsäure</td></tr>
<tr><td>2·75 -</td><td>Abstrich</td></tr>
<tr><td>7·65 -</td><td>Glätte</td></tr>
<tr><td>1·50 -</td><td>Ofenbrüche</td></tr>
<tr><td>3·75 -</td><td>Armblei</td></tr>
<tr><td>7·50 -</td><td>Krätzen</td></tr>
<tr><td>24·00 -</td><td>Schlacken von derselben Arbeit.</td></tr>
</table>

Das hier abfallende Reichblei enthält mindestens 0·5% güldisch Silber; der mitgewonnene Stein a so wie die Schlacke b zeigen die folgenden Zusammensetzungen:

	a			b
S	25·957		$Si\,O_2$	42·54
Fe	52·487		$Fe\,O$	38·23
Pb	9·900		$Ca\,O$	10·57
Zn			$Al_2\,O_3$	3·54
As	Spur		Pb	0·34
Sb			S	0·98
$Si\,O_2$	0·250		Ag	0·002
Ag	0·08—0·09		Au	
Au				

Diese Schlacke geht wieder zu dem Rohschmelzen oder zu der eigenen Arbeit zurück, das Werkblei wird abgetrieben, der Stein aber wieder mit Schwefelsäure behandelt; der hievon resultirende kupferreiche Rückstand mit 0·25—0·30% güldisch Silber wird noch 2—3mal bei der Verbleiarbeit zugesetzt, bis der Kupfergehalt im Stein 25% erreicht hat.

Der Kupferstein endlich wird mit concentrirter Schwefelsäure von 66° B. in einem gusseisernen Kessel von 1 m Durchmesser in der Hitze digerirt, die Lösung nach 12 Stunden in einen mit Blei ausgeschlagenen Kasten abgelassen, zur Ausfällung in Lösung gegangenen Silbers Kupferblech eingelegt und die unreine Vitriollösung endlich in die Krystallisirfässer abgelassen, worin ein gemischter Vitriol anschiesst, welcher auf den Markt gebracht wird. Der Rückstand von der Behandlung des Kupfersteins enthält hauptsächlich Blei neben Kupfer und 0·3—0·4% güldisch Silber; er wird wieder der Verbleiung übergeben (siehe vorn).

Als Nebenproducte dieser Verhüttung werden zu Szalathna Tellur, Schwefel und Schwefelsäure gewonnen.

Neuere Patente, über deren Einführung bis jetzt nichts bekannt geworden ist, bezwecken eine Extraction des Goldes durch flüssiges Blei während des Aufsteigens des Erzes durch eine Bleisäule.

A. Tichenor[14]) lässt die Erze bei gleichzeitigem Durchleiten eines elektrischen Stroms von dem Fülltrichter aus durch eine über Rollen laufende Kettenpumpe in einem Rohr auf den Boden eines mit geschmolzenem Blei gefüllten eisernen Kessels herabdrücken; bei dem Aufsteigen durch das Bleibad wird dem Erz sein Goldgehalt entzogen, und das auf der Oberfläche des Bleibades sich sammelnde Gestein wird abgeräumt. Das goldhaltende Blei wird abgetrieben.

Zu gleichem Zwecke hat Fuller[15]) früher einen Apparat angegeben,

---

[14]) Chemikerztg. 1880 pag. 838.

[15]) Bg. u. Httnmsch. Ztg. 1868 pag. 104.

in welchem nach Absaugen der ober dem Bleibad befindlichen Luft das Erz von der äusseren Luft durch das flüssige Blei gedrückt und der entgoldete Rückstand selbstthätig ausgetragen wird.

Gewinnung des Goldes auf nassem Wege.

Von diesen Methoden haben wir die von Kiss angegebene Extraction mit Calciumthiosulfat, so wie das neue Verfahren von Russel, welche eine gleichzeitige Gewinnung des Goldes und Silbers zulassen, bereits kennen gelernt.

Eine weitere Methode, welche erst in letzter Zeit mehr zur Geltung gekommen ist, rührt von Plattner her; dieselbe gründet sich auf die Ueberführung des Goldes in in Wasser löslichen Zustand als Chlorgold und Fällen des Goldes in metallischem Zustande mit Eisenvitriol; dieser und Kohle sind die billigsten Reagentien für dieses Verfahren, welches in Californien und Australien jetzt häufiger in Anwendung steht. Man bringt daselbst 97 % des Goldgehaltes der Erze als Feingold aus, doch soll sich das Verfahren für Zugutebringung der goldführenden Pyrite nur dann eignen, wenn dieselben mindestens 20 Dollar Gold pro ton liefern.

Die Extraction goldhältigen Quarzes hat gar keine Anstände, Erze aber, welche fremde Schwefelmetalle enthalten oder goldhältige Kiese müssen vorher abgeröstet werden, und zwar muss diese Röstung vollkommen erfolgen, weil sonst bei Verwendung eines salzsäurehaltenden Chlorgases aus den unzersetzten Schwefelmetallen Schwefelwasserstoffgas entwickelt und durch dieses Gold aus seiner Lösung als Schwefelgold gefällt, demnach der Extraction entgehen würde; das Chlorgas soll aber frei sein von Salzsäure, weil sonst auch andere Metalle in die Lösung übergehen, welche mit dem Golde zum Theil gefällt werden und dasselbe verunreinigen. Bei der Röstung ist auch jede Sinterung zu vermeiden, weil die Röstknoten Gold eingeschlossen enthalten, solches Gold aber nicht chlorirt demnach auch nicht extrahirt werden kann. Die Gegenwart von Silber neben Gold ist in so fern nachtheilig, als sich auch Chlorsilber bildet, dieses ebenfalls Goldtheilchen einhüllt und ihre Chlorirung verhindert; durch alle diese Umstände kann das Ausbringen an Gold unvollständig werden. Anwesendes Arsen und Antimon vermehren ausserdem unnützerweise den Chlorverbrauch.

Zu Reichenstein in Oberschlesien stand dieses Verfahren in Anwendung, zur Gewinnung des Goldes dienten die Rückstände von der Darstellung des Arsens aus goldhaltigen Arsenkiesen, und wurden thönerne Töpfe hiebei als Lösegefässe verwendet.

Zu **Grass-Valley**[16]) in Californien werden Erze, welche im Durchschnitt 2—3 % goldhaltenden Eisenkies mit 0·02743 % Gold, 0·0068 % Silber und 1 % Blei und Kupfer führen, in Brückner'schen oder Stetefeld'schen Oefen geröstet, und das geröstete Erz in die aus Holz gefertigten, der Gestalt nach einem Kübel ähnlichen Gefässe (Fig. 250) eingetragen, welche um Zapfen a drehbar sind, und am Boden Quarzstücke mit einer durchlöcherten Platte von Steinzeug b darüber als Filter erhalten; die Fässer sind luftdicht geschlossen, das Erz wird darin schwach angefeuchtet, zu nass darf dasselbe nicht sein. Das Chlorgas wird am Boden eingeleitet und gleichzeitig in alle Lösegefässe geführt.

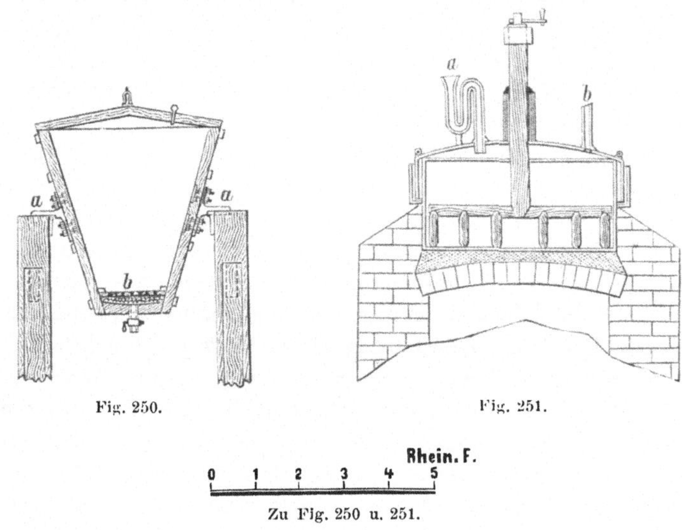

Zu Fig. 250 u. 251.

Der **Chlorgaserzeuger** (Fig. 251) besteht aus einem Bleigefäss mit Deckel unter Wasserverschluss, der auf einem Sandbad steht und in welchem ein Rührer von hartem Holz bewegt wird. Zwischen dem Chlorgasgenerator und den Extractionsfässern befindet sich ein Waschgefäss, worin salzsaure Dämpfe zurückgehalten werden. Durch das Trichterrohr a wird Säure eingefüllt, durch das Rohr b entweicht das Chlorgas in die Lauggefässe. Nach beendeter Chloration wird das Goldsalz mit heissem Wasser ausgelaugt, die Lösung in die Niederschlagsgefässe geleitet und die ausgelaugten Rückstände in Wagen ausgestürzt und abgefahren. Das Ausbringen beträgt 97 % Gold, die Gewinnungskosten sollen sich auf nicht mehr als 12 Dollar pro ton Erz belaufen.

Fig. 252 und 253 zeigt die Einrichtung der Lauganstalt. A ist der Röstofen nach Brückner, a die Auslaugefässer, b der Chlorentwickler, c ein

---

[16]) Eng. and Min. Journ. New York 1873, V. 15 No. 21. Bg. u. Httnmsch. Ztg. 1873 pag. 315.

Fig. 252.

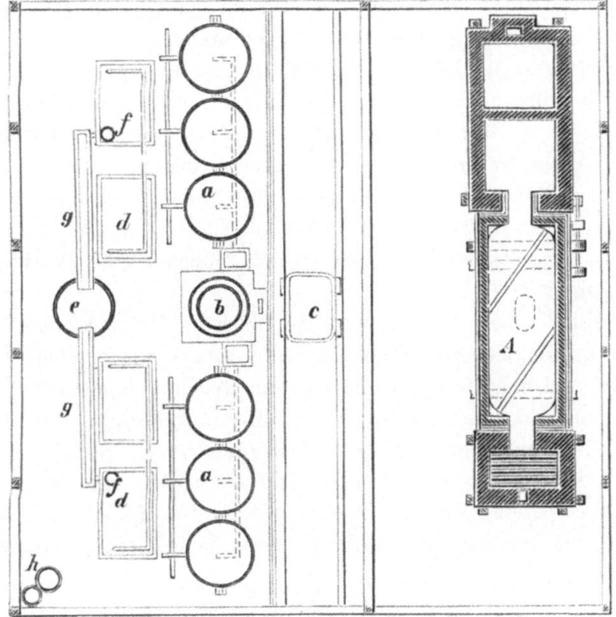

Fig. 253.

auf Schienen laufender Wagen zur Abfuhr der ausgelaugten Erze, d die Niederschlagsgefässe, e eine Abfalltonne, in welcher nach erfolgter Fällung die Lauge und die Wässer vom Auswaschen des Niederschlags durch Sägespäne laufen, bevor sie abgelassen werden, f eine Pumpe, g Rinne, h der Heisswasserkessel, i ein Wasserposten mit Pipe, k die Sohle der Rösthütte.

In Newada County[17]) ist das Chlorationsverfahren auf 12 Hüttenwerken in Ausübung. Die in Quarz daselbst vorkommenden Kiese werden vorerst durch Amalgamation von ihrem Gehalt an gediegen Gold befreit, und unter Zusatz von 3% Kochsalz in Fortschaufelungsöfen oder in kreisrunden, doppelheerdigen Oefen auf dem unteren Heerd chlorirend geröstet; 2 Oefen rösten täglich 7 tons bei Aufwand von 2 Klaftern 1·3 m langen Cedernscheitholzes. Das von den Goldwäschen und der Amalgamation kommende Erz enthält 75 % Kies und 25 % quarzige Bestandtheile, den reinen Kiesen wird für die Röstung nach ihrer Zerkleinerung 15—20% Sand beigemengt. Das angefeuchtete Röstgut wird in Mengen von $2^{1}/_{2}$ tons 70 cm hoch auf dem falschen Boden der 2 m hohen, mit Asphaltfirniss ausgestrichenen Extractionskästen geschüttet, und das Chlorgas unter den falschen Boden zugeleitet; nach 5—6 Stunden hat dasselbe das Erz durchdrungen, es wird jetzt ein Deckel aufgelegt und mit Teig auflutirt, worauf man die Masse 48 Stunden der Einwirkung des Chlors überlässt. Das Auslaugen des Goldchlorids dauert 2—3 Stunden, worauf es in Fällgefässen mit Eisenvitriol niedergeschlagen wird; die ganze Zeit bis zur Neubeschickung der Auslaugegefässe beträgt 60 Stunden.

Die Extractionsrückstände werden in andere Lauggefässe gebracht, und das Silber daraus mit einer kalten Lösung von Calciumhyposulfit ausgezogen; nach 4 Stunden lässt man die Silberlösung abfliessen, und 6 Stunden später ist die Auslaugung gänzlich beendet.

In Amerika wurde dieser Process im Grossen erst dann anwendbar, als von Deetkens statt der kleinen Thongefässe, welche früher üblich waren, grosse mit Asphaltfirniss überzogene Holzgefässe in Verwendung genommen wurden.

H. Mears[18]) hat die Plattner'sche Methode folgends modificirt: Das aus dem Entwickelungsapparate tretende Gas wird in einem Gasometer aufgefangen und aus diesem in ein starkem Druck widerstehendes Reservoir gepumpt; von da tritt das Gas in aus Eisen gefertigte, mit Blei ausgekleidete Extractionsfässer, welche den starken Druck des Gases aushalten können, wesshalb an denselben Manometer angebracht sind. Das Fass erhält 10 q geröstetes Erz als Charge, hiezu etwa 500 Liter Wasser und wird dann, wie bei der Fässeramalgamation, in Umdrehung versetzt; nach

---

[17]) Eng. and Min. Journ. New York 1881, 32 No. 26. Bg. u. Httnmsch. Ztg. 1882 pag. 150.

[18]) Eng. and Min. Journ. New York 1880, 30 No. 6. Bg. u. Httnmsch. Ztg. 1881 pag. 14 und 1882 pag. 522.

gehöriger Mischung wird die Luft aus dem Fasse möglichst ausgepumpt, hierauf aus dem Reservoir das Chlorgas zugelassen, bis das Manometer den erforderlichen Druck anzeigt, zuletzt das Fass gesperrt und 1 Stunde umlaufen gelassen, binnen welcher Zeit die Chloration vollständig erfolgt sein soll. Das überschüssige Chlorgas wird dann wieder aus dem Fass in den Gasometer zurückgeführt, der vom Wasser absorbirte Theil ebenfalls evacuirt, der Brei endlich mit Wasser ausgelaugt und das Gold durch Eisenvitriol oder Holzkohle gefällt, welche in die Fällbottiche vorgelegt werden; die mit Gold imprägnirte Kohle wird schliesslich verbrannt und die Asche eingeschmolzen. Diese Extraction mit Clorwasser soll sehr rasch erfolgen, sehr vollständig und mit geringen Kosten verbunden sein.

Weitere Modificationen des Plattner'schen Verfahrens wurden angegeben von Patera, welcher eine mit Chlorgas gesättigte kalte Kochsalzlösung, von Rössner welcher ein chlorirendes Rösten und hierauf folgendes Auslaugen mit Kochsalzlösung vorgeschlagen hat; Calvert[19] entwickelt das Chlorgas in der auszulaugenden Erzmasse selbst, wo es im Augenblick des Entstehens am kräftigsten einwirkt. Derselbe mengt dem Erz 10 % Braunstein bei, bringt das Gemenge in verschliessbare Bottiche mit Losboden, auf welchen Reisig und eine Lage Stroh aufgelegt wird, und fügt dann Salzsäure zu, worauf man 12 Stunden ruhig stehen lässt; es wird nun Wasser zugegossen, die zwischen beiden Böden sich sammelnde Flüssigkeit wiederholt aufgegossen endlich abgezapft und aus der Lauge zuerst das Kupfer durch Eisen präcipitirt. Aus der verbliebenen Lauge wird das Chlor durch Kochen ausgetrieben und dann das Gold durch Eisenvitriol gefällt. Bei gleichzeitiger Anwesenheit von Silber soll man das Chlorgas aus Kochsalz, Braunstein und Schwefelsäure erzeugen, wobei das Silber von dem Kochsalz in Lösung erhalten, und aus der Lauge zuerst das Silber durch Kupfer, dann dieses durch Eisen, und schliesslich das Gold durch Ferrosulfat gefällt wird.

Verarbeitung von Tellurerzen. Tellurerze können nach Löwe verarbeitet werden, indem man zuerst mit Salzsäure die Carbonate auszieht, den Rückstand nach und nach in die dreifache Menge zum Kochen erhitzter concentrirter Schwefelsäure in einen eisernen Kessel einträgt, und das Kochen so lange fortsetzt, bis keine schweflige Säure mehr entweicht. Man giesst dann die Masse in einen mit salzsäurehaltendem Wasser gefüllten Bleikasten, wo sich ungelöstes Gold und Chlorsilber niederschlägt, während Tellur sich löst und durch Zink aus der abgeheberten Flüssigkeit gefällt werden kann. Die Rückstände enthalten das Gold und Silber und werden verbleit; es hat jedoch dieses Verfahren hauptsächlich die Gewinnung des Tellurs zum Zweck.

---

[19] Bg. u. Httnmsch. Ztg. 1865 pag. 42.

Nach Küstel[20]) vertragen goldhaltende Tellurerze keine Röstung, weil das Gold aus der Tellurverbindung schon bei Bleischmelzhitze ausgeschieden und in hohen Procenten verflüchtigt wird, wesshalb ausgedehnte Condensationsvorrichtungen angelegt werden müssen.

Nach von dem Verfasser angestellten Versuchen liess sich aus Tellurerzen von Nagyág durch mehrmals wiederholtes abwechselndes Behandeln derselben mit Chlorgas und Kochsalzlauge blos 85 % des güldisch-Silbergehaltes und blos 92 % des Goldgehaltes ausbringen.

Das Chlorgas hat einen durchdringenden erstickenden Geruch und übt schon in kleiner Menge auf die Athmungsorgane einen sehr nachtheiligen Einfluss aus; es erregt Husten, Entzündung, in grösserer Menge eingeathmet bewirkt es auch Erstickungsanfälle und Blutspeien; es ist ein sehr heftiges Gift, und müssen demnach alle Arbeiten mit diesem Gas in gut ventilirten Räumen und unter gut ziehenden Essen ausgeführt werden.

Neuerer Zeit angegebene andere Methoden für Verarbeitung goldhaltiger Erze sind:

Nach C. P. Williams[21]), Erhitzen des goldführenden Materials mit Kohle und Alkalisulfat, ohne dass das Gemenge schmilzt, Auslaugen der Masse mit Wasser und Fällen des Goldes aus dem Sulfosalz.

Nach Cassal[22]), Verarbeitung der goldführenden Erze durch Behandeln des Erzpulvers mit Kochsalzlösung in einer rotirenden Trommel, in welcher durch einen elektrischen Strom Chlor entwickelt wird, und Neutralisation der durch secundäre Processe gebildeten Säure mit Kalk.

Diese neue Methode sowie auch der dafür angegebene Apparat, Golderze auf elektrolytischem Wege zu verarbeiten, soll sich nicht blos für Zugutebringung gediegen Gold führender Erze, sondern auch für vererztes Gold führende Geschicke eignen. (Oesterr. Ztschft. 1885 pag. 346.)

Nach R. Wagner[23]), Behandlung der Rückstände von der Claudetschen Entsilberung der gerösteten Schwefelkiese, welche das Gold in regulinischem Zustande enthalten, mit Bromwasser, Abfiltriren, Einleiten von schwefliger Säure um das überschüssige Brom zu verjagen, und Eisenbromid zu Bromür zu reduciren, und Fällen des Goldes aus dieser Lösung.

Nach Snelus[24]) (engl. Patent), Gold- und Silbergewinnung aus Kupfermutterlaugen durch Zufügen von Kochsalz und Einleiten von Schwefel-

---

[20]) Min. and Scientif. Press. 22. April 1882. Bg. u. Httnmsch. Ztg. 1882 pag. 395.

[21]) Chemikerztg. 1884 pag. 290.

[22]) Dingler's Journ. Bd. 254 pag. 296.

[23]) Ebenda Bd. 218 pag. 253. Deutsche Industrieztg. 1875 pag. 403.

[24]) Chem. Centralblatt 1877 pag. 256.

dioxyd, wobei das Kupfer als Chlorür niederfällt und die edlen Metalle
mitreisst; der Niederschlag wird mit Kochsalzlauge behandelt, wobei das
Silber in Lösung geht und das Gold in metallischem Zustand im Rück-
stande verbleibt. Aus den Lösungen werden Silber und Kupfer gefällt.

Zu Schemnitz[25]) wurden Rohleche, welche vorher nach Ziervogels
Methode entsilbert worden sind, nach der Chlorationsmethode extrahirt;
dieselben wurden zur Zerlegung der basischen Eisenoxydsalze gelinde ge-
glüht und in Mengen von 3 q in etwas angefeuchtetem Zustande in die
Auslaugegefässe eingetragen. Nach auflutirtem Deckel wurde so lange
Chlorgas eingeleitet, bis dasselbe oben aus dem Ansatzrohr im Deckel zu

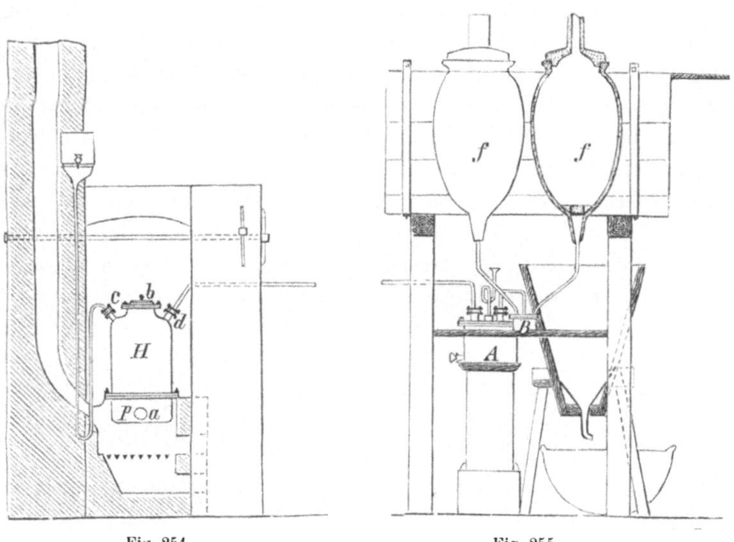

Fig. 254.   Fig. 255.

entweichen begann, worauf man dasselbe durch einen Thonpfropf schloss
und 12 Stunden hindurch das Erz der Einwirkung des Chlorgases über-
liess. Die chlorirte Post wurde sodann ausgelaugt, indem man die bleiernen
Chlorzuleitungsröhren abnahm, und die Lösung durch die conischen Ansatzröhren in gläserne Gefässe ablaufen liess, worin das Gold durch Eisenvitriol gefällt wurde. Nach Abheben der über dem Niederschlage stehenden
Flüssigkeit wurde das Gold abfiltrirt, und in hessischen Tiegeln mit Salpeter und Borax eingeschmolzen, die abgehobene Lauge aber über Eisen
geleitet, wobei noch etwas goldhaltendes Cementkupfer gewonnen wurde.
Die Rückstände wurden mit Kalk eingebunden und gingen in das Lech-
schmelzen zurück, um wieder der Extraction unterworfen zu werden, da
man nicht mehr als 87·8 % Gold ausgebracht und bei der Wasserlaugerei
ebenfalls einen Abgang von 7 % Silber hatte. Diese Extraction wurde des

---

[25]) Q. Neumann, die Extractionsprocesse, 1863 pag. 66.

unvollkommenen Ausbringens wegen abgeworfen. Den hiezu in Verwendung gestandenen Apparat zeigt Fig. 254 und 255. Der Chlorentwickelungs-apparat bestand aus einer gusseisernen Schüssel P, die in einen Ofen eingesetzt, sodann der bleierne Hut H darüber gestülpt und mittelst Flanschen und Schrauben festangezogen wurde. Die Schale hatte bei a ein Rohr zum Ausräumen angegossen, der Hut hatte oben 3 Oeffnungen, wovon die eine b zum Beschicken des Apparates mit Kochsalz und Braun-stein, die zweite c zur Aufnahme des heberartigen Eingussrohres für die verdünnte Schwefelsäure, und die dritte d zum Einsetzen des Gasableitungs-rohres diente. Das Chlorgas wurde in dem Waschgefäss A gewaschen, gelangte von hier in den Recipienten B und wurde von da in 4 Auslauge-gefässe f von Steinzeug geleitet, welche in einen Holzkasten eingesetzt und ringsum mit Sand verworfen waren, damit sie fest sassen; die conisch zulaufenden unteren Theile dieser Gefässe ragten aus dem Kasten heraus und wurden an diese die Gasleitungsröhren angesetzt. Der Verschluss der Auslaugegefässe bestand in einem Deckel von Thon, in dessen Mitte ein thönernes Rohr eingesetzt wurde; über den Abflussröhren erhielten sie ein 5 cm hohes Filter von Quarzstückchen. Die Lauge floss in ein nach abwärts conisch zulaufendes hölzernes Gefäss ab, in welches unten ein Glastrichter eingesetzt war und wurde in Gläsern aufgefangen.

Scheidung des Goldes vom Silber.

Eingangs des die Metallurgie des Goldes behandelnden Capitels wurde schon angegeben, dass das Gold, welches auf was immer für eine Art ge-wonnen werden mag, stets silberhaltend sei, es ist demnach für die Ge-winnung des Goldes noch eine Scheidung desselben von dem Silber noth-wendig. Diese Trennung kann auf trockenem und nassem Wege vorge-nommen werden.

Goldscheidung auf trockenem Wege. Früherer Zeit standen die zunächst folgenden 3 Methoden in Uebung, welche dermal aber wegen nur unvollständiger Scheidung beider Metalle nicht mehr angewendet werden.

Die Scheidung durch Guss und Fluss beruht auf der grossen Verwandtschaft des Antimons zum Golde; man schmilzt das güldische Silber mit 2 Theilen Antimonit in einem Tiegel ein und giesst den ge-schmolzenen Inhalt in mit Fett ausgestrichene Formen. Ueber der Gold-antimonlegirung scheidet sich ein Lech, das Plachmal ab, welches neben einem Antheil Antimongold noch das Silber als Sulfid und einen Theil unzersetztes Schwefelantimon enthält; zur Gewinnung des darin enthal-tenen Goldes wird das Plachmal so oft umgeschmolzen, als sich noch Goldantimon ausscheidet, dann aber wird es durch Schmelzen mit Glätte und Eisen entsilbert. Die Könige von Antimongold wurden unter der

Muffel abgeraucht, und das zurückbleibende Gold mit Salpeter und Borax geschmolzen.

Der Pfannenschmiedprocess beruht auf der grossen Verwandtschaft des Silbers zum Schwefel und der Geneigtheit des Silbers in ein Lech einzugehen. Man hat die Goldsilberlegur mit $\frac{1}{8}$ des Gewichts Schwefel zusammengeschmolzen und dann Bleiglätte aufgestreut, wobei sich Schwefelblei bildete und ein Theil Silber ausgeschieden wurde, welches bei dem Durchsinken durch das Lech das Gold aufnahm; man erhielt also eine an Gold reichere Legirung. Durch wiederholtes Behandeln in gleicher Art wurde nach und nach das Gold mit weniger Silber ausgeschieden, das das Schwefelsilber enthaltende Bleilech durch Eisen zersetzt, und das Werkblei abgetrieben, die goldreichere Legur aber fein gebrannt und beide Metalle auf nassem Wege geschieden.

Die Cementation benützt man nur mehr dazu, mindergoldhaltenden Legirungen das Aussehn hochgoldhaltender Leguren zu geben. Die zu Blech ausgewalzte Legirung wird 12—18 Stunden mit einem Cementpulver geglüht, das aus einem Gemenge von 1 Theil Kochsalz, 1 Theil Alaun, 1 Theil calcinirtem Eisenvitriol und 3 Theilen Ziegelmehl besteht, wobei die Hitze nicht bis zum Schmelzen gesteigert werden darf. Die Schwefelsäure wird hiebei aus dem Vitriol, das Wasser aus dem Alaun ausgetrieben, erstere macht das Chlor aus dem Kochsalz frei, letzteres bildet auch Salzsäure, und beide wirken chlorirend auf das Silber der Legirung. Nach dem Auskühlen wird das ausgehobene Blech reingebürstet und ausgekocht. Das Ziegelmehl dient nur zur Lockererhaltung des Pulvers; der Alaun ist ein sehr wasserreiches Salz, er enthält 24 Theile Krystallwasser, $= 45\cdot5\,\%$ und bei stärkerem Erhitzen gibt auch dieser seine Schwefelsäure ab. Wenn man den Eisenvitriol nicht in die Mischung des Cementirpulvers nimmt, so wird das Kochsalz durch die Kieselsäure des Ziegelmehls zerlegt; die Cementirtöpfe erhalten $5—7\frac{1}{2}$ kg Gold Einsatz. Wenn Granalien cementirt werden sollen, muss das Glühen längere Zeit 24—36 Stunden andauern, doch findet in dieser Art eine Veredlung der Legur immer nur auf der Oberfläche statt.

Ein der Scheidung durch Guss und Fluss ähnlicher Process wurde von E. Bright (engl. Patent) für Zugutebringung goldhältiger Erze in Vorschlag gebracht; dieselben sollen mit Antimon geschmolzen und diese Legur so oft für neue Erzmengen verwendet werden, bis sie sich hinlänglich angereichert hat, worauf das Antimon abgeraucht und das Gold eingeschmolzen wird.

Goldscheidung durch Chlorgas. Zu Sidney in Australien steht das folgende von Miller[26] angegebene Verfahren in Anwendung,

---

[26] Dingler's Journ. Bd. 188 pag. 251, Bd. 190 pag. 103, Bd. 197 pag. 43, Bd. 205 pag. 535 und Bd. 208 pag. 342. Bg. u. Httnmsch. Ztg. 1869 pag. 132, 1870 pag. 283, 1871 pag. 176 und 247, 1872 pag. 465 und 1873 pag. 231.

welches Zeit und die Auslagen für die theueren Säuren spart; es wird in
das geschmolzene silberhaltende Gold Chlorgas eingeleitet, und um das
sich bildende Chlorsilber und Chlorkupfer zurückzuhalten, werden auf das
geschmolzene Metall 2—3 Unzen geschmolzener Borax als Decke gegeben.
Als Gasleitungsröhren dienen Glasröhren und die Röhren von weissen
Thonpfeifen, als Schmelzgefässe braucht man weisse Thontiegel, in welche
zuerst eine heisse, gesättigte Boraxlösung gefüllt und eine Zeit lang darin
kochend erhalten wird, worauf die Tiegel ausgeleert und getrocknet werden; die Poren der Tiegel erhalten so einen Ueberzug von Borax, welcher
bei dem Schmelzen eine Glasur bildet und das Einziehen von Chlorsilber
in die Poren des Tiegels verhindert.

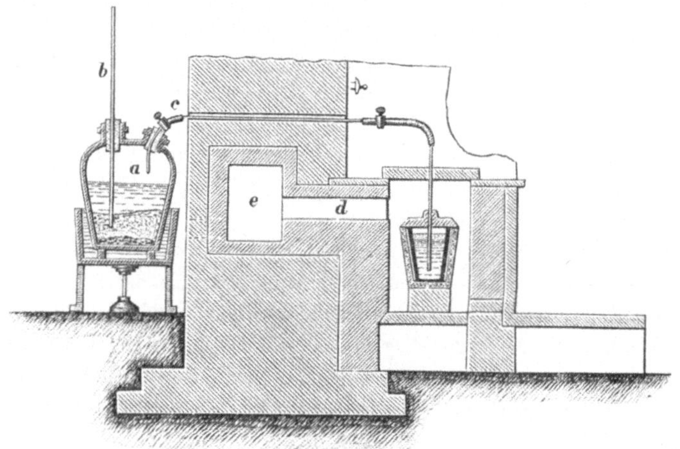

Fig. 256.

Man hat daselbst 5 Oefen. Ein Ofen (Fig. 256) enthält einen Tiegel,
in welchen 600—700 Unzen Gold gefällt werden, in den Ofen werden
zuerst auf Untersätze Graphittiegel aufgestellt und in diese die Schmelztiegel eingesetzt, welche mit einem Deckel bedeckt werden, der 2 Oeffnungen hat; durch die eine Oeffnung wird das Gasleitungsrohr eingesetzt,
welches bis nahe zum Boden des Schmelztiegels reicht, durch die andere
Oeffnung entweicht das überschüssige Chlorgas und die flüchtigen Chloride. Das Chlor wird gleichzeitig in alle Tiegel eingeleitet, wozu der
Chlorentwickler ein Gasableitungsrohr von Blei mit mehreren Zweigrohren
besitzt, welche durch Kautschukröhren mit Quetschhähnen mit den Thonröhren verbunden werden; der Process ist beendet, wenn ein Rohr von
einer weissen Thonpfeife in den entweichenden Rauch gehalten röthlich
oder bräunlich erscheint, was meistens schon nach Verlauf von 1—1½
Stunden seit Einleiten des Chlorgases wahrzunehmen ist. In einem Tag
können binnen 5 Stunden in 3 Oefen mit 2 Chlorentwicklern 2000 Unzen
Gold mit 10 % Silbergehalt bei einem Ausbringen von 98 % und einem

Abgang von blos 0·019 % Gold und 991—997, im Durchschnitt 993·5 Tausendstel Feingehalt vom Silber geschieden werden; der Silberverlust soll blos 0·240 % betragen. In der Zeichnung ist a der Chlorentwicklungsapparat von 120 Liter Inhaltsmass, welcher in einem zum Theil mit Wasser gefüllten Gefäss von verzinktem Eisenblech aufgestellt ist, b ein Glasrohr, das mit dem Salzsäurebehälter in Verbindung steht, c das Gasleitungsrohr, d der Fuchs, e der Essencanal. Der Chlorentwicklungsapparat ist von Steingut, erhält auf den Boden Quarzstücke, darauf 25—30 kg Braunstein und die nöthige Salzsäure von 1·15 spec. Gewicht. Das Verfahren ist namentlich für goldreiche Legirungen anwendbar.

Nach erfolgtem Feinen werden die Tiegel ausgehoben, die auf dem Gold erstarrten Scheiben von Borax und Chlorsilber abgezogen, oder die flüssige Decke abgegossen, und das Gold in Barrenformen vergossen; das in dem Borax enthaltene Chlorsilber hält noch 2 % Gold zurück, welches durch Umschmelzen der Scheiben mit Silber zum grössten Theil, aber nie alles abgeschieden werden kann. Nimmt man dieses Umschmelzen mit Soda vor, so ist nach Leibius[27]) die Einwirkung sehr heftig, das Silber wird umher geschleudert, und man hat viel mechanische Verluste, wenn man aber das Chlorsilber 1 cm hoch mit Borax bedeckt und die Soda nach und nach auf die Boraxdecke aufträgt, so ist die Reaction sehr gelinde; man erhält aber erst dann alles Gold aus dem Chorsilber, wenn man diese Schmelzung in gleicher Art wiederholt, doch dauert bei Anwesenheit von Kupfer die Schmelzung und Scheidung länger. Es ist desshalb besser, kupferhaltende Goldbarren für sich zu raffiniren, und das dabei resultirende viel Kupfer haltende Chlorsilber direct zu reduciren und durch Auflösen vom Golde zu trennen.

Leibius zersezt nun, um das geschmolzene Chlorsilber leichter zu reduciren, die Scheiben von Borax und Chlorsilber in einem besonderen Apparat durch den galvanischen Strom, welcher durch Zinkplatten und Silberplatten hervorgebracht wird und binnen 24 Stunden 1400 Unzen Troygewicht Chlorsilberscheiben zu reduciren gestattet. Das Ausgiessen von Chlorsilber muss in gut ausgewärmte und wohl getrocknete Formen geschehen, weil dasselbe sonst heftig umhergeschleudert wird und gefährliche Verletzungen versursachen kann; das gefeinte Gold wird umgeschmolzen.

Goldscheidung auf nassem Wege. Diese Methode ist das einfachere, billigere und vollkommenere Verfahren, und wird hiezu gegenwärtig fast allgemein Schwefelsäure, seltener Salpetersäure angewendet.

Die Goldscheidung mittelst Salpetersäure. Quartation. Diese Methode verlangt, dass in der Legur das Gold zum Silber in dem Verhältniss von 1 : 3, nach Chaudet und Kandelhardt besser in dem Verhältniss von 2 : 5 vorhanden sei, weil dann weniger Gold bei dem Silber

---

[27]) Dingler's Journ. Bd. 197 pag. 55.

zurückbleibt, und nach Pettenkofer erfolgt die Scheidung bei einem Verhältniss von 4 Gold zu 7 Silber auch noch gut, wenn die Säure hinlänglich concentrirt ist und man lange genug auskocht. Legirungen demnach, welche zu reich an Gold sind, müssen für diese Art der Trennung vorher mit der nöthigen Menge Silber zusammengeschmolzen werden. Den Namen Quartation oder Scheidung durch die Quart erhielt diese Methode daher, weil man früher glaubte, es müsse für eine vollständige Trennung der beiden Metalle höchstens $\frac{1}{4}$ der Legur an Gold vorhanden sein und es wäre bei mehr Gold demselben so viel Silber zuzulegiren, dass die Silbermenge in der aufzulösenden Legur das dreifache des Goldes betrage. Die Salpetersäure jedoch ist kostspielig, die Scheidung ist nur in Glas oder Steinzeuggefässen ausführbar, und desshalb ist dieses Verfahren immer mehr ausser Anwendung gekommen und dürfte augenblicklich nirgend mehr im Gebrauche stehen.

Die Goldscheidung mittelst Schwefelsäure. Affination. Der wesentlichste Vortheil dieser Methode liegt darin, dass Goldsilberlegirungen von fast jedem Goldgehalt hiezu verwendet werden können, nur müssen dieselben hiezu vorher gereinigt und bei goldreicheren Legirungen muss längere Zeit hindurch gekocht und das Auskochen mehrmals wiederholt werden; ausserdem ist dieses Verfahren das billigere und einfacher auszuführende, und es kann, was gleichfalls von Wesenheit ist, in eisernen Gefässen vorgenommen werden. Früherer Zeit wurden hiebei blos Platingefässe angewendet, welche theuer sind und stark leiden; Eisen wird aber von concentrirter Schwefelsäure nicht angegriffen, ist viel billiger und findet desshalb sehr häufig Verwendung, nur darf dasselbe nicht graphitisch, und das Lösegefäss muss dicht und blasenfrei gegossen sein. Für eine kleinere Erzeugung lassen sich Porcellangefässe vortheilhaft verwenden, in welchen die Arbeit auch am reinlichsten ist.

Die Affination beruht ebenso wie die Quartation auf der Löslichkeit des Silbers in Säuren und Unlöslichkeit des Goldes darin, als Lösungsmittel dient hier concentrirte Schwefelsäure, es ist jedoch auch hiebei ein gewisses Verhältniss zwischen Gold und Silber erfahrungsmässig das günstigste, und wird hiefür von Pettenkofer[28]) 19—25 % Gold in der Legur als das vortheilhafteste Verhältniss angegeben, wobei man das feinste Gold erhält, indem bei mehr Gold die Legur von der Schwefelsäure weniger gut durchdrungen wird, dagegen wenn viel weniger Gold neben Silber anwesend ist, mehr von letzterem bei dem Golde zurückbleibt. Für die Affination (wie für die Quartation) wird die Goldsilberlegur zuerst granulirt, welche Operation gewöhnlich schon gleich nach erfolgtem Feinbrennen durch Eingiessen des Silbers in bewegtes Wasser geschieht; der Scheideanstalt in Barren angeliefertes Silber wird vorher in Graphittiegeln

---

[28]) Dingler's Journ. Bd. 104 pag. 118.

geschmolzen. Das Granuliren wird in einem kupfernen Kessel vorgenommen, und muss das Wasser hiebei kalt sein.

Die getrockneten Granalien kommen dann zur Auflösung, und unterscheiden sich die hiebei befolgten Methoden rücksichtlich der Goldscheidung selbst nicht wesentlich, wohl aber in Bezug auf die Gewinnung des Silbers aus der schwefelsauren Lösung.

Das Granuliren des güldischen Silbers ist zwar eine gewöhnliche Vorarbeit für die Scheidung, sie wird aber nicht überall vorgenommen. Zu San Francisco in Californien werden seit 1865 die Barren unmittelbar, ohne vorhergegangene Granulation, nach dem von J. Reynold angegebenen Verfahren in die Scheidekessel eingesetzt. Die Vortheile dieser Scheidungs-

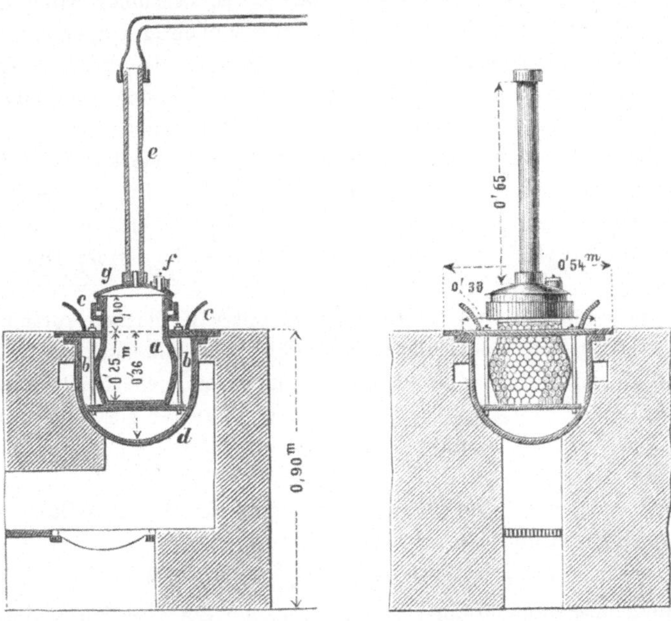

Fig. 257.　　　　　　　　　　Fig. 258.

methode sind nach F. Gutzkow[29]) sehr bedeutend; man kann hiebei die Schwefelsäure in stetem Sieden erhalten, wobei sie kräftiger löst und weniger schäumt, man erhält sogleich ein feines Gold, welches sich nicht in Pulverform, sondern als schwere, grössere Körner abscheidet und sich mit durchlöcherten Kellen leicht aus der Silberlösung ausschöpfen lässt, man kann in derselben Zeit in demselben Lösegefäss um das halbe Gewicht mehr von güldischem Silber lösen, und man braucht für dasselbe Quantum Legirung etwa nur die halbe Zeit zum Lösen, als wenn man Granalien hiezu verwendet.

---

[29]) Dingler's Journ. Bd. 255 pag. 303.

Zu Oker[30]) am Unterharze besteht das Lösegefäss a (Fig. 257 und 258) aus einem 34 cm hohen und oben 235, in der Mitte 340, unten 283 mm weiten Kolben von Porcellan, welcher in einem gusseisernen Gerippe steht, das bei c Handhaben hat; das Gerippe ist in einen eisernen Kessel d eingesetzt. Der Deckel des Kolbens steht in einer Zarge unter Wasserverschluss; das Rohr e steht in einer Zarge des Deckels g, es mündet in ein Bleirohr, durch welches die Dämpfe in's Freie geführt werden. Um die Lösegefässe vor dem Zerspringen zu schützen, werden sie mit Draht umsponnen und erhalten einen Beschlag von Lehm und Hammerschlag, worauf sie eingesetzt werden; bei f ist die Arbeitsöffnung. Man hat zu Oker 4 Lösegefässe, deren jedes 6·25 kg Silbergranalien erhält und noch mit 12·5 kg Schwefelsäure von 66° B. beschickt wird; das Anheizen geschieht mit Wasen und muss sehr vorsichtig vorgenommen werden, da die Gefässe leicht springen. In 6 Stunden ist die Auflösung beendet; man lässt dann die Flüssigkeit einige Stunden sich klären und giesst sie in bleierne Pfannen ab, wo der Silbervitriol erstarrt. Das abgeschiedene Gold wird noch einigemale mit gleich starker Schwefelsäure ausgekocht, dann mit Wasser ausgesüsst, bis die Waschwässer keine Silberreaction mehr zeigen, in einer Porcellanschale getrocknet und in Mengen zu 5 kg im Graphittiegel eingeschmolzen; dasselbe ist im Durchschnitt 985 Tausendstel fein.

Der Silbervitriol wird in Bleipfannen unter Erwärmen vorsichtig gelöst, das Silber durch eingelegte Kupferbleche gefällt und das Fällsilber gewaschen, hierauf in conische Formen gepresst, scharf getrocknet und je 37·5 kg davon in Graphittiegeln mit Natronsalpeter geschmolzen. Man braucht daselbst zur Fällung von 100 Gewichtstheilen Silber 30 Theile Kupferblech.

Zur Lösung des Silbers bei der Trennung vom Golde sollte man blos 2 Aequivalente Schwefelsäure brauchen, da

$$2\,Ag + 2\,H_2\,SO_4 = Ag_2\,SO_4 + SO_2 + 2\,H_2\,O,$$

thatsächlich aber braucht man $2^{1}/_{2}$ Aequivalente Schwefelsäure, damit das sich bildende Silbersulfat, welches breiig ist, in Lösung erhalten werde und nicht durch Einhüllen von Goldtheilchen oder von Theilchen der Legur die vollkommene Auflösung des Silbers, sowie das Absetzen des feinen Goldstaubes gehindert werde. Die letzten Antheile Silber werden vom Golde sehr hartnäckig zurückgehalten; zur Reinigung des Goldes von diesem Silber wurde von Pettenkofer ein Schmelzen des Goldes mit Kaliumbisulfat vorzunehmen empfohlen, worauf sich das Silbersulfat mit Wasser auslaugen lässt.

In der deutschen Gold- und Silberscheideanstalt zu Frankfurt a. M. wird nach Rössler[31]) das Silber aus der Lösung durch Eisen

<hr>

[30]) Preuss. Ztschft. Bd. 25 pag. 167. Bg. u. Httnmsch. Ztg. 1860 pag. 44.
[31]) Bg. u. Httnmsch. Ztg. 1876 pag. 331.

in der Weise gefällt, dass man zu der Silberlösung etwas Wasser zusetzt, das Silber als Vitriol auskrystallisiren lässt, die Krystalle dann mit Wasser verrührt und allmälig Schmiedeeisen zufügt, wobei alles Silber ausgefällt wird, das Kupfer aber in Lösung bleibt. Die von dem Eisen herrührenden Unreinigkeiten verschlacken bei dem Schmelzen des Silbers, und das-

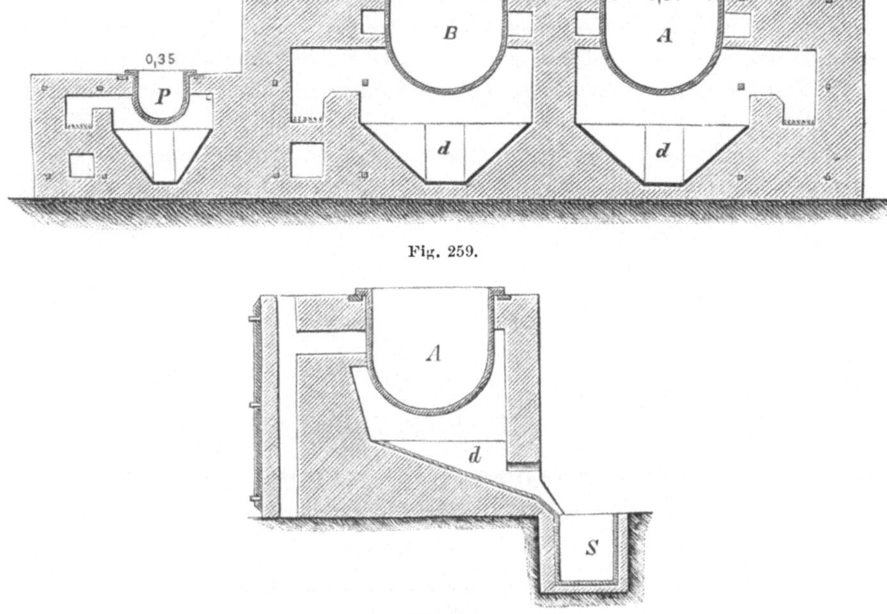

Fig. 259.

Fig. 260.

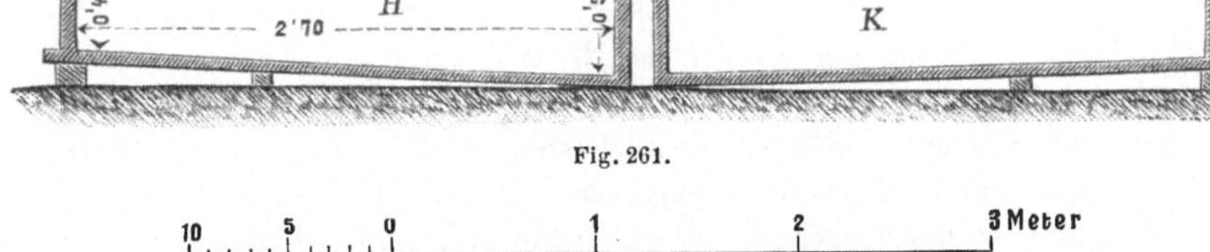

Fig. 261.

Zu Fig. 259—261.

selbe fällt sogar eher reiner aus, als wenn man Kupfer zur Fällung verwendet. Durch Schmelzen mit Natriumbisulfat konnte man das Gold blos auf 998 Tausendstel Feingehalt bringen; es wird demnach zu Frankfurt a. M. in Königswasser gelöst, durch Eisenchlorür gefällt und im Gasofen geschmolzen, wodurch man es nahe absolut rein erhält.

Zu Lautenthal am Oberharze wird nach Rösing[32] die Goldscheidung folgends vorgenommen: In den gusseisernen Kessel A (Fig. 259—266)

____

[32] Bg. u. Httnmsch. Ztg. 1879 pag. 239.

werden 2 q der Goldsilberlegur mit 3 q Schwefelsäure von 66° B. und
etwas schon gebrauchte Säure eingetragen und den andern Tag mit dem
Heizen begonnen, wobei sich das Silber in 10—12 Stunden löst; unter
dem Kessel ist die Sohle mit einer Eisenplatte d (Fig. 260) belegt, über
welche bei etwaigem Springen des Kessels das Ausgeflossene in den Kasten S
geleitet wird. Die schweflige Säure entweicht in die Esse, wo sich auch
mitgerissene Sulfattheilchen im Russ absetzen, nach einiger Zeit gesammelt
und in einem Filtrirgefäss ausgewaschen werden. Wenn bei dem Kochen
die Lösung zu stark schäumt, so wird kalte Schwefelsäure zugesetzt.

Nach erfolgter Lösung lässt man auskühlen und absetzen, überschöpft
die Flüssigkeit mit kupfernen Kellen von 10 cm Durchmesser und Tiefe
in einen Bleikasten, übergiesst dann in den Kessel B und versetzt darin
mit kaltem Wasser, bis die Temperatur auf 75° C. gesunken ist, wobei sich

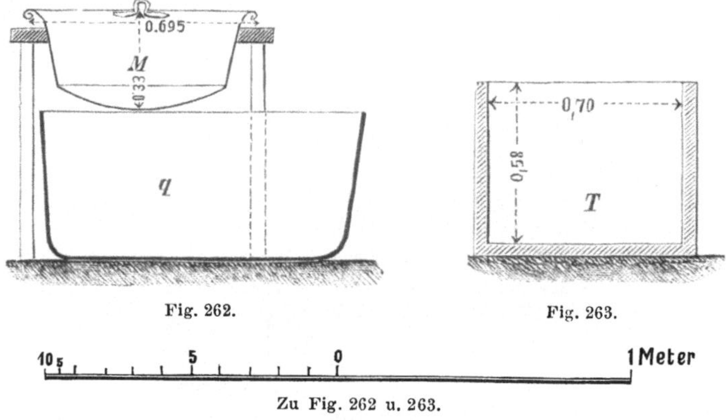

Fig. 262.   Fig. 263.

Zu Fig. 262 u. 263.

das Sulfat fast vollständig als gelber käsiger Schlamm abscheidet; nach
dem Klären überschöpft man die Flüssigkeit in einen nebenstehenden Bleikasten, aus welchem sie wieder bei Bedarf zu neuen Lösungen in die
Lösekessel zugegeben wird. Den Schlamm von Silbervitriol überfüllt man
in den mit Blei ausgeschlagenen Holzkasten H (Fig. 261), giesst Wasser
und fügt portionenweise Eisen (ausgestanztes Knopfblech) immer erst dann
zu, wenn das vorher eingelegte bereits gelöst ist, wobei man jedesmal mit
einer hölzernen Schaufel umrührt, zuletzt die Bleche aber blos einhängt
und so lange in der Lösung belässt, bis die Fällung beendet ist; den Eintritt der vollendeten Silberfällung erkennt man durch Prüfung der Lösung
mit Kochsalz. Der nebenstehende Kasten K dient zur Aufnahme aller
Silber und Gold haltenden Waschwässer, welche nach dem Klären von hier
nach H überschöpft werden und darin statt reinen Wassers bei der Zersetzung neuer Mengen Silbersulfats durch das Eisenblech dienen. Von Zeit
zu Zeit wird auch der in K sich absetzende Schlamm durch Eisen reducirt.

Ist aller Silbervitriol zersetzt, so wird das ausgefällte Silber auf die
höher liegende Seite des Kastens H gezogen, die Ferrosulfatlösung mittelst

eines Hebers von Blei abgezogen und das Fällsilber in den kupfernen Filtrirkessel M (Fig. 262) gebracht, auf dessen Boden Leinwand und eine
4 mm starke Bleischale mit 15 mm weiten Löchern gelegt ist, worin das
Silber mit heissem Wasser so lange gewaschen wird, bis Lackmuspapier
und Ferrocyankalium keine Reactionen mehr geben; die in den Bleikasten q
filtrirenden Waschwässer werden durch ein Gerinne in einen mit Blei ausgeschlagenen Bottich abgeleitet, das ausgewaschene Silber in einer hydraulichen Presse comprimirt und das ausgepresste Wasser durch einen angehängten Lederschlauch in einen untergestellten Bottich abfliessen gelassen, worin sich mitgegangene feine Silbertheilchen absetzen. Der etwa
12 cm starke Silberkuchen wird zerschlagen, in einer Muffel erhitzt und
in Mengen von 2—2·5 q in Tiegeln von Thon in einem Windofen mit
etwas Salpeter geschmolzen, worauf man das Silber in stark ausgewärmte
gusseiserne Formen zu Barren von 30—40 kg Gewicht vergiesst und die
gefüllte Form mit einem eisernen Deckel bedeckt.

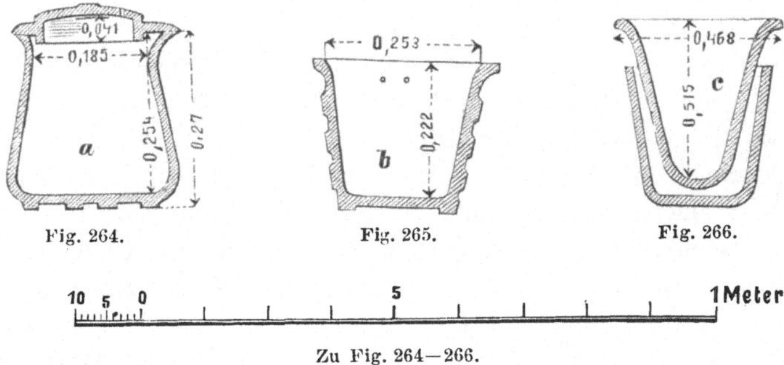

Fig. 264.　　　　　　Fig. 265.　　　　　　Fig. 266.

Zu Fig. 264—266.

Die Laugen von den Silberfällungen werden durch ein in Abtheilungen
getheiltes Gerinne, dessen letzte Abtheilung gekörntes Blei als Filter enthält, in ein Bassin abgeleitet, die klare Flüssigkeit durch einen Injector
in eine bleierne Eindampfpfanne gedrückt, die Säure durch eingelegtes
Knopfblech gesättigt und die concentrirte Eisenvitriollösung in mit Blei
ausgeschlagenen Holzkästen krystallisiren gelassen, der vom Eindampfen
und Krystallisiren verbliebene Schlamm aber zum Erzschmelzen zurückgegeben.

Das Gold sammelt sich nach 4 Chargen in dem Kessel A in Mengen
von 6·5—7 kg an und wird darin mit concentrirter 66-grädiger Säure
nochmals ausgekocht; nach dem Auskühlen wird es mit kupfernen Gefässen
in den Bleikasten T (Fig. 263) überfüllt, worin nach Zugabe von Wasser
durch Einleiten von Dampf die beigemengten Sulfate von Blei und Silber,
sowie die in concentrirter Schwefelsäure nicht löslichen Sulfate von Eisen
und Kupfer zum Auflösen gebracht werden. Die geklärte Lauge wird in
Porcellanschalen abgehebert, absetzen gelassen und dann in den Kasten K
gebracht, das Gold jedoch in den kleinen gusseisernen Kessel P (Fig. 259)

27*

übertragen und darin noch zweimal mit concentrirter Schwefelsäure ausgekocht. Endlich wird das Gold so lange ausgewaschen, bis die ablaufende
Flüssigkeit keine Reaction auf Silber mehr gibt, die Laugen in den Kessel A
zurückgegeben und das Gold mit einem Feingehalt von 920 Tausendstel
auf dem Sandbade in dem Porcellangefässe a (Fig. 264) in Königswasser
gelöst, die Goldlösung von dem abgesetzten Chlorsilber in ein Porcellan-
gefäss b (Fig. 265) abgezogen, absetzen gelassen, die Lösung in das Por-
cellangefäss a zurückgehoben und das Gold darin durch Eisenvitriol gefällt. Die Fällung ist beendet, wenn das überschüssig zugesetzte Ferrosalz
eine lebhafte Gasentwickelung durch Zersetzung der Salpetersäure hervor-
ruft; das gefällte Gold wird mehrmals mit heissem Wasser ausgewaschen,
und wenn die Aussüsswässer keine Reaction auf Eisen mehr geben, auf
grossen Porcellanschalen getrocknet und in einem hessischen Tiegel unter
einer Decke von Pottasche und Mehl in einem Windofen eingeschmolzen.
Drei von diesen Schmelzungen erhaltene Könige von etwa je 1·5 kg Gewicht werden zusammen in Graphittiegeln umgeschmolzen und in eiserne
mit Oel ausgestrichene Formen zu einem Barren vergossen.

Die letzten von dem Golde abgeheberten Decantirwässer bringt man
in den Gefässen c (Fig. 266) noch zum völligen Klären und Absetzen; die
hessischen Tiegel werden zerschlagen, gepocht und verwaschen und bei
dem Abtreiben der Werkbleie zugesetzt, die anderen Tiegel können zu
mehreren Schmelzungen gebraucht werden. Das Chlorsilber von dem Auflösen des Goldes in Königswasser wird nochmals mit Königswasser ausgekocht und ebenfalls durch Eisen und Schwefelsäure zerlegt, das ausgeschiedene Silber eingeschmolzen und bei der Scheidung in den Lösekessel A mit zugesetzt. Man hatte zu Lautenthal im Jahre 1876 ein
Ausbringen von 99·952% Silber und 103·948% Gold.

Die beigegebene Fig. 267 zeigt den Grundriss des Goldscheidungs-
locales. In der Zeichnung bedeuten A den Lösekessel, B den Kessel, in
welchen die Lösung aus A überschöpft und das Silbersulfat abgeschieden
wird, C den Bleikasten für die schon einmal gebrauchte Säure, e die Esse
zum Ableiten der bei dem Lösen der Legur sich entwickelnden schwefligen
Säure, H der mit Blei ausgeschlagene Holzkasten zur Zersetzung des Silbersulfats mit Eisen, K ein gleicher Kasten zur Aufnahme der Waschwässer
aus M und T, welche nach dem Klären nach H oder B überschöpft werden, M den Filtrirkessel für das Silber, Q ein Heisswasserkessel, R ein
Bottich zur Aufnahme der Waschwässer von dem Filtriren des Silbers in
M, Y die hydraulische Presse für das Fällsilber, U cylindrische Muffel
zum Ausglühen des gepressten Silbers, u die Esse zu der Muffelheizung,
V Windofen zum Einschmelzen des ausgeglühten Silbers, X gusseiserne,
mit Feuerung versehene Platte, auf welcher die angewärmten Formen für
die zu giessenden Silberbarren stehen. k ist das in Abtheilungen getheilte
Gerinne, in dessen letzter Abtheilung granulirtes Blei die noch feinen
Silbertheilchen der Vitriollaugen zurückgehalten werden, R das Bassin für

diese Laugen, p ein Injector zum Ueberheben der klaren Flüssigkeit in die bleierne Eindampfpfanne D, N Holzkästen, worin die concentrirte Eisenvitriollauge auskrystallisiren gelassen wird, S mit Bleiblech belegter Platz zur Aufnahme der Vitriolkrystalle, von wo die ablaufende Mutterlauge durch das Gerinne d nach dem Bassin R zurückfliesst, f mit Bleiblech ausgeschlagene Kästen zur Aufbewahrung des Schlamms aus den Krystal-

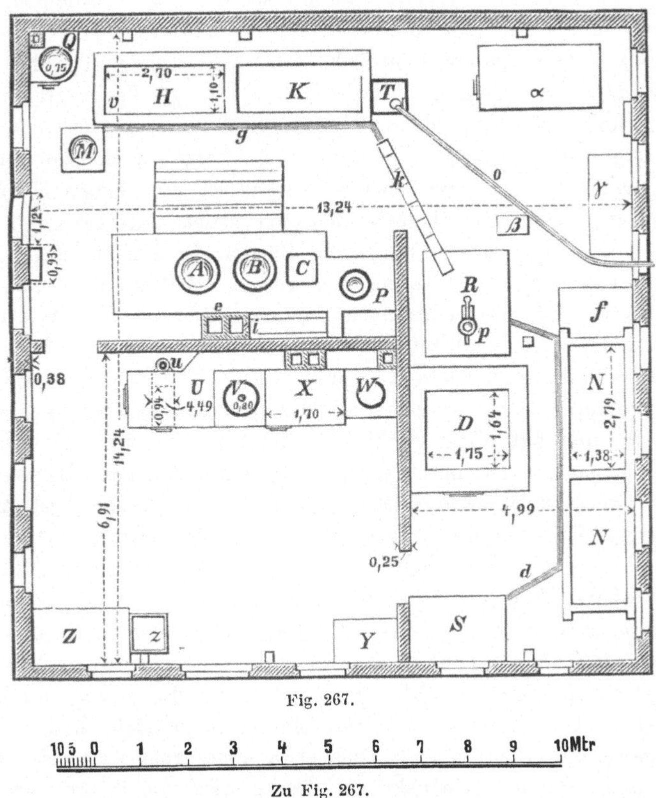

Fig. 267.

Zu Fig. 267.

lisirkästen. T ist der Bleikasten, worin das Gold unter Dampfzuführung durch das Rohr o ausgekocht wird, P kleiner Kessel von Gusseisen zu wiederholtem Auskochen des Goldes mit Schwefelsäure, α ein Sandbad, β ein Ofen, γ der Arbeitstisch, Z und z Kästen zum Aufbewahren der zerschlagenen Schmelztiegel, Umschmelzschlacken und anderer reicher Abfälle, W der Windofen zum Einschmelzen des Goldes.

Goldscheidung zu San Francisco in Californien[33]). Das hier

<hr>

[33]) Egleston, Parting Gold and Silver in California. Extrated from Reporter of Director of the Mint upon the Stastitiks of the Production of the precious Metals in the United States. Bg. u. Httnmsch. Ztg. 1871 pag. 88, 1877 pag. 284, 1880 pag. 155, 1882 pag. 150 und 207.

übliche Verfahren bezweckt, wie die beiden vorher angeführten, die Erzeugung des Kupfervitriols zu umgehen, und wird zur Zersetzung des Silbervitriols Ferrosulfat benützt; in der Scheideanstalt der Assaying and Refining Comp. zu San Francisco werden in dieser Art pro Tag 1 ton Gold- und Silberbarren raffinirt. Das hiebei befolgte Verfahren ist das folgende: Die der Scheideanstalt angelieferten Barren goldhaltigen Silbers (bullions) werden genau probirt und mit so viel Silber zusammengeschmolzen, dass das Silber zum Golde in dem Verhältniss von 3 : 2 vorhanden ist; dieses Schmelzen wird in 100—150 kg fassenden Graphittiegeln in einem Windofen vorgenommen und die neu erzeugte Legur granulirt. Die 2—10% Gold haltenden Goldsilberbarren von Comstock werden nach ihrer Anlieferung in Barrenform der Scheidung übergeben, ebenso werden jene Metalllegirungen, welche viel Kupfer enthalten, mit reicheren zusammengeschmolzen, so dass der Kupfergehalt der neuen Legur 8—12% beträgt, und diese wird ebenfalls in Form von Barren zur Scheidung genommen.

Zum Auflösen der Goldsilberlegur dienen 2 Batterien von je 5 Kesseln, welche 45 cm tief sind, 66 cm Durchmesser haben und jeder separat befeuert werden; sie sind mit einer Haube bedeckt, in welcher sich eine Thüre zum Besetzen der Kessel befindet. Aus der Haube führt ein Bleirohr die Säuredämpfe zuerst in einen aus Bleiplatten hergestellten Kasten und von da in eine mit Koks gefüllte Condensationskammer ab. Die Kessel halten 3 Monate, sie erhalten jeder 40 kg Granalien oder Barren Einsatz, welche binnen 4 Stunden mit concentrirter Schwefelsäure gelöst werden, wobei zeitweilig umgerührt wird. Die Silberlösung wird, um die Krystallisation zu verhindern, möglichst vollständig in ein eisernes, hermetisch verschliessbares Sammelgefäss von 2·75 m Länge, 1·5 m Breite und 50 cm Tiefe abgezogen, in welches für je 100 kg zur Lösung gebrachte Granalien 5 hl Schwefelsäure von 58° B. und 110° C. Temperatur vorgelegt werden; das Gefäss wird dann geschlossen und durch Beheizung mit Holzfeuer warm erhalten. In Folge der Verdünnung setzt sich in diesem Gefäss gelöst gewesenes Bleisulfat ab, das etwa übergegangene Goldpartikelchen mit zu Boden reisst. Die geklärte Lösung wird von da mit einem Heber in ein gleich grosses, aber doppelt so tiefes eisernes Gefäss, welches in einem Kühlwasser enthaltenden Bleikasten steht, abgezogen und der Silbervitriol krystallisiren gelassen; die das Kupfer enthaltende Mutterlauge wird in den ersten Kasten zurückgehoben und dient hier als 58-grädige Säure zur Verdünnung der ursprünglichen Lösung. Das Zurückheben geschieht in der Art, dass man die Kästen schliesst und in dem ersten Kasten durch Einleiten von Dampf einen luftverdünnten Raum erzeugt, nach dessen Condensation die Mutterlauge von selbst zurücksteigt.

Die Silbersalzkrystalle bilden eine harte, gelbe, an 5 cm starke Kruste am Boden des Kastens; sie enthalten etwas Kupferoxydul als rothes Pulver beigemengt. Man sticht die Krystallrinden mit eisernen Schaufeln aus und bringt sie in mit Blei ausgekleidete Bottiche mit doppeltem Boden, welche die Krystalle aus 5 Lösekesseln aufnehmen. Auf die Krystalle leitet man nun heisse, gesättigte Eisenvitriollösung; der erste Aufguss nimmt das Kupfer auf, die ablaufende Flüssigkeit ist blau gefärbt und wird separat aufgefangen, sobald aber die Flüssigkeit beginnt braun zu werden, wird sie in ein grosses Sammelbassin von 5·6 m Länge, 2·8 m Breite und 90 cm Tiefe geleitet. Läuft endlich nach 4—5 Stunden die Flüssigkeit rein grün ab, so ist alles Silber reducirt; während dieser Zeit wird häufig umgerührt, um dem Eisenvitriol neue Krystalloberflächen darzubieten, und werden auf 1 Kilo Silbersalz $11^1/_2$ Liter Ferrosulfat gebraucht.

Das reducirte Silber wird nun in einen grossen Filtrirkasten gebracht, welcher das Silber aus beiden Zersetzungsbottichen aufnimmt, worin es in 25 mm starken Lagen ausgebreitet und mit Kupferblechen überdeckt wird; der Kasten wird in dieser Weise mit den abwechselnden Schichten von Silber und Kupfer bis nahe zum Rande gefüllt und dann heisses Wasser aufgegossen, wobei in Lösung gehendes Silbersulfat durch das Kupfer gefällt wird. Die ablaufenden Wässer werden auf einen etwaigen Silbergehalt geprüft, das Silber dann auf einem mit Leinwand überzogenen Filter mit heissem Wasser gewaschen, wozu 1—2 Stunden Zeit nöthig sind, hierauf getrocknet, in einer hydraulischen Presse gepresst und eingeschmolzen; es ist 998 Tausendstel fein. Das in den Lösekesseln verbliebene Gold wird nach $1—1^1/_2$ Stunden mit frischer Säure gekocht und diese Säure zu neuen Lösungen benützt, das Gold dann mit siebartig durchlöcherten eisernen Löffeln ausgeschöpft und in einen Bottich gebracht, welcher in 2 Abtheilungen getheilt ist, jedoch blos in der einen Abtheilung einen Losboden hat, und in dieser zuerst mit Säure, dann mit warmem Wasser gewaschen, getrocknet, gepresst und eingeschmolzen; es ist 990—994 Tausendstel fein. Die silberhaltigen Waschwässer gehen in die Manipulation zurück.

Der bleihaltende Rückstand aus den Setzbottichen und Zersetzungskästen wird monatlich einmal ausgehoben, gewaschen und abgetrieben, die Lauge von Ferrisulfat wird durch eingelegtes Eisen regenerirt, wobei Kupfer und Reste von Silber ausgefällt werden; da die Menge der Ferrosulfatlösung aber zunimmt, wird zeitweise ein Theil davon in einen Abzugscanal abgelassen.

Die Einrichtung der Goldscheideanstalt zu San Francisco zeigen Fig. 268 und 269. R sind die Lösekessel, welche einen flachen Boden haben und mit dem Hute P bedeckt sind; durch die Rohre M ziehen die bei der Auflösung sich entwickelnden Dämpfe und Gase in den mit Bleiplatten ausgekleideten Kasten N und von da durch O in den Koksthurm und weiter in die Esse. B sind die Behälter für die Schwefelsäure, über welche die die Säure enthaltenden Ballons gestülpt werden, so, dass sie etwa 15 cm tief in die Behälter eintauchen. Die Behälter B stehen mit den Behältern K durch das etwa 2 cm weite Bleirohr D in Verbindung, so dass in B und K die Säure stets gleich hoch steht; in K taucht ein mit

Bleiblech überzogener, hölzerner Kolben J, welcher ringsum 3—4 cm
Spielraum hat und mittelst des Winkelhebels G H gesenkt werden kann,
durch das Gegengewicht I aber abbalancirt ist. Die Gerüste E tragen die

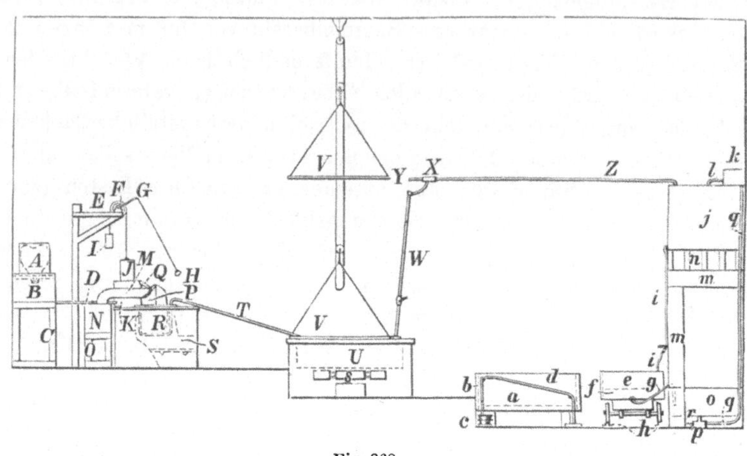

Fig. 268.

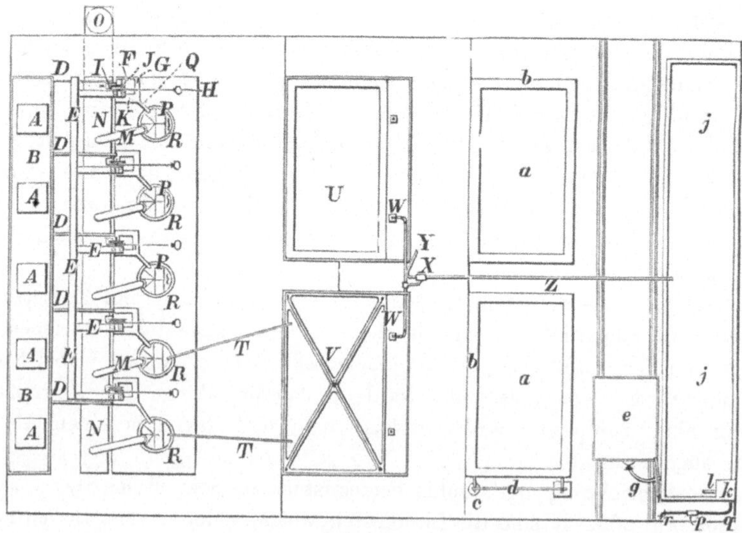

Fig. 269.

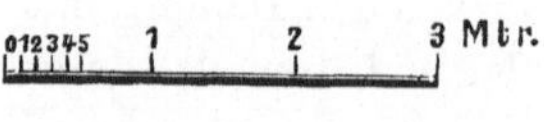

Zu Fig. 268 u. 269.

Rollen, über welchen die Gegengewichte I und die Kolben J aufgehängt
sind; bei jedem Herablassen von J in K wird eine dem eintauchenden
Volumen des Kolbens J entsprechende Menge Säure durch das Rohr Q in

den Kessel R gedrückt, der Kolben J ist so gross, dass bei seinem völligen Eintauchen jedesmal 10 kg Säure in den Kessel einfliessen und bei dem Zurückgehen des Kolbens aus B wieder eben so viel frische Säure nach K zuströmt, so dass dieser Behälter stets voll erhalten wird. Durch das Rohr T wird die heisse Silbervitriollösung in den Kasten U abgehoben, welcher mit dem mittelst eines Flaschenzugs abhebbaren Hute V bedeckt ist; die Dichtung zwischen Hut und Kasten wird durch ein Kautschuckband hergestellt, und ebenso ist das Dampfrohr W luftdicht in den oberen übergreifenden Rand des Kastens U eingesetzt, welcher von einer separaten Feuerung S beheizt wird. Durch Stellen der Dampfleitung bei X Y wird das Vacuum in U hergestellt, sobald der Hut V aufgesetzt ist; durch das Rohr Z lässt man Dampf nach dem Behälter j strömen, um die darin befindliche Eisenvitriollösung zu erhitzen. Die geklärte Lauge wird in den Krystallisirkasten a abgehebert, wo sie durch das in b befindliche Wasser auf $30-40^0$ abgekühlt wird, und nach dem Auskrystallisiren des Silbervitriols wird die saure Mutterlauge nach dem Kasten U zurückgeschafft, nachdem darin vorher wieder ein Dampfvacuum erzeugt wurde. Damit die Mutterlauge möglichst abfliesse und man trockene von Säure freie Krystalle erhalte, befindet sich unter dem Kasten a das kleine Gefäss c, in das die Mutterlauge abfliesst und in welches bei dem Zurücksaugen nach U der Heber d am tiefsten Punkte eingesetzt wird. e ist der auf einem Wagengestelle h ruhende Kasten mit Doppelboden, in welchem die Silbersalzkrystalle aus a mit einer eisernen Schaufel ausgestochen werden; unterhalb des Losbodens f befindet sich das Heberrohr g, das mit einem Hahn absperrbar ist. Aus j wird die heisse Eisenvitriollauge durch das Rohr i auf den Silbervitriol ablaufen gelassen; die anfangs von Kupfer blau gefärbte Lösung wird separat aufgefangen, später ist sie von Ferrisulfat braun gefärbt und gelangt durch g in den Behälter o, wo durch eingelegtes Eisen das Ferrosulfat regenerirt wird. Von hier wird die regenerirte Lösung mittelst der Dampfpumpe p durch die Röhren r und q in den Kasten k gedrückt, aus welchem sie durch l wieder nach j abläuft.

Zu Freiberg[34]) wird das Silber aus der Lösung durch Kupfer gefällt. Die Scheidung wird in gusseisernen Kesseln vorgenommen und 4—5 q der gleich bei dem Feinbrennen erzeugten Granalien mit 0·25 bis 0·30 % Gold mit 3 q Schwefelsäure von 66^0 B. versetzt und unter öfterem Umrühren mit einem eisernen Stabe und allmäligem Nachtragen von Säure bis zu 8—10 q binnen 8—12 Stunden gelöst; nach dem Absetzen des staubförmigen Goldes wird die Lösung mit kupfernen Löffeln in kupferne Kessel überschöpft, aus diesen in einen mit Blei ausgekleideten Holzkasten ausgeschüttet, in welchen heisses Wasser vorgelegt wurde, und darin unter Einleiten von Wasserdampf durch eingelegte Kupferbleche das

---

[34]) Preuss. Ztschft. Bd. 18 pag. 194. Bg. u. Httnmsch. Ztg. 1871 pag. 247.

Silber gefällt. Hiebei wird ebenfalls öfter umgerührt und die Dampfzuströmung eingestellt, wenn die Flüssigkeit keine Silberreaction mehr gibt; nach etwa 10stündiger Klärung wird die Knpfervitriollauge mit einem Heber abgehoben, das Cementsilber gewaschen zu Kuchen gepresst, in eisernen Retorten ausgeglüht und in Mengen von 2 q in Graphittiegeln eingeschmolzen, wobei etwas Glaspulver zur Verschlackung der fremden Beimengungen des Silbers aufgestreut wird. Das Silber ist 999 Tausendstel fein; das von 3 Chargen erhaltene Gold wird in einer mit Blei ausgeschlagenen Pfanne unter Dampfzuleitung mit concentrirter Schwefelsäure ausgekocht, mehrmals ausgewaschen, wieder mit dem gleichen Gewicht concentrirter Säure in einem gusseisernen Kessel zweimal gekocht, bis das Gold gelbbraun geworden ist, und dann so lange ausgewaschen bis die Aussüsswässer keine Silberreaction mehr geben; das Staubgold wird getrocknet und in kleinen Mengen von 2 kg mit saurem schwefelsauren Natron geschmolzen, hierauf in Mengen von 5 kg in Graphittiegeln mit Salpeter umgeschmolzen, und in gusseiserne Formen ausgegossen. Das Gold ist 997 Tausendstel fein.

Die von dem Schmelzen des Goldes und Silbers verbliebenen Schlacken sind platinhältig; sie werden mit Bleiglätte und Kohle geschmolzen, der Bleikönig abgetrieben und in Königswasser gelöst.

Die bei der Scheidung sich entwickelnde schweflige Säure, so wie die mechanisch mitgerissene Schwefelsäure werden nach C. Winkler's Angabe in einen mit Bleiblech gefütterten Thurm geleitet, welcher mit Abfällen von Eisenblech angefüllt ist, die durch eintröpfelndes Wasser beständig feucht erhalten werden; die an verschiedene Säuren des Schwefels gebundenen Eisenoxydulsalze werden mit Wasserdampf gekocht, wobei Schwefel abgeschieden und die sich entwickelnde schweflige Säure in den Thurm zurückgeleitet wird, die verbleibende Eisenvitriollösung aber concentrirt und verarbeitet man zu Eisenvitriol.

Im Jahre 1882 wurden in Freiberg 268·39 kg Gold und 51118·522 kg Silber erzeugt.

Scheidung des Goldes (und Silbers) vom Kupfer. Nach Rössler[35]) soll eine zur Affination mit Schwefelsäure geeignete Goldsilberlegirung, nicht über 10 % Kupfer enthalten, dieser Zusammensetzung nicht entsprechende Leguren müssen also mit der nöthigen Menge Silber zusammengeschmolzen werden, um dem angegebenen Procentgehalt zu entsprechen, wodurch die Scheidekosten vermehrt und das Gold zu sehr in der Legirung dilatirt wird.

Zur Entfernung des Kupfergehaltes vor der Scheidung des Goldes vom Silber empfiehlt nun Rössler ein Zusammenschmelzen der Legur mit einem Ueberschuss an Schwefel und Aufleiten von Luft auf das geschmolzene Metallbad, wobei zuerst das Gold, dann das Silber sich niederschlägt und Halbschwefelkupfer mit wenig Schwefelsilber als Decke zurückbleibt.

---

[35]) Bg. u. Httnmsch. Ztg. 1882 pag. 152. Dingler's Journ. Bd. 224 pag. 225.

Allfällig reducirtes Kupfer schwefelt sich sogleich wieder und scheidet Silber aus; man kann so alles Gold mit dem grössten Theil Silber metallisch ausscheiden und das Lech bleibt goldfrei zurück.

In der Frankfurter Gold- und Silberscheideanstalt schmilzt man in einem Graphittiegel 300 kg der geschwefelten Metalle in einem Windofen ein, und leitet durch ein Rohr Luft auf die geschmolzene Masse; die sich entwickelnden Gase passiren eine Kühlkammer, dann ein Absorptionsgefäss, mit welchem zum Absaugen der Gase ein Dampfstrahlgebläse in Verbindung steht. Dasselbe liefert auch das nöthige Dampfquantum zur continuirlichen Bildung von 60grädiger Schwefelsäure, doch muss der Säureüberschuss zeitweise abgezapft werden.

Das Verfahren eignet sich auch für die Anwendung in der Hüttentechnik; bei dem Aufblasen von Luft in einem geschlossenen Raum er-

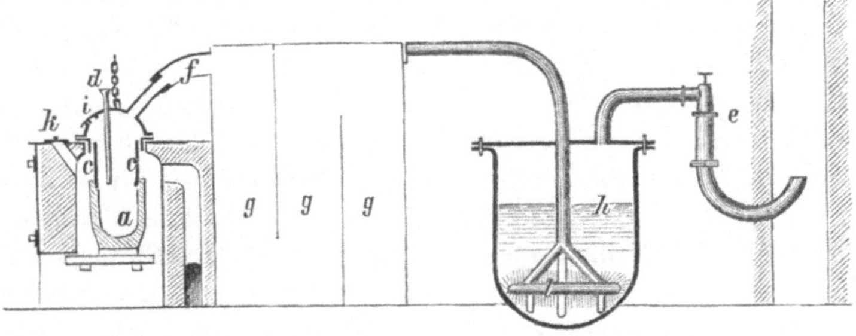

Fig. 270.

folgt die Reduction der edlen Metalle bei geringem Metallverlust, geringem Brennstoffverbrauch, und man erzeugt hinlänglich reiche Gase zur Darstellung von Schwefelsäure. Aus Gold und Silber haltendem Kupferstein lässt sich alles Gold mit einem Theil Silber, aus gemischten Blei- und Kupfersteinen gold- und silberhaltendes Werkblei und ein von Gold und Silber freier Kupferstein abscheiden; ist zur Aufnahme der edlen Metalle zu wenig Blei vorhanden, so kann man noch Bleiglanz zusetzen und einen sehr reinen Kupferstein erzeugen, da verunreinigende Metalle mit in das Werkblei übergehen. Tiegelöfen sind hiebei die verwendbarsten.

Der von Rössler angegebene, in der Scheideanstalt zu Frankfurt im Gebrauch stehende Apparat ist in Fig. 270 dargestellt. a ist der 3 q fassende Graphittiegel, dessen Deckel nach erfolgtem Einschmelzen fortgenommen und durch eine Blechhaube ersetzt wird, welche unten einen auf den Tiegel angepassten Ring c trägt. Sobald das Dampfstrahlgebläse bei e angelassen wird, wird auch durch das Rohr d die Luft auf das geschmolzene Bad getrieben und es beginnt sofort die Oxydation des Schwefels. Durch das Rohr f werden die Gase in die Kühlkammern g und von da aus einem durchlöcherten Hohlring l in das Absorptionsgefäss h abgesaugt, welches mit 60grädiger Schwefelsäure und etwas Salpetersäure oder Kupfervitriol zum Theil gefüllt ist. Durch die Oeffnung i in der Haube werden etwa gebildete Schlacken abgezogen, durch die Oeffnung k Koks in den Schmelzofen nachgefüllt; bei eisenhaltendem Schmelzgut bildet sich fortwährend Schlacke, die von Zeit zu Zeit abgezogen werden muss.

Goldscheidung mittelst Königswasser. Dieselbe findet nur Anwendung, wenn ein von jeder Spur Silber oder Platin freies, also ein ganz reines Gold dargestellt werden soll, und wird hiezu das vom Silber durch Affination schon geschiedene, noch etwas fremde Metalle enthaltende Gold genommen (siehe Goldscheidung zu Frankfurt und Lautenthal), es ist also diese Scheidung blos eine Vollendung der Raffination des Goldes.

Scheidung des Goldes von den Platinmetallen durch Elektrolyse[36]. Bringt man Gold in Verbindung mit dem positiven Pol einer Batterie in eine neutrale Lösung von Goldchlorid, so löst sich dasselbe hier auf und setzt sich an der negativen Elektrode wieder ab, ohne dass hiebei die Concentration der Lösung geändert wird. Man verbindet demnach das zu scheidende Gold in Form von Blech mittelst Kupferdrähten mit dem positiven Pol und ein Blech von reinstem Golde ebenso mit dem negativen Pol, bringt die Bleche in die Goldchloridlösung und lässt den elektrischen Strom einwirken; bei der nach und nach erfolgenden Auflösung werden die Platinmetalle frei und fallen als grauschwarzes Pulver zu Boden. Nach beendeter Zersetzung werden die Bleche, an welchen sich das reine Gold abgesetzt hat, geschmolzen. Ein solches Verfahren ist in der norddeutschen Affinerie zu Hamburg im Grossen für die Darstellung hochfeinen Goldes in Anwendung.

Für Verarbeitung gemischter Erze wurde von Ch. de Vaureal das folgende Verfahren in Vorschlag gebracht: Die fein gepulverten Erze sollen in Retorten zu Rothgluth erhitzt und Wasserstoffgas zugeleitet werden, wobei Schwefelwasserstoffgas entweicht und Arsen übersublimirt. Die Rückstände werden dann oxydirend geröstet, mit 12 %iger Schwefelsäure das Kupfer ausgezogen, hierauf nach Ablassen der Lösung mit concentrirter Salzsäure das Antimonoxyd extrahirt und beide Metalle aus den Lösungen gefällt. Das Zurückgebliebene wird zur Reduction des Chlorsilbers mit Kalkmilch und Melasse angemacht, die steife Masse getrocknet und geglüht, und hierauf entweder das Silber mit concentrirter Schwefelsäure ausgezogen, oder der Gold und Silber haltende Rückstand mit Glätte und Kohle eingeschmolzen und abgetrieben, oder er wird amalgamirt. (D. R. P. No. 10716.)

---

[36]) Bg. u. Httnmsch. Ztg. 1880 pag. 411.

Zink.

$(Zn'' = 65.)$

Geschichtliches. Das Zink als solches war im Alterthum unbekannt, doch kannten und verwendeten die Alten die Ofenbrüche, deren lockere Varietät sie capritis, die dichte botryitis nannten, zur Darstellung einer messingähnlichen Legirung, welche aurichalcum genannt wurde. Die Zinkblende war das zuerst bekannt gewordene Erz und am Harze so wie in Sachsen wusste man, dass seine Anwesenheit das Vorkommen andere Metalle führender Erze verbürge; die Benennungen Zink und Messing finden sich zuerst bei Basilius Valentinus, auch Theophrastus gebraucht diesen Namen, allein das Erz, woraus das Metall dargestellt wird, wird nicht genannt. Unter dem Namen Tutanego kam das Zink bereits im 16. Jahrhundert aus China und Ostindien nach Europa; hier wird es erst seit Ende des 18. Jahrhunderts dargestellt. Die Erzeugung von Messing aus Kupfer und Ofenbrüchen war schon im 16. Jahrhundert zu Goslar am Harze in Uebung.

Statistik. An Zink wurde producirt in metrischen Centnern:

In Oesterreich (ohne Ungarn) im Jahre 1883		45 395
- Ungarn	1879	127
- Sachsen	1882	2 834
- Preussen	1883	1 166 443
- England	1882	255 810
- Belgien	1882	844 860
- Russisch Polen	1882	44 540
- Spanien	1881	4 910
- den Vereinsstaaten Nordamerikas jährlich etwa		200 000

Eigenschaften. Das Zink krystallisirt in hexagonalen Säulen, ist bläulich weiss, besitzt starken Glanz, ist spröde und zeigt auf dem Bruche krystallinisch blättriges Gefüge; im Jahre 1805 machten Hobson und Sylvester die Entdeckung, dass das Zink zwischen 100 und 150⁰ erhitzt, seine Sprödigkeit verliere und sich hämmern, walzen und zu Draht ziehen lasse, bei 200⁰ C. aber wird es wieder spröde und lässt sich pulvern. Gegossenes Zink hat ein spec. Gewicht von 6·915, gewalztes von 7·2; es schmilzt bei 412⁰ C., verdampft, wenn es über seinen Siedepunkt (930⁰ C.)

erhitzt wird, und verbrennt bei Luftzutritt zu Zinkoxyd (lana philosophica) mit grüner Flamme. In trockener Luft bleibt es blank, in feuchter Luft überzieht es sich auf der Oberfläche mit einer weissgrauen Decke, welche aus Zinkcarbonat besteht und nicht weiter eindringt, sondern das Zink vor einer weiter gehenden Oxydation schützt; in der Glühhitze zersetzt es das Wasser. Das Zink verhält sich zu allen Metallen positiv elektrisch und schlägt alle dehnbaren Metalle mit Ausnahme von Eisen und Nickel aus den Auflösungen regulinisch nieder. Das im Handel vorkommende Hüttenzink ist unrein, und enthält Kohlenstoff, Eisen, Cadmium, Blei, Arsen und Kupfer; Zink ist in allen Säuren leicht löslich, seine Salze wirken giftig, es ist deshalb zur Erzeugung von Kochgeräthschaften nicht verwendbar. Auch in heisser Kalilauge ist das Zink löslich. Mit Metallen vereinigt sich das Zink stets unter Feuererscheinung, wobei kleine Theilchen plötzlich und mit Heftigkeit umhergeschleudert werden.

Anwendung. Das Zink dient zur Darstellung mehrerer sehr geschätzter Legirungen, als reines Metall wird es sowohl als Gussmaterial als auch in Form von Blech zu Bauzwecken und in der Architektonik, dann zur Herstellung von Rinnen, Röhren, Badewannen etc., sehr viel auch in den galvanischen Batterien und zum Galvanisiren des Eisens gebraucht; es dient weiter zur Erzeugung von Zinkweiss und Zinkvitriol, zur Darstellung von Chlorzink als Conservirungsmittel für Holz. Es wird ferner in der Zeugdruckerei, Feuerwerkerei und Medicin verwendet.

Vorkommen und Erze. Das Zink kommt am häufigsten in seiner Verbindung mit Schwefel, als Zinkblende, weniger schon als Oxyd oder in seiner Verbindung mit Säuren vor; gediegen findet es sich nicht. Es ist ein sehr häufiger Begleiter der Blei-, Silber- und Kupfererze auf Gängen und Lagern und wird in älteren und jüngeren Gebirgsformationen angetroffen. Die Blende kommt zumeist auf Gängen, der Galmei in grösseren Massen mehr auf Lagern vor. Die bedeutendsten Ablagerungen dieser Erze finden sich in Kärnten, Oberschlesien, Westphalen, Rheinland, England und Pennsylvanien. Franklinit findet sich blos in Amerika (New Yersei); am Schneeberge in Tirol wird eine bedeutende Ablagerung von Zinkblende in einer Seehöhe von nahe 2000 m abgebaut.

Die wesentlichsten Erze sind:

Zinkspath, edler Galmei, Smithsonit ($Zn\,C\,O_3$) mit 52 % Zink, dessen Zinkgehalt jedoch oft durch isomorphe Basen, wie Kalk, Bittererde, Eisenoxydul und Bleioxyd zum Theil ersetzt ist, wodurch der Zinkgehalt sehr variabel wird und oft unter 40 % herabsinkt; sehr häufig enthält derselbe Kieselerde und Thon und wird dann in seinem Zinkgehalt noch ärmer.

Kieselzinkspath, Kieselgalmei, Calamin, Hemimorphit ($Zn_2\,Si\,O_4 + 2\,H_2\,O$) mit 52 % Zink, und

Willemit ($Zn_2\,Si\,O_4$) mit 58 % Zink, welche gewöhnlich reiner sind, als der edle Galmei.

Zinkblüthe, Hydrozinkit ($Zn\,CO_3 + 2\,Zn\,H_2\,O_2$) mit 57·1 % Zink kommt ziemlich selten, meist als Begleiter des edlen Galmei vor.

Rothzinkerz, Zinkit ($Zn\,O$) mit 80·2 % Zink; gewöhnlich mehrere Procente Mangan enthaltend.

Franklinit, ein Gemenge von Eisen-, Mangan- und Zinkoxyd mit nur geringem 11—17 % betragenden Zinkgehalt.

Zinkblende, Sphalerit ($Zn\,S$) mit 66·9 % Zink, stets mehr oder weniger eisen- und bleihaltend, oft auch silberhältig, gegenwärtig das wichtigste Zinkerz.

Zinkvitriol, Goslarit ($Zn\,SO_4 + 7\,H_2\,O$) mit 22·6 % Zink findet sich blos als secundäres Product Zinkblende führender Lagerstätten.

Es gehören hieher auch die Ofenbrüche und Gichtschwämme, erstere von Blei- und Silbererzverhüttungen, letztere von Eisenhohöfen, welche manchmal bis 80 % Zink enthalten; eigenthümlicherweise sind fast alle Eisenerze zinkhältig, und setzt sich das Zink zum Theil unterhalb der Ofengicht der Eisenhohöfen, oft in sehr bedeutenden Massen, an.

Gewinnung des Zinks.

Da die Reductionstemperatur des Zinkoxyds höher liegt, als die Temperatur, bei welcher es verdampft, so beruht die Darstellung des Metalls auf einer Destillation nach vorhergegangener Reduction aus dem Oxyd durch beigemengte Kohle; die Erhitzung des Erzes geschieht in geschlossenen Gefässen, und die übergehenden Zinkdämpfe werden in Vorlagen aufgefangen, worin sie sich zu flüssigem Zink verdichten. Diese Condensation muss bei einer Temperatur erfolgen, welche höher ist, als der Schmelzpunkt des Zinks, wenn sich dasselbe zu Tropfen verdichten soll, doch dürfen die Zinkdämpfe nicht zu sehr durch die mit übergehenden Destillationsgase dilatirt in die Vorlage treten; es darf demnach die Vorlage einestheils nicht zu kalt sein, anderntheils geht das Bestreben dahin, die Destillation rasch einzuleiten und dieselbe auf einer gleichmässig starken Dampfentwickelung dauernd zu erhalten, um möglichst dichte Zinkdämpfe in die Vorlage zu führen. Es ist aber nicht zu verhindern, dass mit den Zinkdämpfen die hiebei sich gleichzeitig bildenden Reductions- und Verbrennungsgase sich mischen, namentlich zu Anfang der Destillation ist dies in stärkerem Grade der Fall, und darum ist es unvermeidlich, dass neben metallischem Zink in flüssiger Form auch ein Theil desselben in sehr fein vertheilter Form, als Zinkstaub (poussière) sich in den Vorlagen absetzt, wodurch das Ausbringen nothwendig vermindert wird. In erhöhtem Masse bildet sich der Zinkstaub, so lange die Vorlage noch kalt und mit Luft gefüllt ist; hat sich die Vorlage einmal erwärmt und ist die Luft daraus verdrängt worden durch die gas- und dampf-

förmigen Producte der Destillation, so wird die Bildung von Zinkstaub
eine geringere. Neben metallischem Zink entsteht auch Zinkoxyd, ebenfalls in fein vertheilter Form, welches sich dem Zink beimengt, so dass
der Zinkstaub ein mechanisches Gemenge von Zinkmetall mit seinem
Oxyde darstellt. Je langsamer demnach die Destillation erfolgt und je langsamer die Temperatur unter die Reductionstemperatur des Zinkoxyds sinkt,
um so mehr Zinkoxyd wird gebildet. Die Reduction des Zinkoxydes findet
bei Weissgluth statt; bei dieser Temperatur dissocirt die bei der Reduction
des Oxyds aus dem Kohlenoxydgase entstandene Kohlensäure, und oxydirt
wieder schon reducirtes dampfförmiges Zink. Tritt jedoch plötzlich bei
dem Austreten der Zinkdämpfe aus den Destillirgefässen in die Condensationen eine bedeutende Temperaturerniedrigung ein, so dass die in letzteren herrschende Temperatur zwar über dem Schmelzpunct aber unter
dem Siedepunct des Zinkes liegt, so erfolgt die Condensation der Zinkdämpfe rasch und die Bildung von Zinkoxyd geringer. Den aus den Destillirgefässen austretenden flüchtigen Producten, welche nicht condensirt
werden sollen, muss ein Ausweg belassen werden; dieser ist eine kleine
Oeffnung in der an die Vorlage angesetzten Allonge, durch welche sie abziehen, und es ist nicht zu verhindern, dass auch uncondensirte Zinkdämpfe
zum Theil mit entweichen, wodurch der Abgang im Ausbringen sich vermehrt. Ausserdem ist aber nach Versuchen von Stahlschmidt aus Zinkoxyd in einer Atmosphäre von Kohlenoxydgas reducirtes Zink schon bei
Rothglut in hohem Grade flüchtig, und es ist demnach aus all den angeführten Gründen die Condensation der Zinkdämpfe eine höchst unvollständige und mit grossen, unvermeidlichen Verlusten verbunden.

Dieses unvollkommene Ausbringen bei den bestehenden Verhüttungsmethoden ist Ursache, dass seit etwa 25 Jahren die Bestrebungen dahin
gerichtet sind, das Zink in vollkommenerer Weise zu erzeugen, und es
wäre als ein wesentlicher Fortschritt zu bezeichnen, wenn es gelänge, in
billiger Weise in Schachtöfen zuerst Zinkoxyd zu erzeugen, welches dann
ein sehr reiches Material für die Destillation abgeben würde, das sich bei
verhältnissmässig geringerem Brennstoffaufwand und geringerem Calo verhütten liesse.

Die Zinkerze müssen Behufs ihrer Verarbeitung auf Metall vorher vorbereitet werden, das erzeugte Rohzink ist unrein, und muss für den
Handel geläutert werden; die Vorbereitung der Erze besteht in einem
Brennen und Calciniren, die Raffination in einem Umschmelzen des Zinks
bei niedriger Temperatur.

Die Methoden, nach welchen das Zink gewonnen wird, unterscheiden
sich im Wesentlichen nur in der Art der Destillirgefässe, und hienach
kennt man:

die belgische Methode, bei welcher geneigt liegende Röhren,
die schlesische Methode, bei welcher Muffeln,
die englische Methode, bei welcher Hafen und

die alte **Kärtner** Methode, bei welcher senkrecht stehende Röhren angewendet werden. Die letztere steht in ihrer ursprünglichen Ausführung nirgend mehr im Betriebe, sie wurde aber in modificirter Form durch **Binon** und **Grandfils** wieder in Anwendung gebracht.

Die verschiedene Form der Destillirgefässe ist abhängig von der Beschaffenheit des Thons, welcher zu ihrer Herstellung dient; je dünnwandiger dieselben angefertigt werden, je weniger Raum zu ihrer Auflage und Unterstützung geboten wird, um so besseres Material muss hiezu genommen werden; Röhren gehen am leichtesten zu Grunde, am längsten halten die Tiegel (Hafen) aus. Aber auch die Reichhaltigkeit der Erze nimmt Einfluss auf die zu wählende Gewinnungsmethode; in Röhren lohnt sich die Darstellung des Zinkes nicht mehr, wenn ihr Metallgehalt unter 40 % sinkt, während in Muffeln in Preussisch-Schlesien noch Erze mit 18—20 % Zink verhüttbar sind; dagegen ist der Brennstoffverbrauch bei der Destillation in Röhren am geringsten, bei der Destillation in Hafen am grössten.

Zinkgewinnung nach der belgischen Methode.

Bei dieser Art der Zinkgewinnung werden nur reichere, mindestens 40 % Zink enthaltende Erze in Schlichform und zwar grösstentheils Blende verhüttet.

Das Erzrösten. Die Röstung der Blende wird in den schon bekannten Oefen von Gerstenhöfer, in Kilns, in den Hasencleverschen Oefen und in Fortschaufelungsöfen vorgenommen; bei einem Rösten der Blende in Schachtöfen muss das Röstgut dann fein vermahlen und erst in einem Flammofen vollkommen abgeröstet werden. Auf eine möglichst vollständige Abröstung der Blende ist besonderes Augenmerk zu richten, da ein im Röstgut verbliebener Antheil unzersetzten Schwefelzinks, sowie aus Zinksulfat regenerirtes Schwefelzink bei der Destillation nicht zersetzt wird und dieses Zink der Gewinnung entgeht. Gewöhnlich beträgt der Rückhalt an Schwefel in der gerösteten Blende 1—2 %, und werden die Röster durch Bezahlung besonderer Prämien für geringeren Schwefelgehalt der Röstpost entlohnt, wobei ein Maximum für den Schwefelrückhalt, gewöhnlich 2 %, normirt ist. Ein Zutheilen von Kohle zu der Röstpost bei dem Rösten in Flammöfen, um Zinksulfat zu reduciren und wieder oxydirend abzurösten, hat erfahrungsmässig zu keiner vollständigeren Abröstung geführt, wohl aber zu grösserem Röstcalo Veranlassung gegeben. Die Röstkosten für Blende sind viel bedeutender, als die Brennkosten für den Galmei und die Gewinnung des Zinks aus der Blende überhaupt schwieriger, weil das daraus erzeugte Zinkoxyd schwerer reducirbar, und die Blende stets durch andere Metalle, zum Theil durch leicht sinternde (Blei) verunreinigt ist, welche bei der Destillation entweder zu Schwefelmetallen reducirt werden oder in Verbindung mit Kieselerde leichtflüssige Silicate bilden, in beiden Fällen aber die Destillirgefässe corrodiren; es ist in Folge dessen auch das aus Blende erzeugte Werkzink unreiner, als das aus Galmei dargestellte.

Die bei der Röstung der Zinkblende entweichende schweflige Säure wird zur Darstellung von Schwefelsäure benützt.

Der Rückhalt an Schwefel bei der Röstung von Stückblende oder Blendegraupen in Kilns oder Hasenclever-Oefen beträgt noch 8—10, bei der Röstung des Erzschlichs in Gerstenhöfer'schen Oefen noch 5—6 %; erfahrungsgemäss hat man für je 1 % Schwefel im Röstgut auch 1 % Zinkverlust mehr bei der Destillation. Bei der Nachröstung der hinlänglich fein zerkleinerten Blende in Flammöfen, wozu meist ein- oder zweiheerdige Fortschaufelungsöfen im Gebrauche stehen, kann es, allerdings bei sehr hohem Brennstoffaufwand, gelingen, das Erz selbst bis unter 1 % Schwefelrückhalt abzurösten; das Durchsetzquantum in Fortschaufelungsöfen beträgt bis 30 q Blende pro 24 Stunden bei einem Kohlverbrauch von 10 bis 18 q Kohle und einem Röstcalo von circa 15 %.

Ausser den bereits genannten Röstöfen finden für Blenderöstung noch die folgenden Constructionen Anwendung:

Der von Hinterhuber und Kuschel[1]) aufgestellte Ofen hat einen runden, um eine verticale Axe sich drehenden Heerd mit feststehenden, einzeln aus einem Querarm auslösbaren hohlen Krählern, deren 5 auf jeder Seite stehen; in die Krähler werden Trichter eingesetzt, in diese die zu röstende Erzpost geschüttet und demnach das Erz durch die Krähler selbst, sobald der Röstheerd sich darunter fortbewegt, auf den Heerd aufgetragen, deren Oeffnung man, wenn die ganze Röstpost sich im Ofen befindet, mit einem Thonpfropf schliesst. Die Krähler stehen derart in den Querarmen befestigt, dass bei dem Rotiren des Heerds die Krähler des einen Armes zwischen den von den Krählern des andern Arms zurückgelassenen Furchen laufen. Der Heerd hat 4 m Durchmesser, ist an den Seiten 175, in der Mitte 525 mm hoch und hat ein 30 cm starkes Gewölbe; auf der einen Seite befinden sich zwei Feuerungen und auf der entgegengesetzten 13 regulirbare Füchse. Zwischen den beiden Feuerungen wird in der Garröstperiode durch 2 Düsen Wasserdampf eingeführt, welcher bei gleichzeitigem Luftzutritt sowohl für die Entfernung von Schwefel und Arsen, als auch zur Entfernung der Kohlensäure bei dem Brennen des Galmeis sich sehr wirksam erwiesen haben soll, indem die Röstung in um 1—2 Stunden kürzerer Zeit durchgeführt werden konnte. In 24 Stunden werden 10—12 q Erz verröstet und soll die Brennstofferparniss sehr bedeutend sein, sogar über 40 % betragen.

Der Röstofen von Liebig und Eichhorn[2]) besteht aus einer grösseren Zahl von einander getrennter mehrsohliger Röstkammern a (Fig. 271

---

[1]) Kärntner Ztschft. 1871 pag. 169.

[2]) Wochenschrift d. Ver. deutsch. Ing. 1883 pag. 177. Wagner's Jahresbericht pro 1883 pag. 197.

und 272), welche durch die von dem Generator b gelieferten Gase in der Weise beheizt werden, dass die Gase durch die Züge c unter und über den Kammern dahinstreichen und ihnen an drei Stellen d die vorerhitzte Verbrennungsluft zugeführt wird. Die Oeffnungen des Ofens, welche zu den Gascanälen führen, sind sämmtlich möglichst luftdicht verschlossen; die zur Röstung dienende Luft tritt für jede Röstkammer durch ein unter

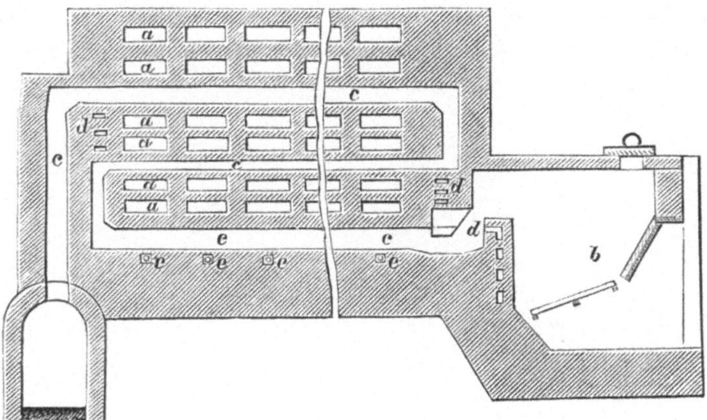

Fig. 271.

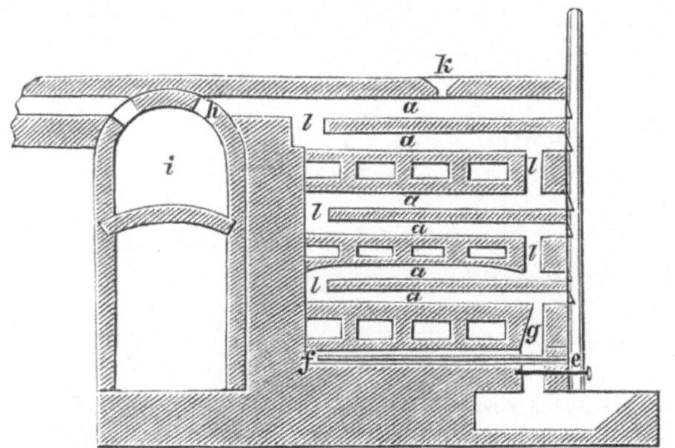

Fig. 272.

der Ofensohle dieser Kammer liegendes, nach aussen ausmündendes Rohr e ein, zieht in die in der Sohle des untersten Feuerzuges hergestellten Canäle f und gelangt stark vorgewärmt durch den Abfallcanal g zu der auf dem untersten Heerd befindlichen Röstpost, von welcher sie über die anderen Heerdsohlen a aufwärts streichend sich mit Schwefeldioxyd anreichert und durch den Fuchs h in die allen Röstöfen gemeinschaftliche Flugstaubkammer i und von da in die Bleikammern abströmt. Der Zutritt der Luft zu dem Röstgut kann durch einen an jedem Rohr e angebrachten

Schieber regulirt werden. Die zu röstende Post wird auf dem Gewölbe des Ofens vorgewärmt, dann durch die darin befindliche Oeffnung k auf die oberste Ofensohle a gestürzt, gleichmässig ausgebreitet und nach 6—8 stündigem Belassen darauf von dieser durch den Canal l auf die nächste Sohle gestürzt, wo sie eben so lange liegen bleibt, dann wird sie auf die tiefere Sohle abgelassen u. s. f., bis dieselbe auf dem untersten Heerd angelangt nach beendeter 48 stündiger Röstung durch den Canal g aus dem Ofen gezogen wird, während oben stets wieder neue Röstposten aufgegeben und gleich behandelt werden. Es soll gelingen, das Erz in diesem Ofen bis auf 0·1 % Rückhalt an Schwefel abzurösten (D. R. P. No. 21 032).

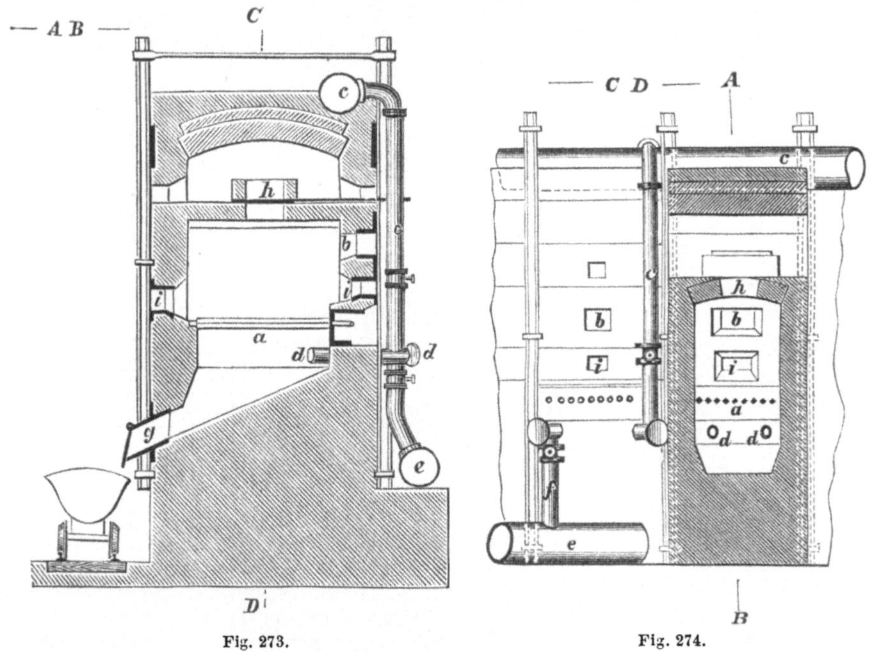

Fig. 273.   Fig. 274.

Zu Rosdzin[3]) in Preuss. Schlesien ist ein der Bergwerksgesellschaft v. Giesche's Erben patentirter Ofen aufgestellt, in welchem die Abröstung der Blende unter Anwendung von Wasserdampf ebenfalls sehr vollständig erfolgen soll, und sind die Gase trotz der Verdünnung noch zur Gewinnung von Schwefelsäure verwendbar. Derselbe ist in Fig. 273 und 274 dargestellt. a ist ein drehbarer Rost, b die Schüttöffnung, c und d die Röhren für Zuführung von Wasserdampf, e und f die Röhren für Zuführung der Oxydationsluft, letztere mittelst Ventilen regulirbar, g die Ausziehöffnung, h der Abzugscanal für die Röstgase, i während des Betriebs vermauerte Oeffnungen, um eventuell Ansätze wegbrechen zu können

<hr>

[3]) Ebenda 1883 pag. 430 und Bericht pro 1883 pag. 199.

(D. R. P. No. 22 152). Der Ofen wird zuerst angeheizt wie ein Gersten-höfer'scher Schüttofen und die Rösttemperatur darin dann durch Verbrennung des Schwefels aus der Zinkblende unterhalten.

Bei den belgischen Oefen wird häufig die von den Destilliröfen abziehende Flamme in oberhalb dieser Oefen angelegte Flammöfen geführt und hier zur Röstung der Erze benützt; Thum[4]) theilt eine solche Construction mit, welche zu Bagilt in Nordwales eingeführt wurde, bei welcher durch die Ueberhitze des Zinkofens ein seitlich oberhalb desselben angebauter Fortschaufelungsröstofen von 13 m Länge beheizt wird.

Ebenso können die oberhalb der Zinköfen aufgeführten Räume zum Brennen der Röhren dienen.

Galmei wird in Stückform in Schachtöfen bei Flammfeuerung oder mit abwechselnd eingelagerten Brennstoffschichten gebrannt; das gebrannte Erz wird über einen auf der Sohle des Ofens aufgeführten mit eisernen Platten armirten Conus ausgezogen.

Erzeugung der Röhren für die Zinkdestillation. In neuerer Zeit werden die Röhren an einigen Orten mittelst hydraulischer Pressen erzeugt, häufig auch mit ovalem Querschnitt hergestellt, wozu Hülsen aus 2 mm starkem genieteten Eisenblech dienen; aus den gepressten Thoncylindern wird dann der Kern mittelst einer Schraube ausgebohrt, und erzeugt ein Arbeiter täglich 100—150 Stück.

Nach Thum[5]) ist das Haupterforderniss eines guten Destillirgefässes für Zink eine solche Beschaffenheit des feuerfesten Thons, dass in dem Gefäss in gegebener Zeit ein möglichst grosses Beschickungsquantum ohne zu rasche Zerstörung des Gefässes verarbeitet werden kann, wodurch Länge, Durchmesser und Wandstärke sich bestimmen; Röhren sind am leichtesten herzustellen, sie haben das beste Oberflächenverhältniss zu dem zu erwärmenden Inhalt, ihr Durchmesser und Wandstärke sind von der Destillationszeit abhängig, in welcher aus einer gegebenen Beschickung so vollständig als möglich das Metall gewonnen werden soll. Je feuerbeständiger der Thon ist, um so geringere Wandstärke können die Röhren bekommen, doch soll dieselbe erfahrungsgemäss im Mittel nicht unter 35 mm betragen, wobei 25—30 mm an der Mündung und 40—42 mm am Boden des Rohrs zu rechnen ist; ebenso hat sich aus der Erfahrung ergeben, dass für 12 stündigen Betrieb die Röhren im Lichten 16—17 cm weit und nicht länger als 1·2 m sein sollen. An den Mündungen können die Röhren schwächer gehalten werden, ohne dass ihr lichter Durchmesser geändert wird, weil nach vorn zu die Temperatur in den Oefen abnimmt.

Der Thon wird zuerst in Flammöfen bei Steinkohlenfeuer so hart gebrannt, dass er am Stahle Funken gibt, damit er später nicht mehr schwinde, ein solches Brennen dauert 3 Tage; dann wird er zerstossen, das Korn von 2—3 mm Grösse abgesiebt, mit wenig gemahlenem rohen

[4]) Bg. u. Httnmsch. Ztg. 1874 pag. 278.
[5]) Ebenda 1878 pag. 302.

Thon vermengt, das Gemenge nur schwach durchfeuchtet und entweder durch Treten oder in Maschinen zu einer recht gleichmässigen Masse geknetet. Die Mischungen bei Herstellung der Röhren sind sehr verschieden und von der Qualität des Thons abhängig; auf den Werken der Gesellschaft Vieille Montagne nimmt man 18 Theile Koks, 30 rohen Thon, 27 gebrannten Thon, 15 Theile ausgesuchte reine Stücke schon gebrauchter alter Röhren und 10 Theile Sand. Bei zu viel rohem Thon schmelzen die Röhren leicht, zu viel Chamottezusatz macht sie sehr zerbrechlich und schwer zu formen. In Belgien macht man die Röhren jetzt durch Zusatz von Sand (bis 94% davon) zu quarzreichem Thon kieselerdereicher, welche im Feuer besser stehen, mit dünneren Wänden hergestellt werden können, die Hitze besser durchlassen, von kieselerdereichen Erzen nicht so sehr angegriffen werden und billiger zu stehen kommen; eine solche Röhre kostet 1·75 frcs.

Werden Röhren durch Handarbeit angefertigt, so gebraucht man hiezu mehrtheilige Formen von Eisenblech, in deren ersten Theil man zu unterst als Boden einen Thoncylinder einlegt, in diesen eine Vertiefung stampft, so dass die Ränder aufsteigen, die Ränder dann mit einem kammartig ausgeschnittenen Brettchen aufkratzt und nun Thonscheiben über den aufgekratzten Theil aufwärts zu einlegt, welche man mittelst eines hölzernen Klöppels an die Wände der Form festschlägt, den ganzen oberen Rand wieder mit einem gezahnten Brettchen oder Blech aufkratzt und nach Aufsetzen des 2. Theils der Form und festem Verkeilen desselben mit dem Unterstück wieder Thonscheiben derart einlegt, dass sie den aufgekratzten Theil übergreifen, welche in gleicher Art festgeschlagen werden, u. s. w. Man fährt so fort bis zu dem letzten Formtheil, worauf endlich auf die oberste Kante eine dünne Wulst aufgelegt und nach Innen gedrückt wird, so dass die Röhre hier dicker wird; der Rand wird dann glatt abgeschnitten. Um die Röhre innen rund zu erhalten, wird vor jedem Aufsetzen eines Formtheils der fertig gestellte Theil mit einer bohrerartigen Schablone ausgedreht. Die Innenfläche des Rohrs muss gut ausgeglättet werden; ein Arbeiter fertigt in 12 Stunden 18—20 Stück Röhren. Man stellt die Röhren auch in der Weise her, dass man in die Form einen massiven Eisencylinder einstellt und den Zwischenraum zwischen beiden gut ausstampft. Auch ist es üblich, statt der Thonscheiben Thonwülste spiralförmig in die Formen einzulegen und diese dann an die Wände der Form festzustampfen.

Die Röhren werden in den Formen in einen gut ventilirten Raum znm Trocknen aufgestellt, nach und nach die Formtheile abgenommen, so dass nach etwa 48 Stunden die Röhre frei dasteht; nach ungefähr 3 Wochen werden sie lufttrocken und können in die Trockenstube gebracht werden, wo sie 2—3 Monate verbleiben.

Wenn eine Campagne beginnt, so setzt man die Röhren sogleich in den Ofen ein, wo sie bei dem langsamen Anfeuern des Ofens allmälig gebrannt werden, ehe man sie beschickt; bei einem Auswechseln während des Betriebs müssen sie glühend eingesetzt werden, und desshalb stehen immer eine Anzahl Röhren in eigenen Glühöfen, Temperöfen, in Vorrath, von wo man sie in rothglühendem Zustand in den Zinkofen überträgt.

Vorlagen werden aus weniger feuerfestem Thon gefertigt, theils durch Umschlagen von Thonscheiben um Modelle, theils werden sie aus einem in eine Form gepressten Thonstück ähnlich wie die Muffeln ausgebohrt, vorsichtig von der Form getrennt, und wenn sie hinlänglich trocken geworden sind, inwendig ausgeglättet, dann gebrannt und hierauf mit Kalkmilch ausgestrichen, geweisst, damit gebildete Ansätze darin leichter losgelöst werden können; sie halten 8—10 Tage aus, ein Arbeiter kann täglich 100 Stück und mehr davon herstellen. Von Oxyden freie Stücke gebrauchter Vorlagen können zur Erzeugung feuerfester Steine minderer Qualität benützt werden.

Zur Befeuerung der Zinkdestilliröfen werden meist Generatorgase benützt; die am häufigsten in Verwendung stehenden Generatoren sind die von Boëtius, Gröbe-Lürmann, Nehse, das Siemens'sche Princip der Wärmerecuperation, weniger steht directe Befeuerung mit Unterwind in Anwendung. Weitere Methoden der Beheizung wurden angegeben von Lorenz[6]) (D. R. P. No. 10 010), Loiseau[7]), Hauzeur[8]) (D. R. P. No. 3729) und andere. Bei letzt angeführter Construction hat der Zinkdestillirofen 2 Abtheilungen, in deren einer die Röhren durch die aufwärtsstreichende Flamme, in der andern durch die oben umkehrenden niedergehenden Verbrennungsgase erhitzt werden, und wird in die zweite Abtheilung zu dem noch unverbrannten Antheil der Feuergase Verbrennungsluft zugeführt. Der Boëtiusgenerator ist wegen billigerer Anlage und Erhaltung besonders häufig angewendet, doch verlangt derselbe gute Kohle.

Im Allgemeinen ist bei der belgischen Zinkgewinnungsmethode der Steinkohlenaufwand der geringste, dagegen ist auch das Ausbringen bei unter 40 % Zink haltenden Erzen ein geringes und der Verbrauch an Thongefässen ein höherer; bei Verarbeitung reicherer Erze stellt sich das Ausbringen bei der belgischen und schlesischen Methode gleich, und beträgt das Calo bei beiden an 20 %, manchmal mehr. Die hohen Brennstoffpreise sowie auch der theure Thon bedingen das Verarbeiten blos reicher, mindestens 40 %iger Erze in Röhren. Die Production der belgischen Oefen pro Zeiteinheit ist grösser, als in den schlesischen, die Röhren erhalten fein zerkleinertes Destillirgut, das sich dicht im Rohr zusammensetzt und die Röhre ziemlich ausfüllt, das Rohr selbst schliesst weniger Luft ein, es ist desshalb der Abfall an Zinkstaub ein geringerer, aber die Rückstände sind gewöhnlich reicher.

---

[6]) Dingler's Journ. Bd. 242, Heft 6 pag. 432. Bg. u. Httnmsch. Ztg. 1880 pag. 279.

[7]) Bg. u. Httnmsch. Ztg. 1879 pag. 171.

[8]) Ebenda 1879 pag. 196.

Zinkdestillation. Die den Feuerungen zunächst liegenden Röhren
werden am stärksten erhitzt, und sind der Zerstörung am meisten ausgesetzt; man fertigt für die erste Reihe Röhren mit bedeutend stärkeren
Wänden und da sie zugleich den Zweck haben, die folgenden Röhrenreihen (aufwärts oder abwärts) vor der unmittelbaren Einwirkung der
Stichflamme zu schützen, so werden sie auch protecteurs oder Ka-
nonen genannt; man beschickt diese Röhren mit ärmeren, schwerer reducirbaren Materialien oder lässt sie leer. Man stellt auch Röhren mit
doppelten Böden für den Schutz der obern Röhren her, und füllt dann
blos in den oberen Raum leicht destillirbare Materialien (Fig. 275). Die von
der Feuerung am weitesten gelegenen Röhren werden die am wenigsten erhitzten sein, und darum füllt man in diese die reichsten und leichter
reducirbaren Beschickungsmaterialien, wie Zinkoxyd und Zinkstaub. Um
Verluste durch Verstaubung bei dem Füllen der Röhren mit dem fein-

Fig. 275.

pulverigen Destillirgut möglichst zu vermeiden, wird die Beschickung in
schwach angefeuchtetem Zustande in die Röhren eingedrückt und erhält
ein Rohr bei normaler Charge etwa 10 kg Füllung.

Die belgischen Zinkdestilliröfen sind verticale Flammöfen
(Schachtflammöfen), welche sich von einander blos durch die Anzahl der
darin befindlichen Röhren und allenfalls durch die Art der Befeuerung unterscheiden. Die Röhren sind zu 10—12 Stück in 6—8 Reihen übereinander in den Ofen derart eingelegt, dass sie rückwärts auf Vorsprüngen
der Rückenmauer des Ofens, vorn auf einer eisernen oder thönernen Platte
in der Ofenbrust aufruhen und die Mitte freiliegt, welche von der Flamme
umspielt wird. Die Röhren liegen von rückwärts nach vorn zu geneigt,
was den Vortheil eines leichteren Ausräumens gewährt, sowie auch in dem
Rohr gebildete flüssige Massen nach den kühleren Stellen des Rohres zu abfliessen, die Röhren also weniger durch Corrosion leiden. Sie werden mit
langen Löffeln, welche die Gestalt eines hohlen Halbcylinders haben, den
Ladeschippen, chargirt, und die Vorlage im oberen Theil der Röhre
vorn angelegt, an welche dann noch zur Auffangung des Flugstaubes Blech-
düten angesetzt werden, in denen sich eine kleine Oeffnung für den
Abzug der nicht condensirten Dämpfe befindet. Die Grösse der Oefen ist
ganz abhängig von der Zahl und Grösse der Röhren, welche sie enthalten,
die Flamme entweicht durch Füchse im Gewölbe und kann noch ausgenützt werden; sie sind etwa 3—3·5 m breit, 1·3 m tief und bei 3 m hoch.
 Die Beschickung besteht gewöhnlich blos in beigemengten mageren
Steinkohlen oder Koks oder beiden zugleich; die Steinkohlen sind das
kräftiger reducirende Mittel, indem sie bei ihrer Entgasung zuerst Kohlen-

wasserstoffgase liefern, welche bei dem Durchstreichen durch die Beschickung zum Theil auch höchst fein vertheilten Kohlenstoff ablagern, dagegen entwickeln sich aus denselben auch Wasserdämpfe, welche von den glühenden Zinkdämpfen zersetzt werden und einen Mehrausfall an Zinkoxyd bedingen. Ein Kalkzuschlag ist nicht beliebt, weil er namentlich bei Gegenwart von Eisen die Destillirgefässe angreift, man wendet dafür lieber mehr und feinere Kohle an. Die Menge der zugeschlagenen Kohle beträgt bei Blendeverhüttung bis 60 %, (auf den Hütten der nordamerikanischen Vereinsstaaten bis 70 %), doch kann bei einer aus Blende und Galmei bestehenden Gattirung der Kohlenzuschlag geringer sein, weil der Galmei leichter reducirbar ist, es wird also bei Verarbeitung gemengter Erze die Destillation erleichtert; sehr häufig ist der Galmei das reichere Erz, es kann sonach durch zweckmässige Gattirung desselben mit der Blende auch eine an Zink ärmere Blende verhüttet werden.

Die der Gesellschaft Vieille Montagne gehörige Grube zu Åmmeberg in Schweden concentrirt die Blende durch die Aufbereitung blos bis zu 38 % Zinkgehalt, weil die Verluste bei weiterer Concentration zu gross werden; jährlich werden dort 22 000 tons, davon 6000 tons Stuffblende erzeugt und zu Schiff nach den Hüttenwerken gebracht, wo sie mit Galmei gemengt verhüttet werden. Zu Åmmeberg werden die Erze auch schon geröstet, und zwar die Stückerze auf der Grube, in Schachtofen, die Schliche bei der Aufbereitungsanstalt in zweisöhligen Fortschaufelungsöfen; der Versand der Erze geschieht in bereits geröstetem Zustande.

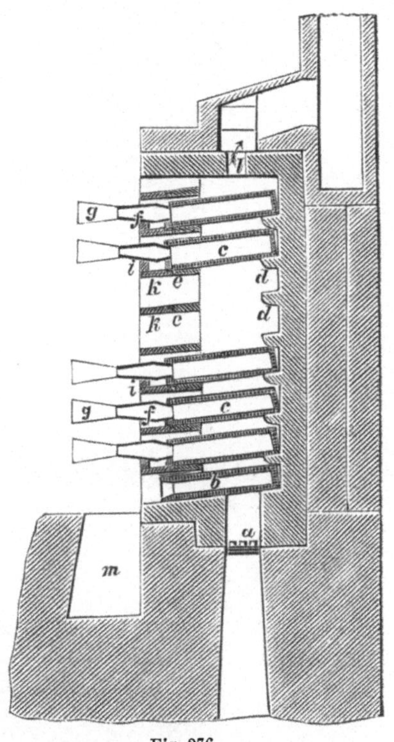

Fig. 276.

Die dem Erze beigemengten Kohlen müssen frei von Schwefelkies sein. Das Mengen der Erze mit den Kohlen wird in vor den Oefen stehenden hölzernen Trögen vorgenommen.

Einen belgischen Ofen für Planrostfeuerung zeigt Fig. 276 und 277. Es bezeichnet a den Rost, b die Protecteurs, c die Röhren, d die Auflager rückwärts, e dieselben vorn, f die Vorlagen, g die Düten, h Platten von feuerfestem Thon, welche den Ofen in Fächer theilen, die je 2 Röhren aufnehmen, i Stützsteine, auf welchen die Vorlagen ruhen, k

eiserne Platten vor den Auflagplatten e, l die Füchse im Gewölbe, m eine
Rösche vor dem Ofen, in welche die Destillationsrückstände ausgeräumt

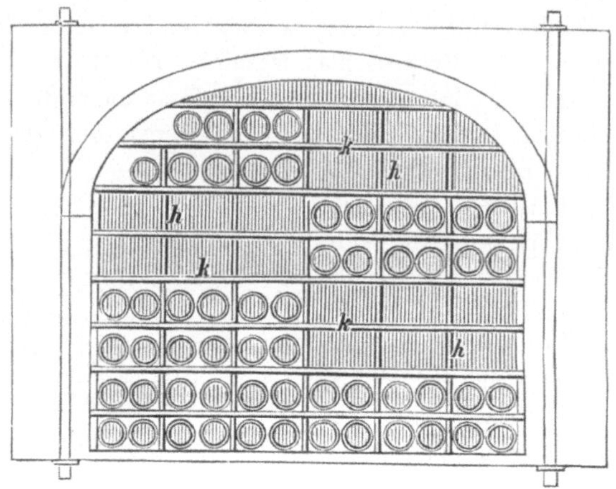

Fig. 277.

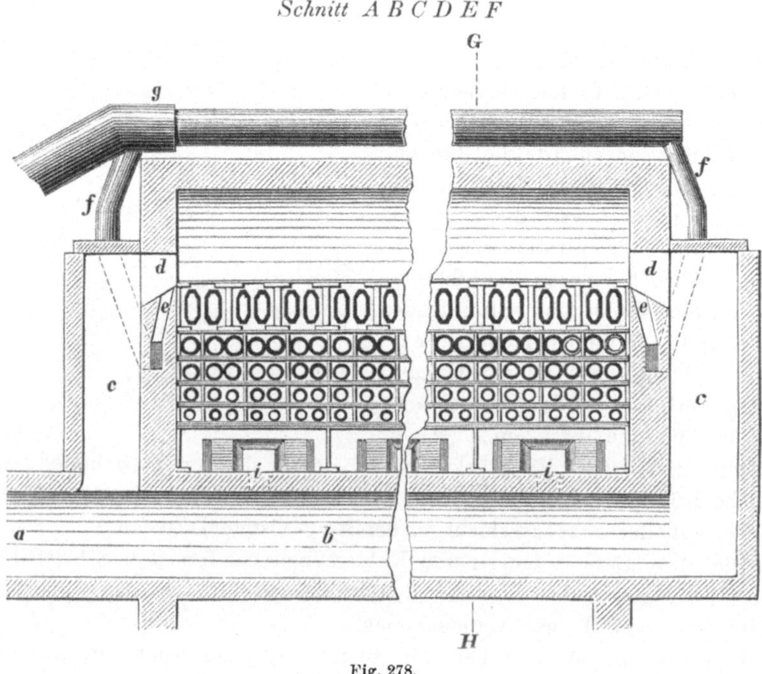

Fig. 278.

werden. Die neuen Oefen sind tiefer, sie erhalten in der Mitte eine Scheidewand und zu beiden Seiten Röhren.

Die Gaszinköfen der Matthisson und Hegeler Zinkwerke[9]) (nordamerikanische Vereinsstaaten) sind Doppelöfen, d. h. sie haben zu beiden Seiten Destillirgefässe (Fig. 278 und 279) und zwar oben zu jeder Seite eine Reihe von 36 muffelartigen Gefässen von 1·3 m Länge, 50 cm Höhe und 20 cm lichter Weite, darunter 4 Reihen Röhren je 42 Stück in jeder Reihe, zusammen also 336 Röhren, deren Länge und Durchmesser von oben nach unten abnimmt. Ein Ofen verarbeitet in 24 Stunden 216 q gerösteten Galmei bei 45 % Ausbringen und producirt in derselben Zeit bei 18·2 % Calo 98 q Zink. Der Ofen wird durch Generatoren beheizt, deren Gase durch den Canal a unter den in der Mitte des Ofens laufenden Canal b und von da in die Gasschlitze c und d treten, und bei ihrem Eintritt in den Ofen von der aus f durch die Schlitze e zuströmenden Gebläseluft entzündet und verbrannt werden, welche durch das Rohr g zugeführt wird. Die Gase durchströmen den Ofen von oben nach unten, wesshalb die obersten Gefässe hier die Protecteurs sind, die Verbrennungsproducte entweichen durch die Füchse i in die Abzugscanäle k und l, wodurch das durch b strömende Gas darin vorerhitzt wird.

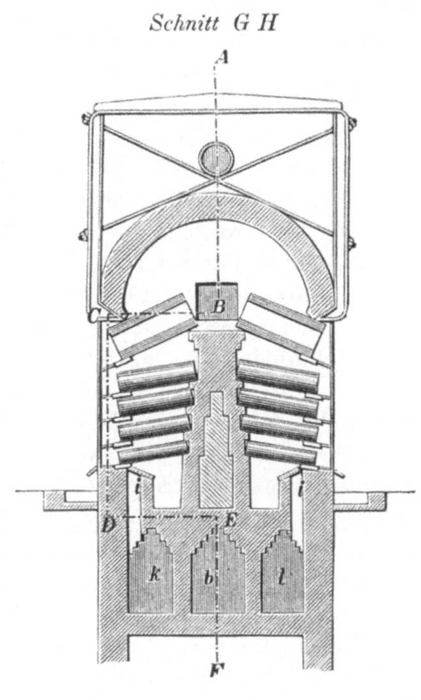

Fig. 279.

Zu Fig. 278 u. 279.

Eisen und Blei haltende Erze geben mit der Kieselsäure der Destillirgefässe sehr leichtflüssige Schlacken, welche die Röhren stark angreifen, reducirtes Blei geht dampfförmig mit über und verunreinigt das Zink, zum Theil sammelt sich dasselbe im flüssigen Zustande am tiefstgelegenen Theil der Röhre; für Verarbeitung solcher Erze hat Thum[10]) einen Ofen angegeben, in welchem die Röhren stark nach rückwärts geneigt sind, wo das Blei zeitweilig abgestochen und von wo aus auch die Röhren chargirt

---

[9]) Bg. u. Httnmsch. Ztg. 1875 pag. 173. Jhrbch. d. k. k. Bgakademien Bd. 27 pag. 320.

[10]) Oesterr. Ztschft. 1875 pag. 95.

werden, während an dem höher liegenden Ende die Vorlagen für das Zink angesetzt sind. Diese Einrichtung hat den Vortheil, dass man bei dem Räumen die Vorlagen nicht abzunehmen braucht, wodurch ihre Dauer verlängert und die Arbeit des Ausräumens erleichtert wird.

Zu Nouvelle Montagne ist der Betrieb folgender: Bei Ingangsetzung eines neuen Ofens werden ungebrannte, ohne Kokszusatz erzeugte Röhren eingelegt, alle Fugen wohl verschmiert, und die ersten 6 Stunden blos mit Cindern gefeuert, dann halb Cinder und halb Kohle und zuletzt blos Kohle auf den Rost gebracht, wobei man das Feuer langsam verstärkt und zur Erzielung einer überall möglichst gleichen Erhitzung durch Oeffnen und Schliessen der Füchse trachtet, dass das Feuer im Ofen sich gleichmässig ausbreite. Nach 2 Tagen wird der Schornstein geheizt, um den Zug zu vermehren, dann die Röhren gereinigt und die erste Charge gefüllt, 500 kg Erz mit 30 % Zinkgehalt und 5 Hectoliter Reductionskohle; diese Charge dauert 24 Stunden, die nächsten Chargen werden alle 12 Stunden gemacht und steigen von 400 kg Erz mit 32 % Zinkgehalt und 3 hl Kohle allmälig, bis nach 13 oder 14 Tagen der Ofen in regelmässigen Betrieb kommt und die normale Charge von 18—19 q Erz mit 8 hl Kohle für beide Ofenhälften erhält. Während des Betriebes werden die Röhren nach beendeter Reduction geräumt und die schadhaften ausgewechselt, worauf sie mittelt Ladeschippen geladen, die Vorlagen angesetzt, diesen die Stützsteine unterlegt und alle Fugen wohl verschmiert werden; wenn die ersten Zinkdämpfe sich zeigen, werden die Düten angelegt, dann der Rost gereinigt, frisch beschürt, und das Zink alle 6 Stunden, d. i. zweimal in der Schicht mit eisernen Kellen aus den Vorlagen ausgeschöpft, die Unreinigkeiten abgezogen und das Zink vergossen. Das Ausräumen geschieht alle 12 Stunden, d. i. früh und abends mittelst eigener hakenförmiger oder meisselartiger Stemmeisen, mit welchen Letzteren die Schlackenansätze von den Innenwänden der Röhren losgebrochen werden. In der 12 stündigen Schicht bedienen den Ofen ein Vorarbeiter, ein Gehilfe und ein Handlanger; die Campagne währt im Durchschnitt 15 Monate, die Arbeiter erhalten für die Schonung der Gefässe und für ein höheres Ausbringen besondere Prämien.

Zu Moresnet[11]) (Vieille Montagne) wird Galmei von Altenberg bei Aachen theils in Schacht-, theils in Flammöfen calcinirt, unter Kollermühlen gemahlen und im Durchschnitt auf 50 % Zink gattirt; die Oefen mit 52 Röhren produciren täglich 3—3 1/2 q Zink bei einem Ausbringen von 35—37 % und 20 q Steinkohlenverbrauch pro Tag und Ofen. Die neueren Oefen mit 61 nutzbaren Röhren geben in 24 Stunden von 12 q Galmei 4·5—4·7 q Zink. Ein Ofen verbraucht im Durchschnitt 3 Röhren täglich, das Calo beträgt 11—12 %, wovon die Hälfte in den Rückständen sich findet, der Steinkohlenverbrauch 14·7 q. Die Hütte bezieht den Thon von

---

[11]) Ztschft. d. Ver. deutsch. Ing. 1877 pag. 14.

Andennes (Belgien), eine Röhre kostet 2 frcs; der Betrieb ist nicht mehr lohnend, wenn 10 q Thon über 35 und die Gestehungskosten für dasselbe Quantum Zink über 15 frcs sich belaufen. Die neuen Oefen mit 140 Röhren verarbeiten täglich 24 q Erz mit 48 % Kohlenzusatz und produciren 10·5 q Zink bei 30 q Steinkohlenverbrauch.

Zu Bethlehem [12]) (Nordamerika) wird die Blende in 2 söhligen Oefen geröstet, der Galmei in Schachtöfen calcinirt, beide werden gattirt und 10·3 q Erz mit 6·5 q Anthrazitklein gemengt je zu 15 kg des Gemenges in die Röhren gefüllt. Täglich werden in einem der 8 dort vorhandenen Oefen 12·7 q Blende mit 6·8 q Kohlenaufwand abgeröstet, der Rost hält noch 1—2 % Schwefel zurück. Die Destilliröfen enthalten 7×8 Röhren täglich werden in einem Ofen 4 q Zink bei 18 q Steinkohlenverbrauch erzeugt.

Auf den Bergen Port Zink Works [13]) wird die 40 % Zink haltende Blende durch die Röstung auf 48—50 % angereichert; die Oefen haben 70 Röhren, in welchen binnen 24 Stunden 14·4 q geröstete Blende mit 8·6 q Reductionskohle bei einer Erzeugung von 4·5 q Zink pro Tag und Ofen destillirt werden. Der Kohlenaufwand beträgt 25 q, der Zinkverlust 24—26 %; die zwei oberen Röhrenreihen werden nur einmal, die 5 unteren Reihen zweimal im Tage beschickt. Die Blende enthält 20 % Eisenoxyd, desshalb ist die Production geringer; das Zink wird alle 4 Stunden aus den Vorlagen geschöpft.

Die Hütte der Missouri Zink Comp. in St. Louis [14]) hat Oefen mit 160 Röhren, welche zusammen 45 q Kieselgalmei und 15·75 q Reductionskohle als Charge erhalten; in einem Ofen werden täglich bei 35—40 % Ausbringen 18 q Zink bei 80 q Aufwand an Steinkohle erzeugt.

Auf den nordamerikanischen Hütten schwankt das Ausbringen zwischen 70—80 % des Zinkgehaltes der Erze und ist geringer bei Verarbeitung von Calamin, der Aufwand an Reductionskohle variirt zwischen 1·2 und 1·9, der Aufwand an Heizkohle zwischen 4·4 und 4·5 kg per 1 kg Zink; der tägliche Röhrenverbrauch beträgt 3—7 % und ist bei Gasfeuerung am geringsten.

Es sei hier bemerkt, dass die einzige Zinkhütte Spaniens zu Arnao in belgischen Oefen ihre Erze verhüttet.

Schlesische Zinkgewinnungsmethode.

Bei der schlesischen Methode der Zinkgewinnung werden als Destillationsgefässe Muffeln verwendet; es hat diese Methode der belgischen gegenüber einige Vortheile, welche darin bestehen, dass der Verbrauch an Destillationsgefässen ein geringerer ist und selbst ärmere Erze noch mit Vortheil

[12]) Jhrbch. d. k. k. Bgakademien Bd. 27 pag. 282 u. folg.
[13]) Jhrbch. d. k. k. Bgakademien Bd. 27 pag. 282 et seq.
[14]) Ebenda.

zu **Gute** gebracht werden können, dagegen ist der Brennstoffverbrauch ein höherer. Ursprünglich hat man die Muffeln blos in einer Reihe auf die Ofensohle gesetzt, später, um an Brennstoff zu sparen, wurden 2 Reihen, in neuerer Zeit seit Einführung der Gasfeuerung werden 3 Reihen Muffeln über einander angeordnet und die Flamme nicht sofort durch den Ofen in den Schornstein abstreichen gelassen, sondern sie wird unter dem Gewölbe der Oefen um die Muffeln herumgeführt, so dass dieselben rückwärts und vorne gleichmässig beheizt werden. Es erfordert diese Art der Ofenanlage ein langflammiges Brennmaterial, beziehentlich Verwendung von Unterwind oder von Generatorgasen. Man unterscheidet nach der Art der Befeuerung der Oefen und nach der Anzahl Muffelreihen über einander im Ofen die alte schlesische und die belgisch-schlesische Methode.

Rösten der Erze. Es finden die bereits bekannten und mehrmals genannten Röstöfen, meist Flammöfen für Blende, Schachtöfen für Galmei Anwendung; früherer Zeit wurde in Schlesien ausschliesslich Galmei verhüttet, die Gruben sind aber gegenwärtig nicht mehr so reich an diesem Mineral, vielfach erschöpft und wird in Folge dessen jetzt Blende in grösseren Mengen verarbeitet.

Zu Reckehütte[15]) bei Rozdzin röstet ein Hasenclever'scher Ofen in 24 Stunden bei Verbrauch von 20 q Klarkohlen 35 q auf 3 mm Korngrösse zerkleinerte Blende ab; das Erz kommt mit noch 10—12% Schwefel aus der Muffel auf den direct befeuerten untersten Heerd und wird hier bis auf 1% Schwefelrückhalt abgeröstet. Die Fortschaufelungsöfen rösten Blende von 2 mm Korngrösse, in 24 Stunden werden bis 30 q Erz durchgesetzt, dessen Schwefelrückhalt ebenfalls 1% beträgt und wozu 15—20 q Klarkohlen gebraucht werden. Die Hasenclever'schen Oefen werden gewöhnlich zu vier in einem Massiv zusammengestellt, welche die Röstgase in einen gemeinschaftlichen Abzugscanal abgeben.

Die Calcination des Galmei geschieht bei den einetagigen Destilliröfen noch häufig in den Brennräumen neben dem Destillirraum des Ofens, von welchem die Flamme in den ersteren geleitet wird, bevor sie zur Esse entweicht.

Herstellung der Muffeln und Vorlagen für die Zinkdestillation. Rücksichtlich der lichten Weite und Wandstärke der Muffeln gilt hier dasselbe, was schon gelegentlich der Angaben über die Herstellung der Thonröhren für die Zinkdestillation mitgetheilt wurde; die Höhe der Muffel soll 60 bis höchstens 65 cm nicht übersteigen, die Länge der Muffel kann grösser sein, wenn sie voll aufliegt, liegen jedoch die Muffeln frei auf, so müssen sie kürzer gemacht werden. 1·2—2 m sind die äussersten Grenzen für die Muffellänge.

Die Muffeln werden in ähnlicher Art gefertigt, wie die Röhren, aber

---

[15]) Bg. u. Httnmsch. Ztg. 1877 pag. 71, 78 und 97, dann 1882 pag. 443 und 1884 pag. 4.

blos durch Handarbeit, stehend oder liegend geformt; für das stehende
Formen ist der Formkasten gewöhnlich 3theilig, und werden die einzelnen
Theile mittelst Haken und Oesen mit einander fest verbunden. Man fertigt zuerst die Rückwand und den rückwärtigen Theil der Muffel in dem
untersten Kasten, setzt dann den zweiten auf, in welchem man den mittleren Theil der Muffel herstellt, u. s. f. bis die Muffel fertig ist; die zu
überlegenden Thonplatten werden auch hier immer, so weit sie einander
übergreifen, mit einem kammartig geschnittenen Brettchen aufgekratzt.
Wenn die Muffel bis nach oben fertig ist, klebt man 2 Ansätze für den
Steg an und trocknet sie dann in gleicher Art, wie die Röhren, nur erfolgt die Trocknung der Muffel langsamer, weil eine grössere Masse feuch-

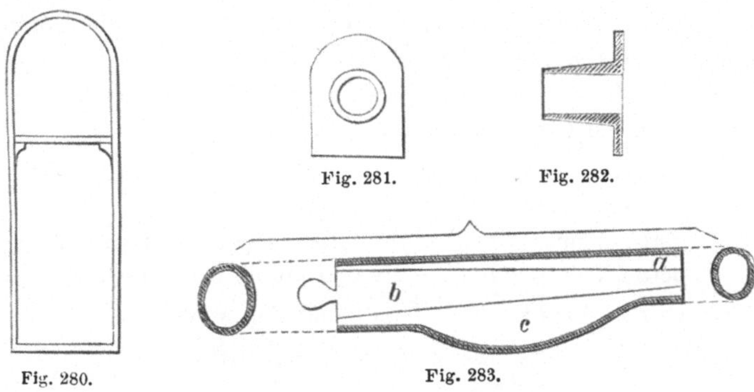

Fig. 281. Fig. 282.

Fig. 280. Fig. 283.

ten Thons auszutrocknen ist. Eine frisch erzeugte Muffel hat ein Gewicht
von 100—150 kg; in einen im Betriebe stehenden Ofen muss sie ebenfalls
in rothglühendem Zustande eingesetzt werden, wozu eigene Temperöfen
dienen, in welche die Flamme vom Roste aus durch in der Sohle des
Ofens ausgesparte Füchse zwischen die auf den Glühherd eingesetzten
Muffeln tritt, dieselben umspielt und durch Füchse im Gewölbe des Ofens
in die Esse abstreicht. Die Oefen sind klein, haben blos 2·5—3 qm Sohlenfläche bei 1 m Höhe und werden durch eine Hängethür verschlossen.
Auch aussen glasirte Muffeln stehen in Anwendung.

Eine Methode der Muffelanfertigung durch Aufstampfen des Thons
zwischen Mantel und Kern hat C. Wernicke angegeben (D. R. P.
No. 11 676).

Die Düten werden aus weniger feuerfestem Thon gepresst, die Vorlagen über einem 3theiligen Dorn aus freier Hand ebenfalls aus weniger
feuerfestem Thon gefertigt. Die Vorderansicht einer fertigen Muffel zeigt
Fig. 280, die Düte ist in Fig. 281 und 282 abgebildet; die Düten kommen
oberhalb des Stegs einzusetzen, der unter dem Steg befindliche offene
Theil der Muffelmündung wird durch Einlegen einer Platte geschlossen.
Die Vorlagen haben eine verschiedene Gestalt, die in Fig. 283 dargestellten
werden in folgender Weise hergestellt. Um den aus 3 Theilen a b c be-

stehenden Dorn, dessen mittlerer Theil keilförmig ist und eine Handhabe oder Heft besitzt, wird eine von dem zubereiteten Thonblock mittelst eines Drahtes abgeschnittene Thonplatte herumgelegt, nachdem man zuvor die Oberseite der Platte mit fein gestossener Chamotte bestäubt hat und mit der Hand der übergreifende Theil der Platte durch Festschlagen vereinigt, sowie überhaupt der Thon überall an den Dorn gut angelegt; man stellt dann das Stück sammt Dorn darin so lange zur Seite, bis der Thon genügend angezogen hat. Zuerst wird das keilförmige Stück b herausgezogen, worauf der darüber liegende Theil a herabfällt, welcher nun ebenfalls herausgenommen und schliesslich auch das dritte Stück c ausgehoben wird. Aus Vorlagen, welche die hier gezeichnete Gestalt haben, wird das Zink ausgeschöpft; man hat aber auch blos ganz einfache, einem Cylinder ähnliche Vorlagen, welche in geneigter Lage an die Düten angesetzt werden, aus welchen man das Zink durch eine am tiefsten Punkt befindliche, mit Thon verschmierte Oeffnung in der Vorderseite absticht.

Auf den schlesischen Hütten dienen als feuerfeste Thone:

Magerer weisser Thon von Mirov (Galizien),
magerer grauer Thon   - Poremba -
fetter blauer Thon   - Saarau (Pr. Schlesien),
fetter bunter Thon   - Twardovice (Warschau).

Silesiahütte benützt zur Herstellung der Muffeln:

2 Theile weissen Thon von Mirov,
1 Theil blauen Thon von Saarau,
3 Theile Chamotte, welche meist von gereinigten Muffel-

scherben herrührt, doch wird der Thon hiefür auch gebrannt; man gibt der Chamotte eine Korngrösse von 10 mm.

Die schlesischen Muffeln haben folgende Dimensionen:

Höhe an der Mündung   35—55 cm,
„   „   „ Rückwand   59—61 „
Breite an der Mündung   15—20 „
„   „   „ Rückwand   22—27 „

Die lichte Weite und Höhe bleiben ungeändert. Eine Muffel kostet 4—5 Mark und dauert 30—32 Tage, eine Vorlage kostet 50 Pfennige, eine Dagner'sche Vorlage 25 Pfennige.

Düten und Vorlagen werden nach dem Trocknen gebrannt, was meistens in den neben den Destilliröfen dafür bestimmten, durch die abziehende Flamme beheizten Räumen, aber auch in separaten Temperöfen geschieht.

An die Vorlagen werden noch aus Blech gefertigte Düten, Allongen oder Ballons, angesetzt, in welchen sich der Zinkstaub sammelt; durch eine kleine Oeffnung im Boden der Allonge entweichen die nicht condensirten Dämpfe und Gase.

Die Destillation des Zinks. Bei der alten schlesischen Methode liegen alle Muffeln voll auf der Ofensohle auf, die 2 äussersten zu jeder

Seite liegenden Muffeln sind länger, und es sind Nebenheerde im Ofen vorhanden, welche von der abziehenden Flamme beheizt werden und zum Brennen des Galmei, zum Tempern der Muffeln, sowie zum Umschmelzen des Zinks dienen. In Fig. 284—286 bezeichnen a die Muffeln, b den Rost, c den Temperraum, d den Raum für das Umschmelzen des Zinks, e die Formen für das umgeschmolzene Zink, f die Calcinirheerde für den Galmei, welche zwischen 2 Oefen angelegt und von beiden aus beheizt werden,

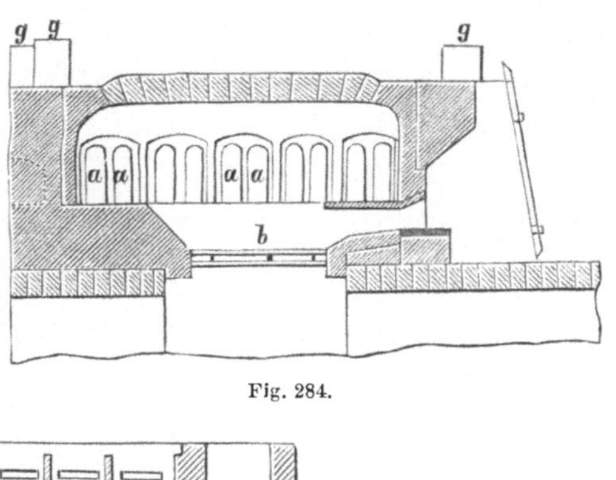

Fig. 284.

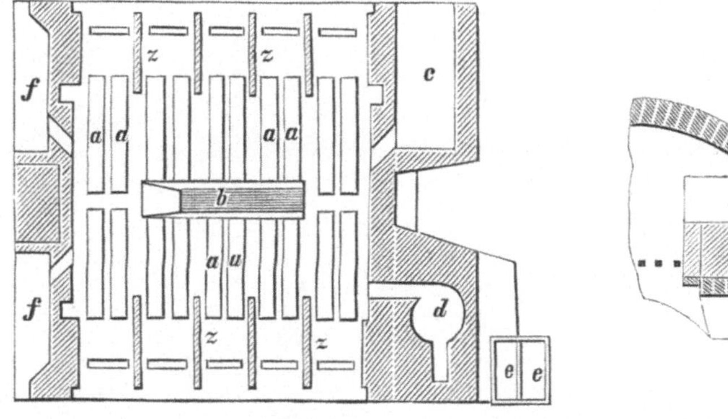

Fig. 285.

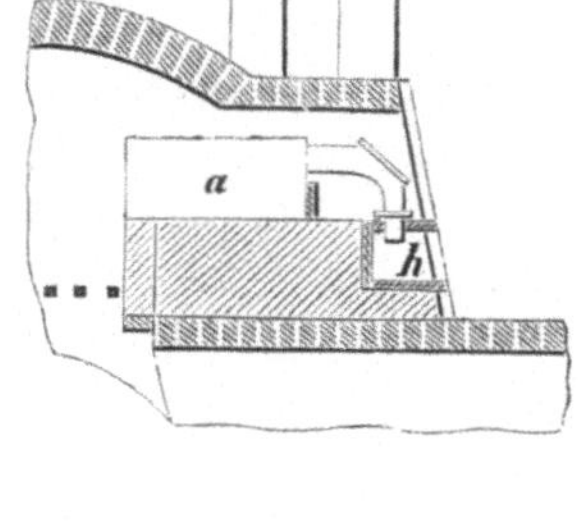

Fig. 286.

g die Essen. Die Vorlage ist bei diesen Oefen durch die Tropfkammer h ersetzt, deren Thüre während des Betriebs geschlossen gehalten wird; die Zinkdämpfe streichen durch die aus mehreren Theilen, dem Hals mit dem Kopf a und den Unterstücken b c (Fig. 287) bestehende Tropfröhre, verdichten sich darin, und das Zink tropft aus derselben in die Tropfkammer ab (Tropfzink). Der Kopf hat bei d eine durch eine anlutirte Platte geschlossene Oeffnung, um durch dieselbe den Hals zeitweilig räumen und die Beschickung in die Muffel eintragen zu können. Diese Oefen enthalten blos 20 Muffeln, weil die magere schlesische Kohle nicht genügend Flamme gibt, um die Oefen grösser herzustellen; die Muffeln werden darin blos seitlich erhitzt, und der Boden derselben bleibt ganz unbeheizt. Die Gewölbe dieser Oefen werden oft blos aus Thon aufgestampft, die Roste sind

1·66 m lang und liegen 78 cm tief. Hier, wie bei allen Muffelöfen liegen die Muffeln paarweise in durch die dünnen Mauern z gebildeten Nischen (Capellen); die Destillationsrückstände werden auf die Hüttensohle ausgeräumt.

Bei der belgisch-schlesischen Methode zieht die Flamme vom Roste aus über das Gewölbe der Muffeln (Fig. 288—289) und seitlich durch die vorn gelegenen Füchse a in die unterhalb liegenden Canäle b, wodurch

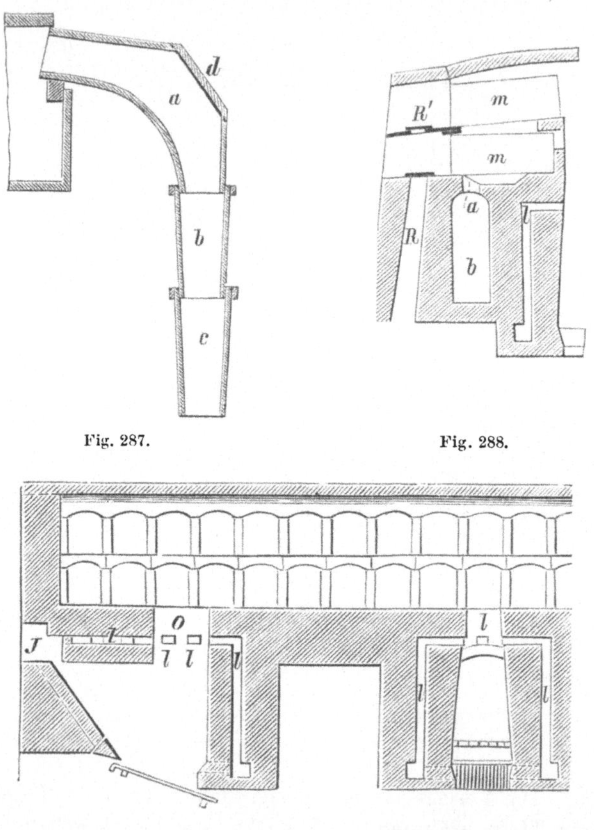

Fig. 287.   Fig. 288.

Fig. 289.

die Flamme besser ausgenützt wird, allerdings aber zur Beheizung des Ofens eine längere Flamme nothwendig wird; die ausgeräumten Rückstände fallen durch R unter die Hüttensohle in gewölbte Gänge, von wo sie abgeführt werden. Die Heerdsohle ist geneigt, so dass entstandene flüssige Schlacken in der Muffel nach vorn zu abfliessen, wodurch das Räumen der Muffel erleichtert wird. Diese Oefen gewähren eine Brennstofferspariss von 20—22%, und bei Anwendung von Unterwind und Oberwind hat man die Anzahl der Muffeln bis 28 pro Ofen vermehren können.

Durch Anwendung der Gasfeuerung nun ist es möglich geworden, bei Anlage einer entsprechenden Anzahl von Generatoren nicht nur mehr Muffeln in einer Reihe, sondern dieselben auch in 2 oder 3 Reihen über einander in einem Ofen anzubringen. Die zumeist angewendeten sind die Generatoren von Boëtius und Siemens'sche Recuperatoren in Verbindung mit Generatoren gewöhnlicher Construction; erstere sind in Rheinland-Westphalen bereits seit etwa 15 Jahren stark verbreitet, und besitzen grössere Oefen 3—4 Generatoren.

Einen Ofen mit Boëtiusgenerator[16]) zeigt Fig. 288 und 289. Bei J ist die Chargiröffnung für den Generator; die Verbrennungsluft tritt

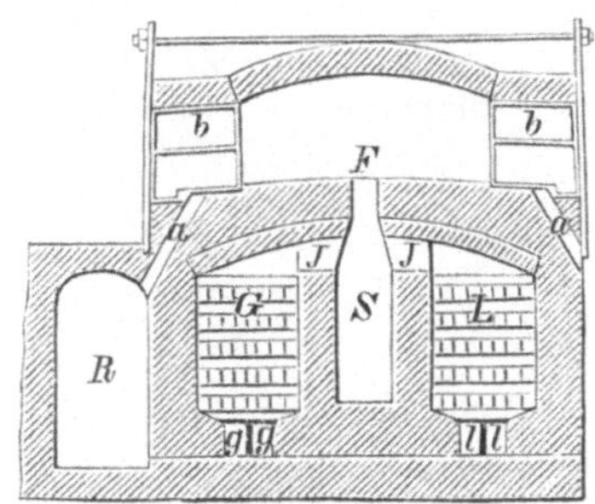

Fig. 290.

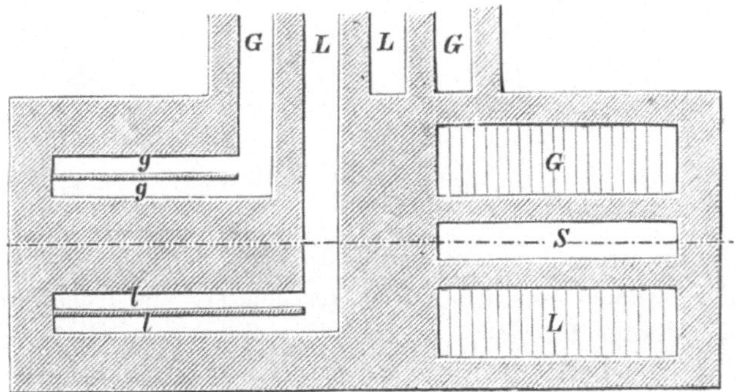

Fig. 291.

durch im Mauerwerk nach aussen mündende Canäle l ein, worin sie sich vorwärmt, und in der etwa 80 qcm grossen Austrittsöffnung O mit den aus dem Generator kommenden Gasen mischt. Die Flamme streicht aufwärts zum Gewölbe des Ofens, umspielt die beiden über einander liegenden Reihen von Muffeln m und fällt durch die Canäle a zwischen je 2 Nischen in den unter dem Ofen hinlaufenden Canal b; der Canal R und die darüber befindliche mit einer Eisenplatte bedeckte Oeffnung R' dienen zum Abstürzen der Destillationsrückstände.

---

[16]) Oesterr. Ztschft. 1881 pag. 336.

Einen Zinkdestillirofen mit Siemens'schen Wärmerecuperatoren zeigt Fig. 290 und 291. Die aus den Generatoren durch g kommenden Gase steigen durch den Recuperator G, die Verbrennungsluft aus l in dem Recuperator L aufwärts, beide mengen sich in hoch erhitztem Zustand bei dem Austritt durch die Füchse J in dem Canal F, und die Flamme streicht an das gegenüber liegende Ende des Ofens, wo sie in 2 gleiche Recuperatoren fällt und das darin gitterartig aufgeschlichtete Steinsystem erhitzt, durch welches bei dem nächsten Wechsel der Klappenstellung neue Luft und Gas in umgekehrter Richtung und ebenso die Flamme über dem Heerde sich bewegen. S ist eine Schlackenkammer, a die Canäle, durch welche die Destillationsrückstände in den Canal R abgestürzt werden, b sind die von Cochlovius[17]) eingeführten Eisenrahmen (D. R. P. No. 9128), welche die thönernen Grenzsteine der Nischen ersetzen.

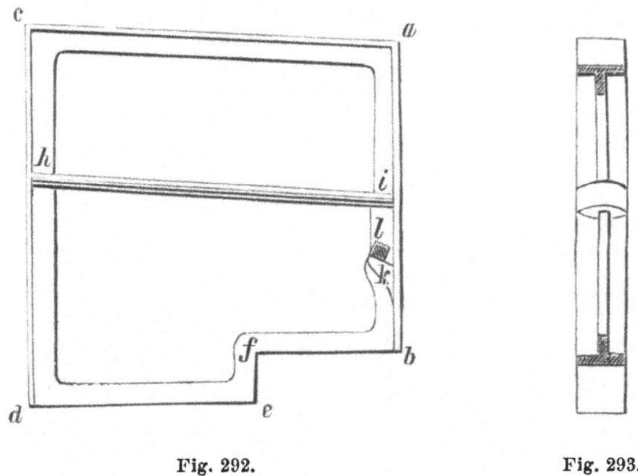

Fig. 292.   Fig. 293.

Dieser Rahmen ist in Fig. 292 und 293 abgebildet. An der Vorderseite a b wird der Rahmen von dem Ofenanker gefasst, die Rückseite c d legt sich an den Kappenfuss an; a c trägt das Deckengewölbe. Der untere Theil d e ist in den Heerd des Ofens eingelassen, und der Theil e f legt sich an die Heerdplatte an. Die Querschiene h i dient zur Versteifung des Rahmens, an dem sich bei k ein Ansatz befindet, auf welchem die Eisenschiene l liegt, welche den Vorlagenbock ersetzt. Sonst ist der Rahmen offen.

Einen Ofen mit 3 Reihen Muffeln von Rheinland-Westphalen zeigt Fig. 294. Das durch den Canal a von den Generatoren kommende Gas mengt sich bei dem Aufsteigen durch b mit der aus dem Canal c durch die Füchse d zutretenden Luft; die Flamme streicht bis zum Gewölbe aufwärts, kehrt hier um und fällt durch die Füchse e zwischen je 2 Nischen in den gemeinschaftlichen Abzugscanal f, zieht durch kurze Seitencanäle g

---

¹⁷) Dingler's Journ. Bd. 237 pag. 301.

in den Hauptcanal h und von da durch i zur Esse. Die Verbrennungsluft
tritt durch die mit Schiebern regulirbaren Oeffnungen k ein, wird bei
dem Durchstreichen durch die Canäle l stark vorerhitzt und gelangt so in
den Canal c. Die Oefen enthalten 50 bis 55 Muffeln.

Die schlesischen Galmeie enthalten 11—15%, die Blenden 25—30%
Zink; Galmei von Godullahütte enthält sogar blos 7—8% Zink. Beide
Erze werden auf einen mittleren Gehalt von gewöhnlich 14% gattirt, und
auf 100 q Erz 16—18 hl Kohlenklein und 32—36 hl Cinder zubeschickt.
Die Cinder haben hauptsächlich den Zweck, wegen hohen Eisengehaltes

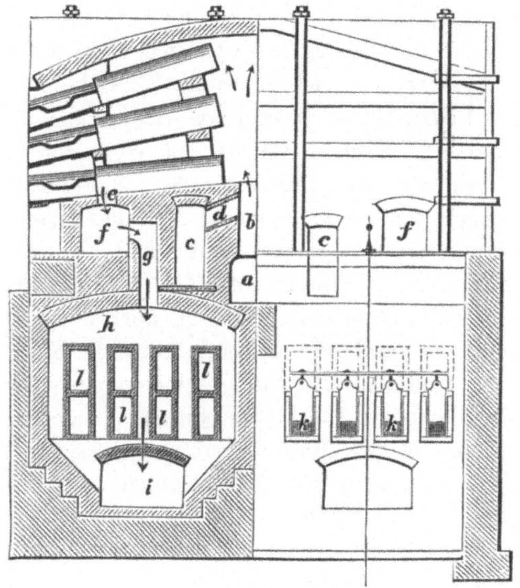

Fig. 294.

der Erze die Muffeln vor Corrosion zu schützen beziehentlich die Bildung
leichtflüssigen Eisenoxydulsilicates zu verhindern, am Schlusse die Destillation, beziehentlich Reduction zu vollenden, und werden davon bei Verhüttung von Blende allein 11°/₀ mehr gegeben; eine Muffel auf Pauls-
hütte bei Rozdzin von 2 m Länge erhält 105 kg Galmei Charge mit
durchschnittlich 11—12% Zink, von Blende wird meist nur die Hälfte
dieses Gewichts eingefüllt.

Der Betrieb in diesen Oefen ist folgender[18]): Ein neuer, mehrere
Tage an der Luft ausgetrockneter Ofen wird bei möglichst abgehaltenem
Luftzutritt vorsichtig angefeuert, die Muffeln eingesetzt, die Aussenseite
derselben vorn durch eine verlorene Mauer vor der Flamme geschützt und
alle Seitenöffnungen verschlossen; nach 7—8 Tagen ist der Ofen bei all-

---

[18]) Georgi l. c.

mälig gesteigerter Hitze so weit in Gluth, dass die Muffeln besetzt werden können, wozu man die verlorene Mauer wegnimmt, die Zwischenräume zwischen Muffel und Seitenwänden mit Ziegeln und feuerfestem Thon ausmauert, die untere Muffelmündung mit einer Thonplatte schliesst, die Vorlage ansetzt und einen schwachen, leicht destillirbaren Satz (Zinkoxyd) in die Muffeln einträgt. Bei Generativgasöfen werden an 2 diagonal gegenüber liegenden Nischen besondere kleine Planrostfeuerungen aus loser Mauerung angesetzt, während die übrigen Nischen verschlossen werden; man unterhält auf diesen beiden Rosten 3—4 Tage ein ziemlich gleichmässiges Kohlenfeuer, wobei die Wechselklappen gegen den Schornstein gestellt sind, dann erst werden die Muffeln eingesetzt und unmittelbar im Ofen getempert. Die den Rosten zunächst liegenden Muffeln werden durch lose vorgesetzte Mauern vor der directen Einwirkung der Flamme geschützt und das Feuer durch 3—4 Tage wieder nach und nach so weit verstärkt, dass der Ofen nach dieser Zeit in Weissgluth und aller vorher angesetzte Russ verbrannt ist. Der inzwischen angewärmte Generator wird jetzt vorsichtig angelassen; wenn derselbe normales Gas gibt, so schliesst man die Oeffnungen des Generators, gibt auf die 2 Hilfsroste des Ofens Holz, um durch die längere Flamme das Gas leichter zu entzünden, und öffnet dann bei beschränktem Luftzutritt die über dem Gaswechsel befindliche Drosselklappe, wonach durch Luftansaugung Explosionen im Ofen entstehen können. Anfangs fliegt die Flamme in einzelnen Bändern durch den Ofen, es wird nun die Luftklappe durch Versuche so gestellt, dass die Flamme constant und gleichmässig kräftig sich entwickelt, und wenn nach 2—3 maligem Umsteuern die Flamme unverändert bleibt, werden die Roste weggerissen, an ihre Stelle getemperte Muffeln eingesetzt und nach 12—24 Stunden chargirt. Erst nach 3—4 Chargen erhält der indess heiss genug gewordene Ofen den vollen Satz.

Während des Betriebes werden die Muffeln alle 24 Stunden nach jedesmal vorherigem Ausräumen und Abstechen des Metalls aus den Vorlagen neu besetzt, wozu für 20 Muffeln $\frac{1}{2}$ Stunde Zeit nöthig ist, worauf die Vorderwand ausgebessert, die Vorlagen geschlossen, die Vorsetzthüren vor die Nische gebracht und lutirt werden, welche Arbeiten ebenfalls $\frac{1}{2}$ Stunde Zeit in Anspruch nehmen. Die meiste Beschickung wird an die Rückwand der Muffeln, als dem heissesten Theile derselben, aufgehäuft; zur Schonung der Arbeiter wird früh die eine Seite, abends die andere Seite des Ofens besetzt. Behufs des Ausräumens der Rückstände werden zuerst die Vorlagen und der Hals derselben von Zink gereinigt, worauf mit einer Zange die unter dem Steg der Muffel anlutirte Thonplatte weggenommen wird und die Rückstände ausgezogen werden, welche durch die vor den Muffeln befindlichen Canäle in die unterhalb der Oefen befindlichen Röschen hinabfallen; die noch Metall haltenden Stücke darin werden ausgesucht und zurückgegeben, schlechte Muffeln werden ausgethont oder gewechselt, Ansätze in den Muffeln losgelöst, dann die Muffel unten wieder geschlossen, durch die Oeffnung oberhalb des Steges beschickt, die Düte angesetzt und sogleich wieder stärker gefeuert.

Neu eingesetzte Muffeln bleiben eine Charge hindurch leer, um etwaige Fehler derselben wahrnehmen zu können; nach erfolgter Ladung entsteht, so lange die Vorlagen noch kühl sind, immer viel Zinkstaub, welcher sie verstopft, wesshalb ein öfteres Räumen derselben mit einem Spiesse nothwendig ist, die Condensation des Zinks beginnt erst 2—3 Stunden nach dem Besetzen. Die Vorlagen dürfen nicht überhitzt werden, weil sonst viel Zink verbrennt. Nach der Grösse des Ofens richtet sich die Anzahl der Bedienungsmannschaft; bei einem Ofen mit 20—28 Muffeln ist das Arbeitspersonal in 24 Stunden 1 Schmelzer und 2 Gehilfen, bei mit Siemens'schen Recuperatoren versehenen Oefen mit 56—60 Muffeln arbeiten in derselben Zeit 2 Schmelzer, 2 Gehilfen und 2 Handlanger, welche aber zusammen auch noch die Herstellung der Beschickung, das Anfertigen der Thonplatten für die unteren Theile der Muffelmündungen, das Schüren u. s. w. zu besorgen haben.

Beschädigte Muffeln werden nach Georgi an folgenden Erscheinungen erkannt: Ist die Muffel rissig geworden, so dringen bei Planrost- und Unterwindfeuerungen die gepressten Verbrennungsgase auch in und durch die Muffel und färben die aus der Allonge entweichende, sonst bläuliche Flamme mehr braunroth, wogegen bei Regenerativöfen Luft durch den Riss in der Muffelwaud angesogen wird, und die aus der Esse entweichenden Gase weisen bei ihrem Austritt auf verbrennendes oder verbranntes Zink hin, wobei in beiden Fällen aber schon Zink oxydirt wird. Risse im Muffelgewölbe erkennt man auch daran, dass durch das Schauloch verbrennender Zinkdampf wahrgenommen wird, jedoch nur dann, wenn die Düte sich verstopft hat, bei dem Räumen der Düte verschwindet diese Erscheinung sofort. Bodenrisse zeigen sich bei dem Ausziehen der Rückstände und können mit Muffelmasse verstrichen werden; kleine Risse verstopfen sich selbst durch gebildetes Zinkoxyd, bei grösseren Rissen muss die Muffel ausgewechselt werden.

Gegenwärtig beträgt das Ausbringen auf den oberschlesischen Hütten aus einer gemengten, Galmei und Blende haltenden Beschickung 13—15 %, man braucht für 1 Gewichtstheil Zink 12·5—19 Theile Steinkohle, auf 1 Gewichtstheil Erz 1·5—2·5 Theile Steinkohle. In Rheinland-Westphalen, wo bedeutend reichere Erzbeschickungen verhüttet werden, ist der Brennstoffverbrauch für 1 Gewichtstheil Erz bis unter 1 Theil herabgegangen; in einer Muffel werden in 24 Stunden etwa 40 bis 50 kg Erz verarbeitet, die Oefen enthalten bis 140 Muffeln, eine Muffel hält etwa 30—40 Tage.

Bei der schlesischen Methode der Zinkverhüttung wird das Erz nicht fein gepulvert, sondern etwa in Bohnen- bis Haselnussgrösse in die Muffeln geladen, welche Arbeit ebenfalls mittelst Ladeschippen erfolgt; das Destillirgut liegt so lockerer, und die Muffel nimmt nicht so viel davon auf;

J. Binon[19]) empfiehlt nun, agglomerirte, stark gepresste Beschickung (Erz mit Kohle) in die Muffeln einzubringen, wodurch man um 50% mehr Beschickung in die Muffel bringt und weniger Reductionskohle bedarf, indem die Einwirkung des festen Kohlenstoffs auf das Zinkoxyd überhaupt und wegen der innigen Bindung viel kräftiger ist, die Reduction also bei niedrigerer Temperatur und früher erfolgt, ehe eine die Gefässe schädigende Silicatbildung eintritt. Binon und Grandfils haben vorgeschlagen, die Beschickung mit Theer zu mengen, das Gemenge in Kuchen von der Gestalt der Muffel zu pressen und diese in die Muffeln zu bringen.

Früher wurde schon der bedeutende Zinkverlust bei den bestehenden Verfahrungsarten als selbst über 20 % betragend angegeben, derselbe ist aber oft viel höher; es gelten demnach neuere Bestrebungen hauptsächlich einer möglichst vollkommenen Condensation der Zinkdämpfe beziehentlich Gewinnung derselben in Form von Oxyd, wodurch auch die Arbeiter von den Zinkdämpfen weniger belästigt werden.

Die Vorlage von Kleemann[20]) (Fig. 295) hat oben ein Ansatzrohr a, in welchem ein gusseiserner Rost liegt, worauf beständig glühende Koks erhalten werden; die austretenden Gase verbrennen durch die dort zutretende Luft, und entweichen durch o in die Kästen b und von da durch c in das Hauptsammelrohr D, aus welchem erst sie zur Esse abziehen. Auf Wilhelminenhütte bei Schoppinitz hat man seit Einführung dieser Einrichtung $\frac{1}{2}$ % Zink mehr aus dem Erze ausgebracht, und in der Hütte besteht eine von Dämpfen freie Atmosphäre. (D. R. P. No. 8121 und 12821.) Der Rost ist die wesentlichste Verbesserung der Vorlage. Nach einem neuen Patente No. 28596 und Zusatzpatent zu

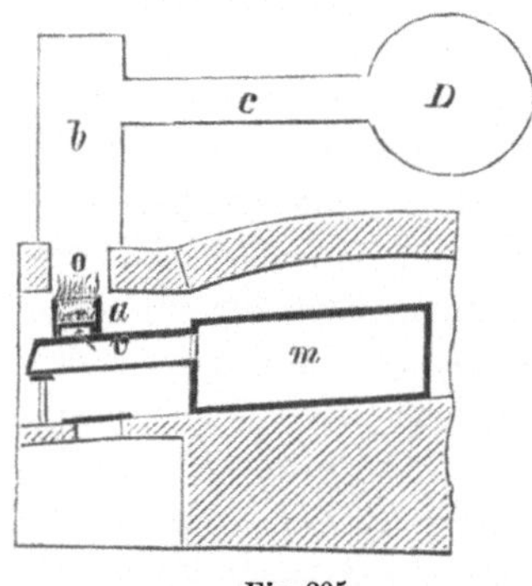
Fig. 295.

No. 7411 soll der Rost weiter nach rückwärts verlegt werden.

Die Vorlage von Dagner[21]) ist eine für 2 Muffeln in einer Nische gemeinschaftliche und 3theilig; die aus den Vorlagen a (Fig. 296—301) tretenden Dämpfe ziehen seitlich nach b und von da nach c und d; hier entweichen sie durch einen dort angebrachten Kleemann'schen Rost und ziehen von da in ein ausgebreitetes Condensationssystem K. Die oberen Abtheilungen der Vorlage sind niedriger und schmäler; b ist 15 cm breit und 20 cm hoch, c und d beziehentlich 12 und 10 cm breit und 10 und 10 cm

---

[19]) Bg. u. Httnmsch. Ztg. 1883 pag. 198 und 211, dann 1880 pag. 8, 1881 pag. 27 und 1882 pag. 531.

[20]) Chemikerztg. 1879 pag. 512. Oesterr. Ztschft. 1881 pag. 352.

[21]) Bg. u. Httnmsch. Ztg. 1881 pag. 360. Oesterr. Ztschft. 1881 pag. 352. Dingler's Journ. Bd. 236 pag. 486. Wagner's Jahresbericht pro 1881 pag. 182.

hoch. Die Oeffnungen zwischen der untersten und mittleren Vorlage sind
12 und 9, die zwischen der zweiten und dritten Vorlage 10 und 9 cm lang
und breit. (D. R. P. No. 8958.) Die Gewinnung von Zinkstaub in dieser Vorlage, und in den angeschlossenen Condensationskammern, in deren letzte
eine Wasserbrause mündet, ist sehr bedeutend.

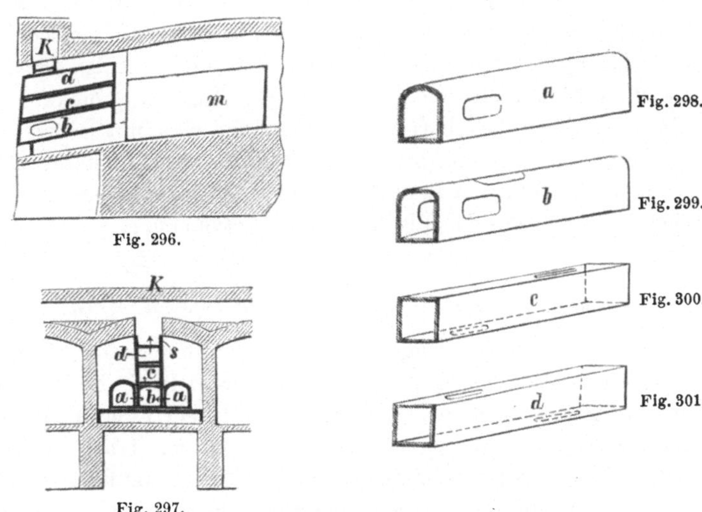

Fig. 296.

Fig. 297.

Fig. 298.

Fig. 299.

Fig. 300.

Fig. 301.

Weitere Condensationsvorrichtungen wurden angegeben von:

N. Recha in Lipine (D. R. P. No. 12768)[22]).

H. Bugdoll in Godullahütte (D. R. P. No. 11545)[23]).

Nachdem zur Beendigung der Destillation die Muffeln mit Zinkdämpfen
gefüllt bleiben und dieses Zink verloren geht, hat man auch versucht,
diese Dämpfe abzusaugen und so das letzte Zink zu gewinnen. Hiezu
wurden Apparate angegeben von

B. Kosmann in Königshütte (D. R. P. No. 5923)[24]).

C. Palm in Schwientochlowitz (D. R. P. No. 15116, 16046 und 16305)[25]).

Das Verfahren auf den einzelnen Hüttenwerken bei der Destillation
des Zinks ist nun von dem vorher beschriebenen im Wesentlichen nicht
verschieden.

Auf Silesiahütte in Oberschlesien beträgt das Ausbringen aus einer
14 %igen Beschickung 10 % bei einem Aufwand von 7 Theilen Staubkohle
auf 1 Theil Zink; die Rückstände enthalten noch 1·5 % Zink.

---

[22]) Wagner's Jahresbericht pro 1881 pag. 117.

[23]) Ebenda pag. 116.

[24]) Bg. u. Httnmsch. Ztg. 1879 pag. 280. Chemikerztg. 1879 pag. 9 u. 491.
Dingler's Journ. Bd. 235 pag. 281 und Bd. 236 pag. 250.

[25]) Wagner's Jahresbericht pro 1882 pag. 171.

Die Oefen mit Boëtiusfeuerung zu Dortmund enthalten 136, zu Bergisch-Gladbach 144 Muffeln; an ersterem Orte wird eine aus Galmei und Blende bestehende Beschickung von 50 % Durchschnittshalt unter Zuschlag von 33 % Reductionskohle mit 40—41 % Ausbringen bei einem Kohlenaufwand von 5—6 Theilen Kohle auf 1 Theil Zink verhüttet.

Die mit Siemensfeuerung versehenen Oefen zu Stollberg arbeiten mit nahezu gleichen Resultaten bezüglich des Ausbringens, der Kohlenaufwand ist geringer, der Verbrauch an Reductionskohle beträgt 48%. Die Oefen enthalten 72 Muffeln und produciren pro Tag 4·5 q Zink.

In Freiberg bestehen blos zwei Oefen, der eine mit Siemens'schen Wärmerecuperatoren, der andere mit Boëtiusgenerator, ersterer mit 36, letzterer mit 44 Muffeln; zur Reduction dienen Braunkohlenkoks, das Ausbringen beträgt 70 % des Metallgehaltes der Beschickung.

Gewinnung des Zinks nach der englischen Methode.

Die Einrichtung eines solchen Ofens ist sehr ähnlich der eines Blaufarbenofens; die Destillation erfolgt in Tiegeln, aus welchen die Zinkdämpfe durch eine im Boden befindliche Oeffnung durch ein Rohr nach abwärts entweichen, worin sie sich condensiren und in untergestellte Gefässe abtropfen. Die Tiegel halten sehr lange, der Verbrauch an Destillirgefässen ist also nur gering, aber der Brennstoffaufwand ist sehr hoch; es ist dieses Verfahren nur mehr in Südwales in sehr beschränktem Maasse üblich und durch die anderen Methoden verdrängt.

Man verhüttet in England Blende, welche zum Theil in eigenen Flammöfen, zum Theil in durch die Ueberhitze der Destilliröfen geheizten Flammöfen abgeröstet wird.

Die Oefen fassen 6 Hafen oder Tiegel, welche über Oeffnungen stehen, durch welche der Condensationsapparat in die unter der Hüttensohle befindlichen Gewölbe hinabreicht, wo die das Zink aufnehmenden Töpfe stehen.

Anfertigung der Hafen. Die Tiegel werden folgends hergestellt: Man nimmt 9 Gewichtstheile Brocken von alten Hafen und mengt dieselben mit 7 Theilen Stourbridger Thon erster und 5 Theilen zweiter Sorte; die vorbereitete Masse bringt man in Bottichen ähnliche, zweitheilige Formen ohne Boden, in welchen durch Einlegen von einzelnen Platten der Boden und die Seitenwände des Hafens in gleicher Art hergestellt werden, wie dies schon für die Anfertigung der Röhren und Muffeln angegeben wurde. Der Deckel wird auf einem besonderen, einem Regenschirm ähnlichen Gerippe gefertigt; in den geschlagenen Tiegel wird dann in den Boden ein Loch gebohrt, die Oeffnung im Deckel ebenfalls hergerichtet, dann der Hafen auf der Oberfläche mit Seeschlamm überzogen, wodurch er bei dem Brennen eine Glasur erhält, getrocknet, und endlich getempert. Die Stelle, auf die der Tiegel im Ofen zu stehen kommt, wird mit Chamottesand bestreut.

Die Zinkdestillation. Die Oefen haben die in Fig. 302 gezeichnete Einrichtung. Es bezeichnen a den Rost, b die Schürthür, c Beobachtungsöffnungen in der verlorenen Mauer m, mit welcher die Eintragsöffnungen für Einbringen der Tiegel verschlossen werden, e die Tiegel, f die Condensation, g den Fuchs zur Esse, h die Oeffnung, durch welche die Tiegel chargirt werden und welche durch einen Stein i verschlossen werden kann, k und l bewegliche steinerne Platten zur Regulirung der Fuchsöffnung. Den Tiegel und die Condensationsvorrichtung zeigen Fig. 303. Die Hafen sind

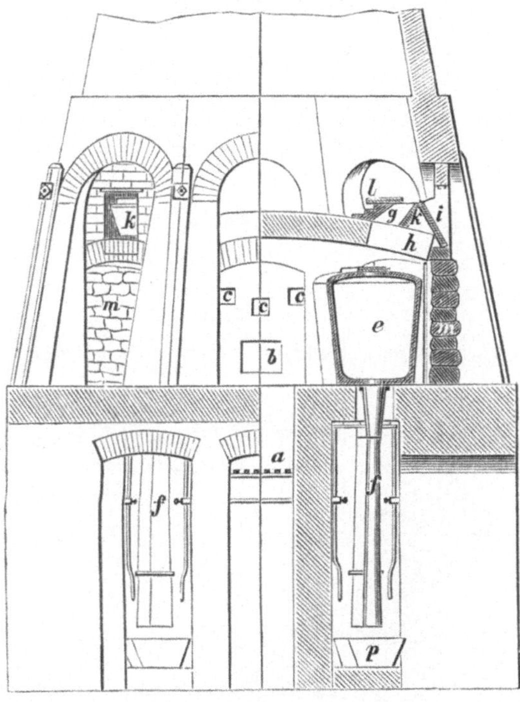

Fig. 302.

unten schmäler als oben, und werden mit einem Deckel bedeckt, in dessen Mitte sich eine mit einem zweiten kleineren Deckel verschliessbare Oeffnung befindet, durch welche die Hafen besetzt werden; an die Oeffnung a im Boden werden die aus Eisenblech gefertigten Condensationsröhren b und c angesetzt. Von diesen Rohren ist das obere b kürzer und nach oben zu erweitert, dasselbe wird mit Thon überzogen mit seinem oberen umgebördelten Rand an die Bodenöffnung des Hafens befestigt, der untere Rand wird von dem eisernen Kreuz d getragen, das an den durch die Schrauben e stellbaren Eisenstangen f festgenietet ist. Das untere Rohr c ist länger, erweitert sich nach unten und mündet bis nahe an das das herabtropfende Zink aufnehmende Gefäss p (in Fig. 302).

Der Betrieb ist folgender: Ueber die untere Oeffnung des Tiegels werden, nachdem zuerst das kurze Rohr angesetzt wurde, einige Stücke Holz gelegt, auf diese gröbere Koks, darüber feinere und über diese Koksklein eingetragen, und hierauf der Hafen schichtenweise mit gerösteter Blende und Koks gefüllt; 6 Hafen erhalten 10 q Charge. Man lutirt dann den Deckel auf den Hafen auf und beginnt mit der Feuerung; wenn unten der anfangs mit brauner Farbe entweichende Dampf weissblau wird, setzt man das

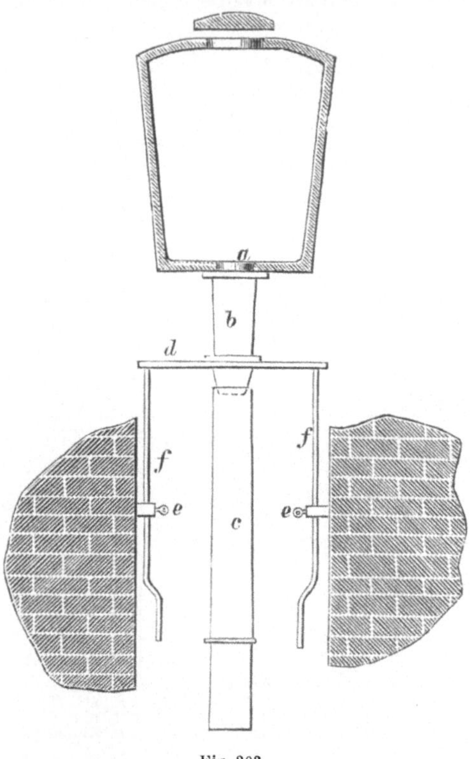

Fig. 303.

längere Rohr an und dichtet beide mit Thon. Das übergehende Zink fällt tropfenweise in die untergestellten Töpfe.

Wenn sich die Röhren verstopfen, so wird das untere Rohr abgenommen und das die Verstopfung bewirkende Metall mit einer Zange abgebrochen oder durch Einführung glühender Eisenstangen abgeschmolzen und das Rohr c wieder angesetzt. Bei regelmässigem Gange der Destillation zeigt sich am Ende des langen Rohrs eine blaue Flamme; wenn das Zink nur mehr in vereinzelten Tropfen und spärlich herabfällt, unterbricht man die Destillation. Man nimmt unten die Röhren und den oberen Deckel von den Hafen ab, räumt die Rückstände durch die Bodenöffnung des Hafens aus, reinigt dessen Innenfläche von Ansätzen und chargirt die

Hafen von Neuem. Die Destillation dauert 64—68 Stunden, in 14 Tagen werden 5 Destillationen vorgenommen, man bringt pro Destillation 3 bis 4 q Zink aus und braucht hiezu an Kohle 22—27 Gewichtstheile für 1 Theil Zink.

Kärnthner Verfahren der Zinkgewinnung.

Das alte Kärnthner Verfahren, bei welchem das Zink in stehenden Röhren destillirt wurde, ist aufgegeben worden, der Betrieb war hiebei kein continuirlicher und das Ausbringen sehr unvollständig; neuerer Zeit jedoch haben Binon und Grandfils[26]) diese Methode wieder aufgenommen und für continuirlichen Betrieb eingerichtet. Sie benützen hiezu den in Fig. 304 skizzirten Ofen; 12 stiefelförmige Röhren D von 40 cm Weite und 2·4 m Länge münden sowohl oben als unten ausserhalb des Ofens und sind daselbst mit deckelartigen Thonpfropfen a und b verschlossen. Die Röhren sitzen in einer mit Thon ausgefüllten gusseisernen Zarge E, welche an dem unteren Röhrentheil angegossen ist, und werden bei b chargirt, bei a entleert; unten bei a wird auch bei Verarbeitung bleihaltender Blenden reducirtes Blei abgestochen; K ist die elliptische Vorlage, welche in den Nischen N

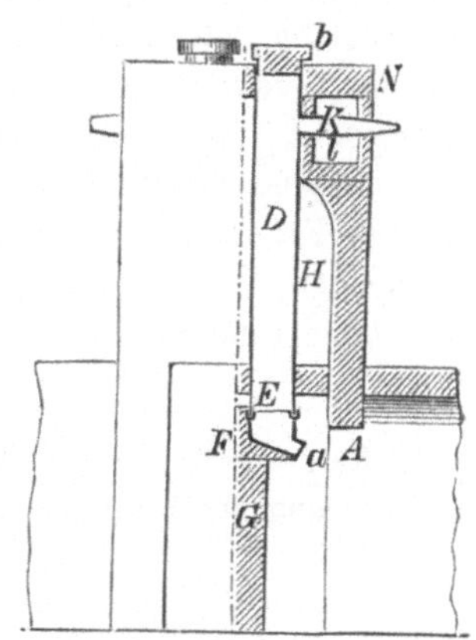

Fig. 304.

auf Thonsteinen l aufruht. Die Röhren werden durch die Mauer G gestützt und ruhen in dem gusseisernen Rahmen F. Die Beheizung erfolgt durch Gas, das aus einem an der schmalen Seite des Ofens befindlichen Generator durch die Züge H streicht und mit vorgewärmter Luft verbrannt wird.

Bei dem Chargiren wird zuerst der untere Theil der Röhren, welcher unter dem Bodengewölbe A liegt, mit Cindern gefüllt, und auf diese Unterlage die Beschickung eingebracht; nach beendeter Destillation werden die Rückstände bei a ausgeräumt und die Röhren durch b sofort wieder chargirt. Es hat dieses modificirte Kärnthner Verfahren den Vortheil einer längeren Dauer der stehenden Röhren und sie können rasch entleert werden; eventuell ist eine Bleigewinnung bei Verhüttung bleihaltender Erze möglich.

Ein ähnlicher Apparat wurde von Chenhall in Morriston in Anwendung gebracht[27]).

---

[26]) Dingler's Journ. Bd. 235 pag. 222. Oesterr. Ztschft. f. Bg. u. Httnwsn. 1881 pag. 325.

[27]) Oesterr. Ztschft. 1880 pag. 462.

Darstellung von Zinkoxyd in Schachtöfen.

Ursprünglich war das Bestreben dahin gerichtet, die in Schachtöfen erzeugten Zinkdämpfe in metallischem Zustand zu condensiren, aber alle in dieser Absicht geschehenen Versuche blieben erfolglos, das metallische Zink wird nämlich nach erfolgter Reduction sowohl durch den Sauerstoff der atmosphärischen Luft, als auch durch Wasserdampf und Kohlensäure sehr leicht wieder oxydirt, und man erhielt demnach als Product immer nur Zinkoxyd. Bei der hohen Reductionstemperatur, welche für das Zink nothwendig ist, und bei dem Uebermass von Zuschlagskohle bildet sich bei der Reduction des Oxyds vorwaltend Kohlenoxydgas, allein dieses reducirt das Zinkoxyd ebenso, wenn auch weniger kräftig, als der feste Kohlenstoff, und die Bildung von Kohlensäure ist demnach nicht zu verhindern.

F. Fischer[28]) fand zwar bei den von ihm vorgenommenen Untersuchungen der den belgischen Zinkdestilliröfen zu Letmathe entströmenden Gase sehr wenig Kohlensäure, wie die nachfolgende Tabelle zeigt:

Probenahme	CO_2	CO	C_2H_4	H	N
1. Kurz vor Beginn der Destillation	15·58	38·52	4·17	41·70	Spur
2. Beginn der Destillation, obere Reihe	0·48	—	—	—	—
3. Vorgeschrittene - - -	1·06	92·16	Spur	5·32	1·01
4. - - untere -	0·11	97·12	Spur	1·83	0·41
5. - - - -	1·10	—	—	—	—
6. Fast beendete Destillation	0·82	98·04	—	0·72	Spur.

Gasproben aus Muffeln der Oefen in Münsterbusch haben ergeben:

CO_2	0·09	0·11
CO	95·36	97·42
C_2H_4	Spur	—
H	3·72	1·20
N	0·61	0·92.

Die geringe Menge Zinkoxyd, welche man in dem Zinkstaub findet, würde die Richtigkeit dieser Analysen bestätigen, denn rechnet man im Durchschnitt einen Abfall von 10% poussière mit 10% Gehalt an Zinkoxyd, so ergibt dies blos 1% Zink der Production in Form von Oxyd, und dieses wird aus den ersten Stadien der Destillation herrühren; die Gefässe werden auch möglichst mit Destillirgut gefüllt und enthalten sehr wenig Luft, es sind demnach die Bedingungen zur Bildung von mehr Kohlensäure gar nicht gegeben, indessen ist die Gegenwart derselben doch in allen Analysen nachgewiesen worden, und diese dürfte durch die reducirende Wirkung des Kohlenoxydgases auf das Zinkoxyd entstanden sein.

---

[28]) Dingler's Journ. Bd. 237 pag. 389. Wagner's Jahresbericht pro 1880 pag. 186.

Bei der Verhüttung in Schachtöfen bestehen nun diese günstigen Verhältnisse nicht; ein solcher Ofen wird nicht von aussen geheizt, die Hitze wird nur innen durch Verbrennung der Kohle erzeugt, und diese kann nicht blos mit dem Sauerstoff des Zinkoxyds verbrennen, denn damit dieses geschehe, muss erst die Kohle glühend gemacht werden, es muss demnach ein Theil Kohle im Schachtofen selbst verbrannt werden, um die nöthige Reductionstemperatur zu erzeugen, und diese Verbrennung kann nur durch zutretende atmosphärische Luft fort erhalten werden. Wenn nun auch keine Luft eingeblasen wird, so herrscht doch jedenfalls in dem Ofenschacht der genügende Zug, die zutretende Luft genügt, die Verbrennung zu unterhalten, aber es bildet sich hiebei viel mehr Kohlensäure, und diese oxydirt die mit entweichenden Zinkdämpfe. Es ist demnach eine Gewinnung des Zinks in Schachtöfen in dieser Art nicht möglich.

Die ersten diesfallsigen Versuche wurden 1861 von Adrian Müller zu Gladbach vorgenommen; aus dem von Lencauchez hierüber mitgetheilten Bericht ergibt sich, dass die Zerlegung des Zinkdampfs durch Kohlensäure schon bei niedrigerer Temperatur erfolgt und um so energischer vor sich geht, je höher die Temperatur ist, dass das Zinkoxyd durch Kohlenoxydgas nur in höherer Temperatur reducirt wird, auch durch Hohofengase reducirt werden kann, aber dass bei fallender Temperatur die Zinkdämpfe wieder oxydirt werden. Letzteres findet bei unserem Eisenhohofenbetrieb seine Bestätigung, bei welchem sich ein Theil des in den Erzen enthaltenen Zinks in Form von Oxyd, „als Gichtschwamm“ unterhalb der Ofengicht absetzt.

Von mehr Erfolg begleitet ist die Darstellung von Zinkoxyd in Schachtöfen; das Zinkoxyd muss zwar wieder erst in Gefässöfen reducirt werden, aber es ist leichter reducirbar, und weil es fast rein ist, stellt es ein sehr reiches, an 80 % Zink enthaltendes Erz dar, und die Gewinnung des Metalls daraus wird nach jeder Richtung hin wesentlich erleichtert.

Es hat nun Harmet in Denain in den letzten Jahren einen Apparat angegeben, worin allerdings neben Zinkoxyd (Zinkweiss) die Gewinnung metallischen Zinks auch noch angestrebt wird (D. R. P. No. 11 197). Dieser Ofen ist in Fig. 305 abgebildet, und wird derselbe mit heissem Gebläsewind betrieben; die Luft tritt durch die unter der Chargiröffnung a befindlichen Düsen T_1 und T_2, sowie durch die im Gestelle angebrachte Düse T in den Ofen C. Die mit einem Ueberschuss von Kohle

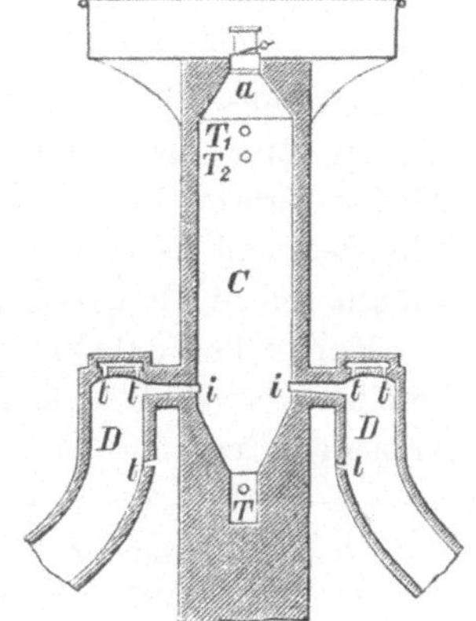

Fig. 305.

aus dem mit Doppelverschluss versehenen Füllcylinder aufgegichteten Erze werden im unteren Schachtraum reducirt, die Zinkdämpfe entweichen durch die seitlichen Canäle i in die Kammern D und werden hier durch aus den Düsen t zugeführte kalte und feuchte Luft oxydirt und in Condensationskammern angesammelt. Die Beschickung soll vor der Düse T im Gestelle vollständig geschmolzen und in flüssigem Zustand aus dem Ofen geschafft werden. Für Darstellung von metallischem Zink soll der Ofenschacht höher sein, und sollen für diese Gewinnung die flüchtigen Producte durch mit Holzkohle gefüllte Kammern geleitet werden, welche die durchziehenden Dämpfe genügend heiss erhalten; die Condensatoren, worin das Zink sich sammeln soll, liegen an diese Kammern dicht angeschlossen, und soll der Gasdruck darin ein beträchtlicher sein, damit jeder Luftzutritt verhindert wird. Hinter den Condensatoren sind ausserdem noch Kammern zum Auffangen von Zinkoxyd angebracht.

Schachtofenconstructionen für Gewinnung von Zink oder Zinkoxyd wurden noch angegeben von:

A. Gillon[29]),

L. Kleemann (D. R. P. No. 14 497),

P. Keil (D. R. P. No. 15 992),

G. Westmann (D. R. P. No. 19 127), ein Regenerativschachtofen,

F. Clerk[30]),

J. Glaser (D. R. P. No. 48 449)[31]),

C. Komarek[32]), Erzeugung von Zinkoxyd aus Zink durch ein dem Bessemern ähnliches Verfahren.

Methode der Blendeverarbeitung nach E. Landsberg[33]) (D. R. P. No. 23 280). Das Verfahren besteht darin, die Blende blos theilweise abzurösten, dann mit Kalk und Kohle oder Koks in einer Muffel zu glühen und das entweichende Zink in gewöhnlicher Weise aufzufangen; das Zink wird hiebei unter Bildung von Schwefelcalcium ausgeschieden.

$$ZnO + ZnS + CaO + C = 2Zn + CaS + CO_2.$$

Der wesentliche Vortheil dieser Methode besteht darin, dass die Röstung eine viel weniger kostspielige ist, indem die Blende nicht vollständig geröstet zu werden braucht, der Schwefelgehalt der Blende wird gebunden und belästigt nicht in der Umgebung der Hütte, und das Ausbringen soll ein besseres sein.

Parnell's Verfahren[34]). Zum Theil wurde schon auf pag. 384 dieses Verfahren erwähnt, welches auch die Reinigung der Blei, Kupfer und Silber führenden Erze und die leichtere Verhüttung derselben zum Zwecke hat.

---

[29]) Bg. u. Httnmsch. Ztg. 1881 pag. 6.

[30]) Ebenda 1877 pag. 83. Dingler's Journ. Bd. 224 pag. 179. Iron 1876 pag. 581.

[31]) Dingler's Journ. Bd. 254 pag. 253.

[32]) Chemikerztg. 1880 pag. 135.

[33]) Bg. u. Httnmsch. Ztg. 1879 pag. 104. Chemikerztg. 1879 pag. 3.

[34]) Kärntner Ztschft. 1881 pag. 32. Iron 1880.

Auf den Werken der Swansea Zink Ore Comp. werden die Erze in Muffelöfen sulfatisirend geröstet, der Rost mit schwacher Schwefelsäure extrahirt und diese Säure so lange für neue Erzmengen verwendet, bis sie sich gesättigt hat, worauf man gelöstes Kupfer durch Zink ausfällt, die Lösung durch Abdampfen concentrirt, und wenn sie sich zu verdicken beginnt, Schwefelzink einrührt und die eingetrocknete Mischung in einem Muffelofen erhitzt, wobei die entweichende schweflige Säure zur Darstellung von Schwefelsäure benützt wird.

$$3\,Zn\,SO_4 + Zn\,S = 4\,Zn\,O + 4\,SO_2.$$

Das Zinkoxyd enthält etwa 60% Zink und wird in gewöhnlicher Weise destillirt.

Raffination des Rohzinks.

Das aus den Vorlagen abgestochene oder ausgeschöpfte Zink, sowie das aus den Tropfkammern der alten schlesischen Oefen gewonnene Tropfzink ist unrein; man heisst diese unreinen Zinksorten Rohzink. Dasselbe muss durch Umschmelzen von dem grössten Theil seiner Verunreinigungen, welche sowohl chemisch aufgelöst, als auch mechanisch beigemengt sich darin finden, befreit werden. Das Umschmelzen geschieht jetzt seltener in eisernen oder thönernen Kesseln durch die Ueberhitze der Destilliröfen, sondern meistens in separaten Flammöfen auf einer aus Thon gestampften Sohle; ein Einschmelzen in eisernen Kesseln hat den Nachtheil, dass das Zink etwas Eisen aufnimmt, also doch nur unrein bleibt, auch werden solche Kessel bald durchgefressen.

Fig. 306 und 307 zeigt einen solchen Flammofen für das Umschmelzen des Rohzinks [35]). Derselbe hat eine aus magerem Thon mit heissen eisernen Stampfern sorgfältig ausgestampfte geneigte Sohle, welche vor der Arbeitsthür i in einem Sumpfe f endigt, aus welchem das Zink ausgeschöpft wird, bei g ist die Einsetzöffnung für die umzuschmelzenden Zinkbarren, h sind zwei seitlich gelegene kleine Roste; von Wesenheit ist die Herstellung der Schmelzsohle, um ein späteres Reissen derselben und ein Durchgehen des Metalls zu verhindern. Das Ausschöpfen geschieht mit möglichst dünnen, gusseisernen Kellen, welche man aber nicht mit Thon beschlägt, damit keine Unreinigkeiten mechanisch dem Zinke beigemengt werden. Nach erfolgtem Einschmelzen des Zinks, das nur allmälig und bei niederer Temperatur geschehen muss, belässt man das Metallbad im Sumpfe 1 bis 2 Tage in Ruhe und beginnt jetzt erst auszuschöpfen, weil die möglichste Trennung des Zinks von den verunreinigenden

---

[35]) Bg. u. Httnmsch. Ztg. 1873 pag. 290.

Bestandtheilen nur dann erfolgt, wenn das Metall längere Zeit in flüssigem
Zustande erhalten wird, wobei zunächst das Blei zu Boden geht, später das
Eisen; das Zink muss auch bei möglichst niedriger und gleichmässiger
Temperatur in flüssigem Zustand erhalten werden, wodurch es nach
Thum gelingt, bei geringem Calo durch Oxydation ein Zink mit fein kry-
stallinischem Gefüge zu erhalten, wie es für das Walzen erforderlich ist.
Das Metallbad soll bedeutend sein, etwa 200—300 q betragen, so dass
während des 2—3 Tage dauernden Einschmelzens dasselbe eben längere

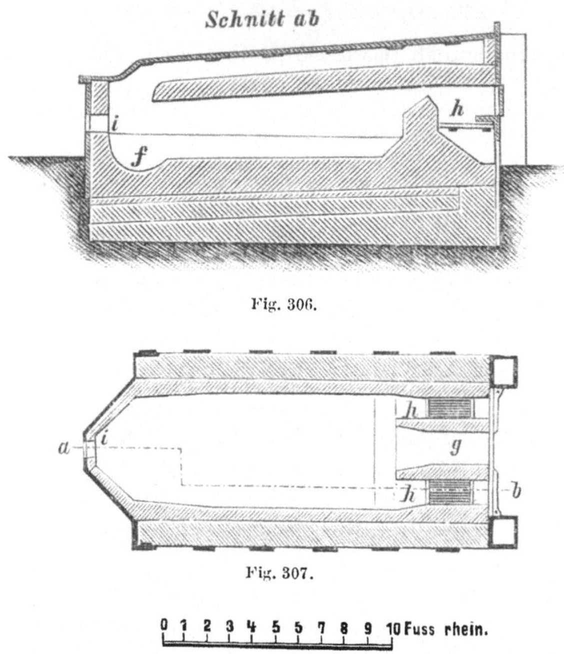

Fig. 306.

Fig. 307.

Fig. 307.

Zeit ruhig in flüssigem Zustande erhalten wird, bevor man an das Ausschöpfen geht. Am Schlusse einer Woche muss das Zink vollständig ausgeschöpft werden, um das Blei aus dem Sumpfe zu entfernen, und müssen
sodann die Heerdsohle und Ofenwände von Ansätzen von Hartzink geputzt werden. Das Umschmelzcalo soll $1\frac{1}{2}\%$ nicht übersteigen, der Kohlenaufwand beträgt 10% des eingeschmolzenen Rohzinks.

Die häufigsten Verunreinigungen des Zinks sind Blei, Eisen, Cadmium,
Antimon, Arsen, Kohle, ein aus Blende dargestelltes Zink enthält auch
Schwefel; das Blei und Eisen gehen fast vollständig zu Boden bei dem
Umschmelzen, Eisen macht das Zink härter und schwerer schmelzbar, darum
wird ein Eisen haltendes Zink Hartzink genannt. Zur Reinigung des Zinks
von Arsen und Antimon empfiehlt Lhôte[36] einen Zusatz von Chlor-

<hr>

[36] Compt. rend. 98 pag. 1491.

magnesium bei dem Umschmelzen, wodurch beide verunreinigende Metalle als Chloride ausgeschieden werden; Arsen und Antimon machen das Zink spröde.

Bei dem Einschmelzen des Zinks sammeln sich auf der Oberfläche des Metallbades die während des Schmelzens gebildeten Oxyde, sowie die mechanischen Verunreinigungen des Rohzinks; diese Krätzen werden abgezogen und bei der Zinkdestillation in die obersten Röhren oder als erste Chargen in neuen Muffeln wieder zugetheilt.

Wird die Temperatur bei dem Umschmelzen zu hoch gehalten, so bildet sich viel Zinkoxyd, das sich dem flüssigen Zink zum Theil beimengt, dasselbe breiig und für den Guss sowohl, wie für das Walzen untauglich macht; man nennt solches Zink verbranntes Zink.

Zinkanalysen haben folgende Verunreinigungen ergeben:

Zink von	Johannisthal in Krain nach v. Lill	Cilli nach Schneider[39]	Sagor	Dombrova[37]	Sagor nach Schneider[39]
Pb	0·536	0·3239	0·45	1·10	0·943
Cd	0·069	—	—	—	—
Fe	0·018	0·0253	0·15	0·15	0·008
				S	0·002.

Zink von	den südöstlichen	den südwestlichen	Birkengang
	Missourihütten nach Pack[38]		
Pb	0·0701	0·0061	1·460
Fe	0·7173	0·2863	0·022.
As	0·0603	0·0590	
Sb	0·0249	—	
Cu	0·1123	0·0013	
S	0·0035	0·0741	
Si	0·0346	0·1374	
Kohle	0·1775	0·0016.	

Zink von	Georgshütte Marke I,	Georgshütte Marke II,	Reckehütte
	(in Preussisch Schlesien nach L. Schneider und H. Peterson[39a])		
Pb	1·4483	1·7772	1·1921
Fe	0·0280	0·0280	0 0238
Cd	0·0245	—	—
Cu	0·0002	—	0·0002
Ag	0·0017	Spur	0·0007
As	Spur	—	—
Sb	—	Spur	Spur
Bi	—	—	Spur
S	Spur	0·0020	Spur

---

[37] Jhrbch. d. k. k. Bgakademien Bd. 13 pag. 65.

[38] Bg. u. Httnmsch. Ztg. 1876 pag. 215 und 1875 pag. 15. Eng. and Min. Journ. New York 1874, XVIII, 3 pag. 37. Transactions of the Americ. Instit. of Min. Engin. Vol. III pag. 125.

[39] Jhrbch. d. k. k. Bgakademien Bd. 24 pag. 337.

[39a] Jhrbch. der k. k. Bgakademien 1885 pag. 193.

Verarbeitung des Zinkstaubs. Der Zinkstaub, ein Gemenge von höchst fein vertheiltem Zink und Zinkoxyd, enthält auch noch Antheile aller in den destillirten Erzen enthalten gewesenen flüchtigen Metalle, vorwaltend davon Cadmium, dann Arsen, Antimon, Blei und auch Schwefel; zum Theil wird derselbe, wenn er hoch im Gehalte an metallischem Zinke ist, sofort in den Handel gebracht, zum Theil wieder bei dem Destilliren der Erze mit verwendet, zum Theil in einem eigenen, von Montefiore angegebenen Apparat zuerst für sich zur Gewinnung des Zinkes benutzt und erst die hier verbleibenden Rückstände wieder in die Destilliröfen zurückgegeben.

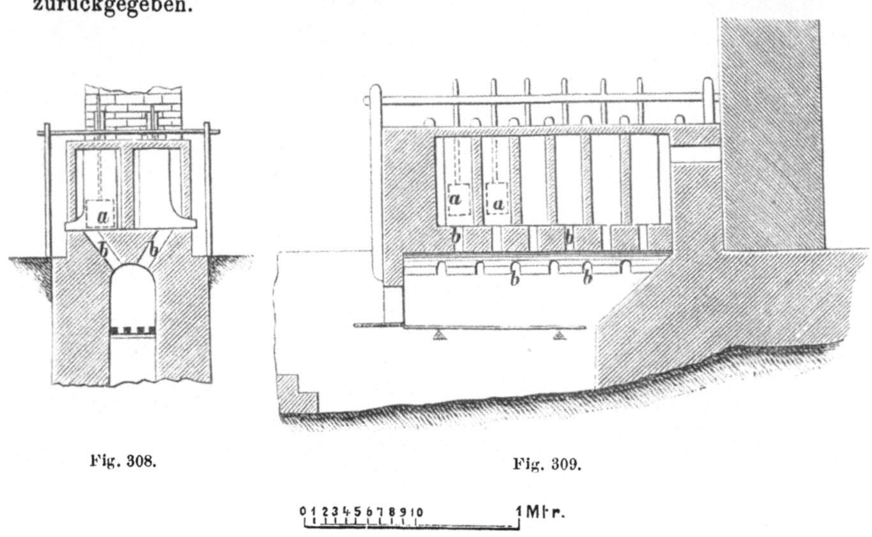

Fig. 308.   Fig. 309.

Zu Fig. 308 u. 309.

Analysen von Zinkstaub haben ergeben:

Zinkstaub von	Borbeck nach Thum	aus engl. Oefen von Blende nach Weston		des Carondeletwerkes in Missouri [40]	
Zn	97·82	Zn O	46·70	Zn	29·899
Fe	0·16	Cd O	16·23	Fe	2·052
Pb	0·23	Fe$_2$O$_3$	4·45	Pb	Spur
Cu	—	Al$_2$O$_3$	0·75	Cu	Spur
Cd }		Ca O	1·43	Cd	—
As }	0·08	S	0·82	As	0·321
Sb	—	SO$_3$	2·85	Sb	0·372
		Kohle	10·01	Zn O	57·740
		Feuchte	1·98	S	0·026
		Unlöslich	7·94	Kohle	1·221
				Unlöslich	9·608.

---

[40]) Wagner's Jahresbericht pro 1876 pag. 265.

Das von Montefiore angegebene Verfahren besteht darin, dass man den Zinkstaub bei einer der Schmelzhitze des Zinks entsprechenden Temperatur zusammenpresst, wodurch das Zink zusammenfliesst und abgelassen werden kann, während das Zinkoxyd zurückbleibt; zu Corphalie in Belgien steht dasselbe in Anwendung.

Der Ofen ist in Fig. 308 und 309 abgebildet; zu jeder Seite der den Ofen theilenden Mittelmauer stehen 6 Thonröhren mit stiefelartigen Ausweitungen am Boden, in welchen ein genau passender an einer Stange befestigter Thoncylinder a von aussen drehend niedergedrückt werden kann; die aus dem Ofen herausragenden Erweiterungen der Röhren haben an der Sohle eine Oeffnung, durch welche das ausgepresste Zink in untergestellte Formen abfliesst. Der Ofen wird von einem Roste aus befeuert, von welchem die Flamme durch die Füchse b aufsteigend die Röhren umstreicht und durch die Esse abzieht.

Gewinnung des Zinks durch Elektrolyse.

Nach Lambot und Doucet[41]) wurden geröstete Erze in gewöhnlicher Salzsäure gelöst, aus der concentrirten Lösung das Eisen durch Chlorkalk niedergeschlagen und aus der fast reinen Chlorzinklösung bei Anwendung von Graphit als Anoden das Zink auf Zinkplatten ausgefällt. Dieser zu Bleyberg (Belgien) versuchte Process wurde wieder aufgegeben.

Nach Luckow[42]) erfolgt die Abscheidung des Zinks in Form von Körnern, wenn man die zu elektrolysirenden Substanzen in concentrirte, $20-30\%$ ige Zinklösungen bringt. Luckow benützt als Zellen hölzerne Tröge, als Kathoden Bleche oder Platten von Zink oder mit Koks gefüllte Gitterkästen von Holzlatten, als Anoden Gemenge von zinkhaltigen Erzen oder Hüttenproducten mit ausgeglühten, aschenarmen dichten Koks ebenfalls in hölzernen korbartigen Behältern (Gitterkästen). Je concentrirter die Lösung und je stärker der elektrische Strom, in um so gröberen Körnern scheidet sich das Zink ab (D. R. P. No. 14256).

Nach Blas und Miest[43]) werden die auf 5 mm Korngrösse zerkleinten Erze in kupfernen oder stählernen Formen unter einem Druck von 100 Atmosphären zusammengepresst, dann in einem Ofen verschlossen auf 600° erhitzt, nach dem Herausnehmen aber wieder gepresst und die so hergestellten Platten rasch erkalten gelassen, damit sie leichter aus den

---

[41]) Bg. u. Httnmsch. Ztg. 1883 pag. 367.

[42]) Berggeist 1881, No. 72. Bg. u. Httnmsch. Ztg. 1882 pag. 107.

[43]) C. Blas u. E. Miest, Essay d'application de l'Elektrolyse, Louvain et Paris, 1882. Bg. u. Httnmsch. Ztg. 1882 pag. 489 und 1883 pag. 378.

Formen gestürzt werden können. Diese Platten sollen eine möglichst grosse Oberfläche haben, und richtet sich ihre Grösse nach der Erzart; sie werden an Eisenstangen befestigt und mittelst eines eisernen Leiters mit dem positiven Pol einer dynamoelektrischen Maschine verbunden in das Bad eingehängt, welches eine neutrale Zinklösung sein soll. Als Kathoden dienen Zinkbleche, welche in gleicher Art mit dem negativen Pol verbunden werden, und soll der Abstand zwischen den Blechen nicht über 6 cm betragen; die hölzernen Fällbottiche sind getheert, zwischen den unteren Elektrodenkanten und dem Boden des Bottichs muss genügend Raum bleiben für die herabfallenden Gangarten, welche häufig entfernt werden sollen.

Das Verfahren ist für Zink-, Blei- und Kupfererze anwendbar und gründet sich auf die verschiedene Leitung des galvanischen Stroms durch die natürlichen Schwefelmetalle, dann darauf, dass mit Gangart passend agglomerirte Schwefelerze auch bei viel anwesender Gangart leiten.

Elektrolysirt man in einer Salzlösung, deren Säure das Schwefelmetall angreift, so scheidet sich der Schwefel bei der Lösung des Metalls an der Anode ab, und geschieht dies am leichtesten in einer Nitratlösung ohne jede Sulfatbildung. Eisenkies ist der schädlichste Bestandtheil der Erze, weil sich das Eisen löst und als Oxyd an den Elektroden niederfällt. Blas und Miest entfernen dasselbe, indem sie die eisenhaltende Lauge in Bottiche heben, worin Zink vorgelegt ist, und darin auf 60° erwärmen, wodurch Eisen ausgeschieden wird und Zink dafür in Lösung geht.

Létrange[44]) verhüttet zu St. Denis bei Paris Zinkerze in folgender Art: Die Blenden werden in Flammöfen sulfatisirend geröstet oder in Kilns gebrannt und die Oxyde in angefeuchtetem Zustand mit gasförmiger schwefliger Säure in Contact gebracht, wo sie sehr leicht in Sulfite umgewandelt werden, welche an der atmosphärischen Luft eben so leicht in Sulfat übergehen; es hat diese Sulfatisirung den Vortheil, dass das bei dem Rösten erzeugte Schwefeldioxyd bei der Absorption durch Zinkoxyd unschädlich gemacht wird. (Zuerst wurde diese Methode der Unschädlichmachung von Schwefeldioxyd von C. Schnabel in Vorschlag gebracht.) Die vorbereiteten Erze bringt man in grosse Bottiche, worin durch stetig zufliessendes Wasser das Zinksulfat gelöst wird, leitet die Lösung in neben einander stehende Bottiche mit doppeltem Boden unten ein, so dass sie langsam aufwärts steigend einen Theil ihres Zinkgehaltes bereits an die hier eingestellten Kathoden abgeben; die spezifisch leichtere Schwefelsäure wird an die Oberfläche des Bottichs gehoben und durch ein Ueberfallrohr zu dem ersten Bottich zurückgeleitet, wo sie neuerdings Zink in Lösung bringt. Die frei gewordene Schwefelsäure genügt zur Lösung der Zinkerze; Blei, Gold, und Silber bleiben in dem unlöslichen Rückstand; ein Erwärmen der Lösung befördert die Präcipitation des Zinks. Als Kathoden

---

[44]) Bg. u. Httnmsch. Ztg. 1882 pag. 489. Dingler's Journ. Bd. 245 pag. 455.

dienen Messingbleche, auf welchen sich das Zink in Schichten von 4 bis
5 mm Dicke ablagert und in cohärentem Zustand in einem Stück abgelöst
werden kann, wenn man dasselbe mittelst eines Messers an der Kathode
oben lockert und vorsichtig abzieht. Das niedergeschlagene Zink ist etwas
eisenhaltend (Oesterr. Pat. v. 12. Nov. 1881).

Den von Létrange benützten Apparat zeigt Fig. 310. A ist das
Auslaugegefäss, B der Sammelbottich für die Zinksulfatlösung, C die Fäll-
bottiche, c die Messing- oder Zinkplatten, welchen die Kohlenplatten als
Anoden gegenüberstehen, o die Oeffnungen zwischen beiden, an welche

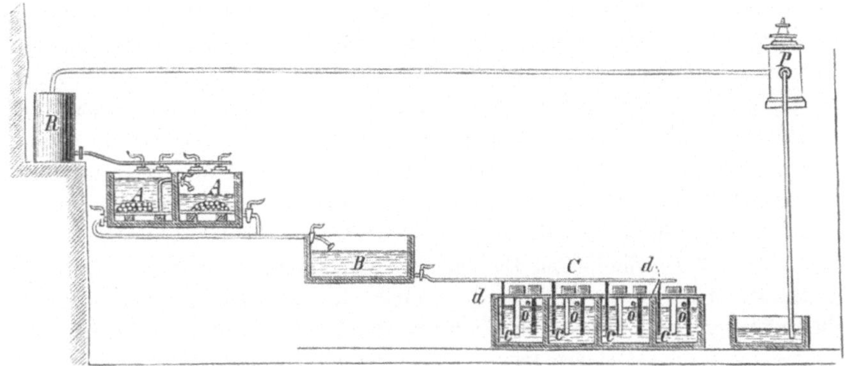

Fig. 310.

die Ueberfallrohre für die ablaufende Schwefelsäure angesetzt sind, d Röhren,
welche die Zinklösung auf den Boden der Fällbottiche zuführen. P ist
eine Pumpe, welche das abfliessende saure Wasser in das Reservoir R zu-
rückdrückt, von wo es weiter verwendet wird.

Man erhält zu St. Denis nach Mittheilungen von R. Kosmann[45])
aus gerösteter Blende mit 1 e in 12 Stunden 8 kg Zink, der Kohlenverbrauch beträgt pro Stunde und Pferdekraft 2·1 kg, während die oberschlesischen Hütten für 1 kg Metall 2 kg Reductionskohle und 9·8 kg Heizkohle brauchen. Das ausgefällte Metall wird umgeschmolzen. Arme
Halden sollen nach diesem Verfahren noch nutzbringend verwerthet werden können.

Herrmann löst das Zinksulfat in überschüssigem Alkali und elektrolysirt die Lösung des Doppelsalzes (D. R. P. No. 24682).

[45]) Bg. u. Httnmsch. Ztg. 1883 pag. 287.

Technologie des Zinks.[46]

Gewinnung von Zinkweiss. Die Darstellung von Zinkweiss unmittelbar aus Erzen ist in Nordamerika in Uebung.

Man gewinnt das Zinkweiss in Oefen, deren Boden aus einem Wheterill'schen Roste besteht, d. i. eine 35 mm starke Eisenplatte, welche mit conischen Durchbohrungen (11 Löcher pro 100 qcm) von 9·5 cm Weite oben, unten von 25 mm Weite versehen ist, und mit den schmäleren Oeffnungen nach oben gekehrt eingesetzt wird, um Verstopfungen zu vermeiden; unter diesem Rost befindet sich ein geschlossener Aschenfall, in welchen ein schwacher Windstrom geführt wird, im Gewölbe des Ofens befindet sich eine Oeffnung zur Abführung der Zinkdämpfe und sonstigen Verbrennungsproducte, und durch eine Thüre werden die Erze und Brennstoff eingebracht. Die Hütte zu Hoppwell besitzt 8 Oefen von 1·85 m Länge und 1·35 m Breite, der Anthrazitzusatz beträgt 35%, die Chargendauer 8 Stunden. Man hat auch Oefen mit Gitterrosten, auf welche alte Bruchziegel gelegt werden, die den eigentlichen Heerd bilden.

Der aus gewöhnlichem Baumaterial aufgeführte Ofen wird zuerst angewärmt, dann wird der Heerd ebenfalls durch darauf gebrachtes Feuer durchgewärmt und hierauf eine Schicht von 75 Kilo kleiner Anthrazitkohle aufgeschüttet, das Gebläse langsam angelassen, und wenn das Brennmaterial völlig in Brand gerathen ist, schüttet man so rasch als möglich die Erzcharge, 4 q mit 30—40% Anthrazitstaub gemengt, auf und schliesst die Thüre gut. Man lässt nun vollen Wind zutreten, worauf nach etwa $^3/_4$ Stunden das Zink in beträchtlicher Quantität zu verdampfen beginnt, indem es in Folge augenblicklicher Oxydation der Flamme eine grüne Färbung ertheilt; es basirt dieses Verfahren auf der oxydirenden Einwirkung der Kohlensäure auf die Dämpfe des metallischen Zinks. Sobald die Entwickelung der Zinkdämpfe beginnt, wird die in's Freie führende Esse verschlossen und der nach den Sammelkammern führende Canal geöffnet; die Gase passiren zunächst ein System von Vorkammern, worin sie stark erhitzt werden, die brennbaren Gase vollständig verbrennen und der Zinkdampf völlig oxydirt wird. Es ist wichtig, dass in diesen Vorkammern alle Flugkohle mit verbrenne, ehe die Dämpfe und Gase in die Flugstaubkammern gelangen, damit das Zinkoxyd nicht schmutzig, sondern schön weiss ausfalle; auch wirkt diese durch die Verbrennung der kleinen Kohlentheilchen hervorgebrachte Temperatur günstig, denn ohne jene Erhitzung dargestellte Producte fallen gelbgrau aus und sind um so dunkler, je reicher das Erz war. Eine nachträgliche Erhitzung des Oxyds bis selbst zu 800° C. bei Luftzutritt befreit dasselbe von diesem Farbenton nicht.

---

[46] Jhrbch. d. k. k. Bgakademien Bd. 27 pag. 331. Wedding, Eisenhüttenwesen in den vereinigt. Staaten, 1877 pag. 24.

Hinter den Oxydationszellen liegt der Kühlapparat, d. i. ein, häufig in Wasser tauchendes, Röhrensystem; die Sammelkammern werden durch ein System von Flanellsäcken von 50 m Länge und 60 cm Durchmesser ersetzt, welche sich an die Kühlröhren anschliessen und nach oben und seitlich durch dort befestigte Nebenstränge in der richtigen Lage und Entfernung von einander erhalten werden, so dass sich das Product möglichst gleichförmig in dem ganzen Condensationssystem niederschlägt. Weil die Gase noch sehr heiss in die Säcke gelangen, sind die oberen Theile derselben aus Drahtnetz hergestellt und an diese die Säcke angehängt.

Während des Röstens einer Charge werden die verschlackten Massen 3—4 mal aufgebrochen und die durch dieselben verstopften Oeffnungen des Rostes eben so oft gereinigt; bei guter Arbeit beträgt der Zinkgehalt der Schlacken nur 3 %, jedoch hängt dies viel von dem Kieselerde- und Eisenoxydgehalt des Erzes ab, da letzterer das Zink vor Verschlackung schützt. Die Schlacken sollen gut gefrittet sein, eine vollständige Schmelzung derselben muss aber vermieden werden; man räumt nur so viel Schlacken aus, dass eine genügende Menge davon zurückbleibt, um eine neue Kohlenschicht von 75 kg zu entzünden, und putzt die Oeffnungen des Rostes sorgfältig aus. Das Erz ist bis zu Bohnengrösse, nicht darunter zerkleint, der Anthrazit ist feinkörniger; der Gesammtaufwand an Brennstoff soll höchstens 65 % von dem Erzgewicht betragen, doch muss dieses möglichst rein von Schwefel sein, weil sonst das dargestellte Oxyd keine schön weisse Farbe erhält. Der Brennstoff soll schwer entzündlich, hart und trocken sein, und die am besten zu verwendenden Erze sind oxydische mit 18—30 % Zinkgehalt.

Es dient in Amerika jedoch meistens der Franklinit zur Darstellung von Zinkweiss, die von dieser Destillation verbliebenen Rückstände werden dann zur Erzeugung von Spiegeleisen benützt; Frankliniterze von New Jersey haben nach P. Riketts folgende Zusammensetzungen gezeigt:

$Si\,O_2$	11·85	11·59	8·64	10·70
$Zn\,O$	34·13	40·83	34·70	33·09
$Fe_2\,O_3$	28·48	29·94	28·34	31·05
$Al_2\,O_3$	0·58	Spur	Spur	Spur
$Mn\,O$	14·13	8·35	15·50	15·51
$Ca\,O$	5·51	4·16	5·70	4·59
$Mg\,O$	0·13	0·79	1·44	0·27
Cu	0·07	—	Spur	Spur
CO_2	4·96	4·12	6·26	4·38.

Von der Bartlett-Withe-Lead- and Zinkcompagnie zu Bergen (New York) wird das Zinkweiss folgends dargestellt. Die fein gemahlenen Erze werden mit der gleichen Menge oder mehr Anthrazitkohle gemengt, mit Wasser etwas angefeuchtet und dann auf den mit glühenden Kohlen bedeckten Heerd eingebracht und das Gebläse angelassen; die Oefen dieser

Hütte sind grösser, als die sonst gebräuchlichen. Die Gase entweichen durch den Canal a aus dem Ofen in eine durch Scheidewände getrennte Kammer b (Fig. 311), ziehen von da durch eiserne, weite Bogenröhren nach dem Ventilator c, welcher die angesogenen Gase in eine Vertheilungskammer d und von da durch weite Rohre e in die Säcke f treibt. Diese Säcke hängen in 3 Kammern zu 220 Stück; sie sind 10 m lang und 55 cm breit. g ist eine Esse zur Abfuhr der Verbrennungsproducte bei dem Anheizen. Täglich werden 20 Tonnen Zinkweiss aufgefangen; aus den hängenden Säcken wird das Zinkweiss in die darunter aufgestellten abgeklopft, dann zwischen Walzen gepresst und verpackt. Das aus den weitesten Säcken aufgefangene Zinkweiss ist das reinste; das Bartlett-

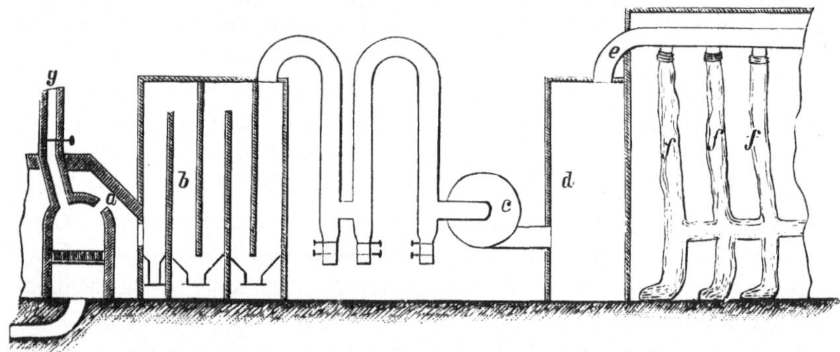

Fig. 311.

weiss ist körnig, es enthält, weil bleihaltende Erze verarbeitet werden, bis 40% Bleioxyd und deckt in Folge dessen besser, aber es ist nicht so schön weiss.

Aus reinen Zinkerzen, sowie aus metallischem Zink dargestelltes Zinkweiss ist rein weiss, flockig und zeigt unter dem Mikroskop die Form kleiner Rosenblätter.

Zu Birmingham (Nordamerika) werden ebenfalls 6—8% Bleiglanz haltende Erze auf Zinkweiss verhüttet, welches enthält: 21 Pb SO_4, 73 Zn O und 6 Zn SO_4.

Der Betrieb auf den einzelnen Werken ist verschieden; die Lehigh-Zink-Works zu Bethlehem besitzen 72 Oefen in 2 Massivs, deren Heerdsohle 90 cm breit und bei den einfachen Oefen 1·65, bei den Doppelöfen 4·6 m lang ist, der Gewölbscheitel liegt 90 cm über der Heerdsohle, 4 Ventilatoren von 1·5 m Durchmesser und 30 cm Weite liefern den Verbrennungswind. Das Hauptgasrohr hat 1·8 m, die davon abzweigenden 12 Seitenrohre je 90 cm Durchmesser und sind alle mit Registern versehen, um eventuell abgesperrt werden zu können; an dem Hauptrohr hängen 12, an jedem Seitenrohr 28 Säcke von 60 cm Durchmesser.

Zu Bethlehem werden 135 kg Erz mit $67\frac{1}{2}$ kg Anthrazit gemengt in den Ofen gebracht, und bleibt eine Charge 4 Stunden auf dem Roste;

die Doppelöfen erhalten Chargen von 216 kg Erz mit 108 kg Kohle, welchen 90 kg Kohle als Unterlage gegeben wird. Die Erze sind Galmeie.

Zu New Jersey werden pro Charge 234 kg Erz, 94 kg Kohle und 81 kg davon als Unterlage, dann zur Auflockerung 90 kg Rückstände und 35 kg Kalkstein gegeben; der Heerd hat eine Fläche von 4·8 qm, das verhüttete Erz ist Franklinit.

Die Rückstände enthalten $2^1/_2$—$4^0/_0$ Zink, das Calo beträgt demnach 10—$20^0/_0$ der in dem Erz enthalten en Zinkmenge; in je dünnerer Lage das Erz auf dem Roste liegt, um so geringer ist der Zinkgehalt der Rückstände. Bleisulfat (aus Bleiglanz haltenden Erzen) und Zinksulfat gehen mit über in das Zinkweiss.

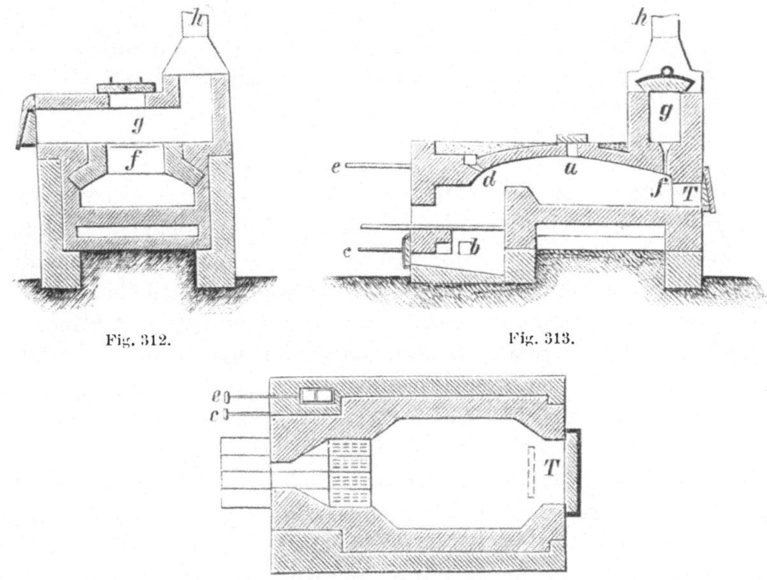

Fig. 312.   Fig. 313.

Fig. 314.

Die neuen Oefen von Fabre du Faur (Fig. 312—314) gestatten eine gleichmässige Arbeit und geben ein besseres Product. Die Beschickung wird durch die im Gewölbe befindliche Oeffnung a auf den Heerd geschüttet, durch die Thüre T ausgebreitet und gekrählt und der Zutritt des Unterwindes bei b durch den Schuber c, der Zutritt der Oxydationsluft bei d durch den Schuber e regulirt. Die Zinkdämpfe und Verbrennungsgase treten durch den Fuchs f in die Kammer g und ziehen von da durch das Rohr h in die Oxydationskammern.

Ein englisches Patent von J. Orr[47]) für Erzeugung von Zinkweiss besteht darin, rohes Schwefelbarium auszulaugen, die erhaltene Flüssigkeit

---

[47]) Bayrisches Industrie- u. Gewerbebl. 1876 pag. 35. Polytechn. Centrlbltt. 1875 pag. 1493.

mit gleichen Aequivalentmengen Zinkchlorid und Zinkvitriol zu vermischen, den Niederschlag zu sammeln, zu pressen, zu trocknen und hierauf auf einem Heerde zu erhitzen; die noch heissen Stücke werden in kaltes Wasser geworfen, wodurch eine starke Verdichtung stattfinden soll. Das gewaschene und gemahlene Product soll von besonderer Reinheit und Weisse sein und als Oelanstrich vorzüglich decken. Die Farbe ist ein Gemenge von Barytweiss (Ba SO$_4$) mit Schwefelzink und gelangt unter dem Namen Lithophon oder Zincolithweiss in den Handel.

Zinkweisssorten von Hozewell in Nordamerika enthielten an Verunreinigungen:

Zn SO$_4$	1·135	0·203	1·001	0·824
Ca O	0·008	0·041	0·080	0·011
Pb SO$_4$	8·790	3·243	1·271	0·249
Pb O	1·049	4·598	3·399	0·814
Cu O	0·063	0·186	0·043	0·021
Fe$_2$ O$_3$	Spur	Spur	Spur	Spur.

Darstellung von Zinkvitriol. Auf dem Unterharze[48]) werden die in Haufen gerösteten zur Verhüttung auf Blei bestimmten Erze (Erzklein) aus dem dritten Feuer (die von den ersten Feuern erhaltenen Roste geben sehr eisenhältige Extracte) in Auslaugekästen von 3 cbm Inhalt gebracht und mit Wasser angerührt, die dabei erhaltene Rohlauge von 16—18° B. nochmals zum Auslaugen verwendet und dadurch auf 30 bis 32° B. angereichert, das einmal ausgelaugte Erz in Nachlaugekästen umgeschlagen und mit frischem Wasser behandelt, welche Lauge ebenfalls so oft repetirt wird, bis sie 30° B. spezifischer Schwere zeigt.

Das Erz wird im Freien getrocknet und dem Schmelzprocess übergeben, die Rohlaugen aber in Klärsümpfe geleitet und in aus Bleiblechen hergestellte Siedepfannen von 7 cbm Fassungsraum gehoben, wo sie 6 bis 7 Stunden hindurch bis 70° R. erhitzt werden, um die Eisensalze in basische Verbindungen zu überführen; man lässt dann die Laugen in Klärbottiche ab, worin sie 13—14 Tage in Ruhe bleiben und dann geklärt in die Siedepfannen zurückgedrückt werden, in welchen man sie bis zu beginnender Ausscheidung von Zinkvitriol, d. i. auf 58—60° B., eindampft. Diese Garlaugen lässt man in einem Kasten 18—20 Stunden abkühlen und leitet sie hierauf in Krystallisationskästen, worin sich der Vitriol binnen 14 Tagen ausscheidet; die Mutterlaugen werden so oft in die Siedepfannen zuzückgegeben, bis sie sich an Eisen- und Kupfervitriol so weit angereichert haben, dass eine Verarbeitung derselben auf gemischten Vitriol stattfinden kann.

Der Zinkvitriol wird in kupfernen Kesseln in seinem Krystallwasser geschmolzen, 3—4 Stunden lang stetig umgerührt, dann in grosse hölzerne

---

[48]) Preuss. Ztschft. Bd. 25 pag. 145.

Tröge geschöpft und mit hölzernen Spateln darin herumgerührt; nach dem Erstarren wird die Masse mehrmals umgestochen, damit sie ein feinkörniges Aussehen bekömmt, und dann gesiebt.

Der „Harzer Zinkvitriol" enthält:

Zn O	25·45
Mn O	2·32
Fe O	0·47
SO₃	29·54
Cu O	Spur
H₂ O	41·67.

Quecksilber.

(Hg″ = 120.)

———

Geschichtliches. Das Quecksilber war zwar schon um 400 Jahre vor unserer Zeitrechnung bekannt, wurde jedoch, da man es in festem Zustande nicht kannte, auch nicht als Metall betrachtet; wegen seines flüssigen Zustandes nannten es die Griechen Wassersilber — hydrargyros —, und die Römer nannten es wegen seiner Beweglichkeit lebendiges Silber — argentum vivum. Das Erz, woraus das Quecksilber in alter Zeit dargestellt wurde, war der Zinnober, welcher jedoch minium genannt wurde; gediegen Quecksilber, welches mit dem Zinnober vorkommt, war den Alten ebenfalls bereits bekannt. Als Länder, welche damals Quecksilber lieferten, werden Armenien, Karamanien, Kappadocien, Aethiopien, hauptsächlich aber Spanien genannt; die Alten benützten den Zinnober als Farbmaterial, und kannten sie auch bereits die Eigenschaft des Quecksilbers, mit den Metallen Amalgame zu bilden, denn sie benützten das Quecksilber zur Vergoldung im Feuer, indem sie dünne Goldbleche mit Quecksilber an Kupfer haftend machten und dann ausglühten, und Plinius erzählt, dass das Quecksilber durch Glühen des Zinnobers mit Eisen in bedeckten thönernen Schalen erhalten werde.

Statistik. An Quecksilber wurde erzeugt in metrischen Centnern:

In Spanien . . . . im Jahre 1880 . 13 875
- Oesterreich . . . . -   -   1883 . 4 656·6
- Italien . . . . -   -   1880 . 1 159
- Ungarn . . . . -   -   1879 .   228
- den Vereinsstaaten Nordamerikas -   -   1882 . 20 169·9
- Peru durchschnittlich pro Jahr . . . . 1 600.

Eigenschaften. Das Quecksilber ist bei gewöhnlicher Temperatur flüssig, bei — 40° C. erstarrt es, bei + 360° C. siedet es und bildet einen farblosen Dampf; es krystallisirt in Octaëdern, sein spezifisches Gewicht = 13·5959. Festes Quecksilber ist dehnbar, hämmerbar, zieht bei der Berührung Brandblasen, wie glühende Metalle, und verdunstet leicht; in reinem Zustand oxydirt es sich bei gewöhnlicher Temperatur nicht, unreines Quecksilber aber überzieht sich bald mit einer dünnen Oxydhaut, es sieht immer blind aus, läuft nicht ohne Zurücklassung eines Häutchens über reines Papier, ist weniger flüssig und rollt nicht in runden, sondern in länglichen Körnern über geneigte Flächen ab. Durch heftiges Schütteln wird es zu einem äusserst feinen Pulver zerstäubt, es wird von Wasser nicht, von Salzsäure äusserst wenig, aber leicht von Salpetersäure, Schwefelsäure, Chlor und Königswasser angegriffen. Die Dämpfe des Quecksilbers wirken nachtheilig auf den thierischen Organismus, und müssen alle Operationen, bei denen sich Quecksilberdämpfe entwickeln, unter gut ziehenden Essen vorgenommen werden. Staub und mechanische Verunreinigungen des Quecksilbers lassen sich durch Filtriren, aufgelöste fremde Metalle durch Abdestilliren des Quecksilbers bei niedriger Temperatur oder durch Digestion mit Salpetersäure oder mit Quecksilberchlorid oder mit Eisenchlorid entfernen. Unreines Quecksilber lässt sich nach Brühl[1]) leicht von den Verunreinigungen befreien, wenn man gleiche Volumina des Quecksilbers und einer Lösung von 5 g Kaliumbichromat in 1 Liter Wasser und einigen Kubikcentimetern Schwefelsäure gut durchschüttelt; das Metall zerfällt dabei in kleine Kügelchen, während ein kleiner Theil davon in rothes Chromat verwandelt wird. Man schüttelt die Flasche so lange, bis das rothe Pulver verschwunden ist und eine rein grüne Lösung von Chromsulfat über dem Quecksilber steht; durch Aufleiten eines kräftigen Wasserstrahls auf die Oberfläche des Quecksilbers wird ein feines graues Pulver abgeschlämmt, das aus den Oxyden der fremden Metalle besteht. Je nach der Unreinheit des Quecksilbers wird dieses Verfahren so oft wiederholt, bis das Quecksilber völlig rein geworden ist.

Anwendung. Die weitaus meiste und bedeutendste Verwendung findet das Quecksilber bei der Gold- und Silberamalgamation, dann zur Darstellung des Zinnobers, in geringerer Menge bei der Feuervergoldung, zur Darstellung chemischer Präparate und Herstellung chemischer und physikalischer Apparate, in seiner Verbindung mit Zinn zum Belegen des Spiegelglases, und etwas auch in der Medicin. Von den Verbindungen des Quecksilbers mit andern Metallen sind ausser dem Gold- und Silberamalgam, welche bei der Gewinnung des Goldes und Silbers erzeugt werden, blos die mit Zink und Zinn wichtig; 1 Theil Zink und 12 Theile Quecksilber dienen zur falschen Vergoldung des Kupfers, indem man den kupfernen Gegenstand unter Zusatz von Weinstein und etwas Salzsäure mit dem Amalgam kocht. 1 Gewichtstheil Zinn mit 3 Theilen Quecksilber gibt ein in Würfeln krystallisirendes Amalgam; zur Herstellung gekrümmter Spiegel verwendet man ein aus gleichen Theilen Zinn, Blei und Wismuth mit dem 9 fachen Gewicht Quecksilber bestehendes Amalgam, welches sehr flüssig ist und sich bei dem Herumschwenken in dem hohlen Raum der convexen Fläche leicht an das Glas anlegt. Gleiche Theile Zinn und

---

[1]) Polytechn. Notizbl. 1879 pag. 76.

Zink mit 2 Theilen Quecksilber verwendet man zu den Reibzeugen der Elektrisirmaschinen.

Vorkommen und Erze. Quecksilber wird gegenwärtig in Europa in Spanien, Italien, Krain, etwas in Ungarn und seit neuester Zeit wieder in Rheinbaiern gewonnen; der ehemals bestandene Bergbau zu Giftberg bei Horowitz in Böhmen ist ausgebeutet. Das hauptsächlichste Erz, der Zinnober, kommt auf eigenen Lagern in grösseren Massen in jüngeren Gebirgsbildungen vor. Als Begleiter von Silbererzen ist das Quecksilber selten zu finden.

In Nord- und Südamerika werden reiche Vorkommen von Zinnober abgebaut, in Asien findet sich derselbe auch im aufgeschwemmten Land mit Gold am östlichen, Sibirien zugehörigen Gehänge des Urals, dann in Thibet, China, Ostindien, in Japan und auf Borneo.

Die Quecksilbererze sind die folgenden:

Zinnober, Mercurblende, Cinnabarit (Hg S) mit 86·2 % Quecksilber; sein hauptsächlichstes Vorkommen ist zu Idria in Krain, Almadén in Spanien und Neualmadén bei San José in Californien. Er findet sich selten in derben Massen, wohl aber eingesprengt und zumeist sehr verunreinigt durch andere Metalloxyde und Erden, auch mit Schwefelkies, und bildet in seinen Varietäten das Quecksilberlebererz, Ziegelerz und Korallenerz mit wechselndem, meist nur geringem Gehalt an Quecksilber.

Gediegen Quecksilber, mit dem Zinnober vorkommend, auch Jungfernquecksilber genannt, ist nicht gerade selten in den Zinnoberlagerstätten, aber kommt immer nur in geringer Menge vor.

Amalgam (Ag Hg$_2$ oder Ag Hg$_3$), mit 26·5—35 % Quecksilber.

Quecksilberhornerz, Chlormercur, Calomel (Hg Cl) mit 85 % Quecksilber.

Idrialit, ein mechanisches Gemenge von Idrialin (C$_3$ H$_2$) mit Zinnober von wechselndem Quecksilbergehalt. Die 3 letztgenannten sind seltene Vorkommen.

Nicht unwichtig, obgleich auch verhältnissmässig selten vorkommend, sind die quecksilberführenden Fahlerze, welche in Tirol und in Ungarn, in letzterem Lande in genügender Menge, erobert werden, um das Quecksilber daraus gewinnen zu können.

Gewinnung des Quecksilbers.

Das fast einzige Erz, welches zur Quecksilbergewinnung dient, ist der Zinnober, Quecksilbersulfid, und die Gewinnung des Metalls daraus erfolgt durch Zerlegung des Erzes in der Art, dass das Quecksilber frei wird und abdestillirt; es sind aber beide Bestandtheile des Erzes in höherer Temperatur nicht feuerbeständig, beide sind flüchtig, und es genügt demnach eine blosse Erhitzung des Erzes, um beide, das eine als Dampf, das andere als Gas auszutreiben. Nachdem das Quecksilber in flüssigem Zustand gewonnen wird, so sind alle Methoden seiner Gewinnung Destillationen, es kann aber auch der Schwefelgehalt des Zinnobers zurückgehalten und das Quecksilber allein ausgetrieben werden. Die erstere Methode der Quecksilbergewinnung ist eine Röstung, die zweite eine Zerlegung (keine Präcipitation).

Zur Zerlegung des Schwefelquecksilbers dient Eisen oder Kalk, wobei das Quecksilber unter gleichzeitiger Bildung von Schwefeleisen oder von Schwefelcalcium und Gyps abgeschieden wird; die nicht flüchtigen Begleiter des Erzes bleiben bei den neu gebildeten Schwefelverbindungen zurück.

$$Hg\,S + Fe = Hg + Fe\,S.$$
$$4\,Hg\,S + 4\,Ca\,O = 4\,Hg + 3\,Ca\,S + Ca\,SO_4.$$

Bei der Röstung ist der Vorgang sehr einfach:

$$Hg\,S + 2\,O = Hg + SO_2.$$

Je nach der Art der Apparate, welche bei der Gewinnung des Quecksilbers Anwendung finden, unterscheidet man:

1. Eine Gewinnung durch Rösten in Haufen, Schachtöfen, Flammöfen oder Gefässöfen.

2. Eine Gewinnung durch Zerlegung mit Kalk oder Eisen in Gefässen.

Gewinnung des Quecksilbers durch Rösten.

Quecksilbergewinnung durch Rösten in Haufen. Es ist dies die primitivste Methode der Darstellung von Quecksilber und wird nur mit solchen Erzen vorgenommen, welche auf andere Metalle verhüttet werden, wobei das Quecksilber als Nebenproduct gewonnen wird, und insofern kann man, da die Röstung der Erze ohnehin erfolgen müsste, die Gewinnung selbst als kostenlos bezeichnen. Selbstverständlich ist die Condensation des Quecksilbers hiebei sehr unvollständig, doch würde eine Verarbeitung solcher Erze in Oefen wegen der Leichtflüssigkeit der Erze nicht gut durchzuführen sein und sich überhaupt nicht lohnen. Solche Erze sind die quecksilberhaltenden Fahlerze.

Zu Stephanshütte[2]) (Zips in Ungarn) werden die Erze in runden,

---

[2]) Oesterr. Ztschft. 1880 pag. 640.

unter Dach aufgestellten Röststadeln von 7 m Durchmesser und 2 m Höhe, welche am Fusse mit Zuglöchern für den Zutritt der Verbrennungsluft versehen sind, geröstet; die Stadeln fassen je 670—700 q Erz, es werden auch Holzscheite mit in das Erz eingeschlichtet, welche zunächst als Brennstoff, aber auch dadurch dienen, dass sie nach dem Ausbrennen Züge in den Erzmassen zurücklassen. Wenn die oberen Erzschichten warm zu werden beginnen, werden dieselben mit frischem Erz bedeckt und eingesunkene Stellen im Stadel mit demselben ausgefüllt. Die Röstung erfordert etwa 3 Wochen; die oberen, das Quecksilber haltenden Partien des Erzrostes werden abgenommen und in Bottichen verwaschen, das ausgewaschene Quecksilber aber, weil es unrein ist, in eisernen Retorten destillirt. Das Quecksilber zieht sich zum Theil in das Mauerwerk der Röststadeln, und gewinnt man bei dem Abtragen eines alten Stadels 5 q Quecksilber. Die jährliche Production an Quecksilber zu Stephanshütte beträgt circa 200 q. Dieselben Erze gelangten früher bei der fiscalischen Hütte zu Altwasser zur Einlösung, wo sie in 1·5 m hohen Haufen von 14 m Länge und 7 m Breite verröstet wurden.

Diese Fahlerze enthalten[3]):

	Von Igló	Szlana	Altwasser	Poratsch		
Cu	36·39	34·23	30·58	32·80	bis	39·04
Fe	7·11	9·46	1·46	5·85	-	7·38
Hg	3·07	3·57	16·69	5·57	-	0·52
Ag	0·11	0·10	0·09	0·07	-	0·12
Sb	26·70	33·33	25·48	30·18	-	31·56
As	Spur	Spur	Spur	Spur	-	Spur
S	25·90	19·38	24·37	24·89	-	22·00

Quecksilbergewinnung durch Rösten in Oefen. Man benützt hiebei Schacht-, Flamm- und Gefässöfen, und ist in denselben der Betrieb theils continuirlich, theils ein unterbrochener; als Gefässe dienen Muffeln, für Stückerze werden Schachtöfen, für Schliche Flammöfen angewendet.

Gewinnung von Quecksilber in Oefen mit unterbrochenem Betrieb. Die älteren zu Idria bestandenen Leopoldiöfen und Franzöfen hatten einen durch 2 mit Füchsen durchbrochene Gewölbe in 3 übereinander liegende Abtheilungen getheilten Röstraum, in welchen in die unteren Abtheilungen durch Seitenthüren die gröberen Erze direct auf das Gewölbe, in die oberste Abtheilung die Schliche in thönernen Schüsseln, Casetten genannt, eingetragen wurden; die Franzöfen dienten nur für Schliche. Die Feuerung geschah mit Holz von der untersten Abtheilung aus; die Quecksilberdämpfe entwichen in Condensationskammern, deren nach der Mitte zu geneigte Sohlen das condensirte Quecksilber in Rinnen zusammenlaufen liessen. Ein Brand dauerte 7 Tage, wovon einer zum Feuern, 3 für die

---

[3]) Ebenda 1853 pag. 33. Jhrbch. d. k. k. geolog. Reichsanstalt 1852 Heft 3.

Destillation und 3 für das Abkühlen nöthig waren; die Rückstände waren oft noch reich und wurden nochmals aufgegeben. Diese Oefen wurden bereits seit längerer Zeit abgeworfen.

Zu Almadén[4]) in Spanien stehen ähnliche Brennöfen in Anwendung, welche Bustamenteöfen oder Aludelöfen genannt werden; der letztere Name rührt her von den Gefässen, in welchen das Quecksilber zur Condensation gebracht wird, und die Aludeln heissen. Es sind dies birnförmige Thongefässe von etwa 50 cm Länge und 25 cm Durchmesser in der grössten Weitung, welche in Reihen nebeneinander liegen, mit den schmalen Mündungen in einander gesteckt sind und mitsammen gut lutirt werden; sie werden derart über Rinnen auf eine zuerst ab-, dann aufwärts geneigte Ebene, den Aludelplan, gelegt, dass die in der Mitte der Ausweitung befindliche Oeffnung über die Rinne zu liegen kommt, so dass das Quecksilber, welches sich in denselben condensirt, in die Rinne ausfliesst, von welcher es durch Lutten nach der Vorrathskammer geleitet wird, indem alle Längsrinnen in eine in der Mitte liegende und nach dem Mittelpunkt des Plans zu fallende Querrinne einmünden, an welche sich die Lutten anschliessen. Die Aludeln liegen paarweise in den Füchsen, durch welche die Dämpfe aus dem Ofen austreten, und die Aludelstränge lassen ebenso je ihre letzten Aludeln zu 2 in Oeffnungen einragen, welche unmittelbar in der Esse liegen, durch welche die nicht condensirten Dämpfe in's Freie treten, nachdem sie bis zum Boden derselben geführt wurden und hier noch etwas Quecksilber fallen lassen.

Der Ofenschacht ist 8—10 m hoch, 2 m weit und durch einen Gitterrost in den Befeuerungsraum und den Destillirraum getheilt. Die Feuerthür liegt an der Sohle, die Eintragsthür im Horizonte des Rostes. Die Quecksilberdämpfe treten durch 6 etwa 30 cm hohe und 10 cm weite Füchse a (Fig. 315), in welchen die ersten Aludeln eingesetzt sind. Man unterscheidet zu Almadén 4 Sorten von Erz, nämlich 1 reiches Erz (metal), 2. mittelreiches Erz (requiebro), 3. armes Erz (china) und 4. feinkörniges Erz (vasciscos), welche enthalten:

	1	2	3	4
HgS	29·1 bis 21·2	13·3 bis 10·2	5·1 bis 2·8	1·2 bis 0·86
FeS$_2$	2·2 - 2·0	2·0 - 1·9	12·3 - 1·5	2·1 - 2·8
Gangart	67·5 - 74·8	82·1 - 76·5	77·5 - 93·3	90·2 - 93·5
Bitumen	0·6 - 1·0	1·0 - 1·2	4·6 - 0·7	3·4 - 0·9

Im Durchschnitt enthalten diese Erze an Quecksilber

24·8	12·47	1·75	0·24

Die Ofenfüllung beträgt 115 q; auf das Gewölbe des Heizraums, d. i. die Sohle des Destillirraums wird zuerst Quarz, dann Schlich, dann

---

[4]) Jhrbch. d. k. k. Bgakademien Bd. 27 pag. 45.

$^2/_3$ china, hierauf metal, auf dieses requiebro, hierauf das letzte Drittel china und zuletzt die vasciscos aufgegeben. Die Eintragsöffnung wird sodann vermauert. Nach dem Anheizen sollen die am entferntesten gelegenen Aludeln noch eine Temperatur von 40°, die nächst dem Ofen gelegenen 140° C. Temperatur besitzen. Dies ist die erste Periode der Destillation, welche 1 Tag dauert. Den 2. Tag zieht man das Feuer aus dem Ofen aus, es verbrennt jetzt meist der Schwefel durch die zutretende atmosphärische Luft, und die schweflige Säure sowie der Quecksilberdampf durchziehen die Aludeln, wobei die Temperatur steigt, und 12 Stunden

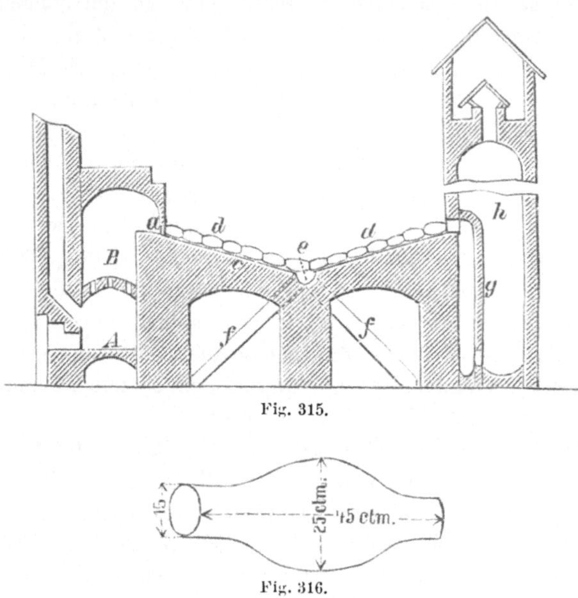

Fig. 315.

Fig. 316.

später kann man an den ersten Aludeln noch immer 212° C. ablesen. Nach 18 Stunden beginnt die Kühlperiode, welche 24—26 Stunden dauert, worauf ausgeräumt wird. Das meiste Quecksilber resultirt am 2. Tag; die mittleren Aludeln sollen eine Temperatur von höchstens 50° zeigen, sie müssen alle gut lutirt erhalten und schadhaft gewordene sogleich durch neue ersetzt werden. Man hat versucht, Aludeln von Eisen zu verwenden, ist aber doch trotz des grossen Verbrauches an Steinzeugaludeln bei dem Gebrauche dieser geblieben, weil die eisernen Aludeln von dem Schwefeldioxyd zu stark und zu bald zerfressen wurden; um die Aludeln für die Quecksilberdämpfe undurchdringlich zu machen, werden sie aussen glasirt. Das Calo beträgt 30—50 %.

In Fig. 315 bezeichnen A den Feuerraum, B den Röstraum, a die Füchse, durch welche die Quecksilberdämpfe in die Aludeln eintreten, c den Aludelplan, d die Rinnen, über welchen die Aludeln liegen, e die Querrinne, f die Lutten zum Abführen des Quecksilbers nach den Sammelkammern, g eine Wand in der Esse h, um welche die Dämpfe und Verbrennungsproducte noch streichen müssen, bevor sie durch die Esse abziehen. In Fig. 316 ist eine Aludel in grösserem Massstabe abgebildet.

Gewinnung von Quecksilber in Oefen mit continuirlichem Betrieb. In Schachtöfen arbeitet man bei bedeutend geringerem Zeit- und Brennstoffaufwand, in neuester Zeit sind derartige Oefen für Erzsorten jeder Grösse angegeben und in Betrieb gesetzt worden; es besteht jedoch ein wesentlicher Unterschied in der Art der Befeuerung dieser Oefen. Bei einigen wird das Erz mit Kohle schichtenweise aufgegeben,

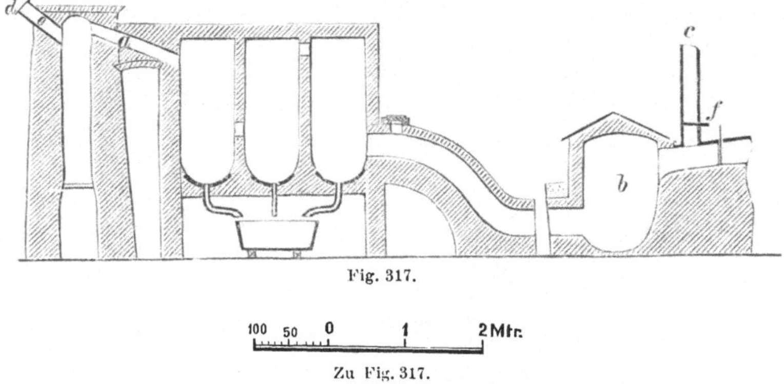

Fig. 317.

Zu Fig. 317.

wie dies bei dem Hohofenbetrieb allgemein üblich ist, bei anderen wird Brennstoff auf einem Roste verbrannt und blos die Flamme in den schachtförmigen Ofenraum geleitet, es sind die letzteren Oefen also eigentlich Flammöfen mit schachtförmigem Röstraum.

Zu den nach Art der Schachtöfen betriebenen Constructionen gehören:

Der Hähner'sche Ofen; derselbe ist die älteste derartige Construction und besteht aus einem gemauerten Ofenschacht, welcher unten durch einen Rost abgeschlossen ist, dessen Boden mit lose nebeneinander gestellten Ziegeln belegt wird, auf welche zuerst bei dem Anlassen Kohlen aufgeworfen und darüber Stufferze mit Kohlengichten abwechselnd gesetzt wurden; der Ofen wurde von unten in Brand gesetzt, die ausgebrannten Erze durch eine Oeffnung oberhalb des Rostes ausgezogen, und oben neue Gichten aufgegeben. An den Ofen schlossen sich gemauerte Condensationskammern an.

Ganz ähnlich ist der zu Castellazzara bei Santafiore in Toscana aufgestellte Ofen, welcher in Fig. 317 abgebildet ist und sich von dem ursprünglichen Hähnerofen nur dadurch unterscheidet, dass der Boden der Condensationskammern aus gusseisernen Kesseln besteht, an welche am tiefsten Punkt Röhren mit Hähnen zum Ablassen des condensirten Quecksilbers in untergestellte Gefässe angesetzt sich befinden; der Ofenschacht ist über dem Rost blos 2·2 m hoch, 40 cm weit und steht durch den Canal a mit den 3 Condensationskammern in Verbindung, an deren letzte sich ein sumpfartig hergestellter Canal anschliesst, dessen Fortsetzung in die Condensationskammer b mündet, aus welcher die nicht condensirbaren Gase durch die Esse c abziehen. d ist ein Schuber, nach dessen Oeffnen die neuen Gichten durch e in den Ofen rutschen, f ein Schuber in der Esse zur Regulirung des Gasabzugs. In diesen Ofen werden nur sehr arme, 0·003—0·004 % Quecksilber haltende Erze und zinnoberführende Erden verarbeitet.

Der Ofen von Valalta[5]) im Venetianischen hat ein von dem vorigen verschiedenes Condensationssystem (Fig. 318); a ist der Schachtofen, 6·5 m

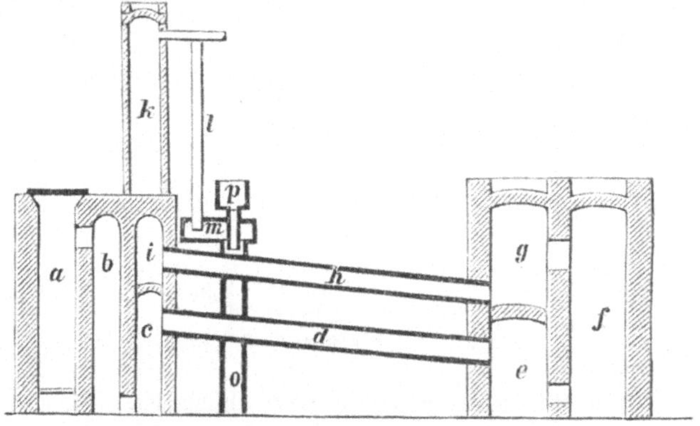

Fig. 318.

hoch und 1·2 m weit, b bis i sind die von den Quecksilberdämpfen zu durchziehenden Condensationsräume, wovon d und h hölzerne, geneigt liegende und mit Wasser berieselte Röhren von 1 m Durchmesser sind. k ist die Esse, welche durch das Rohr l mit der Wassertrommel bei m in Verbindung steht, deren Saugrüssel von dem Wassergerinne p aus versorgt wird; in dem Abfallrohr o sammeln sich die letzten Antheile der noch nicht verdichteten Röstproducte, welche von dem Wassertrommelgebläse angesaugt werden. Der Ofenschacht wird alle ⁵/₄ Stunden mit 5—5·5 q Erz chargirt und täglich 90—91 q Erz mit einem durchschnittlichen Metallgehalt von 0·45 % durchgesetzt; das Ausbringen beträgt 0·35 %, der Verlust ist sonach 22·3 %. Die Menge Brennstoff, welche mit dem Erz in den Schachtöfen gesetzt wird, variirt zwischen 2—4%, in Valalta werden 2% davon gegeben; die hölzernen Röhren sollen vor den eisernen den Vorzug der Dauerhaftigkeit haben, da letztere von dem durchziehenden Schwefeldioxyd bald zerstört werden.

---

[5]) Oesterr. Ztschft. 1862 pag. 195. Bg. u. Httnmsch. Ztg. 1864 pag. 284 und 1868 pag. 32. Eng. and Min. Journ. New York, 1872 Vol. XIV No. 11 u. 12.

Zu St. Annathal bei Neumarktl in Krain wurde von Pichler[6]) ein Ofen aufgestellt, der sich rücksichtlich seiner Armatur und Condensation an die weiter unten angeführten Exeli'schen Oefen anschliesst, welche schon vorher bestanden. Der Ofen (Fig. 319) ist im Ganzen von der Sohle zur Gicht 9·25 m hoch und hat 1·25 m Schachtquerschnitt; unter der durch Wasser abgesperrten Chargirvorrichtung mit Doppelkegel bleibt ein Gasraum von 2·5 cbm frei, an welchen die Röhrencondensation angeschlossen ist. Der Ofen fasst 23 Gichten à 0·32 cbm Erz von 0·8 % Metallgehalt und 0·05 cbm Holzkohle, alle 2 Stunden wird chargirt, das Erz, welches unten durch 3 Ausziehöffnungen gezogen wird, bleibt 46 Stunden

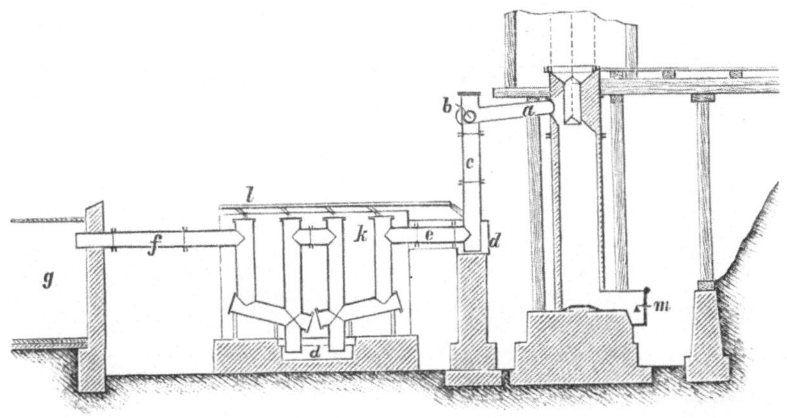

Fig. 319.

im Ofen. Das die Quecksilberdämpfe abfangende Rohr a mündet in das quer vorliegende Rohr b, von dem aus die Dämpfe in 2 Strängen die Röhrencondensatoren c durchziehen und hier verdichtet werden, das Quecksilber wird in den Stuppkästen d gesammelt; ein Theil Quecksilber setzt sich bereits vorher in der Verlängerung des ersten Rohres c ab. Das Condensationssystem steht in einem mit Wasser gefüllten Kasten k, von dem aus auch das Rohrstück e und der untere Theil des ersten Rohres c mit Wasser gekühlt wird; an die letzten Röhren in dem Kasten k schliesst sich ein hölzerner Röhrenstrang f an, welcher in die grossen Kästen g mündet, von wo die Gase durch eine Luttenführung von einem Wassertrommelgebläse abgesogen werden. Der hölzerne Röhrenstrang ist aus 4 cm starken Lärchenbrettern gefügt, die Kästen g sind ebenfalls aus Holz gezimmert, doppelt mit Brettern verschalt und die Zwischenräume mit Letten ausgestampft.

Bei dem Anheizen wird der Ofen auf $\frac{1}{3}$ seiner Höhe mit Holz, dann abwechselnd mit taubem Gestein und Holzlagen gefüllt, das Holz unten

<hr>

[6]) Kärntner Ztschft. 1877 pag. 332.

durch die Ziehöffnungen h angezündet, und wenn das Feuer im Ofen bis
zu ²/₃ der Höhe sich verbreitet hat, wird mit dem Chargiren begonnen.
Das meiste Quecksilber wird aus dem unteren Theil des Rohres c bei d
ausgehoben; der Ofen verarbeitet ein Gemenge von Grob- und Feinerz in
wechselnden Verhältnissen. Zur Beobachtung der Condensation des Quecksilbers sind an der Ausziehöffnung und in den Lutten Goldblättchen eingehängt; bei zu starkem Zug beschlägt sich das Goldblättchen in den

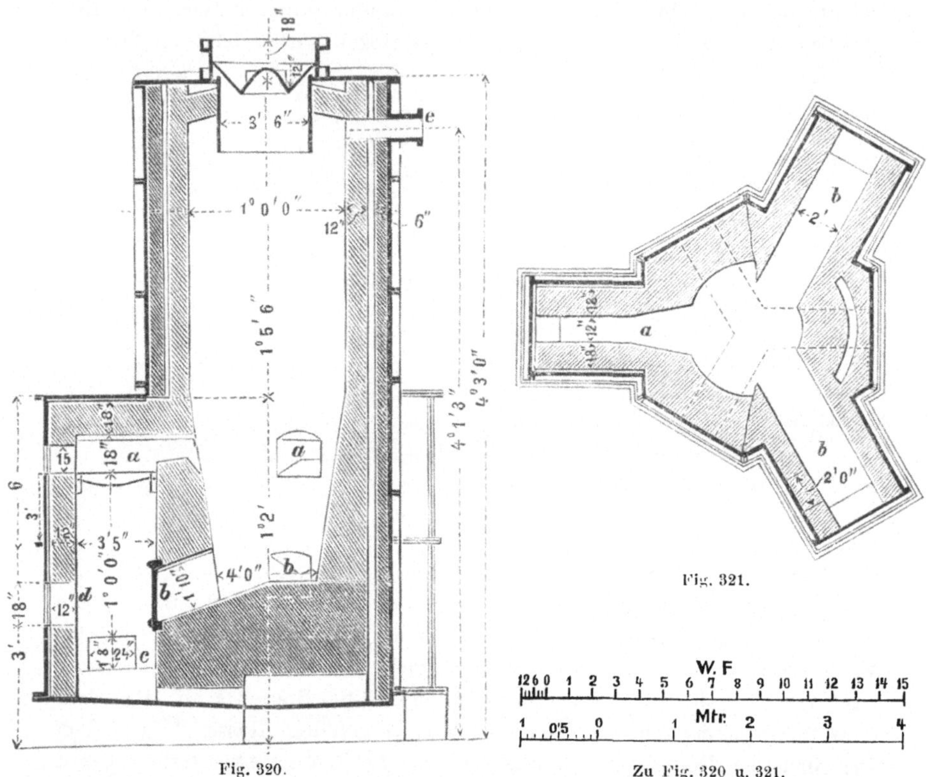

Fig. 320.   Zu Fig. 320 u. 321.

Endlutten mit Quecksilber, bei zu schwachem Zug oder zu niedriger Temperatur treten Quecksilberdämpfe bei der Ausziehöffnung aus und das Gold
überzieht sich dann hier mit Quecksilber. Nach diesen Erscheinungen
wird die Schuberstellung bei m und am Ende der Luttenleitung regulirt.
l ist die Kühlwasserleitung.

Zu Siele in Toscana werden arme Erze in Chargen von 120 kg mit
8·3 % Kohle in einem 8 m hohen Ofen verhüttet, an welchen sich als Condensatoren 3 Regenkammern anschliessen.

Zu den Flammöfen mit schachtförmigem Röstraum gehören
die folgenden:

Zur Verminderung der Quecksilberverluste durch Aufsaugen der Dämpfe von dem Mauerwerk und Verdampfen aus demselben wurden in Idria von A. Exeli[7] die Oefen mit eisernen Platten armirt; die Construction eines solchen gepanzerten Ofens zeigen Fig. 320—323. Die Oefen sind für Holzfeuerung eingerichtet, sie haben 3 Roste a und 3 Ziehöffnungen b, der tiefer liegende Raum c dient zum Abkühlen der Brandrückstände und zum Erwärmen der unter den Rost ziehenden Luft; durch die Thür d gelangt man zur Ausziehöffnung b, bei dem Ziehen des Erzes müssen beide Thüren geöffnet werden. Die Gichtöffnung hat einen Conus und Trichter unter Wasserverschluss für das Chargiren, der Ofenschacht ist 4 m hoch, oben 1·9, unten 1·3 m weit, die Roste haben eine Länge von 86 und eine Breite von 32 cm. In einem Monat werden 2500 q Stufferze mit 0·3—1·0 % Metallgehalt bei einem Holzaufwand von 75—82 cbm verarbeitet. Bei e ziehen die Dämpfe aus dem Ofen ab.

Es werden zu Idria Stufferze und Griese verarbeitet, früherer Zeit hat man die reichen Griese mit Kalk eingebunden in Muffeln destillirt; nach Teuber[8] enthielten diese Erze im grossen Durchschnitt im Jahre 1878:

	Stufferze	Griese	Reiche Griese
$Hg\,S$	0·62 %	1·25 %	8·58 %
$Hg\,Cl$	Spur	Spur	0·22 -
$Fe\,CO_3$	0·76 -	3·17 -	4·27 -
$Ca\,CO_3$	35·75 -	27·21 -	14·71 -
$Ca\,SO_4$	0·53 -	1·46 -	2·42 -
$Mg\,SO_4$	0·21 -	0·55 -	1·11 -
$Mg\,CO_3$	27·17 -	20·33 -	4·20 -
$Fe\,S_2$	4·24 -	4·31 -	5·19 -
$Al_2\,O_3$	1·54 -	1·61 -	1·30 -
$Si\,O_2$	11·52 -	16·48 -	17·64 -
$Al_2\,Si_3\,O_9$	16·48 -	22·75 -	15·82 -
$Fe_2\,Si_3\,O_9$	—	Spur	20·18 -
Bitumen, Wasser und Verlust	1·08 -	1·63 -	4·46 - (hievon 3·97 Bitumen).

Die Schädlichkeit der Quecksilberdämpfe, sowie auch der hohe Werth des Quecksilbers haben dazu geführt, auch die möglichst vollständige Condensation und Gewinnung des Quecksilbers anzustreben; gemauerte Condensationskammern imprägniren sich nach und nach mit metallischem Quecksilber, und da sie warm sind, verdampft ein Theil davon auf ihrer Oberfläche und geht verloren. Aus diesem Grunde wurden von Exeli bei seinen Oefen auch eiserne Condensationsvorrichtungen angewendet; dieselben be-

---

[7] Rittinger's Erfahrungen 1872. Oesterr. Ztschft. 1874 pag. 261 und 1876 pag. 103. Bg. u. Httnmsch. Ztg. 1874 pag. 79.

[8] Das k. k. Quecksilberbergwerk Idria in Krain. Festschrift etc. Wien 1881.

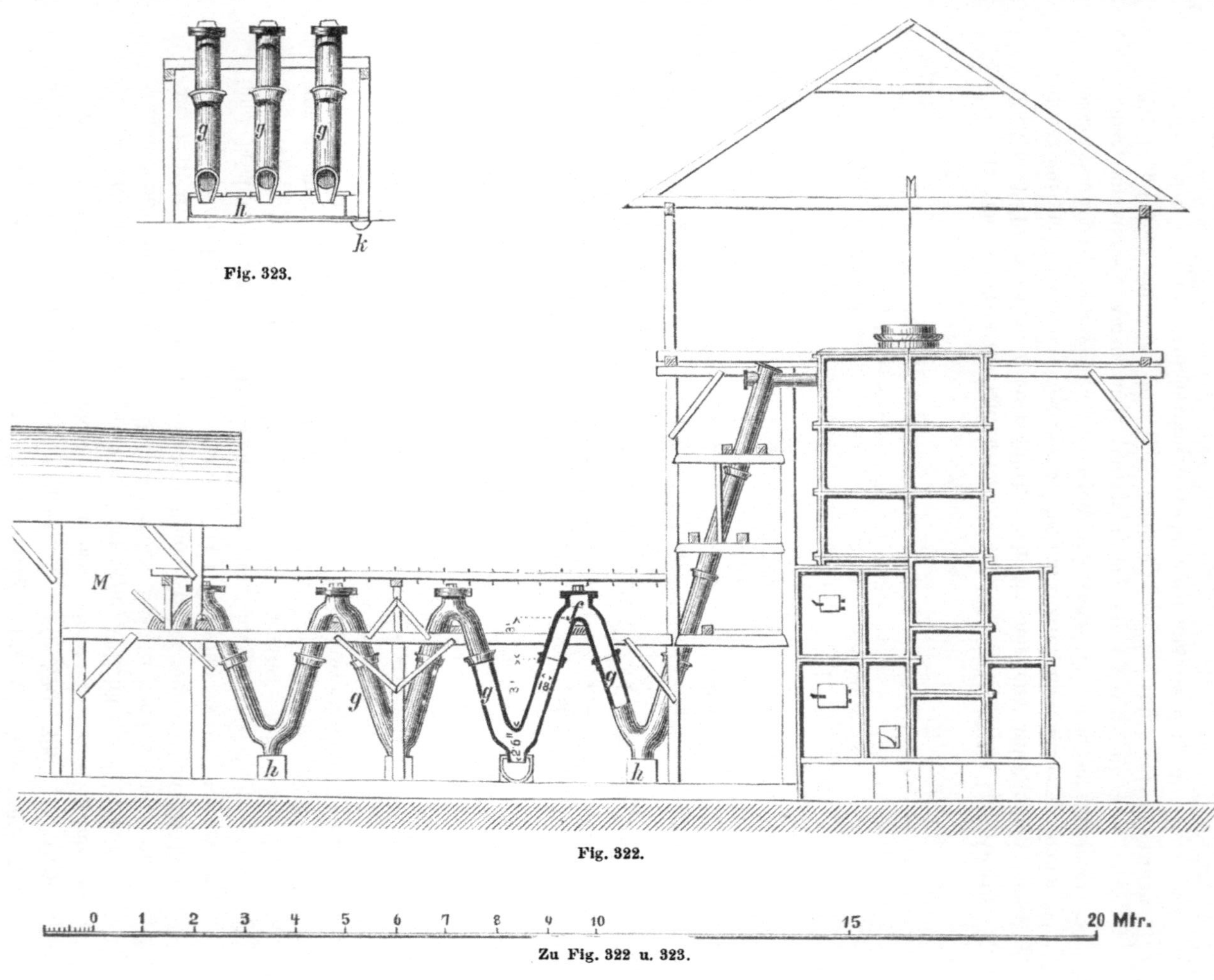
g g g
h
k
Fig. 323.
M
g
g
g
h
h
2' 6"
3'
18"
Fig. 322.
0 1 2 3 4 5 6 7 8 9 10 15 20 Mtr.
Zu Fig. 322 u. 323.

stehen aus 3 Touren schenkelförmig gebogener Röhren g von 45 cm Weite
(Fig. 322 und 323), welche zum Theil in mit Wasser gefüllten Kästen h
von 48 cm Weite stehen, wohin das Quecksilber abfliesst; die Röhren
werden mittelst der Putzscheiben f geräumt, bei deren Niederstossen aller
Stupp herabgekehrt wird. Aus den gusseisernen Kästen fliesst das Metall
in einen unter Verschluss gehaltenen Eisenkessel (Capelle) k ab; an die
Schenkelröhren schliessen sich noch die Condensationskammern M an.

Der in Fig. 324 und 325 abgebildete Ofen[9] von nahezu gleicher Construction wie der vorige ist zu Neualmadén in Californien aufgestellt;

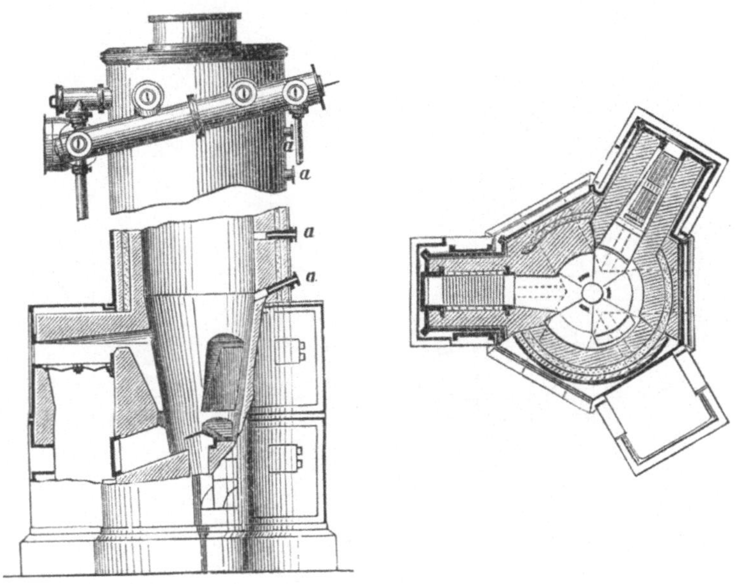

Fig. 324.   Fig. 325.

der Ofenschacht ist 6·3 m hoch, auf 4 m von der Gicht abwärts 1·87 m
weit und verläuft in einen abgestumpften Kegel von 1·25 m lichter Weite
an der Sohle. Die Gicht steht unter Wasserverschluss, unter derselben
bleibt 1·2—1·5 m tief ein leerer Raum, in welchem sich die Dämpfe sammeln und durch 6 an der Peripherie gleichmässig vertheilte Röhren von
54 cm Durchmesser nach dem Hauptableitungsrohr abziehen; durch 12 in
4 Horizonten angebrachte Späheöffnungen a wird der Ofengang beobachtet.
Der Ofen wird ebenfalls mit Holz geheizt; die Charge beträgt 7·2 q durchschnittlich 10% haltender Erze und 1·5% Koks, welcher Zuschlag zur
Verminderung des Stuppabfalls beitragen soll; alle 2 Stunden wird ge-
gichtet, und in 24 Stunden werden 2·7 cbm theils hartes, theils weiches
Scheitholz aufgebraucht.

---

[9] Oesterr. Ztschft. 1879 pag. 269.

Später wurde ein modificirter gepanzerter Schachtofen von H. Langer[10]) zu Idria aufgestellt, welcher in Fig. 326—328 abgebildet ist. Das Absperren des Gichtverschlusses erfolgt auch hier durch den unter Wasserverschluss stehenden Deckel n; 4 Oefen sind von einem Panzer ein-

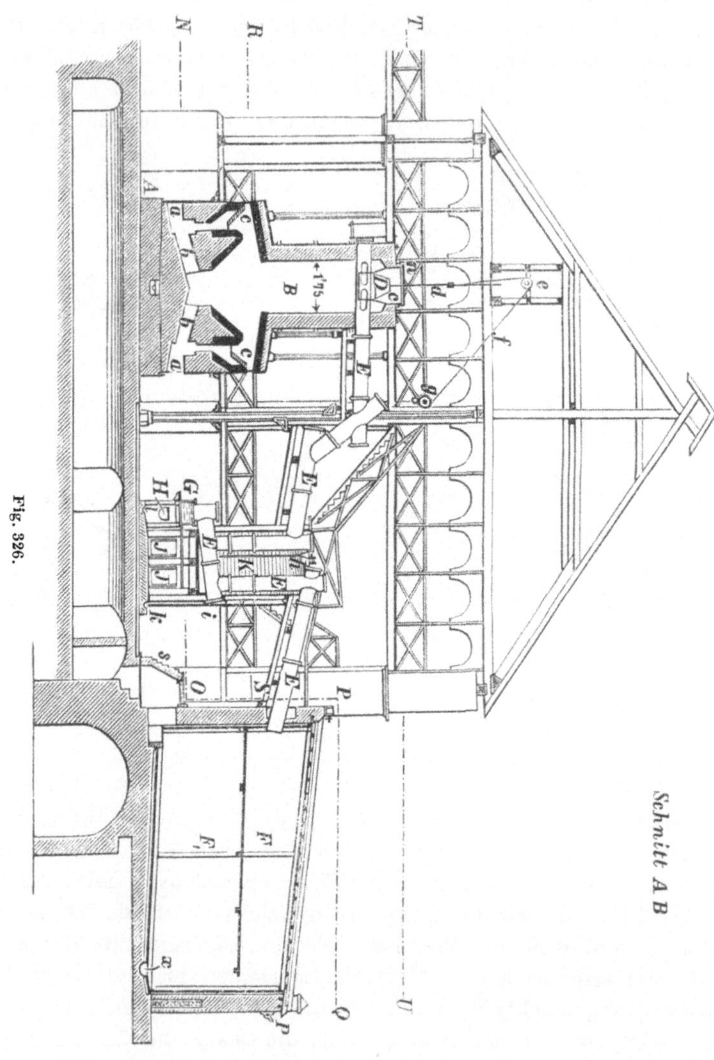

geschlossen, welche nach Heben des Verschlussconus D mittelst der Zugstange d zugleich beschüttet werden, und dienen zur Dichtung der Stopfbüchse in dem Deckel n Asbestschnüre. Der hölzerne Gichtdeckel n ist

10) Ebenda 1880 pag. 431.

durch Gegengewichte p abbalancirt, deren Drahtseile über die Rollen o laufen, zur Sicherung der bedienenden Mannschaft wurden die Sicherheitsbühnen q aufgestellt. Die Oefen sind je 2·25 m lang und 1·75 m breit; sie werden durch je 4 Treppenroste c befeuert, unter welchen sich

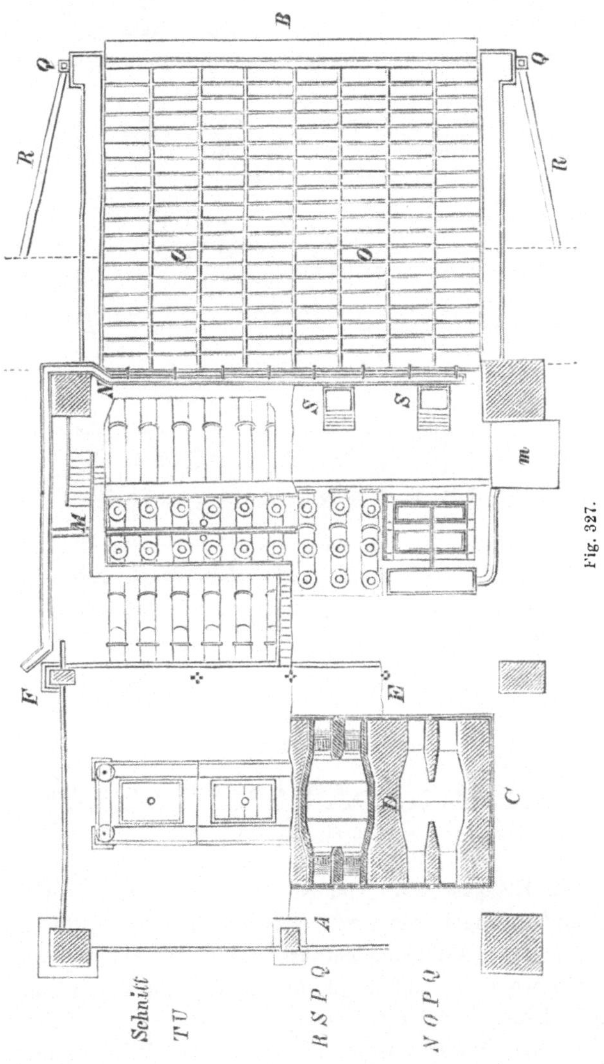

Fig. 327.

die 4 Ausziehöffnungen a b befinden. Die Quecksilberdämpfe und übrigen Destillationsgase werden von 3 in den Oefen liegenden 470 mm weiten Röhren E abgeleitet, welche auf jeder Seite 2 oblonge Oeffnungen haben, durch welche die Dämpfe in die Röhren eintreten; an diese Röhren ist in 3 neben einander liegenden Strängen die weitere Condensation an-

geschlossen, von welcher ein Theil in den Wasserkästen K steht; sämmtliche Röhrendeckel sind mit Oeffnungen versehen, um vorkommenden Falls
Putzscheiben während des Betriebs anwenden zu können. Das Quecksilber und der Stupp sammeln sich in dem Kasten G, aus welchem das
Quecksilber in die Capelle H abgelassen und mit dem mitgegangenen Stupp
ausgeschöpft werden kann. Der condensirte Wasserdampf, welcher sich
ebenfalls in G sammelt, fliesst von da in die 2 abwechselnd in Verwen-

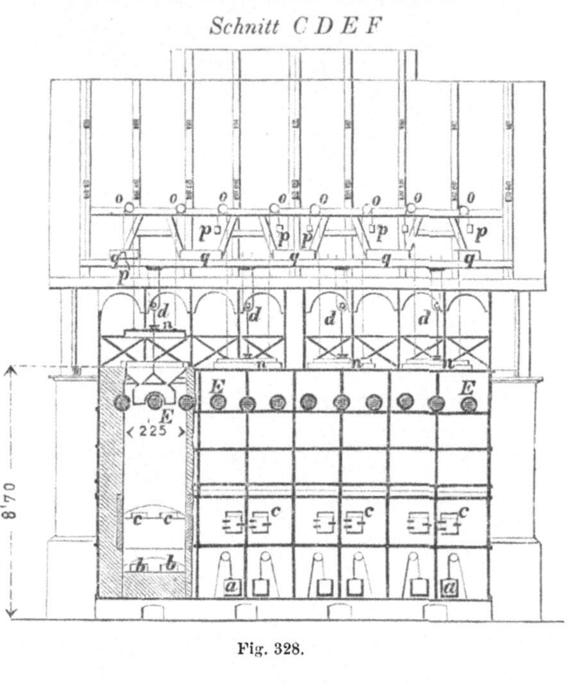

Fig. 328.

Zu Fig. 326—328.

dung stehenden Klärkästen J, von wo das klare Wasser durch die Rinne
k in den Sumpf m abgelassen wird; das Kühlwasser wird durch das Rohr h
bis zum Boden der Kühlkästen geführt und fliesst oben durch das Rohr i
wieder ab, von wo es gleichfalls in die Rinne k fällt und zum Sumpfe m
geleitet wird. Die Rinne l dient dazu, um die bei eventuell eintretenden
Undichtheiten der Wasserkästen ausfliessenden Wässer nach m abzuführen. Durch die Röhren E streichen die daselbst nicht condensirten
Destillationsgase in die Kammern F, welche aus Bruchstein ohne Ver-
putz aufgeführt, deren Fugen gut mit Cement verstrichen und innen
ganz mit Asphalt angeworfen sind; dieser Anwurf wird rauh belassen,
nach geschehener Asphaltirung werden die Seitenwände in einer Entfernung
von etwa 2 cm von der Wand mit glatt gehobelten Holzwänden verkleidet

und der Zwischenraum mit Cementguss ausgefüllt. Die Kammersohle besteht aus einer 8 cm starken Betonschicht, welche 20 cm hoch mit Asphaltpflaster belegt ist und von allen Seiten nach der Capelle x zu abfällt; die Decke der Kammer besteht aus Gusseisenplatten O mit aufgebogenen Rändern, welche durch Kautschuckschnüre gedichtet und zusammengeschraubt und durch darüber geleitetes Wasser gekühlt werden. Durch MN wird das Kühlwasser auf die Kammerdecke geleitet und durch PQR wieder abgeführt. Alle 4 Oefen geben ihre Destillationsproducte in die durch 3 verticale Scheidewände in 4 Abtheilungen getheilte grosse Kammer ab, und ist jede solche Abtheilung noch durch einen eingefügten Boden in einen unteren und oberen Raum F und F' getheilt. Aus diesen Condensationskammern fallen die Dämpfe durch die Canäle S in ein unterirdisches Kammersystem, von hier durch einen Hauptcanal gemeinschaftlich

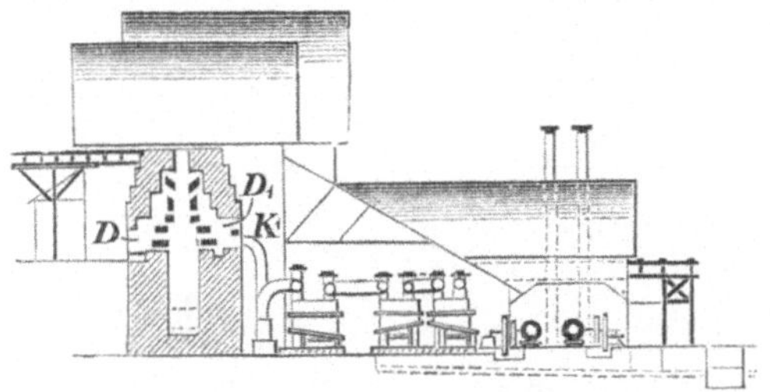

Fig. 329.

in ein grosses für sämmtliche Oefen dienendes Condensationssystem und von da zur Centralesse. Ein Ofen hat ein Fassungsvermögen von 422 q, wovon 216 q über und 206 q unter der Feuerung liegen, in 24 Stunden werden 159 q Stufferz abgeröstet, und brauchen 100 q Erz 2·067 cbm Holz.

Die Schachtöfen für Verarbeitung von Kleinerz und Schlich sind bekannten Röstöfen nachgebildet.

Der Knoxofen[11]) zu Neualmadén in Californien erinnert sofort an das Princip des Gerstenhöfer'schen Röstofens (Fig. 329—331). Der 11·7 m hohe Ofenschacht A ist auf 2 Seiten innen abgetreppt hergestellt (Fig. 329) und enthält in der oberen Hälfte zu beiden Seiten von vorne nach rückwärts je 5 gemauerte Gurtbögen a, deren untere 3 ebenfalls treppenförmig vorspringen. Der Ofen hat eine in der Mitte, 6·1 m unter der Gicht bei D liegende Feuerung, welcher gegenüber bei D' die Dämpfe durch K' nach den Röhrencondensatoren abziehen; bei C ist die Ausziehöffnung. Der Ofenschacht fasst 75 tons Erz, jede Stunde wird eine Tonne gezogen, das Erz demnach 3 Tage im Ofen zurückgehalten, und wirkt die Flamme blos im oberen Theil der Ofenmitte, so dass die Destillation erst in dem un-

----

11) Oesterr. Ztschft. 1879 pag. 260.

teren Theil des Ofens vollendet wird. Der Ofen ist bei B mit einem Hute
verschlossen, er wird stündlich mit einem Gemenge von 2—3 Theilen
Stufferzen und einem Theil Kleinerz oder Gries begichtet, der Rost wird
halbstündlich mit Holz beschürt und meistens Eichenscheitholz verwendet,
weil bei Wasenfeuerung die Stuppmenge zu sehr vermehrt und der Ver-

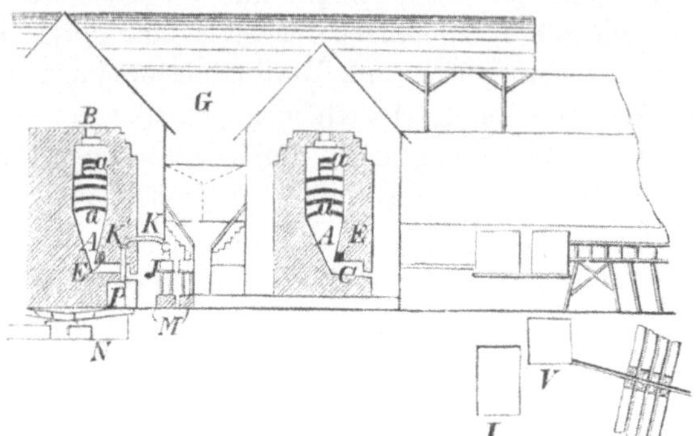

Fig. 330.

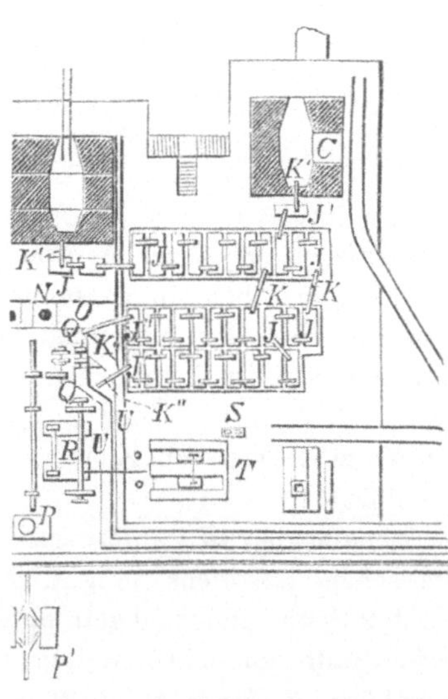

Fig. 331.

lust an Quecksilber zu hoch wird. Die von der Feuerung aufsteigenden
Gase ziehen zwischen den Bögen hindurch, welche den Zweck haben, das
Vorrollen der Erze und den Druck der Beschickungssäule gegen die Ofenwände zu vermindern. Die Canäle E dienen zur Abkühlung der Ofenwände; das die Dämpfe abführende Rohr mündet in den Condensator J'
und hat an der Krümmung eine Putzöffnung. Die Condensatoren J stehen
durch Röhren K unter einander in Verbindung und sind aus gusseisernen

Kästen zusammengesetzt, 2·4 m lang, 75 cm breit und 1·8 m hoch, ihre Deckplatten sind mit aufstehenden Wänden versehen, über welche zur Kühlung Wasser geführt wird, das überlaufend auch die Seitenwände der Condensatoren berieselt. Aus dem letzten Condensator werden die Gase durch K″ von einem Ventilator Q abgesaugt und noch durch mehrere 100 m lange Canäle U und einen 4·5 m hohen Thurm V gedrückt, der mit feucht erhaltenen groben Steinstücken angefüllt ist. Dermal hat man einen Theil der eisernen Condensatoren durch hölzerne ersetzt. Das Quecksilber sammelt sich in den Kesseln N, von wo es ausgeschöpft wird, P sind Bassins,

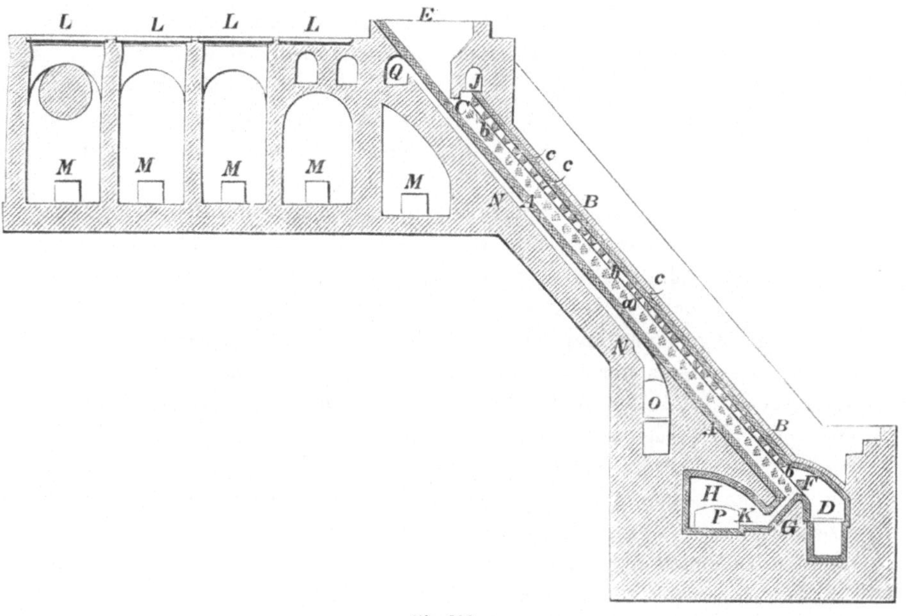

Fig. 332.

in welche die sauren Condensationswässer überschöpft werden; hinter dem Thurm liegt noch ein hölzerner 300 m langer Canal, in dem sich kein Quecksilber und Stupp mehr sammelt, sondern welcher blos die sauren Dämpfe abzuführen bestimmt ist. R ist die Dampfmaschine für den Betrieb des Ventilators und einer Wasserpumpe S, T sind die Dampfkessel, durch O fliesst das Quecksilber aus den Condensatoren den Kesseln N zu. In L condensiren sich noch etwas saure Dämpfe. L und V bilden den Abschluss der in Fig. 331 im Grundriss dargestellten Anlage.

Der Livermoore-Ofen[12]) (Fig. 332) ist dem Röstofen von Hasenclever-Helbig sehr ähnlich. Der Neigungswinkel des Ofenschachts, welcher 9—10·5 m lang ist, soll nach dem natürlichen Böschungswinkel des zu

---

[12]) Oesterr. Ztschft. 1879 pag. 282.

brennenden Erzkorns gewählt werden, und ist die Länge des Heerdes abhängig von der Zeit, welche das Erz zum völligen Abrösten bedarf. Das 33 cm von der Ofensohle entfernte Gewölbe ruht auf den blos ziegelstarken, 16 cm von einander entfernten Mäuerchen a, welche zwischen sich die Canäle C bilden, an deren Sohle das Erz hinabrutscht, während die Flamme und die Destillationsdämpfe zwischen denselben aufwärts ziehen. Die Oefen haben 11—20 solche Canäle, welche zugleich von dem Roste D aus beheizt und ebenso gemeinsam durch den Trichter bei E beschüttet werden, doch haben Oefen mit einer grösseren Anzahl Canäle 2 zu beiden Seiten liegende Feuerungen. Die Gicht ist durch die in dem stets voll erhaltenen Trichter E befindliche Erzmenge geschlossen, alle Canäle C münden unten in den gemeinschaftlichen Quercanal G, durch welchen die ausgebrannten Erze über K in den Kühlraum H fallen, von wo sie durch P ausgezogen werden. In dem Maasse, als das Erz unten ausgezogen wird, geht das darüber liegende über die geneigte Ofensohle herab, und damit dieses Niedergehen der Erze nicht zu schnell erfolge, sind in jedem Canal C querüberlaufende, niedrige Sperrmäuerchen b aufgestellt, die etwa $\frac{1}{3}$ der Canalhöhe unter dem Gewölbe frei lassen; die kleinen vom Gewölbe B abspringenden Mäuerchen c sollen die Flamme auf die Oberfläche des Erzes niederdrücken. O ist eine Hilfsfeuerung, welche in die Esse Q ihre Feuergase abgibt und nur als Nothbehelf dient, die Ofensohle A zu beheizen. Je breiter der Ofen ist, um so grösser ist das Aufbringen; es beträgt bei 11 Canälen in 24 Stunden 20 tons Erz. Zur Inbetriebsetzung des Ofens ist 1 Tag, zum völligen Entleeren sind $2\frac{1}{2}$ Tage erforderlich; der Ofen wird mit Holz beheizt und braucht davon in 24 Stunden 55 cbm. Die Dämpfe ziehen durch J ab in die Condensationsräume, welche mit eisernen Platten L gedeckt sind und durch M geräumt werden; auf den eisernen Deckplatten trocknet man das Erz vor, ehe es aufgegeben wird.

Der Ofen von Scott und Huttner[13]) hat einen verticalen Schacht mit unter einander im Zickzack eingelegten Rutschplatten, über welche das Erz niedergeht, die Oefen von Riotte und Luckhardt sind den schwedischen Eisenerzröstöfen nachgebildet.

Die von Randol und Fiedler[14]) construirten Condensatoren (Fig. 333 bis 335) sind grosse aus Brettern hergestellte Kasten, welche viele mit Glasscheiben versetzte Oeffnungen haben; die Dämpfe treten bei A ein und bei B aus.

Bei dem Schachtofenbetrieb ist eine Ueberhitzung der Quecksilberdämpfe unvermeidlich, überhitztes Quecksilber ist aber schwer zu condensiren, und darum muss bei dem Brennen in Schachtöfen auf eine gute Abkühlung und Condensation der Gase das Hauptaugenmerk gerichtet sein; bei den gepanzerten Oefen sind Verluste durch Abgabe von Dämpfen durch

---

[13]) Ebenda pag. 271.
[14]) Oesterr. Ztschft. 1879 pag. 270.

das Mauerwerk nicht zu befürchten, und gewährt der Schachtofenbetrieb einen wesentlichen Vortheil durch ein vollkommenes Ausbrennen der Erze.

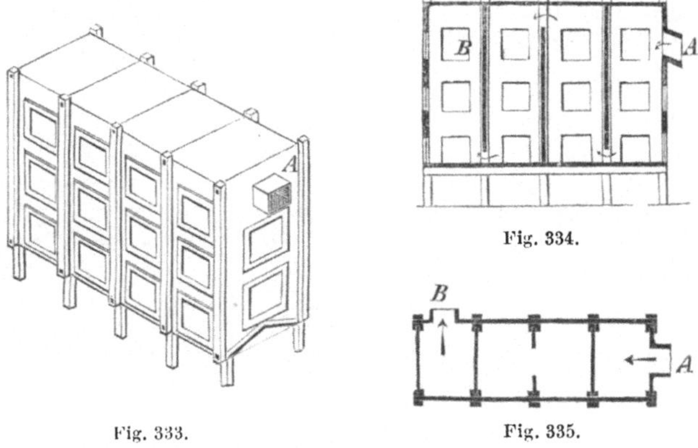

Fig. 334.

Fig. 333.　　　　Fig. 335.

Gewinnung des Quecksilbers in Gefässöfen. Einen Muffelofen in welchem man den Quecksilbergehalt sehr vollständig auszubringen im Stande ist, hat Patera[15]) angegeben, derselbe ist in Fig. 336 und 337 abgebildet. Die Muffel A ist 60 cm breit, 75 cm lang und 225 mm hoch; sie fasst 50 kg Erz und hat bei a Späheöffnungen mit Ansatzröhren zum Abführen eines Theils der Quecksilberdämpfe. c ist die Vorlage, welche nach dem Rohr d zu abfällt, durch welches das Quecksilber abfliesst, e ist die Fortsetzung des Condensationsapparates, an die sich in die Esse mündende Thonröhren anschliessen; f ist eine mit einem Thonpfropf verschlossene Oeffnung zum Reinigen des Rohres d, g eine Oeffnung für ein einzuhängendes Goldblech, das sich bei richtiger Leitung des Betriebes nicht mit Quecksilber beschlagen darf, h eine Räumöffnung, i eine Oeffnung

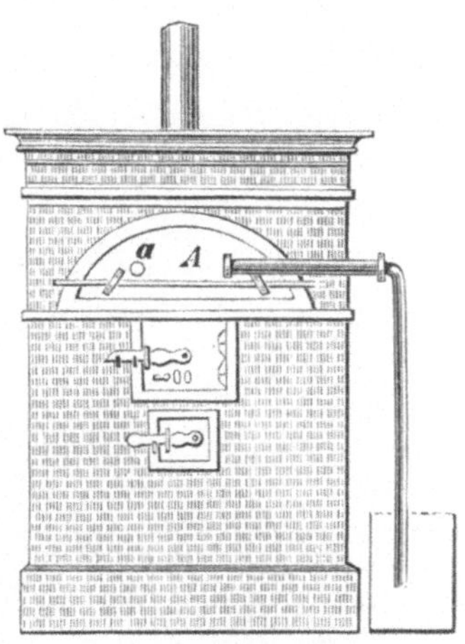

Fig. 336.

zum Einsetzen eines Thermometers. Das Ausbringen in diesem Apparat erreicht bis 90 %, die Rückstände enthalten blos 0·05—0·08 % Quecksilber von der Verarbeitung 1·5—3·6 % haltender Erze und es fällt sehr wenig Stupp.

Gewinnung des Quecksilbers in Flammöfen. Die älteste derartige Construction ist der Albertiofen, zugleich der älteste Fortschaufelungs-

---

[15]) Ebenda 1874 pag. 291. Bg. u. Httnmsch. Ztg. 1874 pag. 91 u. 419.

ofen, zu Idria seit 1842 bestehend; derselbe ist in Fig. 338—340 darge-
stellt, und sind je 2 Oefen zu einem Doppelofen gekuppelt. Vor dem
Roste a liegt die Arbeitsöffnung b, hinter dem Roste die Rösche c zur
Aufnahme des ausgebrannten Erzes; d ist der Beschickungstrichter mit

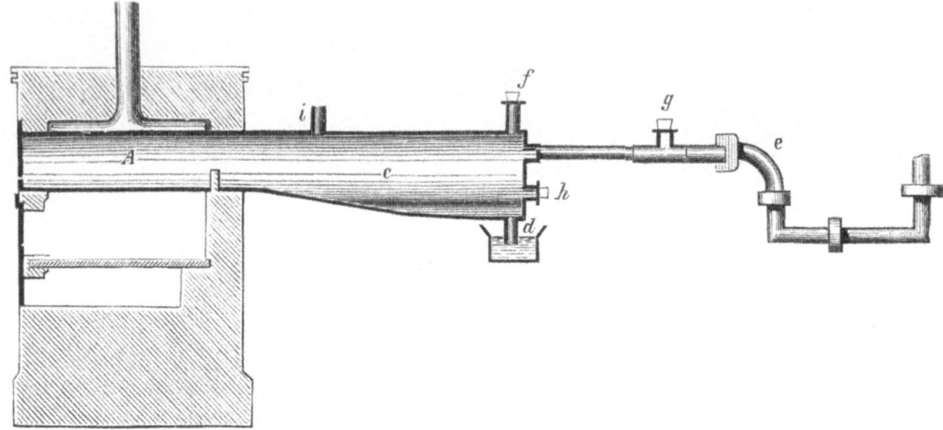

Fig. 337.

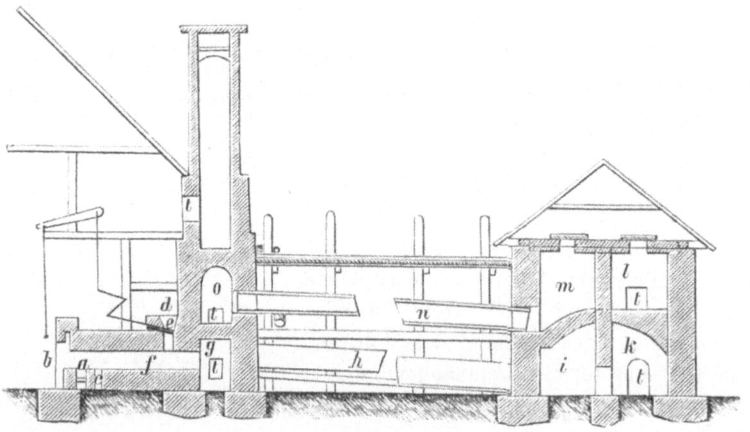

Fig. 338.

Schuber e, f die Heerdsohle, auf welcher je 3 Röstposten sich befinden.
Die Gase und Dämpfe ziehen der Reihe nach durch g, h, i, k, l, m, n
und o, dann in der Esse selbst durch die Abtheilungen p, q und r, endlich bei s in's Freie; t sind Räumthüren.

　　Zu Idria[16]) werden in diesen Oefen Erzgriese verarbeitet, deren
Zusammensetzung vorn angegeben wurde; die dort befindlichen 12 Alberti-

---

[16]) Das k. k. Quecksilberbergwerk zu Idria in Krain. Festschrift. Wien 1881.

öfen haben einen schwach fallenden, 4·1 m langen, 2·2 m breiten Heerd;
die Feuerungen (Plan- und Treppenroste) wurden neuerer Zeit seitlich angelegt, die Arbeitsthür an der Stirnseite belassen, die Brandgasse wurde
in die active Heerdfläche mit einbezogen und steht dieselbe unterhalb mit
einer durch eine Klappe verschliessbaren, aus Guss-
eisen hergestellten Austragevorrichtung in Verbindung. Die Brandgasse (Rösche) fasst gerade eine
Post. Die Oefen werden mit 3 Posten à 11 q
Erzklein (Schlich) chargirt, welche alle 4 Stunden,
nachdem die erste vor dem Rost liegende Post
ausgezogen wurde, vorwärts geschaufelt werden,
worauf man rückwärts eine neue Charge einfüllt;
in 24 Stunden werden 65—66 q Erz mit einem
Halt von etwa 1 % Quecksilber bei einem Aufwand
von 3 cbm Holz oder 6—7 q Braunkohle verarbeitet. Die eisernen Condensationsröhren haben
95 cm Durchmesser und werden durch Berieseln
mit Wasser gekühlt.

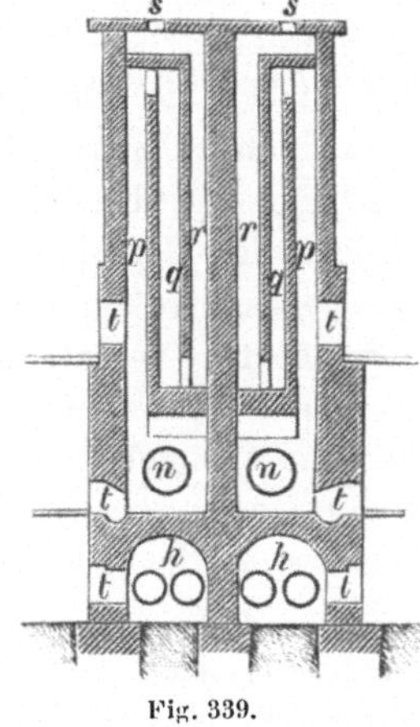

Fig. 339.

Dermal sind diese älteren Albertiöfen nur
ausnahmsweise im Betriebe; man hat in den letzten
Jahren zu Idria gepanzerte Fortschaufelungsöfen mit Sohlenheizung aufgestellt, deren Heerde 6 m lang und 2·2 m breit sind und an der Langseite 3, an der Stirnseite 2 Arbeitsöffnungen besitzen; die Flamme streicht

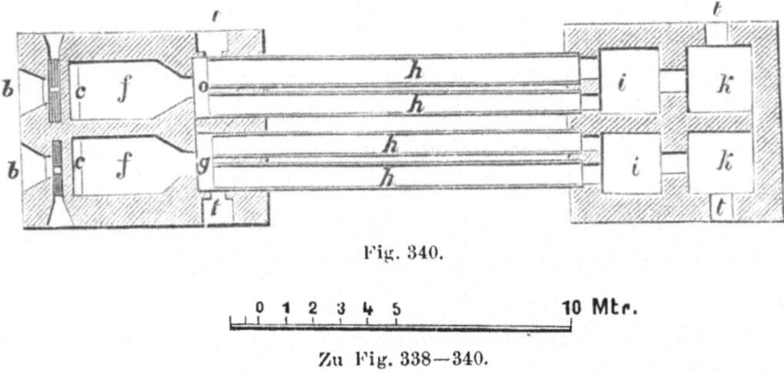

Fig. 340.

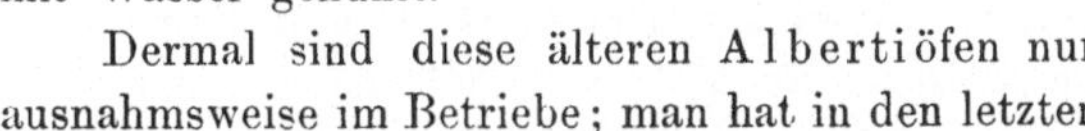

Zu Fig. 338—340.

vom Roste, welcher unter der ersten Heerdabtheilung liegt, zuerst unter
der Sohle, zieht die Brandgasse aufwärts und über dem Erze zurück; die
Condensation besteht aus einem gusseisernen Kasten und aus drei 47 cm
weiten sich anschliessenden Röhrensträngen von Schenkelröhren, welche in
unterhalb liegende Sammelkästen münden, aus denen die Dämpfe noch in
2 grosse Condensationskammern treten und dann ein unterirdisch ange-
legtes, allen Oefen gemeinschaftliches Canalsystem passiren. Diese Oefen
verarbeiten je nach dem Halte der Erze 25—40 q in 24 Stunden bei
3 cbm Aufwand an gemischtem Holz.

Gewinnung des Quecksilbers durch Zersetzung der Erze mit Zuschlägen.

Diese früher vielfach in Anwendung gestandene Methode der Quecksilbergewinnung besteht dermal noch in Californien auf American Mine bei Pine Flat, zu Siéle in Toscana und zu Littai in Krain. Man bedarf hiebei viel Brennstoff und nur reichere Erze können in dieser Art vortheilhaft zu Gute gebracht werden, welche den Aufwand für die nöthigen Zuschläge und die Zerkleinerungskosten vertragen, auch verbleiben reichere Rückstände; dagegen kann die Condensation vollständiger erfolgen, weil die Quecksilberdämpfe nicht durch die bei den anderen Gewinnungsmethoden beigemengten Verbrennungsgase so sehr dilattirt sind.

Zu Littai[17]) werden in der Bleiglanz führenden Lagerstätte mitbrechende Zinnobererze als Nebenproduct zu Gute gebracht und monatlich 5—6 q Quecksilber erzeugt. Die im Durchschnitt 3% Quecksilber führenden Erze werden in einer Walzenquetsche auf 5 mm Korngrösse und abwärts zerkleint, mit 5—6 % Aetzkalk innig gemischt, und je 100 kg dieses Gemenges in jede der 2 Muffeln des in Fig. 341—344 dargestellten Ofens eingesetzt. In 24 Stunden werden die Muffeln 4 mal entleert und neu besetzt, in dieser Zeit werden somit 8 q Erz, im Durchschnitt monatlich 230 q verarbeitet, wozu 170 q Brennstoff, und zwar $\frac{1}{5}$ Grobgrieskohle und $\frac{4}{5}$ Feingrieskohle erforderlich sind; das Calo an Quecksilber beträgt 5—6 %. Das Quecksilber wird nach Erforderniss abgelassen, die Condensationsröhren halbmonatlich gereinigt, und der gewonnene Stupp unter Zusatz von Aetzkalk und Durcharbeiten von dem Quecksilber möglichst befreit, der Rückstand hievon aber in schmalen Kästen von Eisenblech wieder in die Muffeln zum Ausbrennen zurückgegeben. In den Figuren zeigen a die eisernen Muffeln, b den Rost, c den Abfallcanal für die Verbrennungsgase, d die Condensationsröhren, welche durch von e aus auffliessendes Wasser gekühlt werden, und beide in das geneigt liegende, in einem mit Wasser gefüllten Kühlkasten f eingelegte Rohr g münden, aus welchem das Quecksilber bei h abgelassen wird. Von dem mittleren Rohre i führt eine Röhrentour l die noch nicht condensirten Destillationsproducte in den Flugstaubcanal k.

Zu Idria[18]) wurden agglomerirte, mit 15 % gelöschtem Kalk zu Ziegeln geformte, 10%ige Erze in eisernen Muffeln destillirt, welche 2·24 m lang, 69 cm breit und 34 cm hoch waren, und vorn durch einen eisernen, mit Querschiene und 2 Keilen festgemachten Deckel verschlossen wurden; die Ziegel hatten 25 cm Länge, 13 cm Breite und 2·25 cm Höhe, jede

---

[17]) Handschriftliche Mittheilungen der Betriebsdirection zu Littai, welcher der Verfasser auch die beigegebene Zeichnung verdankt.

[18]) Rittinger's Erfahrungen 1872.

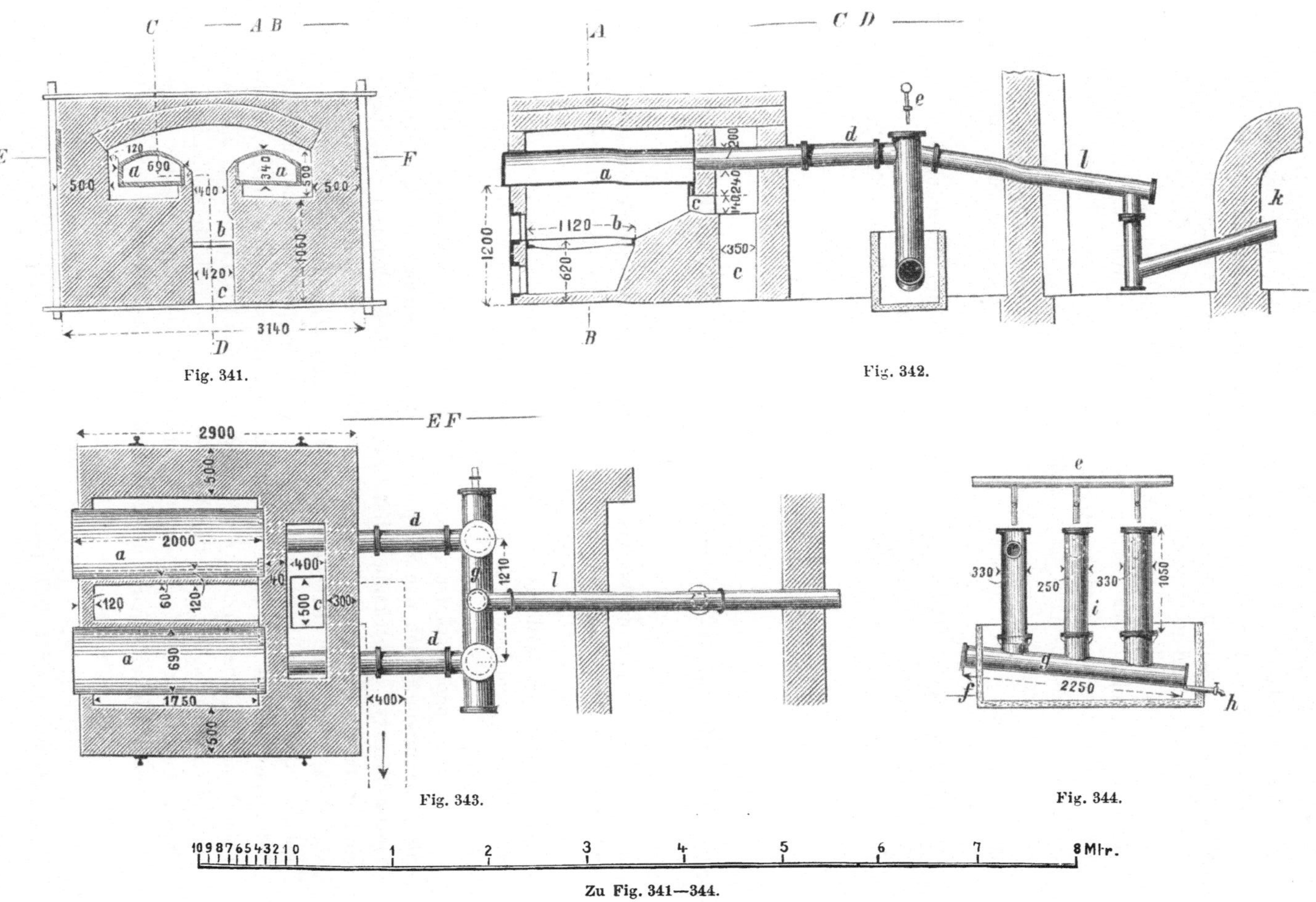
Fig. 341.
Fig. 342.
Fig. 343.
Fig. 344.
Zu Fig. 341—344.
8 Mtr.

Muffel bekam 6 Reihen à 18 Stück auf die hohe Kante gestellter Ziegel, zusammen 135 kg Einsatz. Ein Brand dauerte je nach der Reichhaltigkeit der Erze 4—6 und mehr Stunden, der Brennstoffverbrauch betrug pro Ofen und 24 Stunden 1·8 cbm gemischtes Brennholz oder 3·6 q Braunkohle, in 24 Stunden wurden in einem Ofen durchschnittlich 8·2 q Erze verarbeitet. Die Condensationsröhren wurden durch Einstossen von Putzscheiben gereinigt. Der Betrieb in diesen Oefen wurde zu Idria aufgelassen; die Zusammensetzung der so verarbeiteten reichen Erzgriese und Schliche ist vorn ebenfalls bereits mitgetheilt worden.

Zu Siéle[19]) werden die Erze vom monte amiata in eisernen halbrunden Retorten, deren je 3 über einer Feuerung liegen und 200—250 kg fassen, unter Zuschlag von 12·5 % Kalk destillirt.

Zu Hořowitz (Böhmen) wurde zur Zersetzung Eisenhammerschlag verwendet, zur Destillation dienten Glockenöfen; zu Moschellandsberg (Rheinbayern) wurde unter Kalkzuschlag in thönernen Krügen destillirt.

Reinigung des Quecksilbers und Verarbeitung des Stupp.

Das nach einer der vorhin angeführten Methoden gewonnene Quecksilber ist durch mechanisch eingemengte Bestandtheile verunreinigt; behufs seiner Reinigung wird es durch Leinwand oder Leder gepresst. Die Verpackung des Quecksilbers geschieht entweder in Beuteln von doppelt sämisch gegerbtem Leder oder in schmiedeeisernen, zugeschraubten Flaschen (botteln).

In den Condensationen findet sich neben dem metallischen Quecksilber als Nebenproduct auch der Stupp, ein inniges Gemenge von Quecksilber, Quecksilberoxyd, Quecksilbersulfat, Zinnober, Russ, harzigen Producten und anderes mehr; durch Pressen in feuchtem Zustande unter Beimengen von Kalkhydrat kann derselbe von dem grössten Theil seines Quecksilbergehaltes befreit werden, doch enthält er von seinem ursprünglich bis 80% betragenden Gehalt an Quecksilber nach dem Pressen immer noch erhebliche Mengen davon, zu Idria der Stupp von den Flammofen bis 25, von den Schachtöfen bis 15, von den Muffelöfen 3% der verhütteten Zeuge, im Durchschnitt etwa 18% Quecksilber. Die Pressrückstände werden wegen ihrer Reichhaltigkeit wieder in die Oefen zurückgegeben; es enthält der Stupp

---

	1	2	3	4	5	6
			nach Teuber[20]			nach Patera.
Hg	3·12	14·59	0·92	0·17	3·12	6·42
Hg S	27·33	1·83	3·40	9·80	31·10	2·20
$Hg_3 SO_6$	7·32	3·06	6·10	12·69	10·83	13·07
Fe SO_4	—	—	—	—	6·02	—
Mg SO_4	—	—	—	—	7·50	—
$K_2 SO_4$	—	—	—	—	1·24	—
$Am_2 SO_4$	—	—	—	—	0·54	—
Si O_2	—	—	—	—	2·20	—
Kohle	—	—	—	—	19·80	—
Wasser und aromatische Stoffe		—	—	10·30	26·50
Organische Körper		—	—	—	5·00	—
$Fe_2 O_3$ ⎱						
$Al_2 O_3$ ⎰	—	—	—	—	—	0·80
Hg Cl	—	—	—	—	—	1·80
Ca SO_4	—	—	—	—	—	6·30
$Fe_2 SO_6$	—	—	—	—	—	0·40
Ca O	—	—	—	—	—	1·20
Mg O	—	—	—	—	—	1·10
S O_3	—	—	—	—	—	4·80
Unlösliches	—	—	—	—	—	3·80
Russ und harzige Producte		—	—	—	29·40
$Am_2 O$ ⎱						vorhanden, aber
SO_2 ⎰	—	—	—	—	—	nicht bestimmt.

Nach Oser[21]) enthielt der Stupp aus den Condensationskammern der Flammöfen :

Abpressbares Quecksilber	40·95
Metallisches Quecksilber und in	
Salzform, nicht abpressbar	9·15
Schwefelsäure	1·39
Schwefelquecksilber	4·32
Kohle	3·31
Aschenbestandtheile	9·33
Wasser	31·55

Quecksilbergewinnung auf nassem Wege.

Die Gewinnung des Quecksilbers auf nassem Wege wurde nach mehreren Methoden versucht, doch haben die meisten in Vorschlag gebrachten Verfahrungsarten nicht entsprochen.

Von Sivecking[22]) rührt nachstehendes Verfahren her: Wird fein

[20]) Oesterr. Ztschft. 1877 pag. 123. Dingler's Journ. Bd. 225 pag. 214.
[21]) Das k. k. Quecksilberbergwerk Idria. Wien 1881.
[22]) Oesterr. Ztschft. 1876 No. 2. Bg. u. Httnmsch. Ztg. 1876 pag. 169.

zertheilter Zinnober mit **Kochsalz** und **Kupferchlorür** bei gleichzeitiger Anwesenheit von **metallischem Kupfer** zusammengebracht, so wird Quecksilber ausgeschieden,

$$Hg\,S + 2\,Cu\,Cl = Cu\,Cl_2 + Cu\,S + Hg,$$

und amalgamirt sich mit dem überschüssigen metallischen Kupfer.

Der Process wird in rotirenden Amalgamirfässern vorgenommen.

Schwefelnatrium und **Kupferchlorid** wurden erfolglos versucht, R. **Wagner**[23]) hat zur Extraction gesättigtes **Bromwasser** oder eine **Lösung von Brom in concentrirter Salzsäure** vorgeschlagen.

Erze, welche das Quecksilber als Chlorür enthalten, lassen das Quecksilber mit Hyposulfitsalzen ausziehen.

Technologie des Quecksilbers.

Darstellung von Zinnober. Die Bereitung des Zinnobers zerfällt in drei besondere Operationen, in die Herstellung des Moors, in die Sublimation des Moors und in das Mahlen und Raffiniren des Stückzinnobers. Zu **Idria** wird folgends verfahren[24]):

Die Moorbereitung. Der Schwefel wird gestampft und durch ein Sieb von 1 qmm Lochweite geschlagen. Diese Grösse des Korns ist passend und wichtig, da gröberes Korn das Quecksilber nur unvollkommen bindet, zu feines Korn aber auf dem Quecksilber schwimmt. Beide werden nicht atomistisch genau, sondern erfahrungsmässig auf 84 Theile Quecksilber 16 Theile Schwefel gegeben und das Gemenge in Fässchen aus Ulmenholz gebracht, welche ähnlich in Bewegung gesetzt werden, wie bei der europäischen Amalgamation geschieht; 18 Fässchen, deren jedes mit 25 kg beschickt wird, werden auf einmal in rotirende Bewegung gesetzt und machen pro Minute je 30 Umdrehungen nach rechts und eben so viel Umdrehungen nach links, zusammen 60 Umdrehungen. Die Fässchen haben an den Innenwänden vorstehende Rippen, durch welche Einrichtung ein innigeres Durchmengen des Schwefels mit dem Quecksilber bei der Rotation erreicht wird. Die Zeit, welche man die Fässchen rotiren lässt, beträgt im Durchschnitt 2 Stunden 40 Minuten, wobei der Moor sich auf 25° R. erwärmt, und um ein Durchsickern des Quecksilbers durch die Dauben zu verhüten, werden die Fässchen vor dem Einfüllen mit warmem Wasser besprengt. Je höher die Temperatur, um so kürzere Zeit ist nothwendig, die Fässchen rotiren zu lassen; im Durchschnitt beträgt die Diffe-

---

[23]) Dingler's Journ. Bd. 218 pag. 254. Chem. Centrbltt. 1875 pag. 711.

[24]) Annal. des min. V pag. 60. Polytechn. Centralbl. 1855 pag. 661. Polytechn. Notizbl. 1855 pag. 222. Oesterr. Ztschft. f. Bg. u. Httnwesen 1865 pag. 334.

renz in der Temperatur des Amalgamirlocales und des Moors in dem Fässchen 19º R. Das Product dieser Operation ist roher Moor.

Die Sublimation des Moors. Der Inhalt der Fässchen wird in gusseiserne, birnförmige Retorten gebracht, deren je 6 auf Trageisen ruhend in Zugflammöfen eingesetzt sind, welche mit fein gespaltenem Holz beheizt werden; jeder Kolben erhält 52 kg Füllung. Die Sublimation selbst zerfällt in 3 Perioden, in das Abdampfen, das Stücken und das Sublimiren. Die gefüllten Kolben (Retorten) werden anfangs mit Helmen von Blech bedeckt, an diese thönerne Vorlagen lose angesteckt und die Helme durch aufgelegte Ziegeln beschwert; die Heizung geschieht derart, dass man anfangs die ersten 2 Kolben von der Flamme umspielen lässt und dann langsam gegen die andern vorrückt. Nach kurzer Zeit erfolgt die Entzündung des Schwefels in den ersten 2 Kolben, es bricht eine Flamme mit starker Detonation zum Helm heraus, worauf dicker Rauch und stärkere Flammen folgen; dies ist die Abdampfperiode. Ist dieselbe in den beiden ersten Kolben vorbei, so rückt man mit dem Feuer zu den nächsten zwei Kolben und endlich zu dem letzten Paar derselben fort; das Product ist abgedampfter Moor, welchen man in den Kolben belässt, die blechernen Helme gegen thönerne auswechselt, diese anlutirt und hierauf unter allen Kolben gleich stark feuert. Es entzündet sich der Schwefel wieder, und nach $2^1/_4$ Stunden ist die Temperatur so weit gestiegen, dass der überschüssige Schwefel bei dem Helmrohr überdestillirt und an die Luft tretend unter geringer Verpuffung sich entzündet, ein Kennzeichen, dass jetzt die Vorstösse und Vorlagen an die Helme angesetzt werden sollen, welche beide aus Thon gefertigt sind. Diese Arbeit heisst das Stücken, (Stückperiode). Bei dem Anlutiren der Vorlagen lässt man in dem Lutum eine kleine Oeffnung zum Abziehen des überschüssigen Schwefels, und bei dem nun unterhaltenen stärkeren Feuer beginnt die Sublimation, während welcher das Lutum, um ein Entstehen von Sprüngen darin zu vermeiden, beständig feucht erhalten wird, und man, wenn sich bei der im Lutum gelassenen Oeffnung eine Flamme von verbrennendem Schwefel zeigen sollte, auch diese mit Lehm verschliesst. Der Stückzinnober setzt sich zuerst an den kältesten Stellen der Vorlagen und Vorstösse, und schliesslich auch im Helm an, und wenn an den Stossfugen von Helm und Kolben blaue Flämmchen von verbrennendem Schwefel zeitweilig sichtbar werden und wieder verschwinden, so ist dies das Kennzeichen der beendeten Sublimation und der Ofen wird abkühlen gelassen. Vorlage und Helm werden dann abgenommen, zerschlagen und die Scherben von dem anhaftenden Zinnober sorgfältig geputzt; die Vorstösse lassen sich reinigen, ohne zerschlagen zu werden. Die Producte sind Stückzinnober und Putzwerk, welches Letztere bei der nächstfolgenden Sublimation wieder zugetheilt wird. Die Sublimation dauert im Ganzen gegen 7 Stunden, wovon etwa 15 Minuten auf die Abdampfperiode, $2^1/_2$ Stunden auf die Stückperiode und etwa

4 Stunden auf das Sublimiren entfallen; in den Helmen sammelt sich etwa 70, in den Vorstössen an 25 und in den Vorlagen an 5 % Stückzinnober.

Der Stückzinnober wird auf einer den Mahlmühlen ähnlichen Mühle mit beweglichem Oberstein und fixem Unterstein unter Wasser vermahlen, damit sowohl jedem Verstäuben vorgebeugt als auch ein möglichst gleichförmiges Korn erhalten wird; die zerdrückte Masse heisst Vermillon, und wird unter dem Spund in einer thönernen Schüssel aufgefangen. Die Temperatur des auslaufenden Vermillons ist durchschnittlich 30° R., die des Locales 12° R., wobei der in einem hölzernen Mantel laufende Stein 40 Umgänge pro Minute macht; je heller man den Zinnober haben will, um so öfter muss er die Mühle passiren, jedoch nicht öfter, als höchstens 5 mal, wozu die Steine jedesmal näher gestellt werden. Es werden 3 Sorten Vermillon erzeugt, welche die folgenden Bezeichnungen führen:

HR, hellrother Vermillon,

DR, dunkelrother Vermillon,

C, chinesischer Vermillon.

Raffination des gemahlenen Zinnobers. Das Raffiniren zerfällt in 3 Operationen, welche in folgender Ordnung nach einander vorgenommen werden.

Das Anfertigen der Lauge geschieht in hölzernen Bottichen mit doppeltem Boden, wovon der obere ein Losboden ist, als Filtrum dient zwischen beide eingelegtes Stroh; man erhält die Lauge durch Behandeln von Pottasche oder Buchenholzasche mit Wasser, und wird dieselbe von verschiedener Stärke erzeugt, nämlich zur Raffinirung des sogenannten chinesischen Zinnobers von 13, zur Raffinirung der beiden andern Sorten von 10° B. Concentration.

Das Kochen des Vermillons mit der Lauge wird in eisernen Kesseln vorgenommen, wozu jedesmal beiläufig 100 kg mit 22—23 kg Lauge genommen werden; der Inhalt des Kessels wird bis zum Sieden erhitzt, etwa 10 Minuten im Sieden erhalten, dann nach dem Absetzen der Zinnober ausgeschöpft und in derselben Lauge noch zweimal je 100 kg Vermillon gekocht. Den ausgeschöpften Zinnober lässt man in Bottichen absetzen und zapft die Lauge ab.

Das Aussüssen wird durch Aufleiten von heissem Wasser vorgenommen, womit man den Zinnober viermal nach einander digerirt und immer absetzen lässt, worauf man ihn über auf hölzerne Rahmen gespannte Leinwandfilter abfiltrirt; der Zinnober wird dann noch einigemale, d. i. so oft mit kaltem Wasser gewaschen, bis die Waschwässer ganz klar sind und den am Boden sich absetzenden Zinnober zu sehen gestatten. Er wird hierauf in flache, thönerne Schüsseln überschöpft und 3 Tage hindurch bei 50—70° R. getrocknet, nach erfolgtem Trocknen mit hölzernen Handwalzen zerdrückt, gesiebt und je nach der Gattung verschiedenartig verpackt. Je reiner der Zinnober ist, um so mehr Wasser hält er nach dem Austrocknen zurück.

In China[25]) wird der Zinnober in Fabriken in folgender Weise erzeugt: In eine eiserne Pfanne von 67·5 cm Durchmesser und 26·5 cm Tiefe werden 13 catties, d. i. 7·8 kg Schwefel gebracht, $\frac{1}{2}$ Flasche Quecksilber, circa 17 kg, dazu gegossen, die Pfanne über ein Kohlenfeuer gestellt und der Inhalt mit einem eisernen Spatel gerührt, bis der Schwefel vollständig geschmolzen ist, worauf der Rest der Flasche, d. i. das zu 34½ kg fehlende nachgegossen und so lange umgerührt wird, bis alles Quecksilber an Schwefel gebunden, bis das Quecksilber „getödtet“ ist. Man nimmt dann vom Feuer, giesst etwas Wasser zu und rührt rasch um; der so erhaltene blutrothe Moor von krystallinischer Struktur wird nun in eiserne, halbkugelförmige Pfannen von 77·5 cm Durchmesser und 26·5 cm Tiefe eingefüllt, und wenn 10—12 solcher Pfannen, welche jede über einem separaten Roste längs der beiden Seiten eines 3·6 m langen und 4·6 m breiten Raumes aufgestellt sind, gefüllt wurden, wird der Inhalt der Pfanne mit flachen Stücken von Porcellan bedeckt und deren so viele über einander gelegt, dass sie über die Pfanne hinaus die Form einer Kuppel bilden, über welche dann die zuerst gebrauchte kleinere Pfanne gestülpt und der Zwischenraum zwischen den Rändern beider Pfannen gut lutirt wird. In das Lutum stösst man dann 4 Löcher, welche zum Abzug der Sublimirgase dienen. Jeder Ofen mit der beschickten Pfanne wird nun mit Holzkohle befeuert, wobei die Flamme und Verbrennungsproducte zur Schürthür herausschlagen, und ein Arbeiter durch ein Schauloch in der Thüre des Sublimirlocales den Fortgang des Processes beobachtet; während des 18 Stunden dauernden Befeuerns muss öfters Brennstoff nachgegeben werden, wozu die Thüre geöffnet werden muss, welche sonst die ganze Zeit hindurch geschlossen bleibt. Nach 18 Stunden lässt man das Feuer ausgehen, hebt nach dem Abkühlen die obere Pfanne ab, und reinigt diese und die Porcellanstücke durch Abschaben von dem darauf sublimirten Zinnober. Der von den Porcellanstücken gewonnene Zinnober wird in einem Mörser gepulvert, dann auf eine Reibmühle mit fixem Unterstein aufgegeben und darin vermahlen, wobei der Zinnober nach und nach löffelweise in die nahe der Mitte im Oberstein befindliche Oeffnung eingetragen und durch nachgeschüttetes Wasser hinabgespült wird. Den gemahlenen Zinnober fängt man mit dem ablaufenden Wasser in einem thönernen Absetzkessel von etwa 27 Liter Inhalt auf, und gibt für je 4·5 Liter Wasser 28·3 g Leim und 28·3 g Alaun hinzu, welchen Ersteren man vorher in heissem Wasser aufgelöst hat. Der Zusatz des Leims hat den Zweck, das Wasser zu verdicken und die feinsten Zinnobertheilchen länger suspendirt zu erhalten, der Zusatz von Alaun soll angeblich auf die Farbe des Zinnobers Einfluss nehmen; nach dem Absetzen werden die oberen, feineren Partien sorgfältig abgehoben, das unten abgesetzte von gröberem Korn nochmals vermahlen, und dieses Waschen und Mahlen so oft wiederholt,

---

[25]) Oesterr. Ztschft. 1884 pag. 618.

bis die gewünschte Farbe erreicht ist. Der Zinnober wird schliesslich nochmals gewaschen, die Waschwässer behufs Gewinnung des feinsten Zinnobers in Kufen zum Absetzen abgegossen, dann der Zinnober an der Luft getrocknet, durch ein Mousselinsieb geschlagen, endlich in Päckchen von je ein Taël, etwa 40 g Inhalt, verpackt und nach seiner Qualität signirt. Das Putzwerk minderer Sorte, welches nach der Sublimation in der aufgestülpten Pfanne haftet und aus dem als Lutum verwendeten Thon ausgewaschen wird, mischt man mit Alaun und Leimwasser, formt Kuchen daraus, trocknet diese über Holzfeuer oder Holzkohlenfeuer, und sublimirt sie um.

Die Darstellung des Zinnobers auf nassem Wege soll gegenwärtig in Idria gelungen und der Betrieb current eingeführt sein; das Verfahren wird geheim gehalten.

Krankheiten und Vergiftungen durch Quecksilber.

Bei den neueren Apparaten, bei deren Betrieb nicht so viel Quecksilberdämpfe entweichen, sind die Arbeiter den schädlichen Wirkungen dieser Dämpfe weniger ausgesetzt, und kommen demgemäss in letzterer Zeit die eigentlichen Mercurialkrankheiten immer seltener vor; durch stets sich wiederholenden Wechsel der Arbeiter von der Hütte zur Grube und umgekehrt in bestimmten Zeiträumen wird ebenfalls der Hydrargyrose vorgebeugt. Man hat früher auch dem in dem Essenrauch enthaltenen Quecksilber sehr nachtheiligen Einfluss zugeschrieben, es ist jedoch bei guter Condensation eine sehr unbedeutende Menge Quecksilber und dieses Wenige grösstentheils als Sulfid in dem Essenrauche enthalten, also die Schädlichkeit des Rauches selbst nicht so bedeutend, als befürchtet wird. Nach Untersuchungen einer im Jahre 1877 stattgehabten behördlichen Commission zu Idria hat sich ergeben, dass in 1000 Liter der Essengase 0·00356 g Quecksilber enthalten waren, und in 24 Stunden durch die Esse 573·16 g Quecksilber in das Freie gelangen. (l. c.)

Nach Teuber[26]) enthält zu Idria der gasförmige Theil des Essenrauchs:

$H_2 S$	0·004
SO_2	0·050
CO_2	5·636
CO	1·740
O	15·400 ⎱ d. i. 73·33 Luft und 19·24 Stickstoff.
N	77·170 ⎰

Es ist indess das Quecksilber auch schon bei gewöhnlicher Temperatur flüchtig, und eine Assimilation dieser Dämpfe ist unbedingt nachtheilig.

---

[26]) Oesterr. Ztschft. 1877 pag. 123. Dingler's Journ. Bd. 225 pag. 214.

Die in Folge einer Vergiftung durch Quecksilber eintretenden Krankheiten sind hauptsächlich Blutarmuth, Scorbut und Scropheln; die Hydrargyrose äussert sich durch Affectionen des Verdauungs- und Nervenapparates, der Bewegungs- und Athmungsorgane, auch viel durch Krankheiten der Zähne. Als prophylactische Mittel dienen Reinlichkeit, recht häufiger Aufenthalt oder Bewegung in frischer Luft, der Genuss saurer Speisen; auch ein mässiges Quantum von Wein oder Spirituosen sind ein sehr wohlthätiges Antidot gegen Mercurialkrankheiten. Von Melsens[27] wird Jodkalium gegen Quecksilber und Bleivergiftung empfohlen, welches vom Organismus aufgenommene unlösliche Quecksilber- (Blei)verbindungen löslich mache, die dann mit dem Harn abgeschieden werden.

---

[27] Bg. u. Httnmsch. Ztg. 1877 pag. 236.

Zinn.

$$(\mathrm{Sn}^{\mathrm{IV.}} = 118.)$$

Geschichtliches. Es lässt sich nicht constatiren, zu welcher Zeit das Zinn als solches bekannt geworden ist, doch wurde es in seiner Legirung mit Kupfer zur Anfertigung von Werkzeugen gebraucht; diese Legirung ist das „aes", die Bronce der Alten. Die erste namentliche Erwähnung des Zinns findet sich in Homer's Ilias, wo es als Stoff zur Verzierung der Schilde und Waffen genannt wird; im Sanskrit heisst das Zinn „Kastira", es ist sonach den Indern bekannt gewesen, dasselbe wurde von dort auch in den Handel gebracht und zwar von den Phöniciern, welche später auf ihren Handelsschifffahrten noch die Cassiteriden, das heutige Cornwall, entdeckten. Die Römer nannten das Zinn „plumbum album" und schätzten es höher als Blei.

Statistik. An Zinn wurde producirt in metrischen Centnern:

In Oesterreich (ohne Ungarn) im Jahre	1883	359
- Grossbritannien - -	1881	86150
- Japan - -	1876	762

Eigenschaften. Das Zinn hat eine dem Silber sehr nahe kommende weisse, etwas ins Bläuliche spielende Farbe, lebhaften Glanz, ist weich und knirscht bei dem Biegen; es ist sehr dehnbar, hat ein spez. Gew. $= 7{\cdot}285$, im gehämmerten und gewalzten Zustande $= 7{\cdot}290$, und krystallirt in viergliedrigen Pyramiden. Das Handelszink ist meistens spezifisch schwerer, als hier angegeben, weil es durch andere Metalle verunreinigt ist, und es kann das spez. Gewicht des Zinns annähernd als Kennzeichen für dessen Reinheit dienen; die gewöhnlichen Verunreinigungen des Zinns sind Eisen, Arsen, Antimon, Blei, Kupfer, Wismuth, Wolfram, Molybdän und Zinnoxydul. Der Schmelzpunkt des Zinns liegt bei 230⁰ C., $0{\cdot}5\,\%$ Arsen vermindert schon den Glanz und die Festigkeit des Zinns, Antimon und Wismuth bis $0{\cdot}5\,\%$ im Zinn anwesend vermindern blos die Festigkeit, über diese Grenze hinaus aber auch den Glanz des Zinns; Blei macht das Zinn, wenn blos $1\,\%$ darin enthalten ist, grau, $0{\cdot}5\,\%$ Eisen machen es unansehnlich, Kupfer bis zu $1\,\%$ macht es hart, weniger geschmeidig und zieht die Farbe in's Gelbe. Ein Gehalt an Zinnoxydul vermindert Glanz,

Farbe und Festigkeit und macht es weniger verwendbar für Darstellung der Bronce.

Der Glanz und die Festigkeit des Zinns hängen auch wesentlich ab von der Temperatur, bei welcher es gegossen wird; spielt es nämlich auf der Oberfläche in Regenbogenfarben, so ist es überhitzt und in höherer Temperatur weniger fest, ist es aber nicht heiss genug gewesen, so wird es matt und weniger fest bei gewöhnlicher Temperatur. Vor dem Ausgiessen soll es demnach, wenn man den aufgestreuten Kohlenstaub abzieht, weder matt erscheinen noch in Regenbogenfarben spielen. Wird Zinn mit der Hand gerieben, so ertheilt es derselben einen unangenehmen Geruch, im Munde gehalten bringt es einen widrigen Geschmack hervor. Erst in Weissglühhitze wird es flüchtig, es oxydirt sich an der Luft nur wenig, überzieht sich mit einem grauen Häutchen; in Salzsäure und Königswasser ist es leicht, in Schwefelsäure schwer löslich, von Salpetersäure wird es sehr bald oxydirt, ohne dass merklich von dem Oxyd aufgelöst wird. Pflanzensäuren greifen das Zinn an, Essigsäure löst es auf; sowohl Alaun als auch Weinstein lösen, wenn sie in einem Zinngefäss gekocht werden, das Zinn zum Theil auf. Wasser wird bei gewöhnlicher Temperatur von dem Zinn unter Vermittelung von Säuren zerlegt, in Weissgluth auch ohne Säuren. Ein Zinn ist um so unreiner, je krystallinischer seine Oberfläche und je tiefer die Einsenkung auf der Oberfläche eines Gussstücks ist; die reinsten Handelssorten sind das Banca-, Malacca- und Blitonzinn.

Anwendung. In reinem Zustande findet das Zinn und seine Salze Verwendung nur zur Darstellung von Stanniol, zur Erzeugung von Präparaten, zum Drucken und Färben der Zeuge und zum Verzinnen des Eisens; eine der allgemeinsten Anwendungen des Zinns ist die zur Verfertigung der Orgelpfeifen. In seinen Legirungen mit Kupfer und Zink gibt es die Bronce, mit Kupfer allein das Glockenmetall, mit Blei findet es Verwendung zu Zinngeschirren, weil diese Legur härter ist, als reines Zinn, doch ist das Verhältniss, in welchem beide Metalle hiezu verwendet werden dürfen, in den meisten Ländern vorgeschrieben, und bezeichnet man eine solche Legirung als 2pfündig, 3pfündig u. s. f., wenn 1 Zinn mit 1 Blei, beziehentlich 2 Zinn mit 1 Blei u. s. f. legirt sind. Das Blei lässt sich mit Zinn auch sehr gut plattiren, und dient die Legirung dieser beiden Metalle auch als Schnellloth. Das Musivgold, eine Verbindung des Zinns mit Schwefel, findet in der Wassermalerei und zum Bronciren plastischer Arbeiten Verwendung, in Form von Oxyd dient das Zinn zur Darstellung des Emails für eiserne Geschirre, als Ueberzug der metallenen Zifferblätter, als Verzierung auf Gold und zur Glasur der Majolica, in Verbindung mit Goldoxyd als Cassius'scher Purpur zur Darstellung des Rubinglases, endlich in Verbindung mit Phosphor als Reinigungs- und Veredelungsmittel bei der Darstellung der Bronce.

Vorkommen und Erze. Das Zinn findet sich in den Urgebirgen und auf secundären Lagerstätten, den Seifen (Zinnseifen); im Urgebirge findet es sich vorwaltend in Stöcken, weniger in Gängen als Begleiter von metallischen und nicht metallischen Mineralien, hauptsächlich im Granit.

In Asien sind Vorder- und Hinterindien, Malacca, Ceylon, Banca, Sumatra, dann Japan sehr reich an Zinn, in Europa findet es sich in grösseren Mengen in Cornwall, Sachsen und Böhmen, doch sind geringere Vorkommen auch in Frankreich und Schlesien, dann auch in Sibirien, neuerer Zeit auch bedeutendere in Alabama, Dekota und Mexico[1]) bekannt geworden. In Afrika wurden Zinnerze erst in jüngster Zeit gefunden.

Es gibt blos ein Erz, das in genügender Menge vorkommt und zur Darstellung des Zinns verwendet wird, den Zinnstein (SnO_2), Cassiterit mit 78·6 $\%$ Zinn; er findet sich meistens in Stöcken mit Wolfram, Molybdänglanz, Arsenkies, Schwefelkies, Kupferkies, Zinkblende, Wismuth, Antimon, Quarz, Flussspath, Apatit etc. im sächsischen und böhmischen Erzgebirge und in Cornwall, und wenn die fremden Mineralien oder das Gebirgsgestein vorwalten, so nennt man das Erz Zinnzwitter.

Als Seifenzinn, Holzzinn bezeichnet man das auf den secundären Lagerstätten gewonnene Erz; dieses Erz ist reiner, weil es von den fremden Beimengungen zum grössten Theil schon befreit ist und nur mehr die spezifisch leichteren Verunreinigungen, wie Quarz, Chlorit, Turmalin u. a. mit sich führt, welche sich bei dem Verschmelzen der Zinnerze alle leicht verschlacken lassen, ohne die Qualität des Zinns zu beeinflussen.

Der Zinnkies, Stannin ist eine isomorphe Mischung der Schwefelverbindungen von Zink, Eisen, Zinn und Kupfer mit etwa 28 $\%$ Zinn, und kommt seltener, zumeist in Cornwall vor.

Gewinnung des Zinns.

Die Gewinnung des Zinns erfolgt durch reducirend solvirendes Schmelzen, wobei die fremden metallischen Beimengungen und Gangarten verschlackt werden sollen; diese Reduction des Zinnoxyds ist aber eine schwierige, weil dasselbe zu den schwer reducirbaren Metallen gehört und erst bei Weissgluth, also bei einer Temperatur reducirt wird, bei welcher alle andern Oxyde mitreducirt werden, in das Zinn eingehen und das Zinn verunreinigen. Zugleich ist aber das flüssige metallische Zinn eben so leicht oxydirbar, als das Oxyd schwer zu reduciren ist; gebildetes Metalloxyd aber wird wieder leicht und um so leichter verschlackt, als es sich den Monoxydbasen gegenüber als Säure verhält und aus solchen Verbindungen nur durch sehr kräftige Reduction wieder abgeschieden werden kann.

Die Urgebirgsgesteine, in welchen die Zinnerze vorkommen, sind alle

---

[1]) Eng. and Min. Journ. 36 pag. 163.

sehr reich an Quarz, das Schmelzen kann demnach auch nur bei Erzeugung von sehr kieselerdereichen, schwer schmelzbaren und strengflüssigen Schlacken vorgenommen werden, welche man durch Zuschläge nicht leichtflüssiger machen darf, weil metallische Zuschläge zum Theil reducirt werden, erdige aber zu viel Zinnoxyd verschlacken würden; es sind demnach die sonst bei Schmelzprocessen so häufig anwendbaren Zuschlagsmittel, Eisen und Kalk, hier nicht zu verwenden. Die mussige Beschaffenheit dieser Schlacken bringt es mit sich, dass dieselben viel metallisches Zinn mechanisch eingeschlossen enthalten, zu dessen Gewinnung man die Schlacken umschmelzen muss, wodurch ein vermehrter Brennstoffaufwand nothwendig wird.

Die Vorbereitung der Zinnerze. Die Erze, wie sie von der Grube angeliefert werden, sind zu unrein und nicht schmelzwürdig, sie müssen für den Schmelzprocess erst vorbereitet werden; diese Vorbereitung ist theils eine chemische, theils eine mechanische, theils wird sie auf trockenem, theils auf nassem Wege vorgenommen. Die Seifenerze sind die reineren, und kann hier eine blos mechanische Aufbereitung genügen.

Nachdem die Erze das Metall als Oxyd enthalten, so besteht die erste Vorbereitung derselben in einem Mürbebrennen, wodurch auch die quarzigen Gangarten leichter zerkleinbar werden, hierauf folgt ein Verpochen und weiteres Verarbeiten auf Stossheerden oder durch Siebsetzen, wodurch die gewünschte Concentration des Zinnerzes erreicht wird. Das Zinnoxyd wird dadurch aber zum grössten Theil nur von den Bergarten befreit, da die meisten Metalle oder Metallverbindungen ein dem Zinnoxyd nahe stehendes oder grösseres spezifisches Gewicht besitzen und demnach in grosser Menge sich in den concentrirten Schlichen wiederfinden.

Diese Schliche enthalten viel Arsen- und Schwefelverbindungen fremder Metalle, sie werden also einer Röstung unterworfen, wodurch das Arsen und der Schwefel grösstentheils verflüchtigt werden und sich spezifisch leichtere Oxyde bilden, welche bei einer eventuell hierauf folgenden Aufbereitung leichter entfernt werden können; als Röstöfen können blos Flammöfen Verwendung finden, an die sich Condensationskammern anschliessen, welche namentlich dann sehr ausgedehnt sein müssen, wenn die Erze Arsenverbindungen enthalten, um die arsenige Säure zu gewinnen und dieselbe unschädlich zu machen. Das Zinnoxyd selbst verändert sich weder bei dem Mürbebrennen, noch bei dem Rösten wesentlich.

Die Röstöfen sind verschieden construirt, die Heerdsohlen nehmen 5—10 q Röstgut auf, die Röstzeit wechselt je nach der Grösse der Charge und der Menge der zu verflüchtigenden Stoffe von 12—24 Stunden.

Einen solchen Röstofen zeigt Fig. 345 und 346. Das zuerst auf dem Gewölbe des Ofens getrocknete Erz wird durch eine dort befindliche Füllöffnung a auf den Heerd herabgestürzt, und wenn die Erze arsenhaltend sind, wird die Esse durch den Schuber b geschlossen, dafür der zu den Condensationskammern führende Canal c geöffnet und anfangs bei höherer

Temperatur geröstet, weil hiebei ein reineres Arsenmehl erhalten wird, später aber wird behufs einer Zersetzung der bei dem Rösten gebildeten Salze Kohle in die Röstpost eingemengt, und dann wird der Canal c durch einen Schuber geschlossen und alle Röstgase bei offenem Schuber b in die Esse d entlassen.

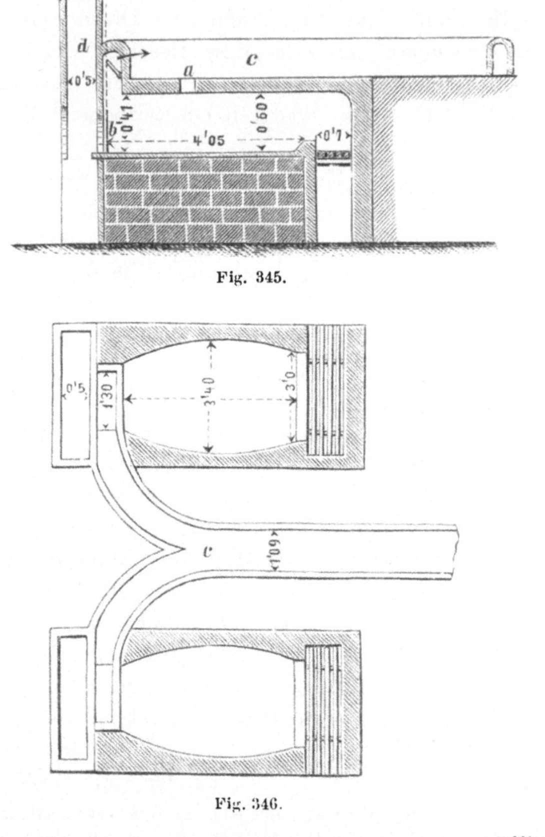

Fig. 345.

Fig. 346.

Zu Fig. 345 u. 346.

In Cornwall hat man zum Rösten der Zinnerze von Brunton angegebene Oefen mit tellerförmigem rotirenden Heerd (Fig. 347 und 348), in welchen kleine Posten von 150 kg binnen 1—1½ Stunden abgeröstet werden, wobei sich der Steinkohlenverbrauch auf 14·5 q pro 100 q aufgegebenes Röstgut stellt. a ist der schmiedeiserne, mit Blechrippen verstärkte und mit einer Ziegelsohle belegte Heerd, welcher auf einer verticalen Welle liegt, auf der ein grosses Zahnrad aufgekeilt ist; dieses wird von dem durch das Wasserrad A bewegten Räderpaare k und durch das conische Getriebe i in Umdrehung versetzt, womit zugleich der Heerd rotirt. Der Heerd a hat von der Mitte nach dem Umfang zu einen geringen Fall, derselbe hat etwa 4 m Durchmesser und macht in der Minute einen Umgang; b ist der Rost, c der Fülltrichter im Gewölbe des Ofens. Der eiserne Rechen f, welcher das Krählen und Austragen besorgt und fest

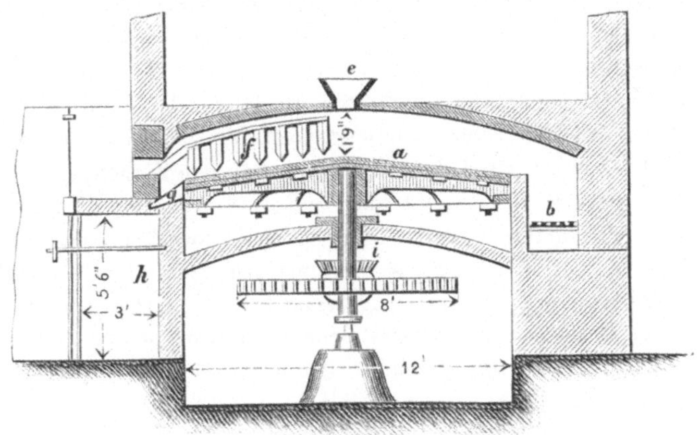

Fig. 347.

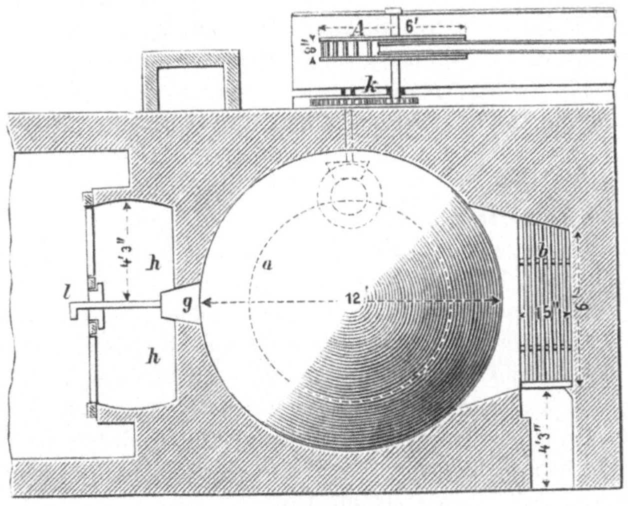

Fig. 348.

Zu Fig. 347 u. 348.

steht, hat schief stehende Zinken und schiebt bei der Drehung des Heerdes die Röstpost allmälig von der Mitte nach der Peripherie an die Austragsöffnung dem Schnabel g zu, aus welchem das Röstgut in 2 darunter neben einander liegende Kühlräume h fällt, von welchen je abwechselnd der eine mit einem Schuber verschlossen ist und geräumt wird, während indessen der andere sich allmälig wieder füllt. l ist eine Klinke, um den Austragsschnabel g abwechselnd über eine der Kammern h legen zu können.

Die in diesen Oefen gerösteten Erze werden verwaschen und auf einen Halt von 70% concentrirt, wenn sie aber kupferhaltig sind, vorher mit Wasser das Kupfersulfat ausgelaugt, worauf sie der weiteren Aufbereitung übergeben werden.

Wolfram ist einer der häufigsten Begleiter der Zinnerze, grössere Stücke davon werden schon durch Handscheidung gleich bei der Grube gewonnen, kleinere Stücke jedoch verbleiben bei dem Zinnoxyd, da Wolfram ein höheres spezifisches Gewicht hat; zur Entfernung des Wolframs, welches bei dem Schmelzen zum Theil in das Zinn übergeht und dessen Schmelzbarkeit beeinträchtigt, sowie auch die Schlacken strengflüssiger macht, werden die Erze mit Alkalisalzen geschmolzen und das Alkaliwolframiat ausgelaugt. Dieses Schmelzen wird in den Sodaöfen sehr ähnlichen Flammöfen vorgenommen, deren Heerd aus einer gusseisernen Pfanne besteht, in welcher das Erz, mit Soda, Kochsalz oder Glaubersalz[2]) beschickt, geglüht wird, indem die Flamme vom Roste aus zuerst über den Heerd, dann aber unter demselben wieder zurückstreicht, also den Heerd von oben und von unten beheizt. Man hat durch Bildung von Natriumstannat hiebei beträchtliche Verluste an Zinn, welche durch den Werth des erzeugten Wolframsalzes nicht gedeckt werden. Bei Verwendung von Soda ist ein 15—16 Stunden dauerndes Glühen des Gemenges nöthig, wobei dasselbe noch nicht breiartig wird; die Verwendung von Glaubersalz erheischt eine vorsichtigere und schwierigere Leitung des Feuers, indem zuerst das Sulfat in Schwefelnatrium umgewandelt werden muss, worauf man erst wieder bei oxydirender Flamme weiter glüht, doch ist das Glaubersalz billiger. Kochsalz wird angewendet bei einem gleichzeitigen Gehalt der Erze an Kupferkies, wo dann das Kupfer als Chlorid mit dem wolframsauren Natron ausgelaugt und ersteres durch Eisen aus der Lauge gefällt wird. Drakwell in Cornwall verwäscht die gerösteten Erze, mengt sie mit der nöthigen Menge Glaubersalz unter Zugabe von Kohle, so dass bei dem Rösten unter Entwickelung von Schwefeldioxyd die Zersetzung erfolgt, worauf oxydirend geröstet wird; eine Operation dauert gewöhnlich 6 Stunden. Das wolframsaure Natron wird noch rothglühend in eine mit Wasser gefüllte Cisterne gezogen und nach 24 Stunden durch ein Haarsieb geschlagen, auf welchem der Zinnstein zurückbleibt. In 24 Stunden macht man 4 Chargen zu 4·5 q bei 2—2·5 q Steinkohlenverbrauch.

Wismuth haltende Erze werden mit Salzsäure extrahirt, ausgewaschen, durch viel Wasser aus der Lösung basisches Chlorwismuth gefällt und dieses zu Metall reducirt.

---

[2]) Preuss. Ztschft. Bd. 9 pag. 254. Bg. u. Httnmsch. Ztg. 1862 pag. 294.

Verschmelzen der Zinnerze. Die Gewinnung des Zinns aus seinen Erzen wird in Schacht- und Flammöfen vorgenommen; die Gewinnung in Flammöfen ist hauptsächlich in England üblich.

Darstellung des Zinns in Schachtöfen. Die in Sachsen und Böhmen gewonnenen, unreineren Erze werden daselbst unter Verwendung von Holzkohlen in Schachtöfen von blos 2—2·5 m Höhe verschmolzen, welche, um das reducirte Zinn sogleich aus dem Ofen zu entfernen, über die Spur zugestellt sind; als Zuschlag werden Schlacken von der eigenen Arbeit gegeben, deren Wirkung eine rein mechanische ist, da sie als schon fertige Silicate die neu gebildeten Schlacken verflüssigen und zur Auflockerung der aufgegebenen Erzschliche dienen. Die Oefen sind an der Gicht höchstens 1 m weit, 60—70 cm tief und verengen sich nach abwärts zu, um die genügende Temperatur im Schmelzraum und ein gleichmässiges Niedergehen der Gichten zu erzielen.

Zu Altenberg in Sachsen werden Zinnzwitter mit blos 0·5 % Zinn durch die Aufbereitungs- und Concentrationsarbeiten bis auf 50—60 % Zinn angereichert und in Spuröfen, deren Sohle aus einer Granitplatte besteht und mit Gestübbe überstampft ist, durchgesetzt; die Beschickung besteht aus 25—50 % Erzschlacken und 6—7 % verwaschenen Krätzen, und man verarbeitet in 24 Stunden 15—16 q Schlich mit 8 q Zuschlägen bei einem Calo von 12—15 % mit 5·5—6 cbm Holzkohlen pro 1 q Zinn. Den Schmelzgang beurtheilt man nach der Farbe des aus dem Auge abfliessenden Zinns, nach dem Leuchten der Kohlen vor der Form, nach dem Aussehen des aus dem Auge austretenden Dampfes und nach dem Flüssigkeitsgrad der Schlacke. Das ausfliessende Zinn soll eine rothe Farbe besitzen, die Kohlen vor der Form sollen mit gelbem Lichte leuchten, der aus dem Auge austretende Dampf soll hellblau sein und ruhig aufsteigen. Die Campagnen dauern 3—4 Tage, das Zinn wird aus dem Spurtiegel 2—3 mal in 24 Stunden abgestochen; es scheidet sich in demselben am Boden eine strengflüssigere Zinneisenlegur, die **Härtlinge**, ab. Die Schlacke lässt man in ein seitlich gelegenes Wasserbassin ablaufen, wo sie abgeschreckt wird.

Das erhaltene **Rohzinn**, **Werkzinn** wird wegen seiner Unreinheit durch Polen oder durch **Pauschen** gereinigt; durch ruhiges Absetzenlassen und vorsichtiges Abschöpfen der oberen Partien aus dem Spurtiegel oder durch continuirliches Ueberfliessenlassen des Zinns aus dem Spurtiegel kann man ein reineres Zinn erhalten. Die Schlacken enthalten viel Zinnkörner mechanisch eingeschlossen und werden desshalb umgeschmolzen; die Härtlinge, eine Legirung von Eisen und Zinn, werden geröstet und bei dem Schlackenverändern zugesetzt.

Auf **Banca** wird der gewaschene Zinnstein in einem Flammofen geröstet, dann werden aus dem Rost die Sulfate des Kupfers und Eisens ausgelaugt und die ausgelaugten Erze mehrere Tage an der Luft trocknen gelassen; hierauf verschmilzt man sie in einem 3 förmigen Gebläseschachtofen, welcher aus einem eisernen, innen feuerfest ausgefütterten Cylinder besteht, 3 m hoch und 50 cm weit ist, und dessen Formen 30 cm über der Ofensohle liegen. Es werden alle 15 Minuten Gichten von 25 kg Beschickung auf 32 kg Kohlen gesetzt und Zinn und Schlacke in den Spurtiegel ablaufen gelassen, aus welchem man die Schlacke zeitweilig abzieht; hat sich der Spurtiegel gefüllt, so wird das Zinn in den Stichtiegel abgelassen und darin gepolt.

Das bei Graupen[3]) in Böhmen gewonnene im Gneis vorkommende Zinnerz enthält wechselnde Mengen, von $\frac{1}{2}$—10% Zinn, im Durchschnitt kann der Gehalt mit 2% Zinn angenommen werden. Durch die Aufbereitung werden zwei Erzsorten für das Verschmelzen erzeugt: röscher Zinnstein mit 68 bis 72%, und Schlammschlich mit 45—48% Zinn. Bei dem Verschmelzen werden beide Erzsorten gattirt, und nur wenn es sich um Erzeugung von Qualitätszinn handelt, wird der rösche Zinnstein separat verschmolzen. Kiesige Erze werden in Stadeln abgeröstet, doch ist deren Vorkommen seltener. Wismuth haltende Erze werden extrahirt. Solche Erze röstet man zuerst in einem Muffelofen bei Braunkohlenfeuerung oxydirend, und laugt sie dann mit Salzsäure aus; für 100 kg Schlich werden 6—7 kg Salzsäure genommen, und dieselbe durch die untereinander aufgestellten Extractionsgefässe so lange durchlaufen gelassen, bis die Lauge von mit frischer Säure behandeltem Erz mit Wasser keine Trübung mehr gibt. Das aus den Laugen durch Wasser gefällte Chlorwismuth wird zum Theil als solches verkauft, zum Theil zu Metall reducirt.

Zum Verschmelzen der Erze dient der in Fig. 349—351 dargestellte Halbhohofen. Derselbe ist einförmig, 2·7 m hoch, im Formniveau an der Brust 25, an der Brandmauer 35, an der Gicht beziehentlich 45 und 55 cm weit und der Ofenschacht aus feuerfesten Ziegeln hergestellt. Statt des früher zu den Bodenplatten verwendeten Porphyrs, welcher selten mit glatter Oberfläche zu beschaffen ist, werden jetzt Platten von feinkörnigem Sandstein genommen, die sich sehr gut bewähren.

Man schmilzt mit harter und weicher Holzkohle und werden in 24 Stunden 11—12 q Erz durchgesetzt. Ein Satz besteht aus 0·66 hl angenässten Holzkohlen und 7 $\frac{1}{2}$ kg Erz. Der Ofen wird nach erfolgter Zustellung 24 Stunden hindurch abgewärmt, dann mit Holzkohlen gefüllt, diese durch das Auge angezündet, und wenn dieselben nach und nach niederbrennen, auf der Gicht mit dem Setzen der Erze und Kohlen begonnen, wobei der Ofen stets gefüllt erhalten wird. Wenn die Erze vor die Form gerückt sind, wird das Gebläse in Gang gesetzt. Das Zinn fliesst continuirlich mit der Schlacke in Form eines dünnen Schnürchens in den Spurtiegel ab, wo es theils von der darüber stehenden Schlacke, theils von den aufgeworfenen Kohlen bedeckt gehalten wird; die Schlacke

---

[3]) Schriftliche Mittheilungen der Hüttenverwaltung zu Graupen durch Herrn Ph. Schiller.

wird zeitweilig abgehoben und sogleich in Wasser abgeschreckt. Man schmilzt mit dunkler Gicht und ohne Nase; bei entstehendem Oberfeuer trachtet man durch grösseren Erzsatz, bei zu hoher Temperatur vor der Form durch Aufgeben nasser Kohlengichten abzuhelfen. Etwa sich im Schmelzraum bildende Ansätze sind möglichst zu beseitigen.

Wenn 3·5 q Erz durchgesetzt sind, wird das Zinn aus dem Spurtiegel in den Stichtiegel abgelassen, darin abgeschäumt und zu Barren vergossen. Ist die vorgelaufene Erzschicht durchgestochen, so wird sofort mit dem Schlackenverändern begonnen; unmittelbar auf die letzte Erzgicht werden

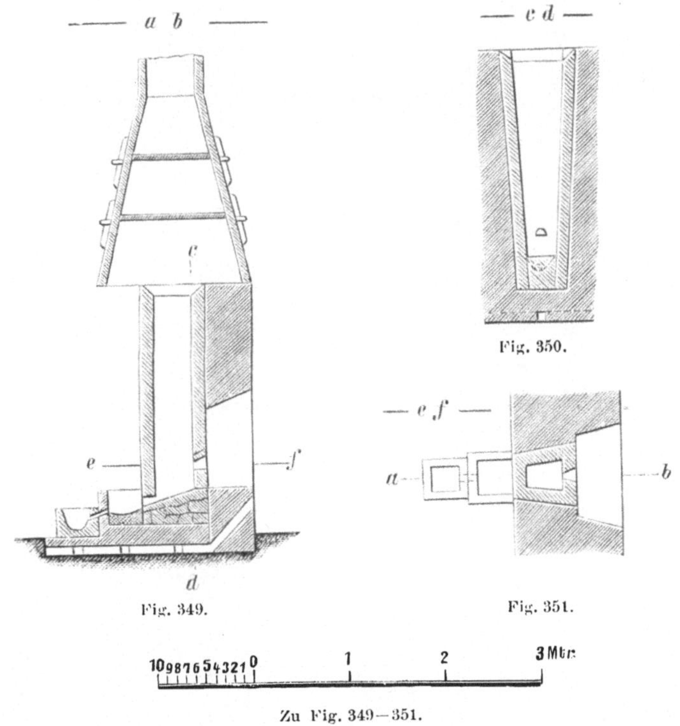

die zu Erbsengrösse zerkleinten Schlacken aufgegeben. Dieselben enthalten 10 % Zinn, welches zum Theil in von den Schlacken mechanisch eingeschlossenem unreducirtem Zinnoxyd enthalten ist; hiebei ist das Auge, welches bei dem Erzschmelzen 3·5 cm weit ist, auf 7 cm Weite vergrössert, und wird auch stärkerer Wind gegeben. Das Zinn wird bei diesem Schmelzen aus dem Spurtiegel nicht abgestochen, weil die sehr dünnflüssige Schlacke mitlaufen und den Stich versetzen würde, sondern man schöpft das Zinn aus. Die veränderten Schlacken werden ebenfalls in Wasser abgelöscht und zerkleint, und wieder unmittelbar nach dem Durchsetzen der veränderten Schlacken nachgesetzt, wobei wieder etwas Zinn daraus gewonnen wird. Die Schlacke von diesem zweiten Schlackenschmelzen, dem Treiben ist nun frei von unreducirtem Zinnoxyd, aber sie enthält noch etwas metallisches Zinn mechanisch eingeschlossen; zur Gewinnung desselben wird die Schlacke gepocht und verwaschen. Dasselbe geschieht mit den Ofenbrüchen.

Die Campagnen dauern 3—5 Tage, das Ausbringen beträgt 58·8 %,

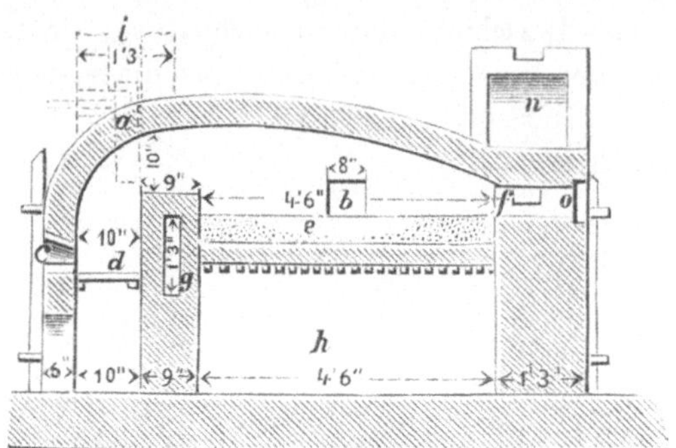

Fig. 352.

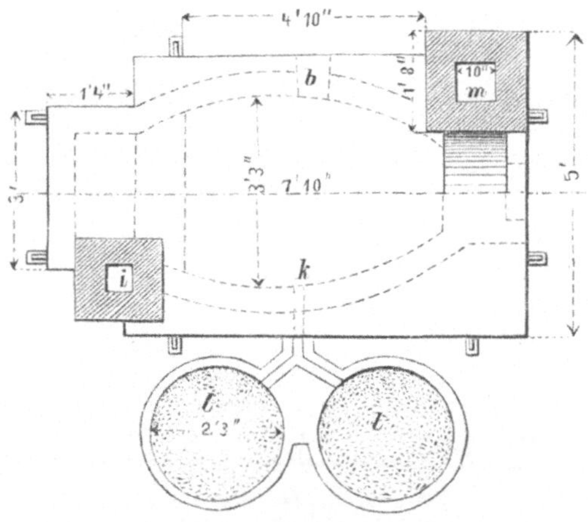

Fig. 353.

das Calo 7—8 %, der Brennstoffaufwand 15·15 hl Holzkohle für 100 kg ausgebrachtes Zinn.

Nach beendeter Campagne wird der Flugstaub aus den Kammern ausgekehrt und geschlämmt, um die Kohlentheilchen abzuwaschen, und dann bei dem nächsten Erzschmelzen zugegeben.

Zinngewinnung in Flammöfen. Die aufbereiteten und vorbereiteten Erze werden zuerst ausgelaugt, um das Kupfer daraus zu gewinnen. Zu dem Rösten der Erze dient meist der Brunton'sche rotirende Ofen.

Die in Verwendung stehenden Schmelzflammöfen (Fig. 352 und 353) haben oberhalb des Rostes im Gewölbe eine Oeffnung a zum Ableiten der Flamme in die Nebenesse i während des Besetzens des Ofens durch die Arbeitsöffnung b, damit eine Verstaubung des Erzes verhütet werde, c ist die Schüröffnung, d der Rost, e der Heerd, f die Fuchsöffnung, g ein Kühlcanal in der Feuerbrücke, h ein leerer Raum unter dem Heerd zur Kühlung der auf einem aus Eisenstangen gebildeten Rost aufgelagerten Heerdsohle, k der Stich, l die Stichtiegel, m die Esse, n der Fuchs, o das Schlackenloch.

10 q Zinnerz mit 66 % Zinn werden mit 2—2·5 q magerer Steinkohle zur Reduction meist ohne Zuschläge, selten mit etwas Flussspath oder Kalk, bei sehr strengflüssigen Erzen mit etwas Kochsalz beschickt, innerhalb 6—8 Stunden bei sehr hoher Temperatur eingeschmolzen, umgerührt, bei geschlossener Arbeitsthür stark nachgefeuert, dann Kohlenklein aufgestürzt, die blos gefrittete Schlacke abgezogen und das Zinn abgestochen, dann entweder in Formen vergossen oder, wenn es unrein ist, in den Polkessel überschöpft. Man erhält bei einem Aufwand von 11—12 q Steinkohlen 6·5—7 q Rohzinn, welches, wenn es von den reinsten Schlichen stammt, sogleich gepolt wird, während unreineres zuerst in Blockformen vergossen und in einem Flammofen mit geneigter Heerdsohle abgesaigert wird; das zu polende Zinn wird in Mengen von 6—7 tons in grossen, gusseisernen Kesseln gepolt und die Arbeit so lange fortgesetzt, bis nach Abzug des Poldrecks das Zinn eine reine, glänzende Oberfläche zeigt, worauf man dasselbe vergiesst.

Man stellt in England 3 Sorten von Zinn dar; Körner- oder Färberzinn für die Färberei und Erzeugung von Stanniol, dann feines Zinn zur Verzinnung des Eisenblechs und gewöhnliches Zinn für Legirungen.

Raffination des Rohzinns und Verarbeitung der Abfallproducte.

Das Raffiniren des Zinns kann durch sehr langsames Einschmelzen und vorsichtiges Abschöpfen vorgenommen werden; die obersten Partien sind die reinsten. Bei dieser Raffination erweist sich unter Umständen ein geringer Zusatz eines phosphorhaltenden Agens (Phosphorzinn?), und bei bedeutenderem Eisengehalt eine geringe Menge metallischen Arsens von Vortheil. Das zu Graupen dargestellte Raffinadzinn enthält blos 0·12 % Verunreinigungen.

Die Reinigung des Rohzinns durch das Pauschen wird sogleich nach dem Abstechen des Zinns aus dem Spurtiegel vorgenommen; dieses Reinigungsverfahren besteht darin, dass man das Zinn mittelst Löffeln aus dem Stichtiegel ausschöpft und über eine geneigte eiserne, geriffte und mit

Thon überzogene Platte, den **Pauschheerd**, ausgiesst, welchen man mit glühenden Kohlen stets bedeckt erhält; das ablaufende Zinn lässt hier die strengflüssigeren Verunreinigungen als **Saigerdörner** zurück und sammelt sich in einem vor dem Heerd aufgestellten eisernen, mit glühenden Kohlen gefüllten Tiegel. Dieses Aufgiessen des Zinns wird so oft wiederholt, bis das Zinn zuletzt nichts mehr zurücklässt, dann wird die Kohle mit hölzernen Hämmern zerklopft, bis sie kein Zinn mehr abgiebt und nur die Saigerdörner zurückbleiben.

Wenn das gereinigte Zinn soweit erkaltet ist, dass es eine spiegelblanke bläuliche Oberfläche zeigt, wird es in Formen gegossen und in Blöcken, Platten, Stäben oder in dünnen zusammengerollten, durch Ausgiessen des Zinns auf eine blanke Kupferplatte erhaltenen Blechen, (**Ballen-** oder **Rollenzinn**) in den Handel gesetzt.

Gut geflossene Schlacken zeigen eine dunkelbraune Farbe; sie enthalten immer Zinnkörner eingeschlossen und werden desshalb repetirt; man nennt dieses Umschmelzen der Schlacken das **Schlackenverändern**. Es hat zugleich den Zweck, neben dem mechanisch eingeschlossenen auch verschlacktes Zinn zum Theil wieder zu gewinnen, und werden bei dieser Schmelzarbeit die gerösteten Härtlinge, dann aufbereitetes Geschur und Gekrätz, sowie der gewaschene Flugstaub vom Erzschmelzen und die Saigerdörner mit aufgegeben; es wird in denselben Oefen vorgenommen, in welchen die Erze verschmolzen wurden, nur wird stärker geblasen und der Wind mehr stechend geführt. Das so gewonnene Zinn wird ebenfalls gepauscht, es ist oft reiner, als das aus dem Erze dargestellte, und wird **Abgangszinn** oder **Schlackenzinn** genannt.

Mitunter sind auch die bei dem Verändern fallenden Schlacken noch reich an eingeschlossenen Zinnkörnern, und wenn man sie zum Zwecke dieses ihres Zinngehaltes nochmals umschmilzt, so nennt man diese Arbeit das **Schlackentreiben**, wobei es auf eine Reduction verschlackten Zinns nicht mehr ankommt.

Eine veränderte Zinnschlacke von Schlaggenwald enthielt nach **von Lill**[4]):

Si O$_2$	24·06
Wo O$_3$	24·33
Sn O$_2$	10·41
Fe O	20·75
Mn O	5·64
Al$_2$ O$_3$	9·00
Ca O	3·50
Mg O	0·37

Die Saigerdörner werden mit den aufbereiteten Schlacken verschmolzen oder manchmal auch für sich umgeschmolzen, das Zinn abgestochen,

---

[4]) Jhrbch. d. k. k. Bgakademien Bd. 13 pag. 64.

eine Zeit lang absetzen gelassen und dann die oberen Partien vorsichtig abgeschöpft und wieder gesaigert, die unteren unreinen Partien aber werden abgesetzt. Der Poldreck wird in Flammöfen geschmolzen, das Zinn eine Zeit lang im Ofen ruhig stehen gelassen und dann abgestochen und gepolt.

Die reichen Erzschlacken gehen in das Erzschmelzen zurück, ärmere werden verpocht, gewaschen und auf Schlackenzinn verarbeitet; die ärmsten Schlacken werden abgesetzt.

Analysen von Zinnsorten haben nach Löwe[5] folgende Resultate ergeben:

| | Schlackenwalder | | | | Sächsisches | |
	Rollenzinn		Feinzinn		Rollenzinn	Stangenzinn
Sn	98·66	99·66	99·594	99·410	99·76	99·93
Cu	1·36	0·16	0·406	0·590	—	—
Fe	0·06	0·06	Spur	Spur	0·04	0·06
As	Spur	Spur	Spur	Spur	Spur	Spur.

	Bankazinn[6]	Englisches Zinn[6]		Rohzinn[6]	
Sn	99·99	99·73	95·34	94·92	94·54
Cu	—	Spur	2·73	3·65	2·55
Fe	0·20	0·13	0·68	0·76	1·96
As	Spur	—	Spur	Spur	Spur
S	—	—	Spur	Spur	0·13.

	Zinn von Schlaggenwald[7]		von Graupen[7]	
Sn O	0·146	0·107	0·048	0·072
Wo	—	—	0·115	0·251.

| | Bankazinn von den Districten[8] | | | | |
	Djebaes	Blinjoe	Soengeiliat	Pangkalpinang	Merawang	Soengeislan
Fe	0·0087	0·0175	0·0060	0·0060	0·0070	0·0196
Pb	—	Spur	—	—	—	—
S	0·0099	0·0030	0·0040	0·0027	0·0090	0·0029
Kohle	Spur	Spur	Spur	Spur	Spur	Spur

[5] Jhrbch. d. k. k. Bgakademien Bd. 13 pag. 63 u. 64.

[6] Ebenda.

[7] Oesterr. Ztschft. 1878 pag. 171.

[8] Bg. u. Httnmsche Ztg. 1875 pag. 454. Dingler's Journ. Bd. 219 pag. 276. Deutsche Industrieztg. 1876 pag. 8. Wagner's Jahresbericht 1876 pag. 274.

	Geflösstes Hüttenzinn [9]	Zu Boden gegangene Legur [9]	Saigerrückstände von unreinem Zinn nach erfolgtem Pauschen [9]
Sn	97·050	92·56	59·07
Cu	2·326	3·06	11·80
Fe	0·624	3·98	9·24
Wo	—	Spur	3·35
As	Spur	0·15	—
S	Spur	0·25	—
Quarz und Schlacke	—	—	8·47
Kohle	—	—	8·05.

Gewinnung des Zinns aus Weissblechabfällen. Zu Uetikon am Zürichsee in der Schweiz werden nach G. Lunge [10] in der chemischen Fabrik von Gebr. Schnorf Weissblechabfälle in einem 4 m hohen, 1 m weiten eisernen Cylinder, welcher über dem Boden einen beweglichen Rost hat, auf dem die Weissblechabfälle ruhen, derart zu Gute gebracht, dass man trockenes Chlorgas unten in den Cylinder einleitet, welches das Zinn zu Tetrachlorid auflöst; das entstehende rauchende Zinnchlorid sammelt sich in einer unter dem Cylinder aufgestellten Flasche. Wenn nichts mehr abgeht, nimmt man die Flasche fort, unterbricht die Chlorgaszuleitung, kippt den Rost um, füllt neue Abfälle ein und beginnt wieder mit der Zuleitung des Chlorgases. Durch vorsichtigen Zusatz von Wasser überführt man es in festes Chlorid, welches in der Färberei Anwendung findet. Das Eisen wird zur Darstellung von Vitriol benützt.

Eine andere Methode ist die, die Weissblechabfälle mit Natronlauge und Bleioxyd in rotirenden Fässern zu behandeln, wobei sich unter Abscheidung von Blei Natriumstannat bilden soll,

$$Sn + 2\,Na\,H\,O + 2\,Pb\,O = Na_2\,Sn\,O_3 + 2\,Pb + H_2\,O;$$

aus der Lösung soll das Zinn durch Kohlensäure gefällt und der Niederschlag mit Kohle reducirt werden [11].

Gutensohn in London behandelt die Weissblechabfälle mit Salzsäure, unter Einwirkenlassen eines galvanischen Stroms, bis sich kein Zinn mehr auflöst; er verbindet nämlich die Blechabfälle mit dem positiven Pol einer starken Bunsen'schen Batterie und lässt das Zinn auf einer Kupferplatte, die als negativer Pol dient, sich abscheiden (D. R. P. No. 12 883).

D. Walbridge digerirt die Abfälle mit einer Lösung von Aetznatron und Natronsalpeter als Bad in einem eisernen Gefäss und verbindet dieses mit dem negativen Pol, die Abfälle aber mit dem positiven Pol einer elektrischen Batterie [12].

---

[9] Jhrbch. d. k. k. Bgakademien Bd. 13 pag. 63 u. 64.

[10] Dessen Bericht über chem. Industrie auf der Schweizer Landesausstellung in Zürich 1883, Zürich 1884 pag. 29.

[11] Der Maschinenbauer 1879 pag. 80.

[12] Dingler's Journ. Bd. 231 pag. 284.

Technologie des Zinns.

Darstellung von Phosphorzinn. Diese Verbindung wird wie das Phosphorkupfer behufs leichterer Erzeugung der Phosphorbronce dargestellt. Der Phosphor wirkt reinigend auf die Bronce, indem er die derselben mechanisch beigemengten Oxyde verschlackt, er macht die Bronce härter, dünnflüssiger und widerstandsfähiger gegen Säuren und Atmosphärilien, und man kann bei einem bestimmten Gehalt des Phosphorzinns an Phosphor diesen auch den Broncen in bestimmten Verhältnissen beimischen.

Zu Mariaschein (Graupen) in Böhmen erzeugen Schiller und Lewald zwei Sorten dieser Verbindung mit 2·5 und 5% Phosphorgehalt, wovon namentlich die letztere sehr beständig ist und bei dem Umschmelzen keinen Phosphor mehr abgibt; das Phosphorzinn schmilzt erst bei 560°, sein Schmelzpunkt nähert sich also mehr dem der Bronce, wodurch ein Aussaigern und Entmischen der Kupferzinnlegirung nach erfolgtem Guss vermieden wird. Mehr als 5% Phosphor haltendes Phosphorzinn ist bei dem Umschmelzen nicht mehr beständig und gibt Phosphor ab.

Antimon.

(Sb^v = 120).

Geschichtliches. Obwohl das Antimon schon in den ältesten Zeiten unter dem Namen Stibium bekannt war und damals von den Frauen zum Schwarzfärben der Augenbrauen benützt wurde (als $Sb_2 S_3$), ist doch nicht bekannt, wer der Entdecker dieses Metalls gewesen ist, und erst in der zweiten Hälfte des 15. Jahrhunderts finden sich bei Basilius Valentinus einige näheren Angaben über dasselbe, wesshalb er als der Entdecker des Antimons gilt; das Stibium der Alten war aber der Antimonit, welcher erst durch den schwedischen Chemiker Bergmann in der zweiten Hälfte des vorigen Jahrhunderts untersucht und von diesem als eine Schwefelverbindung des Antimons erkannt wurde.

Statistik. An Antimon wurde producirt in metrischen Centnern:

In Oesterreich (ohne Ungarn) im Jahre 1883 . 1313
- Ungarn . . . . - - 1879 . 629
- Preussen . . . . - - 1883 . 240.

Eigenschaften. Das Antimon ist im reinen Zustande zinnweiss, stark glänzend und sehr spröde, blättrig krystallinisch und lässt sich leicht pulvern; das käufliche ist stets mit andern Metallen verunreinigt und hat ein spezifisches Gewicht = 6·696, das chemisch reine aber = 6·715. Das Antimon krystallisirt in Rhomboëdern, es schmilzt bei 450° C., verflüchtigt sich, vor Luftzutritt geschützt, nicht leicht, aber sehr leicht bei Zutritt atmosphärischer Luft als Oxyd in Form eines weissen Rauches; vor dem Löthrohr dampft es stark und beschlägt die Kohle weiss. Reines Antimon erstarrt nach dem Ausgiessen in Formen unter einer Schlackendecke mit sternförmiger Oberfläche, welche überhaupt als Zeichen der Reinheit des Metalls angesehen wird; man nennt dasselbe dann Antimonii regulus stellatus. Von Salpetersäure wird es oxydirt, Salzsäure greift es nicht an, von Königswasser wird es leicht gelöst.

Anwendung. Ausser der sehr beschränkten Anwendung in der Medicin wird das Antimon noch als Malerfarbe, als Antimonzinnober, benützt, der jedoch nur mit Oel angerieben die schöne rothe Farbe zeigt; die Hauptanwendung des Antimons ist die in seinen Legirungen mit anderen Metallen. Die Buchdruckerlettern werden aus einer Legur von Blei mit gewöhnlich 20—25% Antimon, die Lettern zum Notendruck aus einer Legur von Antimon mit Zinn hergestellt; neuerer Zeit dient eine Legirung von 6—20 Theilen Antimon mit 3—11 Theilen Kupfer als Metallcomposition für Achsenlager. Vielfache Verwendung findet das Antimon in seinen Legirungen für Herstellung von Tischgeräthen; das Plate pewter besteht aus 83 Theilen Zinn und 17 Theilen Antimon oder aus 100 Theilen Zinn, 8 Antimon, 2 Kupfer und 2 Wismuth, welches für Schüsseln, Teller und dergl., dann das Queens metal, das aus 9 Theilen Zinn, 1 Antimon, 1 Blei und 1 Wismuth besteht, welches für Theekannen angewendet wird. Das Britanniametall besteht aus gleichen Theilen Messing, Zinn, Antimon und Wismuth, welche Legur mit so viel Zinn noch weiter versetzt wird, bis sie die gehörige Farbe und Härte angenommen hat; diese Legirung dient zur Anfertigung von Denkmünzen. Mitunter bedienen sich die Zinngiesser des Antimons, um das Zinn zu härten. Das Antimon dient als Sulfid in der Feuerwerkerei zur Erzeugung von Weissfeuern und in gleicher Verbindung als Anstrichfarbe für Schiffe; für letzteren Zweck können Erze, welche über 90% Schwefelantimon enthalten, in fein gemahlenem Zustand direct verwendet werden. Durch Zusammenschmelzen von Schwefelantimon mit antimonsaurem Antimonoxyd erhält man das Spiessglanzglas, Antimonglas, welches eine sehr werthvolle Handelswaare ist und zur Färbung von Glasflüssen, vorzüglich bei Anfertigung künstlicher Edelsteine dient. Es bildet sich aber nach der Formel

$$3\,Sb_2\,O_4 + 2\,Sb_2\,S_3 = 10\,Sb + SO_2$$

metallisches Antimon, wenn gleichzeitig reducirende oder zerlegende Substanzen anwesend sind, daher solche bei dem Zusammenschmelzen der beiden Antimonverbindungen nicht anwesend sein dürfen, wenn Antimonglas resultiren soll (Hering). Das Spiessglanzglas ist in Salzsäure leicht löslich.

Vorkommen und Erze. Das Antimon findet sich auf besonderen Lagerstätten, sowohl in gediegenem als auch in vererztem Zustande, seltener für sich allein, häufiger als Begleiter von Gold- und Silbererzen, Bleiglanz und Siderit; in gediegenem Zustande kommt es selten vor, aber nicht so selten in Verbindung mit Arsen, allein nie in solcher Menge, dass es in dieser Verbindung zur Verhüttung dienen könnte. Das Antimon bricht nur in den älteren Gebirgsgesteinen und ist oft in geringem Masse goldhaltig.

Das wichtigste Erz ist der Antimonit, Stibnit, Antimonglanz, Grauspiessglanzerz ($Sb_2\,S_3$) mit 71·4% Antimon; er findet sich im Erz- und Fichtelgebirge, am Harze, in Ungarn, Frankreich, Spanien, Toscana, Nord- und Südamerika in den Staaten New Brunswick, Arkansas, Mexico, endlich auch in Afrika in der Provinz Constantine.

Antimonblende, Rothspiessglanzerz, Pyrostibit ($Sb_2\,O_3 + 2\,Sb_2\,S_3$) mit 75·05% Antimon findet sich häufiger als Begleiter des

Antimonits, in reichlicheren Mengen in Toscana und wird von dort nach Frankreich zur Verhüttung verführt.

Antimonblüthe, Valentinit ($Sb_2 O_3$) kommt selten vor; aus Constantine (Algier) wird derselbe nach Frankreich verschifft.

Antimonocker, überall mit Antimonit als Zersetzungsproduct desselben; ebenso der Stiblith.

Ausserdem gehören hieher die Antimon führenden Blei-, Silber- und Kupfererze, Fahlerze und andere, bei deren Verhüttung das Antimon sehr oft in einer Speise abfällt, aus welcher dann das Metall gewonnen wird.

Gewinnung des Antimons.

Die Antimonerze werden in zweifacher Weise verhüttet, entweder sie werden auf Antimonmetall (Antimonii regulus), oder auf Schwefelantimon (Antimonium crudum) verarbeitet.

Darstellung von Schwefelantimon.

Das Schwefelantimon ist sehr leichtschmelzig und saigert schon bei Dunkelrothgluth von der Gangart ab; in höherer Temperatur verflüchtigt sich dasselbe als solches in nicht unbedeutender Menge. Man nimmt für diese Gewinnung am besten Stückerze in etwa Wallnussgrösse; sind die Erze feiner, so hinterlassen sie reiche Rückstände, um so reichere, je feiner die Erze sind, weil sie sich zu dicht legen und das vollkommene Abfliessen des aussaigernden Schwefelmetalls verhindern. Erzklein und durch die Aufbereitung gewonnene Schliche werden zweckmässiger in Oefen eingeschmolzen.

Das ausgesaigerte Schwefelantimon muss, um ein strahliges Gefüge zu erhalten, sehr langsam erkalten. Saigererze sollen nicht über 45% Schwefelantimon enthalten.

Das Aussaigern wird in Töpfen, Röhren oder in Flammöfen vorgenommen.

Zu Wolfsberg am Harze, Malbosc in Frankreich und Magurka in Ungarn ist die Saigerung in Töpfen üblich.

Der Tiegel, in welchem gesaigert werden soll, wird mit durchlöchertem Boden, welcher 4—5 runde, etwa 10—15 mm weite Oeffnungen enthält, hergestellt, auf einen zweiten Tiegel mit vollem Boden aufgesetzt, die Fugen lutirt und der untere Tiegel in eine Schicht Sand oder Erde so weit eingesetzt, dass er nur wenig herausragt; dann beschickt man den oberen Tiegel mit 5—15 kg Erz, bedeckt denselben und setzt die einzelnen Tiegel so weit von einander, dass das angewendete Brennmaterial auch die Zwischenräume ausfüllt, worauf man anzündet. Der Raum, in welchen die Tiegel eingesetzt werden, ist von niedrigen Mauern eingefasst, die man aus blos trocken auf einander gelegten Steinen herstellt; als Brennstoff finden Holz und Steinkohlen Anwendung. Nach erfolgter Saigerung werden die oberen Tiegel ausgehoben, entleert, schadhafte ausgewechselt und alle von Neuem beschickt wieder über die Untertiegel gesetzt. Man feuert dann wieder und entleert die unteren Tiegel entweder erst nach mehreren Saigerungen, wenn sie sich mit Schwefelantimon gefüllt haben, oder es wird der Kuchen nach jeder Saigerung ausgestürzt. Die Tiegel stehen reihenweise, mehrere Reihen neben einander, eine Saigerung dauert 2 bis 10 Stunden, je nach der Menge Erz, welche in den Tiegel eingefüllt wurde, die Rückstände halten noch 12% und mehr Schwefelantimon zurück und lassen sich mit Vortheil in Schachtöfen zu Gute bringen.

Das Saigern in Töpfen wird überall in der nächsten Nähe der Gruben vorgenommen.

Nachdem der Brennstoffaufwand bei diesem Saigern sehr hoch ist, so steht an mehreren Orten das Saigern in Oefen in Anwendung, wobei bedeutend an Brennstoff erspart wird; diese Saigermethode ist zu La Lincouln in Frankreich, zu Milleschau in Böhmen und zu Bánya in Ungarn in Uebung. Die Töpfe stehen theils kreisförmig um den in der Mitte tiefer gelegenen Rost, oder in 2—3 Reihen zwischen 2 seitlich gelegenen Rosten. Nachdem der Arbeiter bei dem Austragen und Einsetzen der Tiegel in den Ofen steigen muss, leidet derselbe von der Hitze im Innern und von dem bei der Arbeit entstehenden Staub; die Beheizung eines solchen Ofens dauert an 6 Stunden, die Abkühlung 24 Stunden, als Brennstoffe dienen Holz, Stein- und Braunkohlen. Nach dieser Art lassen sich ärmere Erze noch mit Vortheil verhütten.

Selbst auch bei dieser Methode der Saigerung ist der Brennmaterialaufwand wegen des discontinuirlichen Betriebs immer noch hoch, auch ist die Saigerung unvollständig, und die Rückstände sind reich, die Hitze wird nicht genügend ausgenützt, und die Production bleibt immer nur klein; zur Behebung dieser Uebelstände hat man zu Malbosc, dann zu Bánya eine continuirliche Saigerarbeit in Röhren eingeführt. Den hiebei in Verwendung stehenden Ofen zeigt Fig. 354 und 355. Die Röhren sind oben weiter als unten und stehen auf Thontellern, welche Oeffnungen c zum Abfliessen des Schwefelantimons haben; oben sind die Röhren durch Deckel verschliessbar, unten haben sie seitliche Oeffnungen a für das Ausräumen, welche während des Betriebes durch auflutirte kleine Thonplatten verschlossen gehalten werden. Die Röhren sind zu je 4 in einem Ofen aufgestellt, etwa 1 m hoch, oben 25, unten 20 cm im Lichten weit und haben 1·5—2 cm Wandstärke. Das abfliessende Schwefelantimon sammelt sich in den untergestellten, etwa 40 cm hohen und 25 cm weiten Töpfen e, welche auf Wagengestellen f aufstehen, und wenn sie gefüllt sind, ausgefahren und durch neue angewärmte Töpfe ersetzt werden. Von den 3 Rosten g aus umspielt die Flamme die Röhren und entweicht durch

3 mit Schiebern regulirbare Füchse h in die Esse, theils tritt sie durch die blos 10 cm hohen und eben so breiten Füchse b in die Canäle, worin die das Schwefelantimon aufnehmenden Töpfe stehen, und hält diese und

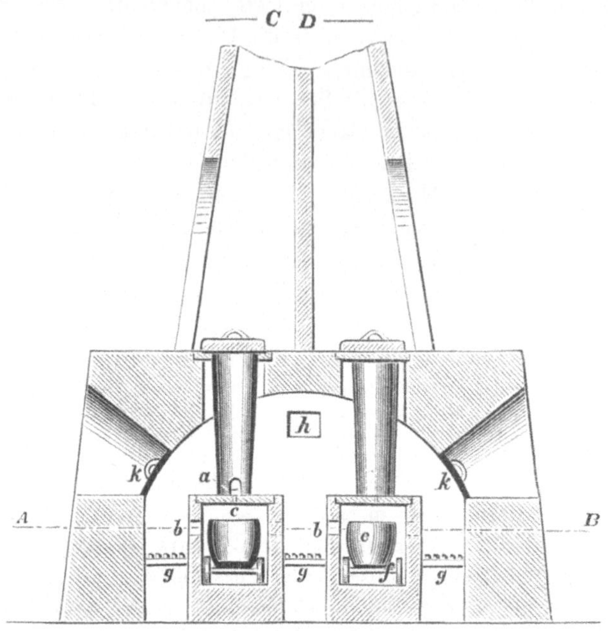

Fig. 354.

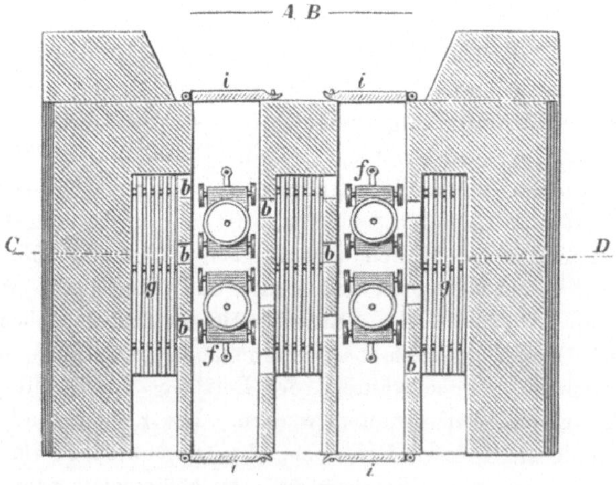

Fig. 355.

das abgesaigerte Schwefelmetall warm. Diese Canäle sind während des Betriebes mit Thüren i verschlossen, in welchen sich durch Thonpfropfen verschliessbare Schauöffnungen befinden. k sind während des Betriebs ebenfalls durch eiserne, mit feuerfestem Thon beschlagene Vorsetzplatten verschlossene Oeffnungen im Ofengemäuer, durch welche etwaige Ausbesserungen an den Röhren vorgenommen und die Röhren geräumt werden können.

Jedes Rohr erhält 250 kg Einsatz, welcher binnen etwa 3 Stunden abgesaigert ist, worauf das Rohr durch die seitlich unten befindlichen Oeffnungen c ausgeräumt und sogleich von oben wieder frisch geladen wird. Zu Malbosc halten die Röhren Campagnen von 20 Tagen aus, man hat daselbst 50% Ausbringen von Schwefelantimon und bedarf 64 kg Steinkohle für 1 q Schwefelantimon.

Bei Inbetriebsetzung eines solchen Ofens muss derselbe durch 48 Stunden allmälig bis zu heller Rothgluth vorgewärmt werden, während des Betriebes regulirt man die Feuerung nach dem Aussehen des abtropfenden Schwefelantimons, welches man durch die Späheöffnungen beobachtet, und welches immer eine bläuliche, nie eine rothe Farbe zeigen soll, da in letzterem Fall die Temperatur zu hoch ist.

Analysen von Antimonium crudum haben folgende Verunreinigungen gezeigt:

Schwefelantimon von	Rosenau	Liptau nach Löwe[1]	Magurka	Arany-Idka	Neusohl
$Fe\,S$	1·102	4·093	—	—	} 3·235
$Pb\,S$	—	—	—	—	
$As_2\,S_3$	0·568	3·403	—	—	0·247
Cu	—	—	0·59	0·10	—
Pb	—	—	3·75	5·53	—
As	—	—	—	0·79	—
Fe	—	—	2·85	0·35	—.

Saigerrückstände enthielten nach Hering[2]:

$Sb_2\,S_3$ ·	20·40
$Fe\,S$	2·87
$Fe\,S_2$	1·23
$Si\,O_2$	59·84
$Al_2\,O_3$	4·65
$Ca\,O$	5·22
CO_2	4·10
Alkalien und kohlige Theile	1·69.

Gewinnung von Antimonmetall.

Diese Art der Antimongewinnung kann in Schacht- oder Flammöfen vorgenommen, es können hiezu direct die Erze als auch das geröstete Schwefelantimon verwendet werden. Die Verhüttung der Erze findet

---

[1] Jhrbch. d. k. k. Bgakademien Bd. 13 pag. 48.
[2] Dingler's Journ. Bd. 230 pag. 253.

durch Niederschlags- oder durch Röstreductionsarbeit statt, doch dürfte gegenwärtig blos mehr die letztere Methode in Anwendung stehen.

Gewinnung von Antimon durch die Röstreductionsarbeit. Antimongewinnung aus Erzen und Saigerückständen im Schachtofen. Zu Bouc und Septémes[3]) in Frankreich werden Antimonerze mit 30—40% Antimon in Posten von 1 q in einem Flammofen geröstet, wobei man ein Calo von 2% erfährt; das Röstgut wird in einem 3 förmigen, 3·3 m hohen Spurofen mit verdecktem Auge bei Verwendung von Koks durchgesetzt und 92—95% Metall ausgebracht. Man braucht zur Röstung 2 q Steinkohlen für 1 q Erz, bei dem Schmelzen sind 50 kg Koks auf 1 q Röstgut erforderlich, und in 24 Stunden werden 20—25 q geröstetes Erz durchgesetzt.

Zu Bánya in Ungarn werden die gegen 60% Antimon haltenden Erze in einem Fortschaufelungsofen bei Braunkohlenfeuerung geröstet, das geröstete Erz mit Thon eingebunden und mit Saigerrückständen über einen 6 m hohen 3 förmigen Rundschachtofen aufgegeben.

Hering[4]) empfiehlt zur Aufarbeitung der Saigerrückstände einen Rundschachtofen von 6 m Höhe und 1 m Gestellweite im Formhorizont, mit 3 so weiten Formen, dass pro Minute 15 cbm Wind von 20 cm Wasserdruck eingeblasen werden, es sollen in einem solchen Ofen bei 14% Koksaufwand und Zuschlag von 150% Puddlschlacken, 40% Kalkstein und 5% Gyps oder Glaubersalz in 24 Stunden 70 q Saigerrückstände von der auf pag. 533 angegebenen Zusammensetzung aufgearbeitet werden können.

Gewinnung von Antimon aus Erzen im Flammofen. Es werden für diese Verhüttungsmethode solche Flammöfen empfohlen, in welchen das Rösten und Schmelzen zugleich vorgenommen werden kann; die Heerdmulde soll eine nach der einen Längsseite des Ofens geneigte Heerdsohle erhalten, so dass das anfangs immer zu geringem Theil aussaigernde Schwefelantimon dahin abläuft. Dieses Aussaigern hört erst dann auf, wenn sich durch die Röstung Antimonoxyd gebildet und mit dem Schwefelantimon gemengt hat; das abgesaigerte Schwefelantimon soll abgestochen werden. Nach beendeter Röstung wird Kohle und Soda zu dem gerösteten Erz eingetragen, worauf das Antimonoxyd reducirt wird und das Metall sich im Heerde sammelt.

Bei der Flammofenarbeit ist das Calo durch Verdampfen von Antimon sehr gross, und der Brennstoffaufwand sehr bedeutend.

Zu Bouc und Septémes werden die feingemahlenen und gesiebten Erze in Posten von 2·5—3 q anfangs bei geschlossenen Thüren und mässigem Feuern geröstet, noch 2 Stunden gewendet und beständig gekrählt, bis nach 6 Stunden die Post aufhört zu dampfen; der hiebei verwendete Röstofen hat einen schmal eiförmigen Heerd mit zu beiden Längsseiten lie-

---

[3]) Oesterr. Ztschft. 1875 pag. 281.
[4]) Dingler's Journ. Bd. 230 pag. 253.

genden Feuerungen. Die Röstgase werden durch einen hinter der Arbeitsthür im Gewölbe befindlichen Fuchs abgeführt. Das Röstgut wird dann mit oxydischen Erzen und dem Flugstaub aus den Condensationskammern gemengt in Chargen von 2—2·5 q unter Zuschlag von 1—1·5 q Schlacken von derselben Arbeit und 30—35 kg Kohlenklein durch eine Oeffnung im Gewölbe in den mit tiefer Mulde zugestellten Schmelzofen und zwar in Mengen von je 20 kg nach und nach in die vorher in dem Heerd eingeschmolzenen Zuschläge eingetragen, welche aus 40—50 kg Kochsalz, Soda oder Glaubersalz bestehen; alle ¼ Stunde etwa wird eine neue Partie nachgesetzt, wobei beständig gerührt wird. Der Schaum wird schliesslich abgezogen, stark gefeuert und das Metall mit ·den Schlacken abgestochen; man hat daselbst ein Ausbringen von 85% und braucht für eine 4—6 stündige Charge 2·5 bis 3 q Steinkohlen. Die genannten Hütten verarbeiten grösstentheils oxydische Erze aus Toscana, Corsika und Constantine.

Hering empfiehlt Schmelzen und Raffiniren des Antimons in demselben Flammofen vorzunehmen; ein solcher Betrieb bestand nach A. F. Wendl schon früher in Canada, woselbst Erze aus den Silurschiefern von New York County und New Brunswick verarbeitet werden[5]. Das Rösten der Erze wird dort in einem Fortschaufelungsofen von 13 m Länge und 2·3 m Breite mit je 10 Thüren auf jeder Arbeitsseite vorgenommen, in welchem sich 5 Chargen à 3 q Erz befinden; in 24 Stunden werden 3 Chargen gezogen, sodass das Erz 40 Stunden im Ofen verbleibt, wo es 2 Stunden vor dem Ausziehen beinahe bis zum Schmelzen erhitzt, aber nicht zusammenbacken gelassen, sondern alle 5 Minuten gerührt wird. Man hat bei 7·5 Röstverlust einen Brennstoffaufwand von ¾ cord in 24 Stunden. Der Rost ist matt graugelb.

Das Schmelzen wird in einem Flammofen von 2·6 m Durchmesser und 45 cm tiefer Heerdmulde vorgenommen, welche aus feuerfestem Thon hergestellt wird. Man chargirt 2·5 q Röstgut, beschickt dasselbe mit 50 kg Glaubersalz und 37·5 kg harter grobgepulverter Holzkohle derart, dass zuerst das Gemenge von Erz und Kohle in dem rothglühenden Ofen ausgebreitet und mit dem Glaubersalz bedeckt wird. Nach etwa 4 Stunden beginnt der Einsatz zu schmelzen, es entweichen Kohlensäure und schweflige Säure, kohlensaures Natron wird gebildet, das Bad wallt heftig und eine dünnflüssige Schlacke bedeckt dasselbe. Die Massen im Ofen werden gut durchgerührt, bis alles ruhig schmilzt, dann ½ Stunde lang absetzen und das Feuer niedergehen gelassen und die Thüren halb geöffnet; wenn das Bad genügend abgekühlt ist, die Schlacke nur schwache Rothgluth zeigt und breiartig geworden ist, wird sie ausgezogen und sogleich die Raffinirschlacke eingetragen, welche aus 12·5 kg Glaubersalz und 5 kg Holzkohle besteht, worauf wieder stark gefeuert wird. Das neu sich bildende Schwefelnatrium und die Soda verschlacken die Unreinig-

---

[5] Eng. and Min. Journ. 1873 XVI No. 25. Bg. u. Httnmsch. Ztg. 1874 pag. 237.

keiten des Antimons, in $1\frac{1}{2}$ Stunden ist alles in ruhigem Fluss und die Schlacke ist dünnflüssig wie Wasser. Das Metall wird dann in Mulden ausgeschöpft, und damit der Antimonkuchen nicht früher erstarrt, als bis die Form gefüllt ist, muss während des Giessens wenigstens $1\cdot5$ cm hoch Schlacke darüber stehen, welche nicht früher fortgenommen werden darf, als bis der Metallkuchen erstarrt ist. Das Metall soll sehr rein sein, die Schlacke sieht porphyrartig aus und enthält 15% Antimon. Aus der Schlacke gewinnt man das Antimon durch Schmelzen von 5 q Schlacke mit 1 q Eisen, wobei eine nur Spuren von Antimon haltende Schlacke abfällt.

Darstellung von Antimon aus Erzen durch Niederschlagsarbeit. Diese Art der Erzverhüttung steht kaum mehr in Anwendung. Man erhält immer ein eisenhaltiges Product und ein wegen seines hohen spezifischen Gewichts schwer von dem Metall zu trennendes Lech, weshalb man, um dasselbe spezifisch leichter zu machen, Glaubersalz und Kohle zuschlägt. Man wendet das Eisen am besten in Form von Dreh- oder Hobelspänen oder als Eisenschwamm an, und berechnet den Eisenzuschlag für die Bildung von Einfach-Schwefeleisen, obwohl sich eine der Zusammensetzung $Fe_8 S_7$ entsprechende Verbindung bildet. (Schweder.) In praxi bedarf man nach **Hering** für 100 Theile Schwefelantimon 40 Theile Eisen.

In **Rotherhithe**[6]) in London trägt man in die schwach rothglühenden Graphittiegel 20 kg Erz in Stücken von Wallnussgrösse ein, darüber Raffinirschlacke und oben auf 10 kg Brucheisen; nach 2 stündigem Schmelzen wird ausgegossen, das Metall nach dem Bruchansehn geschieden in ein eisenreicheres und eisenärmeres, und sodann raffinirt. Die Tiegel werden sogleich wieder besetzt.

Darstellung von Antimon aus Antimonium crudum. Diese Gewinnung ist verhältnissmässig kostspielig und dürfte gegenwärtig nirgend im Grossen in Anwendung stehen. Man stellt das Metall dar durch Rösten des Antimonium crudum und reducirendes Schmelzen des Oxyds, oder durch Schmelzen des Antimonium crudum mit Zuschlägen nach folgenden Vorschriften:

Nach **Berzelius.** 4 Theile Schwefelantimon, 3 Theile roher Weinstein und $1\frac{1}{2}$ Theile Salpeter werden nach und nach in einen glühenden Tiegel eingetragen und nach erfolgender Verpuffung bis zum völligen Schmelzen erhitzt, wobei der Schwefel des Sulfids sowie auch der Kohlenstoff des Weinsteins zum Theil oxydirt werden und ein Theil Antimon abgeschieden, ein bedeutender Theil aber unzersetzt in die Schlacke geführt wird. Das Ausbringen ist gering.

Nach **Duflos** schmilzt man 8 Theile Schwefelantimon mit 1 Theil Soda und 1 Theil Kohle, und erhält bei höherem Ausbringen eine Schlacke, die fast nur aus Schwefelnatrium besteht.

---

[6]) Bg. u. Httnmsch. Ztg. 1863 pag. 328.

Berthier hat auf 100 Theile Schwefelantimon 60 Theile Eisenhammerschlag, 45—50 Theile Soda und 10 Theile Kohlenpulver zu nehmen empfohlen.

Liebig schreibt vor, ein Gemenge von 100 Theilen Schwefelantimon, 42 Theilen Eisenfeile, 10 Theile calcinirtes Glaubersalz und 2·5—3·5 Theile Kohle zu nehmen, und das durch Zusammenschmelzen dieser Körper erhaltene Rohmetall in weiter unten angegebener Weise zu raffiniren.

Durch Zuschlag von Eisen erhält man zwar ein ziemlich hohes Ausbringen, aber das Metall ist immer eisenhaltig; es dürften diese hier angeführten Methoden demnach nur in Laboratorien, und da wohl nicht mehr, angewendet werden, weil man durch Reduction von Chlorantimon in einfacherer Weise ein reineres Metall erhält.

Raffination des Rohantimons.

Wie alle im Grossen durch Schmelzprocesse dargestellten Rohmetalle ist auch das gewonnene Antimon nicht rein und enthält an wesentlichen Verunreinigungen zumeist Arsen, Eisen, Kupfer, Blei und Schwefel; die Reinigung des Antimons wird durch Umschmelzen mit oxydirenden oder mit blos auflösenden Zuschlägen vorgenommen. Im Kleinen kann hiezu Kochsalz verwendet werden, im Grossen würde neben anderen Metallen zu viel Antimon mit verflüchtigt werden. Das Raffiniren des Antimons wird bei kleinen Productionen in Tiegeln, bei grösserer Erzeugung zweckmässiger in eigenen Flammöfen vorgenommen.

Für die Raffination in Flammöfen ist es sehr wesentlich, eine genügend dichte Heerdsohle herzustellen; Helmhacker[7] empfiehlt hiefür ein wo möglich natürlich vorkommendes, feuerfestes Gestein, Granit, doch dürfen hiezu nicht die frischen Gesteinschichten, sondern es müssen die halb verwitterten, milderen Gesteinsarten verwendet werden.

Der von Helmhacker empfohlene Raffinirofen, welcher sich bereits bewährt hat, ist aber nicht von ihm construirt, sondern von Hering zu Milleschau in Böhmen aufgestellt worden; derselbe ist in Fig. 356—358 abgebildet. Die Feuerbrücke hat einen Canal a, welcher durch Schieber sperrbar ist; in demselben wärmt sich die über der Feuerbrücke zu den vom Roste aufsteigenden Flammengasen zutretende atmosphärische Luft vor. Die Arbeitsthür b liegt der Feuerbrücke gegenüber; bei dieser Anordnung wurde der beste Ofengang erzielt, und seitliche Anlage der Arbeitsöffnung erschwerte die Raffination, allein die Mannschaft leidet mehr, wenn alle Arbeiten durch blos eine Thüre vorgenommen werden sollen. Es wird sonach als zweckmässiger empfohlen, 2 Thüren, bestehend aus

[7] Bg. u. Httnmsch. Ztg. 1883 pag. 1, 44, 145 u. 172.

gusseisernen, feuerfest ausgefütterten Rahmen an den Seiten des Ofens vor
dem Tümpel einander gegenüber anzubringen, durch deren eine die Schlacke
gezogen, durch die andere das Antimon ausgeschöpft wird. In der Figur
ist die Heerdsohle aus nur einem Stück Gestein g bestehend mit dem
Tümpel d vor der Arbeitsthüre dargestellt; manche Steine halten Jahre

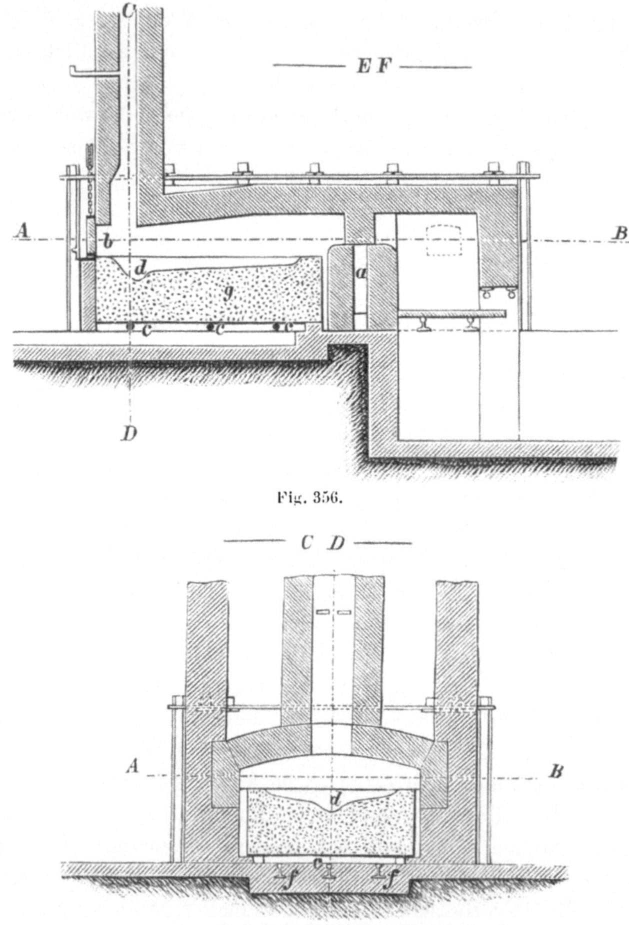

Fig. 356.

Fig. 357.

aus, manche reissen bei dem ersten Feuer und das Metall fliesst durch
die Risse aus. Der Quader ruht, wie dies in der Zeichnung angegeben
ist, am besten auf 3 eisernen Walzen c, welche auf Flachschienen f aufliegen, so dass der Stein leicht ausgenommen und eingeschoben werden
kann; blos an der Arbeitsseite stösst er an die Ofenwand. Zu Milleschau
haben sich Heerde aus Chamotte nicht haltbar bewiesen, sie wurden von
der schmelzenden Masse mehr angegriffen, als der Granitheerd, der tiefere

nicht vom Feuer getroffene Theil des gestampften Heerdes wurde locker, das Metall sickerte ein, und darum ist es gut, wenn man die Kostspieligkeit der Zustellung mit einem Quader scheut, oder wenn keine entsprechenden Gesteine beschafft werden können, die Heerdsohlen in vertiefte Schalen von Eisenblech einzustampfen, wie dies bei der Zustellung der Treibherde geschieht. Versuche, Magnesiachamotte zu verwenden, haben sich ebenfalls nicht bewährt; Steatit blätterte sich auf und konnte auch nicht verwendet werden.

Zur Raffination eines stark verunreinigten Rohantimons ist es gut, Soda und Antimonglas anzuwenden, für reinere Sorten blos Antimonglas. Zur Darstellung des Antimonglases ist es am besten, das an den heissesten Stellen der Esse in starken Krusten sublimirte antimonsaure Antimonoxyd

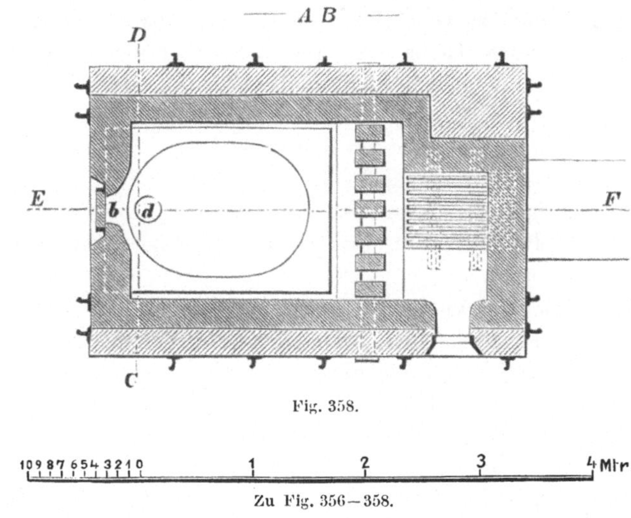

Fig. 358.

Zu Fig. 356—358.

$(Sb_2 O_4)$ zu verwenden, das man mit gesaigertem Schwefelantimon zusammenschmilzt.

Zu Milleschau (l. c.) werden 6—9 q Rohantimon in den bis zu Kirschrothgluth vorgewärmten Ofen eingetragen, wobei die Post anfangs raucht und Antimonoxyd mit arseniger Säure entweicht; wenn nach 1 Stunde oder früher alles eingeschmolzen ist, wird zu dem fortwährend dampfenden Metallbad 3—7 % Soda zugesetzt, je nach der Reinheit des Rohmetalls, und wenn nöthig unter Zumengen von Holzkohle. Die Temperatur wird bis zu Rothgluth gesteigert und diese Hitze so lange erhalten, bis die Schlacke dickflüssig geworden ist und langsam Blasen aus derselben aufsteigen, wozu 1—3 Stunden Zeit erforderlich sind; die Schlacke wird dann bei der Arbeitsöffnung vorsichtig abgezogen und das so von Schwefeleisen, Schwefelarsen und Schwefelantimon befreite Metall mit den Materialien für die Sternschlacke beschickt, d. i. für je 1 q Metall 3 kg gesaigertes Schwefelantimon und 1·5 kg antimonsaures Antimonoxyd, welche sehr bald zusammenschmelzen, worauf man noch 4·5 kg Pottasche zusetzt, so dass pro 1 q Metall 9 kg der Zuschläge zur Verwendung gelangen. Die Mischung der Zuschläge muss das Metallbad vollständig bedecken, die Raffination ist binnen $\frac{1}{4}$ Stunde beendet, und das Antimon wird dann mit Löffeln ausgeschöpft; bei dem Ausschöpfen muss genau darauf Acht gegeben werden, dass die in den gusseisernen Formen erzeugten Güsse immer mindestens 5 mm hoch mit der Raffinirschlacke bedeckt sind, und dass bei dem Einfüllen in die Form stets etwas Schlacke zuerst einfliesst, damit das Antimon nicht direct mit dem Eisen in Berührung kommt, sondern mit einer dünnen Schlackenschicht umzogen bleibt. Wenn die Oberfläche des Metallstücks in der Form nicht mit der genügenden Menge Schlacke bedeckt ist, so bildet sich unterhalb derselben kein Stern, und erstarrt die Schlacke früher als das Gussstück, oder kommt etwas unzersetzte Soda unmittelbar auf die Oberfläche des Gusses, was zu Ende des Ausschöpfens häufiger eintritt, und bleibt damit in Berührung, oder bleiben einzelne Stellen des Gusses von Schlacke unbedeckt, so entsteht kein Stern. Kleine Gussstücke haben in der Mitte einen grossen Stern, grössere Gussstücke haben mehrere Sterne, und auch die Seitenflächen zeigen dendritische Zeichnungen. Zeigen die Gussstücke diese Sterne auf der Oberfläche nicht, so sind sie nicht Handelswaare, sondern müssen eingeschmolzen und wiederholt raffinirt werden.

Die Sternschlacke (Antimonglas) lässt sich mit dem Hammer leicht abklopfen und kann gewöhnlich noch einmal verwendet werden; sie enthält 20 — 60 % Antimon, ausserdem Schwefelverbindungen von Eisen, Nickel, Antimon, sowie die Oxyde des Eisens und Antimons, Kieselerde u. a. m.

Während des Raffinirens im Flammofen muss der Luftzug so weit beschränkt werden, dass es zur Arbeitsthür herausraucht, damit nicht viel Antimon verflüchtigt werde, welches oft die Züge verstopft und herausgeschafft werden muss. Man hat einen Verlust von 20—30% durch Flugstaubbildung und Verschlackung, der Ofen macht in 24 Stunden 3 Chargen bei 6 q Steinkohlenaufwand pro Charge, die Raffinirkosten betragen für 1 q $2\frac{1}{2}$ bis 3 Mark. Die Raffinirschlacken werden, wenn sie nicht mehr brauchbar sind, bei dem Erzschmelzen wieder zugegeben.

In Oberungarn[8]) wird das in einem Muffelofen todtgeröstete Antimonium crudum in Posten von 250 kg mit 10% Kohlenklein und 3—6% Glaubersalz in einem Flammofen eingeschmolzen, die Schlacke abgezogen, 10—12·5 kg Sternschlacke zugegeben, und wenn dieselbe eingeschmolzen ist, wird das Metall ausgeschöpft. Bei Anwesenheit von über 4% Unreinigkeiten zeigt sich auf den Güssen kein Stern, und dann muss das Metall umgeschmolzen und nochmals raffinirt werden. Am schwersten lässt sich

---

[8]) Bg. u. Httnmsch. Ztg. 1862 pag. 408.

Arsen aus dem Antimon entfernen, hiezu ist ein Gehalt an Eisen im Antimon vortheilhaft, weil sich eine Arseneisenverbindung bildet, die mit der Schlacke entfernt wird.

Zu Septémes und Rotherhithe geschieht das Raffiniren in Tiegeln.

Zu Septémes reinigt man je 22 kg rohen Metalls mit 6—8 kg eines Gemenges von Soda, Glaubersalz und etwas Kochsalz mit reinem abgerösteten Schwefelantimon in Tiegeln, deren je 20 in einem Flammofen durch 6 Stunden mässig erhitzt werden, wozu man 2—2·5 q Steinkohlen braucht.

Zu Rotherhithe[9]) wird das rohe Schwefelantimon nach seinem Eisengehalte sortirt, die armen Stücke mit den reichen gattirt und je 35 bis 40 kg der Gattirung mit Kochsalz 1—1½ Stunde geschmolzen und flüssig erhalten, dann in Formen ausgegossen, die Gussstücke zerschlagen und wieder sortirt, und hierauf je 30—35 kg mit 0·5—1·0 kg Pottasche und 5 kg Schlacken von dem gleichen Schmelzen beschickt in einem Tiegel eingeschmolzen, in Ingusse gegossen und der Grad der Reinigung nach der Farbe der Schlacke beurtheilt; wenn dieselbe schwarz ist, wird ausgegossen.

Zu Oakland (San Francisco)[10]) werden die Erze mit lockeren Koks von Gasanstalten in Schachtöfen verschmolzen und das rohe Antimon in Tiegeln raffinirt.

Die sonst gegebenen Vorschriften zur Reinigung des Antimons können nur im Kleinen Anwendung finden, da sie theils ein wiederholtes Umschmelzen, theils eine Verarbeitung auf nassem Wege voraussetzen, also für den Grossbetrieb umständlich und zeitraubend sind.

Antimonuntersuchungen[11]) haben die folgenden Verunreinigungen nachgewiesen:

Pb	0·34	0·34	0·78	0·410
S	0·23	0·12	0·11	0·064
As	0·09	0·36	0·09	1·008
Cu	0·01	0·02	0·02	0·021
Fe	0·35	0·34	0·16	} 0·013.
Ni	—	—	—	

Antimongewinnung auf nassem Wege.

Für diese Art der Darstellung des Antimons sind bis jetzt blos Vorschläge gemacht worden, ohne dass von einer Einführung der Verarbeitung der Erze in dieser Weise etwas bekannt ist.

---

[9]) Ebenda 1863 pag. 328.

[10]) Eng. and Min. Journ. 34 pag. 12.

[11]) C. Himly, Untersuchungen und Arbeiten aus dem chem. Universitätslaboratorium in Kiel, No. I pag. 6.

Nach J. Hargreaves[12]) sollen die fein gepulverten Erze mit Salzsäure in der Wärme digerirt, die Lösung mit Kalk oder Bittererde neutralisirt und daraus durch Eisen oder Zink das Antimon gefällt, der Niederschlag mit Chlorantimon, Salzsäure und Wasser gewaschen und nach dem Trocknen mit Pottasche in Tiegeln eingeschmolzen werden. Ganz ähnlich ist ein Patent von R. S. Smith.

Hering[13]) will die Saigerrückstände von der Gewinnung des Antimonium crudum in der Art zu Gute bringen, dass er das Schwefelantimon in Salzsäure löst, aus der Lösung durch Wasser basisches Chlorantimon fällt, oder das Metall elektrolytisch abscheidet, oder endlich durch den bei der Digestion der Erze gewonnenen Schwefelwasserstoff niederschlägt und als Schwefelantimon in den Handel bringt.

Ein neueres Patent Hering's[14]) (D. R. P. No. 26 101) für Verarbeitung armer Erze und Saigerrückstände mit durchschnittlich 8 % Antimon bezweckt ein Erhitzen des Materials in einem Gasflammofen so weit, dass sich das Antimon als Oxyd und als antimonige Säure ($Sb_2 O_4$) verflüchtigt, welche in Condensatoren aufgefangen und zu Regulus verschmolzen werden, den man im Flammofen raffinirt.

Ein Extractionsverfahren für Schwefelantimon haltende Erze mittelst Alkalisulfiden wurde von E. W. Parnell und J. Simpson angegeben[15]). (Engl. Pat. 11828 vom 1. September 1884.)

Technologie des Antimons.

Die Ueberproduction an Antimon und der Preisrückgang, welchen dasselbe erfuhr, hatten zur Folge, dass die Antimonhütten sich derzeit nicht mehr auf die Gewinnung des Antimonmetalls und des Antimonium crudum beschränken, sondern sich auch auf die Production einiger Antimonverbindungen eingerichtet haben, welche gewinnbringender auf den Markt gebracht werden können. Insoweit, als diese Gewinnung thatsächlich auf den Antimonhütten zu Ausführung gekommen ist, kann dieselbe hier nicht ganz übergangen werden.

Darstellung des Antimonzinnobers. Der Antimonzinnober hat nach Wagner die Zusammensetzung $2 Sb_2 S_3 + Sb_2 O_3$, er wird durch Fällung des Antimons aus seiner Lösung in Salzsäure durch unterschwefligsauren Kalk gewonnen und bildet sich nach folgender Gleichung:

$$6 (Sb Cl_3) + 9 (Ca S_2 O_3) = 2 (Sb_2 S_3 + Sb_2 O_3) + 9 Ca Cl_2 + 12 SO_2.$$

---

[12]) Dingler's Journ. Bd. 203 pag. 153.
[13]) Ebenda Bd. 230 pag. 253.
[14]) Bg. u. Httnmsch. Ztg. 1884 pag. 187.
[15]) Chemikerztg. 1885 pag. 412.

Für die Darstellung des Antimonzinnobers im Grossen wurde von Kopp das folgende Verfahren angegeben: Rohes Schwefelantimon wird bei niedriger Temperatur unter Zuleitung von Wasserdampf geröstet und der Rost mit Salzsäure extrahirt. Die das Antimonoxyd enthaltende Lösung wird in kleinen Portionen in Bottiche von 2—3 cbm Inhalt eingetragen, welche zu etwa $^7/_8$ mit einer Lösung von Calciumhyposulfit gefüllt sind, nach jedesmaligem Zusatz von Chlorantimon gut umgerührt, bis der anfangs entstehende Niederschlag sich wieder löst, und wenn endlich bei neuerlichem Zufügen des Antimonchlorürs diese Lösung nicht mehr erfolgt, sondern eine weisse Trübung stehen bleibt, so wird vorsichtig Calciumhyposulfit zugefügt, bis die Flüssigkeit wieder völlig klar geworden ist. In den Bottich wird nun ein Schlangenrohr eingelassen, durch welches man unter stetem Umrühren der Flüssigkeit so lange Dampf leitet, bis dieselbe auf 60 bis höchstens 70° C. erwärmt ist, wobei sie sich nach und nach immer dunkler, von gelb bis orangeroth färbt; sobald diese Färbung eingetreten ist, wird die Dampfzuleitung sofort eingestellt, das Durchröhren aber fortgesetzt, wobei die Farbe allmälig in carmoisinroth übergeht.

Nach dem Absetzen des Niederschlags wird die klare Lösung in einen Bottich abgezapft, in welchen man die unlöslichen Rückstände von der Sodafabrikation vorgelegt hat, die zum grössten Theil aus Einfach-Schwefelcalcium, dann Calciumcarbonat, Calciumhydroxyd, etwas Schwefeleisen nebst mechanisch beigemengter Kohle und anderen Verunreinigungen bestehen; diese Masse ist von der Kohle und dem Sehwefeleisen dunkel gefärbt. Das Schwefelcalcium wird von der viel freie schweflige Säure enthaltenden Lauge sehr rasch in Hyposulfit überführt und wieder zu neuen Fällungen verwendet, es ist nur nöthig, die Lauge von dem grössten Theil ihres Eisengehaltes, der von dem gelösten Antimonoxyd herrührt, zu befreien; es geschieht dies in der Weise, dass man den bei dem Zusammenbringen der Sodarückstände mit der Lauge aus dem Fällbottich anfangs entstandenen Niederschlag von Schwefeleisen durch weiteres Zuleiten derselben zu Ferrohyposulfit löst und hierauf durch vorsichtigen Zusatz von frischen in Wasser aufgeschlemmten Sodarückständen den grössten Theil des Eisens wieder ausfällt, jedoch eine kleine Menge davon in der Flüssigkeit noch belässt, um sicher zu sein, dass die Flüssigkeit kein Schwefelalkali enthält. Für die Erzeugung eines schönen, feurig rothen Products ist es durchaus nothwendig, dass die Fällflüssigkeit kein Schwefelcalcium enthalte, weil sonst aus der sauren Chlorantimonlösung orangegelbes Schwefelantimon gefällt würde, welches sich der rothen Farbe beimischt und ihre Nüance herabdrückt. Ein geringer Eisengehalt der Hyposulfitlösung ist für die Manipulation unschädlich.

Die erste Lauge von Calciumhyposulfit bereitet man durch Kochen der in Wasser aufgeschlemmten Sodarückstände mit Schwefel.

Das Präcipitat von Antimonzinnober wird abfiltrirt, dann vom Filter in hölzerne Bottiche gebracht, darin mit reinem Wasser mehremale gewaschen und schliesslich an der Luft oder in einem geheizten Locale getrocknet. Dieser Zinnober gibt als Oelfarbe ein vorzügliches Roth, das durch Luft und Licht nicht leidet, von Alkalien aber wird es zersetzt.

Der von der Lösung des gerösteten Schwefelantimons verbliebene Rückstand enthält antimonsaures Antimonoxyd und kann vortheilhaft zur Gewinnung von Spiessglanzglas verwendet werden.

Darstellung von Antimonglas, Spiessglanzglas, Vitrum antimonii. Man gewinnt das Antimonglas durch Zusammenschmelzen von 100 Theilen antimonsaurem Antimonoxyd mit 5—6 Theilen Schwefelantimon. Die geschmolzene Masse ist bei dem richtigen Mischungsverhältniss durchsichtig und dunkelgranatroth, sie wird bei zu viel Schwefelantimon grauschwarz, bei zu viel antimonsaurem Antimonoxyd gelblich und ist dann in beiden Fällen undurchsichtig.

Bei dem Zusammenschmelzen beider Substanzen nimmt man, nachdem das Gemenge in einem hessischem Tiegel geschmolzen ist, mit dem Stiele von einer weissen Thonpfeife einen Tropfen heraus und beurtheilt nach dem Aussehen der erkalteten Probe, ob noch etwas von dem einen oder andern Bestandtheil der Mischung zuzusetzen ist. Die geschmolzene Masse wird dann in Wasser oder in eine Giessform ausgegossen, sie ist bei raschem Erstarren glasig, bei langsamer Abkühlung wird sie grau und krystallinisch.

Antimonkrankheiten.

Bei den Antimonhütten leiden jene Arbeiter am meisten, welche den Dämpfen des metallischen Antimons ausgesetzt sind, also die Mannschaft bei den Raffiniröfen; die Leute bekommen, wenn sie längere Zeit dabei beschäftigt sind, eiternde Pusteln auf dem Halse, der Brust und den Schenkeln, doch vergehen diese Ausschläge bald, wenn die Arbeit gewechselt wird. Besonders nachtheilige Wirkungen der Antimondämpfe wurden bis jetzt nicht beobachtet; auf den Hütten sind bei dem Raffiniren kurze achtstündige Schichten eingeführt.

Bei den Arbeiten mit Schwefelwasserstoff bei der Gewinnung des Antimons auf nassem Wege haben die Leute hauptsächlich nur durch den unangenehmen Geruch dieses Gases zu leiden; das häufige Einathmen desselben verlangsamt aber auch den Blutumlauf, und desshalb wird empfohlen, dem Arbeiter etwas Wein oder Spirituosen zu verabreichen, wo dann die eben genannte Erscheinung durch die Wirkung des Alkohols aufgehoben wird. Bei dem Räumen der Flugstaubkammern stellen sich bei den Arbeitern Kopfschmerz und Erbrechen ein, es sollen demnach diese Condensationen nur selten entleert werden.

Wismuth.

(Bi''' = 210.)

Geschichtliches. Das Wismuth war im Alterthum unbekannt und erst gegen Ende des Mittelalters erwähnt dasselbe zuerst Basilius Valentinus, ohne es jedoch richtig erkannt zu haben; Theophrastus Paracelsus betrachtet es als ein Halbmetall und nennt dasselbe wegen der bunten Farben, mit welchen es oft angelaufen ist, Wiesmatt, woher der Name Wismuth stammt. Eine Anzeige über die erste Entdeckung desselben findet sich nicht. Da es fast nur gediegen vorkommt und bei dem Rösten anderer, das Wismuth auch enthaltender Erze wegen seiner Leichtschmelzigkeit aussaigert und sich in der Asche der Röststätten wieder findet, wurde es von Agricola mit dem Namen Aschenblei belegt.

Statistik. An Wismuth wurde erzeugt in metrischen Centnern:

In Sachsen im Jahre 1882 12·89
- Böhmen -   -   1883   8·06

Eigenschaften. Die chemischen Eigenschaften des Wismuths wurden erst durch Patt und Bergmann zu Ende des vorigen Jahrhunderts bekannt. Das Wismuth ist röthlichweiss, stark glänzend, brättrigkrystallinisch, spröde, lässt sich leicht pulvern und ist bei vorsichtigem Hämmern etwas dehnbar; das spezifische Gewicht = 9·783, im chemisch reinen Zustand = 9·799. Der Schmelzpunkt liegt bei 249° C.; bei dem Abkühlen dehnt es sich bedeutend aus, weil es krystallisirt, und in hoher Temperatur verdampft es. Das Handelswismuth ist nicht rein und enthält gewöhnlich Schwefel, Arsen, Eisen, Nickel und and., man kann dasselbe rein darstellen, wenn man käufliches Wismuth in einem Tiegel unter Umrühren mit Salpeter schmilzt, bis eine genommene Probe bei dem Erkalten sich grün und goldgelb färbt und diese Farben behält. Man reinigt dann die Oberfläche durch Abziehen der Oxydkruste und giesst es in Ingusse aus; in Stangen gegossen knirscht es bei dem Biegen. An der atmosphärischen Luft oxydirt es bei gewöhnlicher Temperatur nicht, in der Glühhitze verbrennt es mit bläulicher Flamme zu Oxyd. In Salpetersäure und Königswasser ist es leicht, in Salzsäure und Schwefelsäure ist es schwer löslich; es krystallisirt regulär und lässt sich leicht in krystallisirtem Zustande erhalten, wenn man dasselbe in gereinigtem Zustande in ein Pappkästchen giesst, und sobald die Oberfläche erstarrt ist, diese durchstösst und den noch flüssigen Antheil aus dem Innern ausgiesst.

Anwendung. Das Wismuth wird fast nur in Verbindung mit andern Metallen angewendet, seine Legirungen sind alle sehr leichtflüssig und leichtschmelzig, welche Entdeckung von Newton gemacht wurde; wegen dieser seiner Eigenschaft wurde es von d'Arcet früher als Sicherheitsvorrichtung bei Dampfkesseln angewendet. Gegenwärtig findet es Verwendung als Schnellloth, als Bad bei dem Anlassen von Stahlinstrumenten, als basisches Nitrat in der Medicin, und als basisches Chlorid zu weissen Farben, wie auch als Schminke. Die leicht schmelzbaren Legirungen des Wismuths sind die folgenden:

	Bi	Pb	Sn	Cd	Schmelzpunkt.
Newton'sches Metall	8	5	3	—	94·5° C.
Rose'sches -	2	1	1	—	93·75 -
Wood'sches -	7 bis 8	4	2	1 bis 2	71·0 -
Lipowitz'sches -	15	8	4	3	60·0 -
Legur zum Clichiren	5	3	2	—	91·66 -
Schnellloth	1	1	2	—	—

Die Lipowitz'sche Legirung wird bei 55° ganz weich.

Vorkommen und Erze. Ausser in gediegenem Zustande findet sich das Wismuth nur selten als Oxyd oder vererzt, und ist sein Vorkommen überhaupt gering. In Böhmen und Sachsen findet es sich im Erzgebirge an mehreren Orten, dann zu Bieber in Churhessen, zu Friedrichsroda im Thüringer Wald, früher auch im Schwarzwald und am Harze, zu Modum in Norwegen, zu Falun in Schweden, in Cornwall und Cumberland in Grossbritannien, zu Conecticut und Südcarolina in Amerika; ausser den beiden erstgenannten Ländern kommt es überall in nur sehr unbedeutenden Mengen vor, und sind die anderen Vorkommnisse mehr von mineralogischem Interesse.

Das hauptsächlichste Erz ist gediegen Wismuth; seltener sind

Wismuthglanz, Bismutin ($Bi_2 S_3$) mit 81·6 % Wismuth,

Wismuthocker ($Bi_2 O_3$) mit 89·9 % Wismuth, stets durch Eisen, Kupfer und Arsen verunreinigt,

Silberwismuthglanz, Wismutbleierz, blei-, kupfer-, und silberhaltend mit 27 % Wismuth,

Kupferwismuthglanz, Wismuthkupfererz, Wittichenit ($3 Cu_2 S + Bi_2 S_3$) mit 50 % Wismuth und 33 % Kupfer,

Wismuthspath, Bismutit, ein Gemenge von Carbonat und Sulfat des Wismuths,

Kieselwismuth, Wismuthblende, Eulytin ($Bi_2 Si_3 O_9$) mit 69·4 % Wismuth,

Wismuthkobaltkies und Wismuthnickelkies, eigentlich Wismuth führende Kobalt- und Nickelerze mit 3—10 % Wismuth.

Wismuth führende Fahlerze sind nicht selten; der Verfasser hatte im Jahre 1868 Přibramer Fahlerze zu untersuchen, und fand in 2 derben Varietäten und zwar in der lichteren 0·03, in der dunkleren 0·43 % Wismuth[1]).

Als Gemengtheil in andere Metalle führenden Erzen ist das Wismuth nicht selten; es concentrirt sich bei dem Verarbeiten derselben in den Hüttenproducten von den Schmelzungen, z. B. in der Speise, oder in den gewonnenen Metallen (Legirungen) wie Werkblei, und wird bei dem Vertreiben der Letzteren aus den dabei erzeugten Glätten und erfolgenden Testen gewonnen. So enthielt von Přibramer Hüttenproducten

Die reiche Glätte	0·138 % Wismuth
Der Test vom Eeinbrennen	1·431 - -
Der Heerd vom Treiben	1·056 - -
Die Glätte von der Oberfläche des Blicksilbers	0·250 - -

Da sich jedoch die Erze und Gattirungsverhältnisse zeitweilig ändern, so sind die hier angeführten Hälte keine sich gleichbleibenden.

Gewinnung des Wismuths.

Das Wismuth wird auf trockenem und nassem Wege gewonnen; für ersteren Weg dienen die gediegen Wismuth führenden Erze, auf letzterem Wege werden die Treib- und Feinbrennteste sowie die oxydischen Erze auf Wismuth verarbeitet.

Gewinnung des Wismuths auf trockenem Wege.

Das Wismuth wird auf trockenem Wege in zweifacher Weise dargestellt, entweder durch Saigern der Erze oder durch Verschmelzen derselben. Das Saigern ist der billigere aber unvollkommenere Process, denn das Ausbringen hierbei ist unvollständig; das Schmelzen wird in Tiegeln oder Flammöfen vorgenommen. Bei der Verarbeitung in Tiegeln erfolgt das Ausbringen vollständiger als in Flammöfen, dagegen ist in Letzteren der Brennstoffaufwand geringer.

Wismuthgewinnung durch Saigern. Das Saigern des Wismuths wird in gusseisernen Röhren vorgenommen, wozu von Plattner und von Günther[2]) Oefen angegeben wurden. Der Plattner'sche Ofen ist in Fig. 359 dargestellt und stand auf den sächsischen Hütten im Betriebe. Derselbe ist für Steinkohlenfeuerung eingerichtet, enthält 11 Stück in

---

[1]) Jhrbch. d. k. k. Bgakademien Bd. 18 pag. 361.
[2]) Bg. u. Httnmsch. Ztg. 1869 pag. 118.

2 Reihen über einander gelagerter Röhren von 25—30 cm Höhe und 15
bis 20 cm Weite, die unteren etwas grösser als die oberen, welche an dem
höher gelegenen, mit einer Platte verschliessbaren Ende mit 10—15 kg
Erz geladen und auch da entleert werden, während das Wismuth an der
tiefer liegenden Seite durch eine kleine Oeffnung am Boden in 2 vor dem
Ofen liegende gegen die Mitte desselben geneigte Rinnen a und aus diesen
in den zwischen beiden etwas tiefer liegenden, separat beheizten Kessel b

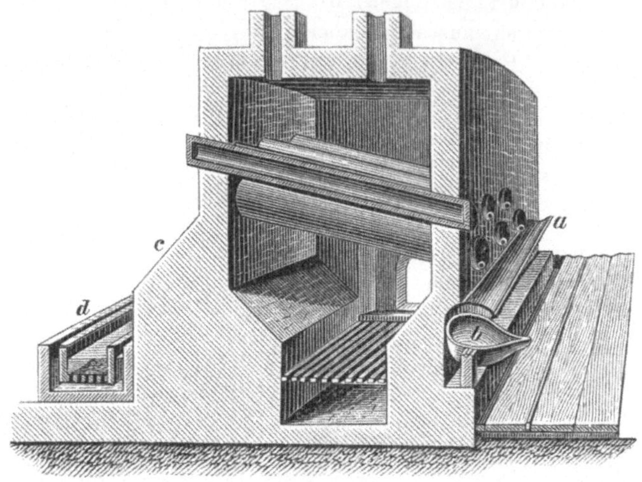

Fig. 359.

abläuft, aus welchem es vergossen wird. Die Saigerung dauert an 20 Minuten. Die ausgezogenen Saigerrückstände fallen über die schiefe Fläche c
in einen mit Wasser gefüllten Kasten d, in dem ein aus Latten hergestellter
Korb steht, mit welchem die abgelöschten Rückstände zeitweise ausgehoben
werden. Die Erze enthalten an 12 % Wismuth; die in einem Flammofen
eingeschmolzenen Gekrätze vom Saigern gaben noch etwas unreines
Wismuth ab.

Das von Günther angegebene Saigerrohr zeigt Fig. 360. Dasselbe
wird oben chargirt, unten wird der Saigerrückstand über den aus 7 ein-

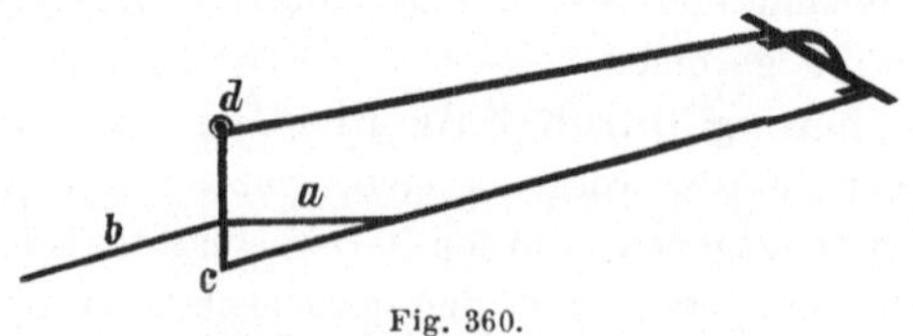

Fig. 360.

gelegten Eisenstäben bestehenden Rost a und über die Eisenplatte b ausgezogen, wodurch das Ausladen erleichtert wird; die untere Verschlussplatte ist in einem Charnier d beweglich und wird durch einen Vorreiber

geschlossen gehalten, oben ist das Rohr durch einen Büchsendeckel geschlossen. Durch die Oeffnung c fliesst das Wismuth in untergestellte Schalen ab.

Die Gewinnung des Wismuths aus seinen Erzen durch Saigern ist jedoch seit lange verlassen.

Wismuthgewinnung durch Schmelzen. In Tiegeln können selbst geringhaltige 2—3 %ige Erze noch mit Vortheil verschmolzen werden, doch richtet sich diese Verhüttungsart nach den jeweiligen Wismuthpreisen. Man beschickt die gerösteten Erze mit Schlacken, Kohle, und wenn sie Schwefel führen auch mit Eisen, wozu sich Drehspäne von Schmiedeeisen am besten eignen. Auf den sächsischen Blaufarbenwerken benützt man für diese Schmelzungen einen Blaufarbenschmelzofen, in dessen Hafen die Beschickung eingetragen und nach erfolgtem Einschmelzen daraus abgestochen wird. Bei dem Verschmelzen wismuthhaltender Kobalterze auf Blaufarbenglas gewinnt man eine wismuthhaltende Speise als Nebenproduct.

Zu Joachimsthal in Böhmen wurden durchschnittlich 10 % Wismuth haltende Erze gepocht und unter Zuschlag von 28 % Eisendrehspänen und altem Schmiedeeisen, 15—50 % Soda und 5 % Kalk nebst 5 % Flussspath gemengt, in Posten von 50 kg in hessische Tiegel eingetragen, zur Verhinderung einer Verdampfung des Wismuths noch 5 % Soda als Decke gegeben, der Tiegel bedeckt und in einem Tiegelofen mit Holzkohle befeuert; bei dem zweiten Aufgeben von Kohle in den Ofen wurde die theilweise schon geschmolzene Masse durchgerührt, und wenn alles in Fluss gerathen war, wurde zuerst die Schlacke, dann das Wismuth ausgeschöpft und in Ingusse vergossen. Täglich wurden 1—1·5 q Erz geschmolzen; nach 3—4 Tagen war der Tiegel unbrauchbar. Das zu Joachimsthal in Quarz fein eingesprengt vorkommende Wismuth verlangte die hohen Zuschläge an Soda und Eisen zur Verschlackung der Kieselerde; die Schlacke war frei von Wismuth, die Speise, welche mit abfiel, enthielt noch 2 % davon. Seit mehr als 15 Jahren löst Joachimsthal die Wismutherze bei den sächsischen Hütten ein.

In Flammöfen werden zu Bolivia Wismuthglanz enthaltende Erze verschmolzen und aus dem gewonnenen Stein das Wismuth durch Eisen präcipitirt.

Wismuthgewinnung auf nassem Wege.

Nach A. Valenciennes[3] wird aus wolframhaltenden, oxydischen Erzen, welche zu Saint-Angel bei Ussel (Depart. de la Coréze) in Frankreich vorkommen, zu Meymac das Wismuth folgends gewonnen: Das fein gepulverte Erz wird zweimal mit Salzsäure digerirt, die Lösungen werden abdecantirt, mit Soda neutralisirt und in viel Wasser gegossen. Der Nie

---

[3] Annal. de chim. et de phys. (5) Bd. 1 pag. 397. Bullet. de la sociét. chim. XXI. 1874 pag. 426.

derschlag von basischem Chlorwismuth wird gewaschen und in Form eines feuchten Teiges mit Eisenblech zerlegt, das reducirte Wismuth getrocknet und unter Zuschlag eines alkalischen Flusses geschmolzen; das Metall enthält blos Spuren von Blei und Silber. Der Rückstand von der Digestion mit Salzsäure wird mit Natronsalpeter geglüht und das Natriumwolframiat mit Wasser ausgelaugt.

Nach Carnot[4]) geschieht die Ausfällung des Wismuths durch Eisen aus der Lösung selbst und das Einschmelzen unter einer Kohlendecke im Graphittiegel. Bei der Reinigung gerösteter Zinnerze von fremden Beimengungen durch Behandeln derselben mit Salzsäure vor dem Verschmelzen wird Wismuth aus der Lösung als Nebenproduct gewonnen (England und Sachsen).

Zu Freiberg[5]) werden die bei dem Silberraffiniren gewonnenen Teste und Glätten mit 5—20% Wismuth fein gepocht und in Quantitäten von 50 kg in steinernen Töpfen mit 65—70 kg durch Zusatz von 10 kg Wasser verdünnter Salzsäure 6 Stunden hindurch unter öfterem Durchrühren digerirt, dann das Gefäss so weit mit Wasser gefüllt, bis sich oben basisches Chlorwismuth abzuscheiden beginnt, hierauf absetzen gelassen, dann die klare Lösung abgezogen und in mit Wasser gefüllte Holzfässer geleitet, wo sich das basische Chlorwismuth niederschlägt; nach dem Absetzen lässt man die überstehende Flüssigkeit in einen Sumpf ab, worin zur Ausfällung des Kupfers Eisen vorgelegt ist, den Niederschlag aber überfüllt man in Bottiche mit Filtrirboden, wäscht denselben darin gut aus, löst ihn noch zweimal in Salzsäure, fällt jedesmal wieder in gleicher Art und trocknet in einer eisernen Pfanne in einem Ofen. 20 kg des getrockneten Chlorwismuths werden, mit 16% Kalk und 6% gepulverter Holzkohle beschickt, in einem eisernen Tiegel im Windofen bei Koksfeuerung geschmolzen, wozu der Tiegel derart eingesetzt wird, dass er etwa 5 cm aus dem Ofen herausragt. Wenn der Inhalt ruhig fliesst, wird zuerst die Schlacke abgeschöpft, hierauf das Wismuth in Formen überschöpft und nochmals umgeschmolzen. Das wiederholte Auflösen und Fällen des Chlorwismuths hat den Zweck, dasselbe möglichst von Chlorblei zu befreien; das umgeschmolzene Wismuth hält noch 0·3—0·4% Blei. Die Rückstände von den Fällungen des Chlorwismuths enthalten Chlorblei und Chlorsilber; sie werden abfiltrirt, gewaschen und zur Bleiarbeit abgegeben. Producte unter 4% Wismuth lassen sich in dieser Weise nicht mehr mit Vortheil verarbeiten.

---

[4]) Bullet. de la sociét. chim. 1874 XXI pag. 113. Bg. u. Httnmsch. Ztg. 1874 pag. 302.

[5]) Preuss. Ztschft. Bd. 18 pag. 193. Bg. u. Httnmsch. Ztg. 1876 pag. 79.

Raffination des Wismuths.

Das auf nassem Wege gewonnene Wismuth ist hinlänglich rein, das auf trockenem Wege dargestellte jedoch meist unrein und muss demnach einer Raffination unterworfen werden.

Dieses Raffiniren geschieht entweder durch Absaigern bei niedriger Temperatur in einem Saigerofen, dessen eiserne Saigerschwarten ganz zusammenstossen und einen Fall nach aussen haben; das abgeflossene Wismuth wird bis nahe zum Erstarren abkühlen gelassen und dann erst vergossen. Die Saigerrückstände werden je nach den Metallen, welche sie enthalten, entsprechend weiter verhüttet.

Oder man nimmt das Raffiniren durch Umschmelzen vor, indem man das rohe Wismuth mit $^1/_4$ seines Gewichts Salpeter und Kochsalz oder mit $^1/_8$ des Gewichts Soda umschmilzt, beziehentlich dieses Umschmelzen so oft wiederholt, bis die erfolgenden Schlacken rein weiss sind.

Die Art und Menge der Raffinirzuschläge werden durch die Art und Menge der vorhandenen Verunreinigungen bestimmt. Es dienen Salpeter und Kochsalz zur Entfernung von Arsen und Blei, Schwefel zur Verlechung von Kupfer, Eisen zur Abscheidung von Schwefel, Wismuthoxyd zur Entfernung von Antimon.

Auf trockenem Wege erhält man ein sehr reines Wismuth durch Reduction von basischem Wismuthnitrat in einem Kohlentiegel.

Die Gewinnung des Wismuths aus wismuthreichen Glätten auf trockenem Wege stand früher zu Joachimsthal in Uebung; von Patera[6]) wurde die hiezu dienende Methode angegeben.

Analysen von Wismuth haben die folgenden Verunreinigungen ergeben:

Wismuth von	Bolivia		Sachsen		Sachsen	Joachimsthal
	nach Schneider[7])				nach v. Lill[8])	
	1	2	3	4		
Bi	99·053	99·069	99·390	99·830	99·77	99·32
Ag	0·083	0·621	0·188	0·075	0·05	0·38
Pb	—	—	—	Spur	—	0·30
Cu	0·258	0·156	0·090	0·040	0·08	Spur
Fe	—	—	—	0·026	Spur	Spur
Sb	0·559	—	—	—	—	—
As	—	—	0·255	—	—	—
Au	—	Spur	—	—	—	—
Te	—	0·140	—	—	—	—
S	—	—	—	—	0·10	—.

[6]) Oesterr. Ztschft. 1862 pag. 257. Dingler's Journ. Bd. 153 pag. 423.

[7]) Journ. f. pract. Chem. 23 pag. 75.

[8]) Jhrbch. d. k. k. Bergakademien Bd. 13 pag. 63.

Platin.

(Pt^{IV} = 197·4).

Geschichtliches. Das Platin wurde 1736 von A. Ulloa im Flusse Pinto (Neugranada in Südamerika) entdeckt, darauf 1822 am Ural gefunden, und ist die russische Provinz Nischne-Tagilsk bisher unübertroffen an Ausbeute, da dieser Landstrich $^{19}/_{20}$ der ganzen russischen Production liefert. Es scheint jedoch, dass das Platin schon früher bekannt war, denn nach Kopp[1]) spricht J. C. Scaliger schon in der zweiten Hälfte des 16. Jahrhunderts von einem in Darien vorkommenden Metall, das durch kein Feuer geschmolzen werden könne. Man hat das Platin, weil ein in der genannten Zeit nicht verwendbares Metall, verkannt, es ist nicht nur nicht benützt worden, sondern von der spanischen Regierung wurde auch verboten, dasselbe in den Handel zu bringen, und das Platinerz wurde zu Choco (Amerika) nach erfolgter Amalgamation des in dem Erze mit vorkommenden Goldes in grossen Mengen in's Meer geworfen. Der Rio de la plata hat von dem darin gefundenen Platin seinen Namen; plata bedeutet im Spanischen Silber, platina ist das Diminutiv von plata. Scheffer, Director der Münze in Stockholm erkannte es zuerst als eigenthümliches edles Metall, Bergmann untersuchte dasselbe näher, Graf Sickingen entdeckte die Schweissbarkeit des Platins und stellte Draht und Blech daraus her.

Statistik. In Russland wurden im Jahre 1881 gewonnen 2981 kg Platin; die Production in Amerika ist nicht bedeutend.

Eigenschaften. Das Platin ist fast silberweiss, hat ein spezifisches Gewicht von 21·3, und ist in der Hitze unserer gewöhnlichen Schmelzöfen unschmelzbar, es lässt sich jedoch in starker Weissgluth schweissen; vor dem Knallgasgebläse schmilzt es, nach Schertel bei 1775°, nach älteren Angaben bei 2000° C., und hat dann ein spezifisches Gewicht von blos 21·15. Durch Schmelzen wird das Platin spröde und nimmt etwas Kohlenstoff auf; längere Zeit über den Schmelzpunkt erhitzt, verflüchtigt sich dasselbe, bei dem Abkühlen spratzt es wie das Silber, an der Luft

---

[1]) Dessen „Geschichte der Chemie" Bd. 4 pag. 221. Braunschweig, 1843 bis 1847.

ist es unveränderlich. Das Platin wird von Säuren nicht, wohl aber von Königswasser gelöst, und es besitzt die eigenthümliche Eigenschaft, in fein vertheiltem Zustand an seiner Oberfläche die Vereinigung von Sauerstoff mit Wasserstoff zu veranlassen. Es lässt sich nicht in so feine Blättchen schlagen, und in so feine Drähte ziehen, wie das Gold und Silber; mit Arsen, Schwefel, Phosphor und mit leicht schmelzbaren Metallen legirt es sich und schmilzt. Arsenhaltende Substanzen in Platingefässen geglüht machen dasselbe brüchig, ätzende Alkalien greifen das Platin an und dürfen in Platingefässen nicht geschmolzen werden; Wärme und Elektricität leitet das Platin weniger, als Gold und Silber.

Anwendung. Das Platin dient grösstentheils in chemischen Laboratorien in Gestalt von Draht, Blech, Tiegeln, Schalen, Pincetten u. s. f., in der Technik bei der Concentration der Schwefelsäure, bei elektrischen Apparaten, in neuerer Zeit auch in der Juwelierkunst zum Fassen von Diamanten oder auch zur Verfertigung von Kettchen abwechselnd mit Goldgliedern, in der Uhrmacherei zu Schrauben und Compensationsunruhen, in der Galvanoplastik, zu Spiegeln für reflectirende Teloscope, in letzter Zeit auch vielfach bei der Erzeugung elektrischen Lichts und zur Herstellung der Zündlöcher bei Gewehren statt des Goldes. Als Oxyd dient es bei der Erzeugung von keramischen Geräthen mit silberähnlicher Oberfläche, als Chlorid zur Hervorbringung eines oxydartigen Glanzes auf Silberwaaren. In früherer Zeit wurde es auch zur Ausmünzung verwendet, doch sind die Platinmünzen bereits seit 1863 eingezogen. In seiner Legirung mit Gold und Silber dient es zu zahnärztlichen Zwecken und namentlich die Legirung mit Iridium ist sehr widerstandsfähig gegen Hitze, Säuren und selbst auch gegen Alkalien; mit unedlen Metallen, wie Kupfer, Nickel, Zinn gibt es die für kleinere Luxusartikel verwendeten Platinbroncen.

Legirungen von Platin-Iridium sind sehr geeignet zur Darstellung des Standardmetalls für Urmasse und Urgewichte; nach H. Deville und E. Mascart[2]) hat die zur Herstellung der internationalen Masse verwendete Legirung folgende Zusammensetzung:

Pt	89·40	89·42
Ir	10·16	10·22
Rh	0·18	0·16
Ru	0·10	0·10
Fe	0·06	0·06.

Diese Legirung ist unzerstörbar, sehr unbiegsam, sehr politurfähig, die Elasticität ist sehr gross, die Hämmerbarkeit und Dehnbarkeit sollen fast unbegrenzt sein.

Ein Blasigwerden der Platingefässe rührt oft blos von einer ungenü-

---

[2]) Compt. rend. Bd. 88 pag. 210. Dingler's Journ. Bd. 232 pag. 547.

genden Ausschmiedung her, wenn bei dem Zusammenschweissen kleine Luftblasen eingeschlossen werden, die sich bei dem Erwärmen ausdehnen; sonst **können** eingeschlossene Aschentheilchen oder ein Gehalt des Platins an Arsen, Schwefel oder **Silicium Ursache** dieser Blasenbildung sein.

Vorkommen und Erze. Das Platin findet sich auf secundären Lagerstätten oder im Sande der Flüsse in Verbindung mit Iridium, Palladium, Rhodium, Osmium und Ruthenium, es ist nie rein, sondern eine natürliche Verbindung mit den genannten Metallen, wesshalb man es auch ursprünglich Polyxen benannte. Als seine Begleiter kommen Erze des Eisens, Bleies, Kupfers, Gold, Osmi-Irid, dann Titan- und Chromeisen, sehr häufig Magnetit und als Gangart Quarz vor. Ausser am Ural findet sich das Platin in Brasilien, Columbien, Nordcarolina, auf Borneo, in Spanien, in der Grafschaft Wiclow in Irland und im Goldsande des Rheins, welcher Letztere davon $^1/_{2400}$ enthält. Ausserdem kommt das Platin im Goldsand von Californien vor und wurde in neuerer Zeit auch in Australien gefunden. In Platinerzen wurden folgende Bestandtheile nachgewiesen:

Platinerz von	Nischnetagilsk magnetisch — nicht magnetisch nach Berzelius		Berzelius	Claus	Goroblagodat nach Muchin		S. Kern
Pt	78·94	73·58	86·50	85·97	84·28	76·60	80·03
Pd	0·28	0·30	1·10	0·75	1·96	1·88	1·20
Rh	0·86	1·15	1·15	0·96	3·20	2·51	0·61
Ir	4·97	2·35	—	0·98	Spur	Spur	9·15
Os	—	—	—	0·54	—	—	1·35
Fe	11·04	12·98	8·32	6·54	9·06	17·39	6·45
Cu	0·70	5·20	0·45	0·86	—	0·37	1·02
Ru	—	—	—	—	—	—	0·28
Osmi-Irid	1·96 ⎫		1·40	— ⎫			
Sand	— ⎬ 2·30		—	1·60 ⎬ 0·93		0·50	—
Kalk	—	—	—	0·50 ⎭			

Platinerz von	Barbakos nach Berzelius	Choco	Choco	Californien nach Deville	Spanien und Debray	Australien	Borneo nach Blakrode
Pt	84·30	86·16	86·20	85·50	45·70	59·80	71·870
Pd	1·06	0·35	0·50	0·60	0·85	1·50	⎫
Rh	3·46	2·16	—	—	2·65	1·50	⎬ 1·286
Ir	1·46	1·09	0·85	1·05	0·95	2·20	7·920
Os	1·03	0·97	—	—	0·05	0·80	8·910
Ru	—	—	1·40	1·00	—	—	—
Fe	5·31	8·03	7·80	6·75	6·80	4·30	5·866
Cu	0·74	0·40	0·60	1·40	1·05	1·10	0·430
Mn	—	0·10	—	—	—	—	—
Osmi-Irid	—	1·91	0·95	1·10	2·85	25·00	—
Sand	0·60	—	0·95	2·95	35·95	1·20	—
Kalk	0·12	—	—	—	—	—	—

Ausser den oben angeführten älteren Analysen sind aus neuerer Zeit bekannt geworden die folgenden Untersuchungen von S. Kern[3]

Platinerz aus dem	Gorablagodatsky-			Nischnetagilsk-		
		District				
Pt	87·50	84·50	80·05	80·87	71·20	89·05
Rh	1·20	2·90	1·05	4·44	1·50	4·60
Ir	0·05	0·90	2·50	0·06	2·40	Spur
Os	0·01	0·06	Spur	Spur	0·05	Spur
Pd	1·05	0·05	2·03	1·30	1·95	2·35
Fe	8·60	7·55	11·04	10·82	13·40	3·40
Cu	0·65	0·60	1·02	2·30	6·70	0·59
Osmi-Irid	1·50	2·80	2·51	0·11	2·65	Spur

Die weiter bekannten Platinverbindungen

Eisenplatin (wahrscheinlich $Fe\,Pt_2$), mit 15—19 % Eisen und

Platiniridium mit 55·5 % Platin und 27·8 Iridium, ausserdem Rhodium, Eisen, Palladium und Kupfer haltend, finden sich beide seltener.

Gewinnung des Platins.

Mit den Platinerzen kommt häufig gleichzeitig gediegen Gold vor; bei Verarbeitung solcher Vorkommen wird zuerst das Gold mit Quecksilber ausgezogen, grössere Stückchen Gold aber ausgeklaubt; 5—10 kg des rohen Erzes werden in eine grosse Schale von Eisen, Porcellan oder Holz gebracht, zuerst darin mit Wasser gewaschen, dieses abgegossen und eine entsprechende Menge Quecksilber zugegeben, mit welcher das Erz mittelst eines Pistills zusammengerieben wird. Nach $^1/_4$—$^1/_2$ Stunde andauerndem Durchrühren wird das gebildete Amalgam abgegossen, durch einen Beutel gepresst und das Durchgelaufene mit frischem Quecksilber vermengt wieder in die Schale zurückgebracht und in gleicher Art, wie vorher verfahren. Diese Operationen werden 3—4 mal wiederholt, bis im Rückstand kein Gold mehr wahrzunehmen ist; der so gereinigte Platinsand kommt in den Handel und beziehen sich auf solchen die vorhin mitgetheilten Analysen.

Das Platin kann auf trockenem oder nassem Wege, oder durch Combination beider gewonnen werden; bei der Gewinnung auf trockenem Wege erhält man jedoch kein reines Platin, sondern Rhodium und Iridium bleiben bei demselben zurück.

---

[3] Chem. News. 1877 XXXV No. 901 pag. 88. Chem. Centralbl. 1877 pag. 287.

Gewinnung des Platins auf trockenem Wege.

Nach diesem von Deville und Debray angegebenen Verfahren[4]) werden 100 kg Platinerz mit dem gleichen Gewicht Bleiglanz in einem kleinen Flammofen auf einer Mergelsohle unter häufigem Umrühren eingeschmolzen und bei gesteigerter Temperatur 2 q Glätte hinzugesetzt, wodurch der Schwefel des anfänglich gebildeten Bleisteins oxydirt wird und sich eine bleireiche Platinlegirung bildet, die man gehörig absetzen lässt; die Schlacke wird hierauf abgezogen und das Platinblei von dem zu Boden gegangenen Osmi-Irid mit einem Löffel abgeschöpft. Das Platinblei wird abgetrieben und der Rückstand in einem aus gebranntem Kalkstein hergestellten Oefchen in einer Sauerstoff- und Leuchtgasflamme geschmolzen, wobei ein Theil Blei verflüchtigt, ein anderer Theil mit den übrigen verunreinigenden Metallen durch den Kalk verschlackt wird. Aus dem zurückbleibenden Platin müssen Rhodium und Iridium auf nassem Wege geschieden werden. Das geschmolzene Platin wird in eiserne, mit Kalk ausgestrichene oder in aus Kalk hergestellte Formen vergossen. Das zu unterst im Heerde verbleibende Osmi-Irid wird noch mehreremale mit neuen Mengen Erz verarbeitet, bis es sich genügend angereichert hat; man giesst es schliesslich über eine schwach geneigte Ebene aus, über welche das Platinblei abfliesst. Das Osmi-Irid bleibt zurück.

Wenn man die Platinerze sogleich im Kalkofen verarbeitet, so werden die Erze nur in kleinen Portionen durch eine Oeffnung im Gewölbe des Oefchens eingetragen und immer erst dann wieder nachgefüllt, wenn die vorher eingetragene Partie schon geschmolzen ist; das erhaltene Platin wird dann so lange umgeschmolzen, bis bei dem letzten Umschmelzen der Kalkofen nicht mehr angegriffen wird. Die in den Ofen eingeführte Flamme muss das Erz so treffen, dass allmälig Schmelzung eintritt. Damit das Platin nicht nach dem Ausgiessen in die Formen spratze, lässt man gegen Ende des Schmelzens in der Flamme Leuchtgas vorwalten.

Platingewinnung auf nassem Wege.

In der Münze zu Petersburg[5]) musste in früheren Jahren alles Platin zur Einlösung kommen, seit Aufhebung des Ausmünzens von Platin in Folge des schwankenden Handelswerthes desselben ist diese Einlieferung blos auf die Prüfung eines etwaigen Goldgehaltes beschränkt, und geschieht eine Raffination des rohen Platins nur über Wunsch der Einlöser gegen Vergütung der dafür auflaufenden Kosten. Das bei dieser Platindarstellung befolgte Verfahren war folgendes[6]): Das Erz wird gesiebt, die gröberen

---

[4]) Dingler's Journ. Bd. 154 pag. 130.

[5]) P. v. Tunner, „Russland's Montanindustrie“, Leipzig 1871 pag. 80.

[6]) Erdmann's Journ. Bd. 14 pag. 319. Poggendorff's Annal. Bd. 33 pag. 99.

Körner werden in einem eisernen Mörser gestossen und wieder gesiebt und das Siebfeine in Mengen von 1·5—2 kg mit 8—10 kg Königswasser in nur mässiger Wärme digerirt; das Königswasser wurde aus 1 Theil Salpetersäure von 40° und 3 Theilen Salzsäure von 22° B. bereitet. Die Digestion wurde so lange fortgesetzt, bis keine salpetrigsauren Dämpfe mehr entwichen, dann liess man absetzen, die klare Flüssigkeit wurde abgegossen und der Rückstand wiederholt mit Königswasser behandelt, bis die Lösung nicht mehr gefärbt war; die Digestion währte 3—4 Tage, und erst gegen Ende derselben durfte die Temperatur höher gehalten werden. Zu den nur schwachsauren Lösungen wurde so lange ein Gemisch von Salmiak und Ammoniak zugefügt, als noch ein gelber Niederschlag von Platinsalmiak entstand, welcher durch Decantiren von der Flüssigkeit getrennt, mit kaltem Wasser mehrmals ausgewaschen, dann getrocknet und in Platinschalen geglüht wurde. Die ersten Waschwässer fing man in Glaskolben auf und dampfte dieselben bis auf $^1/_{12}$ ihres Volumens ein, wobei sich noch Platin- und Iridiumsalmiak niederschlug, die späteren Waschwässer wurden zur Trockne gedampft und der Rückstand zu dem Erz zurückgegeben. Der Platinschwamm wurde in Pressen stark comprimirt, $1^1/_2$ Tag im Porcellanofen geglüht und dann ausgewalzt.

In der Fabrik von Heräus in Hanau[7]) gewinnt man das Platin nach J. Philipps in folgender Weise: Die rohe Platina wird mit einem Gemisch von 1 Theil Königswasser mit 2 Theilen Wasser in Glasretorten unter einem Druck von 30 cm Wassersäule, wodurch die Lösung beschleunigt wird, gelöst, die Lösung zur Trockne gedampft und die trockene Masse auf 125° erhitzt, bei welcher Temperatur das Palladium- und Iridiumsalz zu Chlorür reducirt wird; aus der salzsauren Lösung des Rückstands schlägt nun Chlorammonium reinen Platinsalmiak nieder. Aus dem Filtrat fällt man durch Eisendrehspäne alle Metalle und erhält aus der Lösung derselben in Königswasser bei dem Fällen mit Chlorammonium wieder Platin- und Iridiumsalmiak. Der durch Glühen des Platinsalmiaks erhaltene Platinschwamm wird in einem Kalktiegel zusammengeschmolzen, aus den Mutterlaugen werden die übrigen Metalle des Polyxens gewonnen.

Um die langwierige Arbeit mit Königswasser bedeutend abzukürzen, wurde von R. Wagner[8]) empfohlen, ein Gemisch von Brom oder Bromwasserstoffsäure mit Salpetersäure anzuwenden, gegen welche das Platin indifferent ist.

---

[7]) Amtl. Bericht über die Chemikalien auf der Wiener Ausstellung 1873. Braunschweig 1875 pag. 999. Dingler's Journ. Bd. 220 pag. 95.

[8]) Deutsche Industrieztg. 1875 pag. 403. Dingler's Journ. Bd. 218 pag. 254.

Gewinnung des Platins auf combinirtem trockenem und nassem Wege.

In der deutschen Gold- und Silberscheideanstalt zu Frankfurt am Main enthält das bei der Fällung des Goldes entstehende Eisenchlorid neben fein zertheiltem Gold, Platin, Palladium und Chlorsilber auch noch Iridium, Rhodium und Ruthenium in der Lösung, ausserdem grössere Mengen Kupfer, Antimon, Blei, Wismuth, Arsen, Zinn und Selen.

Opificius[9]) macht über die Verarbeitung dieser Lösung die folgenden Mittheilungen: Bei der Reduction dieser Eisenchloridlösung durch eingelegtes Knopfblech werden die genannten Metalle und das Selen ausgeschieden und sammeln sich in einem Schlamme, welcher auch noch Kohlenstoff und Silicium aus dem Eisen enthält und den man etwa alle $^1/_4$ Jahr einmal aus den Reductionsgefässen herausnimmt. Die grösseren Eisentheile werden vorerst durch ein Metallsieb getrennt, das Durchgegangene dann noch eine Zeit hindurch mit Eisenchlorid digerirt, um auch die kleineren noch vorhandenen Eisentheilchen zu entfernen und das Kupfer auszuziehen, und der verbliebene Schlamm noch mehreremale mit salzsäurehaltendem Wasser ausgewaschen, dann getrocknet und mit Soda und Kohle geschmolzen. Die Schlacke wird gesammelt und grössere Mengen davon auf einmal zur Darstellung von Selen verarbeitet, die von dem Schmelzen erhaltenen Metallkönige werden umgeschmolzen, granulirt und die Granalien mit überschüssige Salzsäure haltendem Königswasser im Glaskolben mit der Vorsicht digerirt, dass nicht so viel Säuregemisch zugegeben wird, als hinreichen würde, den ganzen Inhalt des Kolbens aufzulösen, weil sonst zu der Lösung der Edelmetalle auch die ganze Kupferchloridlösung hinzu käme, das Kupfer aber die Ausfällung des Platins und Palladiums erschwert. Man kocht mit dem zugesetzten Säuregemisch so lange, bis die anfangs gelösten anderen Metalle sich auf dem in den Granalien befindlichen ungelöst gebliebenen metallischen Kupfer niedergeschlagen haben, so dass sich neben nur etwas Kupferchlorid viel Kupferchlorür in der Lösung befindet, das von der überschüssig zugesetzten Salzsäure gelöst erhalten wird. Die Lösung wird abgegossen, der Rückstand nöthigenfalls mit dem gleichen Säuregemisch wiederholt digerirt, und die Decantate werden vereinigt. Den so zum weitaus grössten Theile von Kupfer befreiten Metallschwamm kocht man mit Königswasser und verdünnt die Lösung mit sehr viel Wasser, wobei Antimon als Oxychlorid niederfällt; nach dem Absetzen wird die abgegossene Lösung wieder zur früheren Concentration eingedampft und das Gold durch eine galvanische Batterie ausgefällt, da bei Anwendung von Eisenchlorür die das Platin enthaltende Lösung zu sehr mit Eisenchlorid verunreinigt werden würde. Die nach Ausfällung

---

[9]) Bg. u. Httnmsch. Ztg. 1877 pag. 215. Dingler's Journ. Bd. 224 pag. 414. Chem. Centralblatt 1877 pag. 492.

des Goldes verbliebene Lösung liefert nun mit Salmiak versetzt einen sehr schön und rein gelben Platinsalmiak, aus welchem durch Ausglühen ein Platinschwamm erhalten wird, der blos 0·005% verunreinigende Metalle enthält. Die Mutterlaugen und Waschwässer dienen, weil sie noch Salmiak enthalten, zu weiteren Fällungen von Platin, wobei zugleich das Palladium in den Lösungen concentrirt und daraus in der Art gewonnen wird, dass man die Lösung eindampft, das darin gelöste Platindoppelsalz auskrystallisiren lässt und das Palladium dann mit Ammoniak und Salzsäure als Palladiumsalmiak ausfällt.

Die Scheidung des Goldes vom Platin ist nach Opificius unvollkommen, wenn man Eisenchlorür zur Fällung des Goldes anwendet, weil hiedurch das Platinchlorid zum Theil zu Chlorür reducirt und dann durch Salmiak nicht ausgefällt wird, es bleibt ein Theil Platin bei dem Palladium in Lösung, und ersteres erschwert die Darstellung eines reinen Palladiums.

Nach G. Mathey[10]) wird die rohe Platina mit dem sechsfachen Gewicht reinen Bleies zusammengeschmolzen, granulirt und die Granalien in mit 8 Theilen Wasser verdünnter Salpetersäure gelöst; ist die erste Portion Säure gesättigt, so wird noch so lange Säure zugefügt, bis eine weitere Einwirkung nicht mehr bemerkbar ist, wodurch Eisen, Blei, Palladium und Rhodium gelöst werden und ein schwarzes Pulver zurückbleibt, das im Wesentlichen aus Platin, Iridium und Blei nebst geringen Mengen anderer Metalle besteht. Durch Kochen mit Königswasser wird Platin und Blei gelöst, Iridium bleibt als glänzende, krystallinische Substanz zurück. Aus der Lösung wird das Blei durch Schwefelsäure ausgefällt, das Platinchlorid mit überschüssigem Salmiak und Kochsalz behandelt, um das Platin in gesättigter Lösung zu erhalten, dann auf 80° C. erhitzt und mehrere Tage in Ruhe gelassen, wobei sich Platinsalmiak absetzt; ist Rhodium anwesend, so ist der Niederschlag nicht reingelb, sondern rosafarben. Das Präcipitat wird mit einer gesättigten Salmiaklösung und hierauf mit etwas mit Salzsäure angesäuertem Wasser gut gewaschen, dann mit Kalium- und etwas Ammoniumbisulfat gemengt in einem Platintiegel bis zu Rothgluth erhitzt, wodurch das Platin zu einer schwarzen, schwammigen Masse reducirt wird und aus der Schmelze sich das Rhodiumsalz durch Auskochen mit Wasser vollständig extrahiren lässt. So dargestelltes Platin soll völlig rein sein und ein spezifisches Gewicht = 21·46 besitzen.

Decotils[11]), Hess[12]) und Dullo[13]) haben vorgeschlagen, die rohe Platina mit dem 4—5fachen Gewicht Zink zu legiren, die Legur zuerst mit verdünnter Schwefelsäure und dann mit Königswasser zu behandeln, wodurch an Zeit und Königswasser erspart wird.

<hr>

[10]) Chem. News. 1879 XXXIX No. 1013 pag. 175. Bg. u. Httnmsch. Ztg. 1880 pag. 28.

[11]) Karsten's Archiv Bd. 1 R. 3 pag. 92.

[12]) Erdmann's Journ. Bd. 40 pag. 498.

[13]) Ebenda Bd. 78 pag. 369.

Cadmium.

(Cd'' = 112.)

Geschichtliches. Das Cadmium wurde 1817 von Herrmann zufällig entdeckt im Zinkoxyde, das aus Oberschlesien stammte, und von demselben nach der Behandlung der Lösung mit Schwefelwasserstoff wegen des erhaltenen gelben Niederschlags für Arsen angesehen; die nähere Kenntniss über dieses Metall verdanken wir Stromeyer. Das Cadmium ist das erste Metall, welches nicht in seinem Erze, sondern in einem Producte gefunden wurde.

Statistik. Preussen erzeugte im Jahre 1883 an Cadmium 2419 kg.

Eigenschaften. Das Cadmium ist zinnweiss, glänzend, von dichtem Gefüge und fasrigem Bruch, weich, dehnbar, geschmeidig und knirscht bei dem Biegen; das spezifische Gewicht $= 8.604$, des gehämmerten Metalls 8.694. Es ist zäher als Zink und lässt sich leicht walzen und zu Draht ziehen; es schmilzt bei 320^0 C.[1]), kocht und destillirt über, krystallisirt leicht in Octaëdern und zeigt geschmolzen auf der Oberfläche farrenkrautartige Zeichnungen. Durch Destillation im Wasserstoffstrom kann man es leicht in schönen glänzenden Krystallen erhalten (F. Gramp), über der Gebläselampe verbrennt es leicht mit starker, düster rother Farbe unter Ausstossung dichter brauner Dämpfe von Cadmiumoxyd. Durch einen Zinkgehalt wird das Cadmium spröde.

Anwendung. In den Gewerben wird es nicht benützt, blos in der Malerei wird es als gelbe Farbe, dann in Laboratorien zur Darstellung des Wood'schen Metalls (siehe Wismuth), in der Zahntechnik und in der Photographie verwendet.

Vorkommen und Erze. Das Cadmium ist ein häufiger Begleiter der Blende und des Galmei, und sind diese beiden Zinkerze die Träger der Cadmiumverbindungen als Carbonat und Sulfid (Greenokit Cd S); in grösseren Mengen finden sie sich blos in Mexico.

Gewinnung des Cadmiums.

Die Gewinnung des Cadmiums wird bisher blos auf trockenem Wege vorgenommen, doch kann dieses Metall auch auf nassem Wege gewonnen werden.

---

[1]) Nach älteren Angaben bei 360^0 C.

Gewinnung des Cadmiums auf trockenem Wege. Das Cadmium ist viel flüchtiger als das Zink, es übergeht dampfförmig vor den Zinkdämpfen in die Vorlagen, bei der Zinkdestillation nach Deville schon bei einer Temperatur von 860° C., während das Zink erst bei einer Weissgluth erreichenden Hitze überdestillirt. Man sammelt auf den schlesischen Hütten demnach den in den Allongen abgesetzten Rauch von den ersten 3—4 Stunden der Zinkdestillation und reichert denselben durch wiederholtes Umdestilliren unter Zufügen von Kohle bei niedriger Temperatur an, wobei man das an Cadmiumoxyd reiche Sublimat in Vorlagen auffängt. Dieses angereicherte Product ist als das eigentliche Cadmiumerz zu betrachten.

Man trägt von dem bei der Zinkdestillation gewonnenen ersten Staub 50 kg mit 0·33 Hectoliter Koksklein in die Muffel ein und setzt an die Vorlage eine Allonge an, in welcher sich der angereicherte Rauch absetzt; gewöhnlich werden jede 12 Stunden 3 Destillationen hinter einander vorgenommen und dann erst die Rückstände aus der Muffel ausgeräumt. Das in der Vorlage condensirte Zink wird abgestochen. Das erhaltene Product enthält noch etwas Zinkoxyd, sehr wenig von anderen Metallen und besteht gröstentheils aus Cadmiumoxyd; dieses wird nun einer Destillation unterworfen.

Man bringt das Cadmiumoxyd mit Holzkohle gemengt in kleine cylindrische Retorten von Gusseisen, setzt diese in die Esse der Galmeiröstöfen ein, legt eine Vorlage von Eisenblech an, die mit einem durchlöcherten Holzpfropf geschlossen ist, und lässt das Cadmium daraus zeitweise ab, das man dann noch umschmilzt und in Stangenformen giesst.

Auf den belgischen Hütten wird der cadmiumreiche Zinkrauch gleich bei der Destillation des Zinks aus Erzen in den an den Vorlagen angesetzten Allongen mit bis 30% Cadmiumgehalt aufgefangen, während der in den Vorlagen angesammelte blos 0·5% Cadmium enthält; beide werden gemengt, durch particielle Reduction mit Kohle angereichert und der angereicherte Staub, wie vorher angegeben, reducirt.

Cadmiumgewinnung auf nassem Wege. Der Zinkrauch enthält stets auch einen Antheil Zink in metallischem Zustande; diese Gewinnung wird nun derart vorgenommen, dass man den Zinkrauch nur mit so viel Salzsäure übergiesst, dass noch ein Theil Zink ungelöst bleibt, so dass allenfalls in Lösung gegangenes Cadmium durch das zurückbleibende metallische Zink wieder gefällt wird; man erhält so einen an Cadmium sehr reichen Rückstand, den man bei möglichst niedriger Temperatur destillirt. Auch zur Gewinnung des Cadmiums aus einem cadmiumhaltigen Zink wurde dieses Verfahren empfohlen [2]).

---

[2]) Bg. u. Httnmsche Ztg. 1862 pag. 305.

Nickel.

$$(\mathrm{Ni}^{\mathrm{IV}} = 59.)$$

Geschichtliches. Dieses Metall ist erst in neuerer Zeit bekannt geworden; es hat seine Benennung von den altdeutschen Bergleuten erhalten, welche es mit diesem Schimpfnamen desshalb belegten, weil alle Versuche, dasselbe zu einem brauchbaren Metall zu verarbeiten, vergeblich waren und weil es die Kobaltgläser verdarb, wenn nickelhaltige Kobalterze verarbeitet wurden. Cronstedt wies 1754 nach, dass es ein eigenthümliches Metall sei, durch Bergmann und Richter wurden seine näheren Eigenschaften bekannt. Das Nickel findet sich in der Natur nicht nur vererzt, sondern auch fast in allen Meteormassen vor.

Statistik. An Nickel wurde erzeugt in metr. Ctrn.:

In Preussen		1883	1095	
-	Oesterreich (ohne Ungarn)	1882	191	(Speise)
-	Sachsen	1881	183·3	-
-	Russland	1876	40·6	
-	Schweden jährlich etwa		150.	

Eigenschaften. Das Nickel ist fast silberweiss, stark glänzend und leichter schmelzbar als Kobalt; es lässt sich leicht zu dünnem Blech und Draht verarbeiten, wird vom Magnet fast ebenso angezogen wie Eisen und wird selbst magnetisch. Es oxydirt sich schwieriger wie Kobalt, wird von Salpetersäure leicht, von Salzsäure und Schwefelsäure langsamer gelöst, hat ein spezifisches Gewicht $= 8\cdot97 - 9\cdot26$ und schmilzt bei $1390 - 1420^{\,0}$ C. [1] (nach neueren Angaben von Schertel), es ist um so leichtschmelziger, je mehr Kohlenstoff es enthält; umgeschmolzenes Nickel ist häufig porös und lässt sich nicht walzen und hämmern; nach Fleitmann soll Kohlenoxydgas die Ursache dieses Mangels an Dehnbarkeit sein, und ein Zusatz von Magnesium soll diese unangenehme Eigenschaft beheben, da Magnesium zu Kohlensäure, Kohlenoxyd, auch zu Stickstoff sehr grosse Verwandtschaft hat, welche ersteren Gase es unter Ausscheidung von Kohle zersetzt. Schwefel, so wie Arsen, in Mengen von $0\cdot1\,\%$ im Nickel anwesend, machen dasselbe brüchig und unwalzbar. Das auf nassem Wege, sowie das aus neucaledonischen Erzen erzeugte Nickel pflegt ziemlich rein zu sein, immer aber enthält

---

[1] Nach älteren Angaben bei $1600^{\,0}$ C.

das Handelsnickel geringere oder grössere Mengen von Kobalt, Kupfer, Eisen und Arsen, seltener Mangan, Zinn, Blei, Schwefel, Antimon. In den Handel wird es als **Pulvernickel**, **Würfelnickel**, **Nickelgranalien**, doch seltener in Barrenform gebracht; die letzten beiden Nickelsorten stammen zum grössten Theil aus neucaledonischen Erzen und sind die reineren. Es ist gewöhnlich, wenn auf trockenem Wege dargestellt, kohlenstoffhaltend, nach M. Jungck[2] enthält es auch Graphit; poröses Nickel nimmt grosse Mengen Wasserstoff auf und verdichtet denselben, nach Raoult bis das 165 fache Volumen, wenn es als Elektrode bei der Wasserzersetzung benützt wird.

Anwendung. Das Nickel dient fast ausschliesslich zu Legirungen mit Kupfer oder mit Kupfer und Zink — Argentan, Neusilber, Chinasilber, Packfong —, welche härter und zäher sind als Messing; die Farbe derselben ist der des Silbers nahezu gleich, sie lassen sich schmieden, walzen und zu Draht ziehen. Diese Legirungen haben vor der Silberplattirung den Vorzug, dass sie weiss bleiben und keinen Grünspan ansetzen; auch erzeugt man gegenwärtig aus Nickel Bordendraht, wovon erst 180 m Länge 1 g wiegen. Das Nickel dient dermal sehr viel zu Erzeugung von Scheidemünzen (Deutschland, Belgien, Schweiz, die nordamerikanischen Vereinsstaaten, Brasilien, Venezuela, Chile); eine besondere Verwendung findet das Nickel zur Anfertigung der Magnetnadeln für Compasse, weil es nicht rostet, wie Eisen. Eine sehr wichtige Anwendung findet das Nickel zum Ueberziehen anderer Metalle auf galvanischem Wege. Für die Verwendung des Hüttennickels zur Darstellung von Legierungen schadet ein Kupfergehalt nicht, sobald der Nickelgehalt der entsprechende ist, der allemal zufällige Kobaltgehalt ist nicht schädlich, wenn er in maximo 8 % nicht übersteigt, doch macht zu viel Kobalt das Nickel in der Kälte spröde, erhöht aber die weisse Farbe des Metalls. Ein Kohlenstoffgehalt beeinflusst die Ductilität des Nickels nicht, aber das Nickel erfordert eine ganz eigene Art der Bearbeitung; es absorbirt Kohlenoxydgas und enthält, ähnlich wie Kupfer sein Oxyd, auch manchmal etwas Nickeloxydul, welche beiden das Metall unverwendbar machen.

Das Nickel wird sehr häufig als Anode bei den elektrolytischen Processen verwendet; man erzeugt solche Anoden durch Schmelzen von käuflichem Nickel mit etwas Kohle, und haben nach W. Gard[3] dieselben die folgenden Verunreinigungen enthalten:

	1	2	3	4	5	6
C	0·530	0·549	1·104	1·080	1·900	1·830
Si	0·303	0·294	0·130	0·125	0·255	0·268
Fe	0·464	0·463	0·108	0·110	0·308	0·318
Co	0·446	0·438	Spur	—	Spur	—
S	0·049	0·057	0·266	0·340	0·104	0·096.

---

[2] Dingler's Journ. Bd. 222 pag. 91.

[3] Bg. u. Httnmsch. Ztg. 1878 pag. 200. Dingler's Journ. Bd. 227 pag. 109. Deutsche Industrieztg. 1877 pag. 505.

Vorkommen und Erze. Das Nickel kommt in der Natur in verhältnissmässig wenigen Mineralien und diese nirgend in solcher Menge vor, dass sie ausschliesslich zur Darstellung des Metalls dienen könnten; die Nickelerze sind meistens die Begleiter andere Metalle führender Erze und finden sich meist in dem Urgebige und in den Uebergangsgesteinen auf Gängen in Sachsen, Böhmen, Ungarn, Steiermark, Salzburg, am Harze, im Siegener Land, in Canada, in Australien.

Die hauptsächlichsten Erze sind:

Kupfernickel, Rothnickelkies, Nickelin $(Ni\,As)$ mit $43{\cdot}5\%$ Nickel,

Weissnickelkies, Chloantit $(Ni\,As_2)$ mit $27{\cdot}8\%$,

Nickelglanz, Nickelarsenkies $(Ni\,As\,S)$ mit $35{\cdot}1\%$,

Antimonnickelglanz, Nickelantimonkies $(Ni\,Sb\,S)$ mit 27%,

Nickelspiessglanz, Antimonnickel, Breithauptit $(Ni\,Sb)$ mit $31{\cdot}5\%$,

Garnierit, ein Nickeloxydulsilicat mit wechselndem von $9—20\%$ betragendem Nickelgehalt. Dieses Erz ist das einzige eigentliche Nickelerz, das in grossen Mengen in Neu-Caledonien gewonnen und sofort direct auf Nickel verhüttet wird, während das Nickel aus den vorhin genannten Erzen sich in den Speisen bei der Gewinnung anderer Metalle ansammelt und erst diese weiter auf Nickel verarbeitet werden. Seltener sind:

Nickelblüthe, Nickelocker, Annabergit $(Ni_3\,As_2\,O_8 + 8\,H_2\,O)$,

Nickelkies, Millerit $(Ni\,S)$ mit $64{\cdot}45\%$ Nickel und

Nickelvitriol, Moresonit $(Ni\,SO_4 + 7\,H_2\,O)$.

Die übrigen Verbindungen des Nickels sind unwesentlich; viel wichtiger aber sind die **Arsenkiese,** welche bisweilen an $3—4\%$ Nickel enthalten und welche ebenfalls direct auf dieses Metall zur Verhüttung gelangen; solche Erze kommen in bedeutenden Ablagerungen vor zu Schladming in Steiermark, Leogang im Salzburg'schen, vorzüglich aber in Schweden zu Klefva, Sågmyra, bei Hudwigswall an der Ostsee, in Norwegen zu Evje, Kragerö, Ringericke bei St. Olafsbad und zu Modum, dann in Piemont und Südamerika. Schwedische, australische, italienische und ungarische Erze werden viel nach Deutschland, England und Frankreich exportirt und da verarbeitet.

Gewinnung des Nickels.

Die Gewinnung des Nickels wird auf trockenem und nassem Wege vorgenommen; im ersten Falle wird das Nickel in einer Speise oder einem Stein angesammelt und aus diesem wieder auf trockenem oder nassem Wege das Metall gewonnen.

Nickelgewinnung auf trockenem Wege.

G. Schweder[4]) hat durch Versuche die Verhältnisse ermittelt, unter welchen das Nickel bei der Verhüttung auf feuerflüssigem Wege von den begleitenden Metallen getrennt und in einem Zwischenproduct angesammelt werden könne. Derselbe fand, dass schon bei dem Rösten nickelhaltiger Magnetkiese in Haufen eine Concentration des Nickels und Kupfers nach der Mitte und nach unten zu stattfinde; eine Röstung dauert je nach der Grösse des Haufens 1—3 Monate, der Rost enthält die Oxyde, Sulfate und Arseniate der in dem Erze enthaltenen Metalle, am Boden aber finden sich grosse Klumpen zusammengeschmolzener Schwefelmetalle, der Rest des Rostes besteht aus verschieden gutgerösteten Stücken, welche sortirt und die schlecht gerösteten wieder in die Haufen zurückgegeben, die gutgerösteten zur Vormass vorgelaufen werden. Gut geröstete Stücke sind blasig und zerbröckeln leicht.

In der Glühhitze werden weder Schwefeleisen noch Schwefelkupfer durch Kohlenoxydgas und Wasserstoffgas zersetzt, ebenso nicht Halbschwefelkupfer durch Kohlenstoff; Schwefelnickel und Schwefelkobalt aber werden bei dem Schmelzen mit Kohle und Glühen in Wasserstoffgas langsam zersetzt, jedoch nur ein Theil des Schwefels wird denselben entzogen. Kohlenoxydgas ist auf diese beiden Schwefelmetalle ohne Wirkung, fester Kohlenstoff bildet zum Theil Kohlensulfid.

Einfachschwefelnickel lässt sich durch Zusammenschmelzen von Nickel und Schwefel leicht darstellen, Schwefeleisen erhält man in gleicher Weise erzeugt, nie rein, die Verbindungen Halbschwefelnickel und Halbschwefeleisen sind durch Zusammenschmelzen der einfachen Sulfide mit den Metallen ebenfalls nicht darstellbar, aber in der Schmelzhitze lösen beide Schwefelmetalle noch Eisen und Nickel auf, und scheiden dieselben bei dem Erkalten in Krystallen wieder aus.

Bei dem oxydirenden Schmelzen der Verbindung von Halbschwefeleisen mit Eisen oxydirt zuerst das Eisen, dann erst der Schwefel des Schwefeleisens mit dem Eisen desselben; die Verwandtschaft des Eisens zum Schwefel ist grösser, als die des Nickels, und es lässt sich demnach Nickel durch Eisen präcipitiren. Zum Sauerstoff aber hat Eisen eine grössere Affinität, als zum Schwefel; Nickeloxydul und Schwefeleisen setzen sich in Schwefelnickel und Eisenoxydul um, Kohlenoxyd und Schwefelnickel bilden verschiedene Producte, wobei immer ein Theil des im Erze anwesenden Kupfers geschwefelt wird, Halbschwefelkupfer wird durch Nickel nicht zerlegt, wohl aber Schwefelnickel durch Kupfer. Nickel hat eine grössere Verwandtschaft zum Arsen als Kupfer, und sammelt sich desshalb letzteres vorwaltend in Steinen, ersteres in Speisen an.

---

[4]) Bg. u. Httnmsch. Ztg. 1878 pag. 377, 385, 394, 409 und 421, dann 1879 pag. 18, 79, 106 und 122.

Schmilzt man nach M. Badoureau[5]) Schwefelnickel und Schwefelkobalt mit saurem Eisensilicat, so geht das Nickel fast gar nicht, das Kobalt nur zum Theil in die Schlacke, bei dem Schmelzen von Nickeloxydul mit Schwefelkies geht alles Nickel in den Stein, das Kobalt unter gleichen Verhältnissen nur zum Theil, Nickelsilicat mit Schwefelkies geschmolzen gibt einen nickelhaltenden Stein, aus Kobaltsilicat geht nichts in das Lech über.

Arsenhaltende Erze werden demnach zunächst auf Speise verhüttet, wobei man die Erze roh oder in' geröstetem Zustande verwendet; bei Gegenwart von Kupfer und Schwefel sammelt sich ersteres in dem gleichzeitig fallenden Stein, ein Kobaltgehalt schützt, weil es leichter verschlackbar ist, das Nickel vor Verschlackung, geht aber bei niedriger silicirter Schlacke weniger in die Schlacke ein, als bei saurer.

Geschwefelte Nickelerze werden nach vorheriger Röstung auf Stein verschmolzen, wobei man wegen schärferer Trennung von Stein und Schlacke eine gegen Bisilicat liegende Schlacke erzeugt; ein Kupfergehalt der Erze sammelt sich mit dem Nickel in dem Leche an.

Sowohl die Speisen als auch die Leche werden Behufs Ansammlung des Nickels (und Kupfers) concentrirt, welcher Arbeit eine Röstung des Rohproducts vorangehen muss; es sind dies solvirende Schmelzungen, bei welchen es sich vorwaltend immer um die Verschlackung des Eisens und Kobalts handelt, und je nachdem das Concentrationsproduct Kupfer enthält oder nicht, wird daraus Nickelmetall oder eine Kupfernickellegur hergestellt, welche bei bestimmtem Nickelgehalt ebenfalls Handelswaare ist. Für diesen letzteren Zweck muss das Concentrationsproduct möglichst vollständig abgeröstet werden, worauf es der Reduction unterworfen wird; das Nickel ist aber sehr schwer schmelzbar, und man erzeugt nur sehr wenig Gussnickel, meist wird es in Form kleiner, stark zusammengefritteter Würfel oder als Schwamm oder als Pulver erzeugt und so zu Markte gebracht. Garnierit wird nach Art der Roheisenerzeugung sogleich auf ein Kohle haltendes Rohnickel verschmolzen.

Nickelgewinnung durch Verschmelzen der Erze auf Stein. Zu Klefva (Kibbe-Klefva) in Schweden werden der Hütte zwei Erzgattungen, Nickel- und Kupfer haltender Magnetkies, angeliefert, derber nickelhaltiger Magnetkies als erste Qualität, und als zweite Sorte dasselbe Erz stark mit Gangart verunreinigt.

Die Erze werden in Haufen von 5000 schwedischen Centnern (à 42 kg) mit Holz geröstet, und der Erzrost in Suluöfen bei Koks und Holzkohle verschmolzen; die Oefen für Koksverwendung sind 13 Fuss, für Holzkohlenverwendung 20 Fuss hoch, von rectangulärem Querschnitt bei 4 Fuss 3 Zoll Breite und 3 Fuss 4 Zoll Tiefe (in schwedischem Maass) und 5 förmig.

---

[5]) Annal. des min. 1877 pag. 237. Bg. u. Httnmsch. Ztg. 1878 pag. 185, 205, 228, 244 und 259.

Der Ofensumpf reicht bis 3 Fuss vor die Brust. Die Beschickung besteht aus geröstetem und etwas rohem Erz, unreinen Schlacken und Concentrationsschlacken, in 24 Stunden werden 800 Ctr. Beschickung durchgesetzt und in dieser Zeit blos einmal, etwa 150 Ctr. an Rohstein abgestochen. Die Rohschmelzcampagnen dauern bei Koks 2, bei Holzkohle als Brennstoff bis 6 Monate; die Schlacke fliesst über eine Trift stetig ab und werden reine Schlacken zu Ziegeln gepresst. Die Koks werden aus England (New Castle) bezogen. Der Rohstein wird in Stadeln verröstet, wobei schon bei dem Wenden in das dritte und vierte Feuer die gut gerösteten Stücke ausgehalten werden; in die späteren Feuer wird auch Holz und Holzkohle eingeschlichtet, ein Stadel fasst 1200 Centner und dauert eine Röstung 5—6 Wochen.

Das Concentrationsschmelzen wird in 5 Fuss hohen, einförmigen Krummöfen bei mit 27^0 stechender Form vorgenommen, erst in 2—3 Tagen erfolgt ein Abstich, wobei 12—15 Centner Concentrationsstein mit bis 45 % Nickel erfolgt, während der Rohstein blos 3—4 % davon enthält. Als Beschickung wird soviel Quarz zugesetzt, dass eine Singulosilicatschlacke entsteht, und tragen 10 Pfund Koks 40 Pfund Rohstein. Der Concentrationsstein wird auf einem dem kleinen Kupfergarheerd ähnlichen Heerd in Mengen von 5—6 Centnern eingesetzt und binnen 2—3 Tagen verblasen, während welcher Zeit nach Bedarf Stein nachgetragen und die Grube stets voll erhalten wird; man setzt auf den Heerd ein grosses Stück Concentrationsstein auf, wie derselbe bei dem Abstechen in Formen von parallelepipedischer Form erhalten wird, hält die Heerdgrube immer ganz mit Kohlen bedeckt, schmilzt ein, und trägt zur Verschlackung des Eisens während des Verblasens Quarzpulver auf. Die Kohlen werden zeitweilig bei Seite geschoben, die Schlacke abgezogen, der Quarz aufgestreut, die Heerdgrube wieder mit Kohlen bedeckt und in dem Verblasen fortgefahren. Die Form sticht mit 32^0; der Heerd ist aus Quarzsand gestampft. Der verblasene von Eisen gereinigte Stein der Garstein wird gepulvert und in einem Fortschaufelungsflammofen geröstet; man erhält hiebei grossentheils eine zu kleinen, erbsengrossen Stückchen gesinterte Masse, welche vermahlen und wieder geröstet wird. Der Fortschaufelungsofen hat eine geneigte Heerdsohle, auf welche 4 Posten à 3 Centner eingetragen werden, bei der ersten Röstung wird jede vierte Stunde, bei der zweiten Röstung, bei welcher man stärkeres Feuer unterhält, jede achte Stunde eine Post gezogen; als Brennstoff dient hiebei Holz.

Das durch das Rösten erhaltene Nickeloxyd wird mit Kohlenstaub gemengt in Mengen von 20 Pfund in Graphittiegel eingetragen, und diese in einen Windofen eingesetzt, welcher 8—12 Tiegel fasst. Die Reduction dauert 12 Stunden; das resultirende Nickelpulver ist Handelsproduct.

Die neuesten Analysen der dortigen Erze und Hüttenproducte, welche dem Verfasser im Jahre 1884 zu Klefva mitgetheilt wurden, sind in Nachstehendem angeführt:

Es enthielt:

das Erz	erste	zweite Qualität
Ni	2·03	1·08
Co	0·10	0·07
Fe	57·68	43·24
Mn	0·12	0·20
Cu	0·38	1·03
S	33·52	24·45
$Si O_2$	0·40	14·75
$Al_2 O_3$	0·20	4·32
$Ca O$	0·12	2·73
$Mg O$	0·09	2·04

der Rohstein		der Concentrationsstein	
Ni	4·70	Ni	57·83	52·08
Cu	2·30	Cu	22·11	27·54
S	31·05		
Fe	61·95		

Der Verblasestein (Garstein)		das Pulvernickel	
Ni	61·06	Ni	60·25	66·46
Cu	30·73	Cu	38·85	32·33
S	7·79	Fe	0·64	0·70
Fe	0·42	S	—	0·08

Ringericke Nickelwerk in Norwegen stand 1884 ausser Betrieb;
Schweder (l. c.) gibt über den dortigen Betrieb die folgenden Daten:
Die Röstung der Magnetkiese erfolgt in Haufen mit Holz und dauert 1
bis 3 Monate; am Boden finden sich mitunter grössere, fest zusammen-
geschmolzene Massen, welche mit Dynamit gesprengt werden müssen.
Das Röstgut wird sortirt, das schlecht geröstete nochmals in die Haufen
eingeschlichtet, das gut geröstete über den Schachtofen aufgegeben; der
Schmelzofen ist ein Sumpfofen von 2 m Höhe, und je 1 m Tiefe und
Breite mit drei Formen, je eine auf jeder Seite, und besteht die Beschickung aus

    100 Gewichtstheilen gerösteten Erzes,
     25   -   Schlacken
     21   -   Koks;

der in ein vor dem Ofen liegendes Sandbett abgestochene Stein ist blasig,
die Campagnen dauern 2—3 Wochen, die Ofensau wird ausgebrochen und
mit Dynamit gesprengt.

Es enthalten

	der Rohstein,	die Eisensau,	die Schlacke
Ni	5—6	18	0·108
Cu	3·6—3·8	2·7	0·080

Der zu faustgrossen Stücken zerschlagene Rohstein wird in Haufen oder Stadeln in mehreren Feuern geröstet, und das Röstgut über einen 2 m hohen Suluofen auf Concentrationsstein verschmolzen, wobei man beschickt

100 Röstgut mit
25 Schlacken,
6—7 Sand,
5 Kalk und
20—22 Koks;

die Campagnen dauern 8—10 Tage, man erhält sehr arme Schlacken aber sehr grosse und nickelreiche Sauen.

Es enthält

	der Concentrationsstein.	die Eisensau
Ni	10—12	19—20
Cu	7—10	1·5

Der Concentrationsstein wird auf einem dem Kupfergarheerd ähnlichen Ofen verblasen; man wärmt den Heerd mit Holzkohle gut ab, füllt ihn mit Koks, gibt dann den Concentrationsstein in grossen Stücken auf, welcher bald niederschmilzt, und sowie die Heerdgrube gefüllt ist, lässt man den Wind an und erhält den Heerd mit Koks bedeckt. Das sich bildende Eisensilicat, welches die Kieselerde aus dem Heerdmateriale aufnimmt, lässt man durch eingerissene Rinnen abfliessen, erhält den Heerd durch Nachgeben von Stein stets gefüllt, und wenn gegen Ende schon viel Eisen verschlackt ist, werden die Koks einigemale fortgenommen, die Schlacke kalt geblasen und mehrmals in Scheiben abgehoben, bis der Stein genügend gar ist, d. h. bis eine erkaltete Probe auf dem frischen Bruche lichtgraue Farbe zeigt. Die Sauen werden in derselben Weise gar gemacht.

Der Garstein enthält:

Ni	40—50 %
Cu	20—30 -
Fe	6—10 -
S	20—22 -

Derselbe wird in einem Flammofen unter Zuschlag von 45—60 Theilen Schwerspath und 20—30 Theilen Sand auf 100 Theile Garstein in der Weise raffinirt, dass man auf dem glühend gewordenen Heerd das Schmelzgut gleichmässig ausbreitet und das Feuer derart regulirt, dass die schmelzende und stark schäumende Masse nicht zu hoch steigt; beginnt sie zusammen zu sinken, wird stärker gefeuert, bis alle Gasentwickelung aufgehört hat, worauf man die Schlacke abzieht und das Lech absticht.

Der Raffinationsstein wird sorgfältig von anhängenden Schlacken befreit, gepulvert und in einem Flammofen bei anfangs sehr·gelinder Temperatur sorgfältig geröstet, um jeder Sinterung oder Schmelzung möglichst vorzubeugen, und später das Feuern gesteigert. Wenn eine Probe nicht mehr nach Schwefeldioxyd riecht, wird die Post gezogen, die Röstknoten zerdrückt und alles gesiebt; das Röstgut enthält noch 2—4% Schwefel als Sulfat.

Das Pulver wird mit 10% calcinirter Soda und 5% Salpeter in den Ofen zurückgebracht und darin gut geröstet, das Röstgut durch Waschen in einem Bottich mit doppeltem Boden von gebildetem Glaubersalz befreit, das feuchte Pulver mit Rohzucker bestreut, welcher sich bald löst und in die Masse einzieht, dann gut durchgemischt und die Masse zu Würfeln geformt, welche man trocknet. Man setzt dieselben dann schichtenweise mit gröblichem Holzkohlenpulver in Tiegel ein und setzt diese in einem Flammofen der Weissgluth aus; die Würfel werden dann in einen eisernen Kasten entleert, derselbe bedeckt, die Würfel nach dem Erkalten von der Kohle abgesiebt und in einer Trommel mit Wasser polirt.

Zu Kragerö in Norwegen[6]) halten die in dem Gestein fein eingesprengten Magnetkiese bis 3%, im Durchschnitt aber die zu verhüttenden Erze blos 1·25% Nickel. Die Erze werden ohne vorhergegangene Röstung mit einem Zuschlag von Raffinirschlacken in Oefen von 4·4 m Höhe geschmolzen, die Schlacke abgesetzt und der 3·5% Nickel und etwas Kupfer haltende Rohstein in Stadeln verröstet und in einem einförmigen Krummofen durchgestochen, welcher blos 1·3 m hoch ist und 95 und 63 cm Breite und Tiefe hat; die Schlacken enthalten 1—1·5% Kobalt und werden bei dem Erzschmelzen wieder aufgegeben, das Concentrationslech hält 30% Nickel und 15% Kupfer. Es wird geröstet und in demselben Krummofen durchgesetzt, wobei es auf 60% Nickel mit 30% Kupfer und 10% Schwefel angereichert wird; dieses reiche Lech wird nun vermahlen, in einem Flammofen todtgeröstet, die Oxyde reducirt und unter Zusatz von Kupfer zu einer Legur von 50% Nickel und 50% Kupfer umgeschmolzen, welche verkauft wird.

Sågmyra in Schweden steht (1884) ausser Betrieb; man erzeugte dort früher durch Verschmelzen der Erze einen 5%igen Rohstein, welcher granulirt und in einem Rotationsapparat mit kalter verdünnter Schwefelsäure digerirt wurde, wobei sich das Nickel in dem ungelösten Rückstand auf 13—14% anreicherte; dieses Product wurde geröstet und unter Quarzzuschlag im Flammofen concentrirt, wobei man einen Stein mit 35% Nickel und 40% Kupfer mit nur 0·4% Eisen erhielt, welcher zur weiteren Verarbeitung auf Victoriahütte nach Preussisch-Schlesien verschickt wurde.

Auf Sesiahütte bei Varallo (Piemont) werden nach Badoureau[7]) die nickelhaltigen Magnetkiese mit Holz in Stadeln von 4 m Länge, 3 m Breite

---

[6]) Dingler's Journ. Bd. 229 pag. 376.

[7]) Annal. des min. 1877 pag. 237. Bg. u. Httnmsch. Ztg. 1878 pag. 185, 205, 228, 244 und 259.

und 3 m Höhe in Quantitäten von 60—80 tons in 2 Feuern je 20 Stunden lang bei 2 tons Holzaufwand geröstet und der Erzrost in einem Brillenofen von 2 m Höhe, 50 cm Weite und 60 cm Tiefe, dessen Ofenbrust durch einen mit Wasser gekühlten gusseisernen Kasten geschlossen ist, bei einer Beschickung von 28 Theilen Kalk, 25 Thon und 37 Theilen Concentrationsschlacke auf 100 Theile Erz bei 44 mm Quecksilbersäule Winddruck und 50 mm weiter Form durchgestochen; alle Viertelstunden werden 15 kg Koks und 1—1·1 q Schmelzgut aufgegeben und ein Ausbringen von 32 Gewichtstheilen Stein mit 7 % Kobalt und Nickel erzielt. Täglich werden 54 q Beschickung durchgesetzt. Der Rohstein wird in 4 Feuern je 5—8 Tage geröstet, wobei sich der Holzaufwand auf 1 Gewichtstheil für 20 Theile Rohstein stellt; in das letzte Feuer werden Koks mit eingebettet und der Rohsteinrost in demselben Ofen unter Zuschlag von 42 % Quarz bei einem täglichen Durchsetzquantum von 85 q verschmolzen, wobei 22 % Concentrationsstein mit 28—32 % Nickel, 48—52 % Eisen und 20 % Schwefel erhalten werden und der Brennstoffaufwand 17·5 kg Koks pro 1 q Concentrationsstein beträgt, welcher nach Oberschlema in Sachsen zur weiteren Verarbeitung auf nassem Wege abgegeben wird. Nach Lundberg[8] wurde dieser Stein zerkleint, fein gemahlen, wieder geröstet und aus dem Rost durch warme verdünnte Schwefelsäure so viel Kupferoxyd ausgezogen, dass der Rückstand ein Würfelnickel mit 80 % Nickel lieferte. Die Kupferlösung wurde auf Vitriol verarbeitet, der extrahirte Rückstand wurde nach dem Waschen getrocknet, fein vermahlen, noch 12 Stunden geröstet, dann mit Wasser und Weizenmehl zu einem dicken Brei angemacht, dieser zu Tafeln geformt und in Würfeln zerschnitten, welche in Graphittiegeln mit Kohle reducirt wurden.

Christofle & Co. zu St. Denis bei Paris verschmelzen arme Erze mit bis 8 % Nickel (Garnierit), bei Koks mit Gypszuschlag in 5 m hohen dreiförmigen Schachtöfen auf Stein mit 60 % Nickel.

Nickelgewinnung durch Verschmelzen der Erze auf Speise. Ueber Schladming in Steiermark macht Badoureau (l. c.) die folgenden Mittheilungen: Die reicheren Erze mit 11 % Nickel und 1 % Kobalt werden in 5 m langen, 4·5 m breiten und 1·2 m hohen Stadeln mit gemauerter Sohle und Canälen zum Abfangen der Röstgase (böhmische Röststadeln) auf einem Bett von 3 cbm Holz und 1·5 hl Holzkohle in Mengen von 180 bis 200 q aufgestürzt und durch zwei eingeschlichtete Holzlutten das Erzbett mit glühenden Kohlen angezündet; die Röstung dauert 5—8 Tage, das dabei in den Fängen condensirte Schwefelarsen, sowie die arsenige Säure werden zum Verkaufe gesammelt. Den Erzrost schmilzt man unter Zuschlag von 22 % Quarz in einem über den Tiegel zugestellten im Horizontalquerschnitt trapezförmigen, 2 m hohen Schachtofen, dessen Form 25 cm über der Tiegelsohle liegt und welcher vorn 55, rückwärts 48 cm breit ist; die

---

[8] Jern Contor. Annaler 1876 Heft 2. Bg. u. Httnmsch. Ztg. 1877 pag. 35.

reinen Schlacken werden gestampft, mit Kalkmilch zu Brei angerührt und die beiden Stechheerde damit ausgefüttert, die unreinen Schlacken werden wieder aufgegeben. Man macht in 24 Stunden 2 Abstiche und hebt die Speise in Scheiben ab; die Campagnen dauern 20 Tage, das Ausbringen an Speise beträgt 26 %, und enthält dieselbe:

$$
\begin{array}{ll}
Ni & 45\text{—}47\,\% \\
Co & 4\text{—}6\ \text{-} \\
Fe & 8\text{—}10\ \text{-} \\
Cu & 1\text{—}1{\cdot}5\ \text{-} \\
As & 33\text{—}36\ \text{-} \\
S & 1\text{—}2\ \text{-}
\end{array}
$$

Täglich werden 50 q Erzrost mit 9 q Holzkohlenverbrauch durchgesetzt.

Die Concentration dieser Rohspeise erfolgt auf der Hütte zu Maudling. Die gepulverte Speise wird in Flammöfen mit achteckiger Sohle und acht Arbeitsthüren geröstet, deren Feuerung in der Mitte des Ofens unter der Ofensohle liegt, als Brennstoff dient Holz; die geröstete Speise concentrirt man in Graphittiegeln, deren 8 in einen Windofen eingesetzt und je mit 16—20 kg gerösteter Rohspeise, 30 % Pottasche, und 12 % Quarz beschickt werden. Binnen 3 Stunden ist der Ofen angeheizt, nach 9 Stunden ist das Schmelzen beendet, nach 26 Stunden können die Tiegel ausgehoben und neue Tiegel eingesetzt werden. Man braucht täglich 55 Hectoliter Holzkohle, 100 Rohspeise geben 85 concentrirte Speise und enthält dieselbe

$$
\begin{array}{ll}
67\,\% & Co,\ Ni\ und\ Cu \\
2\ \text{-} & Fe\ und \\
31\ \text{-} & As.
\end{array}
$$

Dieselbe wird geröstet, der Rost mit 4 % Syrup gemischt, die Masse zu Würfeln geformt, diese getrocknet, und zwischen Kohlenstaub in Tiegeln in Mengen von 8·5 kg, je 40 Tiegel auf einmal, in den Röstöfen eingesetzt, binnen 38—44 Stunden bei 17 cbm Holzaufwand reducirt, das Nickel dann herausgenommen, in andere Tiegel überpackt und in 6 Stunden bei 14 cbm Holzverbrauch fertig reducirt.

Einen von R. Flechner[9]) construirten, zu Schladming aufgestellten Gasröstofen für das Rösten von Nickelerzen und Speisen zeigen Fig. 361 bis 363. Die Gase treten aus a in der Mitte des Heerdgewölbes ein, wo sie mit der aus dem mit Ventilen versehenen, conisch zulaufenden, höher oder tiefer stellbaren Rohr f austretenden Gebläseluft sich mischen und entzünden; die Verbrennungsproducte entweichen durch die seitlichen Oeffnungen g und fallen durch die verticalen Canäle b in den Essencanal. Der Ofen wird durch 2 im Gewölbe befindliche Oeffnungen c besetzt und durch die vor den 4 Arbeitsthüren befindlichen Canäle e in die Gewölbe

---

[9]) Dingler's Journ. Bd. 231 pag. 251. Bg. u. Httnmsch. Ztg. 1879 pag. 211.

h unter dem Ofen entleert, wohin Wagen unterfahren werden. Gleiche
Oefen für directe Befeuerung sind in Westphalen und Preussisch-Schlesien
aufgestellt worden.

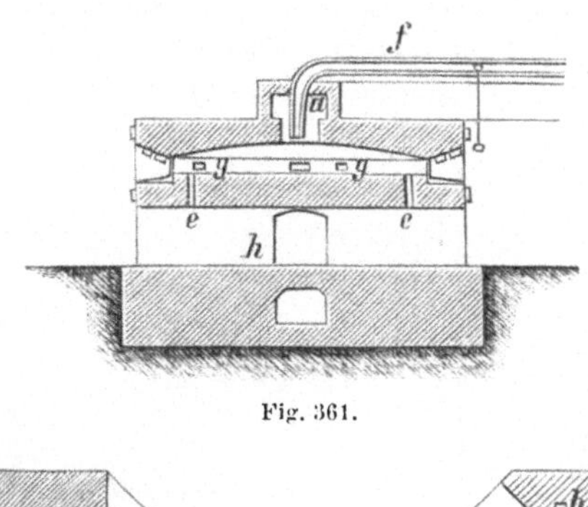

Fig. 361.

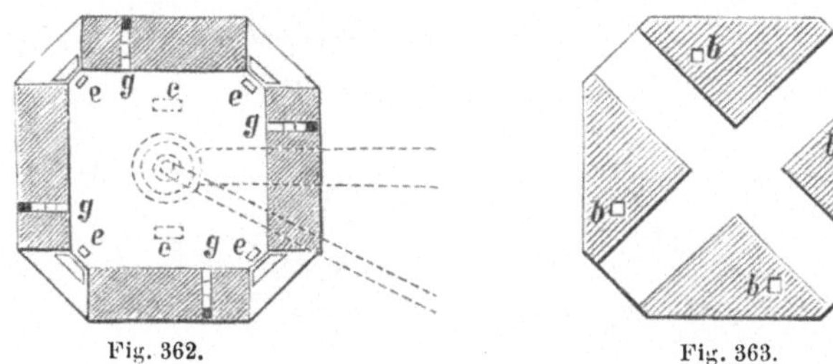

Fig. 362.   Fig. 363.

Der von R. Flechner angegebene Raffinirheerd hat die in Fig. 364
bis 369 gezeichnete Einrichtung. Aus dem Generator A streichen die
Gase durch 2 Canäle a in den Raum b, wo sie mit der aus c zutretenden

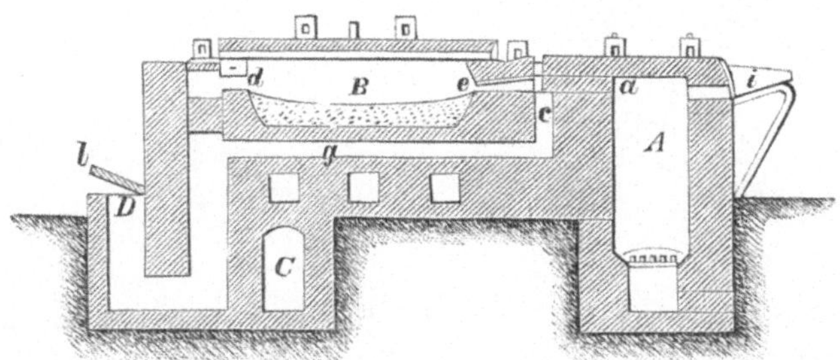

Fig. 364.

vorgewärmten Luft sich mischen und von da durch einen 5 cm hohen und
60 cm langen Schlitz e auf den Heerd B gelangen. Von hier ziehen die
Verbrennungsproducte durch die 3 verticalen Flammenzüge d in den
Essencanal C. Die atmosphärische Luft tritt bei D ein und kann
deren Zutritt durch die Stellung der Klappthüre l regulirt werden; von
da steigt sie durch die zwei Windzüge f zwischen den Flammenzügen d
aufwärts in die unter der Heerdsohle gelegenen Canäle g, und tritt heiss

bei c zu den Generatorgasen. h ist eine Klappthüre zur Regulirung des Zuges im Generator, dessen Füllöffnung durch eine eiserne Aufzugplatte geschlossen ist, i das Füllblech, welches immer voll Brennstoff gehalten wird; das Gewölbe des Ofens ist beweglich und liegt auf einer Seite in Angeln. Zur Erhaltung anhaltender Weissgluth sind für 12 Stunden 2 cbm frisches Holz und 1—2 hl feuchtes Kohlenklein nothwendig.

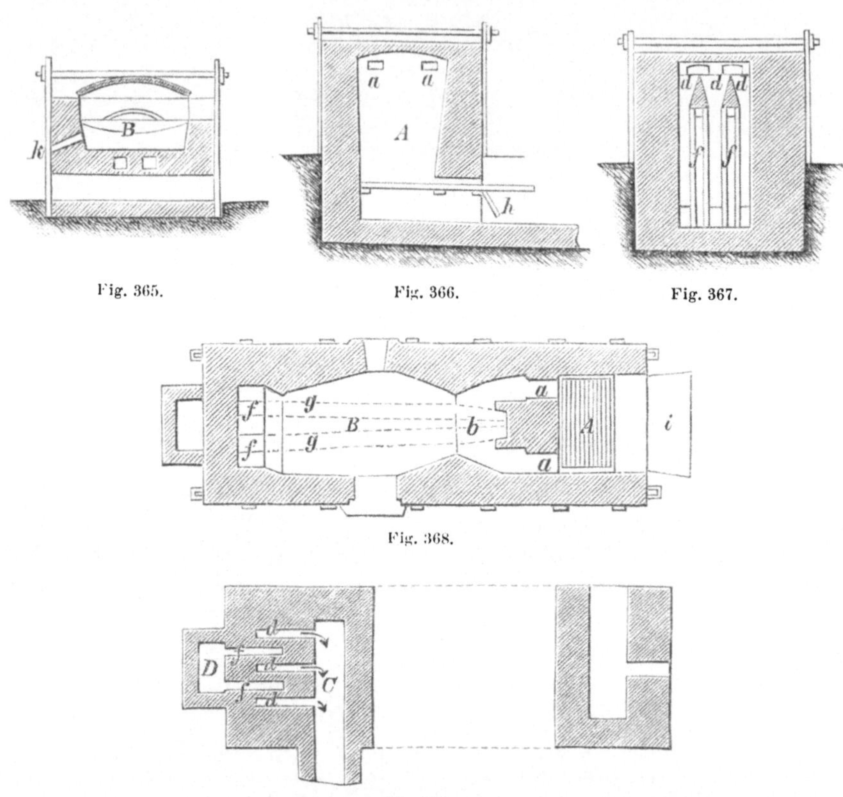

Fig. 365.   Fig. 366.   Fig. 367.

Fig. 368.

Fig. 369.

Auf Georgshütte bei Dobschau (Ungarn) werden Erze mit 4·5 % Nickel und 1·5 % Kobalt, in überwölbten Stadeln und Giftfängen mit Holz in 2—3 Tagen geröstet, und das geröstete Erz in 5 m hohen Oefen von 1·2 m Weite im Formhorizont und 1 m Gichtweite bei 2 Formen und mit 60 mm Quecksilbersäule Windpressung durchgesetzt; die Beschickung besteht aus 100 Theilen Erzrost, 3—4 Theilen Quarz, 8—12 Kalkstein und 5—10 reicher Schlacke. Die hier resultirende Speise wird in denselben Stadeln in 3—5 Feuern verröstet und in demselben Schachtofen mit 23 % Quarzzuschlag verschmolzen; täglich werden 110 q bei 26·5 % Holzkohlenverbrauch durchgesetzt: reiche Erze mit höheren Metallhälten von 17 % werden geröstet und gleich bei diesem Concentriren zugesetzt, und enthält die Concentrationsspeise 30—32% Nickel und Kobalt. Dieselbe wird wieder in 3—4 Feuern verröstet und 18—20 q dieses Rostes binnen 10 Stunden in einem Flammofen eingeschmolzen, dann aus 2 Formen Wind auf das Metallbad aufgeleitet und Glas, Quarz und Soda aufgestreut, nach 24 Stunden aber schon mit noch einem Gehalt von 8—10% Eisen abgestochen, da man durch weiteres solvirendes Schmelzen zu viel Kobalt verschlacken würde. Die Schlacke enthält 1—2% Nickel und Kobalt und wird zum Erzschmelzen zurückgegeben. Es enthält

die Speise	vom Erzschmelzen	vom Concentriren	vom Raffiniren
Ni } Co }	20·7	31·9	50—52
Cu	1·6	1·9	1—2
Fe	44·3	26·4	8—10
As	21·3	36·3	38—40
S	10·2	3·1	1—2

Man erzeugt dort sowohl Nickelwürfel als auch Kobaltoxyd.

Zu Phönixhütte bei Dobschau werden Kupfer und Nickel führende Erze in 4 Feuern geröstet, der Rost mit Quarzzuschlag verschmolzen, das erschmolzene Product in 8 Feuern todtgeröstet und mit Quarz im Schachtofen auf reichen Kupferstein und eine nickelhaltende Schlacke durchgestochen, welche mit Schwerspath und Arsen auf Stein und Speise verarbeitet und letztere in Stadeln geröstet und im Flammofen concentrirt wird.

Zu Leogang im Salzburg'schen werden die Erze, welche vorwaltend Kalk als Gangart führen, durch die Aufbereitung stark angereichert, in Stadeln geröstet und mit Quarzzuschlag in einem 1·3 m hohen Krummofen von 75 cm Breite und Tiefe verschmolzen; die Speise wird in 3—5 Feuern geröstet und in demselben Krummofen mit Quarz und Rohschlacken durchgestochen, die hiebei fallenden reichen Schlacken aber zum Erzschmelzen zurückgegeben. Das kobalthältige Rohnickel wird auf einem mit Wasserglas angemachten aus eisenfreiem Quarz hergestellten Heerd, welcher sehr vorsichtig abgewärmt wird, rasch eingeschmolzen mit Kohle bedeckt gehalten und so lange Wind aufgeblasen, bis das Metallbad mit Schlacke bedeckt ist, worauf man die Kohlen fortnimmt, die Schlacke bei schwach aufgeleitetem Wind kalt bläst und abhebt. Diese Operation wird unter Aufstreuen von Quarz noch zweimal wiederholt, worauf man zuletzt zur Verschlackung des Kobalts etwas Schwefel zusetzt, wodurch auch das Metallbad leichter flüssig erhalten wird. Das gereinigte Nickel wird abgestochen und die Schlacke sortirt; die erste ist stark eisenhaltend und grünblau, die zweite reinblau, die dritte röthlichblau und schon nickelhaltig. Die zweite Schlacke ist ein sehr gutes Material zur Smaltebereitung und zur Darstellung von Kobaltoxyd.

Nickelgewinnung aus den Neben- und Zwischenproducten auf andere Metalle verhütteter Erze. Diese Art der Darstellung wird bei Verhüttung von Blei und Kupfer (nebst Silber) führenden Erzen als Neben-betrieb eingerichtet, hat aber immer die Gewinnung der anderen Metalle zum Hauptzweck; zum Theil wurde dieselbe auch schon bei den Artikeln „Blei“ und „Kupfer“ erörtert.

Zu Sangershausen im Mannsfeld'schen werden die im Hangenden des Kupferschiefers vorkommenden kupfer- und nickelhaltenden Schwerspath führenden Erze mit 1 % Flussspath, 2 % Thon und 4 % Quarz über einen 2 m hohen Sumpfofen aufgegeben und auf verkäufliche Nickelspeise mit 56 % Halt verarbeitet; die jährliche Production ist nur sehr gering.

Zu Freiberg wurden die bei der Blei-, Kupfer- und Silbergewinnung abfallenden Speisen unter Zuschlag von 50 % Heerd-, 150 % Barytschlacken vom Kupfersteinconcentriren und 10 % Schwerspath auf Werkblei, Kupferstein und silberärmere Speise mit 12—13 % Nickel durchgesetzt, welche noch 2—3 mal mit bleiischen Vorschlägen und Schwerspath entsilbert und entkupfert wurde, bis zuletzt eine Speise von 15—18 % Nickel und Kobalt erfolgte, welche man ungeröstet in einem Flammofen mit 50—60 % Schwerspath und 20—25 % Quarz auf bleiischen Kupferstein und eisenfreie Speise mit 40—44 % Nickel und 8 % Kupfer verblasen hat.

Zu Altenau wird die bei dem Verblasen der Krätzkupfer fallende nickelhaltende Schlacke in der Art auf Speise verarbeitet, dass man die Schlacken sortirt, verwäscht und bei Zuschlag von Eisenkies und Arsenkies durchsetzt; man erhält Speise und Stein. Die Speise wird in drei Feuern geröstet und unter Zutheilung von 5 % Arsenkies, 12·5 Baryt und 50 Krätzkupferschlacken mit 50 Theilen Bleisteinschlacken nebst unreinen Schlacken derselben Arbeit in einem Schachtofen durchgesetzt, wobei neben Werkblei und Kupferstein eine raffinirte Speise erhalten wird.

Es zeigten diese Producte die folgende Zusammensetzung:

	Vom ersten Schmelzen		Vom zweiten Schmelzen	
	Speise	Stein	Speise	Stein
(Co) Ni	26·77	6·10	35·13	4·37
Cu	19·85	37·24	17·18	37·45
Fe	15·82	20·84	8·41	12·68
Pb	12·14	16·10	6·59	22·81
As	12·15	Spur	18·65	Spur
Sb	10·01	0·47	10·82	Spur
S	4·57	19·25	2·16	24·48
Co	—	—	10·7	—

Gewinnung des Nickels durch Verschmelzen der Erze auf Metall. Zu dieser unmittelbaren Darstellung des Nickels können nur die Garnierite verwendet werden, welche früher in grossen Mengen nach

Frankreich und England, auch nach Deutschland importirt wurden, deren Zufuhr aber wegen der schlechten Handelsverhältnisse in diesem Metall bedeutend abgenommen hat. Garnierit enthält:

$Si\,O_2$	41—46
$Ca\,O$	3—0·5
$Al_2\,O_3$	7—1·3
$Mn_2\,O_3$	9—4
$Fe_2\,O_3$	14—5·2
$Co\,O$	1·3——
$Ni\,O$	9—17·3
$Mg\,O$	6—9
$H_2\,O$	8·7—16
Alkalien	1·1—0·7

Mason und Parks zu Birmingham schmelzen 10 q Garnierit mit 50 kg bis 1 q Barilla- oder Corrocorroerz oder mit 0·5—1·5 q Cementkupfer, Anthrazit und Flussmitteln in einem Flammofen auf eine Kupfernickellegur, welche dann noch raffinirt wird[10]).

Garnier[11]) verschmilzt diese Erze in einem 8 m hohen Ofen bei 12 cm Quecksilbersäule Pressung und heissem Winde von 400° C. auf eisenhaltiges Rohnickel; 10 q Erz geben bei 400 Kilo Koksaufwand 112 kg Rohnickel, und werden zur Erzielung leichterer Schmelzbarkeit Flussspath, Manganerze, auch Soda zugesetzt. Das Rohnickel enthält:

Ni	60·90 %
Fe	33·35 -
Si	0·85 -
C	3·90 -
S	1·50 -

Christofle und Comp. reduciren das Nickel aus den vorher mit saurem Wasser gewaschenen reichsten Erzen mit Soda und Holzkohle in Grafittiegeln.

Thompson[12]) hat sich ein Verfahren patentiren lassen, das Nickel in den Erzen zu reduciren und magnetisch zu machen, und dann mit einem Magnet auszuziehen, wobei man eine Anreicherung des Nickels bis 60 % erzielt; die Methode, das Nickel zu reduciren, ohne dass Eisen mitreducirt werde, ist Gegenstand eines zweiten Patentes.

Nickelanalysen haben die folgenden Verunreinigungen ergeben:

---

[10]) Bg. u. Httnmsch. Ztg. 1877 pag. 259.
[11]) Ebenda 1878 pag. 245 und 1879 pag. 137.
[12]) Bg. u. Httnmsch. Ztg. 1884 pag. 100.

Handelsnickel von nach	England	Frankreich Thompson		Deutschland		Joachimsthal v. Lill	Schladming Hillebrand
Co	6·5	8·2	3·7	2·2	5·2	0·90	6·75
Cu	—	0·6	10·2	12·5	7·7	0·26	1·80
Fe	1·4	1·1	1·1	0·4	1·2	0·33	1·92
As	1·3	0·4	2·8	2·6	3·8	—	0·80
Zn	2·0	0·7	1·4	4·1	0·5	Spur	—
Mn	0·2	0·8	0·6	—	—	—	—
S	1·7	2·2	1·1	2·3	0·2	Spur	—
C	0·5	2·9	0·7	0·2	0·1	—	—
Si O$_2$	0·4	0·6	0·9	—	0·4	0·92	0·75

Es muss hier noch das neue Verfahren von P. Manhés in Lyon angeführt werden, einen aus Kupfer, Nickel und Kobalt bestehenden Rohstein, den man durch Verschmelzen der Erze erhält, durch ein dem
Bessemern ähnliches Verfahren zu concentriren, wobei fast alles Eisen
verschlackt wird. Das Endproduct enthält noch 15—20 % Arsen und
Schwefel und 1—2 % Eisen. (D. R. P. Kl. 40 No. 29006).

Nickelgewinnung auf nassem Wege.

Für die Gewinnung des Nickels auf nassem Wege dienen theils die
Erze, theils an Nickel angereicherte Hüttenproducte, und ist die Gewinnung des Nickels aus den letzteren demnach ein combinirtes Verfahren
des trockenen und nassen Weges.

Bei der Gewinnung des Nickels auf nassem Wege muss dasselbe von
den in dem zu behandelnden Gut mit vorkommenden Metallen getrennt
werden; der schädlichste Bestandtheil ist das Eisen, da ein Kobalt oder
Kupfer haltendes Nickelmetall Handelswaare ist, zur Darstellung eines
reinen Nickels aber müssen auch Kobalt und Kupfer abgeschieden werden.
Um möglichst wenig Eisen in Lösung zu bringen, ist ein möglichst
starkes Rösten des Lauggutes vorzunehmen, da geglühtes Eisenoxyd in
verdünnten Säuren sehr schwer löslich ist, sich auch bei der Röstung das
basische Ferrisulfat früher zersetzt, als die Sulfate der übrigen Metalle,
demnach leicht in Form von Oxyd zu erhalten ist. Aus den Lösungen
werden die Metalle in einer bestimmten Reihenfolge gefällt; als solche
Fällungsmittel dienen:

1. **Kohlensaurer Kalk** als Kreide oder Marmor, höchst fein gepulvert und möglichst frei von Eisen; er dient zumeist zur Ausfällung der
geringen Mengen des in die Lösungen übergegangenen Eisens, mit welchem
jedoch auch immer ein Antheil Kupfer und etwas Kobalt mitgerissen wird;
ist Arsensäure anwesend, so wird diese mit dem Eisen, d. h. das Eisen
als Arseniat präcipitirt, und wenn es bei Gegenwart von Arsensäure an
Eisen in der Lösung mangelt, muss solches, am besten als Chlorid, zugegeben werden, um die Arsensäure zu entfernen. Bei diesen Fällungen

nimmt die Temperatur der Lösung Einfluss auf die Trennungen; der zur Verwendung gelangende Kalk soll desshalb eisenfrei sein, weil sein als Ferrocarbonat anwesender Eisengehalt in Lösung bleibt und um dieses zu fällen, Chlorkalk zugesetzt werden muss, wodurch es in Eisenoxyd überführt und durch weitere Präcipitation abgeschieden werden muss.

2. Chlorkalk findet Anwendung zur Ausfällung des Kobalts als Sesquioxyd nach der Ausfällung des Eisens; anwesendes Mangan wird unter gleichen Umständen mitgefällt, doch scheidet es sich vor dem Kobalt aus, und können demnach beide bei genügender Vorsicht in dem Zusetzen des Fällungsmittels getrennt werden.

3. Kalkmilch nach Präcipitation von Eisen und Kobalt zur Ausfällung des Kupfers und Nickels; das Kupfer fällt früher nieder, als das Nickel.

4. Soda in siedender Lösung, gewöhnlich zuletzt zur Ausfällung des Nickels.

5. Von den sonst empfohlenen Fällungs- und Trennungsmitteln, wie Kaliumbisulfat, Kaliumnitrit, Cyankalium etc., wird noch das Schwefelwasserstoffgas häufiger angewendet, bei dessen Einleiten die dadurch fällbaren Metalle wie Blei, Wismuth, Arsen, Antimon, Kupfer niedergeschlagen werden und man eine von diesen Metallen gereinigte Nickellösung erhält.

Man erhält auf nassem Wege immer nur die Oxyde der betreffenden Metalle, und müssen solche demnach dann auf trockenem Wege reducirt werden.

Nach P. Laroche wird unmittelbar aus Garnierit das Nickel folgends dargestellt: Die gepulverten Erze werden in ein gleiches Gewicht Schwefelsäure von 56—60° B. eingerührt, wobei sich die Masse stark erhitzt und binnen $\frac{1}{4}$ Stunde fest wird; man kocht dann mit Wasser aus und setzt eine dem vorhandenen Nickelsulfat äquivalente Menge Ammoniumsulfat hinzu, dampft ab und lässt durch Abkühlung das Nickelammoniumsulfat in Krystallen sich ausscheiden, welche man durch Umkrystallisiren reinigt; oder man kocht die Nickellösung mit einer dem vorhandenen Nickel äquivalenten Menge von Alkalioxalat, bis sich das oxalsaure Nickel abgeschieden hat. Der Niederschlag oder die Krystalle von Nickelammonsulfat werden bei Siedehitze mit der erforderlichen Menge Sodalösung zusammengebracht und das gefällte Nickeloxydul reducirt; das neu gebildete Natriumoxalat geht immer wieder in die Arbeit zurück.

Christofle in St. Denis verwäscht 8—15% Nickel haltende Garnierite, zerkleint sie dann mehlfein, wäscht das Mehl mit verdünnter Salzsäure und bringt dann mit concentrirter Salzsäure in Lösung; aus der Lauge wird Kalk durch Eisen gefällt, die geklärte Lauge abgezogen und das Nickel daraus durch Kalkmilch niedergeschlagen, das Nickeloxydul abfiltrirt, gepresst, getrocknet, geröstet, mit salzsaurem Wasser gewaschen, um den Gyps auszuziehen, dann wieder geröstet und mit Kohlenpulver vermengt in Kohlen-

37*

tiegeln reducirt. Dieser Process gelingt am besten, wenn 15 g Nickel in 1 Liter Flüssigkeit enthalten sind.

Nickelgewinnung durch Combination des trockenen und nassen Weges. Diese Methode verlangt zuerst die Anreicherung des Nickels in einem Leche oder in einer Speise, und demgemäss umfasst dieselbe die folgenden Arbeiten:

1. Die Concentrationsarbeiten auf trockenem Wege und Rösten des Endproducts.

2. Das Auflösen des Röstgutes.

3. Die Abscheidung des Eisens.

4. Die Trennung vom Kupfer.

5. Die Abscheidung des Kobalts.

6. Die Fällung des Nickels.

7. Das Glühen des Nickeloxyduls, die Extraction des Kalks und Gypses aus dem geglühten Oxyd und die Reduction desselben.

Bei dieser Darstellung des Nickels hat man nach Künzel[13]) vorzüglich zu beachten, dass bei Anwesenheit von Kupfer das Nickel zwar als Hydroxydul, das Kupfer aber immer als Oxychlorid gefällt wird, und dass ein geringer Rückhalt an Chlorkupfer das Nickel, sowie Nickelkupferlegirungen unverarbeitbar macht. Es ist demnach die Fällung in schwefelsaurer Lösung und so vorzunehmen, dass von dem zuerst niederfallenden Kupfer auch etwas Nickel mitgerissen und die verbleibende Nickellösung kupferfrei wird. Bei Anwesenheit von Kalk ist Kaliumnitrit zur Trennung des Kobalts vom Nickel nicht zu verwenden, weil alkalische Erden durch dieses Reagens in ganz ähnlicher Weise als Doppelsalze mit dem Nickel auch gefällt werden [K_2, Ca, Ni $(NO_2)_6$] und bei hinreichendem Kalkgehalt der Lösung nach dem Kobalt alles Nickel als Nitritdoppelsalz ausfällt (Erdmann)[14]). Eine Entfernung des Gypses durch Digeriren des Nickeloxyds mit angesäuertem Wasser ist sehr zeitraubend; es ist besser, das Glühen unter Zusatz von Soda vorzunehmen und dann mit angesäuertem Wasser den kohlensauren Kalk und das Glaubersalz auszuziehen, noch besser aber, das geglühte Nickeloxyd mit Salzsäure haltendem Wasser zu extrahiren, das Oxyd mit Wasser unter Einleiten von Dampf auszukochen, etwas überschüssige Soda zuzusetzen, eine Viertelstunde zu kochen, abzudecantiren und den Rest von Kalkcarbonat mit angesäuertem Wasser fortzunehmen.

Zu Scopellohütte werden die rohen Erze mit quarzreichen Zuschlägen in einem 2·5 m hohen 2förmigen Ofen bei 35 mm Quecksilbersäule Windpressung verschmolzen; täglich werden 50 q der 1·8% Nickel und Kobalt

---

[13]) Amtl. Bericht über die Wiener Ausstellung, Braunschweig 1875 Bd. 3 Abthlg. 1 pag. 859. Bg. u. Httnmsch. Ztg. 1874 pag. 6. Dingler's Journ. Bd. 213 pag. 170.

[14]) Journal f. pract. Chem. Bd. 97 pag. 385.

haltenden Erze aufgegeben und hievon 45% Stein mit 30% Nickel und Kobalt, 6% Kupfer, 23% Eisen und 35% Schwefel erhalten, welcher in Wellnerschen Röststadeln in Mengen von 150—250 q je 15 Stunden hindurch in 2—4 Feuern verröstet wird. Der Steinrost wird mit Rohschlacke und quarzigen Zuschlägen in einem einförmigen, 1·7 m hohen Krummofen durchgesetzt und täglich 35 q aufgegeben. Der Concentrationsstein wird gepulvert, in Steinzeuggefässe gebracht, die in mit Wasser gefüllten Holztonnen stehen, in das Wasser Dampf eingeleitet und in die Steinzeuggefässe so lange Salzsäure von 33% B. zugesetzt, bis kein Schwefelwasserstoffgas mehr entweicht, wobei die Tonnen mit einem Deckel mit eisernem Abzugsrohr bedeckt werden; man decantirt hierauf, behandelt den Rückstand noch dreimal in gleicher Weise und bringt die Lösung in einem Flammofen mit Ober- und Unterfeuer in einer mit Steinen gefütterten gusseisernen Pfanne zur Trockne. Die Chloride werden in einem Flammofen unter stetem Krählen 3—4 Stunden lang calcinirt, wobei das Eisen zum Theil als Chloreisen verflüchtigt wird. Das calcinirte Gut bringt man in einen 1·5 m hohen Bottich, worin Chlorkalk und Wasser vorgelegt wurde, leitet Dampf ein und präcipitirt das Eisen mit Marmor; nach dem Klären wird die Lösung in einen andern Bottich gebracht, durch weiteres Zufügen von Chlorkalk das Kobalt höher oxydirt und dieses ebenfalls mit Marmor gefällt, aus der zuletzt verbliebenen, klar abgesetzten Lösung aber das Nickel durch Kalkmilch niedergeschlagen. Die Präcipitate von Kobalt und Nickel werden durch wollene Säcke filtrirt und so lange gewaschen, bis Ammoniak mit den Waschwässern nicht mehr reagirt, dann calcinirt und hierauf nochmals mit saurem Wasser gewaschen. 100 Gewichtstheile Stein geben 40 Theile Nickeloxyd und 9 Kobaltoxyd.

4 kg des Nickeloxyds werden mit 50 g Melasse und etwas Wasser gleichmässig durchgearbeitet, in eine Form von Weissblech gedrückt, der Kuchen bis 170° erhitzt und dann in Würfel zerschnitten; diese werden dann weiter erhitzt, bis sie nicht mehr rauchen. Man schichtet hierauf 1500 Stück Würfel mit Kohlenstaub in Tiegeln und setzt 6—7 Tiegel auf einmal in einen Windofen, wo sie in 3 Stunden bei 30 hl Holzkohlenverbrauch reducirt werden.

Auf Georgshütte bei Dobschau wird Speise mit

37 % Ni

13 - Co

2 - Cu

9 - Fe

38 - As und

1 - S

gepocht, gesiebt und in Posten von 3 q 12—24 Stunden in Flammöfen todtgeröstet, wobei man zur Reduction der Arsensäure zuletzt 30—40 kg Holzkohlenstaub oder Sägespäne in die Röstpost einmischt. Das Röstgut wird in Schwefelsäure gelöst, Eisen mit dem Kupfer durch kohlensauren Kalk bei Siedehitze gefällt und hierauf zuerst das Kobalt als Sesquioxyd, dann das Nickel niedergeschlagen, das Nickeloxyd calcinirt, das Kobaltoxyd in Trockenkästen getrocknet, beide mit saurem Wasser gewaschen und nach dem Trocknen vermahlen und an die sächsischen Hütten verkauft.

Zu Oberschlema und Schneeberg in Sachsen werden viel gekaufte und fremde Erze und Hüttenproducte verarbeitet; die Gruben zu Modum in Norwegen gehören zu Oberschlema, wo die norwegischen Erze und Hüttenproducte weiter verarbeitet werden. An Kobalt reiche Erze werden mit Zuschlag von Arsenkies verschmolzen, wobei eine Kobaltspeise und ein Kupfer und Nickel haltendes Lech abfällt; für die Smalteerzeugung zu arme Erze verschmilzt man mit Quarz- und Kalkzuschlag in einem Flammofen so lange oxydirend, bis das Product fast eisenfrei ist, worauf man es zerkleinert, röstet, das Kupfer mit verdünnter Salzsäure auszieht und den Rückstand, welcher noch etwas Kupfer enthält, auf Würfelnickel verarbeitet. Ist der Kobaltgehalt der Erze bedeutender, wird das durch oxydirendes Schmelzen derselben im Flammofen erhaltene Product ebenfalls mit Salzsäure ausgezogen, der Rückstand aber zur Darstellung von Farben benutzt.

Zu Dillenburg im Nassauischen werden kupfer- und nickelhaltende Schwefelkiese mit ungefähr 6% Nickel und 5% Kupfer in Kiln geröstet, dann in niedrigen Brillenöfen meist ohne Zuschlag oder mit Schlacken derselben Arbeit auf Rohstein mit 19% Kupfer und 13% Nickel verschmolzen; diesen röstet man in 3—4 Feuern in Stadeln und verschmilzt ihn mit Quarz und Nickelschlacken auf einen Concentrationsstein mit 24 bis 25% Nickel und 39% Kupfer, welcher dann einige Stunden hindurch auf einen Raffinirstein verblasen wird, welcher nur mehr 2—5% Eisen und nur soviel Schwefel enthält, dass er eben noch hinreichend spröde bleibt, um ihn zerkleinern zu können. Dieser raffinirte Stein enthält:

$$35\% \ \mathrm{Ni}$$
$$34 \ - \ \mathrm{Cu}$$
$$2 \ - \ \mathrm{Fe \ und}$$
$$20 \ - \ \mathrm{S}$$

und dient zur Darstellung von Argentan.

Für die Gewinnung des Nickels wird der Raffinationsstein todtgeröstet und in Posten von 50 kg unter stetem Umrühren in bis 60° erwärmtes, mit einer gleichen Menge Salzsäure versetztes Wasser eingetragen und dreimal nach einander extrahirt. Diese Lösung enthält zumeist Kupfer, wenig Nickel und fast kein Eisen, dagegen der Rückstand den grössten Theil des Nickels und fast alles Eisen. Die erhaltene Lösung benützt man zur Darstellung einer Kupfernickellegur, indem man beide Metalle zusammen mit dem wenigen Eisen durch Kalkmilch fällt, den Niederschlag trocknet, mahlt und siebt, den Gyps mit salzsäurehaltendem Wasser auszieht, den verbliebenen Brei zur Trockne dampft und in einem eigenen Heerd auf einer Quarzsohle einschmilzt, wo der geringe Eisen- und Kalkgehalt durch die Kieselerde des Heerds verschlackt wird. Die Legur enthält blos 0·16% Eisen und wird in den Handel gesetzt.

Der an Nickel und Eisen reiche, aber an Kupfer arme Rückstand wird mit concentrirter englischer Schwefelsäure versetzt, erhitzt sich hiebei sehr stark und wird mit heissem Wasser ausgelaugt, das Ungelöste aber nochmals geröstet und gleich behandelt; die schwefelsaure Lösung wird bis 55° C. erwärmt und löffelweise so lange gepulverter kohlensaurer Kalk eingetragen, bis eine Probe der Lösung mit Ferrocyankalium nicht mehr auf Eisen reagirt, abfiltrirt, das Filtrat bis 70° C. erhitzt und durch Kalkstein ebenso das Kupfer gefällt, bis gelbes Blutlaugensalz dieses Metall nicht mehr anzeigt, dann wieder filtrirt und endlich in der durchgegangenen Flüssigkcit das Nickel durch Kalkwasser niedergeschlagen. Dieses Präcipitat wird abfiltrirt, ausgepresst, getrocknet, stark geglüht, gemahlen und der Gyps mit salzsäurehaltendem Wasser ausgezogen; aus dem Brei werden dann Würfel geformt und diese reducirt.

Die Gewinnung des Nickelmetalls wurde indess daselbst schon aufgegeben, man verarbeitet den raffinirten Stein jetzt auf Nickelkupfer. Bei den einzelnen Präcipitationen fiel mit dem Ferrihydroxyd schon ein Theil Kupfer nieder, mit dem Kupferhydroxyd wurde auch schon ein Theil Nickel niedergeschlagen; diese Niederschläge wurden auf Kupferstein und Schwarzkupfer verarbeitet.

Christofle zu St. Denis verschmilzt die ärmsten Garnierite mit bis höchstens 8% Nickel bei Koks mit Gypszuschlag in einem 5 m hohen 3förmigen Schachtofen auf Stein, welcher 60% Nickel enthält, und verwendet denselben zur Darstellung von Nickelsulfat.

Raffination des Nickels und der Nickellegirungen.

Bei der Darstellung des Nickels nach den bisher angegebenen Methoden, wobei man das Nickelhydroxyd mit Roggenmehl oder Melasse oder Syrup zu einem steifen Teig anmacht, Würfel daraus formt, diese zur Verhinderung einer eintretenden Gärung rasch trocknet und zwischen gestossenen Kohlen glüht, erhält man noch immer kein reines Nickel; mitunter haften den reducirten Würfeln auch Glastropfen an, welche von einem Rückhalt der zur Fällung angewendeten Soda, also von ungenügendem Auswaschen des Niederschlags, herrühren. Die Nickelwürfel können zwar durch Rotirenlassen in Fässern mit Wasser geglättet werden, wodurch sie ein besseres Aussehen bekommen, aber man hat doch nur immer ein Product, das noch ansehnliche Procente an fremden Metallen enthält, und oft wird nur ein **Nickelpulver**, gar kein compactes Metall erzeugt; ausserdem ist der Brennstoffaufwand bei der Reduction sehr hoch und der Betrieb ein discontinuirlicher. **Künzel** wendete zur Reduction Röhren von feuerfestem Thon an, welche geneigt in einen Flammofen eingelegt, oben stetig beschickt und unten alle Stunden schaufelweise entleert wurden; die Röhren (6 Stück) hatten 10 cm Weite, und konnten in 24 Stunden bei einem Brennstoffverbrauch (Steinkohle) von 9—10 q an 5—6 q Nickel reducirt werden, wobei zugleich an Brennstoff erspart wurde.

Das Nickel schmilzt in den gewöhnlichen metallurgischen Ofenfeuern nicht, wohl aber gelang es Cl. **Winkler**, das Nickel in einem, dem Deville'schen ähnlichen Ofen in grösseren Quantitäten zum Schmelzen zu bringen; die neuere Technik hat es dermals auch schon dahin gebracht, das Nickel in ähnlicher Weise wie das Kupfer von den verunreinigenden Bestandtheilen in grösseren Mengen auf einmal durch verschiedene Raffinationsmittel zu befreien.

Garnier[15]) raffinirt das eisenhaltige Rohnickel in der Weise, dass dasselbe in Mengen von 30 q mit Quarzzuschlag zur Verschlackung der fremden Metalle in einem Siemensofen eingeschmolzen wird; das resultirende Nickel ist zwar kohlenstoffhaltend und enthält blos 98% Nickel, lässt sich aber besser vergiessen. Durch Zuführung von Wind können Silicium, Kohlenstoff und Eisen oxydirt werden. Will man eine Kupfernickellegur herstellen, so wird dem Rohnickel Kupfer zugesetzt.

Garnier[16]) raffinirt das Nickel auch in einem Flammofen, dessen Sohle aus kohlensaurem Kalk hergestellt ist; das Rohnickel enthält an Verunreinigungen:

$$23\text{·}30\,\% \ \text{Fe}$$
$$2\text{·}40 \ \text{-} \ \text{Si}$$
$$1\text{·}70 \ \text{-} \ \text{C und}$$
$$0\text{·}55 \ \text{-} \ \text{S,}$$

nebst Spuren von Kobalt, Kupfer, Chrom, Mangan, Magnesium und Calcium; die aus der Heerdsohle entweichende Kohlensäure dient als mechanisches Rührmittel, und bei Ueberschuss von Kalk und Kohle lässt sich auch der Schwefel vollständig aus dem Nickel entfernen. Bei der Erzeugung einer Kupfernickellegur lässt sich der Kohlengehalt aus dem Nickel durch einen Zusatz von Kupferoxyd bei dem Zusammenschmelzen beider Metalle beseitigen; ein zu grosser Nickelgehalt macht die Legur spröde, und für Erzeugung von Gusswaaren werden 5% Zinn zugesetzt, wodurch ein besseres Ausfüllen der Formen erzielt wird. Es kann aber die Ursache der Sprödigkeit des Nickels auch die Aufnahme von Sauerstoff sein; durch Zusatz von Phosphornickel wird das Nickel wieder walz- und hämmerbar

---

15) Bg. u. Httnmsch. Ztg. 1878 pag. 245 und 1879 pag. 137.
16) „Stahl und Eisen" 1883 pag. 518.

gemacht. Gegenüber .der Kupfernickellegur verhält sich Phosphornickel günstiger, die Gussstücke werden reiner und gleichmässiger; ein Phosphorgehalt ermöglicht auch, das Nickel mit Eisen in allen Verhältnissen zu legiren und weiche, hämmerbare Producte zu erzielen[17]).

Phosphornickel erhält man durch Zusammenschmelzen von phosphorsaurem Kalk, Kieselerde und Nickel bei Zuschlag von Kohle. Der Phosphor ist als Reinigungsmittel sehr wirksam und entzieht den Metallen den meisten Sauerstoff, nämlich $1\cdot25-1\cdot50$ Gewichtstheile, dagegen Mangan blos $0\cdot10$, Zink $0\cdot25$ und Magnesium $0\cdot66$ Gewichtstheile.

Nickelschwamm soll sich durch Zusammenschmelzen mit Salpeter von seinem Kohlenstoffgehalt befreien lassen.

Fleitmann[18]) in Iserlohn ist es gelungen, nicht nur Nickel von grosser Dehnbarkeit und Schweissbarkeit zu erzeugen, sondern auch Nickel mit Eisen und Stahl durch Schweissen zu verbinden; ein sehr geringer Zusatz von Magnesium (blos $1/2\%$) bei dem Zusammenschmelzen des Nickels bewirkt dies, indem das bei dem Einschmelzen von dem Nickel absorbirte Kohlenoxydgas durch das Magnesium unter Abscheidung von Kohle zerstört wird. Die Nickelplatten werden zu diesem Zwecke entweder ein- oder zweiseitig auf völlig blank gebeizte und gehobelte, von allem Sinter und Schlacken befreite Flusseisenplatten aufgelegt, in ein Deckblech von Eisen gehüllt, im Schweissofen erhitzt und bei Rothglühhitze vorgewalzt; der vorgewalzte Blechsturz kommt in eine Schwefelsäurebeize, wo er so lange bleibt, bis das Deckeisen von der Nickelplatte fortgebeizt ist, worauf man ihn kalt in einem Hartwalzwerk fertig walzt.

Für die Darstellung von Argentan erzeugt Fleitmann durch Reduction eines innigen Gemisches von Nickeloxydul mit 5% Zinkoxyd eine Zinknickellegur, welche $4-5\%$ Zink enthält und ohne Zusatz von Magnenium sehr gut walzbar ist[19]).

---

[17]) Polytechn. Notizblatt 1880 pag. 343. Chem. Centralblatt 1880 pag. 666.
[18]) Bg. u. Httnmsch. Ztg. 1879 pag. 206 und 1880 pag. 176.
[19]) Ebenda 1880 pag. 171. Chemikerztg. 1880 pag. 310.

Arsen.

(As^V = 75).

Geschichtliches. Ursprünglich wurde der Name „Arsenikon" von Aristoteles und Theophrastus dem Realgar und Auripigment zugetheilt, trotzdem beide durch Farbe und Krystallisation verschieden sind; der Araber Geber entdeckte die arsenige Säure, die er weisses, die Schwefelverbindungen des Arsens aber gelbes und rothes Arsenik nannte. In metallischem Zustande wurde es zuerst von Schröder im Jahre 1694 aus der arsenigen Säure dargestellt.

Statistik. An Arsen und arsenikalischen Producten wurde erzeugt in metrischen Centnern:

<pre>
    In Preussen   im Jahre 1883   577
    - Sachsen (Freiberg)   -   -   1882   9836.
</pre>

Hievon betrug die Erzeugung

<pre>
    an Rothglas   2607 q.
    - Weiss- und Gelbglas   4015 -
    - metallischem Arsen   241 -
    - Arsenmehl   2973 -
</pre>

Eigenschaften: Das Arsen ist stahlgrau, besitzt auf der frischen Bruchfläche starken Glanz, läuft aber leicht an und wird blind; es hat ein blättrig krystallinisches Gefüge, krystallisirt auch bei langsamer Sublimation in Blättchen, ohne vorher zu schmelzen, und hat ein spez. Gewicht = 5·96. Es ist geruch- und geschmacklos, nicht sehr hart, aber spröde, bildet bei 180° C. Dämpfe, die nach Knoblauch riechen (Arsensuboxyd) und sich an der atmosphärischen Luft höher oxydiren und condensiren; in einer zugeschmolzenen Glasröhre erhitzt, schmilzt es; nach Landolt und Mallet[1]) muss die Glasröhre in ein zugeschraubtes eisernes Rohr gebracht und das Rohr mit Sand ausgefüllt werden. Schon bei Dunkelrothgluth schmilzt das Arsen unter Druck und zeigt sich sogar etwas ausplättbar, bevor es springt. Mit Kaliumchlorat gemengt, wird es durch einen heftigen Schlag entzündet, in Pulverform erhitzt es sich mit Wasser befeuchtet an der Luft bis zum Entzünden; es ist weniger giftig,

---

[1]) Dingler's Journ. Bd. 205 pag. 575.

als die arsenige Säure. Salzsäure greift das Arsen weniger an, von Salpetersäure wird es oxydirt und gelöst, Königswasser löst es leicht.

Anwendung. Als Metall findet das Arsen beschränkte Anwendung bei der Fabrikation des Schrotts und der Darstellung des Weisskupfers, welches Letztere früher zu Schnallen, Leuchtern, kleinen Glocken, Knöpfen und auf Pferdegeschirren viel gebraucht wurde, aber jetzt durch das Neusilber verdrängt ist; seine Verwendnng als Fliegengift (Fliegenstein) ist sehr gefährlich, da hiedurch vielfache Unglücksfälle herbeigeführt wurden. Die arsenige Säure dient zur Darstellung sehr schöner aber auch giftiger Farben, und bei der Bereitung des Kobaltglases zur Oxydation des Eisenoxyduls und Ausscheidung des Nickels als Speise; die Schwefelverbindungen des Arsens finden Anwendung in der Feuerwerkerei, das Realgar in Kalilauge gelöst als desoxydirendes Mittel in der Färberei, das Auripigment mit gebranntem Kalk gemengt und mit Wasser angemacht als enthaarendes Mittel (Rhusma).

Vorkommen und Erze. Das Arsen kommt blos auf besonderen Lagerstätten vor, theils in gediegenem Zustande (selten), theils in Verbindung mit anderen Metallen; das Auripigment findet sich häufiger auf Lagern in jüngeren Gesteinen, das Realgar nur als Begleiter metallischen Arsens. Beide finden sich nicht selten als vulcanische Sublimationsproducte. In gediegenem Zustande wurde es wahrscheinlich im Erzgebirge entdeckt, wo es von den Bergleuten mit dem Namen „Scherbenkobalt" bezeichnet wurde.

Der Erze gibt es verhältnissmässig wenige; hier sind zu nennen:

Gediegen Arsen, Scherbenkobalt, meist unrein und Kobalt, Nickel, Antimon und Eisen haltend.

Antimonarsen, Allemontit (Sb As$_3$) mit gegen 60 % Arsen, übrigens von variabler Zusammensetzung, fast eben so selten vorkommend, wie das gediegene Arsen.

Arsenkies, Mispickel, Arsenopyrit (Fe S$_2$ + Fe As) mit 46·6 % Arsen; er wird auch häufig Giftkies genannt, und kommt im Erzgebirge, Schlesien, Ungarn, Steiermark, England und Schweden in grösseren Ablagerungen vor. Sehr häufig enthält er statt eines Antheils Eisen etwas Nickel oder Kobalt und wird dann hauptsächlich auf diese Metalle zu Gute gebracht.

· Arsenikalkies, Löllingit (Fe$_4$ As$_3$) mit 66·8 % Arsen, auch weicher Giftkies genannt, seltener wie der Arsenkies vorkommend, in Schlesien, am Harze, in Steiermark, Böhmen u. a. and. Ort.

Arsenikblüthe, Arsenit, Arsenolyth (As$_2$ O$_3$) mit 75·8 % Arsen als secundäres Erzeugniss von Arsenverbindungen.

Sehr viele Nickel-, Kobalt- und Zinnerze, Fahlerze und and. enthalten Arsenverbindungen, aus welchen bei der Röstung derselben die arsenige Säure als Nebenproduct gewonnen wird.

Gewinnung des Arsens.

Das Arsen wird entweder in metallischem oder oxydirtem Zustande, oder in seinen beiden Schwefelverbindungen, — als weisses, gelbes und rothes Arsenglas gewonnen. Die in dichten, compacten Massen gewonnene arsenige Säure nennt man weisses Arsenglas, die in losen Flocken sublimirte Säure heisst Giftmehl, das gelbe Arsenglas wird auch Rausch-gelb genannt.

Darstellung von metallischem Arsen.

Das Arsen kommt in zwei allotropischen Zuständen vor, und zwar als α Arsen, welches erzeugt wird, wenn das Arsen bei einer Temperatur condensirt, welche nicht viel von der Temperatur des Arsendampfs verschieden ist oder wenn Arsen stark überhitzt wird; solches Arsen ist sehr stark glänzend, lichter von Farbe, oxydirt sich nicht so leicht an der atmosphärischen Luft und ist unter dem Namen Fliegenstein Handelswaare. Um dasselbe zu gewinnen muss man an die Sublimationsgefässe kleine Vorlagen ansetzen, die sich bald erwärmen. Das β Arsen erhält man stets neben dem α Arsen an den kühleren Stellen der Vorlage, es bildet sich überhaupt, wenn der Arsendampf viel mit anderen Gasen gemengt in die Vorlage oder in eine kühlere oder grössere Vorlage tritt, wo es sich als dunkelgraues Pulver absetzt; dieses dient dann hauptsächlich zur Darstellung der gefärbten Arsengläser.

Früher wendete man zur Darstellung des Arsens auch die arsenige Säure an, gegenwärtig wird hiezu blos der Arsenkies verwendet, von welchem man ein schöneres Product erhält, obwohl die Gewinnung daraus kostspieliger ist. Da man aus dem Arsenkies nur etwa die Hälfte seines Arsengehaltes als solches austreiben kann, so werden die Rückstände von der Sublimation noch bei Luftzutritt in einem Flammofen weiter verröstet und der hiebei sich verflüchtigende Antheil Arsen als arsenige Säure gewonnen.

Zu Freiberg[2]) werden Arsenkiese mit 35 % Arsen in Thonkrügen sublimirt, welche zu 22 Stück in einem Galeerenofen über einem die ganze Länge des Ofens einnehmenden Rost eingelegt sind; man besetzt die Röhren auf einmal mit 3·5 q Arsenkies und gewinnt nach 10—12 stündigem Feuern an 20 % als Fliegenstein (α Arsen) und 35 % als Schwefelarsen. Die Rückstände vom Sublimiren sind silberhaltend und werden zur Bleiarbeit abgegeben. Zum Auffangen des Fliegensteins wird in den Krug (Röhre) ein zusammengerolltes Eisenblech eingeschoben, das etwa 10 cm einragt, gut mit dem Krug lutirt und die Vorlage so angesetzt, dass das Blechrohr eben so tief da hineinreicht; der Fliegenstein findet sich

---

2) Preuss. Ztschft. Bd. 18 pag. 189.

nach beendigter Sublimation in der Blechspirale, welche vorsichtig aufgerollt wird, um grössere Lamellen mit oft schönen grossen Krystallen (cobaltum crystallisatum) zu gewinnen. Das Schwefelarsen, welches zuerst entweicht, hat sich in der Vorlage abgesetzt, und wird zur Rothglaserzeugung verwendet.

Um möglichst Verluste durch Verdampfung zu vermeiden, werden jetzt aussen glasirte Thonröhren verwendet.

Darstellung der arsenigen Säure.

Die Gewinnung der arsenigen Säure erfolgt zumeist bei der Röstung noch andere Metalle enthaltender Erze in Flammöfen; wo man arsenreichere Erze zu verarbeiten hat, dort stehen auch eigens construirte Flammöfen in Verwendung, damit die arsenige Säure nicht so sehr durch Russ, zum Theil durch reducirtes Arsen, mitgerissene Erzstaubtheilchen und verflüchtigte Metallverbindungen verunreinigt werde.

Den zuerst zu Reichenstein in Oberschlesien aufgeführten Ofen zeigt Fig. 370. Durch die im Gewölbe des Ofens befindliche Oeffnung a wird die

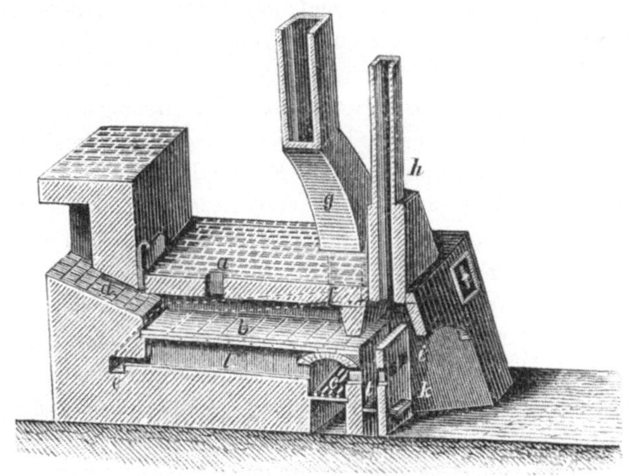

Fig. 370.

zu röstende Post auf die Heerdsohle b gestürzt, welche von dem Roste c aus beheizt wird; die Arsendämpfe ziehen durch d in die Condensationsräume, die Flammengase aber streichen in 5 Kanälen l unter dem Röstheerd nach rückwärts, fallen dort in den Quercanal e, und ziehen von da durch die zu beiden Seiten liegenden Canäle f zu der Gabelesse g, während die bei dem Rösten nach der Arbeitsöffnung i zu entweichenden Dämpfe durch die Mantelesse h abziehen. Nach beendeter Röstung wird der Schuber k aus dem Kanal t gezogen und die Rückstände in denselben abgestürzt, worauf man den Schuber wieder schliesst. Der Brennstoff-

aufwand bei einem solchen Ofen ist sehr hoch, man nimmt deshalb gegenwärtig die Röstung in gewöhnlichen Flammöfen vor, welche man jedoch
mit Holz, weil dieses weniger Rauch gibt, oder noch besser mit Gas beheizt; wärend des Besetzens des Ofens wird der zu den Giftkammern
führende Fuchs durch einen Schuber geschlossen, und während des Röstens
wird öfter gekrählt und überhaupt bei niedriger Temperatur geröstet, weil
bei grösserer Hitze sich auch Schwefelverbindungen des Arsens verflüchtigen, mit der arsenigen Säure zum Absatz kommen und diese verunreinigen.

Die Condensationskammern für die Gewinnung der arsenigen Säure
werden wegen der für den Menschen so gefährlichen Eigenschaften derselben Giftfänge genannt, und ist auf ihre möglichst dichte Herstellung,
so wie für ein ausgebreitetes Condensationssystem die grösste Sorgfalt zu
verwenden. Man hatte früherer Zeit die Abtheilungen der Condensations-
apparate über einander angeordnet, wodurch hohe, schmale Gebäude entstanden, die man Giftthürme nannte, allein in solchen ist der Zug zu
lebhaft, es treten viel uncondensirte Dämpfe aus denselben, auch war ihre
Höhe durch die Schwierigkeit und Kostspieligkeit der Herstellung beschränkt und sie liessen sich schwerer räumen, wesshalb man von dieser
Construction ganz abgegangen ist und jetzt blos der Längerichtung nach
ausgedehnte Canäle, welche der Condensation möglichst grosse Oberflächen
darbieten, aufführt.

Zu Freiberg[3]) dient zur Gewinnung der arsenigen, des weissen
Arsenmehls, Säure der in den Condensationscanälen der Röstöfen abge-
setzte Flugstaub, sowie die weniger Arsen enthaltenden Erze mit 18—20%
Blei und nur 12% Arsen; man verarbeitet dieses Material in 2 englischen
Röstöfen mit Gasfeuerung bei Verwendung von Koks als Brennstoff. Die
Oefen sind 4·6 m lang 3·3 m breit; in 24 Stunden werden aus denselben
4 Chargen à 9 q bei 80% Ausbringen und 12 hl Koksverbrauch sublimirt.
Das Product ist sehr rein und wird theils sofort auf den Markt gebracht oder
zu Arsenglas umsublimirt. Die Temperatur während des Röstens soll so
niedrig gehalten werden, dass nur die arsenige Säure sich verflüchtigt; die
gesinterten Rückstände werden wegen ihres Bleigehaltes auf die Hohöfen
aufgegeben. Wenn Arsenerze zur Gewinnung des Arsenmehls dienen sollen,
so muss die Temperatur bei dem Rösten noch niedriger gehalten werden,
da die Hitze ohnehin in Folge des gleichzeitig mit verbrennenden Schwefels
aus den Erzen sich erhöht.

Zu Andreasberg[4]) am Harze stehen Muffelöfen in Verwendung.
Zwei eiserne Muffeln liegen neben einander in einer gewölbartigen Nische
oberhalb eines gemeinschaftlichen Rostes; die Dämpfe entweichen in einen
beiden Muffeln ebenfalls gemeinschaftlichen Canal und von da in die in
3 Abtheilungen getheilte Condensationskammer. Die Sohlen der einzelnen

---

[3]) Preuss. Ztschft. Bd. 18 pag. 189.
[4]) B. Kerl, „Grundriss der Metallhüttenkunde“, 2. Aufl., Leipzig 1881 pag. 509.

Abtheilungen verengen sich trichterförmig und sind zu unterst mit Schubern geschlossen, nach deren Ausziehen sich die arsenige Säure in untergestellte Gefässe entleert. Die Muffeln sind 2·3 m lang, 0·5 m breit und 35 cm hoch.

Darstellung des weissen Arsenglases.

Das Rohmaterial für die Erzeugung des weissen Arsenglases ist das Arsenmehl; die arsenige Säure verdampft bei einer Temperatur von etwa 200° C., ob zwar hiefür auch Rothgluth angegeben wird. Die älteren Temperaturbestimmungen und Angaben sind alle viel höher, als durch die neueren Untersuchungen gefunden wurde.

Die Gewinnung des weissen Arsenglases geschieht durch wiederholte Sublimation der arsenigen Säure, es ist eine Raffination derselben, und

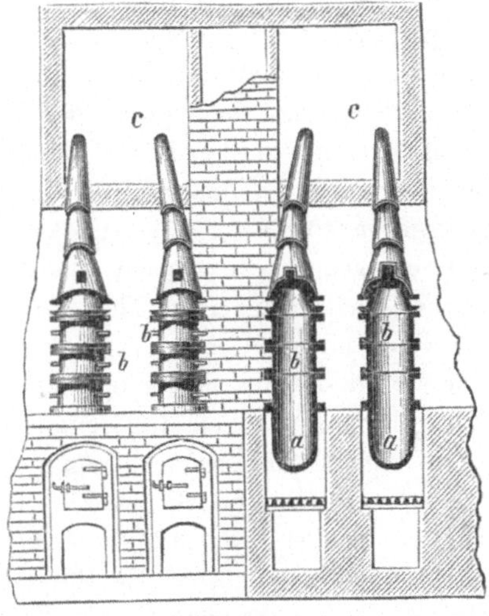

Fig. 371.

wird die erste Sublimation das Gröbmachen genannt; beide Sublimationen werden in demselben in Fig. 371 dargestellten Apparat vorgenommen. Die Kessel a sind von möglichst graphitfreiem Roheisen gegossen, weil ein Graphitgehalt die arsenige Säure zum Theil zu Arsensuboxyd desoxydirt, welches das Glas grau färbt; auf die Kessel werden die Trommeln b von Eisenblech aufgesetzt und mit einem Gemenge von Lehm, Haaren und Blut gut auflutirt. Auf die oberste Trommel kommt sodann ein Hut von Blei, an welchen ein Rohr angesteckt wird, welches in die kleine Flugstaubkammer c einmündet.

Bei der ersten Sublimation, dem Gröbmachen, will man ebenfalls nur ein loses Sublimat gewinnen, und darum darf das in den Kessel eingebrachte Arsenmehl nur sehr wenig und bei möglichst gleich sich erhaltender Temperatur erhitzt werden; bei grösserer Hitze treten im Kessel leicht stärkere Sinterungen ein, und eine gesinterte arsenige Säure sublimirt nicht mehr über. Bei gut geleitetem Process erhält man in den Trommeln ein sehr reines weisses Sublimat, welches nach dem Erkalten des Apparates herausgenommen wird; die Rückstände werden zum Erzrösten zurückgegeben. Man erkennt die Beendigung der Sublimation, wenn man durch eine während des Betriebs sonst mit einem eisernen Stopfen verschlossen gehaltene Oeffnung im Hute eine eiserne Räumnadel einhält und diese sich nicht mehr weiss beschlägt. War die Temperatur bei dieser Sublimation eine höhere, zufällig oder absichtlich, so resultirt kein lockeres Sublimat in den Trommeln, sondern dasselbe schmilzt an den Wänden derselben und bleibt in verschieden starken Schichten daran haften; dieses Product ist das Rohglas, welches in gleicher Art, wie die Gröbe, in reine Handelswaare, d. i. in weisses Arsenglas, umsublimirt wird.

Die Erzeugung des weissen Arsenglases durch das Läutern erfolgt zwar bei höherer Temperatur als das Gröbmachen, es ist jedoch wichtig, eine gleichmässige nicht zu hohe oder zu niedrige Temperatur einzuhalten; dieselbe ist im Allgemeinen richtig, wenn gegen die Trommeln gespritztes Wasser von der zweiten Trommel zischend, von der dritten aber langsam verdampft. Die Beendigung der Sublimation wird in gleicher Weise erkannt, wie vordem angegeben wurde.

Sowohl bei dem Gröbmachen, wie bei der Fabrikation des Rohglases und weissen Arsenglases erhält man einen Theil der arsenigen Säure als lockeres Pulver in der Flugstaubkammer.

Zu Freiberg (l. c.) wird die aus dem Flugstaub gewonnene, aus den den Röstöfen zunächst gelegenen Theilen der Condensationskammern ausgeräumte arsenige Säure zum Umsublimiren genommen, die aus den entfernteren Kammern aber, weil sie rein ist, in den Handel gesetzt. Man bringt das Arsenmehl in Mengen von 125—150 kg in die Kessel und sublimirt binnen 8—12 Stunden bei $^1/_2$—$^3/_4$ hl Steinkohlenverbrauch um; das Ausbringen beträgt 87·5 % an Arsenglas. Die Kessel sind 47 cm tief und haben 54 cm Durchmesser, sie ruhen mit angegossenen Pratzen auf eisernen Platten und erhalten als Aufsatz 3 Trommeln von zusammen 94 cm Höhe und 56 cm Weite, von wo an sich der Hut 20 cm höher auf 14 cm Durchmesser zusammenzieht, mit welcher Weite das Rohr in die Flugstaubkammer mündet. Ein Kessel hält 60—100 und mehr Sublimationen aus; es stehen 20 solcher Kessel im Betriebe.

Darstellung des rothen Arsenglases.

Das rothe Arsenglas, Rubinschwefel, Realgar ist eine Verbindung von Schwefel mit Arsen in dem Verhältniss von 1:1; es lässt sich durch einfaches Zusammenschmelzen von Schwefel mit Arsen darstellen, allein es zeigt dann keine so schöne rothe Farbe. Für die Darstellung im Grossen ist das stöchiometrische Verhältniss zwischen Schwefel und Arsen nicht massgebend, sondern die hiezu am besten passende Beschickung muss durch Versuche im Kleinen ermittelt werden. Man benützt hiezu Gemenge von Arsenkies und Schwefelkies oder Arsenkies und Schwefel, welche gemeinschaftlich sublimirt werden.

Zu Freiberg[5]) dient hiezu ein schon von den Gruben der Hütte angeliefertes Erzgemenge von Schwefelkies und Arsenkies, welches neben geringen Mengen Silber an 30—35% Schwefel und 10—15% Arsen enthält. Man erhält auch hier bei der ersten Arbeit, einer Sublimation, ein ungleichmässiges, sehr häufig gestreiftes Product, welches erst durch eine zweite Operation in ein verkäufliches Product umgewandelt wird. Die Sublimation nennt man die Rohglasfabrikation, das darauf folgende Schmelzen heisst man das Raffiniren oder Läutern des Rohglases, und dieses hat den Zweck, das Sublimat in eine gleichartige Masse zu verwandeln und demselben durch Zusatz von Schwefel den verlangten Farbenton zu geben.

Der in Freiberg hiezu dienende Ofen enthält 12 thönerne Röhren von 1·4 m Länge und 12 cm Weite, welche in einem Ofen mit 2 Feuerungen liegen und unter welchen leere Röhren als Protecteurs gegen die Stichflamme eingelegt sind; als Vorlagen dienen Kästen von Eisenblech, in welchen eine Oeffnung den Wasserdämpfen den Austritt und die Beobachtung der Sublimation gestattet. Jedes Rohr wird alle 12 Stunden mit 30 kg der Beschickung chargirt, und die Vorlagen werden erst dann entleert, wenn dieselben die Sublimate von 3 Chargen aufgenommen haben; der Inhalt der Vorlagen besteht theils aus compactem Rohglas, theils aus pulverigem Sublimat, welches zur Sublimation zurückgegeben wird. Die schwefelreichen Rückstände mit etwa 24% Schwefel werden in die Röstöfen und nach dem Abrösten darin zur Bleiarbeit abgegeben.

Das Läutern geschieht in eisernen Kesseln, welche 1·5 q Rohglas aufnehmen, das in 1—2 Stunden umgeschmolzen wird, wobei nach Bedarf 18—27 kg Schwefel zugesetzt und die Farbe des Glases nach einer genommenen Spanprobe beurtheilt wird; das fertige Realgar wird in luftdicht verschliessbare Kästen von Eisenblech abgestochen und nach dem Erkalten in Stücke zerschlagen oder in Kugeltrommeln fein gemahlen.

Die bei dem Läutern aus dem Kessel abgezogene Schlacke wird auf weisses Arsenmehl verarbeitet.

Es ist leichter, Realgar von gewünschter Farbe zu erzeugen, wenn man zuerst ein arsenreicheres Sublimat darstellt und dieses dann durch Zusatz von Schwefel lichter färbt. Zu Freiberg stehen 9 Oefen mit zusammen 108 Röhren im Betriebe, in welchen in 24 Stunden 100 q Erz verarbeitet werden können; zu dem Läutern des Rohglases dienen 2 Kessel. Das dort gewonnene Realgar enthält 75% Arsen und 25% Schwefel, das natürlich vorkommende besteht aus 70% Arsen und 30% Schwefel.

---

[5]) Preuss. Ztschft. Bd. 18 pag. 188.

B a l l i n g, Metallhüttenkunde. 38

Darstellung des gelben Arsenglases.

Das gelbe Arsenglas, Rauschgelb, Auripigment findet eine nur sehr beschränkte technische Verwendung und wird auch nur wenig erzeugt. Das auf den Hüttenwerken erzeugte gelbe Arsenglas ist kein wahres Auripigment, sondern eine mechanische Mischung der arsenigen Säure mit Schwefel von zumeist sehr variabler Zusammensetzung, während das natürliche Rauschgelb aus 61 Gewichtstheilen Arsen und 39 Theilen Schwefel besteht; es ist demnach die Bezeichnung Gelbglas für dieses Product die richtigere.

Zu Freiberg werden auf den Boden des eisernen Kessels des in Fig. 371 abgebildeten Sublimirapparates 2—4 kg Schwefel und darüber 125 kg arsenige Säure gegeben und das Gemenge sublimirt; man erhält in der untersten Trommel gutes homogenes Glas, welches indessen nicht viel über 1% Schwefel enthält, in der oberen Trommel erhält man ein ungleichartiges Product, welches umgeschmolzen wird. Das bei der Sublimation fallende Mehl wird bei neuen Sublimationen zugeschlagen.

Auch bei dieser Darstellung erhält das Glas keine so schöne Farbe, wenn man arsenige Säure mit Schwefel in den stöchiometrischen Verhältnissen zusammenschmilzt; der Schwefelzusatz muss ein geringerer sein. In Freiberg erhält man ein der chemischen Zusammensetzung entsprechendes Rauschgelb bei dem Einleiten von Schwefelwasserstoffgas in die Kammersäure behufs ihrer Reinigung; es könnte nach Merbach ausgewaschen, getrocknet und in geschlossenen eisernen Retorten unter Gasdruck zusammengeschmolzen und mit den Läuterschlacken von der Rothglasfabrikation auf Rohglas verarbeitet und dieses Rohglas mit dem von der Sublimation stammenden gemeinschaftlich auf Rothglasraffinat verarbeitet werden. Das aus der rohen Schwefelsäure gefällte Schwefelarsen ist aber wegen seiner Verunreinigungen zu dieser Verwendung nicht gut tauglich, man filtrirt es zu Freiberg in Vacuumfiltern ab, wäscht es aus und gibt es zur Abröstung in die Kilns, wo dessen Schwefelgehalt wieder als Schwefelsäure, der Arsengehalt desselben als arsenige Säure in den Flugstaubkammern gewonnen wird.

Ein Patent von Plesch[6]) bezweckt die Gewinnung und Läuterung von rothem und gelbem Arsenglas unter Benützung der hiebei sich bildenden schwefligen Säure und Vermeidung des schädlichen Einflusses der Dämpfe auf die Arbeiter und die Umgebung.

---

[6]) Dingler's Journ. Bd. 232 pag. 285. Chemikerztg. 1879 pag. 87.

Gewinnung des Arsens aus den Rückständen von der Anilinfabrikation.

Für die Rückgewinnung des Arsens aus den bei der Anilinindustrie resultirenden Rückständen wurden die folgenden Verfahrungsarten angegeben.

Nach Bolley sind die Rückstände mit concentrirter Salzsäure oder mit Kochsalz und Schwefelsäure zu destilliren und das sich verflüchtigende Chlorarsen mit Wasser zu verdünnen, wobei sich das meiste Arsen als arsenige Säure niederschlägt.

Rando & Co., sowie Tabourin und Lemaire glühen die gewaschenen und getrockneten Rückstände mit Koks und fangen die arsenige Säure in Condensationskammern auf.

Stopp gewinnt das Arsen als Arsensäure durch Digestion der Rückstände mit Salzsäure, Sättigen der Lauge mit Soda, Fällen mit Kalk und Erhitzen des Präcipitats mit Schwefelsäure und Salpetersäure, wobei sich Gyps abscheidet.

Cl. Winkler[7]) gibt für die Rückgewinnung des Arsens aus den Fuchsinmutterlaugen das folgende Verfahren an: Die Mutterlaugen werden mit Soda neutralisirt, die geklärte oder filtrirte Lösung weiter mit Soda versetzt bis zur deutlich alkalischen Reaction und in einer durch Oberfeuer beheizten Pfanne bis zur Bildung einer Salzhaut auf der Oberfläche abgedampft, worauf man die Lauge in neben der Pfanne aufgestellte, mit gepochtem Kalkstein und Stein- oder Braunkohlenpulver zum Theil gefüllte hölzerne Kästen abfliessen lässt. Der Gehalt an Natriumarseniat in der Lauge muss bekannt sein, für je 100 kg gesättigtes arsensaures Natron werden 30 kg Kalkstein und 25 kg Steinkohlenpulver vorgelegt. Die abfliessende concentrirte Lauge wird mit dem Gemenge in den Kästen fortwährend durcheinander gerührt, bis sie bei dem Erkalten völlig erstarrt. Das Gemenge bringt man in einen doppelheerdigen Muffelflammofen, trocknet und entwässert es auf der oberen Muffel vollständig, wobei es jedoch nicht in's Glühen gerathen darf, und stürzt es dann auf den unteren Heerd, wo es sehr bald in Gluth geräth und reichlich Arsendämpfe entwickelt. Dieselben können in Vorlagen aufgefangen und zu metallischem Arsen verdichtet oder in Condensationsräume geleitet und dort Luft zutreten gelassen werden, wo sich die Arsendämpfe sofort entzünden und von selbst mit bläulich weisser, qualmender Flamme fortbrennen. Die arsenige Säure setzt sich in den Condensationsräumen ab, der Betrieb in den beiden Muffeln ist ein continuirlicher.

Wenn die Rückstände keine Arsendämpfe mehr abgeben, so werden sie ausgelaugt und die erhaltene Sodalösung zur Neutralisation frischer Mutterlauge, der Kalk getrocknet und ebenfalls wieder verwendet, welcher um so öfter benutzt werden kann, je aschenärmer die mitverwendete Kohle ist.

---

[7]) Deutsche Industrieztg. 1876 pag. 333.

Vergiftungen durch Arsenik.

Vergiftungen mit Arsen können entstehen bei Darstellung aller auf den Hüttenwerken zu erzeugenden Arsenverbindungen und bei Gewinnung von Arsenmetall; die giftigen Substanzen gelangen in fester Form in den Organismus, und die Erscheinungen einer Vergiftung treten nicht sofort ein. Acute Arsenvergiftungen beginnen mit Erbrechen, worauf Magen- und Darmentzündung und gewöhnlich schon nach einigen Stunden der Tod folgt; Hilfsmittel sind Trinken von viel Milch oder von lauem Wasser, um zum Erbrechen zu zwingen, worauf dünne Kalkmilch oder aufgeschlemmtes Eisenhydroxyd, 4—5 g davon in 40—50 ccm Wasser, gereicht wird.

Bei chronischen Vergiftungen stellen sich zuerst Störungen in den Functionen des Unterleibs und Magens ein, in schweren Fällen treten selbst Geschwüre im Magen und Darmcanale auf; hiezu gesellen sich Entzündungen und Ausschläge, Herzklopfen, Schlaflosigkeit, Husten, Zittern und andere Uebel, schliesslich erfolgt allgemeine Abmagerung. Die Heilung verlangt den Gebrauch von Bädern, schweiss- und harntreibender Mittel, strenge Beobachtung der Diät und viel Bewegung in freier Luft. Die Prophylaxis gebietet die häufige Anwendung von kalten und warmen Bädern und überhaupt grosse Hautreinlichkeit, die Vermeidung des Genusses geistiger Getränke, hauptsächlich des Branntweins, den Genuss von viel Milch, Butter, Speck und fetten Speisen überhaupt, sowie Enthaltung von dem Genuss saurer Speisen und vegetabilischer Säuren vor und nach der Arbeit, dann öftere und gründliche Reinigung der Arbeitskleider. Während der Arbeit sind kurze Arbeitsschichten, Enthalten von Essen, Trinken und Rauchen, Verbinden des Munds mit trockenen Tüchern und der Gebrauch dichter Anzüge mit Handschuhen und Gesichtsmasken geboten.

Uran.

(Ur^{IV} = 120).

Geschichtliches. Das Uran war schon im 16. Jahrhundert im böhmisch-sächsischen Erzgebirge als ein schweres, schwarzes Mineral bekannt, das nach seiner Aehnlichkeit mit einem schwarzen Harze Pechblende genannt wurde. Cronstedt führt dieses Mineral zuerst als eigenthümlich an, und zählte es zu den Silbererzen, wahrscheinlich, weil es durch die zufällige Beimengung von gediegenem Silber oder silberhaltigem Bleiglanz mit diesen verschmolzen, meist aber als unbrauchbar ausgeschieden wurde. Werner hielt das Mineral für ein Eisenerz und nannte es Eisenpecherz. Klapproth fand darin 1789 ein neues Metall, das er Uranium nannte, und erst 1841 stellte Peligot das metallische Uran dar.

Statistik. Uranerze werden in nennenswerther Quantität blos zu Joachimsthal in Böhmen gewonnen; dem entsprechend betrug die Production Oesterreichs im Jahre 1883 an Uranpräparaten 2027 kg.

Eigenschaften. Das Uran ist dem Eisen in der Farbe ähnlich, es ist hart, ziemlich geschmeidig, hat ein spec. Gew. = 18·4, läuft an der Luft rasch mit gelblicher Farbe an, oxydirt sich in der Rothglühhitze, wird dabei plötzlich weissglühend und überzieht sich mit schwarzem Oxydoxydul.

Anwendung. Im metallischen Zustande findet das Uran keine Verwendung, wohl aber als Oxyd und oxydische Verbindungen als schwarze und gelbe Farbe in der Porcellanmalerei, dann zur Erzeugung von gelb und hellgrün gefärbten Gläsern, und etwas weniges als Beizmittel in den Kattundruckereien.

Vorkommen und Erze. Das Uran findet sich in Begleitung von Blei-, Silber- und Kobalterzen in grösster Menge im sächsisch-böhmischen Erzgebirge in den Urgesteinen auf Gängen; kleinere Vorkommnisse sind bekannt in Cornwall auf den Zinnerzlagerstätten, dann zu Adrianopel, als mineralogische Seltenheit kommt es auch zu Přibram (Annagrube) und am oberen See in Nordamerika vor.

Das eigentliche Uranerz ist der Nasturan, Uranpecherz (Ur$_3$O$_4$) mit selten bis 80% Uranoxyduloxyd.

Gewinnung der Uranverbindungen.[1]

Das Uran als Metall kann nach Peligot dargestellt werden, indem man 2 Theile grünes völlig trockenes Uranchlorür und ein Theil Kalium

---

[1] Oesterr. Ztschft. f. Bg. u. Httnwsn. 1866 pag. 185.

in abwechselnden Schichten, letzteres in Form kleiner plattgedrückter Kugeln in einem gut verschlossenen Gefäss über der Spirituslampe erhitzt. Der Deckel muss auf den Tiegel mit Draht festgebunden werden, und wurde von Berzelius empfohlen, hiezu einen eisernen Tiegel zu verwenden, den man am besten in einen grösseren Tiegel einsetzt und den ersteren über die Flamme setzt. Es dürfen nur kleine Mengen zu dem Versuche genommen werden, die Reaction ist sehr heftig, der Tiegel geräth in Weissgluth und der Inhalt wird darin umhergeschleudert; nach Beginn der Reaction wird die Lampe sogleich fortgenommen, nach beendeter Reaction aber wird wieder stark erhitzt, um das Chlorkalium zum zum Schmelzen zu bringen. Man laugt die erkaltete Masse mit Wasser aus und erhält das Uran als schwarzes Pulver.

Im Grossen werden nur Uranverbindungen erzeugt.

Die Uranerze werden zu Joachimsthal in Stücken oder als Schlich zur Hütte angeliefert, wo sie fein gemahlen werden; sie enthalten durchschnittlich 35%, erreichen aber auch 60—70% Uranoxydul im Halt, und führen als Gemengtheile Arsen, Schwefel, Vanadin, Molybdän, Wolfram, Kobalt, Nickel, Kupfer, Wismuth, Blei, Silber, Mangan, Thonerde, Kalk und Magnesia. Alle Uranerze sind silberhaltig, und wird der Silberhalt von der Uranfabrik auch bezahlt; über 35% Uranoxydul haltende Erze pflegen blos Silber zu enthalten. Bei einlösungswürdigem Kobalt-, Wismuth- und Nickelgehalt werden die Erze auf Kosten der betreffenden Gruben von der Uranfabrik verschmolzen, die Speisen und das Silberwismuth von den Parteien nach Pfannenstiel und Freiberg verkauft, die Uran enthaltende Schlacke jedoch von der Fabrik eingelöst. Jenes Silber, das bei der Uranfabrikation als Schwefelsilber gefällt wird, wird auf Feinsilber verarbeitet, das in den Rückständen verbleibende wird in Freiberg eingelöst.

Man erzeugt hauptsächlich drei Sorten von Urangelb, und zwar

Urangelb licht $\left.\begin{array}{l}\text{Urangelb licht} \\ \text{- orange}\end{array}\right\}$ Uranoxydnatron

Uranoxyd, Uranoxydammoniak.

Die Bildung dieser Salze beruht auf der Eigenschaft des Uranoxyds, starken Basen gegenüber die Rolle einer Säure zu übernehmen.

Die Erze werden zuerst in Chargen von 168 kg ohne Zuschlag wegen Verflüchtigung des Arsens und Antimons und höherer Oxydation des Uranoxyduls durch 4—9 Stunden geröstet, und dauert diese Röstung bei armen Erzen länger; die Schliche bedürfen wegen ihres Gehaltes an Eisenkies einer längeren Röstzeit, die Hitze darf überhaupt nur vorsichtig gesteigert werden, um die Bildung von Röstknoten zu vermeiden. Nach dieser Vorröstung wird die Post bei erhöhter Temperatur todtgeröstet, dann langsam im Ofen abgekühlt und mit 1·5% Soda und 2% Chilisalpeter bestreut; das Abkühlenlassen der Post hat den Zweck, das Zerfliessen der aufgestreuten Soda und des Salpeters verhindern und auch hier die Bildung von Klümpchen zu vermeiden. Hat die Soda ihre Feuchtigkeit verloren, so steigert man die·Temperatur wieder bis zur Vollendung der Gutröstung, welche wie das Vorrösten unter beständigem Krählen verläuft und meistens 3 Stunden dauert.

Der Sodazuschlag hat den Zweck, Natronsalze des Urans, Vanadins, Molybdäns, Arsens und Wolframs zu bilden, und der Zuschlag an Salpeter bezweckt, die Oxydation während der Gutröstung zu unterstützen; in der letzten Stunde der Gutröstung wird stark gefeuert, damit das Erz bei dem Ausziehen nicht viel staube. Die Röstung geschieht in einem doppelheerdigen Flammofen bei Braunkohlenfeuerung.

Der gezogene und abgekühlte Rost wird gesiebt und kommt in Partien von 25 kg in mit doppeltem Boden versehene Auswaschbottiche, wo die löslichen Salze mit Wasser ausgezogen werden, während das uransaure Natron mit den Oxyden des Eisens, Kobalts, Nickels und Silbers etc. und den Erden zurückbleibt. Der gewaschene Rückstand kommt in Auflösebottiche, er wird darin mit 2—3 Kannen heissen Wassers zu einem dünnen Brei angerührt und 12 kg reine Schwefelsäure von 66° B. unter beständigem Umrühren zugegossen, wonach man der Sicherheit wegen zur vollständigen Oxydation der schwefelsauren Lösung noch $^1/_4$—1 kg Salpetersäure zusetzt, bis sich keine Dämpfe von salpetriger Säure mehr entwickeln. Man belässt jetzt den Brei 2 Stunden in Ruhe und verdünnt sodann mit Wasser oder schwacher Uranlauge, worauf man mehreremale deckantirt und so lange auswäscht, bis die Waschwässer mit Ferrocyankalium nicht mehr auf Uran reagiren. Die schwefelsauren Laugen bringt man nnn in Klärbottiche und von da in die Fällbottiche, worin sie mit einem Ueberschuss von Sodalauge versetzt werden, in welcher sich das Uranoxyd löst, während sich die andern Oxyde niederschlagen. Der Niederschlag enthält auch Arseniate von Kupfer, Eisen, Uran u. and.; er wird getrocknet, mit Zusatz von Kohle abgeröstet, mit Wasser gewaschen, um arsensaures und schwefelsaures Natron fortzubringen, und dann in Schwefelsäure gelöst und diese Lösung der Frzlösung zugesetzt.

Die geklärten Laugen werden durch Pipen abgelassen, in kupferne Vorwärmkessel überschöpft, um durch Austreiben der Kohlensäure die Bicarbonate als einfach kohlensaure zu fällen und nach einer 2—3 stündigen Erwärmung die Lösung wieder in die Klärbottiche zurückgebracht.

Darstellung des lichten Urangelbs. Die klare Lösung von rein gelber Farbe bringt man in einen kupfernen Fällkessel, erhitzt zum Kochen und fügt allmälig sehr verdünnte Schwefelsäure so lange hinzu, bis alle Kohlensäure entwichen ist, wobei das lichte Urangelb niedergeschlagen wird; die Fällung ist vollendet, wenn die neu entstandene Lauge von Natriumsulfat Lackmuspapier nicht röthet und keine Reaction mit gelbem Blutlaugensalz gibt. Man überschöpft jetzt Lauge und Präcipitat in Klärbottiche, lässt die Mutterlauge ablaufen, filtrirt den Niederschlag ab, wäscht ihn mit heissem Wasser, presst ihn und trocknet endlich auf mit weichem Papier belegten Hürden. Dann wird die Farbe in Porcellanschalen verrieben und in Packete zu $\frac{1}{2}$ kg gefüllt. (Methode von Patera.)

Darstellung des orangegelben Uranoxydnatrons. Die klare kohlensaure Lösung wird in Fällbottiche gebracht und daraus durch Zufügen von Aetznatron die Farbe gefällt; je heisser die Lösung ist, um so besser gelingt die Ausfällung, welche vollendet ist, wenn die mit Essigsäure angesäuerte Mutterlauge mit Ferrocyankalium nicht mehr reagirt. (Methode von Vysocky.)

Darstellung des Uranoxydammoniaks. Man schöpft die Uranoxydnatronlösung in in einem luftigen Schupfen stehende Fällbottiche, setzt nach Bedarf Ammoniumsulfat hinzu und bringt die Lösung durch eingeführten Wasserdampf zum Kochen; bei dem Entweichen der Kohlensäure fällt das Uranoxydammoniak nieder. Der Niederschlag kommt in die Deckantirbottiche und wird hier mit heissem Wasser, dem etwas eisenfreier Salmiak zugesetzt ist, gewaschen; das Auswaschen ist beendet, wenn die Waschwässer mit Chlorbarium nicht mehr auf Schwefelsäure reagiren, bis also alles Glaubersalz entfernt ist. Der Zusatz von Salmiak hat den Zweck, eine theilweise Lösung der Farbe in dem heissen Wasser zu verhindern (Methode von Vysocky).

Uranfarben haben die folgenden Zusammensetzungen ergeben [2]).

	Uranoxydnatron			3. Uranoxydul	
	1. orange	2. hochorange			
$Ur_2 O_3$	83·19	84·72	$Ur O$	97·98
$Fe_2 O_3$	0·09	—	$Fe_2 O_3$	Spur
$Ca O$	1·16	0·66	$Ca O$	0·33
$Mg O$	0·30	0·55	$Mg O$	Spur
$K_2 O$	0·12	0·65	$K_2 O$	0·44
$Na_2 O$	8·50	8·71	$Na_2 O$	0·05
$As_2 O_5$	0·23	0·06		0·57
$S O_3$	0·22	0·14	$Pb O$	Spur
$C O_2$	2·91	0·96		
$Si O_2$	0·07	1·86		
$H_2 O$	2·88	1·01		
$V O_3$	Spur	—		

Bei an Vanadin reichen Erzen wird ausser Silber als Nebenproduct auch vanadinsaures Natron gewonnen.

Bei dem hohen Werth der Uranfarben ist auch der Einlösungswerth der Erze ein sehr hoher; unter 4% Gehalt sind die Erze nicht einlösungswürdig. Der Einlösungspreis ist unabhängig vom Verkaufspreise der Farben, von welchen jedoch gegenwärtig mehrere Nuancen erzeugt werden.

---

[2]) Jhrbch. d. k. k. Bergakademien, Bd. 26 pag. 203. No. 1 und 3 nach Priwoznik, No. 2 nach Schneider.

Kobalt.

(Co^{IV} = 59.)

Geschichtliches. Die Alten haben die Erze dieses Metalls mit diesem Namen belegt (Kobold, später erst Kobalt), weil sich dasselbe zur Darstellung eines Metalls nicht eignete und der bergmännische Aberglaube dasselbe für ein Werk der bösen Berggeister hielt; man findet diesen Namen schon bei Basilius Valentinus, später auch bei Theophrastus und Agricola, doch kannten diese das Metall sehr ungenau und bezeichneten mit diesem Namen verschiedene andere Stoffe neben dem Kobalt (die Koboleten des Paracelsus). Aus der ältesten Zeit ist über die Gewinnung und Verarbeitung des Kobalts nichts bekannt, doch findet man bei den Aegyptern bereits Mumienidole von blauem Glas und dunkelblaue von Kobalt gefärbte Glasstückchen in den Mosaikbildern der alten Römer, und in Hallstadt wurden in den keltischen Gräbern sehr schöne und als Cameen und Intaglio's kunstvoll geschnittene Pasten gefunden, sowie im Mittelalter vielfach blaue Gläser zu den Fenstergemälden der Kirchen gebraucht; die hiezu dienende färbende Substanz hiess Zaffera. Das Kobaltmetall wurde erst 1735 von Brand entdeckt und beschrieben, die Resultate seiner Untersuchungen wurden von Bergmann 1780 bestätigt.

Die Kobaltindustrie hat ihren Hauptsitz in Sachsen, ein Sachse soll auch der Erste gewesen sein, welcher die Eigenschaft des Kobalts, den Glasflüssen eine blaue Farbe zu ertheilen, entdeckt hat.

Statistik. An Kobaltpräparaten wurde erzeugt in metrischen Centnern:

In Sachsen im Jahre 1881   4344·8

- Preussen -   -   1883   210.

Eigenschaften. Das Kobalt ist röthlich grau, ziemlich hart, in der Hitze hämmer- und walzbar, je heisser, um so walzbarer, dagegen in der Kälte sehr hart und wenig dehnbar und von körnigem Bruch; das spezifische Gewicht = 8·957, der Schmelzpunkt liegt bei 1800°. Das Kobalt ist magnetisch, nicht flüchtig, wird weder von Luft, noch von Wasser oxydirt, es nimmt jedoch in der Hitze Sauerstoff auf und verbrennt bei Weissgluth mit rothem Licht. Von Schwefelsäure und Salzsäure wird es nur sehr langsam angegriffen, von Salpetersäure aber leicht gelöst; die Lösungen enthalten Oxydul.

Anwendung. Das Kobalt findet bislang hauptsächlich in oxydirtem Zustande Anwendung in Verbindung mit andern Körpern; das wichtigste Präparat ist die Smalte, welche in der Glas- und Thonwaarenfabrikation als blaue Farbe, zum Bläuen der Wäsche und des Papiers, zur Erzeugung der Glasur bei dem Emailliren eiserner Geschirre und zur Erzeugung künstlichen Ultramarins Verwendung findet. Auf mit Smalte gefärbten Schreibpapieren werden die Stahlfedern bald stumpf. Das künstliche Ultramarin hat das echte zum Theil verdrängt; ersteres wird dargestellt, wenn man reine Thonerde mit frisch gefälltem Kobaltphosphat oder Arseniat mengt, das Gemenge trocknet und einige Zeit bis Rothgluth erhitzt (Thenard's Blau), allein es deckt nicht so gut, wie natürliches Ultramarin. Das Kobaltphosphat und Arseniat dient zur Erzeugung lichter, das Kobaltoxyd zur Erzeugung dunkler blauer Farben. Mit Zinnoxyd und Zinkoxyd geben Kobaltsalze grüne Farben (grüner Zinnober, Rinnmann's Grün), wenn man Gemische der beiden eisenfreien Lösungen mit Soda fällt, die Niederschläge trocknet und glüht. Das metallische Kobalt kommt erst in neuerer Zeit mehr in Verwendung; es lässt sich wie Nickel zu Platten vergiessen, auch ohne Zusatz von Magnesium, doch gelingt der Guss bei Versetzen mit $^1/_{10}$ Magnesium besser, und wegen seiner Härte eignet es sich sehr gut zur Herstellung von Schneidinstrumenten. Bei dem Schmelzen im Kohlentiegel nimmt es Kohlenstoff auf (bis 4% davon) und wird dann sehr hart und spröde, ähnlich dem Stahl. In Legirungen ist es noch wenig bekannt, doch erhöht es im Allgemeinen die Härte der damit legirten Metalle; es lässt sich auch zum Verkobalten anderer Legirungen und Metalle benützen und wird bis jetzt in dieser Art als galvanischer Ueberzug am meisten gebraucht. Als Nitrat dient das Kobalt zu der Entdeckung der Thonerde und Magnesia vor dem Löthrohr, und das Sulfat und Chlorid des Kobalts zur Herstellung sympathetischer Tinten.

Vorkommen und Erze. Das Kobalt findet sich, so wie Eisen und Nickel, als Bestandtheil fast aller Meteormassen, es kommt vor hauptsächlich auf Gängen im Urgebirge als Begleiter von Silbererzen und bildet an einigen Orten den vorherrschenden Theil der Lagerstätte; zum Theil kommen die Kobalterze auch als aussergewöhnliche Gemengtheile in ansehnlicher Menge in krystallinischen Schiefern (Gneis), zum Theil auch in älteren Flötzgebirgen vor, jedoch ist das letztere Vorkommen selten. Kobalt und Nickel kommen fast nie vereinzelt, sondern immer zusammen vor, und in den meisten Fällen prävalirt das Nickel über das Kobalt. Die wesentlichsten Fundstätten sind im sächsisch-böhmischen Erzgebirge, in Schweden und Norwegen, Ungarn, Steiermark, England und im südlichen Frankreich.

Die hauptsächlichsten Erze sind folgende:

Speisskobalt, Smaltin (Co As$_2$) mit 28·2% Kobalt.

Glanzkobalt, Kobaltin (Co As S) mit 35·5 % Kobalt, beide meist auch nickelhaltend.

Kobaltkies, Kobaltnickelkies, Linneit ($Co_3 S_4$), häufig mehr Nickel wie Kobalt führend, auch eisenhältig, daher allgemein von der Zusammensetzung $R_3 S_4$, mit 11—25 % Kobalt und 29—42 % Nickel.

Wismuthkobalterz, ein Gemenge von Speisskobalt und Wismuthglanz, mit 9·8 % Kobalt, 1·1 % Nickel und 3·8 % Wismuth.

Kobaltschwärze, Kobaltmanganerz, schwarzer Erdkobalt, Asbolan, ein Gemenge von Kobaltoxydul mit Manganperoxyd, mit 19 bis 20 % Kobalt und von der allgemeinen Zusammensetzung: $Co\, O + 2\, Mn\, O_2 + 4\, H_2\, O$.

Kobaltblüthe, rother Erdkobalt, Erythrin ($Co_2 As_2 O_8 + 8 H_2 O$), mit 29·5 % Kobalt. Die beiden letzt angeführten Erze kommen selten vor.

Kobaltvitriol, Bieberit ($Ca\, SO_4 + 7\, H_2\, O$) ist ein sehr seltenes Vorkommen.

Nachdem das metallische Kobalt bislang noch keine ausgebreitetere technische Verwendung findet und auch die Darstellung des Metalls noch in nur beschränktem Masse stattfindet, so werden die Erze entweder auf Blaufarbenglas oder auf Kobaltoxyd verarbeitet.

Gewinnung des Blaufarbenglases. Smalte.

Die Smalte ist ein durch Kobaltoxydul gefärbtes Kaliglas, von welchem verschiedene Sorten in den Handel gelangen; die Farbentiefe hängt ab von der Menge des in dem Glase enthaltenen Kobaltoxyduls und von der Feinheit des Korns. Für die Smaltebereitung werden die Erze vorher geröstet, womit häufig die Gewinnung von arseniger Säure verbunden ist; diese Röstung wird mit Rücksicht auf die neben dem Kobalt in einem Erze vorkommenden Erze verschieden stark vorgenommen, und ist ein Rückhalt an Arsen als Trioxyd in dem Röstgut dann von Vortheil, wenn die Erze reich an Eisen oder Nickel sind, welche bei dem Glasschmelzen sich als Speise ausscheiden und für die Reinheit der Farbe des Glases unschädlich werden.

Ausser dem Kobaltoxyd dienen bei der Smaltebereitung Kieselerde in Form von Quarz, und Pottasche; beide Gemengtheile müssen in reinem Zustande angewendet, beziehentlich gereinigt werden, denn Erden und Metalloxyde, auch selbst Natron beeinflussen die Farbe nachtheilig. Der schon gereinigte Quarz wird zuerst gebrannt und dann in Wasser abgelöscht, wodurch derselbe mürbe wird und sich leichter zerkleinern lässt; er wird gepocht und geschlämmt und in diesem fein vertheilten Zustande verwendet.

Das Erz, der Quarz und die Pottasche werden in durch vorangegangene Proben ermittelten Verhältnissen oder auf Grund bekannter Erfahrungen innig gemengt und dem „Glassatz" absichtlich etwas arsenige Säure zugegeben, welche den Zweck hat, allfällig vorhandenes Eisenoxydul in Eisenoxyd zu überführen, welches Glasflüsse weniger tingirt, als auch sodann als metallisches Arsen mit dem Nickel Speise zu bilden. Das Gemenge bringt man dann in die Hafen eines Blaufarbenofens, deren jeder mit circa 50 kg chargirt wird; der Ofen selbst ist ganz ähnlich einem Hafenglasofen und enthält gewöhnlich 6 Geschirre (Hafen). Die Schmelzung darin dauert, je nach der Beschaffenheit der darzustellenden Glassorten, 12—16 Stunden, während welcher Zeit man öfter umrührt und gegen Ende des Schmelzens ruhig stehen lässt, damit sich das Glas kläre und die Speisetheilchen zum Absetzen kommen, welche wegen ihrer Reinheit sich vorzüglich zur Darstellung des Nickels eignen. Das Glas wird schliesslich mit Löffeln ausgeschöpft und in kaltes Wasser gegossen, damit es abschrecke und mürbe werde.

Die Abscheidung der Speise bei der Glasbereitung ist wichtig, weil alle in dem Erze leicht reducirbaren Metalle, häufig auch Kupfer, in dieselbe überführt werden, indem sie bei Gegenwart von Arsen selbst ihren Sauerstoff an die leicht oxydirbaren Metalle abgeben und dann für die Reinheit der Farbe ohne Schaden sind; hienach wird auch der Röstprocess geleitet, welchen man nie bis zur vollständigen Oxydation der Metalle treibt. Allein ein zu geringer Röstgrad wäre auch nachtheilig, indem auch ein Theil Kobalt in die Mischung der Speise eingehen und hiedurch ein Calo an färbendem Materiale statthaben würde; ein ganz geringer Kobaltgehalt der Speise ist jedoch nicht so schlimm, weil man dann sicher sein kann, dass im Glase kein Nickeloxyd enthalten ist.

Das im Wasser abgeschreckte Glas wird gepocht, gesiebt, durch Siebsetzen von den mechanisch beigemengten Speisetheilchen befreit und unter Wasser gemahlen; das Mahlproduct wird in Setzfässer und Schlämmbottiche geleitet, in welchen sich das Glas nach der Feine des Korns absetzt, indem zuerst das gröbere Pulver, das Streublau, zu Boden geht, nach Ueberfüllung der darüber stehenden Trübe setzt sich die Farbe ab, und nach Ablassen der noch feine suspendirte Theilchen des Glases enthaltenden Flüssigkeit gewinnt man durch ruhiges Stehenlassen bis zur Klärung des Wassers das zarteste Mehl, die Eschel. Die Farbe und die Eschel werden nochmals gewaschen und die Waschwässer in Sümpfe geführt, wo sich die Sumpfeschel absetzt.

Eigenschaften der Smalte. Die Smalte ist ein hoch silicirtes, durch Kobaltoxydul mehr weniger intensiv gefärbtes Kaliglas, worin noch etwas Wasserglas enthalten ist und von welchem ein Theil bei der Aufbereitung des Glases ausgewaschen wird; ist dieser Gehalt ein grösserer, so bilden sich leicht kleine Klumpen und Gries. Ihr spezifisches Gewicht wechselt mit dem Kobaltgehalt von 2·5—2·9; das Kobaltglas enthält im-

mer geringe Mengen Arsensäure oder arseniger Säure, daher auch damit
gebläutes Papier bei dem Verbrennen den dem Arsen eigenthümlichen
Knoblauchgeruch verbreitet, es enthält auch stets geringe Antheile von
Metall- und Erdensilicaten, und Ludwig[1]) hat gefunden, dass Baryt die
Farbe erhöht, jedoch in's Indigblaue stimmt, Natron, Kalk und Magnesia
aber die Farbe stark herabdrücken und in das Röthliche ziehen, und Thonerde zwar nicht die Reinheit, wohl aber die Stärke des Farbentons beeinträchtigt. Anwesende Metalloxyde nehmen auch schädlichen Einfluss,
indem Nickeloxydul das Glas violett bräunlich, und in geringerer Menge
anwesend, röthlich, Eisenoxydul bräunlich bis grünlich, Manganoxyd mehr
violett, Kupferoxyd grünlich, Kupferoxydul röthlich färben; Manganoxydul,
Blei- und Wismuthoxyd, sowie Eisenoxyd sind weniger schädlich.

Mit ein wenig Wasser angemacht, gibt die Smalte eine knetbare
Masse, längere Zeit mit viel Wasser in Berührung, verliert sie ihre Farbe
und wird graublau bis schmutziggrün, ihr Kobaltgehalt schwankt zwischen
8—18 %.

Je nach dem Korn, der Reinheit und der Intensität der Farbe kommt
die Smalte unter verschiedenen Bezeichnungen in den Handel, und es bedeuten die Buchstaben:

> F fein,
> M mittel,
> O ordinär, womit der Kobaltgehalt,
> dann C Couleur, Farbe,
> E Eschel, womit die Korngrösse angegeben wird.

Es bedeuten ferner die Buchstaben:

> H hoch, d. i. die grobkörnigste Sorte
> B böhmisch, ein mittleres Korn von 0·5—1 mm Durchmesser
> S Stück, d. h. ungesiebtes und
> G Gesiebtes Glas.

Durch Vorsetzen der Buchstaben f, ff, fff u. s. f. werden kobalt-
reichere Sorten, durch Anhängen einer Ziffer kobaltärmere Sorten bezeichnet, so z. B. fffC = feinste Couleur, OBC ordinäre böhmische Couleur,
O_2 bedeutet, dass die Farbe blos dem halben Kobaltgehalt entspricht, als
in Sorte O enthalten ist u. s. f.

In den Handel gelangt auch ein Gemenge von geröstetem Kobalterz,
das die Oxyde und Salze des Kobalts sowie der mit diesem in dem Erz
vorkommenden Metalle enthält, mit so viel Quarzmehl, dass dasselbe mit
Pottasche geschmolzen blaues Glas gibt; dieses Gemenge führt den Namen
Zaffer oder Safflor, auch Zaffra. Es ist das unreinste Product der
Kobaltindustrie, trotzdem nur die besten Erze hiezu verwendet werden
können.

---

[1]) Erdmann's Journ. f. pract. Chem. Bd. 51 pag. 129.

Ludwig fand in drei Kobaltsorten die nachstehenden Bestandtheile:

	1	2	3
$Si\,O_2$	70·86	66·20	72·12
$Al_2\,O_3$	0·43	8·64	1·80
$Fe\,O$	0·24	1·36	1·40
$Ca\,O$	—	—	1·92
$Co\,O$	6·49	6·75	1·95
$K_2\,O$	21·41	16·31	20·04
Ni	—	—	Spur
$As_2\,O_3$	Spur	—	0·078
CO_2	—	0·25	0·46
$H_2\,O$	0·57	0·67	Spur

1) Modumer höhere Couleursorte.
2) Deutsche hohe Eschel.
3) Deutsche grobe blasse Couleur.

Gewinnung der anderen Kobaltverbindungen.

Edithablaufarbenwerk in Pr. Schlesien verarbeitet Erze (grossentheils Erdkobalt) aus eigenen Gruben. Die Erze werden nach Lundborg[2]) in Thongefässen in concentrirter Salzsäure gelöst und durch Dampfzuleitung die Auflösung unterstützt; aus der Lösung wird bei mässiger Wärme mit mehlfein gepulvertem Marmor das Eisen gefällt, indem der Marmor in kleinen Portionen allmälig zugesetzt wird, wobei die vollendete Eisenausscheidung an der beginnenden Nickelfällung erkannt wird. Nach dem Absetzen des Niederschlags wird die Lösung abgezapft, ausgewaschen und als Oker in den Handel gesetzt. Aus der klaren Lösung wird zuerst durch Soda das Nickel allein niedergeschlagen, und sowie auch Kobalt zu fallen beginnt, diese Präcipitation eingestellt, dann in gleicher Art ein Gemenge von Kobalt und Nickel, und schliesslich das Kobalt allein gefällt. Der gemengte Niederschlag von Kobalt und Nickel wird wieder gelöst und aus grössern Mengen davon wieder beide Metalle geschieden.

Oberschlema in Sachsen verfährt in ähnlicher Weise mit den von Sesiahütte angekauften Lechen, welche 16% Nickel, 14% Kobalt, 50% Kupfer und 20% Schwefel enthalten. Die Leche werden zerkleint, gesiebt, in Flammöfen geröstet, der Rost wird mit verdünnter Schwefelsäure behandelt und aus der Lösung zuerst das Kupfer mit Eisen gefällt.

Andere Kobaltverbindungen sind:

Das Kobaltphosphat und Kobaltarseniat, welche unter dem Namen rothes Kobaltoxyd in den Handel kommen und die Bezeichnung PKO und AKO führen. Das Arseniat wird auf den Blaufarbenwerken dargestellt durch Schmelzen der arsenhaltigen Erze mit dem doppelten Gewicht Pottasche und Quarz, und Zerkleinern und Abrösten der erhaltenen Kobaltspeise.

---

[2]) Jern Cont. Annaler 1876 Heft 2. Bg. u. Httnmsch. Ztg. 1877 pag. 35.

Die Kobaltbronce, ein Kobaltammoniumphosphat in Gestalt von Flittern mit metallähnlichem Aussehen.

Das Kobaltultramarin, Thénard'sches Blau, ein sehr inniges molekulares Gemenge von Thonerde mit verschiedenen Kobaltoxyden; es wird dargestellt durch gemeinsames Fällen aus einer Lösung, welche 3 Theile Thonerde und 1 Theil Kobaltoxydul enthält, mit Alkalicarbonat, oder durch Glühen von Alaun mit Kobaltosulfat bis zu völligem Entweichen der Schwefelsäure. Das auf den sächsischen Hüttenwerken gewonnene Kobaltultramarin führt die Bezeichnung U, d. h. je nach Qualität O U, M U, F U, u. s. f.

Im Handel erhältliche Kobaltpräparate haben nach Eschka[3]) folgende Bestandtheile enthalten:

Marke	RKO	FKO	RKO	FKO
	von Joachimsthal		aus Sachsen	
Co	67·55	68·51	64·97	67·22
Ni	2·00	3·19	6·52	4·38
Cu	0·16	0·17	Spur	Spur
Mn	0·02	0·04	Spur	Spur
Fe	0·23	0·28	Spur	Spur
As	3·41	2·99	—	—
Ca O	3·69	1·50	0·29	0·27
Mg O	Spur	Spur	Spur	Spur
$Al_2 O_3$	0·09	0·10	1·53	1·04
Unlöslich	0·55	0·20	1·79	3·01
O	22·30	23·02	24·90	24·08

Rinman's Grün, Zinkgrün, grüner Zinnober wird erhalten durch Fällen von 1 Theil Kobaltchlorür und 5 Theilen Zinkchlorid mit Kaliumcarbonat, Auswaschen des Niederschlags, Trocknen und Glühen bei nicht zu hoher Temperatur, da es bei zu starkem Glühen dunkelgrau wird. Nach Künzel verwendet man gegenwärtig ein Gemenge von Purpureo-kobaltchlorid mit Zinkweiss zur Darstellung dieser Farbe, welches man bis zum Aufhören der Chlorzinkdämpfe glüht; das Mengenverhältniss beider ist je nach den darzustellenden Farbennuancen verschieden.

Darstellung schmied- und walzbaren Kobalts[4]). Als Ergänzung zu dem Eingangs des Kapitels über die Metallurgie des Kobalts sei hier noch eines neuen Patentes der Benndorfer Metallwaarenfabrik (in Nieder-österreich) gedacht, Kobalt in compactem Zustande darzustellen; reine Oxyde werden zuerst reducirt, dann das Pulver mit einer 4%igen Lösung von Alkalipermanganat gemengt, getrocknet und im Gebläsofen geschmolzen. Das Mangan soll die dem Kobalt schädlichen kohlenstoffhaltigen Gase unschädlich machen und selbst zum Theil reducirt werden. Es resultirt also ein gering manganhaltendes Kobalt. (D. R. P. No. 28989.)

---

[3]) Jhrbch. d. k. k. Bgakademien Bd. 17 pag. 369.
[4]) Chemikerztg. 1884 pag. 1745.

Anhang.

I. Tabelle zur Vergleichung einiger Pfundgewichte unter einander und mit dem Kilogramm.

Frankreich	Sachsen, Baden, Hessen-Darmstadt, Schweiz	England	Preussen (Hannover Kurhessen) Braunschweig Weimar Würtemberg	Bayern	Oesterreich	Dänemark Norwegen	Schweden	Russland
Kilogramm	Zollpfund	Pfund (avoir — du poids)	Pfund	Pfund	Pfund	Pfund	Skalpfund	Pfund (1 Pud = 40 Pfd.)
1	2·0000000	2·2045970	2·1380720	1·7857140	1·7856750	2·0027680	2·3510630	2·6862026
0·5000000	1	1·1022990	1·0690360	0·8928571	0·8928377	1·0013840	1·1755320	1·3431013
0·4535976	0·9071952	1	0·9698240	0·8099957	0·8099781	0·9084507	1·0664370	1·1636710
0·4677110	0·9354220	1·0311140	1	0·8351982	0·8351800	0·9367166	1·0996180	1·2563445
0·5600000	1·1290000	1·2345740	1·1973210	1	0·9999782	1·1215500	1·3165950	1·4042734
0·5600122	1·1200240	1·2346010	1·1973470	1·0000220	1	1·1215740	1·3166240	1·5043012
0·4993090	0·9986180	1·1007750	1·0675590	0·8916232	0·8916038	1	1·1739070	1·3412451
0·4253395	0·8506790	0·9377023	0·9094066	0·7595348	0·7595183	0·8518563	1	1·1516817
0·4095000	0·8190000	0·9027824	0·8755404	0·7312498	0·7312500	0·8201334	0·9627592	1

II. Tabelle zur Vergleichung der Längenmasse mit dem Meter.

Baden	1 Fuss	. . . .	0·3000	Meter
Baiern	„	. . . .	0·2919	„
England	„	. . . .	0·3048	„
Hannover	„	. . . .	0·2919	„
Hessen-Cassel	„	. . . .	0·2877	„
Nassau	„	. . . .	0·3000	„
Norwegen	„	. . . .	0·3139	„
Oesterreich	„	. . . .	0·3161	„
Preussen	„*)	. . . .	0·3139	„ *) (Fuss rheinländisch.)
Russland	„	. . . .	0.3048	„
Sachsen	„	. . . .	0.2832	„
Schweden	„	. . . .	0·2969	„
Spanien	„	. . . .	0·2786	„

III. Tabelle der Atomgewichte und der specifischen Gewichte der Elemente.

Name des Elementes	Bezeichnung und Werthigkeit	Atomgewicht	Spezifisches Gewicht
Aluminium	Al IV	27·4	2·67
Antimon	Sb V	122	6·72
Arsen	As V	75	5·63
Barium	Ba II	137	4·00
Beryllium	Be II	9·3	2·10
Blei	Pb II	207	11·38
Bor	B III	11	2·68
Brom	Br	80	2·97
Cadmium	Cd II	112	8·67
Cäsium	Cs	133	—
Calcium	Ca II	40	3·10
Cerium	Ce II	92	—
Chlor	Cl	35·5	2·45
Chrom	Cr IV	52	6·81
Didym	Di II	95	—
Eisen	Fe IV	56	7·70
Erbium	E II	112·6	—
Fluor	Fl	19	—
Gold	Au III	197	19·50
Indium	Jn II	75·6	—
Jod	J	127	4·98
Iridium	Jr IV	197·4	21·15
Kalium	K	39	0·865
Kobalt	Co IV	58·8	8·50

Name des Elementes	Bezeichnung und Werthigkeit	Atomgewicht	Spezifisches Gewicht
Kohlenstoff	C IV	12	3·50
Kupfer	Cu II	63·4	8·88
Lanthan	La II	92	—
Lithium	Li	7	0·59
Magnesium	Mg II	24	1·74
Mangan	Mn IV	55	8·00
Molybdän	Mo VI	96	8·60
Natrium	Na	23	0·972
Nickel	Ni IV	58·8	8·8
Niobium	Nb V	94	6·67
Osmium	Os IV	199·4	21·3
Palladium	Pd IV	106·6	11·8
Phosphor	P V	31	1·84
Platin	Pt IV	197·4	21·15
Quecksilber	Hg II	200	13·59
Rhodium	Rh IV	104·4	12·10
Rubidium	Rb	85·4	1·50
Ruthenium	Ru IV	104·4	11·40
Sauerstoff	O II	16	1·088
Schwefel	S II	32	2·045
Selen	Se II	79·4	4·28
Silber	Ag	108	10·50
Silicium	Si IV	28	2·49
Stickstoff	N V	14	0·972
Strontium	Sr II	87·5	2·54
Tantal	Ta V	182	10·78
Tellur	Te II	128	6·18
Thallium	Tl	204	11·86
Thorium	Th IV	231	7·70
Titan	Ti IV	50	5·30
Uran	Ur IV	120	18·40
Vanadin	V V	51·3	5·50
Wasserstoff	H	1	0·069
Wismuth	Bi III	208	9·799
Wolfram	W VI	184	19·10
Yttrium	Y II	68	—
Zink	Zn II	65	6·86
Zinn	Sn IV	118	7·29
Zirkonium	Zr IV	89·6	4·20

IV. Tabelle der specifischen Wärme und der Verbrennungstemperaturen einiger Schwefelverbindungen der Metalle.

Schwefelverbindung	Formel	Spez. Wärme.	Verbrennungstemperatur[1]
Antimonglanz	$Sb_2 S_3$	0·08403	2517
Bleiglanz	$Pb S$	0·05086	.
Schwefeleisen	$Fe S$	0·13570	2725
Schwefelkupfer	$Cu_2 S$	0·12118	..
Nickelkies	$Ni S$	0·12813	2551
Kobaltkies	$Co S$	.	2572
Zinnober	$Hg S$	0·05118	.
Schwefelsilber	$Ag_2 S$	0·07458	.
Wismuthkies	$Bi_2 S_3$	0·06002	.
Zinkblende	$Zn S$	0·12303	2850
Zinnkies	$Sn S_2$	0·11932	2456
Kupferkies	$Cu_2 S + Fe_2 S_3$	0·13100	2425
Eisenkies	$Fe S_2$	.	2588
Magnetkies	$Fe_7 S_8$	.	2698
Kupferglanz	$Cu S$	.	1976
Buntkupfererz	$3 Cu_2 S + Fe_2 S_3$	.	2246
Rohstein	.	.	2810
Kupferrohstein[2]	.	.	2391
Spurstein	.	.	2161
Zinkblende, schwarze	.	.	2815
„ unreine mit 33% Gangarten	.	.	2447
Schwefelquecksilber	$Hg S$	0·0512	.

V. Tabelle der Schmelzpunkte, specifischen Wärmen, Verbrennungswärmen und der latenten Schmelzwärmen einiger Metalle.

Metall	Schmelzpunkt. Grade Celsius	Spezifische Wärme	Verbrennungswärme Calorien	Latente Schmelzwärme Calorien
Aluminium	700	0·21224	.	.
Antimon	450	0·04989	.	.
Arsen	.	0·0758	.	.
Blei	334	0·0402 flüssig	243	5·858
Cadmium	320	0·0548	.	13·660
Eisen, weiches	1600	0·10808	1178	.
Roheisen, weisses	1050—1100	.	.	23·000
„ graues	1200—1300	.	.	33·000

[1]) Nach Bode; dessen Beiträge zur Theorie und Praxis der Schwefelsäurefabrikation, Berlin, 1872 pag. 8 u. 10.

[2]) Mannsfelder.

Metall	Schmelzpunkt. Grade Celsius	Spezifische Wärme	Verbrennungswärme Calorien	Latente Schmelzwärme Calorien
Stahl	1300—1400	0·1175	.	.
Gold	1075	0·0316	.	.
Kobalt	1800	0·10674	.	.
Kupfer	1200	0·09483	321	121·2
Mangan	1900	0·1217	.	.
Nickel	1600	0·10916	.	.
Osmium	2500	0·03113	.	.
Palladium	1500	0·0592	.	36·300
Platin	1775	0·0377	.	27·180
Quecksilber	—39	0·0335	.	2·820
Rhodium	2000	0·05803	.	.
Rhuthenium	1800	0·0611	.	.
Iridium	2200	0·0323	.	.
Silber	954	0·0559	27·31	21·070
Wismuth	260	0·0363 flüssig	95·5	12·640
Zink	412	0·0932	1291	28·130
Zinn	228	0·0637 flüssig	573	13·314
Chrom	Höher wie Platin	0·0997	.	.
Wolfram	„	0·0350	.	.

VI. Prinseps Pyrometerscala

für höhere Temperaturen nach Erhard und Schertel auf Grund der
neueren Untersuchungen von Violle.[1]

```
            Reines Silber schmilzt bei . . . . . . .   954° C.
    80 Theile reines Silber und 20 Theile Gold  . .   975  -
    60    -       -       -     - 40   -     -    . .   995  -
    40    -       -       -     - 60   -     -    . .  1020  -
    20    -       -       -     - 80   -     -    . .  1045  -
            Reines Gold schmilzt bei . . . . . . .   1075  -
    95 Theile reines Gold und  5 Theile Platin  . .  1100  -
    90    -       -       -     - 10   -     -    . .  1130  -
    85    -       -       -     - 15   -     -    . .  1160  -
    80    -       -       -     - 20   -     -    . .  1190  -
    75    -       -       -     - 25   -     -    . .  1220  -
    70    -       -       -     - 30   -     -    . .  1255  -
    65    -       -       -     - 35   -     -    . .  1285  -
    60    -       -       -     - 40   -     -    . .  1320  -
    55    -       -       -     - 45   -     -    . .  1350  -
    50    -       -       -     - 50   -     -    . .  1385  -
    45    -       -       -     - 55   -     -    . .  1420  -
```

[1] Bg. u. Httnmsches Jhrbch. f. d. Königreich Sachsen 1879 pag. 154.

40 Theile reines Gold und 60 Theile Platin . . 1460° C.
35 - - - - 65 - - . . 1495 -
30 - - - - 70 - - . . 1535 -
25 - - - - 75 - - . . 1570 -
20 - - - - 80 - - . . 1610 -
15 - - - - 85 - - . . 1650 -
10 - - - - 90 - - . . 1690 -
5 - - - - 95 - - . . 1730 -
       Reines Platin schmilzt bei . . . . 1775 -
Blei- und Kupferschlacken schmelzen bei . 1220—1273 -
Schlacke v. d. Erzarbeit auf Muldner Hütte schmolz bei 1130 -
Rohschlacke von Freiberg . . . . 1116 -
Bleischlacke . . . . 1160 -
Schlacke vom Kupferconcentrationsschmelzen . . 1045 -
   -      - Schwarzkupferschmelzen . . . . 1172 -

VII. Pyrometerscala

für niedrigere Temperaturen.

8 Theile Wismuth, 3 Theile Zinn, 5 Theile Blei schmelzen bei . . . 100° C.
8 - - 8 - - 8 - - - - . . 123 -
8 - - 14 - - 16 - - - - . . 143 -
8 - - 36 - - 32 - - - - . . 160 -
8 - - 24 - - 30 - - - - . . 172 -
1 - - 8 - - — - - - - . . 199 -
— - - 4 - - 7 - - - - . . 216 -
Reines Zinn schmilzt bei . . . . 230 -
Reines Wismuth . . . . 249 -
4 Theile Zinn, 30 Theile Blei schmelzen bei . . . . 277 -
2 - - 50 - - - - . . . . . 292 -
Reines Blei schmilzt bei . . . . 334 -

VIII. Bezeichnung der Temperaturen.

Beginnendes Glühen . . . . 525° C.
Dunkle Rothgluth . . . . 700 -
Beginnende Kirschrothgluth . . . . 800 -
Starke - . . . . 900 -
Völlige - . . . . 1000 -
Dunkle Gelbgluth . . . . 1100 -
Helle - . . . . 1200 -
Weissgluth . . . . 1300 -
Starke Weissgluth . . . . 1400 -
Blendende - . . . . 1500—1600 -
In Blaugluth (Deville) schmelzen feuerfeste Tiegel.

IX. Tabelle der elektrischen Leitungsfähigkeit der Metalle bei $0°$ Temperatur bezogen auf Quecksilber $= 1.$[1])

Aluminium	31·726
Antimon	2·053
Arsen	2·679
Blei	4·818
Cadmium	13·960
Eisen	8·340
Gold	43·840
Kobalt	9·685
Kupfer	52·207
Nickel	7·374
Palladium	6·910
Platin	8·257
Quecksilber	1·000
Silber	57·226
Wismuth	0·800
Zink	16·100
Zinn	8·237

X. Tabelle der elektrischen Leitungsfähigkeit von Salzlösungen bei $18°$ Temp. bezogen auf Quecksilber von $0° = 1.$[1])

Salzlösung	Procentgehalt	Leitungsfähigkeit
Cu SO$_4$	5	0·0177
	10	0·0300
	17·5	0·0430
Zn SO$_4$	5	0·0179
	15	0·0389
	25	0·0450
Pb N$_2$ O$_6$	5	0·0179
	20	0·0487
	30	0·0625
Cu N$_2$ O$_6$	5	0·0341
	25	0·1019
	35	0·0993
Ag$_2$ N$_2$ O$_6$	5	0·0239
	20	0·0815
	60	0·1962
Zn Cl$_2$	5	0·0452
	30	0·0866
	60	0·0345

[1]) Nach H. Landolt's und R. Börnstein's „Physikalisch-Chemische Tabellen", Berlin 1883.

Ortsregister.

Sachregister.